Günter Dietmar Roth (Hrsg.)

Handbuch für Sternfreunde

Wegweiser für die praktische astronomische Arbeit

Band 2: Beobachtung und Praxis

Unter Mitwirkung von Rainer Beck, Horst Drechsel, Johannes V. Feitzinger, Reinhold Häfner, Hermann Haupt, Wulff-Dieter Heintz, Tibor J. Herczeg, Adolph Kunert, Christoph Leinert, Thomas Neckel, Winfried Petri, Felix Schmeidler

Vierte, überarbeitete und erweiterte Auflage

Mit 311 Abbildungen, 34 Tabellen im Text und 41 Tabellen im Anhang

Springer-Verlag Berlin Heidelberg New York
London Paris Tokyo HongKong

Dipl.-Kfm. Günter Dietmar Roth
Ulrichstr. 43
Irschenhausen
8021 Icking/Isartal

Abbildung auf dem Einband.
Komet Halley im Sternbild Schütze. Aufgenommen auf der Europäischen Südsternwarte La Silla/Chile von V. E. Celnik, V. Schlosser, R. Schulz und P. Svejda. 21. März 1986, 8h55m UT. 50-mm-Objektiv f/1.7 bei Blende 2.0. Belichtet 40 Minuten auf Fujichrome RD 100 Farbdiafilm

Sonderauflage für Weltbild Verlag GmbH, Augsburg

Satz: Triltsch, Würzburg, Druck: Saladruck, Berlin.
Bindearbeiten: Lüderitz & Bauer, Berlin.
2156/3120 – Gedruckt auf säurefreiem Papier.

Verzeichnis der Autoren

Beck, Rainer, Dr.
Gebr.-Wright-Straße 27, 5300 Bonn 1

Drechsel, Horst, Dr.
Dr.-Remeis-Sternwarte, Sternwartstraße 7, 8600 Bamberg

Feitzinger, Johannes V., Prof. Dr.
Sternwarte der Stadt Bochum, Planetarium,
Castroper Straße 67, 4630 Bochum 1

Häfner, Reinhold, Dr.
Universitätssternwarte, Scheinerstraße 1, 8000 München 80

Haupt, Hermann, Prof. Dr.
Institut für Astronomie, Karl-Franzens-Universität Graz,
Universitätsplatz 5, A-8010 Graz/Österreich

Heintz, Wulff-Dieter, Prof. Dr.
Department of Astronomy, Swarthmore College,
Swarthmore, PA 19081, USA

Herczeg, Tibor J., Prof. Dr.
Dr.-Remeis-Sternwarte, Sternwartstraße 7, 8600 Bamberg

Kunert, Adolph, Dipl.-Hdl., Studiendirektor i.R.
Wilhelm-Foerster-Sternwarte, Munsterdamm 90, 1000 Berlin 41

Leinert, Ch., Dr.
Max-Planck-Institut für Astronomie, Königstuhl 17, 6900 Heidelberg

Neckel, Thomas, Dr.
Max-Planck-Institut für Astronomie, Königstuhl 17, 6900 Heidelberg

Petri, Winfried, Prof. Dr.
Unterleiten 2, 8162 Schliersee

Roth, Günter Dietmar, Dipl.-Kfm.
Ulrichstraße 43, Irschenhausen, 8021 Icking/Isartal

Schmeidler, Felix, Prof. Dr.
Mauerkircherstraße 17, 8000 München 80

Vorwort zur vierten Auflage

Kosmische Phänomene in ihren vielen Varianten mit objektiven Meßmethoden quantitativ zu erfassen, ist nicht nur Aufgabe der empirischen Astronomie. Es ist das wichtige Anliegen des Handbuches, auch dem astronomisch interessierten Laien, dem Amateurastronomen ebenso wie dem Lehrer in der Schule, Anleitungen für die praktische astronomische Betätigung zu geben. Daran hat sich gegenüber der 1. Auflage von 1960 nichts geändert.

Geändert haben sich dagegen die technischen und organisatorischen Voraussetzungen auf verschiedenen Gebieten. Teleskope sind größer und leistungsfähiger geworden. Technische Hilfsmittel zum Beispiel auf den Gebieten Photographie, Photometrie und Spektroskopie werden von manchen Amateurastronomen professionell gehandhabt. Elektronische Hilfsmittel findet man auf Privatsternwarten ebenso wie auf Schulsternwarten. Solchermaßen ausgerüstet, sind dem Sternfreund heute Beobachtungsaufgaben möglich, die beispielsweise von der lichtelektrischen Photometrie Kleiner Planeten und Veränderlicher Sterne bis hin zu hochaufgelösten photographischen Untersuchungen von Galaxien reichen.

Diese Entwicklung hat in der 4. Auflage in allen Kapiteln ihren Niederschlag gefunden. Die Darstellung neuer Hilfsmittel, Methoden und Aufgabenstellungen hat eine erhebliche Umfangserweiterung notwendig gemacht. Das hat zur Herausgabe in zwei Bänden geführt.

Band 1 behandelt die instrumentellen Grundlagen für astronomische Beobachtungen und Messungen mit den Mitteln des Amateurs. Dazu gehören auch die wichtigsten Verfahren zur Aufzeichnung von Lichtintensitäten und ihrer qualitativen Analyse: Photographie, Photometrie und Spektroskopie. Neben den Beobachtungen im optischen Bereich werden die instrumentellen Grundlagen für die radioastronomische Beobachtung beschrieben. Zur Organisation von Beobachtungen gehören deren Auswertung und rechnerische Bearbeitung sowie der Umgang mit Literatur und Nomenklatur ebenso wie mit der Geschichte der Astronomie.

Völlig neu für Band 1 der 4. Auflage bearbeitet beziehungsweise neu eingefügt worden sind folgende Kapitel: „Die Fernrohre und ihre Zusatzgeräte“ (H. Nicklas), „Teleskopmontierungen und ihre elektrischen Einrichtungen“ (H. G. Ziegler), „Astrophotographie“ (B. Koch, N. Sommer), „Grundlagen der Photometrie“ (H. Duerbeck,

M. Hoffmann) und „Geschichte der modernen Astronomie“ (G. D. Roth).

Band 2 stellt die Objekte der astronomischen Beobachtung im einzelnen vor und erläutert Beobachtungsaufgaben und die Auswertung. Neben den Objekten des Sonnensystems ist die Darstellung der Fixsternwelt, der Milchstraße und den extragalaktischen Systemen gewidmet. Zu Band 2 gehören auch ein erweiterter Tabellenteil und ein Literaturverzeichnis für beide Bände. In diesem Anhang befindet sich auch der überarbeitete Beitrag „Astronomische Lehrmittel“ (A. Kunert).

Völlig neu für Band 2 der 4. Auflage bearbeitet beziehungsweise neu eingefügt worden sind folgende Kapitel: „Die Sonne“ (R. Beck und Mitarbeiter), „Mondfinsternisse“ (H. Haupt), „Leuchtende Nachtwolken, Polarlichter, Zodiakallicht“ (Ch. Leinert), „Sterne“ (Th. Neckel), „Veränderliche und Neue Sterne“ (H. Drechsel, T. Herczeg), „Die Milchstraße und ihre Objekte“ (Th. Neckel) und „Extragalaktische Objekte“ (J. V. Feitzinger).

Allen Autoren danke ich auch an dieser Stelle für die gute Zusammenarbeit. Als neue Mitarbeiter begrüße ich die Herren Dr. Rainer Beck und seine Mitautoren V. Gericke, H. Hilbrecht, C. H. Jahn, E. Junker, K. Reinsch und P. Völker von der Fachgruppe Sonne der „Vereinigung der Sternfreunde“, Dr. Horst Drechsel, Dr.-Remeis-Sternwarte Bamberg, Priv.-Doz. Dr. Hilmar Duerbeck, Astronomisches Institut der Universität Münster, Professor Dr. Johannes V. Feitzinger, Astronomisches Institut der Ruhr-Universtität Bochum, Professor Dr. Hermann Haupt, Institut für Astronomie der Universität Graz, Professor Dr. Tibor J. Herczeg, Dr.-Remeis-Sternwarte Bamberg, Dr. Martin Hoffmann, Dipl.-Phys. Bernd Koch, Treugesell Verlag Düsseldorf, Dr. Christoph Leinert, Max-Planck-Institut für Astronomie Heidelberg, Dr. Thomas Neckel, Max-Planck-Institut für Astronomie Heidelberg, Dr. Harald Nicklas, Universitätssternwarte Göttingen, Dipl.-Phys. Norbert Sommer, Treugesell Verlag Düsseldorf.

Bei der Planung der 4. Auflage war mir der Rat der Herren Professor Dr. F. Schmeidler, München, und Dr. H. J. Staude, Chefredakteur der Zeitschrift für Astronomie Sterne und Weltraum, sehr wertvoll. Mein Dank gilt ihnen auch an dieser Stelle.

In dankenswerter Weise hat Herr Dr. Wolfgang Gruschel, Konstanz, aktuelles Daten- und Zahlenmaterial für den Tabellenteil im Anhang von Band 2 zur Verfügung gestellt. Für die Zurverfügungstellung von Abbildungen und Tabellen danke ich den Herren C. Albrecht, Freiburg, H. Haug und Mitarbeitern des Arbeitskreises Planetenbeobachter der Wilhelm-Foerster-Sternwarte Berlin und J. Meeus, Erps-Kwerps (Belgien).

Für den Verlag hat Herr Professor Dr. W. Beiglböck das umfangreiche Projekt betreut und zahlreiche Anregungen eingebracht. Frau Christine Pendl hat es übernommen, die Manuskripte für die Drucklegung vorzubereiten. Autoren und Herausgeber sind für diese mühevolle Arbeit sehr dankbar.

Irschenhausen, Sommer 1989 Günter D. Roth

Vorwort zur ersten Auflage

Seit dem Erscheinen der letzten ähnlichen deutschsprachigen Publikation sind Jahrzehnte vergangen. Der Mangel ist von den astronomisch Interessierten allgemein empfunden worden. Im Zeichen der Weltraumfahrt dringt astronomisches Wissen immer mehr in die Öffentlichkeit. Die praktische Beobachtung am Fernrohr bringt die wertvollste Vertiefung dieser Kenntnis für den Sternfreund. Der Lehrwert dieser Schulung ist von *hohem pädagogischem Nutzen.* Zum anderen kann die systematische Amateurarbeit auch Hilfsdienste für die Fachwissenschaft leisten.

Unter diesen Gesichtspunkten will das vorliegende Handbuch mit vielseitigen Ratschlägen dienen. Das Buch will gleichzeitig die *Vielseitigkeit der angewandten Astronomie* aufzeigen, so wie sie sich für den Sternfreund ergibt: auf mathematisch-physikalischem, feinmechanisch-optischem und nicht zuletzt auch sozialem Gebiet. Über den Kreis der Amateurastronomen hinaus wendet sich das Handbuch an Dozenten, Lehrer, Studenten und Schüler. Es will ihnen Leitfaden sein für das astronomische „Experiment", wie es im Unterricht an Grund-, Mittel-, Fach- und Oberschulen, sowie an Akademien und Volkshochschulen gepflegt werden soll.

Das weite Gebiet der Himmelskunde zwang notwendigerweise zu einer Beschränkung in der Stoffauswahl. Die Darstellung allgemeiner astronomischer Tatsachen ist bewußt zugunsten von Anleitungen zur selbständigen Arbeit zurückgestellt worden. Aber auch diese können aus einem reichen Stoff nur eine *Auswahl* bringen. Elementare astronomische, mathematische und physikalische Kenntnisse, wie sie die Oberschule vermittelt, müssen dabei als bekannt vorausgesetzt werden. Das Literaturverzeichnis und die Hinweise im Text geben genügen Anregungen, wie der Leser zu weiteren Quellen sachlicher Ergänzungen vorstoßen kann.

Die Benutzung wird durch die Gliederung im Inhaltsverzeichnis und das Sachwortregister erleichtert. Die Zweiteilung des Inhalts in Theorie und Praxis ist nicht streng wörtlich aufzufassen. Es werden mit ihr vor allem allgemeine und spezielle Abschnitte getrennt. Die Eigenart der Autoren ist bei den einzelnen Abschnitten erhalten geblieben; die zahlreichen Verweisungen im Text schaffen jedoch den notwendigen Zusammenhang zum Ganzen.

Die Stoffauswahl ist den *modernen* astronomischen Belangen angepaßt. Neuzeitliche Instrumente, Maksutow-Teleskop und Radio-Teleskop, werden ebenso erläutert wie das aktuelle Forschungsgebiet der künstlichen Erdsatelliten. Möglichkeiten der Himmelsphotographie werden ausführlich erörtert. Ein Kapitel über angewandte Mathematik für Amateurastronomen soll besonders Voraussetzungen zur selbständigen Reduktion der Beobachtungen schaffen. Wissenschaftlich ergiebige Arbeitsgebiete, Sonne, Sternbedeckungen, Planeten, Sternphotometrie, sind umfangmäßig reichhaltig ausgestattet worden. Die Verwendung eines astronomischen Jahrbuchs bzw. Kalenders als Ergänzung zum vorliegenden Handbuch, muß jedem Benutzer ebenso *selbstverständlich* nahegelegt werden wie der Gebrauch von astronomischen Karten und Katalogen. Auch muß der Benutzer astronomische Zeitschriften konsultieren, um den zeitloseren Rat des Handbuchs mit den neuen, fortschreitenden Tatbeständen zu vereinen.

Als Herausgeber statte ich auch an dieser Stelle meinen Herren Mitarbeitern für ihre verständnisvolle und freundschaftliche Mitwirkung während der Planung und Ausarbeitung des Handbuchs meinen aufrichtigen Dank ab. In zahlreichen Gesprächen zwischen Autoren und Herausgeber sind Form und Inhalt des Werkes gewachsen. Mit dem Dank an die Mitarbeiter verbinde ich das Gedenken an Herrn Professor Dr. Wilhelm Rabe, München, der von Anfang an das Vorhaben warm unterstützt hat. Ein tragisches Schicksal hat seine Mitarbeit unmöglich gemacht.

München, im Frühjahr 1960 Günter D. Roth

Inhaltsverzeichnis Band 2

Inhaltsverzeichnis Band 1

1 Die Sonne

R. Beck, V. Gericke, H. Hilbrecht, C. H. Jahn, E. Junker, K. Reinsch und P. Völker*

1.1 Einleitung

Der Faszination der Sonne kann sich kein Amateurastronom entziehen: Ihr Anblick ändert sich von Tag zu Tag, bisweilen von Stunde zu Stunde. An keinem zukünftigen Tag wird die Sonne wieder so aussehen wie heute! Eine Vielfalt von Phänomenen läßt sich bereits mit kleinen Teleskopen beobachten, sogar mitten in der Großstadt. Zu den angenehmen Seiten der Sonnenbeobachtung gehört auch, daß die Nachtruhe nicht geopfert werden muß.

Die Amateur-Sonnenbeobachtung in Deutschland kann auf eine lange Tradition zurückblicken. Die erste überregionale Zusammenarbeit wurde 1917 eingerichtet, als die GEDELIA (Gesellschaft der Liebhaberastronomen) ihre Sonnensektion gründete, die sie DARGESO (Deutsche Arbeitsgemeinschaft für Sonnenbeobachtung) nannte. Die GEDELIA stellte ihre Aktivitäten in den 20er Jahren bereits ein, die DARGESO bestand noch bis 1965 (Stempell [2]). 1969 sammelten sich die Sonnenbeobachter in der Fachgruppe Sonne der VdS (Vereinigung der Sternfreunde e.V.). Die Gründung des Mitteilungsblattes „SONNE" im Jahr 1977, dessen Redaktionsteam auch die Betreuung der VdS-Fachgruppe Sonne übernahm, brachte entscheidende Impulse für die Zusammenarbeit in zahlreichen Beobachtungsprogrammen (s. [1]).

Auf vielen Gebieten sind nur noch Amateure zeitlich in der Lage, das vorhandene Beobachtungsmaterial zu erweitern und dadurch traditionsreiche Beobachtungsreihen fortzusetzen. Die Auswertung kann durchaus zu neuen wissenschaftlichen Ergebnissen führen.

1.2 Die Beobachtung der Sonne (H. Hilbrecht)

1.2.1 Wahl des Beobachtungsortes

Der Beobachtungsort hat großen Einfluß auf die Qualität der Beobachtung, da Beobachtungen unter schlechten Bedingungen bei aller Sorgfalt und bester technischer Ausrüstung nicht verbessert werden können. Es fällt gerade bei Amateurastronomen auf, daß ganz erhebliche Summen für Instrumente und Hilfsmittel ausgegeben werden, dieser Aufwand aber durch die Qualität des Beobachtungsorts oft nicht

* Fachgruppe Sonne der Vereinigung der Sternfreunde e.V.

gerechtfertigt ist. Dies betrifft auch die Standortwahl für Volkssternwarten und Aussenstationen, sofern eine Auswahl von Bauplätzen möglich ist.

Einige Erfahrungen der Fachastronomie sind von Kiepenheuer [3] zusammengefaßt und von Müller [4] für den Amateurastronomen dargestellt worden. Abbildung 1 zeigt einige typische Standorte von Sonnenteleskopen in Mitteleuropa. Grundsätzlich soll der Sehstrahl über homogenes Gelände führen, d. h. sich gleichartig erwärmendes beziehungsweise abkühlendes Gebiet. Sehr ungünstig sind bebaute Flächen (Häuser und Straßen), da sie sich schnell erwärmen und abkühlen und sich mit der Heißluft aus Schornsteinen besonders im Winter das bekannte „Flirren" der Luft – also Luftunruhe – einstellt. Ebenso ungünstig sind Getreidefelder, die Wärme nur geringfügig speichern und deshalb einen raschen Temperaturwechsel am Boden durch Erwärmung und Abkühlung (je nach Sonneneinstrahlung) verursachen.

Diese Temperaturveränderungen betreffen besonders die bodennahen Luftschichten, zum Beispiel Abbildung 1a. Dort sind die Beobachtungsbedingungen nur in den frühen Morgenstunden gut. Befindet man sich aber 10–20 m über der Ebene auf einem Turm (auch ein Hochhaus-Balkon kann als Turm wirken, wenn das Objektiv über die an der Hauswand erwärmte aufsteigende Luft hinausreicht), sind wesentliche Teile der bodennahen Turbulenzen ausgeschaltet, und die Beobachtungsbedingungen werden erheblich besser (Abb. 1b). Ein effektiver Wärmespeicher in der Umgebung des Teleskops verhindert am besten die störenden Temperaturschwankungen. Der beste Standort eines Teleskops liegt deshalb am Nordufer eines größeren Sees, aber auch größere geschlossene Waldgebiete mindern durch Verdunstung die Luftunruhe oft deutlich (Abb. 1c). Der Standort in Abbildung 1d befindet sich im Mittelgebirge, wo unabhängig von der Bewaldung aufwärts strömende Luftmassen Schlieren bilden und sich schon bald am Morgen die Bedingungen verschlechtern. Der Standort in

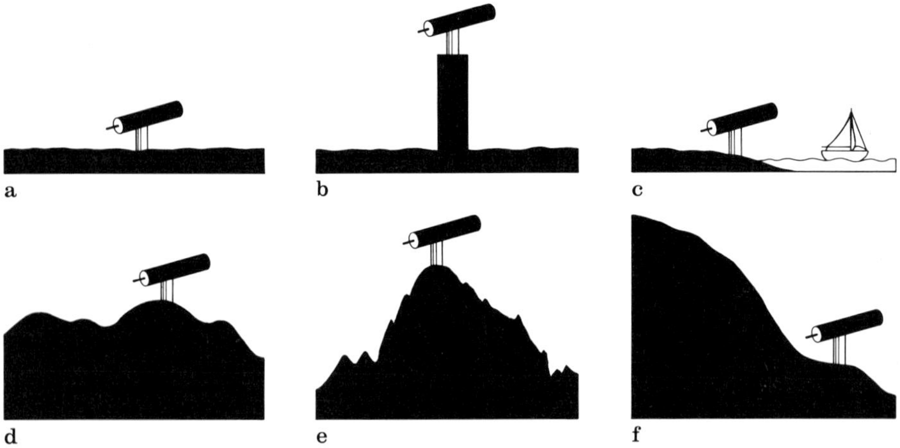

Abb. 1a–f. Verschiedene Standorte eines Sonnenteleskops. **a** Teleskop nahe am Boden in einer Ebene; **b** Teleskop auf einem freistehenden Turm in zirka 20 m Höhe in einer Ebene; **c** Teleskop einige Meter über dem Boden an einem nördlichen Seeufer; **d** Teleskop im Mittelgebirge auf einem mehr als 500 m hohen Berg mit gleichhohen Bergen in der Umgebung; **e** Teleskop auf einem zirka 1000 m hohen aufragenden Bergmassiv; **f** Teleskop in zirka 50 m Höhe an einem nach S oder SW abfallenden Hang eines höheren Gebirges vor einer Ebene. Umgezeichnet nach Kiepenheuer [3] und Müller [4]

Abbildung 1e stellt einen freistehenden Gipfel im Hochgebirge dar, wo in den frühen Morgenstunden sehr gute Bedingungen herrschen, die sich aber sehr schnell mit der Sonneneinstrahlung verschlechtern können. Der Standort in Abbildung 1f ist eine interessante Möglichkeit, die zu wenig berücksichtigt wird. Aufsteigende Luftmassen sorgen an einem mindestens 50 m über einer Ebene befindlichen Standort an einem Süd- oder Südwesthang für gleichmäßige Aufwinde, die für sehr gute Beobachtungsbedingungen sorgen. Die sehr guten Luftbedingungen mögen für die fehlende Sicht nach Norden entschädigen.

Besondere Sorgfalt verdient die Gestaltung der unmittelbaren Umgebung des Teleskops, da dort viel Luftunruhe entsteht. Auch hier gilt der Grundsatz, Erwärmung weitgehend zu unterbinden. Wege und Straßen sollten deshalb von Norden an die Sternwarte herangeführt werden. Die Umgebung sollte geschlossen begrünt sein – Wege und Parkplätze also möglichst abseits liegen. Bestehende Standorte sind oft noch sehr zu verbessern, das heißt, Quellen warmer Luftschlieren auszuschalten. Dabei muß der Beobachter sein Augenmerk auf die besonderen Eigenschaften seines Standorts richten, da hier nicht alle Möglichkeiten diskutiert werden können. Pflanzen Sie Büsche und Bäume reichlich und dicht in Ihrem Garten, da große Rasenflächen keine ausreichenden Wärmespeicher bilden. Wege und Flachdächer (falls bautechnisch möglich) werden am besten mit Weißkiesel bestreut. Oft ist auch eine Begrünung möglich.

Schiebe- oder Klappdachhütten bieten entscheidende Vorteile, da sich in Kuppeln Wärme staut und im Bereich des Kuppelspalts (unter Schlierenbildung) mit der Außenluft mischt. Die geöffnete Kuppeltür (Durchzug) kann die Bedingungen trotzdem erstaunlich verbessern. Hauswände, Dächer und Innenwände des Schutzbaus (Sternwarte, Balkon, Dachboden u.ä.) werden am besten mit Titanweiß gestrichen, was nicht nur sauber aussieht, sondern auch die Erwärmung der Flächen ausschließt. Abspritzen der Dächer mit Wasser (Gartenschlauch, Rasensprenger) schafft Kühlung, die besonders bei Teerdächern sehr wichtig ist. Das Wasser erwärmt sich aber rasch und schafft deshalb nur kurzfristige Verbesserungen. Auch Fußböden, Stative, Säulen, Stühle und vieles mehr erwärmen sich und sollten deshalb mit Titanweiß gestrichen sein. Die Wärmequellen werden um so störender, je näher sie am Teleskop liegen. Natürlich sollte der Standort eines Teleskops nicht beheizt sein, da der Wärmeausgleich mit der Umgebung besonders im Winter Stunden dauern kann. Kalte Füße vermeiden Sie, indem Sie sich auf Schaumstoff (z.B. Styropor, weiß!) oder Holz stellen.

Die meiste Luftunruhe entsteht am und im Teleskop. Dagegen ist die beste und teuerste Lösung ein Vakuumteleskop, das heißt, man pumpt „einfach" die störende Luft aus dem luftdichten Tubus. Dabei muß der versierte Bastler die Verbiegung optischer Teile und des Tubus durch die Luftdruckdifferenz berücksichtigen. Wirkungsvoll ist aber auch eine ringförmige Blende im Bereich des Objektivs, die bei der Beobachtung das Teleskop automatisch abschattet und ebenfalls den Kontrast auf dem Projektionsschirm deutlich verbessert. Die Taukappe sollte eventuell entfernt werden, um das Objektiv vom Wind kühlen zu lassen. Eine vollständige Abschattung des Teleskops während der Beobachtungszeit für zirka 10 Minuten alle 20 bis 30 Minuten hat sich sehr gut bewährt. Es lohnt sich auf jeden Fall, Verbesserungen am Standort zu prüfen und auszuprobieren. Löcher im Tubus können, müssen aber nicht zum Abfließen der Warmluft führen und die Bildqualität verbessern.

Wird der visuelle Beobachter außer durch die allgemein schlechtere Beobachtungsqualität nur mit höherem Zeitaufwand „bestraft", indem er ständig auf die kurzen Phasen „guter Luft" warten muß, so wirkt sich für den Sonnenphotographen (s. Abschnitt 1.10) ein schlechter Beobachtungsort durch unnötig hohe Kosten aus. Die Einsparung von Photomaterial im Laufe von Jahren sollte man durchaus gegen den Aufwand für einfache Baumaßnahmen aufrechnen. Es sollen jedoch von keinem der gegebenen Hinweise Wunder erwartet werden, da jede einzelne Maßnahme wohl kleine Verbesserungen bewirkt, aber erst die Gesamtheit der Verbesserungen zu optimalen Ergebnissen führt.

1.2.2 Beobachtungsbedingungen

Störend machen sich bei jeder Himmelsbeobachtung mit dem Teleskop die Effekte der Luftunruhe bemerkbar. Man unterscheidet Bildbewegung (engl. „image motion", Richtungsszintillation), die den scheinbaren Ort einer Lichtquelle am Himmel verändert, und „blurring", das Unschärfen im Bild erzeugt. Diese Effekte entstehen durch Temperaturunterschiede und Turbulenzen in der Atmosphäre, die die optischen Eigenschaften der Luft wie bei einer Linse verändert, die mehrmals je Sekunde Brennweite und Justierung wechselt.

Will man die Qualität einer Sonnenbeobachtung beurteilen, so sind Angaben über die Luftunruhe nötig. Gut bewährt hat sich dafür die von Jörg Dreyhsig und Klaus Reinsch leicht modifizierte Skala von Kiepenheuer [3]. Die *Ruhe* (R) des Bildes steht als Maß für die Bildbewegung, während die *Schärfe* (S) das „blurring" beurteilt.

Modifizierte Kiepenheuer-Skala:

RUHE (R)

1 Keine Bildbewegung erkennbar, weder am Rand noch auf der Scheibe
2 Bildbewegung 2″ nur am Rand nachweisbar, auf der Scheibe meistens nicht bemerkbar
3 Bildbewegung 4″ gut am Rand und auf der Scheibe sichtbar, wallender oder pulsierender Rand
4 Bildbewegung 8″ verhindert nahezu die Unterscheidung von Umbra und Penumbra (und damit die Schärfebeurteilung), stark wallender oder pulsierender Rand
5 Bildbewegungsamplitude 8″ erreicht Durchmesser von Flecken, heftig wallender oder pulsierender Rand

SCHÄRFE (S)

1 Granulation sehr gut sichtbar, Feinstrukturen in der Penumbra sichtbar
2 Granulation gut erkennbar, Penumbra gut sichtbar, aber nahezu ohne Feinstrukturen, Umbra-Penumbra-Grenze und Übergang (Pen-)Umbra zur Photosphäre scharf
3 Granulation nur andeutungsweise erkennbar, aber Strukturen der Oberfläche bei Bewegung des Sonnenbildes leicht nachweisbar, Umbra und Penumbra noch gut trennbar, aber ohne Feinstruktur, Übergang zur Photosphäre schwer zu begrenzen
4 Granulation nicht sichtbar, Umbra und Penumbra nur noch bei großen Flecken trennbar, Übergang zur Photosphäre verwaschen
5 Granulation nicht sichtbar, selbst bei großen Flecken kann zwischen Umbra und Penumbra kaum mehr unterschieden werden

Für manche Zwecke empfiehlt es sich, auch die Abweichung von den mittleren Beobachtungsbedingungen aufzuzeichnen, zum Beispiel bei langfristigen Fleckenzählungen (Relativzahl), da hier die Abweichungen von einer Beobachtungsreihe wesentlicher als ihre absolute Güte sind. Bei der Benutzung der folgenden Skala werden Luftunruhe, Schärfe, Durchsicht und andere bildverschlechternde Faktoren berücksichtigt. G (für „good“, gut) ist für die durchschnittlichen Beobachtungsbedingungen am Beobachtungsort reserviert, wobei „G“ für einen anderen Beobachter durchaus „P“ („poor“, schlecht) bedeuten kann, wenn dieser an einem besseren Standort arbeitet.

Skala zur Beurteilung der Beobachtungsbedingungen („Seeing“)

QUALITÄT (Q)

Excellent (sehr gut)	reserviert für Tage, an denen außergewöhnlich deutliche Details sichtbar sind;
Good (gut)	durchschnittliche Sichtbarkeit von Oberflächendetails auf der Sonne entsprechend den individuellen Gegebenheiten des Beobachters;
Fair (befriedigend)	unterdurchschnittliches Seeing, aber noch keine merkbare Beeinträchtigung;

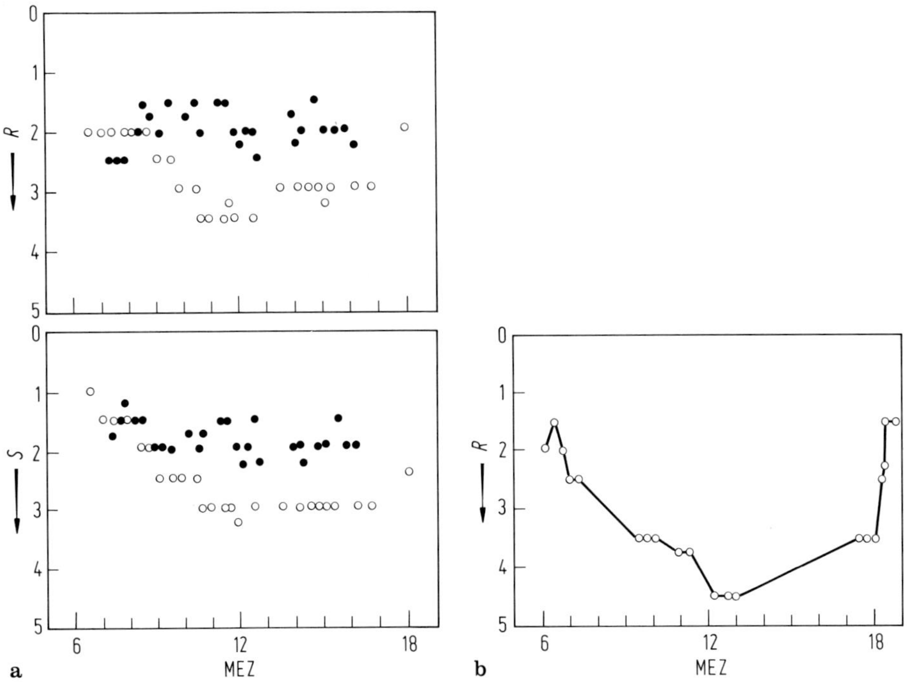

Abb. 2a, b. Tagesgänge der Ruhe und Schärfe des Sonnenbilds. **a** Nach Kiepenheuer [3] nach Beobachtungen vom 14. August 1962. Offene Kreise: Schauinsland-Observatorium/Schwarzwald; geschlossene Kreise: Rheinebene (Turmteleskop). *R* und *S* sind in der Ebene von einem Turmteleskop aus beobachtet in etwa konstant. Das Schauinsland-Observatorium zeigt deutlich bessere Beobachtungsbedingungen in den frühen Morgen- und Abendstunden – dagegen deutlich schlechtere zur Mittagszeit. **b** Ein Tagesgang von *R* auf dem Schauinsland-Observatorium am 22. August 1967 nach Brandt [5]. Ausgezeichnete Beobachtungsbedingungen herrschen nur für etwa eine Stunde am Vor- und Nachmittag. Der Zeitpunkt dieser Minima verschiebt sich mit der jahreszeitlichen Variation des Sonnenauf- und -untergangs

Poor (schlecht) erhebliche Bildstörungen, die den Wert der Beobachtung stark einschränken;
Worthless (wertlos) Sichtbedingungen so schlecht, daß eine Auswertung der Beobachtung nicht sinnvoll ist.

Abbildung 2 zeigt die Veränderungen von R und S über einen Tag – den Tagesgang der Luftunruhe. Normalerweise sind die Beobachtungsbedingungen 1 bis 2 Stunden nach Sonnenaufgang beziehungsweise vor Sonnenuntergang am besten, aber das Beispiel aus der Rheinebene zeigt auch das Gegenteil. Es lohnt sich also, Ihre lokalen Bedingungen zu untersuchen. Beobachtungen zur Mittagszeit, wie sie leider von den meisten Sonnenbeobachtern bevorzugt werden, werden aber im allgemeinen unter schlechtesten Bedingungen gemacht.

1.2.3 Protokollführung

Das früher gebräuchliche Beobachtungsbuch ist in der Sonnenbeobachtung weitgehend von losen Protokollbögen verdrängt worden, die sich leichter archivieren, auswerten und kopieren lassen. Ein allgemeines Übersichtsprotokoll zeigt Abbildung 3.

Spezialbeobachtungen werden anhand besonderer Protokolle aufgezeichnet. Für viele Beobachtungsprogramme sind Vordrucke zentral von der Wilhelm-Foerster-Sternwarte (Berlin) beziehbar, die von den dezentral arbeitenden Beobachtergruppen erstellt wurden. Als Beispiel ist das Protokoll der Relativzahlbeobachter im Abschnitt über die Sonnenaktivität (Abb. 11) abgebildet.

1.3 Die Sonnenflecken (R. Beck und K. Reinsch)

1.3.1 Entwicklung und Klassifikation von Sonnenflecken

Sonnenflecken sind ausgedehnte Regionen mit starkem Magnetfeld auf der Sonne, die aufgrund ihrer niedrigeren Temperatur (3000–3500 K) weniger sichtbares Licht abstrahlen als die ungestörte Photosphäre (5800 K). Ihre Größe reicht von 2000 km bis über 100 000 km. (Ein Winkel von 1 Bogensekunde entspricht einer Strecke von rund 700 km auf der Sonne; 1 Bogenminute entspricht rund 43 000 km.) Flecken mit Winkeldurchmessern unter 10″ werden *Poren* genannt. Größere Flecken bestehen meist aus *Umbra* und *Penumbra* (Abb. 4).

Die *Umbra* ist der dunkle Kern der Sonnenflecken. Bei direkter Beobachtung (z. B. mit einem Objektivfilter) werden bei geringer Luftunruhe Helligkeitsdifferenzierungen in ihr erkennbar. Mit größeren Teleskopen können *helle Punkte* beobachtet werden, die Durchmesser von nur rund 500 km besitzen, aber fast so hell wie die Photosphäre werden können. Durch Streuung in der Erdatmosphäre und Beugung am Objektiv erscheinen sie wesentlich größer. Ihre Lebensdauer beträgt 15 bis 30 Minuten.

Die *Penumbra* umgibt die Umbra und besteht aus hellen und dunklen *Filamenten*, die radial zur Umbra verlaufen. Die Breite der Filamente beträgt etwa 200 km (ent-

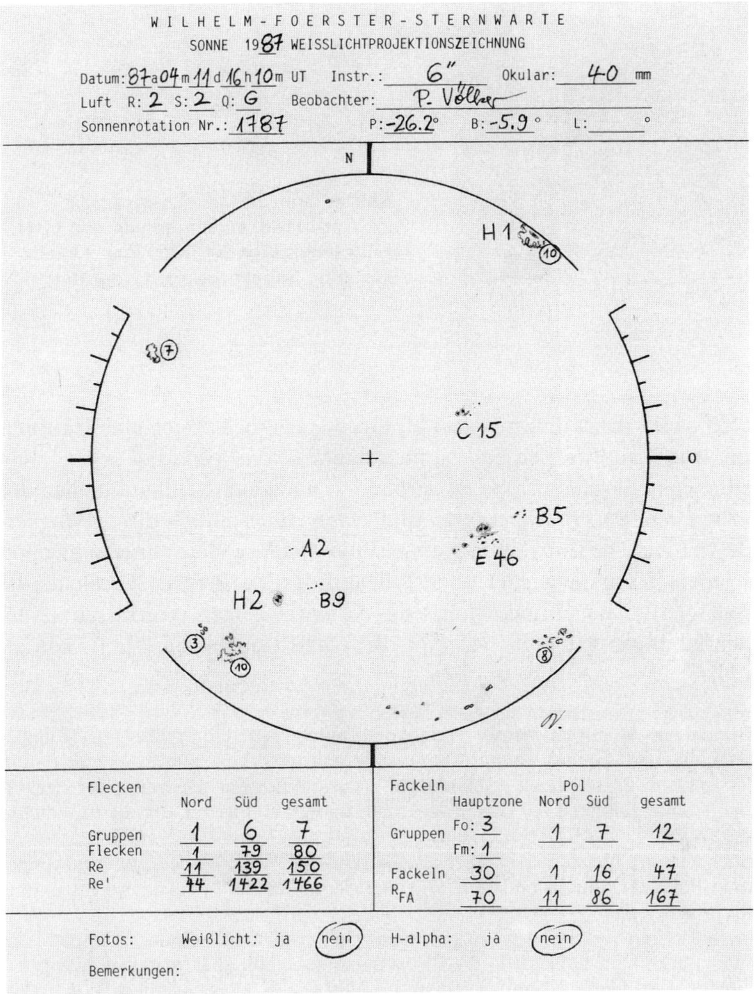

Abb. 3. Übersichtsprotokoll für eine Tagesbeobachtung der Sonne. Es enthält alle für den Amateur wichtigen Daten und läßt anhand der gezeichneten Fleckengruppen (im Kreis) auch deren Veränderungen im Laufe der Zeit erkennen

sprechend einem Winkel von 0.3″) und ihre Lebensdauer etwa 2 Stunden. Veränderungen und Teilungen lassen sich bereits innerhalb von einigen Minuten beobachten.

Das Verhältnis von Penumbra- zu Umbraradius ist abhängig vom Entwicklungszustand des Sonnenflecks und von der allgemeinen Sonnenaktivität. Im Maximum der Fleckentätigkeit ist die Umbra relativ zur Penumbra durchschnittlich größer als im Minimum. Die Zunahme der mittleren Magnetfeldstärke in Sonnenflecken vom Minimum zum Maximum wird als Ursache vermutet.

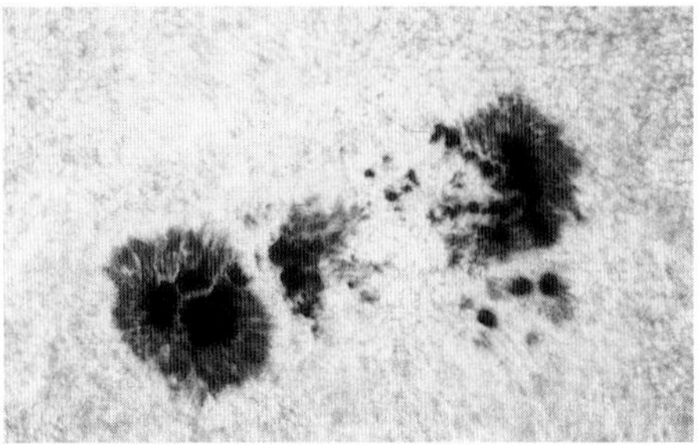

Abb. 4. Sonnenfleckengruppe vom 27. April 1986, aufgenommen von C. H. Jahn (Refraktor 200/3250 mm, Okular 12,5 mm, Sonnenprisma, Grünfilter)

Sonnenflecken treten meist in Gruppen auf. Große Gruppen zeigen eine Häufung von Flecken um zwei Hauptflecken und werden daher *bipolar* genannt.

Das Auftreten einer Fleckengruppe ist verbunden mit weiteren Phänomenen der Sonnenaktivität wie *Fackeln, Protuberanzen* und *Flares*, die sämtlich durch *Magnetfelder* verursacht werden. Die Entwicklung dieser Phänomene verläuft unterschiedlich schnell und in jedem Aktivitätsgebiet anders. Das folgende Beispiel versucht, die allgemeinen Eigenschaften der Entwicklung eines Aktivitätsgebiets zu erfassen. (Ausführlichere Beschreibungen gaben Newton [6], Bray und Loughhead [7], Wilson [8] und McIntosh [9].)

1. Tag: Ein Bündel von *Magnetfeldfasern* erreicht die Photosphäre. Überschreitet die magnetische Flußdichte 0,1 T (1000 Gauss), so werden *Fackeln* sichtbar.

2. Tag: Der erste kleine Sonnenfleck erscheint am Westrand des Fackelherdes. Der Fackelherd nimmt an Größe und Helligkeit zu. Das Magnetfeldbündel steigt weiter auf, die Flußdichte nimmt zu.

3. Tag: Ein oder mehrere Flecken erscheinen am Ostrand des Fackelherdes, mit entgegengesetzter magnetischer Polarität zum ersten Fleck. Die von Magnetfeld und Fackelherd eingenommene Fläche nimmt weiter zu.

4. Tag: Kleinere Flecken verschmelzen zu größeren. Der westliche Fleck der Gruppe bildet eine Penumbra. Der Fackelherd umschließt die Fleckengruppe, bleibt aber weiterhin kompakt. Das Magnetfeld zeigt eine deutlich bipolare Struktur. Die ersten *Flares* werden beobachtet. Kleine *Filamente* in der Nähe des westlichen Flecks sind noch nicht stabil.

5.–13. Tag: Am 5. Tag bildet auch der östliche Fleck eine Penumbra. Danach entstehen zahlreiche kleine Flecken zwischen den beiden Hauptflecken, bis die Gruppe ihre größte Ausdehnung erreicht. Die Helligkeit des Fackelherdes steigt weiter an, ebenso die vom Magnetfeld eingenommene Fläche. Die Flare-Aktivität erreicht ihr Maximum.

14.–30. Tag: Alle Flecken außer dem westlichen Hauptfleck verschwinden. Der Fackelherd ist stark ausgedehnt, beginnt aber zu schrumpfen. Die Flare-Aktivität nimmt ab. Die magnetische Flußdichte ist maximal, jedoch nimmt die eingenommene Fläche ab. Ein stabiles Filament von rund 50 000 km Länge zeigt in Richtung auf den westlichen Fleck.

30.–60. Tag: Auch der westliche Fleck schrumpft und verschwindet. Die Helligkeit des Fackelherdes nimmt ab; er wird in kleinere Einzelflächen aufgespalten. Das Magnetfeld wird schwächer und irregulär. Das Filament nimmt an Länge zu, etwa um 100 000 km pro Sonnenrotation, und teilt das Aktivitätsgebiet in zwei Teile.

60.–100. Tag: Die chromosphärischen Fackeln verschwinden, die photosphärischen Fakkeln lösen sich weiter auf. Das Filament erreicht seine größte Länge und verläuft fast parallel zum Sonnenäquator.

100.–250. Tag: Es sind keine Fackeln mehr nachzuweisen. Das Filament löst sich zusammen mit dem Magnetfeld langsam auf.

Während die Sonnenfleckengruppe in diesem Beispiel nur eine Lebensdauer von 60 Tagen hat, ist das Magnetfeld rund 250 Tage lang nachzuweisen. Das Magnetfeld ist die Ursache der Sonnenaktivität: Ein Bündel magnetischer Feldlinien gelangt aus tieferen Zonen in die Photosphäre und dehnt sich dort wegen des geringeren Drucks in Form eines Bogens aus. Die beiden Durchstoßpunkte durch die Photosphäre markieren die beiden magnetischen Pole in einer Fleckengruppe. Die Details der Entstehung von Flecken sind noch unverstanden, zum Beispiel die Ausbildung der scharfen Grenzen zwischen Umbra, Penumbra und Photosphäre. Auch der Ursprung der solaren Magnetfelder wird lebhaft diskutiert (Mattig [10], Schüssler [11], Spruit [12], Giovanelli [13]).

Sonnenflecken sind ein kurzlebiges Phänomen. 90% aller Gruppen verschwinden nach spätestens 10 Tagen wieder, 50% bereits nach 2 Tagen. Andererseits erreichen die stabilsten Gruppen Lebensdauern von einigen Monaten. Die bisher langlebigste Gruppe wurde vom 15. März bis zum 3. August 1979 beobachtet (Fritz, Treutner und Vogt [14]). Die mittlere Lebensdauer einer Fleckengruppe von rund 10 Tagen variiert periodisch mit dem *langen Fleckenzyklus* (s. Abschnitt 1.3.5).

Nur bei rund 10% aller Gruppen hat der östliche Fleck die größte Lebensdauer, zu 40% dominiert dagegen der westliche Fleck. Außerdem ist die Fläche des westlichen Flecks im Mittel um 40% größer als die des östlichen Flecks.

Im Laufe der Entwicklung einer bipolaren Fleckengruppe zeigt der Winkel zwischen der Verbindungslinie der beiden Hauptflecken (Achse) und den Breitenkreisen eine typische Veränderung: Bei zunehmender Fleckenfläche nimmt dieser Winkel ab, erreicht ein Minimum zur Zeit maximaler Entwicklung und nimmt bei abnehmender Fleckenzahl wieder zu. Weiterhin hängt die mittlere Achsenneigung von der heliographischen Breite der Gruppe ab (Bendel [15]).

Die oben beschriebene typische Entwicklung einer großen Fleckengruppe regte Waldmeier im Jahr 1947 zur Einführung von *Fleckenklassen* an (Abb. 5):

A: Ein einzelner Fleck oder eine Gruppe von Flecken, ohne Penumbren und ohne bipolare Struktur;

B: Gruppe von Flecken ohne Penumbren in bipolarer Anordnung;

C: Bipolare Fleckengruppe, in der einer der beiden Hauptflecken von einer Penumbra umgeben ist;

D: Bipolare Gruppe, deren beide Hauptflecken Penumbren besitzen; mindestens ein Hauptfleck weist eine einfache Struktur auf. Länge der Gruppe weniger als 10° auf der Sonne (rund 120 000 km);

E: Große bipolare Gruppe; die beiden von Penumbren umgebenen Hauptflecken zeigen eine komplizierte Struktur. Zwischen den Hauptflecken befinden sich zahlreiche kleinere Flekken. Länge der Gruppe mindestens 10°;

F: Sehr große bipolare oder komplexe Fleckengruppe; Länge mindestens 15° (rund 180 000 km);

G: Große bipolare Gruppe ohne kleine Flecken zwischen den Hauptflecken; Länge mindestens 10°;

H: Unipolarer Fleck mit Penumbra; Durchmesser größer als 2.5° (rund 30 000 km);

J: Unipolarer Fleck mit Penumbra; Durchmesser kleiner als 2.5°.

Nur wenige Fleckengruppen (etwa 2%) durchlaufen alle Waldmeier-Klassen. Die meisten Gruppen erreichen ihre maximale Fläche bereits in einer der ersten Klassen

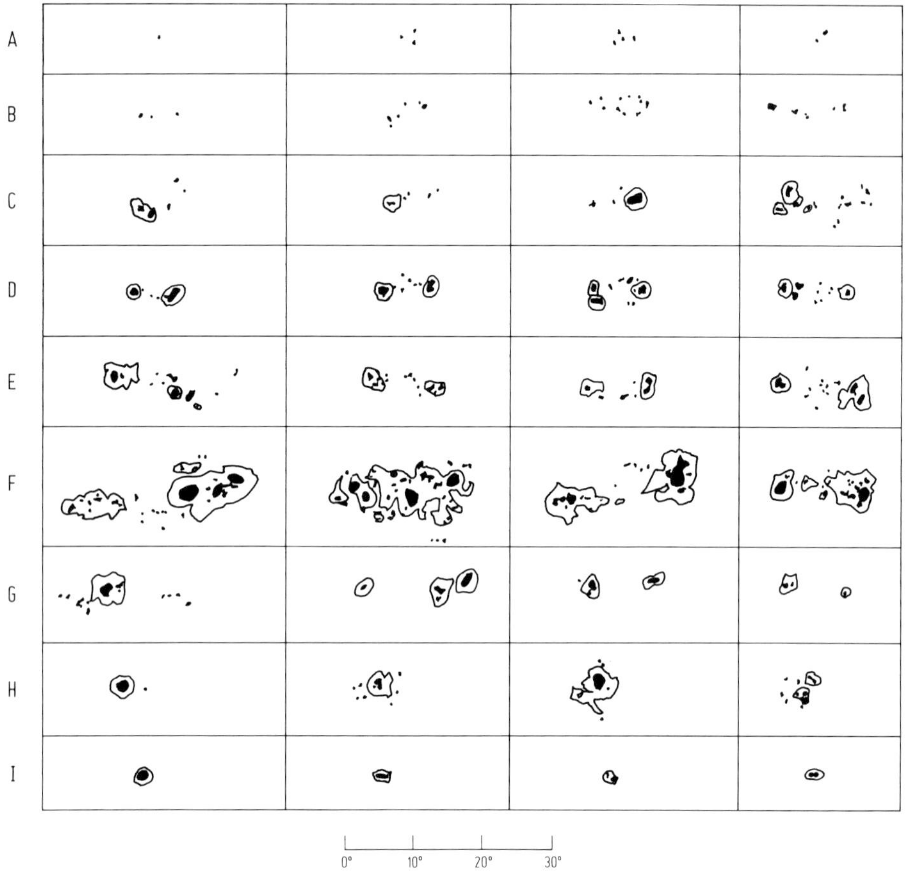

Abb. 5. Klassifikationsschema für Sonnenfleckengruppen nach Waldmeier

und bilden sich über die Klassen G, C oder J wieder zurück. Die maximale Fleckenzahl wird meist bereits im ersten Drittel der Lebensdauer einer Gruppe erreicht. Diese Asymmetrie der Entwicklungskurve nimmt mit der maximalen Entwicklungsstufe zu – in verblüffender Analogie zu einem der Waldmeierschen Gesetze der Fleckenzyklen (s. Abschnitt 1.3.5).

Eine wichtige Aufgabe für den Amateur ist die Häufigkeitsbestimmung der Fleckengruppen in den einzelnen Waldmeier-Klassen sowie deren zeitliche Änderung im Laufe des Fleckenzyklus. Verschiedene Fleckenklassen erreichen ihre größte Häufigkeit zu verschiedenen Zeiten im Zyklus (Künzel [16]).

Bei komplex aufgebauten Gruppen reicht das Waldmeier-Schema nicht zur Klassifikation aus. In der Fachastronomie wurde es daher geändert und erweitert. Das neue Schema erhielt den Namen *McIntosh-Klassifikation* [17] (Abb. 6).

Erster Buchstabe (groß): Entspricht der Waldmeier-Klasse, jedoch ohne die Klassen G und J. Die Klasse G wird je nach Ausdehnung zu E oder F gerechnet; die Klassen H und J werden zu H zusammengefaßt, so daß die Klasse H alle unipolaren Gruppen mit Penumbra umfaßt.

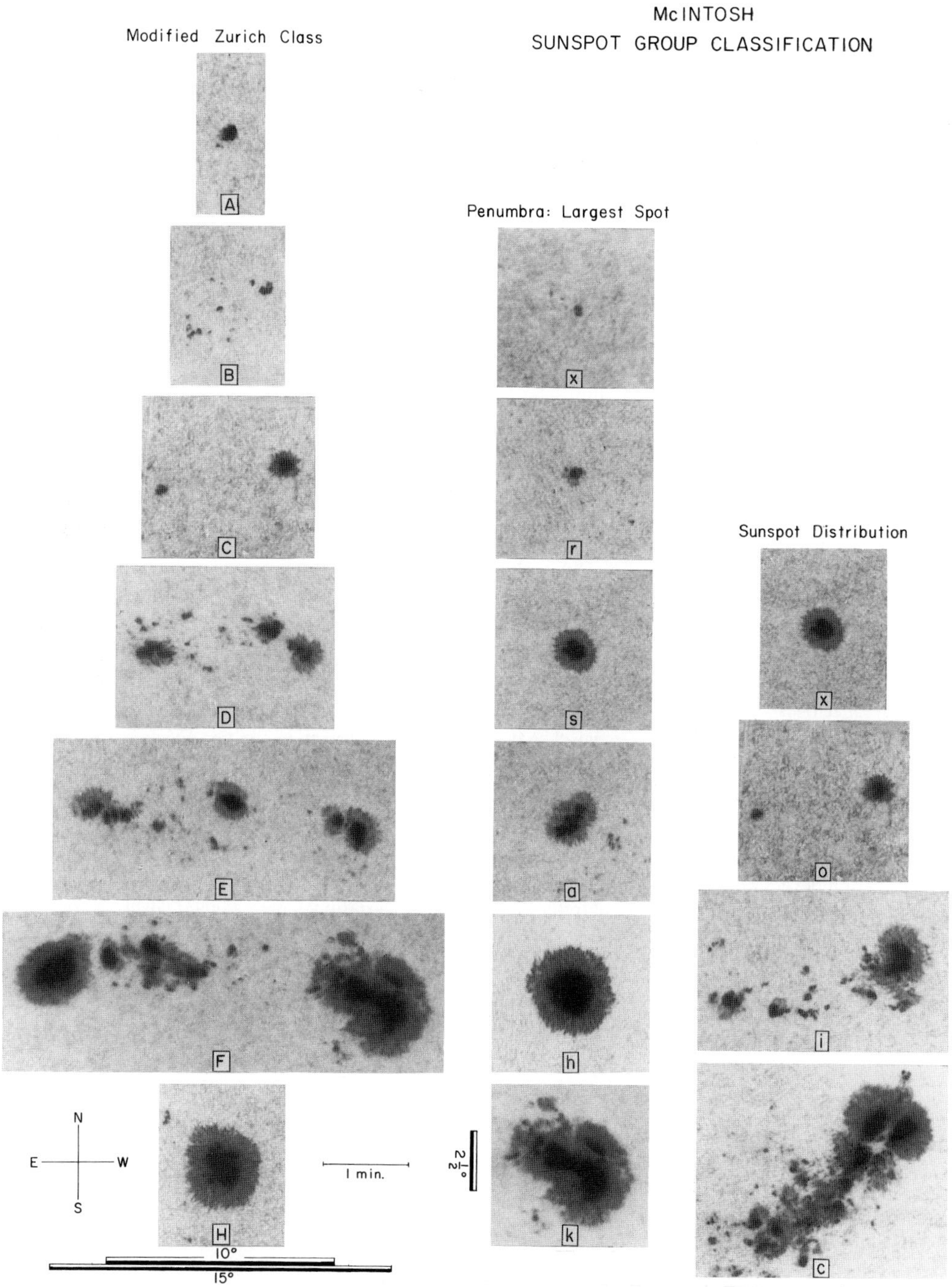

Abb. 6. Klassifikationsschema für Sonnenfleckengruppen nach McIntosh

Unipolare Gruppen sind, sofern kein Magnetogramm herangezogen wird, daran zu erkennen, daß der größte Abstand zwischen zwei Flecken (bzw. zwischen dem Penumbrarand des Hauptflecks und jedem anderen Fleck der Gruppe) 3° auf der Sonne nicht überschreitet. Erscheinen neue große Flecken in der Nähe eines H-Flecks, so handelt es sich im allgemeinen um die Geburt einer neuen bipolaren Gruppe, die als eigenständige Gruppe zu behandeln ist.

Der *zweite Buchstabe* (klein) der McIntosh-Klassifikation kennzeichnet das Aussehen der Penumbra des größten Flecks der Gruppe:

x – keine Penumbra;
r – rudimentäre (unvollständige) Penumbra; unregelmäßige Begrenzung; Breite nur etwa 2000 km auf jeder Seite; heller als normale Penumbren; granulare Feinstruktur. r-Penumbren sind der Übergang zwischen photosphärischer Granulation und normalen Penumbra-Filamenten;
s – symmetrische, nahezu kreisförmige Penumbra mit der typischen, radial nach außen gerichteten Filamentstruktur; Durchmesser weniger als 2.5° (30 000 km) auf der Sonne. Die Umbren des Flecks bilden einen kompakten Haufen in der Nähe des Zentrums der Penumbra. Zu dieser Klasse gehören auch elliptische Penumbren um eine einzelne Umbra. Flecken mit s-Penumbren verändern sich nur langsam;
a – asymmetrische oder komplexe Penumbra mit Filamentstruktur; Durchmesser weniger als 2.5° auf der Sonne. Die Begrenzung einer a-Penumbra ist unregelmäßig oder länglich; in ihr liegen zwei oder mehr Umbren verstreut. Flecken mit a-Penumbren verändern ihr Aussehen von Tag zu Tag;
h – symmetrische Penumbra wie Typ s, jedoch mehr als 2.5° Durchmesser;
k – asymmetrische Penumbra wie Typ a, jedoch mehr als 2.5° Durchmesser.

Überschreitet der Durchmesser 5°, so kann es als sicher angesehen werden, daß beide magnetischen Polaritäten innerhalb der Penumbra auftreten (bipolare Gruppe), so daß die Gruppe als Dkc, Ekc oder Fkc zu klassifizieren ist.

Der *dritte Buchstabe* (klein) kennzeichnet die Verteilung der Flecken innerhalb der Gruppe:

x – Einzelfleck;
o – offene Verteilung; das Gebiet zwischen den beiden Hauptflecken ist frei von Flecken, so daß die Gruppe deutlich aus zwei Teilen mit verschiedener magnetischer Polarität besteht. Entsprechend gering ist die Änderung der Magnetfeldstärke auf der Verbindungslinie zwischen den beiden Hauptflecken;
c – kompakte Verteilung; das Gebiet zwischen den beiden Hauptflecken ist mit vielen großen Flecken bevölkert, von denen mindestens ein weiterer eine Penumbra besitzt. Im Extremfall kann die gesamte Fleckengruppe von einer einzigen riesigen Penumbra umschlossen sein. In Gruppen mit einer c-Verteilung treten starke örtliche Variationen der Magnetfeldstärke auf, die die Entwicklung von Flares begünstigen;
i – Zwischentyp zwischen o und c, einige Flecken ohne Penumbren sind zwischen den Hauptflecken zu beobachten.

Der zweite und dritte Buchstabe der McIntosh-Klasse enthält grobe Informationen über die Struktur des Magnetfelds in der Gruppe. Statistische Untersuchungen, die auf dieser Klassifikation beruhen, gewinnen damit an Aussagekraft. Auch Amateure sollten daher die McIntosh-Klassifikation benutzen.

Eine weitere wichtige Größe zur Beschreibung des Entwicklungszustands einer Fleckengruppe ist die von ihren Flecken eingenommene *Fläche* F_i. Diese wird in Millionstel der sichtbaren Hemisphäre der Sonne (MH) angegeben, wobei die geometrische Verkürzung bei Annäherung an den Sonnenrand berücksichtigt werden muß:

$$F_i = 1\,000\,000\; F_i'/2\pi R^2/\cos\varrho_i .$$

F_i' ist die Fläche der Fleckengruppe auf dem Sonnenbild. R ist der Radius des Sonnenbildes und ϱ_i der Winkelabstand von Zentrum des Sonnenbildes. Dabei gilt in guter Näherung (vgl. Abschnitt 1.9.4)

$$\varrho_i = \arcsin(r_i/R).$$

r_i ist der Abstand des Schwerpunkts der Fleckengruppe vom Zentrum des Sonnenbildes. Die *Flächenzahl F* ist die Summe über die F_i aller Gruppen. Im Mittel ist die Flächenzahl F rund 17mal größer als die Relativzahl *Re* (s. Abschnitt 1.3.4) (Waldmeier [18]).

Die Fläche eines Flecks ist eng mit seiner Magnetfeldstärke verknüpft, und so spiegelt die Entwicklung der Fleckenfläche die Entwicklung des Magnetfeldes wider. Ein direkter Zusammenhang besteht zwischen der maximalen Fläche der Gruppe und ihrer Lebensdauer. Ähnlich wie die Fleckenzahl nimmt auch die Fläche einer Gruppe zu Beginn ihrer Entwicklung um so schneller zu, je höher das Maximum liegt. Nach dem Maximum der Entwicklung sinkt die Zahl der Flecken wieder schnell, während die Fläche vom langlebigen, westlichen Hauptfleck bestimmt wird und nur langsam abnimmt. Auch das Magnetfeld wird nur langsam schwächer.

Flächenmessungen von Flecken können am einfachsten auf einem stabil montierten und abgedunkelten Projektionsschirm vorgenommen werden, indem das Sonnenbild präzise gezeichnet und dann mit transparentem Millimeterpapier ausgemessen wird. Eine stabile Montierung, eine genaue Nachführung und ein nicht zu kleines Teleskop sind Voraussetzungen für erfolgreiche Flächenmessungen. Genauer ist die photographische Methode. Das Negativ eines Sonnenbilds kann in der Dunkelkammer vergrößert auf Millimeterpapier projiziert werden. Sonnenphotos ausreichender Qualität lassen sich bereits im Primärfokus eines 2zölligen Refraktors mit gutem Sonnenfilter gewinnen (s. Abschnitt 1.10). Die Brennweiten der Objektive von Teleskop und Vergrößerer sollten möglichst lang sein, um die Bildverzerrung klein zu halten. Der Aufwand an Zeit und Material ist gering, denn Abzüge von den Negativen sind nicht erforderlich.

Jedes Merkmal einer Fleckengruppe (Klasse, Achsenneigung, Fleckenzahl, Fläche, Größe und Helligkeit der begleitenden Fackel, Zahl und Art der Lichtbrücken, Flarehäufigkeit, etc.; vgl. spätere Abschnitte dieses Kapitels) kann in ihrem zeitlichen Verlauf als *Entwicklungskurve* dargestellt werden, die durch folgende Parameter charakterisiert wird:

a) das Zeitintervall (Lebensdauer der Fleckengruppe),
b) das Maximum,
c) die Fläche unter der Kurve,
d) die mittleren Steigungen des auf- und absteigenden Astes.

Statistische Auswertungen sollten von diesen Parametern ausgehen. Langfristige Beobachtungsreihen ermöglichen die Untersuchung der folgenden Fragen:

a) Ändern sich die Parameter der Entwicklungskurve im Verlauf des 11jährigen Fleckenzyklus? Falls ja, welche?
b) Welche Zusammenhänge bestehen zwischen den Parametern der mittleren Entwicklungskurve eines Merkmals?
c) Welche Zusammenhänge bestehen zwischen den mittleren Entwicklungskurven verschiedener Merkmale?

Während der Lebensdauer einer großen Fleckengruppe gibt es Phasen, in denen sich ihr Aussehen schnell ändert (Götz [19]). Flecken tauchen auf, andere verschwinden, neue Penumbren bilden sich, Lichtbrücken entstehen, Flecken ändern ihre Positionen zueinander (s. Abschnitt 1.9). Solche Veränderungen können innerhalb von Stunden oder Tagen beobachtet werden (Beck [20]). Kleine Flecken zeigen bisweilen Entwicklungen innerhalb von Minuten (Hedewig [21]).

Da das menschliche Auge leicht Täuschungen unterliegt, sind Photos von schnellen Veränderungen Zeichnungen vorzuziehen (s. Abschnitt 1.10). Dennoch ist auch bei Photos Vorsicht geboten, denn die Luftunruhe kann Strukturänderungen vortäuschen. Das beste Material zur Untersuchung schneller Entwicklungen sind Aufnahmeserien in einem Zeitabstand von 10 Minuten bis 1 Stunde: das ideale Beobachtungsprogramm für Wochenendbeobachter!

1.3.2 Lichtbrücken

In nahezu allen Sonnenflecken befinden sich helle Gebiete, die der Photosphäre ähnlich sehen. Da diese sich meist als schmale Zungen in die Flecken schieben, spricht man von *Lichtbrücken* (engl. *light bridges*). Oft bilden sich an gegenüberliegenden Seiten des Flecks zunächst Einbuchtungen, die sich bei fortschreitender Entwicklung aufeinander zubewegen und zu einer Brücke verbinden können. Der Fleck erscheint nun geteilt (Abb. 4). Neben diesen „klassischen" Lichtbrücken fallen besonders in älteren, stabilen Sonnenflecken (Klasse H und J; vgl. Abb. 5) helle Inseln auf, die mit der Zeit zur Photosphäre durchbrechen können.

Lichtbrücken stehen also in enger Beziehung zur allgemeinen Entwicklung von Fleckengruppen, die ohne Lichtbrückenbeobachtung nur unvollständig verfolgt wer-

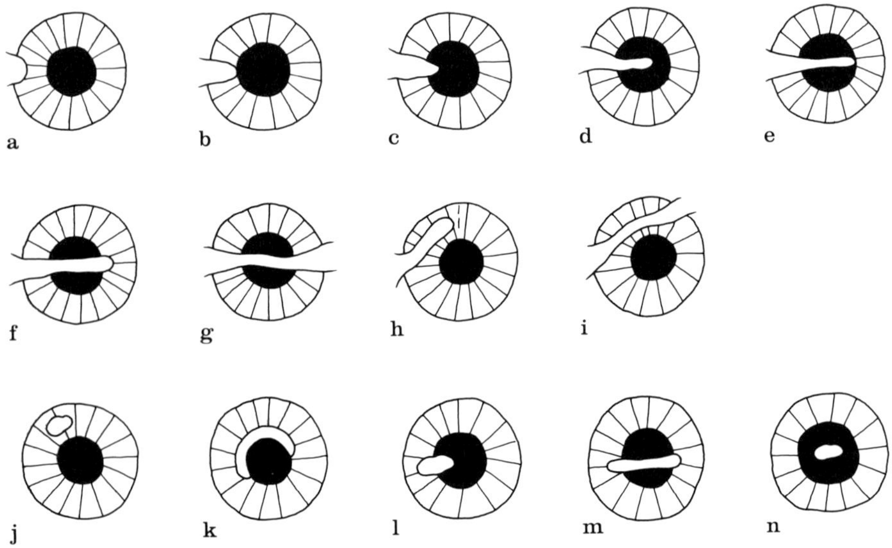

Abb. 7a–n. Typisierungsschema für Lichtbrücken nach Hilbrecht

den kann. Seit 1978 hat sich dafür das Typisierungsschema von Hilbrecht ([1], S. 401 ff.) bewährt, das in Abbildung 7 um den von Seebörger-Weichselbaum eingeführten Typ „n" erweitert wurde.

Untersucht man mit dieser Typisierung die Lichtbrückenentwicklung, so zeichnet sich ab, daß in der Früh- und Spätphase der Fleckenentwicklung (Klassen C, D, H und J) im Verhältnis zur Fleckenfläche und Fleckenzahl mehr Lichtbrücken auftreten als in aktiven Gruppen (Klassen E, F und G). Während in aktiven Gruppen Lichtbrücken von der Photosphäre aus weit in den Fleck vorstoßen und sich rasch entwikkeln, sind sonst eher langsame Veränderungen beobachtbar. Im Gegensatz zu C- und D-Gruppen treten aber „klassische" Lichtbrücken zugunsten von Inseln in H- und J-Gruppen in den Hintergrund, da Lichtbrücken bevorzugt Unregelmäßigkeiten im Fleckenumriß abgrenzen.

Amateurastronomen können mit langfristigen Beobachtungsreihen wertvolle Daten über Lichtbrücken erhalten und auswerten. Seit 1977 sammelt die VdS-Fachgruppe Sonne alle Amateurbeobachtungen und führt Beobachter in das Gebiet ein. Eine Beschreibung des Beobachtungsprogramms mit Ergebnissen aus der Fachastronomie und Literaturangaben veröffentlichte Hilbrecht in [1], S. 417 ff.

1.3.3 Wilson-Effekt

Im Jahr 1769 entdeckte Wilson folgendes Phänomen: Sonnenflecken, die in der Mitte des Sonnenbilds eine symmetrische Gestalt besitzen, erscheinen während ihrer Wanderung zum westlichen Sonnenrand hin in der Weise verformt, daß die zur Mitte gerichtete Hälfte der Penumbra immer schmaler wird und schließlich sogar verschwinden kann, während die andere Hälfte ihre Form nahezu beibehält (Abb. 8).

Abb. 8. Wilson-Effekt in einem Sonnenfleck und photosphärische Fackeln vom 4. Juni 1985, aufgenommen von C. H. Jahn (Refraktor 200/3250 mm, Okular 12,5 mm, Sonnenprisma, Grünfilter)

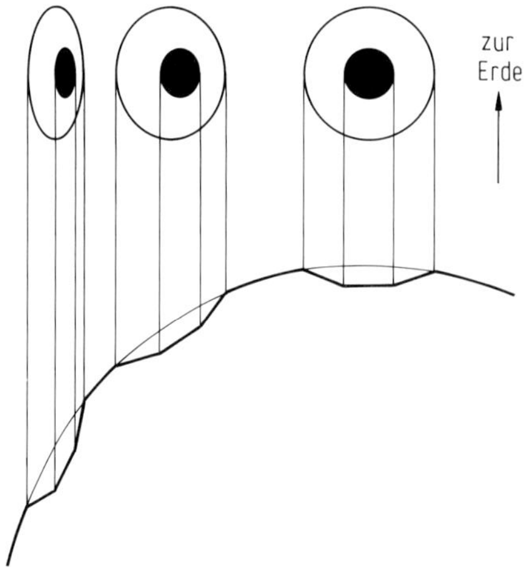

Abb. 9. Entstehung des Wilson-Effekts

Diese Erscheinung wird *Wilson-Effekt* genannt. Zur Erklärung nahm Wilson an, daß die Sonnenflecken eine Höhlung in der Sonnenoberfläche in Form eines Kegelstumpfes bilden und es sich daher um ein perspektivisches Phänomen handle (Abb. 9). Seine Berechnungen der Tiefe ergaben Werte von einigen Tausend Kilometern.

Die von den Sonnenphysikern entwickelten Modelle ähneln dem Kegelstumpfmodell Wilsons. Die Sonne besitzt jedoch keine feste Oberfläche, sondern sie ist eine Gaskugel mit kontinuierlich nach außen abnehmender Dichte. Die Umbra ist durchsichtiger als die Penumbra und diese wiederum durchsichtiger als die Photosphäre, so daß die Strahlung der Umbra aus tieferen Schichten stammt als die der Penumbra und der Photosphäre. Die gemessenen „Tiefen" liegen zwischen 500 und 1000 km, wobei die „Tiefe" mit der Größe des Flecks zunimmt (Wilson [22], Wittmann [23], Balthasar und Wöhl [24]).

Zur Untersuchung des Wilson-Effekts ist es notwendig, ein möglichst genaues Maß für seine Ausprägung festzulegen. Eine Bewertung nach der vielfach empfohlenen Punkteskala ist unzureichend. Präziser und aussagekräftiger ist das Verhältnis der scheinbaren Penumbrabreiten, das auf dem Projektionsschirm oder auf Sonnenphotos bestimmt werden kann (Jahn und Reinsch in [1], S. 393 ff.). Die „Tiefe" des Flecks folgt aus der Änderung der Penumbrabreite während der Wanderung zum westlichen Sonnenrand (oder vom östlichen Rand zur Mitte der Sonnenscheibe). Ziel der Messungen ist die Bestimmung der „Tiefe" in Abhängigkeit von Fleckengröße, Fleckenklasse und der Phase innerhalb des Fleckenzyklus.

1.3.4 Maßzahlen der Fleckenaktivität

Die Fleckenaktivität wird im allgemeinen durch eine einfache und weltweit benutzte Maßzahl beschrieben: Die *Sonnenfleckenrelativzahl.* Diese wurde von Wolf im Jahr 1848 eingeführt und ist die Grundlage für zahlreiche Untersuchungen von solar-terrestrischen Beziehungen. In der Amateurastronomie gehört die Bestimmung der Relativzahl zu den beliebtesten Beobachtungsprogrammen, da sie bereits mit den kleinsten Teleskopen durchgeführt werden kann.

Die Sonnenfleckenrelativzahl berücksichtigt neben der Anzahl der beobachteten Einzelflecken f auch die Anzahl der vorhandenen Sonnenfleckengruppen g, da das Auftreten der Flecken in Gruppenanordnung ein wesentliches Merkmal der Fleckenaktivität darstellt. Wolf versah die Gruppenzahl g sogar mit einem Gewichtsfaktor 10, um auszudrücken, daß das Auftreten einer neuen Gruppe 10fach höher bewertet wird als ein neuer Fleck innerhalb einer schon bestehenden Gruppe. Die Berechnung der Sonnenfleckenrelativzahl Re als Kombination von Einzelflecken- und Gruppenzahl erfolgt nach

$$Re = 10 \cdot g + f.$$

Beispiel: Wie groß ist die aus dem Beobachtungsprotokoll in Abbildung 3 ermittelte (Wolfsche) Sonnenfleckenrelativzahl Re? Es wurden beobachtet:

eine A-Gruppe mit	2 Einzelflecken,
eine B-Gruppe mit	5 Einzelflecken,
eine B-Gruppe mit	9 Einzelflecken,
eine C-Gruppe mit	15 Einzelflecken,
eine E-Gruppe mit	46 Einzelflecken,
eine H-Gruppe mit	1 Einzelfleck,
eine H-Gruppe mit	2 Einzelfelcken;

also 7 Gruppen mit zusammen 80 Einzelflecken.
Die Relativzahl beträgt daher: $Re = 10 \cdot 7 + 80 = 150.$

Die Einteilung der Flecken in Gruppen kann sich besonders in Zeiten hoher Aktivität als schwierig erweisen, wenn viele Gruppen eng benachbart sind oder komplizierte Strukturen aufweisen, die sich in das Klassifikationsschema nach Waldmeier (vgl. Abschnitt 1.3.1) nicht ohne weiteres einordnen lassen. Einige Regeln können hier weiterhelfen (Künzel, [25]):

- Flecken innerhalb eines Gebiets von etwa $5^\circ \times 5^\circ$ auf der Sonne werden zu *einer* Gruppe zusammengefaßt, wenn keine bipolare Struktur zu erkennen ist. Bipolare Gruppen dagegen können eine Länge von 20° und mehr erreichen.
- Zwei bis zu 15° in heliographischer Länge voneinander entfernte Einzelflecken sind als *eine* Gruppe anzusehen, wenn sie der Überrest einer großen, ehemals zusammenhängenden Gruppe sind.
- Eine bipolare Anhäufung von Flecken ist als *eine* Gruppe anzusehen, wenn ihr westlicher Teil die gleiche oder eine geringere Breite aufweist als ihr östlicher Teil. Die mittlere Neigung der Längsachse einer Gruppe beträgt 1° bis 2° in $\pm 10^\circ$ Breite und etwa 4° in $\pm 30^\circ$ Breite.
- Ein alleinstehender Einzelfleck wird als *eine* Gruppe gezählt.

Probleme kann auch die Zählung der Einzelflecken bereiten. Da die Entwicklung in einem stufenlosen Übergang Granulationsfehlstelle – Pore – Fleck erfolgt, läßt sich ein genauer Zeitpunkt der Geburt eines Flecks nicht angeben. Bei sehr ruhiger Luft scheint die Sonne mit kleinen A-Gruppen übersät zu sein; dabei handelt es sich zumeist um Vergrößerungen des intergranularen Raums mit einer Lebensdauer von wenigen Minuten, die bei der Relativzahl *nicht* mitgezählt werden. Für die Relativzahlstatistik wird nach Waldmeier ein Sonnenfleck wie folgt definiert:

Ein Sonnenfleck hat einen Durchmesser von mindestens 3″ und eine Lebensdauer von mindestens 30 Minuten.

Bei sehr großen Sonnenflecken treten häufig mehrere Umbren in einer gemeinsamen Penumbra auf. Dabei wird jede Umbra als Fleck gezählt, sofern sie von anderen Umbren vollständig getrennt ist. Verdickungen von Penumbra-Filamenten werden *nicht* als Fleck gezählt.

Die Sichtbarkeit und Wahrnehmung von Flecken und somit auch die Höhe der Relativzahl wird von zahlreichen Beobachtungsbedingungen beeinflußt:

- Atmosphärische Bedingungen (Luftunruhe, Bildschärfe, Wind, Wolken, Dunst u. a.),
- Instrument und Beobachtungsmethode (Objektivdurchmesser, Brennweite, Qualität der Optik, Vergrößerung, Filter, Montierung, Stabilität des Stativs),
- Beobachter (Augenqualität, Sorgfalt bei der Beobachtung, Erfahrung, physische und psychische Verfassung).

Um die unter verschiedenen Bedingungen erhaltenen täglichen Sonnenfleckenrelativzahlen miteinander vergleichen zu können, müssen diese zunächst auf eine Standardskala reduziert werden. Als internationale Standardbeobachtungen galten bis Ende 1980 die am Fraunhofer-Normalrefraktor mit 8 cm Öffnung und 110 cm Brennweite bei 64facher Vergrößerung auf der Zürcher Sternwarte seit über 100 Jahren ermittelten Relvativzahlen Re_{int}. Anfang 1981 hat das „Sunspot Index Data Center" (SIDC) in Uccle/Belgien die Sammlung, Auswertung und Veröffentlichung der internationalen Relativzahlen übernommen. Seitdem gelten diese Werte als Standardreihe.

Man findet sie zum Beispiel in den Zeitschriften „Sterne und Weltraum", „SONNE", „Die Sterne" und „Sky and Telescope" veröffentlicht.

Für jeden Beobachter und jedes Beobachtungsinstrument muß aus längeren Parallelbeobachtungen ein *Reduktionsfaktor k* bestimmt werden, mit dem die eigenen Relativzahlen auf die internationale Skala umgerechnet werden können. Dieser k-Faktor wird aus dem Verhältnis der Relativzahl-*Mittelwerte* in einem bestimmten Zeitraum (mindestens ein Jahr) zwischen der Standardreihe und der Reihe des Beobachters berechnet:

$$k = \overline{Re_{\text{int}}}/\overline{Re}.$$

Dabei dürfen die Mittelwerte $\overline{Re_{\text{int}}}$ und $\overline{Re}$ nur aus den Tagen gebildet werden, an denen Parallelbeobachtungen vorliegen.

Die Höhe des k-Faktors besagt *nichts* über die „Qualität" einer Beobachtungsreihe! Dagegen gibt die Streuung der k-Faktoren von Tag zu Tag beziehungsweise von Jahr zu Jahr Aufschluß über die (langfristige) Homogenität der Beobachtungsreihen. Jeder Beobachter sollte sich bemühen, nach einer Zeit der Einarbeitung die einmal gewählte Beobachtungsmethode beizubehalten und die Beobachtungsbedingungen soweit möglich konstant zu halten. Ist der k-Faktor eines Beobachters ermittelt, erfolgt die Reduktion seiner Beobachtungen auf die internationale Skala durch

$$Re_{\text{int}} = k \cdot (10 \cdot g + f) = k \cdot Re.$$

Die Relativzahl ist zwar ein einfach zu bestimmendes Maß der Sonnenaktivität, besitzt aber unter anderem den Nachteil, daß die Größe der einzelnen Flecken unberücksichtigt bleibt: Ein winziger A-Fleck trägt ebensoviel zur Relativzahl bei wie ein riesiger H-Fleck von 50 000 km Durchmesser.

Verschiedene, von der Wolfschen Methode abweichende Maßzahlen der Sonnenaktivität, die bisher vorgeschlagen wurden, um die Nachteile der Relativzahl zu überwinden, sollen nachfolgend vorgestellt werden.

Eine physikalisch sinnvolle Erfassung der Sonnenaktivität im weißen Licht sollte möglichst eng mit der Magnetfeldstärke auf der Sonne verknüpft sein. Dies trifft für die *Fläche* eines Sonnenflecks zu. Bei stabilen Flecken wächst die maximale Magnetfeldstärke im Zentrum mit der Fläche des Flecks. Die Messung von Fleckenflächen ist jedoch erheblich aufwendiger als die Relativzahlbestimmung (vgl. Abschnitt 1.3.1).

Die Vorzüge der Flächenzahl mit der einfachen Zählweise bei der Relativzahl zu verknüpfen, versucht die *Neue Relativzahl* oder zutreffender *Neue Flächenzahl Re'* nach Beck [26]. Sie nutzt die Erkenntnis aus, daß im Mittel das Verhältnis von Fleckenfläche zu Fleckenzahl für jeden Gruppentyp der Waldmeier-Klassifikation einen typischen Wert besitzt.

Bestimmt der Beobachter die Fleckenzahl und die Waldmeier-Klasse einer Gruppe, kann er daher die Fläche der Gruppe abschätzen, indem er die Fleckenzahl f_i mit einem Gewichtsfaktor G_i multipliziert, der dem mittleren Verhältnis von Fleckenfläche/Fleckenzahl für den Gruppentyp entspricht. Die Flächenzahlen aller Gruppen i werden addiert, und man erhält die Neue Flächenzahl Re':

$$Re' = G_1 \cdot f_1 + G_2 \cdot f_2 + G_3 \cdot f_3 + \ldots$$

Dabei werden folgende Gewichtsfaktoren G_i für die Waldmeier-Klassen benutzt:

Waldmeier-Klasse:	A	B	C	D	E	F	G	H	J
Gewichtsfaktor G_i:	4	4	8	18	25	36	50	44	37

Die höchsten Gewichtsfaktoren treten erst bei den späten Waldmeier-Klassen G, H und J auf, wenn die Fleckenzahl schon stark zurückgegangen, aber die Fläche der Hauptflecken noch groß ist.

Beispiel: Wie groß ist die Neue Flächenzahl Re' für die Beobachtung in Abbildung 3?
Die Neue Flächenzahl beträgt:

$$Re' = 4 \cdot 2 + 4 \cdot 5 + 4 \cdot 9 + 8 \cdot 15 + 25 \cdot 46 + 44 \cdot 1 + 44 \cdot 2 = 1466$$

Die Neue Flächenzahl Re' wird seit Anfang 1977 von Amateurbeobachtern bestimmt und mit der Sonnenfleckenrelativzahl sowie mit Flächenzahlen verglichen (s. Abb. 10).

Die Astronomische Arbeitsgemeinschaft e.V. Paderborn hat 1976 eine eigene Relativzahl, die *Paderborner Sonnenfleckenzahl* S_{PB}, definiert [27]:

$$S_{PB} = Gr + Grfp + Grf + Efp + Ef,$$

wobei Gr = Gruppen (d. h. Zahl der Phänomene mit mindestens 2 Umbren, also auch eine Penumbra mit 2 Umbren, aber keine Einzelflecken), $Grfp$ = Gesamtzahl aller Flecken mit Penumbra innerhalb der Gruppen, Grf = Gesamtzahl aller Flecken ohne

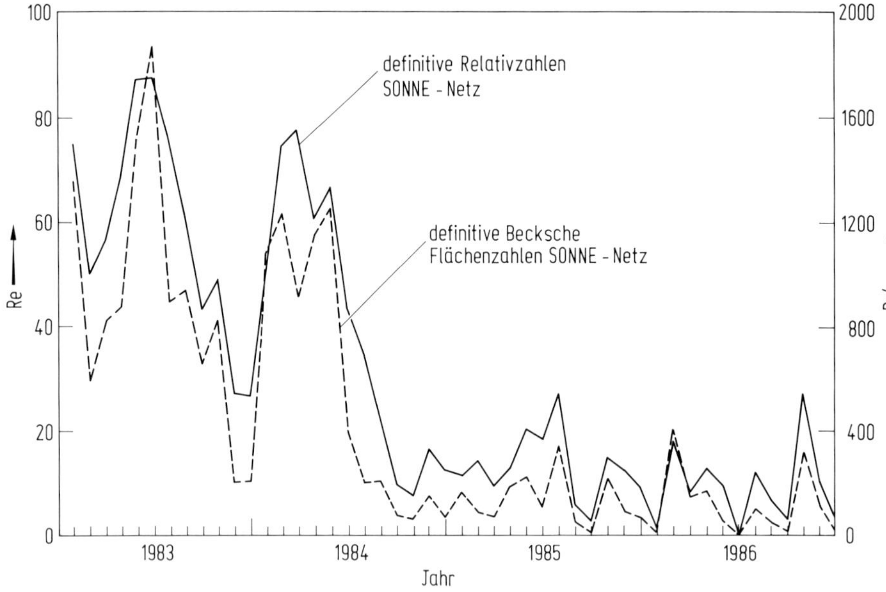

Abb. 10. Vergleich von Wolfscher Relativzahl *Re* und Neuer Flächenzahl *Re'* (nach Beobachtungen des SONNE-Relativzahlnetzes 1983–1986)

Penumbra in den Gruppen, *Efp* = Zahl der Einzelflecken mit Penumbra außerhalb von Gruppen, *Ef* = Zahl der Einzelflecken ohne Penumbra außerhalb von Gruppen. Die Paderborner Sonnenfleckenzahl gibt im Gegensatz zur Wolfschen Relativzahl Aufschluß über den Anteil von Flecken mit Penumbra sowie die Verteilung der Flecken auf Gruppen und Einzelflecken. Die einzelnen Summanden sind für die Auswertung wichtiger als die Summe S_{PB}. Wegen des fehlenden Gewichtsfaktors 10 für die Gruppenzahl entspricht S_{PB} etwa der Anzahl der Flecken in der Wolfschen Relativzahl.

Eine weitere Sonnenfleckenzahl, die die Ausbildung von Penumbren als Anzeichen hoher Sonnenaktivität berücksichtigt, stellte Pettis [28] vor:

$$SN = 10 \cdot p + s.$$

p ist die Anzahl der Flecken mit Penumbra, *s* diejenige der Flecken ohne Penumbra. Eine Penumbra mit mehreren Umbren darin wird als $p = 1$ gezählt. Über Erfahrungen mit der Fleckenzahl nach Pettis berichtet Götz in [29].

Überlegungen ähnlich denen, die zur Definition der Beckschen Flächenzahl geführt haben, liegen den von der Norwegischen Astronomischen Gesellschaft (NAS) eingeführten *Klassifikationswerten* (engl. „classification values") CV zugrunde [30]. Die CV-Werte geben größeren und komplexen Gruppen stärkeres Gewicht als kleinen Flecken. Das System basiert auf der McIntosh-Klassifikation der Fleckengruppen (vgl. Abschnitt 1.3.1), die 60 mögliche Klassen zuläßt. Diese Klassen werden in einer Reihenfolge angeordnet, die das höchste Gewicht (60) einer F-Gruppe mit großer symmetrischer Penumbra und komplexer Fleckenverteilung gibt. Ein einzelner A-

Fleck erhält den CV-Wert 1. Die CV-Werte aller Gruppen werden zusammengezählt und bilden die Maßzahl der Fleckenaktivität. Abgesehen von der etwas willkürlichen Definition der Gewichtsfaktoren für die Fleckenklassen, besitzt das CV-System den Vorteil, daß es ohne Fleckenzählung und ohne Flächenmessung auskommt, sondern lediglich die Einordnung aller Gruppen in die McIntosh-Klassifikation erfordert.

Die mit den einfachsten Mitteln zu bestimmende Fleckenzahl ist die Anzahl A der mit bloßem Auge sichtbaren Sonnenflecken [31]. Für die Beobachtung ist ein Dämpfglas oder ein geschwärztes Stück Film erforderlich. Diese Maßzahl ermöglicht einen Anschluß der heutigen Beobachtungen an Aufzeichnungen aus der vorteleskopischen Zeit. Die Sonnenfleckenbeobachtung mit dem bloßen Auge wird seit über 10 Jahren von Keller an der Zürcher Sternwarte durchgeführt. Ein Vergleich mit der Zürcher Relativzahlkurve zeigt nach Keller [32] eine gute Übereinstimmung.

Allen vorgestellten Maßzahlen der Sonnenaktivität ist gemeinsam, daß ihre täglichen Werte nur eine geringe Aussagekraft besitzen, da sie starken statistischen Einflüssen (z. B. Beobachtungsbedingungen) und Auswahleffekten (z. B. keine Berücksichtigung der Sonnenrückseite) unterliegen. Erst die Mittelung der täglichen Zahlen über mindestens eine Rotationsperiode (27 Tage) ergibt eine einigermaßen zutreffende Beschreibung der Sonnenaktivität.

Einem einzelnen Beobachter ist eine lückenlose Bestimmung der Fleckenaktivität aus Witterungs- und persönlichen Gründen nicht möglich. Daher empfiehlt sich die Zusammenarbeit mehrerer örtlich möglichst weit verteilter Beobachter, um eine kontinuierliche Überwachung der Sonnenaktivität zu erreichen und deren langfristigen Verlauf über Jahre und Jahrzehnte hinweg zu verfolgen.

Derartige Beobachternetze bestehen in mehreren Ländern. Das älteste Amateur-Netz ist das der amerikanischen AAVSO, deren Ergebnisse monatlich im „Solar Bulletin“ und in „Sky and Telescope“ veröffentlicht werden. In der Bundesrepublik Deutschland wurde 1977 ein Relativzahl-Beobachternetz gegründet, das inzwischen weltweit über 130 Mitarbeiter besitzt und von der Fachgruppe Sonne der Vereinigung der Sternfreunde betreut wird [1]. Die Ergebnisse sowie die Liste der mitwirkenden Beobachter werden vierteljährlich im Mitteilungsblatt „SONNE“ veröffentlicht. Weitere Beobachternetze erfassen die Neue Flächenzahl Re', die Paderborner Sonnenfleckenzahl S_{PB}, die Sonnenfleckenzahl nach Pettis SN und die „A“-Sonnenfleckenbeobachtungen von bloßem Auge.

Eine Musterliste zur Protokollierung von Relativzahlbeobachtungen ist in Abbildung 11 wiedergegeben. Zu jeder Beobachtung sollte neben der Gruppenzahl g, der Fleckenzahl f, der Relativzahl Re und der Neuen Flächenzahl Re' die Uhrzeit (in Weltzeit: UT) sowie die Ruhe R, die Schärfe S und die Qualität Q des Sonnenbilds (vgl. Abschnitt 1.2.2) eingetragen werden. Eine Unterteilung der Aktivität nach Gruppen und Flecken auf der Nord- beziehungsweise Südhalbkugel der Sonne (g_N, f_N, g_S, f_S) sollte nur in Verbindung mit der Positionsbestimmung von Flecken (vgl. Abschnitt 1.9) vorgenommen werden. Im Listenkopf werden Beobachtungsmonat und -jahr sowie die Angaben zum Beobachter und Instrument vermerkt. Eine ausführliche Ligatur und Listenvordrucke können Sie über die VdS-Fachgruppe Sonne beziehen [1] (Rückporto bzw. internationalen Antwortschein beifügen!).

---

[1] Nähere Informationen erhalten Sie über die Kontaktadresse: Peter Völker, c/o Wilhelm-Foerster-Sternwarte, Munsterdamm 90, D-1000 Berlin 41.

Sonnenaktivität im Monat													19..
Name:													
Anschrift:													
Instrument:			Refr./Refl.					Methode:			vis./Proj./fotogr.		
D:		mm / f:		mm				Verg./Proj. Φ					
Dat.	UT	R	S	g_n	f_n	g_s	f_s	g	f	Re	Re′	Q	Bemerkung
1													
2													
3													
4													
5													
6													
7													
8													
9													
10													
11													
12													
13													
14													
15													
16													
17													
18													
19													
20													
21													
22													
23													
24													
25													
26													
27													
28													
29													
30													
31													
Beob.:				Monatsmittel:									

Abb. 11. Musterliste zur Protokollierung von Relativzahlbeobachtungen

1.3.5 Fleckenzyklen

Die Sonne verändert ihr Antlitz von Tag zu Tag. Dabei erfolgt das Auftreten und Verschwinden einzelner Flecken unvorhersagbar. Erst die langjährige Beobachtung der Flecken läßt Gesetzmäßigkeiten erkennen. Am auffälligsten ist der zyklische Verlauf der Sonnenaktivität, der bereits 1843 von dem Amateurastronomen Schwabe bemerkt wurde. Die Häufigkeit der Sonnenflecken schwankt mit einer mittleren Periode von 11,1 Jahren. Diese sogenannten *11jährigen Sonnenfleckenzyklen* können mit Hilfe von Aufzeichnungen alter Beobachtungen mit dem bloßem Auge bis in die

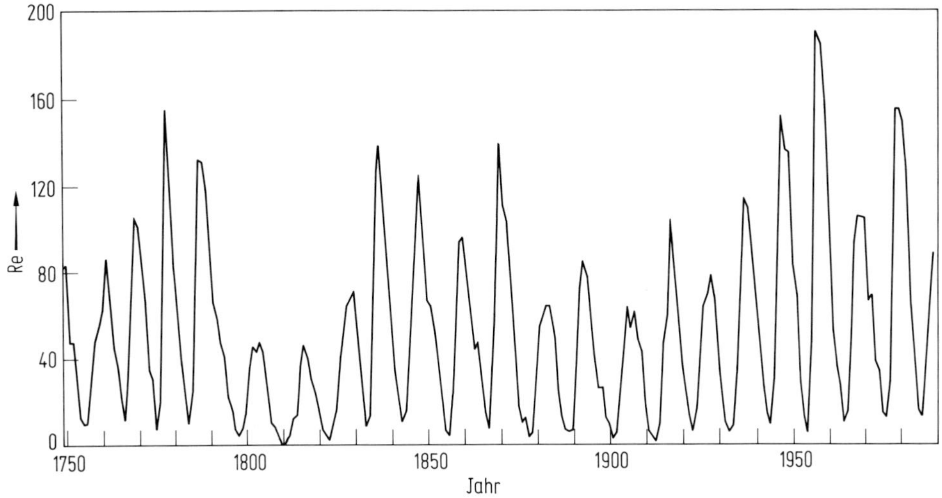

Abb. 12. Jahresmittel der Zürcher Relativzahlen von 1749 bis 1988 (Zyklus Nr. 0–22)

vorchristliche Zeit zurückverfolgt werden. Seit dem Beginn regelmäßiger teleskopischer Beobachtungen (1749) werden die Zyklen fortlaufend durchnumeriert. Abbildung 12 zeigt die Jahresmittel der Zürcher Relativzahlen in den Fleckenzyklen 0 bis 21. Der 22. Fleckenzyklus hat im Jahr 1986 begonnen.

Der dem Phänomen der Sonnenaktivität zugrunde liegende *magnetische Zyklus* umfaßt zwei Fleckenzyklen, besitzt also eine mittlere Dauer von 22 Jahren, in denen sich die magnetische Polarität der Sonnenfleckengruppen verändert.

Die Länge der einzelnen Fleckenzyklen schwankt zwischen 9,0 und 13,6 Jahren. Auch die Höhe der Maxima fällt recht unterschiedlich aus. Das bisher niedrigste Maximum weist der 6. Zyklus mit einem ausgeglichenen Monatsmittel von 48,7 auf. Dagegen erreichte der 19. Zyklus eine Maximumshöhe von 201,3. Während eines Minimums sind oft wochenlang keine Flecken auf der Sonne sichtbar. Im Maximum dagegen können häufig 10 bis 20 Sonnenfleckengruppen gleichzeitig beobachtet werden. Der Anstieg vom Minimum zum Maximum erfolgt um so schneller, je höher das Maximum liegt. Die mittlere Anstiegszeit beträgt 4,4 Jahre. Der Abstieg zum folgenden Minimum dauert dagegen im Mittel 6,5 Jahre. Nur bei sehr niedrigen Maxima sind Anstiegs- und Abstiegsdauer etwa gleich lang. Diese Gesetzmäßigkeiten in der Form der Fleckenzyklen wurden von Waldmeier [33] formuliert und können zur Fleckenvorhersage benutzt werden. Bendel und Staps [34] verbesserten die Koeffizienten der *Waldmeierschen Gesetze* durch Einbeziehung der Fleckenzyklen Nr. 19 bis 21 und Anwendung einer neuen Glättungsmethode („P 17"-Mittelung, s. u.).

Neben dem 11jährigen Zyklus wird ein *langer Fleckenzyklus* von etwa 80 Jahren vermutet (Gleissberg [35]), der sich in der Höhe der Maxima äußert. Jedoch reicht die Anzahl der bisher beobachteten langen Zyklen noch nicht aus, um seine genaue Dauer zu bestimmen und seine Existenz zweifelsfrei zu belegen.

Auch die Verteilung der Sonnenaktivität auf die Nord- und Südhalbkugel weist Asymmetrien auf, die mit dem Gleissberg-Zyklus in Verbindung gebracht wurden.

Beobachter, die die Möglichkeit zur Positionsbestimmung von Flecken besitzen (vgl. Abschnitt 1.9), sollten daher eine getrennte Erfassung der Flecken für beide Hemisphären vornehmen (s. auch Abb. 11).

Zur genauen Festlegung der Epochen von Sonnenfleckenminima und -maxima reicht die Betrachtung der Relativzahlmonatsmittel nicht aus, da diese hohen Streuungen unterliegen. Erst eine Glättung der Relativzahlkurve ermöglicht die Bestimmung der Zeitpunkte niedrigster und höchster Sonnenaktivität. Die Glättung erfolgt meist durch die Berechnung *ausgeglichener 13-Monatsmittel* („A 13"-Mittel). Dazu werden jeweils die Mittel von 13 aufeinanderfolgenden Monaten zusammengezählt. Die Mittelwerte des 2. bis 12. Monats werden doppelt gezählt und die erhaltene Summe durch 24 geteilt. Das Ergebnis ist das ausgeglichene Mittel für den 7. der betrachteten Monate. Das Verfahren wird fortgesetzt, indem der bisherige erste Monat unberücksichtigt bleibt und statt dessen die 13 Monatsmittel, beginnend mit dem bisherigen zweiten Monat, betrachtet werden. Die nach diesem Verfahren berechneten Epochen und Höhen der Minima und Maxima der Zyklen 0 bis 21 sind in Tabelle 1 gegeben (Waldmeier [36], ergänzt).

Ein Nachteil dieser Methode ist, daß 13 Monate kein ganzzahliges Vielfaches einer Sonnenrotation bilden. Günstiger ist ein Mittelungszeitraum, der 9 Monate (10 Rotationen) oder 17 Monate (19 Rotationen) umfaßt. Mathematisch gesehen erweist sich auch die „eckige" Gewichtsfunktion der ausgeglichenen 13-Monatsmittel als nachtei-

Tabelle 1. Epochen der Maxima und Minima der Sonnenaktivität

Zyklus Nr.	Jahr des Minimums	Kleinste ausgeglichene monatliche Relativzahl	Jahr des Maximums	Größte ausgeglichene monatliche Relativzahl	Anstiegszeit (Jahre)	Abstiegszeit (Jahre)
0	1745,0	–	1750,3	92,6	5,3	4,9
1	1755,2	8,4	1761,5	86,5	6,3	5,0
2	1766,5	11,2	1769,7	115,8	3,2	5,8
3	1755,5	7,2	1778,4	158,5	2,9	6,3
4	1784,7	9,5	1788,1	141,2	3,4	10,2
5	1798,3	3,2	1805,2	49,2	6,9	5,4
6	1810,6	0,0	1816,4	48,7	5,8	6,9
7	1823,3	0,1	1829,9	71,7	6,6	4,0
8	1833,9	7,3	1837,2	146,9	3,3	6,3
9	1843,5	10,5	1848,1	131,6	4,6	7,9
10	1856,0	3,2	1860,1	97,9	4,1	7,1
11	1867,2	5,2	1870,6	140,5	3,4	8,3
12	1878,9	2,2	1883,9	74,6	5,0	5,7
13	1889,6	5,0	1894,1	87,9	4,5	7,6
14	1901,7	2,6	1907,0	64,2	5,3	6,6
15	1913,6	1,5	1917,6	105,4	4,0	6,0
16	1923,6	5,6	1928,4	78,1	4,8	5,4
17	1933,8	3,4	1937,4	119,2	3,6	6,8
18	1944,2	7,7	1947,5	151,8	3,3	6,8
19	1954,3	3,4	1958,2	201,3	3,9	6,6
20	1964,8	9,6	1968,9	110,6	4,1	7,6
21	1976,5	12,2	1979,9	164,5	3,4	6,8
22	1986,7	12,3				

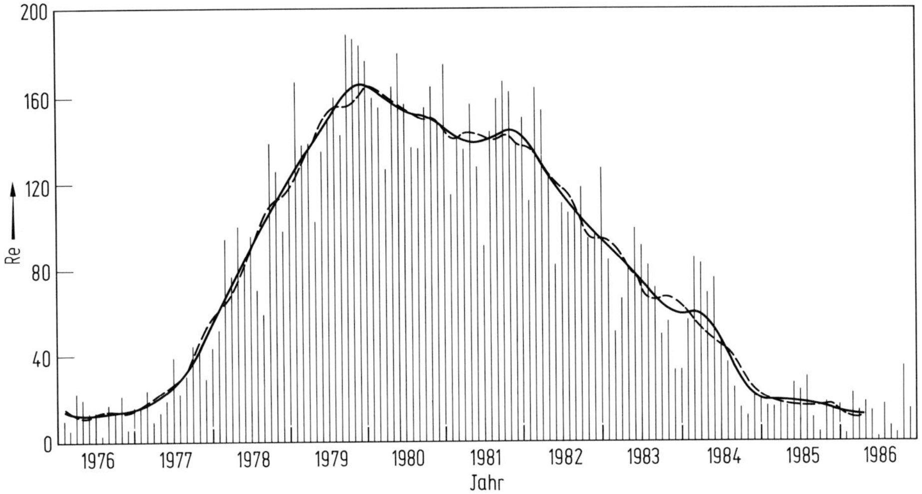

Abb. 13. Vergleich der mit verschiedenen Methoden geglätteten Monatsmittel der internationalen Relativzahlen des 21. Zyklus. Senkrechte Linien: ungeglättete Monatsmittel, durchgezogene Kurve: „P17"-Mittel, gestrichtelte Kurve: „A13"-Mittel. Die „P17"-Mittel folgen dem Verlauf der Sonnenaktivität genauer als die „A13"-Mittel

lig. Besser geeignet, um einen glatten Kurvenverlauf zu erhalten und trotzdem kurzfristige Schwankungen zu berücksichtigen, sind glatte Gewichtsfunktionen, die dem mittleren Monat der Ausgleichungsperiode das höchste und den angrenzenden Monaten ein gleichmäßig abfallendes Gewicht geben. Bewährt hat sich zum Beispiel die von Karkoschka [37] vorgeschlagene P17-Mittelung, bei der die Relativzahl-Monatsmittel über einen Zeitraum von 17 Monaten geglättet werden und die Gewichtung mit einem Polynom der Form $(1 - x^2)^3$ erfolgt. Abbildung 13 zeigt für die Monatsmittel des 21. Zyklus die Glättungsverfahren „A 13" und „P 17" im Vergleich.

Beispiel zur Berechnung der geglätteten Monatsmittel nach den Verfahren „A 13" und „P 17":

Beobachtete SIDC-Monatsmittel 1985/86:

1985		1985		1986		1986	
Januar	16,5	Juli	30,8	Januar	2,3	Juli	17,8
Februar	16,1	August	10,4	Februar	23,6	August	7,4
März	11,9	September	3,9	März	15,7	September	3,9
April	16,1	Oktober	18,5	April	20,4	Oktober	35,7
Mai	27,4	November	16,6	Mai	13,1	November	14,7
Juni	24,2	Dezember	17,2	Juni	0,8	Dezember	6,4

Das „A 13"-Mittel für Dezember 1985 wird aus den Monatsmitteln von Juni 1985 bis Juni 1986 berechnet. Die Werte für Juli 1985 bis Mai 1986 zählen doppelt:

$$\overline{R_{A13}}(\text{Dez. } 1985) = [24{,}2 + 2 \cdot (30{,}8 + 10{,}4 + 3{,}9 + 18{,}5 + 16{,}6 + 17{,}2 + 2{,}3 + 23{,}6 + 15{,}7 + 20{,}4 + 13{,}1) + 0{,}8]/24 = 15{,}4.$$

Das „P 17"-Mittel für Dezember 1985 wird aus den Monatsmitteln von April 1985 bis August 1986 mit Hilfe der Gewichtskoeffizienten aus Tabelle 2 berechnet:

$$\overline{R_{P17}}(\text{Dez. } 1985) = [0.009 \cdot 16{,}1 + 0{,}062 \cdot 27{,}4 + 0{,}171 \cdot 24{,}2 + \ldots + 0{,}963 \cdot 16{,}6 + 1{,}0 \cdot 17{,}2 + 0{,}963 \cdot 2{,}3 + \ldots + 0{,}009 \cdot 7{,}4]/8{,}226\ldots = 15{,}0$$

Tabelle 2. Gewichtskoeffizienten für die „P 17"-Mittelung berechnet nach der Formel $(1-(M/9)^2)^3$

M	Koeffizient	M	Koeffizient	M	Koeffizient
± 8	0,009	± 5	0,330	± 2	0,859
± 7	0,062	± 4	0,517	± 1	0,963
± 6	0,171	± 3	0,702	0	1,000

Das „P17"-Mittel wird für den Monat M = 0 berechnet. Zusätzlich werden die Mittel der acht vorangehenden Monate (M = − 8 ... −1) sowie der acht folgenden Monate (M = + 1 ... + 8) mit den tabellierten Gewichtskoeffizienten berücksichtigt. Die aufaddierten gewichteten Monatsmittel werden durch die Summe der Koeffizienten (= 8,226) geteilt.

Das Mittelungsverfahren hat auch Auswirkungen auf die Festlegung der Epochen von Minima und Maxima. Der Unterschied zwischen beiden Methoden beträgt maximal ein halbes Jahr.

Das Sonnenfleckenmaximum des 22. Zyklus wurde nach den meisten Vorhersagen für 1990 erwartet (Tritakis [38], Whitehouse [39], Bracewell [40]), jedoch sollte nach dem 80jährigen Fleckenzyklus das Maximum des 22. Zyklus deutlich niedriger liegen als das des 21. Zyklus. Nach Bracewell [40] werden die ausgeglichenen Monatsmittel der Relativzahlen im Maximum Werte von 125 ± 20 erreichen. Eine abweichende Prognose geben Landscheidt und Wöhl [41], wonach das nächste Maximum erst 1995/96 eintreten und eine Höhe von unter 60 aufweisen soll. Tatsächlich gehört der 22. Zyklus jedoch zu den stärksten, die je beobachtet wurden.

1.4 Photosphärische Fackeln (V. Gericke)

1.4.1 Struktur und Erscheinungsbild

Bei der Beobachtung der Sonne kann man an fast allen Tagen helle Lichtadern oder helle Flächen erkennen. Bei diesen Erscheinungen handelt es sich um *photosphärische Fackeln*. Sie bilden sich auf der ganzen Sonnenoberfläche aus (s. Abschnitt 1.5), sind aber im weißen Licht in der Regel nur am Rand sichtbar, so daß ihre Beobachtbarkeit stark eingeschränkt ist (Abb. 14, vgl. auch Abb. 8).

Beobachtet man mit monochromatischen Filtern, etwa im Kalzium oder Hα-Licht, so sind Fackeln auch in der Scheibenmitte zu erkennen. Hierbei handelt es sich um *chromosphärische Fackeln*. Sie stellen die Fortsetzung der photosphärischen Fakkeln in der Chromosphäre dar und werden in Abschnitt 1.5 behandelt.

Fackeln bestehen aus *aligned mottles* von 5000 bis 10 000 km Breite und bis zu 50 000 km Länge, die sich wiederum aus den *coarse mottles*, rundlichen oder ovalen Gebilden mit einem Durchmesser von zirka 5000 km, zusammensetzen. Die coarse mottles werden von den zirka 1000 km großen *Fackelgranulen* gebildet.

Fackeln entstehen wie fast alle solaren Oberflächenphänomene durch Magnetfelder und kennzeichnen ein Gebiet erhöhter Aktivität, in dem auch Flecken entstehen können. Die Fackeln entstehen zeitlich vor den Flecken und überleben diese meistens um einige Wochen. Die Lebensdauer der photosphärischen Fackeln beträgt im Mittel

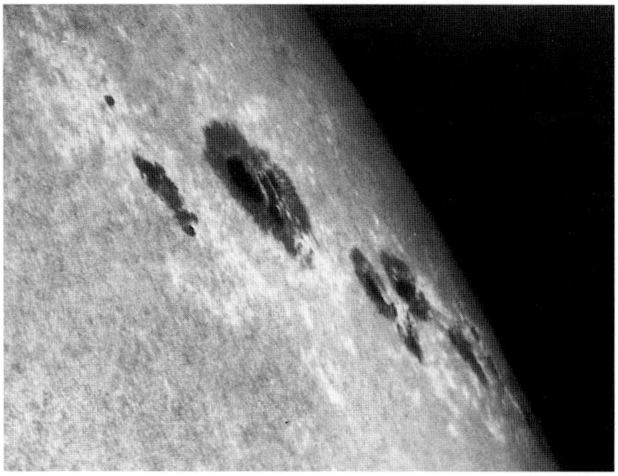

Abb. 14. Photosphärische Fackeln, aufgenommen von C. H. Jahn am 21. April 1984 (Refraktor 200/3250 mm, Okular 12,5 mm, Sonnenprisma, Grünfilter)

90 Tage. Die Fläche der Fackeln ist wesentlich größer als die der begleitenden Fleckengruppe.

Die Fackeltemperatur ist einige 100 K höher als die der ungestörten Photosphäre; der Helligkeitskontrast zur Photosphäre beträgt bei $\varrho = 72°$ etwa 10% (ϱ ist der heliozentrische Winkel). Die magnetische Flußdichte in den helleren Fackeln liegt zwischen 0,1 und 0,2 T (1 T = 1 Tesla).

Die Physik und die Entwicklung der Fackeln wurde ausführlich von De Jager [42] beschrieben.

Die direkte Beobachtung der Fackeln, d.h. die Beobachtung durch ein Fernrohr mit einem geeigneten Sonnenfilter, ist der Projektionsmethode wegen der besseren Sichtbarkeit der Fackeln vorzuziehen. Die Photographie wird in Abschnitt 1.10 behandelt.

1.4.2 Klassifikation

Für die Klassifikation der photosphärischen Fackeln gibt es kein Analogon zur Waldmeier-Klassifikation der Flecken (s. Abschnitt 1.3.1). Zwei gängige Methoden, die im folgenden vorgestellt werden, beziehen sich auf die Struktur beziehungsweise die Fläche der Sonnenfackeln.

Die Klassifikation nach der Struktur der Fackeln hat sich besonders im deutschsprachigen Raum durchgesetzt und geht auf einen Vorschlag von Gericke zurück [43]. Man unterscheidet fünf verschiedenen Typen, die mit kleinen lateinischen Buchstaben bezeichnet werden (vgl. Abb. 15):

a – geäderte, netzartige Struktur;
b – große, zusammenhängende Flächen;
c – flächenförmig zerteilt;

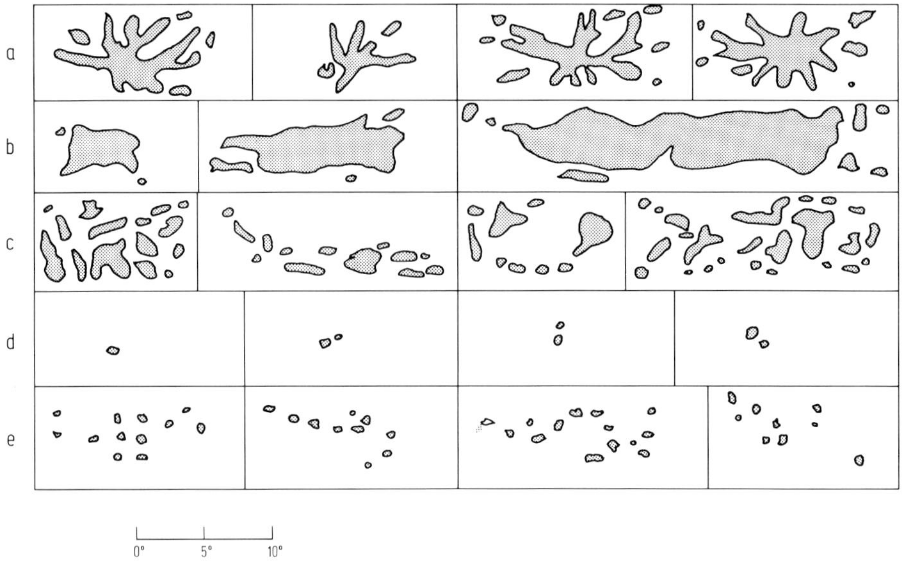

Abb. 15. Schematisierte Beispiele zur Fackelklassifikation

d – punktförmige Fackeln;
e – Anhäufung punktförmiger Fackeln.

Die Fläche eines Fackelgebiets soll zu mindestens 80% zusammenhängen, um zum Typ b zu gehören. Typ d umfaßt maximal zwei kleine Einzelfackeln. Bei mehr als zwei Einzelfackeln handelt es sich um Typ e. Die Einordnung eines Fackelherdes ist nicht immer eindeutig; auch bei der Klassifikation der Sonnenflecken nach dem Waldmeier-Schema gibt es häufig Schwierigkeiten. Statistische Untersuchungen zur Häufigkeit der einzelnen Typen sind von Gericke und Marekfia veröffentlicht worden [44, 45]. Ähnliche, aber weniger differenzierte Schemata wurden von Reble [46, 47] und Wadsworth [48] vorgeschlagen.

Für die Klassifikation nach der Fläche eines Fackelgebiets wurde eine zehnstufige Skala vorgeschlagen, bei der die Größe eines Fackelgebiets in Quadratgrad eingeschätzt wird. Bei diesen Messungen ist die Projektionsmethode hilfreicher als die direkte Beobachtung, da man sich eine Projektionsschablone mit Vergleichsflächen anfertigen kann. Die Skala umfaßt die folgenden zehn Stufen (in Klammern: Fläche in Quadratgrad):

0 (0–1), 1 (2–3), 2 (4–6), 3 (7–12), 4 (13–20), 5 (21–30), 6 (31–45), 7 (46–60), 8 (61–75), 9 (>75).

Abbildung 16 zeigt die Schablone für eine vereinfachte vierstufige Skala.

Eine genauere Methode der Flächenmessung besteht in der Ausmessung von Fackelzeichnungen oder -photos mit Millimeterpapier. Die eigentliche Messung erfolgt am Schreibtisch und nicht am Teleskop. Dazu legt man durchsichtiges Millimeterpapier auf die Zeichnung oder das Photo. Die nachfolgend beschriebene Auszäh-

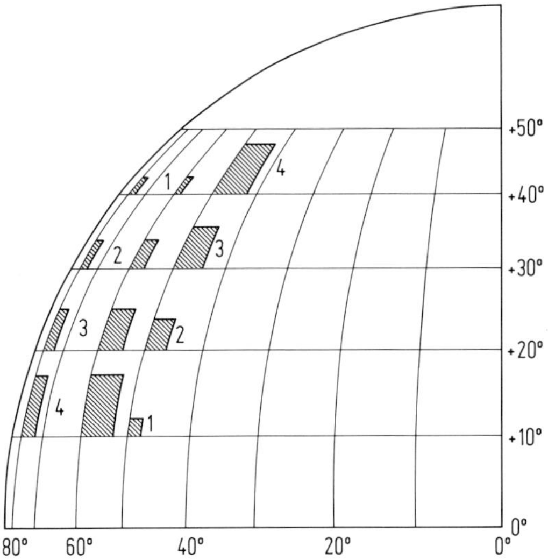

Abb. 16. Beispiel einer Projektionsschablone

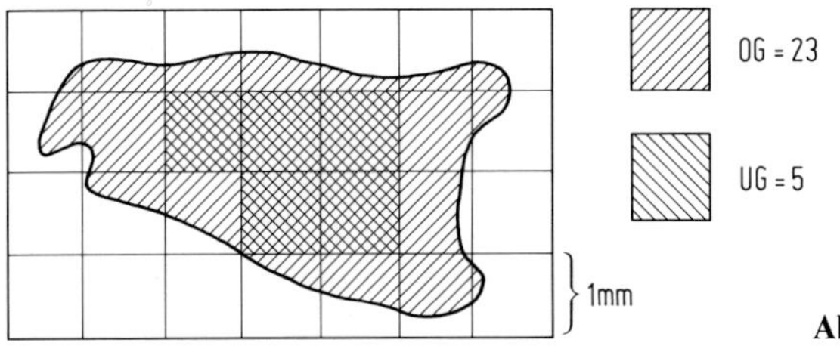

Abb. 17. Beispiel zur Flächenmessung

lung erfolgt zweckmäßigerweise mit einer Lupe. Alle mm-Quadrate, die ganz oder teilweise das Fackelgebiet berühren, bilden eine obere Grenze OG für die Fläche. Alle Kästchen, die das Fackelgebiet vollständig berühren, bilden eine untere Grenze UG. Abbildung 17 zeigt ein Beispiel.

Die Fläche F berechnet sich nun aus:

$$F = (\mathrm{OG} + \mathrm{UG})/(4\,\pi\,R^2 \cos\varrho).$$

ϱ ist wiederum der heliozentrische Winkel. Der Faktor $\cos\varrho$ korrigiert die perspektivische Verkürzung. R ist der Radius des Sonnenbildes.

1.4.3 Maßzahlen der Fackelaktivität

Für die amateurmäßige Erfassung der Fackelaktivität haben sich drei unterschiedliche Maßzahlen bewährt.

Die *Fackelzahl Fg* wurde von Gericke 1978 eingeführt. *Fg* ist die Summe aller Fackelgebiete, die auf der Sonne beobachtet werden können. Um sie zu bestimmen, zählt man an jedem Beobachtungstag die Fackelgebiete, getrennt nach Fackeln mit

Flecken (*Fm*) und ohne Flecken (*Fo*). Die Summe ist die gesamte Fackelzahl *Fg* eines Tages:

$$Fg = Fo + Fm.$$

Man notiere stets *Fg, Fo* und *Fm*, niemals nur *Fg* allein. *Fg* gibt einen groben Überblick über den Verlauf der Fackelaktivität im Laufe der Zeit. Aus den Beobachtungen können Monats-, Rotations- und Jahresmittel gebildet werden, um zu untersuchen, ob auch die Fackelaktivität dem elfjährigen Sonnenzyklus folgt [49]. Die Registrierung von *Fo* und *Fm* bietet darüber hinaus die interessante Möglichkeit, das Verhältnis *Fm*/*Fo* in Abhängigkeit der Zeit oder als Funktion der Gesamtaktivität *Fg* zu bestimmen. Ein Auswertungsbeispiel zeigt die Abbildung 18. Die Beobachtungen dazu stammen von Mitarbeitern des überregionalen Beobachternetzes der Fachgruppe Sonne der Vereinigung der Sternfreunde e.V.

Ein weiteres Maß ist die Fackelrelativzahl *RFA*, die von Völker 1971 analog zur Fleckenrelativzahl (s. Abschnitt 1.3.4) definiert ist. Ähnlich wie bei der Sonnenfleckenrelativzahl wird die Anzahl der Fackelgebiete *Fg* mit 10 multipliziert und die Zahl der Fackeleinzelerscheinungen *FE* addiert:

$$RFA = 10\,Fg + FE.$$

Fg kennen wir bereits von der oben beschriebenen Ermittlung der Fackelzahl. Die Multiplikation mit einem Faktor erfolgt aus den gleichen Gründen wie bei der Fleckenrelativzahl. Die Höhe dieses Faktors, nämlich 10, ist völlig willkürlich. *FE* ist die Summe der Fackeleinzelerscheinungen und entspricht der Summe der Einzelflecken *f* bei der Errechnung der Fleckenrelativzahl. Unter Fackeleinzelerscheinungen versteht man die Anzahl der einzelnen Fackeläderchen, Teilflächen und Bruchstücke, die mit dem jeweiligen Teleskop erkannt werden können. Die Auswertungsmöglichkeiten sind folglich ähnlich umfangreich wie bei der Fleckenrelativzahl. Selbstverständlich ergeben sich damit aber auch alle Schwierigkeiten und Probleme, die mit der Auswer-

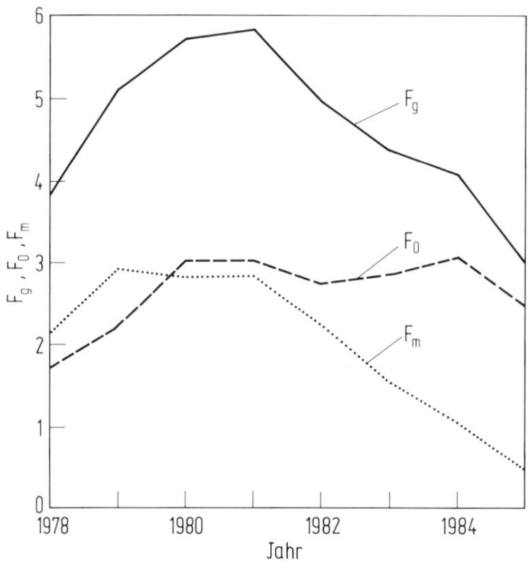

Abb. 18. Verlauf der Fackelaktivität

tung der Fleckenaktivität verbunden sind. Die Fackelrelativzahl ist zeitlich gut mit den Fackelflächen korreliert ([1], S. 432f).

Dieser Zusammenhang gibt uns sofort einen Hinweis auf die dritte mögliche Maßzahl, die *Fackelfläche*. Ihre Messung wurde zuvor bereits erläutert. Um sie als Maßzahl für die Fackelaktivität zu verwenden, sind die Fackelflächen der einzelnen Gebiete eines Tages zu summieren.

Welche Maßzahl soll man nun für seine Beobachtungen verwenden? Die Fackelzahl *Fg* ist am verbreitesten und am leichtesten zu bestimmen. Für ihre Ermittlung reichen auch kleine Amateurteleskope aus, zum Beispiel ein 60-mm-Refraktor. Die Fackelrelativzahl *RFA* läßt sich mit größeren Fernrohren leichter erfassen als mit kleineren, da das Erkennen der Fackeleinzelerscheinungen *FE* mit Teleskopen höherer Auflösung einfacher ist. Die Flächenzahl erfordert einen äußerst stabilen Projektionsschirm oder die Möglichkeit zur Sonnenphotographie. Die Wahl der Maßzahl ist also abhängig von der Größe und Qualität des zur Verfügung stehenden Teleskops. Besitzt der Beobachter ein größeres Instrument (z.B. Refraktoren ab 100 mm Öffnung), besteht die Möglichkeit, die Korrelation der einzelnen Maßzahlen zu untersuchen.

1.4.4 Polfackeln

Die Fleckenaktivität spielt sich bekanntlich nicht auf der ganzen Sonne ab, sondern in zwei Zonen parallel zum Sonnenäquator, die sich bis ca. $\pm 45^\circ$ heliographischer Breite erstrecken. Für die Fackeln, die man täglich auf der Sonne beobachten kann, gilt dasselbe.

Darüber hinaus gibt es aber auch Fackelgebiete, die in sehr hohen heliographischen Breiten auftreten und daher *Polfackeln* genannt werden (Abb. 19).

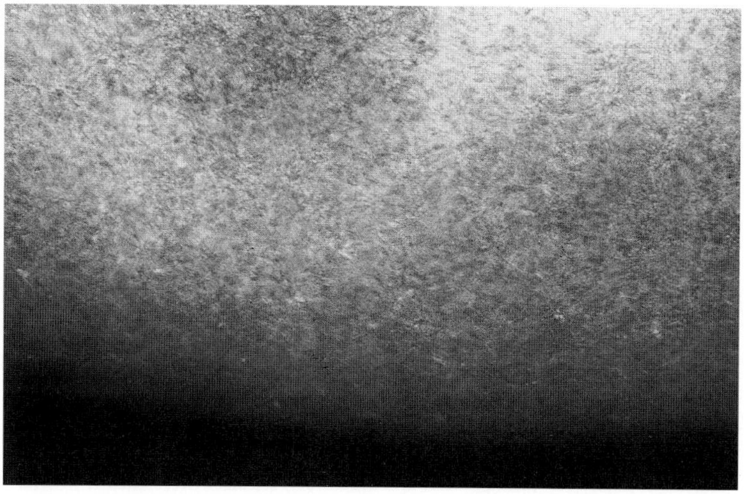

Abb. 19. Polfackeln, aufgenommen von C. H. Jahn am 30. Juli 1986 (Refraktor 200/3250 mm, Okular 12,5 mm, Sonnenprisma, Grünfilter)

Polfackeln sind kleiner als Hauptzonenfackeln. Ihr durchschnittlicher Durchmesser beträgt etwa 2300 km. Ihre Form ist punktförmig oder oval. Die Lebensdauer liegt im Bereich von wenigen Minuten bis zu einigen Stunden. Der entscheidende Unterschied zu den Fackeln der Hauptzone besteht jedoch im Verlauf des Aktivitätszyklus. Während die Flecken und die Fackeln der Hauptzone ihr Minimum der Aktivität erreichen, sind die Polfackeln im Maximum – und umgekehrt. Die Polfackeln durchlaufen den Aktivitätszyklus also genau entgegengesetzt.

Da die Polfackeln sehr klein sind, sollte man für ihre Beobachtung möglichst große Teleskope verwenden. Kleinere Geräte lassen nur die hellsten und größten Polfackeln erkennen und verfälschen somit die Ergebnisse.

Zur Erfassung der Polfackelaktivität zählt man getrennt die Zahl der Polfackeln auf der Nord- beziehungsweise Südhalbkugel der Sonne. Alle Fackeln, die in größeren Breiten als $\pm 50^\circ$ erscheinen, werden zu den Polfackeln gerechnet. Die Registrierung der Polfackelaktivität muß auf jeden Fall unabhängig von der Aktivität der Hauptzonenfackeln erfolgen; wir dürfen also auf keinen Fall die Zahl der Polfackeln zu der Zahl der Hauptzonenfackeln addieren! Andernfalls würde unsere Statistik der Fakkelaktivität verfälscht, da die beiden „Fackelarten" den Aktivitätszyklus entgegengesetzt durchlaufen. Die relative Lage des Sonnenäquators ändert sich im Laufe des Jahres periodisch; deshalb blickt man zu bestimmten Zeiten mehr auf den Nordpol, zu anderen Zeiten mehr auf den Südpol der Sonne. Dieser Tatsache ist bei der Bestimmung der Polfackelaktivität Rechnung zu tragen. Eine Möglichkeit besteht darin, vom 15. März bis zum 15. April eines Jahres die Südhalbkugel zu beobachten und vom 15. August bis zum 15. September die Nordhalbkugel.

Neben der Aktivität der Polfackeln können wir durch Positionsmessungen die Breitenverteilung ermittelt und durch stundenlanges Beobachten an einem Tag Aussagen über die Lebensdauer der polaren Fackeln treffen [50].

Die Polfackeln bieten ein interessantes Betätigungsfeld für die Zeit des solaren Aktivitätsminimums [51].

1.5 Chromosphärische Fackeln (P. Völker)

Beobachtet man Fackeln im monochromatischen Licht der Hα- oder Ca II K-Linie, so sieht man sie über die ganze Sonnenscheibe hinweg (s. hierzu Einleitung von Abschnitt 1.6). Hierbei handelt es sich um *chromosphärische Fackeln* (s. Abb. 21 a, b in Abschnitt 1.6.1). Sie stellen die Fortsetzung der photosphärischen Fackeln (Abschnitt 1.4) in der Chromosphäre dar, wenngleich eine endgültige Erklärung der exakten Zusammenhänge zu den Elementen der photosphärischen Fackeln noch aussteht [52, 53]. Die kleinsten auflösbaren Fackelgranulen betragen in der Photosphäre unter Bogensekundengröße, in der Chromosphäre einige Bogensekunden und in noch höheren Schichten (*Transition Region*) etwa 15 000 km.

Die Beobachtung chromosphärischer Fackeln oder *Plages* (engl., aus dem franz. „plage faculaire") ist aus mehreren Gründen sinnvoll.

Statistische Untersuchungen an chromosphärischen Fackelaktivitäten können völlig analog zu den in Abschnitt 1.4 gegebenen Verfahren durchgeführt werden (s. auch [1], S. 513 ff.).

In Abschnitt 1.3.1 wurde dargestellt, daß Fackeln zeitlich vor den Flecken erscheinen; ist der Amateur in der Lage, die Fackeln über die ganze Sonnenscheibe zu verfolgen, so kann er die Aussage treffen, daß bei Entstehen eines neuen chromosphärischen Fackelherdes sich ein neues Aktivitätszentrum aufbaut, was bei ausreichender magnetischer Stärke bald andere solare Phänomene, wie Flecken und Protuberanzen, zeigen wird.

Die Beobachtung chromosphärischer Fackeln ist weiterhin von großem Interesse, weil ihre generelle Anordnung ziemlich gut übereinstimmt mit den Magnetogrammstrukturen derselben Gebiete (Mangis [54], S. 20).

Auch die Verfolgung der chromosphärischen Fackeln mit Hilfe der Kinematographie ist reizvoll: Man kann bei Anwendung der Trickfilmtechnik die Fackeln mit all ihren Veränderungen über die gesamte Sonnenscheibe in Bewegung sehen. Eine ausführliche Beschreibung der Geräte und Techniken steht in [1], S. 185ff.

Waldmeier ([36], S. 233) macht auf eine Besonderheit der chromosphärischen Fackeln aufmerksam. Alle Erscheinungen der Chromosphäre zeigen ein Werden und Vergehen in kurzer Zeit: Spikulen, Flares, Protuberanzen und so weiter, nicht so die chromosphärischen Fackeln. Zitat: „Nie ist ein plötzliches Verschwinden von Fackelherden beobachtet worden, sondern die Herde erscheinen in jeder Rotation ausgedehnter und aufgelöster, bis sie sich schließlich nicht mehr von der chromosphärischen Grundstruktur unterscheiden lassen."

Ein Hinweis noch: Der Beobachter möge chromosphärische Fackeln nicht mit Flares verwechseln und umgekehrt, obwohl in Einzelfällen Zusammenhänge und Wechselwirkungen bestehen können.

1.6 Protuberanzen und Filamente (P. Völker)

1.6.1 Einleitung

Protuberanzen und *Filamente* sind, ebenso wie die in Abschnitt 1.5 behandelten chromosphärischen Fackeln, Phänomene, die in der Chromosphäre der Sonne beobachtet werden können (chromos, griech.: Farbe).

Die *Chromosphäre* liegt über der Photosphäre, ihre Ausdehnung variiert örtlich und zeitlich stark, so daß die Schichtdicke nur grob mit 2000 km angegeben werden kann; *Spikulen* (s. Abschnitt 1.8), Bestandteile der Chromosphäre, können sich 8000–10 000 km über die Photosphäre erheben. Der Temperaturverlauf der Chromosphäre ist in Abbildung 20 gegeben.

Die Dichte der Photosphäre ist etwa 10^{-8} g/cm^3, die der Chromosphäre um 10^{-12} g/cm^3, die darüberliegende Korona ist wesentlich dünner, nach außen hin kontinuierlich abnehmend.

Die Chromosphäre wird von der gewaltigen Lichtfülle der Photosphäre überstrahlt. Sie kann ohne Spezialfilter nur in dem kurzen Augenblick beobachtet werden, wenn der Mondrand während einer totalen Sonnenfinsternis die Photosphäre bereits abgedeckt hat, die Chromosphäre aber noch nicht.

Für die ständige Überwachung der Chromosphärenaktivitäten braucht man daher Spezialinstrumente beziehungsweise -filter (s. Kapitel 2, Band 1).

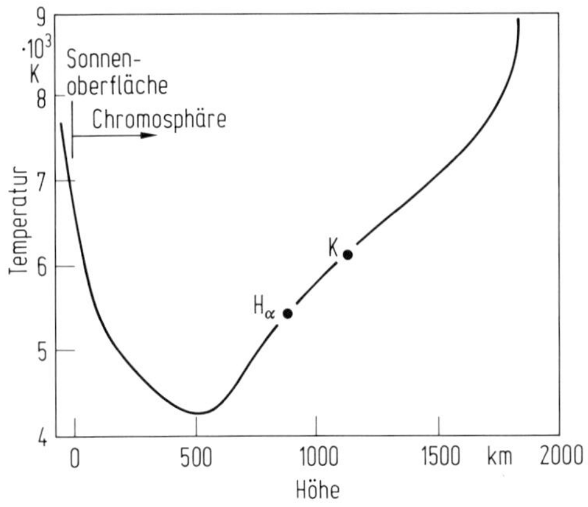

Abb. 20. Temperaturverlauf der Chromosphäre

1930 ersann Lyot den *Koronographen*, der mit Hilfe einer Kegelblende im Strahlengang eines Refraktors eine künstliche Sonnenfinsternis erzeugt. Das Instrument sollte die Verfolgung der inneren Korona ermöglichen, mußte aber jeweils auf sehr hohen Bergen installiert werden, da es sehr empfindlich auf das irdische Streulicht reagierte.

Modifiziert brachte Nögel 1952 [55, 56] den Sonnenbeobachtern das Gerät als *Protuberanzenfernrohr* nahe. Durch zusätzliche optische Teile im Strahlengang „überlistete" er das Streulicht. Der Aufbau wurde von Nemec [57] umfassend beschrieben und ist in diesem Werk in Kapitel 2, Band 1 erklärt.

Hanisch [58] und in letzter Zeit Lille ([1], S. 96ff.) beschreiben einen *Protuberanzenansatz*, basierend auf der Funktionsweise des *Protuberanzenfernrohrs*, jedoch nur noch 20 bis 25 cm kurz; außerdem kann er an jeden Refraktor am Okularstutzen angesetzt werden.

Eine noch kleinere Bauweise führen Richter [59] und Dobrzewski ([1], S. 102) mit dem *Protuberanzenokular* ein, in dem alle wichtigen optischen Teile in einem Okular untergebracht sind.

Sämtliche vorgestellten Geräte erlauben es, nur die Chromosphärenphänomene am Sonnenrand zu beobachten.

Mitte des letzten Jahrhunderts erkannte man die Eigenständigkeit jener Schicht über der Photosphäre, bis 1869 Lockyer und Frankland den Begriff *Chromosphäre* prägten. Fortan bemühte man sich, Spezialinstrumente zu ihrer Beobachtung auf der Sonnenscheibe zu konstruieren. Um die Jahrhundertwende gelang Deslandres (Frankreich) und Hale (USA) [60] unabhängig voneinander die Erfindung des *Spektroheliographen*; mit ihm konnte man zwar nur photographisch beobachten, denn es wurde aus einzelnen „Zeilen" ein Gesamtbild der Sonne (Spektroheliogramm) zusammengesetzt, was einige Minuten dauerte. Doch folgte schon wenige Jahre darauf, ebenfalls von Hale erdacht, das *Spektrohelioskop* (1925, erste Testbeobachtungen im Januar 1926) [61], das es erlaubte, die Chromosphäre auch visuell zu beobachten. Für Amateure hat Veio das Spektrohelioskop erneut entdeckt ([1], S. 89, [62, 63, 64]).

Anfang der dreißiger Jahre legte Lyot (der Konstrukteur des oben erwähnten Koronographen) den Grundstein zur Idee des *Polarisationsinterferenzfilters* [65, 66], die sich für alle heute gebräuchlichen Monochromatoren durchgesetzt hat. Eine einzige Spektrallinie wird durch vielfache Interferenz mehrerer hintereinander geschalteter doppelbrechender Kalkspat-Kristalle (Calcit, Calciumkarbonat) in einer komplizierten, sinnreichen Anordnung herausgefiltert. Der Aufbau eines Lyot-Filters, wie wir es heute nennen, ist in Kapitel 2 in Band 1 dieses Werkes beschrieben. Die moderne Technik ermöglicht Bandbreiten um 0,1 Å.

Interferenzfilter weltbekannter Firmen sind sehr teuer. Nur Fachinstitute und bedeutende Volkssternwarten können sich derartiges Spezial-Zubehör zur Sonnenbeobachtung leisten, kostet doch der „Spaß“ eine sechsstellige Summe.

Für Amateure und Volkssternwarten entwickelte Woods die sogenannten DayStar-Filter (Fabry-Perot-Etalon-Filter) [67], die inzwischen als hochwertig anerkannt sind. Diese Filter sind vollwertige Polarisationsinterferenzfilter, aber ein technischer Kniff macht sie erschwinglich: die sehr teuren planparallelen Kalkspat-Kristalle wurden durch spezialbedampfte Folien (sogenannte *Etalons*) ersetzt.

Sonnenbeobachter, die die Chromosphärenvorgänge auf der Sonnenscheibe verfolgen wollen, müssen also ein Spektrohelioskop oder ein Polarisationsinterferenzfilter (Lyot- oder DayStar-Filter) einsetzen. Mit beiden kann man auch die Vorgänge am Sonnenrand erfassen.

Lange Beobachtungsreihen haben ergeben, daß die interessantesten Erscheinungen der Chromosphäre in der Hα-Linie ($\lambda = 6563$ Å) und in der Ca II K-Linie ($\lambda = 3934$ Å) zu sehen sind, die auch jeweils verschiedene Höhenschichten der Chromosphäre zeigen (s. Abb. 20). Abbildung 21 a und b zeigen je eine Hα und eine Ca II-Aufnahme.

Die hellste Linie des Wasserstoffs Hα liefert durch ein Lyot-Filter auch visuell ein faszinierendes Bild. Die Ca II K-Linie dagegen liegt bereits so weit im blauen Bereich des Spektrums, in dem unser Auge kaum noch etwas wahrnimmt. Hier sind nur photographische Beobachtungen möglich.

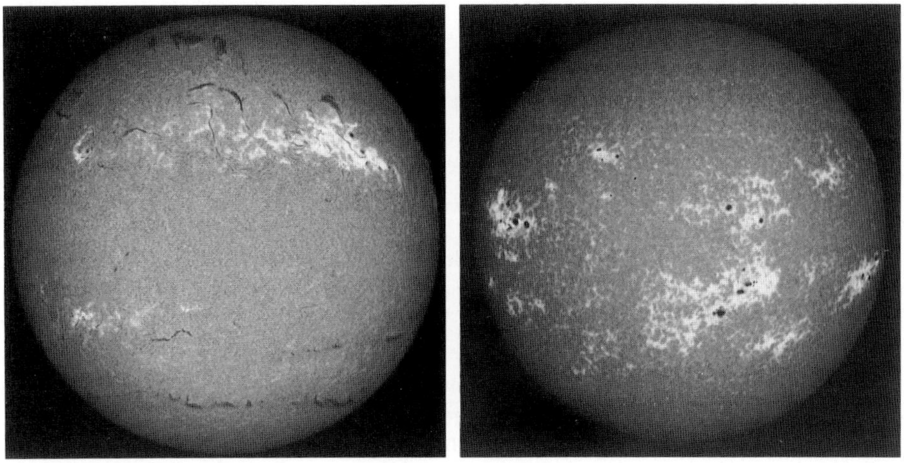

a b

Abb. 21 a, b. Die Sonne im monochromatischen Licht; links Hα, rechts Ca II. **a** 4. Mai 1978, aufgenommen von W. Paech; **b** 6. September 1981, aufgenommen von G. Appelt

Anregungen zur Auswertung der Beobachtungen gab es bisher nur in der Fachliteratur. Es mag daran liegen, daß die Beobachtung der Chromosphäre für den Amateur ein relativ junges Gebiet ist. Aber auch er kann bei einiger Systematik seiner Beobachtungsaufzeichnungen Aussagen über die Aktivität der Chromosphäre treffen. Erstmals erschienen konkrete Vorschläge in einer Artikelserie von Völker ([68] und in [1], S. 471 ff.).

1.6.2 Protuberanzen und Filamente

Protuberanzen und Filamente sind ein und dieselbe Erscheinung: am Sonnenrand erscheinen sie hell vor dunklem Himmelshintergrund und werden *Protuberanzen* genannt, vor der hellen Sonnenscheibe sind sie dunkel und heißen *Filamente*. Im Lyot-Filter ist der Übergang in Randnähe visuell direkt zu beobachten, photographisch jedoch schwierig festzuhalten, da Rand beziehungsweise Scheibe unterschiedliche Belichtungszeiten erfordern (s. Abschnitt 1.10).

Eine Protuberanz ist Sonnenmaterie, die aus der Sonne herausschießt oder in sie hineinsinkt. Sie ist immer direkt verbunden mit dem Magnetfeld eines Aktivitätszentrums, ja sie stellt „sichtbar gewordene Feldlinien" dar. Ihre Dichte liegt bei 10^{-11} g/cm^3, die Temperatur bei 7000 K.

Eine grobe Einteilung erfolgt in ruhende und aktive Protuberanzen, was in der Regel mit dem Alter der Erscheinung im Verlauf eines Aktivitätszentrums zu tun hat (s. Abschnitt 1.3.1). Protuberanzen sind nur etwa 5000 km breit, starke Variationen beobachtet man bei deren Längen: von Spikulengröße ($\approx$10 000 km) können sie Ausdehnungen bis zu mehreren 100 000 km erreichen.

1.6.3 Klassifizierung und Typisierung

Vielfach sind von den Fachwissenschaftlern Klassifikationsschemata vorgelegt worden (Tandberg-Hanssen [69]). Eine Zusammenstellung der Vorschläge (auch aus anderen Quellen) findet man in [1], Seite 501 ff. Nachteil dieser Klassifikationen ist, daß sie zumeist auf physikalischen Parametern basieren oder dichte Beobachtungsreihen erfordern, um die jeweilige Protuberanz „einordnen" zu können. Ein populäres Schema, wie die Klassifikation der Flecken nach Waldmeier (s. Abschnitt 1.3.1), ist nie gefunden worden.

1969 leitete Völker [70] aus eigenen Beobachtungen eine für Amateure geeignete Einteilung ab, die es gestattet, jede einzelne sichtbare Protuberanz im Augenblick der Beobachtung direkt am Instrument nach ihrem Aussehen einem Typ zuzuordnen. Er entwickelte daraus das in Abbildung 22 gegebene Typisierungsschema. Es unterscheidet stabförmige, bogenförmige und flächenförmige Protuberanzen, wobei die flächenförmigen eben diejenigen bilden, die aufgrund ihrer scheinbaren visuellen „Dichte", Perspektive oder Auflösungsgrenze des Instruments nicht weiter aufgelöst werden können. Weiterhin berücksichtigt das *Völkersche Typisierungsschema* die jeweilige relative scheinbare Größe und den häufigen Fall einer vom Sonnenrand losgelösten (schwebenden) Protuberanz.

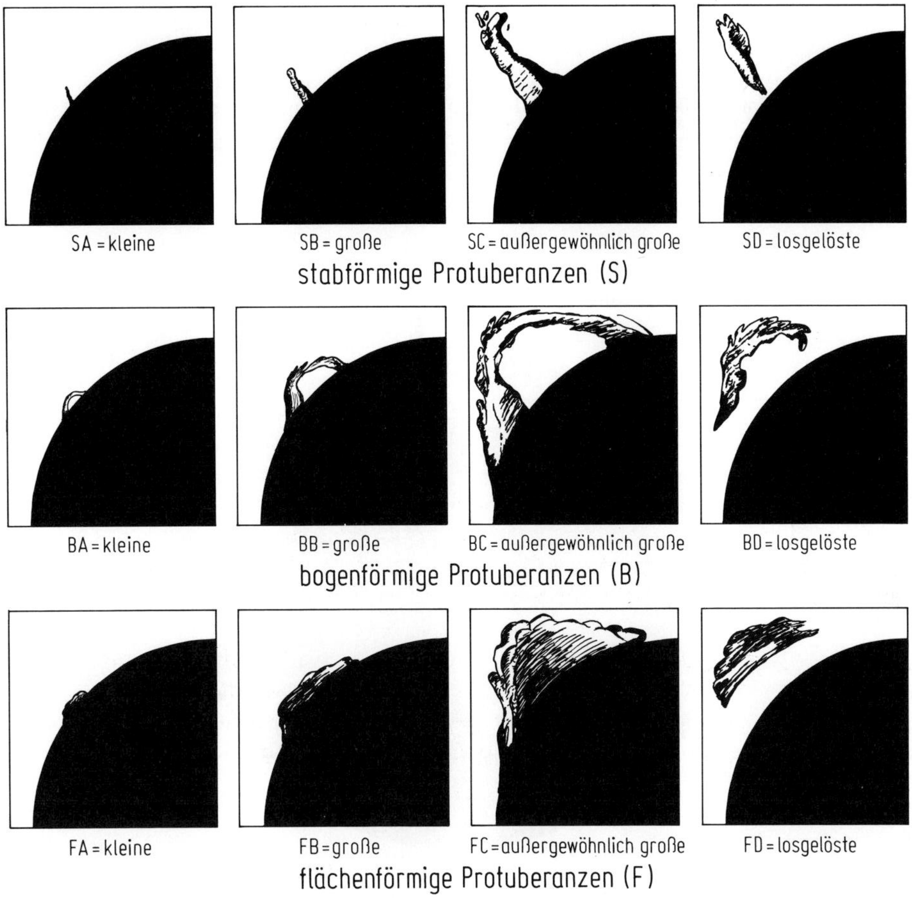

Abb. 22. Typisierung der Protuberanzen nach Völker

1.6.4 Protokollführung

Die Protokollführung visueller Protuberanzenbeobachtungen geschieht analog zu der der Flecken und Fackeln (s. Abschnitt 1.2.3). Bewährt haben sich Schablonen, wie sie das Beispiel Abbildung 23 zeigt. Der Durchmesser der Sonne sollte 9 cm nicht überschreiten. Dadurch haben wir auf einem DIN-A4-Blatt genügend Platz, um die Einzeltypisierungen aufzuschreiben und zeichnerisch die Größen der Protuberanzen möglichst getreu einzutragen. Für Randbeobachtungen ist die „verfinsterte" Sonne schwarz; kann auch die Oberfläche eingezeichnet werden, wird der Kreis weiß gelassen.

Die Beobachtungsdaten Zeit, Instrument usw. werden in der bekannten Weise erfaßt, jedoch die „Luft" nicht nur nach der bekannten Kiepenheuer-Skala (s. Abschnitt 1.2.2) beurteilt. Empirisch entwickelte Wedel ([1], S. 498 ff.) in Erweiterung

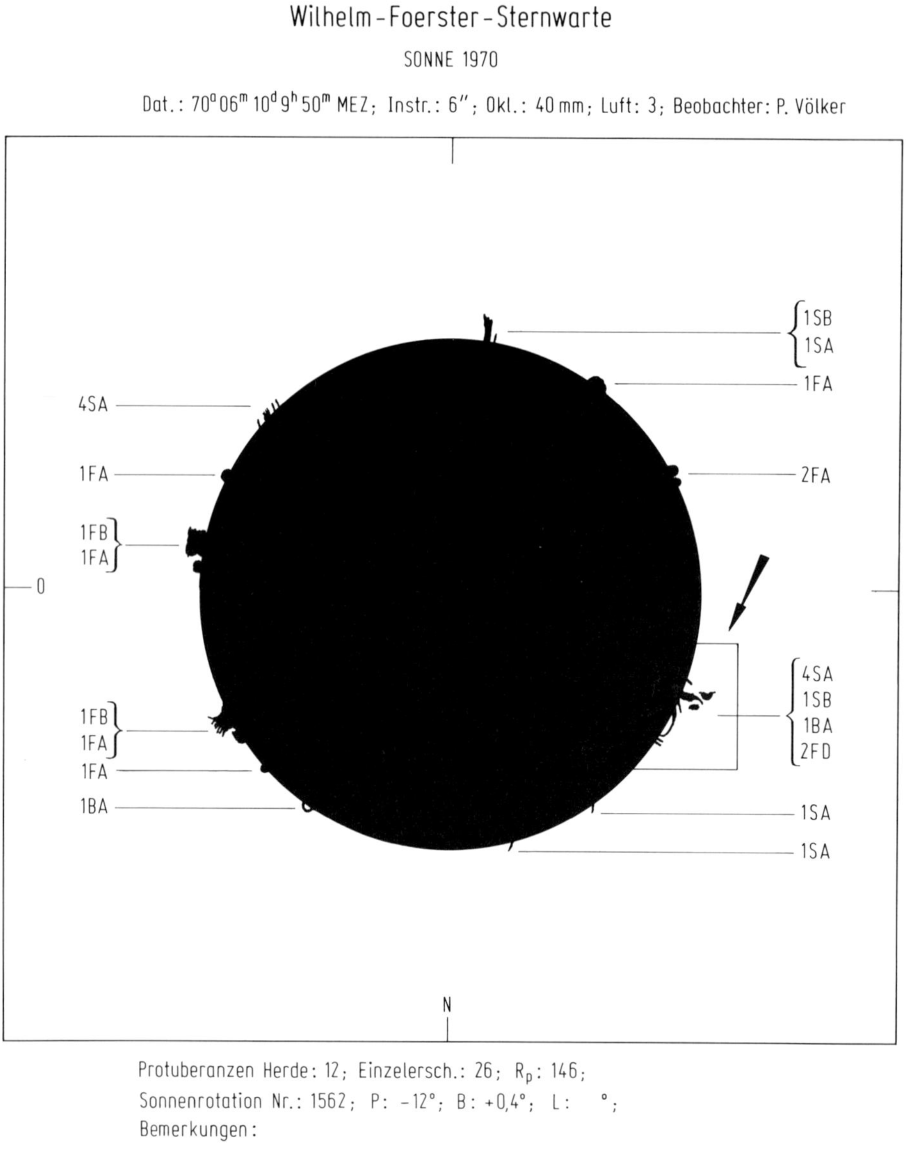

Abb. 23. Beobachtungsprotokoll vom 10. 6. 1970

dieser eine vierstufige Skala, die zusätzlich den Bildkontrast berücksichtigt: In Kegelblendeninstrumenten macht sich das Wetter stark bemerkbar; auch bei klarem Himmel kann ein zu heller Himmelshintergrund eine Beobachtung sinnlos machen (Tabelle 3). Die Skala hat sich in der Praxis bewährt.

Sehen wir uns an, was der Beobachtung vom 10. 6. 1970 (Abb. 23) zu entnehmen ist:

Tabelle 3. Skala zur Beurteilung des Luftzustandes bei Protuberanzenbeobachtungen nach Wedel

1	Himmelshintergrund sehr dunkel, Protuberanzenerscheinungen treten sehr deutlich hervor.
2	Himmelshintergrund dunkel, Protuberanzenerscheinungen treten deutlich hervor.
3	Himmelshintergrund leicht hell, Protuberanzen aber noch gut erkennbar.
4	Himmelshintergrund hell, Protuberanzen nur noch mit Mühe erkennbar.

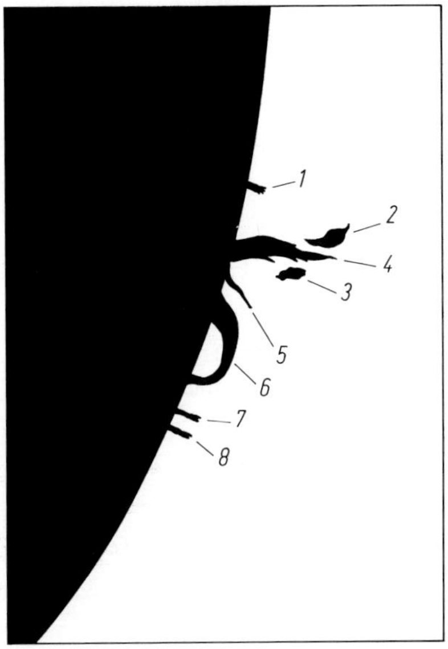

1, 5, 7 und *8* = 4 kleine stabförmige Protuberanzen = 4 SA
4 = 1 große stabförmige Protuberanz = 1 SB
6 = 1 kleine bogenförmige Protuberanz = 1 BA
2 und *3* = 2 losgelöste flächenförmige Protuberanzen = 2 FD
Wir sehen in diesem Protuberanzenherd also 8 Protuberanzeneinzelerscheinungen

Abb. 24. Benennung von Protuberanzeneinzelerscheinungen in einem Protuberanzenherd (Ausschnitt aus dem Beobachtungsprotokoll vom 10.6.1970, Abb. 23)

- Protuberanzen treten lokal konzentriert auf, genau wie Flecken in Gruppen. Wegen ihres flammenartigen Aussehens werden sie *Protuberanzenherde* genannt. Die Gruppierung aller Erscheinungen der aktiven Sonne erklärt sich daraus, daß sie zu einem Aktivitätszentrum gehören (s. Abschnitt 1.3.1).
- Protuberanzen treten außer in der Hauptzone auch an den Polen auf. Darauf wird weiter unten noch eingegangen.
- Innerhalb der Protuberanzenherde werden mit Hilfe des Völkerschen Typisierungsschemas (Abb. 22) *Einzelerscheinungen* benannt. Ein Beispiel dazu gibt Abbildung 24.

1.6.5 Protuberanzenrelativzahl und Protuberanzenprofilfläche

Angeregt durch die augenfällige Ähnlichkeit – Flecken: Gruppen/Einzelflecken und Protuberanzen: Herde/Einzelerscheinungen – definierte Völker [70] als Maßzahl zur numerischen Erfassung der Protuberanzenaktivität die *Völkersche Protuberanzenrelativzahl* R_p. Sie wird ermittelt durch

$$R_p = 10\,H + E,$$

wobei H für Protuberanzen*h*erde steht und E für Protuberanzen*e*inzelerscheinungen. Die Beobachtung vom 10.6.1970 (Abb. 23) zeigt 12 Herde mit insgesamt 26 Einzelerscheinungen, woraus sich eine Protuberanzenrelativzahl von $R_p = 10 \times 12 + 26 = 146$ errechnet. Ansonsten ist sie völlig analog zur Fleckenrelativzahl R zu behandeln (Statistik, Mittelungsverfahren usw.; s. Abschnitt 1.3.4).

Eine andere Methode, die Aktivität der Protuberanzen zu erfassen, ist, ihre Fläche zu bestimmen. Seit den zwanziger Jahren verfahren die Fachastronomen wie folgt:

- Ausmessen aller Protuberanzen ab etwa 20″ mit einer als Einheit definierten Protuberanzenfläche von 1° (heliozentrisch) mal 1″ (geozentrisch) (Abb. 25).
- Die Summe der Einheiten ist die tägliche Protuberanzenprofilfläche.

Da hier der Platz fehlt, näher auf die Methodik einzugehen, sei auf [71] verwiesen.

Für den Amateur ersann Völker ([68], 1979, S. 121 und 153) eine vereinfachte Form, Protuberanzenflächen zu bestimmen. Durchsichtiges Millimeterpapier (Folie) wird auf Photos oder projizierte Negative gelegt und ausgezählt, wieviel mm^2 mit Protuberanzen gefüllt sind. Die Summe ergibt A_{mm^2} ($A =$ Area). Voraussetzung dieser Methode ist ein stets gleichbleibender Durchmesser der auszumessenden Bilder.

Besitzer von Lyot-Filtern können mit Hilfe der oben genannten Verfahren eine Statistik der Filamentenaktivität erstellen.

- Die Protuberanzenrelativzahl R_p wird durch die *Filamentenrelativzahl* $R_F = 10\,H + E$ ersetzt. Die Herde H sind die Aktivitätszentren, die Einzelerscheinungen E sind die darin erkennbaren Details (Fäden, Knötchen usw.), die gezählt werden.
- Die Protuberanzenflächenzahl A_{mm^2} wird für alle auf der Sonnenscheibe vorhandenen Filamente sinngemäß angewendet.

Diese beiden Amateurmethoden führte Völker ein ([68], 1979, S. 153).

Die professionellen Sonnenbeobachter bestimmen folgende Werte [72]:

n = Anzahl der am Beobachtungstag sichtbaren ruhenden Filamente (daily number) und
l = scheinbare Gesamtlänge im Verhältnis zum Sonnendurchmesser (total apparent length in solar diameter).

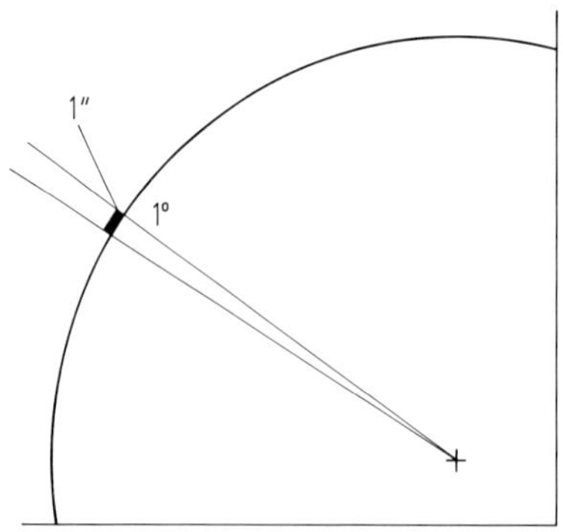

Abb. 25. Definierte Größe: *Einheit der Protuberanzenfläche*

1.6.6 Langzeitbeobachtungsprogramme

Mit der Erstellung einer Statistik nach einem der beschriebenen Verfahren ist die Möglichkeit gegeben, die Protuberanzenaktivität mit der der Flecken und Fackeln zu vergleichen. Zu beachten ist jedoch die nicht synchron verlaufende Aktivität der Hauptzone und der Polzone.

- Die Protuberanzen der Hauptzone folgen den Flecken in guter Übereinstimmung, wobei die Protuberanzen etwa 10° weiter vom Äquator entfernt bleiben als die Flecken und ihr Minimum bereits zirka ein Jahr vor dem der Flecken eintritt.
- Die Protuberanzen der Polzone (ab ca. 50°) erscheinen etwa zwei Jahre vor dem Fleckenminimum. Ihre Aktivität steigt aber erst nach dem Fleckenminimum an, wobei sie sich weiter polwärts bewegen. Das Maximum der polaren Protuberanzen tritt etwa zwei Jahre vor dem Fleckenmaximum ein. Kurz nach dem Fleckenmaximum erlischt die polare Protuberanzenaktivität. Asymmetrien zwischen Nord- und Südpol sind beobachtet worden (unterschiedliche Aktivitätsstärke, zeitlich asynchrones Auftreten des Maximums).

Es empfiehlt sich, bei einem statistischen Vergleich mit den Flecken oder Fackeln nur die Hauptzonenprotuberanzen heranzuziehen, da die Kurven sonst starke Abweichungen voneinander aufweisen können.

Sinnvoll ist ein Vergleich zwischen Polprotuberanzen- und Polfackelaktivitäten.

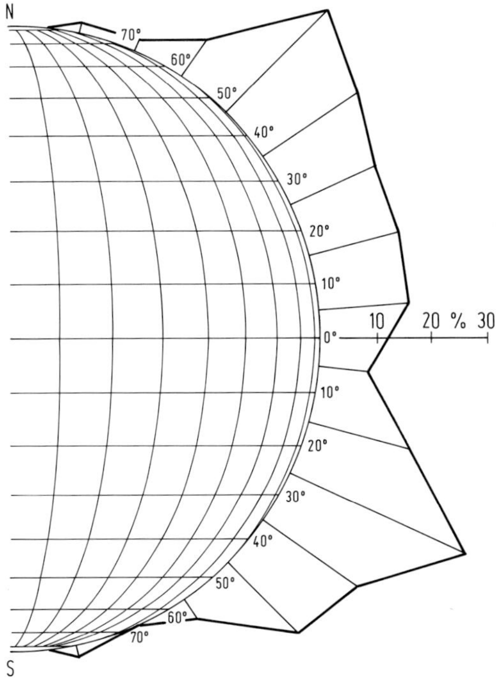

Abb. 26. Protuberanzenaktivität 1985; R_p ist über der heliographischen Breite aufgetragen und auf Prozente normiert. Beobachter: H. Stetter, Datteln

Waldmeier veröffentlichte bis 1980 in den Astronomischen Mitteilungen der Eidgenössischen Sternwarte Zürich den Verlauf der Breitenverteilung der Protuberanzen [73].

Stetter [74] erarbeitete eine Methode, wie der Sonnenbeobachter mit Hilfe der Völkerschen Protuberanzenrelativzahl R_p zu ähnlichen Ergebnissen kommen kann (Abb. 26). Außer R_p müssen freilich die Positionen der Protuberanzen bekannt sein, die analog zu denen der Flecken und Fackeln ermittelt werden (s. Abschnitt 1.9).

Die bisher beschriebenen Möglichkeiten der Erfassung von Chromosphärenaktivitäten waren statistischer Natur und erfordern – wie bei Flecken und Fackeln – lange Beobachtungsreihen und möglichst Beobachternetze.

1.6.7 Kurzzeitbeobachtungsprogramme

Protuberanzen und Filamente bieten aber auch faszinierende kurzzeitige Veränderungen. Es lohnt sich, sie zu verfolgen, treten doch die bizarrsten Formen auf, die mit ballettartiger Anmut phantastische Bewegungen vollführen. Sie sind vielfach in kinematographischen Zeitrafferaufnahmen dokumentiert.

Auch Amateure können solche Schauspiele eindrucksvoll festhalten, sei es als Photoreihe (Abb. 27a, b) oder als gezeichnete Darstellung in Einzelphasen (Abb. 28).

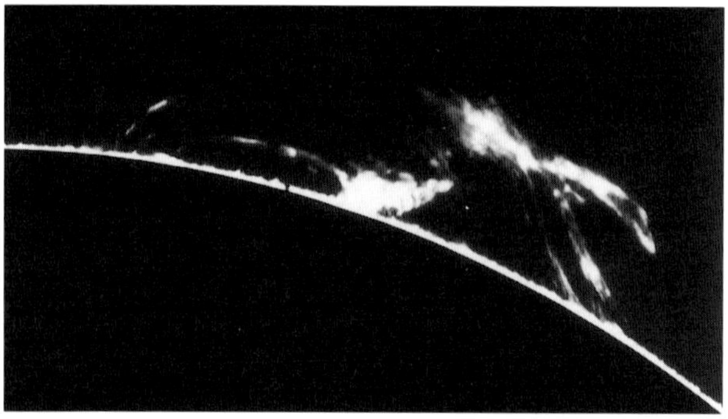

a

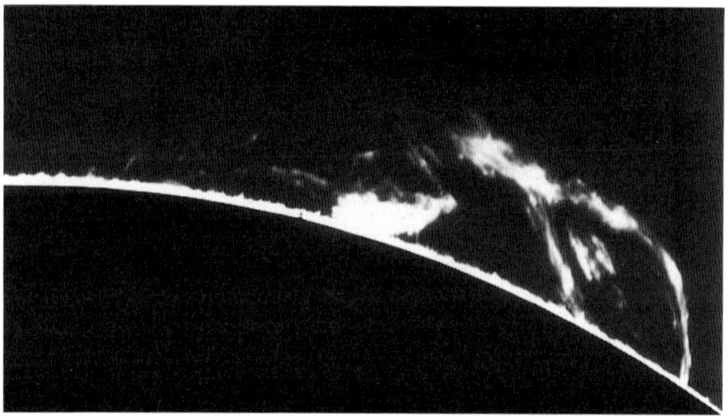

b

Abb. 27a, b. Aktive Protuberanz, 2.6.1979; Beobachter: W. Lille; Instr.: Refr. 125/1300 mm. **a** 13.45 U.T.; **b** 14.00 U.T.

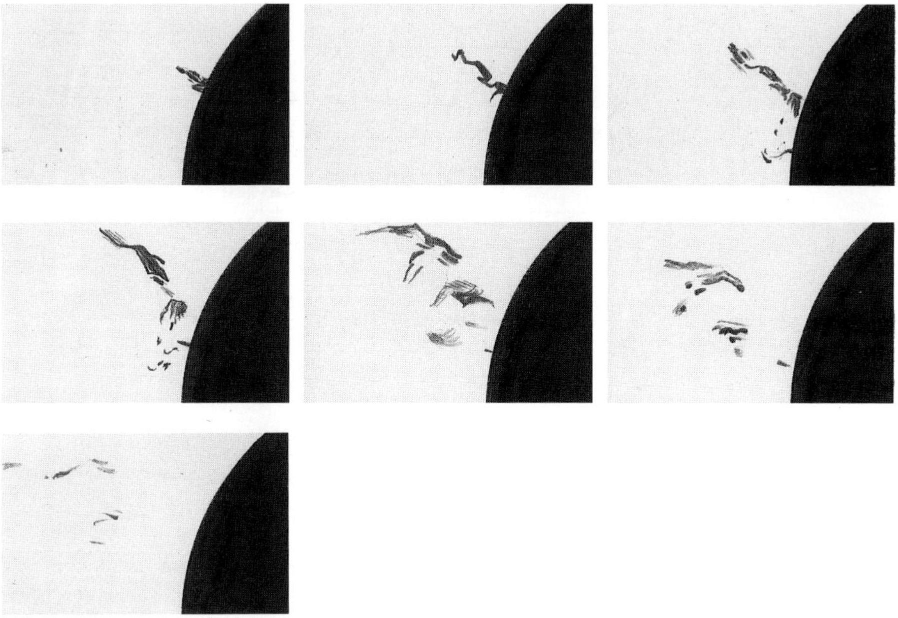

Abb. 28. Aufsteigende und sich auflösende Protuberanz (*Spray*), 24. 5. 1969 (Auswahl aus 14 Zeichnungen); Beobachter: P. Völker, Wilhelm-Foerster-Sternwarte, Berlin. Beginn der Aktivitätsphase: 13.30 U.T.; die vollständige Auflösung ist um 14.05 U.T. vollzogen. Von der im Maximum 600 000 km hohen Erscheinung blieb am Sonnenrand nichts übrig!

Die Entwicklung langlebiger Filamente läßt sich gut in der in Abbildung 29 gezeigten Weise präsentieren.

Es liegt der Gedanke nahe, aus Einzelphasen einer Beobachtungsreihe Geschwindigkeiten sich bewegender Protuberanzen- oder Filamenten-Details abzuleiten. Filamente sollten sich durch Ausnutzung des *Doppler-Effektes* (Line-Shift am Lyot-Filter) „abtasten" lassen, was zu Fehlern führen kann, wie eine ausführliche Erörterung in [1], S. 537ff. und [76] nach theoretischen Untersuchungen des Kiepenheuer-Instituts, Freiburg, zeigt.

Bei den Protuberanzen tritt das Problem auf, daß absolute Geschwindigkeiten wegen der Perspektive nicht berechnet werden können; Teile der Erscheinung werden sich garantiert in gekrümmten Bahnen bewegen. Amateuren ist es aber sehr wohl möglich, Radialgeschwindigkeiten zu bestimmen, das heißt, in die Bildebene des Beobachters projiziert.

Voraussetzung ist eine präzise gezeichnete Phasenreihe eines Bewegungsablaufs, ähnlich der Abbildung 28, genauer und daher vorzuziehen sind Photographien. Aus der Fülle der Details werden 2–3 Knötchen oder Wolken ausgewählt, die sich einwandfrei verfolgen lassen. Diese werden ausgemessen und ihre Höhen über dem Sonnenrand berechnet.

Dabei gelten folgende Beziehungen (Abb. 30):

$$h = (R/r)\, d;$$

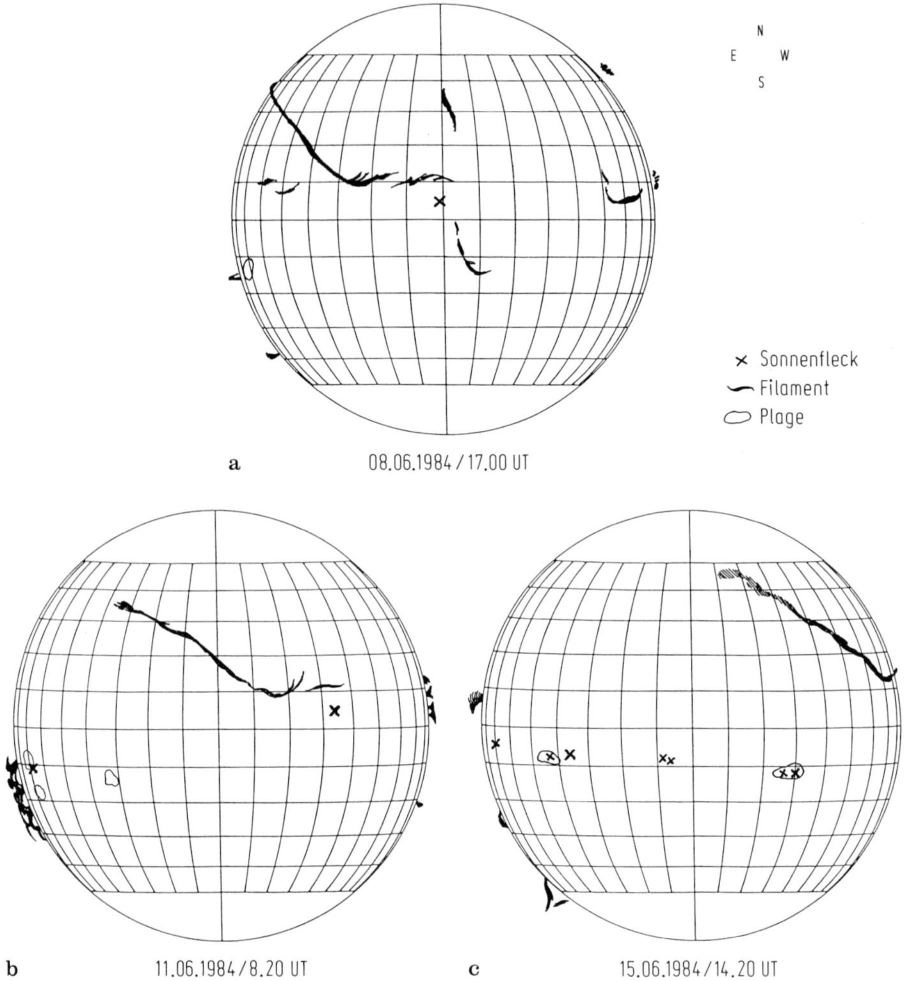

Abb. 29 a–c. Schauspiel eines Riesenfilamentes; Beobachter: I. Glitsch, Wallisellen, Schweiz. Ausschnitt einer Phasenreihe, die 21 Tage umfaßt: vom 2. 6. 1984–22. 6. 1984; durch die Höhe des Filamentes kann man es als Protuberanz noch bis auf die Rückseite der Sonne verfolgen [75]

Hierbei sind: h Höhe des Knotens in km über dem Sonnenrand;
R Radius der Sonne in km;
r Radius der Sonne in cm des ausgemessenen Bildes;
D Entfernung des ausgemessenen Knotens in cm vom Sonnenmittelpunkt des Bildes;
$d = D - r$ Höhe des Knotens über dem Sonnenrand.

Die Radialgeschwindigkeit v_r ist

$$v_r = h/t.$$

Bewegt sich der Knoten von der Sonnenoberfläche weg, so wird v_r positiv angegeben (Höhe zunehmend), bewegt er sich auf die Sonnenoberfläche zu, bekommt v_r ein negatives Vorzeichen (Höhe abnehmend).

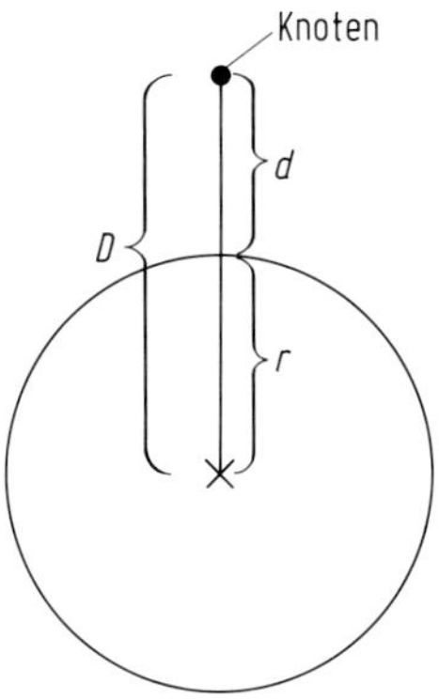

Abb. 30. Ausmessen des Knotens einer Protuberanz

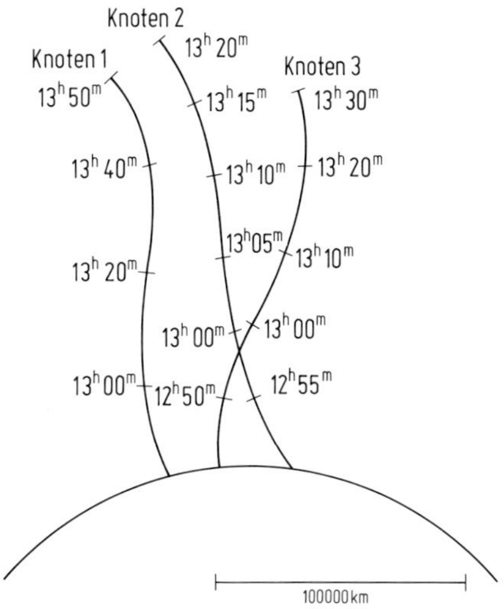

Abb. 31. Bahnkurven der ausgemessenen Knoten

Aus den berechneten Werten können diverse Aussagen abgeleitet werden. Zwei Beispiele seien angeführt.

Abbildung 31 zeigt Bahnkurven der ausgemessenen Knoten, und Abbildung 32 stellt ein Höhen-Zeit-Diagramm dar, aus dem unmittelbar plötzliche Geschwindigkeitsänderungen in aktiven Protuberanzen abgelesen werden können.

Neben den dargestellten Möglichkeiten der Verfolgung, Darstellung und Auswertung von Vorgängen chromosphärischer Aktivitäten gibt es etliche, die aus Platzgründen nicht erwähnt werden konnten, gleichwohl meist sehr fortgeschrittenen Sonnenbeobachtern vorbehalten bleiben werden (Beobachtungserfahrung, Instrumente usw.). Trotzdem seien einige stichpunktartig erwähnt:

- Spektroskopie [1], Seite 50 ff. und Kapitel 9, Band 1;
- Photometrie (Schätzungen, Messungen, Äquidensitometrie/photographisch oder mit elektronischen Bildverarbeitungsanlagen, Lichtkurven chromosphärischer Details, Mikrodensitometrie) [1], Seite 161 ff. und Seite 175 ff. und Kapitel 10, Band 1;

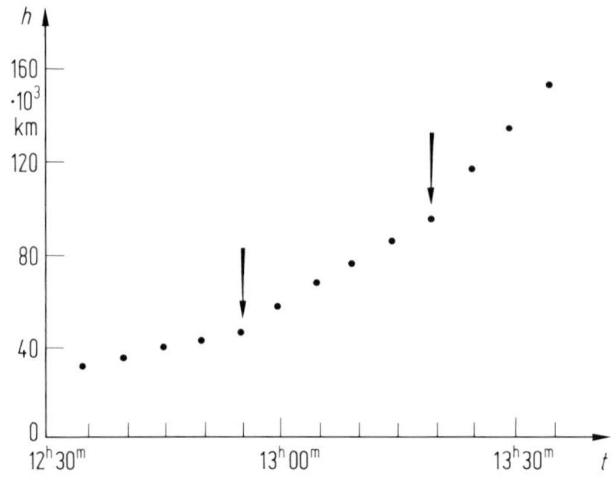

Abb. 32. Höhen-Zeit-Diagramm

- Kinematographie (auf Spectroscopic Material, aber auch auf Super 8) [1], Seite 187ff.;
- Videographie (Videoüberwachung der Chromosphäre oder auch Aufzeichnung aktiver Erscheinungen zur Vorführung bei volksbildenden Veranstaltungen, Einsatz bei Vorträgen) [1], Seite 206ff.

1.7 Flares (P. Völker)

1.7.1 Einleitung

Bis in die sechziger Jahre nannte man sie *Sonneneruptionen.* Frühere Beobachter vermuteten Materieausbrüche, ähnlich den Protuberanzen. Heute wissen wir, daß *Flares* Strahlungsausbrüche sind („Lichtblitze") und daß die im monochromatischen Licht visuell beobachtbaren nur das Sekundärprodukt einer koronalen Instabilität oberhalb der Chromosphäre darstellen. Die physikalischen Zusammenhänge sind in [13] anschaulich dargestellt.

Flares treten in komplexen Sonnenfleckengruppen auf und können, obwohl selbst nur Lichtausbrüche, die sie umgebende Materie stark anregen (Protuberanzen: *Surges,* Abb. 33, und *Sprays,* Abb. 28) beziehungsweise verändern (z. B. *Disparition-Brusque-Phase* eines Filamentes).

Man unterscheidet mannigfache Arten von Flares: *Plage Flare, Two Ribbon Flare, Homologous Flare* usw., deren Erläuterung man [1], [52], oder [77] entnehme. Eine Besonderheit stellt das *Weißlicht-Flare* dar, das äußerst selten auftritt [78]. Beschränkt auf sehr große Fleckengruppen, kann man es im integralen Licht beobachten. Kleine Punkte, deren Helligkeit größer ist als die der Photosphäre, sind dann Teile eines im monochromatischen Licht sehr heftigen Flares.

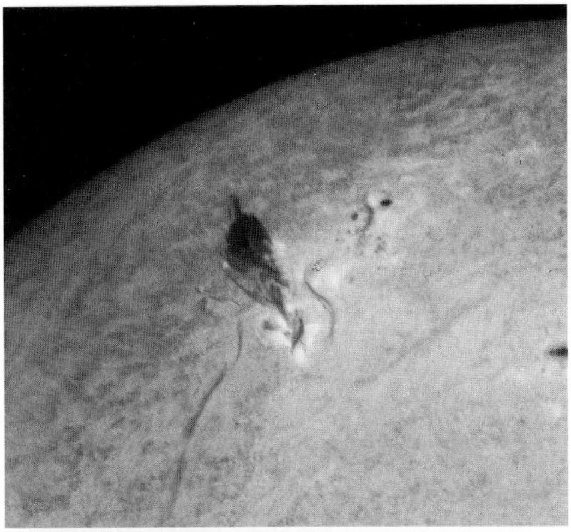
a
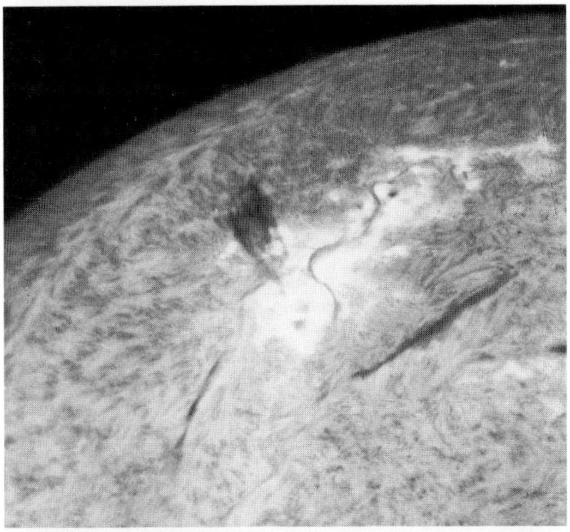
b
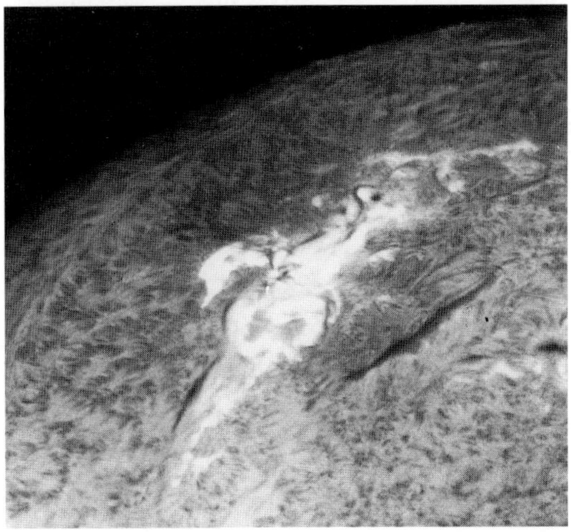
c

Abb. 33a–c. Durch ein Flare hochgeschleuderte Materie, die nach der Aktivitätsphase wieder auf die Sonne zurückstürzt. 10.6.1979; Beobachter: G. Appelt, Kaufbeuren; Instr.: Refr. 150/3000 mm mit DayStar-Filter 0,5 Å. **a** 8.12 U.T.; **b** 8.18 U.T.; **c** 8.44 U.T.

1.7.2 Klassifizierung

Flares werden in Klassen nach ihrer *Importance* eingeteilt. Früher lauteten sie −1, 1, 2, 3 und 3+, seit dem 1. Januar 1966 nach internationaler Festlegung S, 1, 2, 3 und 4 (S steht für *Subflare*). Tabelle 4 gibt die Bezugswerte. Sie zeigt, daß Flares im Verhältnis zu anderen Aktivitätserscheinungen ausgesprochen kurzlebig sind.

Zur Flare-Klasse (Importance) wird zusätzlich die *Intensitätsstufe* mit f, n oder b angegeben, wobei f für „faint", n für „normal" und b für „bright" oder „brilliant" steht. Eine quantitative Definition dafür gibt es nicht. In der Gesamtbeschreibung eines Flares steht also Sf für die kleinsten Erscheinungen und 4b für die größten. Wichtig zu erwähnen ist übrigens noch, daß die Klassifizierung zur Zeit der größten Intensität erfolgen muß, nicht zur Zeit der größten Flächenausdehnung.

Tabelle 4. Importance

Kennziffer	Heliogr. Quadratgrad	Quadrat-bogensekunden	Fläche 10^{-6} vis. Hemisph.	Mittlere Hα-Linien-breite (Å)	Lebens-dauer
S	< 2,06	< 600	< 100	1,5	< 4 min
1	2,06–5,15	600–1500	100–250	3,0	4–43 min
2	5,15–12,4	1500–3500	250–600	4,5	10–90 min
3	12,5–24,7	3500–7200	600–1200	8	20–155 min
4	> 24,7	> 7200	> 1200	15	0,9–7,2 h

1.7.3 Protokollführung

Zeichnungen von Flare-Erscheinungen sind meist nicht möglich, weil sich die komplizierte Struktur innerhalb kurzer Zeit ändert. Daher werden zeitlich dichte Photoreihen empfohlen.

Folgende Werte sind in einen Protokollbogen einzutragen:

Dat	Datum;
ph	photographische Beobachtung oder Beobachtungsreihe; oder
v	visuelle Beobachtung oder Beobachtungsreihe;
I	Zustand des untersuchten Heliogramms (1 sehr schlecht ... 5 sehr gut);
TB F	(U.T.) Beginn des Flares;
O	(U.T.) Beginn der Beobachtung;
TE F	(U.T.) Ende des Flares;
O	(U.T.) Ende der Beobachtung;
TM	(U.T.) des Maximums des Flares;
LAT	heliographische Breite } als Breite und Länge wird das Zentrum
L	heliographische Länge } der Erscheinung angenommen.
IMP	Importance- und Intensitätsstufe lauf Tabellen;
O P	partielle Beobachtung;
C	komplette Beobachtung (vollständige Erfassung der Erscheinung);
T	(U.T.) der Messungen;
AP	Ausdehnung in Millionsteln der Sonnenscheibe zur Zeit des Maximums;
AC	korrigierte Ausdehnung in Quadratgrad (bis zu einem heliozentrischen Winkel von 65° zu beiden Seiten vom Sonnenmittelpunkt);

F maximale Intensität in bezug zur ungestörten Umgebung;
R Bemerkungen nach den internationalen Festsetzungen:
- A eruptive Protuberanz, Basis bei heliozentrischem Winkel $>90°$;
- B vermutlich das Ende einer größeren Flare-Erscheinung;
- C 10 Minuten vorher noch nicht sichtbar;
- D gleißend heller Punkt;
- E zwei oder mehrere gleißend helle Punkte;
- F mehrere eruptive Zentren;
- G kein Fleck in der näheren Umgebung sichtbar;
- H Flareausbruch mit dunkler Surge hoher Geschwindigkeit;
- I sehr ausgedehnte aktive Zone;
- J Plage mit Flare zeigt merkliche Intensitätsschwankungen;
- K mehrere Intensitätsmaxima;
- L Filamente zeigen plötzliche Aktivitäten an;
- M Weißlicht-Flare;
- N Kontinuum neigt zur Polarisation;
- O Beobachtung wurde in der Kalzium II Linie H oder K angestellt;
- P Flare zeigt Helium D in Emission;
- Q Flare zeigt das Balmer Kontinuum in Emission;
- R merkliche Asymmetrie in der Hα-Linie;
- S nach Hellerwerden folgt Verschwinden des Filamentes (falls in derselben Position);
- T Zone war schon den ganzen Tag über aktiv;
- U nahe und etwa gleich starke Filamentenerscheinungen (II- oder Y-Aussehen);
- V Auftreten einer explosiven Phase;
- W große Ausdehnung nach der maximalen Intensität;
- X ungewöhnlich breite Hα-Emission;
- Y Erscheinung in Verbindung mit Loop-Protuberanzen;
- Z größter Teil einer Sonnenfleckenumbra vom Flare bedeckt.

Zwei Flare-Erscheinungen werden als eigenständig angesehen, wenn die Entfernung zweier Flare-Knoten $>3°$ ist oder die Erscheinungszeit um mehr als 5 Minuten differiert.

1.7.4 Langzeitbeobachtungsprogramme

Zwei Untersuchungen über den Zyklus hinweg sind sinnvoll:

- Weist die Gesamtzahl der aufgetretenen Flares deutlich den Zyklus aus?
- Welche Flare-Klassen treten wann und in welcher Häufigkeit im Zyklus auf?

1.7.5 Kurzzeitbeobachtungsprogramme

Eine immer noch wichtige Untersuchung ist: Wie sah die Feinstruktur der Chromosphäre und der Sonnenflecken aus, bevor ein Flare auftrat? Diese sogenannte *Preheating*- oder *Preflare*-Phase ist schwer zu erfassen, weil man eben nicht vorhersagen kann, wann und an welcher Stelle ein Flare auftreten wird. Der Amateur kann nach einem Flare diese Strukturen auf vorher gewonnenen Routine-Überwachungsphotos zurückverfolgen.

Kommt es zu einem Flare, so gibt es viele Möglichkeiten, über seinen Verlauf Aussagen zu treffen. Abbildung 34 zeigt, welcher Formenreichtum auftreten kann.

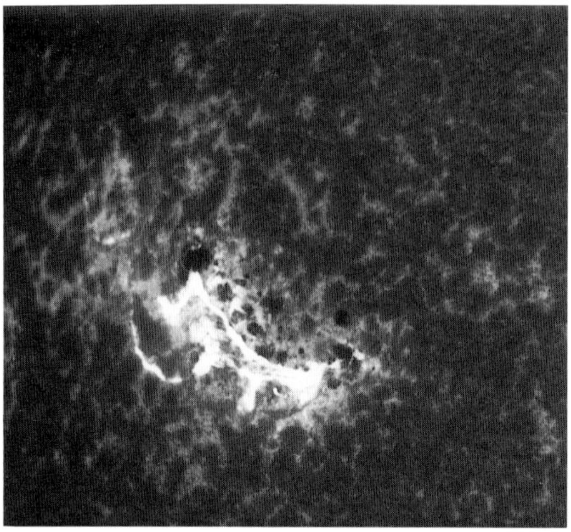

a

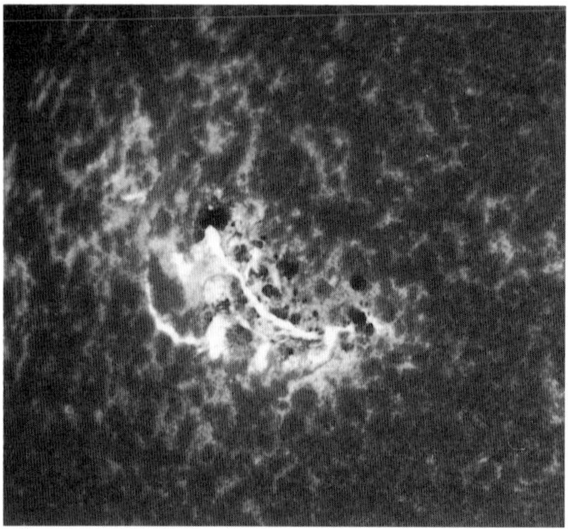

b

Abb. 34 a, b. Flare im Licht der CaII K-Linie 12. 7. 1982; Beobachter: G. Appelt, Kaufbeuren; Instr.: Refr. 125/3000 mm mit DayStar-Filter 1 Å. **a** 10.15 U.T.; **b** 10.40 U.T. Deutlich ist, welche gravierenden Änderungen sich in nur 25 Minuten vollziehen (vgl. [20]).

In Abbildung 33 wurde eine Surge durch ein Flare verursacht. Solche Einflüsse auf Sonnenmaterie sind vielfach beobachtet worden und lohnen eine Untersuchung. Dazu gehören neben den Surges die *Sprays*, die *Flare-Loops*, ja auch die *Moreton-Waves* und die schon erwähnte *Disparition-Brusque-Phase* von Filamenten [1, 52, 77]. Aber auch Veränderungen der Photosphärenstrukturen sind nach Flares zu beobachten.

Eine interessante Angelegenheit ist es, Lichtkurven von Flares zu erstellen, denn jede Erscheinung nimmt einen anderen Verlauf, wenngleich Gemeinsamkeiten zu erkennen sind. Es gibt zwei Möglichkeiten, Lichtkurven darzustellen: In den Abbildungen 35 und 36 bilden die Abszissen jeweils die Zeit. Die Ordinaten unterscheiden

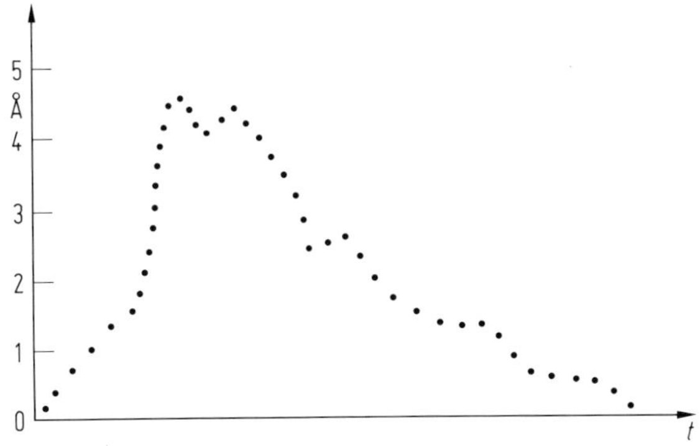

Abb. 35. Zeitlicher Verlauf der Linienbreite eines Flares

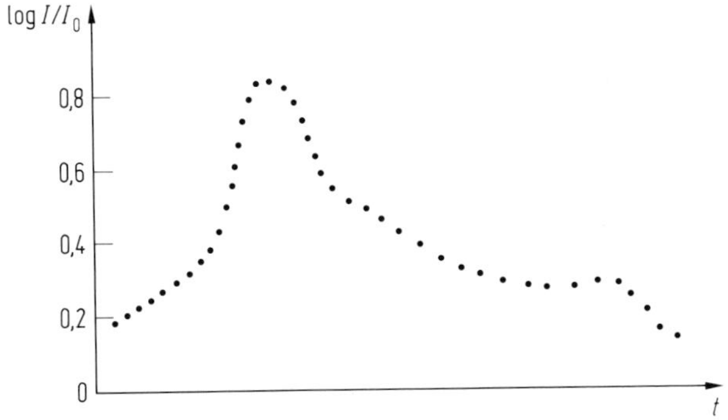

Abb. 36. Zeitlicher Verlauf der Intensität eines Flares in der Linienmitte

sich: In Abbildung 35 wird die Linienbreite des Flares aufgetragen (s. dazu Tabelle 4), in Abbildung 36 die Intensität des Flares in der Linienmitte im Verhältnis zur Intensität der ungestörten Chromosphäre.

Die Kurven unterscheiden sich, aus beiden liest man jedoch ab, daß ein Flare aus dem Preflare-Stadium schnell ansteigt zum Aktivitätsmaximum (*Flash Phase*) und dann langsam abklingt. Lichtkurven sind deshalb interessant, weil schon starke Abweichungen beobachtet worden sind. In einem Fall kann es fast ohne Preflare zur Flash Phase kommen, in einem anderen kann die Helligkeit in der Preflare Phase absinken, um dann plötzlich in die Flash Phase überzugehen.

In Flares fallen die vielen „Knötchen" auf. Aus ihnen können Strömungsverhältnisse abgeleitet werden. Dazu werden entweder die Negative von vornherein unterbelichtet, oder es werden von normal belichteten Negativen Abzüge hergestellt, die nur die Zentralpartien zeigen, so daß die „Knötchen" leichter verfolgt werden können. Der Fortgang der Auswertung ist dann analog zur Darstellung der Bewegung von Einzelflecken in einer Gruppe (s. Abschnitt 1.9.1).

Zahlreiche weitere Untersuchungen an Flares kann der Amateur vornehmen, wozu auf [1] verwiesen sei. Auch hier sollen einige Stichwörter den Abschnitt abschließen:

- Spektroskopie (vgl. Kapitel 9, Band 1);
- Kinematographie (Zeitrafferaufnahmen);
- Videographie zur Flareüberwachung, aber auch, um größere Gruppen gleichzeitig am Geschehen teilhaben lassen zu können (Schul- oder Volkssternwarte);
- Radiobeobachtungen:
  a) radioastronomische Erfassung von Flares (hier werden sie Bursts genannt; s. dazu Kapitel 5, Band 1),
  b) Störungen des Rundfunkempfangs (überwiegend Kurzwelle) nach großen optisch beobachteten Flares.

1.8 Sonstige Phänomene der Chromosphäre (P. Völker)

In den Abschnitten 1.5, 1.6 und 1.7 wurden die chromosphärischen Phänomene behandelt, die am augenfälligsten und für den Amateur instrumentell am einfachsten zu erreichen sind: chromosphärische Fackeln, Protuberanzen/Filamente und Flares.

In diesem Abschnitt soll angerissen werden, daß die Struktur der Chromosphäre jedoch wesentlich detailreicher ist und daher einen größeren Formenreichtum bietet als die Photosphäre. Aus Platzgründen muß wiederum auf die Fachliteratur verwiesen werden ([52, 79–83]; eine Zusammenstellung aus verschiedenen Quellen findet sich in [1], S. 488ff.).

Die Astronomen unterscheiden zwischen

- Erscheinungen der ungestörten (ruhigen) Chromosphäre und
- Erscheinungen der aktiven Chromosphäre.

Zu den bekanntesten Erscheinungen der ungestörten Chromosphäre zählen

- Die *Spikulen* (s. Abb. 27: Die Spikulen sind die zackigen, flammenartigen Strukturen direkt über dem Sonnenrand). Sie erreichen Höhen von 9000 bis 10 000 km, jedoch einen Durchmesser von nur 1.″1 und eine Lebensdauer von 5 bis 10 Minuten.
- Das *chromosphärische Netzwerk* (siehe Abb. 21 b) ist eine großräumige, eventuell „übergeordnete" Chromosphärenstruktur.

Ebenso dazugerechnet werden Strukturen, die bisher nur aus der Fachliteratur bekannt sind und daher in den dort gebräuchlichen englischen Bezeichnungen gegeben werden: *Bright Mottles in the Low Chromosphere, Dark Band at Base of Chromosphere, Dark Mottles, Grains* und *Bright Pattern.*

Als bekanntestes Phänomen der aktiven Chromosphäre kann die *Superpenumbra* gelten, bei der sich die Fibrillen von der Photosphärenpenumbra in die Chromosphäre fortsetzen. Dabei ist ihr Aussehen ähnlich der Weißlicht-Penumbra, muß aber nicht mit der photosphärischen Penumbra-Feinstruktur übereinstimmen.

Ferner nennt die Fachliteratur noch: *Fibrillen* (Dark und Bright Fine Mottles), *Dark* und *Bright Coarse Mottles* (auch Rosettes und Bushes genannt), *Arch Filaments* (auch *Arch Filament System* oder *Field Transition Arches* genannt), *Moustaches* (auch *Bright Points* oder *Ellerman Bombs* genannt) und die *Filigree-Struktur*, die noch in der wissenschaftlichen Diskussion ist.

1.9 Positionsbestimmung solarer Erscheinungen (E. Junker)

Die Ortsbestimmung der in den vorhergehenden Abschnitten erläuterten Erscheinungen auf der Sonne (Flecken, Fackeln, Flares, Filamente, ...) ermöglicht ein detailliertes Studium sowohl der Eigenschaften einzelner Objekte wie des gesamten Aktivitätszyklus der Sonne. Im folgenden werden Meßmethoden sowie Beobachtungs- und Auswertemöglichkeiten der solaren Positionsbestimmung für den Amateurastronomen aufgezeigt.

1.9.1 Ziele der Positionsbestimmung

Zunächst sollen einige der Erkenntnisse vorweggenommen werden, die die Ortsbestimmung auf der Sonne liefern. Für viele Beobachtungsprogramme ist eine Zusammenarbeit mit gleich Interessierten in einem Datennetz (z. B. über das Mitteilungsblatt „SONNE") ratsam.

Die *Sonnenrotation* zeigt sich in der Wanderung der aktiven Gebiete über die Sonnenscheibe. Beobachtet man an mehreren aufeinanderfolgenden Tagen, kann man die Rotation verfolgen.

Ein Sonnenfleck, der am Ostrand der Sonne auftaucht, bewegt sich, von der Erde aus gesehen, täglich um zirka 13°.2 weiter nach Westen. Durch Messung dieser Lageveränderung des Flecks auf der Sonne leitet sich die *synodische Sonnenrotationsdauer* ab:

$$360°:13.2°/d = 27.3\,d.$$

Der Gasball Sonne rotiert aber keinesweg starr, sondern die Polargebiete benötigen über eine Woche länger für einen Umlauf als die äquatornahen Gebiete. Diese *differentielle Rotation* der Sonne veranschaulicht Abbildung 37 durch ein symbolisches Wettrennen der Flecken und Fackeln in verschiedenen Breiten.

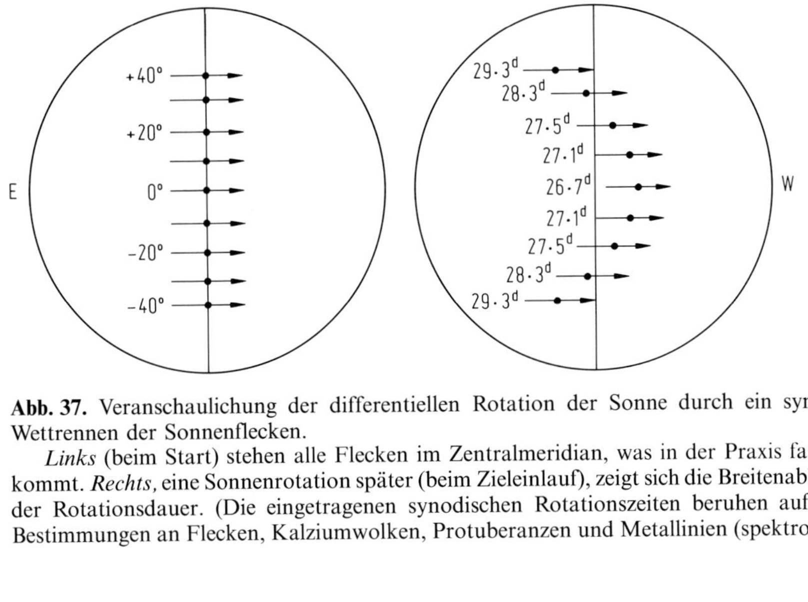

Abb. 37. Veranschaulichung der differentiellen Rotation der Sonne durch ein symbolisches Wettrennen der Sonnenflecken.

Links (beim Start) stehen alle Flecken im Zentralmeridian, was in der Praxis fast nie vorkommt. *Rechts*, eine Sonnenrotation später (beim Zieleinlauf), zeigt sich die Breitenabhängigkeit der Rotationsdauer. (Die eingetragenen synodischen Rotationszeiten beruhen auf über 100 Bestimmungen an Flecken, Kalziumwolken, Protuberanzen und Metallinien (spektroskopisch))

Die Wanderung der Sonnenflecken laufend zu beobachten, ist eine lohnende Aufgabe für jeden Sonnenbeobachter, weil er so die mittlere oder gar die breitenabhängige Rotationsdauer selbst nachweisen kann. Die genaue Bestimmung des Rotationsgesetzes erfordert eine Vielzahl von genauen Positionsmessungen an stabilen Flecken unterschiedlicher Breite (vgl. Zerm [84]).

Die differentielle Rotation der Sonne wird über

$$\omega(B) = a - b \cdot \sin^2 B$$

ausgedrückt. Hierbei bedeutet $\omega(B)$ die Abhängigkeit der Winkelgeschwindigkeit ω von der Breite B; a gibt die Winkelgeschwindigkeit der Sonne am Äquator an, und b bestimmt die Stärke der Abnahme von ω mit B. Die Literaturwerte für die Koeffizienten a und b schwanken stark:

$$13.8^\circ/d < a < 14.6^\circ/d \qquad 1.7^\circ/d < b < 3.4^\circ/d.$$

Für den Zeitraum 1940 bis 1968 beträgt $a = 14.525\,(9)^\circ/d$ und $b = 2.83\,(8)^\circ/d$ (Balthasar, Wöhl [85]). Die beiden Konstanten hängen vom untersuchten Fleckentyp, dem untersuchten Zeitraum im Zyklus, der Sonnenhalbkugel und eventuell noch von anderen, bisher nicht berücksichtigten Parametern ab.

Zur Untersuchung der *Fleckenverteilung* muß man Positionsmessungen aus vielen Beobachtungen (d.h. über Monate oder Jahre) zusammentragen. Das Zeichnen von Sonnenkarten und die Ermittlung der zeitlichen Veränderung von Fleckenpositionen sind bedeutsam.

– In einer *synoptischen Karte* (Abb. 38) werden die mittleren Positionen aller während einer Sonnenrotation beobachteten Erscheinungen (Flecken, Fackeln, Filamente, ...) eingetragen. Es handelt sich zum Beispiel um die überlagerte Aufnahme aller Flecken, die innerhalb von 27,3 Tagen (0–360° Länge) sichtbar waren; die wahre Lebensdauer der Flecken spielt bei der Eintragung keine Rolle.
  Aus einer synoptischen Karte können viele Informationen ermittelt werden: aktive Zonen sind sichtbar; die mittlere Breite der Flecken kann über ein Häufigkeitsdia-

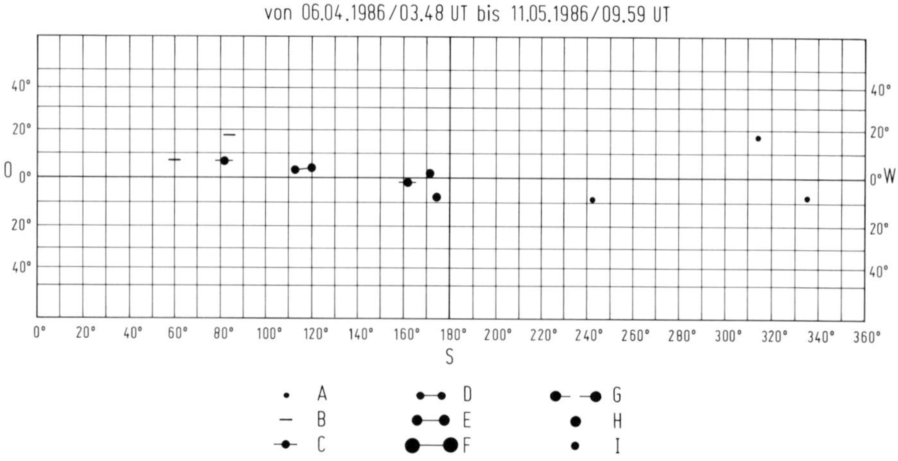

Abb. 38. Synoptische Karte der Sonne für die synodische Rotation Nr. 1774 (Hoell et al. [86])

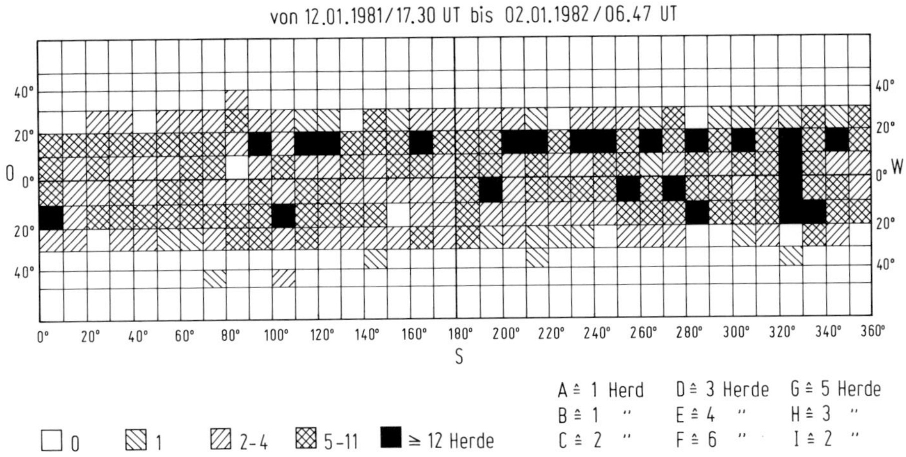

Abb. 39. Synoptische Jahreskarte 1981, zusammengesetzt aus den synoptischen Karten der Rotationen 1704–1716.

Jeder Fleckengruppe wurde entsprechend ihrem Waldmeier-Typ (vgl. Abschnitt 1.3.1) eine Anzahl von „Herden" zugeordnet. Diese Herde sind dann über das gesamte Erscheinungsfeld der Gruppe in 10° × 10°-Feldern verteilt worden

gramm bestimmt werden; die Nord-Süd-Asymmetrie eines Zyklus wird sichtbar; Gruppen, deren p- und f-Fleck auf verschiedenen Hemisphären liegen, fallen auf; der Beginn eines neuen Zyklus deutet sich durch Flecken in hohen Breiten an; die Verteilung der einzelnen Fleckengruppentypen kann untersucht werden; die Gesamtzahl der Gruppen ist ein Maß für die Sonnenaktivität. Die Überlagerung mehrer synoptischer Karten zu einer Jahreskarte zeigt die Aktivitätsgebiete besonders deutlich (Abb. 39).

- Im *Positionsdiagramm* (Fritz [87]) wird nur eine Raumkoordinate (heliographische Länge oder Breite) gegen die Zeitachse aufgetragen. Die Flecken werden dann entsprechend ihrer Beobachtungszeit und ihrer Position im Diagramm notiert. Verbindet man die Punkte, die zu derselben Gruppe an verschiedenen Beobachtungstagen gehören, so erkennt man die Wanderung der Flecken auf der Sonne. Im Gegensatz zur synoptischen Karte werden also Bewegungsphänomene untersucht.
- Das *Schmetterlingsdiagramm* (Abb. 40) verdeutlicht die Zonenwanderung der Flecken (*Spörersches Gesetz*). Es wird die mittlere Breite der Einzelflecken oder Gruppen gegen ihre Beobachtungszeit aufgetragen; dies entspricht einem Positionsdiagramm für heliographische Breite mit stark gestauchter Zeitachse. Die Sonnenflecken wandern von höheren Breiten im Laufe eines Zyklus auf den Sonnenäquator zu. Noch bevor die Flecken des vorangehenden Zyklus um die Minimumszeit äquatornah verschwinden, erscheinen die Flecken des neuen Zyklus in hohen Breiten. Diese Überlappung der Zyklen, das Auftreten der Flecken in zwei symmetrisch zum Sonnenäquator gelegenen Zonen, der Zeitraum maximaler Aktivität, die Stärke eines Zyklus und Unterschiede der beiden Hemisphären können aus einem Schmetterlingsdiagramm abgelesen werden.

Eine genaue Analyse der Zonenwanderung ergibt, daß noch eine zweite Fleckenzone existiert (Mattig [89]): Die zum Beginn eines Zyklus sich ausbildende Fleckenzo-

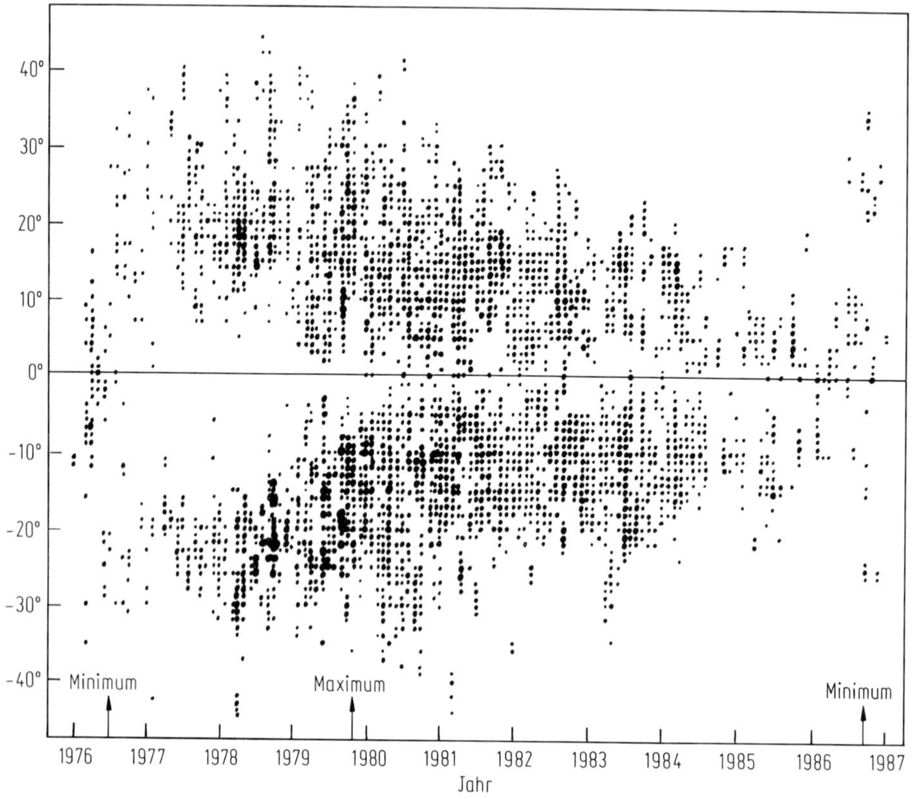

Abb. 40. Schmetterlingsdiagramm für Zyklus Nr. 21, bestehend aus 6701 Einzelpositionen von 1224 Beobachtungstagen, aufgezeichnet vom 17.1.1976 bis 2.2.1987 (Hammerschmidt [88])

ne in besonders hohen Breiten teilt sich auf, wobei eine Zone nicht zum Äquator, sondern zum Pol wandert. Diese sekundäre Fleckenzone ist jedoch nur während des aufsteigenden Astes eines Fleckenzyklus, etwa bis zum Fleckenmaximum, nachweisbar. Eine Theorie zur Entstehung und Entwicklung von Sonnenflecken muß unter anderem auch der Breitenwanderung der Sonnenflecken Rechnung tragen. Die Sonnenfleckenpositionen aus Greenwich von 1874 bis 1976 wurden zur Erstellung der Schmetterlingsdiagramme der Zyklen 11–20 benutzt (Abb. 41).

Die Positionsbestimmung eignet sich gut für die systematische Untersuchung von *Eigenschaften von Sonnenfleckengruppen.*

– Die *Länge einer Fleckengruppe* ergibt sich aus:

$$s = 12\,148\sqrt{(\Delta L \cdot \cos B)^2 + (\Delta B)^2}$$

s = Ausdehnung der Gruppe in km,
B = mittlere heliographische Breite der Gruppe in Grad,
ΔL = Ost-West-Ausdehnung in Grad,
ΔB = Nord-Süd-Ausdehnung in Grad.
(Ein heliographisches Grad entspricht am Äquator 12148 km.)

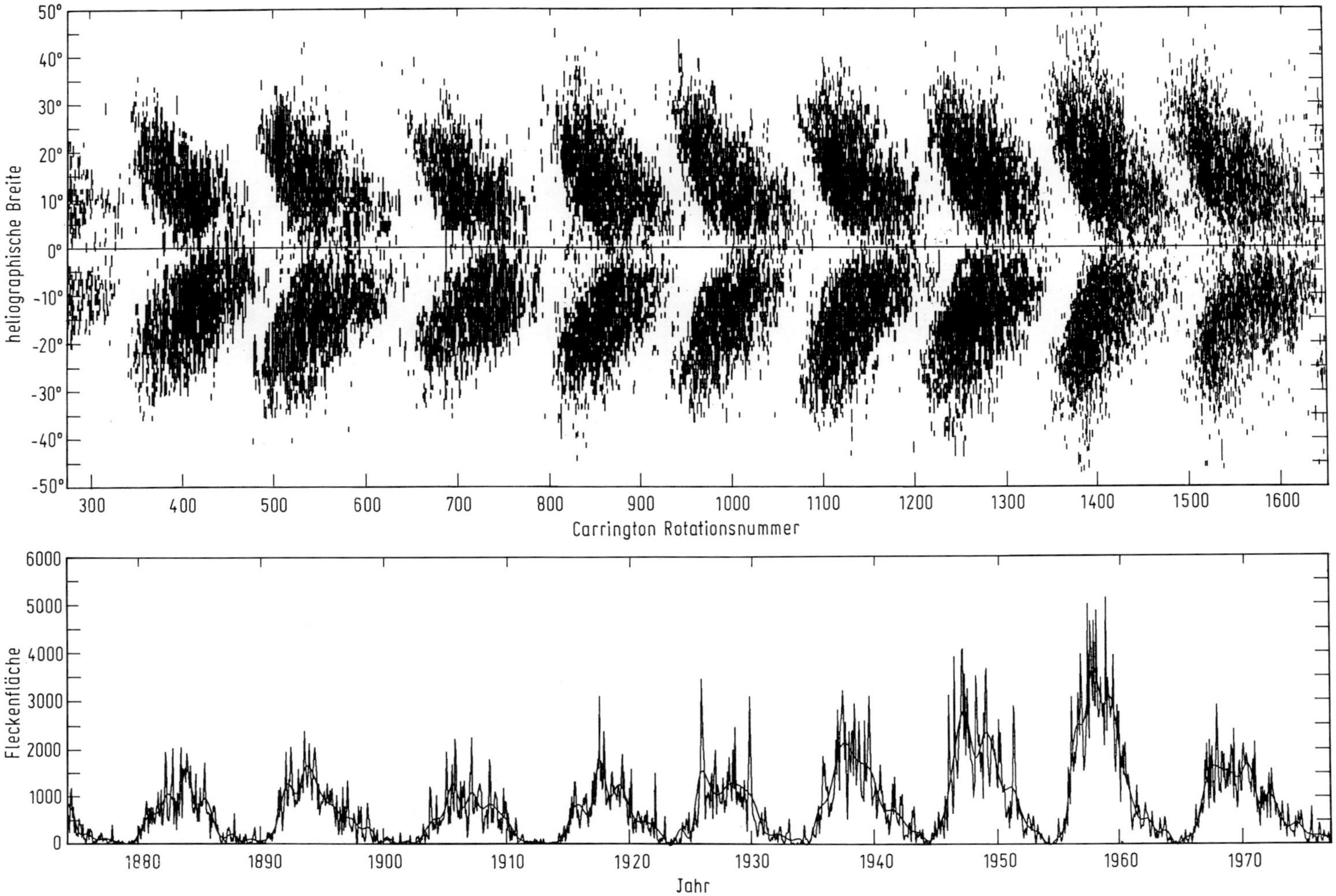

Abb. 41. Obere Hälfte: Schmetterlingsdiagramme der Zyklen 11–20. Untere Hälfte: mittlere tägliche Sonnenfleckenfläche (in Millionstel sichtbarer Hemisphäre) pro Sonnenrotation (Yallop, Hohenkerk [90])

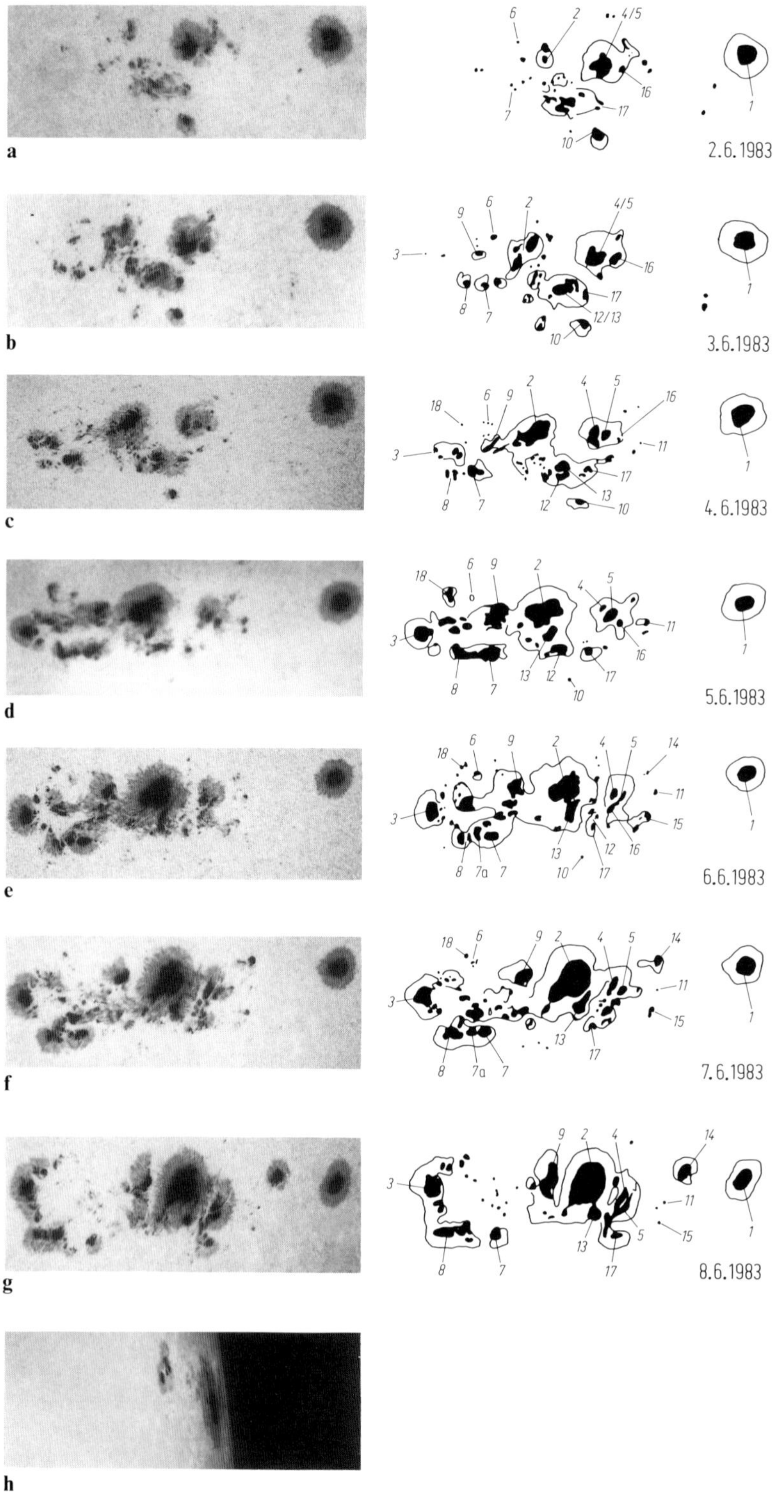
a
2.6.1983
b
3.6.1983
c
4.6.1983
d
5.6.1983
e
6.6.1983
f
7.6.1983
g
8.6.1983
h

– Die *Achsenneigung* α *der Gruppe* ergibt sich zu:

$$\alpha = \arctan (\Delta B / \Delta L \cos B).$$

α ist positiv, wenn der im Sinn der Sonnenrotation vorangehende p-Fleck einen geringeren Äquatorabstand besitzt als der nachfolgende f-Fleck. Bei den meisten Gruppen ist α positiv, jedoch zeigen sich Abhängigkeiten von der Breite der Gruppe und dem Zeitpunkt im Zyklus. Die vorhandene Literatur ist widersprüchlich.

– Messungen von *Eigenbewegungen* in Fleckengruppen erfordern große Sorgfalt bei der Positionsbestimmung, um eine hohe Genauigkeit zu erzielen, da sich die Einzelflecken meist nur um wenige Zehntel Grad pro Tag bewegen. Man ist allerdings nur auf Relativmessungen angewiesen, die präziser als Absolutmessungen sind, und kann die benötigte Genauigkeit durchaus mit Amateurmitteln erreichen (Reinsch in [1], S. 377 ff.; Beck in [1], S. 250 ff.; Jahn [91]; Pfister [92]). Pfister unterscheidet verschiedene Typen von Eigenbewegungen, die man den Gruppen zuordnen kann: Drehungen der Verbindungslinie der Umbren bei Fleckenteilung, Verschiebungen einzelner Teile innerhalb des p-Fleckenkomplexes einer Gruppe, Annäherung von Flecken gleicher Polarität, Divergenzbewegungen, Durchdringungen von Fleckengruppen und Bewegungen in heliographischer Länge oder Breite. Deutlich erkennt man Driftbewegungen sowie Bildung und Auflösung von Einzelflecken in der F-Gruppe vom Juni 1983. Abbildung 42 a–i verdeutlicht die Entwicklung dieser

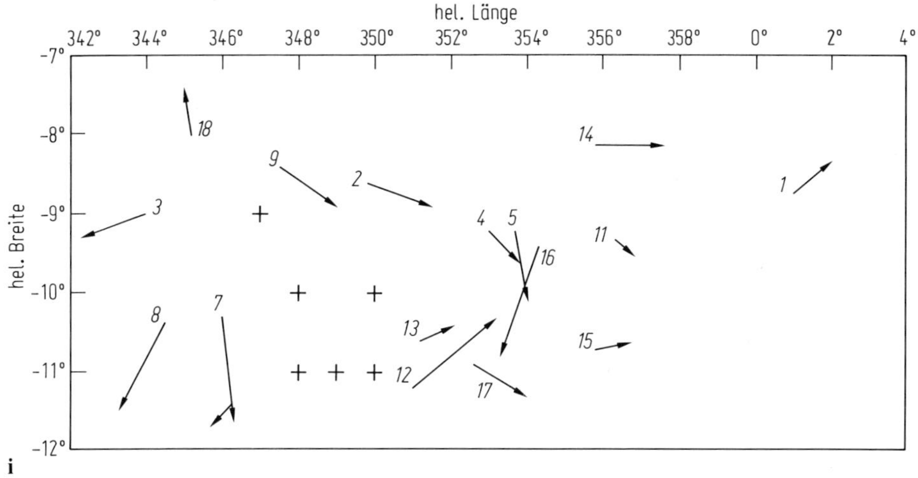

Abb. 42 i. Bewegungsdiagramm der F-Gruppe im Juni 1983. Eingezeichnet sind die Bewegungsvektoren innerhalb von vier Tagen sowie die durch Kreuze gekennzeichneten Positionen der größten Flares

◀

Abb. 42 a–h. Linke Spalte: Photos der F-Gruppe im Juni 1983. Alle Aufnahmen von C. H. Jahn auf Technical Pan 2415 am Refraktor 200/3250 mm der Astronomischen Station der Universität Hannover (Sonnenprisma, Okular 12,5 mm, Grünfilter, Belichtung 1/1000 s). Aufnahmezeiten: 2.6.: $13^h 17^m$ U.T., 3.6.: $09^h 15^m$ U.T., 4.6.: $10^h 00^m$ U.T., 5.6.: $13^h 34^m$ U.T., 6.6.: $10^h 43^m$ U.T., 7.6.: $06^h 54^m$ U.T., 8.6.: $10^h 51^m$ U.T., 11.6.: $08^h 14^m$ U.T.

Rechte Spalte: Zeichnungen der Gruppe. Die markierten Flecken wurden zur Eigenbewegungsuntersuchung herangezogen

Gruppe. Mehltretter [93] beobachtete große Eigenbewegungen bei Flecken, die in die Penumbra eines größeren Flecks eintreten. Unklar ist, ob die Bewegung kleiner Flecken in der Nähe großer Penumbren abgebremst oder beschleunigt wird, ob es einen Zusammenhang zwischen Eigenbewegungen und der Flare-Häufigkeit (vgl. Abschnitt 1.7.3) gibt und in welcher Phase der Entwicklung einer Gruppe die höchsten Eigenbewegungen auftreten.

Für diese und ähnliche Untersuchungen eignet sich die Sonnenphotographie besonders gut (vgl. Abschnitt 1.10), da Sinnestäuschungen, die die Zeichnung stark beeinflussen können, ausgeschlossen sind.

Die Verfahren solarer Positionsbestimmung sind nicht nur auf Flecken, sondern auch auf *Fackeln, Flares, Protuberanzen, Filamente* und andere Erscheinungen der Photosphäre und Chromosphäre der Sonne anwendbar. Größere Aufmerksamkeit sollte zur Minimumszeit den Polfackeln gewidmet werden (vgl. Abschnitt 1.4.4), die in Breiten ab 50° auftreten (Brauckhoff, Delfs, Stetter [94]).

1.9.2 Heliographische Koordinaten

Zunächst zur Definition des *heliographischen Koordinatensystems*: Genauso wie bei der Erde sind die *Sonnenpole* die Punkte, wo die Sonnenachse die Sonnenkugel „durchstößt“; dabei nennt man den Nordpol jenen Punkt, der von der Erde aus gesehen zum Nordhimmel weist. Jede durch die Sonnenpole gelegte Ebene bezeichnet – wie wir dies von der geographischen Ortsbestimmung her kennen – einen *Meridiankreis* auf der Sonne. Alle Ebenen, die rechtwinklig zur Sonnenachse gelegt werden, schneiden als *Breitenkreise* die Sonnensphäre. Der größte dieser Breitenkreise, in dessen Ebene der Sonnenmittelpunkt liegt, ist der Sonnenäquator (vgl. Abb. 43 und Abb. 47). Die *heliographische Breite* B wird vom Sonnenäquator aus als nördliche (+) oder als südliche (−) Breite bezeichnet. Da es auf der Sonne keinen Festpunkt gibt

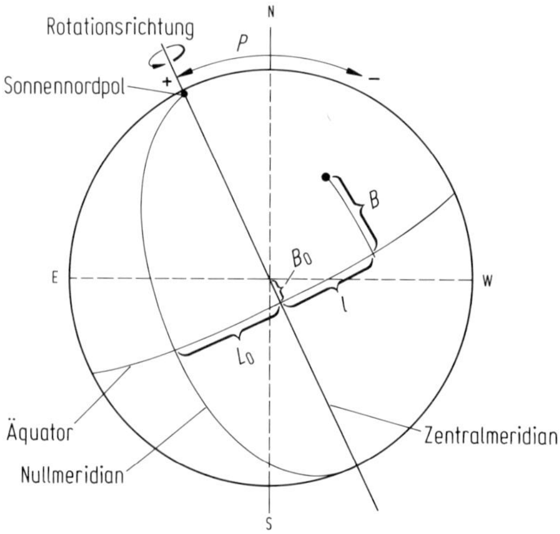

Abb. 43. Heliographisches Koordinatensystem (perspektivisch)

– etwa im Sinne von Greenwich auf der Erde –, der einen Nullmeridian definieren könnte, wird die Festlegung der *heliographischen Länge L* schwieriger. Man muß sich für jede Beobachtungsreihe einen Meridian wählen, von dem man die Längen nach West (W) oder Ost (O, oder E nach engl. „east" zur Vermeidung von Verwechslungen mit der Zahl Null) rechnet. Gebräuchlich sind:

1. Der Mittel- oder *Zentralmeridian* im Moment der Beobachtung.
2. Ein international festgelegter Nullmeridian: Das ist jener Zentralmeridian, der am 1. Januar 1854 um 12 Uhr Weltzeit durch den aufsteigenden Knoten des Sonnenäquators auf der Ekliptik ging. Von diesem sogenannten *Carringtonschen Nullmeridian* aus wird die heliographische Länge L nach Westen hin von 0 bis 360 Grad gezählt. Die Zeitpunkte des Durchgangs des Carringtonschen Nullmeridians durch den Zentralmeridian kennzeichnen den Beginn einer synodischen Sonnenrotation. Deren mittlere Dauer beträgt 27,2753 Tage (bei $B = \pm 16°$, etwa die Breite maximaler Fleckenaktivität). Durch die wechselnde Geschwindigkeit der Erde in ihrer elliptischen Bahn schwankt dieser Wert zwischen 27,20 und 27,34 Tagen. Zum Zeitpunkt des Beginns einer synodischen Sonnenrotation gehören somit alle aktiven Gebiete westlich des Zentralmeridians noch zur alten Carrington-Rotation. Rotation Nr. 1 begann am 09.11.1853, und bis zum 26.01.1990 sind genau 1824 Sonnenrotationen (Durchgänge des Nullmeridians durch den Zentralmeridian) vergangen.

Es ist nicht immer sinnvoll, Positionsmessungen an die Carringtonsche Rotation anzukoppeln (vgl. Abschnitt 1.9.1): Die differentielle Rotation zum Beispiel kann man natürlich nur unter Benutzung des momentanen Zentralmeridians nachweisen, während man dagegen bei synoptischen Karten auf den internationalen Nullmeridian zurückgreift.

Man findet die Zeiten des Beginns der synodischen Sonnenrotationen in astronomischen Jahrbüchern und Zeitschriften (z.B. im Mitteilungsblatt „SONNE") tabelliert.

In der Geophysik ist es üblich, mit Sonnenrotationen von 27,0 Tagen Länge zu rechnen (*Bartelsche Rotation* Nr. 2001 begann am 14.12.1979 um 0 Uhr UT).

Die *Rotationselemente* der Sonne Ω (Winkel zwischen dem Schnittpunkt der solaren Äquatorebene mit der Ekliptik und dem Frühlingspunkt) und i (Neigung der Sonnenachse gegen die Senkrechte auf der Ekliptik) sind durch neue Messungen (Wöhl [95]) gegenüber Carringtons Werten von 1863 ($\Omega = 73\overset{\circ}{.}67$, $i = 7\overset{\circ}{.}25$) verbessert worden. Die neuen Werte, berechnet aus Fleckengruppenpositionen von Greenwich zwischen 1874 und 1976, sind für Ω größer und für i kleiner als diejenigen Carringtons. Sie lauten: $\Omega = 73\overset{\circ}{.}75 \pm 0\overset{\circ}{.}15$, $i = 7\overset{\circ}{.}137 \pm 0\overset{\circ}{.}017$. Für die Amateurarbeit ist diese Änderung von untergeordneter Bedeutung. Der Astronomical Almanac benutzt noch die alten Werte.

Die *scheinbare Bewegung* der Flecken hängt vom Standpunkt der Erde in ihrer Bahn um die Sonne ab. Da Sonnenäquator (um $i = 7\overset{\circ}{.}25$) und Erdäquator (um $23\overset{\circ}{.}43$) gegen die Ekliptik geneigt sind, bewegen sich die Sonnenflecken meist nicht in geraden Bahnen über die Sonnenscheibe, sondern beschreiben, von der Erde aus gesehen, Ellipsen. Sie ziehen nur dann gerade über die Sonnenscheibe, wenn die Erde in Punkten ihrer Bahn steht, die in der Ebene des Sonnenäquators liegen. Abbildung 44 verdeutlicht die jährlichen Schwankungen der Stellung von Sonnenachse und -äqua-

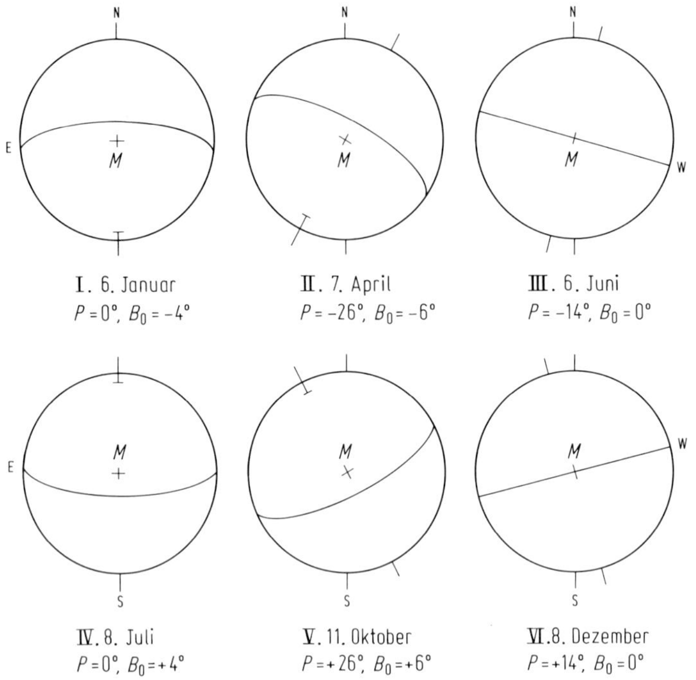

Abb. 44. Stellung der Sonnenachse und Fleckenlauf zu verschiedenen Jahreszeiten. *Bild I* (alle Bilder sind schematisiert) zeigt die Verhältnisse um den 6. Januar: Positionswinkel $P = 0°$, es fällt also die Rotationsachse mit Nord-Süd am Himmel zusammen; B_0 ist um diese Zeit zirka $-4°$, die (gedachten) Flecken auf dem Sonnenäquator ziehen also im Zentralmeridian 4° über dem Mittelpunkt *M* der Sonnenscheibe ihre Bahn; der Südpol der Sonne zeigt zur Erde hin. *Bild II:* Um den 7. April hat der Positionswinkel mit $P = -26\overset{\circ}{.}3$ seine größte westliche Abweichung erreicht. Der Sonnenscheibenmittelpunkt hat die heliographische Breite von $B_0 = -6°$. *Bild III:* Um den 6. Juni ist *P* auf $-14°$ zurückgegangen. Da $B_0 = 0$ ist, ziehen die Flecken in geraden Linien über die Sonne; der Sonnenäquator teilt symmetrisch die Nord- und Südhalbkugel. Die *Bilder IV–VI* zeigen das Verhalten bei positiven *P*- und B_0-Werten

tor für den Erdbeobachter. Hierbei schwankt die *heliographische Breite* B_0 des *Sonnenscheibenmittelpunktes M* zwischen $+7\overset{\circ}{.}25$ und $-7\overset{\circ}{.}25$. Der *Positionswinkel P* (in der Literatur manchmal auch P_0 genannt) der Sonnenachse gegen die Nord-Süd-Richtung am Himmel schwankt zwischen $+26\overset{\circ}{.}3$ und $-26\overset{\circ}{.}3$ (+: Neigung der Sonnenachse nach Osten, −: nach Westen).

In Abbildung 43 sind alle wichtigen Größen zur Messung einer Position auf der Sonne dargestellt. *P*, B_0 und L_0 findet man in Jahrbüchern und in Fachzeitschriften für jeden Tag des Jahres tabelliert. Sie sind dann für die Beobachtungszeit zu interpolieren. Siehe auch Tabelle 12 im Anhang S. 603.

Die jahreszeitlichen Änderungen des Sonnenfleckenlaufs verhindern die Augenmaßzuordnung, ob ein Fleck zur Nord- oder Südhalbkugel gehört bzw. eine Fackel im Bereich der Polfackeln (vgl. Abschnitt 1.4.4) sichtbar ist oder nicht. Eine Zeichnung mit Eintragung von *P* und B_0 ist für solche einfachen Unterscheidungen unverzichtbar.

1.9.3 Methoden zur Positionsbestimmung

Unabhängig davon, mit welchem der zu beschreibenden Verfahren die Positionen bestimmt werden, muß man sich zunächst über die *Orientierung* des *Sonnenbildes* Klarheit verschaffen:
Bei ausgeschalteter Nachführung wandert ein Fleck von Ost nach West in rund zwei Minuten um einen Sonnendurchmesser weiter am Himmel. Bewegt man das Fernrohr Richtung Himmelsnordpol (also zu höheren Deklinationen), verschwindet zuletzt die Sonnennordhalbkugel aus dem Bildfeld.

Wichtig ist die Benutzung eines parallaktisch aufgestellten Fernrohrs. Mit einem azimutal montierten Teleskop kann man sich zwar einen Überblick vom Fleckenbild des Tages verschaffen, doch ist es wegen des Fehlens einer genauen Nachführung und des sich während eines Tages schnell ändernden parallaktischen Winkels nahezu unmöglich, zu einigermaßen zuverlässigen Positionsbestimmungen zu kommen. (Einzige Ausnahme sind Positionsphotos, die man mit weniger als 1,3 m Brennweite auch mit azimutal montierten Teleskopen erzielen kann.) Bei transportablen Geräten muß man großen Wert auf die genaue Ausrichtung der parallaktischen Montierungen legen. Stellmarken helfen, das Gerät Tag für Tag in die gleiche, sorgfältig erprobte Aufstellung zu bringen. Vor jeder Messung ist eine Kontrolle der Ausrichtung dennoch unerläßlich.

Die *direkte Markierung*, das wegen seiner Einfachheit am häufigsten benutzte Verfahren, erfordert einen Projektionsschirm, der sehr stabil und exakt senkrecht zur optischen Achse am Fernrohr befestigt sein muß. Handelsübliche Schirme sind meist viel zu instabil und sollten daher verstärkt werden. Auf den Projektionsschirm legt man ein vorbereitetes weißes Zeichenpapier, das lediglich einen Kreis von 12–15 cm Durchmesser und ein durch den Mittelpunkt gelegtes senkrechtes Kreuz enthält. Letzteres dient zur Markierung der N-S und E-W-Richtungen.

Die Lage der einzelnen Sonnenflecken (und Fackeln) werden bei eingeschalteter Nachführung durch leichtes Antippen mit einem weichen (z. B. Härte 5 B), gut gespitzten Bleistift markiert, ohne die Hand auf dem Schirm abzustützen.

Bei der *Positionsphotographie* macht man eine *Doppelbelichtung* des Fokalbilds der Sonne im Primärfokus (Abb. 45). Es reicht, wenn eines der beiden Bilder vollständig ist. Die Kamera muß wackelfrei am Okularauszug sitzen, weil zwischen den beiden Aufnahmen der Verschluß gespannt werden muß. Einzelheiten über geeignetes Filmmaterial und Entwickler sowie der Aufnahmetechnik findet man in Abschnitt 1.10 (insbesondere Abschnitt 1.10.8).

Mit einer Kamera mit Doppelbelichtungsschalter und handelsüblichem Kleinbildfilm erzielt man schon sehr gute Ergebnisse. Mit geringem Zeitaufwand werden so alle Fleckenpositionen gleichzeitig registriert. Auf dem Photo „eingefrorene“ Luftunruhe kann die aufgenommene Position allerdings verfälschen. Diese Methode liefert die genauesten Positionsmessungen. Man sollte nicht vergessen, daß „schöne“ Photos nicht notwendig sind, um daraus Fleckenpositionen zu bestimmen.

Bei der *Durchlaufmethode* (Vogt in [1], S. 339 ff.; Vogt [96]) wird auf einem Zeichenblatt ein Meßnetz mit einer x-Achse (E-W-Richtung) und einer y-Achse (N-S-Richtung) sowie die Diagonalen eingezeichnet (Abb. 46). Nach sorgfältiger Einjustierung des Instruments in die E-W-Richtung läßt man bei ruhendem Fernrohr das Sonnenbild über den Schirm laufen. Man stoppt dann die Zeit T_W zwischen den

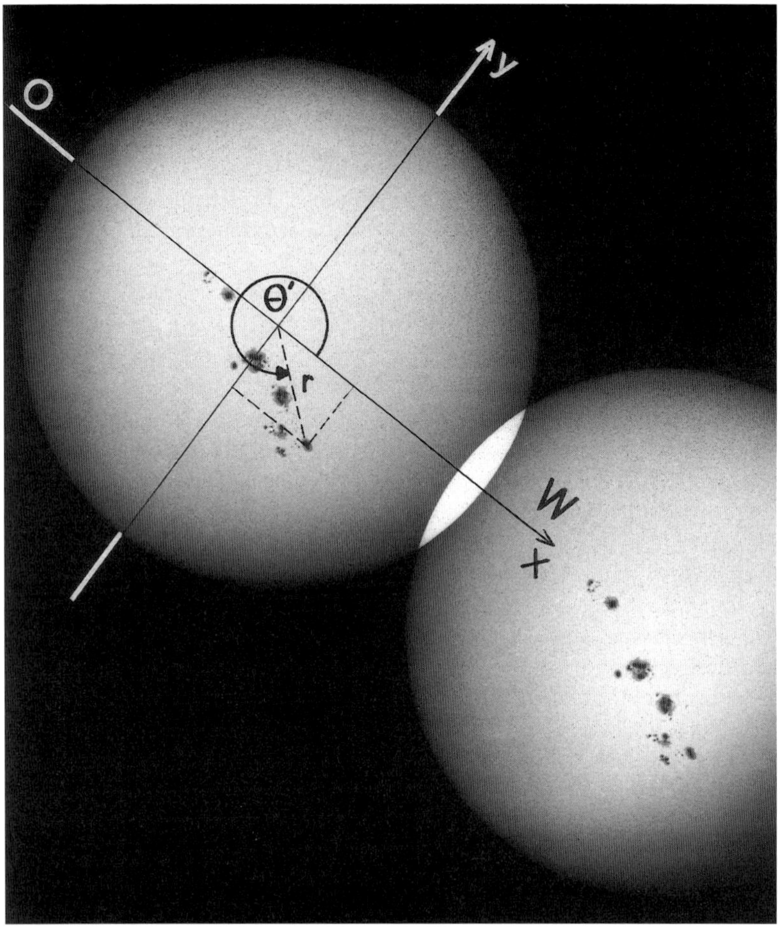

Abb. 45. Positionsphoto vom 29. 4. 1984. Aufnahme: C. H. Jahn auf Kodak Technical Pan 2415 mit Refraktor 200/3250 mm der Astronomischen Station Universität Hannover. Graphik: G. Schwaab und E. Junker, Bonn.

Durchgängen des Westrands der Sonne (Sonnenrand S_1, Fleck F_1 in Abb. 46a) und des Flecks (S_2, F_2 in Abb. 46a) durch die y-Achse. Der zweite Schritt besteht darin, nun den Südrand der Sonne auf der x-Achse laufen zu lassen. Abgestoppt wird dabei die Zeit T_S zwischen den Durchgängen des Flecks, etwa durch die Diagonale $y = x$ (S_1, F_1 in Abb. 46b) und durch die y-Achse. Der Fleck hat dann auf dem Projektionsschirm die Lage

$$x = T_W - R(t), \; y = T_S = R(t),$$

wobei $R(t) = \Gamma'/15 \cdot \cos\delta$ den Radius der Sonne im Zeitmaß, Γ' ihren Winkelradius und δ ihre Deklination bedeuten (vgl. Abschnitte 1.9.1 und 1.9.4).

Die Methode wurde auf engmaschige Meßnetze ausgedehnt. Weiterhin kann man die Bildfeldverzerrung durch ein ebenso verzerrtes Netz ausgleichen.

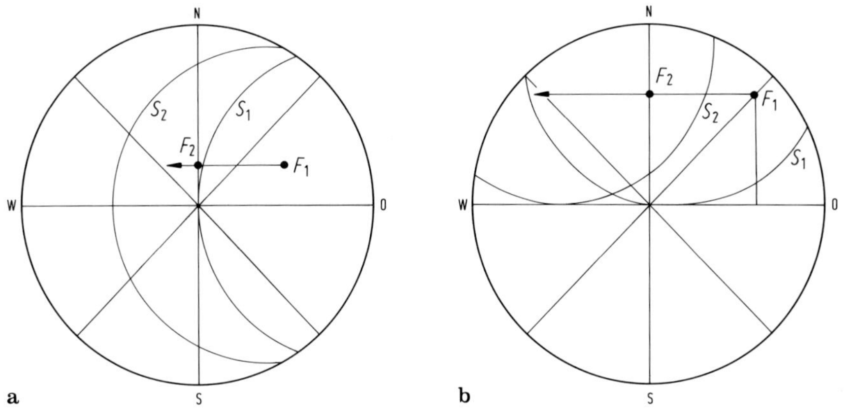

Abb. 46. a Man läßt die Sonne in OW-Richtung über das Netz laufen (nach O. Vogt). **b** Der Südrand der Sonne läuft längs der OW-Richtung (nach O. Vogt)

Wendet man die Durchlaufmethode mit einem geeigneten *Okularmikrometer* an, erhält man verzerrungsfreie Meßwerte, und es sind keine Zusatzgeräte (Projektionsschirm, Kamera) vonnöten, deren Anbringung höhere Ansprüche an die Stabilität der Teleskopmontierung stellt.

Die Durchlaufmethode liefert als Ergebnis die Fleckenlage nicht in einer Zeichnung, sondern als Zahlenkombination, die rechnerisch direkt in die Positionen umgewandelt werden kann (Abschnitt 1.9.4).

Mit den oben beschriebenen Methoden sollte man nicht wesentlich mehr als ein Grad Genauigkeit erwarten. Stabilität des Instrumentariums und Sorgfalt des Beobachters können die Ergebnisse verbessern.

Mit der Positionsphotographie können bei Verwendung einiger Verbesserungen und Korrekturen, z. B. Verwendung von Planfilm, der vor jeder Doppelaufnahme neu in die Kamera eingelegt werden muß, mittlere Fehler von unter $0\overset{\circ}{.}1$ erzielt werden (Fritz, Treutner in [1], S. 350 ff.; Treutner [97]; Jahn [91]).

1.9.4 Berechnung der heliographischen Positionen

Zur schnellen Ortsbestimmung dienen spezielle *Gradnetzschablonen*, d. h. Koordinatennetze (Abb. 47), die – in richtiger Größe und Orientierung (Positionswinkel P und B_0!) auf Zeichnungen und Photos gelegt – gestatten, unmittelbar die heliographische Breite B und die Längendifferenz l gegen den Zentralmeridian von solaren Erscheinungen abzulesen (Bendel in [1], S. 355 ff.).

Man kommt mit acht Netzen für die B_0-Werte $= 0, 1, 2, \ldots, 7°$ aus. Für negative Werte von B_0 dreht man die positiven Netze nur um 180°.

Die Berechnung der Gradnetze erfolgt nach den Formeln

$$x = r \cdot \cos B \cdot \sin \cdot l,$$
$$y = r \cdot (\sin B \cdot \cos B_0 - \cos B \cdot \sin B_0 \cdot \cos l);$$

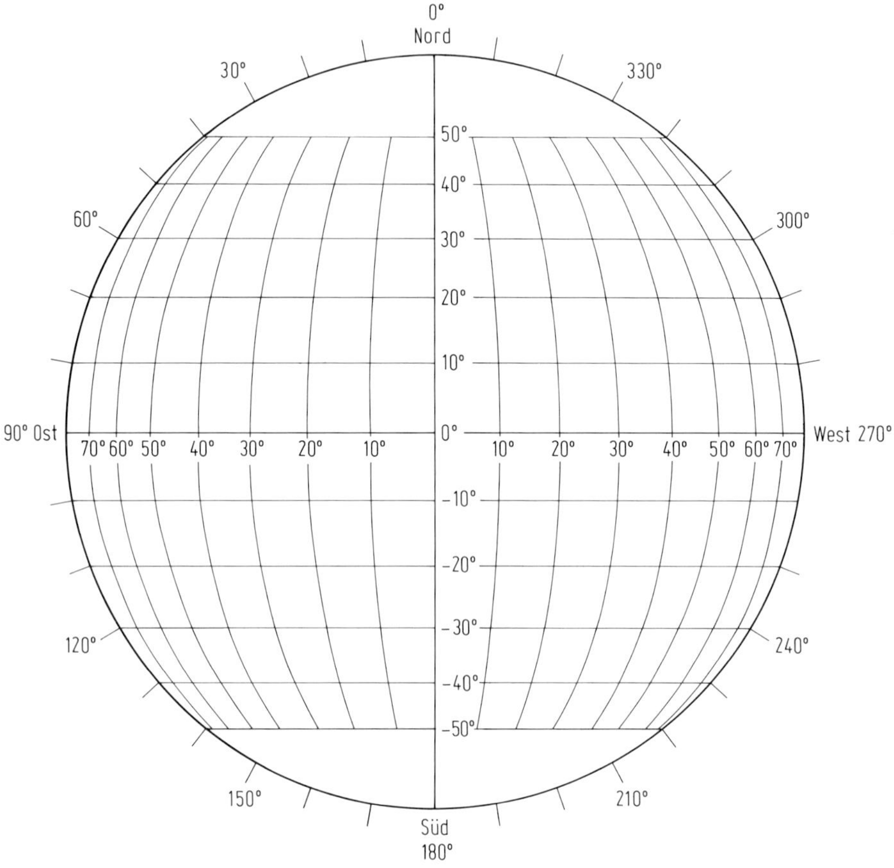

Abb. 47. Heliographisches Koordinatennetz $B_0 = 0°$. Man rechnet am Sonnenrand häufig mit Positionswinkeln, die – wie eingezeichnet – vom Nordpunkt der Sonne über Ost von 0°–360° gezählt werden

x = Abstand der Längenkreise vom Zentralmeridian (in mm),
y = Abstand der Breitenkreise vom Äquator ($B = 0°$) (in mm),
r = Schablonenradius (in mm).

Für den Sonderfall $B_0 = 0°$ können wir das Koordinatennetz sehr schnell berechnen: $y = r \cdot \sin B$. Zum Beispiel ergeben sich für die Koordinaten $b = 40°$, $l = 20°$ folgende Abstände von der Schablonenmitte bei $r = 50$ mm:

$$x = 50 \text{ mm} \cdot \cos 40° \cdot \sin 20 = 13{,}10 \text{ mm}$$
$$y = 50 \text{ mm} \cdot \sin 40° \quad = 32{,}14 \text{ mm}$$ (vgl. Tabellen 5 und 6 und Abb. 47).

Aus den Tabellen 5 und 6 können wir uns ein Netz mit 10° × 10°-Einteilung (Abb. 47) selbst konstruieren [2].

[2] Ein Schablonensatz für die acht verschiedenen B_0-Werte kann in 11 cm und in 15 cm Durchmesser über die VdS-Materialzentrale, Munsterdamm 90, D-1000 Berlin 41 bezogen werden.

Tabelle 5. Abstand (in mm) der Breitenkreise vom Äquator für die $B_0 = 0°$ Schablone bei einem Sonnenscheibendurchmesser von 100 mm, vergleiche Abbildung 47

$B/°$	0	10	20	30	40	50
y/mm	0,00	8,68	17,10	25,00	32,14	38,30

Tabelle 6. Abstand (in mm) der Längenkreise l bei verschiedenen Breiten B vom Zentralmeridian für die $B_0 = 0°$ Schablone bei einem Sonnenscheibendurchmesser von 100 mm, vergleiche Abbildung 47 (Angaben in mm)

B \ l	10°	20°	30°	40°	50°	60°	70°	80°
50°	5,58	10,99	16,07	20,66	24,62	27,83	30,20	31,65
40°	6,65	13,10	19,15	24,62	29,34	33,17	35,99	37,72
30°	7,52	14,81	21,65	27,83	33,17	37,50	40,68	42,64
20°	8,16	16,07	23,49	30,20	35,99	40,69	44,15	46,27
10°	8,55	16,84	24,62	31,65	37,72	42,64	46,27	48,49
0°	8,68	17,10	25,00	32,14	38,30	43,30	46,98	49,24

Benutzt man nur die Schablone für $B_0 = 0°$, die streng nur an 2 Tagen des Jahres gilt (vgl. Bild III und Bild IV in Abb. 44), berücksichtigt beim Anlegen der Schablone P und liest daraus die Breiten und Längen – nennen wir sie B' und l' – ab, kann man die wirklichen Breiten und Längen B und l berechnen:

$$\sin B = \cos B_0 \cdot \sin B' + \sin B_0 \cdot \cos B' \cdot \cos l'$$
$$\cot l = \cos B_0 \cdot \cot l' - \sin B_0 \cdot \tan B'/\sin l'.$$

Wenn wir diesen letzten Weg beschreiten, liegt es nahe, die Positionen der Flecken mit einem programmierbaren Taschenrechner direkt aus ihren Lagekoordinaten zu bestimmen.

Die *rechnerische Koordinatenbestimmung* (von der Zeichnung oder dem Positionsphoto) ist wegen höherer Genauigkeit und ihrer Einfachheit durch Benutzung eines Taschenrechners bei der Datenreduktion einer graphischen Methode zur Positionsbestimmung (Joppich [98]) vorzuziehen. Ein Personalcomputer ermöglicht die Abspeicherung der gewonnenen Ergebnisse zur Auswertung von größeren Datenmengen.

Die Lage eines Flecks auf der Sonnenscheibe wird entweder in karthesischen Koordinaten (x, y) oder in Polarkoordinaten (r, Θ') angegeben (vgl. Abb. 48).

Polarkoordinaten erhält man mit

$$r = \sqrt{x^2 + y^2}, \quad \Theta' = \arctan y/x,$$

wobei man bei der Winkelberechnung auf den Quadranten, in dem der Fleck liegt, achten muß (Θ' wird von W über N gemessen; im 2. und 3. Quadranten sind 180° und im 4. Quadranten 360° zu addieren).

Mit für die meisten Zwecke ausreichender Genauigkeit (ca. $0\overset{\circ}{.}1$ bis $0\overset{\circ}{.}2$) erhält man den Winkelabstand ϱ des Flecks F von der Sonnenscheibenmitte aus der Näherungsformel

$$\sin \varrho = r/R \qquad (*)$$

wobei R der Radius des Sonnenbilds ist. Der Winkelabstand Θ des Flecks zur E-W-Richtung (bezogen auf die Sonne) ergibt sich zu

$$\Theta = \Theta' - P,$$

wie Abbildung 49 veranschaulicht.

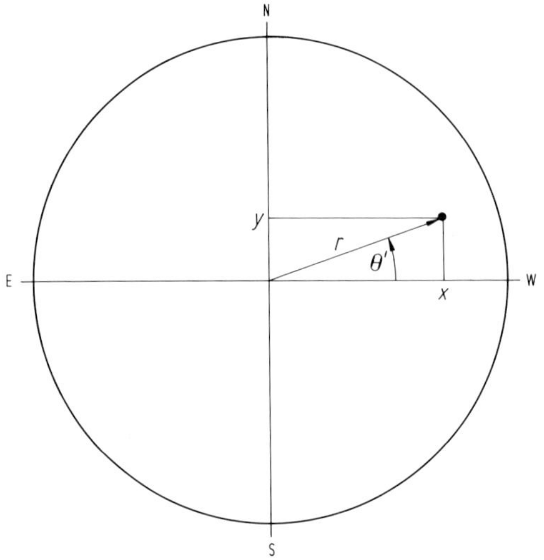

Abb. 48. Ebenes Koordinatensystem für Lagemessungen (Polarkoordinaten, Karthesische Koordinaten)

Die heliographische Breite B und die Längendifferenz des Flecks vom Zentralmeridian l berechnen sich dann mit

$$\sin B = \cos \varrho \cdot \sin B_0 + \sin \varrho \cdot \cos B_0 \cdot \sin \Theta,$$

$$\sin l = \frac{\cos \Theta \cdot \sin \varrho}{\cos B}.$$

Die Länge L des Flecks im Carrington-Rotationssystem erhält man durch

$$L = L_0 + l.$$

P, B_0 und L_0 müssen durch Interpolation der Tabellenwerte für den Beobachtungszeitpunkt berechnet werden.

Das Wertepaar (B, l) gibt die Position des Sonnenflecks relativ zum momentanen Zentralmeridian an, während die Koordinaten (B, L) sich auf das Carringtonsche Rotationssystem beziehen.

In der Literatur sind zum Teil auch andere, im Detail etwas abweichende Formeln zur Berechnung einer heliographischen Position angegeben als hier; denn abhängig davon, von welcher Koordinatenachse ein Winkel gezählt wird, kann sich die zu berücksichtigende Winkelfunktion verändern. Deshalb darf man nie Formeln aus verschiedenen, in sich konsistenten Publikationen mischen, sondern muß sich zumindest die Definitionen an Skizzen verdeutlichen (Junker [99]).

Möchte man eine *höhere Genauigkeit* als zirka 0°3 erzielen, muß die Näherungsformel (*) für den Winkelabstand ϱ des Flecks vom Mittelpunkt der scheinbaren Sonnenscheibe (von der Sonne aus gesehen) durch

$$\sin(\varrho + \varrho') = r/R \text{ mit } \varrho' = r \cdot \Gamma'/R$$

ersetzt werden. Γ' ist der scheinbare Winkelhalbmesser der Sonne und beträgt im Mittel 0°27 (täglich tabelliert). ϱ' ist der Winkelabstand des Flecks vom Mittelpunkt der Sonnenscheibe von der Erde aus gesehen. In Abbildung 50 wird der (kleine) Fehler der Näherungsformel (*) erklärt: Da die Erde nicht unendlich weit weg von der Sonne

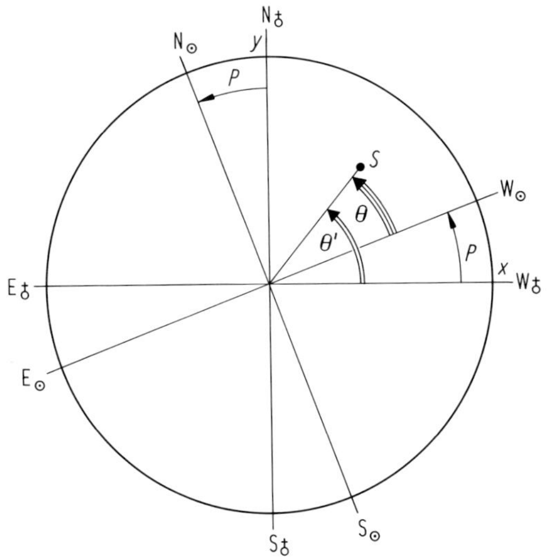

Abb. 49. Zur Erklärung der Beziehung $\Theta = \Theta' - P$. $N_♁$, $W_♁$, ... geben die Himmelsrichtungen auf der Erde an, $N_\odot - S_\odot$ stellt die Projektion der Sonnenrotationsachse auf den Himmel dar, S bezeichnet die Lage eines Sonnenflecks

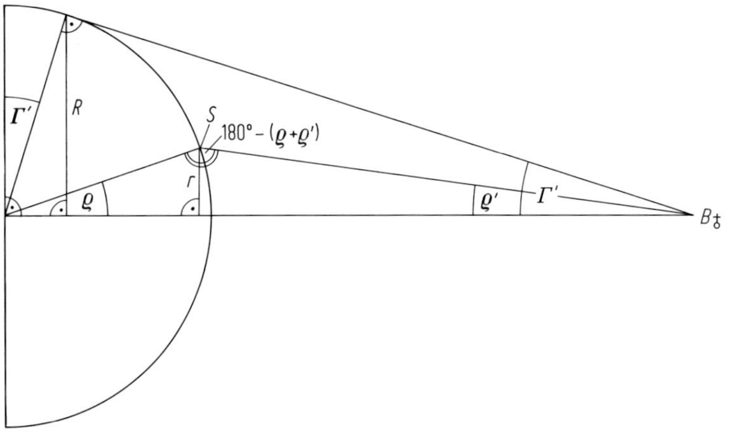

Abb. 50. Zur Erklärung der perspektivischen Korrektur für den Winkelabstand des Sonnenflecks S von der Sonnenscheibenmitte für den Beobachter $B_♁$ auf der Erde (Erläuterungen im Text)

steht, sehen wir am Sonnenrand nicht den Meridian mit 90° Abstand vom Zentralmeridian, sondern einen etwas kleineren ($90° - \Gamma' \approx 89.°7$). Dieser perspektivische Effekt spielt für die meisten Anwendungen keine Rolle, oder er wird durch Meßfehler überdeckt.

Korrekturen für die differentielle Refraktion bei tiefstehender Sonne und für Verzerrungen durch Linsen (Okular, Barlowlinse) können bei höchsten Anforderungen von Bedeutung sein (Bendel in [1], S. 345ff.).

1.10 Sonnenphotographie (C. H. Jahn)

1.10.1 Einleitung

Neben der visuellen Beobachtung der Sonnenoberfläche bietet auch die Sonnenphotographie ein umfassendes Betätigungsfeld für Amateurastronomen. Schon mit kleinen Instrumenten kann man aussagekräftige Bilder erhalten, wobei kein großer Instrumentenaufwand erforderlich ist. Besonders schöne Beispiele zeigen die Abbildungen 51 a, b. Hier haben die Photographen mit kleinen Refraktoren bemerkenswerte Photos erzielt, was jedem als Ansporn dienen sollte.

Dem Sonnenphotographen stehen heute hochwertige Photomaterialien zur Verfügung, die mit geeigneten Bearbeitungsverfahren allen Wünschen angepaßt werden können. Allerdings läßt es sich nicht vermeiden, daß der Sonnenphotograph alle Dunkelkammerarbeiten selbst ausführen muß.

Die ersten mißlungenen Ergebnisse sollten nicht entmutigen, sondern dazu dienen, die eigenen Techniken zu verbessern. Man muß sich darüber im klaren sein, daß die Sonnenphotographie ein schwieriges Arbeitsgebiet ist und einige Erfahrung erfordert. Die Fokussierung des Sonnenbilds ist genauso schwierig wie die Beurteilung der Luftgüte. Auch die Wahl der Kamera und des richtigen Films sind ausschlaggebend für die Qualität der Negative.

Der angehende Sonnenphotograph wird in diesem Kapitel und der weiterführenden Literatur ([1, 100–104]) viele wichtige Hinweise finden, mit deren Hilfe er von vornherein Fehler vermeiden kann. Diese Tips beruhen aber oft auf Erfahrungen anderer Amateure und dürfen deshalb nicht als der Weisheit letzter Schluß angesehen werden.

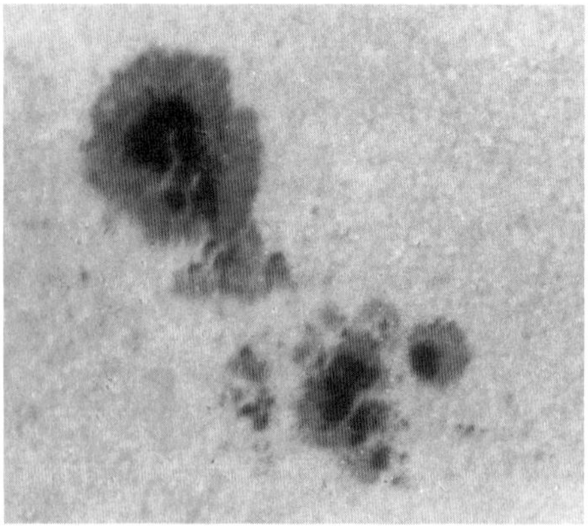

a

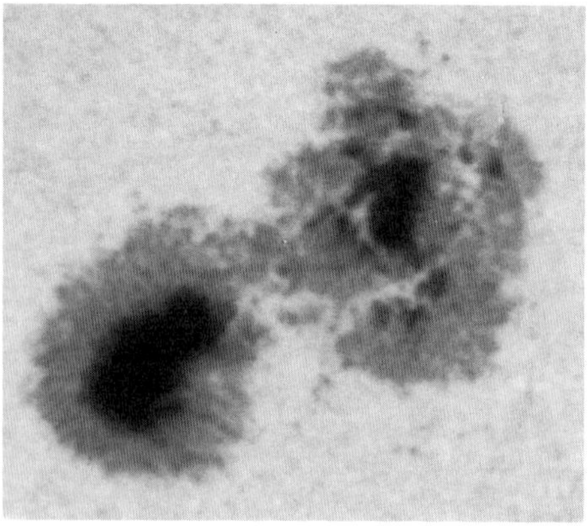

b

Abb. 51 a, b. Zwei Sonnenfleckengruppen am 13.05.1979 und 22.07.1981, photographiert von E. Remmert mit einem Refraktor 80/1000 mm sowie von U. Bendel mit einem Refraktor 60/900 mm (links), beide Aufnahmen: Okularprojektion mit Sonnenprisma

1.10.2 Das geeignete Beobachtungsinstrument

Wie auf vielen anderen Gebieten der Amateurastronomie muß man auch bei der Sonnenphotographie nach dem geeigneten Beobachtungsinstrument fragen. Dabei ist die pauschale Antwort, daß nur der *Refraktor* zu empfehlen, der *Reflektor* aber völlig ungeeignet sei, nicht richtig. Sicherlich hat der Refraktor wesentliche Vorteile gegenüber dem herkömmlichen Reflektor, doch gibt es Amateure, die mit Spiegelteleskopen hervorragende Sonnenphotos erzielt haben. Hierbei handelt es sich um *unbelegte Spiegel*, die nur einen geringen Teil des Lichts reflektieren (ca. 3–4%). Diese Spiegel müssen eine hohe Wärmestabilität besitzen, damit infolge von Absorption keine geometrischen Veränderungen auftreten (Verformung des Paraboloids bewirkt eine ungleichmäßige Veränderung der optischen Eigenschaften). Diese Spiegel sollten aus wärmestabilem Material (z. B. Zerodur) gefertigt werden (Hornung, Hückel [103]).

Mit geeigneten Vorsichtsmaßnahmen (Filter in der Lichteintrittsöffnung) läßt sich jedes Spiegelteleskop bedingt zur Sonnenphotographie nutzen. Dabei muß die Temperatur im Instrument so gering wie möglich gehalten werden (Bildverschlechterung durch Turbulenzen im Instrument). Ein Glasfilter (s. Abschnitt 1.10.3) nicht zu hoher Dichte ist optimal für Spiegel.

Am geeignetsten und vielseitigsten ist für die Sonnenphotographie aber der Refraktor. Er kann mit *Objektivfilter* oder mit *okularseitigen Filtermethoden* benutzt werden. Dadurch läßt er sich optimal an die jeweiligen Wünsche (Fokal- oder Projektionsmethode) und die entsprechenden Belichtungszeiten anpassen.

Die Sonnenphotographie ist glücklicherweise nicht von der Forderung abhängig: Je größer das Instrument, desto besser. Sonnenlicht ist in ausreichender Menge vorhanden, so daß andere Kriterien für die Instrumentenwahl ausschlaggebend sind. Um die Sonne vollständig im Kleinbildformat (24 mm × 36 mm) abzubilden, darf sie nicht größer als 23 mm auf dem Negativ erscheinen. Nun schwankt bekanntlich die Größe des Sonnenbildes über das Jahr. Die Größe d des Sonnenbildes im Primärfokus ergibt sich zu

$$d_{(\mathrm{mm})} = (0{,}00917 \ldots 0{,}00948)\, f_{(\mathrm{mm})};$$

f ist die Brennweite des Instruments. Ein Fernrohr mit $f \geqq 2{,}5$ m ist ohne bestimmte optische Hilfsmittel (z. B. Shapley-Linse) nicht mehr in der Lage, ein gesamtes Sonnenbild zu erfassen. Nur die Instrumente, die unterhalb dieser Brennweite liegen, sind für die Fokalphotographie ohne Bildverlust zu verwenden.

Bei der Frage nach dem geeigneten *Objektivdurchmesser D* sollten zwei Dinge berücksichtigt werden. Viele kleine Objekte auf der Sonne haben Größenordnungen um 1″. Doch auch bei 2″–3″ lassen sich allerfeinste Details photographieren (Granulen). Berechnet man D nach der Formel für das Auflösungsvermögen, so würde bereits ein Dreizöller genügen, um alle interessanten Phänomene zu photographieren. Das berechnete Auflösungsvermögen ist aber ein theoretischer Wert, der in der Praxis durch atmosphärische und photographische Einflüsse verschlechtert wird. Deshalb ist für die Sonnenphotographie ein Vier- bis Sechszöller $f/15$ zu empfehlen.

Bei größeren Instrumenten muß man mit bestimmten atmosphärischen Einflüssen rechnen, da ein Großteil der *Szintillation* durch Luftzellen von 10 cm Größe verursacht wird. Dieses führt zu besonderen Anforderungen an den Beobachtungsplatz (s.

Abschnitt 1.2.1) und verschlechtert oftmals die Beobachtungsbedingungen für große Instrumente. Erst bei gut ausgewählten Beobachtungsplätzen und guten *atmosphärischen Bedingungen* zeigen große Refraktoren ihre ganze Leistungsfähigkeit (s. Abb. 56a).

Eine *parallaktische Montierung* ist zu empfehlen. Dadurch kann man sich vollständig auf die Photographie konzentrieren und muß sich nicht mit lästigem Nachführen beschäftigen. Allerdings können auch andere Montierungen verwendet werden. Dabei muß man die Sonne durch das Bildfeld wandern lassen und im geeigneten Augenblick belichten.

1.10.3 Die Möglichkeiten der Lichtdämpfung

Die Vielzahl der Möglichkeiten der *Lichtdämpfung* können und sollen hier nicht genau beschrieben werden. Es wird dazu auf Bruns und andere in [1], Seite 65ff. verwiesen, die sich intensiv mit objektiv- und okularseitigen Filtermethoden beschäftigt haben.

Hier sollen die Hilfsmittel beschrieben werden, die vom überwiegenden Teil der Amateure benutzt werden. Dieses sind Objektiv- und Folienfilter sowie Sonnenprismen. Der Gebrauch von Okularfiltern ist gefährlich, da die gesamte Sonnenstrahlung auf das Filter trifft und dieses zerstören kann. Kamera, Film und auch die Augen wären dann ohne Schutz. Verspiegelte Okularfilter bieten hier einen gewissen Ausweg. Eine Abblendung des Objektivs und Einsatz von Graufiltern (z. B. Photofilter) zur Lichtdämpfung vermindert das Auflösungsvermögen des Instruments. Diese Methode sollte nicht verwendet werden.

Objektivfilter sind planparallele Glasplatten, die mit einer Chrom- oder Aluminiumschicht bedampft sind. Sie müssen eine sehr gute Oberflächenqualität besitzen, wobei die Parallelität der beiden Flächen des Filters nicht schlechter als 1/10 der Wellenlänge sein sollte. Objektivfilter sind hervorragend für die Fokalphotographie geeignet. Ihre optische Dichte sollte das Sonnenlicht im Verhältnis 1000:1 filtern (dieses entspricht Dichte 3 oder 0,1 % Transmission). Damit erhält man Belichtungszeiten um 1/1000 s. Beim Kauf eines Objektivfilters muß man wissen, daß viele Filter für die visuelle Beobachtung hergestellt sind und oft eine hohe Dichte besitzen (Dichte 5 oder 0,001 %). Diese sind für die Sonnenphotographie nur bedingt einsetzbar, weil sich durch die starke Filterung zu lange Belichtungszeiten ergeben. Man sollte deshalb ein Filter mit Dichte 3 kaufen und für visuelle Anwendungen zusätzliche Graufilter einsetzen.

Vorteil: Keine Wärme im Instrument (wichtig für Reflektoren).
Nachteil: Bei Okularprojektion verlängern sich die Belichtungszeiten. Als Grenze sollte man 1/125 s nicht überschreiten.
Objektivfilter sind teuer.

Folienfilter sind dünne Polyesterfolien, die mit einer Aluminium- oder Goldschicht bedampft sind. Sie werden häufig als Alternative zum Objektivfilter genannt und können problemlos vor dem Objektiv oder der Lichteintrittsöffnung von Reflektoren in 1 bis 2 Lagen montiert werden. Die meisten Anwender benutzen die *Rettungsfolie* (aus Bergsportgeschäften oder Erstehilfekästen) oder die aus den USA stammende

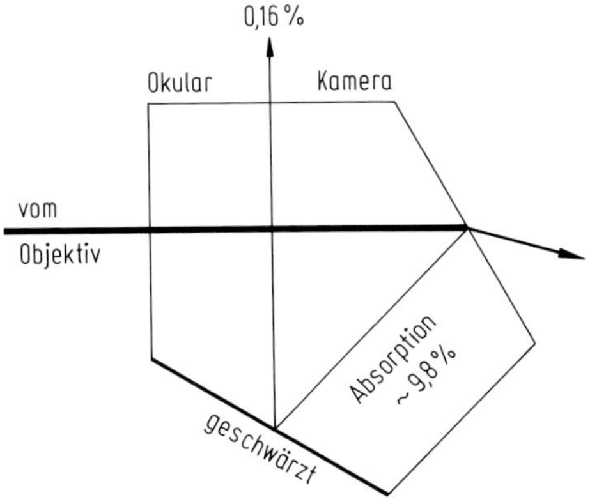

Abb. 52. Strahlengang im Pentaprisma

solar screen Folie. Folienfilter stellen aber in bezug auf Qualität keine Alternative zum Objektivfilter dar. Dieses muß gerade bei der Photographie berücksichtigt werden.

Vorteil: Wesentlich billiger als Objektivfilter.
Geeignet für ein erstes Kennenlernen und Testphotographien.
Nachteil: Folien sind oft inhomogen und filtern deshalb nicht gleichmäßig.
Sie zeigen mikroskopische kleine Löcher, die Streulicht und Beugungserscheinungen hervorrufen und dadurch das Bild verschlechtern.

Das *Sonnenprisma* (s. Abb. 54a) ist keine Alternative zum Objektivfilter. Es stellt eher eine sinnvolle Ergänzung dar, um im Fall der Okularprojektion kurze Belichtungszeiten zu realisieren. Allerdings läßt sich das Sonnenprisma ebensogut für die Fokalphotographie nutzen. Probleme werden teilweise durch Luftturbulenzen verursacht, die aufgrund von Aufheizeffekten innerhalb des Tubus entstehen. Während der Beobachtungsphase muß das Instrument in bestimmten Zeitabständen (alle 15 Minuten) abgeschattet werden. Als Optimum wäre hierbei zu fordern, das Instrument luftleer zu pumpen und damit einen *Vakuumrefraktor* herzustellen.

Vorteil: Sehr gut geeignet für Projektionsphotographie.
Billiger als Objektivfilter, besonders bei großen Instrumenten.
Nachteil: Teilweise Luftturbulenzen im Rohr.
Langer innerer Lichtweg, daher ergeben sich oft Probleme mit der Baulänge des Tubus.

Als besondere Form des Sonnenprismas läßt sich auch das Zenitprisma verwenden, das wohl jeder Amateur mit seiner ersten Fernrohrausrüstung gekauft hat.

Dreht man das Zenitprisma um und verwendet es nach Schröder [105] als oberflächenreflektierendes Prisma, so muß man nur noch das Gehäuse herstellen. Im kamerazugewandten Gehäuseteil sollte die Möglichkeit zur Unterbringung von Farbfiltern vorgesehen werden.

Abschließend sei zu diesem Abschnitt bemerkt, daß eine optimale Filterung in der Kombination von Objektivfiltern (Dichte 1 bis 2) und einer Nachfilterung besteht, bei der die Helligkeit des Sonnenbilds in meßbar veränderlicher Weise, zum Beispiel

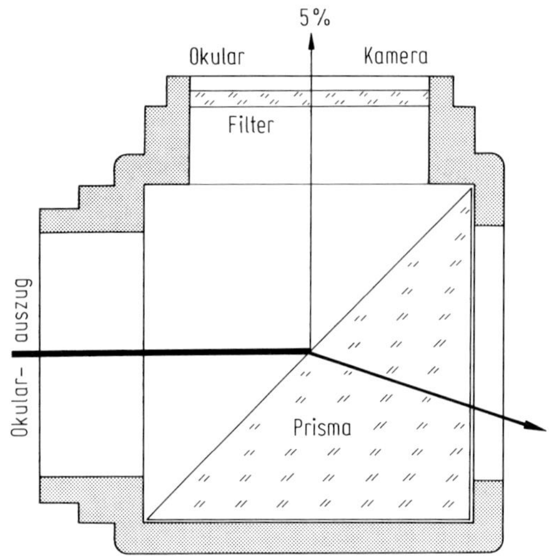

Abb. 53. Das Zenitprisma als Sonnenprisma

durch Polarisation, auf die jeweils gewünschte Belichtungszeit eingestellt wird. Dieses System erfordert aber eine hohe Güte der Polarisationsfilter.

1.10.4 Welche Kamera ist geeignet?

Bei der Sonnenphotographie muß das Sonnenbild direkt betrachtet werden können (Sucherbild), deshalb ist eine Spiegelreflexkamera mit Wechselobjektiven notwendig. Üblicherweise werden Kleinbildkameras benutzt, doch eignen sich natürlich auch Kameras größeren Formats. Die Kamera muß fest mit dem Okularauszug verbunden werden, was mit einfachen mechanischen Anschlüssen zu erreichen ist. Bei Kameras mit Bajonettverschluß bedient man sich eines T2-Adapters (bei anderen Herstellern gibt es die Bezeichnung T oder P-Adapter), der allgemein ein M42 Schraubgewinde besitzt und am Fernrohrtubus angeschraubt wird. Andere Verfahren der Befestigung sollten nicht verwendet werden, sie verursachen nur Ärger und schlechte Photos.

Alle handelsüblichen Spiegelreflexkameras sind für die Sonnenphotographie geeignet, wobei die teuren Modelle (wechselbare Mattscheiben, Doppelbelichtung etc.) einige Vorteile besitzen. Die preisgünstigen Kameras verfügen meistens über recht grobe Mattscheiben, so daß es damit oft Probleme beim Fokussieren gibt (s. Abschnitt 1.10.6). Besitzern von Kameras der gehobenen Preisklasse sei geraten, sich eine Mattscheibe mit Klarfleck und darin enthaltenem Fadenkreuz zu kaufen. Ebenso lassen sich Klarsichtscheiben (nur in Verbindung mit eingraviertem Fadenkreuz) verwenden, allerdings hat das Auge dabei einige Schwierigkeiten, den richtigen Fokus zu finden.

Manchmal ist es erforderlich, kürzere Belichtungszeiten als 1/1000 s zu benutzen. Bestimmte Kameramodelle realisieren diese kurzen Belichtungszeiten. Andernfalls muß man mit geeigneten Neutralgläsern filtern.

Ältere Spiegelreflexkameras neigen dazu, bei kurzen Verschlußzeiten ungleichmäßig zu belichten. Dabei läuft der Verschluß nicht gleichmäßig ab, wodurch senkrechte Streifen auf den Negativen erscheinen. Reparaturen sind meistens sinnlos. Der Sonnenphotograph sollte dann die Neuanschaffung einer Kamera vorsehen.

Als nützlich und praktisch erweist sich oft ein nachvergrößernder Winkelaufsatz, der auf der Augenlinse des Suchers befestigt wird (s. Abb. 54c). Kamerasysteme mit wechselbaren Mattscheiben werden zum Beispiel von Olympus (OM2SP), Nikon (F2,F3), Canon (F1,AE1-Program), Pentax LX oder Praktika (VLC2 nur noch antiquarisch) angeboten. Bei einigen Systemen lassen sich nur die Scheiben austauschen, andere haben die Eigenschaft, daß sich das ganze Suchersystem auswechseln läßt. Die Forderung nach einer manuellen Kamera ist bei der Sonnenphotographie nicht so wesentlich wie bei der Nachtphotographie, wo sich die Batterien der automatischen Kameras sehr schnell entladen.

Durch die automatische Belichtung (Variation der ASA/DIN-Einstellung) kann man beispielsweise bei Zeitautomaten eine bessere Abstimmung der Belichtungszeiten erreichen und damit die Schwärzung des Negativs konstant halten. Verschiedene Einflüsse wie atmosphärische Durchsicht oder Höhenwinkel der Sonne können so besser kompensiert und bei der Belichtung berücksichtigt werden. Manuelle Einstellungen führen oft zu leichten Über- oder Unterbelichtungen, die dann während der Dunkelkammerarbeiten ausgeglichen werden müssen. Eine automatische Belichtung wird allerdings problematisch, wenn der Photograph den Sonnenrand photographieren will. Hierbei kann es aufgrund der unterschiedlichen Lagen der Belichtungsmeßfenster zu Fehlbelichtungen kommen.

a c b

Abb. 54a–c. Sonnenprisma, Okularprojektionseinrichtung und Winkelaufsatz. Diese Hilfsmittel sind für den Sonnenphotographen unerläßlich

1.10.5 Anmerkungen zum Filmmaterial

Die kleinsten Details, die der Amateur auf der Sonnenoberfläche photographieren kann, haben Winkeldurchmesser von 1″–2″ (Granulation), die größten etwa 10″–300″ (Sonnenflecken; Paech in [1], S. 39 ff.). Um die kleinsten Details photographieren zu können, muß das Filmmaterial sehr feinkörnig sein. Daher sollte man Filme niedriger und mittlerer Empfindlichkeit benutzen. Sehr gut haben sich bei Amateuren folgende Emulsionen bewährt (Betreffend ASA/ISO/DIN s. Band 1, S. 208):

- Agfa Ortho 25 (ASA 25/15 DIN),
- Kodak Technical Pan 2415 (ASA 50/18 DIN–ASA 80/20 DIN).

In Klammern sind die durchschnittlichen Empfindlichkeiten oder deren Bereiche angegeben. Sie können durch geeignete Entwicklung noch variiert werden. Beide genannten Filme bezeichnet man als hochauflösendes Photomaterial. Entwickelt man sie sehr kontrastreich (Kontrastumfang 1000:1), so ergeben sich Auflösungen von 280 bis 320 Linienpaaren/mm.

Agfa Ortho ist ein *orthochromatischer Film*, das heißt, er ist nicht rotempfindlich. Für die Photographie von Sonnenflecken ist das unbedeutend, doch für die Protuberanzen – und Hα-Photographie ist dieser Film nicht brauchbar. Für diese Arbeitsbereiche muß der Kodak TP2415 verwendet werden. Beide Filme kann man als Kleinbild- oder 6 × 6 cm Rollfilme, einzeln oder als Meterware kaufen. Hier empfiehlt sich bei hohem Bedarf natürlich der Kauf größerer Mengen.

Je nach Kontrastwunsch lassen sich unterschiedliche Entwickler einsetzen. Der Agfa Ortho 25 sollte mit Rodinal entwickelt werden (detaillierte Untersuchungen s. Hornung/Hückel [103] und Beck u. a. [101]). Beim Kodak TP2415 gibt es verschiedene Möglichkeiten der Entwicklung. Sonnenflecken wünscht man meistens in stärkeren Kontrasten, so daß hart arbeitende Entwickler wie Kodak D-19 zur Anwendung kommen. Bei der Protuberanzenphotographie müssen dagegen auch die zarten Details sichtbar werden, so daß weich arbeitende Entwickler vorzuziehen sind (z. B. Neofin blau oder Neofin doku von Tetenal; siehe auch Jahn [104]).

Generell gilt aber für die Sonnenphotographie, genauso wie für andere Gebiete der Astrophotographie, daß alle Photoarbeiten selber ausgeführt werden sollten, um befriedigende Ergebnisse zu erzielen.

1.10.6 Weißlichtphotographie

Unter diesem Begriff versteht man die Photographie aller Erscheinungen der Photosphäre der Sonne im sichtbaren Licht (Flecken, Fackeln, Lichtbrücken etc.). Es werden zwei Aufnahmearten unterschieden: die *Fokalphotographie* und die *Projektionsphotographie* (vgl. [106]). Der Einsatz von Farbfiltern und verschiedenen Filmen begrenzt dabei den Spektralbereich. Die Filter sollen kontraststeigernd wirken und die Einflüsse des sekundären Spektrums unterdrücken. Sie werden in der Nähe des Brennpunkts montiert, so daß die Qualität von rohpoliertem Farbglas ausreicht (bei Montage direkt im Brennpunkt besteht die Gefahr der Abbildung von Staub).

Bei der *Fokalphotographie* wird das Brennpunktbild des Instruments photographiert. Man erhält so gute Übersichtsaufnahmen der Sonne. Bei kleinen Instrumenten

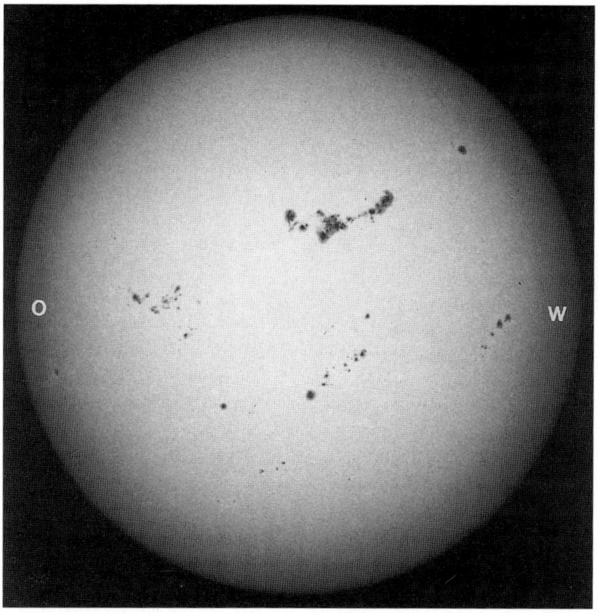

Abb. 55. Fokalaufnahme der Sonne am 26.06.84 von C. H. Jahn mit einem Refraktor 100/1000 mm (Objektivfilter)

empfiehlt sich der Einsatz eines 2fach-Konverters, um das Negativ vollständig auszufüllen (vgl. Abb. 55).

Bei der *Projektionsphotographie* dienen Okulare zur Vergrößerung des Abbildungsmaßstabs. Sie werden im Strahlengang zwischen Sonnenprisma und Kamera montiert (vgl. Abb. 54b; bei Verwendung eines Objektivfilters entfällt natürlich das Sonnenprisma). Die Brennweiten der Okulare sollten nicht zu kurz gewählt werden, weil sonst die Fokussierung durch zu starke Vergrößerung erheblich beeinflußt wird. Außerdem steigen die Belichtungszeiten bei hohen Vergrößerungen schnell über 1/125 s. Bei großen Fleckengruppen empfiehlt sich ein längerbrennweitiges Okular.

In jedem Fall sollten die Okulare von hoher optischer Qualität sein (z. B. orthoskopisch). Die benötigten Farbfilter werden in die Okulare geschraubt. Als Grundfiltersatz ist ein Gelb-, Orange- und Grünfilter zu empfehlen (z. B. Schottfilter GG495, OG550, VG6). Vereinzelt benutzen Sonnenphotographen auch breitbandige Interferenzfilter (z. B. 550 nm $\pm$ 50 nm), die die optimalen Abbildungseigenschaften des Objektivs auszunutzen. Diese Filter sind aber nicht billig.

Für die verschiedenen Aufnahmearten und Abbildungsmaßstäbe müssen entsprechende Belichtungszeiten bestimmt werden. Diese lassen sich nach Schröder [105] berechnen oder aber durch Testreihen bestimmen. Generell sollten Sonnenphotos nicht länger als 1/125 s belichtet werden, weil sonst die Einflüsse der Luftunruhe die Qualität der Negative zu stark mindern. Im Normalfall wird man mit 1/1000 s arbeiten.

Vielen Anfängern auf dem Gebiet der Sonnenphotographie fällt das Fokussieren des Sonnenbilds sehr schwer. Das Sucherbild ist oft sehr hell (eine Sonnenbrille

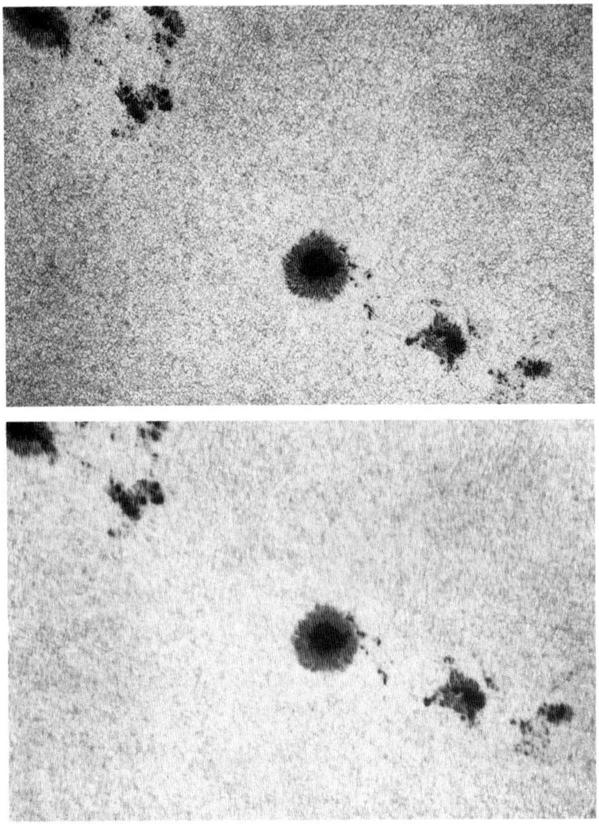

a

b

Abb. 56a, b. Sonnenfleckengruppe am 24.06.1983. Aufnahmen von C. H. Jahn am Refraktor der Astronomischen Station der Universität Hannover (Sonnenprisma). **a** Bei sehr guten Luftbedingungen richtig fokussiert; **b** bei „gleicher Luft“ unscharf, also schlecht fokussiert

erweist sich als sehr hilfreich), und das ungeübte Auge paßt sich diesen Bedingungen schlecht an. Viele Amateure neigen deshalb dazu, das Bild einmal zu fokussieren und danach mit dieser Einstellung alle Aufnahmen zu belichten. Diese Methode führt unweigerlich zu unscharfen Aufnahmen, weil sich der Fokus ständig durch Temperatureinflüsse und atmosphärische Bedingungen verändert.

Bei der Fokussierung mit einer Klarsichtscheibe oder Mattscheibe mit Klarfleck wird in jedem Fall auf das Fadenkreuz scharf gestellt, das heißt, Sonnenfleck und Fadenkreuz müssen gemeinsam scharf erscheinen. Trotz einer Fokustoleranz (vgl. Nemec [107]) treten hierbei große Schwierigkeiten auf, was unscharfe Negative zur Folge hat. Zum Vergleich betrachte man die Abbildungen 56a und 56b. In beiden Fällen waren die Luftbedingungen optimal, so daß die richtig fokussierte Abbildung 56a ein hohes Maß an Schärfe zeigt, wogegen Abbildung 56b unscharf und verschwommen ist. In der Praxis ist es deshalb notwendig, jedes Bild neu zu fokussieren. Außerdem sollte die Bildbewegung am Kamerasucher beobachtet werden. Im Augenblick der Ruhe kann die Belichtung dann ausgelöst werden. Dabei kann es geschehen, daß man längere Zeit durch den Sucher blickt ohne auszulösen, was sehr viel Geduld erfordert.

Schwieriger ist der Versuch, bei einer Kamera mit fest eingebauter Mattscheibe scharf zu stellen. Die geringe Bildhelligkeit im Sucher erlaubt es nicht, den Schnittbildindikator der Kamera zu nutzen. Man kann sich jedoch dahingehend behelfen, daß man in einer Hälfte des Schnittbilds fokussiert. Von Nutzen sind dabei kleinste Staubpartikel, die auf der Mattscheibe liegen. Sie haben die Wirkung eines Fadenkreuzes, so daß sich das Auge an diesen Objekten orientieren kann.

Bei allen Anwendungen der Sonnenphotographie sollte ein Drahtauslöser zur Selbstverständlichkeit gehören, um jede Möglichkeit des Verwackelns auszuschließen.

1.10.7 Photographie in engen Spektralbereichen

Der Amateursonnenphotograph beschäftigt sich neben der Weißlichphotographie auch mit Spezialgebieten. Dieses sind die Protuberanzen-(Hα)-Photographie sowie die Violett- und Kalziumphotographie. Hierbei ist es unumgänglich, daß besondere Instrumente und Filter benutzt werden, die entsprechend ihrem Anwendungsgebiet zum Teil erheblichen Preisunterschieden unterliegen.

Die *Protuberanzenphotographie* verwendet Protuberanzenfernrohre, -ansätze oder -okulare, die von Nemec [57] sowie von Lille und Dobrzewski in [1], S. 89 ff. beschrieben werden. Charakteristisch ist bei diesem Gebiet der Sonnenphotographie, daß nur der Sonnenrand photographiert wird. Die Oberfläche der Sonne ist durch den Kegel verdeckt. Da bei der Protuberanzenphotographie mit Hα-Filtern (0,2–10 nm bei $\lambda = 656$ nm) gearbeitet wird, sind nur rotempfindliche Filme zu verwenden (z. B. Kodak TP2415). Die besonderen Anforderungen an die Entwicklung sind in Abschnitt 1.10.5 nachzulesen, wobei auf die Tatsache hingewiesen werden soll, daß Protuberanzen teilweise sehr geringe Kontraste zeigen. Eine eindrucksvolle Protuberanzenaufnahme ist in Abbildung 57 a zu sehen, die von Lille mit einem selbstgebauten Protuberanzenansatz aufgenommen wurde. Daneben kann es sehr reizvoll sein, Protuberanzenaufstiege zu filmen. Hinweise dazu finden sich bei Völker in [1], S. 185 ff.

Eine besondere Problematik bei der praktischen Durchführung der *Photographie in engen Spektralbereichen* stellt die Fokussierung des Sonnenbildes dar. Wegen des starken Helligkeitsabfalls ist es ratsam, ein schwarzes Tuch oder andere Verdunklungsmöglichkeiten zu benutzen.

Die Protuberanzenphotographie läßt sich aber nicht nur mit einem Kegelblendenansatz durchführen. Amateure, die mit Interferenzfiltern $\leqq 0{,}1$ nm beobachten und photographieren, können damit sowohl die Oberfläche der Sonne (*Chromosphäre*) als auch die Protuberanzen photographieren. Abbildung 57 b zeigt eine Kompositaufnahme der Sonne, bei der Oberfläche und Rand zusammenmontiert wurden. Diese Filter, zum Beispiel *DayStar Filter,* sind aber recht teuer und darüber hinaus pfleglich zu behandeln (bei DayStar Filtern werden UV- und Infrarot Schutzfilter benötigt).

Zur Photographie im monochromatischen Licht (hier sei unter diesem Begriff die Photographie der Chromosphäre verstanden) wird ausschließlich der Kodak TP2415 verwendet, der auf mittlere bis hohe Gradation entwickelt wird. Die Belichtungszeiten schwanken dabei zwischen verschiedenen Instrumenten (Richtwerte: Sonnenrand 1 s,

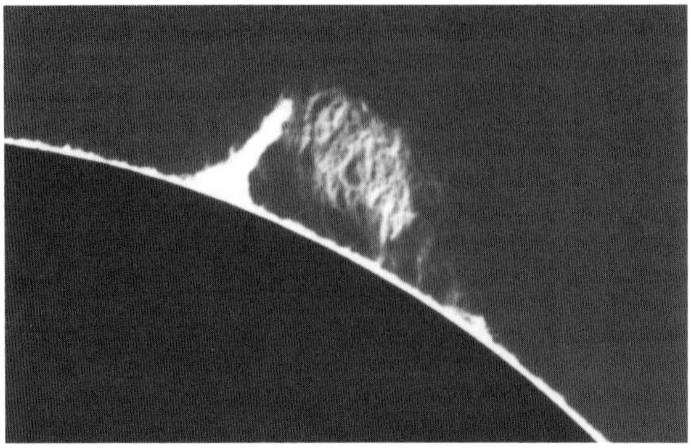

a

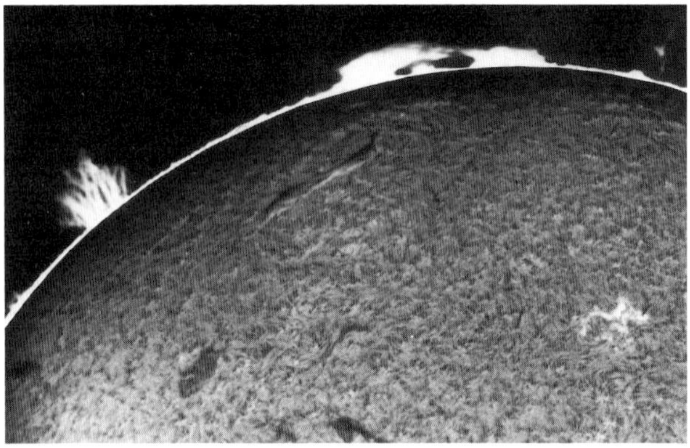

b

Abb. 57. a zeigt eine Aufnahme mit einem Protuberanzenansatz von W. Lille (Hα-Filter mit 0,2 nm HWB); **b** eine Kompositaufnahme der Chromosphäre von W. Paech, die mit einem DayStar Filter aufgenommen wurde

Oberfläche 1/60–1/125 s) und atmosphärischen Durchsichten. Auch auf diesem Gebiet der Sonnenphotographie hat sich der Refraktor als besseres Instrument erwiesen.

Der Hα-Photograph bevorzugt die Fokalphotographie, wobei ein 2fach-Konverter nicht fehlen sollte. Okularprojektionen führen zu längeren Belichtungszeiten, die Unschärfen verursachen. Eine Lösung dieses Konflikts besteht zum Beispiel in der Möglichkeit, einen zweiten Refraktor größerer Brennweite einzusetzen und für Detailphotographie zu benutzen.

Schwieriger als die Hα-Photographie ist die *Kalzium-Photographie*, bei der die Sonne bei einer Wellenlänge von $\lambda = 393$ nm photographiert wird. Eine visuelle Beobachtung ist praktisch unmöglich, weil die Augen besonders älterer Beobachter sehr unempfindlich für violettes Licht sind. Die Fokussierung des Sonnenbilds erfolgt demnach ausschließlich aus Testreihen. Abbildung 58a zeigt die Sonne im Licht des Kalzium, wobei deutlich aktive Gebiete zu erkennen sind.

Eine Sonderstellung auf dem Gebiet der Photographie in engen Spektralbereichen nimmt die Photographie photosphärischer Fackeln auf der Sonnenscheibe ein (vgl. Abb. 58b). Bei der Weißlichtphotographie erscheinen die Fackeln am Rand der Schei-

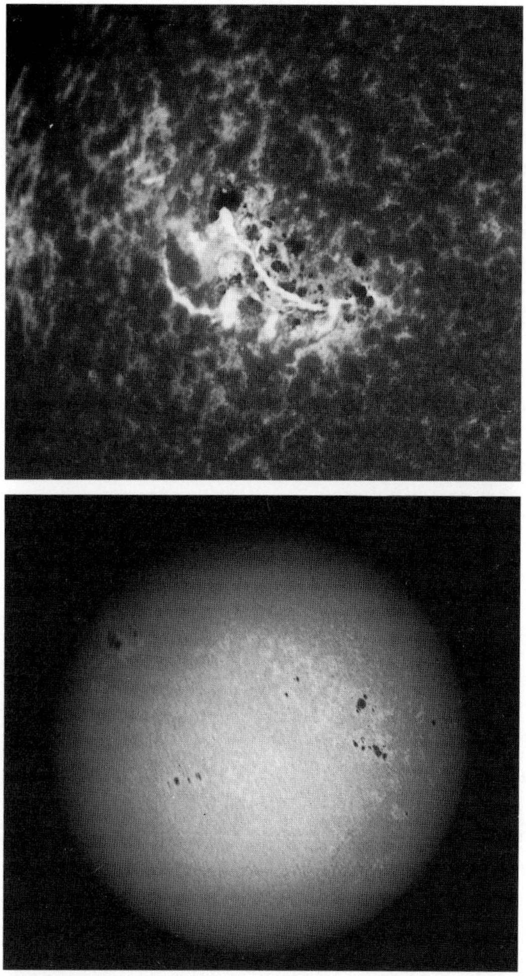

a

b

Abb. 58. a Aufnahme der Sonne im Licht des Kalzium, aufgenommen von G. Appelt; **b** zeigt photosphärische Fackeln auf der Sonnenscheibe, aufgenommen mit UG1/BG38 Filtern von W. Lille

be durch die Randverdunklung. Auf der Sonnenscheibe sind sie nicht mehr wahrzunehmen. Verwendet man nun nach Lille in [1], Seite 150 ff. einen unbelegten Reflektor, dessen Rückseite poliert und mattschwarz ist, in Kombination mit einer Filterkombination UG1/BG38 (Schott-Filter), so lassen sich die Fackeln auch auf der Sonnenscheibe sichtbar machen. Hier sind Spiegelsysteme geeigneter, weil die Objektivgläser von Refraktoren violettes Licht teilweise absorbieren. Ein weiteres Problem, das der Nutzer kennen sollte, besteht darin, daß eine Refraktoroptik für den sichtbaren Spektralbereich korrigiert ist und im Violetten starke chromatische Fehler auftreten. Abbildung 58 b zeigt eine Aufnahme der Sonnenscheibe mit Fackeln. Auch bei diesem Verfahren ist die Fokussierung des Sonnenbilds nur durch Testreihen zu ermitteln.

1.10.8 Doppelbelichtungen als Hilfsmittel zur Positionsbestimmung

Die photographische Methode der Positionsbestimmung von Sonnenflecken verwendet als Aufnahmeverfahren die *Doppelbelichtung* (Fritz u. a. [102]). Hierbei werden zwei Fokalbilder der Sonne auf ein Negativ belichtet. Die Kamera muß echte Doppelbelichtungen garantieren, damit der Film während des Verschlußspannens nicht in seiner Lage verrutscht. Als Belichtungszeiten für beide Bilder wird der gleiche Wert genommen, der auch für eine Fokalaufnahme benutzt wird.

Der Beobachtungsablauf gestaltet sich wie folgt:

- Sonnenbild im Sucher so ausrichten, daß zwei Bilder in ein Negativ passen.
- Erste Belichtung auslösen, gleichzeitig Zeitnahme für spätere Auswertung.
- Nachführung ausstellen und Sonne durch das Gesichtsfeld wandern lassen. Nachführung wieder einschalten, wenn die Sonne im anderen Teil des Gesichtsfelds (vgl. erste Belichtung) ist.
- Doppelbelichtungshebel betätigen und Verschluß spannen.
- Zweite Belichtung und Zeitregistrierung vornehmen.

Nach der weiteren phototechnischen Verarbeitung müssen die Negative ausgemessen werden. Dieses geschieht entweder an einem Meßgerät oder kann mit eingeschränkter Genauigkeit am Vergrößerer durchgeführt werden. Zu Fragen der Auswertung und Genauigkeit des Verfahrens vergleiche Abschnitt 1.9: *Positionsbestimmung.*

1.10.9 Beobachtungsprogramme

Die Beobachtungsprogramme dieses Abschnitts dienen interessierten Sonnenbeobachtern und -photographen als Anregung, um sich mit Fragen der Auswertung eigener Beobachtungen zu beschäftigen. Voraussetzung für das Gelingen eines solchen Vorhabens ist aber ein gewisses Maß an Kontinuität und Engagement. Dieses gilt hier genauso wie für andere Gebiete der Amateurastronomie auch.

Dieses Kapitel faßt die verschiedenen Möglichkeiten des Amateurs zusammen und fügt einige Stichworte hinzu, die für das Gebiet charakteristisch sind. Zur weiteren Vertiefung sollten Anregungen aus [1, 100, 104 oder 108] verwendet werden.

- *Photographische Relativzahl.* Man bestimmt sie aus Fokalaufnahmen, wobei immer das gleiche Instrument benutzt werden soll. Ein k-Faktor muß bestimmt werden. Vergleiche Abschnitt 1.3.4.
- *Flächenbestimmung von Flecken und Gruppen.* Mit Schablonen in geeigneten Maßstäben lassen sich leicht Flächen bestimmen. Verzerrungskorrekturen müssen berücksichtigt werden. Vergleiche Abschnitt 1.3.1.
- *Morphologische Entwicklung.* Aus Photos oder Zeichnungen beschreibt man die Veränderungen einer Gruppe. Pro Tag sollten zwei bis drei Beobachtungen vorliegen. Vergleiche Abschnitt 1.3.1.
- *Positionsbestimmung.* Vergleiche Abschnitt 1.9.
- *Untersuchung von Eigenbewegungen.* Globale Bewegungen von Flecken oder Herden; Bewegungen innerhalb von Fleckengruppen; Koordinaten aus Positionsbe-

stimmungen am Fernrohr oder aus Photos; Positionsphotos im Abstand von zwei bis drei Stunden.

- *Kurzzeitige Veränderungen.* Schnelle Bewegungen einzelner Poren innerhalb von Gruppen; Positionsphotos im Abstand weniger Minuten.
- *Fackeluntersuchung.* Vergleiche Abschnitt 1.4.
- *Polfackeluntersuchung.* Vergleiche Abschnitt 1.4.
- *Wilson-Phänomen.* Aufnahmen täglich; vergleiche Abschnitt 1.3.3.
- *Lichtbrücken.* Visuelle und photographische Beobachtungen stündlich beziehungsweise täglich; vergleiche Abschnitt 1.3.2.
- *Strukturen von Umbren und Penumbren.* Langfristige Beobachtungen erforderlich; Verwendung von Photoarchiven; vergleiche Abschnitt 1.3.1.
- *Granulation.* Bedingung sind große Instrumente und sehr gute atmosphärische Verhältnisse; Aufnahmeabstand 10 bis 15 Minuten mit Motorkamera.
- *Umbral dots (Umbrapunkte).* Große Instrumente; ein bis zwei Belichtungsstufen länger als bei Flecken belichten; vergleiche Abschnitt 1.3.1.
- *Äquidensiten.* Helligkeitsverteilung in Flecken und anderen Erscheinungen; Flächenbestimmung aus Flächen gleicher Helligkeit.
- *White Light Network.* Zusammenkopie hochaufgelöster Fokalbilder; vergleiche [1], Seite 421 f.
- *Photosphärische Fackeln auf der Scheibe.* Vergleiche Abschnitt 1.10.7.
- *Längenmessung von Filamenten.* Nur im Hα-Licht; vergleiche Abschnitt 1.6.
- *Protuberanzenrelativzahl.* Im Hα-Licht und mit Protuberanzenansätzen.
- *Entwicklung von Flares.* Nur im Hα-Licht; vergleiche Abschnitt 1.7.

1.11 Schlußbemerkung

Die vorangegangen Abschnitte zeigten, wie reichhaltig die Beobachtungsmöglichkeiten der Sonne sind, obwohl einiges nur angedeutet werden konnte. Die Auswertung eigener Beobachtungen, ob allein oder in der Gruppe, kann nicht im allgemeingültigen Rezepten beschrieben werden, denn hier ist der Ideenreichtum jedes einzelnen gefordert. Sonnenphysiker und andere aktive Amateure helfen dabei gern.

Weitere Informationen erhalten Sie von der VdS-Fachgruppe Sonne. Kontaktadresse: Peter Völker, Wilhelm-Foerster-Sternwarte, Munsterdamm 90, D-1000 Berlin 41.

1.12 Literatur

1 Beck, R.; Hilbrecht, H.; Reinsch, K.; Völker, P. (Hrsg.): Handbuch für Sonnenbeobachter. Berlin: Vereinigung der Sternfreunde e.V. 1982

2 von Stempell, G.: Die Sonnengruppe der ehemaligen GEDELIA. Die Sterne *8*, 65 (1928)

3 Kiepenheuer, K. O.: Solar Site Testing. In: Rösch, J.: Site Testing. IAU Symp. Nr. 19, Paris 1962, S. 193

4 Müller, R.: Sichtbedingungen bei Sonnenbeobachtungen. Sterne und Weltraum *1*, 170 (1962)

5 Brandt, P. N.: Frequency Spectra of Solar Image Motion. Solar Physics *7*, 187 (1969)

6 Newton, H. W.: The Face of the Sun. Harmondsworth: Penguin Book 1958
7 Bray, R. J.; Loughhead, R. E.: Sunspots. London: Chapman and Hall 1964
8 Wilson, P. R.: The Structure of a Sunspot. Solar Physics *3*, 243 (1968)
9 McIntosh, P. S.: The Birth and Evolution of Sunspots. In: Cram, L. E.; Thomas, J. H. (Eds.): The Physics of Sunspots. Sacramento Peak Observatory, Sunspot 1981, S. 7
10 Mattig, W.: Über die Physik der Sonnenflecken. Sterne und Weltraum *4*, 152 (1965)
11 Schüssler, M.: Neues zur Theorie der Sonnenaktivität. Sterne und Weltraum *19*, 331 (1980)
12 Spruit, H. C.: Theorie des solaren Magnetfeldes. Sonne *9*, 6 (1985)
13 Giovanelli, R. G.: Geheimnisvolle Sonne. Weinheim: VCH Verlagsges. 1987
14 Fritz, U.; Treutner, H.; Vogt, O.: Portrait einer langlebigen Sonnenfleckengruppe. Sterne und Weltraum *19*, 142 (1980)
15 Bendel, U.: Die Achsenneigung von bipolaren Sonnenfleckengruppen. Sonne *4*, 7 (1980)
16 Künzel, H.: Statistische Untersuchungen über Häufigkeit, Zonenwanderung und Lebensdauer von Sonnenflecken im 18. Aktivitätszyklus. Astronomische Nachrichten *285*, 169 (1960)
17 McIntosh, P. S.: Flare Forecasting Based on Sunspot Classification. In: Solar-Terrestrial Predictions. NOAA, Boulder 1986, S. 357
18 Waldmeier, M.: Sunspot Numbers and Sunspot Areas. Astronom. Mitt. Eidgen. Sternw. Zürich Nr. 358 (1978)
19 Götz, G.: Entwicklung von Sonnenfleckengruppen. Sonne *1*, 112 (1977)
20 Beck, R: Porträt einer ungewöhnlichen Sonnenfleckengruppe. Sterne und Weltraum *21*, 423 (1982)
21 Hedewig, R.: Schnelle Veränderungen in Sonnenflecken. Sonne *3*, 17 (1979)
22 Wilson, P. R.; McIntosh, P. S.: What is the Wilson Effect? Solar Physics *10*, 370 (1969)
23 Wittman, A.: Der Wilson-Effekt in Sonnenflecken. Sterne und Weltraum *7*, 268 (1968)
24 Balthasar, H.; Wöhl, H.: Löcher in der Sonne. Bild der Wissenschaft 4/1983, 152 (1983)
25 Künzel, H.: Hinweise für die heute übliche Zählweise von Sonnenflecken zur Bestimmung der Relativzahl. Astronomie und Raumfahrt *14*, 121 (1976)
26 Beck, R.: Eine neue Definition der Sonnenfleckenrelativzahl. Sonne *1*, 56 (1977)
27 Wiechoczek, R.: Beobachtungsprogramm Sonne. Sonne *1*, 30 (1977)
28 Pettis, H. S.: Eine systematische Studie von Sonnenflecken. Saturn. Astronom. Arbeitsgem. Paderborn 11/1978, 11 (1978)
29 Götz, M.: Jahresbericht 1983 des Pettiszahlennetzes. Sonne *8*, 44 (1984)
30 Malde, K. I.: „Klassifikationswerte", eine neue Messung der Sonnenaktivität? Sonne *9*, 159 (1985)
31 Keller, H. U.: „A"-Sonnenfleckenbeobachtungen von bloßem Auge. Orion *38*, 180 (1980)
32 Keller, H. U.: Der Sonnenfleckenzyklus Nr. 21 von bloßem Auge registriert. Orion *44*, 154 (1986)
33 Waldmeier, M.: Neue Eigenschaften der Sonnenfleckenkurve. Astronom. Mitt. Eidgen. Sternw. Zürich Nr. 133, 105 (1935)
34 Bendel, U.; Staps, D.: Kurz- und mittelfristige Sonnenfleckenprognose mit der P17-Mittelung. Sterne und Weltraum *19*, 180 (1980)
35 Gleissberg, W.: Die Häufigkeit der Sonnenflecken. Berlin: Akademie-Verlag 1952
36 Waldmeier, M.: Ergebnisse und Probleme der Sonnenforschung, 2. Aufl. Leipzig: Akademische Verlagsgesellschaft 1955
37 Karkoschka, E.: Neue Relativzahl-Mittelung. Sonne *3*, 33 (1979)
38 Tritakis, B. P.: Evidence of interdependence within 22-year solar cycles. Astrophysics and Space Science *82*, 463 (1982)
39 Whitehouse, D. R.: Solar cycle phase variations. Astronomy and Astrophysics *145*, 451 (1985)
40 Bracewell, R. N.: Simulating the sunspot cycle. Nature *323*, 516 (1986)
41 Landscheidt, T.; Wöhl, H.: Solares Aktivitätsminimum erst 1989/90? Sterne und Weltraum *25*, 584 (1986)
42 De Jager, C.: Structure and Dynamics of the Solar Atmosphere. In: Flügge, S.: Handbuch der Physik, Band 52. Berlin: Springer 1959, S. 173
43 Gericke, V.: Das SOLOS-Fackelprogramm. Sonne *2*, 59 (1978)
44 Gericke, V.: Fackelklassifikation 1978–1982. Sonne *7*, 82 (1983)

45 Marekfia, G.: Fackelbericht 1985. Sonne *10*, 67 (1986)
46 Reble, M.: Beobachtung der Sonne. Sterne und Weltraum *10*, 307 (1971)
47 Reble, M.: Zur Beobachtung photosphärischer Fackeln. Sterne und Weltraum *21*, 43 (1982)
48 Wadsworth, D. J.: Some observations on the white light solar faculae. J. Brit. Astron. Assoc. *88*, 444 (1978)
49 Brown, G. M.; Evans, D. R.: The use of solar faculae in studies of the sunspot cycle. Solar Physics *66*, 233 (1980)
50 Waldmeier, M.: Polare Fackeln. Zeitschrift für Astrophysik *38*, 37 (1955)
51 Brauckhoff, D.; Delfs, M.; Stetter, H.: Polfackeln, Neuland für den Amateursonnenbeobachter. Sonne *10*, 114 (1986)
52 Bruzek, A.; Durrant, C. J.: Illustrated Glossary for Solar and Solar-Terrestrial Physics. Dordrecht: Reidel 1977
53 Rothe, R.: Beziehungen zwischen chromosphärischen und photosphärischen Fackeln. Sonne *3*, 154 (1979)
54 Mangis, S. J.: Introduction to Solar Terrestrial Phenomena and the Space Environment Services Center. NOAA Technical Report ERL 315-SEL 32, Boulder 1975
55 Nögel, O.: Ein Fernrohr zur Beobachtung der Protuberanzen für den Amateur. Die Sterne *28*, 135 (1952)
56 Nögel, O.: Das Protuberanzenfernrohr des Sternfreundes. Die Sterne *31*, 1 (1955)
57 Nemec, G.: Das Protuberanzenfernrohr als Hochleistungsinstrument. Sterne und Weltraum *10* ab 171 und *11* ab 17 (1971–1972)
58 Hanisch, H. D.: Protuberanzenansatz für kleine Refraktoren. Sterne und Weltraum *14*, 370 (1975)
59 Richter, G.: Ein vereinfachtes Protuberanzenfernrohr. Die Sterne *50*, 105 (1974)
60 Hale, G. E.; Ellerman, F.: Spectroheliograph. Astrophysical Journal *19*, 41 (1904)
61 Hale, G. E.: The Spectrohelioscope and its Work. Astrophysical Journal *70*, 285 (1929)
62 Veio, F. N.: An Inexpensive Spectrohelioscope by a Californian Amateur. Sky and Telescope *37*, 45 (1969)
63 Veio, F. N.: The Sun in Hα-Light with a Spectrohelioscope. Adams Press 1972
64 Veio, F. N.: A Miniaturized Spectrohelioscope. J. Brit. Astron. Assoc. *86*, 66 (1975)
65 Lyot, B.: Un monochromateur à grands champs utilisants les interférences en lumière polarisée. Comptes Rendus *197*, 1593 (1933)
66 Pettit, E.; Slocum, F.: Observations of Solar Prominences with a Lyot-Telescope. Publications of the Astronomical Society of the Pacific *45*, 187 (1933)
67 Thiele, St.: Einige Fragen zu DayStar-Filtern. Sonne *6*, 138 (1982)
68 Völker, P.: Sonnenbeobachtung im Hα-Licht. Artikelserie in Sonne *1–6* (1977–1982)
69 Tandberg-Hanssen, E.: Solar Prominences. Dordrecht: Reidel 1974
70 Völker, P.: Die Protuberanzenbeobachtung des Amateurs. VdS-Nachrichten *19*, 14 (1970) in Sterne und Weltraum *9* (2/1970)
71 Wattenberg, D.: Die Statistik und Periodizität der Protuberanzen. Die Sterne *16*, 95 (1936)
72 Osservatorio Astrofisico di Catania: Catania Solar Observations (jährlich)
73 Waldmeier, M.: Astronom. Mitt. Eidgen. Sternw. Zürich (jährlich bis 1980)
74 Stetter, H.: Darstellung der Verteilung der Protuberanzenaktivität durch die Protuberanzenrelativzahl R_p. Sonne *10*, 76 (1986)
75 Glitsch, I.: Schauspiel eines Riesenfilamentes. Sonne *10*, 8 (1986)
76 Grossmann-Doerth, U.; von Uexküll, M.: Spectral Investigation of Chromospheric Fine Structure. Solar Physics *20*, 31 (1971)
77 Svestka, Z.: Solar Flares. Dordrecht: Reidel 1976
78 Waldmeier, M.: Weißlichtflares. Sonne *4*, 110 (1980)
79 Kiepenheuer, K. O.: Erfahrungen mit einem Lyotschen *H*-alpha-Filter sowie vorläufige Ergebnisse über die Struktur der Chromosphäre. Zeitschrift für Astrophysik *42*, 209 (1957)
80 Athay, R. G.: IAU Symposium No. 56: Chromospheric Fine Structure. Dordrecht: Reidel 1974
81 Athay, R. G.: The Solar Chromosphere and Corona. Dordrecht: Reidel 1976
82 Bray, R. J.: High-Resolution Photography of the Solar Chromosphere. Solar Physics *4*, 318 (1968)
83 Bray, R. J.; Loughhead, R. E.: The Solar Chromosphere. London: Chapman and Hall 1974

84 Zerm, R.: Bestimmung der differentiellen Rotation der Sonne. Astronomie und Raumfahrt *22*, 127 (1984)
85 Balthasar, H.; Wöhl, H.: Änderung der differentiellen Rotation und meridionale Bewegung von Sonnenflecken 1940–1968. Sterne und Weltraum *19*, 385 (1980)
86 Hoell, J.; Junker, E.; Schwaab, G.; Schwab, M.: Sonne *4*, 100 (1980) Nr. 15 und nachfolgende Hefte
87 Fritz, U.: Positionsdiagramme. Sonne *1*, 119f (1977) bis Sonne *3*, 87f (1979)
88 Hammerschmidt, S.: Schmetterlingsdiagramm. Sonne *11*, 11 (1987)
89 Mattig, W.: Die Häufigkeit der Sonnenflecken. Sterne und Weltraum *2*, 198 (1963)
90 Yallop, B. D.; Hohenkerk, C. Y.: Solar Butterfly Diagramm 1874–1976. Solar Physics *68*, 304 (1980) und Sonne *5*, 96 (1981)
91 Jahn, C. H.: Eigenbewegungen einer Sonnenfleckengruppe. Sterne und Weltraum *25*, 340 (1986)
92 Pfister, H.: Spezielle Eigenbewegungen in Sonnenfleckengruppen. Astronom. Mitt. Eidgen. Sternw. Zürich Nr. 342 (1975)
93 Mehltretter, J. P.: On the Proper Motion of Small Pores in Sunspot Groups. Solar Physics *63*, 61 (1979)
94 Brauckhoff, D.; Delfs, M.; Stetter, H.: Polfackeln – Neuland für den Amateursonnenbeobachter. Sonne *10*, 114 (1986)
95 Wöhl, H.: Die Sonnenachsenlage – wie bekannt!? Sonne *11*, 4 (1987)
96 Vogt, O.: Positionsbestimmung von Sonnenflecken. Sterne und Weltraum *16*, 58 (1977)
97 Treutner, H.: Sonnenpositionsphotographie. Sonne *1*, 141 (1977)
98 Joppich, H.: Graphische Positionsbestimmung nach K. Silber. Sonne *10*, 120 (1986)
99 Junker, E.: Drei Wege zur richtigen Sonnenfleckenposition. Sonne *12*, 87 (1988)
100 Beck, R.: Sonnenphotographie mit kleinen Refraktoren. Sterne und Weltraum *15*, 252 (1976)
101 Beck, R.; Paech, W.; Remmert, E.: Seminar über Sonnenphotographie. Sonne *3*, 138 (1979) und Sonne *4*, 93 (1980)
102 Fritz, U.; Treutner, H.; Vogt, O.: Positionsbestimmung von Sonnenflecken. Orion *33*, 38 (1975)
103 Hornung, H. Hückel, P.: Sonnen-, Mond- und Planetenphotographie mit Amateurteleskopen. Sterne und Weltraum *23*, 96 und 393 (1984)
104 Jahn, C. H.: Einführung in die Sonnenphotographie. In: Einführung in die Himmelsphotographie. VdS-Fachgruppe Astrophotographie, 1985
105 Schröder, K. P.: Einführung in die Astrophotographie. Hamburg: Gesellschaft für volkstümliche Astronomie e.V.
106 Karkoschka, E.; Merz, R.; Treutner, H.: Astrophotographie: Geräte, Verfahren, Objekte. Stuttgart: Frankhsche Verlagshandlung 1980
107 Nemec, G.: Die Photographie der Sonne. Mitteilungen der Volkssternwarte Köln 4/1966. Nachdruck in der Festschrift 10 Jahre Volkssternwarte Bonn, 1982
108 Remmert, E.: Sonnenphotographie und ihre Probleme. Sterne und Weltraum *24*, 158 u. 606 (1985)

2 Beobachtung totaler Sonnenfinsternisse

W. Petri

2.1 Photographie der Sonnenkorona

2.1.1 Das Korona-Kontinuum

Das Schönste und Wertvollste, was eine totale Sonnenfinsternis dem Beobachter zu bieten hat, ist der Anblick der Sonnenkorona. Auch wissenschaftlich ist die Korona immer noch das wichtigste Finsternisobjekt. Wenn der Mond den Beobachter und die ihn umgebende Erdatmosphäre gegen die Lichtfülle der Photosphäre abschirmt, tritt die Strahlenkrone unseres Tagesgestirns in ihrer ganzen Ausdehnung und Feinheit hervor – viel reicher, als der beste Koronograph je zeigen kann, sofern seine Aufstellung an die Erdoberfläche gebunden ist. Die lichtstarken, von Heliostaten gespeisten Spektrographen großer Expeditionen erfassen Dutzende von Linien, deren Analyse viele Monate erfordert und über die Zusammensetzung und die Zustandsgrößen der äußeren Sonnenatmosphäre wertvolle Auskunft gibt.

Der Sternfreund kann mit seiner viel einfacheren Apparatur nur die „weiße“ Korona aufnehmen. Das ist der durch photosphärisches Streulicht erzeugte kontinuierliche Anteil des Koronaspektrums. Die Streuung erfolgt an den freien Elektronen des koronalen Plasmas (hochionisierten Gases). Hinzu kommt noch ein Lichtanteil infolge Beugung des Photosphärenlichts an den Partikeln der interplanetaren Materie. Das sind im Grunde die gleichen Teilchen, die in größerem Winkelabstand von der Sonne durch Reflexion das Zodiakallicht hervorrufen. Das Übergangsgebiet zwischen den Bereichen der Beugung und der Reflexion ist noch unerforscht. Hier können langbelichtete Finsternisaufnahmen in großer Sonnenentfernung, wie sie bei sehr klarem Himmel mit Weitwinkeloptik möglich sind, weiterhelfen.

2.1.2 Die Korona-Struktur

Die auf den Aufnahmen erkennbare Gestalt der Korona hängt im großen von der Phase im Zyklus der Sonnenaktivität ab, zu der die Finsternis stattfindet. Die Grenzfälle sind: eine längs des Sonnenäquators lang, schnurrbartartig ausgezogene Minimums- und eine mit ausgeprägten Strahlen allseitig in den Raum greifende, mehr rundliche Maximumskorona. Im kleinen hat die Korona eine zarte Struktur, die durch die jeweiligen Aktivitätsgebiete (Flecken, Protuberanzen, Fackeln usw.) in Randnähe und die damit verknüpften elektromagnetischen Felder bestimmt ist. Daher trägt die Korona bei jeder Finsternis andere individuelle Züge, die es jedesmal im

Bilde festzuhalten gilt. Das Koronakontinuum ist wesentlich radial polarisiert. Bei Aufnahmen durch Polarisationsfilter tritt die strahlige Struktur besonders deutlich hervor, wenn das Filter entsprechend orientiert ist. Man macht daher Aufnahmen mit verschiedenen, im Positionswinkel gedrehten Filterrichtungen. Eine weitere Steigerung des Informationsgehalts bewirken Farbfilter in Verbindung mit dazu passenden Emulsionen. Da der Polarisationsgrad der Korona in verschiedenen Spektralbereichen etwas verschieden ist, empfehlen sich besonders kombinierte Aufnahmen mit Polarisations- *und* Farbfiltern.

2.1.3 Auswertung

Um anschauliche Bilder des Helligkeitsverlaufs in der Korona zu bekommen, mache man auf extrahartem Photokopierpapier eine Reihe von Vergrößerungen mit unterschiedlicher Belichtung. Die für das Auge so auffälligen Strahlen der Korona kommen freilich in keiner Isophotendarstellung sehr stark heraus. Die gründliche photometrische Auswertung der Korona-Aufnahmen erfordert nicht nur viel Geschick und Erfahrung, sondern auch die Hilfsmittel eines Instituts. Wer wissenschaftlich nützliches Material gewinnen will, sollte sich daher von vornherein mit einem erfahrenen Fachmann in Verbindung setzen. Es kann leicht geschehen (und ist auch wirklich vorgekommen), daß eine große Expedition durch Bewölkung um den Lohn ihrer Mühen gebracht wurde und deren Leiter dann froh war, wenn ein Sternfreund anderswo bescheidenere, aber auswertbare Aufnahmen gemacht hatte. Für die Auswertbarkeit ist wichtig, daß die Negative kalibriert sind. Hierfür gibt es verschiedene Möglichkeiten. Am einfachsten dient die unverfinsterte Sonne (bei bekannter Zenitdistanz – wegen der Extinktion) als Normallichtquelle, um einen Stufenkeil an einer nicht bildwichtigen Stelle auf das Originalnegativ aufzukopieren.

2.1.4 Fernrohraufnahmen

Für die Aufnahme kann jedes für Himmelsaufnahmen eingerichtete Instrument dienen. Da es hier mehr auf lange Brennweite als auf Lichtstärke ankommt, verdient ein astrographischer Refraktor im allgemeinen den Vorzug vor dem Spiegelteleskop. Um ein möglichst großes Gesichtsfeld zu haben, verzichtet man auf die bei Planetenaufnahmen beliebte Okularvergrößerung und arbeitet im Primärfokus. Sehr angenehm sind Spiegelreflexkameras vom „einäugigen" Typ, die nach Entfernung ihres Objektivs mit einem Flansch am Okularstutzen befestigt werden. Aber Vorsicht bei Versuchen wegen der Hitze des Sonnenbilds! Starke Graufilter beim Fokussieren verwenden!

Die Nachführung kann außerhalb der eigentlichen Totalität durch einen einfachen Projektionssucher kontrolliert werden. Das ist eine Sammellinse von etwa 1 m Brennweite (Brillenglas), die in der Nähe des Objektivs dem Rohr außen aufgesetzt ist und neben dem Okularende ein Sonnenbild entwirft, welches sich mit einem vorgezeichneten Kreis auf der Auffangfläche decken muß.

Große Instrumente pflegt man nicht parallaktisch aufzustellen, sondern fest horizontal zu lagern und mit einem Heliostaten zu versorgen. Für Finsterniszwecke genügt als solcher ein einziger Planspiegel, der von einem Uhrwerk in 48 Stunden einmal um seine Stundenachse gedreht wird. Bei der Aufstellung muß man sich genau überlegen, in welches Azimut die Kamera zu bringen ist, damit das Sonnenbild bei der Finsternis in Bildmitte zu liegen kommt. Der Heliostat ist auf die geographische Breite des Beobachtungsortes einzustellen. Da der verhältnismäßig schwere Spiegel das Uhrwerk je nach seiner wechselnden Stellung ungleich beansprucht, reguliere man den Gang für „Finsternisstellung" ein.

2.1.5 Belichtungszeiten

Die Belichtungszeit kann innerhalb weiter Grenzen variieren; sie soll es sogar! Erfahrungsgemäß werden Koronaaufnahmen oft überbelichtet. Wegen des sehr starken radialen Helligkeitsabfalls mache man eine ganze Reihe von Aufnahmen, deren Belichtungszeiten sich laufend um den Faktor 3 bis 5 unterscheiden.

Auch bei einem Refraktor vom Öffnungsverhältnis 1:10 kann man durchaus schon bei 1/5 s anfangen. Das gäbe dann etwa die Reihe: 0,2; 1; 5; 25; 125 s. Die langen Zeiten werden nach den Schlägen eines Metronoms oder mit einer Stoppuhr gemessen. Verlängerungsfaktoren für Filter sind bereits im voraus zu ermitteln und werden in Rechnung gestellt.

2.1.6 Amateuraufnahmen

Neben astrographischem Gerät kommen mit Vorteil auch gewöhnliche Amateurkameras zum Einsatz. Wegen ihrer hohen Lichtstärke und des großen Gesichtsfelds erfassen sie noch die äußerste Korona. Auf Nachführung kann man meist verzichten, sofern nicht gerade extreme Rotaufnahmen vorgesehen sind. Bei der Arbeit mit mehreren kurzbrennweitigen Kameras empfiehlt es sich, diese auf einer gemeinsamen Schiene zu befestigen, welche in entsprechender Neigung etwa auf einer schweren Kiste angeschraubt ist. Das ist bequemer und in der Dunkelheit und Eile viel sicherer als ein „Verhau" aus mehreren einzelnen Photostativen. Besonders angenehm ist der leichte und schnelle Filmtransport. Auch diese Aufnahmen sollte man kalibrieren, indem ein Stück des unbelichteten und unzerschnittenen Films mit Schwärzungsmarken versehen wird.

Inzwischen hat der Farbfilm auch in der Finsternisphotographie seinen Siegeszug angetreten. Generell ist Umkehrfilm („Diafilm") dem Farbnegativfilm vorzuziehen, da er bessere Farbrichtigkeit liefert. Für die Erfassung großer Helligkeitskontraste gibt es jetzt Spezialemulsionen. Bei dem raschen Fortschritt der Photochemie sollte man sich stets aktuell informieren.

Aufnahmen mit Kinokameras haben dagegen nur Demonstrations- und Unterhaltungswert. Wichtig ist hierbei das Aufblenden beim 2. Kontakt. Durch Zeitraffertechnik wird Filmmaterial gespart. Teleoptik ist nötig; sie sollte aber den Bildwinkel nicht so einengen, daß die Sonne während der Totalität aus dem Gesichtsfeld wandert.

2.2 Astronomische Rahmenprogramme

2.2.1 Die Chromosphäre

Während der Totalität ragen Protuberanzen am Sonnenrand über die Mondscheibe hinaus und können als (wegen der Hα-Emission) rosige Gebilde mit bloßem Auge oder besser im Feldstecher beobachtet werden. Sie erscheinen auch auf Koronaaufnahmen, die so kurz belichtet sind, daß selbst am Sonnenrand nur eine mäßige Schwärzung erreicht wurde. Hingegen ist die Erfassung der eigentlichen Chromosphäre schwierig, weil dafür nur wenige Sekunden um den 2. und 3. Kontakt zur Verfügung stehen. Spektrographische Einrichtungen zur lohnenden Aufnahme des Flashspektrums überschreiten die Mittel des Sternfreundes. Allerdings mag er versuchen, die Flash-Phase mit ihrer dramatischen Linienumkehr spektroskopisch, also visuell, mit Prisma oder Replica-Gitter zu verfolgen.

2.2.2 Kontaktzeiten

Wenn die geographische Position des Beobachtungsplatzes genau bekannt ist, hat die Festlegung der Kontaktzeiten ähnlichen Wert wie die Registrierung von Sternbedekkungen. Freilich lassen sich der 1. und 4. Kontakt, wenn die Scheiben von Mond und Sonne sich eben außen berühren, nicht sehr scharf erfassen – auch wenn die Positionswinkel dafür aus dem Jahrbuch wohlbekannt sind. Beim 2. und 3. Kontakt macht sich das Mondprofil bemerkbar in Form des „Perlschnurphänomens“, im Englischen auch „Bailey's beads“ genannt. Wenn nämlich die Gebirge am Mondrand bereits über die Sonnenscheibe hinausragen, löst sich die schmale Sonnensichel in einzelne Lichtpunkte auf. Das Ganze erscheint wie ein Diamantring; der Ring ist die nun schon deutlich hervortretende Korona, und die Diamanten sind das durch die Mondtäler fallende Photosphärenlicht.

2.2.3 Die partielle Phase

Anstatt die partielle Phase im Feldstecher direkt zu beobachten, was ohnehin nur mit sehr starken und optisch einwandfreien Filtern möglich ist, sollte man das Bild der Sonnensichel durch einen Feldstecher auf einen Schirm projizieren. Das erleichtert die Orientierung über den Fortschritt der Erscheinung und ist auch geeignet, die Aufmerksamkeit unvermeidlicher Zuschauer von den Finsternisinstrumenten abzulenken.

Photographische Reihenaufnahmen der partiellen Phase sehen recht hübsch aus, haben aber keinen wissenschaftlichen Wert. Nur bei großem Abbildungsmaßstab kann man sie benutzen, um das Gesetz der Randverdunklung der Sonne nachzuprüfen. Denn erstens ist das erdatmosphärische Streulicht infolge Abdeckung eines Teils der Sonnenscheibe ohnehin stark vermindert, und zweitens läßt es sich photometrisch bei der Finsternis dadurch besonders günstig erfassen, daß die Mondscheibe eigentlich (von der hier völlig vernachlässigten Aufhellung durch Erdlicht abgesehen) ganz schwarz erscheinen müßte. An ihr kann man also das Streulicht unmittelbar erkennen. Da die Randverdunklung stark von der Wellenlänge des Lichts abhängt, nehme man bei solchen Aufnahmen unterschiedliche Filter.

2.2.4 Das Sternfeld

Ereignet sich die totale Sonnenfinsternis bei heiterem Himmel, so werden auch die helleren Sterne sichtbar. Deshalb sollte man sich stets vorher klarmachen, was wo zu sehen sein wird. Das gilt besonders für die inneren Planeten Merkur und Venus. Hat man Glück, kommt als besondere Überraschung noch ein Komet dazu. Solche Fälle sind gar nicht selten und werden durch den Umstand begünstigt, daß die Kometen in Sonnennähe besonders ansehnliche Schweife zu entwickeln pflegen. Früher suchten die Astronomen auch den Himmel in Sonnennähe nach einem Planeten „Vulkan“ ab, der innerhalb der Merkurbahn vermutet wurde. Heute besteht die Möglichkeit, einen künstlichen Erdsatelliten außerhalb des Kernschattens dahinhuschen zu sehen.

Ein besonderes Kapitel moderner Finsternis-Astronomie ist der Nachweis der von Einstein vorausgesagten relativistischen Lichtablenkung durch das Schwerefeld der Sonne. Wegen des sehr hohen instrumentellen Aufwands kann sich der Sternfreund dabei leider nicht aktiv beteiligen. Wohl aber mag er sich gern der auf seinen Koronaaufnahmen mit festgehaltenen Sterne bedienen, um die Positionswinkel der Protuberanzen und Koronastrahlen abzuleiten.

2.3 Terrestrische Rahmenprogramme

2.3.1 Helligkeit und Farbe des Himmels

Ein allgemein sehr starker Eindruck ist bei einer totalen Sonnenfinsternis der ungewohnte Charakter der kurz vor dem 2. Kontakt rasch hereinbrechenden Dämmerung. Die Sonne geht gewissermaßen mitten am Firmament unter, während der Horizont ringsum durch partielles Photosphärenlicht aufgehellt ist. Bei starker Protuberanzentätigkeit kommt noch eine rötliche Verfärbung hinzu. Farbaufnahmen können daher sehr wirkungsvoll sein – und zwar sowohl vom Himmel als von der Landschaft.

Die Änderung der Himmelshelligkeit wird mit einer Photozelle (notfalls einem guten Belichtungsmesser) bestimmt, die auf einem mehr als mannshohen Pfahl gegen den Zenit gerichtet ist. Bei mehreren Empfindlichkeitsbereichen vergesse man nicht, rechtzeitig umzuschalten! Subjektiv hat man nach dem 3. Kontakt schon bald den Eindruck, daß es wieder vollkommen „Tag“ sei. Bei Amateuraufnahmen ziehe man daher den Belichtungsmesser zu Rate und verlasse sich nicht auf das Gefühl!

2.3.2 Fliegende Schatten

Während der Minuten, wo die Sonnensichel sehr schmal ist, besteht Aussicht, „fliegende Schatten“ zu beobachten, die als schmale dunkle Streifen mit mäßiger

Automobilgeschwindigkeit über den Boden eilen. Sie kommen durch Luftschlieren bei spaltförmiger Lichtquelle zustande. Am besten erkennt man sie aus einigem Abstand auf einer ebenen Fläche gleichmäßiger, etwa hellgrauer Farbtönung.

Nicht zu verwechseln mit den „fliegenden Schatten" ist der Kernschatten selbst. Er läuft mit größenordnungsmäßig 1 km/s über die Erde. Sein Herannahen ist, besonders bei leichter Bewölkung und von erhöhtem Standpunkt aus, ein unheimliches und erregendes Schauspiel.

2.3.3 Meteorologische Beobachtungen

Wohl keine richtige Finsternisexpedition verzichtet darauf, auch meteorologische Daten zu sammeln, da man aus ihnen, besonders in Verbindung mit den Aufzeichnungen für die benachbarten Tage, Unterlagen für die Beurteilung der Wetteraussichten künftiger Expeditionen in ähnlichem Klima gewinnt. Die starke Verminderung der Sonnenstrahlung hat nicht nur auf die Temperatur, sondern auch auf Wind, Bewölkung und Luftfeuchtigkeit erheblichen Einfluß. Berühmt ist der „Finsterniswind", der mitunter buchstäblich im letzten Augenblick die Wolkenschleier von der Sonne zerrissen hat. Er erhöht aber auch die Abkühlung und stellt an die Standfestigkeit der Instrumente nicht zu unterschätzende Anforderungen. Jedes Blatt Papier muß bei einer Finsternis gegen Davonfliegen gesichert sein! Um sowohl Luft- als auch Strah-

Tabelle 1. Sonnenfinsternisse von 1988 bis 2000 nach Mucke und Meeus (t = total, r = ringförmig, p = partiell)

1988	März 18 t im Pazifik
	September 11 r
1989	März 7 p
	August 31 p
1990	Januar 26 r
	Juli 22 t in der asiatischen Arktis
1991	Januar 15 r
	Juli 11 t in Mittelamerika
1992	Januar 4 r
	Juni 30 t im Südatlantik, bis Kapstadt
	Dezember 24 p
1993	Mai 21 p
	November 13 p
1994	Mai 10 r
	November 3 t in Südamerika
1995	April 29 r
	Oktober 24 t in Südasien
1996	April 17 p
	Oktober 12 p
1997	März 9 t im Nordpazifik
	September 2 p
1998	Februar 26 t in Mittelamerika
	August 22 r
1999	Februar 16 r
	August 11 t in Mitteleuropa!
2000	Februar 5 p

lungstemperatur zu verfolgen, vergleiche man ein gewöhnliches Thermometer im Schatten mit einem anderen, dessen Kugel schwarz mattiert und der direkten Sonnenstrahlung ausgesetzt ist.

2.3.4 Biologische Beobachtungen

Während Pflanzen bei der Abnahme des Tageslichts nur auf „Dämmerung" und „Nacht" reagieren, schwanken Tiere zwischen Schlaf und Furcht. Nähere Anweisungen für biologische Beobachtungen erübrigen sich an dieser Stelle. Nur sei darauf hingewiesen, daß sich im Verhalten höherer Haustiere, besonders von Hunden, unter Umständen eher die Erregung des Beobachters ausprägt als die eigene.

2.3.5 Die Ionosphäre

Schließlich ist noch zu erwähnen, daß sich die enge Abhängigkeit des Zustands der Ionosphäre von der Sonne bei Finsternissen durch mannigfache Effekte bemerkbar macht. Hier finden Funkamateure ein reiches Tätigkeitsfeld, auch wenn sie außerhalb der Totalitätszone sitzen; denn es genügt schon die Abdeckung einzelner aktiver Gebiete auf der Sonne durch den Mond, um Wirkungen hervorzurufen, die mitunter den weltweiten Kurzwellenempfang spürbar verändern.

2.4 Stationspraxis

2.4.1 Programmplanung

Allein schon wegen der damit meist verbundenen weiten Reise ist die Beobachtung einer Sonnenfinsternis recht kostspielig. Um die Sekunden der Totalität möglichst auszunutzen, wird vorher ein Programm aufgestellt, worin alle Funktionen jedes Teilnehmers in ihrem zeitlichen Ablauf genau festgelegt sind. Nach diesem Plan wird dann geübt, bis alle Griffe „sitzen". Zeitstudien mit der Stoppuhr helfen nach, damit alles optimal abgestimmt wird. Mindestens eine Generalprobe sollte auch in tiefer Dämmerung abgehalten werden. Durch ein vorbereitetes Tonband, das dann allerdings auch im richtigen Moment gestartet werden muß, können Zeitablauf und Belichtungskommandos angesagt werden. Erfahrungsgemäß kommt das Finsternisende (3. Kontakt) meist überraschend. Auch die räumliche Anordnung der Geräte ist wichtig, besonders wenn derselbe Beobachter mehrere Instrumente durcheinander bedient: zum Beispiel kurzzeitige Aufnahmen mit Handkameras, während am Refraktor lange Expositionen laufen.

Will man nach und nach einen Stapel Kassetten einsetzen, so lege man an der Stelle, wo eine andersartige Operation fällig wird (Filterwechsel etwa), einen Pappdeckel als Merkzeichen dazwischen. Größte Vorsicht bei Doppelkassetten, um nicht „außer Tritt" zu kommen! Man kann sich gar nicht narrensicher genug einrichten!

Aufnahmen, die besonders dunklen Himmel erfordern, werden in die Mitte der Totalität verlegt. Will man keine Zeitreserve für unvorhergesehene Vorkommnisse

(Schieber klemmt; Verschluß war nicht gespannt!) einplanen, so kommen an den Schluß der Totalität nur weniger wichtige oder Wiederholungsaufnahmen, deren Ausfall am ehesten zu verschmerzen ist.

Selbstverständlich wird auch ein Expeditionstagebuch geführt, nach Wunsch und Bedarf durch Lichtbilder ergänzt.

2.4.2 Platzwahl

Im großen ist die Wahl des Platzes durch den Verlauf der Zentralitätslinie vorgeschrieben, über den die astronomischen Jahrbücher Auskunft geben. Außerdem erscheinen jahrelang vor jeder Finsternis besondere Veröffentlichungen, die man in Sternwarten einsehen oder nach Erfragung des Verfassers auch selbst beziehen kann. Zugänglichkeit und allgemeine Wetteraussichten schränken die Wahl weiter ein. Es wäre aber grundfalsch, wenn sich alles auf dem theoretisch besten Ort zusammendrängen würde. Nur durch gleichmäßige Verteilung wird das Wetterrisiko ernsthaft vermindert.

Im einzelnen sind viele Umstände bei der Platzwahl zu bedenken: Windschatten, Zugänglichkeit nach Landregen, Mückenplage, Bewachungsmöglichkeit – alles spielt mit herein. Vom Stromnetz mache man sich möglichst unabhängig. Sehr angenehm ist eine Dunkelkammer, die man selbst einrichtet. Mitbenutzung professioneller Photolabors geht selten gut. Wohl aber läßt sich oft in der Nachbarschaft in einem Kühlschrank ein Plätzchen für Infrarotmaterial finden. Die Filme und Platten werden in der Nacht vor der Finsternis eingelegt.

2.4.3 Zubehör

Das Zubehör einer Expedition richtet sich nach den Umständen. Auf jeden Fall sind Taschenlampen bereitzuhalten, obwohl es im Freien selten so dunkel wird, daß man nicht die meisten Instrumente ohne künstliche Beleuchtung bedienen kann. Auf die zu erwartende Abkühlung richte man sich durch passende Kleidung ein. Für die Instrumente sind wasserdichte, gegen Wind festzuzurrende Überzüge, eventuell auch Windschirme und Strahlungsabweiser ratsam. Über Blendgläser braucht hier nichts gesagt zu werden.

Will man während der Totalität Sterne zählen oder die äußersten Koronaausläufer visuell verfolgen, sind Adaptionsbrillen, wie sie in den Röntgenlabors getragen werden, rechtzeitig aufzusetzen. Es gibt auch besondere Medikamente zur Verbesserung der Dunkelanpassungsfähigkeit des Auges. Ob eine Zeitanlage mitgeführt wird und ein Theodolit, sei dahingestellt. Ein Kofferempfänger ist immer angenehm. Unentbehrlich aber ist die Reiseapotheke.

2.5 Literatur

1 Einen allgemeinen Überblick geben H. Mucke und J. Meeus in: Canon of Solar Eclipses – 2003 to + 2526; Astronomisches Büro Wien 1983. Immer noch nützlich ist auch Oppolzers Kanon ... von 1887, neu herausgegeben von O. Gingerich 1962 bei Dover Publ.

2 Eine Fundgrube jeweils aktueller Information sind die Zeitschriften wie Sterne und Weltraum und Sky and Telescope, die jedem ernsthaften Amateur zugänglich sind.

3 Der Mond

G. D. Roth

3.1 Aufgaben und Sinn der Mondbeobachtung

3.1.1 Übungsobjekt für den Beobachter

Als nächster Himmelskörper ist der Erdmond mit Recht ein beliebtes Ziel für den Amateurbeobachter. Bereits *ohne Fernrohr* nimmt man auf der Oberfläche deutliche helle und dunkle Flecken wahr. Mit dem *Feldstecher* erkennt der Beobachter die Vielfalt der beobachtbaren Einzelheiten, die im größeren Fernrohr detailliert zu sehen sind. Diese Einzelheiten sind ein nahezu unerschöpfliches *Prüffeld* für den Beobachter und sein Instrument. Schon ein Einzöller zeigt nämlich bei 40facher Vergrößerung eine solche Fülle von Details, die niemand auf Anhieb zu erfassen vermag [1]. Aber auch kritiklose Beobachter und mäßige Optik sehen auf der Oberfläche des Mondes immer etwas. Daher auch beim Beobachtungstest stets das Streben nach dem feinen und kleinen Detail! Das geschieht am besten dann, wenn sich der Beobachter eine fest umrissene Aufgabe stellt.

3.1.2 Beobachtungsaufgaben

Der Mond ist der erste Himmelskörper, auf dem Menschen gelandet sind (Neil Armstrong und Edwin Aldrin mit Apollo 11 am 20. 7. 1969). Seit 1957 wird der Mond mit Hilfe von Raumschiffen und Sonden erforscht. Im Oktober 1959 hat die Naherkundung des Mondes mit der Luna 3-Mission der UdSSR begonnen. Neben der persönlichen Inaugenscheinnahme der Oberfläche durch Menschen sind es die Gesteinsproben, Strahlungsmessungen und Photographien „vor Ort“, die nicht nur völlig neues Forschungsmaterial geliefert, sondern der Mondforschung insgesamt eine neue Bedeutung vermittelt haben. In wenigen Jahren gelang es dann, durch die Raumfahrtmissionen Ranger, Surveyor, Luna und Apollo den Mond so zu erforschen, daß er heute weitgehend eine Domäne der Erdwissenschaften, wie der Morphographie, der Geologie, der Petrographie und der Mineralogie, geworden ist [2].

In zahlreichen Büchern und Zeitschriftenaufsätzen wird darüber immer wieder berichtet [3, 4]. Der Amateurbeobachter, der sich für den Erdmond interessiert, wird diese Veröffentlichungen zu Rate ziehen müssen. Es ist nicht das Fragen nach dem unmittelbaren wissenschaftlichen Nutzen, das den Amateurbeobachter zum Studium der Mondoberfläche ermuntern soll. Zunächst ist es für ihn der *Wert der persönlichen Erfahrung,* die sich während und nach der Bearbeitung einer gestellten Beobachtungsaufgabe gewinnen läßt. Systematische Beobachtungsreihen, zum Beispiel Überwachungsbeobachtungen betreffend mögliche Veränderungen bestimmter Stellen der Mondoberfläche, können auch wissenschaftlich brauchbare Ergebnisse bringen [5, 6, 7].

Zum besseren eigenen Verständnis wird der ernsthafte Amateur versuchen, Methoden der Mondgeologie kennen und verstehen zu lernen: „Bis zum Jahre 1960 war die Menge der Arbeiten über den Mond, die nach rein geologischen Prinzipien ausgeführt wurden, nicht groß. Seitdem haben Geologen gezeigt, daß geologische Prinzipien, die während eines Jahrhunderts geologischer Forschung auf der Erde aufgestellt worden waren, sehr wohl auch auf dem Mond angewendet werden können" [8].

Der Wissensstand über den Erdmond, wie er sich nach der Forschung im Rahmen des Apollo-Programms darstellt, ist für den ernsthaften Beobachter unentbehrlich [9, 10]. Von grundsätzlicher Bedeutung ist die Stellung der Mondforschung heute zum besseren Verständnis der solar-terrestrischen Beziehungen. Die Mondoberfläche ist einem ständigen Bombardement der energiereichen UV- und Röntgenstrahlung und der solaren Korpuskularstrahlung ausgesetzt. „Die Sonne repräsentiert die heiße Kathode und der Mond die Anode in einer Ionenröhre von kosmischen Dimensionen, deren Glaswände von unserer Atmosphäre gebildet werden" (Zdeněk Kopal). Aber auch für die weitere Erforschung des Sonnensystems stellt eine immer genauere Kenntnis von der Struktur der Mondoberfläche eine Hilfe dar. Erinnert sei in diesem Zusammenhang nur an das Auftreten von kraterförmigen Oberflächengebilden auf den Planeten Merkur, Venus und Mars. Abgesehen davon ist die Entstehung des Mondes nur aus einer besseren Kenntnis von Ursprung und Aufbau des gesamten Sonnensystems her zu begreifen.

So gesehen ist die Mondbeobachtung für den Amateur auch nach dem „Apollo-Schock" reizvoll. Ihm bieten sich Objekte an, die so selten sind, „daß allein Amateure die Zeit aufbringen können, den Mond entsprechend zu überwachen" [10]. Dann gelingt es auch schon mal, das kurze Aufleuchten beim Aufprall eines Meteoriten auf der Mondoberfläche zu photographieren [11].

3.1.2.1 Kartenmäßige Darstellungen. Die höchste Vollendung der topographischen Studien findet sich in der Ausarbeitung von *Spezialkarten* bestimmter Mondlandschaften und in *Gesamtdarstellungen* der ganzen sichtbaren Oberfläche. Letztere haben in den Werken der Amateurbeobachter Philipp Fauth und H. P. Wilkins eine Güteklasse erreicht, die wohl kein zukünftiger Amateurbeobachter wird überbieten können [12, 13, 14]. Es wird auch nicht notwendig sein, weil kartenmäßige Gesamtdarstellungen der Mondoberfläche mittlerweile auf photographischer Grundlage in hervorragender Qualität zur Verfügung stehen. Ein bedeutendes Werk ist der „Photographic Lunar Atlas" von G. P. Kuiper [15]. Ein riesiger Komplex von Mondkarten, basierend auf visuellen und photographischen Beobachtungen, entstand in den USA und in der UdSSR für die Erforschung des Mondes mit Raumschiffen und Sonden [16].

Für die Zwecke des Amateurbeobachters sind verschiedene Kartenwerke herausgegeben worden, zum Teil auch älterer Beobachter, die sowohl auf visuellen Beobachtungen wie auf Photos beruhen. Insbesondere als *Übersichts- und Orientierungskarten* haben diese Mondatlanten nach wie vor ihre Bedeutung für den Sternfreund.

Als beispielhafte Arbeit eines Amateurs steht Wolfgang Schwinges „Photographischer Mondatlas", der 1983 erschienen ist: „Der Durchmesser der einzelnen

Mondbilder beträgt durchschnittlich 19 cm. Die Ausschnittvergrößerungen der Nord- und Südhälften des Mondes ergeben einen Durchmesser von annähernd 40 cm. Als Aufnahmeinstrument dienten ein Refraktor 110/1600 und ein Cassegrain-Spiegelteleskop 200/1000/3000. Die Aufnahmen wurden im Fokus und mit der Okularprojektionsmethode gewonnen. Die unterschiedlichen Belichtungszeiten reichten von 2 s bis zu 1/250 s“ [17].

Bei jeder kartenmäßigen Darstellung ist heute die Zuhilfenahme von guten Photographien eine Ergänzung für die visuellen Ergebnisse. Dabei muß jede Karte, auch wenn sie nur eine eng begrenzte Mondlandschaft zeigt, ihren Maßstab haben und die Einordnung in ein Gradnetz aufweisen. Jeder Beobachter, der eine bestimmte Mondgegend systematisch beobachtet, sollte versuchen, seine Einzelzeichnungen in einer kartenmäßigen Darstellung zusammenzufassen. Wer sich intensiver um das Verständnis der beiden wichtigsten Vorgänge, die auf dem Mond gewirkt haben, Impakte und Vulkanismus, bemüht, muß ausgesuchte Mondlandschaften kartenmäßig erfassen [18].

Beobachtungsaufgaben, deren Ergebnisse die Anfertigung von Spezialkarten empfehlen, sind:

- Beobachtung von feinen Strukturen in einem Mare;
- Beobachtung eines Strahlensystems;
- Beobachtung einer Gegend am Mondrand mit Diskussion der Libration;
- Beobachtung von Rillen mit genauer Angabe des Verlaufs;
- Beobachtung der Verteilung kleiner Krater in der Umgebung einer Wallebene oder eines Ringgebirges;
- Beobachtung von noch nicht kartenmäßig erfaßten Gebieten („Luna Incognita“) [19].

In erster Linie kommen als Grundlage hierbei für den Amateurbeobachter visuelle Beobachtungen in Betracht. Doch sind photographische Kontrollaufnahmen bei entsprechender instrumenteller Ausrüstung eine nützliche Ergänzung.

3.1.2.2 Kritische Mondtopographie. Es gibt auf dem Mond zahlreiche Formationen, die in ihrer tatsächlichen Gestalt und Ausdehnung ungenügend erkannt sind beziehungsweise die scheinbare oder echte Veränderungen vermuten lassen. Nachdem wir heute wissen, daß sich überall auf dem Mond eine 1 bis 20 m starke Schicht von feinem Staub und Schutt befindet und bei jedem neuen Meteoriteneinschlag Gestein zertrümmert und die Monderde neu gemischt wird, sind Veränderungen einzelner Formationen durchaus im Bereich des Möglichen.

So gehört zur kritischen Mondtopographie der Vergleich neuer mit älteren Beobachtungen, um mögliche Veränderungen nachzuweisen. Das kann auch unter Zuhilfenahme von Photos geschehen. Interessant sind in diesem Zusammenhang die Krater Plato, Aristarch und Alphonsus.

Das Auftreten von Dunkelflecken und Lumineszenzerscheinungen ist gleichfalls zu berücksichtigen. Mehr dazu siehe 3.1.2.3.

Bei der kritischen Mondtopographie geht es jedoch nicht nur um den Nachweis von Veränderungen. In der Mehrzahl der Fälle geht es ganz einfach um ein *genaueres Kennenlernen* eines Objekts. Das setzt intensives Beobachten und gediegene Kenntnis von bereits veröffentlichten Beobachtungsergebnissen voraus. Gerade auf dem Mond

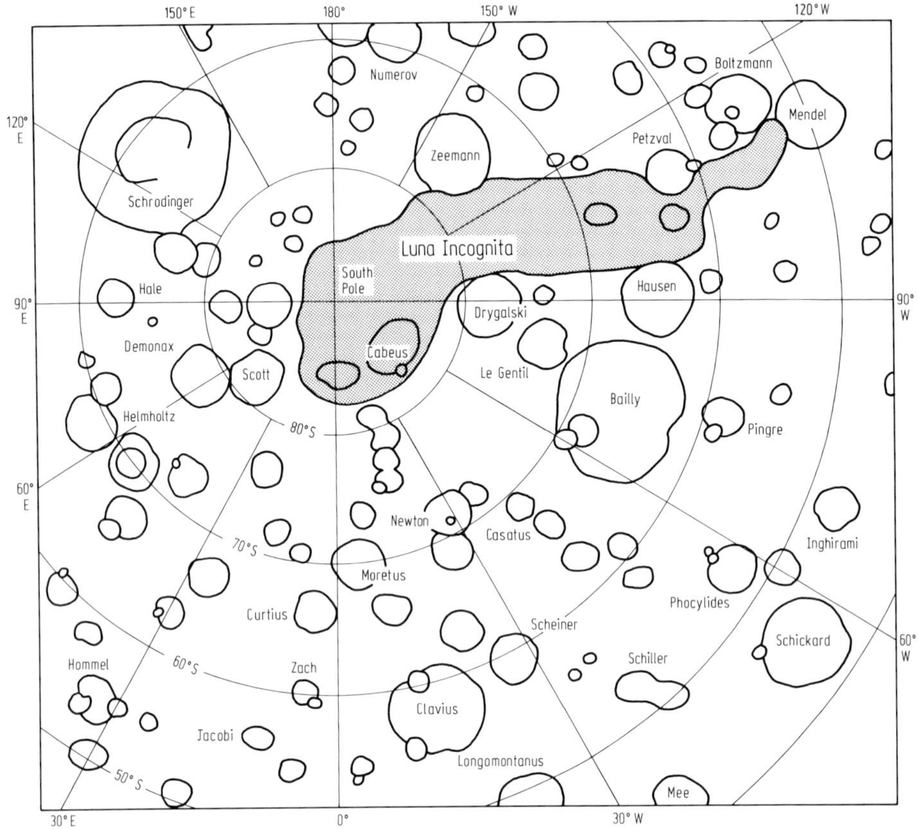

Abb. 1. Umgebungskarte des Gebiets „Luna Incognita" (dunkel getönt). Nach J. E. Westfall, Sky and Telescope *67*, 284 (1984)

wird das Spiel von Licht und Schatten dem Beobachter immer wieder zum Verhängnis, zur Fata Morgana. Bestimmte Oberflächendetails führen unter bestimmten Beleuchtungswinkeln zu sinnesphysiologischen Täuschungen. Naturgemäß trägt dazu auch die Optik bei, wenn das Auflösungsvermögen seine Grenze fast erreicht hat. Keinem Beobachter soll abgeraten werden, eigene Beiträge mit 2- oder 3-Zöllern zu liefern. Aber daß diese Instrumente gerade in bezug auf kleine und kleinste Einzelheiten sehr früh ihre Grenze erreichen, läßt sich nicht vermeiden. Es ist schon so, daß ein Instrument von 6 Zoll Öffnung die Mindestgröße für die kritische topographische Beobachtung ist.

Die Gewinnung von neuen Einzelheiten auf der Grundlage kritischer mondtopographischer Beobachtungen ist auch die Grundlage für die Anfertigung von Spezialkarten, wie sie unter 3.1.2.1 genannt sind.

3.1.2.3 Beobachtungen zur physikalischen Beschaffenheit. Hierunter fallen Arbeiten, die sich mit physikalischen Oberflächeneigenschaften beschäftigen:

- Helligkeitsänderungen;
- Verfärbungen;

- Polarisation des von der Mondoberfläche gestreuten Lichts;
- Auftreten von Leuchterscheinungen (Transient Lunar Phenomena, abgekürzt TLP, oder Lunar Transient Phenomena, LTP, auch Moonblinks genannt).

Die Lumineszenzvorgänge sind auf Gase zurückzuführen, die aus dem Mondinneren strömen, und die Sonnenstrahlung, die sie auslöst (Photolumineszenz). Für den Beobachter ergeben sich verschiedene Eindrücke. Dazu J. Classen [20]: „Nach ihrem Austritt verschleiern die Gase einesteils durch Absorption oder Streuung die Durchsicht auf die Mondoberfläche. Die Beobachter glauben dann, ‚Verdunkelungen' oder ‚graue Wolken' zu erblicken. Andernteils kommt es bei den Gasen zu Lumineszenzvorgängen. Man sieht, wenn man im beleuchteten Teil des Mondes beobachtet, farbige Lichtflecke auf der Mondoberfläche. Bei Beobachtungen im aschgrauen Mondlicht gewahrt man weißliche Erhellungen. Es erfolgt in diesem Falle kein foveales ‚Farb-Sehen', sondern nur noch extrafoveales ‚Weiß-Sehen' von allerdings sehr großer Reichweite."

Liste von Mondkratern, in denen TLPs beobachtet worden sind:

Alphonsus	Grimaldi	Pickering = Messier A
Aristarchus	Herodotus	Piton
Atlas	Kepler	Plato
Censorinus	Lichtenberg	Posidonius
Copernicus	Linné	Proclus
Eratosthenes	Menelaus	Ptolemaeus
Eudoxus	Peirce	Theophilus
Gassendi	Picard	Tycho

In einer Reihe von Kratern (z. B. Alphonsus und Atlas) kann man *Dunkelflecke* beobachten, die Intensitätsveränderungen erkennen lassen. Im Mittelpunkt der Dunkelflecke werden Kleinkrater beobachtet. Dunkelflecke können bereits mit kleinen Fernrohren beobachtet und überwacht werden. Ähnlich wie die TLP geben die Dunkelflecke die Möglichkeit, Beobachtungsmaterial über Veränderungen auf der Mondoberfläche zu sammeln, das bei der Deutung der Entstehung der Mondformationen hilfreich sein kann.

J. Classen berichtet von dunklen Verfärbungen des Mondbodens südwestlich und westlich des Kraters Copernicus im Sinus Aestuum und nördlich der Hyginusrille im Mare Vaporum [21]. Diese Verfärbungen haben Durchmesser von je einer Bogenminute und sind am besten in einem kleinen binokularen Fernrohr (Vergrößerung 9×) zu beobachten. Die Zentren dieser Verfärbungen gibt Classen wie folgt an:

Länge	*Breite*
$-14°$ W	$+6°$ N
$-8°$ W	$+6°$ N
$-5°$ W	$+12°$ N
$+6°$ E	$+11°$ N

Insgesamt haben wir es hier mit Objekten zu tun, deren photometrisches Verhalten interessiert. Neben visuellen Beobachtungen verdienen photographische Versuche Aufmerksamkeit. Aufnahmen mit Farb- und Polarisationsfiltern erweitern die Mög-

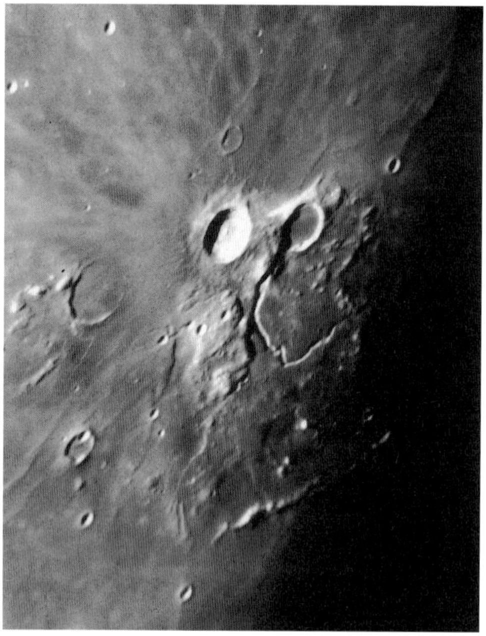

Abb. 2. Aristarchus und Schrötertal – eine der TLP-verdächtigen Gegenden der Mondoberfläche. Aufnahme von J. Dragesco mit einem C14, F/D = 50, belichtet 2 s auf TP 2415, Entwickler Microphen (Ilford). 19. 11. 1980, 25 h 55 m UT, Cotonou (Benin)

lichkeiten. H. J. Gramatzki wies schon in den dreißiger Jahren darauf hin, daß es lohnend wäre, in vier Spektralbereichen (Infrarot, Gelbgrün, Blau, Ultraviolett) topographisch wenig interessante Mondgebiete bei verschiedenen Phasen zu photographieren; ein Vorhaben, das im Bereich vierzölliger Spiegelteleskope liegt [22]. Über TLP, Dunkelflecke, Verfärbungen und ähnliche Erscheinungen ist in den letzten Jahren viel veröffentlicht worden [23, 24]. Für Beobachtungen von farblichen oder Helligkeitsveränderungen empfiehlt die „British Astronomical Association" in einem Leitfaden für Mondbeobachter [25] die Verwendung von hintereinandergeschalteten Farbglasrevolvern, bestückt mit Rot-, Blau- und Neutralfiltern. Diese Vorrichtung, „Crater Extinction Device" (CED), wird zwischen Barlowlinse und Okular eingesetzt.

Als Moonblinks werden auch jene Leuchterscheinungen bezeichnet, die kurzzeitig beim Einschlag eines Meteors auf der Mondoberfläche entstehen und von der Erde aus beobachtbar sind. Wer sich für ein Beobachtungsprogramm interessiert, sollte Verbindung zu Arbeitsgemeinschaften (z. B. „Gruppe Berliner Mondbeobachter") oder einer Volkssternwarte aufnehmen (Adressen S. 713 ff).

3.1.2.4 Beobachtungen der Nachtseite des Mondes. Auch auf der Nachtseite des Mondes sind Lumineszenzerscheinungen beobachtbar. Mit einem guten Fünfzöller und genügend starker Vergrößerung (150fach) kann der erfahrene Mondbeobachter ans Werk gehen [26].

In diesem Zusammenhang ist die Überwachung der Intensität des „Sekundären Lichts" (aschgrauen Lichts) empfehlenswert, das bis zu einem Mondalter von 6 Tagen und ab 22 Tagen (unter Umständen länger bzw. früher) zu beobachten ist. Nach W. M. Tschernow lassen sich Helligkeitsschwankungen mit einer Amplitude von etwa

0.6^m (Maximum: März–Mai; Minimum: Juni–August) nachweisen. Auch die mittlere jährliche Helligkeit soll um etwa 0.8^m variieren, was man unter anderem auf atmosphärische Trübungen zurückführt. Verfärbungen (grüne Töne) sind ebenfalls beobachtet worden. In der Literatur sind verschiedene Intensitätsskalen empfohlen worden [27].

3.2 Sichtbarkeitsbedingungen

Die Bahn des Mondes um die Erde ist elliptisch. Da die Bahn außerdem starken Störungen unterworfen ist, ändert sich der Abstand von der Erde zwischen 356 410 (scheinbarer Durchmesser 33′30″) und 406 740 km (scheinbarer Durchmesser 29′22″). Im Mittel ist der Mond vom Erdmittelpunkt 384 402 km entfernt. Der scheinbare Durchmesser entspricht dabei etwa demjenigen der Sonne. Abbildung 3 macht die unterschiedlichen scheinbaren Monddurchmesser im Perigäum (Erdnähe) und Apogäum (Erdferne) deutlich.

Die Bewegung des Mondes am Himmel ist „schnell“: pro Tag ein Bogen von rund 12° in west-östlicher Richtung. Für Beobachter ist wichtig zu wissen, daß die Eigenbewegung des Mondes erheblich von der Lage des Beobachters auf der Erde und von der Stellung des Mondes abhängig ist. Diese Bewegung ist mit der Angabe der geozentrischen Bewegungen in Jahrbüchern nicht unbedingt identisch. Von der Beobachtung zum Beispiel von Sternbedeckungen her ist bekannt, daß die Bedeckung für jeden Standort auf der Erde, was Zeit, Dauer und Orientierung anbetrifft, unterschiedlich verläuft. Das gilt auch für Mondbeobachtungen. Beispielsweise bei Höhenmessungen am Mondrand, wenn die Höhen unmittelbar mit dem Mondhalbmesser verglichen und in Meter umgewandelt werden. Wird der scheinbare Mondhalbmesser in Beziehung zu Beobachtungen gebracht, so muß er berechnet werden.

In diesem Zusammenhang von Interesse ist die Umrechnung des Mondortes vom Erdmittelpunkt auf den Beobachtungsort. Folgen wir dazu dem Rechenbeispiel von K. Graff [28]:

„Legen wir durch den Mittelpunkt des Erdellipsoids ein System von Raumkoordinaten, und zwar so, daß die drei Achsen in die Erdachse (z), in die Richtung nach dem Frühlingspunkt (x) und in den Äquator bei 90° Rektaszension (y) fallen, ziehen ferner Parallele zu den drei Achsen durch den Beobachtungsort, so lassen sich in diesem System die sogenannten topozentrischen Ortskoordinaten des Mondes durch die Mittelpunktskoordinaten ausdrücken wie folgt:

$$\begin{aligned}
r'\cos\delta'\cos\alpha' &= r\cos\delta\cos\alpha - \varrho\cos\varphi'\cos\vartheta,\\
r'\cos\delta'\sin\alpha' &= r\cos\delta\sin\alpha - \varrho\cos\varphi'\sin\vartheta,\\
r'\sin\delta' &= r\sin\delta - \varrho\sin\varphi'.
\end{aligned}$$

Hier bedeuten neben der Ortssternzeit ϑ, die bekanntlich mit dem Stundenwinkel des Frühlingspunktes identisch ist,

r den Jahrbuchsabstand des Mondes;
α, δ die Jahrbuchskoordinaten des Mondes;
r' den Ortsabstand des Mondes;

Abb. 3. Änderung des scheinbaren Monddurchmessers aufgrund unterschiedlicher Entfernung zwischen Erde und Mond. Apogäum = Erdferne (rechte Bildhälfte), Perigäum = Erdnähe (linke Bildhälfte). Aus: W. Schwinge, Fotografischer Mondatlas. Leipzig: J. A. Barth 1983

α', δ' die Ortskoordinaten des Mondes;
ϱ den Mittelpunktsabstand des Beobachters;
φ' die geozentrische Breite des Beobachters.

Statt der Entfernung r wird man in den Jahrbüchern in der Regel die Parallaxe p des Monden vorfinden, die mit r durch die Beziehung

$$r = \frac{1}{\sin p}$$

verknüpft ist. Die Ortskonstanten ϱ und φ' sind einem geodätischen Tafelwerk oder einem Ortsverzeichnis der Sternwarten zu entnehmen. Innerhalb Deutschlands kann

$\varrho = 9{,}9990$ und die geozentrische Breite gleich der um 11′ verkleinerten geographischen Breite gesetzt werden. Die rechte Seite unseres Gleichungssystems besteht damit aus lauter bekannten Größen. Die Auflösung nach $\tan\alpha'$, $\tan\delta'$ und r' erfolgt am besten ohne jede Umformung.

Die Koordinaten α', δ' geben die Mondstellung für den Beobachtungsort an. Der vergrößerte für den Ort gültige, also topozentrische Halbmesser des Mondes s' läßt sich aus dem geozentrischen s nunmehr leicht berechnen, denn es ist offenbar

$$s' = s\frac{r}{r'}\,.\text{“}$$

3.2.1 Die Mondphasen

Die Sichtbarkeit der Mondformationen ist eine Funktion ihrer Sonnenbeleuchtung. Die Lichtgestalten (Phasen) sind unter den Bezeichnungen Neumond, Erstes Viertel, Vollmond und Letztes Viertel populär geworden. Die Phase ist der beleuchtete Bogen der sichtbaren Mondhalbkugel. Ein genäherter Winkelwert g für die Phase ergibt sich aus:

$$g = \lambda - \odot\,,$$

wobei die Länge in der Ekliptik für den Mond λ und für die Sonne $\odot$ ist.

Phase 0 = Neumond, Phase 180° = Vollmond.

Geläufiger ist es, die Phasen des Mondes durch die Zeit anzugeben, die seit Neumond vergangen ist. Sie wird als *Mondalter* bezeichnet. Ein Mondalter zum Beispiel von etwa 7 1/2 Tagen entspricht dem Ersten Viertel.

Zur Bestimmung der Mondphasen für ein bestimmtes Datum in vergangenen beziehungsweise zukünftigen Jahren gibt es die sogenannten Mondphasentafeln. Bekannt geworden sind die Tafeln von J. Meeus, die die Tatsache ausnützen, daß 251 synodische Monate fast gleich 269 anomalistischen Monaten sind: $7412\overset{\mathrm{d}}{.}1776$ beziehungsweise $7412\overset{\mathrm{d}}{.}1741$. Stand der Mond einmal bei Vollmond sehr nahe seinem Perigäum, wird das nach 251 synodischen Monaten wieder der Fall sein. War zum Beispiel der Unterschied zwischen Vollmond (Oppositionsstellung) und Perigäum zu Beginn eines solchen Zyklus 0°0′, wird die Differenz am Ende des Zyklus $0°2\overset{\prime}{.}76$ sein. Die durch die Exzentrizität der Mondbahn bedingten Abweichungen zwischen wahren und mittleren Mondphasen wiederholen sich in jedem Zyklus an den gleichen Stellen, weil die Verschiebung sehr klein ist. Vereinfachte Tafeln veröffentlicht P. Ahnert in seinen „Astronomisch-chronologischen Tafeln“ [29].

3.2.2 Die Lichtgrenze

Besonders wichtig für den Beobachter ist die Lage der Lichtgrenze (Terminator). Im zu- und abnehmenden Mond wandert die Lichtgrenze über jedes Objekt der Oberfläche 25mal im Jahr, das entspricht mindestens 25 verschiedenen Beleuchtungswinkeln. Zahlreiche Formationen können nur am Terminator beobachtet werden. Die Angabe über die Lage der Lichtgrenze ist *wesentlicher* Bestandteil jeder Mondbeobachtung.

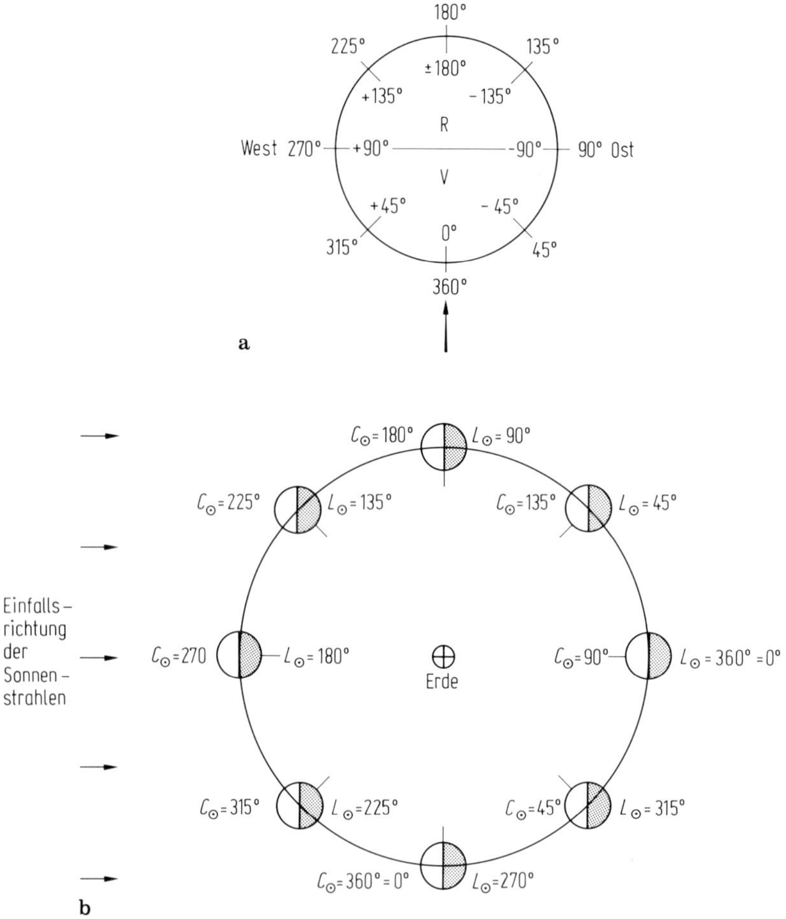

Abb. 4a, b. Zur Erläuterung des Begriffs Colongitude. **a** Anblick des Mondes im astronomischen Fernrohr. V = Vorderseite, R = Rückseite, innen = konventionelle Längenzählung, außen = durchgehende Längenzählung. **b** Es sind acht Stellungen des Mondes auf seiner Bahn eingetragen (Aufblick von Norden). Der der Erde zugewandte selenographische Längengrad 0 ist durch einen kurzen, auf die Erde weisenden Strich markiert. Die Strahlen der Sonne kommen von links (Pfeile). Sie sind praktisch parallel. Die Sonne ist fast 400mal so weit von uns entfernt wie der Mond, ihr Durchmesser ist nahezu doppelt so groß wie der Mondbahndurchmesser. Die im Bild angenommene Richtung zur Sonne ($L_{\odot}$) fällt im Bild bei Vollmond mit der Länge 0° des selenographischen Gradnetzes zusammen. Bei jedem Mondbild ist die selenographische Länge der Sonne $L_{\odot}$ eingetragen, außerdem die zugehörige Colongitude $C_{\odot}$. Aus: P. Ahnert, Kalender für Sternfreunde 1988. Leipzig: J. A. Barth 1987

Sie ist definiert durch den selenographischen Längengrad, auf dem die Sonne im Augenblick der Beobachtung aufgeht (zunehmender Mond) beziehungsweise untergeht (abnehmender Mond). Der Beobachter findet ihn in Jahrbüchern und Kalendern (z.B. Ahnerts *Kalender für Sternfreunde*) täglich angegeben.

Tabelle 1. Beziehungen zwischen der selenographischen Länge $L_{\odot}$ der Sonne, der Colongitude $C_{\odot}$ und der Lichtgrenze. Die westliche beziehungsweise östliche Länge bei der Morgen- oder Abendlichtgrenze ist deutlich zu unterscheiden (Vorzeichen plus beziehungsweise minus)

Mondphase	$L_{\odot}$	$C_{\odot} = L_{\odot} + 90°$	Lichtgrenze
Neumond bis 1. Viertel	180° bis 270°	270° bis 360°	
	zum Beispiel 200°	dann $C_{\odot} = 290°$	$360° - 290° = +70°$
1. Viertel bis Vollmond	270° bis 360°	0° bis 90°	
	zum Beispiel 295°	dann $C_{\odot} = 25°$	$0° - 25° = -25°$
Vollmond bis 3. Viertel	0° bis 90°	90° bis 180°	
	zum Beispiel 60°	dann $C_{\odot} = 150°$	$180° - 150° = +30°$
3. Viertel bis Neumond	90° bis 180°	180° bis 270°	
	zum Beispiel 120°	dann $C_{\odot} = 210°$	$180° - 210° = -30°$

In das auf Seite 110 beschriebene rechtwinklige Netz, mit ξ- und η-Koordinaten überträgt man genähert die westliche oder östliche Länge der Lichtgrenze L:

$$\xi = \cos b \ \sin L.$$

Darin ist b die selenographische Breite des beobachteten Parallelkreises.

Für die Definition der Lichtgrenze bedient man sich auch der *Colongitude* der Sonne am Mondzentrum. Sie ist das Komplement der selenographischen Länge der Lichtgrenze am Mondäquator. Sie ist in den englischsprachigen Jahrbüchern (z. B. *The Astronomical Almanac* oder *The Handbook of the B.A.A.*) unter der Rubrik *Sun's Selenographic Colongitude* zu finden, seit 1986 auch in Ahnerts Kalender für Sternfreunde [30]. Ihr Wert beträgt genähert bei Neumond 270°, beim Ersten Viertel 0°, bei Vollmond 90° und beim Letzten Viertel 180°.

Die Beziehungen zwischen der selenographischen Länge $L_{\odot}$ der Sonne, der Colongitude $C_{\odot}$ und der Lichtgrenze zeigt Tabelle 1.

3.2.3 Die Libration

Der Mond kehrt der Erde stets die gleiche Seite zu. Trotzdem kann man bis zu 60% der gesamten Mondoberfläche beobachten. Das hat seine Ursache in der Libration, die es in drei Arten gibt (s. auch Abb. 5):

1. die *Libration in Länge* (maximal $\pm 7\overset{\circ}{.}9$), bedingt durch die elliptische Mondbahn;
2. die *Libration in Breite* (maximal $\pm 6\overset{\circ}{.}9$), dadurch bedingt, daß die Rotationsachse des Mondes nicht exakt auf der Mondbahnebene senkrecht steht. Man kann einmal über den Nordpol, dann wieder über den Südpol des Mondes hinwegschauen;
3. die *parallaktische Libration* (maximal $\pm 1°$), bedingt dadurch, daß der Beobachter auf der rotierenden Erde aus wechselnden Richtungen auf den Mond blickt.

Insgesamt entstehen durch diese drei Librationseffekte Randverschiebungen bis zu 10°, die besonders in den Positionswinkeln 45°, 135°, 225° und 315° für den Beobachter deutlich werden.

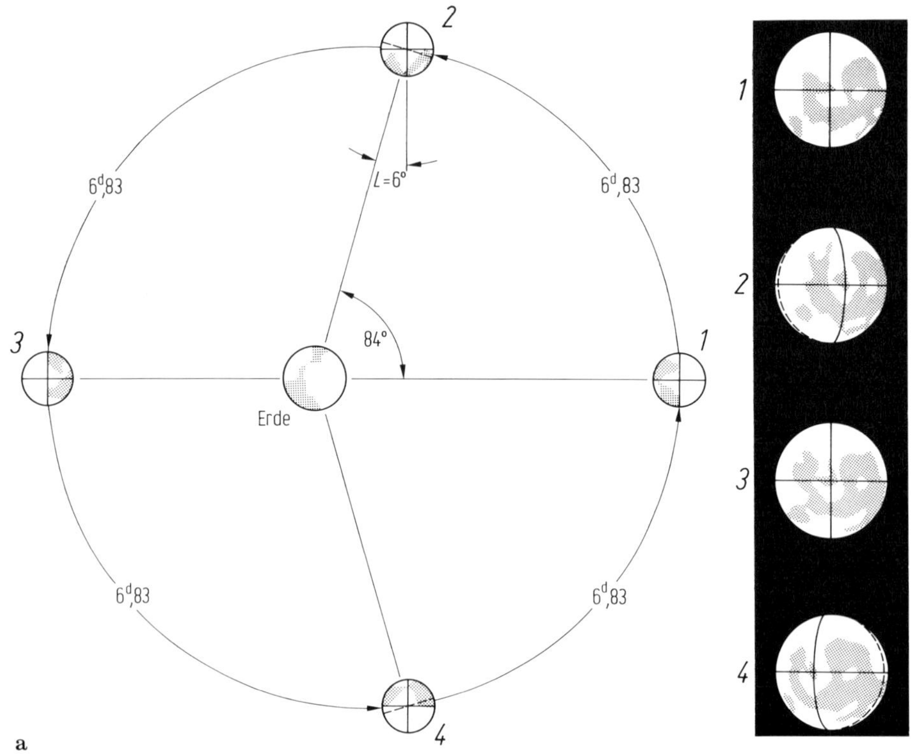

a

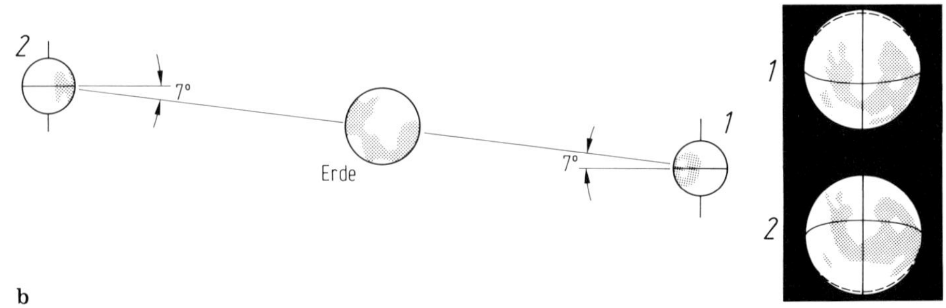

b

Abb. 5. a Die Rotation des Mondes um seine eigene Achse ist sehr regelmäßig, so daß in 27.32:4 = 6.83 Tagen eine Drehung um 90° vollzogen wird. Die Bewegung des Mondes um die Erde ist dagegen unregelmäßig, da die Mondumlaufbahn elliptisch ist. In der Nähe des Punkts der Bahn, der der Erde am nächsten liegt (*Perigäum*) bewegt sich unser Satellit am schnellsten und in der Nähe des erdfernsten Punkts (*Apogäum*) am langsamsten. In Position 1 befindet sich der Mond im Apogäum. 6.83 Tage später (Position 2) hat er sich um 90° um seine Achse gedreht, aber erst 84° um die Erde. Die Folge ist, daß ein kleiner Bruchteil von der Rückseite des Mondes sichtbar wird. Dieses Verhalten wird als *Libration in Länge l* bezeichnet. Die größte Libration in Länge ist starken Schwankungen unterworfen, bedingt durch die sich ändernde Exzentrizität der Mondbahn. In der Tabelle weist das Vorzeichen (+) oder (−) darauf hin, daß ein Teil der westlichen oder östlichen Mondrückseite zu sehen ist. **b** Da die Rotationsachse des Mondes nicht senkrecht auf der Bahnebene steht, trit noch eine *Libration in Breite b* auf. Manchmal ist etwas mehr vom Nordpolgebiet (Position 1), manchmal etwas mehr vom Südpolgebiet (Position 2) des Mondes zu sehen. Aus: B. Koch, Sternenführer 1987, Treugesell-Verlag Düsseldorf.

Die *perspektivische Verkürzung* macht das Beobachten in den Rand- und Librationszonen schwierig.

In den astronomischen Jahrbüchern für Sternfreunde (z. B. Ahnerts Kalender für Sternfreunde) findet man für jeden Tag die Werte für Länge und Breite der scheinbaren Mondmitte, also für den Längen- und Breitengrad, der um 1^h MEZ der Erde gerade zugekehrt ist. Bei positiven Längen (+) des scheinbaren Mondmittelpunkts sieht der Beobachter mehr vom Westrand, bei negativen (−) mehr vom Ostrand, bei positiven Breiten (+) mehr vom Nordrand und schließlich bei negativen Breiten (−) mehr vom Südrand.

C. Albrecht hat in den letzten Jahren wiederholt Photos von Librationsgebieten veröffentlicht [31, 32] und bewiesen, daß 4- bis 6zöllige Refraktoren für solche Aufgaben gut geeignet sind. Siehe Abbildungen 15, 16 und 17. Zu den von der Libration stark abhängigen Gebieten gehört auch die Region „Luna Incognita" (s. Abb. 1), mit deren kartenmäßiger Erfassung die „Association of Lunar and Planetary Observers" (ALPO) in den USA 1972 begonnen hat [33]. Das Gebiet ist auch während der Raumfahrtmissionen zum Mond nicht photographiert worden. Die jetzt mit der Beobachtung befaßten Amateure leisten einen konkreten Beitrag zur Vervollständigung der Mondkarte.

3.2.4 Das Gradnetz für Mondkarten

Der Anblick des Mondes entspricht für den Beobachter weitgehend der *orthographischen Projektion*. Sie ist eine Parallelprojektion, der Blickpunkt liegt in der Schnittkante zwischen der Äquatorebene des Mondes und der Ebene des Nullmeridians. Die orthographische Projektion bildet alle Parallelkreise als *parallel* zum Äquator verlaufende Linien ab, die den als Kreis erscheinenden Randmeridian in gleiche Abschnitte teilen. Der Nullmeridian ist dargestellt, wenn ein Durchmesser des Randmeridians *senkrecht* zu den Parallelkreisen verläuft. Die übrigen Längenkreise stellen sich als *Ellipsen* vor, deren gemeinsame große Achse die Projektion des Nullmeridians ist.

Die selenographische Länge l oder λ beschreibt den Winkel, den die Ebene des Nullmeridians mit der Ebene einschließt, durch die der Meridian zum Beispiel eines Mondkraters führt. Die selenographische Breite b oder β beschreibt den Winkelabstand zum Beispiel eines Kraters vom Mondäquator. Zu beachten sind die Himmelsrichtungen im Gradnetz auf dem Mond:

a) bei Betrachtung mit bloßen Augen (Abb. 6a);
b) bei Beobachtung im astronomischen (umkehrenden) Fernrohr (Abb. 6b);
c) für den auf dem Mond stehenden Beobachter.

Für einen Beobachter auf dem Mond, der nach Norden schaut, liegt Westen *links*. In der Astronautik hat sich diese Betrachtungsweise eingebürgert und wird heute auf den meisten Mondkarten verwendet (Entscheidung der Internationalen Astronomischen Union 1961).

Heute ist es auch üblich, anstelle der Vorzeichen + und − für die selenographische Länge die Abkürzung der Himmelsrichtung East (Osten) E und West W zu verwenden: beispielsweise 60 E = 60° östlicher selenographischer Länge (l bzw. $\lambda = +60°$). Anstelle der Vorzeichen + und − für die selenographische Breite benützt

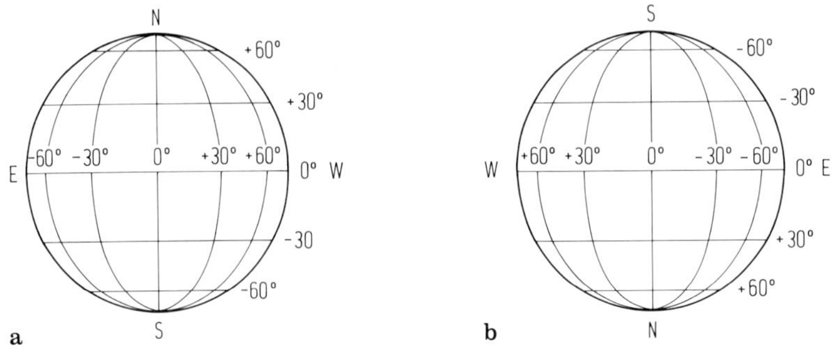

Abb. 6 a, b. Himmelsrichtungen in Grad auf dem Mond: **a** mit bloßen Augen; **b** im astronomischen Fernrohr

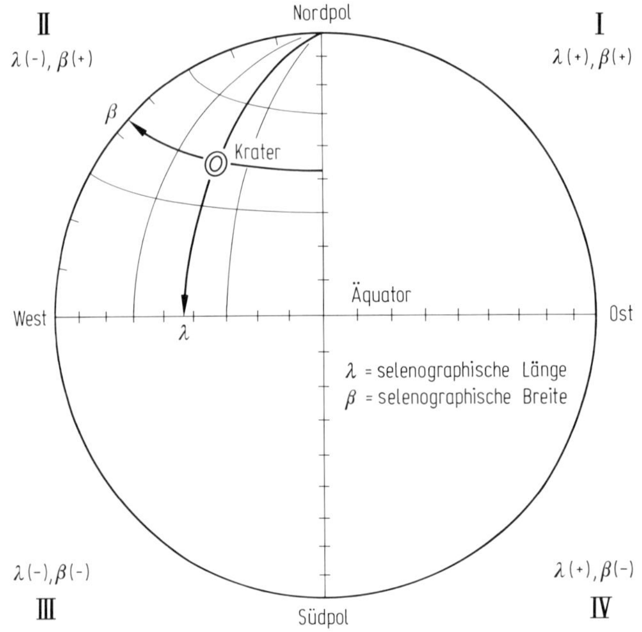

Abb. 7. Selenographische Koordinaten (Ost-West-Orientierung im astronautischen Sinn)

man die Abkürzung der Himmelsrichtung Norden N und Süden S: beispielsweise 30 N = 30° nördlicher selenographischer Breite (*b* bzw. $\beta = +30°$).

Ausgangspunkt für das Gradnetz ist der Randmeridian, dargestellt durch den zu wählenden Mondradius *R* (Abb. 8). Der so entstandene Kreis bekommt einen waagrechten und senkrechten Durchmesser, entsprechend dem *Äquator* und dem *Nullmeridian*. Werden die Breitenkreise beispielsweise von 10 zu 10° gezeichnet, teilt man den Kreisrand in 35 gleiche Teile, beginnend vom Äquator, und zieht die parallelen Linien zum Äquator. Dann konstruiert man ein gleichseitiges Dreieck, dessen Seiten dem Mondradius *R* entsprechen. Damit werden die selenographischen Längen auf geometrischem Weg ermittelt. Der Abstand eines l_n-ten Längenkreises in einer

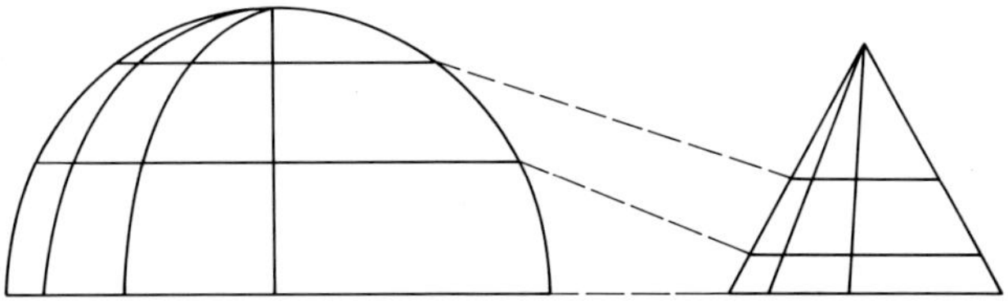

Abb. 8. Konstruktionsskizze für die Anfertigung eines Gradnetzes

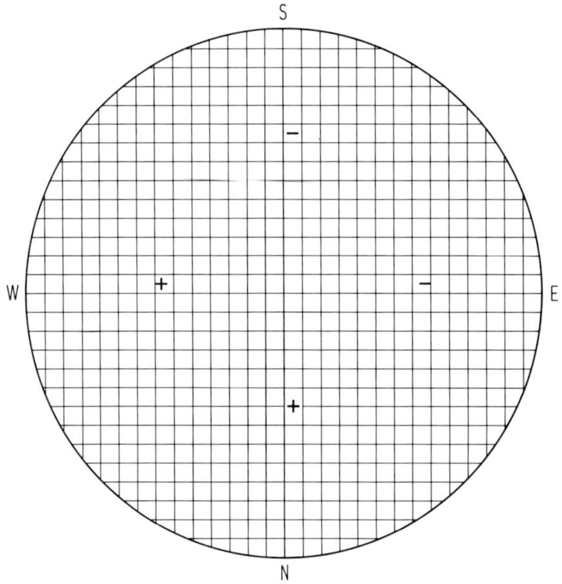

Abb. 9. Rechtwinkliges Kartennetz für eine Mondkarte:
westlicher Randpunkt: $\xi = +1{,}000$, $\eta = 0{,}000$;
östlicher Randpunkt: $\xi = -1{,}000$, $\eta = 0{,}000$;
nördlicher Randpunkt: $\xi = 0{,}000$, $\eta = +1{,}000$;
südlicher Randpunkt: $\xi = 0{,}000$, $\eta = -1{,}000$

selenographischen Breite b_n, gemessen von der Projektion des Nullmeridians aus, stellt sich dar in der Formel

$$R \cos b_n \cos(90^\circ - l_n).$$

Angenommen, die selenographischen Längen sollen ebenfalls von 10 zu 10° bestimmt werden, trägt man von der *Spitze* des konstruierten Dreiecks aus die *Parallelkreishalbmesser* $R \cos 80^\circ \ldots 70^\circ$ bis 10° nacheinander ab. Aus Gründen der Übersichtlichkeit ist die Unterteilung der Abbildung 9 von 30 zu 30° gezeichnet, das Prinzipielle wird aus ihr aber sichtbar. Die Schnittpunkte werden durch Linien verbunden, die parallel zur Grundlinie verlaufen. Das gleiche Teilverfahren wendet man für die *Dreiecksbasis* an, beginnend von der rechten oder linken Ecke. Die Teilpunkte der Basis werden anschließend von der Spitze des Dreiecks aus durch Linien verbunden, die alle Parallelen zur Basis im gleichen Verhältnis teilen, wie diese auch: im Verhältnis von $\cos 10^\circ : \cos 20^\circ \ldots : \cos 80^\circ$. Ohne Schwierigkeit kann man jetzt die Grundlinie mit den Teilpunkten auf der Projektion des Mondäquators vom Nullmeridian aus nach rechts und links abtragen: die erste Parallele im Dreieck auf der Projektion des Parallelkreises 10° und so weiter.

Neben den sphärischen Koordinaten der orthographischen Projektion, die sich besonders für Gesamtdarstellungen der Oberfläche eignen, stehen die *rechtwinkligen Koordinaten* eines ebenso konstruierten Kartennetzes (Abb. 9). Für die praktische Beobachtung hat sich das rechtwinklige Netz, mit ξ- und η-Koordinaten, sehr gut bewährt. Man muß es sich in Form zahlreicher Quadrate über das orthographische Mondbild ausgebreitet vorstellen, wobei es eine eindeutige Nord-Süd-Ausrichtung kennzeichnet. Die Form behält es nur unter Annahme der mittleren Libration und exakten Parallelprojektion. Es sind heute genügend zuverlässige Positionen von Mondpunkten vorhanden, daß man auch randnähere Zonen, zum Beispiel auf Photographien, ohne die Fehler der Verzerrung benutzen kann.

Zwischen den rechtwinkligen Koordinaten ξ und η und der selenographischen Länge l und Breite b eines Punkts auf der orthographischen Mondkarte besteht folgende Beziehung (Mondradius = 1):

$$\xi = \sin l \cos b; \quad \eta = \sin \beta.$$

Die dritte Raumkoordinate, die den senkrechten Abstand ζ eines Punkts von der Projektionsebene angibt und beispielsweise für Positionsbestimmungen von Formationen der Mondoberfläche notwendig ist, wird durch die Beziehung

$$\zeta = \cos l \cos b$$

gegenüber den sphärischen Koordinaten charakterisiert.

Im Tabellenanhang (S. 603) findet der Leser ein Verzeichnis von 70 Mondformationen, deren sphärische und rechtwinklige Koordinaten ein Ausgangspunkt für Kartenkonstruktionen und Positionsmessungen sein können. Siehe auch [34].

3.3 Die Mondformationen

3.3.1 Maria

Maria (lat., Einzahl Mare), großflächige, verhältnismäßig dunkel aussehende Gebiete, die bereits ohne Fernrohr zu erkennen sind. Rund 40 Prozent der sichtbaren Mondoberfläche nehmen die Maria ein. Die weitgehend ebenen Flächen bilden im *Maregürtel* ein zusammenhängendes System: Mare Imbrium, Mare Serenitatis, Mare Crisium.

Die Flächen der Maria sind nicht strukturlos. Drei Objektformen sind für Beobachter besonders interessant: die *Bergadern* (engl. mare wrinkles, wrinkle ridges); das sind unterschiedlich strukturierte Aufwölbungen der Mareoberfläche; dann die *Kleinkrater* (engl. craterlets) und *Beulen* oder *Kuppeln* (engl. domes). Die Beulen sind nur bei flachem Lichteinfall deutlich zu beobachten. In den Kuppeln kann man Löcher beobachten, ähnlich wie in Vulkankratern. Die Kleinkrater in den Maria haben häufig kegelförmige oder schüsselartige Öffnungen. Es handelt sich hier um interessante Objekte auch in bezug auf die Entstehungsgeschichte des Mondes.

Die Proben von Mare-Gestein, die mit Hilfe der Raumsonden gewonnen worden sind, haben erwiesen, daß es sich dabei um Basalte handelt und die Maria aus großen

Abb. 10. Typische Formationen der Mondoberfläche. A = Frischer Krater Aristarchus mit Strahlen, Durchmesser 40 km; B = kleiner, schüsselförmiger Krater; C = Krater Prinz, teilweise von Mare-Laven überflutet; D = Mare-Oberfläche; E = gewundene Rille; F = gerade Rille; G = Mare-Rücken; H = Prae-Mare-Material aus Mare-Laven hervorragend, einige gewundene Rillen folgen älteren Bruch- und Grabenstrukturen. Photo: NASA/ULO Planetary Image Centre (J. E. Guest)

Lavaströmen bestehen, die in erster Linie auf der Mondvorderseite niedrig gelegene Gebiete überflutet haben.

Das Mare Imbrium bietet dem Beobachter sehr anschaulich den Anblick erstarrter Lavaströme. Die Lavaströme weisen feine Farbunterschiede auf, jüngere sind mehr blau gefärbt, ältere mehr rot [35].

3.3.2 Formationen der Terrae (Hochländer)

Gemeint ist damit die Topographie der hellen Gebiete der Mondoberfläche, die in der Regel höher liegen als die Maria. Die Hochländer (Terrae) beanspruchen über die Hälfte der Mondvorderseite und nahezu die ganze Rückseite. Im Gegensatz zu den

Maria sind sie gebirgig strukturiert und weisen eine viele Kilometer dicke Kruste auf. Die meisten Krater finden sich in den Hochländern. Die Krater werden als Produkt eines gewaltigen Meteoritenbombardements angesehen, in dessen Verlauf ältere Krater von neuen Einschlägen getroffen, beschädigt oder zerstört wurden. In oder an alten Kratern haben sich so neue gebildet.

3.3.2.1 Ringförmige Formationen

a) Wallebenen, Krater, deren ringförmiger Wall eine Ebene von 50–200 km Durchmesser einschließt; zum Beispiel Abulfeda, Archimedes, Clavius, Fra Mauro, Grimaldi, Maurolycus, Plato und so weiter.
b) Ringgebirge, ähnlich den Wallebenen, doch höhere Wälle und geringerer Durchmesser der tiefer liegenden eingeschlossenen Ebene. Häufig in der Mitte noch Zentralberge. Bekannte Beispiele: Eratosthenes, Copernicus, Petavius, Theophilus, Tycho und so weiter.
c) Krater im eigentlichen Sinn sind alle Rundformen auf dem Mond, die keine ausgeprägte, gebirgige Umwallung erkennen lassen. Die Durchmesser sind kleiner als bei Wallebenen und Ringgebirgen. Es gibt die ausgesprochenen Klein- und Kleinstkrater, nach den Photos der Mondsonden mit Durchmessern von 50 cm und weniger (Kraterlöcher). Es gibt Kratergruppen, oft perlschnurartige Anordnung, die im kleinen Fernrohr wie Rillen aussehen.

Terrassierte Innenwände, ein oder mehrere Zentralberge, Auswurfdecken sowie Sekundärkrater und helle Strahlen in der Umgebung machen viele Mondkrater zu interessanten Beobachtungsobjekten. Die Sichtbarkeit der einzelnen Strukturen ist sehr abhängig von ihrer Beleuchtung.

3.3.2.2 Kettengebirge. Es handelt sich hierbei um große Gebirgszüge mit beträchtlichen Erhebungen: Alpen bis 4000 m, Apenninen bis 6000 m. Mit Gebirgen auf der Erde jedoch sind diese Formationen nach ihrer Entstehungsgeschichte nicht vergleichbar. Manches spricht dafür, daß die Berge durch Impakte hochgetürmt worden sind.

3.3.2.3 Lineare Formationen

a) Grabenförmige *Rillen* mit Breiten bis zu 1000 m und Längen bis zu mehreren 100 km. Auf dem Boden sind oft viele Kleinstkrater auszumachen. Beispiele: Ariadäusrille, Hyginusrille.
b) *Spalten* schneiden in die Oberfläche ein und sind bis einige 100 m tief. Sie sind Brüche in der Mondkruste.
c) *Täler* stellen schmale Einschnitte in ein Kettengebirge dar. Das markanteste Beispiel ist das Alpental.
d) *Helle Strahlen* sind auffällige streifenförmige und helle Objekte (besonders bei Vollmond!), die meist radial von einem Krater („Strahlenkrater") wegstreben. Bekannte Strahlenkrater: Tycho (auffälligstes System), Kepler, Copernicus, Olbers und andere.

3.3.2.4 *Sonderformationen*

a) *Geisterkrater*. Sie erscheinen nur schemenhaft auf dem dunklen Boden eines Mare. Es sind Krater, die vom Lavastrom zugedeckt wurden. Ein bemerkenswertes Objekt ist der halb überflutete Krater Guericke im Mare Cognitum.
b) *Zentralberge* (engl. central peak) sind Bergkegel oder Gebirgsstücke im Innern von Wallebenen und Ringgebirgen. Oft Ähnlichkeit mit Kegelvulkanen auf der Erde.

3.3.3 Zur Geschichte der Nomenklatur

Die Namen der einzelnen Mondformationen und Mondlandschaften stammen zum größten Teil noch aus der Frühgeschichte der visuellen Mondbeobachtung. Langrenus (17. Jh.) versuchte als erster, die Mondformationen zu benennen. Die Namen entnahm er der Bibel und Heiligenlegenden. Sein jüngerer Zeitgenosse Johann Hevel (1611–1687) versuchte es mit den Namen irdischer Landschaften. Alpen und Apenninen gehen auf ihn zurück. Die meisten Benennungen sind von Riccioli eingeführt worden und noch heute üblich. Er benutzte zur Benennung der Krater und Ringgebirge die Namen bekannter Naturwissenschaftler und Philosophen. Den Mondmeeren gab er Namen, die astrologische Einflüsse erkennen lassen. Die deutschen Mondbeobachter Schröter (1745–1816), Beer (1797–1850) und Mädler (1794–1874) haben die Nomenklatur der Mondformationen weiterentwickelt. Von Beer und Mädler wurden erstmals Krater mit Buchstaben gekennzeichnet. Eine international anerkannte Nomenklatur schufen für die IAU 1935 Mary A. Blagg und Karl Müller [36]. Die Benennung nach Persönlichkeiten und geographischen Vorbildern ist bis in die Gegenwart beibehalten worden, so zum Beispiel bei der Namensgebung für die neuentdeckten Formationen auf der Mondrückseite (Sowjetgebirge, Lomonossow, Joliot-Curie und so weiter.). Die kartographische Erfassung der Rückseite des Mondes und die in jüngster Zeit sehr detailreiche Kartographie der Vorderseite (Maßstäbe 1:250000 und höher) stellte neue Anforderungen an die Nomenklatur. Die Karten mit großem Maßstab folgen einer Gebietsaufteilung: 144 Gebiete mit je 16 Untergebieten, wobei jedes Untergebiet den Namen eines örtlichen Kraters trägt. Von solchen Gliederungen bleibt jedoch das Kartenmaterial, das der Amateurbeobachter benötigt, unberührt.

Nach wie vor ist es üblich, eine Formation mit einem Namen zu versehen. In den letzten zehn Jahren haben eine Reihe kleiner Mondkrater, die mit Buchstaben gekennzeichnet waren, zum Beispiel Messier G, einen neuen Namen bekommen, im Beispiel Lindbergh. Alte Buchstabenbezeichnungen bleiben daneben aber noch im Gebrauch.

Seit 1976 haben Nichtkraterstrukturen neue Namen bekommen. Beispiele: Mare Insularum = Meer der Inseln ($b = 7°$ nördlich, $l = 22°$ westlich) oder Sinus Amoris = Bucht der Liebe ($b = 29°$ nördlich, $l = 38°$ östlich).

Heute ist die Internationale Astronomische Union (IAU) für die Vergabe neuer Namen oder Änderungen alter Namen allein zuständig. Der aktuelle Stand der Namen wird in den Sitzungsberichten der in dreijährigem Turnus stattfindenden Generalversammlungen der IAU veröffentlicht. Das Auftreten sehr vieler kleiner und kleinster Formationen hat neue Gattungsbegriffe notwendig gemacht. Dabei bedient sich die IAU der lateinischen Sprache, zum Beispiel:

anguis = kurvenförmige Rille,
catena = Kraterkette,
dorsum = Höhenrücken,
fossa = geradlinige Rille,
mons = Berg,
montes = Gebirge,
promontorium = Kap,
rima = Rille,
rupes = Furche,
vallis = Tal.

3.4 Die optische Beobachtung

3.4.1 Die visuelle Beobachtung

Hier haben sich langbrennweitige Refraktoren und Reflektoren ($f = 1:15$ bis $1:20$) für eine optimale Bilddefinition als am günstigsten erwiesen. Die Lichtfülle des Mondes führt gelegentlich zur Blendung des Beobachters. Die Verwendung *neutraler* Dämpfungsgläser (Graugläser) oder die Wahl der Beobachtung in der *Dämmerung* schaffen für empfindliche Augen Abhilfe. Als weitere Hilfsmittel für die Beobachtung sind zu erwähnen: Farbfilter, Polarisationsfilter und für Instrumente ab 6″ ein Fadenmikrometer, sofern ein Uhrwerk vorhanden ist.

Hinsichtlich der zu wählenden Vergrößerung gelten für den Mond ähnliche Bedingungen wie bei der Planetenbeobachtung. Ph. Fauth schrieb zu diesem Thema: „Ich arbeite am erfolgreichsten hinsichtlich der Aufnahme feinster Geländezüge am 163-mm-Objektiv mit Vergrößerung 160mal, am 176-mm-Apochromaten mit Vergrößerung 176mal, am Medial bei 300-mm-Öffnung mit Vergrößerung 300mal und 350mal, bei 385-mm-Öffnung mit 350mal und 430mal. Wer jüngere, lichtempfindliche Augen hat, möge die Vergrößerung um 50% steigern – wenn die Bildunruhe es nicht verhindert. Weiter zu gehen hat wenig Zweck; die Bilder sehen größer aus, aber auch blasser, unklarer, und am Monde ist Klarheit mehr wert als Größe“ [37]. Siehe auch [38].

Der Klarheit sehr förderlich ist die binokulare Beobachtung. Sie bietet sich für die Mondbeobachtung geradezu an und verschaffe neben einem plastischen Bildeindruck vor allem ein entspanntes Sehen. Nach eigenen Erfahrungen mit dem Baader–Binokular (München) werden speziell auf dem Mond Einzelheiten bei beidäugigem Sehen nicht nur rascher, sondern vor allem auch sicherer und eindeutiger erfaßt. Das bestätigt auch G. Miller in einem Erfahrungsbericht: „Feine Einzelheiten waren beidäugig besser zu erkennen und scheinbar größer, was sich beim Einblick in nur eines der beiden Okulare bestätigte“ [39].

3.4.1.1 Zeichnungen am Fernrohr. „Man vertieft sich durch geduldiges und jede gute Gelegenheit benutzendes Kennenlernen einer engumgrenzten Gegend so in ihren Bau, daß man schließlich jede Kleinigkeit auffaßt und zu Papier bringt“ (Ph. Fauth).

Die Voraussetzung für jede topographische Arbeit ist das Vertrautsein mit den Grundzügen der Oberfläche. *Skelettkarten* zur Orientierung und *Umrißskizzen* als Zeichenvorlage sind notwendige Ausgangspunkte. Beides bekommt man mittels Pause von zuverlässigen Mondkarten, besser Photographien. Blaß kopierte beziehungsweise vergrößerte Photos eignen sich als Zeichenschablonen. Jede Umrißzeichnung soll *Positionsmarken* enthalten, damit die Einzelheiten winkelgetreu eingezeichnet werden können.

Die Wahl eines zu kleinen Maßstabs für Zeichnungen ist nicht ratsam. Ph. Fauth zeichnete seine Karte im Maßstab 1:1 Million (Monddurchmesser 3477 mm). Das ist eine Größenordnung, die im Interesse einer übersichtlichen Darstellung ohne weiteres angestrebt werden soll.

K. W. Abineri, der viele Jahre mit einem 200-mm-Spiegelteleskop beobachtet hat, weist in einer Beobachtungsanleitung [40] ausdrücklich auf die Begleitumstände bei der Beobachtung hin: Entspannte Haltung des Beobachters, möglichst am Fernrohr sitzen, standfeste Auflage für das Zeichenblatt und eine rote Lampe für die Beleuchtung, die einstellbar ist. Auch ein weicher Bleistift gehört zur Ausrüstung.

Abb. 11. Beispiel für die topographische Darstellung einer Mondlandschaft. Das Bild stammt von Ph. Fauth und stellt das nach ihm benannte Ringgebirge auf dem Mond dar. Aus: Die Sterne *33*, 158 (1957)

Die Zeichentechnik ist von der Begabung des Beobachters abhängig. Es ist zwischen einfachen *Strichzeichnungen* und *Volltonzeichnungen* zu unterscheiden. Letztere versuchen helle und dunkle Intensitäten in das Bild einzuarbeiten. Ph. Fauth zeichnete in *Schichtlinien* (Abb. 11) und in plastisch wirksamen *Schraffen.*

Abbildung 12 demonstriert den Werdegang einer einfachen Umrißzeichnung (Strichzeichnung) zu einer abgetönten Zeichnung, die Schatten und Intensitäten berücksichtigt.

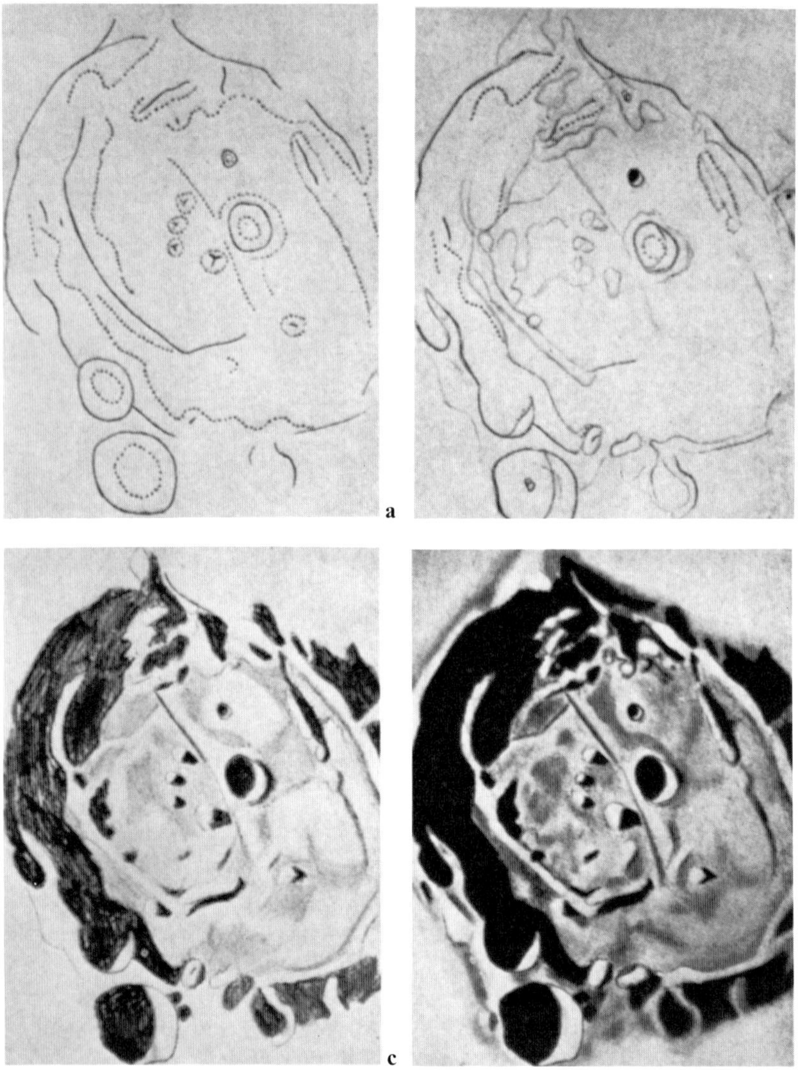

a b c d

Abb. 12a–d. Zeichnung der Wallebene Posidonius von Clark R. Chapman (ALPO). Die Umrisse sind nach einer guten Photographie gezeichnet worden (**a**), Phase (**b**) der Zeichnung deutet bereits die Belichtung und Libration an, bei (**c**) sind die Schatten eingetragen und bei (**d**) sind die Konturen und Intensitäten voll durchgezeichnet. Aus: The Strolling Astronomer *17,* 47 (1963)

Als Beispiel für den Plan einer systematischen Beobachtung sind nachfolgend die Punkte genannt, die F. Billerbeck-Gentz [41] für die Beobachtung heller Strahlensysteme auf dem Mond empfohlen hat. Der Beobachter versuche folgende Fragen zu klären:

a) Wo setzt der Strahl an?
b) Wie ist sein Verlauf?
c) Wo endet er?
d) Wie breit ist er?
e) Wie hell ist er?
f) Variiert die Helligkeit des Strahls in der Länge und Breite und an welchen Stellen und zu welchen Zeiten?
g) Wie ist die allgemeine Bodenbeschaffenheit im Strahl? Wird er vielleicht durch „Isotopen", einander folgende helle Punkte, oder „weiße" Krater oder Bodenschwellen vorgetäuscht?
h) Form des Strahls. Wie weit folgt er einer Geraden, wo biegt er ab? Wo ist er unterbrochen? Wie groß ist die Unterbrechung?
i) Zeigen irgendwelche Formen im Strahl bei Beleuchtungsverhältnissen, während denen der Strahl selbst nicht sichtbar ist, Bodenverfärbung?
k) Wann erscheinen die Strahlen und wann verschwinden sie?

3.4.1.2 Messungen am Fernrohr. In diesen Bereich fallen Mikrometermessungen, um Dimensionen (Berghöhen und Kraterdurchmesser) und Positionen zu reduzieren. Die Ermittlung von Berghöhen auf dem Mond mit Hilfe von Messungen der Schatten war bereits im 18. Jahrhundert bekannt. Sind Schattenlängen und Sonnenhöhe bekannt, kann man die Höhe der Mondformation in Relation zu ihrer Umgebung bestimmen. Die Genauigkeit ist erstaunlich hoch. Bei geringen Sonnenhöhen (nahe Sonnenaufgang oder Sonnenuntergang) wird jeder Höhenunterschied bis zum 100fachen vergrößert. Trotzdem werden nur Genauigkeiten von 200 bis 300 m erreicht. Diese Höhen haben den Zusatz „relativ", weil sie jeweils relativ zum Gelände sind, auf das die Schattengrenze fällt. Im Gegensatz dazu die absoluten Höhen, die sich auf den passend gewählten Radius einer Kugel als Maßstabseinheit beziehen. J. Hopmann: „Dazu wählen wir den mittleren Radius des Randes der der Erde zugekehrten Mondhälfte, also frei von den Unregelmäßigkeiten des Randprofiles, Librationseinflüssen und so weiter." [42].

Die meisten Höhenangaben auf Mondkarten, die vor 1960 erschienen sind, fußen auf Schattenmessungen und sind relativ. Eine Steigerung der Genauigkeit von relativen Höhen ist möglich, wenn Photos von Raumflugkörpern aus gemacht und nach den Grundsätzen der Photogrammetrie der Mondoberfläche ausgewertet werden. So zum Beispiel seit 1967 die Lunar-Orbiter-Karten mit relativen Höhen mit Genauigkeiten von wenigen Metern.

Für die Ableitung von relativen Höhen auf dem Mond sind für den Amateur Messungen der Schattenlängen von Erhebungen lehrreiche Versuche [43]. Schattenmessungen erfolgen immer *senkrecht* auf die Hörnerlinie. Die festen horizontalen Fäden des Mikrometers weisen die Richtung des Schattens. Damit ist gleichzeitig die jeweilige Bergspitze genau definiert. Der Genauigkeitsgrad der Höhenwerte hängt ab von der Länge des Schattens. Die Messung *zu kurzer* Schatten führt zu unsicheren

Ergebnissen. Die Sonnenhöhe soll bei Messungen unter 15° liegen, aber auch nicht kleiner als 5° sein. Liegt sie unter 5°, ergibt sich die Gefahr, daß der nun extrem lange Schatten in den Schatten anderer Formationen eingeht beziehungsweise in den unbeleuchteten Teil des Mondes ausläuft.

J. Hopmann hat mit einem 21-cm-Refraktor (2,92 m Brennweite) 175 Höhen von 163 Punkten der Mondoberfläche ermittelt [44]. Über die Beobachtungsmethode berichtet er: „Beim Messen der Schattenlängen wurde der feste ‚horizontale' Faden in den Positionswinkel (PW) des Terminators entsprechend den Ephemeriden für physische Mondbeobachtungen gebracht. Dadurch ist es stets möglich, eindeutig festzulegen, welche Stelle eines Kraters, Höhenzuges und dergleichen den Schatten wirft. Bei den photographischen Atlanten (Paris, Kuiper) sind diese Stellen durch Überbelichtung oft so breit, daß dies nicht gut möglich ist. Bei Objekten von einigen Bogensekunden Ausdehnung sieht man im Okular noch die Spitze, während auf der photographischen Reproduktion, wohl auch auf dem Originalnegativ, der ganze Bereich über 2″ bis 3″ weiß (beziehungsweise geschwärzt) ist. Bei gleicher Phase mag visuell wie photographisch die Schattenspitze gut erkennbar sein. Dann ist die Schattenlänge photographisch unsicher, nicht aber die mikrometrische Messung. Bei der Messung selbst wurden – ganz wie bei Doppelsternbeobachtungen – die gedoppelten Distanzen bestimmt mit je 2 mal 3 Einstellungen. Die Beobachtungszeit wurde für die Mitte des Meßsatzes auf eine Minute notiert."

Für den theoretischen Teil und die Reduktion muß hier auf die Arbeiten von K. Graff [45], J. Hopmann [46] und G. Schrutka-Rechtenstamm [47] verwiesen werden. Über die Bestimmung absoluter Mondgebirgshöhen berichtet letztgenannter Verfasser in einer weiteren Publikation [48]. Eine praktische Methode für den Amateur empfiehlt P. Ahnert [49]. Siehe auch [50].

Die Methode enthält einige Vereinfachungen, die zulässig sind. Die größte Unsicherheit bei den Messungen ist nämlich die Festlegung der Lichtgrenze. Auch fallen die Schatten meist in ein unebenes Gelände, demzufolge der Beobachter für die gleiche Höhe oft abweichende Werte erhält, wenn bei verschiedenen Sonnenhöhen die Spitzen der Schatten in Gebiete mit unterschiedlichem Niveau fallen. Wichtig ist deshalb die Angabe der Sonnenhöhe bei der Veröffentlichung der Messungen. Der Beobachter muß also die Schattenlänge S und den Abstand A des betreffenden Berges von der Lichtgrenze messen. Es genügt dazu ein Okular mit Fadenkreuz. Beobachtet wird die Zeit, die zwischen den Durchgängen der Bergspitze, der Schattenspitze und der Lichtgrenze liegt. Das geschieht am besten mit Hilfe einer Stoppuhr. Für die Rechnung sind folgende Größen notwendig:

Mondradius in Bogensekunden	ϱ
Abstand des Berges vom Mondäquator	β
Länge der Sonne in der Ekliptik	L
Länge des Mondes in der Ekliptik	l
Breite des Mondes in der Ekliptik	b
Positionswinkel der Mondachse	P
Deklination des Mondes	δ
Winkel an der Erde im ebenen Dreieck Sonne–Erde–Mond	E
Winkel an der Sonne im ebenen Dreieck Sonne–Erde–Mond	α
Winkel am Mond im ebenen Dreieck Sonne–Erde–Mond	M
Winkel zwischen Terminator und Verbindungslinie der Hörnerspitzen	ϑ
Winkel zwischen Terminator und dem Meridian des Berges	ε
Höhe der Sonne über dem Berge	φ
Winkel am Mondzentrum zwischen den Richtungen zum Berggipfel und zur Schattenspitze	ψ
Schatten in Teilen des Mondradius	s
Höhe des Berges in Metern	h

$\varrho, \beta, L, l, b, P, \delta$ entnimmt der Beobachter einem astronomischen Kalender für Sternfreunde und einer guten Mondkarte. S und A werden am Fernrohr gemessen. Die Zeit für den oben erwähnten Durchgang wird in Bogensekunden umgewandelt:

$$S \text{ beziehungsweise } A = 14''.46 \frac{D \cdot \cos\delta}{\cos P}.$$

Dabei ist D die entsprechende Durchgangszeit in Zeitsekunden. Der nächste Schritt in der Rechnung: die Bestimmung des Winkels

$$\begin{aligned} \cos E &= \cos b \cos(1 - L), \\ M &= 180^\circ - E - \alpha, \\ \vartheta &= M - 90^\circ \text{ für weniger als halb erleuchteten Mond}, \\ \vartheta &= 90^\circ - M \text{ für mehr als halb erleuchteten Mond}. \end{aligned}$$

Der Winkel α erreicht im besten Fall 9′ (Abstand Erde–Mond von der Sonne aus gesehen). Nimmt man die Mond- und Erdbahn als keisförmig an, dann kann man den Winkel α als Funktion von E festlegen wie in Tabelle 2 dargestellt.

Die Unebenheiten des Mondbodens verhindern die ganz exakte Bestimmung der Lichtgrenze und erlauben folgende Näherung:

$$\begin{aligned} \vartheta &= 90^\circ - (l - L) && \text{für weniger als den halb erleuchteten Mond}, \\ \vartheta &= (l - L) - 90^\circ && \text{für mehr als den halb erleuchteten Mond}. \end{aligned}$$

Berücksichtigt man α und $\cos b$ bei ϑ nicht, so bewirkt das höchstens eine Ungenauigkeit von 0°.2. Das ist in der Regel kleiner als die Unsicherheit bei der Definition des Terminators.

Den Ort des gemessenen Berges zeichnet man nun in eine Mondkarte ein und bestimmt die ungefähre selenographische Breite. Die Rechnung geht weiter:

$$\sin(\vartheta \pm \varepsilon) = \sin\vartheta \pm \frac{A}{\varrho\cos\beta}.$$

Positives Vorzeichen für weniger als den halb erleuchteten Mond, negatives für mehr als den halb erleuchteten Mond. Jetzt läßt sich die Höhe der Sonne am Berggipfel bestimmen:

$$\sin\varphi = \sin\varepsilon \cdot \cos\beta.$$

Bergschatten in Teilen des Mondhalbmessers:

$$s = \frac{S}{\varrho\cos\vartheta}.$$

Alle Rechnungen werden vierstellig mit ausreichender Genauigkeit durchgeführt. Nur die nachfolgenden, abschließenden Rechnungen geschehen zweckmäßigerweise sechsstellig:

$$\sin\psi = s \cdot \cos\varphi,$$

$$h = \left[\frac{\cos(\varphi - \psi)}{\cos\varphi} - 1\right] \cdot 1\,738\,000 \text{ m}.$$

Tabelle 2.

E	α	E
9°.7 bis 16°.3	2′	163°.7 bis 170°.3
16.4 bis 23.2	3	156.8 bis 163.6
23.3 bis 30.5	4	149.5 bis 156.7
30.6 bis 38.3	5	141.7 bis 149.4
38.4 bis 47.2	6	132.8 bis 141.6
47.3 bis 57.9	7	122.1 bis 132.7
58.0 bis 73.9	8	106.1 bis 122.0
74.0 bis 90.0	9	90.0 bis 106.0

3.4.1.3 Die visuelle Photometrie. Am deutlichsten treten Veränderungen der relativen Helligkeit des Mondes im Verlauf der Phasen auf. Jedoch ist das Rückstrahlungsvermögen der einzelnen Gebiete der Mondoberfläche ungleich. Daher verläuft die Helligkeitsänderung auch nicht symmetrisch zum Phasenverlauf. Für die *Totalphotometrie* des Mondes gibt es einige publizierte Empfehlungen für Beobachter, auf die hier verwiesen sei [50]. Speziell Messungen während einer Mondfinsternis siehe Seite 148.

Eine Aufgabe für visuelle Helligkeitsschätzungen ist auch die Ermittlung des Helligkeitsverlaufs einer bestimmten Mondformation, zum Beispiel der Innenfläche eines Kraters in Verbindung zur Lage der Lichtgrenze. Alle Schätzungen werden in eine Skala relativer Helligkeiten eingeordnet. Die Schätzung selbst erfolgt im Prinzip der Stufenschätzung veränderlicher Sterne (s. Band 1, S. 388). Die Eichobjekte der Skala dürfen im Verlauf einer Lunation keinen Intensitätsveränderungen unterliegen.

Eine Skala wird von H. J. Klein und H. K. Kaiser empfohlen. Die Schwärze des Schattens entspricht in ihr 0°, während 10° dem hellsten Punkt auf der sichtbaren Mondoberfläche zukommen: 0° = Schatten auf dem Mond; 1.0° = der dunkelste Teil des Inneren der Ringgebirge Grimaldi und Riccioli; 1.5° = innere Fläche von De Billy; 2.0° = innere Fläche von Endymion und J. Caesar; 2.5° = innere Fläche von Pitatus und Vitruvius; 3.0° = Sinus Iridum; 3.5° = innere Fläche von Archimedes und Mersinius; 4.0° = innere Fläche von Ptolemäus und Guericke; 4.5° = Sinus Medii, Oberfläche um Aristyllus; 5.0° = Oberfläche um Archimedes, Wälle des Lansberg und Bullialdus; 5.5° = Wall des Timocharis, Strahlen des Kopernikus; 6.0° = Wälle des Macrobius und Kant; 6.5° = Wälle des Langrenus und Theaetetus; 7.0° = Kepler; 7.5° = Ukert und Euklides; 8.0° = Wall des Kopernikus; 8.5° = Wall des Proclus; 9.0° = Censorinus; 9.5° = Inneres von Aristarch; 10.0° = Zentralberg des Aristarch.

In der englischsprachigen Literatur ist häufig die sehr ähnliche „Elger's Albedo Scale" zu finden. Eine Verfeinerung dieser Skala hat vor einigen Jahren P. Hedervari veröffentlicht [51]. Ein mögliches Beobachtungsprogramm besteht in der Überwachung dieser Skala und Erweiterung um Objekte und Zwischenwerte.

Als weitere Markierung für visuelle Schätzungen kann der Anschluß an photographisch photometrierte Objekte dienen [52].

Neben der visuellen Schätzung steht die visuelle Messung von Intensitäten mit Hilfe eines Photometers, wobei zum Beispiel mittels Graukeil oder Polarisationsfilter eine künstliche Lichtquelle der Helligkeit der Mondformation angepaßt wird (s. [19], S. 31).

3.4.2 Die photographische Beobachtung

Sowohl das Spiegelfernrohr wie das Linsenfernrohr eignen sich für die Mondphotographie. Es gilt, daß 1 m Brennweite im Brennpunkt ein Luftbild des Vollmondes von *etwa* 10 mm Durchmesser erzeugt. Grundsätzliches zum Aufnahmeverfahren und zur Wahl der Emulsionen findet der Leser in Band 1, Kapitel 4 „Astrophotographie" (S. 200).

Ähnlich wie bei der Planetenphotographie (s. Band 1, S. 201) befindet sich am Okularstutzen entweder eine Spezialkamera, eine sogenannte Mond- und Planetenkamera, oder eine einäugige Spiegelreflexkamera (z. B. Exakta Varex) *ohne* Optik. Bei Brennpunktaufnahmen wird das Okular des Fernrohrs *nicht* verwendet. Will man dagegen ein vergrößertes Luftbild des Mondes photographieren, wird mit Hilfe des Okulars das Mondbild auf die Emulsion projiziert. Die Alternative zwischen beiden

Abb. 13. Das Becken des Mare Humorum und die Wallebene Gassendi. Aufnahme von J. Dragesco mit einem C 14, F/D = 60, belichtet 2 s auf XP 400 Film. 9. 10. 1981, 18 h 24 m UT, Cotonou (Benin)

Verfahren lautet: *Brennpunkt* = helles Bild, aber relativ klein, also kurze Belichtung und nachträgliche Vergrößerung; *Projektion* = dunkleres Bild, aber größere Dimension (Berechnung s. Formel Band 1, S. 200), also längere Belichtung und geringere nachträgliche Vergrößerung.

An verschiedenen Stellen sind in den letzten Jahren hervorragende Mondphotos veröffentlicht worden, unter anderen von Jean Dragesco (s. auch Abb. 13), Bernd Flach-Wilken [53] und Wolfgang Schwinge [54]. Ein Optimum stellen immer noch die Aufnahmen von Günther Nemec, München, dar, der die Leistungsfähigkeit des Refraktors in Verbindung mit dem Projektionsverfahren demonstriert hat [55].

Die Unterschiede in der scheinbaren Helligkeit des Mondes während der einzelnen Phasen stellen den Photographen vor ein spürbares Problem. Die Helligkeit nimmt *nicht* proportional der beleuchteten Fläche zu beziehungsweise ab. Gegenüber Vollmondaufnahmen ist die Belichtungszeit für Aufnahmen während des Ersten und Letzten Viertels etwa um den Faktor 4 zu verlängern, für die 3 beziehungsweise 24 Tage alte Mondsichel gar um einen Faktor 12. Dabei ist Rücksicht darauf zu nehmen, daß die *richtige* Belichtung immer nur in der Nähe des Terminators erfolgt, die Gegenden mit steilerem Lichteinfall aber erheblich *überbelichtet* sind.

Während wir beim Vollmond Intensitätsunterschiede etwa in der Größenordnung 1 bis 50 haben, steigern sich diese Unterschiede während anderer Phasen von 1 bis 1000. Um diese Unterschiede zu überwinden, bedarf es für die *Zonen der Lichtgrenze* anderer Belichtungszeiten als für die gut ausgeleuchteten Gebiete des Mondes.

Beim Ersten und Letzten Viertel zum Beispiel kann das mit einem Schlitzverschluß erfolgen, dessen Schlitz eine bestimmte Form erhält (Abb. 14). Die Form des Schlitzes kann zum Beispiel so gestaltet sein, daß sie am Mondrand 1/4 s gibt und zum Terminator logarithmisch bis auf 2 s ansteigt. Das Verfahren erfordert selbstverständlich *höchste* Genauigkeit im Einstellen und Nachführen.

Für die *Belichtungszeiten* gibt es keine strenge Regel, zu stark hängen sie ab vom Instrument, der Phase, von der Höhe des Mondes über dem Horizont und von der Art und Empfindlichkeit der Emulsion.

Als grobe *Näherung* gilt folgendes: Vollmondaufnahmen im Brennpunkt (*ohne* Filter etc.) bei $f = 1:15$ und 17/10 DIN Emulsion zwischen 1/50 bis 1/10 s; bei der Aufnahme eines mäßig groß projizierten Bildes (10–15 cm) zwischen 1/2 bis 3 s. Bei der Verwendung von Farbfiltern sind die entsprechenden Verlängerungsfaktoren anzuwenden. Jede Aufnahme mit einer Belichtung länger als 1 s verlangt eine *einwandfreie* Nachführung (Uhrwerk, Motor) des Fernrohrs.

Zdeněk Kopal macht in seinem Buch „The Moon" [52, S. 223] an zwei Beispielen deutlich, wie die Struktur *unmittelbar* am Terminator mit längerer Belichtungszeit zunimmt. Definitionsgewinn am Terminator ist auch dann noch gegeben, wenn die übrige Oberfläche bereits total überbelichtet ist. Je nach der Phase des Mondes sind bei solchen Terminator-Aufnahmen Belichtungszeiten zwischen einer Sekunde und einer halben Minute empfehlenswert. Selbstverständlich spielt dabei auch die Wahl des Aufnahmematerials und seiner Empfindlichkeit eine Rolle.

Das A und O gelungener Mondaufnahmen ist die sorgfältige *Scharfeinstellung*. Die Verwendung einer 10- bis 15fach vergrößernden Lupe zur Scharfeinstellung auf die Mattscheibe ist eine bewährte Hilfe. Die Mattscheibe selbst soll nahezu kornlos sein. H. J. Gramatzki empfiehlt die Selbstanfertigung in der Form, daß man auf einer klaren Glasscheibe einen Tropfen verdünntes Syndetikon verreibt. Es bleibt eine sehr feine trübe Schicht zurück, auf der man bei seitlicher Schau das Mondbild recht zuverlässig scharf fixieren kann.

Während der Belichtung ist jede Art von Erschütterung und Eigenschwingung des Fernrohrs zu vermeiden. Die *indirekte* Auslösung des Verschlusses (z. B. mit Drahtauslöser) beziehungsweise die Belichtung mit einem rhythmisch bewegten Pappkarton *vor* dem Objektiv (Doppelschlag der Taschenuhr gibt 2/5 s an) sind deshalb vorteilhaft.

Über die zu verwendenden *Emulsionen* kann soviel gesagt werden, daß sie eine gute Feinkörnigkeit (steile Gradation) mit einer höchstmöglichen Empfindlichkeit aufweisen sollen. Bei der Entwicklung können Schärfe und Tönung mit der Wahl des Entwicklers (zum Beispiel Feinkornentwicklung) beeinflußt werden. Spezialentwick-

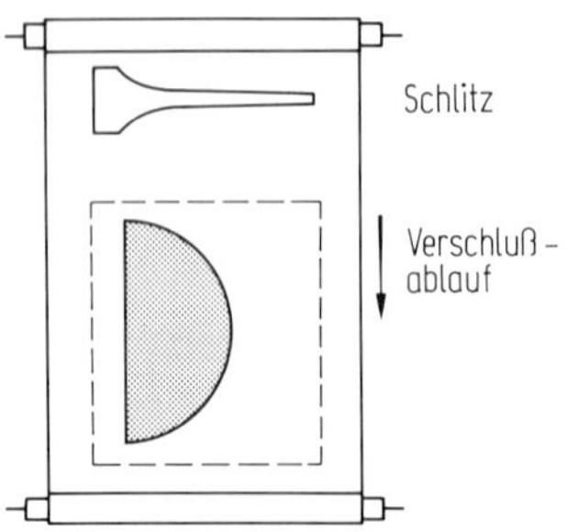

Abb. 14. Schlitzverschluß mit logarithmisch geformtem Schlitz (nach E. A. Whitaker)

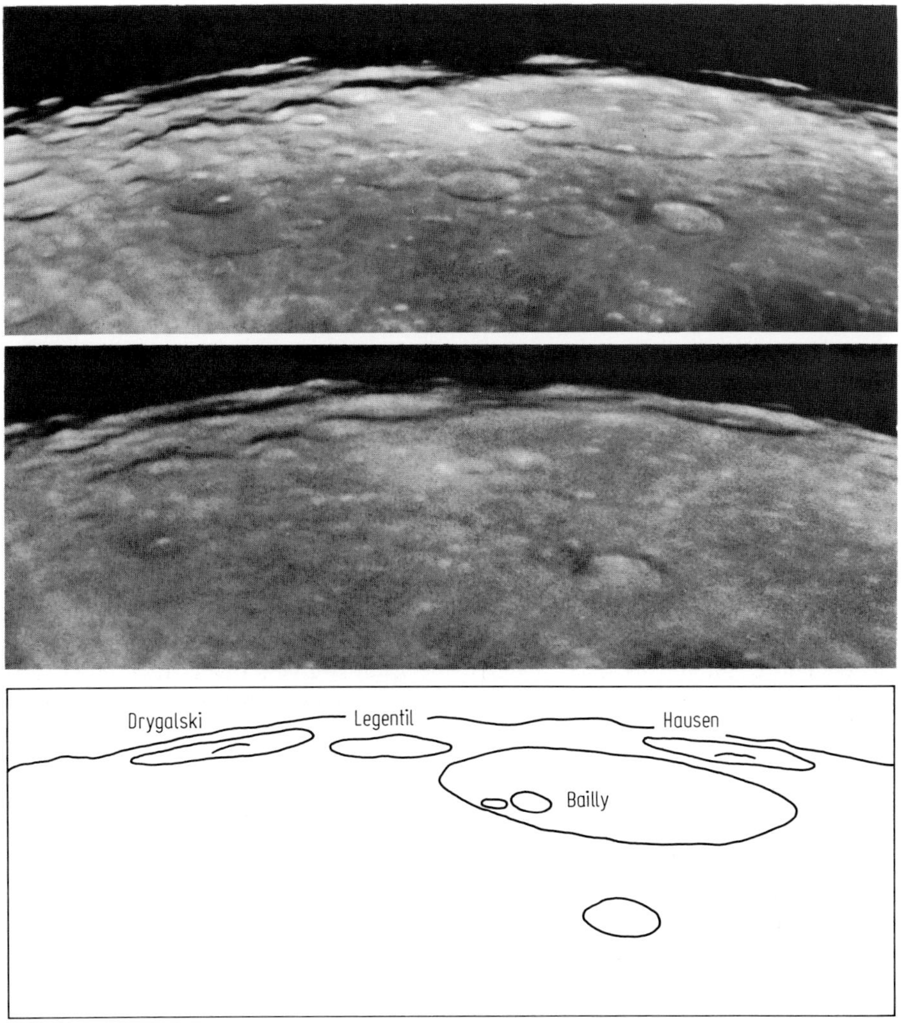

Abb. 15. Drygalski, Bailly, Hausen. Photo: Carl Albrecht.

Aufnahme	71 11 02–23.00	73 09 12–22.00
Libration in Länge	+ 2,2°	− 4,8°
Libration in Breite	− 6,5°	− 6,5°

ler (zum Beispiel Neofin) wirken günstig auf eine „nachträgliche“ Empfindlichkeitssteigerung feinkörniger aber geringempfindlicher Emulsionen ein. Gut ausgeleuchtete Negative von 20 mm Durchmesser (Brennpunktsbilder) kann man auf einen Vollmonddurchmesser bis zu 1/2 m treiben. Es kommt immer auf den *Versuch* an, und dabei erst kommen die wertvollsten Erfahrungen [52].

Der erfolgreiche Mond- und Planetenphotograph Günther Nemec, München, schreibt: „Exakte Arbeit ist unerläßlich, Zeitdruck wirkt sich immer bildschädigend aus. Bei der Mondphotographie scheint mir dieser ein Hauptgrund dafür zu sein, daß Aufnahmen des abnehmenden Mondes besser gelingen als Aufnahmen des zuneh-

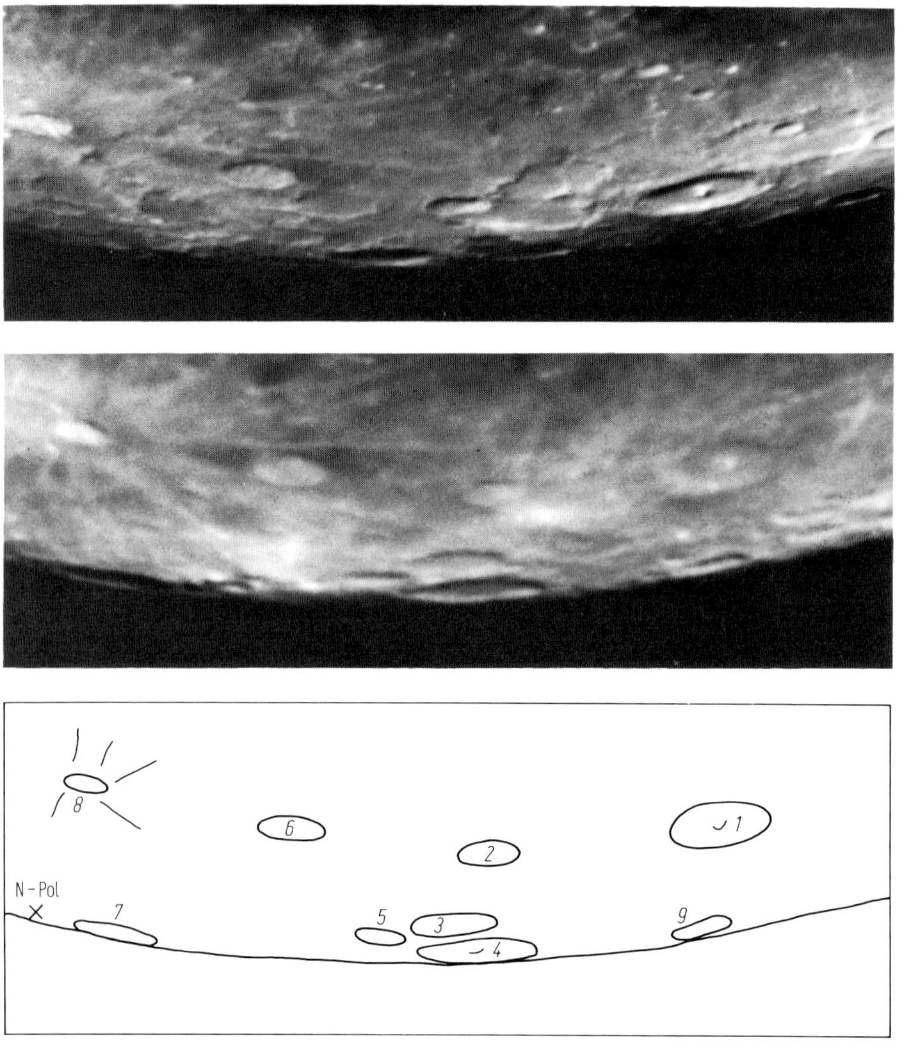

Abb. 16. Pythagoras, Pascal, Brianchon. Photo: Carl Albrecht.

Aufnahme	73 02 16–22.00	71 05 11
Breite	+ 3,9	+ 6,3
Länge	+ 4	− 3,7

1 Pythagoras, *2* Carpenter, *3* Pascal, *4* Brianchon, *5* Mouchez, *6* Anaxagoras, *7* Hermite, *8* Cremona

menden Mondes, der bereits am frühen Abend kulminiert, wenn der Astrophotograph noch mit instrumentellen Vorbereitungen beschäftigt und das Fernrohr noch nicht ausreichend abgekühlt ist. Denn die atmosphärischen Bedingungen ändern sich meist unregelmäßig während der ganzen Nacht, man kann nicht sagen, daß die zweite Nachthälfte optimale Luftruhe garantiert. Den wesentlichsten Einfluß auf die Definition bewirkt neben der Szintillation die Azimuthöhe des Himmelsobjekts. Je nach

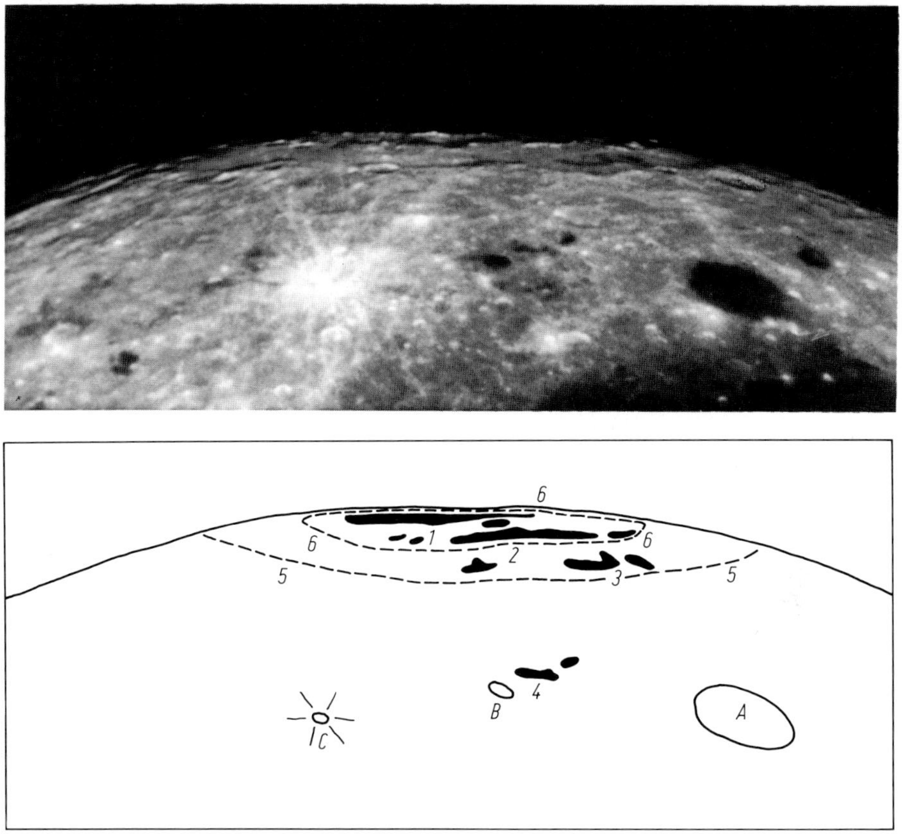

Abb. 17. Mare Orientale. Photo: Carl Albrecht.
Aufnahme 72 09 22–21.30
Libration in Länge – 4,2°
Libration in Breite – 5,8°
1 Mare Orientale, *2* Lacus veris, *3* Lacus autumnale, *4* Lacus aestalis, *5* Mts. Cordillera, *6* Mts. Rook, *A* Grimaldi, *B* Crüger, *C* La Paz

dessen Deklinationshöhe führen Aufnahmen 1 bis 2 Stunden vor oder nach dem Kulminieren zu keinen brauchbaren Ergebnissen mehr“ [55].

3.4.2.1 Aufgaben für die Mondphotographie. Wer als Mondphotograph eine glückliche Hand und gute Optik zur Verfügung hat, der mag Versuche anstellen, ob und wie seine Photos visuelle Beobachtungsergebnisse ergänzen oder korrigieren. Auch der Vergleich mit anderen Aufnahmen ist lehrreich. Gute Negative lassen sich photometrisch auswerten.

Wolfgang Schwinge hat mit seinem „Fotografischen Mondatlas“ [56] unter Beweis gestellt, daß hochauflösende Mondphotos mit Amateurgeräten (50 mm bis etwa 200 mm Objektivdurchmesser) möglich sind, und ein Atlas guter Qualität auf dieser Grundlage hergestellt werden kann, der eine fast vollständige Lunation zeigt.

Neu entwickelte Objektive, wie zum Beispiel das Hochleistungsobjektiv APQ 100/1000 aus Jena, beseitigen die bisher bestehende Schwierigkeit für den mit dem Refraktor photographierenden Amateur, daß visueller und photographischer Fokus nicht übereinstimmen.

Aufnahmen einer bestimmten Mondgegend, zum Beispiel wenn sie lumineszenzverdächtig ist, mit Farbfiltern (z. B. einem grünen Interferenzfilter, 545 nm, und einem roten, 672,5 nm) können bei entsprechender Systematik nützliches Material für eine vergleichende Auswertung liefern. So etwas kann man schon mit einem guten fünfzölligen Refraktor machen.

Von Interesse ist die photographische Höhenbestimmung von Mondformationen. Sie hat leider den Nachteil, daß Schattenmessungen an Hand einer photographischen Aufnahme große Ungenauigkeiten enthalten (Einflüsse der Luftunruhe, Unschärfen u.s.w.). Der visuellen Methode ist deshalb der Vorzug zu geben (vgl. S. 117).

3.4.3 Die lichtelektrische Beobachtung

Die technische Entwicklung in den letzten Jahren hat die Möglichkeiten der lichtelektrischen Beobachtung dem Amateur sehr rasch zugänglich gemacht. Bezüglich Ausrüstung und Methode siehe Band 1, Kapitel 10 „Grundlagen der Photometrie" (S. 392). Auch für Mondbeobachtungen bietet sich das Verfahren an. Die unter 3.4.3.1 bis 3.4.3.4 genannten Messungen eignen sich auch für die Suche nach sogenannten Lunar Transient Phenomena (LTP), auch Transient Lunar Phenomena (TLP) genannt, wie sie auf S. 99 näher beschrieben werden. Siehe auch [57] und [58].

3.4.3.1 Photometrische Messungen. Das Streuverhalten des auf die Mondoberfläche treffenden Sonnenlichts folgt nicht dem Lambertschen Reflexionsgesetz (Siehe [59] und Abbildung 18). Durch die Photometrie vergleichbarer Oberflächenformationen an verschiedenen Stellen der Mondoberfläche bei wechselndem Sonnenstand kann man die Winkelabhängigkeit (Phasenkurve) des Rückstreuvermögens der Mondober-

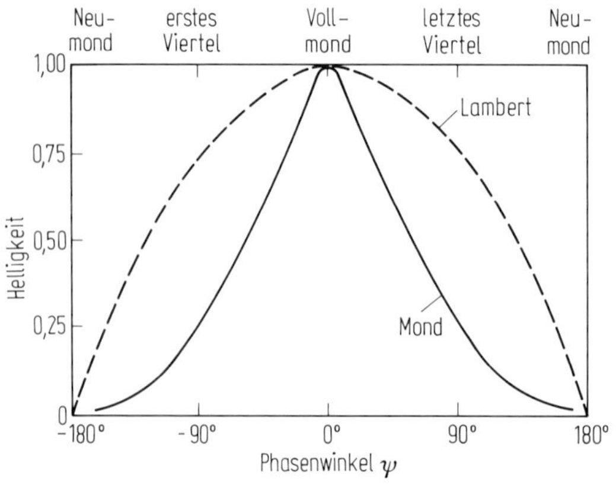

Abb. 18. Photometrische Kurve des Mondes (Phasenfunktion). Gestrichelte Kurve = Gesamthelligkeit nach dem Lambertschen Reflexionsgesetz. Ausgezogene Kurve = tatsächlich gemessene Helligkeitskurve des Mondes. Aus: R. H. Giese, Erde, Mond und benachbarte Planeten. Mannheim, Wien, Zürich 1969

fläche bestimmen. Das Streuverhalten bestimmen hauptsächlich drei Eigenschaften der Oberfläche:

1. Verteilung der streuenden Bodenunebenheiten und Hohlräume. Das Sonnenlicht kann aus unterschiedlichsten Winkeln in die Oberflächenstrukturen eindringen;
2. Die Albedo der Stoffe, aus denen die Oberfläche besteht;
3. Streufunktion der einzelnen Teile und Teilchen dieser Stoffe (Brocken, Körner, Staubpartikel).

Es ist zu berücksichtigen, daß die Albedowerte der Maria geringer sind, etwa 0,05, als diejenigen der Hochländer, etwa 0,1 bis 0,15.

Für Beobachter bietet sich unter anderem die Bestimmung von Helligkeitskurven (Phasenkurven) ausgewählter Objekte: Krater, Täler, Rillen, helle Strahlen, Dunkelflecke. Interessante Gebiete sind zum Beispiel die Lange Wand, das Alpental, das Vallis Rheita und der „Kobrakopf" des Schrötertals. Weitere Informationen siehe [60].

3.4.3.2 Farbmessungen. Auf Farbunterschiede der Lavaströme im Mare Imbrium ist schon hingewiesen worden (s. S. 111). Beobachtet man den Vollmond, so kann man sich schwer einen anderen Eindruck als denjenigen von einer silbrigweißen Scheibe mit grauen Flecken vorstellen. Spektralphotometrische Untersuchungen weisen darauf hin, daß die Mondoberfläche etwa 8 % des einfallenden blauen Lichts und 12 % des roten reflektiert. Das zurückgestrahlte Licht ist also braun getönt, und es gibt verschiedene Gebiete auf dem Mond, die geringe, aber doch deutliche Veränderungen einer Brauntönung erkennen lassen. So zeigt eine vergleichende Beobachtung beim Mare Tranquillitatis eine mehr stahlgraue Färbung, während das Mare Serenitatis eine mehr gelbbraune Tönung erkennen läßt. Spektralphotometrische Messungen haben ergeben, daß beide Maria etwa gleiche blaue Rückstrahlung haben (8 %), aber Unterschiede in der roten: das Mare Serenitatis reflektiert stärker Rot (etwa 12 %) als das Mare Tranquillitatis (etwa 11 %).

Graue Mondformationen mit brauner Umgebung sind zum Beispiel der Boden des Kraters Boscovich und der Boden und Zentralberg von Aristarchus. Braune Mondformationen mit grauer Umgebung sind unter anderen die Krater Moltke und Plinius sowie der Boden des Kraters Bullialdus. Weitere Objekte siehe [59].

3.4.3.3 Polarisationsmessungen. Vorliegende Messungen zeigen, daß Maregebiete das Licht stärker positiv polarisieren als die hellen Terrae (Hochländer).

Der Nachweis polarisierter Strahlung erfolgt mit Hilfe eines um 135 Grad drehbaren Polarisationsfilters unmittelbar im Strahlengang vor dem Photometer. Die Einzelmessung muß auf ein Hundertstel Größenklasse genau sein, was nur bei Verwendung eines lichtelektrischen Photometers möglich ist.

Die verschiedenartigen Albedostrukturen bei zunehmendem und abnehmendem Mond werden im Polarisationsverhalten deutlich. Einzelne Mondformationen lassen merkliche Unterschiede des Polarisationsgrades im Verlauf einer Lunation erkennen [62]. Siehe auch Abbildung 19.

Mit dem Polarimeter, das mit einem lichtelektrischen Meßgerät in Verbindung steht, werden im Verlauf einer Lunation einzelne Stellen der Mondoberfläche auf ihre Polarisation hin untersucht. Es geht dabei um die Bestimmung von Veränderungen

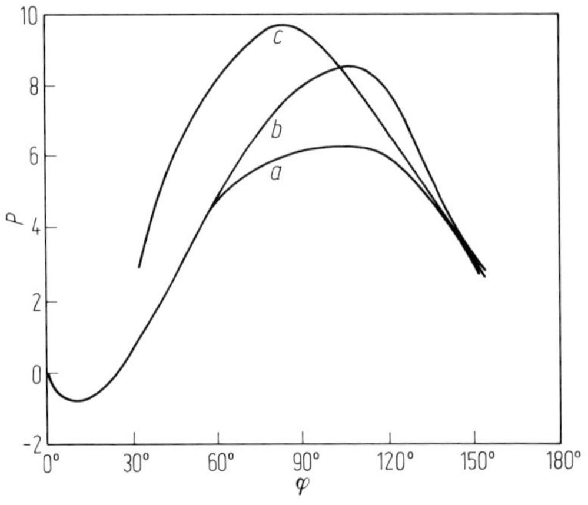

Abb. 19. Änderung des Polarisationsgrades in Abhängigkeit von der Mondphase (nach Lyot): a zunehmender Mond, b abnehmender Mond, c sekundäres Licht. Aus: D. Böhme, Polarimetrie für Amateurastronomen, Sterne und Weltraum *25*, 544 (1986)

von P. Dabei ist

$$P = \frac{I_1 - I_2}{I_1 + I_2} \cdot 100\,\% .$$

I_1 ist die Intensität desjenigen Lichts, das in der Ebene Sonne–Mond–Erde polarisiert wird, I_2 die Intensität des Lichts, das in der senkrechten Ebene polarisiert wird.

3.4.3.4 Lumineszenzbeobachtungen. Bestimmte Stellen der Mondoberfläche leuchten auf, wenn sie von der Sonne beschienen werden. Diese Lumineszenz kann visuell, filterphotographisch und lichtelektrisch festgestellt werden. Die lichtelektrischen Messungen erfolgen zweckmäßigerweise in drei Farben (Grün, Rot, Infrarot).

3.4.3.5 Strukturbestimmungen der Mondoberfläche. Die genaue Kenntnis von der Gestalt der Mondoberfläche erfordert verschiedene Beobachtungen. Die Kombination der unter 3.4.3.1–3.4.3.4 genannten Beobachtungen unter möglichst allen Lichtverhältnissen auf dem Mond führt zur Ermittlung eines „Mikro-Reliefs" der Mondoberfläche. Wegen der geforderten Genauigkeit haben nur lichtelektrische Messungen Sinn.

Messungen der Albedo des Mondes im Infraroten bieten sich an und die Suche nach Mondformationen, die im dunklen Teil des Mondes im infraroten Bereich strahlen [63, 64]. Das Maximum der spektralen Empfindlichkeit des Meßapparats muß im Bereich von 700 nm bis 900 nm liegen. Tagsüber absorbiert die Mondoberfläche Wärme, die wieder als Strahlung emittiert wird, nachweisbar im Infraroten am besten in einem Zeitabschnitt der Dunkelheit. Dazu bieten sich auch Mondfinsternisse an. Vor Beginn der Finsternis ist die Oberfläche gleichmäßig erhitzt. Während der Finsternis ist die Energiequelle ausgeschaltet. Der Grad der Abkühlung kann für die gesamte Mondoberfläche bestimmt werden. Unterschiedliche Abkühlungsgeschwindigkeiten deuten auf unterschiedliche physikalische Eigenschaften des Oberflächenmaterials.

3.5 Literatur

1 Köhler, U.: Mondspaziergang mit Liebhaberfernrohren. Sterne und Weltraum *26,* 346 (1987)
2 Schaifers, K., Traving, G.: Meyers Handbuch Weltall, 6. Aufl. Mannheim, Wien, Zürich: Bibliographisches Institut 1984, S. 93
3 Royal Society (Hrsg.): The moon – a new appraisal from space missions and laboratory analyses. London 1977
4 French, B. M.: What's new on the moon? Sky and Telescope *53,* 164 und 257 (1977), und Classen, J.: Fortschritte der Mondforschung von 1976 bis 1978. Die Sterne *56,* 111 (1980)
5 British Astronomical Association (Ed.): Guide to Observing the Moon. Hillside Aldershot: Enslow Publishers 1986
6 Cameron, W. S.: Report on the ALPO lunar transient phenomena observing program. The journal of the association of lunar and planetary observers *25,* 1 (1974)
7 Stadler, L.: Neues über die Dunkelflecken auf dem Mond. Sterne und Weltraum *15,* 28 (1976)
8 Guest, J. E., Greeley, R.: Geologie auf dem Mond. Stuttgart: Ferdinand Enke 1979, S. 17
9 Taylor, St. R.: Lunar Science – A Post Apollo View. Oxford, New York: Pergamon Press 1975
10 Hilbrecht, H.: Mondbeobachtung nach dem „Apollo-Schock". Sterne und Weltraum *24,* 93 (1985)
11 Starzynski, H.: Moonblink photographiert. Sterne und Weltraum *26,* 719 (1987)
12 Fauth, H.: Ph. Fauth and the moon. Sky and Telescope *XIX,* 20 (1959)
13 Mondkarten aus Anlaß der Herausgabe der Großen Mondkarte von Philipp Fauth. Nachrichten der Olbers-Gesellschaft Bremen 60 (1964) und 63 (1965), 1. und 2. Sonderheft
14 Roth, G. D.: Die Mondkarte von H. P. Wilkins. Die Sterne *31,* 180 (1955)
15 Kuiper, G. P. et al.: Photographic lunar atlas. Chicago 1960
16 Kopal, Z.; Carder, R. W.: Mapping of the moon. Dordrecht: Reidel 1974
17 Schwinge, W.: Fotografischer Mondatlas. Leipzig: J. A. Barth 1983, S. 7
18 Siehe [8], S. 18ff
19 Roth, G. D.: Taschenbuch für Planetenbeobachter, 3. Aufl. München: Verlag Sterne und Weltraum 1987, S. 121
20 Classen, J.: Das Innere des Mondes (I). Die Sterne *50,* 157 (1974)
21 Classen, J.: Das Innere des Mondes (II). Die Sterne *50,* 213 (1974)
22 Gramatzki, H. J.: Das Weltall *39,* 145 (1939)
23 Cameron, W.: Lunar Transient Phenomena Catalog. Maryland: NASA-Goddard Space Flight Center 1978
24 Küveler, G.: Internationales Mondprogramm der Sternwarte Gummersbach. Lunar transient phenomena 1972. Sterne und Weltraum *12,* 231 (1973)
25 Siehe [5], S. 80
26 Günther, O.: Zur Sichtbarkeit von Einzelheiten auf der Nachtseite des Mondes. Die Sterne *42,* 1 (1966)
27 Küveler, G.; Klemm, R.: Neue Intensitätsskalen für das sekundäre Mondlicht. Sterne und Weltraum *11,* 239 (1972)
28 Graff, K.: Der Mond. In: Astronomisches Handbuch. Stuttgart: Franckhsche Verlagshandlung 1924, S. 131. Siehe auch [52]
29 Ahnert, P.: Astronomisch-chronologische Tafeln für Sonne, Mond und Planeten, 5. Aufl. Leipzig: J. A. Barth 1971
30 Ahnert, P.: Was bedeutet der Begriff „Colongitude"? Ahnerts Kalender für Sternfreunde 1988. Leipzig: J. A. Barth 1987, S. 164
31 Sterne und Weltraum, Jahrgänge 1972–1977
32 Albrecht, C.: Selten sichtbare Mondlandschaften IV. Sterne und Weltraum *13,* 238 (1974)
33 Westfall, J. E.: Lunar Incognita: Completing the Map of the Moon. Sky and Telescope *67,* 284 (1984)
34 Roth, H.: Ortsbestimmung von 433 Punkten hoher Albedo auf einer Vollmondaufnahme. Mitteilungen der Univ.-Sternwarte Wien, Bd. 4, Nr. 7. Wien 1950
35 Siehe [8], S. 66
36 Rückl, A.: Selenodäsie und Selenographie. Der Sternenbote *24,* 68 (1981)

37 Fauth, Ph.: Unser Mond. Breslau 1936
38 Handweiser für Beobachter am Fernrohr (Aus Philipp Fauths „Unser Mond"). Zweites Sonderheft Mondkarten. Nachrichten der Olbers-Gesellschaft Bremen *63* (1965)
39 Miller, G.: Erfahrungen mit dem Baader-Binokular. Sterne und Weltraum *26,* 716 (1987)
40 Siehe [5], S. 41
41 Billerbeck-Gentz, F.: Die Sterne *27,* 156 (1951)
42 Siehe [44], S. 105
43 Ahnert, P.: Messung von Berghöhen auf dem Mond. In: Kalender für Sternfreunde 1973. Leipzig: J. A. Barth 1973, S. 194
44 Hopmann, J.: Die Genauigkeit der Angaben von relativen Höhen auf dem Monde. Neue Werte für 163 Punkte. Sitzungsberichte der Österr. Akad. d. Wissenschaften Mathem.-naturw. Klasse, Abt. II, 174. Band, 1. bis 4. Heft, Wien 1965
45 Graff, K.: Formeln zur Reduktion von Mondbeobachtungen und Mondphotographien. Veröffentlichungen des Anstronomischen Recheninstituts zu Berlin Nr. 14. Berlin 1901
46 Hopmann, J.: Ermittlung von Höhen auf dem Monde. Sitzungsberichte der Österr. Akad. d. Wissenschaften Mathem.-naturw. Klasse, Abt. II, 172. Band, 5. bis 8. Heft, Wien 1963
47 Schrutka-Rechtenstamm, G.: Relative Höhenbestimmungen auf dem Mond mittels des Pariser Mondatlasses und visuelle Messungen am Fernrohr. Mitteilungen der Univ.-Sternwarte Wien, Bd. 7, Nr. 11. Wien 1955
48 Schrutka-Rechtenstamm, G.: Mitteilungen der Univ.-Sternwarte Wien, Bd. 8, Nr. 17, Wien 1958
49 Ahnert, P.: In: Kalender für Sternfreunde 1952. Leipzig: J. A. Barth 1952, S. 133
50 Zimmermann, O.: Astronomisches Praktikum I, 4. Aufl. München: Verlag Sterne und Weltraum 1987
51 Hedervari, P.: Lunar Photometry. In: Genet, R. M. (ed.): Solar System Photometry Handbook. Richmond: Willmann-Bell 1983, S. 4–1
52 Kopal, Z.: The moon. Dordrecht: Reidel 1969. Mit einem umfangreichen Literaturverzeichnis
53 Flach-Wilken, B.: Guter Mond du stehst so stille . . . Festschrift 18. VdS-Tagung in Bochum. Bochum: Vereinigung der Sternfreunde e. V. 1987, S. 46
54 Siehe [17]
55 Nemec, G.: Planetenphotographie. Mitteilungen der Volkssternwarte Köln *10*, Heft 1 (1966)
56 Siehe [17]
57 Siehe [49], S. 4–1 ff
58 Siehe [5], S. 71 ff
59 Siehe [5], S. 103 ff
60 Siehe [49], S. 4–17
61 Siehe [5], S. 112
62 Böhme, D.: Polarimetrie für Amateurastronomen. Sterne und Weltraum *25,* 544 (1986)
63 Siehe [8], S. 26
64 Fischer, K.: Die elektrooptischen spektralen Bildwandler und ihre Anwendung in der Selenographie. Die Sterne *38*, 181 (1962)

4 Mondfinsternisse

H. Haupt

4.1 Einleitung

Verfinsterungen des Mondes sind Himmelserscheinungen, die selbst auf den totalen Laien einen großen Eindruck machen. Wenn eine klare Vollmondnacht auf einmal dunkel wird, wenn der helle Erdtrabant eine ungewohnte Lichtgestalt zeigt, die nicht den normalen Phasen entspricht, und wenn er immer blassere Töne und eine düstere, oft rotbraune Färbung annimmt, dann haben auch die Menschen unserer Tage das Gefühl, einem seltenen und denkwürdigen Himmelsereignis beizuwohnen (Abb. 1). Um so mehr war dies in früherer Zeit der Fall, wenn sich diese Erscheinungen zum Beispiel in den klimatisch begünstigten Gebieten des Nahen Ostens oder in China abspielten, wo man bereits rund 2000 Jahre vor Christi Geburt Aufzeichnungen darüber vorfindet. Bald lehrten schon die Überlieferung und die historische Erfahrung, daß Finsternisse zwar selten, aber doch immer wieder in regelmäßigen Abständen auftraten. Der Erforschung dieser Gesetzmäßigkeit und allfälliger Abweichungen davon galt durch Jahrhunderte hindurch das Bemühen der Astronomen. Auf dem Weg von der rein kinematischen Beschreibung der Bewegungen bis zu dynamischen Erklärungen ergaben sich wertvolle Einsichten: Ist doch der Mond als „Sekunden-

Abb. 1 a, b. Farbaufnahmen der Mondfinsternis vom 9. Jan. 1982. (Norden oben, Westen rechts) **a** 19.30 Uhr MEZ (Partielle Phase), **b** 20.35 Uhr MEZ (Totalität) (Foto: Ing. H. Sussmann, Graz)

zeiger der Himmelsuhr" der sicherste und empfindlichste Indikator für die Bewegungsabläufe und die gravitativen Wirkungen im Sonnensystem. Die Finsternisse waren der Testfall dafür.

Erst im 20. Jahrhundert wurden Mondfinsternisse auch photometrisch beobachtet. Der Grad der Verfinsterung und die dabei auftretenden Verfärbungen konnten als Hinweise für den Zustand der Erdatmosphäre und im besonderen für den Ozongehalt und die Verschmutzung der höheren Schichten interpretiert werden. Die Vergrößerung des auf den Mond fallenden Erdschattens gibt ebenfalls Hinweise auf den Zustand der Hochatmosphäre und eine möglicherweise vorhandene Kontamination durch Meteorstaub.

Auf allen diesen Gebieten ist die Mitarbeit von Sternfreunden wichtig, weil sich die großen astronomischen Institute meistens nicht damit abgeben. So kann aus einer Mondfinsternisbeobachtung außer einem schönen Erlebnis auch ein wertvoller Beitrag zu wissenschaftlichen Fragestellungen resultieren.

4.2 Entstehung und Häufigkeit der Mondfinsternisse

4.2.1 Prinzipien

Mondfinsternisse können nur entstehen, wenn Sonne, Erde und Mond mehr oder weniger genau auf einer Geraden liegen. Da die Mondbahnebene aber gegenüber der Erdbahnebene (Ekliptik) um 5°8′.7 geneigt ist (vgl. Abb. 4), gibt es nicht bei jedem Vollmond eine Verfinsterung, sondern es kann nur in der Umgebung der Schnittlinie beider Ebenen, also nahe den „Knoten", zu einem Eintauchen des Mondes in den Erdschatten kommen. Das bedeutet, daß ein wirklich voll beleuchteter Mond mit dem Phasenwinkel $\alpha = 0°$ (Definition s. Abb. 2) von der Erde aus niemals beobachtet werden kann, weil er dann verfinstert ist. Die für uns gewöhnlich sichtbaren „Vollmonde" haben dagegen mindestens einen Phasenwinkel von $\alpha = 1°.5$, wobei der Mond jeweils zwar in Länge der Sonne genau gegenüber steht, aber sich in von null verschiedener Breite befindet.

Rein geometrisch entsteht auf der der Sonne abgewandten Seite der Erde ein konvergierender Schattenkegel von 1,4 Mill. Kilometer Länge, der Kernschatten, begrenzt durch die äußeren Tangenten t_1, t_2 von Sonne und Erde, aber ebenso das Gebiet eines divergierenden Halbschattens, wenn man die inneren sich kreuzenden Tangenten t'_1, t'_2 betrachtet (Abb. 3). Da der Durchmesser des Kernschattens im Mondabstand rund dreimal größer ist als der Monddurchmesser, kann eine Finsternis auch noch in einem Abstand bis zu 10° vom Knoten entfernt eintreten. Es kommt zu einer totalen Finsternis, wenn der Mond zur Gänze durch den Kernschatten geht,

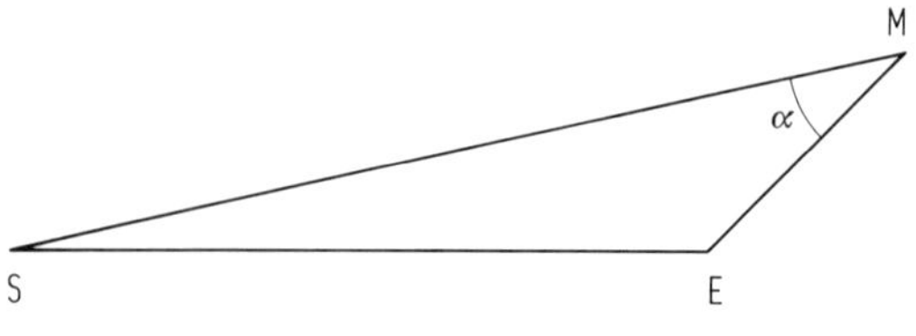

Abb. 2. Definition des Phasenwinkels α im ebenen Dreieck Sonne (S), Erde (E) und Mond (M). $\alpha = 0°$ bedeutet Vollmond, $\alpha = 180°$ Neumond

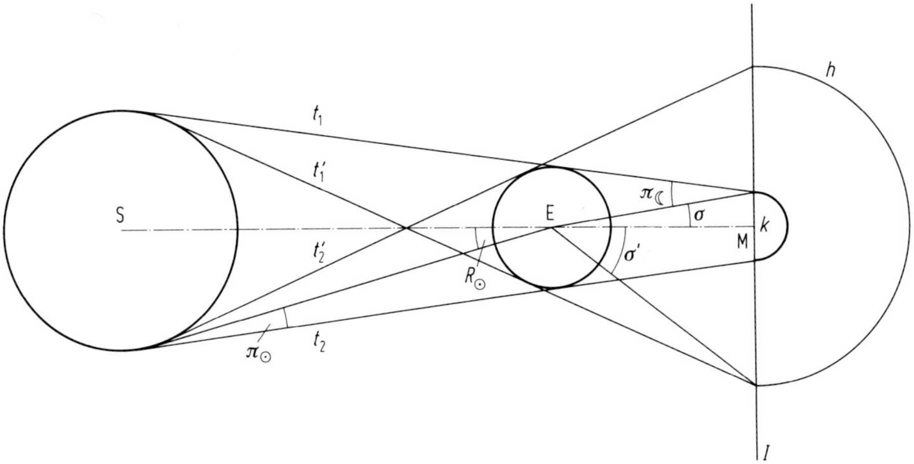

Abb. 3. Geometrische Größen einer Mondfinsternis (schematisch, nicht maßstabsgerecht). Erklärung der Symbole siehe Text

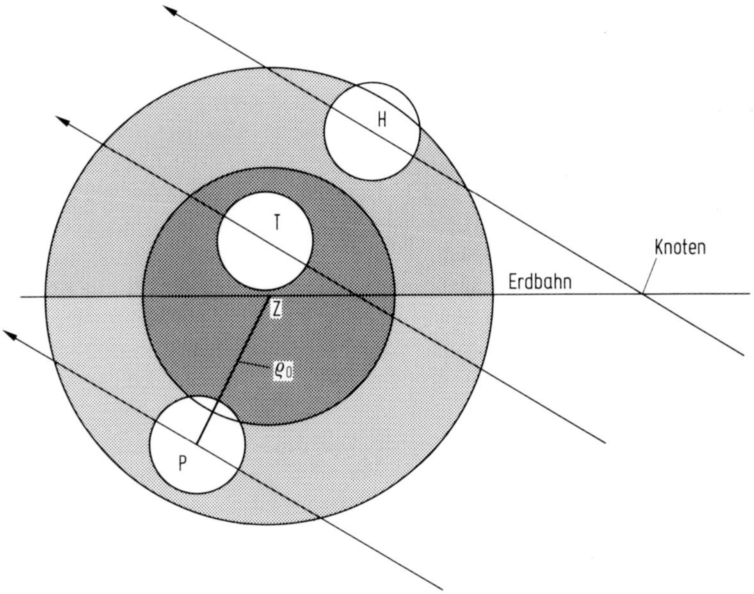

Abb. 4. Arten der Mondfinsternisse (T = totale Finsternis, P = partielle Finsternis, H = Halbschattenfinsternis, Z = Zentrum des Kernschattens, ϱ_0 = Normalabstand Mondzentrum–Schattenzentrum)

einer partiellen, wenn er nur teilweise in diesen eintaucht, und schließlich zu einer noch weiter außen liegenden Halbschattenfinsternis (Abb. 4). Die Dauer einer totalen Finsternis ist am größten, wenn der Mond durch das Zentrum des Erdschattens hindurchgeht (zentrale Finsternis). Sie hängt außerdem von den gegenseitigen Entfernungen von Sonne, Erde und Mond ab, wobei zu berücksichtigen ist, daß der Mond in Erdnähe rascher durch den Schatten wandert (2. Keplergesetz) und daher nicht die erdnächste Finsternis automatisch auch die längste ist. Die größte Verweildauer in der Totalität beträgt etwa 100 Minuten. Von den reinen Halbschattenfinsternissen ist jedoch kaum etwas zu bemerken, obwohl sie uns zu wissenschaftlich interessanten Ergebnissen verhelfen können (vgl. Abschnitt 4.6.4).

4.2.2 Historische Erfahrungen: Saroszyklus

Mondfinsternisse sind an allen jenen Orten unseres Planeten gleichzeitig und mit gleichem Verlauf zu beobachten, an denen der Mond während der Finsternis über dem Horizont steht; das ist jeweils etwas mehr als eine Erdhälfte. (In sehr seltenen Fällen kann bei einer horizontnahen Finsternis zufolge der Wirkung der Refraktion auch die Sonne noch über dem Horizont stehen.) Daß dagegen Sonnenfinsternisse nur in einem schmalen Streifen auf der Erde sichtbar sind, hat zur Folge, daß sie, obwohl in Wirklichkeit für die gesamte Erde häufiger, für ein und denselben Erdort dennoch viel seltener auftreten als die Mondfinsternisse. Während es bei einem Neumond in Knotennähe mindestens eine Sonnenfinsternis gibt (höchstens aber 5 Sonnenfinsternisse pro Jahr), muß es beim entsprechenden Vollmond nicht unbedingt zu einer Verdunklung kommen, weil der Mond sehr rasch die Knotenumgebung durchwandert. Diese Erfahrung, die man leicht machen kann, zeigt, daß es nicht in jedem Jahr eine Kernschattenfinsternis des Mondes gibt, daß aber unter günstigen Umständen bis zu drei Finsternisse innerhalb eines Jahres auftreten können.

Unserem eigenen kurzfristigem Erleben gegenüber war es im frühen Altertum schon den Chaldäern bekannt, daß sich die Finsternisse langfristig um die gleiche Jahreszeit in einer sehr präzisen Reihenfolge wiederholen, nämlich dann, wenn die Syzygien (Vollmond- beziehungsweise Neumondstellung) mit dem Knoten zusammenfallen. Wie wir schon lange wissen, wandern die Mondknoten rückläufig auf der Ekliptik, also im Gegensinn zur Bahnbewegung des Mondes. Die Zeitdauer von einem Knotendurchgang des Mondes zum nächsten (drakonitischer Monat: 27,21222 Tage) ist daher im Mittel um 0,10944 Tage oder rund 2,5 Stunden kürzer als der mittlere siderische Monat von 27,32166 Tagen.

Auf der Suche nach ganzzahligen Vielfachen von drakonitischem und synodischem Monat (29,53059 Tage) konnten mehrere Perioden gefunden werden, die eine gute Wiederholungstendenz zeigten, aber eine bot sich vorzüglich an. Sie wurde schon im Altertum erkannt und zur Voraussage von Finsternissen verwendet; sie wird Saros-Zyklus genannt.

Es sind 242 drakonitische Monate = 6585,357 Tage fast gleich 223 synodischen Monaten = 6585,322 Tage. Nach einem Zeitraum von 6585,3 Tagen oder im Mittel rund 18 Jahren und 11 Tagen wiederholen sich also die Finsternisse in der gleichen Reihenfolge und bei demselben Knoten unter ganz ähnlichen Verhältnissen. Dies deshalb, weil einerseits wegen der gleichen Jahreszeit die Ungleichmäßigkeiten in der Sonnenbewegung eliminiert werden, andererseits weil (zufällig) auch ein ganzzahliges Vielfaches des anomalistischen Monats vorliegt (nämlich $239 \times 27{,}55455 = 6585{,}54$ Tage), das die Ähnlichkeit der Stellung des Mondes in seiner Bahn garantiert.

Das Auftreten von Finsternissen über gut 1 1/2 Saros-Perioden hinweg zeigt die Abbildung 5. Man erkennt, wie die Finsternisse wegen der Rückwärtsbewegung der

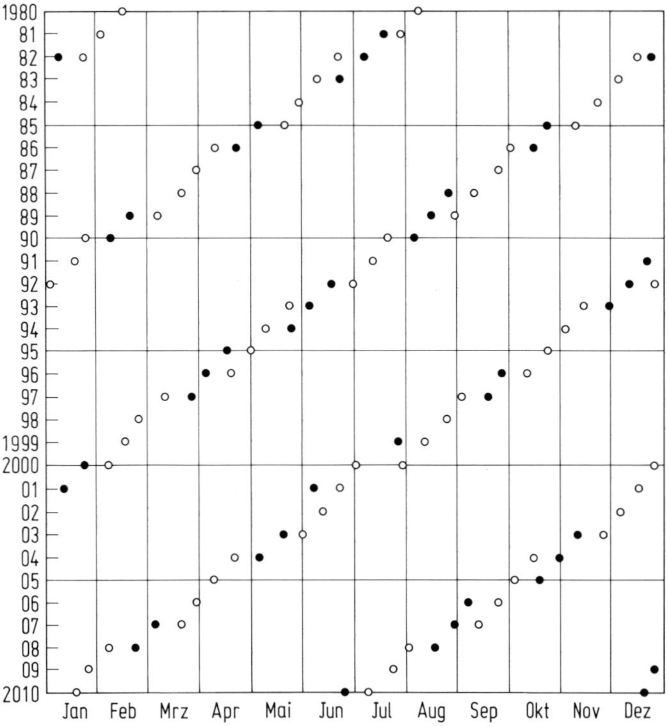

Abb. 5. Schema der Finsternisse von 1980–2010 (Wiederholung nach 18 Jahren 11 Tagen). Mondfinsternisse = ●, Sonnenfinsternisse = ○

Mondknoten jedes Jahr auf frühere Daten fallen und sich nach 18 Jahren und 11 Tagen in derselben Reihenfolge wiederholen. Eine Liste der Mondfinsternisse mit genauen Daten für den Zeitraum von 1988–2000 gibt die Tabelle 1.

4.2.3 Canones: Statistik der Finsternisse

Die in Abschnitt 4.2.2 gegebenen Finsternisdaten kann man am besten einem „Canon“ entnehmen. Das bis vor kurzem wohl am meisten verwendete Quellenwerk war der berühmte „Canon der Finsternisse“, den der Wiener Astronom von Oppolzer [1] vor über 100 Jahren mit seinen Mitarbeitern händisch berechnet hat. In diesem Monumentalwerk, das bei der Wiener Akademie erschienen ist, sind alle relevanten Daten für 8000 Sonnen- und 5200 Mondfinsternisse tabellarisch mitgeteilt, und zwar für die Sonne im Zeitraum von November 1208 vor bis November 2961 nach Christi und für den Mond von April 1207 vor bis Oktober 2163 nach Christi Geburt. Für die Sonnenfinsternisse gibt es darin auch Karten, die angenähert den Verlauf der Zentrallinien vom Nordpol bis 30° südlicher Breite wiedergeben. Über weitere Canones für ausgewählte Gebiete und Zeitabschnitte unterrichtet ein Artikel von Mucke [2] beziehungsweise eine Zusammenfassung anläßlich des Sternfreundeseminars 1979 über astronomische Finsternisse im Wiener Planetarium durch Mucke [3].

Tabelle 1. Mondfinsternisse von 1988–2000. (T = total, P = partiell, *EZ* = Mitte der Finsternis in Ephemeridenzeit, *g* = Größe in Einheiten des Monddurchmessers; siehe Text)

Datum			EZ[a]	g
1988	Aug. 27	P	11^h05^m	0,92
1989	Feb. 20	T	15 37	1,28
	Aug. 17	T	03 09	1,60
1990	Feb. 09	T	19 13	1,07
	Aug. 06	P	14 12	0,68
1991	Dez. 21	P	10 34	0,09
1992	Jun. 15	P	04 58	0,68
	Dez. 09	T	23 45	1,27
1993	Jun. 04	T	13 02	1,56
	Nov. 29	T	06 26	1,09
1994	Mai 25	P	03 32	0,24
1995	Apr. 15	P	12 19	0,11
1996	Apr. 04	T	00 11	1,38
	Sep. 27	T	02 55	1,24
1997	März 24	P	04 41	0,92
	Sep. 16	T	18 47	1,19
1999	Jul. 28	P	11 34	0,40
2000	Jan. 21	T	04 45	1,33
	Jul. 16	T	13 57	1,77

[a] Weltzeit WZ = Ephemeridenzeit $EZ - \Delta T$ (aus The Astronomical Almanac; für 1990 etwa $\Delta T = 1^m\!.0$)

Neuerdings werden Canones auf elektronischem Wege viel rascher und zuverlässiger nach neuen Mondtheorien berechnet. Hier seien vor allem die beiden ebenfalls in Wien erschienen Bände über Sonnenfinsternisse durch Mucke und Meeus [4] (vgl. Kapitel 2) beziehungsweise über Mondfinsternisse durch Meeus und Mucke [5] genannt. Aus diesem letzteren also stammen die hier verwendeten Angaben. Hier findet man auch alle weiteren Daten über die Umstände der einzelnen Finsternisse wie Sichtbarkeitsgebiet und Verlauf, aber auch eine Übersicht über die statistische Verteilung.

Es zeigt sich, daß die Gesamtzahl der Mondfinsternisse (also einschließlich der kaum merkbaren Halbschattenfinsternisse) und die Zahl der Sonnenfinsternisse praktisch gleich groß sind, wobei das oben Gesagte über die lokalen und langfristigen Eindrücke natürlich bestehen bleibt. Einige weitere Ergebnisse der Statistik zeigen etwa, daß die Zahl totaler Mondfinsternisse im Jahrhundert zwischen 60 (18. Jahrhundert) und 84 (21. Jahrhundert) schwanken kann. Noch größere Unterschiede sind im Auftreten von vier totalen Mondfinsternissen hintereinander (Tetraden) zu bemerken: von 1582–1908 kommen keine vor, von 1909–2156 aber 16, worauf für 300 Jahre wieder eine „Leere“ eintritt. Vielerlei weitere Gesetzmäßigkeiten über die Wiederkehr der Finsternisse lassen sich noch aus den Tabellen der Canones ableiten; eine ausführlichere Betrachtung würde aber hier zu weit führen.

4.3 Theorie und Vorausberechnung der Mondfinsternisse

4.3.1 Geometrische Theorie der Mondfinsternisse

Beginnen wir unsere Überlegungen anhand der Abbildung 3. Wie schon gesagt, bilden die gemeinsamen Außentangenten t'_1, t_2 einen konvergenten Kernschattenkegel k, die Innentangenten t'_2, t'_2 den divergenten Halbschattenkegel h. So würden die Sonnenstrahlen auch bei Abwesenheit einer Erdatmosphäre verlaufen. In den Kernschatten würde also kein Licht eindringen, und für einen dort befindlichen Beobachter wäre die Sonne durch die undurchsichtige Erde verdeckt. Ein Beobachter im Halbschatten erhielte nur einen Teil des Sonnenlichts und sähe die Sonne partiell durch die Erde verfinstert.

Denken wir uns nun in der Entfernung des Mondes eine Ebene I senkrecht zur Achse des Schattens SEM gelegt. Auf dieser Ebene schneiden die beiden Kegel des Kern- und des Halbschattens die entsprechenden Kreise mit ihren scheinbaren Radien (Sehwinkel), gesehen von der Erdmitte her, aus:

$$\sigma = \pi_☾ + \pi_\odot - R_\odot \quad \text{für den Kernschatten,} \tag{1}$$

$$\sigma' = \pi_☾ + \pi_\odot + R_\odot \quad \text{für den Halbschatten.} \tag{1'}$$

Diese Gleichungen ergeben sich direkt aus den geometrischen Verhältnissen der Abbildung 3, wo $\pi_☾$ die Horizontalparallaxe des Mondes, $\pi_\odot$ die der Sonne und $R_\odot$ deren scheinbaren Radius darstellen. Diese Gleichungen waren schon Hipparch zweihundert Jahre vor Christus bekannt.

Bei seiner Erdumkreisung wird der Mond auf unsere Ebene I projiziert und durchläuft dort verschiedene Teile des Halb- und des Kernschattens (vergleiche Abb. 4).

Die größte Verfinsterung tritt bei minimaler Entfernung zwischen Mond- und Schattenmitte ein. Diesen Moment bezeichnen wir auch als die Verfinsterungsmitte und drücken die Größe g der Finsternis in dieser Lage so aus:

$$g = \frac{\sigma - (\varrho_0 - R_☾)}{2 R_☾}, \tag{2}$$

wobei ϱ_0 die minimale Entfernung zwischen Mond- und Schattenzentrum und $R_☾$ den Mondradius bedeuten (Abb. 4).

Bei Beginn einer partiellen Finsternis ist $g = 0$, während der partiellen Phase $0 < g < 1$, zu Beginn der Totalität $g = 1$ und während derselben $g > 1$. Im Verlauf der partiellen Phase bezeichnet die Größe g den Anteil des Monddurchmessers, welcher verfinstert ist; während der Totalität aber die Eindringtiefe in den Schattenkegel (in Einheiten des Monddurchmessers). Astronomische Ephemeriden geben allerdings g nur für die Mitte der Verfinsterung an. (Früher wurde die Größe der Verfinsterung in Zoll angegeben, wobei 1 Zoll 1/12 des Monddurchmessers ist, so daß eine 12zöllige Finsternis eine knapp totale, unter 12 Zoll eine partielle und über 12 Zoll eine totale bedeutet.)

Um die Vorstellung zu erleichtern, führen wir numerische, gerundete Werte an: Bei $\pi_☾ = 57'$ und $R_☾ = 16'$ ist der Radius des Halbschattens $\sigma' = 63'$ und der des Kernschattens $\sigma = 41'$. Bei einer zentralen Finsternis ($\varrho_0 = 0$) ist deren Größe dann nach (2) etwa $g = 1{,}8$ (oder 21 Zoll).

4.3.2 Photometrische Theorie der Mondfinsternisse

Die geometrische Theorie vernachlässigte die Anwesenheit der Erdatmosphäre und konnte daher die Sichtbarkeit des Mondes im Kernschatten nicht erklären. Kepler wies zwar anfangs des 17. Jahrhunderts darauf hin, daß eine Erklärung dieses Phänomens in der Refraktion der Erdatmosphäre gesucht werden muß; eine exakte photometrische Theorie der Mondfinsternisse konnte jedoch erst in unserem Jahrhundert durch Paetzold [6] ausgearbeitet werden, nachdem wir die erforderlichen Kenntnisse über die Zusammensetzung der Erdatmosphäre in verschiedenen Schichten bis zur Höhe von 100 km erworben hatten. Darunter verstehen wir hauptsächlich die Kenntnis des Verlaufes der Luftdichte in verschiedenen Höhen; daraus können wir dann die Refraktion berechnen, das heißt die gesamte Ablenkung von waagerechten Strahlen in einer minimalen Höhe h_0 über der Erdoberfläche, die auf dieser Bahn durchlaufene Luftmasse, sowie die Änderung der Refraktion mit der Höhe h_0.

Beobachten wir ein Strahlenbündel aus der Sonne, welches die Erdatmosphäre durchdringt (Abb. 6), so sehen wir, daß die Ablenkung durch die Refraktion für den höheren Strahl aus unserem Bündel geringer ist als für den niedrigeren. Dadurch erhöht sich die natürliche und sonst sehr unscheinbare Divergenz der Strahlenbündel und die Folge davon ist die sogenannte Refraktionsabschwächung der Sonnenstrahlen. Dieser Effekt ist sehr empfindlich, denn noch in hohen Schichten der Atmosphäre bis zu 50 km, wo die Luftdichte schon sehr gering ist, bewirkt er eine scheinbare Abschwächung. Die Schwächung durch Refraktion ist fast neutral. In niedrigeren Schichten der Atmosphäre kommt noch eine Abschwächung durch Extinktion hinzu, deren hauptsächliche Ursache die molekulare Streuung des Lichts ist. Die Extinktion hängt von der durchlaufenden Luftmasse ab und ist ausgeprägt selektiv, das heißt wellenlängenabhängig mit λ^{-4} (Rayleigh-Gesetz). Der Anteil dieser beiden Komponenten an der gesamten Abschwächung hängt also von der minimalen Höhe des Strahls oder von der Lage auf der Ebene I ab. Die genaue photometrische Theorie muß noch die ungleichmäßige Verteilung der Helligkeit auf der Sonnenscheibe berücksichtigen.

In Abbildung 7 sind einige Kurven über die Beleuchtung im Erdschatten zu sehen (ausgedrückt in der sogenannten optischen Dichte D, s. Abschnitt 4.5.1), woraus wir uns eine Vorstellung von den photometrischen Verhältnissen unter verschiedenen Bedingungen machen können, vorausgesetzt allerdings eine ideale sogenannte Rayleigh-Atmosphäre:

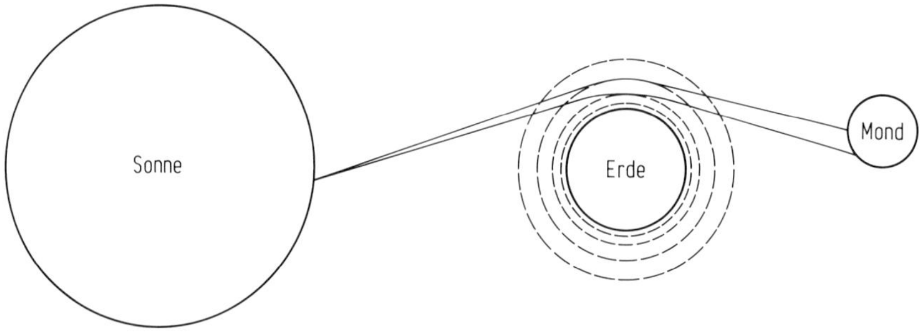

Abb. 6. Wirkung der Atmosphäre bei einer Mondfinsternis

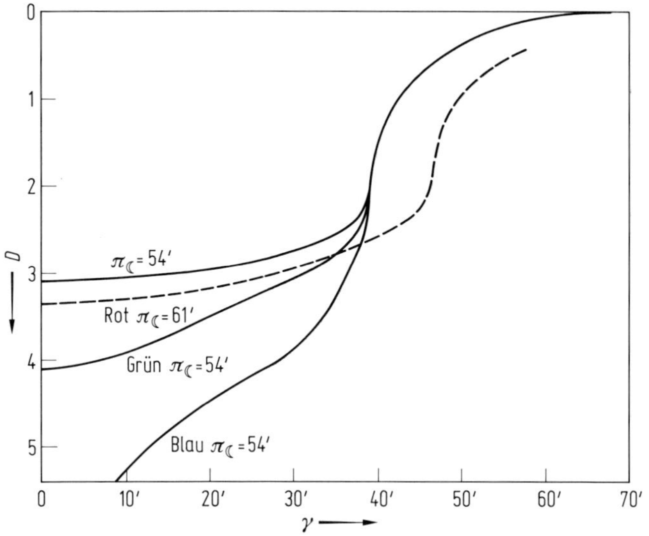

Abb. 7. Die Schattendichte D als Funktion der Winkeldistanz γ vom Schattenzentrum

a) eine fast neutrale Färbung des Schattens in seinen äußeren Teilen, wo die Extinktion noch gering ist;
b) das Überwiegen des roten Lichts in den inneren Teilen des Schattens;
c) die Abhängigkeit der Helligkeit des Schattens von der Parallaxe des Mondes.

Perigäumsfinsternisse ($\pi_{☾} = 61'$) sind merklich dunkler als solche im Apogäum ($\pi_{☾} = 54'$). Das ist leicht aus der Tatsache zu erklären, daß der Mond im Perigäum näher dem Scheitel des durch die Refraktion stark verkürzten wahren Kernschattenkegels liegt, welcher sich in einer Entfernung von zirka 40 Erdradien von der Erdmitte befindet.

Interessant ist eine Analyse der Situation vom Standpunkt eines Beobachters auf dem Mond aus. Sie erklärt uns auch die photometrischen Verhältnisse im Halbschatten. Ein im Kernschatten befindlicher Beobachter würde am Himmel in Richtung der Erde eine dunkle Stelle mit einem scheinbaren Durchmesser von zirka 2° ($= 2\pi_{☾}$) wahrnehmen, die von einem hellen Ring umgeben ist. Hier handelt es sich um das durch die Refraktion in den Schattenkegel gelenkte Sonnenlicht, vergleichbar etwa mit der Erscheinung, wie sie manchmal bei Venus in unterer Konjunktion gesehen und photographiert werden kann.

Im Halbschatten wäre eine partielle Verfinsterung der Sonne durch die dunkle Erde zu sehen. Die Beleuchtung ist dann aus dem Verhältnis der nicht verdeckten Fläche zur ganzen Sonnenscheibe, mit Berücksichtigung der Verteilung der Helligkeit auf der Sonne, zu berechnen.

Jede moderne photometrische Theorie soll von der Notwendigkeit der Erforschung der hohen Atmosphäre geleitet werden. Aus dem Vergleich mit Beobachtungen gehen manche interessante Tatsachen hervor, die in Zusammenhang mit den Ergebnissen erdumkreisender Satelliten zur Lösung noch offener Fragen beitragen.

4.3.3 Vorausberechnung der Mondfinsternisse

Die Vorausberechnung des Verlaufs einer Mondfinsternis ist für die Amateurpraxis sehr lehrreich und kann in vielfacher Hinsicht auch die etwas kurzgefaßten Angaben in den astronomischen Ephemeriden ergänzen. Zur Berechnung des vollständigen Verlaufs einer Mondfinsternis müssen zuerst folgende Angaben bestimmt werden:

1. Eintritte in den und Austritte aus dem Halbschatten (äußere Kontakte), Beginn und Ende der partiellen Verfinsterung, das heißt Eintritte in den und Austritte aus dem Kernschatten (äußere Kontakte), Beginn und Ende der Totalität (innerer Kontakt mit dem Kernschatten) und endlich die Mitte der Verfinsterung.
2. Der graphische Verlauf der Verfinsterung, das heißt der Durchgang des Mondes durch beide Schatten in Projektion auf die Ebene, welche in der Entfernung des Mondes durch die Mitte des Schattens, senkrecht auf seine Achse, geführt ist.
3. Die Lage des Terminators, das heißt der Schattengrenze auf der Erde, in wichtigen Phasen der Verfinsterung oder in beliebigen Zeitpunkten bestimmt.
4. Die Zeitpunkte des Durchgangs von Kratern und anderen geeigneten Mondformationen durch die Schattengrenze.
5. Weitere topozentrische Umstände der Verfinsterung, gültig für den Ort der Beobachtung, zum Beispiel Azimut und Zenitdistanz in wichtigen Phasen der Mondfinsternis.

Diese Angaben sind wertvoll sowohl für die Abschätzung der Beobachtungsbedingungen als auch für eine spätere Reduktion der Messungen.

4.3.3.1 Numerische Bestimmung des Verlaufs. Bei der Berechnung gehen wir von folgenden Ephemeridendaten aus:

T	Zeit der Opposition in Rektaszension,
$\alpha_\odot = \alpha_☾ \pm 12^h$	zugehörige Rektaszensionen der Sonne und des Mondes,
$\delta_\odot$, $\delta_☾$	die entsprechenden Deklinationen zur gleichen Zeit,
$\Delta\alpha_\odot$, $\Delta\alpha_☾$, $\Delta\delta_\odot$, $\Delta\delta_☾$	stündliche Änderungen dieser Koordinaten,
$\pi_\odot$, $\pi_☾$	Parallaxen von Sonne und Mond,
$R_\odot$, $R_☾$	scheinbare Halbmesser von Sonne und Mond.

Die Schattenmitte hat bei Opposition die Koordinaten $\alpha_\odot \pm 12^h$, $-\delta_\odot$, und ihre stündlichen Änderungen sind

$$\Delta\alpha_\odot, \; -\Delta\delta_\odot \,.$$

Zur Berechnung legen wir durch die Schattenmitte 0 eine Ebene senkrecht zur Schattenachse und darin ein rechtwinkeliges System von Koordinaten mit dem Beginn in der Schattenmitte 0 und den Achsen $+0x$, orientiert nach Westen, und $+0y$, orientiert nach Norden. Während der Opposition (in Rektaszension) ist die Lage des Mondes M_0 gegeben durch die Koordinaten (Abb. 8)

$$\begin{aligned} X_0 &= 0 \\ Y_0 &= \delta_☾ + \delta_\odot \,. \end{aligned} \tag{3}$$

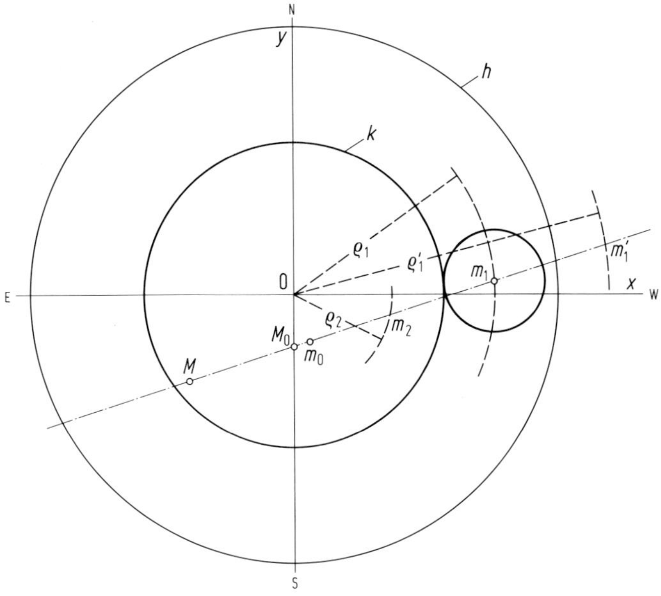

Abb. 8. Zur Vorausberechnung einer Mondfinsternis

Eine Stunde nach der Opposition befindet sich der Mond in der Lage M, deren Koordinaten

$$\begin{aligned} x' &= -15 \cos \delta_\odot \, (\varDelta\alpha_☾ - \varDelta\alpha_\odot) \,, \\ y' &= Y_0 + \varDelta\delta_☾ + \varDelta\delta_\odot = \delta_☾ + \delta_\odot + \varDelta\delta_☾ + \varDelta\delta_\odot \end{aligned} \tag{4}$$

betragen.

Die Länge $\varDelta s$ der Mondbahn in einer Stunde wird daher

$$\varDelta s = -\sqrt{x'^2 + (y' - y_0)^2} = -\frac{\varDelta\delta_☾ + \varDelta\delta_\odot}{\sin i} = \frac{15 \cos \delta_\odot \, (\varDelta\alpha_☾ - \varDelta\alpha_\odot)}{\cos i} \tag{5}$$

und ihre Neigung zur Achse $+0x$

$$\tan i = -\frac{\varDelta\delta_☾ + \varDelta\delta_\odot}{15 \cos \delta_\odot \, (\varDelta\alpha_☾ - \varDelta\alpha_\odot)} \tag{6}$$

sein. In der Mitte der Verfinsterung wird die Entfernung des Mondes von der Schattenmitte

$$\varrho_0 = (\delta_☾ + \delta_\odot) \cos i \tag{7}$$

sein und die Länge der Mondbahn zwischen Opposition und Verfinsterungsmitte

$$\overline{m_0 M_0} = (\delta_☾ + \delta_\odot) \sin i \,,$$

woraus sich der Zeitpunkt der Verfinsterungsmitte ergibt zu

$$t_0 = T - \frac{\delta_☾ + \delta_\odot}{\varDelta\delta_☾ + \varDelta\delta_\odot} \,. \tag{8}$$

Beginn und Ende der partiellen Phase treten ein, wenn die Entfernung des Mondes von der Schattenmitte $\varrho_1 = \sigma + R_☾$ ist.
Die Länge der Mondbahn ist daher

$$\overline{m_0 m_1} = + \sqrt{\varrho_1^2 - \varrho_0^2}\,,$$

und die entsprechenden Zeiten sind

$$t_0 \pm \frac{\sqrt{\varrho_1^2 - \varrho_0^2}}{\Delta\delta_☾ + \Delta\delta_\odot} \sin i\,. \tag{9}$$

Beginn und Ende der Totalität treten analog dazu ein bei $\varrho_2 = \sigma - R_☾$ und daher bei

$$t_0 \pm \frac{\sqrt{\varrho_2^2 - \varrho_0^2}}{\Delta\delta_☾ + \Delta\delta_\odot} \sin i\,. \tag{10}$$

Endlich erhalten wir für die äußeren Kontakte mit dem Halbschatten $\varrho_1' = \sigma' + R_☾$

$$t_0 \pm \frac{\sqrt{\varrho_1'^2 - \varrho_0^2}}{\Delta\delta_☾ + \Delta\delta_\odot} \sin i\,. \tag{11}$$

Bei diesen Berechnungen erhöhen wir die Werte σ und σ' gegenüber (1) beziehungsweise (1′) wegen der später zu besprechenden Schattenvergrößerung. In früheren Arbeiten, auch bei Link und in manchen Jahrbüchern, war stets eine Vergrößerung von 1/50 (=2%) angenommen worden. Danjon, Meeus und Mucke verwenden 1/85 (=1,18%). Dieser Wert ist auch hier verwendet worden.

Die Größe der Verfinsterung ergibt sich aus (2).

Heute wird es nicht schwer sein, ein elektronisches Programm für die Berechnung der Finsternisse auf Taschen- oder Heimcomputern zu erstellen beziehungsweise ein fertiges käuflich oder auch gratis zu erwerben. Wegen der Vielfalt der in den astronomischen Zeitschriften angebotenen Möglichkeiten dazu soll hier kein bestimmtes wiedergegeben, sondern als Beispiel nur auf die kurze Anleitung von Duffet-Smith [7] hingewiesen werden. Bei der Verwendung von käuflichen Disketten wird meist auch die Entnahme von Koordinaten, Parallaxen und so weiter aus den jeweiligen Jahrbüchern hinfällig, weil diese vielfach gleich neu mitberechnet werden.

4.3.3.2 Graphische Darstellung des Verlaufs einer Mondfinsternis. Das graphische Bild einer Mondfinsternis ist eine Illustration zur numerischen Berechnung. Wir wählen das gleiche Koordinatensystem wie oben und einen geeigneten Maßstab, zum Beispiel $1' = 5$ mm. Wir schlagen um das Zentrum Kreise mit den Radien 1,01 σ (Kernschatten und 1,01 σ' (Halbschatten). In diesem System tragen wir die Lage des Mondes X_0, Y_0 und x', y' ein.

Die Abszisse, welche durch diese zwei Punkte bestimmt ist, stellt die Länge Δs der Stundenbahn des Mondes dar. Tritt die Opposition (T) m Minuten nach einer vollen Stunde der Weltzeit ein, so wird die entsprechende Lage des Mondes auf seiner Bahn zur vollen Stunde um die Länge $m\Delta s/60$ gegenüber seiner Lage in der Opposition zurückverschoben sein. Durch Auftragen der Länge Δs nach beiden Seiten des so bestimmten Punkts finden wir die Lage des Mondes zu den vollen Stunden der Weltzeit und durch weitere Teilung auch die Lage nach 10, eventuell sogar nach 5 Minuten.

Nun schlagen wir von der Schattenmitte aus Hilfskreise mit den Radien 1,01 $\sigma' + R_☾$ und 1,01 $\sigma \pm R_☾$. Ihre Schnittpunkte mit der Mondbahn bestimmen auf dieser die Zeitpunkte des Halbschattenein- und austritts, Beginn und Ende der partiellen sowie Beginn und Ende der totalen Phase. Die Positionswinkel der Berührungspunkte mit dem Schatten bestimmen wir direkt mit dem Winkelmaß. Die Mitte der Finsternis befindet sich am Fuße der Senkrechten, welche wir von der Schattenmitte auf die Mondbahn fällen.

4.3.3.3 Die Lage des Terminators des Erdschattens auf der Erdoberfläche. Wir versuchen nun das Einzeichnen des Terminators des Erdschattens in eine Karte – am besten eine Weltkarte in Merkator-Projektion. Wir gehen von den Tabellen in den astronomischen Ephemeriden aus, welche die Auf- und Untergangszeiten der Sonne für verschiedene Breiten und alle Kalenderdaten des Jahres angeben. Haben wir nicht das Jahrbuch des laufenden Jahres zur Hand, genügt ein solches aus früheren Jahren, denn die Unterschiede sind geringfügig und können bei der graphischen Darstellung vernachlässigt werden.

Die Zeitangaben solcher Tabellen, umgewandelt auf Winkelmaße, ergeben die geographische Länge der Orte auf der entsprechenden Breite, auf welcher sich der Terminator des Schattens um 0 Uhr Weltzeit befindet. Dabei rechnet man die geographische Länge von Greenwich aus nach Osten positiv beziehungsweise Westen negativ. Für einen anderen Zeitpunkt H der Weltzeit ist der Terminator um H° nach Westen verschoben. So können wir in die Karte die Lage des Terminators zu einem beliebigen Zeitpunkt der Verfinsterung einzeichnen.

Einen bestimmten Einfluß auf die Beleuchtung des verfinsterten Mondes haben auch die meteorologische Situation und die geographischen Verhältnisse. In der Regel kommt aber nicht der gesamte Terminator in Betracht, sondern nur ein größerer oder kleinerer Teil.

Zur Bestimmung dieses effektiven Teils des Terminators gehen wir von der Lage des gedachten Orts im Schatten aus, der gegeben ist durch die Entfernung γ von der Schattenmitte und dem Positionswinkel P von Norden. Ein Beobachter in diesem Punkt des Monds würde die Erde unter dem Sehwinkel $\pi_☾$ (Abbildung 9) sehen, und die geometrische Lage der Sonne hinter der Erde wäre bestimmt durch die gleichen Polarkoordinaten, das sind γ und P. Der Terminator des Schattens liegt auf der Erdscheibe, und sein effektiver Teil ist eingeschlossen von den Tangenten t_1 und t_2. Man muß dann nur noch die geographische Breite des halbierenden Punkts S' aus dem Terminator berechnen nach der Gleichung

$$\sin \varphi = \cos \delta_\odot \cos P . \tag{12}$$

Die geographischen Breiten beider Endpunkte des effektiven Terminatorbogens betragen

$$\sin \varphi_{1,2} = \cos \delta_\odot \cos (P \pm \Delta P) , \tag{13}$$

wobei

$$\sin \Delta P = R_\odot / \gamma . \tag{14}$$

Auf diese Weise können wir die Lage des effektiven Terminators des Schattens auf der Erde für eine beliebige Phase der Verfinsterung bestimmen, zum Beispiel für

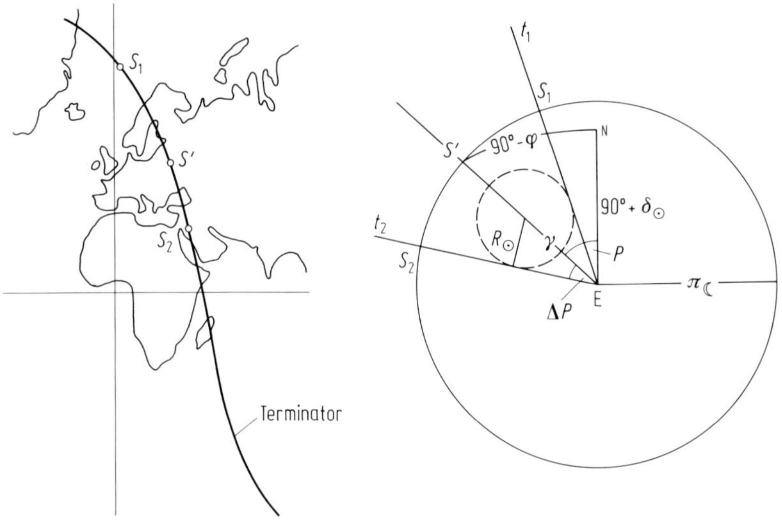

Abb. 9. Die Lage des Terminators auf der Erdoberfläche

Beginn und Ende der partiellen oder totalen Phase oder auch die Mitte der Verfinsterung. Hierbei spielt natürlich in gewissem Maße die Wahl des Orts auf dem Mond eine Rolle. Bei Kontakten mit dem Schatten werden es in der Regel Punkte am Mondrand sein. In jedem Fall, in dem die Entfernung des gedachten Punkts unter die Grenze $\gamma \leqq R_{\odot}$ sinkt, kommt der ganze, 40 000 km lange Terminator zur Geltung.

4.3.3.4 Graphische Bestimmung der Kraterdurchgänge. Zur Orientierungsbestimmung eines Kraterdurchgangs durch die Schattengrenze bedienen wir uns der gleichen Skizze wie in Abschnitt 4.3.3.2 angedeutet. Auf einem Pauspapier zeichnen wir die Mondscheibe im gleichen Maßstab wie bei dieser Darstellung, führen durch den Mittelpunkt ein System von selenographischen Koordinaten ξ, η und kennzeichnen auch die Richtung der Mondachse zum Nordpunkt, welcher in den Ephemeriden durch den Positionswinkel p gegeben ist. Auf der Mondscheibe tragen wir auch die Lage der Mondformationen nach dem System von Mucke und Rükl [8] oder auch andere geeignete Punkte ein.

Dies wäre die Ansicht auf den Mond von der Sonne aus, wenn bei der Verfinsterung ihre selenographische Länge $\lambda_{\odot}$ und Breite $\beta_{\odot}$ gleich null wären. Unter dem Einfluß der Libration l ist dies jedoch nicht der Fall, besonders bei $\lambda_{\odot}$, wobei $\beta_{\odot}$ nach dem Cassinischen Gesetz bei einer Finsternis sehr gering ist und daher im Rahmen unserer Genauigkeit vernachlässigt werden kann. Es müssen daher nur die Koordinaten korrigiert werden nach den Gleichungen

$$\xi' = \cos b \sin (l - \lambda_{\odot}) , \quad \eta' = \eta . \tag{15}$$

Das durchscheinende Bild des Mondes, entsprechend nach Norden orientiert, bewegen wir nun auf der Mondbahn und bestimmen die Zeitpunkte des Durchgangs der einzelnen Krater durch die Schattengrenze (1,01 σ).

Diese Methode dient allerdings nur der Orientierung, genügt aber zur Zusammenstellung des Beobachtungsprogramms, welches die Bestimmung der Vergrößerung des Schattens zur Aufgabe hat (Abschnitt 4.4). Ein größere Genauigkeit wäre sogar schädlich, weil sie den Beobachter suggestiv beeinflussen könnte.

Das System von Mucke und Rükl [8], dessen Positionen wir benützen, enthält gegenüber dem früher verwendeten Berliner System 70 helle, möglichst punktförmige Krater von geeigneter Albedo, die leicht und besser identifizierbar und photometrierbar sind. Diese Formationen (Tabelle 13, S. 603) wurden unter Berücksichtigung der Libration schon in den erwähnten Seminarpapieren [3] mit einigen Musterdarstellungen beschrieben.

4.4 Vergrößerung des Erdschattens

4.4.1 Allgemeine Betrachtungen

Die Vergrößerung des Erdschattens bei einer Mondfinsternis ist schon etwa drei Jahrhunderte bekannt. Bei diesem Problem handelt es sich prinzipiell um den Unterschied zwischen dem theoretischen Wert des Radius σ des Kernschattens nach der Hipparchschen Gleichung (1) und dem Wert σ_1, bestimmt aus Beobachtungen des Durchgangs von Kratern und anderen Mondformationen, welcher etwas größer ist. Daher nimmt man für die Berechnung der Ephemeriden einen durch Übereinkommen (Abschnitt 4.3.3.1) bestimmten höheren Wert des Radius des Kernschattens an. Man überläßt es dem weiteren Studium, den genauen Wert σ_1 zu bestimmen, welcher sich von einer Mondfinsternis zur anderen, eventuell auch entlang des Umfangs der Schattengrenze bei einer bestimmten Mondfinsternis ändert.

Physikalisch hat der Begriff der Schattengrenze und der Wert σ keine Bedeutung, da sich die Schattendichte D als stetige Funktion der Entfernung γ von der Mitte ändert, und zwar vom Rande des Halbschattens ($D = 0$) bis zur Schattenmitte ($D \approx 4$). Die Änderung der Dichte ist jedoch sehr schnell in der Umgebung von σ. Wie die Kontrasttheorie von Kühl [9] lehrt, legt das Auge in diesen Fällen eine Trennungslinie schätzungsweise in die Entfernung, wo die Kurve $D = f(\gamma)$ einen Krümmungspunkt hat, dessen Lage mit der Meteorstaubschicht in der Höhe von rund 120–150 km in Beziehung zu stehen scheint.

4.4.2 Bestimmung der Schattenvergrößerung durch Beobachtungen der Kraterantritte

Für jede Mondfinsternis bestimmt man die Zeitpunkte, zu welchen bestimmte Krater oder andere geeignete Mondformationen durch die Schattengrenze hindurchgehen. Wir kennen die Lage zur Mondmitte und können die Lage der Mondmitte zur Schattenmitte (= Gegensonne) berechnen. Ebenso bestimmen wir die Entfernung eines Kraters von der Schattenmitte im Augenblick seines Durchgangs, das heißt die Größe σ_1. Durch deren Vergleich mit dem geometrischen Wert σ ergibt sich die Vergrößerung des Schattens.

Um ein Gelingen der Beobachtungen zu gewährleisten, müssen außer der Berücksichtigung der Wetterverhältnisse noch einige andere technische Voraussetzungen erfüllt werden:

1. Zur Beobachtung genügt ein kleines oder mittleres Fernrohr (∅ 5 bis 15 cm) bei schwächerer Vergrößerung (30- bis 100fach), so daß das Bild genügend deutlich und dabei das Gesichtsfeld entsprechend groß ist, um den Überblick und die Auswahl der Krater zu ermöglichen.
2. Ein Gehilfe soll das Protokoll führen, das heißt auf der Uhr die Zeit mit einer Genauigkeit von 1 bis 2 Sekunden ablesen und die Momente des gemeldeten Durchgangs sowie andere Bemerkungen des Beobachters aufzeichnen. Dieser ist so der Sorge um das Schreiben enthoben, ist nicht durch Licht gestört und kann sich ganz den Beobachtungen widmen. Bei der relativen Seltenheit von Mondfinsternissen ist die Hinzuziehung eines solchen Mitarbeiters immer angezeigt.
3. Eine vorausberechnete Ephemeride zur Orientierung beim Durchgang der Krater gemäß Abschnitt 4.3.3.4. Dies erleichtert wesentlich die Beobachtungen, da sich der Beobachter rechtzeitig auf dem Mond orientiert und mit der Lage der Krater vertraut macht, sofern er diese nicht schon kennt. Ferner entfällt die Zeitnot bei der Wahl von geeigneten Kratern. Im allgemeinen genügt eine Genauigkeit von etwa einer Minute, um einer Suggestion des Beobachters vorzubeugen. Die Voransage des Durchgangs besorgt selbstverständlich auch der Helfer.

Die erforderliche Genauigkeit der Zeitmessung ist heute mittels jeder besseren Armbanduhr mit zentralem Sekundenzeiger erfüllbar. Eine Korrektion der Zeit nehmen wir vor und nach der Mondfinsternis nach den Zeitsignalen aus dem Rundfunk oder Telefon vor. Die eigentliche Beobachtungsgenauigkeit der zeitlichen Bestimmung des Durchgangs ist gewöhnlich geringer. Bei kleinen und hellen Kratern begnügen wir uns mit einer einzigen Bestimmung des Durchgangs durch den Erdschatten. Bei größeren Kratern, soweit wir sie überhaupt in das Beobachtungsprogramm einbezogen haben, bestimmen wir den Durchgang beider Ränder und auch der gedachten Mitte, welche häufig durch einen Zentralberg gekennzeichnet ist.

Die eigentliche Bestimmung des Durchgangs ist eine Sache der Schätzung, welche in gewissem Grade subjektiv ist. Es beeinträchtigt die Genauigkeit und Homogenität der Beobachtungsreihe, wenn wir uns angestrengt bemühen, den Krater so weit wie möglich in den Schatten zu verfolgen. Hoffmeister [10] schlägt bei Unsicherheit vor, bei jedem Krater drei Zeitmomente zu bestimmen, und zwar T_1, wenn der Krater zu verschwinden beginnt, T_2, wenn er mit der größten Wahrscheinlichkeit die Schattengrenze durchläuft, und T_3, wenn er bereits verläßlich durchgegangen ist. Aus diesen drei Beobachtungen nehmen wir dann das gewogene Mittel nach

$$T = 1/4(T_1 + 2T_2 + T_3). \tag{16}$$

4.4.3 Reduktion der Messungen zur Bestimmung der Schattenvergrößerung

Falls wir die Reduktion der Messungen nicht einem Fachinstitut anvertrauen wollen, können wir sie selbst mit Hilfe der Kozikschen Methode, die an die modernen Ephemeriden der Sonne und des Mondes angepaßt ist, durchführen.

Kozik [11] wählt folgendes rechtwinkelige System von räumlichen Koordinaten, ausgehend von der Erdmitte: die Achse $+0z$ ist zur Gegensonne gerichtet, die Achse $+0y$ zum himmlischen Nordpol, und die Achse $+0x$ verläuft in der Äquatorebene und in der Richtung des Mondumlaufs um die Erde. Die Längeneinheit ist der Erdradius. In diesem System hat der Mond die Koordinaten

$$x_☾ = \frac{\cos\delta_☾ \sin(\alpha_☾ - \alpha_1)}{\sin\pi_☾}, \tag{17}$$
$$y_☾ = \frac{\sin(\delta_☾ - \delta_1)}{\sin\pi_☾} + 0{,}008726\,(\alpha_☾ - \alpha_1)\, x_☾ \sin\delta_1 ,$$

wobei α_1, δ_1 die Äquitorial-Koordinaten der Gegensonne sind.

Die selenographischen Koordinaten der Mondkrater (λ, β) sind entweder sphärische oder rechtwinklige, verknüpft durch die Gleichungen

$$\begin{aligned} x_0 &= r_☾ \cos\beta \sin\lambda , \\ y_0 &= r_☾ \sin\beta , \\ z_0 &= r_☾ \cos\beta \cos\lambda . \end{aligned} \tag{18}$$

Diese Koordinaten übertragen wir in das Koziksche System mit Hilfe einer Rotation der Achsen mit verschobenem Ursprung, was die Gleichungen

$$\begin{aligned} x &= x_☾ + a_x x_0 + b_x y_0 + c_x z_0 , \\ y &= y_☾ + a_y x_0 + b_y y_0 + c_y z_0 \end{aligned} \tag{19}$$

ausdrücken. Die Hilfsgrößen bedeuten

$$\begin{aligned} a_x &= -\cos\lambda_\odot \cos p - \sin\lambda_\odot \sin p \sin\beta_\odot , \\ b_x &= \sin p \cos\beta_\odot , \\ c_x &= \sin\lambda_\odot \cos p - \cos\lambda_\odot \sin p \sin\beta_\odot , \\ a_y &= \cos\lambda_\odot \sin p - \sin\lambda_\odot \cos p \sin\beta_\odot , \\ b_y &= \cos p \cos\beta_\odot , \\ c_y &= -\sin\lambda_\odot \sin p - \cos\lambda_\odot \cos p \sin\beta_\odot , \end{aligned} \tag{20}$$

wobei $\lambda_\odot$, $\beta_\odot$ die selenographischen Koordinaten der Sonne sind und p der Positionswinkel der Mondrotationsachse, projiziert auf die Ebene senkrecht zur Achse $0z$, welche durch die Mondmitte gelegt ist.

Alle in obigen Gleichungen enthaltenen Größen sind in Weltzeit angegeben, entweder in Abständen von ganzen Stunden, oder sie müssen für ganze Stunden der Weltzeit interpoliert werden. Auf diese Weise bestimmen wir die Koordinaten der beobachteten Krater für alle Stunden, und durch Interpolation erhalten wir auch ihre Werte für den beobachteten Moment des Durchgangs durch die Schattengrenze. Die Entfernung von der Schattenmitte ergibt sich dann aus der Gleichung

$$r_0 = (x^2 + y^2)^{1/2}, \tag{21}$$

und der Positionswinkel, gerechnet vom Äquator

$$\tan\psi = y/|x| . \tag{22}$$

Der theoretische Radius des Schattens ergibt sich aus den Dimensionen des Geoids

$$r_c = 1 - \operatorname{cosec}\pi_☾ \tan(R_\odot - \pi_\odot) - 3{,}376 \times 10^{-3} \cos^2\delta_\odot \sin^2\psi . \tag{23}$$

Durch Vergleich mit dem Wert r finden wir die Vergrößerung des Schattens. Besonders genaue und zahlreiche Bestimmungen, in Gruppen zusammengestellt, zum Beispiel nach je 10° im Winkel ψ, zeigen eine deutliche Abplattung des Schattens, welche den theoretischen Wert übersteigt. Wir zeichnen daher eine graphische Darstellung für r_0 und ψ, woraus wir die Werte m und n ablesen nach der Gleichung

$$r_0 = m - n \sin^2 \psi \,. \tag{24}$$

Diese Konstanten (m, n) charakterisieren die Größe und Abplattung des Schattens für die gegebene Mondfinsternis. Die (manchmal auch unsymmetrischen) Schattenkonturen und die Schattenvergrößerung sind abhängig von der Parallaxe und von der Abplattung der Erde und ihrer Atmosphäre. Messungen der letzten Jahrzehnte, besonders durch Bouška in der ČSSR (zahlreiche Zitate in Astronomy & Astrophysics Abstracts), ergeben Schattenvergrößerungen von 1/36 (2,8 %) bis 1/67 (1,5 %) gegenüber der Vorausberechnung, die physikalisch erst erklärt werden müssen.

4.5 Photometrie von Mondfinsternissen

4.5.1 Prinzipien

Aufgabe jeder Photometrie von Mondfinsternissen wäre im Idealfall die Bestimmung des ganzen Verlaufs der Dichte des Erdschattens in allen Teilen der Ebene I, welche der Mond angenähert bei der Finsternis durchläuft, am besten wohl in Form von Isophoten. Die praktische Durchführung dieses Gedankens besteht daher in der Messung der Helligkeit bestimmter Monddetails während der verschiedenen Phasen der Finsternis und außerhalb davon. Aus dem Verhältnis zwischen der Helligkeit i während der Verfinsterung und der außerhalb dieser, I, berechnet man die Schattendichte nach der Gleichung

$$d = -\log \frac{i}{I} \,. \tag{25}$$

Diese wird gelegentlich auch in Größenklassen ausgedrückt nach der Beziehung

$$\Delta m = 2{,}5\, D \,. \tag{26}$$

Wie wir aus den Messungen der Abbildung 7 ersehen, kommen bei Finsternissen Schattendichten bis zum Wert von $D = 5$ vor. Das bedeutet, daß wir bei den Messungen Helligkeitsverhältnisse von etwa 1:100 000 verläßlich überbrücken müssen, was an sich eine heikle Aufgabe ist. Sie verlangt eine genaue Kalibration der photometrischen Apparatur und eine Anpassung ihrer Empfindlichkeit in diesem Bereich.

Die Messungen der beiden Größen i und I (Gl. 25) erfolgen nicht gleichzeitig, sondern können erst mit einer Zeitverschiebung von etwa einer Stunde oder mehr vorgenommen werden. Während dieser Zeit verändert der Mond seinen Stand am Himmel; dadurch verändert sich auch die Extinktion, und diese kann auch in ihrem normalen Verlauf durch wechselnde meteorologische Bedingungen während der Nacht gestört werden. Die Ausschaltung des Einflusses der Extinktion ist daher ein wichtiges Problem für jede photometrische Methode bei Mondfinsternissen.

In die Helligkeitsmessungen von i und auch I greift ferner das Streulicht ein, das durch die Optik des Apparats und in der Erdatmosphäre entsteht. Messen wir sofort nach dem Beginn der partiellen Phase eine Stelle auf dem Mond, welche im Kernschatten liegt, beleuchtet der andere Teil des Mondes, dessen Licht durch Halbschatten relativ wenig abgeschwächt ist, die optische Fläche des Apparats (Staub, Beugung und so weiter) sowie auch die Luftsäule zwischen Mond und Beobachter. So entsteht ein parasitäres Streulicht, das sich zum relativ schwachen Licht des gemessenen Details im Kernschatten addiert und dadurch scheinbar die Schattendichte verringert.

Am Rand des Kernschattens verändert sich die Schattendichte sehr schnell mit der Entfernung vom Mittelpunkt und dadurch auch mit der Zeit. Es muß daher eine kleine Fläche des Mondes jeweils relativ rasch gemessen werden können.

Endlich müssen die Messungen in genügend monochromatischem Licht, mit Hilfe von Glas-, Gelatine- oder auch Interferenz-Filtern vorgenommen werden, da die Schattendichte stark von der Farbe des Lichts abhängt, wie die Theorie (Abschnitt 4.3.2) zeigt. Besonders einige Blaufilter lassen eine auf den ersten Blick ganz unmerkliche Menge von rotem Licht durch, was bei normaler Photometrie oder auch im Halbschatten nicht ins Gewicht fällt. Im Kernschatten jedoch, wo das blaue Licht zirka 100fach gegenüber dem roten abgeschwächt ist, können die Spuren des roten Lichts, die das Blaufilter durchläßt, die Messungen merklich stören.

Aufklärung über Durchschnittswerte der Schattendichte bringt schließlich auch die Totalphotometrie des verfinsterten Mondes, die zum Teil sogar einfacher funktioniert, was die Berücksichtigung des Streulichts und der Extinktion betrifft. Aber natürlich wird sie nicht diese Fülle von Details herausarbeiten können, welche die Photometrie ausgewählter Formationen bieten kann. Im folgenden sollen von den Schätzungen der Gesamthelligkeit angefangen bis hin zu den exakten Messungen einzelner Gebiete die verschiedenen Methoden aufgezeigt werden. Damit wollen wir einerseits die innewohnenden Schwierigkeiten deutlich machen, andererseits aber soll die Gewißheit vermittelt werden, daß bei sorgfältiger Arbeit auch wissenschaftlich interessante Ergebnisse zu erreichen sind.

4.5.2 Gesamtphotometrie

4.5.2.1 Visuelle Schätzungen nach Danjon. Alte Erfahrungen lehren uns schon, daß es helle oder dunkle, graue oder farbige Mondfinsternisse gibt. In der Geschichte werden mehrere angeführt, bei denen der Mond auf kürzere oder längere Zeit vollständig verschwand. Zu Keplers Zeiten, anfangs des 17. Jahrhunderts, wurde von vier solchen Verfinsterungen berichtet, und im Verlauf der weiteren Jahrhunderte wurden noch einige ähnliche Fälle beobachtet. Auch die Mondfinsternis vom 24. Juni 1964 gehört in diese Kategorie. Demgegenüber gab es auch so schwache Verfinsterungen, daß die Beobachter die Realität der Erscheinung anzweifelten.

Danjon [12, 13] beschäftigte sich mit dem Sammeln und Verarbeiten aller Beobachtungen betreffend die Helligkeit und Färbung der Mondfinsternisse und führte eine vierstufige Skala zu ihrer Klassifizierung ein (Tabelle 2). Wie man sieht, beruht diese Skala auf der gleichzeitigen Einstufung der Helligkeit und der Färbung, welche einerseits auf dem Beobachungsmaterial und andererseits auch auf theoretischen Begründungen basiert. Theoretisch (Abschnitt 4.3.2) soll der Mond – eine ideale Erdatmosphäre vorausgesetzt – auffallend rot gefärbt sein. Jede Verunreinigung der

Tabelle 2.

Stufe L	Beschreibung
0	sehr dunkle Finsternis, der Mond fast unsichtbar, besonders in der Mitte der Totalität
1	dunkle Finsternis, graue oder bräunliche Verfärbung, Einzelheiten sind schwer zu unterscheiden
2	dunkelrote oder rostfarbene Finsternis mit einem sehr dunklen Fleck im Schattenzentrum, Randpartien des Schattens sind ziemlich hell
3	ziegelrote Finsternis, der Schatten ist oft mit einem hellen oder einem gelblichen Rand eingesäumt
4	kupferrote oder orangerote sehr helle Finsternis mit einer bläulichen, sehr hellen Randzone

Atmosphäre durch Nebel, Vulkan- oder Meteorstaub hat eine weitere Abschwächung des Sonnenlichts zur Folge; im Gegensatz zur idealen Atmosphäre jedoch, wo die Abschwächung stark selektiv ist, sollte diese praktisch neutral sein. Abnorm dunkle Verfinsterungen werden aus diesen Gründen weniger farbig sein, wozu noch kommt, daß das Auge bei geringer Helligkeit Farben nicht so gut wahrnimmt.

Die Erfahrungen mit der Danjonschen Klassifikation schienen für das Beobachtungsmaterial der vergangenen drei Jahrhunderte gut gewesen zu sein. Danjon fand auf diese Weise eine Beziehung zwischen der Helligkeit einer Mondfinsternis und der Sonnentätigkeit im Verlauf ihres elfjährigen Zyklus. Am Beginn des Zyklus sind die Mondfinsternisse dunkler ($L = 0$ bis 1), im weiteren Verlauf hellen sie sich immer mehr auf ($L = 1$ bis 2), und kurz vor dem neuen Minimum und dem Beginn eines weiteren Zyklus sind die Mondfinsternisse gewöhnlich am hellsten ($L = 3$ bis 4). Das Minimum der Sonnentätigkeit entspricht im Verlauf der Helligkeit der Mondfinsternisse einer scharfen Diskontinuität, das heißt einem plötzlichen Absinken der Helligkeit (Abb. 10), während das Maximum sich in der Helligkeitskurve gar nicht bemerkbar macht.

In diesem normalen Verlauf der Helligkeit der Mondfinsternisse treten jedoch einige Störungen auf, zum Beispiel unter dem Einfluß von Vulkanausbrüchen oder durch Meteorstaub (Abschnitt 4.6.2). Eine Erklärung der von Danjon vermuteten Beziehung zwischen der Helligkeit der Mondfinsternis und der Sonnentätigkeit ist möglicherweise in der Mondlumineszenz (Abschnitt 4.6.4) zu suchen.

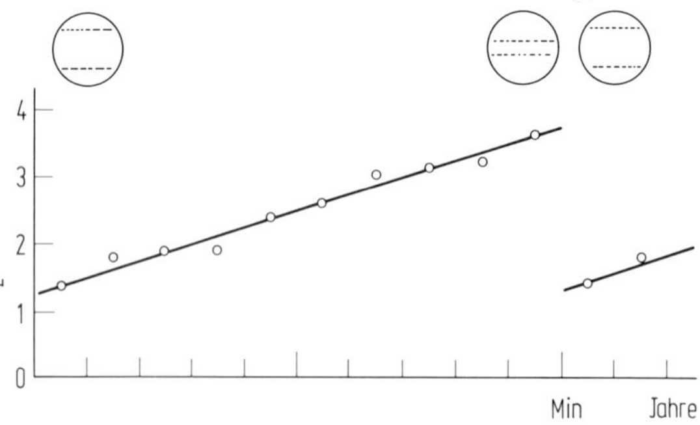

Abb. 10. Die Danjonsche Beziehung. Oben ist die Fleckenverteilung auf der Sonne gegeben

Es soll aber hier nicht verhehlt werden, daß manche Autoren nicht an die Danjonsche Beziehung glauben beziehungsweise sie vielfach nicht so klar verifiziert finden. So meint etwa Bernheimer [14], daß folgende Effekte eine Rolle spielen:

1. die Lage des Mondmittelpunkts zum Schattenzentrum (die nördliche Zone des Erdschattens ist heller als die südliche) und
2. die Länge der Kernschattenmitte zur Oppositionszeit (Jahreszeiteffekt: Winter dunkler).

Auch Segikuchi [15] hat neuerdings in Japan einen Zusammenhang im Danjonschen Sinne nicht feststellen können.

Trotz gegenteiliger Meinungen sollte die Danjonsche Klassifikation, vor allem weil sie für die Amateurpraxis leicht anwendbar ist, weiter gepflogen werden. Im Verlauf einer Finsternis eignet sie sich hauptsächlich während der totalen Phase, deren Verlauf jedoch nicht symmetrisch zur Mitte der Verfinsterung sein muß. Wir empfehlen daher die Schätzungen während der ganzen totalen Periode vorzunehmen. Bei der partiellen Phase stört die Blendung durch den Teil des Mondes, der sich noch im Halbschatten befindet und daher um ein Vielfaches heller ist. In der partiellen Phase müssen also Schätzungen von $L = 0$ bis 2 nicht real sein. Dagegen haben Schätzungen von $L = 3$ bis 4 mehr Bedeutung, da der störende Effekt der Blendung in entgegengesetztem Sinn wirkt. So klassifizierte Mondfinsternisse sind tatsächlich sehr hell.

4.5.2.2 Die Silberkugelphotometrie. Eine recht gute visuelle Gesamtphotometrie kann man mit Hilfe des Silberkugel-Photometers durchführen, einem Gerät, das Richter [16] und andere beschrieben haben. Es besteht primär aus einer möglichst gleichmäßigen, innen gut versilberten Christbaumkugel. Ein Kugeldurchmesser von etwa 60 mm hat sich als gut erwiesen (weniger günstig, aber möglich ist die Verwendung von zwei verschiedenen Kugeln, z. B. 40 und 80 mm groß). Der an der Kugeloberfläche gespiegelte Mond erscheint stark verkleinert, das heißt nahezu sternförmig. Man befestigt die Kugel am Ende einer langen Stange oder Schiene und bringt sie damit in die Nähe eines passend ausgewählten Sterns, wobei man die Entfernung zum Auge so lange verändert, bis Spiegelbild des Mondes und Stern genau gleich hell erscheinen. Da das Auge auch für kleine Helligkeitsunterschiede sehr empfindlich ist, kann eine recht gute Genauigkeit erreicht werden. Den Abstand zwischen Kugel und Auge liest man an einem Stoff- oder Metallrollband ab und notiert ihn zugleich mit der Uhrzeit und dem Vergleichsstern.

Noch ein paar praktische Hinweise: Die gleich zu besprechende Auswertung wird problemloser, wenn man Vergleichssterne auswählt, die dem verfinsterten Mond möglichst ähnlich in der Farbe sind, zum Beispiel also gelbrote Sterne vom Spektraltyp K. Dann muß man ein gewisses Helligkeitsintervall auch schon mit Hilfe der Sterne überbrücken. Man wird also helle und schwache Vergleichssterne nehmen, allenfalls auch den Planeten Jupiter, falls er günstig am Himmel steht und seine Helligkeit in der Beobachtungsnacht bekannt ist. Veränderliche sollten vermieden werden. Wird der Mond so schwach, daß man mit der Kugel ganz nahe ans Auge herangehen muß, dann ist die Punktförmigkeit des Spiegelbilds nicht mehr gewährleistet, und die Einstellungen werden unsicherer. Zu bedenken ist auch, daß man den Mond bei der Messung immer mehr oder weniger im Rücken hat, die Sterne also auf der dem Mond abgewandten Seite des Himmels auszuwählen sind. Damit die Extinktionskorrektur klein gehalten wird, ist es andererseits günstig, wenn Sterne und Mond in ungefähr gleicher Höhe stehen, was man unter Verwendung derselben Sterne nicht während der ganzen Finsternis durchhalten kann. Man sieht also daraus, daß es keine vollkommen ideale Lösung gibt und daß man trachten muß, den bestmöglichen Kompromiß zwischen den angedeuteten Erfordernissen zu finden.

Die einfache Theorie der Christbaumkugel erlaubt eine rasche Reduktion der mit ihr erhaltenen Beobachtungen: Die Helligkeit des gespiegelten Mondbilds hängt nämlich ab von der wahren Helligkeit des Mondes und in quadratischer Beziehung sowohl vom Durchmesser der Kugel als von deren Entfernung vom Auge. Es ist nach Richter

$$B = k\, m\, \varrho^2 / 4\, \Delta^2\, r^2\,. \tag{27}$$

Hier bedeuten B die gespiegelte Lichtmenge, k den Reflexionskoeffizienten, den man im allgemeinen gleich eins setzen kann ($\log k = 0$), m die Helligkeit des Mondes, ϱ den Kugelradius, Δ den Abstand Kugel–Auge und r den Abstand des Mondes ($1/r^2 \to 0$), alles in Metern. Dann wird in logarithmischer Schreibweise, ausgedrückt in Größenklassen, die Helligkeit des Mondes

$$m_{☾} = m_* - A - \log \Delta\,. \tag{28}$$

m_* ist die Helligkeit des Vergleichssterns in einem dem Auge angepaßten photometrischen System (am besten eignet sich das visuelle Harvardsystem RHP, wie es z. B. im Henry Draper Katalog enthalten ist; aber auch das UBV-System der Sternhelligkeiten könnte benützt werden). A ist die sogenannte Kugelkonstante, und zwar

$$\mathrm{A} = -\,5 \log \varrho - 2{,}5 \log k + 2{,}5 \log 4\,. \tag{29}$$

Zum Beispiel wird für eine 60 mm große Kugel ($\varrho = 0{,}03$ m) $A = 9{,}11$ Größenklassen.

Berücksichtigt man nun noch die Extinktion E in der Zenitdistanz z mit den von Müller [17] gegebenen Tabellen für einen tiefliegenden Ort (Potsdam) oder eine Ge-

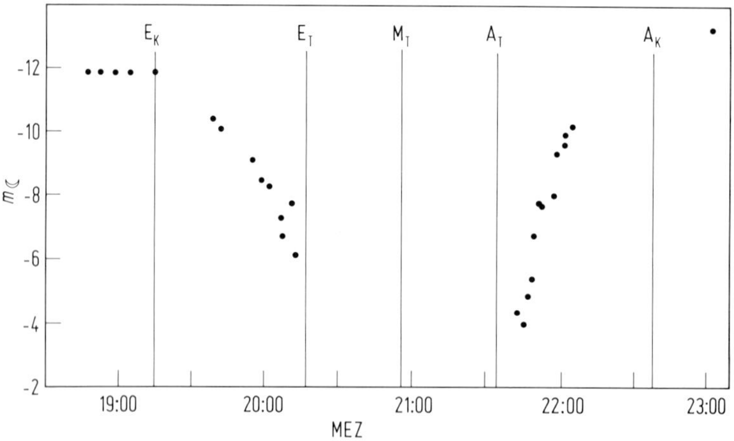

Abb. 11. Verlauf der Gesamthelligkeit des Mondes bei der Finsternis am 9. Januar 1982. E_K = Eintritt in den Kernschatten, E_T = Eintritt in die Totalität, M_T = Mitte der Totalität, A_T = Austritt aus der Totalität, A_K = Austritt aus dem Kernschatten

birgsstation (Säntis), so lautet die endgültige Reduktionsformel auf die Zenitstellung (Index 0) für die Mondhelligkeit in unserem Helligkeitssystem

$$m_{0☾} = m_{0_*} + E_* - E_☾ - A - 5 \log \Delta \,. \tag{30}$$

Eine so gewonnene Lichtkurve der Finsternis vom 9. Januar 1982 nach Haupt [18] zeigt die Abbildung 11.

4.5.3.3 Lichtelektrische Gesamtphotometrie. Die lichtelektrische Photometrie des gesamten Mondes ist natürlich genauer als die Silberkugelmethode. Voraussetzung für ihre Anwendung ist allerdings, daß erstens das Fokalbild des Mondes so klein ist, daß es auf der lichtempfindlichen Schicht (Kathode) als ganzes Platz hat, und zweitens, daß die Überbrückung so großer Helligkeitsunterschiede sicher gewährleistet ist. Allenfalls sind am Fernrohr Objektivblenden zu verwenden, deren Abschwächung mittels ihrer Fläche bestimmt oder an Lichtquellen geeicht werden kann. Viel schwieriger gestalten sich hier der Anschluß an Fixsterne und die Berücksichtigung der Extinktion.

Diese Schwierigkeiten gehen zum Beispiel aus einer Arbeit hervor, bei der Morton [19] gemessen hat, wie sich die Helligkeit und Farbe des Himmels an einer Stelle 20° nördlich des Mondes während einer Finsternis verändern. Abbildung 12 gibt einen

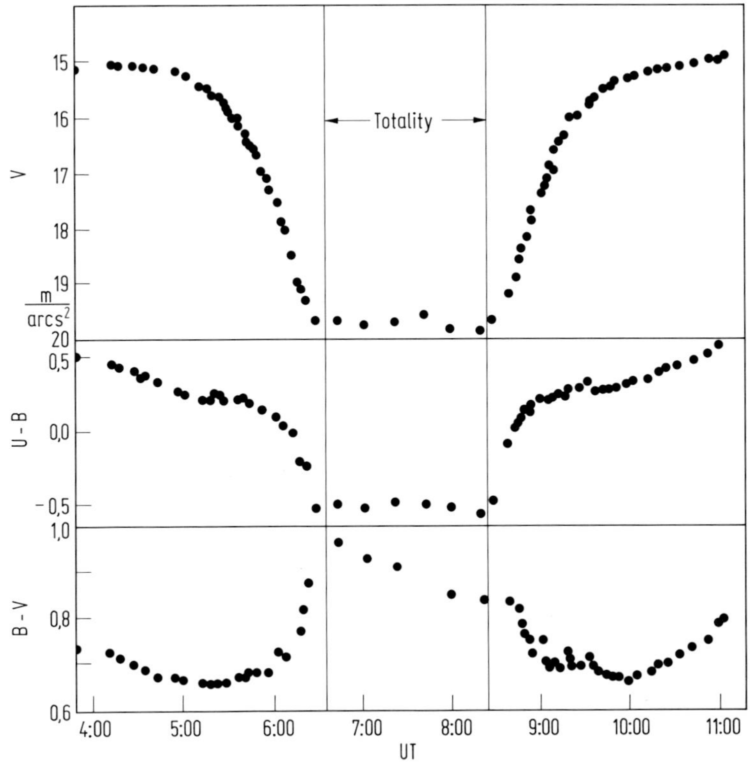

Abb. 12. Helligkeit und Farbänderungen des Himmels während der Finsternis vom 6. Juli 1982

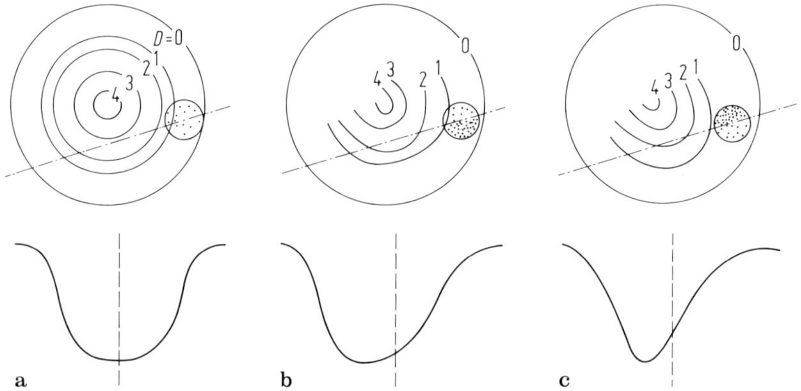

Abb. 13a–c. Asymmetrie der Lichtkurven bei Totalphotometrie

Eindruck von der photoelektrisch erreichbaren Genauigkeit. Danach zeigt besonders die Farbe *B-V* ein unsymmetrisches Verhalten.

Lichtkurven, die die Gesamthelligkeit wiedergeben, werden im allgemeinen asymmetrisch sein. Nur wenn die Mondscheibe überall die gleiche Albedo hätte und die Isophoten des Erdschattens kreisrund wären, wäre die Lichtkurve in bezug auf die Mitte der Finsternis symmetrisch, wie Abbildung 13a zeigt.

In Wirklichkeit ist die Verteilung der Mondmeere und der hellen Kontinente sehr ungleichmäßig; bekanntlich überwiegen auf der nördlichen Halbkugel die dunklen Stellen, im Gegensatz zur südlichen Halbkugel (Tycho). Schon dieser Umstand hat eine gewisse, wenn auch voraussehbare Asymmetrie der Lichtkurve zur Folge. Ferner sind die Isophoten des Schattens gewöhnlich nicht kreisrund, sondern weisen vorher unbekannte Deformationen auf, was ein weiterer Grund zur Asymmetrie der Lichtkurve ist. In der Praxis können sich zwei Eventualitäten ergeben: Wenn die Lichtkurve in dem Sinn asymmetrisch verläuft, welcher sich aus der Verteilung der Albedo auf der Scheibe ergibt (Abb. 13b), kann selbstverständlich nicht auf die Form der Isophoten geschlossen werden, und der Fall ist uninteressant. Interessant dagegen ist der zweite Fall, in dem die beobachtete Asymmetrie der Lichtkurve gegensätzlich zur Verteilung der Albedo verläuft und die ganze Erscheinung eine sehr bedeutende Deformation der Isophoten des Erdschattens erkennen läßt (Abb. 13c).

Neuerdings eröffnet sich ein weites Feld durch die enormen Fortschritte der elektronischen Methoden, die vermutlich rasch auch von den Amateuren aufgegriffen werden. Flächenhafte Detektoren wie CCDs sind im Kommen, wenn auch noch keine Ergebnisse über ihren Finsternis-Einsatz in der Literatur vorliegen. Andererseits haben die Berliner Mondbeobachter [20] in ihren Protokollen erst in jüngster Zeit über Videoaufzeichnungen von Mondfinsternissen berichtet, die natürlich entsprechend ausgewertet, weiter entfaltet und zu besserem Einsatz gebracht werden können.

4.5.3 Detailphotometrie einzelner Mondformationen

Über die Photometrie von kleineren Ausschnitten und Details der Mondoberfläche sind schon in den Abschnitten 4.3.2 und 4.5.1 allgemeine Bemerkungen gemacht

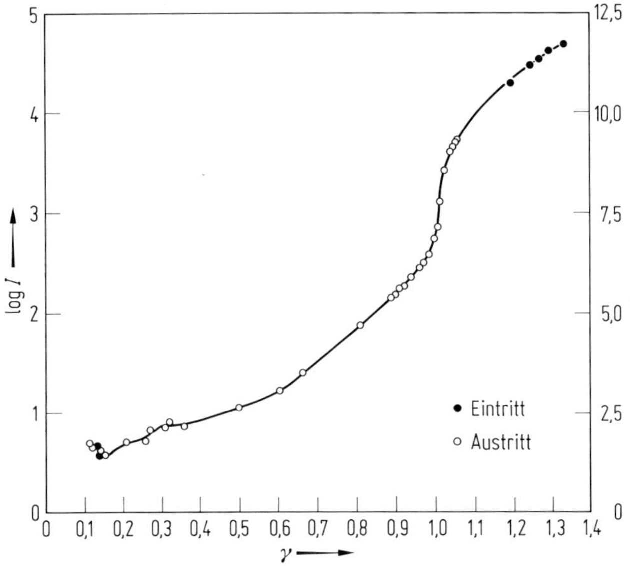

Abb. 14. Die Schattendichte (log *I* bzw. Δm) des Kraters Tycho als Funktion des Abstands vom Schattenzentrum γ bei der Finsternis am 30. Januar 1953

worden. Während später in Abschnitt 4.6.4 noch über die Resultate solcher Beobachtungen gesprochen werden soll, mögen hier nur einige Hinweise auf ihre tatsächliche Durchführung gegeben werden.

Mit einem größeren Fernrohr werden kleine Ausschnitte wie Krater und andere markante Stellen aus dem Mondbild ausgeblendet. Diese werden ständig zum Beispiel mit einem lichtelektrischen Photometer durch ausgewählte Farbfilter gemessen, während der Schatten über sie hinwegzieht. Die so erhaltenen Werte werden dann der Eindringtiefe in den Schatten gegenübergestellt, und die rechnerisch ermittelte Schattendichte wird mit der gemessenen verglichen. Die Übereinstimmung oder die allenfalls auftretenden Abweichungen dienen dann der ziemlich komplizierten Überprüfung der Theorien über die Hochatmosphäre der Erde. Als einfaches Beispiel sei die Messung des Kraters Tycho durch Widorn [21] vom 30. Januar 1953 wiedergegeben (Abb. 14). Hier wurde unter Berücksichtigung von Vordergrundbeleuchtung und Streulicht vor allem der Übergang vom Halbschatten in den Kernschatten um $\gamma = 1$ erfaßt (wobei γ der Abstand von der Schattenmitte in Einheiten des geometrischen Mondradius ist). In diesem Fall konnte eine befriedigende Übereinstimmung zu der vorliegenden Theorie gefunden werden.

4.5.4 Photographische Aufnahmen des verfinsterten Mondes

Einfache und Reihenaufnahmen einer Mondfinsternis auf Kleinbild- oder Kinofilm gehören heute zum Standardprogramm der Astroamateure. Seit die photographischen Emulsionen eine enorme Vielfalt und Empfindlichkeitssteigerung erfahren haben, sind kurz belichtete Aufnahmen möglich und erlauben die durchlaufende Überwachung einer Finsternis entweder bei stillstehender oder bei mitgeführter Kamera. Alle nur möglichen Varianten sind denkbar, wie zum Beispiel der Mond als Strichspur wechselnder Breite (= Helligkeit) bei lange geöffnetem Verschluß während der totalen Phase, oder aber der aufgehende und sich verfinsternde Mond in Einzelbildern vor einem irdischen Hintergrund. Hier müssen die Stellung der Kamera und die Intervalle zwischen den einzelnen Belichtungen so gewählt werden, daß möglichst viele oder mindestens mehrere sich nicht überdeckende Mondbilder auf dem Film (oder der Platte) aufgenommen werden können. Da sich der Mond am Äquator in etwa 2 Minuten um seinen Durchmesser weiter bewegt, so werden im allgemeinen Intervalle von 5 Minuten ausreichend und gut geeignet sein. Über die Notwendigkeit einer stabilen Aufstellung (Stativ) soll nichts weiter gesagt werden.

Selbstverständlich werden auch Aufnahmen durch Fernrohre sehr instruktiv sein (wie etwa unsere Abbildung 1 mit einem Teleskop von 2 m Brennweite). Bei der rasanten Entwicklung der photographischen Technik ist es schwierig, fertige Rezepte zu geben, die nicht gleich wieder überholt sind. Die Vorgangsweise richtet sich ganz nach dem geplanten Programm. Eine Unschärfe des Bilds durch die Mondbewegung ist, auch wenn das Teleskop nur siderisch nachgeführt wird, wegen der im allgemeinen kurzen Belichtungszeiten kaum zu befürchten.

Schließlich sei noch darauf hingewiesen, daß es mit einiger Übung möglich ist, Color-Aufnahmen zu erhalten, die einen breiten Bereich an Helligkeit und Farbe mit großer Naturtreue überdecken. Bisher sind die Möglichkeiten moderner Bildverarbeitung noch kaum auf diesem Gebiet angewendet, geschweige denn ausgeschöpft worden. Man könnte sich aber denken, daß bei geeigneter Eichung (das ist bei den bekannten und unbekannten photographischen Effekten immer der heikelste Punkt) die Farbaufnahmen eine genauere Klassifizierung der Finsternisse während ihres ganzen Verlaufs erlauben als die rohen Schätzungen nach Danjon.

Auch Zeitrafferaufnahmen von Finsternissen auf Kinofilm können sehr lehrreich sein, wenn gut nachgeführt und die Belichtungszeit vorher sorgfältig erprobt wurde. Dazu sind aber gediegene Vorarbeiten und Überlegungen nötig.

Dennoch ist es ziemlich sicher, daß auf dem eben skizzierten Gebiet die Amateure geradezu avantgardistisch wirken und wesentlich zum Fortschritt der Entwicklung beitragen.

4.6 Wissenschaftliche Folgerungen aus astrometrischen und photometrischen Resultaten

In diesem Abschnitt soll sehr kurz dargestellt werden, welche wissenschaftlichen Konsequenzen sich aus guten Mondfinsternisbeobachtungen ziehen lassen. Die ausführlichste Behandlung dieser Probleme verdanken wir F. Link (zusammenfassende Literatur dazu im Anhang), der mit Hilfe solcher Beobachtungen vor allem die hohen Schichten der Erdatmosphäre erforschen wollte. Wie in Physik und Astronomie allgemein üblich, geht man von plausiblen Modellvorstellungen aus, das heißt man berechnet unter ganz bestimmten einfachen Annahmen (z. B. einer sauberen Atmosphäre mit den gewöhnlichen Brechungs- und Streueigenschaften) den Verlauf einer

Mondfinsternis. Die Theorie gibt also unter den normalen Randbedingungen Dichte und Farbe des Schattens in Abhängigkeit vom Abstand zur Schattenmitte. Dann werden die beobachteten Werte diesen Berechnungen gegenübergestellt, und für allfällige Abweichungen müssen passende Erklärungen gefunden werden. Tatsächlich hat man eine Reihe möglicher Ursachen für ein abweichendes Verhalten studiert, von denen im folgenden nur einige kurz angeführt werden sollen.

4.6.1 Die Wolkensituation am Terminator

Es ist unschwer einzusehen, daß die Bewölkung am Terminator der Erde, also dort, von wo die Sonnenstrahlen in den Kernschattenkegel hineingebrochen werden, einen Einfluß auf das Aussehen der Finsternis hat. Dieses ändert sich natürlich in dem Maße, als die Erde weiter rotiert und immer neue Zonen mit anderen meteorologischen Verhältnissen zur Wirksamkeit bringt. Schon die wolkenlose Rayleigh-Atmosphäre zeigt jahreszeitliche und geographische Effekte: Am Pol ist die Brechung stärker, und die Wolkenschicht reicht nicht so hoch; die Folge ist eine stärkere Aufhellung des Schattenzentrums. Andererseits bewirkt die wechselnde Bewölkung oft eine unregelmäßige Verzerrung der Isophoten, das heißt der Linien gleicher Helligkeit.

4.6.2 Vulkanausbrüche und Meteorstaub

Wie eben erwähnt, sind es besonders die Brechungseigenschaften der Atmosphäre in 5 bis 25 km Höhe, die den größten Einfluß auf die Beleuchtung des verfinsterten Mondes ausüben. Neben den Wolken und dem noch zu besprechenden Ozongehalt sind es besonders Staubteilchen, die den Brechungsindex stärker verändern können. Schon früh wurde erkannt, daß Vulkanausbrüche, wie etwa der des Krakatao 1883, eine Reihe dunklerer Mondfinsternisse zur Folge hatten. Aus den Abweichungen der beobachteten Finsternishelligkeiten gegenüber den für andere Effekte korrigierten Modellrechnungen ergibt sich, daß sich alle größeren vulkanischen Eruptionen infolge der in Stratosphärenhöhe transportierten und durch die Zirkulation rund um die ganze Erde verteilten Vulkanasche mit extremer Dunkelheit bemerkbar machen, wie Keen [22] gezeigt hat: zum Beispiel Mt. Agung 1963, El Chichón 1982. Ein starker Vulkanausbruch kann den Mond während einer Finsternis sogar ganz unsichtbar werden lassen. Monate bis Jahre dauert es dann, bis der feine Staub wieder absinkt und sich normale Helligkeitsverhältnisse einstellen.

In anderer Weise wirkt sich der beim Einfall von Meteoriten erzeugte Meteorstaub aus. Dieser Staub befindet sich zunächst in großen Höhen (etwa 100 bis 150 km) und soll daher zur Schattenvergrößerung beitragen. Tatsächlich ergibt sich eine Beziehung zwischen der prozentuellen Vergrößerung des Schattens und der jährlich wiederkehrenden Meteoritenaktivität. Die größeren Meteorströme scheinen auch ein Absinken der Helligkeit des verfinsterten Mondes zur Folge zu haben, welche allerdings nach kurzer Zeit (1 bis 3 Monate) wieder ihren Normalwert erreicht.

4.6.3 Die Ozonfrage

Die spektrale Verteilung der im visuellen Bereich auf den verfinsterten Mond fallenden Strahlung wird auch durch das atmosphärische Ozon maßgeblich beeinflußt. Es erzeugt nämlich Absorptionen im Spektrum, und diese sind ein empfindlicher Indikator für die Gesamtmenge des in 20 bis 25 km Höhe vorhandenen Ozons. Wieder werden die Abweichungen einer reinen beziehungsweise einer mit Dunst und Staub verschmutzten Atmosphäre (beides theoretisch berechnet) den tatsächlichen Beobachtungen gegenübergestellt. Daraus kann auf den Ozongehalt beziehungsweise auf die gerade auf der Erde herrschende Ozonverteilung geschlossen werden. Diese Verteilung ist in Übereinstimmung mit anderen Messungen (Ballon, Satellit), sie ist variabel mit der Jahreszeit und der geographischen Breite (mehrere Arbeiten von Paetzold u.a [23]). Nach Paetzold ist die Ozonabsorption auch der Grund für das Auftreten der bekannten schmalen, grünlich verfärbten Zone am Schattenrand, wie sie zum Beispiel im Protokoll Nr. 302 von den Berliner Mondbeobachtern [20] besprochen wird.

Im Zeitalter der kontinuierlichen Satellitenüberwachung der Erdatmosphäre und des „Ozonlochs" wäre vielleicht durch die Diskussion der Mondfinsternisse noch manche Aufklärung (zumindestens rückwirkend) über die langfristige Änderung des Ozongehalts der Atmosphäre zu erwarten.

4.6.4 Der Sonneneinfluß: Lumineszenz am Mond

Zunächst werde hier noch einmal eine Kritik der Danjonschen Beziehung unternommen, insoweit sie einen Zusammenhang zwischen der Erscheinung der Mondfinsternisse und der Sonnentätigkeit herstellen will (Abschnitt 4.5.2.1). Zu ihrer Erklärung wurde angenommen, daß einerseits die Korpuskelströme der Sonne (= Sonnenwind) sich nicht geradlinig fortpflanzen und daher in den Kernschatten gelangen können, wo sie beim Aufprall auf der Mondoberfläche Lumineszenz erzeugen, das heißt zu einer zusätzlichen Aufhellung führen. Andererseits, so heißt es, sei dies in stärkerem Maße der Fall, wenn sich die Fleckenzone in niedrigeren heliographischen Breiten befindet, als wenn sie in höheren Breiten auftritt. Dieses „Umspringen" in Breite und Mondhelligkeit findet aber gerade zu Zeiten des Minimums statt, wie Abbildung 10 andeuten soll. Nun kann man dagegen einwenden, daß gerade zu Zeiten des Minimums auf jeden Fall eine sehr geringe Fleckenaktivität auf der Sonne herrscht und daß das Auftreten von Flecken in hohen und niedrigen Breiten sich mehrere Jahre lang überlappen kann. Wenngleich also die Rückführung des Effekts auf die Flecken selber nicht recht plausibel erscheint, so könnten möglicherweise doch Einflüsse des Sonnenwinds sich in der vermuteten Weise, nämlich durch Lumineszenz, bemerkbar machen.

Für den sicheren Nachweis der Lumineszenz sind aber die Halbschattenfinsternisse interessant. Hier nämlich – es ist das Phänomen einer partiellen Sonnenfinsternis vom Mond aus gesehen – zeigt sich, daß zwar der Großteil des photosphärischen Sonnenlichts von der Erde abgeschirmt wird, viel weniger aber der aus der Korona stammende Anteil energiereicher Ultraviolettstrahlung. Und gerade diese ist es, die Lumineszenz anregt und dadurch den Halbschattenbereich merklich heller macht, als vorausberechnet. Auch die Photometrie einzelner Mondformationen (wie in Abschnitt 4.5.3 beschrieben) zeigt oft Aufhellungen gegenüber der Theorie und liefert so quantitative Nachweise der Lumineszenz.

4.7 Literatur

1 von Oppolzer, T.: Canon der Finsternisse. Denkschriften Bd. 52 der math.-nat. Classe der Kaiserlichen Akademie der Wissenschaften, Wien 1887. Neuausgabe (Reprint). Dover, New York 1962

2 Mucke, H.: Theodor Ritter von Oppolzer und sein „Canon der Finsternisse". Der Sternenbote *30,* 2–16 (1987)

3 Mucke, H.: Sternfreunde-Seminar „Astronomische Finsternisse". Astronomisches Büro, Wien 1979

4 Mucke, H.; Meeus, J.: Canon of Solar Eclipses (Canon der Sonnenfinsternisse) – 2003 to 2526. Astronomisches Büro, Wien 1983

5 Meeus, J.; Mucke, H.: Canon of Lunar Eclipses (Canon der Mondfinsternisse) – 2002 to 2526, 2. Aufl. Astronomisches Büro, Wien 1983

6 Paetzold, H. K.: Mondfinsternisse und das Studium der Erdatmosphäre. Die Sterne *28,* 86–91 (1952)

7 Duffet-Smith, P.: Practical Astronomy with your Calculator, 2nd ed. Cambridge: University Press 1981

8 Mucke, H.; Rükl, A.: Lunar Maps for Eclipse and Occultation Observers. Astronomisches Büro, Wien; noch unveröffentlicht.

9 Kühl, A.: Über den Einfluß des Grenzkontrastes auf Präzisionsmessungen. Phys. Zeitschrift *29,* 1–34 (1928)

10 Hoffmeister, C.: Zur Beobachtung der Mondfinsternisse. Die Sterne *29,* 166 (1953)

11 Kozik, S. M.: Bull. Tashkent Astr. Obs. *2,* 79 (1940). Originalzitat unzugänglich

12 Danjon, A.: Sur une relation entre l'éclairement de la Lune éclipsé et l'activité solaire. Comptes rendus, Paris, *171,* 1127–1129 (1920)

13 Danjon, A.: Nouvelle détermination de la période solaire basée sur la loi d'éclairement des éclipses de Lune. Comptes rendus, Paris, *171,* 1207–1210 (1920)

14 Bernheimer, W. E.: Kernschattenantritte und Klassifikation der totalen Mondesfinsternis, 1931, September 26. Lund Observatory Circular no. 4, 72 (1931)

15 Segikuchi, N.: Photometry of the lunar surface during lunar eclipses. Moon Planets *23,* 99–107 (1980)

16 Richter, N.: Photometrische Beobachtungen der Gesamthelligkeit des Mondes im Verlauf der totalen Verfinsterung vom 2. zum 3. März 1942. Z. Astrophysik *21,* 249–253 (1942)

17 Müller, G., In: Schönberg, E.: Theoretische Photometrie, Handbuch der Astrophysik, Bd. II/1. Springer, Berlin 1929, S. 264–267

18 Haupt, H.: Verlauf der Gesamthelligkeit des Mondes während der totalen Finsternis am 9. Jänner 1982. Mitt. Univ.-Sternwarte Graz Nr. 87 = Anzeiger der math.-nat. Klasse der Österr. Akad. d. Wiss. *119,* 65–66 (1982)

19 Morton, J. C.: Sky brightness and colour changes during the 1982 July lunar eclipse. Observatory *103,* 24–25 (1983)

20 Berliner Mondbeobachter, Protokolle der Sitzungen der Berliner Mondbeobachter, erscheint laufend bei der Wilhelm Foerster-Sternwarte, Munsterdamm 90, D-1000 Berlin 41 (besonders sei auf Protokoll Nr. 302 vom 10. Nov. 1986 hingewiesen)

21 Widorn, T.: Die Helligkeiten im Erdschatten nach lichtelektrischen Beobachtungen am Astrographen. Mitt. der Universitäts-Sternwarte Wien, Bd. 6, Nr. 10 = Sitzungsberichte der math.-nat. Klasse der Österr. Akad. d. Wiss. *162,* 88–92 (1953)

22 Keen, R. E.: Volcanic aerosols and lunar eclipses. Science *222,* 1011–1013 (1983)

23 Paetzold, H. K.: Die optischen Erscheinungen bei einer Mondfinsternis. Z. Astrophys. *30,* 282–292 (1952)

5 Sternbedeckungen durch den Mond

W. D. Heintz

5.1 Der Mond als astronomische Uhr

Finsternisse im Kleinformat – weniger aufsehenerregend, dafür aber weit zahlreicher – führt der Mond auf seiner monatlichen Bahn durch die Bedeckung von Sternen vor. Das so plötzliche Verschwinden oder Wiedererscheinen eines Sterns am Mondrand – besonders am dunklen Rand – ist ein bemerkenswerter Anblick, der die Bewegung des Erdtrabanten direkt veranschaulicht. Darüber hinaus hat seit langem die genaue Zeitbestimmung dieser Vorkommnisse einer großen Zahl Beobachter Gelegenheit gegeben, sich mit erstaunlich bescheidenem Instrumentarium an der Lösung grundlegender Forschungsprobleme zu beteiligen. Es handelt sich darum, Unterschiede festzustellen zwischen der astronomisch gemessenen Weltzeit, der Atomzeit sowie der sogenannten Ephemeridenzeit, welche als theoretisch streng gleichförmiges Zeitmaß den Bewegungen der Himmelskörper zugrunde liegt. Die Zeitdefinition berührt sehr tiefliegende Fragen der Astronomie und Physik [1, 2, 3], und die Sternbedeckungen sind das direkte Verbindungsglied zwischen dem Mond als Himmelsuhr und dem durch Sterne repräsentierten Koordinatensystem.

Der Lauf des Mondes ist sehr rasch (etwa 13° pro Tag), genau meßbar und daher als Chronometer geeignet, aber er ist mit einer Menge Störungen behaftet; die größten Effekte davon beobachtete schon Hipparch. Hier die Bahntheorie und die Messungen in genaue Übereinstimmung zu bringen ist eines der zähesten Probleme der Himmelsmechanik. Um die langfristigen Veränderungen der Mondbahn und solche der Erdrotation und des Zeitmaßes zu trennen, haben neben beobachteten Finsternissen auch ein paar Bedeckungen aus zurückliegenden Jahrhunderten und sogar aus der Antike geholfen; trotz der geringen Genauigkeit der alten Daten ist die große Zeitdifferenz zur Gegenwart von Nutzen.

Von den Mondkoordinaten in bezug auf die Erde ist heute die Distanz am genauesten bekannt, nämlich durch Laserreflektoren bis auf Dezimeter Präzision. Weniger zufrieden sind die Experten mit der Mondortgenauigkeit in Deklination beziehungsweise ekliptischer Breite; daher rührt das Interesse an streifenden Sternbedeckungen.

Der Mond bewegt sich mit 1 km/s Geschwindigkeit, das heißt in etwa 1 Stunde um seinen Durchmesser. Am Himmel entspricht das 0″,5 pro Zeitsekunde. Aber die scheinbare Bewegung wird durch die Erdrotation, die im gleichen Sinne erfolgt, und somit durch die tägliche Parallaxe etwas verringert (solange der Mond über dem Horizont ist). Deshalb beträgt die Dauer einer zentralen Bedeckung bis etwa 70 Minuten, in tropischen Breiten noch länger.

Die größte Verlagerung der Mondbahn rührt von der Wanderung der Mondknoten her; für einen gegebenen Stern gibt es somit eine oder zwei Serien von Bedeckungen, die in 19jährigem Zyklus wiederkehren. Die hellsten Objekte innerhalb 6° von der Ekliptik, die der Mond (bei 5° Bahnneigung und 1° Parallaxe) noch bedecken kann, sind vier Sterne 1. Größe (Aldebaran, Regulus, Spika und Antares), wenige Sterne 2. und 3. Größe und natürlich die Planeten.

Wie üblich in der Astronomie, ist die Genauigkeitsanforderung an gute Messungen gestiegen. Die systematischen Fehler, die den Zeitbestimmungen von Bedeckungen anhaften, sollen auf 1/10 Zeitsekunde genau feststellbar sein, die zufällige Unsicherheit durchschnittlich $\pm$ 1/4 Sekunde nicht übersteigen (obwohl bei Austritten und anderen erschwerten Fällen größere Fehler oft unvermeidlich und keine Blamage sind), und einen Feldstecher kann man nicht mehr als ausreichend ansehen. Dennoch: Ein kleines Fernrohr, wenig Zusatzgerät, etwas Erfahrung und Sorgfalt ist alles, was man für solide und nützliche Arbeit braucht. Und besonders soll ein Beobachter eine große Zahl von Messungen ausführen. Das dient nicht nur der Übung, es erlaubt den Bearbeitern auch, die systematische Konsistenz der Ergebnisse zu beurteilen. Vereinzelte Beobachtungen sind praktisch wertlos; die Masse macht den Wert fast ebenso aus wie die Präzision im einzelnen. In den geographischen Koordinaten auf der Erde entspricht 1″ etwa 30 m; mindestens zu dieser Genauigkeit ist die Position des Beobachters (einschließlich Meereshöhe) zu bestimmen, sonst führt der große Einfluß der Mondparallaxe zu störenden systematischen Fehlern.

Außer den Fehlern der Beobachtung selbst beschränken noch Fehlerquellen anderer Art, aber gleicher Größenordnung, die Gesamtgenauigkeit, insbesondere die Unsicherheit der Sternposition und die Unebenheit des Mondrands. Durch kleine Fehler der Eigenbewegung verliert der berechnete Sternort im Laufe der Zeit an Genauigkeit; das passiert allen Sternkatalogen, so auch dem jetzt veraltenden Smithsonian-Katalog (SAOC), und in den Positionen schwächerer Sterne sind oft noch größere zufällige Fehler. Mit der fortschreitenden Verbesserung der Kataloge und mit der Einführung von Mondprofilkorrekturen werden sich diese Fehlerbeträge bald reduzieren lassen.

Die erwünschte Kontrolle des Mondlaufs mittels vieler Beobachtungen wird von den Zentralstellen dadurch gefördert, daß sie aktiven Beobachtungen Anleitungen, Berichte und sogar spezielle Vorhersagelisten liefern. Auch die Ergebnisse der Messungen (Differenzen beobachteter und berechneter Kontaktzeiten) sind später zu erfahren. Im deutschen Sprachgebiet betreut der Astronomische Arbeitskreis Hannover (Hans-J. Bode, Bartold-Knaust-Straße 8, 3000 Hannover 91) die Beobachter; von hier sind Beobachtungsformulare mit Anweisungen wie auch ein Occultation Newsletter (Hrsg. H. DaBoll, 6 N 106 White Oak Lane, St. Charles, IL 60175, USA) zu erhalten. Sammel- und Auswertungsstelle der Ergebnisse ist das International Lunar Occultation Centre, Hydrographic Dept., Tsukiji-5, Chuo-Ku, Tokyo 104, Japan.

So wird der interessierte Sternfreund erst einmal nach den allgemeinen Vorausberechnungen etliche Sternbedeckungen ansehen und messen und dabei feststellen, ob ihm ein solches Arbeitsprogramm zusagt und ob die Instrumente – es ist ja nicht viel – gut und zuverlässig arbeiten. Und dann wird er sich nach Beratung und den unvermeidlichen Formularen umsehen. Die verfügbaren Vorberechnungen und die Beobachtungsmethoden sind in den folgenden Abschnitten umrissen.

5.2 Vorausberechnungen

Für welche Gegenden und zu welchen Zeitmomenten treten Bedeckungen eines Sterns ein? Diese Vorhersage folgt den entsprechenden Formeln wie für Sonnenfinsternisse, aber in vereinfachter Form, denn der Durchmesser des bedeckten Objekts, seine Horizontalparallaxe und seine Bewegung während der Finsternis müssen bei der Sonne berücksichtigt werden (auch bei Planeten, S. 169), jedoch nicht bei Sternen. Langwierig sind die Gleichungen indes immer noch, und man muß sie auf eine viel größere Zahl von Fällen anwenden. Schon bis zur Größe $9\overset{m}{.}0$ sind es an die 100 Sterne, deren Bedeckungs-Schattenzylinder innerhalb von 24 Stunden die Erde irgendwo treffen können, und das Wandern des Mondes durch die Plejaden oder Hyaden kann in einer Nacht dem Beobachter eine Reihe Bedeckungen liefern. Die Örter der Tierkreissterne sind nach dem SAOC-Katalog bis etwa zur 9. Größe und dem AGK3 für schwächere Sterne in Rechenanlagen gespeichert; Korrekturen auf den scheinbaren Ort werden angebracht, und die tatsächlich in Frage kommenden Bedeckungen können dann für jede Lunation und jede Erdgegend rasch herausgesucht werden.

Die leicht beobachtbaren Ein- oder Austritte hellerer Sterne, die der Sternfreund immer wieder ganz gern miterlebt, sind in den kurzen Vorhersagelisten, zum Beispiel im Ahnerts *Kalender für Sternfreunde*, enthalten. Sie erfassen die NZC-Sterne bis zur Größe $7\overset{m}{.}5$ mit dem am dunklen Mondrand erfolgenden Kontakt. Auf noch hellere Sterne beschränkt sind die Berechnungen, wenn der Kontakt bei Tageslicht, in der hellen Dämmerung, dicht über dem Horizont oder nahe zur Vollmondzeit stattfindet; das gilt auch für Ein- und Austritte am hellen Mondrand. Die Berechnung erfolgt für bestimmte Standardstationen, zum Beispiel

Potsdam-Babelsberg	$\lambda_0 = -13\overset{\circ}{.}11$	$\varphi_0 = +52\overset{\circ}{.}41$,
Frankfurt am Main	-8.65	$+50.12$,
München	-11.61	$+48.15$.

In Näherung lassen sie sich leicht auf andere Orte umrechnen. Von der Kontaktzeit t_0 für die Station der geographischen Länge λ_0 und Breite φ_0 ausgehend, ist die Korrektur für den Beobachter mit den Koordinaten λ und φ

$$t - t_0 = a(\lambda - \lambda_0) + b(\varphi - \varphi_0).$$

Einheit ist die Zeitminute. Die Koordinatendifferenzen sind in Grad auf Zehntel genau einzusetzen (Längen östlich von Greenwich negativ), und die Faktoren a und b für die betreffende Bedeckung sind in der Vorhersage mit angegeben. Nur bei nahe streifenden Kontakten lassen sie sich nicht genau genug anwenden und sind weggelassen. Ansonsten macht diese lineare Näherung bis zu Entfernungen von 500 km von der Standardstation nur selten einen Fehler von mehr als 2^{m} aus und wird mit Rechnung von zwei Standardpunkten aus oft noch genauer.

Der Positionswinkel des Kontakts bezogen auf die Mondmitte (in Grad von N über O, S, W gezählt, s. S. 108 und 455) ist besonders für Austrittsbeobachtungen nützlich. Die Buchstaben E und A unterscheiden zwischen Ein- und Austritt; im Englischen heißen die Kontakte D = disappearance und R = reappearance.

Die parallaktische Verschiebung des Mondes für einen Beobachtungsort läßt sich gut genähert wie folgt berechnen: Geozentrische Breite φ' und Radiusvektor $\boldsymbol{r'}$ des

Orts werden nach Band 1, Seite 293 ermittelt. Mit der Deklination δ, dem Stundenwinkel t und der Horizontalparallaxe π des Mondes zum gegebenen Zeitpunkt (aus den *Astronomical Ephemeris*) wird

$$15 \cos\delta\, \Delta\alpha = -\pi \mathbf{r}' \cos\varphi' \sin t,$$
$$\Delta\delta = -\pi \mathbf{r}' (\sin\varphi' \cos\delta - \cos\varphi' \sin\delta \cos t).$$

Genaue Formeln enthält zum Beispiel F. Beckers Grundriß der sphärischen Astronomie.

Die Zentralstellen führen auch Berechnungen für individuelle Standorte und unter Einschluß schwächerer Sterne aus. Damit sich die Arbeit rentiert, soll der Beobachter mindestens 60 Kontakte im Jahr zu messen beabsichtigen. Mit einem Fernrohr, das bis zur Größe $8^{\mathrm{m}}.5$ oder 9^{m} (guter Sichtbarkeit in Mondnähe!) reicht, ist das nicht allzuviel Mühe, weil man in einer Nacht oft zwei oder mehrere Bedeckungen sehen kann. Diese Berechnungslisten werden, wie bemerkt, aufgrund der SAOC-Positionen erstellt. Für die genauen Koordinaten des Beobachters sollten sie auf 1 s richtig sein, soweit nicht Sternortfehler und Mondprofil stärkere Abweichungen hervorrufen.

5.3 Die Beobachtung der Kontaktzeiten

Klare Luft vorausgesetzt, sind die NZC-Sterne bis $7^{\mathrm{m}}.5$ in Mondnähe und ihre Bedekkungen schon im kleinen Fernrohr deutlich genug zu sehen; oft wird die verfügbare Optik bis zur 9. Größe ausreichen. Als Vergrößerung wird gewöhnlich nur $50\times$ bis $100\times$ gebraucht. Besonders bei Austritten bedient man sich niedriger Vergrößerung, damit der Positionswinkel innerhalb des Gesichtsfelds richtig abgeschätzt und der Bereich, wo der Austritt erfolgen wird, bequem im Auge behalten wird. Ferner wird die Szintillation mit so mäßiger Vergrößerung nur bei sehr schlechtem Bildzustand die Kontaktwahrnehmung beeinträchtigen. Ein stärkeres Okular empfiehlt sich dagegen bei dunstigem Himmel und starkem Streulicht sowie bei Eintritten heller Sterne am hellen Mondrand.

Genau bestimmt werden müssen die Koordinaten des Beobachtungsorts; sonst hat man unnötige Fehler in sämtlichen Messungen. Die Gradabteilungsblätter der topographischen Karte 1:25000 sind im Buchhandel zu erhalten und erlauben eine Ablesung auf weniger als 1 mm, entsprechend 25 m in der Natur. (Die Lesbarkeit der Karte erfordert bisweilen leicht verzerrte Einzeichnung, die in Städten und Ortschaften 1 mm betragen kann; beispielsweise werden Straßen breiter gezeichnet, als sie nach Maßstab sein sollten.) Auch die Höhe über dem Meeresniveau kann aus den Höhenschichtlinien auf die gleiche Genauigkeit bestimmt werden; dazu kommt die Höhe des Fernrohrs über dem Terrain.

Als Zeitgeber dient ein Radio, das eines der ständigen Zeitzeichen auf Lang- oder Kurzwelle [4] empfangen kann (Mainflingen DCF 77 auf 77,5 kHz; MSF England, WWV Vereinigte Staaten oder RWM Moskau auf 5, 10, 15, 20 oder 25 MHz; s. auch Band 1, S. 79), und zum Festhalten der Kontaktzeit eine Stoppuhr oder ein Tonbandgerät, sofern nicht die Auge-und-Ohr-Methode Anwendung findet. Kann kein ständiges Zeitzeichen empfangen werden, wird ein Chronometer von genau bestimmtem Gang zum Anschluß an das Zeitzeichen zur vollen Stunde vor und nach dem Kontakt benutzt.

Nicht einmal ein Laufwerk des Fernrohrs ist nötig, wenn man nur beim Einstellen darauf achtet, daß der Stern (bzw. Austrittspunkt) bis zur erwarteten Kontaktzeit nicht zu weit an den Rand des Gesichtsfeldes läuft. Ist alles vorbereitet, kehrt man etwa zwei Minuten vor der Zeit ans Okular zurück, um den Kontakt ruhig und konzentriert, aber mit nicht bereits ermüdetem Auge zu erwarten.

Der Anschluß mit der *Stoppuhr* wird unter den Zeitmeßverfahren am meisten benutzt. So wie ihn die Beobachter gewöhnlich handhaben, wird die Uhr beim Kontakt in Gang gesetzt und dann – nach Aufdrehen des Radiotons – bei der nächsten vollen Minute des Zeitzeichens abgestellt. Die Stoppuhr soll 1/10-Sekundenschlag haben. Man verwendet sie in voll aufgezogenem Zustand und läßt sie nach Gebrauch zur Schonung wenigstens teilweise ablaufen. Zwecks zuverlässiger Anwendung sind Gang und Gangfehler der Uhr sowie die Reaktionszeit des Beobachters zu bestimmen.

Der Uhrgang pflegt sich mit der Temperatur, der Ölverharzung und so weiter zu ändern. Außer Langzeittests über 30 oder 60 Minuten, die man der Uhr öfters gibt, dienen Kurzanschlüsse an das Zeitzeichen in jeder Beobachtungsnacht dazu, besondere Gangabweichungen festzustellen. Manche Stoppuhren verzögern oder springen beim An- oder Abstellen, laufen unmittelbar nach Anstellen ungleich, hängen an bestimmten Stellen oder werden wegen eines exzentrischen Zifferblatts ungenau abgelesen. Sie können Gangunterschiede zeigen, je nachdem ob man sie senkrecht oder waagerecht hält, oder ernsthafte Unregelmäßigkeiten in sehr kaltem Wetter. Es lohnt sich, die Uhr in verschiedener Weise zu prüfen und ihre kleinen Tücken herauszufinden; auch bei guten Marken kann man sich nicht auf Fehlerfreiheit in dem hier nötigen Ausmaß verlassen.

Unter *persönlicher Gleichung* versteht man die Reaktionszeit des Beobachters zuzüglich der systematischen Verzögerung des Zeitmeßgeräts. Individuell, nach Erfahrung und auch nach momentaner Disposition ist die Reaktionszeit verschieden, ferner auch bei einem „unangekündigten" Ereignis (Kontakt) größer als bei einem „erwarteten" (Ton des ständigen Zeitzeichens). Je nach dem Verfahren geht nur die Differenz beider oder der volle Kontaktbetrag der persönlichen Gleichung in das Resultat ein. Zur Bestimmung stoppt man etwa den ersten Ton nach längerer Zeitzeichenpause oder man verklebt einen Teil des Zifferblatts der Stoppuhr, so daß der Zeiger unsichtbar ist, und stoppt den Moment seines Erscheinens unter dem Klebestreifen; der Zeiger läuft um den Betrag der persönlichen Gleichung in den sichtbaren Sektor hinein.

Die Messung kann kontrolliert und eventuell verbessert werden, wenn man nach der Bedekkung für einige Sekunden verfolgt, auf welches Zehntel am Zifferblatt die Signaltöne fallen, bevor die Uhr zur vollen Minute gestoppt wird. – Beispiel: Das gestoppte Intervall sei $41\overset{\mathrm{m}}{.}9$; man hat aber zuvor die 7. Zehntelsekunde als Signalkoinzidenz ermittelt. Ist die persönliche Gleichung für das Kontaktstoppen zu $0\overset{\mathrm{s}}{.}4$, für Signalstoppen zu $0\overset{\mathrm{s}}{.}2$ ermittelt, so stimmen die Ergebnisse überein, und der Kontakt trat $42\overset{\mathrm{s}}{.}1$ vor der Minute ein. Der „Einsekunden-Halt" (Bedienung der Uhr genau 1 s nach dem Kontakt) versucht die Veränderlichkeit der Reaktionszeit zu umgehen; doch der Erfolg ist zweifelhaft, und das Verfahren wird wohl nicht mehr verwendet.

Wie der Uhrgang (und eventuelle andere als veränderlich bekannte Uhrfehler) nach jeder erfolgreichen Beobachtung bestimmt wird, das ist zu den gleichen Bedingungen wie während der Messung, so haben viele Beobachter die Gewohnheit, auch gleich einen Test der persönlichen Gleichung anzuschließen. All diese Kontrollen hören sich mühsam an, werden aber bald eine Routine, die man in ein paar Minuten zwischen der Messung und dem Ausfüllen des Beobachtungsbogens ohne weiteres absolviert. Bisweilen hat der Beobachter das Gefühl, einmal besonders langsam oder schnell reagiert zu haben, und modifiziert die persönliche Gleichung gemäß dieser Schätzung. Ob und welcher Betrag von der gemessenen Zeit abgezogen wurde, kommt in den Beobachtungsbericht. Wird nichts angegeben, setzen die Bearbeiter eine Durchschnittskorrektur von $-0\overset{s}{.}3$ an.

Außerdem wird eine geschätzte Fehlergrenze benötigt, beispielsweise $\pm 0\overset{s}{.}2$ als Unsicherheit der Kontaktaufnahme. Wohlgemerkt, das ist der *zufällige* Fehler und daher nicht zu verwechseln mit der Korrektur für die persönliche Gleichung, einem *systematischen* Fehler. Ehrliche Fehlerabschätzung hilft dem Bearbeiter, eine sehr zuverlässige Messung von einer durch erschwerte Umstände behinderten zu unterscheiden. Bei streifenden oder sonstwie besonders wichtigen Kontakten sind Fehler von $\pm 0\overset{s}{.}5$ und mehr erträglich; ansonsten erteilen sie der Messung recht geringes Gewicht.

Als Beispiel folgt die Rechnung für eine mit Stoppuhr und Chronometer gemessene Bedeckung:

Chronometerablesung	$21^{h}48^{m}0\overset{s}{.}0$ WZ
Uhrstand Chronometer (per Zeitzeichen 12^{h}, 22^{h})	+ 0.4
Gestoppte Zeit (Kontakt bis Ablesung)	− 52.6 ± 0.2
Gangkorrektur (Stoppuhr lief zu langsam)	− 0.2
persönliche Gleichung	− 0.3
	21 47 7.3 ± 0.2

Dem Stoppuhranschluß sehr ähnlich in Verfahren und persönlicher Gleichung, und noch etwas genauer, ist der Betrieb eines Chronographen. Das Bedeckungssignal wird per Handtaste auf einem Registrierstreifen verzeichnet, zusammen mit den Marken des Zeitzeichens. Aber wer hat schon heute noch einen Chronographen!

Das *Tonbandgerät* ist in Verbindung mit einem ständigen Zeitzeichen ein zuverlässiges Mittel, die Zeittöne und das Bedeckungssignal (Stimme) aufzuzeichnen. Auch die persönliche Gleichung ist leicht zu bestimmen (Reaktion auf ein Geräusch). Man muß sich vorher vergewissern, daß das Zeitzeichen nicht gerade zur Kontaktzeit eine längere Pause einlegt.

Bei der *Auge-und-Ohr-Methode* wird der *gesehene* Kontakt mit den gleichzeitig *gehörten* Zeitzeichentönen (oder dem Schlag eines Chronometers) verglichen, das visuelle Signal also in die Intervalle des akustischen in Zehnteln interpoliert; bis zur Einführung von Chronographen war dies das einzige Zeitmeßverfahren. Die Koordination erfordert etwas Training, läßt sich aber zu guter Genauigkeit ausbilden; geübte Beobachter haben weniger als $\pm 0\overset{s}{.}2$ Schätzfehler. Sterndurchgänge (Überschreiten eines Fadens) können zum Einüben der Schätzmethode dienen. Auch wird die persönliche Gleichung weitgehend eliminiert; die Restkorrektur für Reaktion auf den plötzlichen Kontakt mag $-0\overset{s}{.}1$ betragen, aber nicht mehr. Nur muß man aufpassen, daß die Sekunden richtig mitgezählt werden, entweder bis zur Kontaktzeit oder von da an bis zur nächsten Minutenmarke beziehungsweise Uhrablesung; Fehler lassen sich nachträglich nicht mehr kontrollieren! Man kann etwa im Geist die Sekunden *bis* zum

Kontakt rhythmisch mit „null-null-null" mitzählen und *danach* mit „eins-zwei-drei" einsteigen.

Über 90 % der beobachteten Bedeckungen sind Eintritte; deshalb sind die Mondbahndaten während der abnehmenden Mondphase viel schwächer. Austritte am dunklen Rand fallen in die weniger beliebten Morgenstunden der Nacht; sie können leichter versäumt werden, wenn man an eine falsche Stelle des Mondrands schaut, die Reaktionszeit mag etwas länger sein, und der Beobachter empfindet oft eine geringere Zuverlässigkeit und damit weniger Genugtuung an der Arbeit. Schließlich ist die Austrittsbeobachtung durch Wolken besonders gefährdet, denn man kann das Erblikken des Sterns bei Wolkenaustritt mit dem Aufleuchten am Mondrand verwechseln, wogegen man bei Eintritten besser vorbereitet wäre, zwischen langsamem und plötzlichem Erlöschen zu unterscheiden. Trotz all dem ist die stärkere visuelle Überwachung von Austritten als besonders lohnend anzuregen, und besonders zumal deren photoelektrischer Messung noch große Hindernisse entgegenstehen.

Die zu erwartende Austrittsstelle hat man sich nach dem Positionswinkel einigermaßen eingeprägt. Vielleicht steht ein Mikrometer, eine Gradeinteilung oder auch nur ein Fadenkreuz im Okular zur Verfügung, das man mit einem Sterndurchgang in die Himmelsrichtungen N, O, S, W justiert (S. 455) und dann, auf den Mond zentriert, den vorausberechneten Positionswinkel schätzt; notfalls tun es auch vier kleine Kerben in der Okularblende. Ein vor Eintritt eingestellter Stern wird bis zum Austritt wenigstens in Deklination nicht viel aus der Gesichtsfeldmitte weglaufen, wenn die Polachse des Fernrohrs gut justiert ist. Nur kann man dann das Teleskop eine Stunde lang für nichts anderes verwenden.

Kontakte am hellen Mondrand sind schwieriger zu beobachten, erfordern mehr Erfahrung und werden nur für helle Sterne als so zuverlässig meßbar erachtet, um in den Vorausberechnungslisten geführt zu werden. Der Beobachter soll sich sicher sein, den wirklichen, momentanen Kontakt gesehen zu haben und nicht ein Irradiationsphänomen. Stärkere Vergrößerung und (bei Austritten) eine genaue Kenntnis des Austrittspunkts helfen.

Bei einem visuellen Doppelstern kann man oft die Ein- oder Austrittszeiten jeder Komponente registrieren. Auch wenn das Paar eng und im Fernrohr nicht getrennt ist, zeigt sich die Duplizität oft in einem deutlich „langsamen" oder zweistufigen Kontakt: Die Differenz der Kontaktzeiten ist

$$\Delta t = \varrho \cos(\Theta - p)/\mu \cos(m - p),$$

wenn Θ, ϱ die Polarkoordinaten des Doppelsterns bedeuten (S. 455), μ und m den Betrag beziehungsweise Positionswinkel der scheinbaren Mondbewegung und p den Positionswinkel des Kontakts am Mondrand. Auffällig verzögerte oder abgestufte Kontakte von 1 s Dauer können also schon bei engen Paaren (ϱ unter $0\overset{''}{.}5$) auftreten.

Relative Positionen in Doppelsternen sind gewöhnlich sehr genau bekannt, daher kann die theoretische Kontaktzeitdifferenz bei der Auswertung berücksichtigt werden. In den Vorausberechnungen wird auf Doppelsterne – soweit bekannt – hingewiesen. Anzeichen eines langsamen Kontakts und dessen geschätzte Dauer wird der Beobachter in seinem Bericht vermerken. Es gibt übrigens auch Stoppuhren mit zwei Zeigern, die die Registrierung rasch aufeinanderfolgender Ereignisse gestatten.

Damit alle Beobachtungsresultate fristgemäß zur Auswertung kommen, sind Berichte spätestens sechs Monate nach dem ersten Beobachtungstag dem Occultation

Centre in Tokyo vorzulegen. Man prüfe, ob die Fernrohrkoordinaten und das jeweils benützte Zeitzeichen richtig angegeben sind. Das Formular hat auch Spalten für Fernrohr, Beobachter, Meßverfahren, geschätzte Genauigkeit, Himmelszustand und so weiter mit bestimmten Codezahlen. Außer den Korrekturen wie im obigen Beispiel nimmt der Beobachter keine Reduktionsrechnungen vor.

5.4 Streifende Bedeckungen

Für viele Jahre als zu ungenau vernachlässigt, haben streifende Kontakte am Nord- und Südrand des Mondes in neuerer Zeit mehr Bedeutung erlangt, um die Deklination des Mondes zu bestimmen. Unter anderem hilft das, den Frühlingspunkt (Nullpunkt der Rektaszensionszählung) genau am Himmel festzulegen; letztlich hängt die Genauigkeit aller Sternörter und Eigenbewegungen davon ab, daß der Frühlingspunktfehler so gut wie möglich aus dem Fundamentalkatalog eliminiert wird.

Aus dem Beobachtungsprogramm sollen daher Bedeckungen, die am Beobachtungsort nahe streifend verlaufen, nicht weggelassen werden. Vielleicht zieht man sogar eine kleine Expedition in den genauen Streifbereich in Erwägung. Spezielle Vorhersagen werden berechnet, um die Zone der streifenden Bedeckung und damit die günstigste Position des Beobachters in geographischer Breite jeweils auf ein paar hundert Meter genau zu finden. Damit solche Vorgänge nicht allzu selten, aber doch einigermaßen in der Nähe des Heimatorts zu verfolgen sind, darf sich das Programm nicht nur auf helle Sterne beschränken. Die Beobachtung ist aber dadurch erschwert, daß eine streifende Bedeckung, wenn nicht am hellen Teil des Rands, so doch immer in dessen Nähe stattfindet. Um einen großen Teil des störenden Mondlichts auszuschließen, kommt bei heller Mondphase eine Blende in der Brennebene in Frage. Auch muß man auf mehrfache Ein- und Austritte hinter den Bergen des Mondrands gefaßt sein; gerade in den Polzonen ist das Profil aufregend uneben. Deshalb wird sich ein Tonbandgerät zusammen mit einem batteriebetriebenen Radioapparat nützlich machen.

Besonders vielversprechend ist eine solche Beobachtungsexpedition als Gruppenarbeit. Mehrere Fälle streifender Kontakte sind erfolgreich von Amateurgruppen mit zehn und mehr Beobachtern an ihren kleinen, tragbaren Fernrohren verfolgt worden. Die Teilnehmer stellen sich in Richtung des Mondazimuts auf, wenn möglich nahe einer wenig befahrenen Landstraße (jedoch nicht in Nähe einer Hochspannungsleitung, die den Kurzwellenempfänger stört). Ihre Positionen müssen genau festgehalten werden; deshalb wird außer der topographischen Karte ein Bandmaß mitgebracht. Die Tonbandgeräte stehen dort, wo mit Mehrfachkontakten zu rechnen ist; tiefer in der Bedeckungszone kann mit Stoppuhren gearbeitet werden, und ein Beobachter muß an einem Platz außerhalb des erwarteten Streifenbereichs die undankbare, aber wichtige Aufgabe übernehmen, das Kontrollergebnis „keine Bedeckung“ festzustellen.

Bekanntlich kann bei Expeditionen viel schiefgehen. Nur *ein* Versagen an wichtiger Stelle, und die ganze Vorbereitung war umsonst. Deshalb das Funktionieren von Instrumenten, Stromversorgung und Organisation vorher bei Tageslicht durchprüfen – und dann hoffen, daß alle Beobachter auch wirklich eintreffen, besonders wenn sie wichtige Ausrüstungsteile im Wagen mitbringen! Nachtbeobachtung auf freiem Feld kann auch Hunde, Stechmückenschwärme, Polizeistreifen und andere Betriebsstörungen anziehen, ebenso Zuschauer, welche das vermeintlich zu beobachtende UFO auch sehen wollen und sich zu diesem Zweck vors Fernrohr stellen oder stolpernd elektrische Leitungen zerreißen.

5.5 Bedeckungen von Planeten

Wegen der längeren Ein- und Austrittsdauer der Planetenscheiben und ihrer Helligkeit sind die Himmelsschauspiele eindrucksvoll anzusehen, kommen aber seltener vor und haben auch für die Forschung nicht die gleiche Bedeutung wie Sternbedeckungen. Streifende Bedeckungen der Venus von einer halben Stunde Eintrittsdauer und auch partielle Bedeckungen sind beobachtet worden.

Die in Vorausberechnungen angegebenen Zeiten gelten für den Kontakt des Planetenmittelpunkts. Die Kontaktdauer kann man wie folgt berechnen: Außer dem Planetenradius ϱ entnimmt man den Astronomical Ephemeris die stündliche Änderung des Mondorts und die tägliche des Planetenorts, verwandelt beide in Bogensekunden pro Zeitminute und subtrahiert. Die Differenzen seien n_α und n_δ, und das gesuchte Zeitintervall von Ein- oder Austritt im selenozentrischen Positionswinkel p wird

$$\Delta t = 2\,\varrho\,|n_\alpha \sin p - n_\delta \cos p|\,.$$

Hierfür kann man die Mondparallaxe meist vernachlässigen. Im Falle des Saturn dauert der Eintritt des Ringsystems 2 1/2mal länger als der der Scheibe.

Maßstäbliche Zeichnungen des Laufs des Planeten relativ zum Mond, wie sie bisweilen in Amateurjahrbücher (zum Beispiel „Der Sternenhimmel") erschienen, lassen sich für den gegebenen Standort mit Hilfe der Ephemeridendaten anfertigen. Dazu werden für mehrere volle Stunden vor und nach der Bedeckung die Mondörter nach Band 1, Seite 306 für Parallaxe korrigiert und die Differenzen Planetenort (stündlich interpoliert) minus Mondort aufgetragen. (Die Mondparallaxe ist nur in 1. Ordnung und die des Planeten gar nicht berücksichtigt; doch wird der Fehler nur bei streifenden Kontakten stören.) Die Radien werden eingezeichnet und die Lichtphasen mit ihrem Positionswinkel; dann kann man Beginn, Ende und Positionswinkel des Kontakts gut genähert ablesen.

Alle gemessenen Kontaktzeiten werden auf volle Sekunden festgehalten; die Unsicherheit bei flächenhaften Objekten ist ohnehin größer.

5.6 Photoelektrische Registrierung

Die Entwicklung schneller Datenspeichersysteme hat in der astronomischen Photometrie rascher Vorgänge Anwendung gefunden, und Sternbedeckungen sind ein besonders dankbarer Fall. Die photoelektrische Aufzeichnung von Eintritten am dunklen Mondrand ist im letzten Jahrzehnt daher stark auf dem Vormarsch. Mit der Verbreitung (und teilweise Kostensenkung) von Kleincomputern, Diodenarrays und so weiter rückt der Betrieb eines Bedeckungsphotometers in die Reichweite kleinerer Sternwarten. Ob sich unter verschiedenen in der Literatur beschriebenen Varianten

[5–8] ein Standardgerät herausbildet, ist wohl noch nicht vorherzusagen; Elektronikkenntnisse für den Aufbau und die nicht handelsüblichen Bestandteile muß man jedenfalls investieren.

Durch die Fresnelsche Lichtbeugung am Mondrand entsteht beim Kontakt kurzzeitig ein Wellenmuster der gemessenen Lichtintensität, von merklicher Amplitude gewöhnlich für weniger als $0\overset{s}{.}1$; daher ist es nicht visuell sichtbar. Es wird punktweise mit Millisekunden Zeitauflösung in einen Datenspeicher geladen und später auf den geometrischen Zeitpunkt des Verschwindens hin ausgewertet.

Jedoch ist es keineswegs nur der Mondort, der interessiert. Sehr enge Doppelsterne und sogar größere Sterndurchmesser können aus der Registrierkurve erkannt werden. Ein Stern mit endlichem Durchmesser „verschmiert" die Beugungswellen im Vergleich mit einer Punktlichtquelle, und ein Doppelstern wird auch hier – je nach Helligkeitsunterschied der Komponenten und Distanz – einen verzögerten oder zweistufigen Lichtabfall bewirken. Auf diese Weise sind Distanzen unterhalb $0\overset{''}{.}01$ und Durchmesser sogar bis zu $0\overset{''}{.}003$ herab gemessen worden [9]. Unebenheiten des Mondrands tragen zur Verzerrung der registrierten Kurve bei, und zwar sind die 10 bis 20 m großen Hindernisse am störendsten für die Beugungsfunktion, während erheblich größere Berge sie nur als Ganzes verschieben. Schon aus diesem Grund stützen sich Durchmesser- und Doppelsternmessungen auf wiederholte Registrierung von Bedekkungen des gleichen Sterns oder auf gleichzeitige an verschiedene Stationen. Die Resultate besonders vom McDonald-Observatorium (USA) sind schon recht zahlreich. Bei Großteleskopen muß die Auswertung sogar die Öffnung in Rechnung stellen, so hoch ist die Zeitauflösung: Am Westrand des Rohrs tritt der Stern um ein paar ms früher ein als am Ostrand! Simultanbeobachtung in zwei oder mehr Farbbereichen kann erlauben, den geometrischen Mondprofileffekt vom wellenmechanischen – und wellenlängenabhängigen – Einfluß der Lichtquelle auf die Beugungsfigur zu trennen. Einen dem Mondstreulicht entsprechenden Betrag zieht ein Detektor vom Signalstrom aus der Photozelle ab, damit das Sternsignal nicht darin untergeht. Damit man mit beschränktem Speicherplatz auskommt, ist die Registrierung „selbstauslösend" programmiert: Vor dem Kontakt werden die Speicheradressen laufend zyklisch überschrieben, bis der Lichtabfall über den Detektor das Löschen und danach auch die Registrierung stoppt.

Wieso läßt sich hier eine – im Vergleich zu anderen Abtastapparaten und Interferometern – relativ einfache Anordnung anwenden und dennoch eine überlegene Auflösung erzielen, die auf andere Weise selbst an Großfernrohren nicht gelingt? Hauptsächlich weil die „natürliche" Bildabtastung durch den Mondrand erfolgt, bevor das Licht die Erdatmosphäre und das Fernrohr erreicht und gestreut wird. Aus ähnlichem Grund tritt ja auch die Sonnenkorona bei natürlichen Finsternissen viel besser hervor als im Koronographen. Bekanntlich fällt der Mond den Astronomen meist nur unangenehm auf, weil er empfindliche Platten verschleiert und lichtelektrische Messungen behindert; aber wenigstens in diesem Zusammenhang bewährt er sich als extraterrestrische, bewegliche Sichtblende. Die Beschränkung auf ekliptiknahe Sterne muß man ihm allerdins als Mangel ankreiden.

Austritte sind photoelektrisch bisher leider nur vereinzelt beobachtet worden. Der vor Eintritt eingestellte Ampere-Ausschlagbereich kann sich inzwischen durch veränderte Luftdurchsicht sehr verschoben haben, und dann mißlingt die Registrierung. Um das Mondlicht weitgehend auszusperren, braucht man außerdem eine schmale

Blende, und ohne ein genau computergesteuertes Teleskop (sogar mit Berücksichtigung der Refraktionsänderung) ist es schwierig, das kleine Gesichtsfeld auf den Austrittspunkt zu setzen. Mit dem 60-cm-Refraktor in Hamburg-Bergedorf wurden durch Einstellen des Nachführrohrs auf einen entfernten Stern (*offset guiding*, s. Band 1, S. 148) Austritte erfolgreich photoelektrisch gemessen.

Der Verfasser dankt M. Lukac vom U.S. Naval Observatory, Washington, für die Durchsicht des Manuskripts.

5.7 Literatur

1 Mulholland, J. D.: Publ. Astr. Soc. Pacific *84,* 357 (1972)
2 Morrison, L. V.: IAU Symposium *47,* 395 (1972)
3 Winkler, G. M.; Van Flandern, T. C.: Astr. J. *82,* 84 (1977)
4 Taylor, G. E.: Naut. Alm. Office. Techn. Note *29* (1974)
5 Nather, R. E.; Evans, D. S.: Astr. J. *75,* 575, 583, 963 (1970)
6 de Vegt, C.: Astr. and Astrophys. *8,* 85 (1970) and *48*, 245 (1976)
7 Morbey, C. L.; Fletcher, J. M.: Publ. D.A.O. Victoria *14,* 271 (1974)
8 White, N. M.: Publ. Astr. Soc. Pacific *89,* 238 (1977)
9 Evans, D. S.: Sky and Telescope *54,* 164 (1977)

6 Künstliche Erdsatelliten

W. Petri

6.1 Wesen und Zweck der Satelliten

Im Jahre 1955 kündigten sowohl die USA wie die UdSSR an, sie würden im Laufe des Internationalen Geophysikalischen Jahres 1957/58 künstliche Erdsatelliten mit Meßgeräten in den Weltraum entsenden. Die meisten der damals in Dublin auf einem Kongreß versammelten Astronomen gingen über diese Meldung zur Tagesordnung über. Bereits ein Jahr nach dem historischen 4. Oktober 1957, wo der erste „Sputnik" den Erdball zu umkreisen begann, war die Nachricht vom Start eines neuen Satelliten keine erstrangige Sensation mehr. Nicht nur die Weltöffentlichkeit – auch die Astronomen haben sich mit der Existenz dieser seltsamen Gebilde abgefunden. Während sich aber nur wenige der großen Sternwarten näher auf Satellitenbeobachtungen spezialisieren konnten, haben die Amateure hier ein reiches und fruchtbares Betätigungsfeld gefunden und in kurzer Zeit durch planvolle Zusammenarbeit mit bescheidenen Mitteln wertvolle Arbeit geleistet und dabei selbst Freude, Anregung und Bereicherung ihres Wissens empfangen.

Inzwischen sind künstliche Erdsatelliten längst zu kommerzieller (und militärischer) Routine geworden, für die Amateurbeobachtungen keine Rolle mehr spielen, den gelegentlichen Absturz von Teilen größerer Objekte ausgenommen. Die physikalischen und astronomischen Grundlagen und Erkenntnisse dabei behalten aber ihre Gültigkeit. Besondere Erwähnung verdient eine seit 1957 unvermindert aktive Gruppe von Schülern der englischen Kleinstadt Kettering unter ihrem Gründer und Leiter Geoffrey Perry, die internationalen Ruf genießt.

6.1.1 Der Satellit als Himmelskörper

Unzweifelhaft ist ein gravitierender Körper, der die Erde auf einer im wesentlichen den Gesetzen der Himmelsmechanik gehorchenden Bahn umläuft, als Himmelskörper anzusprechen. Die Bezeichnung „künstlicher Mond" ist etwas üppig, aber nicht falsch, zumal der Beginn der Jahres 1959 der Welt auch schon einen „künstlichen Planeten" beschert hat. Auf die Größe kommt es dabei nicht an.

Immerhin bestehen gegenüber der klassischen Mondtheorie in der Bewegung eines Satelliten bedeutsame praktische Unterschiede. Einerseits kann man die Einflüsse anderer Himmelskörper und die Eigengravitation des Satelliten außer acht lassen, andererseits machen sich die Abweichungen der Erde von der Kugelgestalt und die ungleichmäßige Zusammensetzung ihres Inneren, die gebietsweise Schwereanomalien hervorruft, im Laufe der Zeit stark bemerkbar. Hinzu kommt oft noch die bremsende Wirkung der Erdatmosphäre und sogar des erdmagnetischen Felds und interplanetaren Plasmas – von gewissen relativistischen Effekten zu schweigen.

Ein künstlicher Satellit kann an sich jede Umlaufrichtung und Bahnneigung haben. Wenn die Exzentrizitäten zunächst durchweg klein waren, so lediglich deshalb, weil die Bahnen ja um die Erde herumführen müssen, ohne sich aber (aus Gründen der Energieersparnis beim Start und der besseren Beobachtungsmöglichkeit) weit von ihr zu entfernen. Auch im folgenden wird nur von erdnahen Satelliten die Rede sein.

6.1.2 Der Satellit als Sonde und Raumschiff

Fast alle Satelliten sind mit Meßinstrumenten ausgerüstet und mit Funkanlagen, welche die Meßwerte (zum Teil nach Zwischenspeicherung auf Abruf) den Bodenstationen zustrahlen. Eine Ausnahme macht der „Weltraum-Müll" in Form ausgebrannter Raketenstufen, abgesprengter Schutzkappen und abgeschalteter Geräte, der eine zunehmende Gefahr im erdnahen Aktionsbereich darstellt. Auch ist die Zahl der militärischen Erkundungs- und Versuchszwecken dienenden Geheimsatelliten ständig im Wachsen.

Allgemein haben die künstlichen Erdsatelliten eine eigentümliche Zwitterstellung zwischen Wissenschaft und Technik inne. Sie sind zugleich Forschungsinstrument und Verkehrsmittel – freilich ein Verkehrsmittel ungewöhnlicher Art, das eine neue Epoche der menschlichen Zivilisation eingeleitet hat: die Epoche der Weltraumfahrt. Zudem dienen sie vielen praktischen Zwecken, wie Wettererkundung, Nachrichtenverbindungen auf weite Entfernungen und Aufspüren von Bodenschätzen. Dabei ist ihre Bahn aber noch fast immer „passiv", also ohne Schub- und Bremsmanöver während der Arbeit, obwohl Bahnkorrekturen vorkommen. So sind die Satelliten eigentlich recht „träge" Raumschiffe von verläßlichem himmelsmechanischem Charakter geblieben.

6.2 Sichtbarkeitsbedingungen

Wie jeder Himmelskörper muß sich der Satellit zunächst einmal über dem Horizont des Beobachters befinden, um gesehen zu werden. Sodann muß er im Auge oder auf der photographischen Schicht einen merklichen und verwertbaren Eindruck hervorrufen. Zu diesem Zweck muß er eine gewisse Helligkeit haben und sich genügend vom Himmelsuntergrund abheben. Es kommt also nicht nur auf die (scheinbare) Helligkeit des Satelliten, sondern auch auf die des Himmels an. Für die Auffindung ist außerdem erwünscht, im voraus einigermaßen Zeit und Richtung zu kennen, in der das Objekt zu erwarten ist. Ehe wir uns der eigentlichen Beobachtungstechnik zuwenden, seien daher einige allgemeine Fragen der Sichtbarkeit von Satelliten erörtert.

6.2.1 Der Satellit als beleuchtete Kugel

Der Einfachheit halber nehmen wir an, der Satellit sei eine Kugel, die ihr Licht von der Sonne erhält. Selbstleuchtende Satelliten sind eine seltene Ausnahme geblieben.

Die Stärke der Beleuchtung durch die Sonne sei E, der Halbmesser der Kugel r (in Metern) und ihre Reflexionsvermögen R. Dann sind zwei Grenzfälle zu unterscheiden. Bei spiegelnder Reflexion ist die Helligkeit des Satelliten $I_{sp} = (ERr^2)/4$. Sie ist also richtungsunabhängig (Abb. 1). Anders bei diffuser Reflexion. Hier kommt es noch auf den Phasenwinkel α an. Das ist der am Satellitenort gemessene Winkel zwischen Sonne und Beobachter. Es gilt: $I_{diff} = ERr^2 \cdot 2/3\,\varphi(\alpha)$. Dabei ist $\varphi(\alpha) = [\sin\alpha + (\pi - \alpha)\cdot\cos\alpha]/\pi$ das Phasengesetz; α ist in Bogenmaß zu nehmen. Bei Neumondstellung ist $\alpha = \pi$ und $\varphi = 0$, bei Vollmond $\alpha = 0$ und $\varphi = 1$, in der Quadratur $\alpha = \pi/2$ und $\varphi = 1/\pi = 0{,}3183$.

Bis in die Nähe der Quadratur ist also die diffuse Kugel der spiegelnden an Helligkeit überlegen – unter Vollmondbedingungen um das 8/3fache. In Zahlen ergibt sich für $E = 150\,000$ lx, $R = 1$ und $r = 0{,}30$: $I_{sp} = 3375$ cd und $I_{diff\,(\alpha=0)} = 9000$ cd. Um die Helligkeit eines rein weißen, diffus reflektierenden Satelliten noch zu überbieten, müßte man auf die gleichmäßige Verteilung des von der Sonne empfangenen Lichts im Raum verzichten und die Oberfläche mit Planspiegeln bedecken, die dann von Zeit zu Zeit kurz aber kräftig aufblinken. Besonders ausgeprägt wird die ungleichmäßige Reflexion, wenn der Umriß des Satelliten stark von der Kugelgestalt abweicht.

6.2.2 Berechnung des Phasenwinkels

Um den Phasenwinkel α zu berechnen, müssen wir die sphärischen Koordinaten von Sonne und Satellit im Horizontalsystem des Beobachters kennen, dann ist $\alpha = 90^\circ + h - \zeta$. Hier bezeichnet h den Höhenwinkel der Sonne (negativ, wenn die

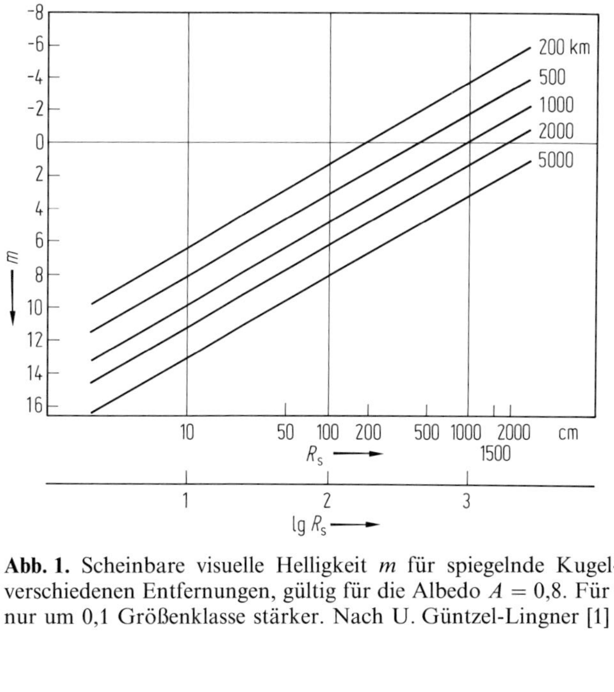

Abb. 1. Scheinbare visuelle Helligkeit m für spiegelnde Kugel-Satelliten vom Radius R_s in verschiedenen Entfernungen, gültig für die Albedo $A = 0{,}8$. Für $A = 0{,}95$ sind die Helligkeiten nur um 0,1 Größenklasse stärker. Nach U. Güntzel-Lingner [1]

Sonne unter dem Horizont steht) und ζ einen Hilfswinkel nach der Formel $\tan\zeta = \tan z \cdot \cos d$. Dabei ist z die (allseitig positive) Zenitdistanz des Satelliten und d die Azimutdifferenz von Sonne und Satellit (stets positiv genommen, also zwischen 0° und 180° liegend). ζ sei positiv, wenn $d > 90°$, sonst negativ. Seine Bedeutung ist die folgende: Denken wir uns im Beobachtungsort eine Ebene, die die Erdoberfläche senkrecht zur Richtung auf die Sonne hin schneidet und durch den Satellitenort geht, so bildet diese mit der Zenitlinie des Beobachters den Winkel ζ.

Wir unterscheiden zwei elementare Fälle:

1. Der Satellit läuft quer zur Richtung auf die Sonne: $d = 90°$, $\cos d = 0$, $\zeta = 0$, $\alpha = 90° + h$; der Phasenwinkel hängt nur von der Sonnenhöhe ab, ist also während des Durchgangs ziemlich konstant.
2. Der Satellit bewegt sich genau in Richtung des Sonnenazimuts und geht durch den Zenit des Beobachters: $d = 0°$ oder 180°, $\cos d = \pm 1$, $\zeta = \pm z$, $\alpha = 90° + h \pm z$; in den Phasenwinkel geht die Zenitdistanz des Satelliten voll ein, und zwar mit unterschiedlichen Vorzeichen, je nachdem ob der Satellit sich auf der der Sonne zu- oder abgewandten Seite vom Zenit befindet.

6.2.3 Lage des Erdschattens

Da bei diffuser Reflexion der Phasenwinkel möglichst klein sein soll, ist es günstig, wenn die Sonne bei der Beobachtung recht tief steht (h stark negativ) und der Satellit sich weit auf der von ihr abgewandten Seite des Himmels befindet ($d > 90°$, z groß). Tiefer Sonnenstand hat außerdem noch den großen Vorteil, daß die Dämmerung weit vorgeschritten und der Himmelsuntergrund schon recht dunkel ist (Abb. 2). Das nützt aber nur, solange der Satellit selbst noch von den Sonnenstrahlen getroffen wird. Man muß also den Verlauf des Erdschattens kennen; dann kann man bei im voraus bekannter Flugbahn die Sichtbarkeit des Satelliten abschätzen oder auch umgekehrt

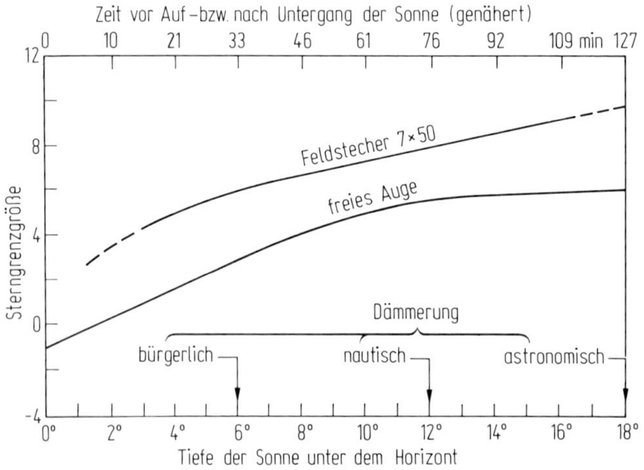

Abb. 2. Sichtbarkeitsgrenzen für ein schwaches, sternartiges Objekt in der Dämmerung. Nach R. H. Emmons [2]

die Flughöhe berechnen, falls man zufällig beobachtet hat, wie der Satellit im Erdschatten verschwindet.

Die Grenze des Erdschattens ist in Wirklichkeit konisch und infolge der endlichen Winkelgröße der Sonne unscharf. Wir begnügen uns hier mit der Annäherung, daß sie eine Ebene sei, und bestimmen zunächst die Höhe H, in der diese Ebene die Zenitlinie des Beobachters schneidet: $H = R(\sec h - 1)$. Dabei ist R jetzt der Erdradius und h wie vorhin der Höhenwinkel der Sonne. Da es sich in der Praxis stets um Höhen über 100 km handelt, können wir das wahre Erdprofil und die Meereshöhe des Beobachters vernachlässigen. Denken wir uns nun im Beobachtungsort eine lotrechte Ebene in Richtung des Sonnenazimuts, so wird diese vom Erdschatten unter dem Winkel h zur Horizontalen geschnitten. Uns interessiert aber der Winkel, unter dem die Schattengrenze im Azimut des Satelliten verläuft. Wir nennen ihn β und bedienen uns wieder der vorhin definierten Azimutdifferenz d. Dann ist $\tan\beta = \tan|h| \cdot \cos d$. β ist also kleiner als h und wird zu null, wenn der Satellit quer zur Sonnenrichtung steht.

Jetzt berechnen wir noch die Flughöhe H', die der Satellit mindestens haben muß, um noch von den Sonnenstrahlen getroffen zu werden:

$$H' = H \cdot 1/2\,(1 + \cos(\beta + z) \cdot \sec(\beta - z))\,.$$

Diese Formel gilt nur in der Nähe des Beobachtungsorts; in Wirklichkeit darf H' noch etwas größer sein, da die Linie, in der die Schattengrenze die lotrechte Ebene durch Beobachtungsort und Satellitenazimut schneidet, meist schwächer gekrümmt ist als die Erdoberfläche. Nur für $d = 90°$ sind die Krümmungen gleich.

6.2.4 Zenitdistanz und Entfernung

Für die Beurteilung der Sichtbarkeit eines Satelliten ist auch seine Zenitdistanz z und seine Entfernung vom Beobachter, E, wichtig. Bei großen Zenitdistanzen macht sich bekanntlich die atmosphärische Extinktion (s. Band 1, Kapitel 11) bemerkbar. Deshalb erscheint der Satellit bei klarer Luft in $z = 45°$ um 0.1^m und in $z = 65°$ um 0.3^m schwächer als unter sonst gleichen Verhältnissen im Zenit.

Bei der Entfernung vom Beobachter wirkt sich das Gesetz der quadratischen Ausbreitung des Lichts aus. So sinkt die scheinbare Helligkeit bei Verdopplung von E auf 1/4 des Ausgangswerts; das entspricht 1.5^m. Kennt man m_E, die scheinbare Helligkeit in der Entfernung E, so kann man sie leicht auf andere Entfernungen umrechnen: $m_E = m_E = 5 \log E'/E$.

Wir fragen weiter: Wie groß sind Zenitdistanz und Entfernung eines Satelliten, von dem wir wissen, daß er sich zu einem bestimmten Zeitpunkt in H km Höhe über einem Ort befindet, der vom Beobachter D km entfernt sei? Zunächst verwandeln wir D in den geographischen Zentriwinkel γ: $\gamma = D/111.2$. Dann berechnen wir eine Zwischengröße $F = H - R(\sec\gamma - 1)$. Dabei ist R wieder der Erdradius. Es ergeben sich die Schlußformeln:

$$z = \frac{R \tan\gamma + F \sin\gamma}{F \cos\gamma} \quad \text{und} \quad E = F \cdot \cos\gamma \cdot \sec z\,.$$

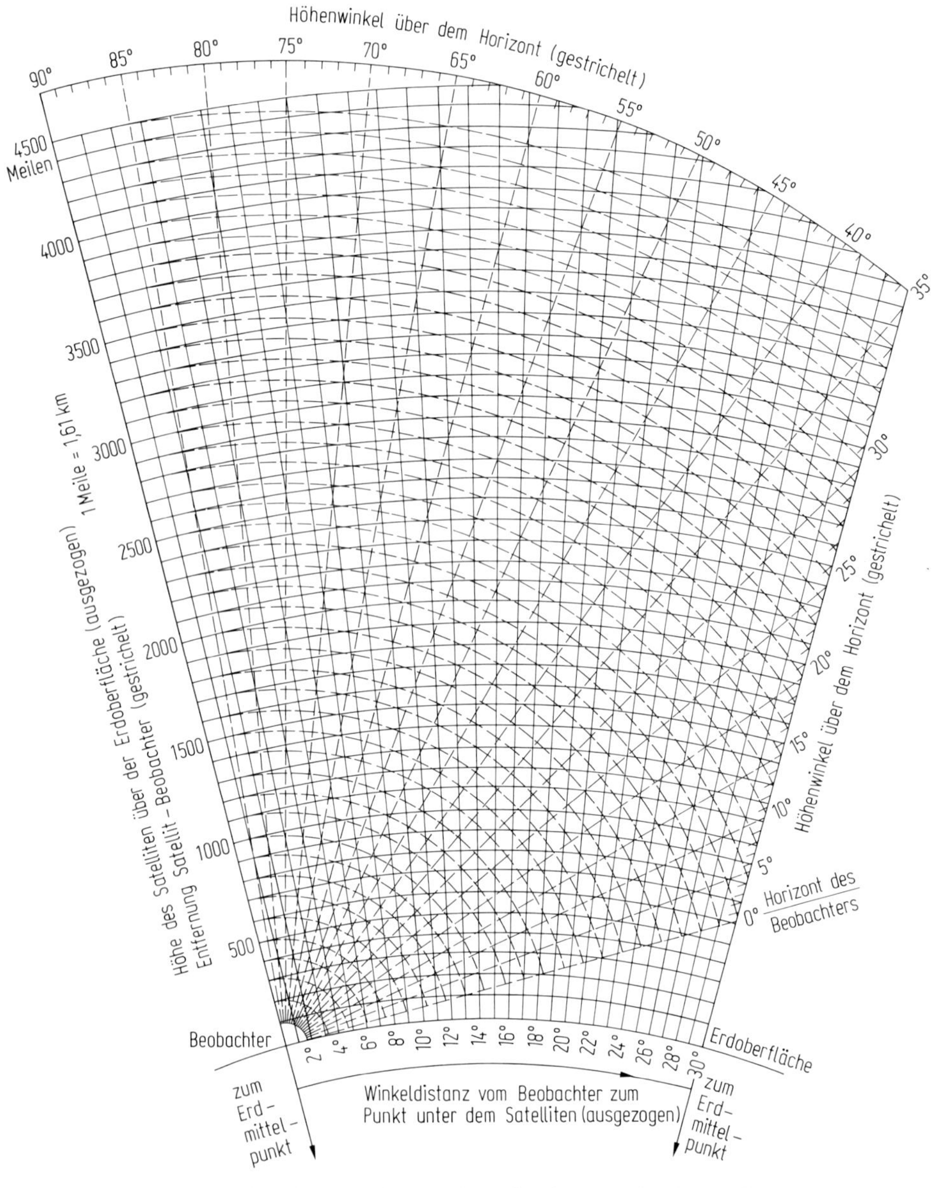

Abb. 3. Höhenwinkel und Entfernung des Satelliten für einen Beobachter auf der Erdoberfläche. Nach L. N. Cormier, N. Goodwin und R. K. Squires [3]

Man kann diese Beziehungen auch durch ein Diagramm ausdrücken (Abb. 3). Am einfachsten geschieht das durch Zeichnung der zugrunde liegenden geometrischen Verhältnisse in einem passend gewählten Maßstabe. Dabei wird man sich aus Platzgründen in der Reinschrift auf einen Ausschnitt beschränken.

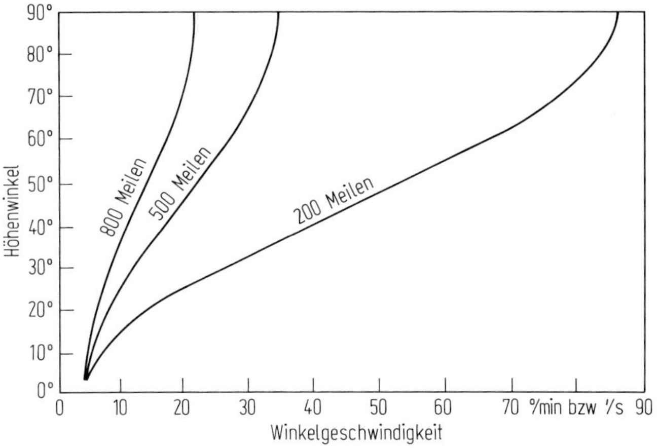

Abb. 4. Scheinbare Winkelgeschwindigkeit des Satelliten in Abhängigkeit von Flughöhe und Höhenwinkel. Nach R. H. Emmons [2]

6.2.5 Scheinbare Winkelgeschwindigkeit

Zuletzt interessiert uns hier noch, wie schnell sich der Satellit am Himmel des Beobachters bewegt. Das Maß dafür ist die scheinbare Winkelgeschwindigkeit (Abb. 4). Sie heißt W und ergibt sich (in Grad pro Sekunde) aus: $W = V/E \cdot 57.3$. Dabei ist V die lineare Relativgeschwindigkeit des Satelliten in km/s und E wieder seine Entfernung vom Beobachter in km. Der Faktor 57,3 dient der Verwandlung von Bogen- in Gradmaß.

Da der Satellit nicht unbegrenzt schnell und tief fliegen kann, bleibt W praktisch immer unter 2°/s und beträgt meist nur einige zehntel Grad pro Sekunde. Immerhin sind das Werte, die nur von Meteoren übertroffen werden und an die Wachsamkeit des Beobachters und die Empfindlichkeit des photographischen Materials besondere Anforderungen stellen.

6.3 Optische Beobachtungen

6.3.1 Überwachungsinstrumente

Die Erfahrung der Meteorbeobachter lehrt, daß ein bewegtes Objekt um etwa 2^m heller sein muß als die schwächsten noch erkennbaren Sterne, wenn man es zuverlässig ausmachen will. Da der Satellit sich ohnehin meist schwächer als 5^m zeigt, kommt in der Regel nur die Fernrohrbeobachtung in Betracht. Dabei sind Lichtstärke und großes Gesichtsfeld entscheidend. Als Grundausrüstung der Überwachungsstationen verwenden Amerikaner wie Russen kleine monokulare Instrumente von 50 bis 60 mm Objektivöffnung, 6- bis 7facher Vergrößerung und 10 bis 12° Gesichtsfelddurchmesser. Das Okular muß Weitwinkelcharakter haben, und seine Austrittspupille soll nicht

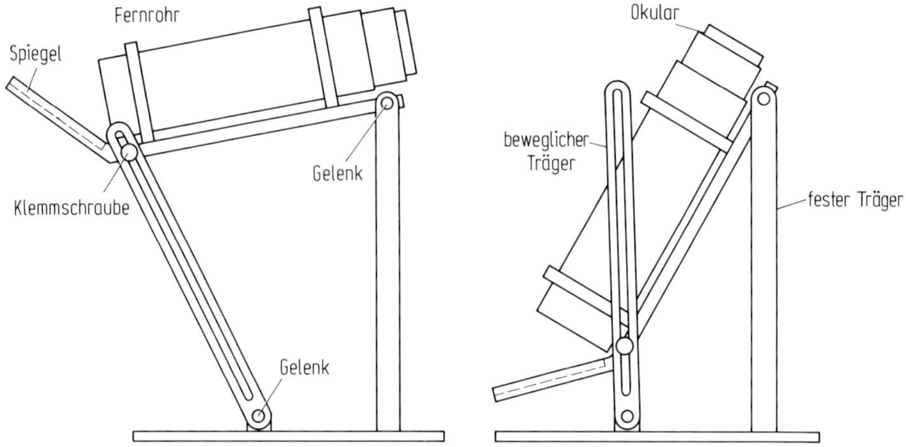

Abb. 5. Montierung eines Moonwatch-Teleskops. Nach G. van Biesbroeck [4]

größer sein als die Pupillenöffnung des auf Dämmerung adaptierten Auges, da sonst Licht verlorengeht.

Im allgemeinen sind weder Zeit noch Zenitdistanz des Satellitendurchgangs im voraus genau bekannt. Deshalb pflegen die Beobachter gruppenweise so zusammenzuarbeiten, daß ein oder zwei Großkreisbogen am Himmel durch eine entsprechende Anzahl Instrumente mit übergreifendem Gesichtsfeld besetzt werden. Diese „optischen Zäune" werden vorzugsweise in Richtung des Meridians, des Ersten Vertikals oder quer zur erwarteten Satellitenbahn gelegt. Unter Verzicht auf Zenitdistanzen über 70° erfordert jeder Zaun ein gutes Dutzend Beobachter.

Die Instrumente werden in das gewünschte Azimut gebracht und dann durch Schwenken um einen (vorzugsweise in der Nähe des Okularendes gelegenen) Drehpunkt auf die betreffende Zenitdistanz eingestellt (Abb. 5). Man beobachtet mit unbewegtem Rohr. Zur Erleichterung der Kopfhaltung sitzt vor dem Objektiv ein ebener, hinreichend großer Oberflächenspiegel, der auch schwenkbar sein kann, gewöhnlich aber einen festen Winkel von 45° mit der optischen Achse des Rohrs bildet. Auf die Seitenverkehrtheit der Bilder ist bei Benutzung von Sternkarten besonders zu achten. Das Gesichtsfeld wird am besten duch Sternpaare bekannter Distanz geprüft: $\alpha - \beta$ *UMa* 5.4°; $\alpha - \delta$ *UMa* 10.1°.

6.3.2 Visuelle Spezialinstrumente

Gelegentlich taucht ein Satellit auch in größeren Instrumenten auf. So erschien die Trägerrakete von Sputnik 1 im Dreizöller bei 80facher Vergrößerung deutlich als heller Strich von 5′ Länge. Vanguard Baby wurde im 10zölligen Spiegelteleskop auf etwa 4000 km gesehen, bei einer scheinbaren Helligkeit nahe 14^m. Das sind aber Zufallstreffer. Indessen erwies es sich als notwendig, zur Verfolgung schwächerer Satelliten im Apogäum besondere Instrumente einzusetzen. Zu diesem Zweck wurde in den USA das 50-mm-Objektiv eines gebrochenen („Ellbogen"-)Fernrohrs aus Militärbeständen durch ein solches von 120 mm Öffnung ersetzt. Die Vergrößerung beträgt 21.5 und der Gesichtsfelddurchmesser 2.3°. Das ist ziemlich wenig, scheint aber tragbar, da die Satelliten im Apogäum langsam sind und ihre scheinbare Winkelgeschwindigkeit zudem noch mit der Entfernung abnimmt. Die Instrumente haben azimutale Montierung, Höhenkreise und Schnellklemmung. Das Objektiv ist gegen Beschlagen mit einer isolierten Heizdrahtwicklung versehen.

Originell ist die gelegentlich angewandte starre achsenparallele Verbindung eines mäßig vergrößernden Zielfernrohrs mit dem Rohr eines Theodoliten. Diese Anordnung vereinigt die Vorteile der genauen Teilkreise mit denen des großen, hellen Gesichtsfelds.

Um den Durchgangsmoment mit bloßem Auge genau zu beobachten, wurde ein Prisma empfohlen, das aus zwei einander in stumpfem Winkel zugewandten Planspiegeln und einer darüber befestigten unverspiegelten Planglasscheibe gebildet ist. Bei richtiger Haltung erscheinen darin zwei Bilder des Satelliten, die aufeinander zulaufen. Ihr Zusammentreffen ist sehr auffällig.

6.3.3 Festlegung der scheinbaren Bahn

Das wichtigste Ergebnis einer Satellitenbeobachtung ist das Werte-Tripel: Rektaszension, Deklination, Zeitpunkt. Von der Zeitbestimmung wird noch die Rede sein. Die äquatorialen Koordinaten sind topozentrisch, gelten also für den Beobachtungsort. Zu ihrer Umrechnung auf geozentrische Werte muß man die geographischen Koordinaten der Station kennen. Erwünscht sind außerdem folgende Daten: Scheinbare Helligkeit, Positionswinkel der Satellitenbahn an der Sphäre, scheinbare Winkelgeschwindigkeit und meteorologische Angaben oder eine Gütezahl für die Beobachtung.

Für ein astrometrisches Problem, wie die Satellitenbeobachtung es in erster Linie darstellt, gibt es grundsätzlich zwei Verfahren: direkten Anschluß an das System des Beobachtungsortes oder relativen Anschluß mit Hilfe von Anhaltsternen. In der Praxis werden beide Verfahren oft zusammen angewandt. Der Relativanschluß empfiehlt sich bei Beobachtungen mit dem freien Auge. Bei photographischen Beobachtungen ist er allein üblich. Der visuelle Beobachter am Fernrohr tut gut, sich vorher die auffallenden Sterne im Gesichtsfeld zu merken. Dabei leisten (gegebenenfalls spiegelbildliche) Kopien des bis 7.75^{m} reichenden Himmelsatlasses von A. Bečvář [5] gute Dienste. In diese Blätter wird auch alsbald nach dem Durchgang die Satellitenbahn unter Angabe der zeitlich markierten Punkte eingetragen.

Der Direktanschluß erfordert die Realisierung eines Scheitelkreises (im allgemeinen des Meridians) im Gesichtsfeld. Hierfür wurden in den USA ursprünglich Querbalken vorgeschlagen, die auf einem etwa 10 m hohen, gut verspannten Mast befestigt sind und zur bequemeren Einstellung an den Enden noch Glühlämpchen tragen können, die vor der eigentlichen Beobachtung gelöscht werden. Die Beobachter müssen alle in einer Reihe sitzen. Wegen der endlichen Entfernung des Balkens sind aber Unschärfe und Gesichtsfeldparallaxe zu befürchten. Universeller und freizügiger ist die Verwendung von Okularfäden.

Für die Darstellung des Bezugskreises im Gesichtsfeld genügt schon ein dünner Draht, der an geeigneter Stelle im Fernrohr befestigt ist und mit dem Okular oder durch eine besondere Einstellvorrichtung gedreht werden kann. Zur Kontrolle der Fadenstellung sind Sterndurchgänge ein vorzügliches Mittel.

6.3.4 Photographische Aufnahmen

Mit etwas Glück läßt sich ein heller Satellit durch jede Amateurkamera einfangen – offene Blende und höchstempfindlichen Film vorausgesetzt. Schwieriger ist die Aufnahme schwächerer Objekte mit größerem Gerät, das eine ernsthafte astrometrische Auswertung zuläßt. Da der Satellit sich rasch bewegt, kann man nicht nachführen, um durch längere Belichtung die Grenzgröße hinaufzusetzen (eine Ausnahme bildet die amerikanische Spezialkamera für 70 000 Dollar), sondern erhält nur dann eine Satellitenspur, wenn folgende Bedingung erfüllt ist:

$$\frac{I}{WE^2} \cdot \frac{L^2}{f \cdot d} \geqq C .$$

Hierbei sind I, W und E wieder jeweils Helligkeit, scheinbare Winkelgeschwindigkeit und lineare Entfernung des Satelliten; L ist der Durchmesser der Eintrittspupille, f die Brennweite und d der Durchmesser eines scharfen Sternbildchens auf der Schicht. In der durch Versuche zu ermittelnden Größe C stecken noch die Lichtdurchlässigkeit der Apparatur und die Empfindlichkeit des Aufnahmematerials.

Die Formel lehrt, daß eine möglichst lichtstarke und scharf zeichnende Optik bei mäßiger Brennweite das richtige ist. In der Praxis haben sich allenthalben Luftbildkameras mit $L = 10$ cm und $f = 25$ cm bewährt. Sie reichen bei $W = 1°/s$ leicht bis 3^m. Beliebt sind auch Objektive bis $f = 50$ cm und $L = 12{,}5$ cm. Von noch größeren Brennweiten ist abzuraten, da dann Gesichtsfeld und Öffnungsverhältnis zu klein werden.

Einwandfreie Justierung und Fokussierung der Optik müssen durch Probeaufnahmen erreicht und streng überwacht werden. Balgenkameras mit Laufboden scheiden von vornherein aus. Am besten ist die Kastenbauweise mit Einstellschrauben am Objektivbrett. Ein Rahmensucher ist unerläßlich. Man belichtet bei feststehender Kamera 10 bis 20 s. Durch kurzzeitiges Abdecken des Objektivs werden Zeitmarken in die Satellitenspur eingeblendet. Die Montierung sei azimutal und so stabil wie nur möglich. Rechtzeitige Anpassung an die Außentemperatur und Verwendung einer Taukappe, die das Gesichtsfeld aber nicht beeinträchtigen darf, sind für den erfahrenen Sternfreund selbstverständlich.

Die Einwirkung des Nachthimmellichts kann auch nach Ende der astronomischen Dämmerung die Grenzgröße merklich beeinflussen. Bei einem Reihenversuch betrug der Verlust 0.1^m bei kurzzeitiger Einwirkung und wuchs über 0.2^m bei 15 min auf 0.5^m bei 30 min an.

6.3.5 Rotationslichtwechsel

Manche Satellitenobjekte zeigen die vom Kleinplanet Eros her bekannte Erscheinung des Rotationslichtwechsels in sehr ausgeprägter Weise. Zwar ist es möglich, die Nutzlastspitzen unbemannter Satellitenraketen beim Start in rasche Rotation um die Längsachse zu versetzen. Durch diese Drallstabilisierung bleibt die Lage derselben im Raum für einige Zeit erhalten. Der Satellitenkörper zeigt sich dann bei einem vollen Umlauf der Erde einmal von jeder Seite. Wenn er längliche Gestalt hat, erscheint er dabei (unter sonst gleichen Verhältnissen) verschieden hell. Am eindrucksvollsten ist aber der Rotationslichtwechsel, wenn sich große unstabilisierte Raketenstufen rasch überschlagen. Dabei entsteht meist eine Doppelwelle der Helligkeitsschwankung, indem die Amplituden alternierend etwas voneinander abweichen.

Wissenschaftlich besonders interessant sind verbürgte Änderungen der Periode, da sie Rückschlüsse auf den Zustand der Hochatmosphäre und Magnetfelder im Raum gestatten. So stieg die Periode von 1957 β von 150 s im Dezember 1957 auf 240 s im Januar 1958 an; bei 1958 δ_1 wuchs sie monatlich im Durchschnitt um 1 s: von 15,0 s am 2. Juni auf 18,4 s am 2. Oktober 1958. In diesem Falle glückte auch der Nachweis, daß die Trägerrakete des Sputniks 3 ihre Purzelbäume im umgekehrten Drehsinn der Umlaufbahn schlug.

Bei langlebigen Satelliten ist vielleicht mit einer säkularen Helligkeitsänderung zu rechnen, indem etwa eine ursprünglich spiegelnde Oberfläche durch Mikrometeoriten allmählich verkratzt und damit mattiert wird oder indem sich die Reflexionseigenschaften der Hülle durch Adsorption interplanetarer Materie verändern.

Technisch ist bei einigem Aufwand eine photographische Photometrie der Satellitenspur möglich. Sogar lichtelektrische Messungen sind schon gelungen, wobei ein Nachthimmelphotometer auf das Rohr eines Kinotheodoliten aufgesetzt war. Für den Liebhaber am nächstliegenden und dabei erstaunlich genau ist die Methode visueller Helligkeitsschätzungen (s. Band 1, Kapitel 10). Die Helligkeit des Satelliten wird in einer relativen, etwa zehnstufigen Gedächtnisskala jeweils mit der eines etwas helleren und eines etwas schwächeren Sterns verglichen. Freilich muß der Beobachter sehr flink sein und sollte für Zeitnahme und Aufschreiben eine Hilfe oder wenigstens ein Tonbandgerät zur Verfügung haben.

Satellitenphotometrie wurde bald ein Spezialgebiet eifriger Liebhabergruppen, die sehr eng zusammenarbeiten, da Simultanbeobachtungen – auf Sekundenbruchteile genau an verschiedenen Orten ausgeführt – der gemeinsamen Auswertung besonders wertvolle Unterlagen liefern. So wurde etwa verabredet, jedes zweite Aufblitzen des Satelliten in jeder geradzahligen Minute an Tagen mit geradzahligem Kalenderdatum besonders zu beachten. Bei diesen Beobachtungen werden auch große Zenitdistanzen in Kauf genommen; denn „des einen Horizont ist des anderen Zenit".

6.3.6 Farbänderungen

Wenn der Satellit in den Erdschatten eintaucht, so ist das für ihn eigentlich nicht „Sonnenuntergang", sondern „Sonnenfinsternis", also für den irdischen Beobachter „Mondfinsternis". Dementsprechend treten dabei auch Farberscheinungen auf, die ihre Analogie in den Farbsäumen des Erdschattens bei Mondfinsternissen haben (s. S. 131). Gewöhnlich schlägt die Satellitenfarbe von Gelbweißlich in Rötlich um. Davor liegt noch eine kurze grüne Phase, die durch die Ozonschicht an der Obergrenze der Stratosphäre entsteht. Wenn schweres Gewölk die Schattengrenze am Erdrand durchsetzt, kommt es gelegentlich nicht zur rötlichen Phase; oder der Satellit flackert, bevor er vollends verschwindet.

Diese Erscheinungen sind meteorologisch hochinteressant und bisher nur wenig beachtet worden, obwohl sie bei hellen Satelliten mit einem Feldstecher wahrzunehmen sind. Der ganze Vorgang dauert etwa eine halbe Minute. Beim Auftauchen des

Satelliten aus dem Erdschatten spielt er sich in umgekehrter Reihenfolge ab. Hier ist die Beobachtung infolge der Ungewißheit des Ortes am Himmel sehr schwierig.

6.4 Zeitdienst

6.4.1 Zeitsignale

Jede auswertbare Satellitenbeobachtung muß eine Zeitangabe tragen, an deren Genauigkeit Ansprüche gestellt werden, wie sie sonst höchstens bei Sternbedeckungen durch den Mond üblich sind. Wie wichtig der Zeitdienst ist, zeigt die Tatsache, daß man in der UdSSR eine Anzahl Beobachtungsstationen zunächst sogar telephonisch mit Normalzeit während der Sichtbarkeitsperiode versorgt hatte – ungeachtet der sehr hohen Kosten. In Europa ist wohl das stündliche Kurzzeitzeichen der US-Militärsender (AFN) am leichtesten zu erhalten. Nach ihm kann man eine Synchronuhr kontrollieren oder eine Stoppuhr stellen. Sehr viel bequemer und sicherer ist es aber, ständig Sekundenimpulse frisch zur Verfügung zu haben. Da heute der Besitz einer kleinen Quarzuhr allgemein vorausgesetzt werden darf, ist die Zeitkontrolle – auch über Stunden hinweg – viel weniger problematisch als ehedem.

6.4.2 Zeitregistrierung

Auf den Chronographen brauchen wir hier nicht einzugehen. Erwähnt sei nur, daß man mit bastlerischem Geschick die von Hand einzutastenden Beobachtungsimpulse verschieden charakterisieren kann, indem etwa jedem Beobachter eine eigene Zackenhöhe zugeteilt wird oder Nord- und Süddurchgänge durch entgegengesetzte Richtung der Federauslenkung getrennt werden. Noch mehr Möglichkeiten solcher Art bietet der Oszillograph. Wer seine Handhabung kennt, wird um Ideen nicht verlegen sein. Mit Recht am beliebtesten sind aber gerade in Liebhaberkreisen Tonbandgeräte, da sie meist keine besondere Anschaffung erfordern und gleichzeitig Zeitmarkierung und Protokollierung gestatten.

Bei der Aufnahme empfiehlt sich recht hohe Bandgeschwindigkeit. Bei der Wiedergabe schaltet man auf geringste Geschwindigkeit um und hat so eine akustische Zeitlupe. Durch mehrfaches Ausmessen des Bandes mit der Stoppuhr wird die Genauigkeit noch erhöht. Einzelne, etwa ausgebliebene Impulse können leicht überbrückt werden.

Wer sich darauf versteht, kann das Band auch in Wiedergabestellung ganz langsam mit der Hand durchdrehen und die im Lautsprecher vernehmbaren Impulse mit feinem Fettstift direkt auf dem Magnetband markieren. Natürlich muß die Markierung stets an der gleichen relativen Stelle geschehen. Das Band kann dann wie ein Chronographenstreifen ausgemessen und später wieder gesäubert werden.

Um gleichzeitig die Zeitsignale, Tastimpulse der Beobachter und mündlichen Bemerkungen auf das Band zu bekommen, braucht man einen Mischeingang. Besondere Möglichkeiten bietet ein stereophonisches Gerät. Auf jeden Fall sollten die

Beobachter mit Tastschaltern versehen werden, da gesprochene Zeitmarken zu unscharf sind. Das Tonbandgerät soll gleichmäßig temperiert sein und rechtzeitig anlaufen, um besten Gleichlauf zu gewährleisten.

Wer eine zuverlässige Uhr mit schnell laufendem Sekundenzeiger hat, kann sich ein Zeitprotokoll verschaffen, indem er mit einer Hilfskamera, die mit offenem Verschluß in einem dunklen Raum aufgebaut ist, das Zifferblatt (und etwaige Zusatzangaben über Datum, Station etc.) beim Aufleuchten eines elektrisch fernausgelösten Elektronenblitzes photographiert. Jedes Negativ sollte nicht mehr als zwei Beobachtungs- und Kontrollaufnahmen (volle Minute) enthalten. Übrigens müßte auch die Aufnahme eines schwingenden Sekundenpendels eine recht feine Unterteilung der Sekunde zulassen, wenn die Amplitude ausgewertet wird.

6.4.3 Zeitliche Markierung der photographischen Spur

Um die vom Satelliten auf der photographischen Schicht erzeugte Spur zeitlich zu markieren, kann man diese Spur zu bestimmten Zeitpunkten entweder unterbrechen oder ablenken. Das Ablenken geschieht entweder grob mechanisch durch Anstoßen des Stativs oder optisch, indem etwa eine Planglasscheibe vor der Eintrittsöffnung durch ein synchronisiertes Relais hin und her geschwenkt wird. Als Nachteil der Ablenkmethode hat sich oft die Unschärfe der Marken herausgestellt. Unterbrechungen der Spur lassen sich im Mikroskop besser ausmessen und sind daher im allgemeinen günstiger.

Erfolgt die Unterbrechung mit Hilfe eines Verschlusses, so ist dessen Trägheit zu berücksichtigen. Sicherer ist es, einen photographisch unwirksamen infraroten Lichtstrahl außerhalb des Gesichtsfelds auf den Verschluß zu richten, und zwar derart, daß er bei geöffnetem Zustand eine im Innern der Kamera angebrachte Photozelle anregt, deren Strom verstärkt und durch Schreiber oder Oszillograph registriert wird. Solchen Aufwand wird aber nicht jeder treiben.

Am einfachsten wird das Objektiv durch den frei davorgehaltenen Kassettendekkel abgedeckt. Die Abdeckzeiten können zwecks besserer Unterscheidung ungleich lang gemacht werden. Eine besonders große Zahl von Meßpunkten verschafft man sich durch gleichmäßiges Zerhacken der Spur, wie es auch bei Meteoraufnahmen oft dienlich ist.

Bei der im folgenden beschriebenen Technik des Zerhackens der Spur soll bei einiger Übung leicht die Zehntelsekunde gewährleistet werden: Der Beobachter schwingt den Kassettendeckel im Sekundenrhythmus eines akustischen Signals vor dem Objekt auf und ab. Zwecks besserer Unterscheidung erfolgt die kürzere Abwärts-Unterbrechung bei jeder ungeraden und die etwas längere Aufwärts-Unterbrechung bei jeder geraden Sekunde. Jede zehnte Sekunde wird die Aufwärts-Bewegung außerhalb des Gesichtsfeldes geführt, so daß ein Spurstück doppelter Länge entsteht. Das Schwingen muß vorzeitig begonnen werden, damit die Synchronisation während der kritischen Durchgangsmomente vollkommen ist. Um jede Schreibarbeit während der Operation zu sparen, lege man – bei einer Aufnahme pro Minute – der Kassette beim Ablegen jedesmal eine Kontrollkarte bei, auf der die betreffende Minute vermerkt ist. Ein Satz von 60 Karten ist leicht angefertigt.

6.5 Funkbeobachtungen

6.5.1 Satellitensender und Ionosphäre

Die Aufnahme der im Bereich der Meter- und Dezimeterwellen arbeitenden Satellitensender ist für die Wissenschaft von außerordentlichem Wert, da wir durch sie Informationen über den elektrischen Zustand der Hochatmosphäre erhalten, wie sie mit den Mitteln der Grenzfrequenzüberwachung vom Boden aus, der Radioastronomie und der kurzlebigen Raketensonden nie zu beschaffen wären. Dies gilt bereits für den Empfang der reinen Trägerwelle. Auf die Entschlüsselung der von Satelliten übermittelten Meßwerte können wir hier nicht eingehen, sondern beschränken uns auf einige für das Verständnis der astronomischen Auswertung von Funkbeobachtungen notwendige Bemerkungen.

Während die lichtoptische Strahlenbrechung bei Satellitenbeobachtungen fast immer außer Betracht bleiben kann, macht sich die Brechung der Radiowellen stark bemerkbar: zunächst durch Verlängerung des scheinbaren Tagbogens (also Überreichweite) und sodann durch besondere Anomalien in Form unregelmäßiger Strahlenbrechung, Doppelbrechung und Polarisation, die sich bei einfachem Empfangsgerät in Schwankungen der ankommenden Feldstärke äußern. Deshalb ist der Zustand der Ionosphäre für die Auswertung des Satellitenempfangs von großer Bedeutung – und umgekehrt!

Zahlreiche ionosphärische Überwachungsstationen ermitteln laufend sogenannte Grenzfrequenzen, die ein Maß für die Elektronendichte der Hochatmosphäre sind. Sie sind auch Grundlage für die Berechnung des Brechungskoeffizienten:

$$n = \sqrt{1 - \left(\frac{\nu_0}{\nu}\right)^2}.$$

Dabei ist ν_0 die Grenzfrequenz und ν die interessierende Sendefrequenz. Die Phasengeschwindigkeit ist dann $c' = c/n$ mit c als Vakuumlichtgeschwindigkeit. Die lichtoptischen und die Radiosignale kommen also nicht genau gleichzeitig an. Dazu trägt noch die Verlängerung des Funkstrahlweges infolge der ionosphärischen Refraktion bei. Die tatsächliche Weglänge ist

$$E' = E \cdot \frac{H}{\int \frac{dH}{n(H)}}.$$

Hierbei ist E wieder die geometrische Entfernung des Satelliten. Das Integral wird in der Praxis durch Summierung über einige Ionosphärenschichten ersetzt.

6.5.2 Empfangsgerät

Bei Funkbeobachtungen ist man nicht auf die kurzen Dämmerungsabschnitte angewiesen und vom Wetter unabhängig. Daher fällt alsbald ein sehr umfangreiches Material an. So kamen in der UdSSR während der ersten Sputnik-Monate weit mehr als zehnmal soviel Funkmessungen zusammen als optische, obwohl die Objekte sehr hell waren und ihre Sender zum Teil nur kurze Zeit arbeiteten. Diese Beschränkung auf selbststrahlende Satelliten muß der Liebhaber allerdings hinnehmen. Der aktive Reflexempfang „stummer" Satelliten nach dem *Radar*-Prinzip ist das Privileg weniger Großstationen, weil er technische Anforderungen stellt, die noch weit über die des Sendens und Empfangens von Mondechos hinausgehen. Auch großräumige Interferometer, wie sie in der professionellen Radioastronomie gebräuchlich sind, kann sich der Liebhaber nicht leisten.

Erfolgreicher Empfang der Satellitensender verlangt funktechnische Erfahrung und hochwertiges Gerät. Deshalb ist er vornehmlich ein Arbeitsgebiet der in der ganzen Welt wohlorganisierten Amateurfunker geworden. Auch der interessierte Sternfreund tut gut daran, sich mit seinem örtlichen Radio-Amateur-Club in Verbindung zu setzen. Dort wird er bereitwillig Auskunft über Bau und Betrieb von Spezialempfängern oder Konvertern, Frequenzmessern und Leistungsantennen erhalten. Wer zum Selbstbau nicht Zeit oder Geschick hat, kann auch fertige Empfänger kaufen, die in der erforderlichen Güteklasse freilich nicht billig und nur im Spezialhandel erhältlich sind. In der Praxis haben aber Hochfrequenzlaboratorien der Industrie die Bestrebungen der Liebhaber oft mit Rat und Tat unterstützt.

6.5.3 Allgemeine Messungen

Nachdem man sich überzeugt hat, daß der Satellitensender hereinkommt und seine Zeichen auch auf Tonband genommen sind, ergibt sich als erste meßtechnische Aufgabe die Registrierung der Empfangsfeldstärke. Hierfür dient meist ein Millivoltmeter an einer Zwischenfrequenzstufe. Dessen Ausschläge werden in relativen S-Einheiten oder (bei nicht unbedingt erforderlicher Absoluteichung) Mikrovolt unter Beifügung der Zeit laufend notiert. Das Hauptmaximum der sich ergebenden Kurve bezeichnet den Moment größter „elektrischer" Nähe des Satelliten. Die lästigen Nebenmaxima lassen sich durch Abänderung der Antennencharakteristik zurückdrängen.

Der nächste Schritt wäre die laufende Peilung des Satellitenazimuts. Dafür stehen dem Privatmann indessen wohl nur selten Einrichtungen zur Verfügung. Eher wird es ihm gelingen, die Frequenzverschiebungen des Doppler-Effekts zu verfolgen, von denen im nächsten Abschnitt die Rede sein wird. Es gibt aber noch andere Möglichkeiten. Zum Beispiel erzeugt der Satellit gegen Ende seiner Lebenszeit, wenn er bereits etwas dichtere Luftschichten durcheilt, einen Schweif ionisierten Gases. Diese Erscheinung ist von Meteoren her wohlbekannt. Unter Umständen verraten sich solche Ionisationsgebiete durch Reflexion kurzer Radiowellen, die dann irgendwo mit Überreichweite empfangen werden. Auf diese Weise ist es gelungen, den Zerfall der ersten Sputnik-Kugel in mehrere Stücke während einiger aufeinanderfolgender Tage deutlich wahrzunehmen.

6.5.4 Der Doppler-Effekt

Dem Sternfreund ist der Doppler-Effekt aus der Bestimmung der Radialgeschwindigkeit von Sternen und Spiralnebeln durch die Verschiebung von Spektrallinien bekannt. Er äußert sich in einer Frequenzverschiebung $d\nu = \nu \cdot v/c'$. Dabei ist ν die ausgestrahlte Frequenz, v die (mit ihrem Vorzeichen eingehende) radiale Relativgeschwindigkeit zwischen Strahlungsquelle und Beobachter und c' die Phasengeschwindigkeit.

Geht die Flugbahn des Satelliten direkt über den Beobachtungsort, so ist der Effekt stärker, als wenn sie in einiger Entfernung daran vorbeiführt, da immer nur die radiale Geschwindigkeitskomponente wirksam ist. Der gesamte Frequenzhub ist $\Delta\nu = 2\nu \cdot \frac{v_{max}}{c'}$ und kann bei 8 km/s Fluggeschwindigkeit und der Sputnik-Frequenz von 20 MHz etwa 1 kHz ausmachen. Deshalb muß ein trennscharfer Empfänger während des Durchgangs laufend nachgestimmt werden. Verfolgt man die Frequenzverschiebung zeitlich genau, etwa duch Überlagerung mit einem Frequenznormal und Registrierung der Mischfrequenz, so erhält man Wertepaare (ν, t) – t sei die Zeit –, die eine S-förmige Kurve abgeben. Diese Kurve ist symmetrisch; daher kann man jeden Meßwert zweimal verwenden: einmal vor und einmal nach dem Moment größter Annäherung des Satelliten.

In diesem Moment größter Annäherung kehrt die Relativgeschwindigkeit ihr Vorzeichen um. Hier hat die Kurve ihren Wendepunkt. Die hindurchgelegte Wendetangente ist um so steiler, je rascher sich die Empfangsfrequenz maximal geändert hat. Dies hängt von der Bahngeschwindigkeit und der größten Nähe des Satelliten ab. Durch Zusammenarbeit mehrerer Stationen kann man allein auf die Informationen: „Zeitpunkt größter Annäherung" und „Steigung der Wendetangente" eine eigene Methode der Bahnbestimmung gründen.

6.6 Elementare Bahnrechnung

6.6.1 Kreisbahngeschwindigkeit

So wie für einen neu entdeckten Kometen die Parabel, ist für einen erdnahen Satelliten der Kreis eine gute Näherung der Bahngestalt. Sehen wir vom Luftwiderstand ab und betrachten die Erde als Kugel, dann gilt für die Bahngeschwindigkeit K eines Kreisbahnsatelliten $K = K_0 \sqrt{R/(R+H)}$. Dabei ist R der Erdradius (ca. 6370 km), H wieder die Flughöhe und K_0 die theoretische Kreisbahngeschwindigkeit für $H = 0$, nämlich 7,9 km/s. Die Umlaufzeit U (in Sekunden) ist dann $U = 2\pi \cdot [(R+H)/K]$. In der Form $U = [2\pi/K_0] \cdot [(R+H)^{3/2}/\sqrt{R}]$ verrät sich das dahinterstehende 3. Keplersche Gesetz. Durch Einsetzen der Zahlenwerte ergibt sich recht genau

Tabelle 1. Kreisbahn-Daten (Erdradius = 6370 km) nach D. King-Hele

Höhe (km)	Periode (min)	Bahngeschwindigkeit (km/s)
190	88	7,8
530	96	7,6
910	103	7,4
1320	112	7,2
1780	122	7,0

$U = 0{,}01 \cdot (R + H)^{3/2}$. Die Umformung $H = (100\ U)^{2/3} - R$ liefert aus der Umlaufzeit einen Anhaltswert für die mittlere Flughöhe. Unter „Umlaufzeit" ist hier stets die Zeit zwischen zwei unmittelbar aufeinanderfolgenden Durchgängen des Satelliten über den gleichen Breitenkreis in der gleichen Richtung verstanden. Hierbei spielt die Erdrotation keine Rolle.

6.6.2 Bahnneigung

Die Bahnneigung eines künstlichen Erdsatelliten, i, ist der Winkel, unter dem der Satellit beim Übertritt von der südlichen in die nördliche Hemisphäre den Äquator schneidet (Abb. 6). Fliegt der Satellit genau von West nach Ost, so ist $i = 0$. In diesem Falle muß die Bahn stets über dem Äquator verlaufen. Sonst führt sie immer gleich weit nach Norden wie nach Süden; denn die Bahnebene muß durch den Erdmittelpunkt gehen.

Wenn an einem bestimmten Ort mit den geographischen Koordination φ (Breite) und λ (Länge, hier stets östlich Greenwich gezählt) die Flugbahn unter einem Winkel i' zum Breitenparallel verläuft, so erhält man die Bahnneigung aus der Beziehung

$$\cos i = \cos i' \cdot \cos \varphi\,.$$

Umgekehrt ergibt sich aus

$$\cos i' = \cos i \cdot \sec \varphi$$

bei bekannter Bahnneigung das Azimut A der Satellitenbahn. Es ist (in astronomisch üblicher Weise von Süd über Ost gezählt) $A = 90^\circ + i'$.

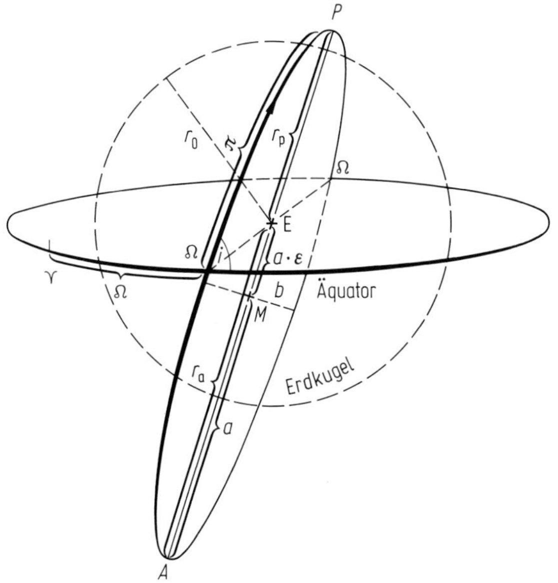

Abb. 6. Bahnelemente des Satelliten. Nach H. Wörner [7]. Die Bezeichnungen sind die in der Bahnbestimmungslehre üblichen, hier aber bezogen auf den Erdäquator statt auf die Ekliptik

6.6.3 Knotenlänge

Der Punkt, wo die nordwärts führende Satellitenbahn den Äquator schneidet, ist der aufsteigende Knoten, im folgenden kurz „Knoten" genannt. Nehmen wir an, seine Lage im Raum wäre fest (wieweit sie es nicht ist, werden wir gleich sehen), so ändert sich seine geographische Länge ständig infolge der Erdrotation. Wir berechnen die Knotenlänge beim letzten Äquator-Übertritt eines Satelliten, der zu einem bestimmten Zeitpunkt nordwärts fliegend unter φ° nördlicher Breite beobachtet wurde.

Zunächst erhalten wir den vom Satelliten zurückgelegten Weg W in geographischem Winkelmaß aus $\sin W = \sin\varphi \cdot \operatorname{cosec} i$. Dann folgt für die Längendifferenz L zwischen Beobachtungsort und Knoten $L = L' - Z/240$. Darin ist L' die Längendifferenz bei stillstehender Erde und folgt aus $\tan L' = \cos i \cdot \tan W$. Das zweite Glied auf der rechten Seite berücksichtigt die Erdrotation, wenn seit dem Äquatorübertritt die Zeit $Z = (W \cdot U)/360$ Sekunden verstrichen ist. U ist auch in Sekunden einzusetzen.

6.6.4 Knotenwanderung

Der Äquatorwulst der Erde bewirkt eine Präzession der Bahnebene, die beim Satelliten viel rascher ist als beim weit entfernten Mond. Ihr Betrag hängt von Flughöhe und Bahnneigung ab und ist näherungsweise $p = 10 \cdot \cos i \cdot [R/(R + H)]^{7/2}$ Grad pro Tag. Um soviel also bewegt sich der Bahnknoten täglich auf dem Äquator westwärts. Die tatsächlichen Werte von p sind von hohem wissenschaftlichem Interesse, da aus ihnen die Abplattung des Erdkörpers mit bisher nicht erreichter Genauigkeit hervorgeht.

Um die geographische Länge des Knotens über längere Zeit zu verfolgen, muß man auch berücksichtigen, daß die Erde während eines Jahres von 365,25 Tagen einen vollen Umlauf von 360° um die Sonne macht. Dadurch bewegt sich der Knoten um weitere 360/365,25 = 0,986 Grad täglich nach Westen.

6.6.5 Geographische Ephemeriden

Nun haben wir alles beisammen, um für einen beliebigen Zeitpunkt T zu berechnen, an welchem Ort mit den geographischen Koordinaten φ und λ sich der Satellit befinden wird, wenn Zeitpunkt T_0 und geographische Länge λ_0 eines Knotendurchgangs, Bahnneigung i und Umlaufzeit U bekannt sind. Allerdings vernachlässigen wir noch den Umstand, daß der Satellit wegen seiner in Wirklichkeit elliptischen Bahn ungleich schnell läuft. Nicht berücksichtigen können wir ferner ohne zusätzliche Angaben die Änderung der Bahnelemente infolge des Luftwiderstands und anderer äußerer Einflüsse. Gerade die Herausarbeitung dieser Einflüsse macht ja die Auswertung von Präzisionsbeobachtungen so fruchtbar. Uns kommt es hier indessen nur darauf an, durch eine geographische Ephemeride ein Bild der zu erwartenden Beobachtungsgelegenheiten zu gewinnen.

Wenn wir für die Zwischenzeit $T - T_0 = Z$ schreiben, erhalten wir die geographische Breite aus $\sin\varphi = \sin i \cdot \sin 360/U \cdot Z$. Hierbei müssen U und Z in gleichen Zeiteinheiten eingesetzt werden. Die geographische Länge des Satellitenortes ermitteln wir in zwei Schritten: $\tan L' = \cos i \cdot \tan 360/U \cdot Z$ und

$$\lambda = \lambda_0 + L' - 0{,}25\, Z_m - (p + 0{,}986)\, Z_d\,.$$

Hierbei ist Z als Z_m in Minuten und als Z_d in Tagen einzusetzen.

Ist Z erheblich größer als eine Umlaufsperiode U, so rechnet man am bequemsten erst die letzte Knotenlänge aus. Dazu bildet man Z/U und setzt erst denjenigen Teil von Z in die Formel für λ ein, der noch eine ganze Anzahl Vielfacher von U darstellt. Dabei ist $L' = 0$. Danach geht man mit dem Restbetrag von Z in das volle Formelsystem ein, wobei das soeben berechnete λ an die Stelle des ursprünglichen λ_0 tritt.

Sehr praktisch ist eine Schablone, die eine Bahnhälfte darstellt, welche mit dem Äquator abschneidet, und deren Kurventeil die Zeiten nach dem Knotendurchgang als Skala trägt, jede Zeitmarke unter der zugehörigen geographischen Breite. Diese Schablone kann man aus i und U berechnen oder nach einem der Presse zu entnehmenden Zeitplan der überflogenen Orte anfertigen und dann umgekehrt zur graphischen Ermittlung von Bahnneigung und Knotenlänge sowie Knotendurchgangszeit und Umlaufzeit benutzen. Wegen der hemisphärischen Symmetrie der Bahn wird man auch auf Werte der anderen Bahnhälfte zurückgreifen. Die Schablone läßt sich auf der dazu passenden Weltkarte durch Verschieben entlang dem Äquator auf jedes T_0 einstellen.

6.7 Elliptische Bahnen

6.7.1 Exzentrizität und Flughöhe

Bei jedem auf elliptischer Bahn umlaufenden Satelliten ändert sich seine Entfernung vom Erdmittelpunkt und damit auch die Flughöhe ständig zwischen einem kleinsten und einem größten Wert, die den Apsidenpunkten Perigäum und Apogäum zugeordnet sind. Diese Grenzwerte von H sind um so unterschiedlicher, je stärker die Bahnexzentrizität e ist. Sehen wir davon ab, daß die Erde keine vollkommene Kugel ist und der Beobachter sich im allgemeinen nicht gerade auf Meereshöhe befindet, so können wir schreiben $e = (H_A - H_P)/(2\,R + H_A + H_P)$. Hierbei sind H_A und H_P je die Apogäums- und Perigäumshöhen und R ist wieder der Erdradius.

6.7.2 Perigäumsdrehung

Die Lage des Perigäums in der Bahn wird ausgedrückt durch dessen im Gravitationszentrum gemessenen Winkelabstand vom Knoten, das „Argument des Perigäums“. Ist dieser Winkel bekannt, so läßt sich mit Hilfe einiger anderer Größen und einigem mathematischem Aufwand für jeden Punkt der Bahn die Flughöhe berechnen. Deren Werte wären für jede geographische Breite jeweils konstant, wenn die Lage des Perigäums sich nicht ändern würde. Tatsächlich aber dreht sich das Perigäum um $D = 5\,[R/(R + H)]^{7/2} \cdot (5 \cos^2 i - 1)$ Grad pro Tag. In dieser Formel ist für H der Mittelwert $H = 1/2\,(H_A + H_P)$ einzusetzen.

Das cos-Glied hat eine eigentümliche Folge. Bei $i = 63° 26'$ wird $D = 0$. Bei noch größerer Bahnneigung wird die Perigäumsdrehung rückläufig. Bei den Sputniki mit i um 65° war D bereits sehr klein. Ähnlich wie in der Knotenpräzession stecken auch in der Perigäumsdrehung wichtige Daten über die Gestalt des Erdkörpers.

6.7.3 Große Halbachse

Die Größe einer Ellipsenbahn wird durch die Große Halbachse a bestimmt. Das zeigen die Formeln für Apogäums- und Perigäumsdistanz, $R_A = a(1 + e)$ und $R_P = a(1 - e)$. Wir bedienen uns ihrer, um mit Hilfe der Beziehungen

$$R_A = R + H_A \text{ und } R_P = R + H_P$$

(R = Erdradius) die Grenzwerte für die Flughöhe als Funktion von a und e auszudrücken.

Hinzu kommt noch das 3. Keplersche Gesetz über das Verhältnis zwischen Umlaufzeit und Großer Halbachse. Für unsere Zwecke schreiben wir es wie folgt:

$$a^3 \approx 36{,}3 \cdot 10^6\, U^2.$$

Hierbei ist U in Minuten und a in Kilometern auszudrücken.

6.7.4 Einfluß des Luftwiderstands

Himmelsmechanisch ist die Große Halbachse ein Maß für die Bahnenergie. Nimmt diese Energie durch den Einfluß des Luftwiderstands ab, so schrumpfen auch Große Halbachse und Umlaufzeit. Der Satellit kommt der Erde näher und wird dabei schneller. Diese paradox anmutende Erscheinung, daß ein Körper durch Bremsung schneller wird, gilt so lange, bis die Bahn in den ballistischen Absturz übergeht. Weiterhin lehrt die Theorie des widerstehenden Mittels – und die Erfahrung bestätigt es –, daß mit der Schrumpfung der Großen Halbachse auch die Exzentrizität abnimmt. Die Bahn nähert sich immer mehr der Kreisform. Dabei bleibt die Perigäumsdistanz längere Zeit ziemlich erhalten, während die Apogäumsdistanz rasch kleiner wird.

Die genaue Durchrechnung dieser Vorgänge hat schon bald wichtige Aufschlüsse über die Dichte der Hochatmosphäre gegeben. Es stellte sich heraus, daß diese überraschend groß ist. Darüber hinaus treten ungleichmäßige Änderungen von Flughöhe und Umlaufzeit auf. Sie verraten, daß es auch in den höchsten Schichten unserer Lufthülle noch eine Art Wetter gibt. All diese Erscheinungen verlangen laufende Überwachung der erdnahen Satelliten. Damit rückt die *wissenschaftliche Bedeutung* zuverlässiger Liebhaberbeobachtungen in ein helles Licht.

6.8 Literatur

1 Güntzel-Lingner, U.: Sterne und Weltraum *3*, 228 (1964)
2 Emmons, R. H.: Sky and Telescope *16*, 171 (1957)

3 Cormier, L. N.; Goodwin, N.; Squires, R. K.: Simplified satellite prediction from modified orbital elements. Washington: National Academy of Sciences 1958, p. 46
4 van Biesbroeck, G.: Bulletin for Visual Observers of Satellites *5*, Cambridge (Mass.) 1957
5 Becvar, A.: Atlas coeli, 1950.0, 2. Aufl. Prag 1956
6 Boggess III, A.; Gulledge, I. S.; Koomen, M. J.; Tousey, R.: Bulletin for Visual Observers of Satellites *9*, Cambridge (Mass.) 1958
7 Wörner, H.: Die Sterne *34*, 59 (1958)

Umfassende Darstellung des Themas in der Neuauflage des Buches von Desmond King-Hele: Observing Earth Satellites. Van Nostrand-Reinhold, New York 1983.

7 Die Beobachtung der Planeten

G. D. Roth

7.1 Aufgabe und Sinn der Planetenbeobachtung

7.1.1 Der Amateur und die Planetenbeobachtung

Das 19. und die erste Hälfte des 20. Jahrhunderts haben eine Reihe von Amateurbeobachtern hervorgebracht, die sich als Planetenbeobachter auch wissenschaftlich einen Namen gemacht haben. Zu nennen sind hier stellvertretend für andere die Amerikaner C. F. Capen, T. A. Cragg und W. H. Haas, die Engländer M. B. B. Heath, B. M. Peek und T. E. R. Phillips, die Franzosen G. Farroni und G. Teichert, die Schweizer S. Cortésie und M. du Martheray und die Deutschen F. Kimberger, W. Löbering, W. Sandner und W. W. Spangenberg. Auch in einer Zeit, in der für die astronomische Forschung große instrumentelle Hilfsmittel zur Verfügung stehen und für die Erforschung unseres Sonnensystems bemannte Raumschiffe und Raumsonden Verwendung finden, bleibt die Planetenbeobachtung für den Sternfreund interessant. Der ambitionierte Amateur wird es nicht unversucht lassen, physikalische Meßmethoden neben der reinen visuellen Beobachtung anzuwenden. Auch wird er die Zusammenarbeit mit anderen Beobachtern suchen, da sich Gemeinschaftsbeobachtungen zur Gewinnung aussagestarker Ergebnisse als sehr nützlich erwiesen haben.

7.1.2 Aufgaben der Beobachtung

Besonders die Raumfahrt seit 1957 hat die Planetenforschung wieder sehr belebt. Ja, man muß in einigen Fällen sogar von einer „neuen Entdeckung der Planeten" sprechen, wenn wir an die Ergebnisse denken, die die Raumsondenflüge zu den Planeten Merkur, Venus, Mars, Jupiter, Saturn und Uranus gebracht haben. Es ist nicht nur der sensationelle Befund, daß auf den Planetenoberflächen Krater wie auf dem Mond zu sehen sind und daß Saturn nicht der einzige Planet ist, den ein Ringsystem umgibt. Abgesehen von geologisch interessanten Rückschlüssen, liefert die bessere Kenntnis der festen Oberflächen von Planeten und Monden in unserem Sonnensystem auch neues Material zur Interpretation der Entstehung dieser Himmelskörper und des ganzen Systems. Der Amateur, der sich der Planetenbeobachtung widmet, muß diese neue Entwicklung kennen. Übersichtliche Darstellungen dazu und Mitteilungen des neuesten Stands erscheinen regelmäßig in den auch dem Sternfreund zugänglichen Zeitschriften [1, 2] und Seite 711.

Auch die Programme der großen Sternwarten, etwa das „International Planetary Patrol Program", sollte der Amateur kennen. Er lernt so nicht nur die Schwerpunkte der Forschung kennen, sondern auch neue Überlegungen hinsichtlich der Auswertung seiner eigenen Beobachtungen. Denn selbst die herkömmliche topographische Überwachung, die noch immer Mittelpunkt der meisten Amateurarbeiten ist, wird aussagekräftiger, wenn sie entsprechend ausgewertet wird (siehe und andere [3]).

Seit 1978 beziehungsweise 1980 gibt es aus Anlaß des Vorbeiflugs von Voyager 1 am Jupiter beziehungsweise des Vorbeiflugs der beiden Voyager am Saturn weltweit organisierte Beobachtungsprogramme für engagierte Amateurbeobachter: „International Jupiter Voyager Telescope Observations Program“ und „International Saturn Voyager Telescope Observations Program“. Die nationalen Arbeitsgemeinschaften informieren darüber [4].

Es gibt eine Reihe von Beobachtungsaufgaben, die, wenn sie mit entsprechender Sorgfalt und Ausdauer durchgeführt werden, Hilfsarbeiten für die Wissenschaft darstellen können. Dazu gehören unter anderem:

a) die langfristige Überwachung von Planeten in bezug auf das Auftreten besonderer Erscheinungen (Staubstürme auf Mars, helle oder dunkle Flecken in den Atmosphären von Jupiter und Saturn);
b) Positionsbestimmungen einzelner Objekte auf Planeten zur Ableitung von Rotationsperioden oder sonst einem Verhalten eigener Bewegung (Wolken auf Mars, Großer Roter Fleck auf Jupiter);
c) Spektralphotometrie, sowohl visuell wie photographisch (Beobachtung mit Filtern bekannter Durchlässigkeit);
d) Gesamt- und Detailphotometrie, sowohl visuell wie photographisch (z. B. Intensitätsschätzungen der hellen Zonen und dunklen Bänder auf Jupiter, Helligkeitsschätzungen und -messungen von Kleinen Planeten);
e) Spezialbeobachtungen (z. B. Planetenmonde, Bedeckungen, Vorübergänge von Planeten vor der Sonne).

Auf den folgenden Seiten werden bestimmte Aufgaben in Verbindung mit den einzelnen Planeten näher beschrieben.

Von grundsätzlicher Bedeutung bei der ernsthaften Wahrnehmung einer Beobachtungsaufgabe ist aber immer, daß der Beobachter, neben der persönlichen Zuverlässigkeit und der instrumentellen Ausrüstung, sich bemüht, die einschlägige Literatur kennenzulernen und viel Sorgfalt auf die Auswertung seiner Ergebnisse verwendet. Der Anschluß an eine Arbeitsgemeinschaft oder Planetensektion einer astronomischen Vereinigung ist sehr zu empfehlen (s. S. 713).

Literaturkenntnis kann auch höchst interessante Vergleiche zum Beispiel zwischen Sondenphotos und älteren Planetenzeichnungen möglich machen, wie sie Ralf Koppmann durchgeführt hat: „Wenn man sich zudem noch die geringen Mittel anschaut, mit denen im letzten Jahrhundert offensichtlich hervorragende Arbeit geleistet wurde, so sollte man die Ergebnisse als Motivation vor allem für die Amateurbeobachter anführen, trotz Raumsonden weiter Planeten zu beobachten und noch so unscheinbare oder unglaublich wirkende Beobachtungen auch zu veröffentlichen“ [5].

Es wäre indessen grundfalsch, den an der Planetenbeobachtung interessierten Sternfreund ausschließlich als wissenschaftlichen Hilfsarbeiter ansetzen zu wollen. Die Planeten haben den großen Vorzug, in ihrer Mehrzahl dem Beobachter im Fernrohr mehr als nur einen Lichtpunkt zu zeigen. Der Beobachter lernt kosmische Landschaften kennen und kann sich Vorgänge in der Natur sichtbar machen. So gesehen hat die Planetenbeobachtung einen hohen persönlichen Erlebniswert. Daran sollten alle diejenigen besonders denken, die als Lehrer an Schulen und Dozenten an Erwachsenenbildungseinrichtungen Astronomieunterricht geben. Systematisch ausgeführte Beobachtungen erhöhen den Erlebniswert.

7.2 Das Instrumentarium für die Beobachtung

7.2.1 Das Fernrohr

Da es bei der Planetenbeobachtung auf sehr gute Bilddefinition auch bei mittleren und höheren Vergrößerungen ankommt, ist ein Instrument mit möglichst langer Brennweite (Öffnungsverhältnis nicht größer als 1:15) anzuraten. Grundsätzlich spielt es keine Rolle, ob man einen Refraktor oder Reflektor (s. Band 1, Kapitel 2) wählt. Beim Reflektor ist allerdings die silhouettierte Spiegeloptik eine „Definitionsbremse". Einen Ausgleich der Nachteile der Silhouettierung bringt die Wahl größerer Öffnungen.

Zum hochwertigen Fernrohr gehören ebenso hochwertige Okulare (s. Band 1, Kapitel 2) und eine stabile Montierung (s. Band 1, Kapitel 3). Für mittlere und höhere Vergrößerungen sind orthoskopische Okulare und Okulare vergleichbarer Güte vorzuziehen. Bewährt haben sich Okulare mit dicken Menisken, die eine Verbesserung der außeraxialen Bildfehler bringen (z. B. Astro-Planokular von Zeiss). Auch die Weitwinkelokulare von Baader, Meade und TeleVue verdienen Aufmerksamkeit.

Die Verwendung binokularer Okularstutzen hat sich bei der Mond- und Planetenbeobachtung bewährt [6]. Binokulare Ansätze liefern unter anderem die Firmen Baader, München, und Jenoptik, Jena.

Es wird immer wieder gefragt, welche Objektivöffnungen und welche Vergrößerungen speziell für die Planetenbeobachtung notwendig beziehungsweise sinnvoll sind. Die Tabellen 1 und 2 geben dazu Anhaltspunkte.

Die Planetenbeobachtung verlangt Mindestvergrößerungen, damit der Beobachter überhaupt etwas zu sehen bekommt. Ein Maßstab ist jene Vergrößerung, die notwendig ist, um das Scheibchen eines Planeten im Fernrohr in der gleichen scheinbaren Größe zu sehen wie den Vollmond mit bloßen Augen (Tabelle 1).

Tabelle 1.

Planet	Scheinbarer Durchmesser	Vergrößerung
Merkur	4".8–13".3	280mal in Elongation (6".5)
Venus	10"–63"	70mal in Elongation (25")
Mars	4" –25"	70mal in Opposition
Jupiter	31"–48"	40mal in Opposition
Saturn	15"–21"	100mal in Opposition
Uranus	3" –4"	500mal in Opposition
Neptun	2".5	750mal in Opposition

Tabelle 2

Instrument Objektiv-öffnung	Vergrößerung für die Beobachtung von Einzelheiten auf							
	Merkur	Venus	Mars	Jupiter	Jupiter-Monde	Saturn	Uranus	Neptun
75 mm	150	150	175	150	150	175	175	–
135 mm	200	225	275	200	375	250	300	300
250 mm	300	300	325	275	400	350	350	350
300 mm	350	350	350	300	500	375	450	500

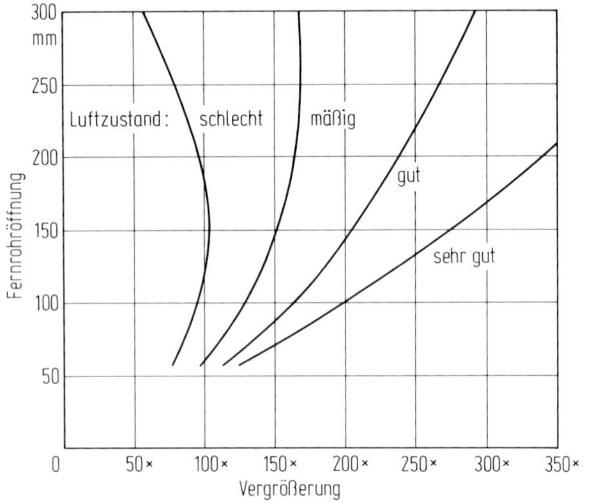

Abb. 1.

Ein sehr erfahrener Beobachter, der Schweizer M. du Martheray, hat seine Erfahrungen hinsichtlich der Wahl einer optimalen Vergrößerung bei der Beobachtung der Planeten in einem Schaubild zusammengefaßt, das die Grundlage für Tabelle 2 abgibt [7].

Die persönliche Eignung und Erfahrung des Beobachters sind nicht zu unterschätzen. Hinzu kommen Qualität des Fernrohrs und atmosphärische Konditionen. Interessant ist deshalb zum Vergleich Abbildung 1, der eine Studie von H. Wichmann zugrunde liegt, in der unterschiedliche Luftzustände besonders berücksichtigt werden [8].

Eine Erfahrung zahlreicher Beobachter konzentriert sich auf die Feststellung, daß Fernrohre mit kleiner bis mittlerer Öffnung (100 mm bis 200 mm) auch bei mäßigen und schlechten atmosphärischen Bedingungen noch brauchbare Vergrößerungen erlauben. Diese Erfahrungen beziehen sich in erster Linie auf den mitteleuropäischen Raum. Aber auch aus den USA liegen Berichte vor, die Instrumente mit 4 bis 6 Zoll Öffnung unter wechselhaften atmosphärischen Bedingungen als „optimal" für den Amateurbeobachter einstufen lassen.

7.2.2 Zusatzgeräte

Um zu vielseitigeren physikalischen Beobachtungs- und Meßmethoden zu kommen, ist heute die Verwendung von Zusatzgeräten für den Amateur unentbehrlich. Sowohl visuelle wie photographische Beobachtungen können mit Hilfe bestimmter Zusatzgeräte aufgewertet werden. Die wichtigsten Zusatzgeräte sind

a) Farbfilter (s. Band 1, S. 76),
b) Mikrometer (s. Band 1, S. 74),
c) Photometer (s. Band 1, S. 75 und 422),
d) Spektroskop (s. Band 1, S. 76 und 352).

Sicher am einfachsten zu handhaben ist die Verwendung von Farbfiltern, zumal sie bereits mit kleinen Instrumenten erfolgreich kombiniert werden können. Hierbei geht es um die Beobachtung der Planetenoberflächen in verschiedenen, genau definierten und ausgewählten Spektralbereichen [9]. In der Regel sind das Rot (z. B. RG 2 und RG 5 von Schott), Gelb (z. B. GG 10 von Schott) und Blau (z. B. BG 12 und BG 23 von Schott). Die einzelnen Filter werden so gefaßt, daß sie anstelle der Augenmuschel auf das Okular aufgeschraubt werden können [10].

Mikrometermessungen eignen sich neben der Messung des Sicheldurchmessers zur Bestimmung des Zeitpunkts der Dichotomie und des Übergreifens der Hörner des Planeten Venus (s. S. 215) auch zur Vermessung von markanten Einzelheiten auf Mars (Wolken, Polflecken), Jupiter und Saturn (helle und dunkle Objekte in der Atmosphäre, Breite der Zonen und Bänder). Im einzelnen siehe Seite 225 und 244. Bei der Photometrierung besonders zu beachten ist die Flächenphotometrie verschiedener Punkte auf einer Planetenoberfläche (s. Band 1, S. 409) und die Punktphotometrie (Gesamthelligkeit eines Planeten oder Planetoiden, s. S. 232). Mit Hilfe des Spektroskops kann man die Rotationszeit eines Planeten ableiten (Doppler-Effekt) und Informationen über die Planetenatmosphäre gewinnen [11].

7.3 Sichtbarkeit der Planeten

7.3.1 Scheinbarer Durchmesser, Phase, Abplattung

Die Sichtbedingungen der einzelnen Planeten sind sehr unterschiedlich. Über die Sichtbarkeit während eines Jahres geben die Kalender Auskunft (S. 712). Im wesentlichen bestimmen Bahn und Größe des Planeten und Standort des Beobachters die Sichtbarkeit. Faktoren im einzelnen sind:

a) Aufgang – Kulmination – Untergang des Planeten am Beobachtungsort;
b) Rektaszension und Deklination des Planeten;
c) scheinbarer Durchmesser (s. Abb. 2);
d) scheinbare Helligkeit;
e) Phasenwinkel.

Die äußeren Planeten (Mars, Jupiter, Saturn, Uranus, Neptun und Pluto) stehen der Erde um die Zeit der Opposition am nächsten und können dann die ganze Nacht

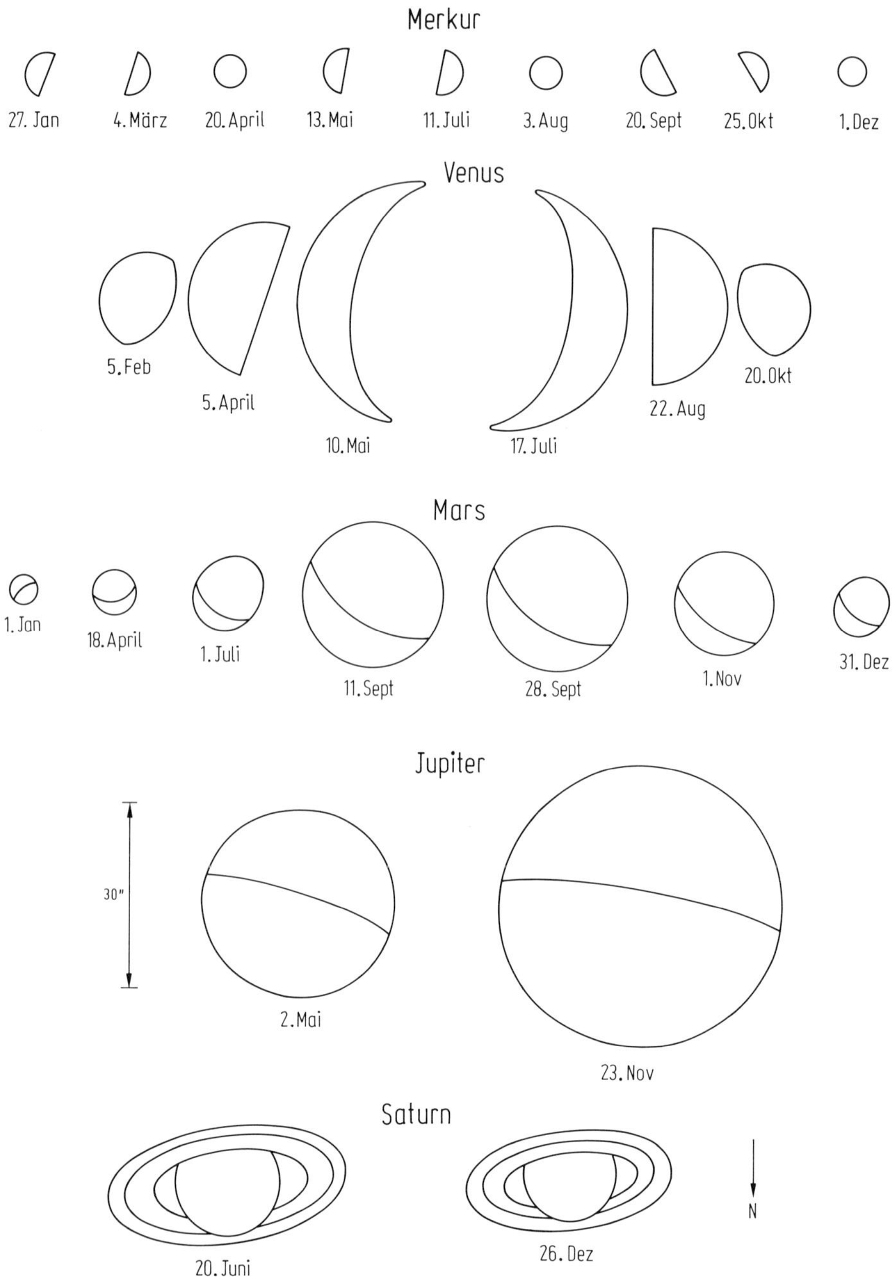

Abb. 2. Scheinbare Planetendurchmesser 1988. Aus: G. D. Roth, Taschenbuch für Planetenbeobachter, 3. Aufl. München: Verlag Sterne und Weltraum 1987

über beobachtet werden. Dagegen können die inneren Planeten (Merkur und Venus) nur entweder am Abend- oder am Morgenhimmel erscheinen (Zeit der größten Elongation). Stellung der Ekliptik zum Horizont und jahreszeitlich bedingte Länge der Dämmerung beeinflussen die Sichtbarkeit speziell der inneren Planeten je nach der geographischen Breite des Beobachtungsorts. Auch für die äußeren Planeten stellen sich die Beobachtungsbedingungen günstiger, wenn die Ekliptik hoch über dem Horizont steht und die Opposition eines Planeten in diesen Zeitraum fällt. In niederer geographischer Breite steht die Ekliptik steiler am Horizont und verbessert so die Sichtbarkeitsbedingungen.

Auch Planeten mit erheblicher Bahnexzentrizität (Merkur, Mars) sind zum Zeitpunkt rein rechnerisch ungünstiger Bedingungen (bei Merkur geringer Sonnenabstand, bei Mars kleinerer scheinbarer Durchmesser) dann besser zu sehen, wenn sie höher über dem Horizont stehen.

Sehr wichtig für den Planetenbeobachter ist der Phasenwinkel, den er in den astronomischen Jahrbüchern angegeben findet. Der Phasenwinkel bestimmt die Lichtgestalt eines Planeten. Bei einem Phasenwinkel von 0° ist die Planetenscheibe voll beleuchtet (entsprechend Vollmond). Bei 180° ist der Planet unsichtbar (entsprechend Neumond). Der Phasenwinkel bewegt sich bei den inneren Planeten zwischen 0° und 180°. Bei den äußeren Planeten spielt der Phasenwinkel nur bei Mars eine größere Rolle (maximal 46°, ein Achtel der Planetenscheibe ist dann unsichtbar). Anstelle der Angaben für den Phasenwinkel findet sich in manchen Kalendern ein Hinweis auf den Anteil des beleuchteten Teils der Planetenscheibe.

Der Planetenbeobachter muß nicht nur wechselnde Größen- und Beleuchtungsverhältnisse beachten, er muß auch die Achsenlage und die Abplattung in Betracht ziehen. Auch hier ist auf die aktuelle Information der jährlichen Kalender zu verweisen.

7.3.2 Atmosphärische Bedingungen und Umwelteinflüsse

Auf die jeweilige Höhe des Planeten über dem Horizont und ihre Bedeutung für die Beobachtung wurde bereits hingewiesen. Die Einflüsse der irdischen Atmosphäre auf die astronomische Beobachtung werden in Band 1, Seite 433, ausführlich dargestellt. Für den Planetenbeobachter wichtig ist eine möglichst turbulenzfreie Luft am Beobachtungsort. Mittlere und hohe Vergrößerungen, wie sie die Planetenbeobachtung erforderlich macht, sind bei zunehmender Luftunruhe unbrauchbar. Weniger störend kann sich Dunst bemerkbar machen, zumal sein Auftreten häufig mit verhältnismäßig ruhiger Luft verbunden ist.

Ein objektives Maß für die Luftbeschaffenheit am Beobachtungsort zu finden ist schwierig. Trotzdem wird jeder Beobachter versuchen, die Luftbeschaffenheit persönlich einzuschätzen und das Ergebnis in sein Beobachtungsbuch übernehmen. Der Beobachter bewertet zweierlei: die Luftruhe (R), die von der benutzten Fernrohrvergrößerung abhängig ist, und die Durchsicht (D), die ohne Fernrohr bestimmt wird.

R 1 = sehr gut; auch bei starker Vergrößerung ist das Bild des Planeten ruhig und scharf im Okularausschnitt;
R 2 = gut; Bildeindruck wie bei 1, jedoch blickweise Turbulenz;

R 3 = befriedigend; die Turbulenzerscheinungen nehmen in der Zeit zu, doch bleiben noch genügend lange Zeitabschnitte, um bei mittlerer Vergrößerung einen brauchbaren Gesamteindruck der Planetenscheibe zu bekommen;
R 4 = mäßig; die Luftunruhe stört spürbar. Nur blickweise sind Einzelheiten zu erkennen;
R 5 = unbrauchbar; auch bei niedriger Vergrößerung ist es unmöglich, ein scharfes Bild der Planetenscheibe zu bekommen.

D 1 = sehr klarer Himmel; Sterne $5\overset{m}{.}$ sichtbar;
D 2 = klarer Himmel; Sterne $4\overset{m}{.}$ sichtbar;
D 3 = Himmel dunstig; Sterne $3\overset{m}{.}$ noch sichtbar;
D 4 = Dunst nimmt zu; nur noch Sterne $1\overset{m}{.}$ zu sehen, Planetenbeobachtung gerade noch möglich;
D 5 = Dunst (Nebel, Hochnebel) so stark, daß Planet mit bloßen Augen blickweise zu erkennen ist. Im Fernrohr ist das Planetenbild bereits zu dunkel, um Einzelheiten erkennen zu können.

Die Luftunruhe erkennt man am deutlichsten an einem hellen Fixstern, der scharf eingestellt ist. Das Fokalbild des Sterns führt zappelige, zittrige Bewegungen um seinen Mittelpunkt aus. Dieses sogenannte „Zitterscheibchen“ hat bei starker Luftunruhe einen Radius von 5 Bogensekunden und mehr. Bei ruhiger Luft schrumpft die Ausdehnung auf weniger als 0,5 Bogensekunden [12].

Luftunruhe wird nicht nur von Klima und Wetter am Beobachtungsort produziert. Auch in der näheren Umgebung des Fernrohrs können Umstände eintreten, die die Luftschichten unmittelbar über dem Fernrohr in Bewegung bringen (z. B. Heizung, Rauchkanäle, Flugverkehr). Künstliche Lichtquellen sind für die visuelle Planetenbeobachtung nicht so störend wie für andere astronomische Arbeiten. Deshalb hat der Planetenbeobachter auch noch Chancen in dichter bebauten Siedlungsgebieten. Dagegen begünstigt die bebaute Umwelt das Auftreten von kleinräumigen Luftturbulenzen.

7.3.3 Persönliche Qualifikation

Letztendlich ist die Sichtbarkeit von Planetendetails auch von der Art und Weise abhängig, wie sich der Beobachter ans Werk macht. Sicher spielt Erfahrung eine wichtige Rolle. Voraussetzung dazu ist das kontinuierliche Beobachten nach Plan.

Das sollte jeder Beobachter beachten:

a) mit ausgeruhten Augen beobachten;
b) jede Blendung vermeiden (Anpassung an die Dunkelheit, notwendige Lichtquellen abblenden);
c) Vergrößerung nicht übertreiben;
d) das einäugige Okularsehen üben, dabei unter Umständen das zweite Auge mit Hand oder Augenklappe abdecken; Versuche mit binokularen Ansätzen;
e) die Fernrohrbedienung (z. B. Nachführung) muß im Dunkeln mühelos praktiziert werden;
f) Pausen während der Beobachtung einlegen, um eine Übermüdung der Augen zu vermeiden;

g) keine Beobachtung ohne Zeichnung. Zeichnungen zwingen zum besonders genauen Hinschauen.

Sehr richtig bemerkt W. W. Spangenberg, der sich jahrzehntelang mit persönlichen Eigenschaften des Beobachters und auftretenden physiologischen Effekten beschäftigt hat: „Beobachterische Erfahrung wird im allgemeinen durch eine länger dauernde kontinuierliche Beobachtungstätigkeit erworben und aufrecht erhalten. Jede Unterbrechung kann schon bei kurzer Dauer einen Übungsverlust zur Folge haben" [13].

Details auf Planetenoberflächen sind oft nicht einfach zu erfassen und zu deuten. Der, von seltenen Ausnahmen abgesehen, fast ständige Einfluß der Luftunruhe während der Beobachtung erschwert die Wiedergabe feiner Einzelheiten erst recht. Die Gefahr, daß sich in Zeichnungen Fehler einschleichen, ist groß. Die Spezialisierung auf einen Planeten kann der Qualität der Beobachtungsergebnisse förderlich sein [14].

Die Statistik weist nach, daß rund die Hälfte aller Beobachter ein Alter hat, in denen mit „beobachtungsrelevanten Leistungseinbußen" zu rechnen ist. Dazu gehört nicht nur eine verminderte Sehleistung. W. W. Spangenberg hat nachgewiesen, daß auch die Körperstellung am Fernrohr mit zunehmendem Alter „ein echtes arbeitsphysiologisches Problem mit Rückwirkungen auf Sehvorgang und Wahrnehmungserfolg" ist [15].

7.4 Die Darstellung von Planetenbeobachtungen

7.4.1 Zeichnungen

Vorab etwas über die Himmelsrichtungen auf den Planeten:

Anblick mit bloßen Augen (und im Feldstecher!)	Norden oben Süden unten Osten links Westen rechts
Anblick im umkehrenden astronomischen Fernrohr:	Norden unten Süden oben Osten rechts Westen links
IAU-Orientierung (astronautische Orientierung):	Norden oben Süden unten Osten rechts Westen links

Die Bewegung von Oberflächeneinzelheiten (z. B. GRF auf Jupiter) im umkehrenden astronomischen Fernrohr erfolgt von rechts („following end") nach links („preceding end"). Auf Sondenphotos tauchen die Erscheinungen links auf („following end") und verschwinden rechts („preceding end").

Heute ist zu beachten, daß auch für die Orientierung von Planetenzeichnungen beziehungsweise Planetenkarten die Ost-West-Orientierung im Sinn der Astronautik

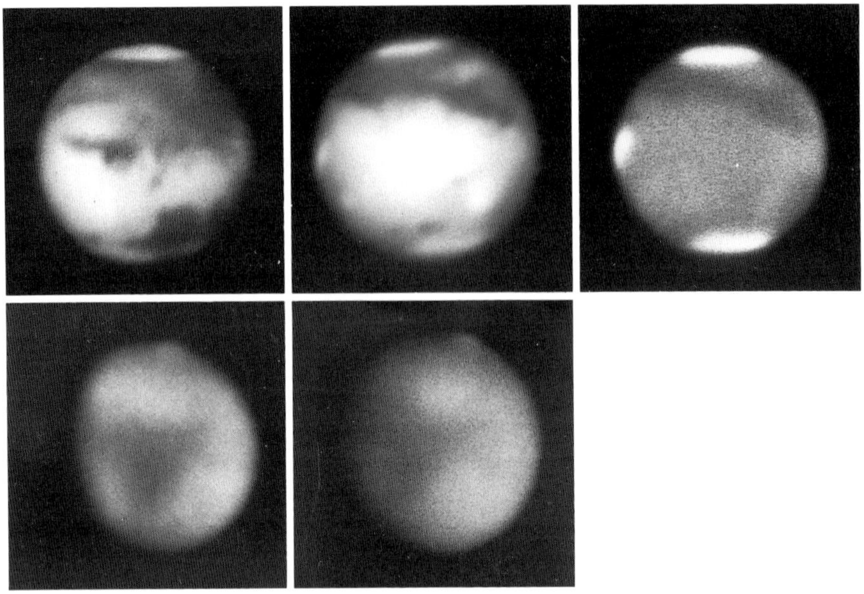

a

Abb. 3 a. *Oben links:* Mars, Juli 20, 1986, 22h18m UT, aufgenommen mit einem 106-cm-Spiegelteleskop auf dem Pic-du-Midi von J. Dragesco. ZM 11°3, ∅ 23″, $F/D = 52$, belichtet 1/4 s auf TP 2415, Filter: W29. *Oben Mitte:* Mars, Juli 12, 1986, 04h52m UT, aufgenommen mit einem 32-cm-Newton-Spiegel von Donald C. Parker, Coral Gables, Florida, USA. ZM 186°, $F/D = 198$, belichtet 5 s auf TP 2415, entwickelt in Rodinal 1:100, kein Filter. *Oben rechts:* Mars vom gleichen Beobachter am gleichen Tag 04h42m UT unter Verwendung eines Violettfilters (W 47). $F/D = 198$, belichtet 2,5 s auf ED 200, entwickelt in E-6 Process
Unten links: Mars, September 7, 1973, 3h46m UT, aufgenommen mit einem 25-cm-Spiegelteleskop (Newton) von P. Hückel, Weilheim. $F/D = 108$, belichtet 10 s auf Kodak high contrast copy. *Unten rechts:* Mars, September 4, 1973, 2h25m UT, aufgenommen mit einem 25-cm-Spiegelteleskop (Newton) von P. Hückel, Weilheim. $F/D = 72$, belichtet 5 s auf Copex-Pan

angewendet wird (IAU-Beschluß von 1961): Norden oben, Süden unten, Osten rechts und Westen links. Um Mißverständnisse auszuschließen, ist es zweckmäßig, die gewählte Orientierung (z. B. IAU-Orientierung) in Berichten und auf Zeichnungen (Photos) anzugeben.

Für die Anfertigung der Zeichnungen stehen den Beobachtern Schablonen zur Verfügung, die bei den Geschäftsstellen der astronomischen Vereinigung und Volkssternwarten gekauft werden können (s. S. 713). Neben den Kreisschablonen für Merkur, Venus, Mars gibt es Schablonen für Jupiter (mit Berücksichtigung der Abplattung) und Saturn (mit Berücksichtigung der Abplattung und verschiedener Ringöffnung).

Bezüglich Besonderheiten betreffend die Planeten Merkur, Venus und Mars, die bei Benützung der Kreisschablonen zu beachten sind (Phasen, Achsenlage) siehe die Abschnitte über die einzelnen Planeten auf Seite 208 (Merkur), 210 (Venus), 219 (Mars).

Grundsätzlich zur Zeichentechnik: Jede Zeichnung entwickelt der Beobachter von groben Umrissen zu den feinen Einzelheiten. Zeichengerät ist ein mittelweicher Blei-

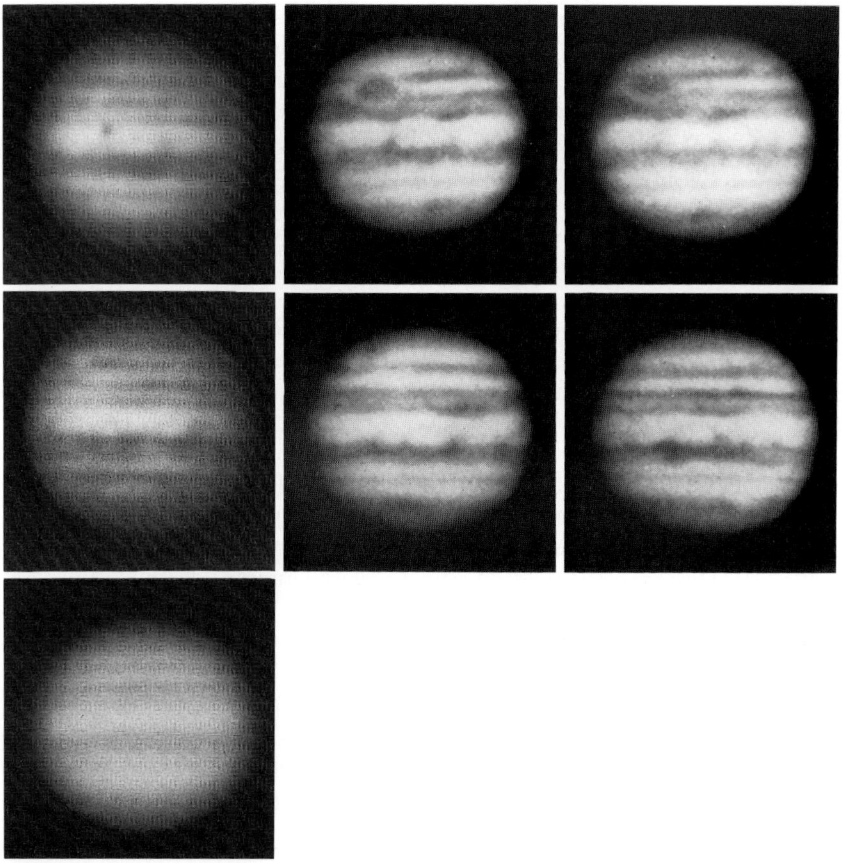

b

Abb. 3 b. *Obere Reihe: links:* Jupiter, Februar 24, 1967, 21h10m UT, aufgenommen mit einem 25-cm-Spiegelteleskop (Newton) von P. Hückel, Weilheim. $F/D = 56$, belichtet 3 s auf Agepan FF. *Mitte und rechts:* Jupiteraufnahmen mit Refraktor 200/4000 mm bei Äquivalentbrennweite 36 m auf 14/10 DIN von G. Nemec, München. *Mittlere Reihe: links:* Jupiter, März 4, 1967, 19h40m UT, aufgenommen mit einem 25-cm-Spiegelteleskop (Newton) von P. Hückel, Weilheim. $F/D = 60$, belichtet 2 s auf Agepan FF. *Mitte und rechts:* Jupiteraufnahme mit Refraktor 200/4000 mm bei Äquivalentbrennweite 36 m auf 14/10 DIN von G. Nemec, München. *Unteres Photo:* Jupiter, Januar 8, 1966, 20h15m UT, aufgenommen mit einem 11-cm-Schiefspiegler von P. Hückel, Weilheim. $F/D = 118$, belichtet 1 s auf Ilford FP 3

stift. Bei rasch rotierenden Planeten (Jupiter, Saturn) ist es zweckmäßig, mit der Zeichnung dort zu beginnen, wo die Details verschwinden (am Westrand). Die Zeichnung schreitet entgegengesetzt der Planetendrehung fort (im umkehrenden astronomischen Fernrohr von links nach rechts).

Neben allgemeinen Zustandsdarstellungen der Oberfläche haben Zeichnungen für Positionsbestimmungen Bedeutung. Hier kommt es nicht auf die Fülle der Einzelheiten an, sondern auf die sorgfältige Wiedergabe einiger ausgewählter Objekte (zum Beispiel helle und dunkle Flecken auf Jupiter) und Einordnung derselben in ein Koordinatensystem (s. unten).

Eine Verbesserung der Gewinnung von Positionsbestimmungen kann die Verwendung des Mikrometers bringen (s. S. 244). Mit einiger Übung bringt die Auswertung sorgfältig gezeichneter Objekte in ZM-Nähe gute Ergebnisse (s. S. 243): „In besonders guten Verhältnissen wurden mittlere Fehler von $\pm$ 0,3° bis $\pm$ 0,5° (jovizentrisch) erreicht. Bei ganz ungünstigen Zuständen (schlechte Luft, persönliche Indisposition usw.) stieg der Fehler bis $\pm$ 1°" (W. Löbering über Jupiterbeobachtungen).

7.4.2 Photos

Über die Aufnahmetechnik und Aufnahmematerial siehe Tabelle, Seite 605 sowie Band 1, Seite 201 ff. Gut gelungene Planetenphotos sind heute auch für den Amateur eine Ergänzung der auf der Grundlage visueller Beobachtungen gewonnenen Zeichnungen (Abb. 3a und 3b).

Eine besondere Rolle kann dabei die Verwendung von Farbfiltern spielen, mit denen die unterschiedliche Sichtbarkeit bestimmter Einzelheiten auf einer Planetenoberfläche oder in einer Planetenatmosphäre dokumentiert wird (Abb. 4).

Bei mit Amateurinstrumenten gewonnenen Planetenaufnahmen sind es in erster Linie auffällige Atmosphären- oder Oberflächenerscheinungen, deren Position mit Hilfe von Gradnetzen auf den Photos vermessen wird.

Die photographische Positionsbesimmung zum Beispiel von hellen und dunklen Objekten auf Jupiter wird erschwert wegen der Abnahme der Flächenhelligkeit von der Planetenmitte hin zum Planetenrand. Es ist schwierig, den „wahren Planetenrand" eindeutig festzustellen. Es ist ratsam, ein besonders auffälliges Objekt in ZM-Nähe in Serie zu photographieren. Der Planetenrand spielt dabei keine Rolle. Es kommt auf die Lage des ZM an, der sicherer bestimmt werden kann [16].

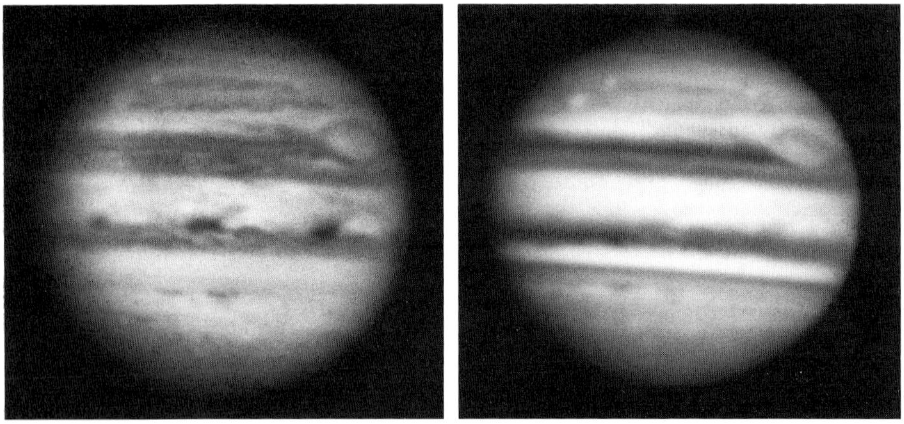

Abb. 4. Beispiel für Aufnahmen mit Farbfiltern. *Links:* Jupiter, Juli 20, 1986, 03h14m UT, aufgenommen mit einem 106-cm-Spiegelteleskop auf dem Pic-du-Midi von J. Dragesco. $F/D = 50$, belichtet 2 s auf TP 2415, Rotfilter Wratten W29. *Rechts:* Jupiter, Juli 20, 1986, 03h15m UT, aufgenommen mit einem 106-cm-Spiegelteleskop auf dem Pic-du-Midi von J. Dragesco. $F/D = 32$, belichtet 8 s auf TP 2415, Blaufilter Wratten W49

7.4.3 Karten und Planisphären

Das Koordinatensystem der Planeten ist im Prinzip gleich: Der Äquator ist der Grundkreis. Seine Lage hängt ab von der Orientierung der Rotationsachse des Planeten. Die Meridiane führen durch die beiden Pole senkrecht zum Äquator. Eine Position auf einem Planeten wird von der Länge L und der Breite B (z. B. areographische Länge und areographische Breite für Positionen auf Mars oder jovigraphische Länge und Breite für Positionen auf Jupiter) bestimmt. Die Längen mißt man vom Nullmeridian in westlicher Richtung von 0° bis 360°. Die Meridiane gehen in der Rotationsrichtung des Planeten mit zunehmender Länge durch die Mitte der Scheibe. Die Breite mißt man vom Äquator zu den Polen (0° bis + 90° nördlich, 0° bis − 90° südlich). Betreffend Himmelsrichtungen auf Planeten siehe Seite 203.

Bei kugelförmigen Planeten macht die Erstellung eines Gradnetzes keine größeren Schwierigkeiten. In der Regel wird dabei ein Kartennetz in der sogenannten orthographischen Projektion verwendet [17]. Beim Planeten Mars allerdings ist die Achsenneigung für den irdischen Beobachter zu beobachten. Beim Auftreten einer Polkippung erscheinen die Parallelkreise und Meridiane als Ellipsen. Dem trägt die orthographische Horizontalprojektion Rechnung mit einem geneigten orthographischen Längen- und Breitennetz, das die Achsenneigung des Planeten berücksichtigt. Die Achsenneigung zum Beispiel des Planeten Mars findet der Beobachter entweder in einem Jahrbuch (s. S. 712) oder er berechnet sie selbst:

„Sind α und δ die Marskoordinaten, A und D die Koordinaten des Marsnordpols, so ist die Neigung i der Achse, das heißt die areographische Breite der scheinbaren Mitte der Marsscheibe (+ nördlich, − südlich), gegeben durch

$$\sin i = -\cos D \cos \delta \cos(\alpha - A) - \sin D \sin \delta .$$

Mit der Berechnung von i ist die Lage des Kartennetzes des Planeten zum Beobachter gegeben" (K. Graff). Die Koordinaten des Marsnordpols lauten nach Lohse für das Jahr 2000.0: $A = 318.84°$, $D = 54.20°$ (Änderung in 100 Jahren für Rektaszension $A = +0.77°$, für Deklination $D = +0.42°$).

Ist i bekannt, macht die Darstellung des Gradnetzes die Konstruktion der Längen MP, MG und des Winkels γ erforderlich beziehungsweise das In-Beziehung-Setzen des Winkels mit der Längendifferenz l gegen den Zentralmeridian (Abb. 5).

Schwieriger wird das Verfahren bei den abgeplatteten Planeten (Jupiter, Saturn), die außerdem eine nicht zu vernachlässigende Achsenneigung haben: „Während sich die Längendefinition bei abgeplatteten Planeten nicht von der bei kugelförmigen unterscheidet, entstehen Abweichungen in der Breite: Es existieren planetozentrische und planetographische Breite" (Ch. Kowalec). Siehe dazu die Veröffentlichung [16] und Abbildung 6.

Die Anfertigung von Gradnetzen ist vor allem hilfreich für Positionsbestimmungen von Details der Oberfläche beziehungsweise der Atmosphäre eines Planeten. Im Prinzip kann das Gradnetz sowohl für die Auswertung von Zeichnungen wie von Photos verwendet werden. Daneben gibt das Gradnetz die Möglichkeit, einzelne Beobachtungen zu einer Gesamtschau einer Planetenoberfläche zusammenzufügen. Dabei macht die rasche Veränderlichkeit der beobachteten Details auf einzelnen Planeten, zum Beispiel Jupiter, die Zusammenfassung der Ergebnisse einiger aufein-

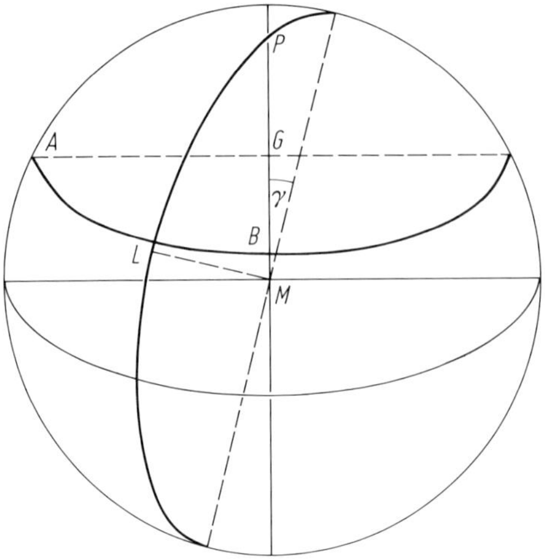

Abb. 5. Konstruktion des Kartennetzes eines Planeten in sogenannter orthographischer Horizontalprojektion

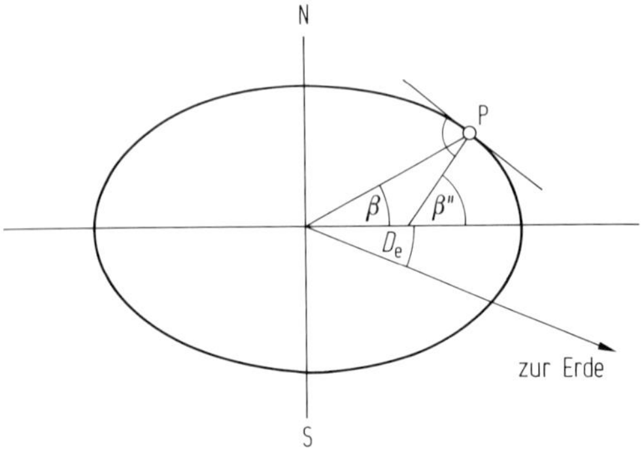

Abb. 6. Definition der planetozentrischen Breite β und der planetographischen Breite β'' eines abgeplatteten Planeten

anderfolgender Beobachtungsabende notwendig. Zur Darstellung ausgedehnter Äquatorgebiete ist die Mercatorprojektion recht brauchbar [18].

Für die Auswertung und Aufbewahrung von Planetenbeobachtungen ist heute der Computer ein wichtiges Hilfsmittel. Im „Taschenbuch für Planetenbeobachter" berichten Holger Haug und Christian Kowalec über elektronische Datenverarbeitung für Planetenbeobachter. Diese technische Hilfe erleichtert auch die Anfertigung von Karten und Planisphären [19].

7.5 Die Planeten

7.5.1 Merkur

7.5.1.1 Sichtbarkeit. Der Planet Merkur bewegt sich innerhalb der Erdbahn um die Sonne. Merkur zeigt während seiner synodischen Umlaufzeit Phasen, weil er wie der

Mond zwischen Erde und Sonne gelangen kann. Der Planet kommt nie in Opposition zur Sonne. Der größte Winkelabstand von der Sonne, die größte Elongation beträgt maximal 28°. Nach einer oberen Konjunktur verläuft die Sichtbarkeit wie folgt:

0 Tage	Obere Konjunktion („Vollmerkur")
12 Tage später	Merkur am Abendhimmel
36 Tage später	Größte östliche Elongation („Letztes Viertel")
47 Tage später	Merkur rückläufig
53 Tage später	Merkur verschwindet vom Abendhimmel
58 Tage später	Untere Konjunktion („Neumerkur")
63 Tage später	Merkur am Morgenhimmel
69 Tage später	Ende der Rückläufigkeit
80 Tage später	Größte westliche Elongation („Erstes Viertel")
104 Tage später	Merkur verschwindet vom Morgenhimmel
116 Tage später	Obere Konjunktion („Vollmerkur")

Der Beobachter entnimmt den Jahrbüchern folgende Daten:

1. Rektaszension und Deklination (wichtig zum Aufsuchen bei Tagbeobachtungen mittels der Teilkreise).
2. Scheinbarer Durchmesser (zwischen 4.8″ und 13.3″).
3. Scheinbare Helligkeit (zwischen $+ 3^m$ und $- 1.2^m$).
4. Phasenwinkel (0° = Vollmerkur, 180° = Neumerkur, oder Maßzahlen: 1,00 = voll beleuchtet = Phasenwinkel 0° –, 0,00 = unbeleuchtet = Phasenwinkel 180°).
5. Elongationswinkel (maximal 28°).
6. Libration (in Länge 23° 40′ 47″ am Ost- bzw. Westrand, in Breite maximal 7° am Nord- bzw. Südrand).

Für Beobachter in mittleren nördlichen Breiten ist Merkur gut im Frühjahr am Abendhimmel und im Herbst am Morgenhimmel zu beobachten. Am günstigsten sind die Beobachtungsbedingungen von einem Standort in der Nähe des Erdäquators aus wegen der steilen Lage der Ekliptik zum Horizont.

Es ist durchaus möglich, Merkur am Tag zu beobachten. Die scheinbare Helligkeit des Planeten ist am größten zur Zeit der oberen Konjunktion. Im Juni 1971 fand F. Dorst den Planeten in nur 1,7° Sonnenranddistanz [20]: „Eine dichte Stratusdecke enthielt einige auch in unmittelbarer Sonnenumgebung tiefblaue, scharf begrenzte und nahezu streulichtfreie kleine Lücken, die ein unerwartet leichtes Auffinden des Planeten ermöglichten ... Mühelos konnte man den Scheibencharakter bei der 78fachen Vergrößerung erkennen. Die 250fache Vergrößerung ließ, wenn auch unsicher, eine grobe, nördlich der Scheibenmitte gelegene Schattierung erkennen." Die Streulichtarmut der Sonnenumgebung ist eine wichtige Voraussetzung für solche Beobachtungen. F. Dorst beobachtete mit einem 6zölligen Refraktor in Münster/Westfalen.

7.5.1.2 Visuelle Beobachtungen. Die mit Kratern überzogene Oberfläche des Planeten, wie sie die Raumsonden-Photos zeigen [21], ist dem Amateurbeobachter so strukturiert nicht zugänglich. Im kleinen und im mittelgroßen Fernrohr sind Oberflächendetails nur in Form von nicht leicht zu erfassenden Schattierungen wahrnehmbar. Die Beobachtung in Horizontnähe wirkt erschwerend auf die Beobachtung. Deshalb ist es sinnvoll, häufiger Tagbeobachtungen durchzuführen. Besonders empfehlenswert aber sind Dämmerungsbeobachtungen. Der erfahrene amerikanische Beobachter W. H. Haas (ALPO) rät: „Der wichtigste, den Erfolg sichernde Faktor ist der, den Planeten dann zu beobachten, wenn die Kontraste am stärksten sind; das Oberflächendetail ist am auffälligsten, wenn das Bild weder zu blaß am Taghimmel noch zu hell in der Abend- oder Morgendämmerung auftritt." Das ist eine Erfahrung, die auch für Beobachtungen des Planeten Venus gilt. Die Verwendung von Filtern ist empfehlenswert, vor allem zur Kontrastverstärkung. Im Prinzip ist das Detail auf Merkur nicht verschwommen, eher vergleichbar mit den deutlichen Konturen auf Mars. Bei allen Beobachtungen ist auf die durch eine starke Libration bedingten Unterschiede zu achten. Sogenannte „Veränderungen" der Dunkelgebiete und mögliche Aufhellungen können vom jeweiligen Phasenwinkel abhängig sein.

Die Zeitdifferenz zwischen größter Elongation und Dichotomie kann bei Merkur maximal $\pm$ 145 Stunden betragen [22]. Dazu sind Messungen mit einem Fadenmikrometer (s. Band 1, S. 74) notwendig. Zurückzuführen ist die Zeitdifferenz auf die merkliche Bahnelliptizität des Planeten Merkur.

7.5.1.3 Photographie. Am einfachsten sind Aufnahmen am Abend- oder Morgenhimmel mit handelsüblichen Kameras und Teleobjektiven. Es gelingen gute „Konstellationsphotos" [23], zum Beispiel Merkur in Mondnähe oder Merkur und Venus. Hier lohnen sich auch Versuche mit Farbfilm.

Für Aufnahmen mit dem astronomischen Fernrohr sind streulichtarme atmosphärische Bedingungen wichtig. Mit den üblichen, dem Amateur zugänglichen Instrumenten sind Aufnahmen der Phasen oder gar von Oberflächeneinzelheiten sehr schwierig. Im Bereich des Möglichen sind Aufnahmen des Merkur bei einer Bedekkung durch den Mond (s. S. 169). Für die Photographie eignet sich auch das allerdings sehr seltene Ereignis eines Merkur-Durchgangs vor der Sonne. (Merkurbedekkung [24], Merkur-Durchgang [25, 26]).

7.5.1.4 Merkur-Durchgang vor der Sonne. In diesem Jahrhundert sind noch zwei Durchgänge zu erwarten:

1993. XI. 6^d,
1999. XI. 15^d.

Die Beobachtung erfolgt entweder direkt oder mittels Projektionsverfahren (s. Band 1, Kapitel 4). Die kleine, tiefschwarze Planetenscheibe vor der hellen Sonnenscheibe ist insofern ein schwieriges Objekt, als eine Reihe von optischen Erscheinungen Täuschungen hervorruft. So zum Beispiel das Auftreten des „Schwarzen Tropfens" [27] und dadurch Schwierigkeiten bei der Festlegung der Kontaktzeiten (2. und 3. Kontakt, innere Berührung beim Eintritt und Austritt).

7.5.2 Venus

7.5.2.1 Sichtbarkeit. Genauso wie der Planet Merkur bewegt sich der Planet Venus auf seiner Bahn um die Sonne innerhalb der Erdbahn. Venus ist der zweite sogenannte „untere" oder „innere" Planet. Obwohl Venus für den Beobachter von der Erde aus immer an die Nähe der Sonne gebunden ist, ist der Planet im Vergleich zu Merkur am

Morgen- und Abendhimmel ein auffälliges Objekt. Der Winkelabstand von der Sonne erreicht bis zu 47°. Somit ist Venus zur Zeit günstiger Sichtbarkeit mehrere Stunden nach Sonnenuntergang beziehungsweise vor Sonnenaufgang als „der Abend- oder Morgenstern“ zu beobachten. Der Planet zeigt Phasen wie Merkur und Mond. Der Verlauf der Sichtbarkeit nach einer oberen Konjunktion ist wie folgt:

0 Tage	Obere Konjunktion („Vollvenus“)
35 Tage später	Venus am Abendhimmel
221 Tage später	Größte östliche Elongation („Letztes Viertel“)
271 Tage später	Venus rückläufig
286 Tage später	Venus verschwindet vom Abendhimmel
292 Tage später	Untere Konjunktion („Neuvenus“)
298 Tage später	Venus am Morgenhimmel
313 Tage später	Ende der Rückläufigkeit
362 Tage später	Größte westliche Elongation („Erstes Viertel“)
549 Tage später	Venus verschwindet vom Morgenhimmel
584 Tage später	Obere Konjunktion („Vollvenus“)

Der Beobachter entnimmt den Jahrbüchern folgende Daten:

1. Rektaszension und Deklination (wichtig für das Aufsuchen bei Tagbeobachtungen, für die bei Venus die Bedingungen während einer Elongation sehr günstig sind).
2. Scheinbarer Durchmesser (zwischen 10″ und 64″).
3. Scheinbare Helligkeit (zwischen -3.2^{m} und -4.28^{m}).
4. Phasenwinkel (0° = Vollvenus, 180° = Neuvenus, oder Maßzahlen: 1,00 = voll beleuchtet = Phasenwinkel 0° –, 0,00 = unbeleuchtet = Phasenwinkel 180°).
5. Elongationswinkel (maximal 47°).
6. Entfernung von der Erde (in Astronomischen Einheiten, AE).
7. Aufgang, Kulmination und Untergang.

Neben den geozentrischen Planetenkoordinaten enthalten verschiedene Jahrbücher (z. B. Ahnerts Kalender für Sternfreunde) die heliozentrischen Planetenkoordinaten.

Für Beobachter auf der nördlichen Hemisphäre sind die Beobachtungsbedingungen dann besonders günstig, wenn die östliche Elongation im Frühjahr stattfindet und der Planet bis gegen Mitternacht zu sehen ist. Etwa sieben Monate ist Venus während jeder Elongation zu beobachten. Der Planet erreicht die größte scheinbare Helligkeit 35 Tage nach der östlichen und etwa 35 Tage vor der westlichen Elongation.

Die große scheinbare Helligkeit begünstigt Aufsuchen und Beobachtung am Tage. Tagbeobachtungen sind in der Zeit während einer Elongation bereits mit bloßen Augen möglich. Es ist ratsam, dabei einen Standort im Schatten zu wählen, so daß keine Blendung durch die Sonne stattfindet. Den momentanen Ort des Planeten am Taghimmel kann man mit Hilfe des Jahrbuchs und einer drehbaren Sternkarte bestimmen.

Mit dem parallaktisch aufgestellten Fernrohr gelingt die Einstellung unter Verwendung der Teilkreise (s. Band 1, S. 156). Dabei ist es empfehlenswert, das Okular in einer Nacht zuvor auf einen Fixstern scharf einzustellen, damit bei der Tagbeobachtung sofort das scharfe Bild des Planeten im Gesichtsfeld erscheint.

Obwohl die Beobachtung nahe der Konjunktion nicht einfach ist, gibt es eine Reihe von Hinweisen, daß der Planet sogar mit bloßen Augen und unter sehr guten Witterungsbedingungen etwa zwei Wochen vor beziehungsweise nach einer oberen Konjunktion wahrnehmbar sein kann [28]. Mit Hilfe eines Feldstechers sind Beobachtungen noch wesentlich näher zum Zeitpunkt der Konjunktion möglich. Friedhelm Dorst, Münster/Westfalen, beobachtete den Planeten mit einem 8 × 30-Feldstecher an einem Konjunktionstag 1 Stunde vor der Konjunktion (August 1971).

Während der unteren Konjunktion erreicht der scheinbare Durchmesser der schmalen Venus-Sichel etwa 60″ (gemessen von Sichelspitze zu Sichelspitze). Der Sonnenabstand erreicht dabei bis zu 9°. Ein Übergreifen der Sichelhörner ist in den Tagen nach einer unteren Konjunktion mit einem 2- bis 3zölligen Fernrohr bei ordentlichen Luft- und Sichtbedingungen ohne weiteres möglich. Es gibt sogar Beobachter, die den Planeten mit bloßen Augen in der Nähe der unteren Konjunktion als „längliches Dreieck“ gesehen haben. Geht der Planet Venus in unterer Konjunktion weit nördlich der Sonne vorüber, dann ist der Planet für einige Tage Morgen- und Abendstern. Das gilt für Beobachter der nördlichen Hemisphäre. Entsprechendes gilt bei Vorübergang weit südlich der Sonne für Beobachter auf der südlichen Erdhalbkugel.

7.6.2.2 Visuelle Beobachtungen. Die Möglichkeiten der visuellen Beobachtungen sind, was die Wahrnehmung von Einzelheiten anbetrifft, für den irdischen Beobachter sehr begrenzt. Das gilt nicht nur für den meist mit Instrumenten von bescheidener Öffnung ausgerüsteten Sternfreund. „Der Anblick der Venus macht auf mich den Eindruck, der demjenigen einer geschlossenen, von der Sonne beschienenen Stratusdecke von einem hoch über derselben fliegenden Flugzeug aus gleicht.“ Diese schon öfters zitierte Feststellung des erfahrenen Planetenbeobachters Werner Sandner gibt genau genommen bereits umfassend darüber Auskunft, was den Beobachter im besten Fall erwartet. In der Regel erfolgt noch eine Differenzierung der Wahrnehmungen nach hellen und dunklen Schattierungen. Daß die Sicherheit dieser Beobachtungen bereits problematisch ist, darauf hat schon vor über 60 Jahren Kasimir Graff hingewiesen: „Durch die Untersuchungen Villigers an hell erleuchteten Kugeln hat man wohl die Gewißheit erhalten, daß die meisten Zeichnungen der Venus, die helle und dunkle Schattierungen enthalten, physiologische Effekte wiedergeben und über die wahre Oberfläche nichts auszusagen vermögen“ [29].

Die Venera-Sonden der UdSSR und Mariner- und Pioneer-Sonden der USA haben neue Informationen über Atmosphäre und Oberfläche des Planeten gebracht. Die Umdrehung der festen Oberfläche beträgt 243 Erdtage. Siehe Abbildung 7. Die Rotation ist länger als ein Venusjahr (225 Erdtage). Sie ist retrograd, von Ost nach West. Die Sonne geht auf der Venus im Westen auf und im Osten unter. Mehr als die Hälfte der wüstenartigen Oberfläche ist sehr flach. Ein knappes Fünftel liegt unterhalb der Nullhöhe. Die Erhebungen auf der Venus erreichen bis zu 10 000 m Höhe. Mehrere Wolkenschichten bilden die Atmosphäre. Die obere Schicht rotiert deutlich schneller als die unteren. Fast die gesamte Sonnenenergie wird nahe der Wolkenobergrenze absorbiert. Das löst die Erwärmung aus, die die Bewegungsvorgänge in der Atmosphäre auslöst. Die UV-Photos der Raumsonden (Abbildung 8) bestätigen Feinstrukturen in den Wolken. Auffällig sind Wirbel, die als Y- und C-förmige Gebilde auch von Amateurbeobachtern wiederholt gesehen worden sind. Die Über-

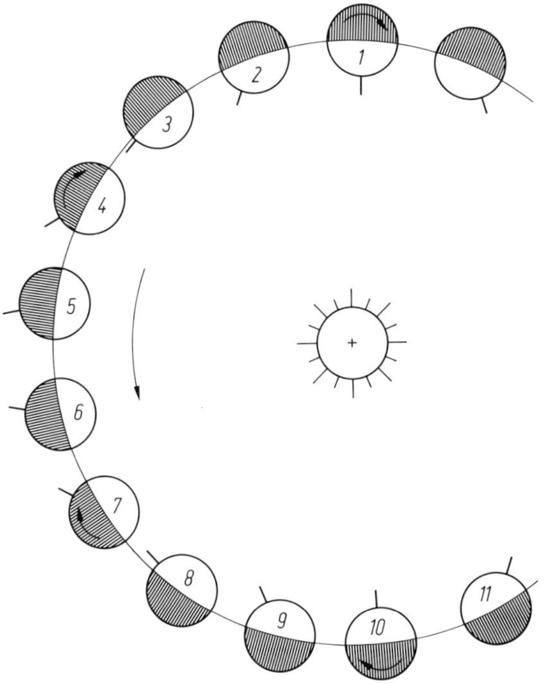

Abb. 7. Teil der Venusbahn während eines vollen Venustags (von einem Mittag bis zum nächsten). Rotation gegenläufig (*kurze Pfeile*). Bahnbewegung rechtläufig (*langer Pfeil*). **1** Mittag, kurz nach **3** Sonnenuntergang, zwischen **5** und **6** Mitternacht, kurz vor **8** Sonnenaufgang (im Westen!), **10** zweiter Mittag. Aus: Paul Ahnert, Kalender für Sternfreunde 1982. Leipzig: Johann Ambrosius Barth 1981, S. 166

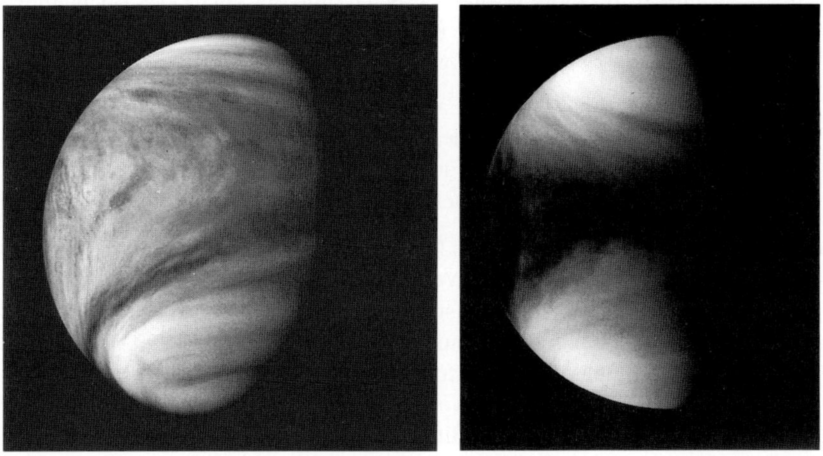

Abb. 8. UV-Aufnahmen des Planeten Venus von der Pioneer-Venus-Sonde aus. *Links:* Januar 14, 1979 aus 65 000 km Entfernung. *Rechts:* Dezember 30, 1978 aus 43 000 km Entfernung. NASA-Photos

wachung der hohen Schichten der Venusatmosphäre bietet sich dem Amateur sowohl visuell wie photographisch an.

In der Tat haben wir es mit einer dichten Atmosphäre zu tun, die die Oberfläche des Planeten Venus dem irdischen Beobachter verbirgt und die im sichtbaren Licht strukturlos ist. Verschiedene Beobachter führen deshalb filtervisuelle Beobachtungen durch und gewinnen den Eindruck, daß so die Strukturierung der dichten Gashülle erkennbarer wird. Blaufilter bringen offensichtlich mehr Struktur als Gelb- und Rotgläser.

Für die visuelle Beobachtung bleiben dem Sternfreund folgende weitere Aufgaben:

1. Verfolgung des Phasenwechsels und Bestimmung der Dichotomie;
2. Beobachtung zur Terminatorform;
3. Beobachtungen des Übergreifens der Hörnerspitzen der schmalen Venussichel und des „aschgrauen Lichts“.

Bei der Verfolgung des Phasenwechsels und der Bestimmung der Dichotomie (= Halbphase, Erstes und Letztes Viertel) treten Unterschiede zwischen den berechneten und beobachteten Werten auf, die auf die Wirkung der Atmosphäre zurückzuführen sind. Insbesondere haben sich viele Beobachter mit der Bestimmung der Dichotomie und den Abweichungen zwischen der beobachteten und der berechneten Dichotomie beschäftigt.

Der Phasenwinkel entspricht dem beschatteten Bogen der sichtbaren Planetenhalbkugel (Formel s. Band 1, S. 334). Es ist nicht ganz einfach, die jeweilige Phase richtig zu erfassen (zu schätzen). Bei Tagbeobachtungen ist das Bild des Planeten in der Regel zu blaß, bei Dämmerungsbeobachtungen aber schon zu hell. Überdies macht sich die Atmosphäre des Planeten am Terminator bemerkbar, der nicht so scharf begrenzt ist wie der Planetenrand.

Bei Phasenbeobachtungen, die auf Schätzungen beruhen, ist es zweckmäßig, eine Beobachtungsreihe über einen längeren Zeitraum vor der zu erwartenden Dichotomie anzulegen. Nach Paul Ahnert [30] erfolgt die Schätzung der Breite des beleuchteten Teils k in Teilen des Durchmessers. Aus k wird der Phasenwinkel i mit folgenden Formeln bestimmt:

$\sin(i - 90^\circ) = 2(0{,}5 - k)$ im Fall der weniger als halb beleuchteten Planetenscheibe;

$\sin(90^\circ - i) = 2(k - 0{,}5)$ im Fall der mehr als halb beleuchteten Planetenscheibe.

Paul Ahnert hat für seine mehrjährigen Phasenbeobachtungen Instrumente von 80 und 100 mm Öffnung (Refraktoren) und Vergrößerungen zwischen 100- und 200fach verwendet. Er gibt an, daß weder das Instrument noch die Vergrößerung einen erkennbaren Einfluß auf die Schätzungen ausüben [30].

Die Mitteilungen der Phasenbeobachtungen von P. Ahnert enthalten auch aufschlußreiche Hinweise bezüglich der Verwendung von Farbfiltern: „Benutzt wurden diesmal ein Schott OG 4 für Gelb, VG 5 für Grün und ein BG 23 für Blau, alle 2 mm stark. Die Schätzungen ohne und mit Grünfilter stimmen sehr nahe überein. Die mittlere Differenz der beobachteten Phasenwinkel (ohne Filter minus mit Grünfilter) beträgt für 33 gute Beobachtungen $+ 0\overset{\circ}{.}01$, bei einer Streuung von $\pm 0\overset{\circ}{.}84$. Die

Beobachtungen mit dem Gelb- und dem Blaufilter stimmen ebenfalls unter sich gut überein, weichen aber merklich von den ohne und mit Grünfilter erlangten Resultaten ab" [30]. Ahnert vermutet in erster Linie eine geringere Bildhelligkeit als Ursache für eine schmalere Einschätzung der Phase im Gelb- und im Blaufilter.

Die Ergebnisse einer Schätzreihe stellt man am besten graphisch dar. Die Beobachtungen werden in ein Diagramm eingetragen, in dem eine Kurve den Verlauf der geometrischen Phase (R) und eine zweite den Verlauf der beobachteten Phase (B) darstellen. Bei den Beobachtungsreihen ist vor allem von Interesse, wie groß die zeitliche Verschiebung zwischen beobachteter und berechneter Halbphase (Dichotomie) ist. Sie ist auf die Wirkung der dichten Atmosphäre des Planeten zurückzuführen („Schröter-Effekt"). Bei der Bestimmung der $B-R$ ist in Betracht zu ziehen, daß der Zeitpunkt der größten Elongation nicht automatisch mit der geometrischen Dichotomie identisch ist [22]. Deshalb muß der Beobachter den rechnerischen Wert der geometrischen Dichotomie ansetzen und nicht den Zeitpunkt der größten Elongation. Willfried Kunz hat in *Sterne und Weltraum* darauf aufmerksam gemacht, daß bei unsachgemäßem Vorgehen und einer maximalen Zeitdifferenz zwischen Zeitpunkt der Elongation (E) und der geometrischen Dichotomie (D) von drei Tagen erhebliche Fehler auftreten können: „Bei einem maximalen $E-D$ von zirka drei Tagen könnten bei unachtsamem Vorgehen allein deswegen die $B-R$ ($\approx 10^{d}$) mit einem Fehler von zirka 30% behaftet sein" [22]. Neben visuellen und filter-visuellen Schätzungen des Phasenwechsels stehen auch Messungen mittels Fadenmikrometer (s. Band 1, S. 74) im Bereich der Möglichkeiten des Sternfreunds.

Beobachtungen zur Terminatorform betreffen vor allem mögliche Deformationen des Terminators (Lichtgrenze). Zahlreiche Beobachter melden immer wieder Aus- oder Einbuchtungen der Lichtgrenze im Verlauf des Phasenwechsels. Bei diesen Beobachtungen kann es hilfreich sein, wenn das Okular mit einem Fadenkreuz ausgestattet ist. Die Verwendung verschiedener Farbfilter ist auch für diese Beobachtungsaufgabe ratsam. Man darf davon ausgehen, daß die Mehrzahl der beobachteten Deformationen keine optischen Täuschungen sind, sondern vielmehr die Wirkung der Venusatmosphäre.

In besonderem Maß gilt das auch für das Übergreifen der Hörnerspitzen der schmalen Venussichel über die Beleuchtungspole der Planetenkugel hinaus. Diese Beobachtungen fallen in die Zeit der unteren Konjunktion. Der Beobachter kann das Übergreifen ganz einfach schätzen. Dann ist es zweckmäßig, wenn er ein Okular mit Fadenkreuz verwendet und seine Wahrnehmungen in Zeichenschablonen mit Positionskreuz einträgt.

Genauer sind Messungen mit dem Mikrometer. In der Nähe der unteren Konjunktion mißt man das Übergreifen der Hörner (Übergriffswinkel) und die Veränderung dieses Winkels bei Annäherung des Planeten an die Sonne. Dazu das Schema von N. Richter [31]: Bei einem kleinen Übergriffswinkel φ mißt der Beobachter entsprechend Abbildung 9a, bei großem Übergriffswinkel entsprechend Abbildung 9b die Strecken $2a$ und b beziehungsweise $2a$ und $2d$. Es ergibt sich so (da $c = b - a$ ist) der Übergriffswinkel φ nach

$$\sin\varphi = \frac{b-a}{a} \quad \text{beziehungsweise} \quad \cos\varphi = \frac{d}{a}.$$

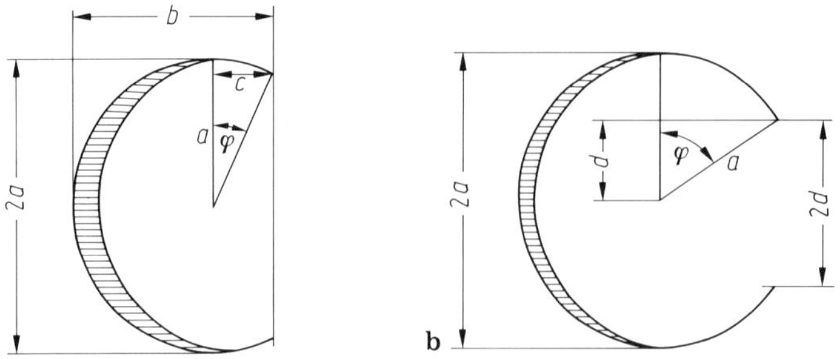

a b

Abb. 9a, b. Messung des Übergriffswinkels der Hörner der Venus. Nach N. Richter

Ist der Übergriffswinkel bekannt, kann sich der Beobachter daranmachen, die Höhe der Venusatmosphäre zu berechnen. Erich Schoenberg hat dazu eine Formel gegeben und folgende Überlegungen:

Stellt man sich den Planeten Venus auf das Zentrum der Sonnenscheibe projiziert vor, dann würde die dunkle Planetenscheibe vom hellen Kranz ihrer Atmosphäre umgeben sein, was wegen der Helligkeit der Sonne nicht möglich ist. Die dunkle Planetenscheibe erscheint verkleinert, weil mehr als die Hälfte beleuchtet ist, so daß die Sonnenstrahlen, die am Planeten vorbeistreifen, nach innen gebrochen werden (s. Abb. 10, rechte Hälfte). Der äußere Ring stellt die lichtdurchflutete äußere Schicht der Venusatmosphäre dar, der zweite Ring die erleuchteten Teile der Venusatmosphäre, in denen die abgebeugten Sonnenstrahlen wirksam sind. Abbildung 10, linke Hälfte, veranschaulicht die Situation vor der unteren Konjunktion, die eine Verlängerung der Hörnerspitzen bringt. Der mit m bezeichnete Winkel gibt die Verlängerung der Hörnerspitzen an. Sie entspricht einer hohen Schicht der Venusatmosphäre. In der Formel

$$\frac{h}{R} = 1/2 \tan^2 V \cdot \sin^2 m$$

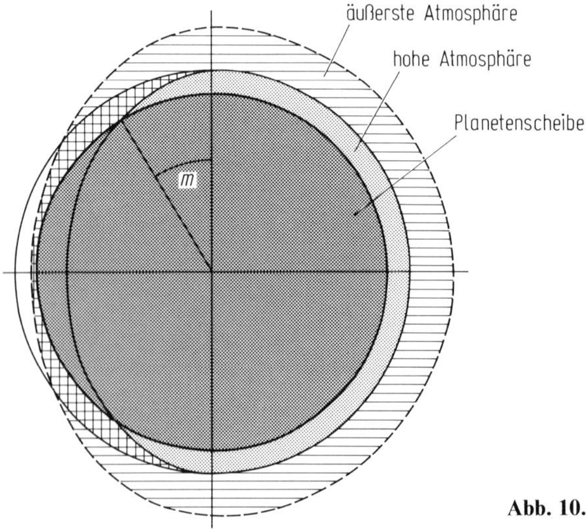

Abb. 10.

ist h = die Höhe der Atmosphäre, R = der Radius des Planeten und V der Elongationswinkel.

Zu den Erscheinungen bei sehr schmaler Sichel zur Zeit der unteren Konjunktion gehört auch das „aschgraue Licht" („Sekundares Licht"). Der unbeleuchtete Teil des Planeten erscheint in einem fahlen Licht, ähnlich wie das Erdlicht auf dem Mond. Das Phänomen wurde erstmals von Kircher im Jahr 1721 beobachtet und seither von zahlreichen Beobachtern bezeugt. Wenn es sich um keine optische Täuschung handelt, ist die Ursache des „aschgrauen Lichts" wiederum die Atmosphäre des Planeten. Übrigens geben die Beobachter unterschiedliche Färbung an, die von bräunlich über grau bis violett reicht.

Fazit aller visuellen und filter-visuellen Beobachtungen ist, daß sich der ausdauernde Beobachter ein wenig von der Wirksamkeit der dichten Gashülle überzeugen kann, die den Planeten Venus umgibt. Daß die neuen Forschungsergebnisse von den nahen Vorbeiflügen, Eintauchmissionen und weichen Landungen von Raumsonden kommen, ist bekannt. Der aktuelle Wissensstand wird laufend veröffentlicht [32].

7.5.2.3 Photographie. Neben Radarabtastungen der Oberfläche des Planeten beschränkt sich die erdgebundene Erforschung des Planeten Venus auf die Photographie der Atmosphäre und ihrer Wolken im ultravioletten Licht. Die große scheinbare Helligkeit des Planeten empfiehlt zunächst die photographische Beobachtung auch dem Sternfreund. Es gibt bereits eine Menge von „Konstellationsphotos", zum Beispiel Venus mit Mond oder Venus mit anderen Planeten oder hellen Sternen [33]. Hierfür genügen Kleinbildkameras mit Wechseloptik. Aufnahmen zum Beispiel von Venus und dem zunehmenden Mond benötigen nur sehr kurze Belichtungszeiten (zwischen 1/50 und 1/100 Sekunde) und können ohne Nachführung gewonnen werden.

Ein nächster Schritt ist die photographische Verfolgung des Phasenwechsels (Abb. 11) und Bestimmung der Dichotomie. Betreffend instrumentelle Voraussetzungen und Filmmaterial siehe auch Band 1, Seite 202. Gute Ergebnisse, die publiziert wurden, erzielten Sternfreunde mit Optiken zwischen 5″ und 10″ Öffnung und Okularprojektion. Der Amerikaner Bob Kimmel photographierte Venus zum Beispiel 1972 von Januar bis Mai. Der scheinbare Durchmesser des Planeten wuchs dabei von 12″ auf 58″. Kimmel machte seine Aufnahmen mit einem 10″ Reflektor (1:5) in Okularprojektion und Kleinbildkamera (Praktica) mit 135-mm-Teleobjektiv. Aufnahmematerial Kodax Plus-X-Film, Belichtungszeiten zwischen 0,02 und 0,1 Sekunde, Gesamtbrennweite des Systems 104,5 Fuß. Die Photos zeigen sehr schön den Phasenwechsel und sind auch geeignet zur Ableitung der Dichotomie [34].

Bereits im Jahr 1957 entdeckte C. Boyer, Brazzaville, auf Photos, die mit einem Zehnzöller im UV-Licht gewonnen wurden, Wolkenbewegungen in den oberen Schichten der Venusatmosphäre. Inzwischen haben zahlreiche Photoreihen, gewonnen mit größeren Instrumenten vor allem auf dem Pic-du-Midi-Observatorium, Wolken und Wolkenbewegungen bestätigt. Neben dem Ultraviolettfilter UG 5 eignen sich für diese Aufnahmen auch Blaugläser. Versuche mit größeren Amateurfernrohren (ab 10″ Öffnung) sind durchaus lohnend. Wird die Systembrennweite mit Hilfe einer Barlowlinse verlängert, ist auf die Durchlässigkeit dieser Linse für UV zu achten. Für photographische Versuche auch geeignet sind Gelbfilter. Mit ihrer Hilfe konnten gleichfalls schon Wolken in der hohen Atmosphäre von Venus nachgewiesen werden.

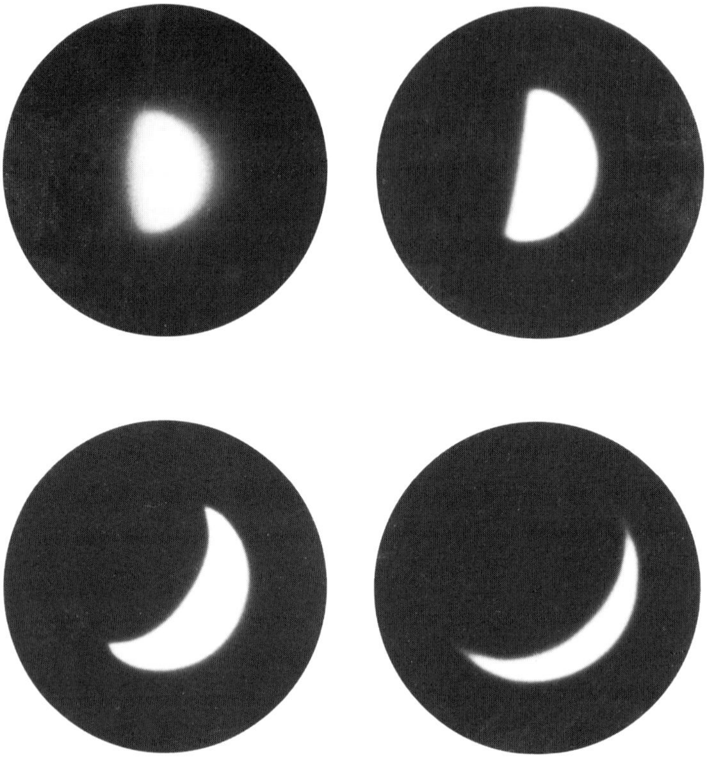

Abb. 11. Beispiel für die photographische Verfolgung des Phasenwechsels. Alle Aufnahmen von Ernst Elgaß, München. Photo links oben: 5″ Refraktor. Alle anderen Aufnahmen: 7″ Refraktor.

Auch Aufnahmen nahe der unteren Konjunktion zur Bestimmung der Ausdehnung der Venussichel erfordern größere Amateurfernrohre. Versuche mit Filtern, zum Beispiel RG 5 und OG 2, können interessante Ergebnisse bringen. Parallelaufnahmen in zwei Farben, zum Beispiel Rot und Orange, nahe der unteren Konjunktion erlauben auch Rückschlüsse betreffend den Winkeldurchmesser von Venus. G. P. Kuiper hat die Vermutung geäußert, daß der Winkeldurchmesser des Planeten Venus von der Wellenlänge des Lichts abhängig ist, in der beobachtet beziehungsweise photographiert wird.

7.5.2.4 Venus-Durchgänge vor der Sonne. Die beiden letzten Vorübergänge der Venus vor der Sonnenscheibe fanden in den Jahren 1874 und 1882 statt. Die nächsten folgen am 8. Juni 2004 und am 6. Juni 2012.

7.5.3 Mars

7.5.3.1 Sichtbarkeit. Mars ist der erste der „äußeren" Planeten. Seine Bahn um die Sonne verläuft außerhalb der Erdbahn. Während der Opposition kann der Planet die

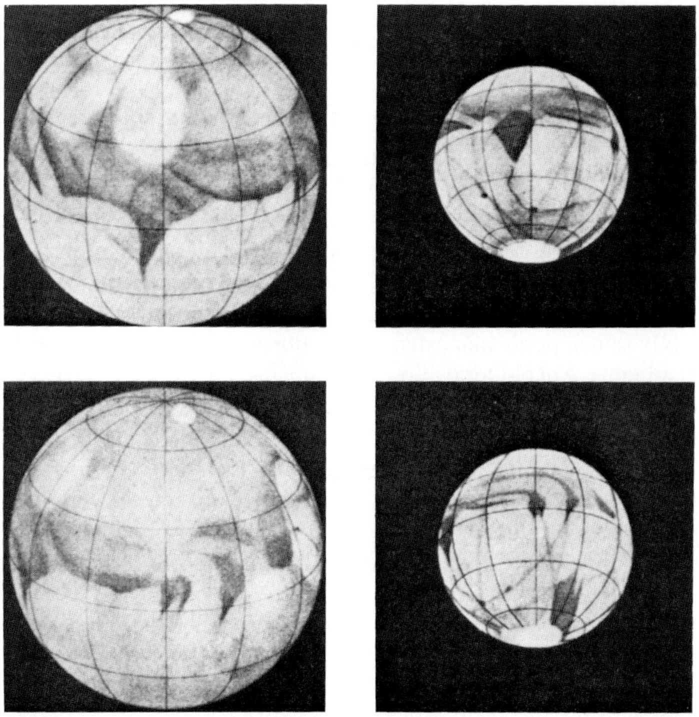

Abb. 12. Achsenlage und Größenverhältnisse in Perihel- (links) und Aphel-Oppositionen (rechts)

ganze Nacht über beobachtet werden. Die Sichtbarkeit nach einer Konjunktion zur Sonne verläuft wie folgt:

0 Tage	Konjunktion zur Sonne
54 Tage später	Mars am Morgenhimmel
353 Tage später	Mars rückläufig
390 Tage später	Mars in Opposition zur Sonne
427 Tage später	Ende der Rückläufigkeit
726 Tage später	Mars verschwindet vom Abendhimmel
780 Tage später	Konjunktion zur Sonne

Der Beobachter entnimmt den Jahrbüchern folgende Daten:

1. Rektaszension und Deklination.
2. Scheinbarer Durchmesser (zwischen 4″ und 25″).
3. Scheinbare Helligkeit (zwischen $+1.50^m$ und -2.52^m).
4. Phasenwinkel (auch Angabe des beleuchteten Teils – 1,00 = voll beleuchtet, 0,00 = unbeleuchtet – oder unbeleuchteter Bruchteil des scheinbaren Durchmessers, Beleuchtungs- oder Lichteffekt).
5. Zentralmeridian (ZM).
6. Positionswinkel der Rotationsachse.
7. Erhebung der Erde über die Ebene des Marsäquators.

8. Erhebung der Sonne über die Ebene des Marsäquators.
9. Entfernung von der Erde (in Astronomischen Einheiten, AE).
10. Laufzeit der Lichtwellen zwischen Erde und Mars.
11. Aufgang, Kulmination und Untergang.

Neben den geozentrischen Planetenkoordinaten enthalten verschiedene Jahrbücher (z. B. Paul Ahnert, Kalender für Sternfreunde) die heliozentrischen Planetenkoordinaten.

Die Beobachtungsbedingungen sind sehr von der Stellung des Mars zur Erde abhängig. Wegen der Exzentrizität der Mars- und Erdbahn ist die Entfernung Erde–Mars während der größten Erdnähe einer Sichtbarkeitsperiode sehr unterschiedlich. Der Planet nähert sich in seinen perihelnächsten Oppositionen der Erde auf knapp 56 Millionen km, während einer Aphel-Opposition aber nur bis auf 101 Millionen km. So beträgt der scheinbare Durchmesser zur Zeit einer Perihel-Opposition über 25″ im Vergleich zu 13″8 im Fall der Aphel-Opposition (Abb. 13).

Während der Perihel-Oppositionen, die im Spätsommer eintreten, befindet sich der Planet im südlichsten Teil des Tierkreises und damit für Beobachter in mittleren nördlichen Breiten nicht gerade in günstiger Beobachtungsposition. Aphel-Oppositionen, die zu Anfang eines Jahres stattfinden, finden den Planeten in nördlichen Teilen des Tierkreises.

Der Beobachter muß von der Tatsache ausgehen, daß ein scheinbarer Durchmesser von 10″ Voraussetzung ist, um nennenswerte Details sehen zu können. Wegen des in der Regel günstigeren Luftzustands bei Beobachtungen in größerem Abstand vom Horizont sind für Beobachter in mittleren nördlichen Breiten Oppositionen von Bedeutung, die weder ausgesprochen aphel- noch perihelnah sind, zum

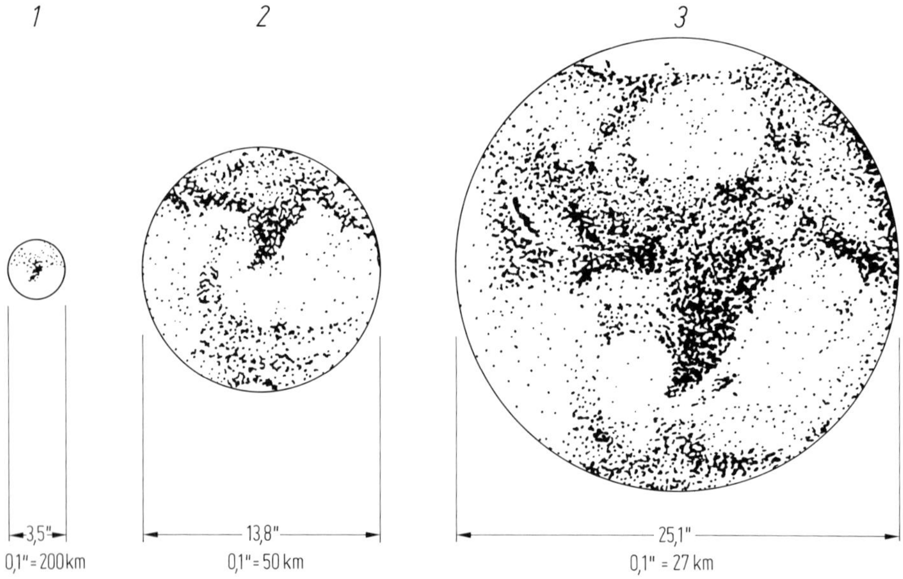

Abb. 13. Der scheinbare Durchmesser des Mars bei einer Konjunktionsstellung im Aphel **1**, bei einer Opposition im Aphel **2** und im Perihel **3**. Aus: E. Freydank und H. Freydank, Marsbrevier. Berlin: Wilhelm-Foerster-Sternwarte 1984, Seite 9

Tabelle 3. Die Jahreszeiten auf Mars

Heliozentrische Länge	Nordhemisphäre	Südhemisphäre
88°	Frühjahrsanfang	Herbstanfang
178°	Sommeranfang	Winteranfang
268°	Herbstanfang	Frühjahrsanfang
358°	Winteranfang	Sommeranfang

Beispiel die Opposition vom 27. 11. 1990 (Deklination + 23°, scheinbarer Durchmesser 18″.1).

Die Rotationsachse des Mars ist gegen seine Bahnebene geneigt (25° 12′). Das hat zur Folge, daß es auf dem Mars Jahreszeiten ähnlich wie auf der Erde gibt und der Beobachter bei Oppositionen, die im Frühjahr stattfinden, mehr von der Nordhemisphäre des Planeten sieht und bei Oppositionen, die im Herbst stattfinden, mehr von der Südhemisphäre (Tabelle 3).

Verläuft die Rotationsachse des Mars weitgehend senkrecht zur Blickrichtung (was bei Stellungen zwischen aphel- bzw. perihelnahen Oppositionen der Fall ist), beschreiben Oberflächeneinzelheiten auf dem Äquator bei der Rotation des Planeten gerade Linien auf der Planetenscheibe. Der Einfluß der Bahnneigung ändert bei aphel- beziehungsweise perihelnahen Oppositionen die Beobachtungsbedingungen für die Mehrzahl der auf der Planetenoberfläche sichtbaren Einzelheiten erheblich. Man vergleiche auch mit den Angaben auf Seite 219.

Für den Beobachter ist neben Kenntnis des scheinbaren Durchmessers und der Neigung der Umdrehungsachse auch der Phasenwinkel wichtig. Bei der Anfertigung seiner Zeichnungen muß der Beobachter berücksichtigen, daß der Planet im Verlauf einer Sichtbarkeitsperiode von rund einem halben Jahr einer Veränderung des scheinbaren Durchmessers um durchschnittlich 10″ unterworfen ist. Den Phasenwinkel darf man nicht unbeachtet lassen. Er erreicht maximal 46°. Nur für Beobachtungen einen Monat vor und einen nach der Opposition kann man die Phase vernachlässigen und kreisrunde Schablonen für Zeichnungen verwenden.

Die Rotationszeit des Mars ist fast gleich derjenigen der Erde. Ein Marstag entspricht 1,025 Erdtagen. Der Beobachter, der den Planeten mehrere Abende hintereinander zur gleichen Zeit vornimmt, stellt nur eine geringfügige Verschiebung der beobachteten Oberflächendetails fest. Nach 38,5 Tagen erst hat der Beobachter wieder den gleichen Meridian im Okular, wenn er wieder zum gleichen Zeitpunkt beobachtet. Zur Bestimmung von Einzelheiten auf der Planetenscheibe ist die Kenntnis des jeweiligen Zentralmeridians (ZM) unentbehrlich. In der Stunde ändert sich der ZM auf Mars durchschnittlich um 14,6° (s. auch S. 613 im Anhang). Es ist ratsam, für jede Beobachtung (Zeichnung) den ZM zu bestimmen.

Die Rotation des Mars kann man bereits mit einem Zweizöller nachweisen. Dazu dienen Durchgangsbeobachtungen auffällig dunkler Gebiete (z. B. Große Syrte, Solis Lacus, Titanum Sinus). Näheres über Rotationsbestimmungen siehe [35]. W. D. Heintz empfiehlt den Beobachtern: „Häufige Beobachtung weniger Stationen ist viel mehr wert als vereinzelte unsichere Angaben über viele Punkte. Transitbeobachtungen sollten sich auf die Zeit etwa 10 Tage vor und nach der Opposition (die nicht mit dem Tag der größten Annäherung identisch ist) beschränken, da sonst die

Phase nebst ungleicher Helligkeit der beiden Ränder merklich stört und unkontrollierbare Fehler in die Beobachtung trägt."

Tagbeobachtungen des Planeten Mars spielen keine Rolle, obwohl sie wiederholt gemacht und dabei Oberflächeneinzelheiten auch gesehen wurden.

7.5.3.2 Visuelle Beobachtungen. Im Jahr 1965 brachte der Vorüberflug von Mariner 4 am Mars die Sensation: die Photos zeigen anstelle der „Kanäle" eine Oberfläche, die mit Kratern bedeckt ist und viel Ähnlichkeit mit derjenigen des Erdmondes hat. Eine Mondähnlichkeit bestätigen auch alle späteren Raumsondenunternehmen zum Mars, einschließlich der beiden Viking-Unternehmen des Jahres 1976 [36]. Neben Kratern machten die Sondenphotos Grabenbrüche, mäandernde Flußtäler und Vulkane sichtbar. Dünner als erwartet ist die Atmosphäre. Die Polkappen sind aus „Wassereis" und gefrorenem Kohlendioxid.

Trotz der Fortschritte der Marsforschung mit Hilfe der Astronautik wird der Sternfreund in seinem Fernrohr auch künftighin „seinen Mars" beobachten und Erfahrungen sammeln. Beobachtungsaufgaben im einzelnen sind:

1. Nachweis der Rotation (s. S. 221).
2. Jahreszeitliche Änderungen der Polkappen und Polhauben.
3. Beobachtung der Umrisse von hellen und dunklen Gebieten auf der Oberfläche, einschließlich Änderungen der Albedostrukturen.
4. Beobachtung von atmosphärischen Erscheinungen: Weiße Wolken, Eisnebel und Reif, Gelbe Wolken, blue- oder violet-clearing.

Der nördliche oder südliche Polfleck (je nach Opposition) ist in der Regel das auffälligste Objekt. Mit diesem Objekt hat der Beobachter auch eine Orientierungshilfe für die Zeichnung. Werner Sandner gibt dazu den Rat: „Es empfiehlt sich aber, wenigstens bei stärkerer Vergrößerung, einen Mikrometerfaden zur Festlegung der N–S-Richtung zu verwenden, da eine exzentrische Lage der Polkappe und die Phase mitunter den Eindruck stark verfälschen. Dann trägt man mit einem spitzen weichen Bleistift zunächst die Umrißlinien der dunklen Einzelheiten ein und legt diesen Zeitpunkt der Berechnung des Zentralmeridians zugrunde. Es ist üblich, stark aufgehellte Gebiete (Wolken usw.) durch gerissene Linien zu umranden. Am Schluß werden dann unter Verwendung eines Wischers die Schattierungen vorgenommen" [37].

Sichtbarkeit und Aussehen der Polkappen unterliegen marsjahreszeitlichen Änderungen (s. S. 221): im Herbst entwickelt sich die Polkappe, wobei auch im weiteren Umfeld die Bildung heller Zonen zu beobachten ist, die auf Reif- oder Bodennebelschichten zurückgeht. Während des Marswinters wird die Polkappe größer. Der Beobachter kann auch Wolkenschleier im Polgebiet erkennen. Im Frühjahr erscheint die Polkappe oft besonders auffällig. Sie hat dann auch ihre größte Ausdehnung. Die wolkenartigen Verschleierungen verschwinden. Das Auftreten und Deutlichwerden eines dunklen Saums kündet die Verkleinerung der Polkappe an (Marssommer) (Abb. 14). Wegen des längeren Südwinters friert in der südlichen Polregion mehr CO_2 aus – die Südpolkappe bleibt in der Regel auch im Sommer erhalten.

Häufig glauben Beobachter, beide Polkappen gleichzeitig zu sehen. In Wirklichkeit ist aber die „Polkappe" der Winterhemisphäre eine Wolkenschicht in der Atmosphäre, die die eigentliche Polkappe verdeckt. Diese Wolkenschicht heißt Polhaube und besteht aus CO_2- und H_2O-Eiskristallen. Während die Polkappen ihre Größe

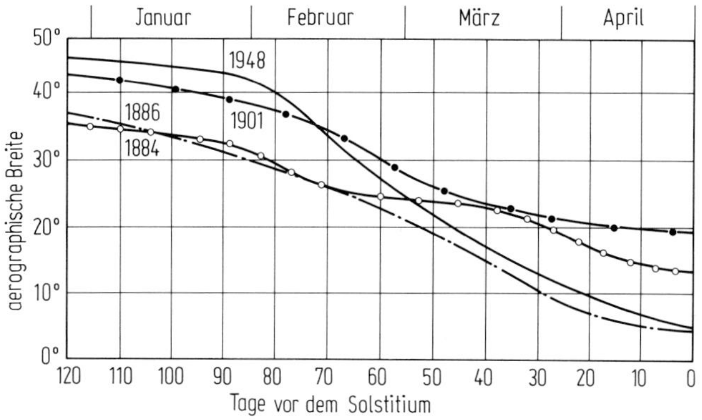

Abb. 14. Abschmelzen der N-Polarkalotte des Mars in verschiedenen Oppositionen. Ordinate: areographische Breite; Abszisse: Tage vor dem Solstitium (nach de Mottoni)

allmählich verändern, kann eine Polhaube ihr Aussehen kurzfristig wechseln. Es empfiehlt sich die Beobachtung mit einem Blaufilter [38].

Das Aussehen der Polkappen kann am Ende einer Sichtbarkeitsperiode graphisch dargestellt werden (Vermessung der Zeichnungen). Längere Beobachtungsreihen über das Aussehen („Abschmelzen") der Polkappen können zum Beispiel interessant sein in Hinblick auf Beziehungen zur Sonnenaktivität.

Zur Nomenklatur von Dunkelobjekten auf Mars gehören auch die Bezeichnungen Insula (Insel), Fons (Quelle), Palus (Sumpf), Pons (Brücke) und Regio (Land). Manche Namen weisen auf Vorbilder im antiken (Hellas) oder im biblischen Kulturgut. Noachis beispielsweise weist auf Noah. Das berühmteste Dunkelgebiet, Syrtis maior, hat Schiaparelli, Schöpfer der meisten Begriffe der Marsnomenklatur, die „canali" eingeschlossen [39], nach der Großen Syrte vor Libyen benannt.

Die dunklen Gebiete auf Mars (meist bezeichnet als Meer (mare), Bucht (sinus) oder See (lacus)) haben zum Teil eine grünliche bis bläuliche Färbung. Ausgedehnte helle Gebiete („Kontinente") haben jene typische rostrote bis lachsrote Färbung, der Mars seinen zweiten Namen, „Roter Planet", verdankt. Zwischen den hellen und dunklen Gebieten werden im Fernrohr streifenartige Verbindungen beobachtet, deren oft gradliniges Aussehen die Entdeckung der „Marskanäle" begünstigt hat. Bereits vor Jahrzehnten haben Beobachtungen in sehr großen Fernrohren gezeigt, daß sich die Streifen in einzelne Flecken und Strukturstücke auflösen lassen. Inwieweit bereits Beobachter von der Erde aus mit ihren Fernrohren Krater auf Mars gesehen haben, ist eine Frage der Deutung alter Beobachtungen und Aufzeichnungen [40].

Der Vergleich mit verschiedenen Marskarten macht deutlich, daß es eine Reihe von dunklen Formationen gibt, die ihr Aussehen nicht oder nur wenig verändern (z. B. Syrtis maior, Mare Sirenum, Sinus Sabaeus, Mare Tyrrhenum, Mare Acidalium). Dort, wo Veränderungen wiederholt beobachtet wurden, handelt es sich um temporäre Änderungen bedingt entweder durch Albedoänderungen der betreffenden Oberfläche (z. B. Feuchtigkeitsänderungen) oder durch Überlagerungen in Form von Wolken oder Nebelschleiern, hervorgerufen in der Marsatmosphäre.

Überlagerungen können auch von aufgewirbelten Staubteilchen gebildet werden, die nach einer Zeitlang wieder verschwinden. Hier gibt es von Opposition zu Opposi-

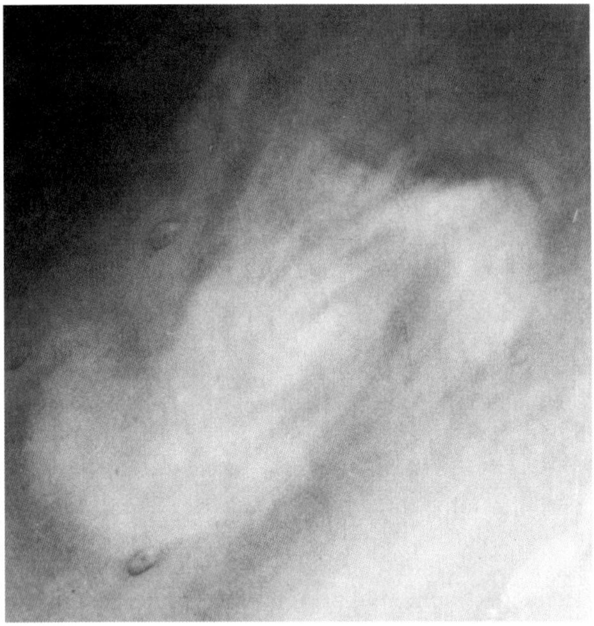

Abb. 15. Wolkenbildung auf Mars mit eindeutig zyklonischer Luftströmung. Das deutet auf die Mischung unterschiedlich temperierter Luftmassen hin. Die Zyklone wurde von Viking Orbiter 1 am 9. August 1978 in 65° nördlicher Breite aufgenommen. Rechts unten im Bild der reifüberzogene Krater Korolev (196° W, 73° N). Photo: NASA. Aus: G. D. Roth, Taschenbuch für Planetenbeobachter, 3. Aufl. München: Verlag Sterne und Weltraum 1987, Seite 254

tion für den Beobachter immer wieder Überraschungen. Vor allem die Erscheinung von Wolken kann der Beobachter bereits mit einem 4- bis 6zölligen Fernrohr überwachen, zumindest die großräumigen. Es gibt drei verschiedene Wolkentypen:

1. Die weißen Wolken, die vor allem über den winterlichen Polgebieten zu sehen sind. Sie treten aber auch am Äquator und in mittleren Breiten auf. Es sind zyklonische Luftströmungen, die auf die Mischung unterschiedlich temperierter Luftmassen hinweisen (s. Abbildung 15).
2. Die blauen Wolken mit starker Reflexion der blauen und UV-Strahlung. Die Marsatmosphäre besitzt eine „Violett-Schicht“, die die Beobachtung der Oberfläche mit Blaufiltern stark einschränkt. Diese Schicht kann aber auch aufreißen, zum Beispiel beim Auftreten von großen „Staubstürmen“. Hier kann jeder Beobachter filter-visuelle Versuche machen. Die amerikanischen Mars-Sonden haben die „Violett-Schicht“ (violet layer) nicht bestätigt. Das Phänomen als solches stellt sich indessen nach wie vor dem Beobachter. Man hat zeitweise Aufklaren beobachtet, also Durchblick auf Dunkelgebiete auch bei Benutzung eines Blaufilters, und spricht heute vom blauen oder violetten Aufklaren (blue oder violet clearing). Bezüglich einer Tabelle zur Schätzung des blue-clearing siehe [41].
3. Die gelben Wolken sind in der Regel auf Staubstürme zurückzuführen, die beträchtliche Teile der Marsatmosphäre trüben (z. B. der Staubsturm Ende September 1971).

Bei allen visuellen Beobachtungen ist die Verwendung von Farbfiltern hilfreich. Das „klassische“ Marsfilter ist das Orangefilter (z. B. OG 550, 2 mm Dicke). Auch Rotgläser vermögen Kontraste zu verstärken, insbesondere Wolkenbildungen sichtbar zu machen (z. B. RG 1 und 2). Obwohl der Durchblick im blauen Licht gering ist, lohnt die Überwachung mit Blaufilter wegen der bereits erwähnten Störungen der Violett-Schicht (z. B. BG 12 und 23).

Um Beobachtungen besser vergleichbar zu machen, empfiehlt sich der Gebrauch bestimmter Filter. So stellt der „Arbeitskreis Planetenbeobachter“ die beiden Schott-Filter BG 28 (Blauglas) und OG 550 (Orangeglas) speziell für die Marsbeobachtung zur Verfügung.

In den USA sind insbesondere die Wrattenfilter von Kodak gebräuchlich. Der erfahrene Marsbeobachter C. F. Capen stellt folgendes Sortiment vor: W 38, W 80 A (Blaugläser), W 58 (Grünglas), W 21, W 23 A, W 25 (Orange- beziehungsweise Rotgläser). Mehr über die Anwendung im „Taschenbuch für Planetenbeobachter“ [42].

Auch bei Beobachtungen des Planeten Mars kann die Verwendung eines Mikrometers (s. Band 1, S. 74) nützlich sein. Dabei stellen sich verschiedene Aufgaben:

1. Vermessung der Position von Dunkelobjekten. Solche vermessenen Punkte auf der Planetenoberfläche sind eine gute Basis für die Anfertigung einer Karte. Auch der Nachweis von Lageveränderungen beziehungsweise Ausdehnungsveränderungen eines Objekts während einer Sichtbarkeitsperiode kann mit Hilfe von Mikrometermessungen erbracht werden.
2. Positionsbestimmungen von wolkenartigen Erscheinungen und Ermittlungen ihrer Ausdehnung. Das setzt voraus, daß die zu vermessende Wolke einigermaßen definierbare Ränder erkennen läßt. In der Regel ist das nur bei kleinen, kompakten Wolkengebilden der Fall.
3. Vermessung der Polflecken. Zuerst interessiert die Position des Mittelpunkts eines Polflecks. Die Mitte eines Polflecks ist nicht immer identisch mit dem Rotationspol des Planeten. Eine weitere Aufgabe ist die Messung des Durchmessers des Polflecks im Zusammenhang mit dessen Vergrößerung beziehungsweise Verkleinerung. Schließlich kann der Beobachter mit dem Mikrometer die Breite eines möglicherweise vorhandenen dunklen Saumes („Schmelzwassersaum“) messen und dabei ebenfalls auftretende Veränderungen festhalten.

Abbildung 16 veranschaulicht die Mikrometermessung zur Bestimmung der aerographischen Längen- und Breitenposition eines Objekts. Die Justierung der Ausrichtung eines Mikrometerfadens erfolgt beim Durchlaufen eines Sterns durch das Gesichtsfeld. Die Fernrohrnachführung ist dabei abgeschaltet. Die x-Achse weist im umkehrenden, nicht seitenverkehrenden Teleskop nach rechts (östliche Richtung am Himmel); die y-Achse weist nach oben (Süden). Außerhalb von Mars liegt der Ursprungspunkt des Achsensystems: die Planetenscheibe tangiert die x-Achse von Süden her, die y-Achse von Osten. Keine Rolle spielt, ob Mars an einem der Ränder eine Phase zeigt. Berücksichtigt werden Phase, Stellung und Neigung der Rotationsachse bei der Berechnung der Koordinaten. Zur Bestimmung des Durchmessers der Planetenscheibe mißt man den scheinbaren Durchmesser des Planeten in y-Richtung. Auch dabei bleibt die Phase unbeachtet.

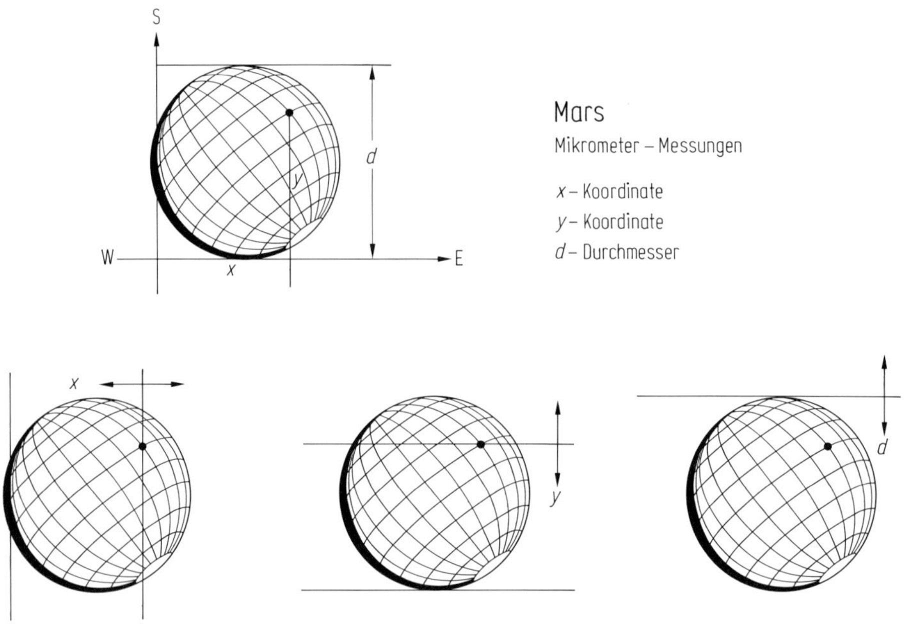

Abb. 16. Mikrometermessungen (Erläuterungen im Text). Aus: E. Freydank und H. Freydank, Marsbrevier. Berlin: Wilhelm-Foerster-Sternwarte 1984, Seite 21

Für Positionsbestimmungen eines Objekts mißt der Beobachter x- und y-Koordinaten des betreffenden Objekts. Wenigstens 5 Messungen sollten angestrebt werden, um eine Mittelwertbildung zu ermöglichen. Die Meßzeit für jede Einzelmessung (Genauigkeit 1,5 s) muß festgehalten werden. Weitere Hinweise siehe [43] und [44].

7.5.3.2.1 Die Anfertigung einer Marskarte. Wer Gelegenheit hat, den Mars über mindestens einen Monat hinweg täglich zu beobachten, verschafft sich das Basismaterial zur Anfertigung einer Marskarte. Alle Beobachtungen werden in Zeichnungen festgehalten (s. S. 222). Wegen der Neigung der Marsachse muß die Konstruktion des Gradnetzes fallweise immer wieder neu gemacht werden (s. S. 207). Von den Zeichnungen verwendet man nur das zentralmeridiannahe Detail ($\pm$ 10°) für die Übertragung in eine Karte.

Die berühmten Marskarten von Schiaparelli, Lowell und Antoniadi sind an verschiedenen Stellen veröffentlicht worden [45]. Eine „neue Generation" von Marskarten und -globen entstand nach den Mariner 6- und Mariner 7-Flügen [46].

7.5.3.3 Photographie. Abgesehen von „Konstellationsphotos" bietet Mars genügend scheinbaren Durchmesser für photographische Arbeiten mit Amateurfernrohren. Etwa ab dem scheinbaren Durchmesser von 10″ gewinnt man mit 6- bis 8zölligen Fernrohren brauchbare Photos von der Oberfläche und besonders markanten Einzelheiten (Polflecken, Dunkelgebiete, Wolken).

Photos ersetzen die visuelle Beobachtung bestimmt nicht. Aber sie stellen eine Ergänzung dar. Es ist daher ratsam, neben dem Aufnahmezeitpunkt den Zentralmeridian zu bestimmen, damit das Photo mit Zeichnungen oder Karten vergleichbar wird.

Eine dem systematischen Beobachter anzuratende Aufgabe ist die photographische Überwachung des Planeten, wenn er einen scheinbaren Durchmesser größer als 10″ aufweist. Ziel der Überwachung ist in erster Linie die Registrierung außergewöhnlicher Vorgänge in der Atmosphäre, also das Auftreten von Staubstürmen und auffälligen, hellen Wolken. Dabei sind Aufnahmen im roten und im blauen Licht erstrebenswert, gegebenenfalls auch im ultravioletten Bereich.

Abbildung 3a demonstriert die Bildqualität, die mit großen Fernrohren an günstigen Standorten (Bergobservatorium) erreicht werden kann. Daß auch schon mit kleinerer Optik gute Ergebnisse erzielt werden, dafür stehen die anderen Photos auf dieser Bildseite.

P. Martinez empfiehlt als Film: „Die Emulsion Kodak 2415, mit D 19 oder Acuspeed (125 ASA, $\gamma = 2{,}9$) entwickelt, ist die beste Lösung sowohl im Hinblick auf den Kontrast als auch hinsichtlich des Verhältnisses Empfindlichkeit und Auflösungsvermögen“ [47]. Siehe auch Band 1, Seite 208.

7.5.3.4 Photometrie. Die Feststellung der gesamten wahrnehmbaren scheinbaren Helligkeit (Punktphotometrie) des Planeten Mars und des Ganges einer möglichen Veränderung ist interessant im Hinblick auf folgende Überlegungen, die E. Pfannenschmidt gemacht hat: „Ein Vergleich der Lichtkurve des Mars mit einer Karte des Planeten zeigt, daß der Lichtwechsel (dessen Amplitude ca. 18% beträgt) durch die Fleckengebilde der Oberfläche hervorgerufen wird. Die größte Helligkeit fällt also genau mit dem Zeitpunkt zusammen, zu dem das an hellen Flecken reichste Gebiet der Oberfläche auf der Scheibe sichtbar ist, während das Helligkeitsminimum mit der Sichtbarkeit der dunklen Flecken zusammentrifft. Die Lichtwechselkurve ergibt sich im Koordinatennetz Rotationsphase/Helligkeiten. Das Maximum liegt nach Guthnick und Lau zwischen aerographischer Länge 117° bis 120°, das Minimum zwischen 300° und 6°. Als Vergleichssterne eignen sich besonders rote Fixsterne“ [48]. Die stark wechselnden Entfernungsverhältnisse des Planeten gegenüber der Erde machen Änderungen der scheinbaren Helligkeit von $4\overset{\text{m}}{.}4$ möglich. Darüber hinaus werden Veränderungen der scheinbaren Helligkeit während der Umdrehung beobachtet (Rotationslichtwechsel). Sorgfältige Beobachtungen von Abweichungen können auch Hinweise auf atmosphärische Vorgänge (Wolkenbildung) geben. Diese punktphotometrische Arbeit geschieht nach dem Prinzip der Stufenschätzmethode (s. Band 1, S. 388) und kann bereits mit einem Feldstecher ausgeführt werden. In Verbindung mit einem Fernrohr empfiehlt sich die Verwendung des Flächenphotometers nach Gramatzki [4], da mit seiner Hilfe genauere Helligkeitsbestimmungen gemacht werden können.

Sehr viel Präzision verlangt die Photometrie ausgewählter heller und dunkler Objekte der Oberfläche. Am einfachsten sind visuelle Schätzungen nach einer Gedächtnisskala, wie man sie auch für andere Planeten verwenden kann (s. S. 246). Für die Punkt- wie für die Flächenphotometrie bietet sich heute das lichtelektrische Photometer (s. Band 1, S. 424) an. Auch die Verwendung von Filtern ist anzuraten. Die Änderungen der scheinbaren Helligkeit hängen nicht zuletzt von der Stärke des blauen oder violetten Aufklarens in der Marsatmosphäre (blue- oder violet-clearing) ab. Sind keine Dunkelgebiete im Blaufilter sichtbar, ergeben sich um $0\overset{\text{m}}{.}2$ bis $0\overset{\text{m}}{.}3$ höhere Meßwerte für die scheinbare Helligkeit.

7.5.3.5 Die Monde des Mars. Die beiden Monde Phobos und Deimos wurden vor über 100 Jahren (1877) mit einem 65-cm-Refraktor entdeckt. Es liegen mittlerweile sehr gute Raumsonden-Photos, speziell des Mondes Phobos [49, 50] vor, die noch Einzelheiten (Meteoriteneinschlagskrater) von 10 m und weniger erkennen lassen.

Die scheinbare Helligkeit der beiden Monde liegt bei 12^m. Wegen ihrer großen Nähe zum Planeten sind sie aber ausgesprochen schwierige Objekte. Für den Sternfreund kommt allenfalls der Versuch in Frage, Deimos, den von Mars entfernteren Mond, aufzusuchen. Dazu ist auf jeden Fall ein Fernrohr von 10 bis 12 Zoll Öffnung notwendig. Hilfreich für das Gelingen ist die Ausblendung des Mars, die man mittels einer Scheibe oder Kegelblende, ähnlich wie beim Protuberanzenfernrohr, im Brennpunkt des Fernrohrs erreicht.

7.5.4 Kleine Planeten (Planetoiden)

7.5.4.1 Sichtbarkeit. Vermutlich sind die Kleinen Planeten (Asteroiden, Planetoiden) wie die Kometen älteste Körper des Sonnensystems – älter als die Erde. Ihre ursprüngliche Form haben sie zum Teil bewahrt. So hoffen die Astrophysiker durch das Studium der organischen Moleküle der kohlenstoffhaltigen Kleinen Planeten (C-Typ) mehr über den Ursprung des Lebens auf der Erde zu erfahren.

Man spricht heute von einer „Renaissance der Planetoidenastronomie“ [51]. Die Beobachtung beschränkt sich nicht auf die Bewegung der Kleinen Planeten. Das Interesse gilt dem Aufbau und der Entwicklung dieser Himmelskörper. Die überwiegende Mehrzahl der Planetoiden bewegt sich zwischen der Mars- und der Jupiterbahn um die Sonne. Die Zahl der registrierten Planetoiden liegt inzwischen über 3000 (1960: 1649, 1985: 3320). Sie sind größtenteils lichtschwache Objektive. Nur zwei von ihnen (Vesta und Ceres) erreichen während der Opposition eine scheinbare Helligkeit größer als 7^m. Etwa 70 Planetoiden werden zur Oppositionszeit heller als 10. Größe. Die Oppositionen wiederholen sich im Durchschnitt in 1,2 bis 1,4 Jahren (s. auch Tabelle 19 auf S. 612 im Anhang).

Die Sichtbarkeitsbedingungen der Planetoiden ändern sich wegen der zum Teil merklich exzentrischen Bahnen und deren Neigung gegen die Erdbahn von Opposition zu Opposition. Hinzu kommt, daß die Oberfläche der Planetoiden unregelmäßig ausgebildet ist. Der Lichtwechsel zeigt deshalb bei vielen Objekten eine deutliche Amplitude. In vielen Fällen stellen die in den Jahrbüchern ausgewiesenen mittleren Oppositionshelligkeiten nur Näherungswerte dar. Trotzdem kann der systematisch beobachtende Sternfreund über Jahre hinweg einige 100 Planetoiden photographisch erreichen, wenn man als photographische Grenzhelligkeit $13\overset{m}{.}0$ angibt [52].

Selbst der größte der Kleinen Planeten (1) Ceres erreicht mit einem Durchmesser von 940 km und einer Oppositionsentfernung von der Erde von 1,77 AE (1 Astronomische Einheit AE = 149 600 000 km) nur 0,6 Bogensekunden Blickwinkel für den Beobachter von der Erde aus. Rechnerisch kann ihn erst ein Fernrohr mit 23 cm Öffnung als winziges Scheibchen zeichnen (s. auch Band 1, Seite 411).

Mit üblichen Fernrohren werden die meisten Kleinen Planeten als Punkte gesehen. Sie werden wie punktförmige Lichtquellen photometriert.

Für die Sichtbarkeit ist die scheinbare Helligkeit ausschlaggebend. Sie hängt ab

1. vom Abstand des Planetoiden von der Sonne r,
2. vom Abstand des Planetoiden von der Erde Δ,
3. vom Phasenwinkel φ.

Neben Rektaszension und Deklination findet der Sternfreund diese geometrischen Größen (s. auch Abb. 17) in den Jahrbüchern. Dort steht auch der Wert für die mittlere Oppositionshelligkeit, und zwar photographisch. Die scheinbare visuelle Helligkeit liegt im Durchschnitt $0\overset{m}{.}6$ über der photographischen.

Zur Bestimmung der scheinbaren Helligkeit ist folgende Formel zu verwenden:

$$B = B(1{,}0) + 5\log(r\Delta) + \text{Oppositions-Effekt}.$$

Dazu ist zu bemerken: Für die Beobachtung von Planetoiden kommt meist nur die Zeit um die Opposition in Frage. Dann ist der Phasenwinkel verhältnismäßig klein, überwiegend kleiner als 30°.

Die Mehrzahl der Kleinen Planeten unterschreitet einen Sonnenabstand von 2 AE nicht. Bei ihnen liegt die bahngeometrische Amplitude bei maximal $4\overset{m}{.}5$. Der Anteil der Phase erreicht dabei nicht mehr als 1^{m}. Grund für den geringen Anteil der Phase ist die Tatsache, daß bei diesen Planetoiden der Phasenwinkel nicht größer als 30° werden kann. Es gibt einige Ausnahmefälle: Planetoiden, die die Marsbahn kreuzen (45°) oder die sich so weit annähern, daß sie sich innerhalb der Erdbahn bewegen (über 90°).

Beobachtungen haben ergeben, daß bei vielen Planetoiden ein Wachsen des Phasenwinkels um 1° eine Verringerung der Helligkeit um $0\overset{m}{.}023$ zur Folge hat. Ist der Phasenwinkel kleiner als 8°, weisen die Beobachtungen auf einen Helligkeitsanstieg von rund $0\overset{m}{.}4$ hin. Dieser Helligkeitsanstieg wird als der „Oppositions-Effekt" bezeichnet.

Neuerdings verwendet man die Blauhelligkeit B des UBV-Systems von H. L. Johnson (s. Band 1, S. 384), weil das bei photographischen oder photoelektrischen Messungen einfacher ist. Es ändern sich die Symbole der bekannten Formel für die mittlere Oppositionshelligkeit $m_0 = g + 5\log(a(\mathrm{a} - 1))$. Für g jetzt B (1,0) und für m_0 jetzt B $(a,\, 0)$. Man vergleiche dazu mit Formel (34) Band 1, Seite 413.

Bedeutsam für den Beobachter ist noch ein Hinweis, den L. D. Schmadel gegeben hat [53]: „Für den Beobachter, hier besonders für den visuell arbeitenden Amateur, wird noch ein weiterer Faktor bei den Helligkeiten der Kleinen Planeten wichtig – die Farbe. Die Farbindizes B–V und U–V sind bei allen Objekten positiv. Das bedeutet also eine Intensitätszunahme zu größeren Wellenlängen. Bei unserem Beispiel (532) Herculina wird B–V = $0\overset{m}{.}8$ und U–B = $0\overset{m}{.}4$. Ein B-Wert von $10\overset{m}{.}9$ entspricht also visuell nur noch $10\overset{m}{.}1$, womit das Objekt auch kleinsten Fernrohren zugänglich wird." Siehe dazu Abbildung 17 und Tabelle 4. Der Beobachter kann also davon ausgehen, daß für die visuelle Beobachtung die Werte in den Jahrbüchern zu ungünstig angesetzt sind. Tatsächlich wird die mittlere Oppositionshelligkeit um bis zu einer Größenklasse heller ausfallen.

Die Mehrzahl der Jahrbücher für Sternfreunde veröffentlicht Ephemeriden der im betreffenden Jahr beobachtbaren Planetoiden mit einer mittleren Oppositionshelligkeit $\geqq 10\overset{m}{.}0$, dazu für interessante Objekte Umgebungskarten. Der Beobachter wird

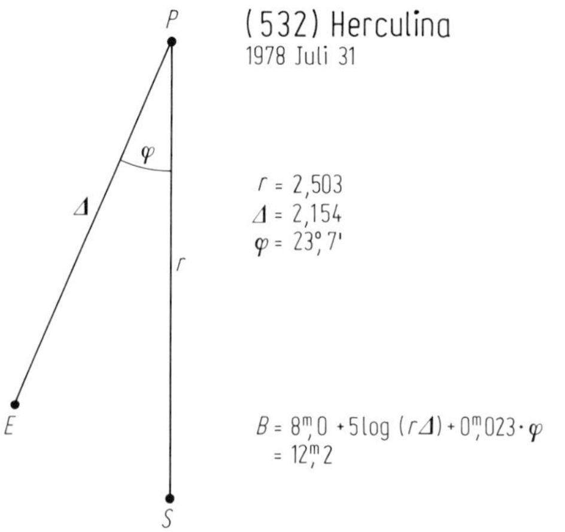

Abb. 17. Geometrische Größen für die scheinbare Helligkeit. Beispiel Kleiner Planet (532) Herculina für den 31. Juli 1978.
Aus: Sterne und Weltraum *17*, 144 (1978)

Tabelle 4

1978	α (1950,0)	δ (1950,0)	r	Δ	φ	B
Apr. 22	$15^h34^m.0$	$+6°41'$	2,361	1,440	12°.5	$10^m.9$
Mai 2	15 26.1	+ 7 03	2,372	1,423	10.6	10.9
12	15 17.2	+ 7 00	2,384	1,430	10.3	10.9
22	15 08.4	+ 6 30	2,397	1,460	11.7	11.0
Jun 1	15 00.8	+ 5 34	2,411	1,512	14.1	11.1
11	14 55.2	+ 4 16	2,425	1,585	16.7	11.3
21	14 52.1	+ 2 42	2,440	1,675	19.1	11.5
Jul 1	14 51.6	+ 0 55	2,455	1,780	21.0	11.7
11	14 53.6	− 0 58	2,470	1,896	22.4	11.8
21	14 57.9	− 2 54	2,486	2,022	23.3	12.0
31	15 04.3	− 4 51	2,503	2,154	23.7	12.2

dabei häufig feststellen, daß Kleinplaneten sich weit außerhalb des Tierkreises bewegen können. Das ist auf die Bahnformen dieser Planetoiden zurückzuführen.

Wegen der wechselnden Entfernungen der Kleinen Planeten von der Erde und der Sonne sind nach Helligkeitsbestimmungen einige Reduktionen notwendig:

1. Die Lichtzeit.
2. Reduktion auf einheitliche Entfernung.
3. Berücksichtigung des Phasenwinkels.

Die notwendigen Verfahren werden in Band 1, Kapitel 10, S. 411 angegeben.

Beobachtungen des Helligkeitsverlaufs von Planetoiden zeigen, daß die Helligkeit nicht nur vom Phasenwinkel abhängt, sondern auch von Form und Oberflächenbeschaffenheit (Rotationslichtwechsel). Bereits Olbers hat im Jahre 1802 auf die Veränderlichkeit Kleiner Planeten hingewiesen. Es ist nicht allein die unregelmäßig geformte Masse des Kleinen Planeten, die den Helligkeitsverlauf beeinflussen kann. Eine Rolle spielt auch die Albedo, also die Fähigkeit der Oberfläche des Kleinen Planeten Sonnenlicht zurückzustrahlen. Diese Rückstrahlfähigkeit variiert bei Kleinen Planeten zwischen 3 und 40 Prozent. Dabei ist es durchaus möglich, daß helle Flecken auf der Oberfläche des Kleinen Planeten mit entsprechend höherer Albedo den Rotationslichtwechsel auslösen. Ein Beispiel ist der Kleine Planet (45) Eugenia, dessen Lichtkurve sowohl von einer länglichen Gestalt als auch von zwei Flecken auf der Oberfläche verursacht werden kann.

Siehe auch Band 1, Abbildung 17 auf Seite 414. Weitere Angaben betreffend hellere Planetoiden siehe Tabelle 19, Seite 612 im Anhang.

Tabelle 5. Helle veränderliche Kleine Planeten

Kleiner Planet	Amplitude	Kleiner Planet	Amplitude
(5) Astraea	$0^{m}.3$	(9) Metis	$0^{m}.3$
(6) Hebe	0.2	(15) Eunomia	0.5
(7) Iris	0.3	(18) Melpomene	0.4

Hinweise betreffend spezielle Beobachtungsunterlagen für Beobachter von Planetoiden siehe Seite 704 und [54].

7.5.4.2 Visuelle Beobachtungen. Das Auffinden Kleiner Planeten am Himmel ist nicht ganz einfach. Der Beobachter benötigt außer den Angaben in den Jahrbüchern unbedingt gute Sternkarten (s. S. 709). Planetoiden ändern ihre Position am Himmel rasch. Planetoiden verraten sich unter den Sternen durch ihre Bewegung. Ihre mittlere Entfernung beträgt 3 AE. Entsprechend ist die Umlaufzeit nach dem 3. Keplerschen Gesetz etwa 5 Jahre. Die mittlere tägliche heliozentrische Bewegung beträgt dann zirka $0^{\circ}.2$. Änderungen der Abstände von Fixsternen gleicher Breite lassen sich von einer Nacht zur anderen beobachten. Bei den hellsten Planetoiden genügt dazu der Feldstecher oder ein kleiner Refraktor. Es ist hilfreich, wenn sich der Beobachter die scheinbare Bahn des Planetoiden in die Sternkarte (Photokopie!) einzeichnet. Für die Aufsuchung von Planetoiden sind Sternkarten mit Sternen mindestens bis $10^{m}.0$ notwendig. Der Photographische Sternatlas von Hans Vehrenberg („Falkauer Sternatlas") erreicht Grenzhelligkeiten von zirka $13^{m}.0$ und ist damit für Planetoidenbeobachter ein ideales Kartenwerk.

Angesichts der großen Zahl von Planetoiden, die es gibt, ist es nicht überraschend, daß die Erforschung noch nicht so intensiv ist, wie es die Astronomen gerne hätten. Für den Amateurastronomen bieten deshalb die Planetoiden ein interessantes Tätigkeitsgebiet. Objekte, die sich durch eine auffällige Bahn oder besonderes photometrisches Verhalten auszeichnen, werden in der Regel sofort in das Beobachtungsprogramm der großen Sternwarten aufgenommen. Es bleibt aber eine große Zahl von Planetoiden übrig, deren Verhalten als „sicher" gilt. Hier sind aber Kontrollbeobachtungen notwendig (z.B. zur Prüfung der Gültigkeit der Bahnelemente), die eine größere Zahl von Beobachtern erfordern, als sie den amtlichen Forschungsstätten zur Verfügung stehen. Die photographische Überwachung erreicht mit den Hilfsmitteln des Amateurs Planetoiden bis zur 15. Größe und eine Genauigkeit von 1 bis 2 Bogensekunden je Koordinate. Siehe auch Abbildung 18.

Beobachtungsaufgaben sind:

1. Positionsbestimmungen;
2. Entdeckung und Wiederentdeckung von Planetoiden;
3. Photometrie;
4. Beobachtung von Sternbedeckungen durch Planetoiden.

Abb. 18. Kleiner Planet (3030) Vehrenberg, aufgenommen von R. Bendel, Traunstein, mit einem 210-mm-Newton, $F = 1680$ mm, indirekte Nachführung. Belichtungszeit 60 m auf Kodak 103a. Entwicklung 4 m in D-19. Der Kleine Planet hatte zum Aufnahmezeitpunkt (Oktober 1, 1986, 22h43m–23h43m UT) eine scheinbare Helligkeit von etwa 16^{m}

Es gibt unter den registrierten Planetoiden eine ganze Anzahl, deren Bahn noch nicht gesichert oder aus nur wenigen Oppositionen abgeleitet ist. Sogar Objekte, die schon lange bekannt sind, bringen Überraschungen. Ein Beispiel ist der Planetoid (85) Io, der bereits 1865 entdeckt worden ist. Positionsbeobachtungen in der Opposition 1977 ergaben Abweichungen gegen die Ephemeride von 14′ [55].

Im Prinzip sind visuelle Positionsbestimmungen mit Hilfe eines Mikrometers (s. Band 1, S. 74) möglich. Doch kommen hierfür nur die sehr hellen und bereits vielbeobachteten Objekte in Frage. Auch die Entdeckung und Wiederentdeckung von Planetoiden befindet sich außerhalb der Möglichkeiten der visuellen Beobachtung.

Da auch bei helleren Planetoiden die Helligkeiten und Daten über einen möglichen Lichtwechsel unzuverlässig sind, bietet sich hier die visuelle Photometrie mit Hilfe der Argelanderschen Stufenschätzung an. Um zu aussagekräftigen Resultaten zu kommen, ist aber eine Genauigkeit in der Größenordnung von $0^{m}.01$ anzustreben (Rotationslichtwechsel). Dies setzt lichtelektrische Messungen voraus, da auch mit Hilfe der Photographie diese Genauigkeit nicht erreicht werden kann (s. Band 1, S. 373).

Aufgabe der Photometrie ist es, zunächst einmal die Helligkeit und den Lichtwechsel von Kleinplaneten festzustellen. Die unregelmäßige Oberflächenform der Planetoiden verursacht einen meist recht deutlichen Lichtwechsel. Eine weitere Aufgabe von Helligkeitsmessungen ist die Bestimmung eines Farbindex eines Planetoiden. Die Kenntnis einer genügenden Anzahl von Farbindizes erlaubt Rückschlüsse auf die Albedo Kleiner Planeten.

Farbmessungen werden als Helligkeitsmessungen ausgeführt – visuell in Verbindung mit geeigneten Filtern (s. Band 1, S. 383). Bei der Auswahl der Vergleichssterne ist darauf zu achten, daß deren Helligkeiten und Farbindizes genau bekannt sind. Man findet diese in einem guten Sternkatalog (s. S. 710). Die Beobachtungen selbst können zum Beispiel so gemacht werden, daß der Beobachter mit einem Keilphotometer zuerst ausgewählte Fixsterne im blau- und gelbgefilterten Licht photometriert und anschließend den Kleinen Planeten [56].

Wichtig ist bei photometrischen Arbeiten die Wahl der Vergleichssterne. Am besten ist es, den Stern aus dem SAO-Katalog (s. S. 337) zu wählen, möglichst einen sonnenähnlichen Stern (Spektraltyp G2). Die Wahl eines Vergleichssterns, auf den sich der Kleinplanet scheinbar hin bewegt, ist deshalb günstig, weil man diesen Stern als Vergleichsstern einige Nächte lang verwenden kann.

Die Beobachtung von Sternbedeckungen durch Planetoiden liefert Material für die Bestimmung der Durchmesser Kleiner Planeten. Bei der Beobachtung von Bedekkungen kommt es darauf an, die Dauer der Bedeckung so genau wie möglich zu bestimmen. Im Prinzip gelten hier Verfahren und Hilfsmittel wie bei der Beobachtung von Sternbedeckungen durch den Mond und Große Planeten (s. S. 169).

In diesem Zusammenhang interessant ist die Möglichkeit, den Satelliten eines Kleinen Planeten zu entdecken, worüber David W. Dunham in „The Minor Planet Bulletin" berichtet hat [57]. Es wird vermutet, daß der Planetoid (6) Hebe einen Trabanten mit zirka 20 km Durchmesser hat. Die sorgfältige Beobachtung von Sternbedeckungen und möglicherweise von „Zweitbedeckungen" ist im Fall der helleren Planetoiden eine Aufgabenstellung.

Beschreibungen von Beobachtungsaufgaben im einzelnen und weitere Literaturhinweise in [58], [59] und [60].

7.5.4.3 Photographie. Sämtliche auf Seite 231 aufgeführten Beobachtungsaufgaben (ausgenommen die Beobachtung von Bedeckungen) lassen sich im Fall der Planetoiden photographisch wesentlich besser als visuell bewältigen. Vor allem hat der Sternfreund die Chance, seinen Aktionsradius erheblich zu erweitern. Für die photographische Beobachtung bis zur scheinbaren Helligkeit $13\overset{m}{.}0$ und sogar $14\overset{m}{.}0$ genügen moderne Amateurinstrumente. Für Positionsbestimmungen ist eine Brennweite von mindestens 500 mm empfehlenswert.

Sieht man von Gelegenheitsphotos ab, die bereits mit lichtstarken Handkameras gemacht werden können, sind für systematische Arbeiten Aufnahmeoptiken von 15 cm Öffnung durchaus geeignet. Neben der Astro-Kamera sind es Newton-, Schmidt- und Maksutovsysteme, mit denen Amateure bereits gute Erfahrungen gesammelt haben [61].

Das einfachste Verfahren ist es, eine bestimmte Himmelsgegend, in der ein Planetoid vermutet wird, aufzunehmen. Die Nachführung erfolgt im üblichen Sinn, die Belichtung kann bis zu einer Stunde (und länger) betragen. Während die Fixsterne bei sorgfältiger Nachführung punktförmig abgebildet werden, erscheint der Kleine Planet infolge seiner Eigenbewegung als mehr oder minder ausgeprägter Strich. Das hat zur Folge, daß die Grenzgröße der Aufnahmeoptik nicht ausgenützt werden kann, da wegen der Eigenbewegung die Lichtintensität nicht auf einen fixen Punkt der Emulsion einwirken kann. Man schätzt, daß bei einer Optik mit 15 cm Öffnung etwa 4 Größenklassen auf diese Weise „verschenkt" werden.

Bereits um die Jahrhundertwende hat der Amerikaner J. H. Metcalf darauf aufmerksam gemacht. Seine Alternative lautete: Kompensation der Eigenbewegung des Kleinen Planeten bei der Nachführung. Während jetzt der Kleine Planet punktförmig abgebildet wird, zeichnen die Fixsterne Strichspuren auf die Photoschicht.

Führt man eine Kamera oder ein Teleskop mit $F = 1000$ mm einem benachbarten Fixstern nach, zeichnet der Kleine Planet in einer Stunde eine Spur von der Länge

$$y' = 1000 \cdot \frac{0\overset{\circ}{.}4}{24 \cdot 57\overset{\circ}{.}296} = 0.3\ \text{mm}\,.$$

Das Auflösungsvermögen der photographischen Schicht liegt bei 0,03 mm. Um ein punktförmiges Bild zu bekommen, darf man mit der oben erwähnten Brennweite nicht länger als 6 Minuten belichten. Mit einer Aufnahmeoptik von $F = 100$ mm kann man immerhin schon 60 Minuten belichten. Mit modernen Emulsionen werden mit einer Belichtungszeit von 10 Minuten Planetoiden bis $13\overset{m}{.}0$ abgebildet. Siehe dazu auch Band 1, Seite 235. Die Kleinen Planeten werden dann noch punktförmig abgebildet, wenn das Fernrohr der scheinbaren Bewegung der Fixsterne folgt. Zu berücksichtigen ist, daß die geozentrische Bewegung der einzelnen Planetoiden unterschiedlich ist. Der Beobachter wird hier die veröffentlichten Ephemeriden zu Rat ziehen [1]. Für die Opposition des Planetoiden (85) Io im Jahre 1977 folgte aus den Ephemeriden eine geozentrische Bewegung von $29\overset{''}{.}7$ in der Stunde. M. Greßmann machte in diesem Zusammenhang darauf aufmerksam: „Bei 50 cm Brennweite kann also dieser Planet in seinem „schnellsten" Bahnstück 25 Minuten belichtet werden, um auf eine ‚Strichspur' von 0,03 mm zu kommen" [62].

Über photographische Positionsbestimmungen haben in den letzten Jahren verschiedene Beobachter berichtet. Auf diese Veröffentlichungen sei hier ausdrücklich hingewiesen, da sie das Verfahren ausführlich darstellen [63]. Fazit der Ergebnisse von Ralf Hempel: „Genauere Untersuchungen von kompletten Positionsbestimmungen zeigten, daß mit dem 150/1200-mm-Newton eine Positionsgenauigkeit von zirka 1″ zu erreichen ist" [61]. In einer knappen Zusammenfassung nennt H. Vehrenberg die Arbeiten für die photographische Positionsbestimmung Kleiner Planeten – macht aber auch gleichzeitig auf die Schwierigkeiten aufmerksam.

„1. Die photographische Aufnahme des Planeten zu zwei verschiedenen Zeitpunkten. Dies macht keine Schwierigkeiten, im Gegenteil, der schnelle Erfolg verführt dazu, die Aufgabe zu unterschätzen.

2. Das Aufsuchen des Planeten und die Bestimmung der genäherten Position, eine bei schwachen Objekten nicht leichte Aufgabe.

3. Das genaue Vermessen des Planeten anhand von Anhaltsternen. Hier wird der Amateur, wenn er nicht Zugang zu einem Koordinaten-Meßgerät hat, mit Sicherheit scheitern" [64].

Photographischer Sternatlas, Ephemeriden der Planetoiden und Sternkatalog für die Entnahme der Positionen der Anhaltsterne sind unentbehrlich (s. S. 709).

Für die Identifizierung eines Planetoiden ist die Verwendung eines Betrachtungsgeräts oder eines Blinkkomparators [65] sehr hilfreich. In den letzten Jahren hat sich

---

[1] Außer den Angaben für helle Planetoiden in den Jahrbüchern (S. 712) kann der ambitionierte Beobachter Ephemeriden vom Minor Planet Center, 60, Garden Street, Cambridge, Mass. 02138, USA, beziehen.

eine Reihe von Amateuren entsprechende Meßanlagen beschafft und auch schon über erfolgversprechende Positionsbestimmungen berichtet [66].

Helligkeitsmessungen mittels photographischer Aufnahmen, zum Beispiel zur Auffindung eines Lichtwechsels, stehen im Bereich der Möglichkeiten des Amateurs. Mehr zum Verfahren siehe Band 1, Seite 377 und [64].

Man muß sich allerdings darüber klar sein, daß auch photographisch mit üblichen Hilfsmitteln nur eine Amplitude von > $0^{m}.2$ nachgewiesen werden kann. Lichtwechsel von Kleinplaneten in dieser Größenordnung kann der routinierte Beobachter genauso visuell schätzen.

Die bisher längste bekannte Umdrehung eines Planetoiden ist diejenige von (654) Zelinda mit $31^{h}.9$. Die meisten Kleinen Planeten haben Rotationszeiten zwischen vier und zehn Stunden. Um eine Lichtkurve eines Kleinen Planeten zu bekommen, deren Auswertung lohnend ist, bedarf es sehr intensiver photometrischer Beobachtungen. Während einer Nacht sollten Schätzungen über einige Stunden hinweg im Abstand von 5 bis 10 Minuten gemacht werden, das heißt Photos in diesem zeitlichen Abstand. Wenn möglich, sollte in dieser Intensität über mehrere Nächte hinweg beobachtet werden. Solchermaßen konzentrierte Beobachtungsreihen sind viel wertvoller als über einen großen Zeitraum verteilte Einzelbeobachtungen.

7.5.4.4 Lichtelektrische Messungen. Die Verwendung lichtelektrischer Einrichtungen (s. Band 1, S. 392) kommt in erster Linie für die Photometrie Kleiner Planeten in Frage, außerdem für die Beobachtung von Sternbedeckungen durch Planetoiden.

Lichtelektrische Messungen erlauben bei der Photometrierung Kleiner Planeten den Nachweis von Amplituden von $0^{m}.05$ (und weniger). Für exakte Farbmessungen (s. Band 1, S. 383) ist ein lichtelektrisches Photometer eine große Hilfe. Im Prinzip kann eine lichtelektrische Einrichtung auch in Verbindung mit visuellen Helligkeitsschätzungen verwendet werden [67]. Die Helligkeitsmessungen mit lichtelektrischen Photometern werden in Band 1, Seite 411 näher beschrieben. Erfahrungen mit veränderlichen Sternen gelten grundsätzlich auch für die Kleinen Planeten.

Der scheinbare Durchmesser der Kleinen Planeten reicht von $0''.725$ im Fall von (1) Ceres bis 10^{-3} Bogensekunden und weniger. Für die Bestimmung der Durchmesser hat sich die Beobachtung von Planetoidenbedeckungen durch den Mond und von Sternbedeckungen durch Planetoiden als Basis für die genauesten Berechnungen erwiesen. Hochempfindliche lichtelektrische Photometer finden hierbei Anwendung [56]. Das gilt auch für den Nachweis von möglichen Satelliten von Kleinen Planeten [57].

7.5.5 Jupiter

7.5.5.1 Sichtbarkeit. Im Gegensatz zur Mars, der nur nach 25 bis 26 Monaten für einige Wochen ein dankbares Objekt für den Beobachter darstellt, ist der Planet Jupiter – neben dem Erdmond – für den Amateur der am günstigsten zu beobachtende Planet. Der scheinbare Durchmesser beträgt jedes Jahr mehrere Monate lang über 40″. Jupiter zählt zu den äußeren Planeten und kann während der Opposition die ganze Nacht über beobachtet werden. Die Sichtbarkeit nach einer Konjunktion zur Sonne verläuft wie folgt:

0 Tage	Konjunktion zur Sonne
13 Tage später	Jupiter am Morgenhimmel
140 Tage später	Jupiter rückläufig
200 Tage später	Jupiter in Opposition zur Sonne
260 Tage später	Ende der Rückläufigkeit
386 Tage später	Jupiter verschwindet vom Abendhimmel
399 Tage später	Konjunktion zur Sonne

Der Beobachter entnimmt den Jahrbüchern folgende Daten:

1. Rektaszension und Deklination.
2. Scheinbarer Äquatordurchmesser (zwischen 31″ und 48″).
3. Scheinbarer Poldurchmesser.
4. Scheinbare Helligkeit (zwischen $-1\overset{m}{.}3$ und $-2\overset{m}{.}7$).
5. Positionswinkel der Rotationsachse.
6. Erhebung der Erde über die Ebene des Jupiteräquators.
7. Erhebung der Sonne über die Ebene des Jupiteräquators.
8. Entfernung von der Erde (in Astronomischen Einheiten, AE).
9. Phasenwinkel (auch Angabe des beleuchteten Teils – 1,00 = voll beleuchtet, 0,00 = unbeleuchtet – oder unbeleuchteter Bruchteil des scheinbaren Durchmessers, Beleuchtungs- oder Lichtdefekt).
10. Laufzeit der Lichtwellen zwischen Erde und Jupiter.
11. Länge des Zentralmeridians der beleuchteten Scheibe (ZM) im System I und System II.
12. Aufgang, Kulmination und Untergang.
13. Jupitermonderscheinungen.

Neben den geozentrischen Planetenkoordinaten enthalten verschiedene Jahrbücher (z. B. Paul Ahnert, Kalender für Sternfreunde) die heliozentrischen Planetenkoordinaten.

Die beachtliche Größe des Planeten beeinflußt maßgeblich die günstigen Beobachtungsbedingungen auch schon mit kleinen Fernrohren. Mit geringen Schwankungen erscheint dem Beobachter immer die gleiche Projektion des Gradnetzes von Jupiter. Die Rotationsachse ist sehr geringfügig gegen die Erdbahn geneigt ($2\overset{\circ}{.}1$). Die Kippung der Jupiterkugel erreicht maximal $3\overset{\circ}{.}5$. Nur dann und bei Anwendung starker Vergrößerung macht sich die Krümmung der Parallelkreise bemerkbar. Bei der Beobachtung mit kleineren Instrumenten kann man die zu den Parallelkreisen parallel laufenden hellen und dunklen Streifen als gradlinig annehmen.

Auf keinen Fall vernachlässigen hingegen darf der Beobachter auf seinen Zeichnungen die Abplattung des Planeten. Bereits bei geringen Vergrößerungen erkennt man die Scheibe elliptisch. Die Abplattung beträgt 1/16. Bezeichnet man die beiden Halbachsen des Rotationsellipsoids mit a und b, gilt

$$\frac{a-b}{a} = \frac{1}{16}.$$

Für Zeichnungen ist es am besten, vorgedruckte Zeichenschablonen zu verwenden [2]. Hat man keine zur Hand, konstruiert man mit Hilfe eines Zirkels Korbbögen:

[2] Bezug: Arbeitskreis Planetenbeobachter (Fachgruppe Planeten der Vereinigung der Sternfreunde e. V.), Wilhelm-Foerster-Sternwarte, Munsterdamm 90, D-1000 Berlin 41.

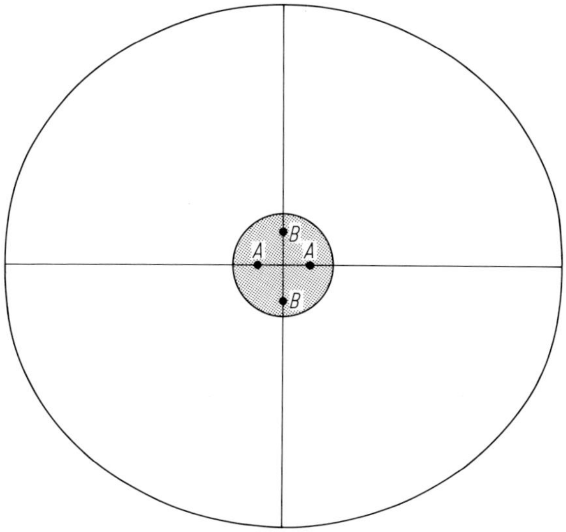

Abb. 19. Umriß des Planeten Jupiter, als Korbbogen gezeichnet

Die Halbachsendifferenz

$$a - b = \frac{1}{16} a$$

wird auf der kleinen Achse zweimal, auf der großen Achse eineinhalbmal vom Mittelpunkt aus abgetragen. Anschließend schlägt man um die Punkte A und B (s. Abb. 19) die entsprechenden Bögen, die ineinander übergehen müssen.

Der Phasenwinkel beträgt maximal 12°. Das bedeutet, daß nur 1/100 des scheinbaren Durchmessers (im ungünstigsten Fall) an den Lichtdefekt geht. Der Beobachter kann deshalb den Phasenwinkel vernachlässigen. Allerdings fällt der dunkle Teil bei Bedeckungen der Jupitermonde und Verwendung genügend großer Fernrohre auf.

7.5.5.2 Atmosphärische Erscheinungen und Vorgänge. Alles, was der Beobachter auf Jupiter sieht oder photographiert, sind Wolken (s. Abb. 20)!

Größe und Dichte verraten, daß Jupiter überwiegend aus leichten Elementen (Wasserstoff, Helium) besteht. Sie sind in der Atmosphäre gasförmig, in tieferen Schichten auch in flüssiger Form. Wesentliche Informationen über die Erscheinungen und Vorgänge in der Atmosphäre übermittelten die US-Raumsonden Pioneer 10 (4. Dezember 1973), Pioneer 11 (3. Dezember 1974), Voyager 1 (5. März 1979) und Voyager 2 (9. Juli 1979 – jeweils Tag der Ankunft bei Jupiter). Die Strömungserscheinungen in der Atmosphäre sind vielfältig. Es gibt Wellen und Wirbel, Sturmgebiete und Gewitter. Es gibt kurz- (einige Tage) und langlebige Wolkenformationen. Für das meteorologische Geschehen auf Jupiter sind neben der raschen Umdrehung Wärmequellen im Planeteninneren verantwortlich. Die Sonneneinstrahlung spielt nicht die Rolle wie auf der Erde. Die Raumfahrtunternehmen bestätigten ein starkes planetares Magnetfeld, das seit 1955 aufgrund von radioastronomischen Messungen vermutet

Abb. 20. Aufnahme von Jupiter von Voyager I aus, Februar 1, 1979, aus einer Entfernung von 32,7 Millionen km. NASA-Photo

wird, und brachten die Entdeckung des Ringsystems von Jupiter. Von der Erde aus kann dieses Ringsystem nur im Infraroten mit Großteleskopen nachgewiesen werden.

Die Atmosphärendetails sind charakterisiert durch helle und dunkle Streifen, für die sich die Bezeichnungen Zonen und Bänder eingebürgert haben. Betreffend die Nomenklatur im einzelnen siehe Abbildung 21. Unbedingt beachten muß der Beobachter die rasche Umdrehung des Planeten. Dabei ist zu beachten, daß es auf Jupiter zwei Rotationssysteme gibt (System I und II). Nach System I rotiert die EZ und alle in ihr beobachteten hellen und dunklen Wolken. Nach System II rotieren das NEB und das SEB, die beiden meist deutlich sichtbaren dunklen Bänder beiderseits der EZ.

Am Äquator beobachten wir mit 9h50m30s (System I) die rascheste Umdrehung, die langsamste in den jovigraphischen Breiten von $\pm 20°$ mit 9h55m40s (System II). Gegen die Pole nimmt die Umdrehung wieder etwas zu. Die Abnahme der Umdrehungsgeschwindigkeit zwischen 0° und 20° Breite ist auffällig und muß exakt bei der Beobachtung und Lokalisierung von weiteren Einzelheiten (z. B. helle und dunkle Wolken) berücksichtigt werden.

Aufgrund von radiometrischen Beobachtungen wird noch ein drittes Rotationssystem (System III) mit 9h55m30s angegeben, das von einer Reihe von Forschern als dasjenige des festen Planetenkörpers bezeichnet wird. Das steht im Gegensatz zu den Systemen I und II, die sich auf Bewegungen der Atmosphäre des Planeten beziehen. Unter Benutzung der Rotationszeiten für System I und II werden die Zentralmeridiane (ZM) vorausberechnet und in den Jahrbüchern (s. S. 712) veröffentlicht. Dabei wird der Rotationswinkel angegeben, der den Bogen angibt, den System I und II in 24 Stunden mittlerer Zeit zurücklegen. Er beträgt für System I 877°.9 (stündlich 36°.6) und für System II 870°.3 (stündlich 36°.3). Siehe dazu auch die Tabellen im Anhang Seite 613.

7.5.5.3 Visuelle Beobachtungen. Insbesondere in bezug auf kleine Einzelheiten sind visuelle Beobachtungen des Planeten nach wie vor der Photographie überlegen:

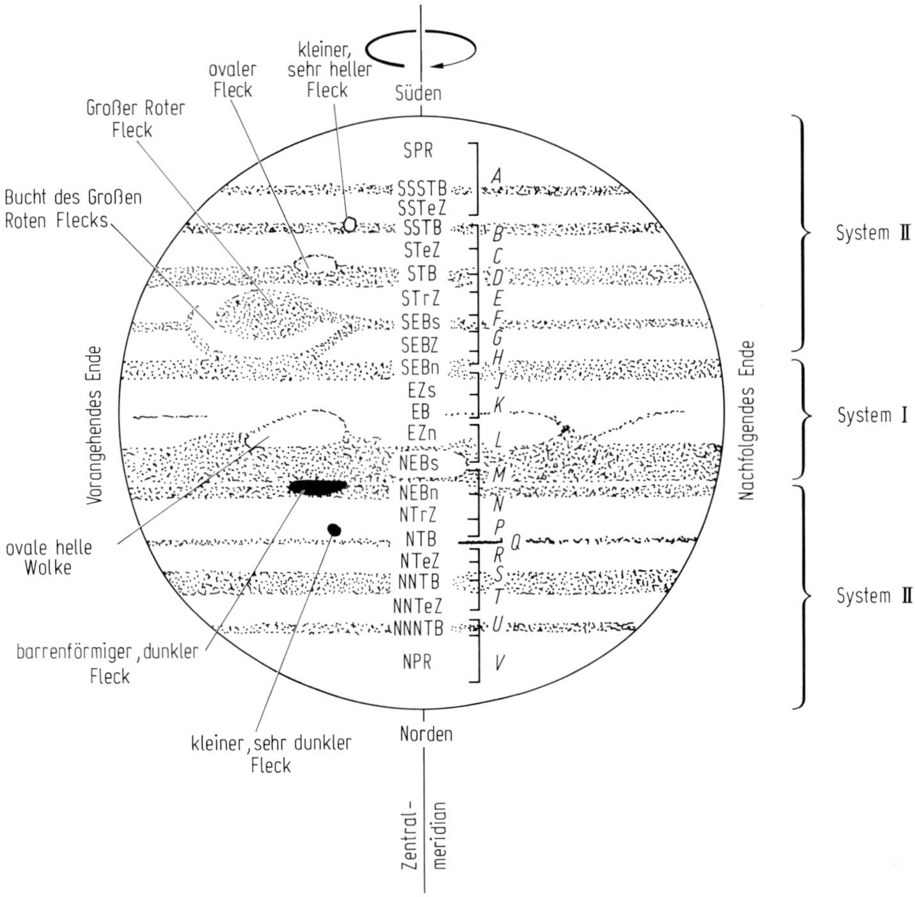

Abb. 21. Nomenklatur der Bänder und Zonen auf Jupiter. Preceding = vorangehendes, following = nachfolgendes Ende eines Objekts in der Jupiteratmosphäre (zum Beispiel Red Spot = Großer Roter Fleck, GRF). Andere Bezeichnungen: nördlich (n), südlich (s), äquatorial (E), tropisch (Tr), gemäßigt (T oder Te), arktisch (A), polar (P), Band (B), Zone (Z), Region (R), Barge = barrenförmiger, dunkler Fleck, Plume = ovale, helle Wolke, Spot = kleiner, heller runder Fleck. Englische Bezeichnungen sind international üblich. Aus: G. D. Roth, Taschenbuch für Planetenbeobachter, 3. Aufl. München: Verlag Sterne und Weltraum 1987, Seite 183

„Immerhin hat sich bei gewissen Details (so 1971 bei den stark retrograden SEB_s-Flecken) gezeigt, daß der visuelle Beobachter besonders feine Details (etwa (0″.5) eindeutiger wahrnehmen und darstellen kann als die Photographie dies mit noch so großem Aufwand vermag“ (R. Sopper) [68].

Die Vielzahl der in der Atmosphäre beobachtbaren Objekte hat nicht nur zu einer international einheitlichen Nomenklatur der Bänder (dunkle Wolkenstreifen) und Zonen (helle Wolkenstreifen) geführt, wie sie Abbildung 21 darstellt. Es gibt mittlerweile eine datenverarbeitungsgerechte Nomenklatur aller beobachtbarer Objekte, die in [69] wie folgt beschrieben werden (s. dazu auch Abb. 22):

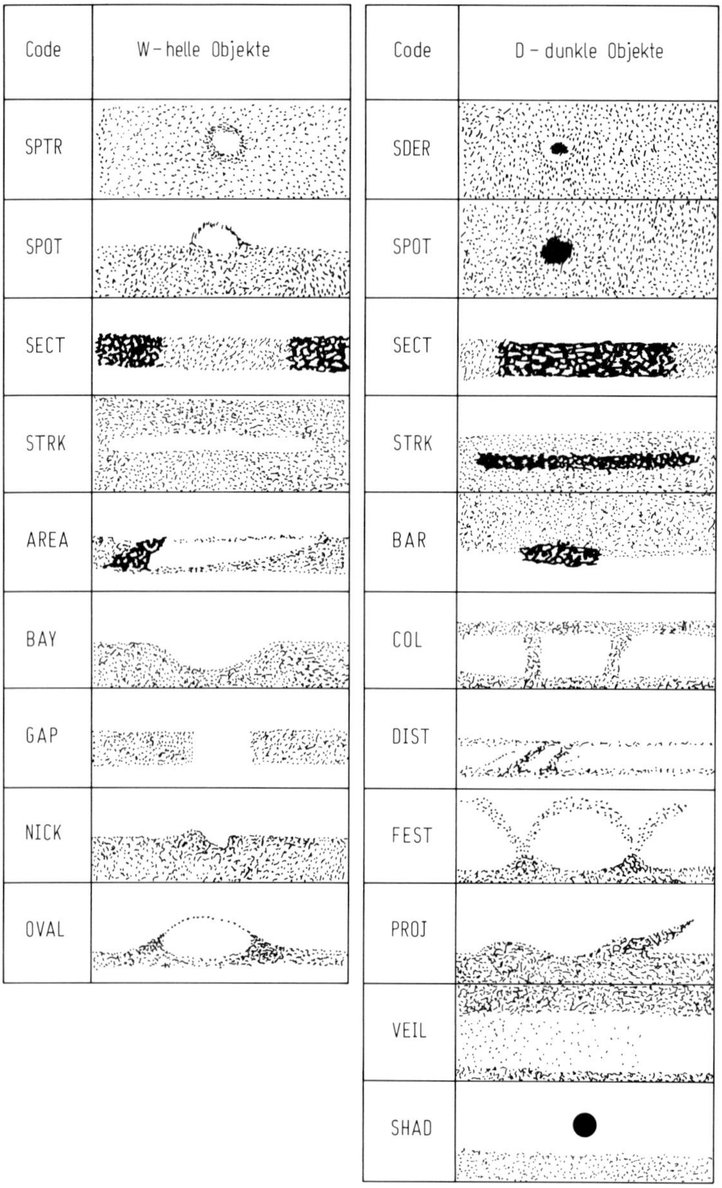

Abb. 22. Schematische Darstellung der Nomenklatur beobachtbarer Objekte in der Jupiter- bzw. Saturnatmosphäre (vergl. auch Text). Aus: G. D. Roth, Taschenbuch für Planetenbeobachter, 3. Aufl. München: Verlag Sterne und Weltraum 1987, Seite 179

Die Kurzbezeichnung eines Objekts besteht aus sechs oder sieben Buchstaben beziehungsweise auch Ziffern:

1. Der erste Buchstabe unterteilt die Objekte in zwei Kategorien: „W“ wird für helle oder glänzende Objekte, „D“ wird für dunkle Objekte benutzt.
2. Der zweite Buchstabe gibt an, ob man sich auf das Zentrum „C“, den bei der Rotation vorangehenden Rand (Ostrand) „P“, den nachfolgenden Rand (Westrand) „F“, oder – bei Mikrometermessungen – den Nordrand „N“ oder den Südrand „S“ bezieht.
3. Die Zahl an der dritten Stelle gibt eine grobe Bezeichnung zur Sichtbarkeit des Objektes: „1“ – das Objekt ist auffallend, bis „3“ – das Objekt ist schwer erkennbar oder recht klein.
4. Nun folgen drei oder vier Buchstaben, um die Art des Objekts zu kennzeichnen.

Im einzelnen gibt es folgende Objekte mit Kurzbezeichnung und dazugehörender Beschreibung (nach H. Haug und Ch. Kowalec):

1. Helle (W) Objekte

Code	*Beschreibung*
SPOT	ein kleiner, heller runder Fleck
SPTR	ein kleiner glänzender Fleck, der von einem dunklen Ring umrandet ist
OVAL	ein mittleres oder größeres ovales Gebilde, das ziemlich hell und gut begrenzt ist; häufig in der Äquatorzone zu finden
BAY	ein großer, gewöhnlich halbovaler Ausschnitt am Rande eines dunklen Bandes
NICK	Kerbe – ein kleiner, halbkreisförmiger Ausschnitt am Rande eines Bandes. Meistens etwas heller als die angrenzende Zone
GAP	ein ziemlich weiter, abgeschwächter oder fehlender Teil in einem Band
STRK	ein heller, sehr langgezogener Fleck: wenn ein solcher langgezogener Fleck in einem dunklen Band vorkommt, kann er als Teil eines „Risses“ erscheinen
AREA	eine ausgedehnte, helle und unregelmäßig begrenzte Gegend
SECT	ein besonders heller Teil eines Bandes oder einer Zone

2. Dunkle (D) Objekte

Code	*Beschreibung*
SDER	ein kleiner, sehr dunkler, von einem glänzenden Ring umgebener Fleck
SPOT	ein beliebiger einzelner Fleck, der nicht langgezogen ist
SECT	ein auffällig dunkler Abschnitt eines Bandes oder einer Zone
BAR	ein dunkler langgezogener Fleck beziehungsweise ein barrenförmiger Fleck
PROJ	eine Art „Protuberanz“ am Rande eines Bandes, die auch dunkler als der Hauptteil des Bandes sein kann. Die Form ist unterschiedlich: von abgerundeten Ausbuchtungen des Bandes bis hin zu spitzen Objekten
VEIL	eine ausgedehnte, gleichmäßig dunkle Gegend, die manchmal in polaren Regionen oder in den Zonen vorkommt
FEST	eine dunkle „Faser“ oder Girlande, die eine Zone durchquert. Ein Ende der Faser oder Girlande, aber auch beide Enden können von einer dunklen Kondensation des Bandes ausgehen

COL ein säulenförmiges dunkles Gebiet in einer Zone, das entweder senkrecht zur Zone steht oder etwas geneigt ist. Solche Säulen sind öfters in STrZ oder SEBZ zu finden

DIST Störung: ein dunkles, ausgedehntes Gebiet, das mehr oder weniger gut ausgeprägt ist, meistens feinstes Detail, das ziemlich regellos verteilt ist, mit ungewohnten Formen enthält

STRK ein sehr langgezogenes, dunkles, streifenförmiges Objekt

SHAD der Schatten eines Mondes

Auf Jupiter kennen wir zusätzlich noch einige sehr langlebige oder recht häufig erscheinende Objekte. Diese haben gesonderte Bezeichnungen (gilt nur für Jupiter):

WOS – FA, – BC, – DE
weiße ovale Flecke FA, BC und DE

RS Red Spot; Großer Roter Fleck (GRF)

RSH Red Spot Holow; Bucht des GRF

STRD Störung in der STrZ

SEBD Störung im SEB

Beispiel: Es wird während einer ZM-Passage das bei der Rotation vorangehende (P) Ende eines auffallenden (1) dunklen (D) Streifens (STRK) gemessen. Die nach obiger Nomenklatur zu wählende Kurzbezeichnung (verschlüsselte Form) ist: DP1 STRK.

Im Prinzip gelten die Bezeichnungen auch für Objekte, die in der Atmosphäre des Planeten Saturn beobachtet werden (s. S. 251).

Ausgesprochen langlebige Objekte auf Jupiter sind der Große Rote Fleck (GRF) und der Graue Schleier. Nach neueren Beobachtungen [68] gehören dazu auch eine Reihe von White Oval Spots, wie sie zum Beispiel im STB beobachtet werden. In der Literatur sind sie unter der Bezeichnung WOS zu finden. Insgesamt scheinen eine Reihe von Objekten, die beobachtet werden, stabiler zu sein als man in bezug auf atmosphärische Erscheinungen annehmen möchte (Abbildung 23).

Die Erstbeobachtung des GRF datiert aus dem Jahr 1664 und wird dem englischen Physiker R. Hooke zugeschrieben [70]. Die Wirbelsäule des GRF ragt 8 km über die Wolkendecke hinaus. Sie bezieht ihre Energie aus einer langlebigen Quelle im Planeteninneren. Das Alter des GRF wird auf über 100 000 Jahre geschätzt. Der GRF ist keine in der Oberfläche fixierte Erscheinung. Er bewegt sich in der Atmosphäre mit etwa 0°.5 pro Tag westwärts. Die rötliche Färbung des GRF kann deutlich erkennbar wechseln.

Dem Beobachter stellen sich folgende Aufgaben:

1. Bestimmung der Rotationsgeschwindigkeiten in der Jupiteratmosphäre.
2. Bewegungen und Veränderungen des GRF, des Grauen Schleiers und der WOS.
3. Bewegungen und Veränderungen der Lage und Breite der Bänder und Zonen.
4. Bewegungen, Bedeckungen, Durchgänge der hellen Jupitermonde beziehungsweise ihrer Schatten.

In bezug auf visuelle Beobachtungen gibt es zur Bewältigung dieser Aufgaben folgende Möglichkeiten:

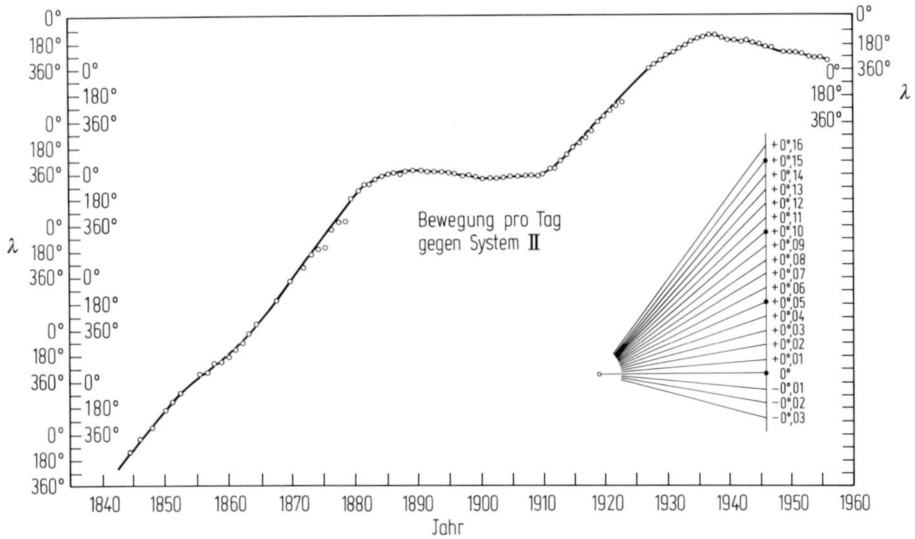

Abb. 23. Bewegung des GRF auf Jupiter 1840–1950 (nach Löbering)

a) Zustandsdarstellungen der Oberfläche, sowohl Einzelzeichnungen (schwarz-weiß oder farbig) wie Gesamtdarstellungen. Gegebenenfalls unter Verwendung von Farbfiltern (s. S. 199).
b) Beobachtung von ZM-Durchgängen heller und dunkler Flecke und anderer begrenzter Objekte. Es können visuelle Schätzungen sein oder Mikrometermessungen (bei besonders gut definierten Objekten).
c) Intensitätsschätzungen der hellen und dunklen Objekte, verbunden mit Schätzungen der Farbintensität unter Zuhilfenahme von Farbfiltern.
d) Bestimmung der Breite der einzelnen Bänder und Zonen. Schätzungen oder Mikrometermessungen.

Bei zarten Details ist die Verwendung eines Mikrometers schwierig. Auch feine Fäden ergeben ungenaue Messungen, insbesondere bei unruhiger Luft. Die klassische Methode der Schätzung hat W. Löbering perfekt beherrscht. Seine Beobachtungsmethode sei deshalb hier ausführlich dargestellt [71].

„Zunächst wurde eine Anzahl vorgedruckter Jupiterschablonen mit der Streifenlage der Hauptstreifung Jupiters versehen. Die genaue Position der Streifenlage ist mit einem Bleistift leicht einzuzeichnen. Ein zu beobachtendes Objekt wurde im Abstand von zirka 20° östlich (jovizentrisch) vom Zentralmeridian durch Schätzung in die präparierte Schablone eingetragen. Dazu wurde die genaue Zeit der Eintragung auf die Schablone notiert. In wenigen Minuten (zirka 5 Minuten) wurde die Position des Objektes neu geschätzt in bezug zum Abstand zum Zentralmeridian und die neue Position in eine neue (keinesfalls die alte) Schablone eingetragen und wiederum die Uhrzeit notiert. Das zu beobachtende und zu vermessende Objekt wurde so immer wieder auf vielen Schablonen neu eingetragen, bis es ungefähr wieder einen Abstand von zirka 20° westlich des Zentralmeridians erreicht hat. Nach Berechnung der Länge (λ) des jeweiligen Zentralmeridians der einzelnen Schablonen und nach Vermessung des zu bestimmenden Objektes mit einer orthographischen Projektion (Glasdiapositiv) erhält man mehrere Positionen, aus denen dann das arithmetische Mittel zu gewinnen ist. Beobachtungsfehler, die sich durch stärkere Streuung der einzelnen Positionen bemerkbar machen, entstehen erstens durch schlechte Luft, zweitens aber auch durch die Stundenwinkel des Planeten. Die jeweilige Neigung der Rotationsachse des Jupiters und der Stundenwinkel der Beobachtungszeit bringen öfters unbequeme Beobachtungshaltungen mit sich. Daraus können Fehler resultieren beim Eintragen der Örter in den Schablonen. Hier hilft ein verstellbarer Beobachtungsstuhl mit bequemer Kopfanlage. Weiterhin wurde beobachtet, daß beim Zeichnen der gesamten Jupiteroberfläche weit ausgedehnte Flecke, was ja auch beim GRF der Fall ist, entweder zu groß oder auch zu klein aufgefaßt werden. Der Fehler ist um so größer, je leerer die Oberfläche des Planeten an markanten Flecken ist."

Für alle Zeitbestimmungen „ist die Sicherung der Zehntelminute anzustreben" (P. Ahnert). Vorsicht bei der Verwendung von Armbanduhren!

Den Ansatz für Mikrometermessungen zeigt beispielhaft Abbildung 24. Der mittlere Fehler solcher Messungen wird mit 0°.5 jovigraphischer Länge angegeben [68].

Über das Meßverfahren schreibt Ch. Kowalec [72]:

„Bei der Positionsmessung empfiehlt es sich, die Einzelmessungen auf möglichst wenige zu reduzieren. Man kommt mit den Angaben der genauen Zeit t, der x-Koordinate, der y-Koordinate und der Distanz d der beiden Planetenränder, in O–W-Richtung gemessen, aus (s. Abb. 25). Alle Mikrometermessungen werden in N–S- oder O–W-Richtung durchgeführt. Vor der Meßreihe können die Fäden des Mikrometers in diese Richtungen gebracht werden, indem man die Wanderung des Planeten durch das Gesichtsfeld bei abgeschalteter Fernrohrnachführung mit der Stellung der Fäden vergleicht und die Lage des Mikrometers korrigiert. In der Praxis wird man nach erfolgter Fokussierung (sie darf während der Meßreihe nicht variiert werden!) aus mehreren Einzelmessungen den Abstand d der beiden Planetenränder in O–W-Richtung ermitteln. Darauf folgen x- und y-Messungen des Objekts unmittelbar aufeinander. Für die Zeit t wird der Zeitpunkt der x-Messung auf eine Zehntelminute genau notiert."

Ch. Kowalec beschreibt in der angegebenen Veröffentlichung in *Die Sterne* ausführlich den weiteren Gang der Auswertung der Mikrometermessungen.

Bei der Vermessung von Zeichnungen mit Hilfe von Gradnetzen ist die Abplattung des Planeten zu berücksichtigen. Siehe Abbildung 26 und [72].

Visuelle Schätzungen zur Überwachung der jovigraphischen Breiten von Bändern und Zonen haben sich bewährt. Systematisch durchgeführte Schätzungen können

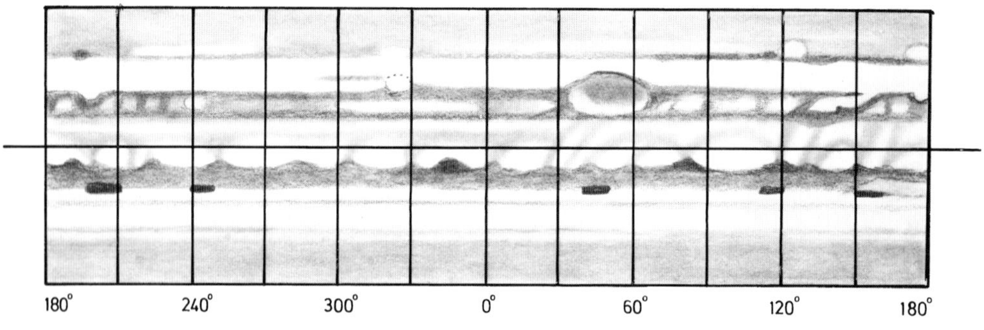

Abb. 24. Gesamtkarte der Jupiteratmosphäre. Datum: 1979^a 3^m $24–25^d$, Zeit $17^h10^m – 1^h40^m$ MEZ. Instrumente: 12"- und 6"Refraktor der Wilhelm-Foerster-Sternwarte Berlin. Beobachter: Christian Kowalec. Die Längenangaben gelten für das Rotationssystem II

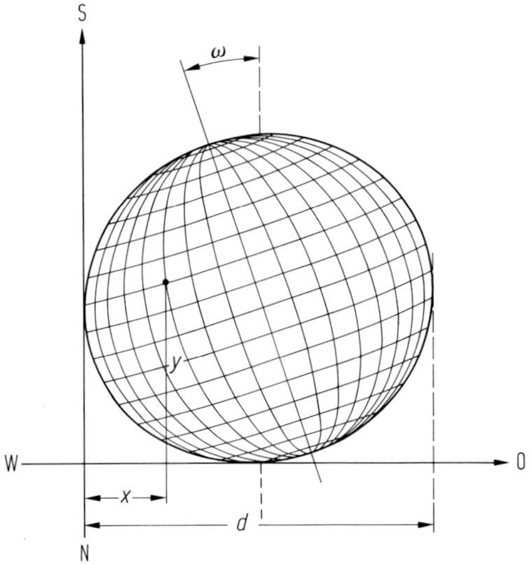

Abb. 25. Definition der Meßdaten für Messungen mit einem Fadenmikrometer (nach Kowalec)

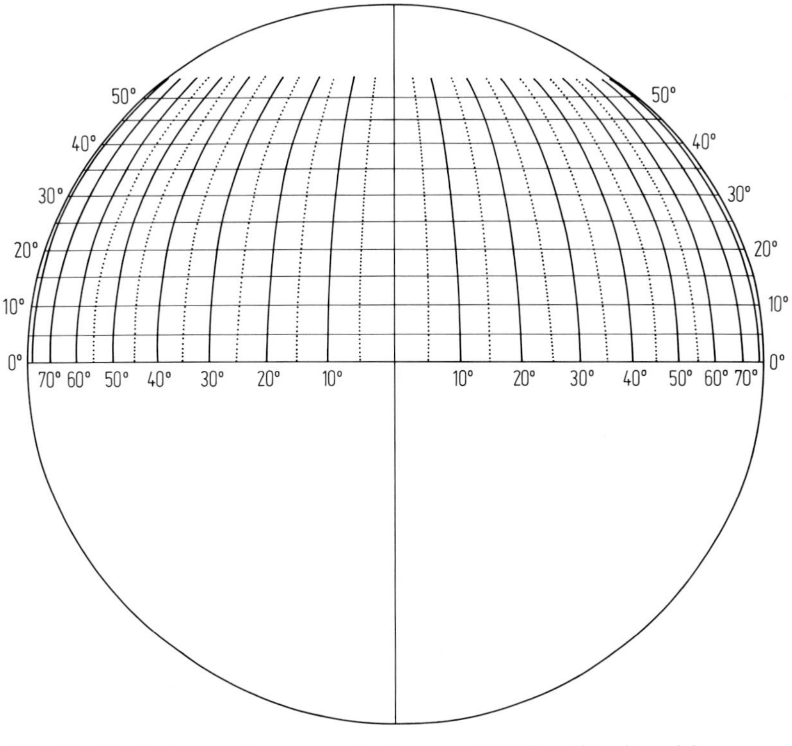

Abb. 26. Gradnetz zum Ausmessen der Lage von Details auf Jupiterzeichnungen. Original von S. Cortesi, Locarno-Monti

einen Anhalt für Bewegungen und Veränderungen geben. Auch hier bieten sich wieder Mikrometermessungen an. Eine Beschreibung dazu findet sich im „Taschenbuch für Planetenbeobachter".

Für Intensitätsschätzungen empfiehlt sich die Skala von Ph. Fauth:

5 H = blendendes Weiß
4 H
3 H
2 H
1 H
0 = ausgeprägtes Grau
1 D
2 D
3 D
4 D
5 D = tiefes Schwarz

Beobachtung und Auswertung geschehen folgendermaßen (nach einem Beobachtungsbericht des Verfassers):

Bezüglich der Beobachtungstechnik sei erwähnt, daß es empfehlenswert ist, mit nicht zu geringer Vergrößerung – in unserem Fall 110 mm Spiegeldurchmesser, V 161 – 210 – zu arbeiten. Auch hat sich gelegentlich eine leicht extrafokale Beobachtung als vorteilhaft erwiesen, da hierbei ein besserer Kontrastvergleich erzielt werden kann. Absolut exakte Vergleichsbasen gestattet diese Methode nicht, vielmehr stehen alle Schätzungen in einer genäherten Relation zueinander. Trotzdem konnte man für die Opposition 1951 das NEB als bedingten Maßstab der dunkelsten Intensität verwenden und die Intensität der anderen Bänder in ein entsprechendes Verhältnis dazu bringen.

Die Auswertung selbst erfolgte nach Abschluß der Beobachtungsreihe rein statistisch. Mit Hilfe von Gruppenbündelung der Einzelwerte und Ausschaltung verschiedener Extremwerte wurde versucht, einen teilweisen Fehlerausgleich zu erzielen. Es liegt jedoch im Charakter der rein visuellen Photometrie, daß eine absolute Ausschaltung aller subjektiven Fehler unmöglich sein dürfte.

Der Engländer Peek hat zur Schätzung der Intensität des GRF eine Sichtbarkeitsskala vorgeschlagen, die in [73] beschrieben wird.

Intensitätsmessungen werden mit Hilfe des Flächenphotometers durchgeführt (s. Band 1, S. 396) und [74].

Ergänzt werden Intensitätsbeobachtungen durch visuelle Farbwahrnehmungen. R. Sopper beobachtete auf Jupiter folgende Farbtöne: „1. Rot (tief dunkelrot bis leuchtend orange). 2. Braun. 3. Blau (Flecken und Girlanden). 4. Gelb (Zonenmaterial). 5. Weiß. 6. Grau (offenbar am höchsten gelegen)" [68]. Zur Bestätigung von Farbwahrnehmungen eignen sich Filterbeobachtungen und Vergleiche mit Farb- und Spektralphotos.

7.5.5.4 Photographie. Der beachtliche scheinbare Durchmesser des Planeten ist eine günstige Voraussetzung für photographische Arbeiten auch schon mit kleineren und

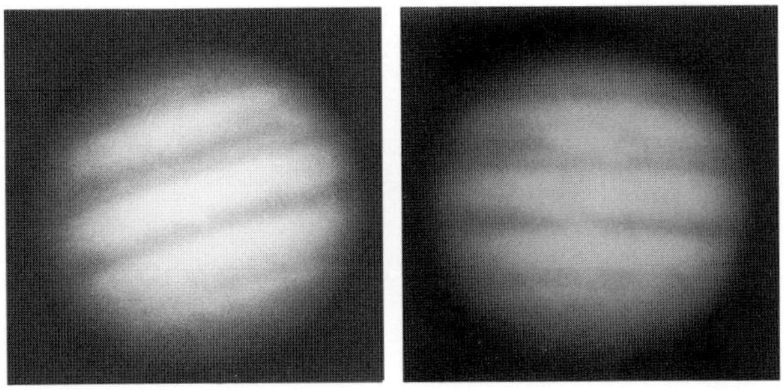

Abb. 27. Jupiteraufnahmen von Gino Farroni, Saint Avertin. *Links*: Sept. 9, 1987, $1^{h}38m$ UT. *Rechts*: Sept. 9, 1987, $3^{h}00m$ UT. Auf der rechten Aufnahme befindet sich der GRF im ZM. Aufnahmeoptik Spiegel 406 mm ∅ (Newton) 1:5. Brennweite verlängert mit 2 Barlowlinsen auf $F' = 12\,228$ mm ($F/D = 1:30$). Belichtung 1/5 s

mittleren Optiken. Bereits mit einem 4-Zöller lassen sich Photos erzielen, die die wichtigen Bänder und Zonen wiedergeben. Auch die Darstellung des Großen Roten Flecks sollte bei entsprechender Intensität des Objekts nicht schwer fallen. Neben Fokalaufnahmen eignet sich für die Jupiterphotographie auch die Methode mittels Okularprojektion sehr gut. Betreffend nähere Beschreibung der Methode siehe Band 1, Seite 200. Dort auch Hinweise zur Wahl der Filme.

Die auf Seite 242 beschriebenen Aufgaben der visuellen Beobachtung kann man grundsätzlich auch photographisch angehen. Im Rahmen einer Arbeitsgemeinschaft ist anzustreben, photographische Beobachtungen *zeitgleich* mit visuellen auszuführen. Aber auch dem Einzelbeobachter sind zur Kontrolle seiner Zeichnungen und Positionsbestimmungen photographische Aufnahmen, zum Beispiel im unmittelbaren Anschluß an eine zeichnerische Zustandsdarstellung, zu empfehlen.

Aufnahmen unter Verwendung verschiedener Filter ergänzen filter-visuelle Beobachtungen. Die unter besten Bedingungen gewonnenen Aufnahmen von J. Dragesco (s. Abb. 4) veranschaulichen das Prinzipielle. Auch Beobachter mit wesentlich kleineren Fernrohren (etwa ab 8 bis 10 Zoll Öffnung) haben hier Chancen.

Photos eigenen sich für die Vermessung von Positionen von markanten Flecken, der Breitenbestimmung von Bändern und Zonen und auch zur Ermittlung der Positionen der Jupitermonde (s. Abb. 27).

Positionsvermessungen auf Photos sind nicht problemlos. Vor allem die Bestimmung des wahren Planetenrands ist wegen der Abnahme der Flächenhelligkeit und der Wirkung der Planetenatmosphäre schwierig. Deshalb gibt Ch. Kowalec für die Bestimmung von Längenpositionen folgenden Rat: „Man führt während eines Durchganges eines Objektes durch den Zentralmeridian (ZM) eine Serie von Aufnahmen durch, trägt dann den auf jeder Aufnahme gemessenen Abstand vom ZM als Funktion der Zeit graphisch auf, so daß man den Zeitpunkt des ZM-Durchganges interpolieren kann. Die Kenntnis der Lage des gesamten Planetenrandes ist nicht erforderlich, nur die Lage des ZM muß bekannt sein: Dazu orientiert man sich an den hellen Zwischenzonen. So kommt man zu einer brauchbaren Längenangabe, deren Genauigkeit sich mit der Anzahl der gemessenen Positionen, also der Aufnahme, etwas erhöht" [72].

Tabelle 6. Fehler bei Breitenbestimmung durch photographische Randabdunklung beim Planeten Jupiter (nach Ch. Kowalec)

Wahre Breite	Gemessene Breite bei Randabdunklung in %			
	−1	−5	−10	−20
90	–	–	–	–
80	84°0	–	–	–
70	72.0	82°0	–	–
60	61.2	66.0	74°8	–
50	50.9	54.0	58.4	73°8
40	40.4	43.6	47.1	54.8
30	30.3	32.4	33.8	38.6
20	20.2	21.2	22.5	25.3
10	10.1	10.6	11.1	12.5
0	0.0	0.0	0.0	0.0

Die photographische Randabdunklung bringt bei der Bestimmung von Breitenpositionen erhebliche Fehler, wie Tabelle 5 erkennen läßt.

Eine Berücksichtigung der Randabdunklung wird möglich, wenn man den Poldurchmesser aus dem Äquatordurchmesser darstellt. Zur Bestimmung der Jupitermondpositionen aus Photos eignen sich Aufnahmen des Planeten und seiner Monde durch Okularprojektion. Für die weitere Auswertung empfiehlt O. Zimmermann die Projektion der Negative mit dem Diaprojektor auf Zeichenpapier [75].

7.5.5.5 Photometrie. Die Photometrierung einzelner heller oder dunkler Objekte kann entweder mittels Schätzung (s. S. 246) erfolgen oder aber man verwendet ein Flächenphotometer.

Die scheinbare Helligkeit der Monde I und II ist offenbar veränderlich, so daß die Polkappen von Io eine rötliche Färbung erkennen lassen. Neueste Farbaufnahmen dieses Jupitermondes scheinen das zu bestätigen. Beobachtungen weisen auch darauf hin, daß Mond I unmittelbar nach dem Hervortreten aus dem Jupiterschatten (etwa 15 min lang) eine größere scheinbare Helligkeit aufweist als sonst. Schätzungen der Helligkeit nicht sehr verschiedener Monde untereinander sowie gelegentliche Vergleichsschätzungen in bezug auf nahe Fixsterne machen dem Beobachter eigene Erfahrungen möglich.

Für solche Aufgaben wie auch für die Verfolgung von Bedeckungen und Verfinsterungen der Monde eignet sich die lichtelektrische Photometrie. So berichtete in *Sterne und Weltraum* eine Amateurgruppe an der Universitätssternwarte Wien über die photoelektrische Verfolgung von gegenseitigen Jupitermondverfinsterungen 1973 [76]. Erscheinungen, die zu nahe bei der hellen Jupiterscheibe stattfinden, kommen nicht in Betracht, da das Streulicht des Planeten stört.

Auch auf die Gesamtphotometrie des Planeten und seiner Monde ist hinzuweisen. Es geht dabei unter anderem um den Nachweis von Beziehungen zwischen Sonnenaktivität und Veränderungen der Helligkeiten von Planeten und deren Monden. Seit 1950 werden zum Beispiel am Lowell Observatorium mit einem 21zölligen Teleskop diesbezügliche Beobachtungen und Messungen gemacht, die in [77] näher beschrieben werden. Näheres über die lichtelektrische Photometrie siehe Band 1, Seite 373.

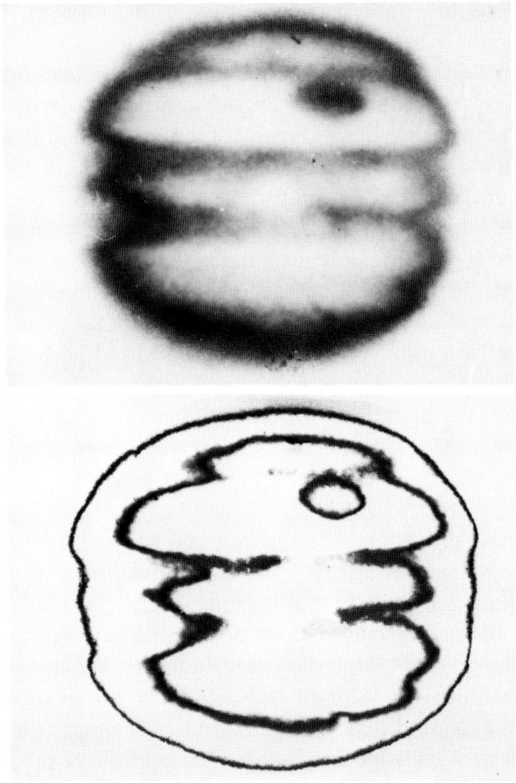

Abb. 28. Äquidensiten erster und zweiter Ordnung einer Jupiteraufnahme. Daten zur Originalaufnahme: 1974^{a} $8^{m}15^{d}$, MEZ 1h43m, ZM II: 4°. Instrument: 1 m Cassegrain, Pic du Midi. Aufnahmematerial: Kodachrome II, 1 s belichtet. Aufnahme von Reinhard Sopper, Hermannstein. Die photographische Äquidensitometrie ist eine photographische Methode zur Gewinnung von Informationen mit Hilfe der Schwärzungskurve der Emulsion (s. Band 1, S. 206)

7.5.5.6 Die Monde des Jupiter. Nach den Ergebnissen der Voyager-Raumsonden müssen wir davon ausgehen, daß Jupiter mindestens 16 Monde hat (s. dazu Tabelle 17, S. 609 im Anhang). Die Mehrzahl ist für den Amateurbeobachter nicht erreichbar. Um so interessanter sind für den Amateurbeobachter aber die Monde I bis IV, die bereits Galilei entdeckte. Neben dem Erdmond und dem Saturnmond Titan zählen sie zu den größten und massereichsten Monden im Sonnensystem. Über Größe und Helligkeit gibt folgende Übersicht Auskunft:

Mond	Durchmesser	Helligkeit
I (Io)	$1\overset{''}{.}05$	$5\overset{m}{.}43$
II (Europa)	$0\overset{''}{.}87$	$5\overset{m}{.}57$
III (Ganymed)	$1\overset{''}{.}52$	$5\overset{m}{.}07$
IV (Callisto)	$1\overset{''}{.}43$	$6\overset{m}{.}12$

Beobachter, die mit Instrumenten von 30 cm Öffnung und größer ausgerüstet sind, können versuchen, Oberflächenschattierungen, zum Beispiel auf Ganymed, zu beobachten. Immerhin ist Ganymed etwas größer als der Planet Merkur, Io und Callisto größer als der Erdmond. So sind die Galileischen Monde nach ihrer Größe mit den kleineren Planeten vergleichbar. Mit Hilfe der Pioneer- und Voyager-Raumsonden ist es möglich geworden, Karten von den Oberflächen der vier großen Jupitermonde zu konstruieren. Auf Io entdeckten die Voyager-Raumsonden acht tätige Vulkane, daneben eine Kruste aus gefrorenem Schwefel und Schwefeldioxid. Auch die anderen Satelliten lassen eine Vereisung ihrer Oberflächen vermuten. Bei Ganymed wird angenommen, daß er zur Hälfte aus Wasser (oder Eis) besteht [78].

Die Bewegungen der Monde und ihre ständigen Vorübergänge, Bedeckungen und Verfinsterungen sind himmelsmechanisch sehr interessant. Diese Vorgänge wiederholen sich bei den drei inneren Monden permanent. Bei geringer Achsenneigung gilt das auch für den vierten Mond. Sie treten ein, wenn Jupiter nahe der Rektaszension 8 h oder 20 h steht. Die Blickrichtung fällt dann in die Äquatorebene des Planeten und somit in die Bahnebene der Monde I bis IV. In diesem Fall können sehr enge Konjunktionen auftreten. Sie führen zu gegenseitigen Bedeckungen und Verfinsterungen der Monde. Dabei stellt der Beobachter diese Phänomene in kleinen Instrumenten an Helligkeitsänderungen fest. In sehr großen Instrumenten kann man die tatsächlichen Verhältnisse, zum Beispiel die Verfinsterung von Mond III durch Mond I sehen.

Bei den Jupitermonden ist die Albedo sehr unterschiedlich. Mit 0,8 und 0,7 am größten bei Mond II und I, mit 0,2 am geringsten bei Mond IV. Gehen die Monde vor der Jupiterscheibe vorbei, erscheinen Mond I und II auf dunklem Hintergrund hell. Dagegen ist Mond III grau, und Mond IV hat Ähnlichkeit mit einem Mondschatten.

Die Monde III und IV können einander bei einer Elongation von Mond III sehr nahe kommen. Sie haben dann eine Gesamthelligkeit von $4\overset{m}{.}8$ und können von Beobachtern mit scharfen Augen ohne Fernrohr erkannt werden.

Systematische Beobachtungen der Bewegungen der Jupitermonde sind zur Verbesserung der Bahnelemente wünschenswert. Wie P. Ahnert dargestellt hat, stimmen die berechneten Ephemeriden (obere geozentrische Konjunktionen, Durchgänge der Monde und ihrer Schatten, Verfinsterungen und Bedeckungen) mit den Beobachtungen nicht mehr überein. Einfache, aber zuverlässige Beobachtungen sind daher notwendig: „Beobachtungen von Ein- und Austritten der Monde am Jupiterschatten (Anfang bzw. Ende der Verfinsterung), die mit jedem Liebhaberfernrohr und einer guten, am Rundfunkzeitzeichen kontrollierten Taschenuhr erlangt werden können, geben die Örter der Monde in ihrer Bahn mit einer Genauigkeit von wenigen Hundertstel Grad beziehungsweise mit einem Fehler von weniger als $\pm\,0\overset{''}{.}1$ an der Sphäre" [79]. Über die Ergebnisse systematischer Beobachter hat P. Ahnert in den vergangenen Jahren wiederholt berichtet [80].

Wie O. Zimmermann ausführlich darstellt [81], eigenen sich die vier großen Jupitermonde sehr gut für die „Neuentdeckung“ beziehungsweise Bestätigung des 3. Keplerschen Gesetzes. Es sind dazu Beobachtungen notwendig, die im Verlauf mehrerer aufeinanderfolgender Nächte die relative Lage der Monde in bezug auf Jupiter angeben. Das kann entweder mit Hilfe von Messungen mit einem Okularmikrometer (s. Band 1, S. 74) durchgeführt werden oder aber an Photos, die die Mondpositionen erkennen lassen.

7.5.6 Saturn

7.5.6.1 Sichtbarkeit. Der Planet ist nicht zuletzt wegen seines Ringsystems eines der interessantesten und schönsten Objekte für den Planetenbeobachter. Mit Hinblick auf die Oberfläche des Planeten gibt es sehr viele Ähnlichkeiten zum Planeten Jupiter. Beobachtungsempfehlungen für Jupiter gelten deshalb im Prinzip auch für Saturn. Als äußerer Planet kann Saturn während der Opposition die ganze Nacht über beobachtet werden. Die Sichtbarkeit nach einer Konjunktion zur Sonne verläuft wie folgt:

0 Tage	Konjunktion zur Sonne
18 Tage später	Saturn am Morgenhimmel
125 Tage später	Saturn rückläufig
189 Tage später	Saturn in Opposition zur Sonne
253 Tage später	Ende der Rückläufigkeit
360 Tage später	Saturn verschwindet vom Abendhimmel
378 Tage später	Konjunktion zur Sonne

Der Beobachter entnimmt den Jahrbüchern folgende Daten:

1. Rektaszension und Deklination.
2. Scheinbarer Äquatordurchmesser (zwischen 15″ und 21″).
3. Scheinbarer Poldurchmesser.
4. Scheinbare Helligkeit (zwischen $+ 0\overset{m}{.}9$ und $- 0\overset{m}{.}6$).
5. Positionswinkel der Rotationsachse.
6. Erhebung der Erde über die Ebene des Saturnäquators.
7. Erhebung der Sonne über die Ebene des Saturnäquators.
8. Entfernung von der Erde (in Astronomischen Einheiten, AE).
9. Phasenwinkel (auch Angabe des beleuchteten Teils – 1,00 = voll beleuchtet, 0,00 = unbeleuchtet – oder unbeleuchteter Bruchteil des scheinbaren Durchmessers, Beleuchtungs- oder Lichtdefekt).
10. Laufzeit der Lichtwellen zwischen Erde und Saturn.
11. Länge des Zentralmeridians der beleuchteten Scheibe (ZM) im System I und II.
12. Aufgang, Kulmination und Untergang.
13. Saturnmonderscheinungen.

Neben den geozentrischen Planetenkoordinaten enthalten verschiedene Jahrbücher (zum Beispiel Paul Ahnert, Kalender für Sternfreunde) die heliozentrischen Planetenkoordinaten.

Die scheinbare Helligkeit hängt nicht nur von den sich ständig verändernden Entfernungen von der Erde ab, sondern auch erheblich von der wechselnden Stellung der Ringe. Die Ringebene, in der Äquatorebene des Planeten gelegen, ist um 26° gegen die Bahnebene des Saturn geneigt (gegen die Erdbahnebene ± 28°). Diese Neigung hat der Beobachter ebenso zu beachten wie die entsprechende Äquatorneigung. Der Beobachter sieht rund 15 Jahre von oben (das heißt von Norden) auf das Ringsystem, die folgenden 15 Jahre von unten (das heißt von Süden). Siehe dazu Abbildung 29.

Weiter beachtenswert für den Beobachter ist die Abplattung. Sie beträgt 1/10! Es ist ratsam für Zeichnungen Schablonen zu verwenden, die auch die Lage des Ringsystems zur Blickrichtung während der Beobachtungssaison angeben (Abb. 30).

Der Phasenwinkel erreicht maximal 6° und kann in den Beobachtungsaufzeichnungen vernachlässigt werden.

Helle und dunkle Streifen (Zonen und Bänder) sind auf der Planetenkugel – ähnlich wie Jupiter – zu beobachten. Betreffend die Nomenklatur siehe die Angaben auf Seite 239. Freilich sind die Objekte schwieriger definierbar als auf Jupiter. Das gilt insbesondere für Flecken („helle Wolken"). Entsprechend seltener sind die Beobachtungen und Mikrometer- und ZM-Durchgangsmessungen von geeigneten Objekten für Rotationsbestimmungen [82]. Verschiedene Analysen des vorliegenden Beobach-

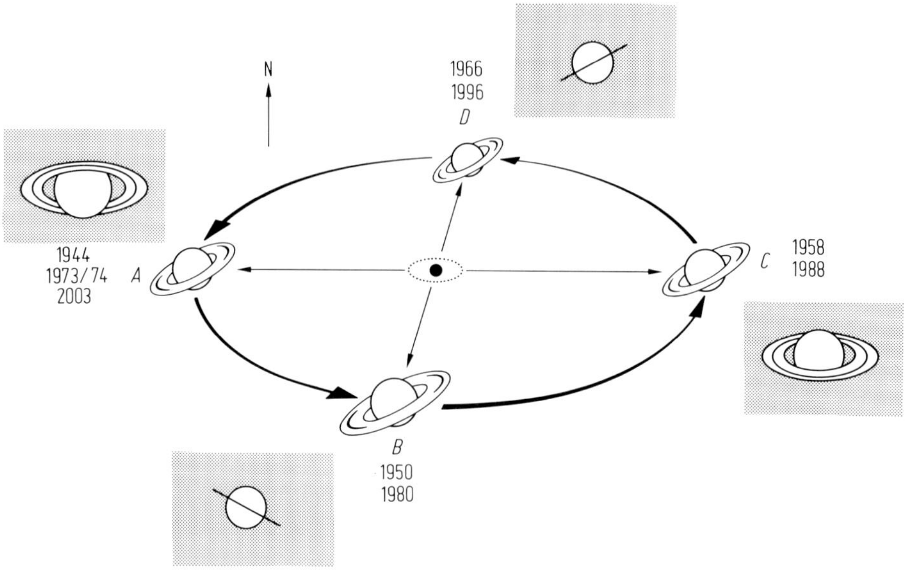

Abb. 29. Saturns Ringsystem. (Aus R. A. Naef, Der Sternenhimmel 1976)

tungsmaterials [83] lassen den Schluß zu, daß auf Saturn zwei Rotationssysteme nachweisbar sind:

System I (NEB, EZ, SEB) 10h14m13s (= 844° pro Tag),
System II (mittlere Breiten) 10h38m25s (= 812° pro Tag).

Seit 1969 veröffentlicht die „Association of Lunar and Planetary Observers" (ALPO) für zwei Rotationssysteme Tabellen der Zentralmeridiane:

System I Rotationszeit 10h14m13.08s;
System II Rotationszeit 10h38m25.42s.

1980 führte die „Internationale Astronomische Union" (IAU) die Systeme I und III ein. IAU-System I unterscheidet sich etwas von ALPO-System I. Das IAU-System III wurde, wie im Fall Jupiter, aus Beobachtungen der Radiostrahlung abgeleitet:

System I (IAU) Rotationszeit 10h14m0.00s;
System III (IAU) Rotationszeit 10h29m59.91s.

Hierzu und betreffend Strömungszonen auf Saturn siehe [84].

7.5.6.2 Visuelle Beobachtungen. Bezüglich der Erscheinungen in der Atmosphäre des Planeten Saturn ist auf die Ausführungen auf Seite 237 ff. den Planeten Jupiter betreffend zu verweisen, die grundsätzlich auch für Saturn zutreffen. Im Vergleich zu Jupiter ist die Zahl der mit Amateurinstrumenten erkennbaren hellen und dunklen Objekte erheblich geringer [85]. Auch die Intensität dieser Objekte ist meistens nur mäßig, so daß vor allem Mikrometer- und ZM-Durchgangsmessungen schwieriger werden.

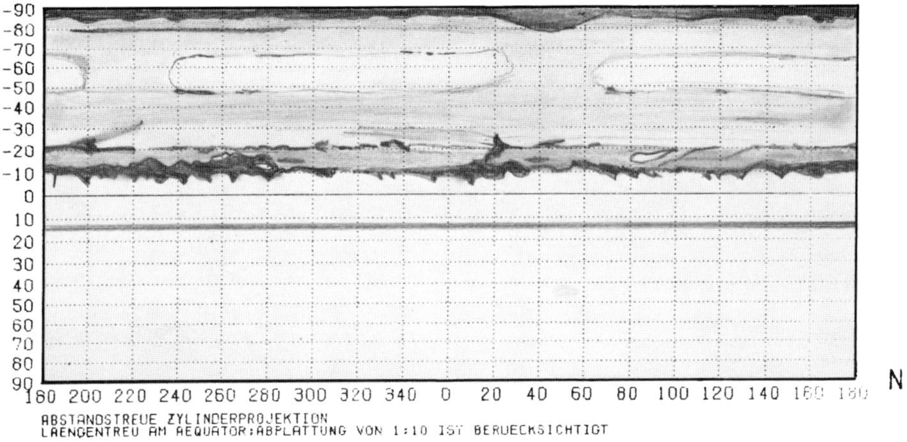

Abb. 30. Gesamtkarte des Planeten Saturn. Gültig für die Zeit vom 1. 4. bis 8. 4. 1974. Abstandstreue Zylinderprojektion; längentreu am Äquator; Abplattung von 1:10 ist berücksichtigt. Instrumente: 6″- und 12″Refraktor der Wilhelm-Foerster-Sternwarte, Berlin. Beobachter: Wolfgang Anklam und andere

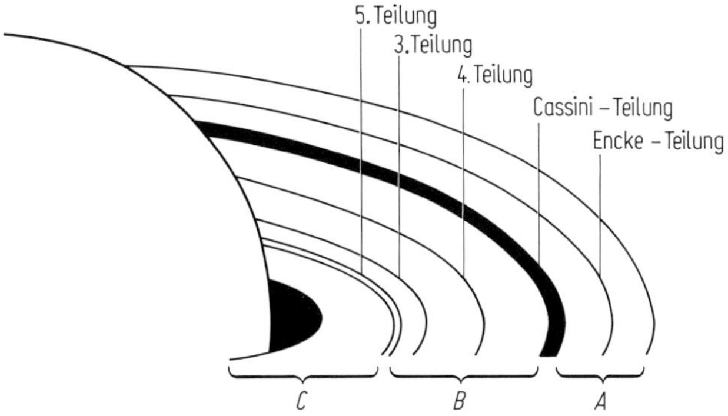

Abb. 31. Saturnringe (A, B, C) und Ringteilungen vor Voyager

Abbildung 31 zeigt Ringe und Ringteilungen vor Voyager. Von den Raumsonden wurden zahlreiche neue Ringe und Teilungen entdeckt (s. Abb. 32). Bei großer Ringöffnung ist schon im Dreizöller die Cassini-Teilung (Abbildung 31) zu erkennen, die dunkle Trennungslinie zwischen dem äußeren Ring A und dem mittleren Ring B.

Die Sichtbarkeit der einzelnen Ringe und Teilungen hängt ab von der Ringöffnung. Bei großer Ringöffnung kann der Beobachter feststellen, daß sich die einzelnen Ringe in ihrer Helligkeit deutlich unterscheiden. Der Beobachter kann Intensitätsschätzungen durchführen. Bei allen Beobachtungen ist darauf zu achten, daß Schatten richtig dargestellt werden, die die Ringe auf die Saturnkugel und der Planet auf das Ringsystem werfen. Beobachtete Deformationen dieser Schatten sind optische Täuschungen. Dagegen sind Verdickungen im Ringsystem, die bei Kantenstellung der Ringe wahrgenommen werden können, identisch mit Stellen großer Helligkeit. Auch

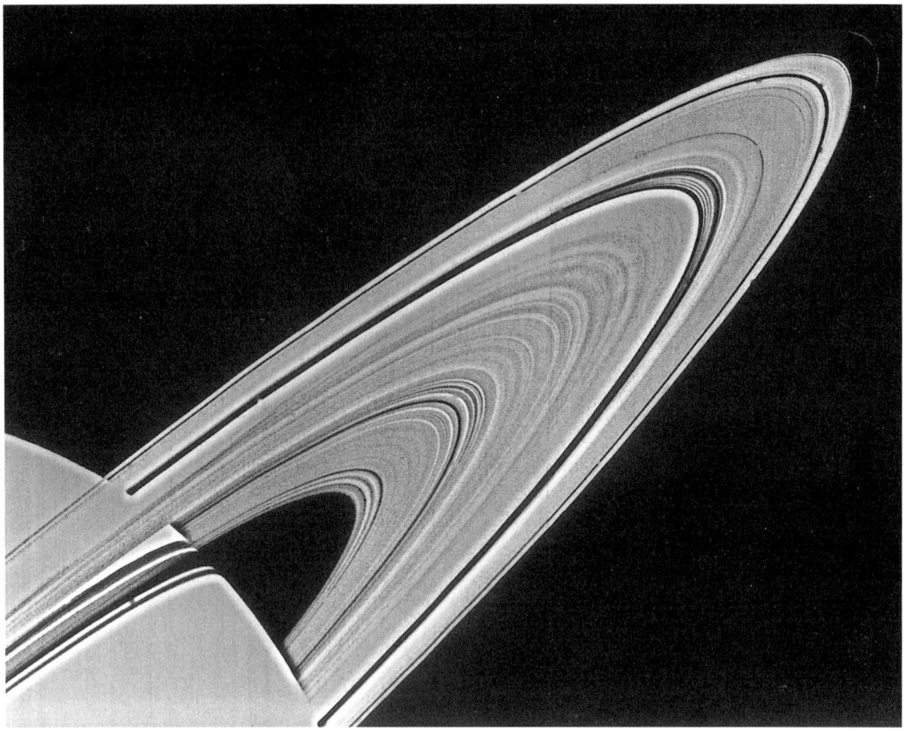

Abb. 32. Das Voyager I-Photo vom 6. November 1980, aufgenommen aus 8 Millionen km Entfernung, zeigt das reich gegliederte Ringsystem von Saturn. NASA-Photo

hier scheint sich zu bestätigen, daß die Helligkeit des Ringsystems nicht gleichförmig ist.

In diesem Zusammenhang ist die Beobachtung der „Durchsichtigkeit" des Ringsystems beim Vorübergang des Saturn vor einem Fixstern besonders interessant.

7.5.6.3 Photographie. Veröffentlichungen an verschiedenen Stellen (zum Beispiel [86, 87]) zeigen, daß für die Photographie des Planeten Saturn Instrumente ab 20 cm Öffnung ratsam sind. Mit dieser Größe sind gute Ergebnisse erzielt worden. Neben SEB, EZ und NEB erscheinen auf den Photos Kugelschatten und Cassini-Teilung. Gegenüber Jupiter verlangt Saturn eine längere Belichtungszeit. Bei mittlerer Ringöffnung für Brennpunktaufnahmen zirka 3 bis 4 s, für Aufnahmen mit Okularprojektion zirka 10 bis 12 s; siehe auch Band 1, Seite 200.

Eine photographische Überwachung des Planeten hat nur unter sehr guten optischen und klimatischen Bedingungen Sinn. Das gilt auch für die photographische Photometrie (zum Beispiel Ringprofile).

7.5.6.4 Photometrie. Neben den Möglichkeiten einer Photometrierung heller und dunkler Oberflächeneinzelheiten (s. Jupiter S. 246) bieten sich noch die helleren Monde und das Ringsystem als Objekte an. Besonders zu erwähnen ist die Photometrie in

Verbindung mit photographischen Aufnahmen und Farbfiltern bekannter Durchlässigkeit (s. Band 1, S. 206). Man muß allerdings davon ausgehen, daß für aussagekräftige Ergebnisse Optiken von 10″ Öffnung an und Gesamtbrennweiten ab 20 m notwendig sind. J. Dragesco [14] berichtet von Arbeiten, die 1974 bis 1976 zur Photometrierung des Ringsystems in Neapel gemacht wurden. Als Instrument diente ein Teleskop mit 60 cm Öffnung. Photographiert wurde mit einer Gesamtbrennweite von 40 m: im Violetten (Wratten Filter 34 und Tri X Film), im Gelben (Wratten 9 und Tri X Film) und im Infraroten (Wratten Filter 89 B und High Speed Infra Red Kodak-Film) [88].

7.5.6.5 Die Monde des Saturn. Seit Voyager sind 17 Monde des Planeten Saturn bekannt (s. Tabelle 17, S. 609 im Anhang). Von den Saturnmonden sind folgende Objekte für den Amateur interessant:

Mond	Helligkeit
II Enceladus	$11\overset{m}{.}7$
III Tethys	10.3
IV Dione	10.5
V Rhea	9.7
VI Titan	8.3
VIII Japetus	$10^m - 12^m$ veränderlich.

Ist das Ringsystem schmal, treten bei den helleren Saturnmonden ähnliche Erscheinungen (Verfinsterungen usw.) wie bei den Jupitermonden auf (s. S. 249). Aber auch die Vorübergänge des hellsten und größten Saturnmondes, Titan, und die Beobachtung seines Schattens vor dem Planeten verlangen schon ein achtzölliges Fernrohr.

Aufmerksamkeit verdient die scheinbare Helligkeit der Saturnmonde. Eine Veränderlichkeit ist nicht ausgeschlossen. Bekannt ist der Lichtwechsel von rund 2 Größenklassen Amplitude von Mond Japetus. Die visuelle Photometrie in Form von Schätzungen oder mit Hilfe eines Photometers liegt im Bereich der Möglichkeiten des Sternfreundes. Bei Japetus entspricht die Umlaufzeit (79 Tage 22 Stunden) der Periode. Das Maximum ist in der Nähe der westlichen Elongation, das Minimum in der Nähe der östlichen Elongation zu beobachten [89]. Der Nachweis von Beziehungen zwischen Sonnenaktivität und den Veränderungen der Helligkeiten der Monde Titan und Rhea erfordert langfristige und sehr präzise Photometrierung. Jährliche Helligkeitsänderungen liegen bei Titan vermutlich zwischen $0\overset{m}{.}01$ und $0\overset{m}{.}02$ – ein Fall nur für lichtelektrische Messungen (s. Band 1, S. 409).

7.5.7 Uranus

7.5.7.1 Sichtbarkeit. Uranus wurde erst 1781 entdeckt (F. W. Herschel). Mit einem Durchmesser von 50 800 km ist Uranus der drittgrößte Planet im Sonnensystem. Er bewegt sich in 84 Jahren einmal um die Sonne. Wegen seiner großen Entfernung erreicht der Planet nur scheinbare Durchmesser zwischen 3 und 4″ und ist damit für die teleskopische Beobachtung ein wenig interessantes Objekt.

Am 24. Januar 1986 flog Voyager 2 in 93 000 km Entfernung am Uranus vorbei. Die von der Sonde gewonnenen Bilder zeigen eine strukturlose Atmosphäre, die zurückzuführen ist auf einen starken Dunstschleier, der den Planeten umgibt. Filteraufnahmen weisen in tieferen Schichten der Atmosphäre Wolken nach, die sich mit einer Geschwindigkeit von 100 m/s bewegen. Jetstreams auf der Erde in 9 km Höhe haben die gleiche Geschwindigkeit. Die Westwinde auf Saturn erreichen in äquatornahen Breiten bis 480 m/s. Während die oberen Schichten der Uranus-Atmosphäre aus Wasserstoff mit etwas Helium bestehen, setzen sich die tieferen Schichten aus Methan und anderen Kohlenwasserstoffgasen zusammen.

Eigenartigerweise ist die Atmosphäre über dem dunklen Pol des Uranus wärmer als über dem von der Sonne bestrahlten. Das hängt wohl zusammen mit Speicherwärme, die sich in 42 Jahren, in denen der jetzt dunkle Pol der Sonne zugewendet war, angesammelt hat. Die Umlaufszeit beträgt 84 Jahre. Die Rotationsachse liegt nahezu genau in seiner Bahnebene (s. Abb. 33). Da die Bahnneigung des Planeten gegen die Ekliptik gering ist, steht der Äquator des Uranus fast senkrecht auf der Ekliptik.

Der Vorbeiflug der Raumsonde Voyager 2 machte auch direkte Messungen der Rotationszeit möglich. Aus Radiobeobachtungen abgeleitete Daten ergeben eine Periode von 17,239 ± 0,009 Stunden, aus Magnetfeldmessungen läßt sich die Rotationszeit zu 17,29 ± 0,20 Stunden ermitteln. Auf Uranus gibt es auch eine Art von Nordlicht.

Im Jahr 1977 sind amerikanische Astronomen aufgrund der Auswertung von Beobachtungen der Bedeckung des 8.8^m hellen Sterns SAO 158687 im Sternbild Waage durch Uranus zum Ergebnis gekommen, daß der Planet Uranus vermutlich von fünf schmalen, dünnen Ringen umgeben ist. Gesamtbreite des Systems 7100 km. Seine Entfernung von der Planetenoberfläche beträgt 17 700 km. Das Ringsystem liegt in der Äquatorebene des Planeten. Ob die Dichte des Saturnrings erreicht wird, bedarf noch der Bestätigung.

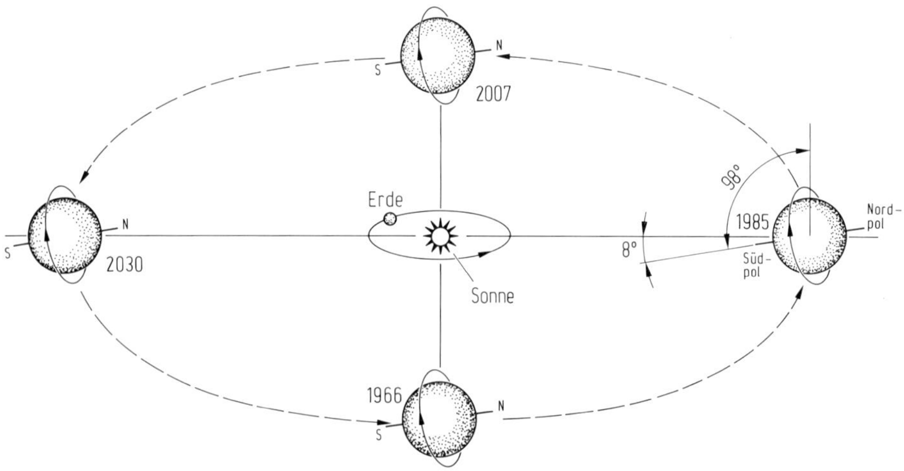

Abb. 33. Bewegung des Planeten Uranus um die Sonne. Die Rotationsachse ist 98° zur Senkrechten auf die Bahnebene geneigt (Aus: Taschenbuch für Planetenbeobachter, 3. Aufl. München: Verlag Sterne und Weltraum 1987)

Vier weitere Ringe sind noch vor Ankunft der Raumsonde entdeckt worden. Es wird vermutet, daß alle Ringe in der Ebene des Uranusäquators liegen. Die Radien der bisher bekannten neun Ringe:

Ring (Bezeichnung)	Radius ($\pm$ 30 km)
6	41 980 km
5	42 360 km
4	42 663 km
α	44 844 km
β	45 799 km
η	47 323 km
γ	47 746 km
δ	48 432 km
ε	51 697 km

Zwischen den Ringen Epsilon und Delta entdeckte Voyager 2 einen zehnten Ring (vorläufige Bezeichnung 1986 U 1 R). Dieser Ring ist 50 040 km vom Mittelpunkt entfernt. Es gibt auch Hinweise, daß sich außerhalb des Rings Epsiolon weitere Ringe befinden. Im Gegensatz zu Saturn, dessen Ringe aus golfballgroßen Teilchen bestehen, scheint der größte Teil der Bestandteile der Uranusringe Durchmesser größer als 1 m zu haben. Das kann man mit einem stabileren Material erklären, aus dem die Ringteilchen bestehen und das die permanenten Zusammenstöße besser aushält [90].

7.5.7.2 Beobachtungen. Es wird an verschiedenen Stellen darauf hingewiesen, daß mit größeren Instrumenten (ab 10″ Öffnung) dunkle Schattierungen („dunkles Äquatorband“) zu sehen sind [91]. Keinerlei Andeutungen von solchen Strukturen lassen Photos erkennen, die 1970 mit einem 91-cm-Teleskop in Höhe von 24 000 m (Stratoscope II) gewonnen wurden. Die Photos lassen dagegen eine sehr geringe Abplattung und eine deutliche Randverdunklung (stärker als bei Jupiter!) sehen.

Uranus zeigt einen recht ausgeprägten Wechsel seiner scheinbaren Helligkeit (Amplitude insgesamt $0\overset{m}{.}9$). Dieser Wechsel ist sowohl geometrisch wie physikalisch begründet [91]. Die Überwachung des photometrischen Verhaltens des Planeten ist eine Aufgabe für den Amateurbeobachter. Sie erfolgt entweder mit Hilfe eines Photometers (s. Band 1, S. 422) oder nach der bekannten Argelanderschen Stufenschätzungsmethode (s. Band 1, S. 388). Bei seinen Beobachtungen kann der Amateur auch auf die Färbung des Planeten achten, die mit grünlich angegeben wird.

Photographische Versuche, die beiden äußeren Monde Titania und Oberon (14^m) aufzunehmen, liegen im Bereich der optischen Mittel des Sternfreunds [92].

Mittlerweile sind von Uranus 15 Monde bekannt. Die beiden hellsten Monde Titania und Oberon entdeckte W. Herschel 1787. Die Monde Ariel und Umbriel fand 1851 Lassell, der mit einem 61-cm-Spiegelteleskop auf Malta beobachtet hat. Ihre Helligkeiten liegen bei 16^m. G. P. Kuiper entdeckte 1948 den 17^m hellen Mond Miranda. Schließlich ermittelte man auf den Bildern von Voyager 2 zehn neue Monde (s. Übersicht S. 609 im Anhang).

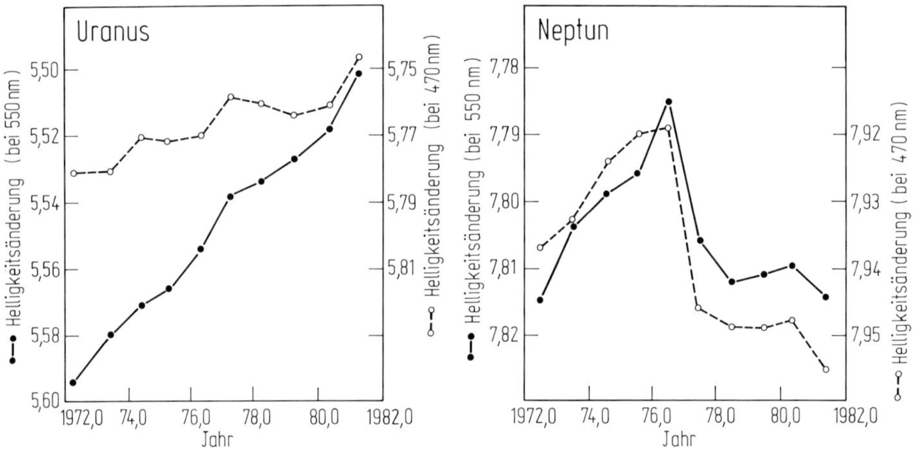

Abb. 34. Langfristige Helligkeitsänderungen von Uranus und von Neptun. Messungen am Lowell-Observatorium bei 470 nm und 550 nm. Aus: R. M. Genet (Hrsg.), Solar System Photometry Handbook. Richmond: Willmann-Bell 1983

7.5.8 Neptun

7.5.8.1 Sichtbarkeit. Aufgrund von Vorausberechnungen wurde Neptun 1846 entdeckt (J. G. Galle). Trotz eines Durchmessers von 49 000 km erreicht der Planet nur einen scheinbaren Durchmesser von $2\overset{\prime\prime}{.}5$ und ist mit dem bloßen Auge nicht mehr zu erkennen. Die mittlere Oppositionshelligkeit liegt bei $7\overset{\mathrm{m}}{.}75$. Neptun bewegt sich in 164 Jahren einmal um die Sonne. Alle 367 Tage steht er in Opposition zur Sonne. Zu erwähnen ist die geringe Exzentrizität der Bahn (0.009). Neptun hat zwei Monde (Triton und Nereide). Einen 3. hat Voyager 2 entdeckt (Juli 1989).

7.5.8.2 Beobachtungen. Was die Oberfläche anbetrifft, so kann der Amateurbeobachter versuchen, den Planeten als Scheibe zu erkennen, was etwa ab Vergrößerungen um 300fach gelingen dürfte. Die Beobachtung von Einzelheiten auf der Oberfläche scheidet aus.

Eine photometrische Überwachung des Planeten verdient Aufmerksamkeit. Die scheinbare Helligkeit schwankt zwischen $7\overset{\mathrm{m}}{.}5$ und $8\overset{\mathrm{m}}{.}0$. Ein Rotationslichtwechsel wird vermutet [93].

Ähnlich wie Uranus wird die Farbe des Neptun mit Grün (Blaugrün) angegeben.

Neptunmond Triton erreicht $13\overset{\mathrm{m}}{.}6$ und ist mit 4000 km Durchmesser einer der großen Monde im Sonnensystem. Ähnlich wie bei den Uranusmonden Titania und Oberon kann es gelingen, Triton zu photographieren.

7.5.9 Pluto

7.5.9.1 Sichtbarkeit. Der derzeit sonnenfernste Planet Pluto wurde 1930 auf Photos entdeckt (C. Tombaugh). Die Oppositionshelligkeit liegt bei $13\overset{\mathrm{m}}{.}8$. Der scheinbare

Durchmesser beträgt 0ʺ3. Der Planet unterscheidet sich auch bei hoher Vergrößerung nicht von einem Fixstern.

7.5.9.2 Beobachtungen. Es ist in den letzten Jahren ein „Sport“ verschiedener Sternfreunde geworden, Pluto visuell und photographisch aufzufinden. Dafür sind Instrumente mit 8 Zoll Öffnung auf alle Fälle geeignet [94, 95]. „Eine sehr große Rolle für die Sichtbarkeit spielen Luftdurchsicht, Extinktion und Streulicht“ (F. Frevert). In den Berichten der „Vereinigung der Sternfreunde“ wird darauf hingewiesen, daß auch brauchbare photographische Aufnahmen im Bereich der Amateuroptik liegen. Dabei ist bereits der Versuch mit 150-mm-Optik erfolgversprechend.

1978 wurde der Mond Charon entdeckt.

7.6 Literatur

1 The journal of the association of lunar and planetary observers („The strolling astronomer“)
2 Arbeitskreis Planetenbeobachter an der Wilhelm-Foerster-Sternwarte Berlin: Mitteilungen für Planetenbeobachter (Neue Folge)
3 Zeitschrift Icarus
4 Roth, G. D.: Taschenbuch für Planetenbeobachter, 3. Aufl. München: Sterne und Weltraum 1987, S. 242
5 Koppmann, R.: Die Entdeckungen der Planetensonden. Alles alte Hüte? Sterne und Weltraum *22,* 346 (1983)
6 Wichmann, H.: Die Verwendung von Binokularen insbesondere für das Celestron 5. Sterne und Weltraum *20,* 27, 69 und 110 (1980)
7 du Martheray, M.: Orion *28,* 109 (1950)
8 Wichmann, H.: Sterne und Weltraum *4,* 175 (1965)
9 Optische Glasfilter. Ein Katalog der Schott Glaswerke, Hattenbergstr. 10, D-6500 Mainz. Parker, D. C.; Dobbins, T. A.: The Art of Planetary Observing – II. Sky and Telescope *74,* 603 (1987)
10 Haug, H.: Zum Thema Filterbeobachtungen. Mitteilungen für Planetenbeobachter (Neue Folge) *2,* Nr. 5, S. 2 (1978)
11 Minnaert, M. G. J.: Practical work in elementary astronomy. Dordrecht: Reidel 1969, S. 106
12 Martinez, P.: Astrophotographie. Darmstadt: Darmstädter Blätter 1985, S. 354
13 Spangenberg, W. W.: Über einige Probleme der visuellen Planetenbeobachtung. Die Sterne *41,* 94 (1965)
14 Dragesco, J.: La Vision dans les instruments astronomiques et l'observation physique des surfaces planétaires. In: L'Astronomie, September 1969, S. 355, und Oktober 1969, S. 399
15 Spangenberg, W. W.: Über einige Probleme des alternden Beobachters. Die Sterne *50,* 109 (1974)
16 Kowalec, Ch.: Hilfsmittel zur Positionsbestimmung auf Riesenplaneten. Die Sterne *49,* 233 (1973)
17 Siehe [4], S. 46
18 Mitteilungen für Planetenbeobachter (Neue Folge) *2,* Heft 3 (1978) und *3,* Heft 1 (1979)
19 Siehe [4], S. 51
20 Dorst, F.: Tagesbeobachtungen des Merkur. Sterne und Weltraum *10,* 336 (1971)
21 Moore, P.; Hunt, G.: Atlas des Sonnensystems. Freiburg, Basel, Wien: Herder 1985, S. 78 ff.
22 Kunz, W.: Größte Elongation und Dichotomie der inneren Planeten. Sterne und Weltraum *16,* 334 (1977)
23 Sky and Telescope *55,* 543 (1978)
24 Sky and Telescope *50,* 196 (1975)
25 Sandner, W.; Bernhard, H.: Beobachtungen des Merkur-Durchgangs vor der Sonne. Orion *32,* 28 (1974)
26 Ashbrook, J.: A well-observed transit of mercury. Sky and Telescope *47,* 4 (1974)

27 Spangenberg, W. W.: Über den „schwarzen Tropfen" und verwandte Erscheinungen. Die Sterne *47*, 22 (1971)
28 Dorst, F.: Venus während ihrer Konjunktionen mit der Sonne in der Zeit 1968–1970. Sterne und Weltraum *10*, 79 (1971)
29 Graff, K.: Die Planeten. Astronomisches Handbuch, 2. Aufl. Stuttgart: Franckhsche Verlagshandlung 1925, S. 146
30 Ahnert, P.: Phasenbeobachtungen der Venus vor und nach der unteren Konjunktion 1974 Januar 23. Die Sterne *51*, 114 (1975)
31 Richter, N.: Das Übergreifen der Sichelspitzen beim Planeten Venus. Die Sterne *17*, Heft 7 (1937)
32 Die Sterne, Sky and Telescope, Sterne und Weltraum, Astronomy
33 Sky and Telescope *43*, 394 (1972)
34 Kimmel, B.: Sky and Telescope *44*, 197 (1972)
35 Wepner, W.: Rechnen mit dem Taschenrechner. Ortsbestimmungen auf Sonne und Planeten. Sterne und Weltraum *16*, 374 (1977)
36 Siehe [21], S. 212ff.
37 Sandner, W.: Die Beobachtung der Planeten. In: Handbuch für Sternfreunde, 2. Aufl. Berlin, Heidelberg, New York: Springer 1967, S. 305
38 Siehe [4], S. 134
39 Roth, G. D.: Kosmos Astronomiegeschichte. Stuttgart: Franckhsche Verlagshandlung 1987, S. 130
40 Gordon, R. W.: Mellish and Barnard – They did see Martian craters! In: The journal of the association of lunar and planetary observers *25*, 196 (1975)
41 Siehe [4], S. 151
42 Siehe [4], S. 26
43 Freydank, E.; Freydank, H.: Marsbrevier. Berlin: Wilhelm-Foerster-Sternwarte 1984, S. 20
44 Siehe [4], S. 138
45 Gerber, P.: Bilder vom Mars. Orion *34*, 157 (1976). Brenske, H.-B.: 45 markante Punkte auf Mars. Sterne und Weltraum *27*, 533 (1988)
46 Blunck, J.: Neue Karten und Globen des Mars und Phobos. Sterne und Weltraum *17*, 81 (1978)
47 Siehe [12], S. 201
48 Sandner, W.: In: Handbuch für Sternfreunde, 2. Aufl. Berlin, Heidelberg, New York: Springer 1967, S. 306
49 Siehe [21], S. 240
50 Siehe [46]
51 Börngen, F.: Die Renaissance der Planetoidenastronomie. Ahnerts Kalender für Sternfreunde 1988, S. 151
52 Schober, H. J.: Asteroids. In: Instrumentation and Research Programmes for Small Telescopes. Herausgegeben für die Internationale Astronomische Union (IAU) von J. B. Hearnshaw und P. L. Cottrell 1986, S. 213ff.
53 Schmadel, L. D.: Kleine Planeten II. Quartal 1978. Sterne und Weltraum *17*, 145 (1978)
54 Binzel, R. P.: Photometry of Asteroids. In: Solar System Photometry Handbook. Richmond: Willmann-Bell 1983, S. 1-1 ff. Liste mit Daten von 3445 Kleinen Planeten in: Kowal, Ch. T.: Asteroids their nature and utilization. Chichester: Ellis Horwood 1988
55 Schmadel, L. D.: Der Kleine Planet (85) Io in der Opposition 1977. Sterne und Weltraum *17*, 98 (1978)
56 Hodgson, R. G.: Minor planet work for smaller observatories. The minor planet bulletin *4*, 1 (1976)
57 Dunham, D. W.: Satellite of minor planet 532 Herculina. The minor planet bulletin *6*, 13 (1978) und
Dorschner, J.: Beweise für die Existenz von Doppel- und Mehrfach-Planetoiden. Die Sterne *25*, 250 (1980)
58 Siehe [4], S. 158
59 Siehe [52]
60 Siehe [54]

61 Hempel, R.: Eine Methode zur Vermessung photographischer Planetoidenpositionen. Sterne und Weltraum *16,* 259 (1977). Siehe auch Bendel, R.: Verfahren zur Astrometrie von Kleinplaneten. Sterne und Weltraum *18,* 142 (1979) und Wepner, W.: Verfahren zur Astrometrie von Kleinplaneten. Sterne und Weltraum *18,* 182 (1979)
62 Greßmann, M.: Positionsbeobachtungen an Kleinen Planeten. In: Kalender für Sternfreunde 1979, S. 162 und
Greßmann, M.: Zur Reduktion photographischer Positionen von kleinen Planeten und Kometen. Die Sterne *56,* 364 (1980)
63 Siehe [4], S. 162f.
64 Vehrenberg, H.: Photographische Kleinplaneten-Beobachtung durch Amateure. Sterne und Weltraum *11,* 36 (1972)
65 Schnitzer, A.: Der Blink-Komparator der Sternfreunde. Düsseldorf: Sterne- und Weltraum-Verlag o. J.
66 Siehe [4], S. 162
67 Wallentine, D.: Observations of 1580 Betulia in 1976. The minor planet bulletin *4,* 36 (1977)
68 Sopper, R.: Jupiter 1971 – Visuelle Beobachtungen und ihre Auswertung. Die Sterne *49,* 146 (1973)
69 Siehe [4], S. 178ff.
Siehe auch: Olivarez, J.: Jupiter's Best Show in Twelve Years. Astronomy *15,* 64ff. (1987)
70 Siehe [39], S. 136
71 Löbering, W.: Jupiterbeobachtungen von 1926 bis 1964. Nova Acta Leopoldina, NF *34,* 3 (1969)
72 Kowalec, Ch.: Hilfsmittel zur Positionsbestimmung auf Riesenplaneten. Die Sterne *49,* 230 (1973)
73 Siehe [4], S. 190
74 Gramatzki, H. I.: Zur Krisis der Amateurplanetenforschung. Die Sterne *28,* 95 (1952)
75 Zimmerman, O.: Astronomisches Praktikum II, 4. Aufl. München: Verlag Sterne und Weltraum 1989, S. 53
76 Jasicek, H. u. Mitarb.: Photoelektrische Verfolgung von gegenseitigen Jupitermondverfinsterungen 1973. Sterne und Weltraum *13,* 236 (1974)
77 Lockwood, G. W.: Photometry of Planets and Satellites. In: Solar System Photometry Handbook. Richmond: Willmann-Bell 1983, S. 2-1ff.
78 Siehe [21], S. 290ff.
79 Ahnert, P.: Das System der Jupitermonde I–III. Die Sterne *39,* 180 (1963)
80 Ahnert, P.: Die Jupitermonde 1971 bis 1974. Die Sterne *52,* 39 (1976)
81 Siehe [75]
82 Haug, H.: Periodische Aktivitäten in der Saturnatmosphäre? Sterne und Weltraum *27,* 116 (1988)
83 Sandner, W.: Die Rotation des Saturn. Orion *30,* 58 (1972)
84 Siehe [4], S. 215
85 Haug, H.; Anklam, W.: Saturnreport 1973–1976. Sterne und Weltraum *16,* 380 (1977)
86 Benton, J. L.: Visual and photographic observations of Saturn: The 1974–75 apparition. The journal of the association of lunar and planetary observers *26,* 85 (1976)
87 Saturn: A photographic roundup. Sky and Telescope *46,* 124 (1973)
88 Dragesco, J.: La planète Saturne de 1973 à 1976. L'Astronomie, 1977, S. 203
89 Böhme, D.: Der Saturnmond Japetus und seine Beobachtung durch den Amateur. Sterne und Weltraum *15,* 410 (1976)
90 Siehe [4], S. 232
91 Alexander, A. F. O'D.: The planet Uranus. A history of observations, theory and discovery. London: Faber and Faber 1965
92 Haar, F.; Schatzmann, B.: Photographische Aufnahme von zwei Uranus-Monden. Sterne und Weltraum *16,* 271 (1977)
93 Siehe [4], S. 234
94 Frevert, F.: Beobachtung von Pluto. Sterne und Weltraum *15,* 300 (1976)
95 Zehnder, F.: Visuelle Beobachtungsmöglichkeiten von Pluto mit Amateurinstrumenten. Orion *29,* 150 (1971)

8 Die Kometen

R. Häfner

8.1 Ihre Natur

Jahrtausende hindurch versetzte das Auftauchen von Kometen am Himmel die Menschen in Furcht und Schrecken, denn für fast jedermann waren sie Vorboten kommenden Unheils. Ohne daß er dies wollte, hatte Aristoteles aufgrund seiner Interpretation des Kometenphänomens hierzu sozusagen den „wisschenschaftlichen“ Grundstein gelegt. Danach waren Kometen atmosphärische Erscheinungen, Ausdünstungen der Erde, Feuer in der Luft, das mit Trockenheit, Erdbeben und sonstigen katastrophalen Ereignissen einherging. Erst Tycho Brahe gelang am Kometen des Jahres 1577 durch Parallaxenmessungen der Nachweis, daß Komentenerscheinungen supralunarer Natur sind, also nichts mit der Erdatmosphäre zu tun haben können. In der Folge kam man dann zu der Auffassung, daß Kometen Mitglieder des Sonnensystems sind, und ging daran, ihre Bahnen zu berechnen. E. Halley benutzte hierzu das von seinem Freund I. Newton gerade entwickelte Gravitationsgesetz und postulierte, daß die Kometenerscheinungen der Jahre 1682, 1607 und 1531 ein und demselben Kometen zuzuschreiben seien, der etwa alle 76 Jahre wiederkehre. Er wagte daher die Vorhersage der Wiederkehr „seines“ Kometen für das Jahr 1758, die er aber dann selbst nicht mehr erleben konnte. Kometen waren nun, zumindestens zum Teil, zu voraussagbaren astronomischen Erscheinungen geworden.

Seither sind einige Jahrhunderte vergangen, und die Astronomen machten große Fortschritte im Verständnis der Natur der Kometen. Mit der Entwicklung immer besserer Beobachtungsmittel und Methoden konnte eine Fülle von Details enthüllt werden. Den vorläufigen Höhepunkt bilden die Ergebnisse, die eine Armada von Raumsonden im Jahre 1986 beim Rendezvous mit dem Halleyschen Kometen gewann. Im folgenden soll nun ein kurzer Überblick über unser heutiges Kometenverständnis gegeben werden, für Detailfragen wird auf die entsprechende Fachliteratur verwiesen.

Im Laufe vor allem des 19. Jahrhunderts hatte man die Bahnen sehr vieler Kometen berechnet. Es ergaben sich unterschiedliche Bahnformen mit nahezu regellos verteilten Bahnneigungen gegen die Planetenebene und willkürlichem Umlaufsinn. Man sah Kometen unter dem Einfluß der großen Planeten ihre Bahn und Periode ändern und konnte sogar beobachten, wie Kometen zerbrachen und sich auflösten. Andererseits war mit drei bis vier neuen Kometen und zirka drei periodischen Kometen pro Jahr ihre Anzahl in etwa konstant. Aufbauend auf Arbeiten von E. Öpik und A. van Woerkom schloß im Jahre 1950 J. Oort aus diesem Befund, daß ein Kometenreservoir existieren müsse, und er schlug die nach ihm benannte kugelschalenförmige Kometenwolke vor, die die Sonne in einer Entfernung von etwa einem Lichtjahr umgibt, das heißt, nicht bei Pluto, sondern erst tausendmal weiter draußen beginnt in dieser Vorstellung der interstellare Raum. Die etwa hundert Milliarden Mitglieder dieser Wolke mit einer Gesamtmasse von etwa 300 Erdmassen wandern mit Geschwindigkeiten von zirka 100 ms^{-1} in Millionen Jahren einmal um die Sonne. Obwohl es von der Beobachtung her keine direkten Hinweise für die Existenz einer solchen Wolke gibt (entsprechende Untersuchungen werden vielleicht mit dem Hubble Space Telescope möglich sein), ist sie als Arbeitshypothese von der Mehrheit der Astronomen akzeptiert. Es ist interessant, daß kürzlich von IRAS (Infrared Astronomical Satellite) bei einigen Hauptreihensternen (teilweise abgeflachte) Hüllen festgestellt wurden, die man möglicherweise mit den Oortschen Wolken dieser Sterne in Verbindung bringen kann.

Man ist sich heute einig, daß diese Wolke auch der Ort der Kometenentstehung ist, die zusammen mit der Bildung des Sonnensystems vor zirka 4,6 Milliarden Jahren stattfand. Dabei lagerten sich Gasmoleküle des präsolaren Nebels an Staubteilchen an und formten unter dem Einfluß turbulenter Strömungen, die bei der Sonnen- und Planetenentstehung auftraten, größere Körper, die Kometenkerne, mit einem Durchmesser von einigen Kilometern. Unterstützt wird diese Vorstellung durch Ergebnisse der Halley-Sonden: Die ermittelten Isotopenverhältnisse bestimmter Elemente schließen einen Entstehungsort in Sonnen- oder Planetennähe aus, und ihre Entstehungszeit fällt ungefähr mit der des Sonnensystems zusammen. Weiterhin können einige der festgestellten Moleküle sich nur nahe dem absoluten Nullpunkt gebildet haben, bei Temperaturen also, die in den äußeren Bereichen des präsolaren Nebels herrschten. Kometen können uns daher über die ursprüngliche Zusammensetzung dieses Nebels Aufschluß geben, da sie in der Oortschen Wolke wie in einem kosmischen Kühlschrank konserviert werden, während alle anderen Mitglieder des Sonnensystems ihre Zusammensetzung seit ihrer Formierung unter dem Einfluß der Sonne oder der Wärmeentwicklung bei der Planetenentstehung mehr oder weniger stark geändert haben.

Durch die Einwirkung nahe vorbeiziehender Sterne, riesiger interstellarer Molekülwolken oder auch der galaktischen Scheibe selbst werden die Bahnen der Kometenkerne in der Oortschen Wolke gestört, und gelegentlich driften dann ganze Schwärme in den interstellaren Raum oder auch in das Innere des Sonnensystems. Auf ihrem Weg um die Sonne können sie dann unter Umständen durch gravitative Wechselwirkung mit großen Planeten auf kurzperiodische Bahnen eingefangen werden und sogenannte Kometenfamilien bilden. Die Jupiter-Familie ist mit zirka 70 Mitgliedern dabei die weitaus größte.

Ebenfalls im Jahre 1950 präsentierte F. Whipple sein „schmutziges Schneeballmodell" des Kometenkerns. Danach ist dieser ein festes Gebilde mit einer Masse von zirka 10^{15} bis 10^{18} g, zusammengesetzt aus Staub und Wassereis, gemischt mit einigen tiefgefrorenen Gasen (NH_3, CH_4, O_2). Dies wurde durch die Experimente der Raumsonden weitgehend bestätigt und verfeinert. Erstmalig konnte dabei auch der Kern eines Kometen näher untersucht werden, der im Falle des Halleyschen Kometen eine irreguläre Gestalt und eine sehr dunkle (Albedo ca. 4%) und poröse Kruste als Oberfläche hat und sphärische Strukturen, ähnlich Einschlagkratern, sowie Hügel und Täler aufweist.

Kommt ein solcher Kern auf seiner Bahn um die Sonne etwa in Jupiterentfernung, dann erwärmt sich das Eis auf der sonnenzugewandten Seite allmählich und sublimiert, geht also wegen des fehlenden Drucks im Raum sofort in den gasförmigen Zustand über. Es entwickelt sich dann mit Koma und eventuell auch mit Schweif das bekannte, kometentypische Aussehen. Koma mit Kern bezeichnet man auch als Kometenkopf. Die Gase dampfen mit etwa 1 $km\,s^{-1}$ vom Kern ab und reißen dabei auch Staubteilchen mit. Sehr oft geschieht dies sogar in eruptiver Form unter Bildung riesiger, tausende von Kilometern langer „Jets“. Dieses Abströmen wirkt wie ein raketenartiger Rückstoß auf den Kern, und je nach dessen Rotationssinn führen diese nicht-gravitativen Kräfte zu einer Verzögerung oder Beschleunigung des Kometen in seiner Bahn. Über die Zusammensetzung des Staubs war bis vor kurzem wenig bekannt, die Halley-Mission brachte auch hier Aufschlüsse: Kohlige Chondrite bilden nicht den Hauptanteil des Staubs, wie vorher vermutet, sondern neben Silikaten (Verbindungen des Si, Mg, O und Fe) und Kombinationen von leichten und schweren Elementen vor allem sogenannte „CHON“-Teilchen, die sehr stark mit C, H, N und O angereichert sind. Das Massenspektrum reicht von zirka 10^{-4} bis 10^{-17} g, die Durchmesser von Sandkorngröße bis herab zu den Dimensionen von Makromolekülen. Überraschend bezüglich der Gase war der mit zirka 80% sehr hohe Anteil von Wasser, das somit das dominierende Elternmolekül in der Koma darstellen dürfte. Schon länger hatte man Kenntnis von der Existenz diverser Moleküle und Radikale, zum Beispiel CN, C_2, C_3, CH, NH, NH_2, OH. Sogar komplexe Moleküle wie Cyanwasserstoff (HCN) oder Methylcyan (CH_3CN) waren gefunden worden. Natürlich spiegelt dies nicht die Zusammensetzung des Kernmaterials wider, da nach dem Abdampfen vom Kern chemische Prozesse, Sonneneinstrahlung und der Sonnenwind eine ständige Dissoziation, Rekombination und Ionisation der Gase bewirken. Zusätzlich beobachtet man bei sehr großer Sonnenannäherung eine Reihe von Atomen, die durch Verdampfung von Staubpartikeln freigesetzt werden. Die Gasdichte nimmt von zirka 10^{12} bis $10^{14}\,cm^{-3}$ unmittelbar am Kern bis auf 10^2 bis $10^4\,cm^{-3}$ zum Rand der Koma ab, die einen Durchmesser bis zu mehreren hunderttausend Kilometern haben kann. Das Massenverhältnis zwischen Gas und Staub variiert von Komet zu Komet und schwankt zwischen gleichen Anteilen und etwa 10:1.

Viele Kometen entwickeln einen längeren (bis zu 10^8 km), geraden und einen kürzeren, gekrümmten Schweif. Der gerade Schweif (Dichte ca. $10^2\,cm^{-3}$) besteht im wesentlichen aus einfach ionisiertem Kohlenmonoxyd (CO^+), dessen Emissionen ihm die bläuliche Farbe verleihen. Zusätzlich treten normalerweise noch CO_2^+, CH^+, CN^+, C^+, N_2^+, OH^+ und H_2O^+ auf. Lange Zeit war unbekannt, welche Kräfte die von der Koma mit etwa 10 $km\,s^{-1}$ in den Schweif abströmenden Gase auf mehr als 100 $km\,s^{-1}$ beschleunigen und warum dieser immer von der Sonne abgewandt ist, ein Phänomen, das bereits vor 1500 Jahren chinesischen Astronomen aufgefallen war und im Mittelalter erstmals von P. Bienewitz (Apian) und unabhängig von G. Fracastoro am Kometen des Jahres 1531 dokumentiert wurde. Im Jahre 1951 löste L. Biermann dieses Rätsel: Der Sonnenwind, ein ständig von der Sonne mit einigen 100 $km\,s^{-1}$ abströmendes Plasma aus Elektronen und Protonen, ionisiert die Gasmoleküle der Koma, reißt sie mit sich fort und richtet, da die Eigengeschwindigkeit der Gasmoleküle gegenüber der Windgeschwindigkeit klein ist, den Gasschweif stets wie eine Rauchfahne von der Sonne fort. Eine variable Sonnenaktivität führt dann im Verein mit dem interplanetaren Magnetfeld zu den bizarren Schweifformen (Knoten, Knicke, Wellen), die man öfter beobachtet. Die gekrümmten und oft stark aufgefächerten, ansonsten aber meist strukturlosen Schweife bestehen aus Staubteilchen, die lediglich das

Abb. 1. Der Komet Mrkos 1957 V mit geradem, schmalem Gasschweif und breit gefächertem Staubschweif. Aufnahme: A. McClure 13. August 1957 12:10 UT, Frazier Mountain (Kalifornien). Instrument: 10 cm-Refraktor ($f = 50$ cm), Platte: Kodak 103a – E, Belichtungszeit: 13 min

Sonnenlicht reflektieren und ihn so gelblich erscheinen lassen. Die Partikel werden vom Strahlungsdruck der Sonne beschleunigt, und da die erreichten Geschwindigkeiten nur in der Größenordnung der Bahngeschwindigkeit des Kometen liegen, ist der Staubschweif meist deutlich in Richtung zur Kometenbahn bekrümmt. Abbildung 1 zeigt eine Aufnahme des Kometen Mrkos 1957V, der beide Schweiftypen aufwies. Bei dem manchmal beobachteten Gegenschweif handelt es sich um einen Teil des Staubschweifs, der aufgrund spezieller relativer Positionen von Sonne, Komet und Erde in der Projektion dann Richtung Sonne zeigt.

Die Existenz eines im Jahre 1968 von L. Biermann vorhergesagten, im visuellen Bereich nicht sichtbaren Halos aus neutralem Wasserstoff mit Dimensionen bis zu 10 Millionen km wurde in der Folge bei allen untersuchten Kometen nachgewiesen. So blähen sich Kometen, die ja eigentlich zu den kleinsten Körpern im Sonnensystem zählen, in der Nähe der Sonne zu den größten Objekten dieses Systems auf.

Wie lange überlebt nun ein uns im Inneren des Sonnensystems sichtbar gewordener Komet? Unwiderruflich verliert er bei jeder Annäherung an die Sonne einen Teil seiner Materie. Schätzungen gehen davon aus, daß dies jeweils weit mehr als 10 Millionen Tonnen sein können. Die abgedampften Teilchen verteilen sich längs der Bahn des Kometen und werden, falls die Erde diese Bahn kreuzt, als Sternschnuppen nochmals in der Erdatmosphäre aufleuchten. Die Lebensdauer eines Kometen beträgt demnach also nur einige Hundert Umläufe, falls der Kern nicht, wie schon oft beobachtet, schon vorher durch die Gezeitenwirkung der Sonne in Stücke bricht, in der Sonnenkorona verglüht oder möglicherweise auch ausgegast als Asteroid endet.

8.2 Die Suche

Die Entdeckung eines Kometen ist ein Traum für viele Amateure, der jedoch, wie die Statistik beweist, bei einiger Hartnäckigkeit auch heute noch Wirklichkeit werden kann. Nur äußerst wenige Observatorien betreiben nämlich eine systematische Kometensuche, und meist werden dort Kometen zufällig auf photographischen Aufnahmen gefunden, die für einen ganz anderen Zweck angefertigt wurden. Ungefähr 20 bis 30 % aller Entdeckungen und Wiederauffindungen werden daher auch heute noch visuell von entsprechend aktiven Amateuren gemacht. Im folgenden sollen einige Ratschläge gegeben werden, die, neben der geforderten Ausdauer, die Erfolgsaussichten erhöhen.

Wichtig ist der Beobachtungsort, der sich durch häufigen klaren Himmel, die Abwesenheit künstlicher Lichtquellen und durch möglichst ungestörte Sicht bis zum Horizont auszeichnen sollte. Nächte mit Mond- oder Zodiakallicht sind ungünstig, da durch die Aufhellung des Himmels die Kontrastschwelle bei der Erkennung flächenhafter Objekte stark zurückgeht. Schon oder noch während der Dämmerung kann man den Horizont nahe der Sonne mit dem unbewaffneten Auge überprüfen. Mit unglaublich viel Glück könnte man ja vielleicht doch einen hellen Kometen ausmachen, der, obwohl er sich schon nahe der Sonne befindet, anderen aus diversen Gründen entgangen sein könnte. Ansonsten muß man aber methodisch vorgehen und bei der Suche Ferngläser oder kleinere Teleskope verwenden, die lichtstark sind und ein großes Gesichtsfeld besitzen. Am geeignetsten sind Fernrohre von etwa 10 bis 20 cm Objektivdurchmesser, mit einem Öffnungsverhältnis von etwa $f/6$ bei schwacher Vergrößerung (etwa 20 bis 30). Damit kann man Kometen mit einer Flächenhelligkeit von zirka $9^{m}.5$ bis $10^{m}.5$ erreichen, eine Helligkeit, bei der die meisten Amateurentdeckungen gemacht werden. Bei gleicher Öffnung sind Refraktoren von besserer optischer Qualität als Reflektoren. Doppelfernrohre, eingerichtet für beidäugige Beobachtungen oder Ferngläser mit großer Öffnung (8 cm oder mehr) haben den Vorteil des weniger ermüdenden binokularen Sehens und sind daher besonders gut bei längeren Beobachtungen geeignet. Außerdem kann man damit schwache, diffuse Lichterscheinungen besser ausmachen.

Eine wichtige Voraussetzung für erfolgreiches Arbeiten ist, daß man sich mit der Himmelsregion vertraut macht, die man künftig für eine gewisse Zeit systematisch und bei jeder sich bietenden Gelegenheit absuchen möchte. Dies kann zum Beispiel mit dem Atlas von Bečvář [1] geschehen, der eigens zur Kometensuche angelegt wurde. Er zeigt Sterne bis etwa 8^{m} und vor allem auch Galaxien, Sternhaufen und Nebel, die leicht zur Verwechslung mit Kometen Anlaß geben könnten. Nächtliches Hantieren mit Karten, auch bei gedämpftem Licht, beeinflußt die Dunkeladaption des Auges und setzt für eine gewisse Zeit die wahrnehmbare Grenzhelligkeit herunter. Die Größe der ausgewählten Himmelsregion richtet sich natürlich nach der pro Nacht zur Verfügung stehenden Zeit und der Geschwindigkeit bei der Suchprozedur. Wo liegt nun das geeignete Beobachtungsgebiet und wann soll man suchen? Bisher wurden in allen Regionen des Himmels Entdeckungen gemacht, aber die größten Aussichten bieten sonnennahe Gebiete, das heißt, der westliche Abendhimmel und der östliche Morgenhimmel. Da normalerweise abends die Konkurrenz größer ist, steigen die Chancen für morgendliche Beobachter. Auch zeigen Untersuchungen, daß nahezu dreiviertel aller Kometen am Morgenhimmel „entdeckbar" werden. Der Anfänger sollte sich jedoch zunächst sternarme Gegenden aussuchen und keinesfalls Gebiete auswählen, die, wie zum Beispiel Virgo oder Coma Berenices, bekanntermaßen eine Unzahl Galaxien enthalten und so die Suche erschweren. Hat man sein Gebiet ausgewählt, dann überstreicht man es, beginnend an seinem Rand, entweder horizontal oder vertikal mit einer Geschwindigkeit von etwa $0^{\circ}.5$ bis 1° pro Sekunde, versetzt dann das Instrument etwa um den halben Gesichtsfelddurchmesser, fährt zurück usw. Am bequemsten erweist sich hierbei eine azimutale Montierung. Die Statistik zeigt, daß dann im Mittel nach 200 bis 300 Beobachtungsstunden eine Entdeckung ins Haus steht. Die anekdotenreiche Geschichte der „Kometenjäger" kennt aber auch Fälle, wo sich der Erfolg schon nach drei Nächten einstellte oder aber erst nach sechs Jahren. Ein Fall ist bekannt, wo nach 15jähriger erfolgloser Suche entnervt aufgegeben wurde. Es ist daher sinnvoll, die Kometensuche mit dem Aufspüren von Novae oder der Aufzeichnung von Meteoren zu verbinden.

Bemerkt man aber eines Nachts an einer Stelle des Himmels eine diffuse Lichterscheinung, die dort eigentlich nicht sein sollte, dann müssen unbedingt zunächst einige klärende Tests durchgeführt werden. Man überzeuge sich, daß man nicht einer simplen Täuschung unterliegt, die zum Beispiel durch Reflexion heller Sterne an den Linsen entstehen kann, und benutze eine stärkere Vergrößerung, um nicht einem schwachen Doppelstern oder am Ende doch einem Sternhaufen aufzusitzen. Der wichtigste Test ist jedoch der auf Bewegung, denn ein Komet sollte seine Position relativ zu den Umgebungssternen in einer halben bis einer Stunde normalerweise deutlich erkennbar geändert haben. In der Zwischenzeit zeichne man die Position des Objekts in eine Sternkarte ein, notiere sich die Uhrzeit (Weltzeit) und versuche seine

Helligkeit zu schätzen. Dazu defokussiere man das Teleskop so lange, bis die Sternscheibchen in etwa den gleichen Durchmesser haben wie das fragliche Objekt. Kennt man die Helligkeiten von mindestens zweien dieser Sterne und liegt die Helligkeit des Objekts dazwischen, dann kann man leicht dessen Helligkeit abschätzen, indem man die Helligkeitsdifferenz der beiden Sterne in Gedanken in gleiche Teile unterteilt und das Objekt einordnet. Eine Genauigkeit von etwa $0\overset{m}{.}5$, die zunächst genügt, ist damit ohne weiteres zu erreichen. Notfalls beschafft man sich die Helligkeiten der benutzten Sterne, über deren Identität man sich natürlich klar werden muß, später aus einem geeigneten Sternkatalog. Hat sich nach der fraglichen Zeit das Objekt tatsächlich bewegt, kann man relativ sicher sein, einen Kometen gefunden zu haben. Man versuche, Größe und Richtung der Bewegung sowie den Durchmesser der Koma zu schätzen, und prüfe, ob ein Schweif schon andeutungsweise vorhanden ist. Die metereologischen Beobachtungsbedingungen sollten ebenfalls dokumentiert werden. Man muß nun allerdings immer noch mit der Möglichkeit rechnen, einen schon entdeckten oder bereits bekannten periodischen Kometen aufgespürt zu haben. Falls man hierüber die nötigen Informationen (z. B. Circulars of the International Astronomical Union) nicht besitzt, sollte man zunächst die nächstgelegene größere Sternwarte von seiner Beobachtung unterrichten, bevor man sie der zuständigen Stelle durch ein Telegramm mitteilt. Deren Adresse lautet: IAU Central Bureau for Astronomical Telegrams, Smithsonian Astrophysical Observatory, Cambridge, MA 02138. Die Nachricht sollte in Kurzform alle nötigen Beobachtungsdaten sowie natürlich Name und Adresse des Entdeckers enthalten. Notfalls kann diese Mitteilung auch durch die Sternwarte erfolgen, mit der man Kontakt aufgenommen hat.

Ein neu entdeckter Komet trägt zukünftig den Namen des Entdeckers. Wurde er unabhängig und nahezu gleichzeitig von mehreren Beobachtern gefunden, können es auch bis zu drei Namen sein. Außerdem bekommen Kometen zunächst eine vorläufige Bezeichnung, bestehend aus der Jahreszahl und einem lateinischen Buchstaben, je nach der zeitlichen Reihenfolge der Entdeckung innerhalb eines Jahres (z. B. 1987 d). In den letzten Jahren ist man damit schon einige Male fast in Schwierigkeiten geraten, da knapp zwei Dutzend Meldungen pro Jahr vorlagen. Sind dann die Bahnelemente berechnet worden, ordnet man die Kometen nach der Zeit ihrer Periheldurchgänge und bezeichnet sie nach der Jahreszahl mit römischen Ziffern (z. B. 1987 II). Eine vollständige endgültige Benennung könnte also dann lauten: Komet Meier-Müller 1987 II. Periodische Kometen erhalten noch als Zusatz ein „*P*/" vor dem Namen.

Koordinaten (Rektaszension und Deklination) neu entdeckter oder wiederkehrender Kometen, Angaben über ihre Entfernung von Sonne und Erde sowie über ihre erwartete Helligkeit werden vor allem in den Circulars der International Astronomical Union publiziert. Die Angaben betreffen meist einen Zeitraum von einigen Monaten und sind normalerweise in 10tägigen Intervallen gegeben. Entsprechende Hinweise finden sich insbesondere für hellere Kometen auch zum Beispiel in „Sky and Telescope", in „The Handbook of the British Astronomical Association" oder im Jahrbuch „Der Sternenhimmel". Das Auffinden eines helleren Kometen bereitet dann keine Schwierigkeiten. Bei schwächeren Objekten zeichnet man ihre Bahn in Kopien des entsprechenden Feldes, zum Beispiel des Atlasses von Vehrenberg [2]. Kometenörter müssen natürlich vorher auf das Äquinoktium der Sternkarte reduziert werden. Den aktuellen Ort findet man dann leicht durch Interpolation. Benutzt man kein

Teleskop mit parallaktischer Montierung und Einstellkreisen, orientiere man sich zweckmäßigerweise an geometrischen Konfigurationen benachbarter Sterne. Es kann durchaus vorkommen, daß sowohl die aktuelle Position als auch die Helligkeit sich von den vorausberechneten Werten kräftig unterscheiden. Man braucht sich also nicht zu wundern, wenn man nach einiger Suche den Kometen schließlich an einer etwas anderen Stelle und mit anderer Helligkeit ausmacht. Die Konstruktion von Auf- und Untergangsdiagrammen (Güssow [3]) kann bei der Planung der Beobachtungen sehr hilfreich sein.

8.3 Die Ortsbestimmung

Eine wichtige Aufgabe bei der Beobachtung eines Kometen besteht in der wiederholten Festlegung seiner Position mit dem eigentlichen Ziel, seine Bahnelemente abzuleiten oder zu verbessern, falls sie schon näherungsweise bekannt sein sollten. Grundsätzlich bedient man sich dabei visuelleer und photographischer Methoden, von denen im folgenden einige vorgestellt werden sollen.

8.3.1 Visuell

Für viele Amateure mag es schon von Reiz sein, Positionen zu schätzen. Man bedient sich dabei eines ähnlichen Teleskops wie bei der Kometensuche und legt eine Skizze typischer Sternkonstellationen im Gesichtsfeld an, dessen Durchmesser bekannt sein sollte. Zum Schluß markiert man die Position des Kometen und notiert Datum und Uhrzeit. Später sucht man dann auf einer Sternkarte die beobachteten Konstellationen auf, überträgt den Kometenort und erhält so die Kometenkoordinaten für diese spezielle Beobachtung. Der Fehler wird in der Größenordnung einiger Bogenminuten liegen. Hat man ein Okular mit Fadenkreuz zur Verfügung, so werden die Schätzungen etwas genauer ausfallen und sind zudem auch möglich, wenn sich nur ein zusätzlicher Stern (Anhaltsstern), dessen Koordinaten α_*, δ_* bekannt sind, im Gesichtsfeld befindet. Man justiert das Okular so, daß bei der Bewegung der Stundenachse (parallaktische Montierung) der Anhaltsstern parallel zu einem der beiden Fäden läuft. Es ist nun von Vorteil, wenn man ihn entweder in den Mittelpunkt des Fadenkreuzes oder wenigstens auf einen Faden bringen kann. Ist man sich über die Orientierung im Gesichtsfeld klar, kann man nun leicht die Abstände zum Komenten parallel zur Rektaszensions- und Deklinationsrichtung a, d in Einheiten des Gesichtsfelddurchmessers schätzen. Es gilt dann

$$\alpha - \alpha_* = \pm\, a/(15 \cdot \cos\delta_*)\,, \tag{1}$$
$$\delta - \delta_* = \pm\, d\,. \tag{2}$$

Die Differenzen sind in Zeit- bzw. Bogenminuten, falls die Einheit des Gesichtsfelddurchmessers die Bogenminute ist. Die Vorzeichen hängen von der relativen Position von Koment und Anhaltsstern ab. Derartig gewonnene Daten können natürlich nicht dazu dienen, Bahnelemente zu bestimmen. Man kann sie benutzen, um die geozentrische Bahn des Kometen auf einer Sternkarte zu verfolgen.

Um eine für Bahnbestimmungen nötige Genauigkeit von etwa einer Bogensekunde zu erreichen, muß man vom Schätzen zum Messen übergehen. Am besten ist hierzu ein Positionsfadenmikrometer geeignet, das aus einem um die optische Achse drehbaren Fadenkreuz und einem hierzu beweglichen Faden besteht. Relative Positionen können dann mit Hilfe eines Teilkreises und der Ablesetrommel der Mikrometerschraube bestimmt werden. Da ein solches Gerät oder entsprechende Abarten normalerweise dem Amateur nicht zur Verfügung stehen und nur mit viel handwerklichem Geschick und maschinellem Aufwand selbst hergestellt werden können (Polman [4]), soll hier das Kreuzstabmikrometer vorgestellt werden, das keine großen Probleme beim Selbstbau bereitet. Es hat sich vor allem in Konkurrenz zum Ringmikrometer gerade bei der Kometenbeobachtung bewährt und besteht aus zwei Stäben oder Drähten, die sich in der Fokalebene des Okulars unter einem rechten Winkel schneiden. Das Kreuz muß nun so am parallaktisch montierten Fernrohr orientiert werden, daß die Drähte gegen die Richtung der täglichen Bewegung einen Winkel von 45° bilden. Man braucht keine Beleuchtung, da man das Verschwinden und Wiederauftauchen der Objekte hinter den Drähten leicht wahrnehmen kann und so gerade lichtschwache, flächenhafte Objekte der Messung zugänglich werden.

Das Meßverfahren benötigt nur einen Anhaltsstern, dessen (auf Eigenbewegung korrigierte) Koordinaten α_*, δ_* bekannt sein müssen. Man läßt dann bei ruhendem Fernrohr Stern und Komet durch das Gesichtsfeld ziehen (Abb. 2) und bestimmt die Sternzeiten ihrer Durchgänge hinter beiden Drähten (Auge-Ohr-Methode). Die einfache Geometrie des Vorgangs erlaubt nun, die Koordinatendifferenzen zu bestimmen

$$\alpha - \alpha_* = [(t_1 + t_2) - (t_{1*} + t_{2*})]/2, \tag{3}$$

$$\delta - \delta_* = \pm\, 7{,}5 \cdot (\Delta t - \Delta t_*) \cdot \cos \delta_0 \,. \tag{4}$$

Dabei sind $t_{1,2}$ bzw. $t_{1,2*}$ die Durchgangszeiten von Komet bzw. Stern, Δt bzw. Δt_* die entsprechenden Differenzen und $\delta_0 = (\delta + \delta_*)/2$. Eine Schätzung der Deklination δ des Kometen genügt zur Bestimmung von δ_0 völlig. Für die Deklinationsdifferenz gilt das positive Vorzeichen, wenn die Durchgänge im Norden des Kreuzungspunkts beobachtet werden und das negative für solche im Süden. Etwaige Fehler, hervorgeru-

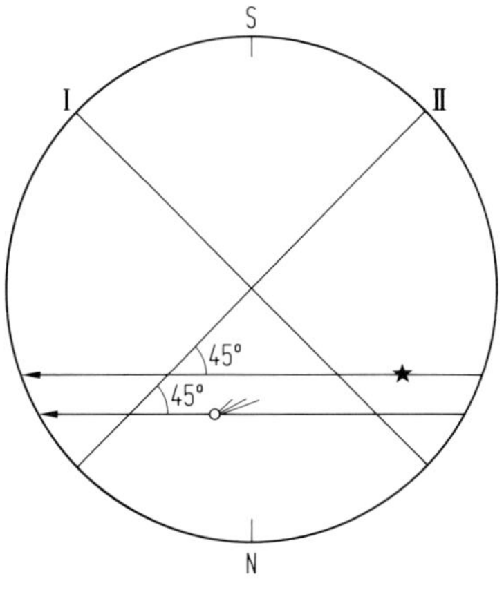

Abb. 2. Gesichtsfeld eines Teleskops mit Kreuzstabmikrometer. Erklärung siehe Text

fen durch ungenaue Winkel der Anordnung, kompensiert man durch eine zweite Beobachtung mit dem um 90° verdrehten Kreuz. Beobachtet man in der Nähe des Pols, dann gehen die Objekte nicht mehr geradlinig durch das Gesichtsfeld, und man müßte eigentlich eine Korrektur an der Deklinationsdifferenz anbringen. Sie beträgt aber zum Beispiel für eine Differenz von 10′ bei $\delta = 80°$ erst 0″.08 und kann daher normalerweise ebenso vernachlässigt werden, wie der Einfluß der Refraktion. Möchte man diese Korrektur jedoch in Ausnahmefällen in die Reduktion einbeziehen so sei auf Becker [5] verwiesen. Je nachdem, in welcher Einheit die Durchgänge gemessen werden (z. B. Minute), ergeben sich die Resultate nach (3) und (4) ebenfalls in zum Beispiel Zeit- bzw. Bogenminuten.

Bisher wurde die Position des Kometen als konstant relativ zum Anhaltsstern angenommen. Er besitzt jedoch eine mehr oder weniger große Eigenbewegung, die die Messung beeinflußt und daher in Rechnung gesetzt werden muß. Seien α, δ die nach (3) und (4) berechneten Koordinaten und $\Delta\alpha, \Delta\delta$ die Eigenbewegung (z. B. Zeit- bzw. Bogenminuten pro Zeitminute), so erhält man die endgültigen Werte α_K, δ_K des Kometen mit

$$\alpha_K = \alpha \pm \Delta\delta \cdot \Delta t/30 \cdot \cos\delta_0 \,, \tag{5}$$

$$\delta_K = \delta \pm 7{,}5 \cdot \Delta\alpha \cdot \Delta t \cdot \cos\delta_0 \,. \tag{6}$$

Hier steht das obere Vorzeichen für südliche und das untere für nördliche Durchgänge. Falls die Ephemeride bekannt ist, kann man $\Delta\alpha, \Delta\delta$ leicht bestimmen und besitzt so die für den Zeitpunkt $T = \Delta t/2$ gültige Position, die aber noch vor einer möglichen Bekanntgabe normalerweise auf das Äquinoktium von 1950.0 zu reduzieren ist. Liegt andererseits noch keine Ephemeride vor, so kann man aus zwei zeitlich genügend weit auseinanderliegenden Beobachtungen die Eigenbewegung des Kometen durch iterative Anwendung von (3) bis (6) erhalten.

8.3.2 Photographisch

Am häufigsten werden Ortsbestimmungen photographisch durchgeführt, das heißt, die relative Position des Kometen bezüglich einiger Anhaltssterne wird auf einer photographischen Aufnahme gemessen. Um dabei die erforderliche Genauigkeit von einer Bogensekunde zu erreichen, müssen schon bei der Aufnahme einige Regeln beachtet werden. Wegen ihrer relativen Bewegung wird man nicht in jedem Falle, so wie es für die Messung ideal wäre, Komet und Sterne gleichzeitig mehr oder weniger punktförmig photographieren können. Da in diesem Zusammenhang zudem nur der Kometenkopf bzw. die zentrale Kondensation als Position des Massenzentrums von Interesse ist, sollte daher die Belichtungszeit generell so kurz wie möglich gehalten (Minutenbereich) und hochempfindliches Platten- bzw. Filmmaterial verwendet werden (vgl. (7)). Meist wird es genügen, während der Aufnahme mit einem Stern nachzuführen bzw. die automatische Nachführung zu benutzen und in Kauf zu nehmen, daß der Kometenkopf möglicherweise etwas verlängert erscheint. Ist jedoch die Eigenbewegung des Kometen beträchtlich, dann empfiehlt es sich, seiner Bewegung mit dem Teleskop (vgl. Abschitt 8.4) bzw. mit dem Platten- oder Kamerahalter zu folgen. In diesem Falle werden die Sterne auf der Aufnahme etwas strichförmig erscheinen. Da mindestens drei Anhaltssterne identifizierbar sein sollten, ist oft ein verzerrungsfreier Bildfelddurchmesser von einigen Grad erforderlich. An dieser Forderung orientiert sich die Wahl des Instrumentariums, das im Idealfall aus einem Astrographen oder einer Schmidtkamera besteht. Anfang und Ende der Belichtungszeit sollten sekundengenau notiert werden, ihre Mitte definiert den Zeitpunkt der Beobachtung. Es hat sich bewährt, mehrere Aufnahmen mit jeweils etwas geänderten Belichtungszeiten auf die gleiche Platte bzw. Film zu machen, wobei nach jeder Aufnahme die Kamera bzw. das Teleskop etwas (immer in die gleiche Richtung, z. B. δ) verschoben wird. Man schützt sich so etwas vor möglichen Fehlern in der photographischen Schicht und kann möglicherweise sogar mehrere Aufnahmen auswerten.

Zur Ausmessung der Aufnahmen sollte man ein Koordinatenmeßgerät benutzen, das es erlaubt, die Positionen von Komet und Anhaltsstern mit hoher Präzision (besser als 1 μm) zu bestimmen. Aus finanziellen Gründen wird jedoch der Kauf eines solchen Geräts normalerweise für den Amateur nicht in Frage kommen. Er sollte sich gegebenenfalls an eine Fachsternwarte wenden oder je nach handwerklichem Geschick durchaus auch daran denken, selbst eine Meßanordnung zu bauen. Bauvorschläge werden zum Beispiel von Hempel [6], Bendel [7] und Everhart [8] gegeben. Von einfachen Methoden, zum Beispiel Projektion an eine Wand oder vergrößerte photographische Reproduktion mit anschließender Benutzung eines Maßstabs, ist abzuraten. Zu leicht können sich bei einem solchen Verfahren unkontrollierbare Fehler einschleichen. Falls die Aufnahme auf Filmmaterial gewonnen wurde, muß sie zur Vermeidung von Wölbungen während der Messung zwischen zwei Glasplatten gelegt werden. Als Anhaltssterne wählt man möglichst solche aus, die nicht zu hell und um die Position des Kometen verteilt sind. Man identifiziert sie dann in einem Sternatlas und beschafft sich ihre Koordinaten und die Korrektur bezüglich ihrer Eigenbewegung (Reduktion auf das Beobachtungsdatum) aus einem entsprechenden Katalog (z. B. SAO-Katalog [9]). Es ist immer besser, Daten aus nur einem Katalog zu nehmen und nicht solche aus mehreren Katalogen nebeneinander zu benutzen.

Die Bestimmung der rechtwinkligen Koordinaten der Anhaltssterne, das heißt, die Positionierung des Fadenkreuzes des Meßmikroskops am Koordinatenmeßgerät auf die Stelle der stärksten Schwärzung, bereitet normalerweise kein Problem. Falls eine Strichspuraufnahme vorliegt, mißt man Anfang und Ende der Spur und bestimmt dann den Mittelwert. Schwieriger ist die richtige Positionierung des Fadenkreuzes für den Kometenkopf. Er erscheint ja immer flächenhaft und etwas diffus, und die geometrische Mitte braucht nicht in jedem Fall mit dem Schwärzungszentrum zusammenzufallen. Der Meßprozeß ist hier also sehr subjektiven Entscheidungen unterworfen. Es hat sich daher bewährt, die Messungen an einer Aufnahme nach einer gewissen Zeit gegebenenfalls mehrere Male zu wiederholen und dann zu mitteln. Die ermittelten rechtwinkligen Koordinaten des Kometen werden dann zum Beispiel mit dem Verfahren von Turner (vgl. Band 1, Kapitel 8) in sphärische Koordinaten transformiert und normalerweise wieder auf das Äquinoktium 1950.0 bezogen. Beim Turner-Verfahren sind mindestens drei Anhaltssterne notwendig; eine größere Anzahl erhöht natürlich die Genauigkeit der Bestimmung.

Hat man mindestens drei Positionsbestimmungen zur Verfügung, die in Abständen von einigen Tagen gewonnen wurden, dann kann man daran denken, die Bahnelemente des Kometen zu bestimmen. Der hierzu notwendige zeitliche Aufwand ist bei den Möglichkeiten der heutigen Taschenrechner bzw. Heimcomputer nur noch minimal. Über Erfahrungen in der astrometrischen Reduktion photographischer Aufnahmen und/oder der Bestimmung von Bahnelementen wird zum Beispiel von Mandel und Klare [10], Kneissl [11] und Kasten [12] berichtet.

8.4 Strukturuntersuchungen

8.4.1 Visuell

Vor allem die Koma eines Kometen kann eine Fülle von Details aufweisen, die wegen der auftretenden großen Helligkeitsintervalle auf photographischem Wege sehr oft nicht erkennbar werden. Daher ist auch heute noch die visuelle Beobachtung und die Erstellung von Zeichnungen ein wichtiges Verfahren. Man benutzt hierzu eine Vergrößerung zwischen 50 und 150 und zeichnet „positiv" mit weißem Stift auf schwarzem, rauhem Zeichenpapier, da so der visuelle Eindruck am besten wiedergegeben wird. Fließende Übergänge und Schattierungen können nach einiger Übung durch Wischen mit einem Taschentuch oder ähnlichem erzielt werden. Diese Methode hat zudem den Vorteil, daß man mit einer schwächeren Beleuchtung der Zeichenfläche auskommt und Probleme mit der Dunkeladaption des Auges vermeidet. Für feinere Details hat sich jedoch die „negative" Methode (schwarz auf weißem Grund) bewährt. Neben der richtigen Orientierung sollten alle Strukturen natürlich maßstabsgetreu festgehalten werden, was bei bekanntem Gesichtsfelddurchmesser und einiger Übung keine große Schwierigkeit darstellt.

Bezüglich der Gesamterscheinung der Koma interessiert ihre äußere Form (rund, elliptisch, fächerförmig etc.) und ihr Aufbau (homogen, irregulär etc.). Oft beobachtet man eine helle, sternartige Verdichtung dort, wo um den Kern Gas und Staub die größte Konzentration aufweisen. Für diese Konzentration wurde eine Skala eingeführt mit Werten zwischen 0 (keine Verdichtung erkennbar) und 9 (sternförmige Verdichtung). Vor allem in großer Sonnennähe kann aus dieser Verdichtung auf der der Sonne zugewandten Seite Materie strahlenförmig austreten und „Jets" bilden, die sich in einiger Entfernung vom Ursprung zum Schweif hinbiegen und so der Eindruck riesiger Fontänen entsteht. Als Folge solcher Aktivitäten bilden sich schalenförmige Schichten, die in Richtung Schweif spitz auslaufen. Manchmal kann man auch einen dunklen Bereich erkennen, der sich von der Verdichtung bis weit in den Schweif erstreckt. Vor allem die Phänomene nahe der Verdichtung können als Folge der Kernrotation oder variabler Aktivität des Kerns oft schon im Verlaufe von Stunden deutliche Veränderungen aufweisen. Des öfteren wird man auch, vor allem in großer Sonnennähe, Zeuge einer spektakulären Teilung des Kerns. Zur Veranschaulichung sollen Abbildung 3 (Innes [13]) und Abbildung 4 (Schmidt-Kaler [14]) dienen, die als Negativzeichnungen einige der beschriebenen Details der inneren Koma der Kometen *P*/Halley und Bennett 1970 II zeigen.

Die Benutzung von Farbfiltern bei der Beobachtung heller Kometen kann interessante Aufschlüsse bezüglich der Verteilung von Gas und Staub bringen. Gasausströmungen sieht man am besten in blauem Licht, solche des Staubs in gelbem oder rötlichem. Zeichnungen der gleichen Phänomene, mit unterschiedlichen Filtern betrachtet, können so die einzelnen Beiträge isolieren und ihre unterschiedliche Dimen-

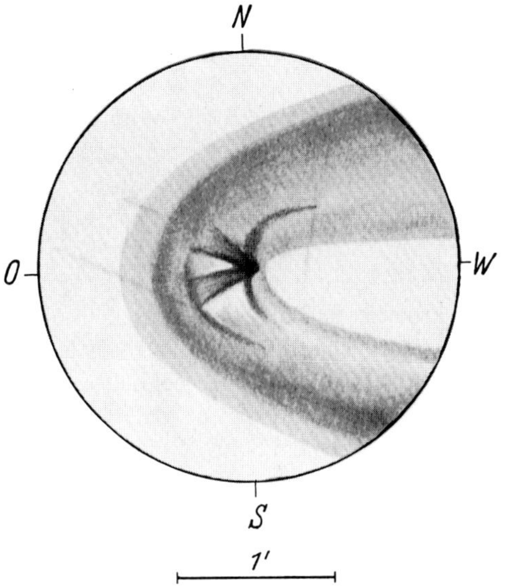

Abb. 3. Kopf des Halleyschen Kometen am 9. Mai 1910 nach einer Negativzeichnung von R. T. A. Innes. Es sind zu erkennen: zentrale Kondensation mit zwei Strahlen und zwei Strahlenfächern, einer mit hellen Wolkenstreifen am Ende sowie Enveloppen und Dunkelraum

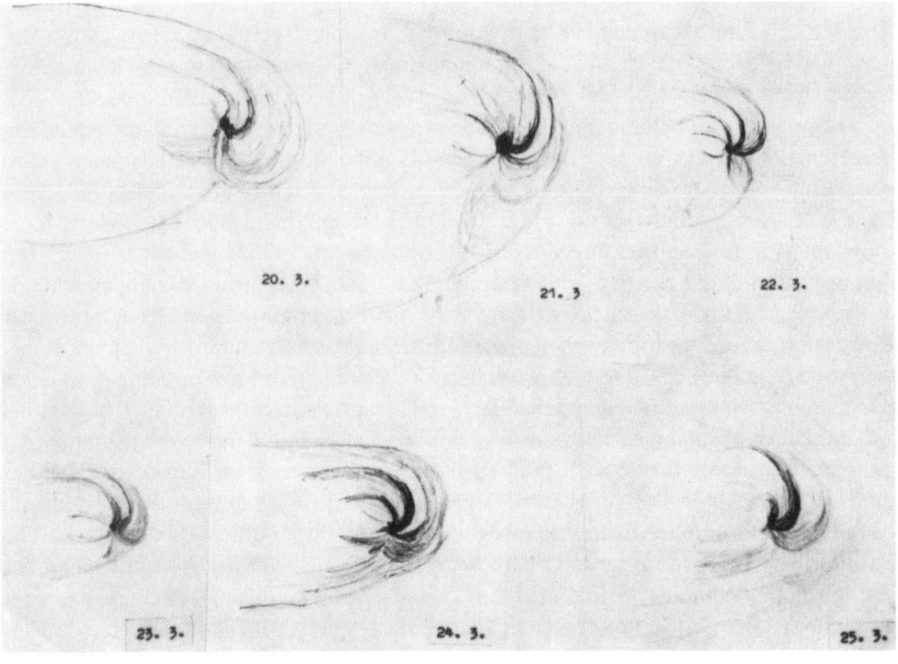

Abb. 4. Die Änderungen im Kopf des Kometen Bennett 1970 II Ende März 1970. Nach Negativzeichnungen von Th. Schmidt-Kaler (nicht maßstabsgetreu)

sion enthüllen. Auch der Durchmesser der Koma ist je nach benutztem Filter unterschiedlich. Er erscheint normalerweise in gelbem oder rötlichem Licht kleiner als in blauem.

Zeigt der Komet einen oder mehrere Schweife, können eine Reihe weiterer Beobachtungen gemacht werden. Der oft gefächerte Staubschweif erscheint ansonsten normalerweise strukturlos, aber im Gasschweif können, wie schon erwähnt, unter Umständen ausgeprägte Strukturen erkannt werden. Inhomogenitäten wie Knoten, Knicke, Riefelungen und sogar das Ablösen von Schweifteilen sind ein häufiges Phänomen. Wegen der geringen Flächenhelligkeit sollte man mit möglichst kleiner Vergrößerung oder sogar mit einem Fernglas arbeiten und die Schweiferscheinungen in eine vorbereitete Sternkarte eintragen. Oft werden sich auch hier innerhalb kurzer Zeit Änderungen bemerkbar machen. Entsprechende Filter können bei helleren Kometen für eine bessere Unterscheidung zwischen Staub- und Gasanteil in der Nähe der Koma sorgen. Neben den Strukturen interessieren bei einem Schweif auch der Positionswinkel, das heißt, die Schweifrichtung gezählt von Nord über Ost, sowie sein Öffnungswinkel und die Dimensionen.

Anregungen und Hinweise zur visuellen Kometenbeobachtung sowie zu ihrer Auswertung findet man unter anderem bei Bortle [15] bzw. Kammerer und Linder [16].

8.4.2 Photographisch

Es ist jedoch ratsam, vor allem Untersuchungen der Struktur der äußeren Koma und des Schweifes auf photographischem Wege durchzuführen. Neben ihrem ästhetischen Reiz können Photographien bei Anwendung bestimmter Techniken zusätzliche Informationen liefern. Außerdem werden Dimensionen, Orientierungen, Geschwindigkeiten des Ablaufs verschiedener Phänomene et cetera bequemer bestimmbar.

Die meisten der behandelten Untersuchungsmethoden erfordern Aufnahmen mit längeren Belichtungszeiten. Es wird daher oft notwendig sein, den Kometen selbst nachzuführen. Ist er hell genug und zeigt die Koma eine zentrale Kondensation, dann kann dies, wie bei Sternen, mit Hilfe des Leitrohrs geschehen. Ist dies jedoch nicht möglich, dann muß indirekt nachgeführt werden. Im Idealfall berechnet man sich aus der Ephemeride die relative Bewegung des Kometen und bringt die entsprechende Korrektur in α und δ, bei Beobachtung in Horizontnähe unter Berücksichtigung der Refraktion, an der automatischen Nachführung an. Eine weitere Möglichkeit bietet die Benutzung eines Okulars mit speziellen Skalierungen, mit dessen Hilfe man einen passenden Stern mit der entsprechenden Geschwindigkeit entgegen der Kometenbewegung führt. Wie man sich ein solches Okular selbst bauen kann und wie man damit umgeht, wird von Stättmayer [17] beschrieben. Eine interessante Alternative, bei der die Polachse des Teleskops um den richtigen Betrag dejustiert wird und so die automatische Nachführung der Kometenbewegung folgt, wird von Liller [18] vorgestellt. Die erforderlichen Belichtungszeiten richten sich nach dem Zweck der Aufnahme und der Helligkeit des Kometen, sowie nach den Daten des verwendeten Teleskops bzw. der Kamera und der photographischen Schicht. Einen ersten Anhaltspunkt liefert folgende Beziehung (Babu [19])

$$t = a^2 \cdot 10^{0{,}4(m+13)}/s \cdot f^2 . \qquad (7)$$

Dabei ist *a* die „Blendenzahl" und *f* die Brennweite des Teleskops bzw. der Kamera, *s* die Empfindlichkeit der photographischen Schicht (ASA) und *m* die scheinbare Helligkeit des Kometen. Die Belichtungszeit *t* ergibt sich in Sekunden. Sie kann aber unter Umständen in Abhängigkeit von der Helligkeit des Himmelhintergrunds, der Luftmasse und den atmosphärischen Bedingungen hiervon beträchtlich abweichen.

Zur Photographie der inneren Komaregion empfiehlt sich die Verwendung langbrennweitiger Teleskope. Trotzdem werden oft visuell erkennbare Details auf der Aufnahme nicht zu sehen sein. Man kann dann jedoch versuchen, mit den Methoden der Kontrastüberhöhung beim Kopierprozeß den latenten Bildgehalt voll auszuschöpfen und auch feinere Details sichtbar zu machen (Eccles et al. [20], Högner et al. [21]). Zur Aufnahme der Gesamterscheinung des Kometen wird oft schon eine normale Kleinbildkamera mit Tele- oder Normalobjektiv ausreichend sein. Man befestigt sie mit einem Adapter am Fernrohrtubus und benutzt das Teleskop zur Nachführung. Um mögliche Bildfehler am Rande der Aufnahme zu vermeiden, sollte man mindestens auf 1:2,5 abblenden, auch wenn man dadurch auf Kosten der Belichtungszeit etwas an Lichtstärke verliert.

Neben Integralaufnahmen ist die Benutzung spezieller Farbfilter anzuraten, die man jeweils vor dem Objektiv der Kamera befestigt. Da hierdurch die Belichtungszeiten beträchtlich anwachsen, müssen sehr schnelle S/W-Emulsionen zur Verwendung kommen. Optimal sind Interferenzfilter mit einer Bandbreite von zirka 5 bis 10 nm, die charakteristischen Kometenemissionen (vgl. Abschnitt 8.5.3) bzw. emissionsfreien Stellen im Spektrum entsprechen. Die resultierenden Aufnahmen zeigen dann die Verteilung der für die jeweilige Wellenlänge typischen Kometenmaterie über Koma und Schweif und erlauben das Studium von Produktionsraten in Abhängigkeit vom heliozentrischen Abstand des Kometen. Zur Untersuchung des Gasanteils empfehlen sich Filter bei folgenden Wellenlängen (nm): 388 (CN), 426 (CO^+), 405 (C_3) und 513 (C_2). Den Staubanteil erreicht man mit Filtern, die zum Beispiel bei 365 oder 485 nm liegen, da dort das am Staub reflektierte Sonnenlicht nicht durch Molekülemissionen gestört ist. Man kann aber auch breitbandige Kantenfilter benutzen, die zum Beispiel Wellenlängen kürzer als 570 nm abschneiden und damit den Bereich der stärksten Emissionen.

Mit dem Verfahren der Äquidensitometrie können sehr gut Dichtestrukturen solcher Integral- oder Filteraufnahmen sichtbar gemacht werden (Richter [22]). Dabei wird vom Originalnegativ eine Positivkopie auf steil arbeitendem Filmmaterial erzeugt und nach dem Entwicklungsprozeß nicht fixiert. Statt dessen wird sie mit diffusem Licht nachbelichtet und anschließend weiter entwickelt. Dadurch wird der zentrale Teil des Kometen auf der Positivkopie geschwärzt bis auf ein schmales Band längs der Kometenerscheinung. Dieses Band entspricht dann den Stellen gleicher Schwärzung auf dem Originalnegativ (Äquidensite). Stellt man nun mit unterschiedlichen Belichtungszeiten eine ganze Reihe solcher Kopien her und behandelt sie dann gleichzeitig nach obiger Methode, dann erhält man eine Serie von Äquidensiten, die sich vom äußeren Rand des Kometen bis zu seinen inneren Teilen erstrecken. Mit Hilfe von Sternen oder künstlichen Marken kann man sie dann exakt überlagern und zu einem Äquidensitendiagramm zusammensetzen. Abbildung 5 zeigt das Ergebnis einer solchen Prozedur. Hat man, wie auf dieser Aufnahme, zusätzlich noch einen Graukeil zur Kalibrierung aufkopiert, dann kann man die relativen Intensitäten der einzelnen Äquidensiten festlegen. Über Erfahrungen mit einem Spezialfilm (Agfacon-

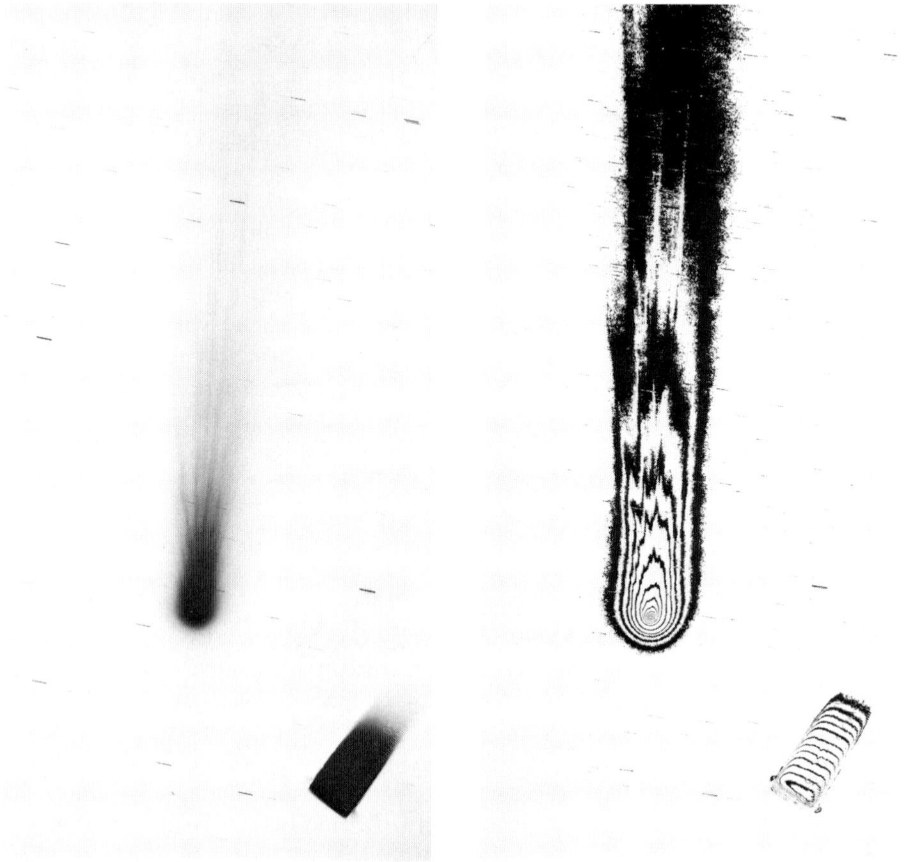

a b

Abb. 5a, b. Äquidensitendiagramm des Kometen Bennett 1970 II nach N. Richter (rechts unten: Kalibrierungskeil). **a** Originalnegativ, **b** Äquidensitendarstellung

tour), der das Herstellungsverfahren von Äquidensiten vereinfacht, berichtet Geyer [23].

Für Strukturuntersuchungen dieser Art wird sicherlich in nicht allzu ferner Zukunft auch bei vielen Amateuren das CCD (charge-coupled device) seinen festen Platz einnehmen. Dieser elektronische Flächendetektor ist mit seinem sehr großen dynamischen Bereich und seiner hohen Quantenausbeute der photographischen Schicht weit überlegen. Die Kosten für einen solchen Empfänger, für die zu seiner Betreibung notwendige Elektronik sowie für eine Computeranlage, die die entsprechenden Bildverarbeitungsmöglichkeiten bietet, bewegen sich durchaus schon in einem erschwinglichen Rahmen. Buil [24], Bickel [25] und Harris [26] geben erste Berichte über den Einsatz derartiger Anlagen.

8.5 Spezielle Techniken

8.5.1 Photometrie

Die Helligkeit, mit der ein Komet dem Beobachter erscheint, ist eine Funktion seiner Entfernung von Erde und Sonne sowie seines physikalischen Verhaltens, das im wesentlichen durch die Gas- und Staubproduktionsrate bestimmt wird. Es ist üblich, die Helligkeit in Größenklassen anzugeben und mit folgender Formel zu beschreiben

$$m = m_0 + 5\log\Delta + 2{,}5\,n\log r\,. \tag{8}$$

Dabei sind Δ und r seine Erd- bzw. Sonnenentfernung, m ist die scheinbare beobachtete Helligkeit und m_0 die absolute Helligkeit, die definitionsgemäß einer Entfernung $r = \Delta = 1$ AE entspricht. Mit dem Parameter n versucht man die Physik des Leuchtens zu beschreiben. Bei reiner Reflexion des Sonnenlichts gilt $n = 2$, kommt das Resonanzleuchten der Gase hinzu, kann n Werte bis über 7 annehmen. Junge Kometen haben gewöhnlich einen Wert um 2, ältere im Mittel solche zwischen 4 und 6. Der Wert für einen individuellen Kometen kann durchaus vor und nach dem Periheldurchgang unterschiedlich sein. Im Prinzip genügen zwei zeitlich genügend weit auseinanderliegende Helligkeitsbeobachtungen, um die Unbekannten m_0 und n zu bestimmen und die Helligkeitsentwicklung vorherzusagen. In der Praxis zeigen Kometen jedoch starke Helligkeitsschwankungen (ein Faktor 3 ist keine Seltenheit) und sogar Ausbrüche. Es ist daher ratsam, die Helligkeit über einen längeren Zeitraum bzw. größeren Bereich von r zu verfolgen und in einem Diagramm $m - 5\log\Delta$ über $2{,}5\log r$ aufzutragen. Es wird sich dann eine Kurve ergeben, deren Verlauf im Idealfall durch eine Gerade (eventuell nur stückweise) approximiert werden kann. Die jeweilige Steigung der Geraden bestimmt dann n und ihr Schnittpunkt mit der Ordinatenachse m_0. Die so ermittelten Parameter erlauben bessere Vorhersagen der Helligkeit. Die Benutzung eines Rechners zur Bestimmung einer Ausgleichsgeraden ist nur im Idealfall möglich und mit einem Verlust an Anschaulichkeit verbunden. Auf einem Diagramm lassen sich periodische und erratische Änderungen sowie der generelle Verlauf der Helligkeit unmittelbar erkennen.

Die Bestimmung der scheinbaren Helligkeit geschieht durch Vergleich mit der bekannten Helligkeit eines oder mehrerer Sterne, die wegen des Einflusses der Extinktion möglichst nahe beim Kometen sein sollten (aber noch außerhalb des Einflußbereichs von Koma und Schweif) und möglichst im Bereich des Spektraltyps der Sonne liegen. Meist wird der Amateur visuell arbeiten. Ist der Kometenkopf mit bloßem Auge zu erkennen und erscheint fast sternförmig, dann sollte man seine Helligkeit ohne Teleskop mit Hilfe geeigneter Vergleichssterne bestimmen (vgl. Band 1, Kapitel 10). Muß man ein Teleskop benutzen, dann empfiehlt es sich, mit einem Okular zu arbeiten, dessen Austrittspupille dem Auge angepaßt ist. Dies ist gewährleistet, wenn der numerische Wert der Vergrößerung etwa gleich dem zweifachen Objektivdurchmesser in Zentimetern ist. Für Objektivdurchmesser, die kleiner als 10 cm sind, sollte man aber immer eine 20fache Vergrößerung wählen. Mit Hilfe der Defokussierungsmethode (vgl. Abschnitt 8.2) legt man dann die Helligkeit solcher Kometen fest. Da es jetzt auf genauere Werte ankommt, sollte man das Verfahren mehrere Male, eventuell mit unterschiedlichen Vergleichssternen, wiederholen. Nach einiger Übung sind Genauigkeiten von $0\overset{\mathrm{m}}{.}1$ bis $0\overset{\mathrm{m}}{.}2$ zu erreichen. Ist der Komet für das benutzte Teleskop etwas zu schwach, so daß er beim Defokussieren nicht mehr zu erkennen ist, dann muß man seine Größe und Helligkeit im Gedächtnis speichern und in Gedanken den Vergleich mit den defokussierten Sternen durchführen. Obwohl dies schwieriger ist, erreichen geübte Beobachter mit dieser Methode vergleichbare Ergebnisse (Kasten [27]). Ist eine zentrale Verdichtung zu erkennen, sollte ihre Helligkeit durch direkten Vergleich mit Umgebungssternen geschätzt werden. Um den Einfluß der überlagerten Koma abzuschwächen, benutzt man hierzu eine stärkere Vergrößerung. Die erreichbare Genauigkeit ist jedoch wegen dieses Störeinflusses nicht allzu hoch. Da Helligkeitsschätzungen erfahrungsgemäß vom Typ und der Öffnung des benutzten Teleskops abhängen, ist man schon länger übereingekommen, solche Beobachtungen auf eine Standardöffnung von 6,8 cm zu reduzieren. Dies eröffent die Möglichkeit, die Ergebnisse verschiedener Beobachter, gewonnen mit unterschiedlichen Teleskopen, miteinander zu vergleichen und auszuwerten. Die Korrektur beträgt $0^{\mathrm{m}}.066$ bzw. $0^{\mathrm{m}}.019$ pro Zentimeter Öffnung für Refraktoren beziehungsweise Reflektoren und muß für größere (kleinere) Öffnungen subtrahiert (addiert) werden. Da die meisten Amateure heutzutage jedoch größere Teleskope benutzen, wäre eine Einigung auf eine größere Standardöffnung wünschenswert (Festou [28]).

Mit den Methoden der photoelektrischen Photometrie läßt sich die Genauigkeit der Helligkeitsbestimmungen um mindestens eine Größenordnung steigern. Da die Anzahl der Amateure mit photoelektrischen Einrichtungen ständig wächst, soll hier kurz auf einige kometenspezifische Besonderheiten eingegangen werden. Grundsätzliches hierzu findet man in Band 1, Kapitel 2 und 10 sowie Band 2, Kapitel 11 und 12. Die Benutzung von Interferenzfiltern (vgl. Abschnitt 8.4) erlaubt das Studium der Helligkeitsverteilung über Koma und Schweif in den verschiedenen Emissionen bzw. im Kontinuum. Bei der Photometrie der Koma benutzt man sukzessiv immer größere Blendendurchmesser, jeweils immer auf den Lichtschwerpunkt bzw. die zentrale Kondensation zentriert, und erhält so mit verschiedenen Filtern Informationen über die radiale Verteilung der einzelnen spektralen Beiträge. Neben dieser klassischen Methode kann man auch bei konstantem Blendendurchmesser die Koma in radialer Richtung Stück für Stück in diskreten Schritten untersuchen, zum Beispiel längs der Sonnenrichtung und senkrecht dazu. Ebenfalls mit konstanter Blende arbeitet man, wenn man an Kurzzeitänderungen eines bestimmten Gebiets interessiert ist. Dazu muß man alternierend in schneller Folge auch Himmelshintergrund und Vergleichsstern messen, deren Positionen (vorsichtshalber senkrecht zur Schweifrichtung) weit genug vom Kometen entfernt sein müssen. Ansonsten genügt es, Vergleichsstern bzw. Himmel von Zeit zu Zeit in Abhängigkeit von der Variation der Luftmasse bzw. der Himmelshelligkeit zu messen. Helligkeiten bzw. Intensitäten des Kometen werden dann relativ zum Vergleichsstern angegeben. Auf die Möglichkeit der photoelektrischen Aufzeichnung von Sternbedeckungen durch die Koma, die relativ häufig auftreten, soll ebenfalls hingewiesen werden.

Aufnahmen, die der photographischen Ortsbestimmung dienen, können natürlich auch zur Bestimmung der (photographischen) Helligkeit herangezogen werden, falls sich auf ihnen geeignete Vergleichssterne finden oder zusätzlich die Aufnahme eines Eichfeldes vorliegt und der Kometenkopf noch einigermaßen sternähnlich ist. Die Reduktionsmethoden sind die gleichen wie bei der photographischen Photometrie veränderlicher Sterne (vgl. Band 1, Kapitel 10).

Ist man sich der Qualität seiner Helligkeitsbestimmungen sicher, so sollte man sie in einer geeigneten Zeitschrift publizieren und/oder sie der Datenbank von „International Comet Quarterly“ und damit interessierten Amateuren und Fachastronomen zur Verfügung stellen. Die Daten sollten stets von einem ausführlichen Beobachtungsjournal begleitet werden, das neben technischen Details und der Beschreibung der Reduktionsmethode auch meteorologische Hinweise enthalten sollte. Die Kontaktadresse lautet: Daniel Green, Smithsonian Astrophysical Observatory, 60 Garden Street, Cambridge, MA 02138, USA.

8.5.2 Polarimetrie

Licht, bei dem die Schwingungsrichtungen und die Phasenlagen der elektromagnetischen Wellen gleich verteilt sind, nennt man unpolarisiert. Ist dagegen eine Schwingungsrichtung bevorzugt, bezeichnet man es als teilweise linear polarisiert. Der Polarisationsgrad gibt den relativen Anteil des polarisierten Lichts am Gesamtlicht an. Es ist bekannt, daß das Kometenlicht eine sehr hohe lineare Polarisation aufweisen kann, die durch Streuung des Sonnenlichts an Staubpartikeln und durch Fluoreszenzemission von Molekülen verursacht wird. Die Beiträge dieser beiden Mechanismen sind von Komet zu Komet verschieden, ebenso die Beiträge von verschiedenen Gebieten innerhalb der Koma und des Schweifs. Während der durch Fluoreszenz erzeugte Polarisationsgrad nahezu unabhängig vom Phasenwinkel (Winkel Sonne–Komet–Erde) ist und normalerweise weniger als 10% beträgt, hängt der durch Streuung produzierte Anteil sehr stark von diesem Winkel ab. Er ist maximal für 90° und liegt dann etwa bei 20 bis 30%, in Ausnahmefällen auch bei 50%. Die Schwingungsrichtung des elektrischen Vektors liegt dabei stets senkrecht zur Streuebene.

Wegen der hohen Polarisationsgrade bietet sich auch dem Amateur die Möglichkeit, mit einfachen Mitteln polarimetrische Untersuchungen an hellen Kometen durchzuführen. Hält man eine Polarisationsfolie (z. B. Käsemann PW-64) vor das Okular und dreht die Folie langsam, so wird man bemerken, daß sich die Helligkeit des Kometen deutlich periodisch ändert. Maxima erscheinen dann, wenn die Durchlaßrichtung der Folie mit der Schwingungsrichtung des linear polarisierten Lichts zusammenfällt, und Minima, wenn sie hierzu senkrecht steht. Um photographische Polarimetrie zu betreiben, positioniert man die in einer Halterung befestigte Folie im parallelen Strahlengang, zum Beispiel vor der Teleskop- oder Teleobjektivöffnung. Wichtig ist eine Vorrichtung mit Winkelteilung, die es gestattet, der Folie durch Drehung definierte Orientierungen geben zu können. Im Prinzip reichen dann drei Aufnahmen mit Folienstellungen, die sich jeweils um 45° unterscheiden, aus, um den Polarisationsgrad P und den Polarisationswinkel φ relativ zur ersten, willkürlich gewählten Stellung der Folie zu bestimmen. Man achte bei der Wahl der Belichtungszeit darauf, daß die Folie eine Helligkeitsabschwächung um zirka 1^m bis 2^m verursacht. Da man zur Reduktion Intensitäten benötigt, muß man eine Kalibrierung durchführen, zum Beispiel durch Belichtung eines Graukeils auf gleichem photographischem Material. Die Belichtungszeiten für Komet und Keil sollten zur Vermeidung des Schwarzschildeffekts in etwa angeglichen sein. Mittels der resultierenden Schwärzungskurve kann man dann die Schwärzungen ausgewählter Bereiche der Kometenaufnahme in Intensitäten I überführen (vgl. Band 1, Kapitel 9). Die Anzahl und

Größe der auswertbaren Bereiche hängt von der Bildskala ab. In jedem Bereich gilt dann für die von der Intensität des Himmelshintergrunds befreiten Messungen

$$P = [(I_1 - I_3)^2 + (2I_2 - I_1 - I_3)^2]^{1/2}/(I_1 + I_3)\,, \tag{9}$$

$$\tan 2\varphi = (2I_2 - I_1 - I_3)/(I_1 - I_3)\,. \tag{10}$$

Die Indizes beziehen sich auf die sequentiellen Folienpositionen bzw. Aufnahmen, ihre Reihenfolge darf nicht durcheinandergebracht werden. Der φ zugehörige Quadrant kann durch Beachten der verschiedenen Vorzeichen in (10) bestimmt werden. Durch Beobachtung von Standardsternen (gleiches Verfahren) mit bekannten Polarisationswinkeln kann man sein eigenes System an das Standardsystem anschließen. Die Ergebnisse bezüglich des Polarisationsgrads sind noch mit der instrumentellen Polarisation behaftet. Man bestimmt diese mit Hilfe unpolarisierter Standardsterne. Eine Zusammenstellung solcher Standards findet sich zum Beispiel bei Serkowski [29].

Man kann die Polarisation auch „sichtbar" werden lassen, indem man zwei Aufnahmen anfertigt — eine mit der Polarisationsfolie in der Position „maximales Licht" und eine mit der gegen diese Position um 90° gedrehten Folie – und anschließend photographisch subtrahiert. Hierzu fertigt man von einer der Aufnahmen eine negative Kontaktkopie an und justiert diese exakt über der zweiten Originalaufnahme. Wenn alle Schwärzungen der Kopie im linearen Teil der Schwärzungskurve liegen, ist das dann verbleibende Restbild Polarisationsunterschieden zuzuschreiben (Fountain [30]). So können qualitative Änderungen der Polarisation über die Kometenerscheinung festgestellt und strukturellen Eigenarten zugeordnet werden.

8.5.3 Spektroskopie

Normalerweise wird das dem Amateur verfügbare Instrumentarium nur zur Spektroskopie sehr heller Kometen ausreichen. Lichtstarke Geräte sind hier unerläßlich, und man wird meistens wohl nur mit einem Spektrographen in Verbindung mit einem größeren Teleskop Erfolg haben (vgl. Band 1, Kapitel 9). Versuche mit einer Kombination Objektivprisma-Teleobjektiv-Kleinbildkamera sind nicht befriedigend, gerade auch wegen der dann erforderlichen langen Belichtungszeiten, die oft aus den verschiedensten Gründen nicht eingehalten werden können (Pollmann et al. [31]).

Wenn die Bedingungen für einen Amateureinsatz gegeben sind, hat sich längst die Koma entwickelt, und zu den normalerweise ab zirka 3 AE Sonnenentfernung einsetzenden CN-Emissionen haben sich bis zirka 2 AE auch die von C_3 und NH_2 gesellt, gefolgt von denen des C_2, NH, OH und CH für Entfernungen ab zirka 1,5 AE. Auf spektroskopische Details der Schweife soll hier nicht eingegangen werden, da diese wegen ihrer geringen Flächenhelligkeit für den Amateur ungeeignete spektroskopische Untersuchungsobjekte sind.

Bei der Spektroskopie der Koma achte man trotzdem darauf, daß die Dispersionsrichtung der Anordnung senkrecht zur Richtung des Schweifs orientiert ist, das heißt, die brechende Kante des Prismas bzw. der Spektrographenspalt parallel zum Schweif verläuft, um bei sehr hellen Kometenerscheinungen eine mögliche Überlagerung der verschiedenen spektralen Beiträge zu vermeiden. Man sollte möglichst im blauen Spektralbereich arbeiten, da dort die stärksten Emissionen liegen. Auch bei nicht zu hoher spektraler Auflösung wird man dann die Komplexe bei den Wellenlängen (nm) 388 (CN), 405 (C_3), 468 (C_2) und 516 (C_2) erkennen und ihre Intensitätsänderung in Abhängigkeit von der Entfernung zur Sonne verfolgen können. Abbildung 6 zeigt ein Spektrum des Kometen P/Halley im gängigen Spektralbereich, das als Orientierungshilfe bei der Identifizierung der einzelnen Emissionen dienen kann. Dem Emissionsspektrum der Koma ist hier noch das am Staub reflektierte Absorptionsspektrum der Sonne überlagert. Es sei auch auf die Wellenlängentabellen im Kometenatlas von Swings und Haser [32] sowie die Identifizierungen im roten Spektralbereich von Gary et al. [33] verwiesen. Bei sehr großer Annäherung an die Sonne (ab ca. 0,7 AE) treten neben den Molekülemissionen auch atomare Emissionslinien auf. Neben einer Unzahl von Metall-Linien dominiert dann vor allem das bekannt Na-Dublett. Die verbotenen Linien des neutralen Sauerstoffs [OI] (vgl. Abb. 6) nehmen hier aber eine Sonderstellung ein. Man weiß noch nicht allzulange, daß diese Linien tatsächlich der Koma zugeschrieben werden müssen, da sie vor allem durch die [OI]-Emissionen der Erdatmosphäre und auch durch die kometaren Emissionen des NH_2 beziehungsweise C_2 gestört sind. Der Einfluß der Erdatmosphäre ist im Spektrum der Abbildung 6 schon eliminiert. Diese verbotenen Linien werden nicht wie die Emissionen der Moleküle durch Resonanzfluoreszenz verursacht, das heißt, durch Absorption von Sonnenlicht mit anschließender Reemission, sondern sie entstehen bei der Dissoziation von H_2O oder CO_2 aus einem angeregten, metastabilen Zustand des dabei gebildeten Sauerstoffs. Wer mehr über die physikalischen Hintergründe der Vorgänge in Kometen erfahren möchte, dem sei das Buch von Krishna Swami [34]

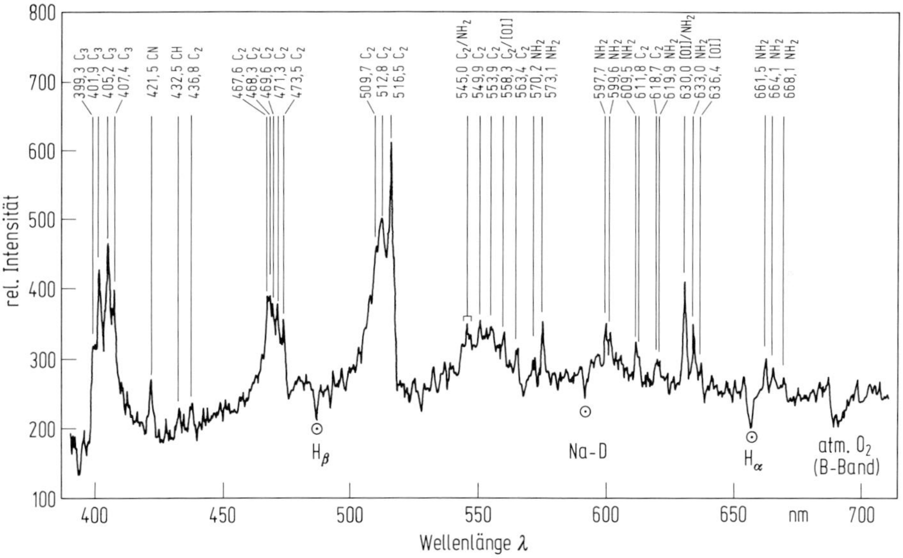

Abb. 6. Spektrum der Koma des Halleyschen Kometen, aufgenommen vom Verfasser am 6. Dezember 1985 1:35 UT auf der Europäischen Südsternwarte La Silla/Chile (1,5 m Teleskop, Boller & Chivens Spektrograph mit IDS (Image Dissector Scanner), Integrationszeit: 5 min, spektrale Auflösung zirka 1 nm, $m = 5{,}8$, $r = 1{,}41$ AE, $\Delta = 0{,}68$ AE). Die sehr starke CN-Emission bei 388,3 nm liegt gerade außerhalb des dargestellten Bereichs. Die mit ⊙ bezeichneten Absorptionslinien gehören zum reflektierten Sonnenspektrum

empfohlen, wo gerade auch die Molekülphysik kometenbezogen und in überschaubarer Form dargestellt wird. Atomphysikalische Grundkenntnisse werden jedoch vorausgesetzt.

8.6 Literatur

1 Bečvář, A.: Atlas of the heavens (Atlas Coeli 1950.0). Praha: Czechoslovak Academy of Sciences 1958
2 Vehrenberg, H.: Photographischer Sternatlas. Düsseldorf: Treugesell Verlag 1977
3 Güssow, K.: Komet Halley 1985/86. Sterne und Weltraum *23,* 209 (1984)
4 Polman, J.: A homemade filar micrometer. Sky and Telescope *53,* 391 (1977)
5 Becker, E.: Mikrometer und Mikrometermessungen. In: Valentiner, W. (Hrsg.): Handwörterbuch der Astronomie, 3. Bd., 1. Teil. Breslau: Verlag E. Trewent 1899
6 Hempel, R.: Eine Methode zur Vermessung photographischer Planetoidenpositionen. Sterne und Weltraum *16,* 259 (1977)
7 Bendel, R.: Verfahren zur Astronomie von Kleinplaneten. Sterne und Weltraum *18,* 142 (1979)
8 Everhart, E.: Constructing a measuring engine. Sky and Telescope *64,* 279 (1982)
9 Smithsonian Astrophysical Observatory Star Catalogue. Smithsonian Institution, Washington D.C. 1966
10 Mandel, H.; Klare, G.: Astrometrische Auswertung von Kometenaufnahmen. Sterne und Weltraum *24,* 546 (1985)
11 Kneissl, R.: Bahnbestimmung des Halleyschen Kometen. Facharbeit, Max-Born-Gymnasium, Germering 1987
12 Kasten, V.: Kometenbahn-Bestimmung mit dem HP 67. Sterne und Weltraum *16,* 299 (1977)
13 Innes, R. T. A.: Overservations of Halley's Comet. Circular No. 4, Transvaal Observatory, Pretoria (1910)
14 Schmidt-Kaler, Th.: Visuelle Beobachtungen des Kometen Bennett 1969 I. Sterne und Weltraum *9,* 200 (1970)
15 Bortle, J. E.: How to observe comets. Sky and Telescope *61,* 210 (1981)
16 Kammerer, A.; Linder, J.: Die visuelle Kometenbeobachtung und ihre Auswertung. Sterne und Weltraum *23,* 466 (1984)
17 Stättmayer, P.: Eine einfache Methode zur indirekten Kometennachführung. Sterne und Weltraum *13,* 132 (1974)
18 Liller, W.: Tracking a comet. Sky and Telescope *71,* 514 (1986)
19 Babu, G. S. D.: Techniques for comet photography. Preprint No. 154. Indian Institute of Astrophysics, Bangalore (1986)
20 Eccles, M. J.; Sim, M. E.; Tritton, K. P.: Low light level detectors in astronomy. Cambridge: University Press 1983
21 Högner, W., Löchel, H., Richter, N.: Optimale Ausschöpfung des Informationsgehaltes von Kometenaufnahmen durch entwicklungstechnische Kontraststeuerung. Die Sterne *49,* 72 (1973)
22 Richter, N.: Photographische Methoden zur Informationsausschöpfung wissenschaftlicher Photogramme. Leopoldina *20*, 157 (1976)
23 Geyer, E. H.: Astronomical applications of the Agfacontourfilm technique. In: West, R. M.; Heudier, J. L. (eds.): Modern techniques in astronomical photography. Geneva: European Southern Observatory 1978
24 Buil, C.: A charge-coupled device for amateurs. Sky and Telescope *69,* 71 (1985)
25 Bickel, W.: Ein CCD-Versuch. Sterne und Weltraum *25,* 40 (1986)
26 Harris, C.: Silicon eye: a CCD imaging system. Sky and Telescope *71,* 407 (1986)
27 Kasten, V.: Zur Genauigkeit visueller Helligkeitsschätzungen von Kometen. Sterne und Weltraum *11,* 24 (1972)
28 Festou, M.: On predicting and analyzing comet light curves. International Halley Watch Newsletter No. 6, 21 (1985)

29 Serkowski, K.: Polarimeters for optical astronomy. In: Gehrels, T. (ed.): Planets, stars and nebulae studied with photopolarimetry. Tucson: University of Arizona Press 1974
30 Fountain, J. W.: Spatial distribution of polarization over the disks of Venus, Jupiter, Saturn, and the Moon. In: ibid.
31 Pollmann, E.; Timm-Arnold, K. P.; Alteweier, D.: Das Spektrum des Kometen Halley. Sterne und Weltraum *26,* 40 (1987)
32 Swings, P.; Haser, L.: Atlas of representative cometary spectra. Astrophysical Institute, Univesity of Liège 1956
33 Gary, G. A.; Fountain, W. F.; O'Dell, C. R.: Spectrographic oberservations of Comet West (1975 n) Publ. Astron. Soc. Pacific *89,* 97 (1977)
34 Krishna Swamy, K. S.: Physics of comets. Singapore: World Scientific Publishing 1986

9 Sternschnuppen und Feuerkugeln

F. Schmeidler

9.1 Allgemeines über Meteore

Als „Meteor“ bezeichnet man die Gesamtheit aller Erscheinungen, die sich abspielen, wenn ein materieller Körper aus dem Weltraum in die Erdatmosphäre eindringt; der Körper selbst beziehungsweise seine Bruchstücke werden als „Meteorite“ bezeichnet. Die Meteorbeobachtung ist ein Gebiet der Astronomie, auf dem für den Amateurastronomen wenigstens im Prinzip noch heute die Möglichkeit zu wissenschaftlich wertvoller Arbeit besteht.

Man unterscheidet zwischen den kleinen Sternschnuppen und den großen Feuerkugeln, oft auch Boliden genannt; letztere fallen unter erheblicher Entwicklung von Licht und Hitze herab und sind oft von Donner begleitet. Die Grenze zwischen Sternschnuppen und Feuerkugeln ist nicht scharf definiert; als ungefährer Anhaltspunkt gilt, daß man ein Meteor als Feuerkugel betrachten kann, wenn es mindestens die scheinbare Helligkeit der Venus (etwa -4^{m}) erreicht. Das Wort „Sternschnuppe“ stammt aus der Zeit, als es noch kein elektrisches Licht gab; beim Putzen des Dochtes der früher verwendeten Talglichter fiel manchmal ein glühendes Stück ab, das man als Schnuppe bezeichnete.

Erst um 1800 wurde klar erkannt, daß alle Meteore kosmische Körper sind, die in die Erdatmosphäre eindringen und in ihr aufglühen. Die Erforschung der mit diesen Körpern verbundenen Probleme ist überwiegend von den Fachastronomen ausgeführt worden; die Beobachtungen der Amateure sind in den meisten Fällen nicht genügend systematisch angelegt worden. Bei gut überlegter Beobachtungsmethode können aber Amateurastronomen gerade auf diesem Gebiet wertvolle Beiträge zum Fortschritt der Wissenschaft leisten. Eine gute und ausführliche Darstellung der Geschichte der Meteorforschung hat Hughes [11] gegeben.

Die Wissenschaft ist bei Meteoren interessiert an Aussagen über die Herkunft und ihre physikalische Beschaffenheit. Die erste Frage wird hauptsächlich durch die Bestimmung der räumlichen Bahn des Meteors gelöst, die zweite durch Untersuchung der Leuchtvorgänge beim Meteorfall; nur bei den großen Feuerkugeln besteht manchmal die Möglichkeit, ein Stück Materie des Meteoriten nachträglich im Laboratorium zu untersuchen.

Nur zum Teil können die erwünschten wissenschaftlichen Resultate von Meteorbeobachtungen aus den Wahrnehmungen eines einzigen Beobachters abgeleitet werden. Für viele Fragen sind Beobachtungen von mindestens zwei Beobachtern erforderlich, die an verschiedenen Orten arbeiten. Für die Anlage und die Auswertung der Beobachtungen werden im vorliegenden Artikel Anleitungen gegeben.

9.2 Die Methoden der Beobachtung von Meteoren

Meteore können visuell (mit und ohne optische Hilfsmittel), photographisch, radioastronomisch, spektroskopisch und mit fernsehtechnischen Apparaturen beobachtet werden. Die spektroskopischen Möglichkeiten sollen hier nicht besprochen werden; über sie wird gesondert im Abschnitt über Spektroskopie (s. Band 1, Kapitel 9) berichtet.

9.2.1 Die visuelle Beobachtung

Sowohl bei Einzelbeobachtungen als auch bei Simultanbeobachtungen von mehreren Stationen aus sind folgende Angaben von Wichtigkeit:

1. Angaben über die scheinbare Bahn. Es ist erwünscht, drei Punkte der Bahn, darunter möglichst Anfangs- und Endpunkte, anzugeben. Am besten ist es, diese Punkte relativ zu Fixsternen anzugeben, beispielsweise:
   Mitte zwischen α und β Ursae maioris oder 1/4 der Strecke von α Cygni bis α Lyrae oder ähnlich.
   Wenn eine Angabe der Bahnpunkte relativ zu Fixsternen nicht möglich ist, können Angaben relativ zu Sonne (helle Feuerkugeln am Tag!) und Mond gemacht werden. Angaben relativ zu markanten Punkten im Gelände oder Schätzungen der scheinbaren Höhe und des Azimuts sind auch brauchbar, aber weniger sicher. Wenn der Anfangspunkt nicht gesehen wurde, sollte derjenige Punkt angegeben werden, an dem der Meteor zuerst gesehen wurde; selbstverständlich muß diese Tatsache mitgeteilt werden. Alle Angaben sollen sofort niedergeschrieben werden, um Gedächtnisfehler auf ein Minimum zu reduzieren.
2. Zeit und Ort der Beobachtung. Selbstverständlich muß der Standfehler der benutzten Uhr genau bekannt sein; er wird am besten durch Vergleich mit dem Zeitzeichen des Rundfunks festgestellt. Die Ortsangabe wird am besten durch geographische Länge und Breite des Beobachtungsorts festgelegt.
3. Dauer der Erscheinung. In diesem Punkt kommen die größten Irrtümer vor. Nur durch gute Übung kann man zu guten Schätzungen kommen! Schlechte Angaben über die Dauer sind wissenschaftlich fast wertlos, gute hingegen dringend erwünscht. Beobachter, denen eine Stoppuhr nicht zur Verfügung steht, können die Skala ihres Zeitsinns experimentell prüfen, indem sie zum Beispiel an einer Uhr die zum Zählen von 21, 22, 23 und so weiter benötigte Zeit mehrfach ablesen. Wenn man das längere Zeit übt, gewöhnt man sich bald an einen bestimmten Zählrhythmus, der dann in jedem Einzelfall mit sehr genau gleicher Geschwindigkeit abläuft.
4. Lichterscheinungen. Die Maximalhelligkeit eines Meteors zu schätzen erfordert sehr gute Übung. Es ist zweckmäßig, die Helligkeit nicht in Größenklassen, sondern im Vergleich zu Fixsternen gleicher Höhe (wegen Extinktion!) anzugeben, beispielsweise:
   gleich hell wie β Aquarii oder etwas schwächer als γ Aquilae, aber merklich heller als β Aquilae.
   Häufig bleibt längs der Bahn ein leuchtender Schweif zurück, der einige Zeit lang sichtbar ist; in diesem Fall sind Angaben über die Intensität und Dauer des Nachleuchtens sehr wertvoll. Angaben über die Farbe der Erscheinung sind bei hellen Meteoren gelegentlich möglich.
5. Akustische Wahrnehmungen. Bei großen Meteoren folgen in manchen Fällen donnerartige Geräusche. Die Zeit zwischen Lichterscheinung und Schall sollte so genau wie möglich angegeben werden.
6. Angaben über das Wetter, vor allem den Bewölkungszustand während der Beobachtung sind in jedem Fall notwendig.

Selbstverständlich werden in vielen Fällen die Beobachtungen speziell auf einen bestimmten Programmpunkt abgestellt sein und die übrigen hier genannten Beobachtungsmöglichkeiten dann bewußt entweder ignoriert oder nur mit geringem Aufwand an Zeit und Kraft bedacht. Es hängt in solchen Fällen alles davon ab, mit welchem Ziel beobachtet wird.

In jedem Fall erfordern Meteorbeobachtungen große Geduld. Man muß ein bestimmtes Feld am Himmel lange Zeit hindurch überwachen und alle darin auftretenden Meteore registrieren. Es hat wenig Sinn, den ganzen Himmel überschauen zu wollen und zu hoffen, daß man ein irgendwo fallendes Meteor wegen seiner Helligkeit und seiner Bewegung schon sehen werde. Bei Benutzung optischer Hilfsmittel gewinnt man den Vorzug, daß man auch schwächere Meteore sehen kann, verliert aber in jedem Fall an Gesichtsfeld; welcher Gesichtspunkt überwiegt, hängt vom Zweck der Beobachtungen ab; unter allen Umständen soll natürlich das benutzte optische Instrument ein möglichst großes Gesichtsfeld haben (Feldstecher!).

Die Erfahrung zeigt, daß routinierte Beobachter den Endpunkt einer Meteorbahn bis auf wenige Grade genau am Himmel festlegen können. In vielen Fällen wird auch statt Angabe von Anfangs- und Endpunkten die scheinbare Bahn in eine Sternkarte eingetragen; im Prinzip ist gegen dieses Verfahren nichts einzuwenden, in der Praxis scheint es etwas weniger genau zu sein.

9.2.2 Die photographische Beobachtung

Die Problemstellung ist bei der photographischen Beobachtung von Meteoren wesentlich die gleiche wie bei der visuellen Beobachtung; mit Einzelheiten bedingen die äußeren Umstände gewisse Änderungen. Zunächst werden dem Amateurastronomen nur in seltenen Fällen Apparaturen hoher Lichtstärke und großen Gesichtsfeldes zur Verfügung stehen, wie man sie naturgemäß für die Beobachtung von Meteoren benötigt. Außerdem muß für gute Nachführung gesorgt werden. Mit gewöhnlichen photographischen Apparaten wird man nur in Ausnahmefällen gute Erfolge erzielen, weil der kleine lineare Maßstab auf dem Negativ nur wenige Meteorspuren überhaupt erkennen läßt.

Zwei prinzipielle Einwände, die mit dem raschen Ablauf einer Meteorerscheinung zusammenhängen, können gegen das photographische Beobachtungsverfahren an sich erhoben werden:

1. Es erscheinen auf der Aufnahme nur die hellsten Meteore.
2. Es werden diejenigen Meteore bevorzugt registriert, deren scheinbare Bewegung langsam ist.

Die erste Schwierigkeit ist durch den von dem amerikanischen Astronomen Baker konstruierten Typ der sogenannten Super-Schmidt-Kamera weitgehend behoben; bezüglich Einzelheiten muß auf einen Artikel von Whipple in der Zeitschrift „Sky and Telescope“ in Nummer 4 des Bandes 8 (1949) verwiesen werden. Die zweite genannte Schwierigkeit ist prinzipiell unüberwindlich.

Ein Vorzug der photographischen Beobachtung besteht darin, daß man mit geeigneten mechanischen Vorrichtungen die Geschwindigkeit der Meteore messen kann. Wenn auf irgendeine Weise, etwa durch einen rotierenden Sektor vor dem Objektiv oder der Platte, in regelmäßigen Abständen (z. B. alle Zehntelsekunden) der Lichtweg abgedeckt wird, erscheint das Meteor auf der Platte als Lichtspur, die in bestimmten

Abständen unterbrochen ist. Durch Abzählung der Unterbrechungen und Ausmessung ihrer Abstände kann man Geschwindigkeit und Dauer des Meteorfalls bestimmen. Natürlich kann eine solche Vorrichtung nur in einer einigermaßen gut ausgerüsteten mechanischen Werkstatt hergestellt werden.

Wenn photographische Aufnahmen simultan von zwei verschiedenen Orten aus gemacht werden, müssen beide Kameras auf solche Gegenden des Himmels gerichtet werden, daß ihre Blickrichtungen sich in der mittleren Höhe der Meteore (etwa 80 bis 100 km) schneiden. Als günstigster Abstand von zwei photographischen Beobachtungsstationen kann 40 bis 50 km angesehen werden.

Zusammenfassend kann gesagt werden, daß die photographische Beobachtung von Meteoren dem Amateurastronomen nur dann zu empfehlen ist, wenn ihm gute Hilfsmittel optischer und mechanischer Art zur Verfügung stehen.

9.2.3 Die radioastronomische Beobachtung

Die Beobachtung von Meteoren durch radioastronomische Apparaturen ist möglich, weil längs der Bahn eines Meteors die Luft in stärkerem Maß als sonst ionisiert ist. Schon vor dem Zweiten Weltkrieg fiel diese Tatsache auf, nach 1945 wurde sie zur systematischen Erforschung der Meteore ausgenutzt. Das Prinzip der Beobachtung beruht darauf, daß ein Radarstrahl von der in der Meteorbahn zurückbleibenden ionisierten Luft reflektiert wird. Die technischen Hilfsmittel, deren wesentliche Bestandteile Radaranlagen sind, können hier nicht näher beschrieben werden. Nähere Einzelheiten findet man in dem Buch von Lovell „Meteor Astronomy“ [13]; wertvolle Hinweise über zweckmäßige radiotechnische Einrichtungen für Meteorbeobachtungen gibt ein Artikel von Schippke [14].

Über die Feststellung von Meteoren hinaus gibt die Radarbeobachtung die Möglichkeit zur Feststellung von zwei Größen, die einer einzelnen visuellen oder photographischen Beobachtung prinzipiell unzugänglich sind; das sind die Richtung der Meteorbahn (ihr „Radiant“) und die Geschwindigkeit. Die Richtung kann dadurch gemessen werden, daß ein Echo des Radarstrahls nur dann empfangen wird, wenn der Strahl die Meteorbahn einigermaßen unter einem rechten Winkel trifft. Die Geschwindigkeit wird gemessen durch kleine Veränderungen, die die Amplitude der Schwingungen des Radarstrahls erleidet und die von der Geschwindigkeit des Meteors abhängen. Auch hier muß bezüglich Einzelheiten auf die Fachliteratur, vor allem das oben genannte Buch von Lovell [13] verwiesen werden.

9.2.4 Die fernsehtechnische Beobachtung

In den letzten Jahren sind Meteore auch mit fernsehtechnischen Hilfsmitteln beobachtet worden. Der Vorgang ist im Prinzip der gleiche wie bei der photographischen Beobachtung, nur wird an Stelle der photographischen Kamera eine Fernsehkamera auf den Himmel gerichtet. Nach den bisher vorliegenden Erfahrungen ist die erreichte Grenzgröße etwas günstiger als bei der photographischen Beobachtung. Auf der anderen Seite tritt der oben hervorgehobene Nachteil der photographischen Beobachtung, daß langsame Meteore bevorzugt registriert werden, bei Beobachtungen mit der Fernsehkamera in gleichem oder vielleicht sogar noch stärkerem Ausmaß auf.

Gute Ergebnisse mit fernsehtechnischen Hilfsmitteln haben M. Hapgood, P. Rothwell und O. Royrwik [8] bei der Beobachtung der Perseiden erzielt. Weitere Erfahrungen mit dieser Methode werden sich in der Zukunft ergeben [1].

9.3 Spezielle Beobachtungsprobleme

In diesem Abschnitt sollen die speziellen Fragen erörtert werden, deren Beantwortung die Wissenschaft von der Beobachtung der Meteore erwartet. Sowohl für Sternschnuppen wie auch für Feuerkugeln wird eine summarische Darstellung des derzeitigen Stands der Wissenschaft vorausgeschickt.

9.3.1 Sternschnuppen

Man unterscheidet zwischen sporadischen Meteoren und solchen, die einem Meteorstrom angehören (s. S. 292). Die physikalischen Vorgänge beim Aufleuchten, die natürlich in beiden Fällen gleich sind, haben noch keine volle Aufklärung gefunden. Man nimmt aber heute an, daß die Reibung eine relativ geringe Rolle spielt und der wichtigste Vorgang die Ionisation der Luftmoleküle durch Stoß ist. Die meisten Sternschnuppen leuchten in einer Höhe von 100 bis 150 km auf und erlöschen in einer Höhe von 50 bis 100 km über dem Erdboden. Die Masse der meisten Sternschnuppen ist kleiner als 1 g, sie sind also nur Staubkörner.

Eine der einfachsten beobachtbaren Erscheinungen ist die Häufigkeit der Sternschnuppen, die als Zahl der pro Stunde erschienenen Meteore definiert werden kann. Sie ist zunächst viel größer, als man erwarten würde; ein Beobachter ohne optische Hilfsmittel kann in einer klaren Nacht im Durchschnitt acht bis zehn Sternschnuppen sehen. Darüber hinaus besteht eine deutliche Periodizität mit Tageszeit und Jahreszeit. Die meisten Meteore sind sichtbar, wenn der Zielpunkt der Bahn der Erde um die Sonne, der sogenannten Apex, hoch über dem Horizont steht. Das kommt daher, daß alle Meteore, welche an der Sphäre in der Nähe des Apex auftauchen, räumlich der Erde entgegenkommen und relativ zur Erde große Geschwindigkeit haben. Da der Apex stets in der Ekliptik und 90° westlich der Sonne liegt, fallen die meisten Sternschnuppen in den frühen Morgenstunden; ferner erscheinen wegen der hohen Lage des Apex im Herbst sehr viel mehr Meteore als im Frühjahr. Im einzelnen werden diese Verhältnisse modifiziert je nachdem, welche mittlere eigene Geschwindigkeit die Meteore haben und ob unter ihnen bestimmte Flugrichtungen besonders häufig vorkommen. Da beide Fragen wissenschaftlich noch nicht restlos geklärt sind, können Amateurastronomen allein durch Zählung von Meteoren noch heute wertvolle Arbeit leisten, nur dürfen sie dabei regelmäßige Arbeit bis in die frühen Morgenstunden nicht scheuen!

Die räumliche Bahn der Meteore kann nicht von einem einzelnen Beobachter allein, sondern immer nur von (mindestens) zweien ermittelt werden, die an verschiedenen Orten beobachten. Wenn beide Beobachter das gleiche Meteor gesehen und die erforderlichen Angaben festgestellt haben, kann aus der parallaktischen Verschiebung die Höhe über der Erdoberfläche und aus der Geschwindigkeit die räumliche Bahn abgeleitet werden. Die dafür benötigten Formeln sind in Abschnitt 9.4 zusammengestellt.

Besonders die Frage der Geschwindigkeit der Meteore hat in den letzten Jahren zu erheblichen Meinungsverschiedenheiten Anlaß gegeben. Aus der Bahnbestimmung (s. S. 294) kann man die heliozentrische Geschwindigkeit im Augenblick des Zusammentreffens mit der Erde ableiten; wenn diese größer ist als 42 km s^{-1}, dann hatte das Meteor eine hyperbolische Bahn, andernfalls eine elliptische. Es ist zeitweise behauptet worden, daß eine große Zahl von beobachteten Meteorgeschwindigkeiten auf hyperbolische Bahnen führe; die betreffenden Meteore müßten demnach aus dem Weltraum zu uns kommen. Die neuen Ergebnisse der radioastronomischen Beobachtungen liefern hingegen fast ausschließlich elliptische Bahnen. Es ist bis heute ungeklärt, ob die Diskrepanz auf systematischen Fehlern der visuellen oder der radioastronomischen Beobachtungsmethode beruht, und entsprechend ist die Realität der „interstellaren", das heißt, in hyperbolischen Bahnen laufenden Meteore weder erwiesen noch widerlegt. Eine Entscheidung kann nur durch zusätzliche Beobachtungen getroffen werden.

Zu gewissen Zeiten des Jahres treten besonders viele Meteore auf, deren rückwärts verlängerte Bahnen sich genähert in einem Punkt der Sphäre, dem sogenannten Radianten, schneiden; aus den Gesetzen der Perspektive folgt, daß diese Meteore räumlich parallele Bahnen beschreiben, also Mitglieder eines Stroms sind. Der bekannteste dieser Ströme ist der der Perseiden, die Anfang bis Mitte August erscheinen. Bei einigen dieser Ströme ist nachgewiesen, daß ihre Bahnen zusammenfallen mit der Bahn eines bestimmten Kometen, so daß die als Meteore fallenden Teilchen Überreste der Kometenmaterie sind. In Tabelle 1 sind Angaben über die wichtigsten Meteorströme zusammengestellt.

Unter diesen Strömen sind die Giacobiniden und die Leoniden sogenannte periodische Ströme, das heißt, es treten ergiebige Meteorfälle nur dann auf, wenn eine bestimmte Stelle in der Bahn des zugehörigen Kometen, an der die Materie besonders stark konzentriert ist, die Erdbahn kreuzt. Das ist bei den Giacobiniden (Komet Giacobini-Zinner) alle 6½ beziehungsweise alle 13 Jahre der Fall, doch ist der nach

Tabelle 1.

Strom	Zeit	Radiant (α, δ)		Ergiebigkeit	Komet
Quadrantiden	2. 1. bis 4. 1.	230°	+ 50°	groß	kein Komet bekannt
Lyriden	19. 4. bis 23. 4.	273	+ 31	gering	Komet 1861 I
η-Aquariden	28. 4. bis 16. 5.	340	0	mittel	Halleyscher Komet?
δ-Aquariden	22. 7. bis 10. 8.	344	− 15	mittel	kein Komet bekannt
Perseiden	27. 7. bis 17. 8.	40	+ 55	groß	Komet 1862 III
Giacobiniden	nur am 10. 10.	267	+ 56	groß	Komet 1900 III
Orioniden	15. 10. bis 25. 10.	94	+ 14	gering	Halleyscher Komet?
Tauriden	26. 10. bis 22. 11.	54	+ 15	gering	Enckescher Komet?
Leoniden	15. 11. bis 17. 11.	151	+ 22	gering	Komet Temple 1866 I
Geminiden	6. 12. bis 16. 12.	113	+ 32	groß	kein Komet bekannt
Ursiden	21. 12. bis 23. 12.	217	+ 76	mittel	Komet Tuttle 1939 k?

dieser Regel im Oktober 1972 erwartete ergiebige Sternschnuppenfall ausgeblieben. Bei den Leoniden sind im vorigen Jahrhundert alle 32 bis 33 Jahre besonders ergiebige Sternschnuppenfälle eingetreten; dann blieb der Schwarm einige Jahrzehnte aus, lieferte aber im November 1966 wieder einen der glanzvollsten Sternschnuppenfälle, die je beobachtet wurden.

Der eindrucksvollste unter den Strömen ist der der Perseiden, der bis zu 100 Sternschnuppen pro Stunde liefern kann. Auch die Geminiden sind ergiebig, aber wegen des im Dezember meist schlechten Wetters schwer zu beobachten. Die oben genannten Anfangs- und Endzeiten sind mittlere Werte und können im Einzelfall um einige Tage nach beiden Seiten abweichen.

Bei Beobachtungen dieser Phänomene sollten die folgenden Punkte sorgfältig beachtet werden:

1. Es ist durchaus nicht nutzlos, neue Beobachtungen sowohl der sporadischen Meteore als auch der bekannten Ströme zu machen. Die Verhältnisse (z. B. Ergiebigkeiten) können sich in wenigen Jahren in unerwarteter Weise ändern.
2. Die bekannten Ströme sollten möglichst jährlich neu beobachtet werden.
3. Der Wert von Beobachtungen der Meteorhäufigkeit (anzugeben in Zahl der Meteore pro Stunde) wird erheblich gesteigert, wenn auch die Helligkeit der einzelnen Meteore angegeben wird.
4. Beobachtungen in Zenitdistanzen über 70° und bei Mondschein werden am besten ganz vermieden.
5. In südlichen Breiten, erst recht auf der Südhalbkugel, ist das bisher gesammelte Beobachtungsmaterial sehr dürftig. Amateurastronomen, die anläßlich einer Reise in solche Gegenden Meteorbeobachtungen machen, können der Wissenschaft selbst mit Beobachtungen ohne besondere instrumentelle Ausrüstung einen großen Dienst erweisen.

Durch radioastronomische Beobachtungen wurde außerdem die Existenz von sogenannten Tagesströmen bewiesen, das heißt, von Strömen, die nur am Tageshimmel sichtbar sind und deshalb den anderen Beobachtungsmethoden prinzipiell unzugänglich sind. Die meisten dieser Ströme treten in den Monaten Mai und Juni auf.

Berichte von Amateurastronomen oder von Gruppen solcher, die systematische Meteorbeobachtungen gemacht und ihre Erfahrungen referiert haben, findet man in regelmäßigen Abständen in den Zeitschriften, zum Beispiel in „Sterne und Weltraum“ oder in „Blick ins All“, dem Mitteilungsblatt der Bayerischen Volkssternwarte e. V.

9.3.2 Feuerkugeln

Wenn der fallende Körper größere Dimensionen hat, dringt er tief genug in die Erdatmosphäre ein, daß eine Erhitzung der Außenfläche durch Reibung stattfindet. Es entstehen dann die glanzvollen Erscheinungen der Feuerkugeln. In vielen Fällen zerplatzt der Meteorit durch Hitze in mehrere Stücke. Wenn die Geschwindigkeit durch Reibung genügend gebremst ist, erlischt das Meteor, und die Bruchstücke fallen zur Erde.

Unter den aufgefundenen Meteoriten kann man die beiden Gruppen der Steinmeteorite und der Eisenmeteorite unterscheiden. Die letzteren bestehen fast ausschließlich aus Eisen, welches aber in den Steinmeteoriten nicht völlig fehlt.

Die Methoden und Probleme der Beobachtung sind bei Feuerkugeln im Prinzip die gleichen wie bei den schwächeren Meteoren; in der Praxis stellen die Seltenheit

Abb. 1. Meteoreisen von Cabin Creek, Arkansas, USA. Nach Berwerth [6]

und Unvorhersehbarkeit der Feuerkugeln noch größere Anforderungen an die Geduld des Beobachters beziehungsweise an die gütige Mithilfe des Zufalls. Daß man aber auch auf photographischem Weg zu Erfolgen kommen kann, beweist ein in [3] berichteter Fall der photographischen Registrierung einer Feuerkugel.

Ein besonderes Problem bei Beobachtungen von Feuerkugeln sind Schallerscheinungen, die manchmal auftreten. Je nach Lage des Beobachtungsorts relativ zur Meteorbahn und nach dem Zustand der Atmosphäre können sie ganz verschieden sein. Nähere Einzelheiten über dieses Thema findet man bei Knöfel [12]. In diesem Artikel ist auch darauf hingewiesen, daß Schallbeobachtungen bei Feuerkugeln an den Arbeitskreis Meteore, Neuer Garten 5, DDR-1500 Potsdam, zwecks zentraler wissenschaftlicher Auswertung gemeldet werden sollten.

Die Bruchstücke der Meteoriten, die oft viele Kilogramm wiegen, weisen nach außen eine stark geschwärzte und verkrustete Oberfläche auf. Aber nicht jeder Stein mit diesem Merkmal ist ein Meteorit! Im Einzelfall kann die Entscheidung, ob ein gefundenes Stück meteorischen Ursprungs ist, fast immer nur vom Fachmann getroffen werden. Ein charakteristisches Kennzeichen von metallischen Meteoriten sind die sogenannten Widmannstettenschen Figuren, die man nach dem Ätzen mit Säuren erhält. Aber es gibt auch Eisenmeteorite, die dieses Merkmal nicht aufweisen. Wegen näherer Einzelheiten muß auf die Fachliteratur, vor allem auf das Buch von Heide, „Kleine Meteoritenkunde" verwiesen werden [9]. Weitere nützliche Informationen, vor allem über neuere Forschungsresultate, findet man bei Hoppe [10].

9.4 Bahnbestimmung von Meteoren

Die räumliche Bahn ist in jedem Fall ursprünglich ein Kegelschnitt, dessen einer Brennpunkt in der Sonne liegt. Bei Annäherung an die Erde wird diese Bahn in eine Hyperbel umgewandelt, deren einer Brennpunkt der Erdmittelpunkt ist. Die Richtung der Bewegung muß sich naturgemäß der Zenitrichtung nähern, das heißt, das Meteor fällt steiler, als es ohne die Attraktion der Erde fallen würde. Die Richtung, aus der das Meteor kommt, oder anders ausgedrückt, sein Radiant, erleidet also eine sogenannte Zenitattraktion.

Von der hyperbolischen Bahn, deren einer Brennpunkt der Erdmittelpunkt ist, wird nur ein kleines Stück gesehen; dieses kann in allen praktisch vorkommenden Fällen als geradlinig betrachtet werden und bildet daher an der Sphäre ein Stück eines größten Kreises. Aufgabe der Bahnbestimmung ist es, aus Beobachtungen solcher Bahnstücke die räumliche Bahn zu rekonstruieren.

9.4.1 Die Bahn in der Atmosphäre

Zunächst müssen die geometrischen Bestimmungsstücke der Bewegung innerhalb der Atmosphäre ermittelt werden. Selbstverständlich können die Formeln hier nur referiert, aber nicht abgeleitet werden. Sie sind entnommen aus Bauschinger [4], wo sich auch die strenge mathematische Begründung findet. Es werden folgende Bezeichnungen eingeführt:

ϱ = Erdradius,
λ, φ = geographische Länge und Breite des Beobachters,
h, A = scheinbare Höhe und Azimut des Endpunktes der Bahn,
α, δ = Rektaszension und Deklination des Endpunktes,
α', δ' = Rektaszension und Deklination eines beliebigen anderen Punktes der Bahn,
z = lineare Höhe des Endpunktes über dem Erdboden,
A_0, D_0 = Rektaszension und Deklination des Radianten.

Für die Beobachtungen an jedem Beobachtungsort sind die Hilfsgrößen J, N, K und i zu berechnen nach den Formeln

$$\begin{aligned} \sin J \sin(\lambda - N) &= \sin A \sin\varphi \qquad & \tan i \sin(\alpha' - K) &= \tan\delta' \\ \sin J \cos(\lambda - N) &= \cos A & & \\ \cos J &= \sin A \cos\varphi \qquad & \tan i \cos(\alpha' - K) &= \frac{\tan\delta - \tan\delta' \cos(\alpha - \alpha')}{\sin(\alpha - \alpha')}. \end{aligned} \tag{1}$$

Dann sind die Unbekannten x, y, X und Y aus den Gleichungen

$$\begin{aligned} x \sin N \sin J - y \cos N \sin J + \cos J &= 0 \\ X \sin K \sin i - Y \cos K \sin i + \cos i &= 0 \end{aligned} \tag{2}$$

zu bestimmen. Wenn man zwei Beobachtungsorte zur Verfügung hat, kann man aus je zwei Gleichungen der Form (2) die Unbekannten streng berechnen; bei mehr als zwei, etwa bei n Beobachtungsorten, kann man die wahrscheinlichsten Werte der Unbekannten nach der Methode der kleinsten Quadrate ausrechnen.

Dann rechnet man die weiteren Formeln

$$\begin{aligned} \cot\chi \cos\eta &= x \qquad & \cot D_0 \cos A_0 &= X \\ \cot\chi \sin\eta &= y \qquad & \cot D_0 \sin A_0 &= Y, \end{aligned} \tag{3}$$

$$\sin^2\frac{s}{2} = \sin^2\frac{\varphi - \chi}{2} + \cos\varphi\cos\chi\sin^2\frac{\lambda - \eta}{2}, \quad z = 2\varrho\sin\frac{s}{2}\,\frac{\sin\left(h + \dfrac{s}{2}\right)}{\cos(h + s)}$$

und findet daraus die Koordinaten A_0, D_0 des Radianten und die Höhe z über dem Erdboden am Endpunkt der Bahn. Zur Berechnung der linearen Länge des Bahnstücks zwischen den beiden betrachteten Punkten gelangt man mittels der drei Hilfsgrößen σ, τ und d durch die Formeln

$$\begin{aligned} \cos\sigma &= \sin\delta\sin\delta' + \cos\delta\cos\delta'\cos(\alpha - \alpha') \\ \cos\tau &= -\sin D_0\sin\delta - \cos D_0\cos\delta\cos(A_0 - \alpha) \end{aligned} \tag{4}$$

$$(\varrho + z)^2 = \varrho^2 + d^2 + 2\varrho d\sin h, \qquad l = \frac{d\sin\sigma}{\sin(\sigma + \tau)}.$$

Schließlich ergibt sich die Geschwindigkeit in der Bahn als Quotient der erhaltenen Bahnlänge l durch die Zeitdauer, in der das Bahnstück durchlaufen wurde.

In vielen Fällen kann der Radiant ausreichend genau graphisch ermittelt werden. Man trägt die von zwei Beobachtungsorten aus gesehenen scheinbaren Bahnen in einer Sternkarte ein; der Punkt, an dem sich ihre rückwärtigen Verlängerungen schneiden, ist der Radiant.

9.4.2 Die Bahn im Raum

Die unmittelbar beobachteten Größen über die Bewegung des Meteors in der Atmosphäre beziehen sich auf diejenige Bahn, die unter dem zusätzlichen Einfluß der Erdattraktion beschrieben wird. Aus ihr muß die räumliche Bahn ermittelt werden, die das Meteor ursprünglich, das heißt, in weiter Entfernung von der Erde hatte.

Es sind im wesentlichen zwei Einflüsse zu berücksichtigen, nämlich eine Hebung des scheinbaren Radianten infolge der Zenitattraktion und eine Vergrößerung der linearen Geschwindigkeit. Die außerdem vorhandene Verschiebung des Radianten durch die tägliche Aberration ist fast immer vernachlässigbar klein.

Auch hier können die zuständigen Formeln nur ohne Beweis referiert werden. Eine ausführliche Ableitung findet sich in dem Buch von Porter [5]. Es werden folgende Definitionen eingeführt:

V = Geschwindigkeit des Meteors in seiner ursprünglichen Bahn,
V_1 = ursprüngliche Geschwindigkeit des Meteors relativ zur Erde,
V_E = Geschwindigkeit der Erde in ihrer Bahn,
V_2 = beobachtete Geschwindigkeit des Meteors in der Atmosphäre.

Aus den Regeln der Himmelsmechanik findet man, daß stets

$$V_1^2 = V_2^2 - 125 \quad (V_1 \text{ und } V_2 \text{ in km s}^{-1})$$

ist; daraus kann V_1 gefunden werden. Mit Hilfe des gefundenen Wertes kann man den Betrag der Zenitattraktion des Radianten

$$\tan\frac{1}{2}\Delta\zeta = \frac{V_2 - V_1}{V_2 + V_1}\tan\frac{1}{2}\zeta$$

ableiten; um diesen Betrag $\Delta\zeta$ muß die beobachtete Zenitdistanz ζ des Radianten vergrößert werden.

Der so korrigierte Radiant ist aber noch immer nur ein scheinbarer Radiant, weil er der Richtung der Bewegung des Meteors relativ zur Erde, nicht aber der Richtung der absoluten Bewegung des Meteors entspricht. Bezüglich der Bestimmung des wahren Radianten muß auf das Buch von Porter [5] verwiesen werden. Für die Bestimmung der ursprünglichen Geschwindigkeit V des Meteors kann noch die einfache Formel

$$V^2 = V_1^2 + V_E^2 - 2\,V_1\,V_E \cos\beta \cos(\lambda - \lambda_A)$$

benutzt werden, in welcher λ, β die ekliptikalen Koordinaten des wegen Zenitattraktion korrigierten scheinbaren Radianten sind, während λ_A die ekliptikale Länge des Apex ist; sie ist mit der ekliptikalen Länge der Sonne $\lambda_\odot$ durch den Ausdruck

$$\lambda_A = \lambda_\odot - 90^\circ + 57'.6 \sin(\lambda_\odot - 102^\circ.2)$$

verbunden.

Die so gefundene heliozentrische Geschwindigkeit des Meteors liefert die große Halbachse seiner Bahn. Nach den Gesetzen der Himmelsmechanik ist

$$V^2 = k^2\left(\frac{2}{r} - \frac{1}{a}\right),$$

so daß a aus V berechnet werden kann; r ist die Entfernung Erde–Sonne, die mit großer Genauigkeit als konstant betrachtet werden darf. Gibt man r und a in astronomischen Einheiten an und setzt $k^2 = 1$, dann erhält man V in Einheiten der mittleren Erdgeschwindigkeit V_E, welche gleich 29,8 $\mathrm{km\,s^{-1}}$ ist. Diese Formel ergibt die auf Seite 292 erwähnte Geschwindigkeit von $\sqrt{2}\,V_E = 42\ \mathrm{km\,s^{-1}}$ im parabolischen Grenzfall ($a = \infty$).

Ein numerisches Beispiel einer Bahnbestimmung ist von Schmitz [7] publiziert worden. Hinweise für das anschauliche Verständnis der Bahnen von Meteorströmen und deren Ursprungskometen gibt Zeuner [15].

9.5 Literatur

1 Sterne und Weltraum *14,* 247 (1975)
2 Becker, M.: Sterne und Weltraum *15,* 76 und 199 (1976)
3 Sky and Telescope *52,* 391 (1976)
4 Bauschinger, J.: Die Bahnbestimmung der Himmelskörper, 2. Aufl. Leipzig 1928, S. 587
5 Porter, J. G.: Comets and meteor streams. London 1952, p. 81
6 Berwerth: Ann. naturhist. Hofmuseum Wien 1913
7 Schmitz, B.: Sterne und Weltraum *18,* 9 (1979)
8 Hapgood, M.; Rothwell, F.; Royrwik, O.: Monthly Notices of the Royal Astronomical Society *201,* 569 (1982)
9 Heide, F.: Kleine Meteoritenkunde. Berlin 1934
10 Hoppe, G.: Die Sterne *58,* 352 (1982)
11 Hughes, D. W.: Vistas in Astronomy *26,* 325 (1982)
12 Knöfel, A.: Die Sterne *61,* 356 (1985)
13 Lovell, A. C. B.: Meteor astronomy. Oxford 1954
14 Schippke, W.: Sterne und Weltraum *20,* 287 (1981)
15 Zeuner, H.: Sterne und Weltraum *23,* 256 (1984)

10 Leuchtende Nachtwolken, Polarlichter, Zodiakallicht

Ch. Leinert

Diese ausgedehnten Himmelserscheinungen nehmen im Zusammenhang des vorliegenden Buches eine Sonderstellung ein. Einerseits sind sie mit bloßem Auge zu beobachten und vermitteln durch ihre Schönheit ein elementares Erlebnis; sie gut gesehen oder photographiert zu haben zählt. Andererseits sind sie in unseren Breiten nur ungünstig oder nur sehr selten zu beobachten. Dazu sind zu ihrer Untersuchung im wesentlichen Methoden der Weltraumforschung notwendig, die dem Amateur in der Regel nicht zugänglich sind. Deshalb werde ich im folgenden den Schwerpunkt auf eine Beschreibung und – soweit möglich – Erklärung der Erscheinungen legen. Die im Titel eingeschlagene Reihenfolge hat zwar eine leicht erkennbare Richtung: von einem atmosphärischen über ein in Ionosphäre und Magnetosphäre verankertes zu einem interplanetaren Phänomen. Die Erscheinungen und ihre physikalischen Bedingungen sind aber so verschieden, daß es sich im Grunde um unabhängige Kapitel handelt. Sie können durchaus einzeln gelesen oder benutzt werden.

10.1 Leuchtende Nachtwolken

An späten Sommerabenden, im Zeitraum zwischen Ende der bürgerlichen und der astronomischen Dämmerung, erscheinen in höheren geographischen Breiten gelegentlich über dem nördlichen Horizont zirrenartige helle silbrig-weiße Wolken (Abb. 1 bis 3). Ihr spätes Auftreten hat ihnen den Namen „Leuchtende Nachtwolken“ (engl. notilucent clouds) eingebracht, was leicht irreführend ist, denn während der eigentlichen Nacht sind sie nicht zu sehen. Diese zarten Gebilde, die das Licht dahinter stehender Sterne noch nicht einmal um ein Prozent abschwächen, stellen die mit Abstand höchsten auf der Erde vorkommenden Wolken dar.

10.1.1 Frühe Beobachtungen

Ihre Entdeckung am 8. Juni 1885 durch T. W. Backhouse in Kissingen fällt nicht ganz zufällig in die Zeit nach dem großen Ausbruch des Vulkans Krakatau. Der damals (1883) in die Stratosphäre geschleuderte Staub verteilte sich in Wochen um den Erdball und sorgte auch in Europa für außergewöhnlich helle und farbige Dämmerungserscheinungen, worauf verstärkt Beobachtungen des Himmels durchgeführt wurden. Die schon im Jahr der Entdeckung sowohl von Otto Jesse (Berlin) wie von Tseraskii (Rußland) begonnenen systematischen Untersuchungen bestimmten unter

Abb. 1. Leuchtende Nachtwolken über Stockholm am 20. Juli 1966 um 0h55 MEZ. Aufgenommen mit 1 s Belichtungszeit und Öffnungsverhältnis *F*/1,8 auf AGFA CT 18. (Mit freundlicher Genehmigung von Nathan Wilhelm, Stockholm)

Abb. 2. Leuchtende Nachtwolken in Form von Schleiern, aufgenommen am 14. Juli 1986 in Südschweden. (Mit freundlicher Genehmigung von Nathan Wilhelm, Stockholm)

Abb. 3. Leuchtende Nachtwolken mit Wellenstrukturen über Edinburgh, aufgenommen am 23./24. Juli 1986. (Mit freundlicher Genehmigung von David Gavine, Edinburgh)

anderem die Höhe der Leuchtenden Nachtwolken aus gleichzeitigen Beobachtungen derselben Erscheinung von verschiedenen Orten. Aus den parallaktischen Verschiebungen ergab sich der verblüffend große Wert von 75 km, eine Höhe, in welcher der Atmosphärendruck nur noch 0,001 % des Oberflächenwerts beträgt und in der man daher keinesfalls mehr meteorologische Erscheinungen erwartet hätte. Man erkannte sehr bald, daß Leuchtende Nachtwolken auf der Nord- wie der Südhalbkugel der Erde nur im jeweiligen Sommer vorkommen, daß es sich bei ihrem Licht um reflektiertes Sonnenlicht handeln muß, aber auch, daß noch viele Beobachtungen nötig sein würden, wenn man die Erscheinung verstehen wollte. So veröffentlichte Jesse [1] bereits im Jahre 1886 in den Astronomischen Nachrichten einen Aufruf an alle Astronomen, sich mit Beobachtungen an der Untersuchung dieser „glänzenden Himmelserscheinung“ zu beteiligen, und tatsächlich sind bis in die Gegenwart die Leuchtenden Nachtwolken Gegenstand der Forschung geblieben [2, 3, 4].

10.1.2 Charakteristische Eigenschaften

Heute gibt man die mittlere Höhe der Leuchtenden Nachtwolken mit etwa 82 km an. Im Verhältnis zu ihrer Ausdehnung von 100 bis 1000 km ist ihre Dicke von 0,5 bis 2 km außergewöhnlich gering. Sie entstehen, wie die Höhenbestimmungen zeigen, in der sogenannten Mesopause, der kältesten Schicht der Erdatmosphäre (vgl. Abb. 8). Sie sind recht vergänglich, überdauern meist nur einige Stunden, gelegentlich auch wenige Tage. Die Wolken bestehen aus Teilchen von etwa 0,2 µm Durchmesser. Solch kleine Teilchen streuen kurzwelliges Licht viel stärker als langwelliges, was die bläulich-weiße Farbe der Leuchtenden Nachtwolken erklärt. Die Dichte der Wolken ist mit 0,1–10 Teilchen/cm^3 aber viel zu gering, um durchgehendes Licht merklich zu schwächen: die optische Dicke bei senkrechter Durchsicht beträgt im Visuellen nur 10^{-3} bis 10^{-5}. Die Temperatur der Wolken liegt bei 135 K (– 140 °C). Es besteht Einigkeit darüber, daß die Teilchen überwiegend aus Eis bestehen und sich am Ort der Wolken selbst durch Kondensation bilden. Eine direkte Bestimmung ihrer Zusammensetzung steht noch aus. Die bisher durchgeführten Raketenexperimente haben in dieser Frage keine endgültige Klarheit gebracht, obwohl sie darauf hinweisen, daß Teilchen der erwarteten Größe aus flüchtigem Material vorhanden sein müssen [4]. Deshalb ist auch noch offen, welcher Art die Kondensationskeime sind, an denen das Wachstum der Eisteilchen ansetzt. Die Wolken sind nicht stabil. Die Eisteilchen sinken, während sie noch wachsen, mit einigen cm/s ab, so daß sie nach etwa einem Tag wärmere Schichten erreichen, wo sie verdampfen. Dies erklärt einen Teil ihrer Veränderlichkeit, zu der aber wesentlich auch Winde beitragen, die zu Bewegungen der Wolken von bis zu 100 m/s führen. Die einzelnen in den Leuchtenden Nachtwolken sichtbaren Strukturen und Wellen haben Größen von 1 bis 10 km. Die meisten Erscheinungen sind nicht sehr auffällig (insofern sind Abb. 1 bis 3 untypisch), doch können Leuchtende Nachtwolken so hell sein, daß sie Schatten werfen und Großgedrucktes im Freien zu lesen ist. Einen sehr guten und ausführlichen Überblick über die Beobachtungsbefunde geben Fogle und Haurwitz [3].

10.1.3 Typeneinteilung

Nach ihrem Erscheinungsbild teilt man die Leuchtenden Nachtwolken in vier Typen ein: Schleier (Typ 1), Bänder (Typ 2), Wellen (Typ 3), Wirbel (Typ 4). Diese Bezeichnungen sind so anschaulich, daß sie nicht systematisch erläutert werden müssen. Eine Erscheinung zeigt meist gleichzeitig mehrere der typischen Formen, zum Beispiel liegen oft Wellen wie Fischgräten quer zu den Bändern. Von unseren Beispielen dominieren in Abbildung 1 die Bänder, in Abbildung 2 die Schleier, während Abbildung 3 zusätzlich einige Wellen zeigt. Schleier sind die einfachste Form der Leuchtenden Nachtwolken. Sie treten häufig zuerst auf, ehe etwa eine halbe Stunde später sich deutliche Konturen bilden. – Zur Orientierung in der englischsprachigen Literatur seien noch die entsprechenden Typenbezeichnungen genannt: veils, bands, billows, whirls.

10.1.4 Sichtbarkeit

Wer Leuchtende Nachtwolken sehen will, muß zur rechen Zeit am rechten Ort sein. Das hat sowohl mit der Bildung dieser Wolken wie mit der Geometrie der Beobachtung zu tun.

Die geometrischen Verhältnisse sind in Abbildung 4 dargestellt. Die Leuchtenden Nachtwolken sind viel zu schwach, als daß sie bei Tag zu sehen wären. Erst in der Dämmerung, wenn die Sonne mindestens 6° unter dem Horizont steht, heben sie sich

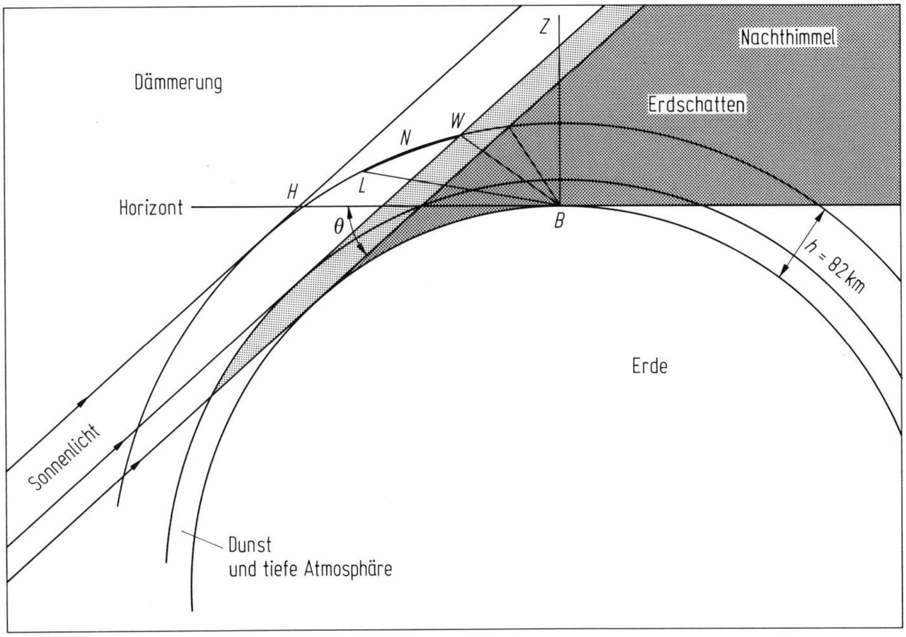

Abb. 4. Geometrie der Beobachtung Leuchtender Nachtwolken. *B* Beobachter, *Z* Zenith, *W* Beginn der Abschattung der Wolkenschicht durch Dunst und tiefe Atmosphäre, θ Tiefe der Sonne unter dem Horizont, *LNW* Bereich, in dem Leuchtende Nachtwolken sichtbar werden können

erkennbar gegen den nun dunkleren Himmel ab. Längs des Bogens HNW, der sich zu Beginn noch bis über den Zenit des Beobachters erstrecken kann, können also im Prinzip Leuchtende Nachtwolken erscheinen. Unterhalb des Punktes *L* ist der Himmel aber noch zu sehr aufgehellt, so daß der Bogen LNW übrigbleibt. Dieser Bereich zieht sich mit absinkender Sonne immer mehr zum Horizont zurück, bis bei einem Stand der Sonne von 16° unter dem Horizont kein Sonnenlicht mehr die Schicht der Leuchtenden Nachtwolken erreichen kann. Die günstigsten Voraussetzungen – bereits recht dunkler Himmel und noch recht großer Sichtbarkeitsbereich – ergeben sich, wenn die Sonne 9° bis 14° unter dem Horizont steht. Die Wolken, die man sieht, befinden sich dann in einigen hundert Kilometer Entfernung.

Die Sichtbarkeit Leuchtender Nachtwolken hängt stark von der geographischen Breite ab. Nördlich von 77° (Grönland) und südlich von 42° (Staat New York) sind sie noch nie gesehen worden. Wie Abbildung 5 zeigt, bestehen gute Aussichten, eine leuchtende Nachtwolke zu sehen, erst bei Breiten > 50°. Die tatsächlichen Beobachtungen nehmen dann weiter nach Norden hin zunächst deutlich zu, ein Hinweis auf den Zusammenhang der Erscheinung mit der Polarregion. Der starke Abfall in der Beobachtungshäufigkeit nördlich von 65° hat damit zu tun, daß hier die Beobachtungsbedingungen ungünstiger werden. Denn wie lange die tägliche Zeit der Sichtbarkeit dauert, hängt ebenfalls stark vom Ort ab. Abbildung 6 zeigt, daß man bei 55° nördlicher Breite (z. B. in Südschweden oder im nördlichen Schottland) mit bis

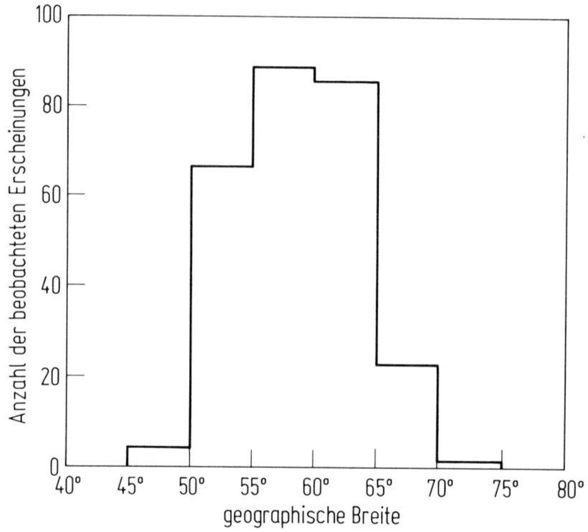

Abb. 5. Häufigkeit der über Nordamerika bis 1965 beobachteten Leuchtenden Nachtwolken, nach geographischer Breite aufgeschlüsselt

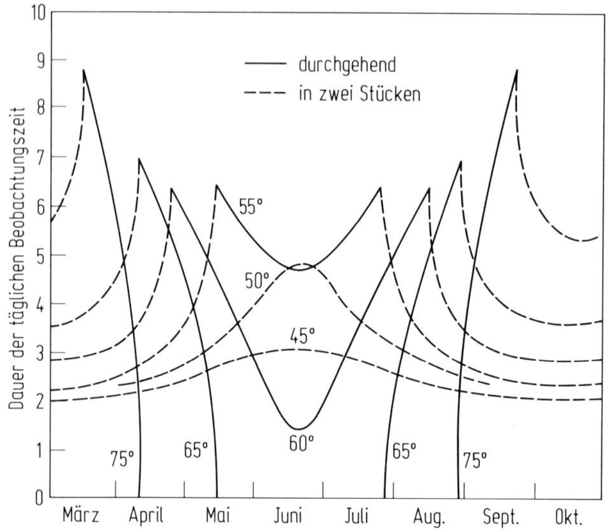

Abb. 6. Zahl der Stunden pro Nacht, in denen der Sonnenstand eine Beobachtung von Leuchtenden Nachtwolken erlaubt. Sinkt die Sonne nachts weniger als 16° unter den Horizont, verschmelzen die Zeiten der abendlichen und morgendlichen Beobachtbarkeit in eine durchgehende

zu sechs Stunden Dämmerungszeit rechnen kann, in der Leuchtende Nachtwolken auftreten können, während in hohen Breiten wegen der Mitternachtssonne während des Sommers überhaupt keine Beobachtungen möglich sind. Im allgemeinen ist jedoch die Sichtbarkeit am günstigsten in den Sommermonaten. Das ist ein Glücksfall, denn dies ist gerade die Zeit, in der die Leuchtenden Nachtwolken auftreten, wie Abbildung 7 zeigt. In der ersten Julihälfte kann man in 55° bis 60° nördlicher Breite

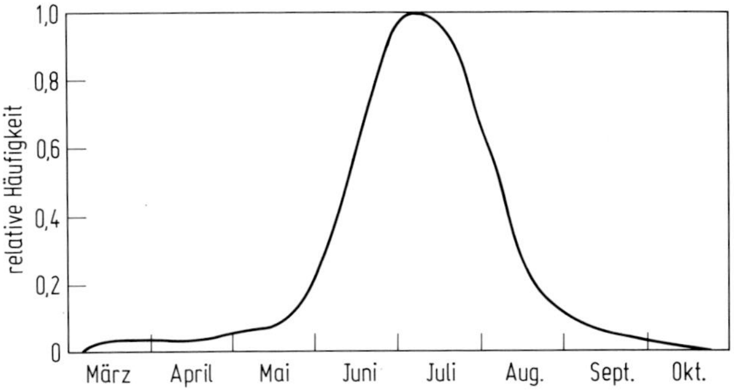

Abb. 7. Häufigkeit der Beobachtung von Leuchtenden Nachtwolken zu verschiedenen Jahreszeiten auf der Nordhalbkugel. Das Maximum Anfang Juli ist auf 1 normiert

in mehr als der Hälfte der klaren Nächte damit rechnen, Leuchtende Nachtwolken zu sehen. Im Winterhalbjahr treten sie nicht auf. Diese Beziehungen gelten entsprechend auch für Beobachtungen von der Südhalbkugel aus.

Leuchtende Nachtwolken dürfen nicht mit den ebenfalls seltenen „Perlmuttwolken“ verwechselt werden. Diese treten ebenfalls in hohen Breiten, aber im Winter und in deutlich geringerer Höhe von 20 bis 30 km auf. Sie haben eine viel kompaktere, eher linsenförmige Gestalt.

10.1.5 Entstehung

Der Schlüssel zum Verständnis der Leuchtenden Nachtwolken liegt in der Temperaturverteilung der Atmosphäre (Abb. 8). Die tiefste Temperatur stellt sich in etwa 80 km Höhe ein. Diese Schicht, die Mesopause, ist gerade der Ort, an dem Leuchtende Nachtwolken entstehen. Zwischen 1956 und 1958, im sogenannten Internationalen Geophysikalischen Jahr wurde die Temperatur der Mesopause durch eine Reihe von Raketenexperimenten genauer bestimmt. Dabei zeigte sich, daß zum Beispiel über dem Startplatz Fort Churchill (Kanada, 59° N) die Temperatur der Mesopause von durchschnittlich 230 K (– 43 °C) im Winterhalbjahr auf durchschnittlich 170 K (– 103 °C) im Sommer fiel und sogar häufig unter 140 K absank [3]. Bei diesen zuletzt genannten Temperaturen ist der Wasserdampf bis zu 100fach übersättigt und kondensiert rasch, wenn nur pro Kubikzentimeter einige Dutzend Keime in der Größe von mindestens 10 Å vorhanden sind. Zunächst war man der Meinung, daß dafür Mikrometeroriten in Frage kämen. G. Witt zeigte aber mit einem Raketenexperiment, daß ihre Häufigkeit im Bereich der Mesopause viel zu gering ist. Er schlug statt dessen 1969 große Molekül-Ionen der Art $H^+(H_2O)_n$ ($n \geqq 10$) als Kondensationskeime vor. 1980 wiesen dann D. M. Hunten, R. P. Turco und O. B. Toon darauf hin, daß dafür auch die feinsten, plastisch „Rauch“ genannten Staubteilchen in Frage kommen, die sich beim Verdampfen der äußeren Schichten von Meteoriten bilden, wenn diese mit hoher Geschwindigkeit in die Erdatmosphäre einfallen. Die Kondensation an diesem „Rauch“ würde so rasch verlaufen, daß die Eisteilchen auf einige Zehntel Mikrometer anwachsen können, ehe sie aus der kalten Zone absinken und

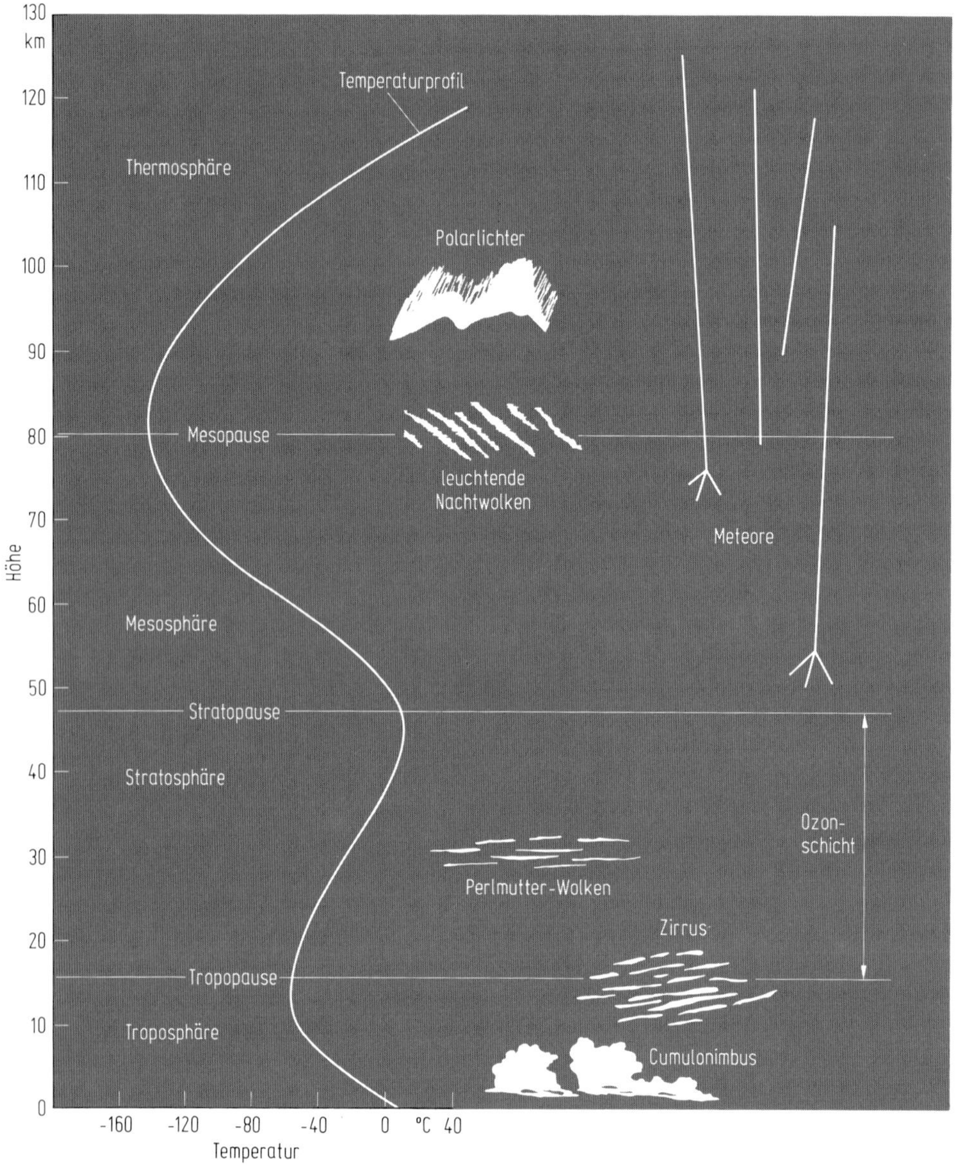

Abb. 8. Der Ort der Leuchtenden Nachtwolken in der Atmosphäre. Entsprechend dem jeweiligen Temperaturverlauf ist die Atmosphäre in vier Zonen eingeteilt: In der Troposphäre und der Mesosphäre sinkt die Temperatur mit zunehmender Höhe, in Stratosphäre und Thermosphäre ist es umgekehrt. Die Trennschichten werden als „Pause" bezeichnet. Die tiefsten Temperaturen treten in der Mesopause auf, innerhalb der Mesopause wiederum im Sommer in den Polarregionen

wieder verdampfen; und die Menge des Wasserdampfs, in der Höhe der Mesopause wenige Millionstel der Gesamtatmosphäre, reicht gerade aus, daß Leuchtende Nachtwolken der beobachteten Dichte entstehen können. Ein leichter Aufwind von 1 cm/s oder Turbulenzen dieser Stärke würden die Lebensdauer der Wolken auf über einen Tag anwachsen lassen [5]. So ergibt sich schon ein ziemlich vollständiges Bild ihrer Entstehung, obwohl die Vorgänge im einzelnen noch diskutiert werden. Interessant ist dabei der Zusammenhang mit anderen Abläufen in der Atmosphäre. Zum Beispiel würden die „Rauch"-Teilchen sich negativ aufladen und, wenn sie so zahlreich sind wie angenommen, in verschiedenen chemischen Reaktionen der Atmosphäre bis hin zum Ozonhaushalt eine Rolle spielen können. Wenn aber der Entstehungsmechanismus der Leuchtenden Nachtwolken so allgemein ist, warum sind sie dann solch einzelne, flüchtige Ereignisse? Die Antwort ist, daß dieser Eindruck wahrscheinlich auf einer optischen Täuschung beruht.

10.1.6 Größerer Zusammenhang

Satellitenmessungen der siebziger wie der achtziger Jahre (Orbiting Geophysical Observatory OGO-6 [4] bzw. Solar Mesophere Explorer [6]) haben gezeigt, daß im Sommerhalbjahr die jeweiligen Polkappen der Erde häufig von einer feinen Wolkenschicht in großer Höhe überzogen sind. Die Häufigkeit, mit der diese Schicht anzutreffen war, nahm stark mit der geographischen Breite zu, von 20 % bei 55° über 40 % bei 65° zu 80 % bei 75°, so daß es sich in der Polgegend um eine permanente Erscheinung handeln mag. Die Höhe (82 km) und Dicke der Wolkenschicht (< 3,5 km) sowie die Teilchengröße von maximal 0,14 µm und Dichte von etwa 100 Teilchen/cm^3 [6] stimmen so gut mit den Werten für Leuchtende Nachtwolken überein, daß es sich wahrscheinlich um ein und dieselbe Erscheinung handelt. Die Leuchtenden Nachtwolken wären dann nichts weiter als der uns sichtbar werdende ausgefranste Rand der sommerlichen mesosphärischen Polkappen. Das eigentliche Phänomen bliebe dem irdischen Beobachter in der Helligkeit der Weißen Nächte und der Mitternachtssonne verborgen.

10.1.7 Zukünftige Beobachtungen

Um diese Zusammenhänge zu belegen und die dazugehörigen atmosphärischen Vorgänge zu verstehen, wird für die neunziger Jahre unter dem Namen Super-CAMP (*C*old *A*rctic *M*esopause *P*roject) ein groß angelegtes Programm geplant, das Messungen von Flugzeugen, Raketen und Satelliten einschließt. Kann unter diesen Umständen der Laie noch etwas beitragen? Ich denke ja, denn jedes mit Zeit, Ort und Richtung der Aufnahme ergänzte Bild einer Leuchtenden Nachtwolke dokumentiert das Vorliegen der besonderen Umstände, die zur Bildung von Eisteilchen in der Mesopause nötig sind. Solche Beobachtungen, die systematisch über lange Zeit vorgenommen werden, können eine sinnvolle Ergänzung der professionellen Forschung darstellen, die gezielt zu bestimmten Zeiten oder an bestimmten Orten sehr viel tiefergehende Untersuchungen ausführt.

Die Sammlung solcher Aufnahmen hat die British Astronomical Association übernommen. Wer mitmachen möchte, wende sich dafür an Dr. David Gavine, 20 Coillesdene Crescent, Joppa, Edinburgh EH15 2JJ, Schottland, der über die Art der erwünschten Beobachtungen informiert und Beobachtungsberichte sammelt. Das wertvollste Motiv für eigene Beobachtungen ist aber sicher das persönliche Interesse an diesen faszinierenden Erscheinungen.

10.1.8 Zu den Literaturangaben

Einen sehr schönen, leicht lesbaren Bericht zum Thema gibt McDonnell [7]. Eine verständliche Zusammenstellung der Fakten findet man in [3], den Anschluß an die Fachliteratur in [4] sowie in den dort noch nicht berücksichtigten Arbeiten [5] und [6].

10.2 Polarlicht

Nach den Berichten zahlreicher Beobachter ist dieses sporadisch auftretende Ereignis die prächtigste Erscheinung, die man mit bloßem Auge am Nachthimmel erleben kann. Seine Farbigkeit und sein Formenreichtum sind in den Abbildungen 9 bis 11 angedeutet, die naturgemäß aber seine ausgeprägte Veränderlichkeit und oft raschen Bewegungen nicht wiedergeben können. Daß es bevorzugt in menschenarmen Gegenden zur Winterszeit zu sehen ist, unterstreicht den besonderen Charakter und trägt zur Stärke des Eindrucks bei. Die Dauer der Erscheinung beträgt meist ein bis zwei Stunden. Wie der Name sagt, tritt es überwiegend in hohen Breiten auf. In Deutschland, insbesondere in seinen südlichen Gebieten, ist es nur sehr selten zu beobachten. Insgesamt hat zum Beispiel Wilfried Schröder bei einer Zusammenstellung für den Zeitraum 1880 bis 1964 für ein durchschnittliches Jahr nur zwei Berichte über Beobachtungen gefunden. Dabei trat die Erscheinung in zwölf Jahren mehr als zehnmal, in 27 Jahren aber überhaupt nicht auf. Das typische Aussehen eines Polarlichts in mittleren Breiten ist allerdings anders als in Abbildung 9 und 10 gezeigt; die Leuchterscheinung ist diffuser, und die Farbe Rot dominiert. Das Polarlicht (engl. „aurora") tritt in gleicher Weise, oft sogar gleichzeitig, in den nördlichen und südlichen Polarregionen auf. Aus diesem Grunde werde ich den älteren, anschaulichen und ebenfalls gebräuchlichen Namen „Nordlicht" im folgenden nicht verwenden.

10.2.1 Erklärung

Die Versuche, das Polarlicht zu erklären, sind vielfältig und so alt wie die überlieferten Beobachtungen der Erscheinung, die bis in die Antike zurückgehen [8, 9]. Im Zusammenhang unseres Kapitels ist die 1708 vom Schweden Suno Arnelius vertretene Theorie von Interesse, die erste wissenschaftliche Arbeit eines Skandinaviers zu diesem Thema. Er hielt das Polarlicht für reflektiertes Sonnenlicht, reflektiert an hoch in der Atmosphäre schwebenden Eisteilchen. Wir haben dies in Abschnitt 10.1 als Erklärung der Leuchtenden Nachtwolken kennengelernt.

Abb. 9. Spiralförmiges Polarlicht, aufgenommen am 17./18. Februar 1985 in Kiruna, Schweden. Im Vordergrund sieht man die Lichter der Stadt, im Hintergrund verdeckt ein Wolkenband den Ausläufer des Polarlichts, darüber links am Bildrand ist der Mond zu sehen, Belichtungszeit: 10 s bei Öffnungsverhältnis *f*/2 und 24 DIN. (Mit freundlicher Genehmigung von Jacek Stegman, Stockholm)

Abb. 10. Polarlicht mit deutlicher Strahlenstruktur. Die Strahlen sind wegen ihrer meist raschen Bewegungen photographisch nicht einfach zu erfassen. (Mit freundlicher Genehmigung von Klaus Rinnert, Lindau/Harz)

Abb. 11. Polarlichtbogen über der mondbeschienenen Erde in der Gegend des südlichen Wendekreises. Der Horizont scheint doppelt zu sein. Die obere, gelbliche Linie kommt durch das Leuchten der hohen Atmosphäre, das „Airglow" in 90 bis 100 km Höhe, zustande. Der etwa 1000 km lange Polarlichtbogen liegt sichtbar höher und nimmt in seinen höchsten Bereichen eine rote Färbung an. Sterne sind bis nahe an den wahren Erdhorizont zu sehen. Die Aufnahme wurde auf Spacelab 3 von Don L. Lind gewonnen. (Photo: NASA)

Für das heutige Verständnis ist die Beobachtung wesentlich, daß mit dem Auftreten von Polarlichtern stets Störungen des Erdmagnetfelds gekoppelt sind, zum Beispiel Mißweisungen der Kompaßnadel von bis zu 10°. Die dafür verantwortlichen Ströme von bis zu einer Million Ampere fließen aber nicht nur in der Ionosphäre, sondern auch längs der Feldlinien des Erdmagnetfelds zwischen der äußeren Magnetosphäre und der Ionosphäre. Abbildung 12 veranschaulicht, wie ein solcher Stromkreis aussehen könnte. Die Existenz solcher feldparalleler Ströme, die bereits 1908 vom norwegischen Forscher Kristian Birkeland gefordert worden war, wurde allerdings erst allgemein anerkannt, als es gelungen war, sie mit Hilfe von Satellitenmessungen direkt nachzuweisen. Der Stromfluß alleine genügte freilich noch nicht, um ein Nordlicht hervorzurufen. Dazu sind besondere Umstände notwendig, die dazu führen, daß innerhalb dieses Stromkreises in einer Höhe von einigen tausend Kilometern Elektronen und Ionen sehr stark beschleunigt werden, bis auf Energien von etwa 10 keV. Wo der Strom nach außen gerichtet ist, die Elektronen also nach unten laufen, dringen sie bis auf etwa 100 km in die Atmosphäre ein, ionisieren dabei die vorhandenen Atome und Moleküle der hohen Atmosphäre und regen sie zum Leuchten an, welches wir als Polarlicht sehen.

Dieser Ablauf wird gerne mit den Vorgängen in einer Fernsehröhre verglichen. Der Schirm zeigt das Bild, erzeugt wird es aber durch einen auf Energien über 20 keV

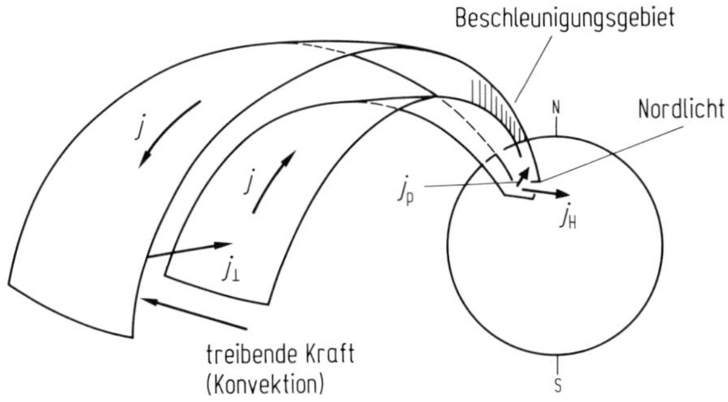

Abb. 12. Geometrie des durch Magnetosphäre und Ionosphäre gebildeten Stromkreises. Die feldparallelen Ströme werden zum Stromkreis ergänzt durch einen senkrecht zum Magnetfeld gerichteten Strom in der Magnetosphäre und den „Pedersenstrom" j_P in der Ionosphäre. Dort entsteht dabei noch ein weiterer, senkrecht zu j_P gerichteter Strom. Ein Polarlicht kann sich unter der nördlichen Stromschicht bilden

beschleunigten Elektronenstrahl, der in einigem Abstand vom Bildschirm abgelenkt und in seiner Intensität moduliert wird. Im Falle des Polarlichts finden Formung und Veränderung des Bildes in dem mehrere tausend Kilometer hoch liegenden Beschleunigungsgebiet statt. Die Hochatmosphäre spiegelt mit ihrem Leuchten lediglich die komplexen Strukturen und Änderungen jenes Gebiets wider. Als Teil des Stromkreises kann sie aber auf die anderen Gebiete zurückwirken, wodurch das „Programm" geändert und zum Beispiel Pulsationen ausgelöst werden können. Die häufig sichtbaren Strahlen kommen daher, daß die Elektronen als geladene Teilchen gezwungen sind, den Linien des Erdmagnetfelds zu folgen. Auch die auffällige Blattstruktur von Polarlichterscheinungen hat damit zu tun.

Auf die Frage nach den Ursachen für die Entstehung eines Polarlichts kommen wir nach einer Beschreibung seiner Eigenschaften zurück.

10.2.2 Erscheinungsformen

Im Bemühen um eine vollständige Klassifizierung der vielfältigen Erscheinungen erschien 1963 „The International Auroral Atlas" [10]. Da die Bedeutung visueller Beobachtungen für die Polarlichtforschung seither stetig abgenommen hat, genügt die folgende vereinfachte Einteilung nach Formen und Färbung (die englischen Bezeichnungen sind jeweils in Klammern angefügt).

Ein diffuses Leuchten nennt man je nach Größe der Fläche Fleck (patch) oder Schleier (veil). Die ausgeprägteren Formen sind in Abbildung 13 zusammengestellt. Unter diesen sind die homogenen Bögen und Bänder die ruhigsten Erscheinungen, während die anderen größere Helligkeitsschwankungen und raschere Bewegungen zeigen. Während einer Polarlichterscheinung können mehrere der genannten Formen gleichzeitig auftreten oder ineinander übergehen.

Die wichtigsten Färbungen sind in Tabelle 1 zusammengestellt, wobei die grünlich-weißen Erscheinungen den Normalfall darstellen. Der Zusammenhang zwischen Farbe und Höhe des Polarlichts wird aus dem Spektrum verständlich.

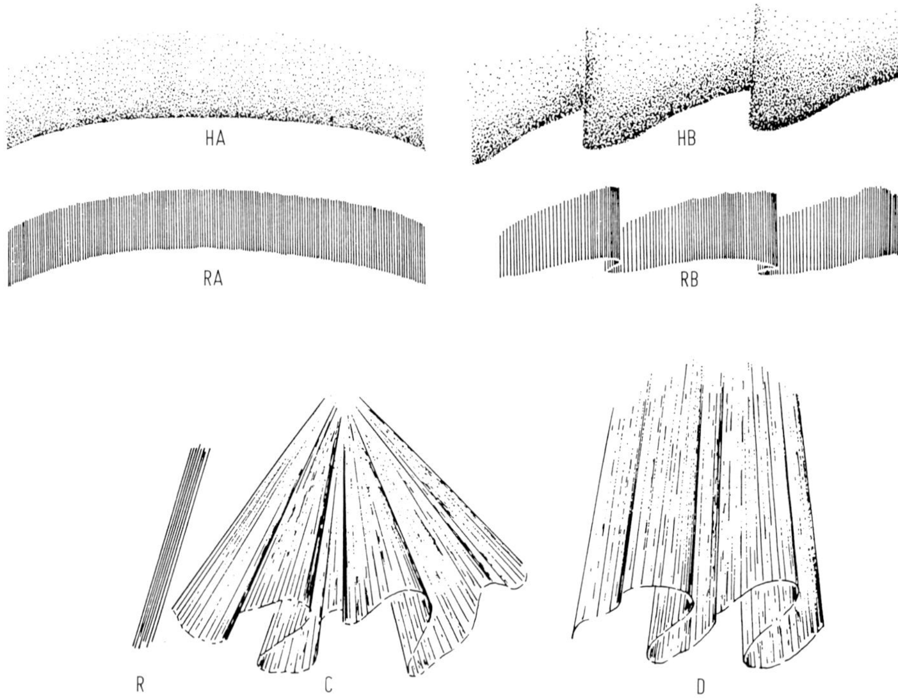

Abb. 13. Typische Formen des Polarlichts: Homogener Bogen (*HA* homogeneous arc), Strahlenbogen (*RA* rayed arc), Homogenes Band (*HB* homogeneous band), Strahlenband (*RB* rayed band); Strahlen (*R* rays), Strahlenkrone (*C* corona), Vorhang beziehungsweise Draperie (*D* drapery)

Tabelle 1. Einteilung der Polarlichter nach Färbung

Typ	Beschreibung	Untergrenze
A	rot	250 km
B	roter unterer Saum	80–100 km
C	grün oder weißlich	100–110 km

10.2.3 Spektrum, Farbe und Helligkeit

Die häufigsten Bestandteile der Hochatmosphäre sind atomarer Sauerstoff, molekularer Stickstoff und molekularer Sauerstoff. Die ersten beiden bestimmen im wesentlichen das Spektrum des Polarlichts (vgl. Abb. 14). Die Anregung der Atome und Moleküle erfolgt nicht in einem Schritt. Die einfallenden Elektronen geben ihre Energie ab, indem sie Sauerstoff und Stickstoff ionisieren und Sekundärelektronen erzeugen, die wiederum ionisieren können. Die Ionen können ihre Ladung mit anderen Molekülen tauschen oder durch Einfang eines Elektrons neutralisieren. Die An-

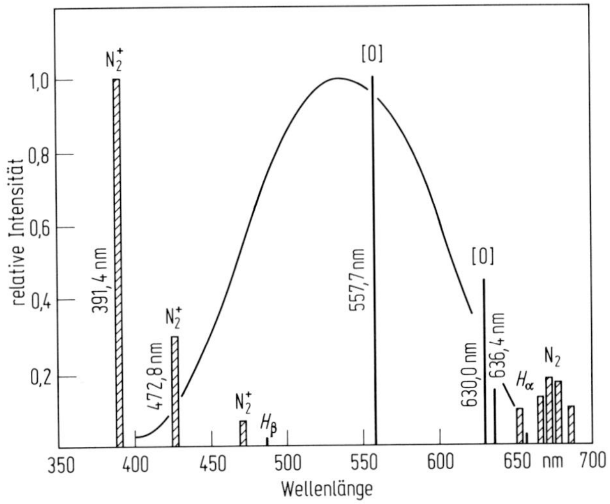

Abb. 14. Spektrum eines Polarlichts im sichtbaren Bereich. Nur die wichtigsten Emissionen sind aufgeführt. Die eckigen Klammern kennzeichnen „verbotene" Linien. Molekulare Banden sind schraffiert. Die durchgezogene Kurve gibt die Empfindlichkeit des Auges an

regung, die zum Aussenden der Polarlichtlinien führt, geschieht schließlich fast ausschließlich durch den Stoß eines Luftmoleküls mit einem der zahlreichen Sekundärelektronen. Beim atomaren Sauerstoff, der das Spektrum dominiert, handelt es sich dabei um sogenannte „verbotene" Linien. Das heißt, daß das angeregte Atom eine gewisse Zeit braucht, um Licht auszusenden, und dies also nur tun wird, wenn es während dieser Zeit nicht mit anderen Molekülen zusammenstößt, wobei es seine Anregungsenergie verlieren würde. Für die roten Linien bei 630 nm beträgt das Zeitintervall 110 s; Stöße treten aber noch in 250 km mit dieser Häufigkeit auf, so daß unterhalb dieser Höhe die Ausstrahlung der Linie zunehmend durch Stöße unterbunden wird. Für die grüne Linie bei 557,7 nm beträgt das Zeitintervall 0,74 s. Hier tritt die Abschwächung erst unterhalb 95 km ein. In diesem Bereich kann dann die Bande des Stickstoffs bei 650 nm die Farbe bestimmen, die sonst durch die grüne Linie überstrahlt wird. So kommt es zum roten Saum des Polarlichts vom Typ B. Entsprechend entsteht die rote Farbe des Typs A dadurch, daß in größeren Höhen, wo sie noch nicht durch Stöße gedämpft werden, die roten Sauerstofflinien überwiegen.

Polarlichter werden in einem großen Höhenbereich zwischen knapp 100 km und etwa 600 km beobachtet, liegen meist aber zwischen 100 km und 150 km (Abb. 15). Die untere Grenze wird durch die Energie der einfallenden Elektronen bestimmt und liegt um so tiefer, je energiereicher diese sind (Abb. 16). Mit dem einfachen Blick auf die Färbung des Polarlichts erfahren wir so in groben Zügen, welche Beschleunigung die uns unsichtbaren anregenden Teilchen erfahren haben.

Eine weiße Färbung des Polarlichts kann zum Beispiel dadurch entstehen, daß seine Helligkeit zum Farbsehen nicht ausreicht. Eine zweite Möglichkeit ist folgende: In der Dämmerung überlagert sich blaues Himmelslicht. Außerdem werden die nicht „verbotenen" Emissionen von N_2^+ und N_2 durch direkte Anregung durch Sonnenlicht verstärkt. Beides macht die Farbe bläulich-weiß.

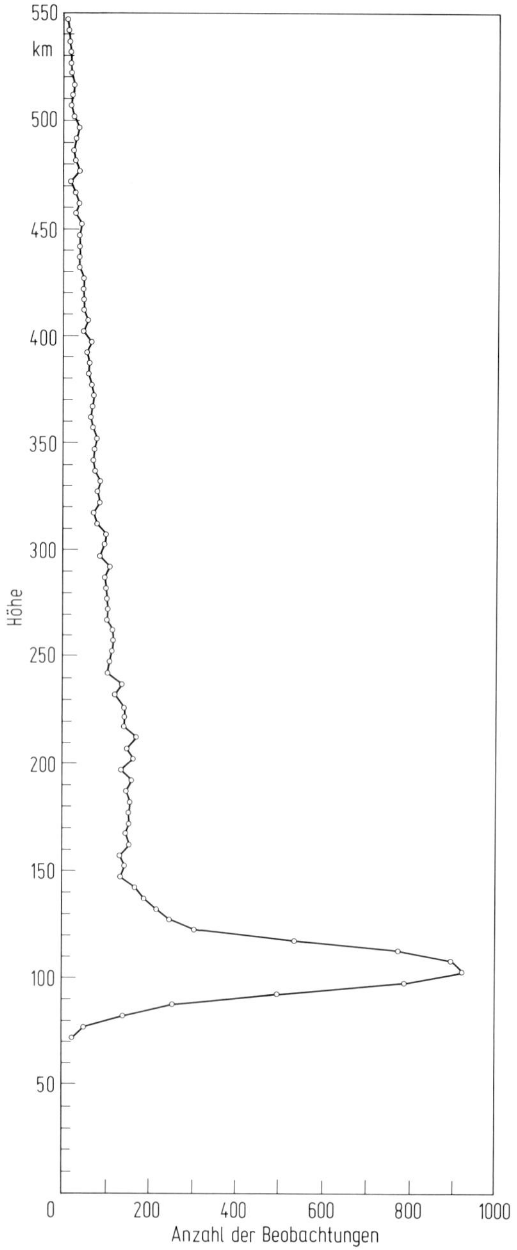

Abb. 15. Höhenverteilung von über 10 000 Polarlichterscheinungen, wie sie von C. F. M. Størmer und Kollegen gemessen wurde

Auch Ionen, vor allen des Wasserstoffs, werden beschleunigt und tragen beim Aufprall auf die dichteren Atmosphärenschichten zum Polarlicht bei: In diesem Fall sind die Linien des Wasserstoffs im Spektrum deutlicher ausgeprägt. Dieses Leuchten ist aber schwach und diffus und für das unbewaffnete Auge kaum zu erkennen.

Die Helligkeit der Polarlichter variiert über einen großen Bereich. Die schwächsten sind mit bloßem Auge nicht mehr zu sehen, bei den allerhellsten ist der Erdboden

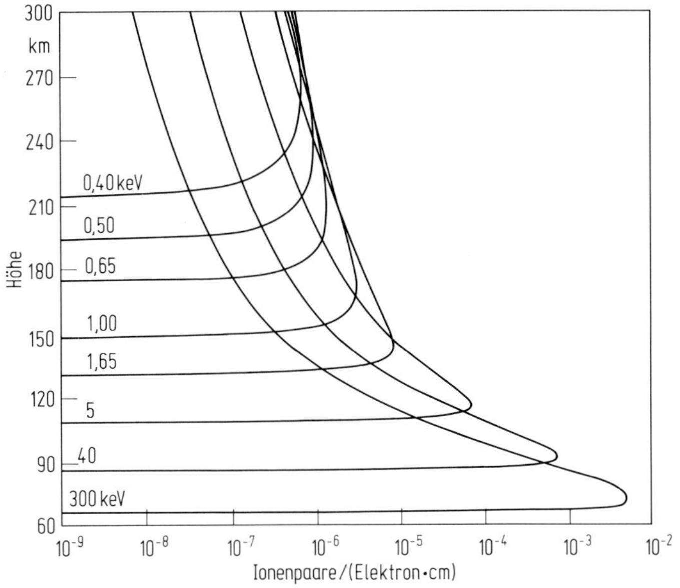

Abb. 16. Höhenprofil der durch einfallende energiereiche Elektronen erzeugten Sekundärelektronen in Abhängigkeit von der Anfangsenergie

wie von Mondlicht beschienen. Auch zehnmal schwächere Erscheinungen bezeichnet man noch als starkes Polarlicht. Ihre Lichtstärke ist vergleichbar mit den hellsten bisher beobachteten Leuchtenden Nachtwolken. Um Zahlen zu nennen: die Beleuchtung des Bodens beträgt dann 0,1 mW/m^2 oder knapp 0,1 lx, die Helligkeit der optischen Erscheinung etwa 1 mW/sr, 0,4 cd oder 100 kR (Kilo-Rayleigh). Das letztere Maß sagt aus, daß in einer Säule von 1 cm^2 Querschnitt, die man sich durch das Polarlicht gezogen denkt, in jeder Sekunde 10^{11} Photonen abgestrahlt werden. Es ist nochmals eine Erinnerung daran, daß in einem Polarlicht große Energien umgesetzt werden.

10.2.4 Beobachtbarkeit

Die Aussicht, ein Polarlicht zu beobachten, ist am günstigsten in einem ovalen, nahezu kreisförmigen Ring, der sich in 20° Abstand um den sogenannten geomagnetischen Pol erstreckt (Abb. 17). Dort ist so gut wie während jeder klaren Nacht ein Polarlicht zu sehen. Zum Pol hin fällt die Sichtbarkeit auf etwa die Hälfte, nach Süden hin sehr stark ab, beträgt bei 50° N Breite noch ein bis zwei Sichtbarkeiten pro Jahr, in Südspanien, Süditalien und Griechenland nur einige pro Jahrhundert. Von den europäischen Ländern bietet das nördliche Norwegen die günstigsten Bedingungen, was die bedeutenden Beiträge dieses Landes zur Polarlichtforschung verständlich macht. Allerdings ist auch dort das Polarlicht nur nachts, und das bedeutet dann außerhalb der Sommermonate, zu sehen. Kaum einer der Leser wird wegen der Nordlichter eine Reise in die Polarnacht planen. Aber demjenigen, dem ein Verkehrs-

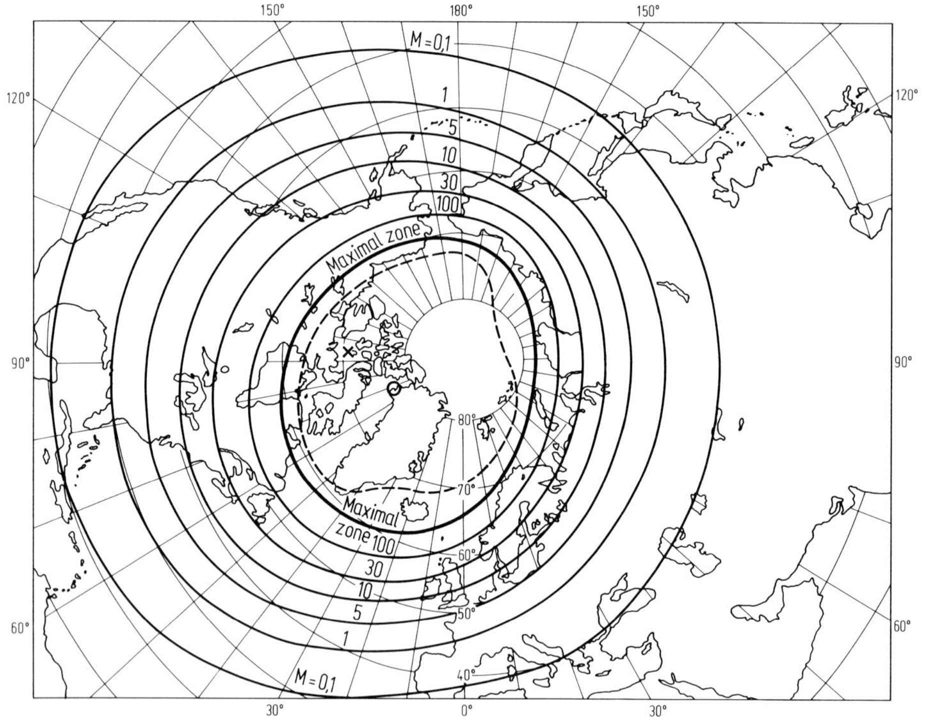

Abb. 17. Häufigkeit der Sichtbarkeit eines Polarlichts. Der magnetische (×) und geomagnetische Pol (○) sind eingezeichnet. Nach Hermann Fritz, Brockhaus, Leipzig 1881

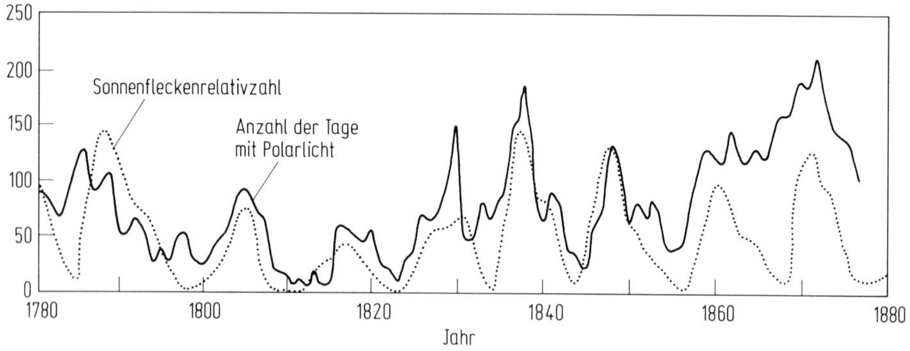

Abb. 18. Zusammenhang zwischen Polarlichthäufigkeit und Sonnenaktivität nach Sophus Tromholt (um 1880)

flugzeug auf einer nördlichen Route den Weg dorthin gratis verschafft, gibt Abbildung 17 eine Hilfe, gezielt nach der Erscheinung Ausschau zu halten.

Der geomagnetische Pol, bei 78.5° N und 69° W im Nordwesten Grönlands gelegen, ist verschieden vom magnetischen Pol, (73.5° N, 100° W), den die Kompaßnadeln anzeigen. Er ist vielmehr durch die Symmetrieachse des Dipol-Magnetfelds der Erde bestimmt. Die Ausrichtung der Polarlichterscheinungen auf diese Achse zeigt ihre enge Verknüpfung mit der Magnetosphäre. Ihre Verbindung zur Aktivität der Sonne zeigt sich in dem schon lange bekannten Garg mit dem Sonnenfleckenzyklus (Abb. 18) sowie in einer Periodizität mit der (von der Erde aus so gesehenen) 27tägigen Rotationsperiode der Sonne. Die stärkste Polarlichthäufigkeit tritt dabei ein bis zwei Jahre nach dem Sonnenfleckenmaximum auf, wäre also wieder in den Jahren um 1993 und 2004 zu erwarten. Spektakuläre Polarlichter treten nach größeren Ausbrüchen (Flares) auf der Sonne auf. In diesen Fällen breitet sich die Erscheinung auch weit nach Süden aus. In einem solchen Zusammenhang wurde zum Beispiel am 13. Juli 1982 von R. Höper [18] ein Polarlicht südlich von München gesehen.

10.2.5 Polarlichtoval und Geometrie der Magnetosphäre

Im Jahre 1982 hat der Satellit Dynamics Explorer 1 zum erstenmal Aufnahmen der Polarregion geliefert, die das Polarlichtoval direkt als geschlossenen, kreisförmigen, um den geomagnetischen Pol angeordneten Ring von Polarlichterscheinungen zeigen (Abb. 19). Das Polarlichtoval ist danach mehr als nur eine statistisch ausgezeichnete Linie, nämlich ein durch physikalische Bedingungen herausgehobener geometrischer Ort. Ebenso legen solche Aufnahmen nahe, daß die Ursachen für das sporadische Auftreten von Polarlichtern nicht eng lokalisiert, sondern großräumig gesucht werden müssen. Um zu sehen, was das Polarlichtoval auszeichnet, betrachten wir die Geometrie der Erdmagnetosphäre, von der Abbildung 20 den Versuch einer dreidimensionalen Darstellung widergibt.

Im völligen Vakuum würde das Magnetfeld der Erde die typische Dipolstruktur haben, die auch von Unterrichtsversuchen mit Stabmagneten bekannt ist. Der von der Sonne mit etwa 400 km/s anströmende Sonnenwind – ein Plasma aus Elektronen und Protonen – verformt die Magnetosphäre. Auf der Tagseite wird sie zusammengedrückt. Außerdem bleiben die Feldlinien hoher Breiten nicht mehr geschlossen, sondern „verknüpfen“ sich mit dem im Sonnenwind eingebetteten Magnetfeld, vor allem dann, wenn dieses entgegen dem Erdmagnetfeld nach Süden zeigt. Sie werden dann mit dem Sonnenwind auf die Nachtseite gezogen, wo sie einen parabelförmigen, über 100 Erdradien langen Schweif aus Feldlinien bilden, die „offen“, das heißt ohne beidseitige Bindung an die Erde in den interplanetaren Raum laufen. Verfolgt man die Magnetfeldlinien der Grenzschicht, welche zugleich auch offene von geschlossenen Bereichen des Magnetfelds trennen, so sieht man, daß sie ihren Fußpunkt in der tagseitigen Hälfte des Polarlichtovals haben.

Auf der Nachtseite bewegt sich ein Teil der Elektronen und Protonen unter dem Wechselspiel elektrischer und magnetischer Kräfte zur Symmetrieebene, so daß sich dort eine Zone erhöhter Dichte, die Plasmaschicht, bildet. Sie ist wiederum eine Grenzschicht in dem Sinn, daß sie das im Norden zur Erde gerichtete offene Magnetfeld von dem im Süden entgegengesetzt laufenden Magnetfeld trennt. (Der Nord-

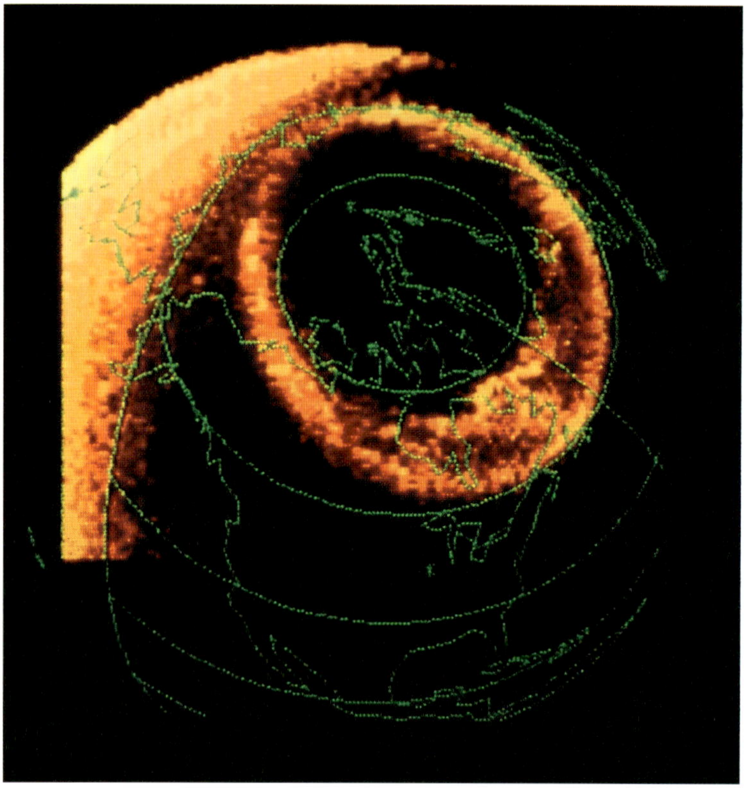

Abb. 19. Nördliches Polarlichtoval, aufgenommen am 8. November 1981, 3h UT durch den Satelliten Dynamics Explorer 1. In dieser Falschfarbendarstellung sind zur Orientierung geographische Küstenlinien unterlegt. Im Ultravioletten bei 140 nm, wo diese Aufnahme gewonnen wurde, ist die Helligkeit des Polarlichtovals vergleichbar der Helligkeit der sonnenbeschienenen Atmosphäre. Den Hauptbeitrag liefern hier Linien des neutralen Sauerstoffs bei 130,4 nm und 135,6 nm. Die Aufnahme entstand zwei Stunden nach der Ankunft einer Schockwelle des Sonnenwinds. (Mit freundlicher Genehmigung von L. A. Frank, Iowa City)

pol der Erde ist ein magnetischer Südpol!) Verfolgt man die Feldlinien dieser Schicht, so haben sie ihren Fußpunkt in der Nachtseite des Polarlichtovals. Das Polarlichtoval trennt also offene und geschlossene Bereiche des Erdmagnetfelds und verbindet die inneren und äußeren Grenzzonen der Magnetosphäre. Eine Ausgleichsströmung zwischen diesen Bereichen muß, da geladene Teilchen den magnetischen Feldlinien folgen, also durch das Polarlichtoval fließen. Hier haben wir den Ursprung des Polarlichts zu suchen.

10.2.6 Entstehung

Die Magnetosphäre ist nicht im statischen Gleichgewicht. Unter anderem ist sie Schauplatz eines großräumigen Kreislaufs von Plasma und Magnetfeldlinien. Diese

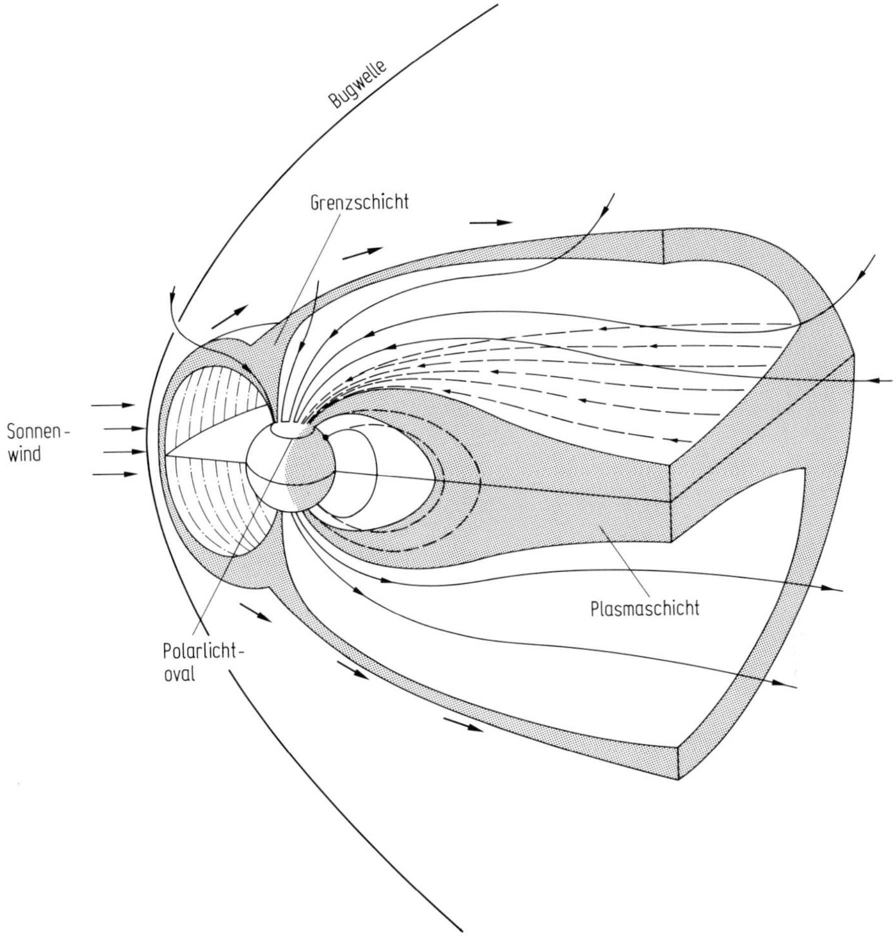

Abb. 20. Dreidimensionaler Schnitt durch die Magnetosphäre, der die Quellgebiete des Polarlichts zeigt, die Grenzschicht und die Plasmaschicht im Schweif

„Konvektion" ist in Abbildung 21 schematisch dargestellt. Wie im vorangehenden Abschnitt erwähnt, beginnt der Kreislauf damit, daß Magnetfeldlinien hoher Breite samt dem sie umgebenden Plasma durch den Sonnenwind in Richtung des magnetischen Schweifs gezogen werden. Dort kommen sich in einigen Dutzend Erdradien Entfernung dann entgegengesetzte Feldlinien so nahe, daß sie sich neu verknüpfen können (englisch: „reconnection"). Abbildung 21 zeigt, wie an diesem Ort, einer dann magnetfeldfreien, „neutralen Linie", aus zwei offenen Feldlinien mit je einem Fußpunkt in der Erde eine geschlossene und eine beiderseits offene werden. Was dann geschieht, kann man aus der häufig nützlichen Analogie zu Gummibändern entnehmen. Zwei zwischen Daumen und Zeigefinger beider Hände aufgespannte Gummis, in der Mitte durchgeschnitten und neu mit dem jeweils parallel laufenden Stück verknüpft, ergeben zwei Schleudern. Entsprechend wird in der Magnetosphäre Plasma von der neutralen Linie mit hoher Geschwindigkeit (bis 10^3 km/s) sowohl in den interplanetaren Raum wie zurück zur Erde geschleudert. Dabei wird ein starker Strom direkt außerhalb der geschlossenen Feldlinien in das Polarlichtoval und zur Tagseite der Magnetosphäre geschickt. Dieser Vorgang dauert etwa 1/2 bis 2 Stunden an. Ein Teil der vom Sonnenwind in die Verformung der Magnetosphäre gesteckten Energie hat sich damit als „magnetischer Teilsturm" entladen, der Kreislauf ist geschlossen. Die wetterartige Veränderlichkeit der Energiequelle, des Sonnenwinds, bewirkt, daß auch diese Entladungen unregelmäßig, sporadisch erfolgen. Normaler-

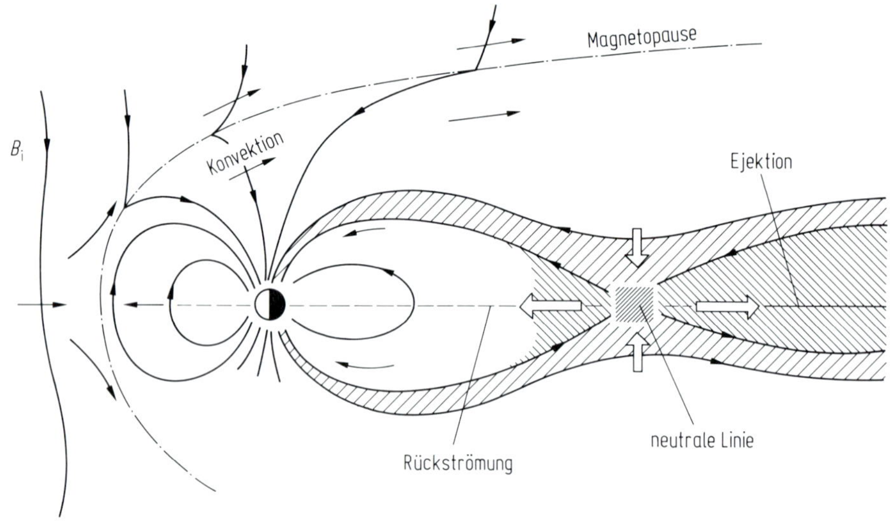

Abb. 21. Kreislauf von Magnetfeld und Plasma in der Magnetosphäre (Konvektion). B_i ist das mit dem Sonnenwind an die Erde herangetragene interplanetare Magnetfeld. Die Verknüpfung mit dem Erdmagnetfeld kann nur gut erfolgen, wenn das interplanetare Magnetfeld – wie gezeichnet – nach Süden gerichtet ist

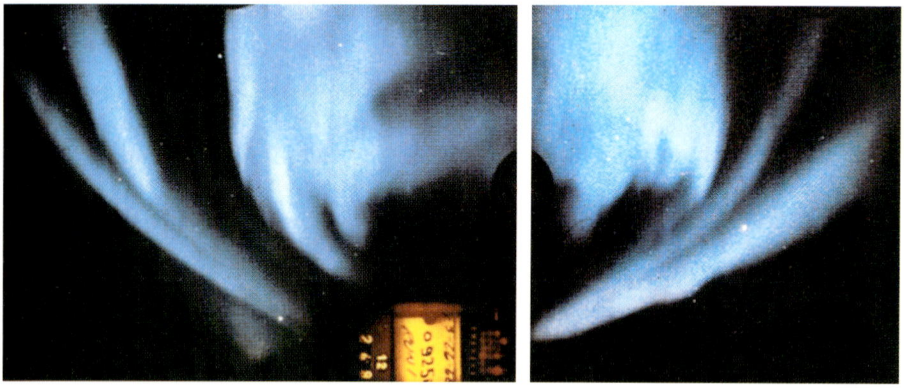

Abb. 22. Gegenüberstellung von Aufnahmen des Polarlichts, die gleichzeitig bei gleicher geomagnetischer Länge und Breite aufgenommen wurde, jedoch eine im nördlichen, eine im südlichen Polargebiet. Man beachte die – spiegelbildlich – fast identische Form

weise ist das Plasma der Magnetosphäre ein sehr guter Leiter. Unter den extremen Belastungen dieser Entladung bricht aber in einigen tausend Kilometern Höhe aus noch nicht wirklich verstandenen Gründen die Leitfähigkeit zusammen, und eine Spannungsdifferenz von vielen kV baut sich auf, welche die Elektronen beschleunigt, die schließlich das Leuchten des Polarlichts hervorrufen. Abbildung 21 zeigt, daß jede Feldlinie, längst derer Plasma in das nördliche Polarlichtoval zurückströmt, einen symmetrisch gelegenen Fußpunkt im südlichen Polarlichtoval besitzt. Polarlichter sollten also in der Regel als Zwillinge auftreten, gleichzeitig im nördlichen und im südlichen Oval, nur spiegelverkehrt. Dies ist tatsächlich der Fall. In Abbildung 22 sind die beiden Aufnahmen eines solchen Paares einander gegenübergestellt.

10.2.7 Begleiterscheinungen

Nur ein Teil der Energie eines „magnetischen Teilsturms" wird zur Beschleunigung der Elektronen verwendet, und nur wieder drei Prozent dieses Teils erscheinen sichtbar im Nordlicht. Knapp ein Drittel erscheint als elektromagnetische Strahlung anderer Art: Röntgen-, Ultraviolett-, Infrarot- und Radiostrahlung, die ebenfalls zur Untersuchung des Polarlichts verwendet wird. Der Hauptanteil der Elektronenenergie wird zur Erwärmung des Leiters, des Gases in den Ionosphärenschichten verwendet. Diese Ströme führen auch zu den erwähnten Störungen des Erdmagnetfelds, die dem ganzen den Namen gegeben haben. (Ein „Magnetischer Sturm" dauert erheblich länger, etwa einen Tag, und wird direkt von energiereichen von der Sonne kommenden Teilchenströmen ausgelöst). Dabei werden in langen Leitungen beträchtliche Spannungen induziert, wodurch telegraphische Übertragungen und digitale Datenübermittlung erheblich gestört werden können. Gleichzeitig entstehen zwischen verschiedenen Punkten der Erdoberfläche Potentialdifferenzen, so daß über die Erdungspunkte Ströme von bis zu 100 A in die Leitungssysteme getrieben werden, was zum Ausfall führen kann. Selbst die Haltbarkeit von Ölleitungen wird durch solche Ströme deutlicht verringert [19]. Im Rahmen eines Teilsturms kann aber auch die Ionisation der untersten Ionosphärenschicht, der in 80 km Höhe liegenden D-Schicht, so weit anwachsen, daß auch hier Kurzwellen reflektiert werden. Im Gegensatz zu der 30 km höher liegenden E-Schicht tritt in diesen dichteren Luftschichten aber merkliche Absorption auf, die den Funkverkehr erheblich stören oder gar ganz zum Erliegen bringen kann. Solche Tatsachen werden gerne dazu verwendet, die Bedeutung der Erforschung von Sonnenaktivität und Sonnenwind zu betonen.

10.2.8 Photographische Aufnahmen

Meist genügt, ähnlich wie bei Abbildungen 9 und 10, eine Belichtungszeit von mehreren Sekunden, so daß auch bewegliche Erscheinungen noch sinnvoll aufgenommen werden können. Wer mit seinen Aufnahmen zu statistischen Untersuchungen über das Polarlicht beitragen möchte, wende sich an die finnische Gesellschaft für Amateurastronomen, welche noch eine systematische Sammlung betreibt. Anschrift: Ursa Ry, Attn. Heikki Oja, Laivanvarustajankatu 9, SF-00140 Helsinki, Finnland. Im übrigen hat die Beobachtung einer so prächtigen Erscheinung ganz unabhängig von weiterer Verwendung ihren eigenen Wert.

10.2.9 Zu den Literaturangaben

Eine historische Übersicht geben [8], [9] und [11], wobei das letztere, reich bebilderte Buch sich auf Skandinavien konzentriert. [12] gibt eine farbige Einführung, [13], [14] und [15] bemühen sich in guter Weise, die „ebenso faszinierenden wie komplexen" physikalischen Vorgänge verständlich zu machen, [16] und [17] sind zusammenfassende Fachbücher.

10.3 Zodiakallicht

Unter günstigen Sichtbedingungen ist abends, etwa eine Stunde nach Sonnenuntergang, über dem Westhorizont beziehungsweise morgens, etwa eine Stunde vor Sonnenaufgang, über dem östlichen Horizont der schwache, farblos-fahle, pyramidenförmige Lichtkegel des Zodiakallichts zu sehen (Abb. 23). Wie sein Name sagt (Zodiakus = Tierkreis), erstreckt es sich längs dieses, genauer „Ekliptik" genannten Kreises, der durch die Projektion der Erdbahnebene an die Himmelskugel entsteht. Die Hellig-

Abb. 23. Das Zodiakallicht über dem Westhorizont. Gesehen am 13. Mai 1983, eine Stunde nach Sonnenuntergang, vom Gipfel des Mauna Kea aus. Die untergehende Mondsichel in der Abenddämmerung steht 19° über der Sonne. Venus, an der Spitze des Zodiakallichtkegels, ist 43° von der Sonne entfernt. Belichtung 100 s bei Öffnungsverhältnis $F/3{,}5$ und $f = 28$ mm auf Kodak CF 1000

keit des Zodiakallichts nimmt zur Sonne hin stark zu und übertrifft zum Beispiel in 30° Abstand bereits die hellsten Teile der Milchstraße um mehr als das Doppelte. Am deutlichsten ist es zu sehen, wenn sein Kegel steil auf dem Horizont steht. Das ist in den Tropen stets der Fall, in unseren Breiten vor allem Ende Februar/Anfang März am Abendhimmel und morgens im Oktober – Zeiten, zu denen auch die Milchstraße weit genug seitab liegt, um nicht zu stören. Mit der Entdeckung des Zodiakallichts vom 18. März 1683 teilte Giovanni Domenico Cassini [20] auch gleich die noch heute gültige Erklärung mit: es handelt sich um Sonnenlicht, das an einer Unzahl kleiner Teilchen reflektiert wird, welche als Miniplaneten die Sonne umkreisen – am interplanetaren Staub, würden wir heute sagen. Die Erforschung des Zodiakallichts ist auch heute noch nicht völlig abgeschlossen. Zum einen haben erst die in den letzten zwanzig Jahren im Weltraum durchgeführten Beobachtungen einen entscheidenden Durchbruch erzielt; zum anderen sind die Wechselwirkungen, denen die das Zodiakallicht hervorrufenden Staubteilchen im interplanetaren Raum unterliegen, außerordentlich vielfältig.

Die zunehmende Aufhellung des Nachthimmels durch Licht von Städten und die häufige Trübung des Horizonts haben dazu geführt, daß das Zodiakallicht in Mitteleuropa heute so gut wie nicht mehr zu sehen ist. An Standorten geringerer Breite ($< 40°$) und ausreichender Höhe (mindestens 2000 m, besser 3000 m), die ja meist auch weit genug von großen Städten entfernt sind, ist es – wenn man weiß wo man zu suchen hat – leicht zu sehen. Dem Auge, das die Kontraste verstärkt, erscheint der Kegel schmaler und länger als er in Abbildung 23 zu sehen ist. Photographen können die dort gemachten technischen Angaben als Anhaltspunkt nehmen.

10.3.1 Helligkeitsverteilung

Photometrische Messungen haben gezeigt, daß sich das Zodiakallicht über den ganzen Himmel erstreckt. Die Helligkeit nimmt dabei mit zunehmendem Abstand von der Sonne und der Ekliptik ab. Im Gegensonnenpunkt zeigt sich aber eine gerade noch mit bloßem Auge sichtbare Aufhellung, der 1876 von Brorsen entdeckte „Gegenschein" (Abb. 24). Zur Sonne hin nimmt die Helligkeit des Zodiakallichts weiter zu (Abb. 25) und geht – vom Erdboden aus in der Dämmerung nicht zu sehen – kontinuierlich in die Korona über, deren einen Teil, die „F-Korona" (vgl. Kapitel 1), es ausmacht. Helligkeit und Polarisation des Zodiakallichts längs der Ekliptik sind in Abbildung 26 gezeigt. Levasseur-Regourd und Dumont [21] haben die Verteilung der Helligkeit über den Himmel in Schritten von 5° tabelliert (siehe Anhang). Im Pol der Ekliptik beträgt die Helligkeit nur ein Drittel des Werts an der entsprechenden Stelle (Elongation = 90°) auf der Achse des Zodiakallichts. Die starke Polarisation wird dem Licht nicht von der Sonne mitgegeben; sie entsteht erst bei der Reflexion und läßt daher Rückschlüsse auf die Oberflächenbeschaffenheit der streuenden Staubkörner zu. Die Farbe des Zodiakallichts entspricht nahezu der der Sonne, mit einer leichten, für das Auge nicht wahrnehmbaren Rötung. Da sehr kleine Teilchen die Blauanteile des Lichts aber sehr viel stärker reflektieren würden, weiß man somit, daß die interplanetaren Staubteilchen mindestens so groß wie die Wellenlänge sei, also Durchmesser von mindestens 1 μm haben müssen. Einzelheiten über Messung und Interpretation des Zodiakallichts findet man in den Übersichtsartikeln [22], [23] und [24].

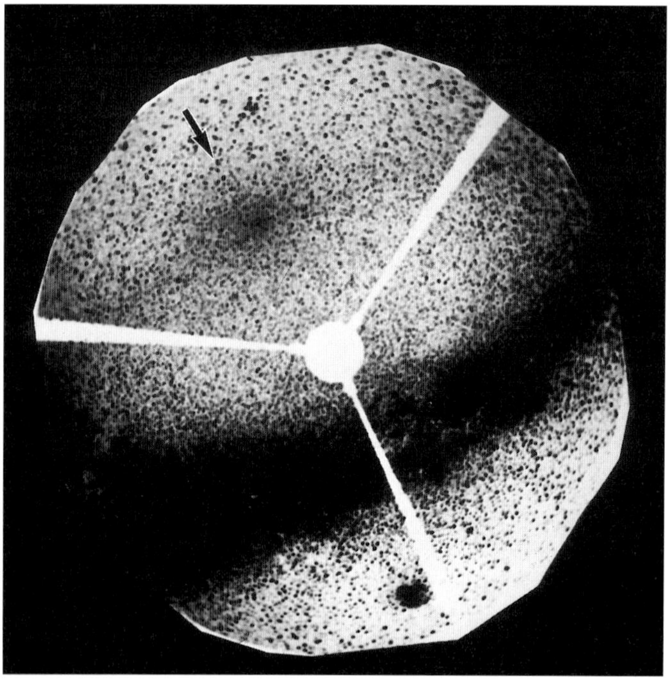

Abb. 24. Weitwinkelaufnahme des Nachthimmels mit dem Kugelspiegel der Bochumer Sternwarte auf La Silla, Chile. Der Gegenschein ist die über dem Band der Milchstraße liegende Aufhellung in der zarteren Lichtbrücke des Zodiakallichts. (Mit freundlicher Genehmigung von W. Schlosser, Bochum)

10.3.2 Räumliche Verteilung der interplanetaren Staubwolke

Die Helligkeitsverteilung des Zodiakallichts spiegelt die räumliche Verteilung des interplanetaren Staubes wider. Zum Beispiel ergibt sich aus der Konzentration des Lichtkegels zur Ekliptik ziemlich direkt die in Abbildung 27 sichtbare Abplattung der interplanetaren Staubwolke, die annähernd durch Ellipsen mit Achsenverhältnis 1:7 beschrieben werden kann. Dabei sind die Bahnen der interplanetaren Staubteilchen durchaus nicht sehr stark zur Ekliptik konzentriert. Ihre mittlere Bahnneigung gegen diese Ebene beträgt immerhin 32°. Um diese Konzentration noch auf eine andere Weise zu betrachten: eine halbe astronomische Einheit über der Erdbahn ist die räumliche Dichte des Staubs auf ein Viertel ihres Werts in der Ekliptik gesunken. Der starke Helligkeitsanstieg zur Sonne hin zeigt, daß auch die Dichte der interplanetaren Staubwolke zur Sonne hin zunehmen muß. Das Argument ist nicht ganz einfach. Denn ein Teil der Helligkeitszunahme beruht auf den optischen Eigenschaften der Staubteilchen, die Licht wirksamer nach vorne streuen als zurück reflektieren. Deshalb konnte die radiale Dichteverteilung durch erdgebundene Beobachtungen nur unter Annahmen über die Eigenschaften des Staubs abgeleitet werden. Erst seit den 1972 bis 1976 durchgeführten Beobachtungen der Raumsonden Helios 1/2 (im inne-

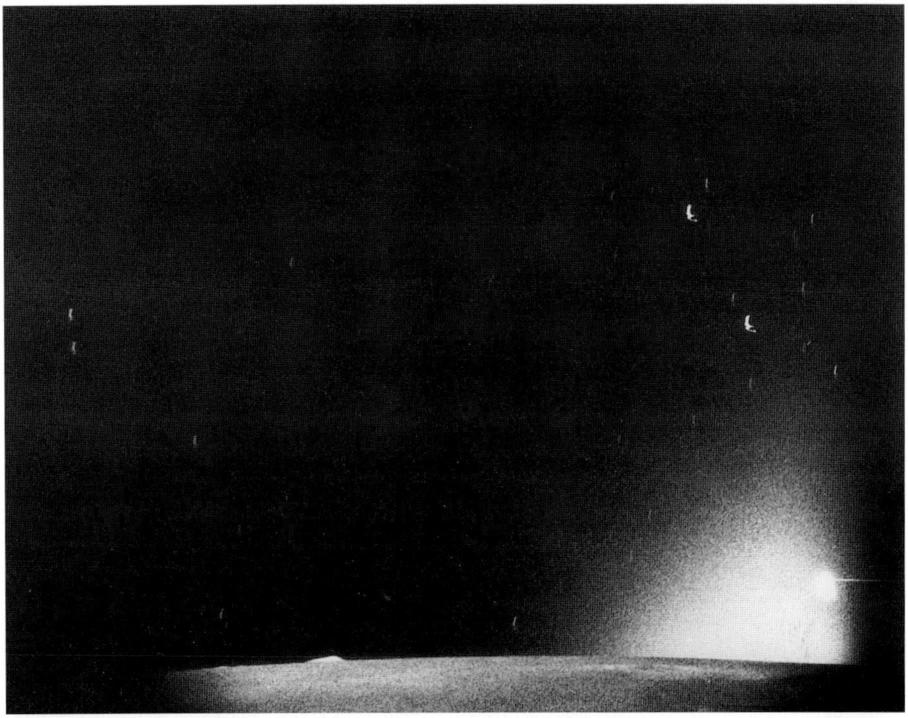

Abb. 25. Inneres Zodiakallicht über dem Mondhorizont. Die Ekliptik verläuft in etwa senkrecht in der durch Merkur und Regulus, die beiden hellen Objekte über dem Lichtkegel, angedeuteten Richtung. Das Zodiakallicht ist im Bereich von 5° bis 20° Sonnenabstand zu sehen. Die Unsymmetrie ist durch von der Sonne ausgeworfenes Plasma („streamer") hervorgerufen. Aufgenommen von Al Worden während des Flugs von Apollo 15 (NASA-Nummer AS 15-98-13311)

ren Sonnensystem) und Pioneer 10/11 (im äußeren Sonnensystem) wissen wir, daß die Dichte des interplanetaren Staubs zur Sonne hin etwa reziprok zum Abstand anwächst (vgl. Abb. 28), und zwar gemäß $n(r) \sim r^{-1,3}$, wenn die Eigenschaften der Staubteilchen an verschiedenen Orten im Planetensystem die gleichen sind, oder wie $n(r) \sim r^{-1}$, wenn das Reflexionsvermögen der Teilchen mit Annäherung an die Sonne zunimmt. Diese räumliche Dichte ist allerdings außerordentlich gering, $1{,}0 \times 10^{-19}$ kg/m^3. Das bedeutet, grob gesagt, daß in der interplanetaren Staubwolke sich nur etwa ein Dutzend Teilchen pro Kubikkilometer finden, die typischerweise etwa 10 μm groß sind. Nur dadurch, daß diese Staubverteilung sich über das Planetensystem mindestens bis zu Jupiter hin erstreckt und ständig der vollen Sonnenstrahlung ausgesetzt ist, wird das reflektierte Licht sichtbar; längs eines Sehstrahls summieren sich die Beiträge sehr vieler Teilchen. Zum Beispiel tragen zum Zodiakallichtkegel in Abbildung 23 ganz grob 10^{24} Teilchen ihren jeweils einzeln völlig unbedeutenden Beitrag bei. Von einem anderen Stern aus könnte man das Zodiakallicht neben der millionenfach helleren Sonne allerdings kaum entdecken.

Die innere Grenze der Staubverteilung ist dadurch gegeben, daß die Staubteilchen nahe der Sonne verdampfen; es entsteht eine staubfreie Zone mit dem vierfachen

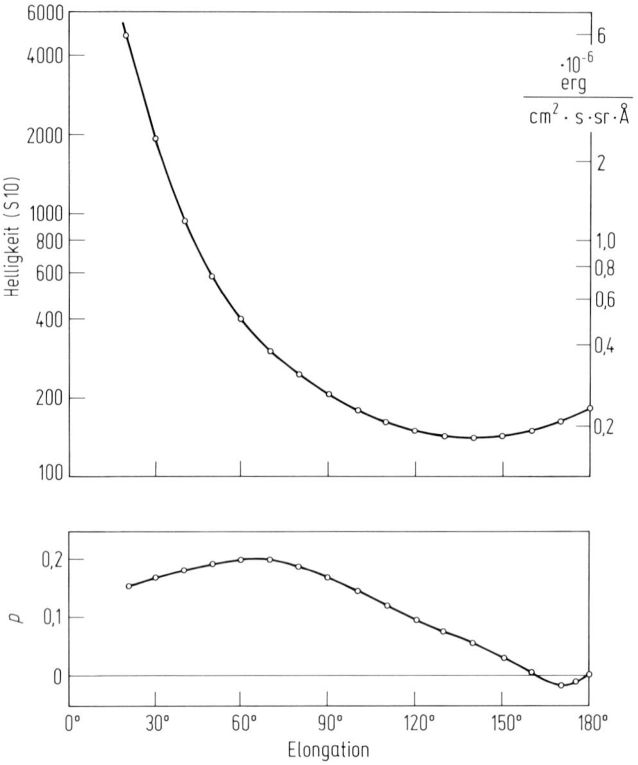

Abb. 26. Helligkeit und Polarisationsgrad p des Zodiakallichts längs der Ekliptik als Funktion der Elongation (= Winkelabstand von der Sonne). Positive und negative Polarisation bedeuten Polarisationsrichtung senkrecht beziehungsweise parallel zur Ekliptik. 1 S10 entspricht der Helligkeit eines Sterns 10. Größe pro Quadratgrad. Die Werte gelten für den Spektralbereich um 500 nm

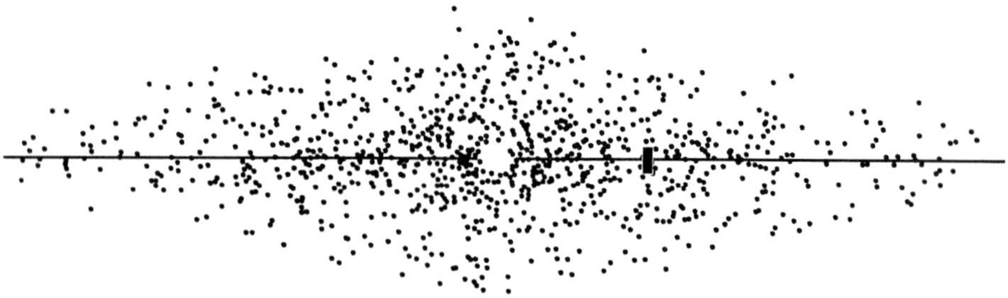

Abb. 27. Ein Modell der Verteilung des interplanetaren Staubes senkrecht zur Ekliptik (durchgezogene Linie). Der Ort der Erde ist durch einen Querstrich markiert. Die Sonne ist im Zentrum der staubfreien Zone zu denken, welche zur Verdeutlichung in fünffacher Größe dargestellt ist

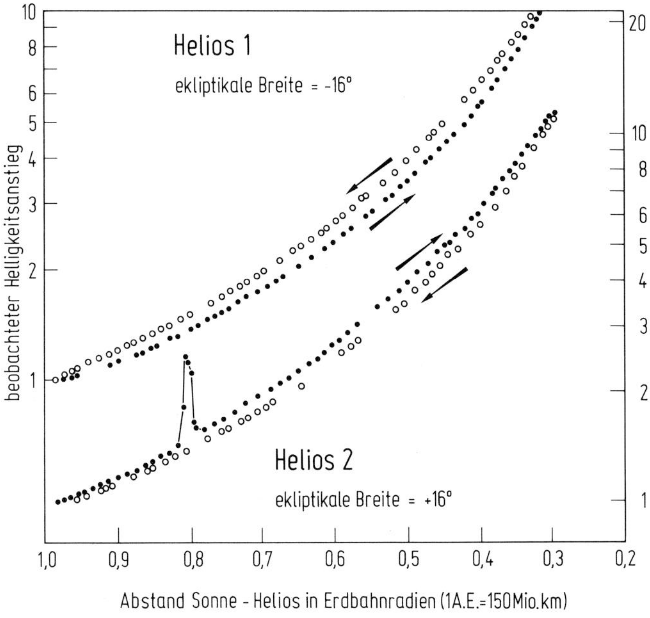

Abb. 28. Zunahme der Zodiakallichthelligkeit bei Annäherung an die Sonne. Bei konstanter Staubverteilung würde die Helligkeit nur um einen Faktor 3,3 zunehmen. Der Überschuß ist auf die Zunahme der räumlichen Dichte des interplanetaren Staubes zurückzuführen. Daß beim Hinflug (●) andere Helligkeiten beobachtet werden als beim Rückflug (○), liegt an der Neigung der Symmetrieebene der Staubwolke gegenüber der Ekliptik, in der sich die Helios-Sonden bewegten. Bei 0,8 AE flog Helios 2 am Kometen West (1976) vorbei

Sonnenradius. Außerhalb 3,3 AE ist die Zodiakallichthelligkeit so weit abgefallen, daß sie vor dem allgemeinen Hintergrundslicht ferner Sterne nicht mehr nachzuweisen ist. Die Raumsonden Pioneer 10 und 11 fanden aber Staubteilchen noch weit jenseits der Jupiterbahn. Die Gesamtmasse der interplanetaren Staubwolke läßt sich damit zu 10^{16} bis 10^{17} kg abschätzen. Dies ist wenig mehr als die Masse eines großen Kometen und daher im Rahmen des gesamten Planetensystems völlig unbedeutend.

Es wäre schwierig zu verstehen, wenn die Symmetrieebene des Zodiakallichts genau mit der Bahnebene eines so kleinen Planeten wie der Erde zusammenfallen sollte. Tatsächlich ist sie auch um einige Grad dagegen geneigt, 3° im inneren, wahrscheinlich etwas weniger im äußeren Planetensystem. Diese Abweichung war erstaunlicherweise schon Cassini bei seinen Beobachtungen mit bloßem Auge aufgefallen und von ihm – Zufall oder nicht – auch schon zu 3° bestimmt worden. Diese Symmetrieebene fällt weder zusammen mit den Bahnebenen der großen Planeten Jupier und Saturn, welche geringere Neigungen haben, noch mit dem Äquator der Sonne, der stärker geneigt ist. Daher ist bisher nicht klar, wo die Kräfte zu suchen sind, die sie bestimmt haben.

Die Befürchtung, der interplanetare Staub könnte eine Gefahr für die Weltraumfahrt darstellen, die zunächst seine Erforschung sehr gefördert hatte, hat sich als unbegründet erwiesen. Nur alle tausend Jahre – im Durchschnitt – wird ein Raumfahrzeug mit 3 m^2 Querschnitt von einem Staubteilchen von 1 mm Größe oder mehr getroffen.

10.3.3 Eigenschaften der interplanetaren Staubteilchen

Für eine genaue Bestimmung der Größe der interplanetaren Staubteilchen sind optische Beobachtungen des Zodiakallichts nicht gut geeignet. Direkte Untersuchungen der Staubteilchen im Raum sind bisher nicht zahlreich genug und oft zu ungenau. Die Lösung kommt aus einem anderen Bereich der Weltraumforschung. Staubteilchen, welche auf die durch keine Atmosphäre geschützte Oberfläche des Monds aufprallen, lassen auf Mondgestein nach ihrem Einschlag und Verdampfen Mikrokrater zurück, aus deren Größe auf die Masse des einschlagenden Teilchens und damit seine Größe geschlossen werden kann. Das Ergebnis solcher Untersuchungen ist in Abbildung 29 gezeigt. Die Größenverteilung besteht aus zwei Komponenten. Die größeren Staubteilchen mit Radien von typisch 1 bis 100 μm, am häufigsten von 10^{-5} m = 10 μm, sind für das Zodiakallicht verantwortlich. Diese Teilchen würde man auch nach irdischen Begriffen als Staub bezeichnen. Die Teilchen $< 10^{-6}$ m fallen trotz ihrer Häufigkeit optisch nicht ins Gewicht. Dies sind Bruchstücke, die entstehen, wenn größere Staubteilchen zusammenstoßen und sich dabei zerstören. Bei diesen kleinen Teilchen überwiegt der durch die Sonnenstrahlung ausgeübte Druck gegenüber der Gravitationskraft, so daß sie in sehr kurzer Zeit, etwa einem Jahr, aus dem Planetensystem „geblasen" werden. Sie haben den Namen β-Meteoriten erhalten (β ist die übliche Bezeichnung für das Kräfteverhältnis Strahlungsdruck/Gravitation).

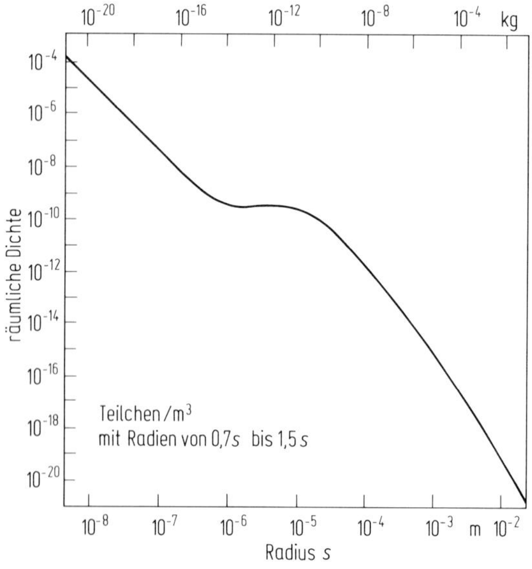

Abb. 29. Größenverteilung des interplanetaren Staubes

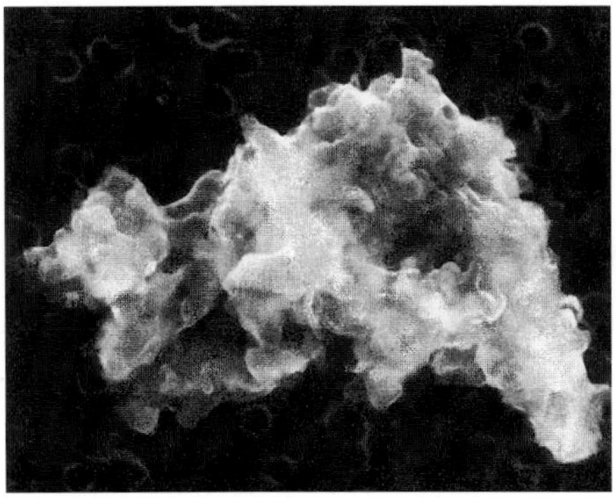

Abb. 30. In der Stratosphäre eingesammeltes interplanetares Staubteilchen der Größe 9 µm × 6 µm. Die Farbe ist braun bis schwarz (NASA)

In neuerer Zeit, vor allem durch den Infrarotsatelliten Iras, ist es gelungen, die thermische Emission des interplanetaren Staubs zuverlässig zu messen. Der Vergleich mit der Helligkeit des reflektierten Zodiakallichts ergab, daß die Staubteilchen sehr dunkel sein müssen. Sie reflektieren nur 7% des einfallenden Sonnenlichts, so viel wie ein schlechter schwarzer Mattlack.

Die ersten gesicherten Kenntnisse über den Aufbau der Teilchen verdanken wir D. E. Browlee, dem es in den siebziger Jahren gelang, einzelne interplanetare Staubteilchen in der Stratosphäre mit Ballons oder hochfliegenden Flugzeugen einzusammeln. Teilchen der gefundenen Größe (bis 50 µm) überstehen die Abbremsung beim Einfall in die Erdatmosphäre noch ohne wesentliche Beschädigung. Die interplanetare Herkunft konnte daran erkannt werden, daß ihre Oberflächenschichten mit den im Sonnenwind vorkommenden Gasen, vor allem Helium, durchtränkt waren. Viele von ihnen zeigen eine ziemlich lockere, aus Bausteinen von etwa 0,1 µm aufgebaute Struktur (Abb. 30). Die meisten sind wegen ihres Kohlenstoffanteils von einigen Prozent sehr dunkel und in der chemischen Zusammensetzung ähnlich den Meteoriten, die man für die ursprünglichsten hält, den „kohligen Chondriten" (vgl. Band 1, Kapitel 9). Ihre spezifische Dichte liegt im Bereich 1 bis 3 g/cm^{-3}.

10.3.4 Lebensdauer

Aus dem Vergleich von Cassinis Beobachtungsberichten mit dem heutigen Anblick wissen wir, daß sich das Zodiakallicht in den vergangenen 300 Jahren nicht dramatisch verändert hat. Berichte über kurzfristige Helligkeitsschwankungen dürfen nicht unbesehen ernst genommen werden, denn Beobachtungen mit der Raumsonde Helios 1 haben gezeigt, daß sich seine Helligkeit zwischen 1974 und 1986 – wenn überhaupt – höchstens um wenige Prozent geändert hat. Dennoch sind Veränderungen aus theoretischen Gründen zu erwarten. Für die (bei der Erdbahn) mit etwa 30 $km\,s^{-1}$ umlaufenden Staubteilchen scheint nämlich das Sonnenlicht nicht radial, sondern, wegen des beschränkten Werts der Lichtgeschwindigkeit parallaktisch verschoben, leicht von vorne zu kommen. Die Kraft des Strahlungsdrucks hat damit eine Komponente entgegengesetzt der Bewegungsrichtung der Teilchen, durch welche diese abge-

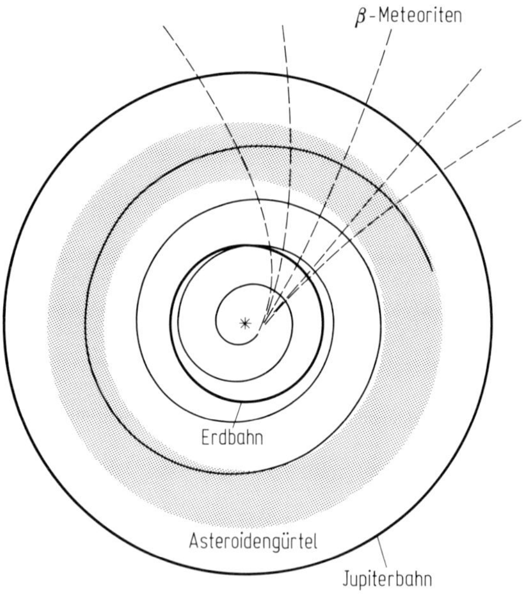

Abb. 31. Schematische Darstellung der Bahnentwicklung eines interplanetaren Staubteilchens. Die Schrumpfung der Spirale während eines Umlaufs ist stark übertrieben. Der Asteroidengürtel liegt zwischen 2 und 3,5 AE, die Jupiterbahn bei 5,2 AE

bremst werden. Diesen Vorgang nennt man nach den Physikern, die ihn zuerst begründet haben, Poynting-Robertson-Effekt. Durch ihn verlieren die Staubteilchen an Energie und nähern sich allmählich auf Spiralbahnen der Sonne, bis sie in Sonnennähe entweder verdampfen oder durch Stöße mit anderen Teilchen zerstört werden und als β-Meteoriten das Sonnensystem verlassen (Abb. 31). Die Lebensdauer eines Staubteilchens bis zum Verdampfen errechnet sich aus Radius, Dichte und großer Halbachse der ursprünglichen Bahn zu

$$t_{PR} = 700 \cdot s\,(\mu\mathrm{m}) \cdot \varrho\,(g/\mathrm{cm}^{-3}) \cdot a^2\,(\mathrm{AE})\ \mathrm{Jahren}\,.$$

Sie beträgt für ein Teilchen von 1 bis 10 µm Größe im Asteroidengürtel also 10^4 bis 10^5 Jahre. Die Lebensdauer kann durch Stöße verkürzt werden. Für Staubteilchen der eben erwähnten Art ist die Chance, am Schluß durch einen Stoß oder durch Verdampfen zerstört zu werden, etwa gleich groß. Auf diese Weise werden der interplanetaren Staubverteilung pro Sekunde 1 bis 10 Tonnen an festem Material entzogen.

Das bedeutet aber, daß die Existenz des Zodiakallichts nur durch dauernde Nachlieferung von Staubteilchen erhalten werden kann; denn daß es sich dabei um ein Schauspiel handelt, das nur für uns heute Lebende abläuft, mag keiner annehmen.

Mit Hilfe des Poynting-Robertson-Effekts lassen sich auch Vorhersagen für die räumliche Dichteverteilung des interplanetaren Staubs machen. Das Ergebnis wäre $n(r) \sim r^{-1}$, wenn die Nachlieferung der Staubteilchen weit jenseits des Asteroidengürtels erfolgt; die Dichteverteilung wird steiler, wenn auch und gerade im inneren Planetensystem Staubteilchen nachgeliefert werden, und kann dann zum Beispiel den

Exponenten − 1,3 erhalten. Die gute Übereinstimmung dieser Vorhersagen mit der Beobachtung ist eine – wenn auch indirekte – Bestätigung für die entscheidende Wichtigkeit des Poynting-Robertson-Effekts.

10.3.5 Herkunft

Allgemein gelten die Kometen als Quelle des interplanetaren Staubs. Ihre Staubschweife zeigen unmittelbar, daß sie in der Lage sind, große Mengen Staub freizusetzen (vgl. Kapitel 8). Die Kometensonde Giotto hat Staubteilchen direkt analysiert und dabei häufig chondritische Zusammensetzung gefunden, wie das auch für interplanetaren Staub typisch ist. Der Infrarotsatellit IRAS wies in der Bahn einiger Kometen eine erhöhte Staubkonzentration nach (Abb. 32). Dieses überzeugende Bild hat jedoch zwei Schönheitsfehler. Zum einen verläßt der meiste Staub, den wir in Kometenschweifen sehen, getrieben durch den Strahlungsdruck der Sonne, sogleich das Planetensystem. Nur die größten Staubkörnchen bleiben auf gebundenen Bahnen. Und dieser Beitrag reicht, jedenfalls wenn man die kurzperiodischen Kometen betrachtet, welche nur 250 kg/s liefern, bei weitem nicht aus. Zum anderen stellt man

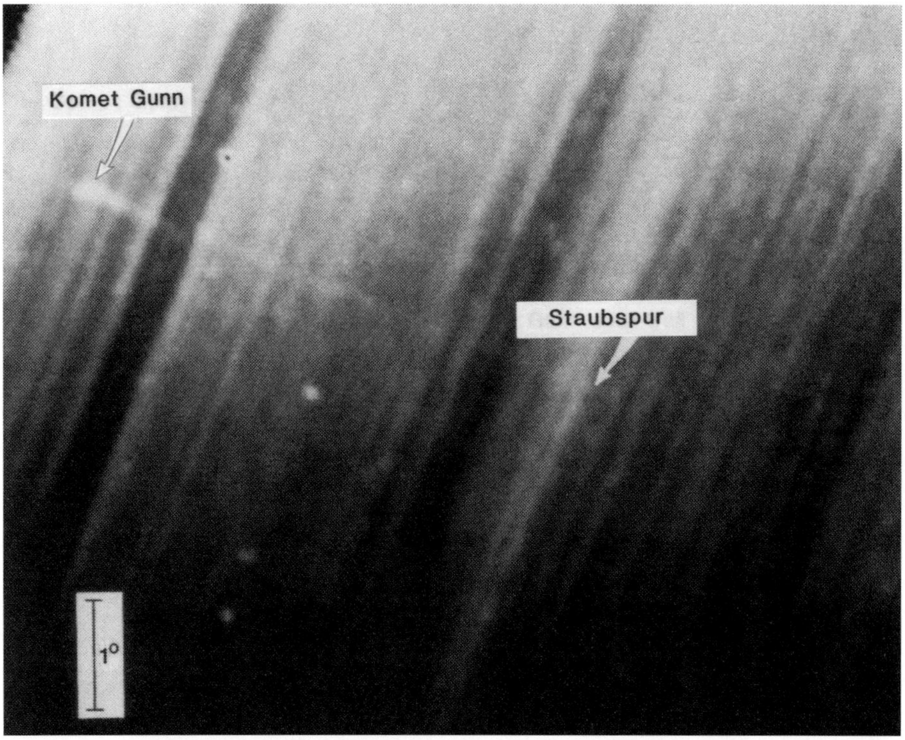

Abb. 32. Staubspur in der Bahnebene des kurzperiodischen Kometen Gunn ($P = 6{,}80$ Jahre). Man beachte, daß die Staubverteilung sich nach links in den Bereich *vor* dem Kometen fortsetzt. Es muß sich also um Staub handeln, der in früheren Umläufen freigesetzt wurde. Aufgenommen durch den Infrarotsatelliten Iras zwischen 26. Mai und 8. Juni 1983 bei 60 μm

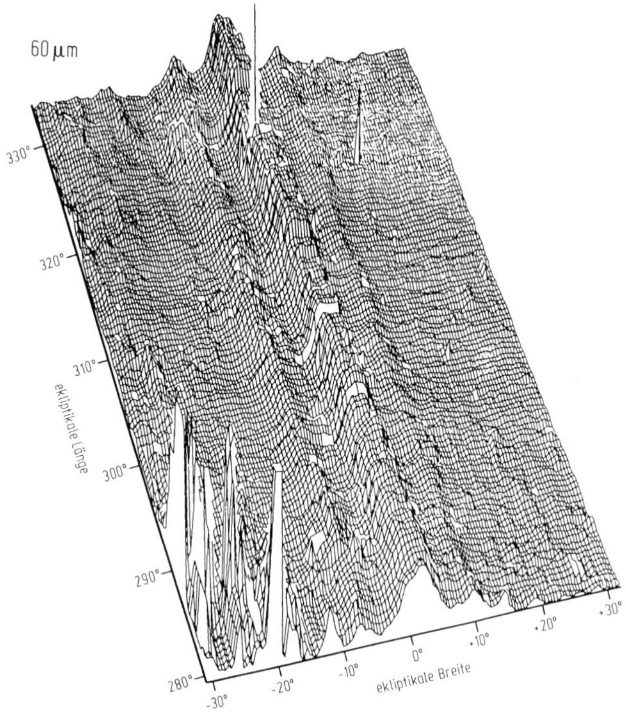

Abb. 33. Bänder erhöhter Intensität in der Infrarothelligkeit des Zodiakallichts bei ekliptikalen Breiten von 0° und ± 10°. Der in ihnen konzentrierte Staub ist vermutlich bei Zusammenstößen von Asteroiden freigesetzt worden. Um die Bänder deutlicher hervortreten zu lassen, wurde der breit verteilte Anteil des Zodiakallichts unterdrückt

sich Teilchen kometaren Ursprungs als sehr locker aufgebaut und von geringer Dichte vor, eben als Überrest eines zusammengepreßten Staub-Eis-Gemisches, dessen Eis inzwischen verdampft ist. Aber aus direkter Beobachtung von interplanetaren Staubteilchen ebenso wie aus Beobachtungen von Meteoriten oder der Untersuchung von Einschlags-Mikrokratern auf Mondgestein kommt man zum Schluß, daß nur etwa ein Viertel des interplanetaren Staubs so wenig kompakt ist [29]. Hier sind noch offene Fragen. Deswegen zieht man in jüngster Zeit auch wieder Asteroiden als wichtige Quelle in Betracht, die bei Zusammenstößen untereinander Gesteinsbrocken und Staub freisetzen könnten. Daß dies nicht an den Haaren herbeigezogen ist, zeigen wiederum Messungen des Infrarotsatelliten IRAS (Abb. 33). Sowohl in der Ekliptik wie auch in zwei beidseits etwa 10° davon entfernten schmalen Bändern war die Staubkonzentration merklich erhöht. Diese Orte lassen sich aber gerade den drei großen Asteroiden„familien“ Themis, Korinis und Eos zuordnen, deren Mitglieder ähnliche Bahnen haben und dadurch häufig Zusammenstöße erleiden.

10.3.6 Überblick

Schließlich ergibt sich das folgende Bild für Werden und Vergehen des interplanetaren Staubes: Kometen zerfallen nach einigen hundert Umläufen in Meteorströme, die sich wiederum in einer vergleichbaren Zeit auflösen und in der allgemeinen Verteilung von Meteoren aufgehen. Ein weiterer, noch nicht näher bestimmbarer Teil der Meteore stammt aus der Zertrümmerung von Asteroiden. Diese Meteore der Größe von etwa 1 mm bis 10 cm bilden das Reservoir, aus dem ständig durch gegenseitige Zusammenstöße interplanetarer Staub erzeugt wird. So werden die kontinuierlichen Verluste ausgeglichen, und es kann sich ein Gleichgewichtszustand bilden, wie wir ihn heute vermutlich beobachten, in dem interplanetarer Staub und Zodiakallicht dauerhafter Bestandteil der Erscheinungen im Planetensystem sind. Im interplanetaren Raum ist also eine Gesteinsmühle am Werk, in der die festen Kleinkörper immer weiter zerkleinert werden, bis sie schließlich als Dampf oder β-Meteoriten aus dem Planetensystem getrieben werden. Zodiakallicht und interplanetarer Staub stehen zwar auf diesem Wege in Zusammenhang mit ursprünglichen Körpern des Sonnensystems. Unter welchen Bedingungen sich feste Körper im frühen Planetensystem gebildet haben, läßt sich aus ihnen wegen der vielfachen dazwischenliegenden Umwandlungsprozesse aber nicht mehr erkennen. Abschließend sei erwähnt, daß interplanetarer Staub ebenso von der Erde eingefangen wird wie die Meteoriten. Die aufgesammelte Masse beträgt etwa 40 Tonnen pro Tag, wobei der Hauptanteil den Staubteilchen der Größe 30 bis 300 µm zuzuschreiben ist. Dies ist ein praktisch vernachlässigbarer Beitrag: selbst über das Alter der Erde von $4{,}5 \times 10^9$ Jahren angesammelt ergäbe sich erst eine Schicht von 5 cm Dicke. J. Oro [30] hat aber schon 1961 auf die mögliche Bedeutung einer solchen Materieanlieferung hingewiesen, wobei er allerdings an Einschläge von Kometen dachte: die damit auf die Erde gebrachten organischen Moleküle interplanetarer oder gar interstellarer Herkunft könnten geholfen haben, die Anfänge der Entwicklung des irdischen Lebens zu beschleunigen. Eine Spekulation, gewiß, aber sie betont die Vielfältigkeit der Zusammenhänge, denen wir im Bereich der Kleinkörper im Planetensystem begegnen.

10.3.7 Zu den Literaturangaben

Teilweise weiterführend, aber noch ohne Fachkenntnisse zugänglich sind [25] und [26]. Genauere Informationen über den Stand der Forschung geben [27], eine empfehlenswerte Sammlung von Übersichtsartikeln, der Tagungsbericht [28] sowie [29]. Die letztgenannte ist vielleicht die beste einzelne Arbeit über interplanetaren Staub, die in den vergangenen Jahren erschienen ist.

Danksagung: Zu dieser Arbeit haben durch sachkundige Beratung und Bildmaterial wesentlich beigetragen Frank Arnold, Nathan Wilhelm, Gerhard Haerendel und Kristian Schlegel. Ebenso danke ich Rita Wagner für das geduldige Schreiben aller Versionen dieses Manuskripts sowie Karin Dorn, Martina Weckauf, Werner Neumann und Doris Anders für die sehr gute Umsetzung der oft provisorischen Abbildungsunterlagen.

10.4 Literatur

10.4.1 Leuchtende Nachtwolken

1 Jesse, O.: Aufforderungen betreffend Beobachtungen der glänzenden Himmelserscheinungen, welche seit dem Sommer 1885 öfter in Mittel-Europa gesehen worden sind. Astronomische Nachrichten *115*, 15 (1886)
2 Schröder, W.: Zur Geschichte der Erforschung der Leuchtenden Nachtwolken. Sterne *54*, 237–245 (1978)
3 Fogle, B.; Haurwitz, B.: Noctilucent Clouds. Space Science Reviews *6*, 278–340 (1966)
4 Gadsden, M.: Noctilucent Clouds. Space Science Reviews *33*, 279–334 (1982)
5 Turco, R. P.; Toon, O. B.; Whitten, R. C.; Keese, R. G.; Hollenbach, D.: Noctilucent Clouds, Simulation Studies of their Genesis, Properties and Global Influences. Planet. Space Sci. *30*, 1147–1181 (1982)
6 Thomas, G. E.: Solar Mesophere Explorer measurements of polar mesopheric clouds (noctilucent clouds). J. Atmosph. Terr. Phys. *46*, 819–824 (1984)
7 McDonnell, D.: Clouds of the Twilight. Astronomy, 42–47 (Juli 1987)

10.4.2 Polarlicht

8 Schröder, W.: Das Phänomen des Polarlichts. Darmstadt: Wissenschaftliche Buchgesellschaft 1982
9 Schröder, W.: Wandel in der Kenntnis des Polarlichts. Sterne und Weltraum *21*, 358–361 (1982)
10 International Union of Geodesy and Geophysics: International Auroral Atlas. Edinburgh: University Press 1963
11 Brekke, A.; Egeland, A.: The Northern Light From Mythology to Space Research. Berlin: Springer 1983
12 Eather, R. H.: Majestic Lights. Washington D. C.: American Geophysical Union 1980
13 Haerendel, G.: Über den Ursprung des Nordlichts. Sterne und Weltraum *21*, 508–513 (1982)
14 Hones, E. W., Jr.: The Earth's Magnetotail. Scientific American *254*, 32–39 (März 1986)
15 Reddy, F.: Celestial Winds, Polar Lights. Astronomy *12*, No. 8, 6–15 (1983)
16 Vallance Jones, A.: Aurora. Geophysics and Astrophysics Monograph No. 9. Dordrecht: Reidel 1974
17 Omholt, A.: The Optical Aurora. Berlin: Springer 1971
18 Höper, R.: Polarlicht am 13. Juli 1982. Sterne und Weltraum *21*, 538 (1982)
19 Boerner, W.-M.; Cole, J. B.; Goddard, W. R.; Tarnawecky, M. Z.; Shafai, C.; Hall, D. H.: Impacts of Solar and Auroral Storms on Power Line Systems. Space Sci. Rev. *35*, 195–205 (1983)

10.4.3 Zodiakallicht

20 Cassini, G. D.: Découverte de la lumière célèste qui paroist dans le Zodiaque. Mem. Acad. Roy. Sci. Tome VIII (1666–1699). Paris: Comp. Libraires 1730, p. 119–209
21 Levasseur-Regourd, A.-Ch.; Dumont, R.: Absolute Photometry of Zodiacal Light. Astron. Astrophys. *84*, 277–279 (1980)
22 Leinert, Ch.: Zodiacal light – a measure of the interplanetary environment. Space Science Reviews *18*, 281–339 (1975)
23 Weinberg, J. L.; Sparrow, J. G.: Zodiacal Light as an Indicator of Interplanetary Dust. In: [27], p. 75–122

24 Fechtig, H.; Leinert, Ch.; Grün, E.: Interplanetary dust and Zodiacal light. In: Landolt-Börnstein, New Series, Vol. 2a. Schaifers, K.; Vogt, H. H. (Eds.). Berlin: Springer 1981, p. 228–241
25 Staude, H. J.; Röser, S.: Zodiakallicht und Interplanetarer Staub: Neue Beobachtungen und neues Verständnis. Sterne und Weltraum *17,* 329–334 (1978)
26 Leinert, Ch.: Zodiakallicht-Beobachtungen. Neuere Ergebnisse über den interplanetaren Staub. Naturwissenschaften *66,* 221–227 (1979)
27 McDonnell, J. A. M. (ed.): Cosmic Dust. Chichester, New York, Brisbane, Toronto: John Wiley & Sons 1978
28 Giese, R. H.; Lamy, P. (Eds.): Properties and Interactions of Interplanetary Dust. Dordrecht: Reidel 1985
29 Grün, E.; Zook, H. A.; Fechtig, H.; Giese, R. H.: Collisional Balance of the Meteoritic Complex. Icarus *62,* 244–272 (1985)
30 Oro, J.: Comets and the Formation of Compounds in the Primitive Earth. Nature *190,* 384–390 (1961)

11 Die Sterne

Th. Neckel

11.1 Die Positionen der Sterne

Zur Identifizierung eines Sterns geben wir seinen Ort an der Sphäre an. Seine Koordinaten im „Äquatorsystem“ (s. Band 1, Kapitel 7) bezeichnen wir mit „Rektaszension“ ($= AR = \alpha$) und „Deklination“ ($= \delta$). Infolge der Präzession und der Eigenbewegungen der Sterne sind α und δ von der Zeit abhängig. Zusätzlich zu α und δ eines Sterns sind also deren „Äquinoktium“ und „Epoche“ anzugeben. Die Präzession ist nur von den Koordinaten selbst abhängig, näherungsweise kann sie mit den im Anhang enthaltenen Tabellen bestimmt werden. Eigenbewegungen sind dagegen individuelle Parameter der Sterne und müssen daher auch individuell bestimmt werden. Für schwache Sterne sind sie oft (nicht immer) so klein, daß sie für viele Zwecke vernachlässigt werden können.

Für die verschiedensten Anwendungsgebiete existieren unterschiedliche Sternkataloge und Himmelsatlanten. Für eine erste Orientierung am Sternenhimmel ist eine drehbare Sternkarte das geeignete Mittel. Eine solche kann aber nur die hellsten Sterne enthalten. Bereits alle Sterne, die man mit bloßem Auge wahrnehmen kann, sind beispielsweise in dem Himmelsatlas von Schurig-Götz-Schaifers verzeichnet. Sollte einem ein Stern am Himmel auffallen, den man zuvor dort nicht erblickt hat, so wird dieser Atlas die Frage beantworten, ob man eine Nova entdeckt hat, oder aber, ob ein veränderlicher Stern an der fraglichen Stelle steht, der vielleicht gerade im Maximum seines Lichtwechsels ist.

Zur Bestimmung der Position etwa eines kleinen Planeten oder eines Kometen auf einer photographischen Aufnahme benötigt man eine Anzahl von Anhaltssternen mit sehr präzisen Koordinaten für den Zeitpunkt der Aufnahme. Für diesen Zweck müssen also auch die Eigenbewegungen der Anhaltssterne berücksichtigt werden können. Die erforderlichen Daten für eine große Zahl von Sternen findet man im SAO-Katalog oder im AGK3.

Die folgende Übersicht über die wichtigsten Stern-Kataloge und Atlanten ist nach dem Artikel „Sternatlanten und Sternkataloge“ von G. Klare (SuW 22, 492, 1983) zusammengestellt:

1. Drehbare Sternkarten

Kosmos, Drehbare Sternkarten mit Planetenzeiger
(Franckhsche Verlagshandlung, Stuttgart)

H. Suter: Sirius Drehbare Sternkarte
(Hallwag Verlag, Bern und Stuttgart 1980)

2. Gezeichnete Sternkarten

S. Marx, W. Pfau: Sternatlas (1975.0).
Grenzgröße: 6^m (für $\delta > -35°$) oder 5^m (für $\delta < -35°$)
(Johann Ambrosius Barth, Leipzig)

Schurig-Götz-Schaifers: Tabulae Caelestes, Himmelsatlas
Grenzgröße: 6,5 mag
(Bibliographisches Institut, Mannheim)

A. Bečvář: Atlas Coeli 1950.0
Grenzgröße: 7,75 mag
(Sky Publ. Corp., Cambridge, Mass. USA)

W. Tirion: Himmelsatlas 2000.0
Grenzgröße: 8,0 mag
(Sky Publ. Corp., Cambridge, Mass. USA)

SAO – Star Atlas of Reference Stars and Nonstellar Objects.
Grenzgröße: 9 mag bis 11 mag
(The MIT Press, Cambridge, Mass. and London, England 1969)

F. Argelander, E. Schönfeld: Bonner Durchmusterung
Grenzgröße: 9,5 mag bis 10 mag
(Dümmler Verlag, Bonn)

3. Photographische Atlanten

H. Vehrenberg: Falkauer Atlas
Grenzgröße: 13 mag
(Treugesell Verlag, Düsseldorf)

H. Vehrenberg: Atlas Stellarum
Grenzgröße: 14,4 mag
(Treugesell Verlag, Düsseldorf)

C. Papadopoulos, C. Scovil: True Visual Photographic Sky Atlas.
Grenzgröße: 13,5 mag
(Pergamon Press, 1979, 1980)

Palomar Observatory Sky Survey (POSS)
Grenzgröße: 21,1 mag (Blau) beziehungsweise 20,0 mag (Rot)
Bereich: $-44°$ bis $+90°$ (Rot)
$-33°$ bis $+90°$ (Blau)
(National Geographic Society, 4. Ausgabe 1968)

ESO/SRC Atlas
Grenzgröße: 23 mag, Bereich: $-90°$ bis $-20°$
(European Southern Observatory)

4. Kataloge

A. Bečvář: Katalog zum Atlas Coeli, Band 1
(Prag 1964)

A. Hishfeld, R. W. Sinnott: Sky Catalogue 2000.0
SOA-Star Catalog
Grenzgröße: 9 mag
(Smithsonian Astrophysical Observatory, Smithsonian Institution, Washington, D.C. 1966)

Bonner Durchmusterung
(Miniatur-Ausgabe: Nord-Teil: Dümmlerbuch 7002
Süd-Teil: Dümmlerbuch 7012)

D. Hoffleit: Catalogue of Bright Stars
Grenzgröße: 6,5 mag
(Yale University Observatory, 4. Auflage 1982)

AGK 3
Kataloge der Astronomischen Gesellschaft
Grenzgröße: etwa 11,3 mag
(Hamburg Bergedorf, 1975)

11.2 Helligkeiten und Farben der Sterne

Seit alter Zeit werden die Helligkeiten der Sterne in „astronomischen Größenklassen“ angegeben. Die hellsten Sterne erhielten die Größenklasse „1“ zugeteilt, die schwächsten, mit bloßem Auge sichtbaren Sterne dagegen die Größenklasse „6“. Die heute übliche mathematische Definition der astronomischen Größenklassen wurde 1850 von Pogson eingeführt und besagt, daß die Helligkeiten m_1 und m_2 zweier Sterne sich dann um 1 mag (magnitudo = Größenklasse) unterscheiden, wenn die Logarithmen ihrer Strahlungsströme I_1 und I_2 um 0,4 differieren. Allgemein gilt

$$I_1/I_2 = 10^{0,4(m_2-m_1)} \tag{1a}$$

oder

$$m_2 - m_1 = 2{,}5 \log(I_1/I_2)\,. \tag{1b}$$

Ein Stern der 1. Größe ist also 100mal heller als ein Stern der 6. Größe.

Zusätzlich zu dieser Definition der Schrittweite des Größenklassensystems bedarf es noch eines Nullpunkts. In der Praxis wird dieser Nullpunkt durch eine Anzahl von „Standardsternen“ bekannter Helligkeiten vermittelt, die etwa gleichmäßig über den Himmel verteilt sind, so daß jederzeit einige von ihnen beobachtet werden können.

Das Größenklassensystem ist in vielerlei Hinsicht sehr praktisch. Beispielsweise bewirkt der Einfluß der atmosphärischen Extinktion eine solche Lichtschwächung, daß sich zwischen der „Luftmasse“ (im wesentlichen ist das der Kehrwert des Cosinus der Zenitdistanz) und der scheinbaren Helligkeit eines Sterns, ausgedrückt in Größenklassen, ein linearer Zusammenhang ergibt. Trägt man also die Helligkeit eines Sterns, gemessen bei unterschiedlichen Zenitdistanzen, gegen die Luftmassen M auf, so streuen die Meßpunkte um eine Gerade, deren Steigung der Extinktionskoeffizient (= Extinktion in Richtung zum Zenit) ist. Auch der Einfluß der interstellaren Extinktion auf Helligkeiten und Farben ist linear und rechnerisch daher leicht zu handhaben.

Die Angabe einer Sternhelligkeit ist nur dann sinnvoll, wenn auch der Spektralbereich angegeben wird, in dem sie gewonnen wurde. Bis vor etwa 35 Jahren war es überwiegend üblich, „visuelle“ und „photographische“ Helligkeiten anzugeben. Visuelle Helligkeiten sind die, die das menschliche Auge wahrnimmt, oder eine andere Meßeinrichtung mit einer spektralen Empfindlichkeitsverteilung, die der des menschlichen Auges ähnelt. „Photographische“ Helligkeiten sind jene, die von einer blauempfindlichen Photoplatte (anfangs waren alle Photoplatten blauempfindlich) registriert werden. Siehe dazu auch Band 1, Kapitel 10.

Das „internationale“ Helligkeitssystem m_{vis} und m_{pg} ist durch das von Johnson und Morgan eingeführte UBV-System abgelöst worden. U, B und V sind scheinbare Sternhelligkeiten, die in wohldefinierten, etwa 1000 Å breiten Bereichen des Spektrums gemessen werden. U ist die Helligkeit eines Sterns im Ultravioletten, B im

Blauen und V im Gelben, also dem Spektralbereich, in dem das menschliche Auge die größte Empfindlichkeit besitzt. Dabei entspricht die V-Helligkeit annähernd dem alten m_{vis}. Die Nullpunkte für B und V sind so gewählt, daß für A0-Sterne U = B = V gilt.

U-, B- und V-Helligkeiten von Sternen können lichtelektrisch mit hoher Genauigkeit (Fehler 1 bis 2%) gemessen werden. Benutzt man dazu einen Photomultiplier (z. B. EMI 6256), der im Roten nicht empfindlich ist, so liefert die Filterkombination: UG 1 (2 mm) für U, 1 mm BG3 + 2 mm GG385 für B und 3 mm GG495 für V näherungsweise UBV-Helligkeiten. Die genaue Beziehung zwischen den gemessenen Helligkeiten und den exakten Größenklassen im UBV-System erhält man durch Messung einer größeren Zahl ($\geqq$ 20) von UBV-Standardsternen. Benutzt man einen auch im Roten empfindlichen Multiplier (z. B. RCA 31034), so muß darauf geachtet werden, daß das UG1-Filter im Roten wieder durchlässig ist. Sein Rot-Leck („Red leak") läßt sich durch einen zweiten Filter unterdrücken, der im Roten völlig undurchlässig, im UV und im Blauen aber transparent ist. Diesen Zweck erfüllt ein Kupfersulfat-Filter, wie er seit einigen Jahren auch in fester Form herstellbar ist.

UBV-Helligkeiten sind auch photographisch meßbar, wenn man beispielsweise folgende Kombination photographischer Emulsionen mit bestimmten Filtern verwendet:

IIaO + 2 mm UG1 für U;
IIaO + 2 mm GG385 für B;
IIaD + 3 mm GG495 für V.

Zur Eichung muß das aufgenommene Sternfeld eine Anzahl von Sternen bekannter Helligkeiten im UBV-System enthalten. Diese werden üblicherweise in einem separaten Arbeitsgang lichtelektrisch gemessen.

Bilden wir die Differenz von zwei Helligkeitswerten eines Sterns in verschiedenen Farbbereichen, so erhalten wir einen „Farbindex". Die aus UBV-Helligkeiten gebildeten Farbenindizes sind üblicherweise U–B und B–V. Der Farbindex eines Sterns ist ein Maß für seine Farbe: Ein roter M-Stern ist im Blauen schwach, im Visuellen (Gelb) aber erheblich heller. Der Zahlenwert seiner B-Helligkeit ist dann größer als der Zahlenwert seiner V-Helligkeit, sein Farbenindex B–V ist also positiv. Ein blauer O-Stern hingegen ist im Blauen heller als im Visuellen, seine B-Helligkeit hat daher einen kleineren Zahlenwert als die V-Helligkeit, und der Farbenindex ist negativ. Ein nicht durch interstellare Extinktion geröteter O-Stern hat den Farbenindex (B–V) = – 0,32 mag, ein später M-Stern hingegen B–V = 1,65. Die Sonne liegt in der Mitte mit (B–V) = 0,65 mag.

Das UBV-System ist mittlerweise durch weitere Bereiche erweitert worden. Eine Rothelligkeit (mit R bezeichnet) und eine im nahen Infraroten gelegene Helligkeit (I) können noch mit rotempfindlichen Photomultipliern gemessen werden. Nach längeren Wellenlängen schließen sich die Helligkeiten J, H, K, L, M, N an. Die Schwerpunkte aller dieser photometrischen Bereiche sind in Tabelle 1 zusammengestellt. Auch für die Helligkeiten R, I, . . . gilt, daß für einen A0-Stern alle Helligkeiten (etwa) gleich, alle Farbenindizes also gleich null sind.

Von Physikern wird das System der astronomischen Größenklassen oft als unphysikalisch gerügt. Sobald aber ein Physiker erst einmal seine eigenen Erfahrungen mit Sternhelligkeiten gesammelt hat, benützt er dieses System dann doch mit dem größten

Tabelle 1. Die effektiven Wellenlängen λ_{eff} der photometrischen Bänder und die absoluten Strahlungsströme F_ν eines Sterns der Helligkeit 0,0 mag

	λ_{eff}	F_ν
U	0,36 μ	$1{,}88 \times 10^{-22}$ W/m² Hz
B	0,44 μ	$4{,}44 \times 10^{-23}$ W/M² Hz
V	0,55 μ	$3{,}81 \times 10^{-23}$ W/M² Hz
R	0,70 μ	$3{,}01 \times 10^{-23}$ W/m² Hz
I	0,90 μ	$2{,}43 \times 10^{-23}$ W/m² Hz
J	1,25 μ	$1{,}77 \times 10^{-23}$ W/m² Hz
H	1,62 μ	$1{,}12 \times 10^{-23}$ W/m² Hz
K	2,2 μ	$6{,}3 \times 10^{-24}$ W/m² Hz
L	3,4 μ	$3{,}1 \times 10^{-24}$ W/m² Hz
M	5,0 μ	$1{,}8 \times 10^{-24}$ W/m² Hz
N	10,2 μ	$4{,}3 \times 10^{-25}$ W/m² Hz

Vergnügen, und zwar ganz einfach deshalb, weil es so bequem zu handhaben ist. Für viele Zwecke ist es aber unvermeidbar, astronomische Helligkeiten in physikalische Einheiten umzurechnen. Dies geschieht mittels der Zahlenwerte in Tabelle 1.

Neben vielen anderen nützlichen Informationen enthält der „Catalogue of Bright Stars" für die meisten der in ihm enthaltenen 9110 Sterne photoelektrisch gemessene V, B–V, U–B, R–I. Eine Zusammenstellung sämtlicher bisher gemessenen UBV-Helligkeiten ist der „UBV Photoelectric Photometry Catalogue" von Mermilliod.

11.3 Trigonometrische Bestimmungen der Entfernungen naher Sterne

Die wichtigste Information, die wir benötigen, um eine erste Vorstellung von der Natur der Sterne zu gewinnen, sind ihre Entfernungen. Zum Glück sind einige Sterne so nahe, daß ihre Entfernungen mit trigonometrischen Methoden bestimmt werden können. An diesen wenigen trigonometrischen Entfernungen wurden andere Methoden der Entfernungsbestimmung geeicht, die in größere Entfernungen reichen. Damit sind sie das Fundament unseres ganzen heutigen Wissens über den Aufbau des Weltalls.

Die größte Basis, die uns für trigonometrische Messungen im Weltall zur Verfügung steht, ist der Durchmesser der Erdbahn um die Sonne. Wenn wir einen Stern im Laufe des Jahres von verschiedenen Stellen der Erdbahn aus beobachten und dabei feststellen, daß sich die Richtung, in der wir ihn sehen, um einen kleinen Winkel ändert, so können wir seine Entfernung berechnen. Handelt es sich um einen Stern am Pol der Ekliptik, so beschreibt er im Laufe des Jahres einen Kreis, dessen Radius p wir seine „Parallaxe" nennen. Ein Stern auf der Ekliptik würde auf einer Gerade um $\pm p$ hin und her pendeln. Die Parallaxe p ist also der Winkel, unter dem der Erdbahnradius (1 AE) von dem Stern aus gesehen erscheint. Ist dieser Winkel gerade 1″ groß, so beträgt die Entfernung des Sterns $r = 1\,\text{AE} \times 360 \times 3600/2\,\pi = 206\,265$ AE. (Das

Produkt 360×3600 ist die Anzahl der Bogensekunden, die in 360° enthalten sind.) Diese Entfernung heißt 1 parsec, abgekürzt 1 pc. Diese Bezeichnung soll besagen, daß dies die Entfernung eines Sterns ist, von dem aus gesehen der Erdbahnradius unter der *Par*allaxe von einer Bogen*sek*unde erscheint. Die Umrechnung in Kilometer oder Lichtjahre geschieht gemäß

$$1 \text{ pc} = 3{,}086 \times 10^{13} \text{ km} = 3{,}26 \text{ Lichtjahre}.$$

Der Lichtstrahl benötigt also 3,26 Jahre, um eine 1 pc lange Strecke zurückzulegen.

Die erste trigonometrische Entfernung eines Sterns wurde 1838 von F. W. Bessel in Königsberg abgeleitet. Er bestimmte die Parallaxe von 61 Cygni zu $p = 0\rlap{.}''293$, seine Entfernung also zu $r = 1/p = 3$ pc. Die Parallaxen der sonnennächsten Sterne, α Centauri und Proxima Centauri, betragen $0\rlap{.}''75$ und $0\rlap{.}''76$, ihre Entfernungen folglich 1,33 pc.

In der Entfernung $r = 1$ pc wäre der Strahlungsstrom der Sonne auf $(1/206\,265)^2 = 2{,}35 \cdot 10^{-11}$ seines Werts am Ort der Erde reduziert. Dem entspricht nach (1 b) ein Helligkeitsunterschied von 26,57 mag. Da die scheinbare Helligkeit der Sonne V = − 26,70 mag beträgt, würde sie uns in 1 pc Entfernung als Stern der scheinbaren Helligkeit V = − 0,13 mag erscheinen. Wir erkennen bereits an diesen Zahlen, daß die Sonne, wäre sie so weit entfernt wie die Sterne, nicht von diesen zu unterscheiden wäre, oder anders ausgedrückt: alle Sterne sind vermutlich Himmelskörper, die mit der Sonne vergleichbar sind.

Die Parallaxen auch der nächsten Sterne sind sämtlich kleiner als 1″. Derart kleine Ortsveränderungen im Laufe eines Jahres können nur relativ zu Sternen (oder Quasaren) gemessen werden, die so weit entfernt sind, daß sie keine nennenswerten parallaktischen Ortsveränderungen ausführen. Die Mehrzahl der lichtschwachen Sterne erfüllt diese Forderung in ausreichendem Maße.

Die Meßgenauigkeit von Parallaxen-Messungen beträgt etwa $0\rlap{.}''005$; auf ± 10% genaue Parallaxen können daher bis zur Entfernung 20 pc bestimmt werden. In größere Entfernungen führt bereits die Methode der „Sternstromparallaxen". Der berühmteste „Sternstrom" sind die Hyaden, der lockere Sternhaufen in der Umgebung von Aldebaran. Die Eigenbewegungs-Vektoren aller Hyaden-Mitglieder schneiden sich in einem „Konvergenzpunkt" bei $\alpha = 6^h 12^m$, $\delta = 9°$. Dies bedeutet, daß die Hyaden sich alle in Richtung dieses Ortes auf annähernd parallelen Bahnen bewegen. Damit kennen wir die Bewegungsrichtung der Hyaden-Mitglieder. Diese Kenntnis ermöglicht es uns, aus den Radialgeschwindigkeiten der Hyaden, kombiniert mit ihren Eigenbewegungen, ihre Entfernungen zu berechnen. Die Idee, die dieser Methode zugrunde liegt, ist folgende: Kennen wir die Bewegungsrichtung eines Sterns, so können wir aus der Radialgeschwindigkeit seine Raumgeschwindigkeit berechnen und damit auch die Bewegungskomponente senkrecht zur Blickrichtung, die Tangentialgeschwindigkeit. Diese jedoch spiegelt sich in der Eigenbewegung des Sterns wider, die aber andererseits von der Entfernung abhängt. Sie ist natürlich um so kleiner, je weiter der Stern entfernt ist. Zur quantitativen Behandlung des soeben Gesagten betrachten wir Abbildung 1. Der Winkel zwischen der Bewegungsrichtung eines Hyaden-Sterns und der Verbindungslinie zur Sonne sei γ, die Raumgeschwindigkeit des Sterns sei V. Sie ergibt sich aus der Radialgeschwindigkeit des Sterns VR zu $V = VR/\cos\gamma$. Die Tangentialgeschwindigkeit $VT = V\sin\gamma$ resultiert also aus der Radialgeschwindigkeit gemäß $VT = VR\tan\gamma$. Andererseits erhalten wir VT aus der

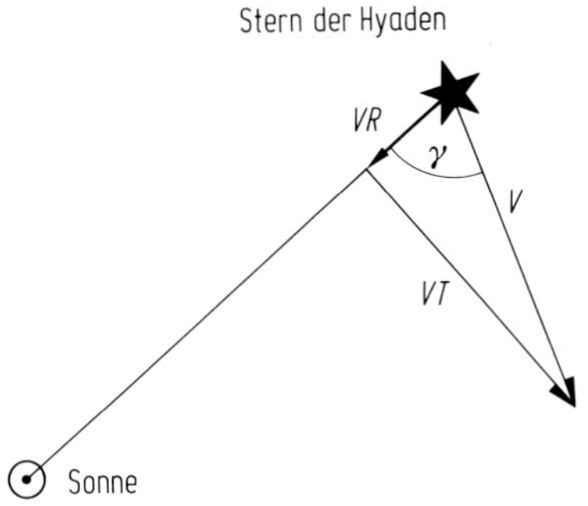

Abb. 1. Aus den Geschwindigkeitskomponenten *VR* und *VT* der Hyadenmitglieder kann die Entfernung dieses Bewegungshaufens mit großer Genauigkeit bestimmt werden

Eigenbewegung *EB* des Sterns, gemessen in Bogensekunden pro Jahr: Die Erde legt im Laufe eines Jahres die Strecke $2\,\pi$ AE zurück, wobei ihre mittlere Geschwindigkeit 30 km/s beträgt. Die Strecke 1 AE wird also in einem Jahr mit $v = 30$ km/s/$2\,\pi = 4{,}74$ km/s zurückgelegt. Ist ein Stern 1 pc weit von uns entfernt und hat er die Eigenbewegung 1″/Jahr, so muß also seine Tangentialgeschwindigkeit 4,74 km/s betragen. Ist er weiter entfernt, so reduziert sich VT auf $p \times 4{,}74$ km/s (p = Parallaxe). Beträgt die Eigenbewegung schließlich nicht 1″/Jahr, sondern EB''/Jahr, so ist $VT = EB \times p \times 4{,}74$ km/s. Damit erhalten wir $VR \times \tan\gamma = EB \times p \times 4{,}74$ km/s oder

$$p = \frac{VR \times \tan\gamma}{4{,}74 \times EB} \quad \text{oder} \quad r = \frac{4{,}74 \times EB}{VR \times \tan\gamma}.$$

Die so bestimmte Entfernung der Hyaden beträgt 45 pc bei einem relativen Fehler von höchstens 10%.

11.4 Absolute Helligkeiten und Entfernungsmodul

Um ein entfernungsunabhängiges Maß für die Helligkeiten der Sterne zu erhalten, wurde der Begriff der absoluten Helligkeit eingeführt. Sie ist definiert als diejenige Helligkeit, die ein Stern hätte, stünde er in der Entfernung $r = 10$ pc. Der Zusammenhang zwischen der scheinbaren und der absoluten Helligkeit M ist

$$m - M = 5 \log r - 5\,.$$

Die Differenz $m - M$ wird als Entfernungsmodul bezeichnet. Diese Gleichung gilt zunächst nur, wenn auf dem Weg zu dem Stern keine interstellare Extinktion erfolgt (s. Kapitel 14), andernfalls ist sie durch den Betrag $A(r)$ der Extinktion zu ergänzen.

Scheinbare Helligkeiten im UBV-System werden mit großen Buchstaben U, B, V bezeichnet. Die entsprechenden absoluten Helligkeiten mit M_{U}, M_{B}, M_{V}.

Aus der Entfernung der Sonne, 1 AE = 1/206265 pc, ergibt sich ihr Entfernungsmodul zu − 31,57. Aus den scheinbaren Helligkeiten der Sonne im UBV-System,

$$\mathrm{U} = -25{,}85,\ \mathrm{B} = -26{,}03,\ \mathrm{V} = -26{,}70\,,$$

resultieren dann ihre absoluten Helligkeiten zu

$$M_{\mathrm{U}} = 5{,}72,\ M_{\mathrm{B}} = 5{,}54,\ M_{\mathrm{V}} = 4{,}87\,.$$

Die Sonne ist demnach ein recht bescheidenes Sternchen. O-Sterne erreichen absolute Helligkeiten von etwa − 5 mag, sie sind also 10 000mal heller als die Sonne. Die leuchtkräftigsten Überriesen sind nochmals 100mal heller. Andererseits gibt es auch noch wesentlich schwächere Sterne. Die schwächsten M-Zwerge haben absolute Helligkeiten bei $M_V \sim 15$ mag. Die absolut hellsten und die absolut schwächsten Sterne unterscheiden sich also bezüglich ihrer absoluten Helligkeiten etwa um 25 Größenklassen, bezüglich ihrer Leuchtkräfte um 10 Zehnerpotenzen.

11.5 Die Spektraltypen der Sterne

Die Spektren der Sterne lassen eine große Vielfalt verschiedener Arten erkennen. Zwar ist ein Kontinuum allen gemeinsam, das aber von einer unterschiedlich großen Zahl dunkler Linien (Fraunhofersche Linien) durchsetzt ist. Dies sind Absorptionslinien, die in den Photosphären der Sterne dadurch entstehen, daß neutrale Atome wie auch die verschiedensten Ionen bestimmte Wellenlängen aus dem Kontinuum der Sternstrahlung herausfiltern. In seltenen Fällen treten auch Emissionslinien in Erscheinung, deren Intensität die des benachbarten Kontinuums bei weitem übertreffen kann.

Um Ordnung in die große Mannigfaltigkeit der Sternspektren zu bringen, wurden ähnliche Spektren zu Gruppen zusammengefaßt und mit großen Buchstaben bezeichnet. Daraus sind die gebräuchlichsten „Spektraltypen" der Sterne hervorgegangen, die üblicherweise in der Reihenfolge O B A F G K M, mit dem Nebenast N R, angeordnet werden. Zur feineren Unterteilung werden die Ziffern 0 bis 9 an die Spektraltypen angefügt, die in bestimmten Fällen noch dezimal unterteilt werden können. Insbesondere im Abschnitt der Spektraltypen-Sequenz zwischen O9 und B3 werden die Typen O9.5, B0.5, B1.5 und B2.5 zwischen O9, B0, B1, B2 und B3 eingefügt. Die Sterne am Anfang der Sequenz von O bis M werden aus historischen Gründen als „frühe Typen" (also O- und B-Sterne) bezeichnet, die K und M-Sterne nennt man „späte Typen". Die Unterteilung der O-Sterne beginnt bei O3 (ursprünglich bei O5, die Entdeckung von Sternen, die heißer als O5-Sterne sind, führte zur Einführung der Untergruppen O4 und O3). Siehe auch Band 1, Kapitel 9.

Diese Folge der Spektraltypen von O bis M ist in Wirklichkeit eine Temperatursequenz der Sterne. O-Sterne sind am heißesten mit Oberflächentemperaturen bis zu 50 000 K, M-Sterne dagegen sind die kühlsten Sterne mit nur noch etwa 3000 K. O3-Sterne sind die heißesten und massereichsten Sterne; von ihnen sind nur wenige Exemplare bekannt.

Zur Klassifizierung eines Sternspektrums dienen die Intensitäten bestimmter charakteristischer Linien. So sind die heißesten Sterne, also die frühen O-Sterne, durch HeII-Linien gekennzeichnet. HeI-Linien sind relativ stark in den Spektren später O-Sterne. Die Balmer-Linien des Wasserstoffs sind in Spektren von O-Sternen noch schwach, werden aber in den Spektren der B-Sterne zunehmend stärker, um beim Spektraltyp A0 ihre größte Intensität zu erreichen. Bei späteren Typen werden die Balmer-Linien wieder kontinuierlich schwächer, während die CaII-Linien stetig stärker werden. In den Spektren der G- und K-Sterne tauchen mehr und mehr Linien von neutralen Elementen auf. Die kühlsten Sterne, jene also vom Spektraltyp M, sind schließlich durch Molekülbanden (beispielsweise TiO) charakterisiert.

Die Bestimmung des Spektraltyps eines Sterns ist weder von seiner Entfernung noch von der Extinktion zwischen ihm und der Erde abhängig. Im Gegensatz zu seiner scheinbaren Helligkeit wie auch zu seinem Farbindex ist daher der Spektraltyp ein Parameter, der ausschließlich durch die Eigenschaften des Sterns allein bestimmt ist.

11.6 Das Hertzsprung-Russell-Diagramm

Die absoluten Helligkeiten M der Sterne sind ebenso wie ihre Spektraltypen nicht von der Entfernung abhängig. Tragen wir daher die absoluten Helligkeiten einer Auswahl von Sternen gegen ihre Spektraltypen auf, so ist das resultierende Diagramm (das „Hertzsprung-Russell-Diagramm") nur durch die Physik der Sterne bestimmt. Abbildung 2 zeigt ein solches HR-Diagramm für die sonnennahen Sterne, deren M_V durch trigonometrische Methoden mit einer Ungenauigkeit von höchstens 0,7 mag bestimmt werden konnten. Dieses Diagramm vermittelt uns eine fundamentale Erkenntnis: In der Natur sind nicht alle möglichen Kombinationen von Spektraltyp und Leuchtkraft gleich häufig realisiert, sondern fast alle Sterne liegen auf einem schmalen Band, das bei frühen Sternen und großen absoluten Helligkeiten beginnt und sich zu den späten Sternen geringer absoluter Helligkeit hin erstreckt. Dieses Band ist die „Hauptreihe" im HR-Diagramm, die Sterne auf ihr oder in ihrer Nähe werden allgemein „Hauptreihensterne" genannt. Die Breite dieses Bandes ist in Abbildung 2 noch zu einem wesentlichen Teil durch Beobachtungsfehler der M_V vorgetäuscht. Dies erkennen wir, wenn wir uns auf die Sterne mit den kleinsten Fehlern der M_V beschrän-

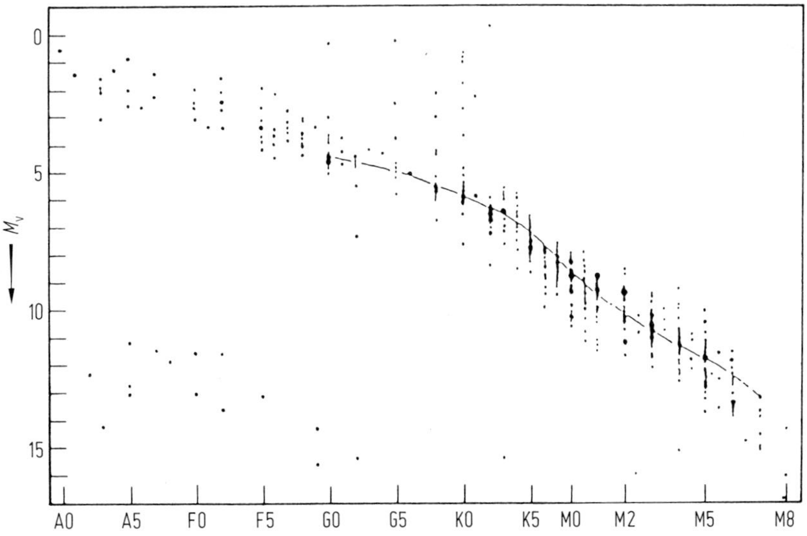

Abb. 2. Das Hertzsprung-Russell-Diagramm der sonnennahen Sterne zeigt, daß sich weitaus die meisten Sterne entlang der Hauptreihe anordnen (nach W. Gliese)

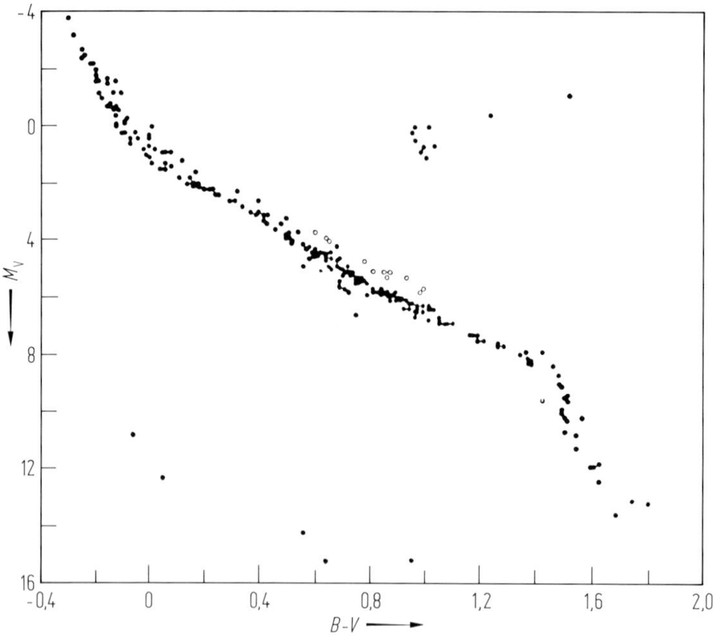

Abb. 3. Das Farben-Helligkeits-Diagramm derjenigen Sterne, deren Entfernungen am genauesten bekannt sind, läßt erkennen, wie schmal die Hauptreihe tatsächlich ist

ken: So ist Abbildung 3 das HR-Diagramm der Sterne mit $r < 10$ pc. Es enthält zudem Sterne aus Sternhaufen besonders gut bekannter Entfernungen. Siehe auch Band 1, Kapitel 9.

Eine kleine Zahl von Sternen finden wir auch unter der Hauptreihe. Dies sind die „Weißen Zwerge". Einige „Riesen-Sterne" erkennen wir oberhalb von der Hauptreihe.

Nicht nur die meisten Sterne der Sonnenumgebung ordnen sich entlang einer Hauptreihe an, sondern auch die meisten Mitglieder eines Sternhaufens. Junge Sternhaufen enthalten im allgemeinen einige rote Sterne, die wesentlich heller als die hellsten Riesen in Abbildung 2 oder Abbildung 3 sind. Dies sind „Überriesen", die unter den sonnennahen Sternen nicht vertreten sind. Aus dem Vergleich der HR-Diagramme von Sternen, deren Entfernungen trigonometrisch bestimmt werden konnten und von denen offener Sternhaufen (s. Abschnitt 9.5.2) konnten auch die absoluten Helligkeiten solcher „Überriesen" abgeleitet werden.

11.7 Die Leuchtkraftklassen

Während die Konzentration der Hauptreihensterne im HR-Diagramm sehr stark ausgeprägt ist, ist das Gebiet der Riesen und Überriesen annähernd gleichförmig besetzt. Wie weit oberhalb der Hauptreihe ein Stern im HR-Diagramm zu lokalisieren ist, geht aus charakteristischen Merkmalen in seinem Spektrum hervor. Dies sind einerseits wieder Intensitätsverhältnisse bestimmter Absorptionslinien sowie die Breite der Balmer-Linien, die für Hauptreihensterne am größten und für Überriesen am kleinsten ist. Mittels dieser Leuchtkraftkriterien kann ein Stern in ein System von Leuchtkraftklassen eingeordnet werden, das als „MK-System“ oder „Yerkes-System“ bekannt ist. Die Mitglieder der Leuchtkraftklasse I sind die Überriesen. Sie wird unterteilt in Ia, Iab und Ib. Extrem helle Überriesen bezeichnet man mit Ia+ oder Ia0. Es folgen in Richtung abnehmender Leuchtkraft die „Hellen Riesen“ der Leuchtkraftklasse II. Die Leuchtkraftklasse III schließlich umfaßt die normalen „Riesen“, Leuchtkraftklasse IV die „Unterriesen“ und Leuchtkraftklasse V die Hauptreihensterne. Letztere werden oft als „Zwergsterne“ bezeichnet. Das ist keine sehr glückliche Bezeichnung, insbesondere wenn man sie auf die hellen und massereichen O-Sterne anwendet. Die seltenen „Unterzwerge“ (Subdwarfs), einige Größenklassen unterhalb der Hauptreihe im HR-Diagramm anzutreffen, werden mitunter als Mitglieder einer Leuchtkraftklasse VI bezeichnet.

Die mittleren absoluten Helligkeiten in Abhängigkeit von Spektraltyp und Leuchtkraftklasse der Sterne konnten aus der Photometrie offener Sternhaufen (s. Kapitel 16) bestimmt werden. Sie sind im Anhang zusammengestellt.

Ebenso wurden die mittleren Eigenfarben der verschiedenen MK-Typen abgeleitet. Diese werden üblicherweise im UBV-System angegeben und mit $(B-V)_0$, $(U-B)_0$ und so weiter bezeichnet. Auch sie sind im Anhang zu finden.

Da sich die Eigenfarben $(B-V)_0$ kontinuierlich mit dem Spektraltyp ändern, von $(B-V)_0 = -0{,}32$ mag für frühe O-Sterne bis zu $(B-V)_0 = +1{,}65$ mag für späte M-Sterne, kann man statt des üblichen Hertzsprung-Russell-Diagramms mit dem Spektraltyp als Abszisse auch ein solches mit $(B-V)_0$ als Abszisse verwenden. Ein solches Diagramm heißt dann Farben-Helligkeits-Diagramm. Handelt es sich um Mitglieder eines Sternhaufens, so muß es nicht notwendig die absolute Helligkeit als Ordinate enthalten, sondern kann statt dessen auch die scheinbaren Helligkeiten angeben. Seine wesentlichen Charakteristika bleiben dennoch erhalten.

Mit Hilfe eines Spektrums, dessen spektrale Auflösung zur Bestimmung des MK-Typs eines Sterns ausreicht, lassen sich also dessen Eigenfarben und seine absolute Helligkeit angeben. Damit läßt sich der Betrag der visuellen Extinktion A_V bestimmen, um den sein Licht auf dem Wege zu uns abgeschwächt wird (s. Kapitel 14). So eröffnet sich uns schließlich die Möglichkeit, auch seine Entfernung zu berechnen. Gegenüber den trigonometrischen Methoden der Entfernungsbestimmung bedeutet dies eine gewaltige Steigerung der Reichweite. Die absolut hellsten Sterne sind dieser Methode der Entfernungsbestimmung auch dann noch zugänglich, wenn sie 10 kpc oder mehr von uns entfernt sind. Natürlich unter der Voraussetzung, daß die interstellare Extinktion nur mäßig groß ist.

11.8 Zwei-Farben-Diagramme

Aus den Farbenindizes $(B-V)$ und $(U-B)$ konstruiert man ein für viele Anwendungen nützliches „Zwei-Farben-Diagramm“ (ZFD), in dem $(U-B)$ als Ordinate mit nach unten zunehmenden Werten gegen $(B-V)$ aufgetragen ist. Unverfärbte Hauptreihensterne (s. Abb. 4) liegen auf einer wohldefinierten, annähernd S-förmigen Kurve. Riesen und Überriesen sind bis zu 0,2 mag von Hauptreihensternen gleichen Spektraltyps entfernt.

Der Einfluß der interstellaren Extinktion verschiebt die Sterne im ZFD in Richtung des Verfärbungsweges. Abbildung 4 macht deutlich, daß der Verfärbungsweg für alle O-Sterne sowie für B-Sterne bis einschließlich B3 nicht mit möglichen Positionen späterer Sterne im ZFD zusammenfällt. Für solche Sterne kann also aus der Position im ZFD der Spektraltyp sowie der Farbexzess E_{B-V} (horizontale Komponente des Verfärbungswegs) durch „Zurückschieben" des Sterns auf die Hauptreihe in entgegengesetzter Richtung des Verfärbungswegs eindeutig bestimmt werden. Da weitaus die meisten Sterne Hauptreihensterne sind, ist oft, falls für einen Stern nur photometrische Daten verfügbar sind, die Annahme sinnvoll, daß es sich um einen Hauptreihenstern handelt. Dann kann man aus seiner Lage im ZFD zusammen mit dem Spektraltyp auch eine Information über seine absolute Helligkeit gewinnen und damit

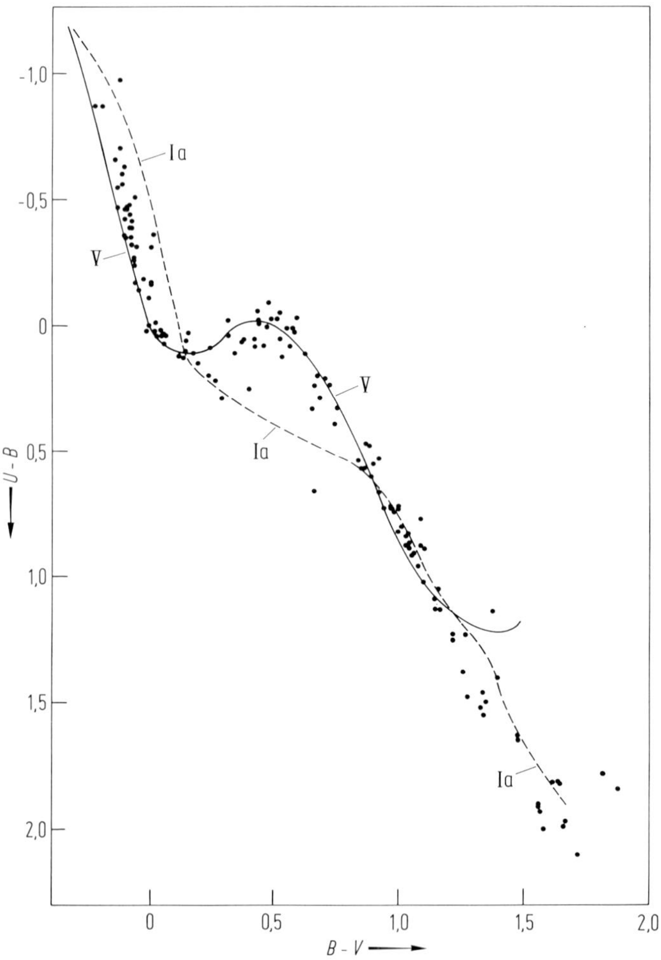

Abb. 4. Das Zwei-Farben-Diagramm einiger Sterne aus dem „Catalogue of Bright Stars" ist kaum durch interstellare Verfärbung beeinflußt. Die Linien zeigen die Positionen völlig unverfärbter Sterne der Leuchtkraftklassen V und Ia

die Entfernung des Sterns abschätzen. Ist der Stern in Wirklichkeit aber Mitglied einer der Leuchtkraftklassen IV bis I, so ist die aus dieser Annahme resultierende Entfernung zu klein. Die Annahme, daß ein bestimmter Stern ein Hauptreihenstern ist, führt also bei alleiniger Verwendung von UBV-Daten nur zu einer unteren Grenze für seine Entfernung.

11.9 Bolometrische Helligkeiten

Ein Maß für die gesamte Energieerzeugung eines Sterns ist seine „bolometrische Helligkeit" M_{bol}. Sie entspricht der Gesamtstrahlung zwischen den Wellenlängen 0 und ∞. Per Definition ist die bolometrische Helligkeit der Sonne gleich ihrer V-Helligkeit. Der Unterschied zwischen m_{bol} und V (bzw. zwischen M_{bol} und M_{V}) heißt „bolometrische Korrektur" B.C. $= M_{\text{bol}} - V$. Für sonnenähnliche Sterne (zwischen A0 und K0) ist die bolometrische Korrektur klein, wächst aber sowohl zu früheren als auch späteren Typen bis auf etwa $+3$ an (s. Tabelle 2). Dies bedeutet, daß sehr frühe wie auch sehr späte Sterne den größten Teil ihrer Strahlung bei Wellenlängen ausstrahlen, die weit vom V-Band entfernt sind. Die Leuchtkraft eines Sterns, ausgedrückt in Einheiten von Sonnenleuchtkräftigen L_0, ist einfach

$$L = 10^{0{,}4(4{,}77 - M_{\text{bol}})} L_0 \quad \text{mit } L_0 = 3.82 \times 10^{33}\,\text{erg/s}\,.$$

Tabelle 2. Die bolometrische Korrektur B.C. $= M_{\text{bol}} - M_{\text{V}}$ für Sterne verschiedener Spektraltypen. (Nach Th. Schmidt-Kaler, Landolt-Börnstein, Astronomy and Astrophysics, Vol. 2b. Berlin, Heidelberg, New York: Springer 1982, p. 182)

Spektraltyp	O5	B0	A0	F0	G0	K0	M0	M5
B.C.	− 4,4	− 3,2	− 0,3	− 0,1	− 0,2	− 0,3	− 1,4	− 2,7

11.10 Die Durchmesser der Sterne

Wäre die Sonne 1 pc weit von uns entfernt, so betrüge ihr scheinbarer Durchmesser weniger als 0,01 arcsec (1 AE:1 pc = 1:206 265). Derart kleine Winkel lassen sich auch mit den größten irdischen Teleskopen nicht messen, da die Luftunruhe der Winkelauflösung eine Grenze setzt, die unter den besten Bedingungen bei 0,5 arcsec liegt. Da fast alle Sterne viel weiter als 1 pc von uns entfernt sind, können wir also auf direktem Wege keine Sterndurchmesser erkennen, das heißt wir können keinen Stern von einem (mathematisch exakten) Punkt unterscheiden.

Sterndurchmesser wurden erstmals mit einem Michelsonschen Stern-Interferometer am 2,5-m-Teleskop auf dem Mt. Wilson Observatorium gemessen. Dabei wurden bis zu 15 m auseinanderliegende Lichtstrahlen eines Sterns zur Interferenz gebracht.

Tabelle 3. Physische Parameter der Sterne. d Durchmesser, T_{eff} Effektiv-Temperatur, $\mathfrak{M}$ Masse, ϱ Dichte, g Schwerebeschleunigung. (Nach Th. Schmidt-Kaler, Landolt Börnstein, Astronomy and Astrophysics, Vol. 2b. Berlin, Heidelberg, New York: Springer 1982, pp. 31, 453)

Spektraltyp	d/d_0	T_{eff} in K	$\mathfrak{M}/\mathfrak{M}_0$	ϱ/ϱ_0	g/g_0
O5V	12	44 500	60	0,03	0,40
B0V	7,4	30 000	17,5	0,04	0,32
A0V	2,4	9520	2,9	0,20	0,50
F0V	1,5	7200	1,6	0,50	0,79
G0V	1,1	6030	1,05	0,79	0,89
K0V	0,85	5250	0,79	1,26	1,12
M0V	0,60	3850	0,51	2,24	1,41
M5V	0,27	3240	0,21	10,0	3,16
B0III	15	29 000	20	0,006	0,08
A0III	5	10 100	4	0,32	–
G0III	6	5850	1,0	0,004	0,03
K0III	15	4750	1,1	0,0003	0,005
M0III	40	3800	1,2	0,00002	0,001
O5I	30	40 300	70	0,0025	0,079
A01	60	9730	16	0,00008	0,0050
F01	80	7700	12	0,00003	0,0020
G0I	120	5550	10	0,00001	0,0008
K0I	200	4420	13	0,000002	0,0003
M0I	500	3650	13	0,0000001	0,00005

Diese Methode war aber nur auf wenige (11) nahe Riesen- und Überriesen mit relativ großen Winkel-Durchmessern (von etwa 0,01 arcsec) anwendbar. Wesentlich kleinere Sterndurchmesser lassen sich mit dem Intensitätsinterferometer von R. Hanbury Brown und Twiss bestimmen, wobei ein Meßfehler von nur noch 0,0001 arcsec erreicht wurde. Hiermit konnten auch Durchmesser heller Hauptreihensterne gemessen werden.

Von geringerer Bedeutung sind Durchmesser-Bestimmungen der Komponenten von Bedeckungsveränderlichen aus ihren Lichtkurven.

Die resultierenden Sterndurchmesser sind überwiegend groß verglichen mit dem Durchmesser der Sonne. Die größten Sterne sind späte Überriesen, deren Radien bis zu 100 R_0 oder etwa 4 AE betragen können! Durchmesser einiger Sterntypen sind in Tabelle 3 angegeben.

11.11 Die Temperaturen der Sterne

Kennen wir die Leuchtkraft L eines Sterns sowie seinen Radius R, so können wir den Strahlungsstrom durch 1 cm^2 seiner Oberfläche angeben: $L/4\pi R^2$. Nach dem Stefan-Boltzmannschen Gesetz ist durch ihn die Effektiv-Temperatur T_{eff} gegeben:

$$\frac{L}{4\pi R^2} = \sigma T_{eff}^4 .$$

Die darin auftretende Konstante hat den Wert $\sigma = 5{,}67 \times 10^{-5}$ erg cm^{-2} s^{-1} K^{-4}. Die Effektiv-Temperaturen der Sterne variieren zwischen 50 000 K für die frühesten O-Sterne und 3000 K für späte M-Sterne. Beispiele sind wieder in Tabelle 3 aufgelistet.

Die Bestimmung der Effektiv-Temperatur erfordert die Kenntnis von L und R, die nur für wenige helle Sterne mit einiger Genauigkeit vorliegen. Einfacher ist die „Farbtemperatur“ eines Sterns zu bestimmen. Dies ist diejenige Temperatur T, die in einem bestimmten Wellenlängenintervall die Form des Sternkontinuums durch eine „Planck-Kurve“

$$B(\lambda, T) = \frac{2\,h\,c^2}{\lambda^5} \exp(-\,c_2/\lambda\, T)$$

näherungsweise darzustellen erlaubt (c ist die Lichtgeschwindigkeit, h die Plancksche Konstante, und die Konstante c_2 hat den Wert 1,4388 cm K).

11.12 Die Massen der Sterne

Der wichtigste Parameter eines Sterns ist seine Masse, die er bei seiner Entstehung erhalten hat. Sie bestimmt neben seiner chemischen Zusammensetzung sein ganzes weiteres Schicksal. Massenbestimmungen von Sternen, wie auch aller anderen Himmelskörper, sind nur möglich, wenn wir messen können, welchen Einfluß sie durch ihre Anziehungskräfte auf Bewegungen anderer Himmelskörper ausüben. Massen von Sternen können wir also nur dann bestimmen, wenn es sich bei ihnen um Komponenten von Doppelsternsystemen handelt.

Am einfachsten ist die Massenbestimmung durchführbar, wenn die Bahnen beider Komponenten eines visuellen Doppelsterns so genau vermessen werden können, daß nicht nur die große Halbachse a der Bahn der einen Komponente um die andere bestimmt werden kann, sondern auch die wahren großen Halbachsen a_1 und a_2 beider Komponenten um den gemeinsamen Schwerpunkt. Aus der Definition der Lage des Schwerpunkts erhalten wir die Beziehung $\mathfrak{M}_1\, a_1 = \mathfrak{M}_2\, a_2$ und aus dem 3. Keplerschen Gesetz $\mathfrak{M}_1 + \mathfrak{M}_2 = a^3/p^2$. Die Einheiten der Massen sind Sonnenmassen, diejenigen der Halbachsen sind astronomische Einheiten, und die Periode P ist in Jahren einzusetzen. Die Kombination beider Gleichungen ermöglicht die Bestimmung beider Einzelmassen.

Ein „Bedeckungsveränderlicher“ ist ein enger Doppelstern, dessen Bahnebene so orientiert ist, daß von uns aus gesehen gegenseitige Bedeckungen auftreten können. Aus der Form der Lichtkurve können auch die Sternmassen abgeleitet werden, insbesondere dann, wenn die Radial-Geschwindigkeiten beider Komponenten in Abhängigkeit von der Phase meßbar sind.

Die resultierenden Massenwerte liegen zwischen 0,1 M_0 und 60 M_0. Dieses Intervall ist erheblich kleiner als dasjenige der Leuchtkräfte. Ein kleiner Massenunterschied zweier Sterne geht mit einer großen Differenz ihrer Leuchtkräfte einher. Dies wird durch die Masse-Leuchtkraft-Beziehung dokumentiert:

$$L \sim \mathfrak{M}^4 \quad \text{für} \quad 0^{\mathrm{m}} < M_{\mathrm{bol}} < 7^{\mathrm{m}}$$
$$L \sim \mathfrak{M}^{1,5} \quad \text{für} \quad M_{\mathrm{bol}} > 7^{\mathrm{m}}.$$

Diese Beziehung gilt nur für Hauptreihensterne.

Die Kenntnis der Sternmassen ermöglicht die Berechnung mittlerer Sterndichten sowie der Schwerebeschleunigung an der Sternoberfläche. Die Variationsbreite dieser beiden Parameter ist sehr groß: während Weiße Zwerge mittlere Dichten bis zu 10^6 g/cm^3 aufweisen, bringen es M-Über-Riesen nur auf 10^{-7} g/cm^3. Entsprechend sind die Extremwerte der Schwerebeschleunigung 10^8 cm s^{-2} und 2 cm s^{-2}. Werte für Masse, Dichte und Schwerebeschleunigung einiger Sterntypen sind ebenfalls in Tabelle 3 zusammengestellt.

11.13 Energieerzeugung und Lebensdauer

Bis zum Jahre 1939 war es rätselhaft, wie die Sonne und die Sterne die Energie erzeugen, die sie ständig in großen Mengen abstrahlen. Geologische Untersuchungen hatten gezeigt, daß das Alter der Erde einige Milliarden Jahre betragen muß, während der die Strahlung der Sonne keine drastischen Änderungen erfahren haben konnte. Andernfalls hätte die stetige Entwicklung des Lebens über lange Zeiträume hinweg nicht erfolgen können. Frühe Versuche zur Erklärung der Sonnenleuchtkraft durch Einfall von Meteoriten oder allmähliche Kontraktion ergaben völlig unzureichende Zeitskalen.

Im Jahre 1939 erkannten Beethe und Weizsäcker, daß bei hohen Temperaturen und Drucken, wie sie im Sterninnern vorhanden sind, Wasserstoff in Helium umgewandelt wird, wobei große Energiemengen freigesetzt werden. Dabei verschmelzen vier Wasserstoffatome zu einem Helium-Atom, der geringe Massenverlust ΔM bei dieser Reaktion – ein Helium-Atom ist etwa 0,7% leichter als die vier Wasserstoff-Atome – wird in Energie $E = \Delta M \cdot c^2$ umgewandelt.

Diese Wasserstoff-Fusion verläuft nach der „Proton-Proton-Reaktion" oder nach dem „CNO-Cyklus". Bei der Proton-Proton-Reaktion verschmelzen zunächst je zwei Wasserstoff-Atome zu einem Deuterium-Atom, welches sich mit einem dritten Wasserstoff-Atom zu einem He^3-Atom vereinigt. Zwei solcher He^3-Atome bilden sodann ein He^4-Atom, wobei wieder zwei Wasserstoff-Atome freigesetzt werden. Beim CNO-Cyklus fängt zunächst ein ${}_6C^{12}$-Atom ein Proton ein. Dabei entsteht ein Stickstoff-Atom ${}_7N^{13}$. Durch Einfang von zwei weiteren Protonen und Emission zweier Positronen entsteht schließlich ein ${}_7N^{15}$-Atom, welches nach Einfang eines letzten Wasserstoff-Atoms wieder in ein ${}_6C^{12}$-Atom und ein α-Teilchen, also ein He-Atom, zerfällt. Bei dieser Reaktion bleibt das Kohlenstoff-Atom letzten Endes unverändert und dient also nur als Katalysator.

Beide Reaktionen verlaufen um so schneller, je höher die Temperatur ist. Die Effizienz der Proton-Proton-Reaktion wächst mit der 5. Potenz der Temperatur, jene des CNO-Cyklus sogar mit der 17. Potenz. Derart starke Temperatur-Abhängigkeiten einer Reaktion sind in keinem weiteren Fall als bei Kernfusionen bekannt.

Obwohl die Sonne insgesamt eine gewaltige Energiemenge als Strahlung abgibt ($3{,}8 \times 10^{33}$ erg/s), ist ihre Energieerzeugung pro Volumeneinheit klein. Man kann leicht nachrechnen, daß zur Erzeugung eines einzigen Kilowatts ein Würfel durchschnittlicher Sonnenmaterie mit einer Kantenlänge von 15,5 m erforderlich ist. Die oft ausgesprochene Behauptung, daß der angestrebte Fusionsreaktor, mit dem die irdischen Energieprobleme endgültig gelöst werden sollen, die Energieerzeugung im Sonneninnern nachahmen solle, ist daher irreführend: In einem solchen Fusionsreaktor müßte die Energieerzeugung um das Millionenfache stürmischer ablaufen als im Innern der Sonne!

Die Oberflächen-Temperaturen der Sonne und der Sterne (3000 K bis 50000 K) sind viel zu niedrig, um die Kernfusion zu ermöglichen. Die dazu nötigen Temperaturen von zirka zehn Millionen Grad sind nur im Innern der Sonne und der Sterne anzutreffen. Ein dort erzeugtes Photon wird von der umgebenden Materie bereits wieder absorbiert und reemittiert, nachdem es im Durchschnitt nur etwa 1 Zentimeter zurückgelegt hat. Die Ausbreitungsrichtung der Strahlung ist natürlich im Mittel nach außen gerichtet, die Bahn eines einzelnen Photons ist aber ein Zickzack-Weg, der etwa eine Million Jahre für die Strecke vom Sonnenmittelpunkt bis zur Oberfläche erfordert.

Solange ein Stern weniger als 10% seines Wasserstoff-Vorrats in Helium umgewandelt hat, befindet er sich in einem Gleichgewichts-Zustand. Im Hertzsprung-Russel-Diagramm finden wir ihn während dieser Zeitspanne auf der Hauptreihe. Die Verweildauer eines Sterns auf der Hauptreihe können wir leicht abschätzen. Außer der Leuchtkraft und der Masse des Sterns benötigen wir die Energieerzeugungsrate bei der vollständigen Umwandlung von Wasserstoff in Helium. Diese beträgt $6{,}3 \times 10^{18}$ erg/g. Im Falle der Sonne erhalten wir als Verweildauer auf der Hauptreihe etwa zehn Milliarden Jahre. Die Sonne, deren gegenwärtiges Alter schon über vier Milliarden Jahre beträgt, kann also noch einige weitere Milliarden Jahre unverändert leuchten.

Berechnen wir die Entwicklungszeiten für andere Hauptreihensterne, so stellen wir fest, daß diese für die frühesten Sterne nur einige Millionen Jahre betragen, für die spätesten Sterne aber einige Dutzend Milliarden Jahre. Der Grund dafür ist die höhere Zentraltemperatur der früheren Sterne, die sich wegen ihrer höheren Massen einstellt. Diese höhere Temperatur hat einen wesentlich schnelleren Ablauf der Kernfusion zur Folge, deren Effizienz, wie wir gesehen haben, mit der 5. oder sogar mit der 17. Potenz der Temperatur ansteigt.

Da die frühesten Sterne nur einige Millionen Jahre alt sein können, viel weniger als das Alter des Milchstraßensystems, müssen wir davon ausgehen, daß solche Sterne laufend neu entstehen. In dieser relativ kurzen Zeit können sie sich auch noch nicht sehr weit von ihrem Geburtsort entfernt haben. Einen Hinweis auf den Ort der Entstehung neuer Sterne liefert die Beobachtung, daß die großen Molekülwolken (Giant molecular clouds) die eigentlichen Geburtsstätten der Sterne sind. Werden sie von den heißesten jungen Sternen ionisiert, so entstehen Emissionsnebel (HII-Regionen). Reflexionsnebel sind Teile von Molekülwolken, die von etwas späteren Sternen, die aber auch vor kurzem in ihnen entstanden sind, beleuchtet werden.

11.14 Die chemische Zusammensetzung der Sterne

Durch „Feinanalysen" von Spektren heller Sterne, wie auch der Sonne, lassen sich die Häufigkeiten verschiedener chemischer Elemente in den Sternatmosphären bestimmen. Die Ergebnisse sind für die Sonne, wie für die meisten Sterne der Population I oder für galaktische Gasnebel, einander sehr ähnlich. Einige Beispiele sind in Tabelle 4 zusammengestellt. Für Objektive der Population II, wie Schnelläufer oder Kugel-

Tabelle 4. Logarithmen der Häufigkeiten einiger chemischer Elemente in der Sonne sowie in α Cygni (beides Population I) und in dem Population-II-Objekt HD 140283 (Normiert auf $\log N(H) = 12{,}0$). (Nach H. Scheffler und H. Elsässer, Physik der Sterne und der Sonne. Mannheim, Wien, Zürich: Wissenschaftsverlag, Bibliographisches Institut 1974, S. 392)

	1H	6C	11Na	12Mg	13Al	14Si	20Ca	26Fe	38Sr
Sonne	12,0	8,6	6,3	7,5	6,4	7,6	6,4	7,6	2,9
α Cygni	12,0	8,1		7,9	6,8	8,0	6,7	7,6	3,4
HD 140283	12,0	6,3	3,7	7,2	3,8	5,3	4,0	5,1	0,6

haufen, sind die schweren Elemente erheblich seltener als in Population-I-Objekten. Dieser Unterschied ist auf die chemische Entwicklung der Galaxis zurückzuführen. Die Objekte der Population II entstanden bald nach Entstehung des Milchstraßensystems, das zunächst überwiegend aus Wasserstoff (90%) und Helium (10%) bestand. Schwere Elemente waren, wenn überhaupt, nur in Spuren beigemischt. Sie entstanden erst allmählich durch Kernfusion im Innern der Sterne.

Durch Kernprozesse entsteht zunächst aus Wasserstoff weiteres Helium. Ist schließlich im Sterninnern der überwiegende Teil des Wasserstoffs verbraucht, so wird aus dem Helium durch den 3α-Prozess Kohlenstoff gebildet. Dazu sind aber höhere Temperaturen als für die Fusion von Wasserstoff zu Helium erforderlich, nämlich etwa 10^8 K. Bei noch höheren Temperaturen „verbrennt" schließlich auch der Kohlenstoff zu Sauerstoff. Weitere Elemente werden durch eine Vielzahl atomarer Reaktionen gebildet. Diese schweren Elemente, oft nicht ganz richtig in ihrer Gesamtheit als „Metalle" bezeichnet, werden im Laufe der Zeit zu einem Teil an das interstellare Material abgegeben, wofür es im wesentlichen zwei Möglichkeiten gibt: Manche Sterne (Rote Riesen) verlieren ständig Materie in Form von Sternwinden oder indem sie ihre äußeren Hüllen abblasen. Dabei entstehen Planetarische Nebel. Massereiche Sterne hingegen explodieren am Ende ihrer Entwicklung als Supernovae, wobei der größte Teil ihrer durch Kernprozesse mit schweren Elementen angereicherten Materie in die interstellare Umgebung verteilt wird. Bei der Explosion selbst entstehen weitere schwere Elemente, die sich im normalen Leben eines Sterns nicht bilden können.

Aus der interstellaren Materie, die so in ständig zunehmendem Maße mit schweren Elementen angereichert wird, entstehen daher gegenwärtig Sterne, die schon bei ihrer Geburt zu einigen Prozent aus schweren Elementen bestehen.

11.15 Die zeitliche Entwicklung der Sterne

Innerhalb eines Menschenlebens können keine Veränderungen der Zustandsgrößen von Sternen beobachtet werden, wenn wir einmal von den mehr oder weniger periodischen Schwankungen der Helligkeit mancher Sterne absehen. Dafür ist ihre Lebensdauer zu groß, und ihre Entwicklung verläuft zu langsam. Andererseits wissen wir, daß manche Sterne, wie zum Beispiel die Sonne, schon sehr alt sind, während andere ganz offensichtlich gerade erst entstanden sind. Wenn wir dennoch mit großer Zuversicht angeben können, in welcher Weise sich ein Stern zwischen seiner Geburt und seinem Tod verändert, so hat das drei Gründe.

Zunächst einmal kennen wir weitgehend die physikalischen Gesetze, die die Vorgänge im Innern eines Sternes steuern. Wir wissen, nach welchen Prozessen im Sterninnern Energie erzeugt wird und wie sich dabei fortwährend schwerere Elemente aus leichten aufbauen. Wir wissen auch, wie die Energie aus den Tiefen eines Sterns nach außen transportiert wird – teils durch Strahlung, teils durch Konvektion (Wärme-Transport).

Sodann haben die modernen Rechenanlagen entscheidend dazu beigetragen, daß wir heute recht gut über die zeitliche Entwicklung der Sterne Bescheid wissen. Nur sie geben den Theoretikern die Möglichkeit, die rechenintensiven Integrationen der mathematischen Gleichungen, die den Aufbau der Sterne beschreiben, in erträglichen Zeiten zu bewältigen.

Schließlich ist die Möglichkeit, die Richtigkeit der Ergebnisse solcher Modellrechnungen mit bestimmten Beobachtungen nachprüfen zu können, ebenfalls von großer Bedeutung. Solche Kriterien geben uns vor allem die Sternhaufen an die Hand. Ihre HR-Diagramme zeigen uns, in welcher Weise sich eine Gruppe von Sternen unterschiedlicher Massen, aber gleicher chemischer Beschaffenheit, in ein und derselben Zeitspanne entwickeln. Die Tatsache, daß die HR-Diagramme junger offener Haufen theoretisch ebenso reproduziert werden können wie diejenigen der alten Kugelhaufen, stärkt unser Vertrauen in die Sternmodell-Rechnungen außerordentlich.

Der erste Abschnitt im Leben eines Sterns ist seine Entstehung aus einem Teil einer Wolke interstellarer Materie. Zunächst ist die Materiedichte noch so gering, daß die durch die beginnende Kontraktion entstehende Wärme ungehindert abgestrahlt werden kann. Erst von dem Zeitpunkt an, wo der kollabierende Teil der Wolke so dicht und massereich geworden ist, daß die aus ihm emittierte Wärmestrahlung in ihm selbst zum größten Teil auch wieder absorbiert wird, bezeichnen wir ihn als „Protostern“. Von diesem Zeitpunkt an kann also die weitere Kontraktion zu einer kontinuierlichen Temperaturerhöhung führen.

Die weitere Entwicklung ist dadurch gekennzeichnet, daß sich sehr bald ein kleiner, dichter Kern bildet, auf den die Materie von weiter entfernten Teilen der kollabierenden Wolke herabregnet. Der Kern hat zu Beginn dieser Phase erst eine Masse von einigen Prozent der endgültigen Sternmasse.

Ist die Temperatur des Protosterns auf 1 bis 2000 K gestiegen, hat er sich dabei zu einem infraroten oder sehr roten Objekt mit einer Leuchtkraft von etwa 100 L_0 entwickelt (die endgültige Masse des späteren Sterns ist für dies Beispiel 1–2 M_0). Da sich die Sternentstehung stets tief im Innern einer Molekülwolke abspielt, bleibt uns der Protostern in diesem Stadium verborgen.

Durch weitere Kontraktion entstehende Wärmeenergie wird zunächst zur Dissoziation der H_2-Moleküle verwendet, später zur Ionisation von Wasserstoff und anschließend auch von Helium. Während dieser Phase steigt die Temperatur zunächst nicht weiter an, obwohl die Größe des Protosterns abnimmt. Seine Leuchtkraft nimmt daher laufend ab, im HR-Diagramm bewegt sich der Protostern bei etwa konstanter Farbe (bzw. konstantem Spektraltyp oder konstanter Effektiv-Temperatur) nach unten. Dieser Teil des Entwicklungswegs heißt „Hayashi-Linie“. Anschließend kontrahiert der Protostern langsam weiter bei allmählich ansteigenden Temperaturen, im HR-Diagramm bewegt er sich nach links. Irgendwann gelangt er in die Nähe der Hauptreihe. Kurz bevor er diese endgültig erreicht, zünden in seinem Innern die ersten Kernreaktionen. Dies ist die eigentliche Geburtsstunde des neuen Sterns. Die Energieerzeugung durch Kernfusion führt in seinem Innern zu einem Druckanstieg, wodurch der weitere Kollaps gestoppt wird.

Es folgt die längste Phase im Leben eines jeden Sterns, die er auf der Hauptreihe verbringt. Während dieser Zeit verbrennt der Wasserstoff in einer Kernregion, die einige 10 % der Sternmasse umfassen kann. An jeder Stelle des Sterns sind Gravitation und Gasdruck im Gleichgewicht, so daß der Stern keine zeitlichen Veränderungen erleidet. Wir sahen bereits in Abschnitt 11.13, daß die Verweilzeit auf der Hauptreihe durch die Masse des Sterns gegeben ist und für späte Sterne bis zu einigen Dutzend Milliarden Jahre betragen kann.

Ist schließlich im Kern eines Sterns der Wasserstoff zu einem erheblichen Teil in Helium umgewandelt, so wird die Energieerzeugung, und in der Folge davon der Druck, herabgesetzt. Dies führt zu einer weiteren Kontraktion des Sterns. Wie bei der Kontraktion des Protosterns wird dadurch wieder die Temperatur so lange erhöht, bis neue Kernprozesse, in diesem Fall der Tripel-α-Prozess (Umwandlung von drei Heliumatomen in ein Kohlenstoffatom) vermehrte Energieerzeugung und dadurch ein Ende der Kontraktionsphase zur Folge haben.

Die Temperaturerhöhung im Innern bewirkt in der Folge, daß sich die äußeren Teile des Sterns ausdehnen, der Sterndurchmesser kann auf etwa das 50fache seines ursprünglichen Werts anwachsen. Das bedeutet natürlich einen gewaltigen Anstieg seiner Leuchtkraft. In den äußeren Teilen des Sterns, aus denen allein wir ja Strahlung von ihm empfangen, stellt sich dabei eine Temperatur ein, die niedriger ist als jene der Photosphäre des Sterns während der Hauptreihenphase, da die Photosphäre ja viel weniger vom heißen Sterninnern entfernt war. Beides zusammen, Anstieg der Leuchtkraft und Verminderung der Effektiv-Temperatur, bedeutet, daß sich unser Stern im HR-Diagramm nach „rechts oben" bewegt, hinein in das Gebiet der Roten Riesen.

Hat der Stern eine genügend große Masse, so kann er immer dann, wenn in seinem tiefsten Innern ein Fusionsprozeß mangels Masse zum Erliegen gekommen ist, eine neue Kontraktionsphase einleiten und, sobald die Temperatur ausreichend angestiegen ist, einen neuen Fusions-Prozeß starten. Dies geht so lange gut, bis sich im Innern ein Kern aus Eisen gebildet hat. Durch thermische Fusion können keine schwereren Elemente als Eisen gebildet werden. Beginnt also der Eisenkern zu kontrahieren, so kann diese Kontraktion nicht wieder durch einsetzende neue Kernprozesse gebremst werden. Dies ist vielmehr der erste Schritt zu einer Supernova-Explosion.

Sterne mit kleinerer Masse enden nicht so spektakulär. Sie verlieren im Rote-Riesen-Stadium einen Teil ihrer Hülle, wobei aus der abgeworfenen Materie ein Planetarischer Nebel entstehen kann. Der Mechanismus, der zu diesem Massenverlust führt, ist noch nicht genau bekannt. Der Rest des Sterns entwickelt sich schließlich zu einem Weißen Zwerg, in dem keine Kernreaktionen mehr stattfinden. Die Strahlung eines Weißen Zwerges wird dann nur durch Kontraktions-Energie gespeist. Nach einigen Milliarden Jahren, wenn auch dieser Vorrat erschöpft ist, wird aus ihm ein toter „Schwarzer Zwerg".

11.16 Literatur

Wichtiges Referenzwerk für dieses Kapitel ist:

Scheffler, H., Elsässer, H.: Physik der Sterne und der Sonne. Mannheim: Bibliographisches Institut 1974.

12 Veränderliche Sterne

H. Drechsel und T. J. Herczeg

12.1 Einleitung

Als Veränderliche Sterne oder einfach als „Veränderliche“ bezeichnete man anfänglich vor vielleicht 200 bis 250 Jahren die wenigen Sterne, bei denen man auffallende Änderungen der Helligkeit hatte feststellen können. Seit der Entstehung der modernen Astrophysik erkannte man, daß die Helligkeitsänderungen häufig nur einem Teil der Variabilität entsprechen. Man erweiterte deshalb die Definition der Veränderlichen allgemein auf alle *Sterne mit zeitlich variablen Zustandsgrößen,* wie zum Beispiel Leuchtkraft, Temperatur und Radius. Seit sich Radio- und Satelliten-Astronomie entwickelt haben, verstehen wir unter Helligkeitsänderungen den allgemeineren Begriff der zeitlichen Variation von Strahlung im gesamten elektromagnetischen Spektralbereich, vom Radio- bis zum Röntgen-Gebiet.

Es ist andererseits sicher, daß komplexe Gebilde wie Sterne niemals „absolut konstant“ sein können. Es stellt sich daher die Frage: wo beginnt die Variabilität eines Sterns? Tatsächlich ist die häufig wiederholte Feststellung, daß sich – mit genügend hoher Auflösung beobachtet – jeder Stern als veränderlich erweisen würde, kaum mehr als eine Binsenwahrheit. Genauere Grenzen zu ziehen ist aber schwieriger. Nehmen wir als Beispiel den am besten beobachtbaren Stern, die Sonne. Wir finden, daß aktive Gebiete, Aktivitätszentren in den Oberflächenschichten der Sonne sich formen und vergehen und einen etwa 11jährigen Zyklus haben. Zur Zeit hoher Aktivität zeigen sowohl die ultraviolette Strahlung wie auch die Teilchenemission der Sonne merkliche, meist kurzfristige Änderungen, während das solare Magnetfeld und die Form der Korona langsamer veränderlich sind. Mit Hilfe von Satelliten ließ sich vor kurzem auch die vieldiskutierte Frage beantworten: ist die Solarkonstante wirklich konstant? Sie ist es nicht, aber die Veränderungen scheinen weniger als 1 % zu betragen.

Die Sonne ist also ebenfalls ein veränderlicher Stern, jedoch *nicht* in dem Sinne, wie wir diesen Begriff im folgenden verwenden wollen. Zunächst ließen sich ähnliche Änderungen bei allen anderen Sternen entweder überhaupt nicht oder nur mit sehr großem Aufwand und viel Geduld nachweisen. Wichtiger ist, daß die eben erwähnten Variationen der Sonne normale Begleiterscheinungen in einer stabilen stationären Phase der Sternentwicklung sind (wie auch der starke Sternwind und der damit verbundene Massenverlust bei massereichen Sternen). Wir werden von Veränderlichen Sternen sprechen, wenn die beobachteten Änderungen tiefergehend und für die Sternstruktur charakteristisch sind, wenigstens in gewissen Epochen der Sternentwicklung, die zum Wesen dieser Objekte gehören. Sterne, die in diesem Sinne variabel sind, bilden einige recht gut trennbare Klassen, die wir näher besprechen werden.

12.1.1 Die ersten Entdeckungen

Die ersten bekannten Veränderlichen Sterne waren meist „neue Sterne", nach unserer heutigen Terminologie Novae oder Supernovae, die mit ihrem plötzlichen Erscheinen und ihrer spektakulären Helligkeitsentwicklung am leichtesten zu entdecken waren. Sterne, die von alters her bekannt waren, aber ihre Helligkeit in mehr oder weniger regulärer Weise änderten, wurden zwar gelegentlich erkannt, galten aber eher als kuriose, vielleicht etwas zweifelhafte Randerscheinungen.

Selbst als etwa Mitte des 18. Jahrhunderts der Begriff des Veränderlichen Sterns sich langsam einbürgern konnte, wurden die neuen Sterne noch bis zum Anfang unseres Jahrhunderts als eine getrennte Klasse angesehen. Gewiß spielte dabei die spekulative Auffassung eine wesentliche Rolle, wonach der Nova-Ausbruch die mechanische Katastrophe eines Sterns bedeutet, entweder durch den Zusammenstoß mit einem anderen Stern oder durch die Aufheizung beim Eintauchen in eine interstellare Wolke verursacht. In seinem Lehrbuch von 1740 „Elémens d'Astronomie" spricht der jüngere Cassini fast ausschließlich von den „neuen Sternen". Noch 1916, in der ersten Ausgabe des großen bibliographischen Werkes „Geschichte und Literatur des Lichtwechsels Veränderlicher Sterne" hieß es über η Carinae: „Der Stern könnte beinahe ebensogut zu den Novae wie zu den Veränderlichen gerechnet werden." Heute wissen wir, daß das Nova-Phänomen mit einer ganz spezifischen Konfiguration enger Doppelsterne zusammenhängt und daß Novae eine Unterklasse im System der Veränderlichen Sterne sind.

Die Geschichte der Veränderlichen Sterne beginnt, wenigstens in Europa, 1572 mit dem Erscheinen eines sehr hellen neuen Sterns im Sternbild Cassiopeia, heute bekannt als Tycho Brahes Supernova. Die unübersehbare Änderung im „translunaren" Bereich erschütterte das aristotelische Weltbild und löste heftige philosophische Kontroversen aus.

1595 entdeckte Fabricius den „Wunderstern des Cetus", Mira Ceti. Zuerst wurde er ebenfalls für einen neuen Stern gehalten, doch hat sich seine periodische Natur bald herausgestellt.

Weitere Entdeckungen:

1600 Neuer Stern im Sternbild Cygnus (von Blaauw entdeckt), heute als P Cygni bekannt;

1604 Keplers neuer Stern im Sternbild Ophiuchus, eine weitere galaktische Supernova;

1668 Montanari bemerkte, daß Algol manchmal deutlich schwächer als 2. Größe war; eine Entdeckung, die vielleicht registriert, weiter aber nicht verfolgt wurde;

1670 Neuer Stern nahe β Cygni (Anthelme), heute als Nova Vulpeculae 1670 oder GK Vulpeculae bekannt; der Stern leuchtete im Jahr 1671 noch einmal auf;

1686 χ Cygni (von Kirch als variabel erkannt);

1704 ein Stern im Sternbild Hydra (Maraldi), heute als R Hydrae bezeichnet, wurde entdeckt. Beide Sterne, χ Cygni und R Hydrae, erwiesen sich ähnlichen Typs wie Mira Ceti.

Somit waren am Anfang des 18. Jahrhunderts vier „neue Sterne" und vier Veränderliche bekannt. Die Variabilität von Algol galt allerdings als noch nicht gesichert, und ihre Natur wurde erst 1782 durch Goodrickes grundlegende Untersuchungen geklärt. Bis 1800 hatte man noch sieben weitere Veränderliche entdeckt: β Lyrae, δ Cephei, η Aquilae, α Herculis, R Coronae Borealis, R Leonis und R Scuti. Außerdem wurde 1783 auch eine Nova im Sternbild Sagitta registriert.

Trotz der Kürze dieser Liste, insgesamt 16 Objekte, finden wir hier einen guten Querschnitt, der alle wichtigen Klassen der Veränderlichen repräsentiert. Nach 1800 wuchs die Zahl der erkannten variablen Sterne ständig weiter an, trotzdem war ihre Zahl so gering, daß man noch in der Mitte des 19. Jahrhunderts, als Argelander die Bezeichnung mit Großbuchstaben eingeführt hatte, offenbar überzeugt war, mit einigen Buchstaben zwischen R und Z für jedes Sternbild auskommen zu können. Heute geht die Zahl der bekannten Veränderlichen in die Zehntausende – die neue Ausgabe des „General Catalogue“ (s. weiter unten) enthält rund 28 500 [1] gesicherte Fälle von Veränderlichkeit – und das alte System der Nomenklatur mußte erweitert werden.

12.2 Nomenklatur und Klassifikation

12.2.1 Nomenklatur

Die Bezeichnung der Veränderlichen Sterne folgt einer etwas umständlichen Vereinbarung: Hellere Sterne, die einen besonderen Namen tragen, wie β Lyrae, γ Cassiopeiae, δ Cephei, oder i Bootis, bekommen keine weitere Bezeichnung, falls sie sich als veränderlich erweisen. Weitere Veränderliche bezeichnet man, in der Reihenfolge der Entdeckung in jedem Sternbild, mit großen lateinischen Buchstaben, zunächst von R bis Z, dann von RR über RS, RT ... bis YZ, ZZ, danach von AA über AB, AC ... BB, BC ... bis QY, QZ, unter Hinzufügung des Namens des Sternbildes in Genitivform: zum Beispiel T Coronae Borealis, RR Lyrae, HZ Herculis. Diese Methode reicht aus, in jedem Sternbild 334 Veränderliche zu bezeichnen. Für die übrigen mußte man nach der Angabe der Variabilität durch ein V zur Numerierung übergehen und hat somit, beginnend mit V 335, beliebig viele Namen zur Verfügung.

Bei Veränderlichen in extragalaktischen Sternsystemen folgt man dieser Systematik nicht; diese Sterne tragen meist nur eine adhoc-Bezeichnung.

Neu erkannte Veränderliche bekommen zunächst eine provisorische Bezeichnung. Nach Prüfung der Variabilität erfolgt dann die endgültige Benennung durch den Astronomischen Rat der Akademie der Wissenschaften der Sowjetunion. Die Namenslisten werden von Zeit zu Zeit in dem Informations-Bulletin der Kommission 27 der Internationalen Astronomischen Union IAU (in Budapest) publiziert.

Gesamtkataloge der Veränderlichen Sterne (GCVS = General Catalogue of Variable Stars) werden im Auftrag der IAU ebenfalls von dem Astronomischen Rat der Akademie in Moskau zusammengestellt. Die erste Ausgabe erschien 1948. Die 4. Ausgabe umfaßt vier Bände, deren Herausgabe durch N. Kholopov und Mitarbeiter

---

[1] Diese Zahl enthält nicht die mehr als 2500 Veränderlichen in Kugelsternhaufen, nicht die etwa 3500 Veränderlichen in den Magellanschen Wolken und nicht die mehreren Tausend bekannten Veränderlichen in anderen extragalaktischen Systemen.

im Gange ist (bis jetzt wurden drei Bände ausgeliefert). Es gibt auch mehrere Spezialkataloge. Einer der wichtigsten ist die „Finding List" für Bedeckungsveränderliche, herausgegeben von den Universitäten von Florida und Pennsylvania (1980), zusammengestellt von F. B. Wood und Mitarbeitern. Für weitere bibliographische Angaben wird auf die Literaturliste verwiesen.

12.2.2 Klassifikation

Mit der wachsenden Zahl der Entdeckungen wurde allmählich erkannt, daß es verschiedene Typen Veränderlicher Sterne gibt, mit vermutlich unterschiedlichen Ursachen und Mechanismen der Veränderlichkeit. Erst die Entwicklung der modernen Physik und Astrophysik hat es aber möglich gemacht, Struktur und Entwicklung der Sterne und damit auch die Veränderlichkeit mancher Sterntypen besser zu verstehen. Auch fehlte es schon früh nicht an Versuchen, die Veränderlichen in Gruppen einzuordnen, zu klassifizieren. Physikalisch sinnvolle Klassifikationsschemen sind aber erst in den letzten Jahrzehnten ausgearbeitet worden. Das Ordnungsprinzip ist dabei meist die physikalische Natur der Veränderlichkeit (wie z. B. Pulsationen eines Sterns oder Ausbrüche in den äußeren Atmosphärenschichten), aber auch der Entwicklungszustand der Sterne.

Zwei neuere Schemen der Klassifikation möchten wir kurz erwähnen: einerseits die Klassifikation, präsentiert von H. W. Duerbeck und W. C. Seitter im Teilband „Astronomy and Astrophysics 2b" des großen Tafelwerks „Landolt-Börnstein", andererseits das Schema, verwendet in der neuesten Ausgabe des Moskauer Generalkatalogs Veränderlicher Sterne (GCVS), ausgearbeitet von N. Kholopov und seinen Mitarbeitern. Das erste dieser Klassifikationsschemata führt zwei Hauptklassen ein: die Pulsationsveränderlichen und die eruptiven Veränderlichen. Dabei werden die Bedeckungsveränderlichen nicht berücksichtigt, da sie eigentlich „geometrisch", nicht aber physikalisch veränderlich sind. Beide Hauptklassen mußten allerdings mit je einer Gruppe „artfremder" Veränderlicher ergänzt werden: den Pulsationsveränderlichen wurden die Rotationsvariablen zugeordnet, und zu der Klasse der eruptiven Veränderlichen wurden die R CrB-Sterne gezählt. (Die letztgenannte Gruppe zeichnet sich durch plötzliche und starke Helligkeitsverluste aus, die durch die Ausbildung von optisch dicken Staubschichten um den Stern verursacht werden.)

Diese Zweiteilung hat den großen Vorteil, die zwei wesentlichsten Vorgänge hervorzuheben, die die Variabilität bei den meisten dieser Objekte verursachen. Wenn man die Veränderlichkeit der Sterne möglichst knapp charakterisieren möchte, sind diese beiden Hauptgruppen zu nennen, die die große Mehrzahl der Variablen mit einschließen. Das Klassifikationsschema des GCVS enthält sechs Grundtypen der Variabilität: eruptive, pulsierende, Rotations- und kataklysmische Veränderliche, Bedeckungsveränderliche und Röntgen-Doppelsterne. Die jungen irregulären Veränderlichen vom Typ Orion und T Tauri befinden sich mit den eruptiven Variablen in einer Klasse. Die meisten Hauptklassen sind noch in zahlreiche Unterklassen aufgeteilt. Ein solches verfeinertes Schema der Klassifikation ist bei einem Katalogwerk sehr wichtig.

Im folgenden verwenden wir ein Klassifikationsschema, das etwa eine mittlere Position zwischen den beiden erwähnten Systemen einnimmt. Man könnte es auch als modernisierte Version des bemerkenswerten Klassifikationsschemas auffassen, das schon 1938 von C. Payne-Gaposchkin und S. Gaposchkin in deren Buch „Variable Stars“ vorgeschlagen worden ist.

Die Rotationsvariablen, die mit den pulsierenden Sternen sehr wenig gemeinsam haben, erscheinen hier, wie auch im GCVS, als eigenständige Hauptklasse, obwohl die Unterklassen hier eine ziemlich inhomogene Typenauswahl bedeuten. Auch die jungen irregulären Veränderlichen vom Typ Orion und T Tauri sind einer neuen Klasse zugeordnet, da sie trotz gelegentlich auftretender Ausbrüche einen völlig anderen Entwicklungszustand der Sterne repräsentieren als die kataklysmischen Veränderlichen.

Mit ganz wenigen Ausnahmen lassen sich die bekannten Veränderlichen in das nachstehende Klassifikationsschema zwanglos einordnen

A. *Bedeckungsveränderliche* oder photometrische Doppelsterne (geometrische, nicht notwendigerweise physikalisch Veränderliche)

1. getrennte Systeme (ohne Wechselwirkung zwischen den Komponenten),
2. schwach wechselwirkende (gezeitendeformierte oder ellipsoidische) Systeme,
3. RS Canum Venaticorum-Sterne,
4. halb-getrennte Systeme (Massenaustausch und Massenverlust),
5. Kontaktsysteme (massereiche frühe Kontaktsysteme und spätere W UMa-Sterne).

B. *Physikalisch Veränderliche Sterne*

I. *Pulsationsveränderliche*

1. kurzperiodische Veränderliche: β Cep (oder β CMa)-Sterne, δ Scuti- und RR Lyrae-Sterne oder Haufenveränderliche,
2. δ Cephei- und W Virginis-Sterne,
3. Mira-Sterne oder langperiodische Veränderliche, OH/IR-Veränderliche,
4. RV Tauri-Sterne und halbregelmäßige Veränderliche,
5. unregelmäßige oder rote Veränderliche,
6. R Coronae Borealis-Sterne (Staubhüllensterne).

II. *Rotationsveränderliche*

1. α_2 Canum Venaticorum-Sterne oder magnetische Veränderliche,
2. Radiopulsare,
3. BY Draconis-Sterne (Fleckensterne).

III. *Eruptive Veränderliche*

1. Supernovae,
2. kataklysmische Veränderliche (Novae, rekurrierende Novae, Zwergnovae und novaähnliche Veränderliche),
3. Röntgen-Doppelsterne (massereiche Systeme, z. B. Centaurus X-3, und massearme Systeme, z. B. Hercules X-1),
4. symbiotische Sterne,
5. Flare-Sterne (UV Ceti-Sterne).

IV. *Junge irreguläre Veränderliche* (meist Vorhauptreihenobjekte)
1. Orion-Veränderliche (Nebel-Veränderliche) und RW Aurigae-Sterne (ohne Verbindung mit Gasnebeln),
2. T Tauri-Sterne (spätere Nebel-Veränderliche mit spektralen Besonderheiten, z. B. hohe Lithium-Häufigkeit),
3. variable Be-Sterne (z. B. γ Cas, *keine* Vorhauptreihenobjekte).

Wir hoffen, daß dieses Schema einen Überblick vermittelt, bei welchen Sterntypen und auf welche Art die Veränderlichkeit zustande kommt. Radiopulsare werden meistens nicht zu den Veränderlichen gezählt. Wenn wir aber das Prinzip gelten lassen, daß nicht nur veränderliche Helligkeit im optischen Bereich, sondern physikalische Variabilität im allgemeinen betrachtet werden sollte, wird vielleicht das Erscheinen der Pulsare in unserer Klassifikation verständlicher.

Wie in jeder Klassifikation passen manche Objekte gleich in zwei oder drei unterschiedliche Klassen. Ellipsoidische Sterne werden hier zum Beispiel als photometrische Doppelsterne behandelt, könnten aber auch als Rotationsveränderliche gelten. Alle Novae und Zwergnovae sind mit an Sicherheit grenzender Wahrscheinlichkeit enge Doppelsterne, und viele Objekte zeigen Bedeckungslichtwechsel. In solchen Fällen entscheidet eine vielleicht etwas subjektive Beurteilung dessen, was das wesentliche charakteristische Merkmal der betrachteten Sternklasse ist.

Wir können hier nicht alle Klassen und Unterklassen der Veränderlichen Sterne gleich gründlich besprechen. In einigen Fällen müssen wir uns mit der Definition und mit kurzen Hinweisen auf die Physik der Variabilität begnügen. Der folgende Bericht konzentriert sich auf drei Hauptthemen: erstens Bedeckungsveränderliche, zweitens Pulsationsveränderliche und drittens Kataklysmische Veränderliche als Unterklasse der eruptiven Sterne. Aus aktuellem Anlaß (Supernova 1987A in der Großen Magellanschen Wolke) und auch wegen der Bedeutung für die Entwicklung des Kosmos werden wir auch Supernovae etwas genauer behandeln. Einige sehr pekuliäre Objekte, wie η Carinae werden unter den irregulären Veränderlichen (BI.5) erwähnt.

12.3 Bedeckungsveränderliche

Bedeckungsveränderliche Sterne oder kurz „Bedeckungsveränderliche" sind enge Doppelsterne, deren Bahnebene so im Raum liegt, daß für einen Beobachter auf der Erde gegenseitige Bedeckungen der beiden Sternkomponenten auftreten. Dadurch ändert sich die scheinbare Gesamthelligkeit des Systems periodisch. Während eines Bahnumlaufs weisen die Lichtkurven ein tieferes Hauptminimum und ein flacheres Nebenminimum auf. Das Hauptminimum entsteht durch die Bedeckung der meist leuchtkräftigeren photometrischen Primärkomponente durch den leuchtschwächeren Sekundärstern, während das Nebenminimum einen halben Bahnumlauf später durch die umgekehrte Konstellation zustande kommt. Das Tiefenverhältnis der beiden Minima wird vom Verhältnis der Flächenhelligkeiten der beiden Sternkomponenten bestimmt, welche im wesentlichen von den effektiven Oberflächentemperaturen abhängen.

12.3.1 Struktur enger Doppelsterne

Der Umlauf der beiden Sternkomponenten um den gemeinsamen Systemschwerpunkt erfolgt im allgemeinen auf elliptischen Bahnen mit dem Radiusvektor

$$\boldsymbol{r} = \frac{a(1-e^2)}{1+e\cdot\cos\Theta}, \qquad a = a_1 + a_2,$$

wobei a die große Bahnhalbachse der relativen Bahn, e die Bahnexzentrizität und Θ den Phasenwinkel (wahre Anomalie) bedeuten.

Bei nicht kreisförmigen Bahnen variiert also der Abstand der beiden Sterne zwischen dem größten Wert $a(1+e)$, dem sogenannten Apastron, und dem minimalen Wert $a(1-e)$, dem Periastron. Der Spezialfall von Kreisbahnen ($e = 0$) ist bei vielen engen Doppelsternpaaren näherungsweise erfüllt. Die Umlaufperiode P ist mit der Größe der Bahn (Halbachse a) und den Massen $M_{1,2}$ der Komponenten durch das 3. Keplersche Gesetz verknüpft:

$$P = 2\pi\left[\frac{a^3}{G(M_1+M_2)}\right]^{1/2},$$

mit G = Gravitationskonstante.

„Enge" Doppelsterne nennt man Systeme, bei denen der Abstand der beiden Komponenten von der gleichen Größenordnung wie deren Radien ist. Wegen der gegenseitigen Beeinflussung der Entwicklung und Struktur der beiden Sterne werden diese Systeme auch „wechselwirkende" Doppelsterne genannt. Zu den wichtigsten Wechselwirkungsprozessen gehört der Massenaustausch zwischen den beiden Komponenten, der für die besonderen Eigenschaften verschiedener Veränderlicher Sterne verantwortlich ist (z. B. bei Röntgen-Doppelsternen oder kataklysmischen Veränderlichen).

Die besondere Bedeutung von Bedeckungsveränderlichen liegt in der Tatsache, daß man durch photoelektrische Beobachtungen in Verbindung mit spektroskopischen Radialgeschwindigkeitsmessungen die absoluten Massen der beiden Sterne bestimmen kann. Wenn die Entfernung des Systems und der Bahnneigungswinkel i gegen den Sehstrahl bekannt sind (letzterer folgt aus der Analyse der Lichtkurve), kann der absolute Abstand a der Komponenten angegeben werden. Mit der Periode P des Lichtwechsels folgt damit die absolute *Massensumme* $M_1 + M_2$ aus dem 3. Keplerschen Gesetz. Können außerdem die absoluten Bahnen (Halbachsen a_1 und a_2) durch die Beobachtung der Radialgeschwindigkeitskurven $v_{1,2}(t)$ über periodische Dopplerverschiebungen von Spektrallinien bestimmt werden, so erhält man aus dem Verhältnis der Radialgeschwindigkeitsamplituden $K_{1,2}$ das *Massenverhältnis*

$$M_2/M_1 = K_1/K_2$$

und kennt damit die Einzelmassen.

Für den häufigsten Fall, daß man nur die Spektrallinien der leuchtkräftigeren Komponente im Spektrum identifizieren kann, bekommt man aus den Beobachtungen nur eine Relation zwischen den beiden Massen und dem Bahnneigungswinkel i, die sogenannte *Massenfunktion*:

$$F(M_1, M_2, i) = \frac{(M_2\cdot\sin i)^3}{(M_1+M_2)^2} = \frac{4\pi^2}{G}\cdot\frac{(a_1\cdot\sin i)^3}{P^2}.$$

Bei relativ weit getrennten bedeckungsveränderlichen Doppelsternen liegt i notwendigerweise meist sehr nahe bei 90° (i ist definiert als Winkel zwischen der Flächennormalen der Bahnebene und dem Sehstrahl) beziehungsweise oberhalb einer plausiblen unteren Grenze, so daß M_2 durch einen über den Spektraltyp geschätzten Wert für M_1 festgelegt ist.

Die Kenntnis von absoluten Sternmassen ist wichtig, weil die Gesamtmasse eines Sterns bei gegebener chemischer Zusammensetzung alle anderen Zustandsgrößen, wie zum Beispiel Leuchtkraft, Oberflächentemperatur und Radius, bestimmt und die beobachtbaren Zustandsgrößen mit der Theorie des inneren Aufbaus und der Sternentwicklung verglichen werden können.

Die Gültigkeit des 3. Keplerschen Gesetzes und die Bewegung der Sterne auf geschlossenen Bahnellipsen sind streng nur für den Fall von zentral kondensierten kugelförmigen Sternen (Punktmassen) mit Gravitationspotentialen proportional zu r^{-1} erfüllt. Die Gezeitenwechselwirkung bei engen Paaren führt jedoch zu einer Deformation der Sterne und zu einer Modifikation des Potentials, das bei exzentrischen Bahnen eine Apsidendrehung zur Folge hat. Andererseits bewirken die Gezeitenkräfte über die viskose Dämpfung von Sternoszillationen einen raschen Abbau der Bahnexzentrizität, der mit dem Erreichen von Kreisbahnen dem stabilen Zustand minimaler Gesamtenergie bei gegebenem Gesamtdrehimpuls entspricht. Die Dämpfung der durch periodisch variable Gezeitenkräfte verursachten Schwingungen geschieht mit einer im Vergleich zur Entwicklungszeit des Systems kurzen Zeitskala, so daß die meisten engen Systeme kreisförmige Bahnen haben und gebunden rotieren, das heißt die Winkelgeschwindigkeit der Eigenrotation der Sterne stimmt genau mit derjenigen der Bahnbewegung überein.

Die räumliche Gestalt der beiden Sterne weicht um so mehr von sphärischer Symmetrie ab, je enger das System ist. Mit abnehmendem Abstand der beiden Massezentren wächst einerseits der Einfluß der Gezeitenwechselwirkung (proportional a^{-2}). Außerdem wird nach dem 3. Keplerschen Gesetz auch die Winkelgeschwindigkeit der Bahnrotation proportional zu $a^{-3/2}$ größer, und entsprechend wächst die Fliehkraft proportional zu a^{-2}, wodurch sich die Rotationsabplattung der Sterne erhöht. Die dreidimensionale Form der Sternoberflächen entspricht jeweils einer Fläche konstanten Drucks und konstanter Dichte und damit auch einer Fläche konstanten Potentials, einer sogenannten Äquipotentialfläche.

Die räumliche Gestalt von Äquipotentialflächen bei engen Doppelsternen wird durch das sogenannte *Roche-Modell*[1] beschrieben. Drei wesentliche Annahmen ermöglichen dabei eine einfache Beschreibung der Potentialverhältnisse:

- die Massenverteilungen der beiden Sterne sind durch Punktmassen darstellbar;
- die Bahnen der beiden Komponenten sind kreisförmig;
- die Eigenrotation der Sterne erfolgt synchron (gebunden) zur Bahnbewegung.

In einem mitrotierenden kartesischen Koordinatensystem mit Ursprung in M_1 ($M_1 \geqq M_2$), in dem die x-Achse die Verbindungsgerade von M_1 und M_2 ist und die z-Achse senkrecht auf der Bahnebene steht, ist das sich aus den Gravitationspotentialen von M_1 und M_2 und der Fliehkraft ergebende Potential in einem Punkt $P(x, y, z)$

[1] nach E. A. Roche, frz. Mathematiker (1820–1883)

gegeben durch

$$\psi = -G(M_1/r_1 + M_2/r_2) - \frac{\omega^2}{2} \cdot \left[\left(x - \frac{M_2 a}{M_1 + M_2}\right)^2 + y^2\right],$$

wobei $r_1 = (x^2 + y^2 + z^2)^{1/2}$ und $r_2 = [(a - x)^2 + y^2 + z^2]^{1/2}$ die Abstände von P und M_1 beziehungsweise M_2 sind. Die Winkelgeschwindigkeit $\omega^2 = (2\pi/P)^2$ ist mit dem Keplerschen Wert $G(M_1 + M_2)/a^3$ gleichzusetzen.

Die *Roche-Äquipotentialflächen* $\Omega = \text{const}$ hängen mit dem Potential ψ durch

$$\Omega = \frac{a\psi}{GM_1} + \frac{q^2}{2(1+q)}$$

zusammen. Wird das Potential durch $a = 1$ normiert, dann hängt Ω nur noch vom Massenverhältnis $q = M_2/M_1$ und nicht mehr von den Einzelmassen ab. Oft wird das Roche-Potential Ω auch durch

$$C = \frac{2}{1+q} \cdot \Omega$$

ausgedrückt, wobei die Flächen $C = \text{const}$ mit den Jacobi-Hill-Flächen des eingeschränkten Drei-Körper-Problems identisch sind.

Ein Schnitt von Roche-Äquipotentialflächen ($\Omega = \text{const}$) mit der Bahnebene ($z = 0$) ist in Abbildung 1 dargestellt. In der Nähe der Massezentren der beiden Sterne sind die Äquipotentialflächen nahezu kugelsymmetrisch, da der gravitative Einfluß des jeweils anderen Sterns auf deren Gestalt dort vernachlässigbar klein ist (das Eigen-Gravitationspotential ist wesentlich größer als die anderen Terme). Das Gravitationspotential der anderen Komponente führt jedoch mit zunehmendem Volumen beziehungsweise abnehmendem Abstand der beiden Komponenten zu einer Verformung in Richtung auf den Begleiter, wobei die Verbindungsgerade der Massezentren die Symmetrieachse des näherungsweise ellipsoidisch deformierten Körpers bildet. Der Effekt wird um so stärker, je mehr sich die Oberfläche des Sterns der sogenannten „inneren kritischen Roche-Grenzfläche" annähert, die für beide Komponenten die

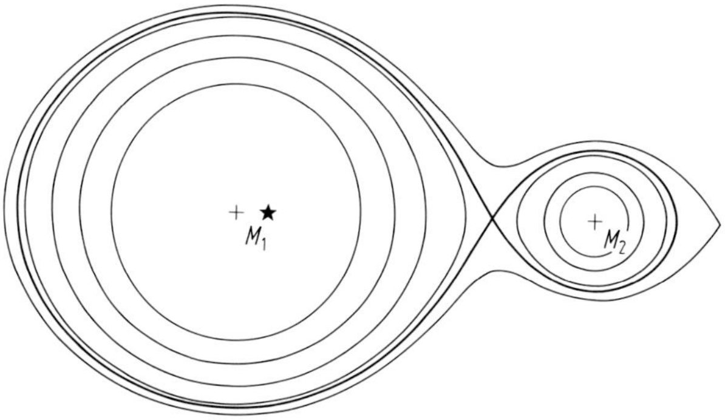

Abb. 1. Schnitt von Roche-Äquipotentialflächen mit der Bahnebene eines Doppelsternsystems mit Massenverhältnis $q = M_2/M_1 = 0{,}1$. Die Massezentren der beiden Komponenten sind durch +, der Systemschwerpunkt durch * markiert. Gezeigt sind einige mögliche geschlossene Äquipotentialflächen für getrennte Systeme, die innere kritische Roche-Grenzfläche („liegende Acht") sowie die äußere kritische Roche-Grenze

jeweils größte geschlossene Äquipotentialfläche und damit das maximal mögliche Volumen in einer getrennten Konfiguration definiert.

Neben der Gezeitenwechselwirkung führt auch die synchron mit der Bahnbewegung erfolgende Eigenrotation (gebundene Rotation) der Sterne infolge der Fliehkraft zu einer Verformung; die Sterne werden entlang der senkrecht auf der Bahnebene stehenden Eigenrotationsachse abgeplattet. Die in Abbildung 1 dargestellten Äquipotentialflächen enthalten bereits den Anteil des Fliehkraftpotentials. Die äußerste eingezeichnete Fläche ist die größte geschlossene einhüllende Fläche des Systems und wird deshalb „äußere kritische Roche-Grenzfläche“ genannt.

Mit Hilfe der Roche-Äquipotentialflächen kann eine Klassifikation verschiedener Konfigurationen enger Doppelsternsysteme vorgenommen werden (s. Abb. 2).

I Sind beide Sterne kleiner als ihre durch die innere kritische Roche-Grenze definierten größtmöglichen Volumina, dann spricht man von einem *getrennten System* (Fall c in Abb. 2);

II füllt dagegen einer der beiden Sterne seine Roche-Grenze ganz aus, liegt ein *halb-getrenntes System* vor (Fall d);

III falls beide Sterne gerade ihre maximal möglichen Volumina einnehmen, wird das System *Kontaktsystem* genannt (Fall b);

IV *Überkontaktsysteme* (Fall a) liegen vor, wenn beide Komponenten noch weiter expandiert sind, so daß Materie die innere Roche-Grenze überschritten hat und einen Teil des Raums zwischen innerer und äußerer Roche-Grenze ausfüllt, wo die Materie zwar noch an das System gebunden ist, aber nicht mehr einer der beiden Komponenten zugeordnet werden kann.

Zur Charakterisierung von Überkontakt-Systemen verwendet man als Parameter den Kontaktgrad f:

$$f = \frac{\Omega_i - \Omega}{\Omega_i - \Omega_a} \quad \text{mit} \quad 0 \leqq f \leqq 1 \,,$$

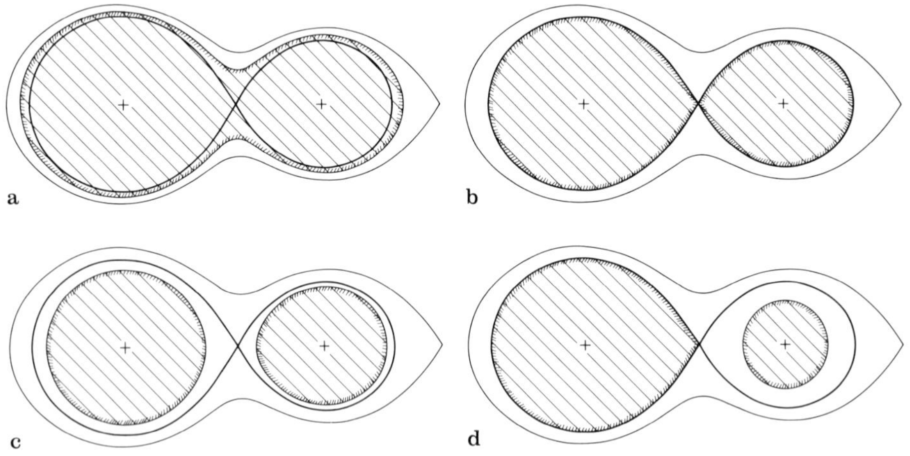

Abb. 2a–d. Mögliche Konfigurationen enger Doppelsternsysteme. Die Roche-Äquipotentialstruktur entspricht in allen Fällen dem Massenverhältnis $q = M_2/M_1 = 0{,}5$. **a** Überkontaktsystem; **b** Kontaktsystem; **c** getrenntes System; **d** halb-getrenntes System

wobei Ω, Ω_i und Ω_a die Werte der Roche-Potentiale für die tatsächliche Sternoberfläche sowie für die innere beziehungsweise äußere Roche-Grenze bedeuten. Bei einer Expansion der Sterne über die äußere Roche-Grenze hinaus geht Materie vom System verloren, und es existiert keine stationäre Lösung für die Oberflächengestalt.

12.3.2 Klassifikation und Analyse von Lichtkurven

Lichtkurven von Bedeckungsveränderlichen können in den meisten Fällen phänomenologisch einer von drei verschiedenen Klassen zugeordnet werden. Man unterscheidet Lichtkurven vom

- Algol-Typ (EA),
- β Lyrae-Typ (EB) und
- W UMa-Typ (EW).

Abbildung 3 zeigt die Lichtkurven der drei Prototypen, die nicht in allen Fällen wirklich typische Vertreter ihrer Klasse sind. So handelt es sich bei Algol (β Persei) um ein halb-getrenntes System mit einem Roten Riesen als Kontaktkomponente, während die meisten Vertreter der photometrischen EA-Klasse relativ weit getrennte Doppelsterne mit zwei Hauptreihen-Komponenten sind. Algol-Lichtkurven zeigen ein ausgeprägtes Hauptminimum und je nach Systemgeometrie, Neigungswinkel und Leuchtkraftverhältnis der beiden Komponenten ein mehr oder weniger tiefes Nebenminimum. Abhängig vom Radienverhältnis können die Bedeckungen auch total sein, das heißt, man findet dann für ein gewisses Zeitintervall konstante Helligkeit im Zentrum des Bedeckungsminimums. Zwischen den Bedeckungen ist die Leuchtkraft des Systems nahezu konstant, da die weit getrennten Sterne kaum durch Gezeiteneffekte verformt sind.

Auch β Lyrae ist kein typischer Vertreter der EB-Klasse. Dieses außergewöhnliche System ist halb-getrennt und besitzt eine massereiche, aber spektroskopisch nicht identifizierbare Sekundärkomponente. Viele *EB*-Systeme sind dagegen enge, getrennte Doppelsterne mit zwei Hauptreihen-Komponenten, die ihre Roche-Grenzen nahezu ausfüllen und deshalb starke Wechselwirkungseffekte zeigen. Wegen der Gezeitenverformung und aufgrund des Reflexionseffekts findet man eine ausgeprägte kontinuierliche Variation der Leuchtkraft mit der Bahnphase, die wegen des zeitlich variablen Sichtaspekts der beiden Sterne außerhalb der Bedeckungsminima deutlich erkennbar ist.

W UMa ist dagegen ein typisches EW-System. Beide Komponenten füllen ihre Roche-Grenzen aus und bilden eine Überkontaktkonfiguration. Die starken Wechselwirkungseffekte führen zu der kräftigen Lichtvariation zwischen den Minima, die hier im Gegensatz zu den β Lyrae-Systemen wegen der nahezu gleichen Leuchtkraft der beiden Komponenten etwa gleich tief sind.

Die Analyse der Lichtkurven von Bedeckungsveränderlichen mit dem Ziel der Bestimmung von Systemparametern erfordert ein realistisches physikalisches Modell und ein geeignetes mathematisches Lösungsverfahren. Der Lichtwechsel wird durch eine so große Anzahl von freien Parametern bestimmt, daß analytische Lösungen des Problems im allgemeinen nicht praktikabel sind. Eine Ausnahme bildet die Fourier-

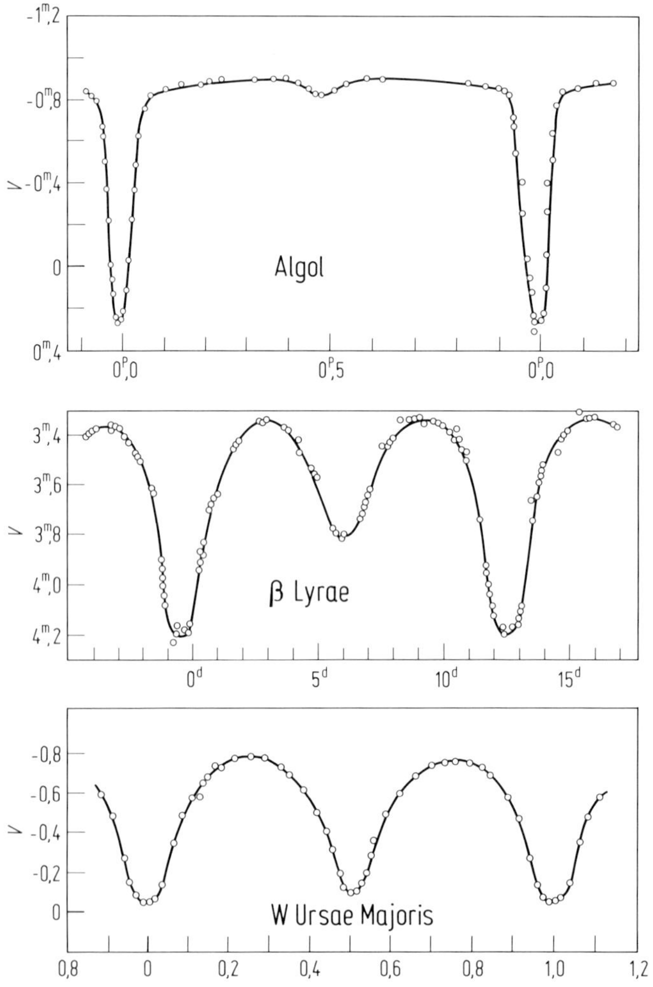

Abb. 3. Lichtkurven von Algol (oben), *β* Lyrae (Mitte) und W Ursae Majoris (unten), den drei Prototypen für Bedeckungsveränderliche des Typs EA, EB beziehungsweise EW (nach Tsesevich, 1973)

analysemethode von Kopal (1942; 1979), die aber wegen ihrer Komplexität nur selten verwendet wird. Am gebräuchlichsten sind rein numerische Lösungsmethoden, zum Beispiel die Verfahren von Wood (1971), Hill und Hutchings (1973), Wilson und Devinney (1971) beziehungsweise Wilson (1979). Kallrath und Linnell (1987) haben das Wilson-Devinney-Modell mit einem anderen mathematischen Lösungsverfahren (SIMPLEX-Algorithmus) kombiniert, das eine schnelle und eindeutige Konvergenz ermöglicht.

Außer bei Wood, der für die Gestalt der deformierten Komponenten dreiachsige Ellipsoide annimmt, bildet das Roche-Modell die physikalische Grundlage. Neben der Gezeiten- und Rotationsverformung der Sterne werden die gegenseitige Bestrahlung (Reflexionseffekt), die Randverdunkelung und die Gravitationsverdunkelung berücksichtigt. In Abhängigkeit von der Bahnphase und den Systemparametern wird der in Richtung des Beobachters emittierte Strahlungsstrom berechnet und die so erhaltene Lichtkurve mit den Beobachtungen verglichen. Durch entsprechende iterative Parametervariationen wird die berechnete Lichtkurve an die gemessene Lichtkurve mit Hilfe eines Least-Squares-Ausgleichs optimal angepaßt. Eine Beschreibung des Wilson-Devinney-Verfahrens als Beispiel einer modernen Lösungsmethode ist bei Drechsel und Rahe (1983) zu finden.

12.3.3 Getrennte Systeme

Mehr als die Hälfte aller Sterne sind Mitglieder von Doppel- oder Mehrfach-Systemen. Visuelle (optisch trennbare) Doppelsterne mit bekannten absoluten Bahnen und vor allem spektroskopische Doppelsterne, die gleichzeitig Bedeckungsveränderlichkeit zeigen, bilden die Hauptquelle unserer Kenntnis absoluter Sternmassen und Radien. Darüber hinaus sind die beiden Komponenten eines Doppelsternsystems gleich alt und bieten deshalb die Möglichkeit, die Theorie der Sternentwicklung zum

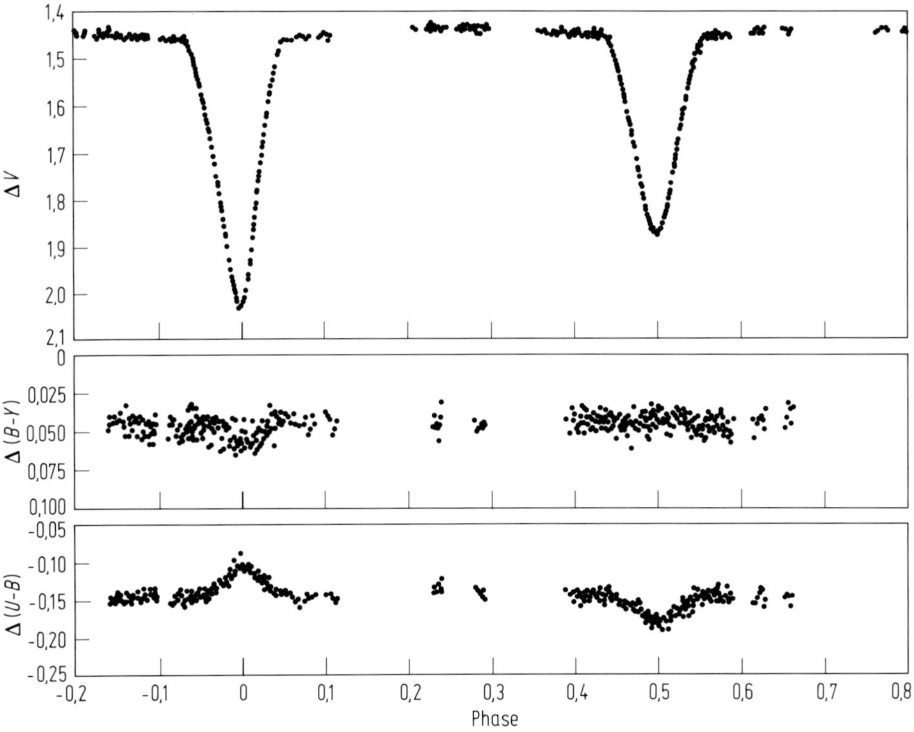

Abb. 4. Photoelektrische Messungen des getrennten Algol (EA)-Systems V451 Ophiuchi (nach Clausen et al., 1986). Die Beobachtungen wurden mit den Strömgren-Filtern uvby erhalten. Oben: v-Lichtkurve; Mitte und unten: Farbindizes (b−y) beziehungsweise (u−b). Alle Messungen sind relativ zum Vergleichsstern HR 6976 angegeben

Beispiel durch das gemessene Leuchtkraftverhältnis zu testen. Die Entwicklung der einzelnen Doppelsternkomponenten verläuft jedoch nur dann analog zu der von Einzelsternen, wenn das System so weit getrennt ist, daß die Struktur und Evolution der beiden Sterne nicht durch den Begleiter beeinflußt werden, was bei den meisten engen Doppelsternen jedoch der Fall ist.

Weit getrennte Algol-Systeme (Lichtkurven-Typ EA) besitzen näherungsweise kugelförmige Komponenten, da die Wechselwirkung mit dem Begleiter gering ist. Die Sternradien sind dabei relativ zur Trennung der Massezentren beziehungsweise relativ zur Ausdehnung der inneren Roche-Grenze klein (siehe Diskussion der Roche-Äquipotentiale). Bei solchen Systemen kommen Bedeckungen nur dann vor, wenn ihre Bahnebene nahezu parallel zum Sehstrahl des Beobachters orientiert ist, der Bahnneigungswinkel also nicht weit von 90° entfernt ist. Als Beispiel ist in Abbildung 4 die photoelektrische Lichtkurve von V451 Ophiuchi zu sehen (nach Clausen et al., 1986). Bei diesem Objekt betragen die Radien der Komponenten nur etwa 15% beziehungsweise 20% des Abstands. Die Sterne sind kaum durch Gezeitenwechselwirkung verformt (Abplattung $< 1\%$), und der Reflexionseffekt ist klein. Die Lichtkurve zeigt deshalb außerhalb der Bedeckungsminima näherungsweise konstante Intensität.

Es sollte noch einmal darauf hingewiesen werden, daß viele Bedeckungsveränderliche mit Lichtkurven vom Algol-Typ (EA) getrennte Systeme sind, während der Prototyp Algol selbst ein wechselwirkendes halb-getrenntes Doppelsternsystem ist. Die Zuordnung zu den verschiedenen Typen wurde früher meist allein aufgrund der Gestalt der Lichtkurve vorgenommen, während die physische Struktur der Systeme à priori unbekannt war und sich erst durch genauere Analysen photoelektrischer Messungen ergab. Da sich die Lichtkurven von engen getrennten Systemen und halb-getrennten Systemen in ihrer Form nicht wesentlich unterscheiden und ein fließender Übergang vorhanden ist, sind „Fehlklassifikationen" wie im Fall von Algol keine Seltenheit.

12.3.4 Ellipsoidische Veränderliche

Getrennte Systeme mit gezeitendeformierten Komponenten, die ihre Roche-Grenzen nahezu ausfüllen, können auch ohne das Auftreten von wechselseitigen Bedeckungen der beiden Sternkomponenten einen sinusförmigen Orientierungslichtwechsel zeigen. Im Fall von partiellen Bedeckungen bei relativ kleinen Bahnneigungswinkeln kann die Amplitude des sogenannten ellipsoidischen Lichtwechsels größer als die Tiefe der eigentlichen Bedeckungsminima sein. Mit Ausnahme von weit getrennten Systemen macht sich dieser Orientierungslichtwechsel auch bei allen wechselwirkenden Bedeckungsveränderlichen zwischen den Bedeckungen (im Bereich der Quadraturphasen) durch einen mehr oder weniger ausgeprägten breiten „Lichtbuckel" bemerkbar, der im Fall von EB- und EW-Systemen einen wesentlichen Anteil des starken kontinuierlichen Lichtwechsels ausmacht.

Der Orientierungslichtwechsel kommt durch den variablen Sichtlinienaspekt der Sternkomponenten zustande. Die projizierten Sternoberflächen variieren in ihrer Größe wegen der Gezeitendeformation der Sterne periodisch mit der Bahnphase. So sind die effektiv leuchtenden Flächen während der Quadraturphasen (Bahnphasen $\varphi = 0{,}25$ und $0{,}75$) am größten und während der Konjunktionsphasen ($\varphi = 0{,}0$ und

0,5) am kleinsten. Folglich variiert die zum Quadrat der Ausdehnung der strahlenden Flächen proportionale Leuchtkraft des Systems und zeigt einen sinusförmigen Verlauf mit einer Periode, die genau der Hälfte der Bahnperiode entspricht. Der ellipsoidische Lichtwechsel wird durch die bei sehr engen Systemen wichtige gegenseitige Bestrahlung der Komponenten (Reflexionseffekt) noch verstärkt.

12.3.5 RS CVn-Systeme

Wir betrachten die RS CVn-Sterne als eine Unterklasse der Bedeckungsveränderlichen mit pekuliären, vermutlich entwicklungsbedingten Eigenschaften. Das Erkennen dieser Sterne als eine eigene Klasse von Bedeckungsveränderlichen folgt weitgehend aus den Arbeiten von Oliver, Catalano, Rodono, Bopp und insbesondere von Hall. Diese Sterne mit F oder G Hauptkomponenten und mit Perioden von 5 bis 12 Tagen sind eigentlich getrennte Systeme, die wenig Wechselwirkung zeigen sollten. Sowohl die sehr gestörte Lichtkurve als auch das Spektrum (mit Ca II Emission) sprechen aber für sehr starke Aktivität in der Photosphäre und in der Chromosphäre dieser Sterne. Auffallend ist ein „Buckel" in der Lichtkurve, der mit der Zeit in Richtung abnehmender Phase wandert und von Hall als Fleckenaktivität gedeutet wird. Die kontinuierliche Phasenverschiebung rührt daher, daß eine Doppelsternkomponente mit inhomogener Oberflächenhelligkeit beinahe, aber nicht genau synchron mit der Bahnperiode rotiert.

Die RS CVn-Sterne sind auch „Radiosterne", die eine im dm- und m-Bereich gut beobachtbare Radiostrahlung emittieren, auch tritt meßbare Röntgenstrahlung auf. Dies deutet wahrscheinlich auf erhöhte Koronatätigkeit hin.

Obwohl RS CVn-Systeme manchmal als noch kontrahierende, junge Objekte angesehen werden, glauben wir, daß sie wenigstens eine entwickelte Komponente haben. Es handelt sich um einen Unterriesen, meist mit dem Spektraltyp K3–K5 IV. In manchen Systemen sind beide Komponenten Unterriesen. Es ist anzunehmen, daß die verhältnismäßig rasch zunehmenden Radien dieser Sterne am Anfang der Riesenentwicklung zu den pekuliären Eigenschaften führen. Manchmal ordnet man auch YY Gem (ein M + M Hauptreihensystem mit 20 Stunden Periode), einige W UMa-Sterne und sogar Capella (ein G + K Riesenstern mit 104 Tagen Periode) den RS CVn-Sternen zu. Diese Objekte zeigen einige verwandte Eigenschaften – vermutlich aufgrund von verstärkter Fleckentätigkeit.

Trotzdem halten wir solche Zuordnungen von entwicklungsmäßig völlig verschiedenen Objekten (vielleicht mit Ausnahme von Capella) für etwas irreführend. Wir teilen in dieser Hinsicht die Meinung von Popper und Ulrich, daß man vielleicht von einem „RS CVn-Symptom" sprechen sollte, die eigentliche Klasse der RS CVn-Sterne aber enger begrenzt werden müßte.

12.3.6 Halb-getrennte Systeme

Speziell Algol ist ein typisches Beispiel für ein wechselwirkendes, halb-getrenntes System. Dies wurde erstmals erkannt, als man auf das sogenannte Algol-Paradoxon aufmerksam wurde. Beobachtungen ergaben, daß die Eigenschaften bestimmter Typen von Doppelsternen im Widerspruch zu den einfachsten Voraussagen der Theorie der Sternentwicklung standen. Zwischen 1940 und 1950 entdeckte man, daß die masseärmeren Komponenten von Algolsystemen bedeutend größere Leuchtkräfte und Radien als normale Hauptreihensterne derselben Masse besitzen und sich folglich in einem fortgeschrittenen Stadium ihrer Entwicklung befinden. Dagegen sind die massereicheren Begleiter dieser Unterriesen-Sterne immer noch auf der Hauptreihe zu finden, obwohl bereits gesichert war, daß sich massereichere Sterne schneller entwikkeln als solche mit geringer Masse. Dieses Beobachtungsergebnis steht im Widerspruch zu der Tatsache, daß die Komponenten von Doppelsternsystemen gemeinsam entstanden und deshalb gleich alt sind.

Crawford (1955) erkannte, daß die ursprünglich massereicheren Komponenten in solchen Systemen im Lauf ihrer Entwicklung einen relativ großen Teil ihrer Masse verloren haben. Diese Materie wurde bei Algol-Systemen an den Begleiter abgegeben oder teilweise vom System verloren. Dadurch hat sich das Massenverhältnis umgekehrt, und die jetzt masseärmeren Komponenten sind bereits weiter entwickelt als die massereicheren Begleitsterne.

Ein typisches Beispiel für die Lichtkurve eines halb-getrennten Systems ist in Abbildung 5 zu sehen. Es handelt sich um eine photoelektrische V-Lichtkurve von TT Aurigae (nach Wachmann et al., 1986). Das System besteht aus zwei frühen B-Sternen, von denen die masseärmere kühlere Komponente ihre Roche-Grenze ausfüllt (Kontaktkomponente) und in der Entwicklungsphase des Massenaustausches so viel Materie an den Begleiter abgab, daß sich das Massenverhältnis umgekehrt hat. Ursprünglich war dieser Stern also massereicher als sein Begleiter und hat sich deshalb schneller entwickelt.

Bei halb-getrennten Systemen findet man häufig Anzeichen dafür, daß gegenwärtig noch immer Massenaustausch stattfindet. Beispielsweise kann man durch hochauflösende Spektroskopie im optischen und UV-Bereich die Existenz von Plasma-

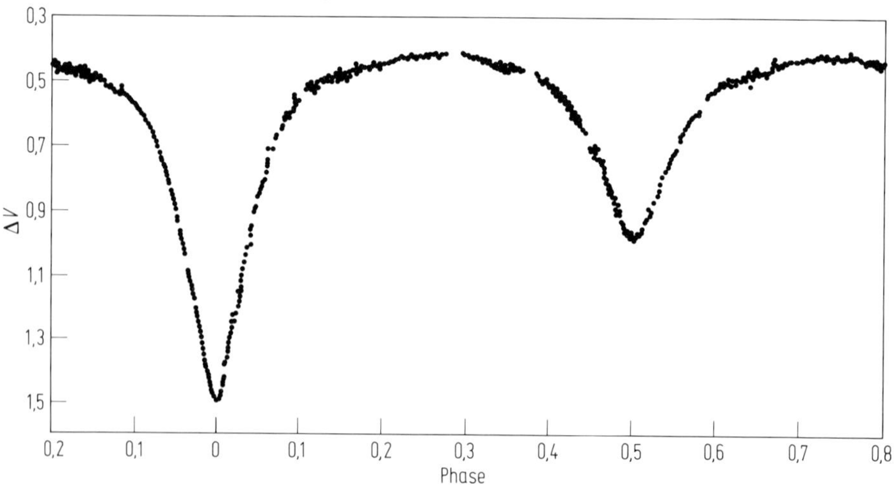

Abb. 5. Photoelektrische V-Lichtkurve des halb-getrennten EB-Systems TT Aurigae (nach Wachmann et al., 1986). Die Messungen sind relativ zum Vergleichsstern HD 32989 angegeben

ringen, Scheiben oder zirkumstellaren Hüllen nachweisen, die um den heißeren und weniger weit entwickelten Stern rotieren, an den die Materie abgegeben wurde. Ein anderes Anzeichen für Massenaustausch ist die Änderung der Bahnperiode, die säkular, sprunghaft, oder stetig verlaufen kann (Beispiel: U Cephei, mit einer Periodenänderung von etwa 20 Sekunden in 100 Jahren).

12.3.7 Kontaktsysteme

Man kennt mehr als 400 bedeckungsveränderliche Kontaktsysteme, von denen nur etwa 10% gut untersucht sind. Die Lichtkurven des Typs EW haben etwa gleich tiefe Haupt- und Nebenminima. Obwohl daraus folgt, daß die beiden Komponenten ähnliche Flächenhelligkeiten und Oberflächentemperaturen besitzen, handelt es sich tatsächlich meist um ein Paar von Sternen mit unterschiedlichen Massen und Radien. Ein extremes Beispiel ist das W UMa-System AW UMa mit einem Massenverhältnis von 1:12 und einem Radienverhältnis von 1:3,5, dessen Gestalt in Abbildung 6 skizziert ist. Die zugehörige Lichtkurve ist in Abbildung 7 zu sehen. Spektroskopische Untersuchungen lassen in den Spektren dieser kurzperiodischen Systeme (Perioden typisch 5 bis 15 Stunden) meist zwei sehr ähnliche Sterne der unteren Hauptreihe erkennen, deren Spektraltyp jeweils nur mit der Masse einer der beiden Komponenten kompatibel ist.

Die große Amplitude des kontinuierlichen Lichtwechsels außerhalb der Bedekkungsminima zeigt, daß die beiden Sterne sehr stark gezeitendeformiert sind. Sie besitzen eine gemeinsame Oberfläche, die einer das gesamte System einhüllenden Äquipotentialfläche entspricht, die zwischen der inneren und äußeren kritischen Roche-Grenzfläche liegt. Die beiden darin eingebetteten stellaren Kerne haben also

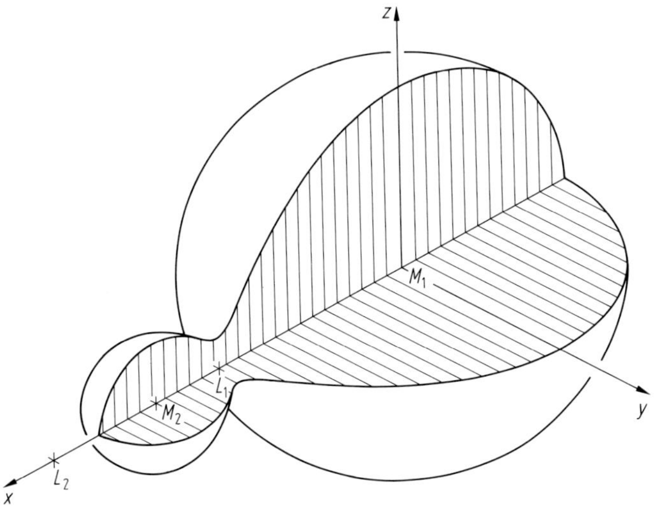

Abb. 6. Schematische Darstellung der Gestalt des W UMa-Systems AW Ursae Majoris (nach Mochnacki und Doughty, 1972). Das Kontaktsystem besitzt ein extremes Massenverhältnis von 1:12

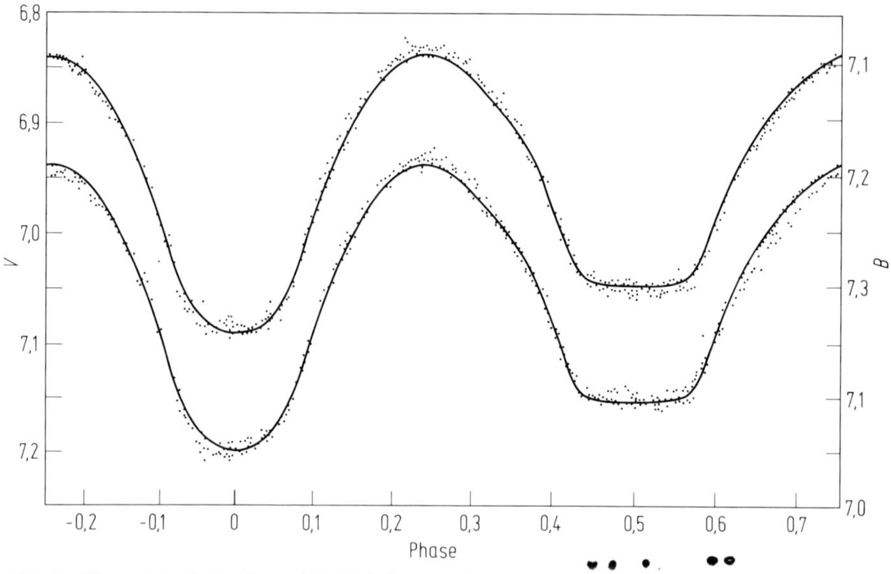

Abb. 7. Photoelektrische B- und V-Lichtkurven des Kontaktsystems (Typ EW) AW Ursae Majoris (nach Wilson und Devinney, 1973). Das Nebenminimum ist eine totale Bedeckung

möglicherweise tatsächlich unterschiedliche Photosphärentemperaturen, die von innen in die gemeinsame Hülle eintretenden Strahlungsströme werden jedoch durch bisher nicht geklärte Mechanismen in der Hülle so verteilt, daß sich eine nahezu homogene Oberflächentemperatur ergibt. Vielfach wird angenommen, daß dieser Effekt durch Strömungen und turbulente Durchmischung (Konvektion) in der Hülle verursacht wird.

Kontaktsysteme werden in zwei verschiedene Klassen eingeteilt: W UMa-Systeme und Kontaktsysteme frühen Spektraltyps. Es gibt zwei wichtige Unterscheidungskriterien: Erstens kann man mit Hilfe der Spektralklassifikation die W UMa-Systeme deutlich von den frühen (OB) Systemen abgrenzen, da sie der mittleren bis unteren Hauptreihensequenz angehören (Spektraltypen F–K). Zweitens haben die frühen Paare größere absolute Dimensionen und wegen des größeren Abstands der Massezentren nach dem 3. Keplerschen Gesetz auch längere Bahnperioden ($>$ 1 Tag) als die kurzperiodischen W UMa-Systeme ($P \approx 0{,}2$–$0{,}6$ Tage).

W UMa-Systeme unterteilt man noch in zwei Unterklassen: A-Typen und W-Typen. Bei A-Typen entspricht das Hauptminimum der Bedeckung der massereicheren größeren Komponente durch den kleineren Begleiter („Transit"-Minimum). Bei W-Typen ist das Hauptminimum dagegen ein „Okkultations"-Minimum, das heißt der kleinere Stern wird vom größeren Stern total bedeckt. Da er eine relativ größere Oberflächenhelligkeit und höhere Temperatur als der massereichere Stern besitzt, ist die Gesamtleuchtkraft des Systems während dieser Bedeckung geringer als bei der umgekehrten Bedeckung.

Die meisten Kontaktsysteme bestehen aus unentwickelten Hauptreihensternen, es gibt aber auch einige leicht entwickelte Objekte (z. B. das W UMa-System ε CrA oder das frühe Kontaktsystem SV Cen). Die äußeren Hüllen der W UMa-Sterne sind konvektiv; außerdem rotieren die Komponenten wesentlich schneller als entsprechende Einzelsterne gleichen Spektraltyps. Die Folge ist chromosphärische und koronale Aktivität in den äußeren Atmosphärenschichten. Dort ist in geschlossenen magnetischen Schleifen, die durch Dynamoeffekte im Innern der Sterne entstehen, heißes Plasma eingeschlossen, das zur Emission von Linien und kontinuierlicher Strahlung im UV- und Röntgenbereich führt.

Eine ausführliche Beschreibung von Beobachtungen und theoretischen Modellen für Kontaktsysteme ist beispielsweise bei Rucinski (1985) zu finden.

12.4 Pulsationsveränderliche

Eine Hauptgruppe der physikalisch veränderlichen Sterne sind Objekte, die periodische oder wenigstens zyklische Helligkeitsveränderungen zwischen einem minimalen und einem maximalen Wert zeigen, meist ohne eine leicht definierbare Ruhehelligkeit. Manchmal sind diese Helligkeitsoszillationen von der Regelmäßigkeit und Genauigkeit einer Quarzuhr (δ Cephei), manchmal von einer viel geringeren, aber noch gut bestimmbaren Regelmäßigkeit (Mira Ceti), manchmal sind sie eben noch als zyklisch erkennbar (RV Tau). Man bezeichnet diese Gruppe von Sternen allgemein als Pulsationsveränderliche oder pulsierende Sterne. Dieser Name deutet schon an, daß die periodischen oder zyklischen Helligkeitsveränderungen durch Schwingungen des Sternkörpers verursacht werden, wobei die Sterne sich meist in radialer Richtung ausdehnen und dann wieder zusammenziehen und die Pulsationen sich periodisch wiederholen. Die Helligkeitsvariationen sind lediglich ein Aspekt dieser Veränderung, allerdings der am leichtesten beobachtbare Effekt. Radialgeschwindigkeit und Oberflächentemperatur variieren mit derselben Periode wie die Helligkeit und liefern einen eindeutigen Beweis des Pulsationsvorganges, das heißt der periodischen radialen Volumenänderungen.

Neben diesen radialen Pulsationen können auch Schwingungen anderer Art auftreten, so zum Beispiel umlaufende Oberflächenwellen, die eine periodische Änderung der Helligkeit der Sternscheibe verursachen können, oder torsionsartige periodische Deformationen des Sternkörpers. Solche nicht-radialen Pulsationen sollen nur kurz erwähnt werden, und die folgende Diskussion wird sich hauptsächlich auf radiale Pulsationen konzentrieren.

Obwohl mehrere wichtige Repräsentanten der Pulsationsveränderlichen schon früh, im 17. bis 18. Jahrhundert, entdeckt worden waren, setzte sich die Idee eines pulsierenden Sterns erst langsam durch. Zwar hatte Ritter schon 1879 in einigen bemerkenswerten Arbeiten eine vereinfachte Theorie der Pulsationen aufgestellt und sogar einen grundlegenden Zusammenhang zwischen Pulsationsperiode und mittlerer Dichte des Sterns abgeleitet ($P \cdot \sqrt{\bar{\varrho}} \approx \text{const}$), doch wurden die Pulsationen lange nicht allgemein akzeptiert. Die führenden Astronomen des frühen 20. Jahrhunderts, wie Eddington oder Schwarzschild, waren Anhänger der Pulsationstheorie, aber eine oberflächliche Ähnlichkeit der beobachteten Radialgeschwindigkeitskurven mit denen der spektroskopischen Doppelsterne führte zu einem unglücklichen, alternativen Doppelsternmodell, das erst im Lauf der zwanziger Jahre langsam aufgegeben wurde.

Klassifikation und Terminologie bleiben aber etwas verwirrend. In der englischen Fachliteratur spricht man noch häufig allgemein von „Cepheiden" oder „klassischen Cepheiden", wenn es sich um den engeren δ Cephei-Typ handelt. Der Ausdruck „Cepheidenparallaxe" ist sogar sehr gebräuchlich, um die Verwendung pulsierender Sterne als Entfernungsanzeiger zu beschreiben.

12.4.1 Die Physik der radialen Pulsationen

Wie schon erwähnt wurde, ändern sich mit der Pulsation alle wesentlichen Parameter dieser Sterne: den beobachteten zeitlichen Helligkeitsvariationen liegen periodische Änderungen des Radius und der effektiven Temperatur zugrunde.[2]

Aus dem beobachteten Spektraltyp (auch aus der Farbe) können wir die Änderung der Oberflächentemperatur abschätzen, aus dem beobachteten Radialgeschwindigkeitsverlauf die zeitliche Rate der Radiusänderung $\mathrm{d}R/\mathrm{d}t$ ableiten. Aus letzterer folgt durch Integration der Bereich der Radiusänderung, $R_{\max} - R_{\min}$. Aus diesen Daten folgt dann die Änderung der Leuchtkraft (Gesamtstrahlung pro Sekunde), die bei den meisten Pulsationsveränderlichen kleiner ist als die Helligkeitsänderung im visuellen oder photographischen Bereich. Besonders auffallend wird dieser Unterschied bei den langperiodischen Variablen, den sehr kühlen Mira-Sternen. Im Lauf eines Zyklus ändert sich die ausgestrahlte Gesamtenergie höchstens um einen Faktor 2, während die Änderung in der visuellen Helligkeit 7 bis 8 Größenklassen erreichen kann, das entspricht rund einem Faktor von 600 bis 1500. Die Erklärung hängt damit zusammen, daß bei diesen kühlen Sternen das Intensitätsmaximum der Strahlung weit vom visuellen Bereich entfernt im Infraroten liegt, aber auch damit, daß bei niedrigen Temperaturen im Spektrum zusätzliche starke Absorptionen auftreten, die von Molekülen herrühren. Auch die Bildung von Staub könnte eine Rolle spielen.

Die letzten Bemerkungen deuten darauf hin, daß bei Mira-Sternen die niedrigste Oberflächentemperatur mit dem Minimum der Helligkeit zusammenfällt. Dies ist auch bei allen anderen radial pulsierenden Veränderlichen so. Abbildung 8 zeigt die Änderung verschiedener Sternparameter während eines Pulsationszyklus bei δ Cephei.

Insbesondere folgt die Helligkeitsänderung recht genau der Variation der Temperatur, während der maximale Radius nicht etwa zur Zeit des Helligkeitsmaximums eintritt (siehe die ΔR-Kurve in Abb. 8), sondern halbwegs zwischen Maximum und Minimum, auf dem absteigenden Ast der Lichtkurve. Es ist auch zu erwarten, daß die Leuchtkraft stärker von der Temperatur als vom Radius abhängt, da sie mit der 4. Potenz der Temperatur, aber nur mit der 2. Potenz des Radius variiert. Man muß im Auge behalten, daß die Effektivtemperatur beständig niedriger wird, wenn der Spektraltyp sich von A über F und G bis K ändert, von rund 10000 K bis etwa 5000 K. Je länger die Periode ist, desto größer fällt auch die Leuchtkraftamplitude aus (s. Abb. 9).

---

[2] Die effektive Temperatur ist die Temperatur eines schwarzen Körpers, der bei gleicher Oberfläche dieselbe Gesamtenergie ausstrahlt wie der Stern. Die Gesamtstrahlung (Leuchtkraft) des Sterns pro Sekunde ist dementsprechend: $L = 4\pi R^2 \sigma T_{\mathrm{eff}}^4$, wo $\sigma = 5{,}67 \times 10^{-8}\ \mathrm{J/(m^2\,K^4\,s)}$ die Stefan-Boltzmannsche Konstante ist.

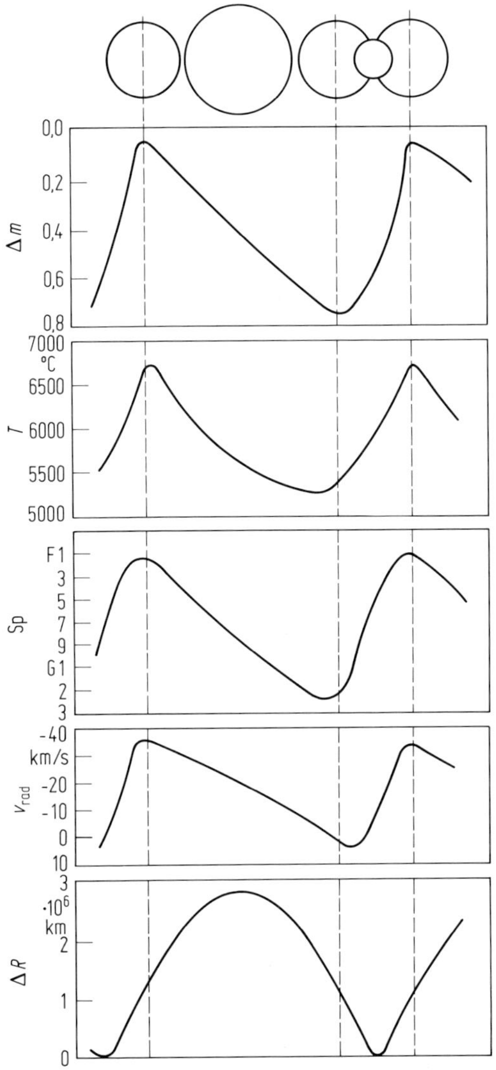

Abb. 8. Periodische Variation von Helligkeit, Oberflächentemperatur, Spektraltyp, Radialgeschwindigkeit und Radius während eines Pulsationszyklus von δ Cephei

Das ungewöhnliche Bild, daß Sterne als massive Gaskugeln radiale Schwingungen ausführen können, wird verständlicher, wenn wir bedenken, daß diese Gebilde eine Art Federung besitzen, die mit dem sogenannten hydrostatischen Gleichgewicht zusammenhängt, in dem sie sich befinden. An jedem Punkt im Sterninneren wird demnach die nach innen gerichtete Schwerkraft durch den nach außen wirkenden Druck des Sterngases kompensiert. Wäre dies nicht der Fall, würden sich die Sterne unmittelbar dramatisch verändern. Ein Unterschied von nur 1 % zwischen Schwerkraft und Druckkraft würde zu einer Ausdehnung oder Schrumpfung der Sonne um 1/20 ihres Radius in kaum mehr als einer Stunde führen. Diese Expansion oder Kontraktion

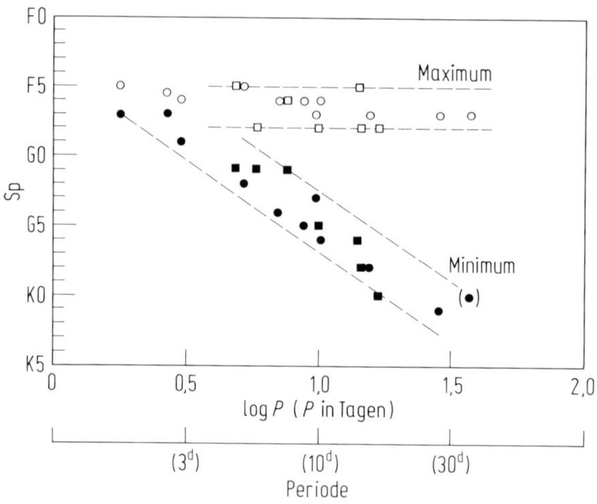

Abb. 9. Unterschiede im Spektraltyp zwischen Helligkeits-Maximum (offene Symbole) und Minimum (gefüllte Symbole) für 18 δ Cephei-Sterne mit verschiedenen Pulsperioden. Die Leuchtkraftklasse ist in fast allen Fällen Ib (nach Code, 1947)

wird aber (von Supernovae abgesehen) nicht andauern: es werden „elastische" Schwingungen auftreten, deren Periode bei der Sonne etwa 2 bis 2 1/2 Stunden betragen würde. Dieser Prozeß kann folgendermaßen erklärt werden:

Im hydrostatischen Gleichgewicht muß der Druck im Stern von außen nach innen monoton zunehmen. Folglich werden auch Temperatur und Dichte des Sterngases nach innen zunehmen. Die Zunahme dieser Größen erfolgt so, daß kleine kurzfristige Störungen nicht anwachsen können. Erfolgt zum Beispiel eine lokale Ausdehnung des Gases, werden die Gasmassen in Gebiete kommen, wo der Druck geringer wird und die Schwerkraft lokal überwiegt. Das bewirkt, daß die Ausdehnung gestoppt wird und eine Bewegung nach innen zum ursprünglichen Gleichgewichtszustand beginnt. Die sich bewegenden Gasmassen werden über diese Lage hinaus weiter nach innen schwingen und dabei höhere Druckwerte vorfinden, die nun die Schwerkraft übersteigen. Dadurch kommt das Sterngas zunächst zu einem Halt und wird dann durch den Druck wieder radial nach außen beschleunigt. Mit erneutem Hinausschießen über das Gleichgewichtsniveau wird sich der Prozeß *periodisch* wiederholen. Durch solche Störungen werden also Oszillationen um den Zustand des hydrostatischen Gleichgewichts angeregt. Aus dem Zusammenspiel der Temperatur- und Radiusveränderungen während des Pulsationszyklus folgt auch die Tatsache, daß die Zeitpunkte der Maximaltemperatur (und Helligkeit) einerseits und des maximalen Radius andererseits etwa durch einen Phasenunterschied von 90° (1/4 der Periode) getrennt sind (vergleiche Abb. 8). Diese Phasenverschiebung ist ein wichtiger Prüfstein der Pulsationstheorie.

Würde zwischen den bewegten Gasmassen und ihrer Umgebung kein Energieaustausch stattfinden (adiabatischer Prozeß), dann würden diese Schwingungen unbegrenzt fortgesetzt, analog zu den Schwingungen eines Pendels, die im nicht realisierbaren Idealfall ohne irreversible Verluste mechanischer Energie durch Reibung und Luftwiderstand ebenfalls unbegrenzt andauern würden.

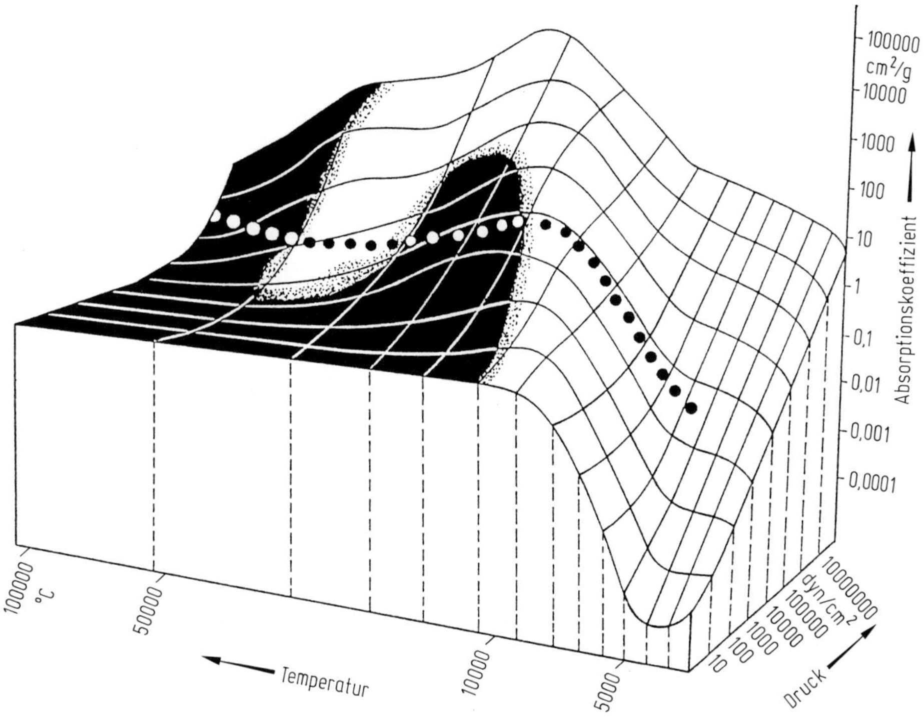

Abb. 10. Verlauf der Opazität (Absorption) in den äußeren Bereichen von Sternen. Das dreidimensionale Modell zeigt die Absorption (vertikale Achse) als Funktion von Temperatur und Druck beziehungsweise Dichte. Die Punktreihe entspricht dem Verlauf der Verhältnisse bei δ Cephei-Sternen von der Oberfläche (rechtes Ende) bis in tiefer liegende Schichten hinein. Die Opazität nimmt nach innen also zunächst zu und dann wieder ab („Opazitäts- oder Kappa-Gebirge"). In den weißen Bereichen können Pulsationen angeregt werden, während die dunkel gezeichneten Bereiche mit nach innen abnehmender Opazität dämpfend wirken (nach Kippenhahn und Weigert, 1965)

Der Vergleich mit dem Pendel ist nicht so weit her geholt, wie es vielleicht erscheinen mag. [3] In der schon erwähnten, bahnbrechenden Arbeit von Ritter wurde gezeigt, daß kleine adiabatische Schwingungen eines (homogenen) Sterns sich durch die Differentialgleichung der harmonischen Schwingung – wie sie in einer Pendelbewegung mit kleiner Amplitude verwirklicht ist – beschreiben lassen. Die Lösung lieferte auch eine wichtige Beziehung zwischen der Schwingungsperiode und der mittleren Dichte des Sterns, die wir so schreiben können:

$$P\sqrt{\bar{\varrho}} \approx \text{const},$$

wo $\bar{\varrho}$ die mittlere Dichte $3\,M/(4\,\pi\,R^3)$ bedeutet. Sterne sind jedoch keine homogenen Gaskugeln mit konstanter Dichte. Die Konstante hat etwa den Wert 0,15, wenn wir die Periode in Tagen und die Dichte in g/cm³ messen. Obwohl dies nur eine ziemlich

[3] Eine vollständigere, allgemeinverständliche Darstellung findet man zum Beispiel bei Kippenhahn und Weigert (1965).

grobe Näherung ist, folgen die Pulsationsveränderlichen der Relation erstaunlich gut, das heißt die „Konstante“ variiert wenig, wenn wir die ganze Skala der Perioden betrachten, von wenigen Stunden bis zu wenigen Jahren. Heute kann man die zu erwartenden Schwingungsperioden für ein gegebenes Sternmodell auch genauer ausrechnen. Die Pulsationen eines Sterns können natürlich genauso wenig vollkommen adiabatisch verlaufen wie die Schwingungen eines Pendels. Ein gewisser Betrag an mechanischer oder thermischer Energie wird immer an die Umgebung übertragen (Energiedissipation). Die Bewegung wird dadurch gedämpft, und die Amplituden werden fortwährend kleiner, bis die Pulsationen in der Gleichgewichtslage aufhören. Bei den meisten Sternen äußert sich die Stabilität gegenüber kleinen Störungen eben darin, daß diese Störungen gedämpfte Schwingungen um die Gleichgewichtslage verursachen.

Bei den Pulsationsveränderlichen werden die Schwingungen nun aber offenbar nicht gedämpft. Es stellt sich daher die wesentliche Frage: Wodurch werden diese ungedämpften Schwingungen aufrechterhalten? Dieses Problem hat die Astrophysiker gut 30 Jahre lang beschäftigt. Es wurde einerseits klar, daß diese Schwingungen nichts mit eventuellen periodischen Schwankungen der Energieproduktion im Sterninneren zu tun haben. Andererseits hat Eddington schon in den zwanziger Jahren die folgende Erklärung vorgeschlagen:

Sollte in einer geeigneten Phase den schwingenden Schichten etwas Energie zugeführt werden, könnte dieser „Energiestoß“ die Dämpfung kompensieren. Als Analogie kann man wieder die Pendelbewegung erwähnen, diesmal die Bewegung eines Uhrenpendels: Im Moment der Auslösung wird dem Pendel ein kleiner Stoß erteilt, gespeist aus dem Druck, den das Triebwerk, das Gewicht oder die Feder ausübt. Bei den Pulsationsveränderlichen spielt dagegen eine bestimmte Wechselwirkung der Gasmassen mit der Strahlung die wesentliche Rolle. Beständig fließt durch das gesamte Sterninnere Energie in Form von Strahlung vom Zentrum zur Oberfläche. Die Strahlung wird in der stellaren Materie fortwährend absorbiert und reemittiert. Das Absorptionsvermögen des Sterngases, gewissermaßen der Widerstand der Sternmaterie gegenüber dem Strahlungsstrom, heißt Opazität. Sollte nun in der Kompressionsphase der Schwingung, bei erhöhten Werten der Temperatur und Dichte, auch die Opazität größer werden, wird die entsprechende Schicht mehr Strahlungsenergie aufnehmen können. In der Ausdehnungsphase würde dagegen weniger Strahlungsenergie absorbiert. Da mit der absorbierten Strahlung auch ein nach außen gerichteter Impuls verknüft ist, hätte man aus diesem Zusammenspiel von Strahlung und oszillierenden Schichten der Sternmaterie den gesuchten „Stoß“. Zur Zeit des ursprünglichen Vorschlags glaubte man aber, daß die Opazität in Sternen von der Oberfläche zum Zentrum hin monoton abnimmt. Das würde bedeuten, daß die Opazität bei Kompression kleiner und bei Ausdehnung größer wird, und man hätte dadurch genau das Gegenteil des gewünschten Effekts erzielt. Die frühere Opazitätsformel von Kramers basierte darauf, daß der einzige wesentliche Prozeß bei der Absorption von Strahlung die Photoionisation ist, die Ablösung der noch verbliebenen Elektronen vom Atomkern durch energiereiche Photonen. Man vertraute damals auf eine einfache analytische Näherungsformel, weil man Sternmodelle noch ohne Computer berechnen mußte. Deshalb hatte Eddington auch seine grundsätzlich richtige Idee wegen dieser Unstimmigkeit fallengelassen. Während der fünfziger Jahre hatte man aber erkannt, daß der Verlauf der Opazität in Oberflächennähe mancher kühler Sterne wesentlich anders als früher angenommen sein kann. Dabei spielt die Ionisation des Heliums, des zweithäufigsten Elements, eine wichtige Rolle. Es kann dadurch eine Umkehrung des früher vermuteten monoton abnehmenden Opazitätsverlaufs eintreten: Die Opazität nimmt zunächst mit der Tiefe zu, bevor sie zum Zentrum hin wieder abnimmt. Unter diesen Umständen kann der oben geschilderte Ventilmechanismus sehr effektiv arbeiten, wie es zuerst der russische Forscher Zhevakin betont hatte. Bei Kompression wird also die Opazität in den oberen Sternschichten tatsächlich größer, und durch die erhöhte Energieentnahme aus der Strahlung wird dann eine, wie Zhevakin es nannte, „negative Energiedissipation" entstehen. Dadurch wird die Dämpfung kompensiert, und die Schwingungen werden ständig neu angeregt.[4] Die Pulsationsveränderlichen sind also gegenüber kleinen Störungen in diesem Sinne nicht stabil. Diese Erklärung der ungedämpften radialen Pulsationen mit Hilfe des sogenannten „Kappa-Mechanismus" wurde von den Theoretikern aufgegriffen und weiter ausgebaut. Der Opazitätskoeffizient wird mit κ bezeichnet.

Abbildung 11 zeigt als Beispiel das Ergebnis numerischer Rechnungen von Christy für den Beginn und die Entwicklung der Pulsationen bei Verwendung eines geeigneten Sternmodells. Die Ähnlichkeit mit beobachteten Lichtkurven ist ganz überzeugend.

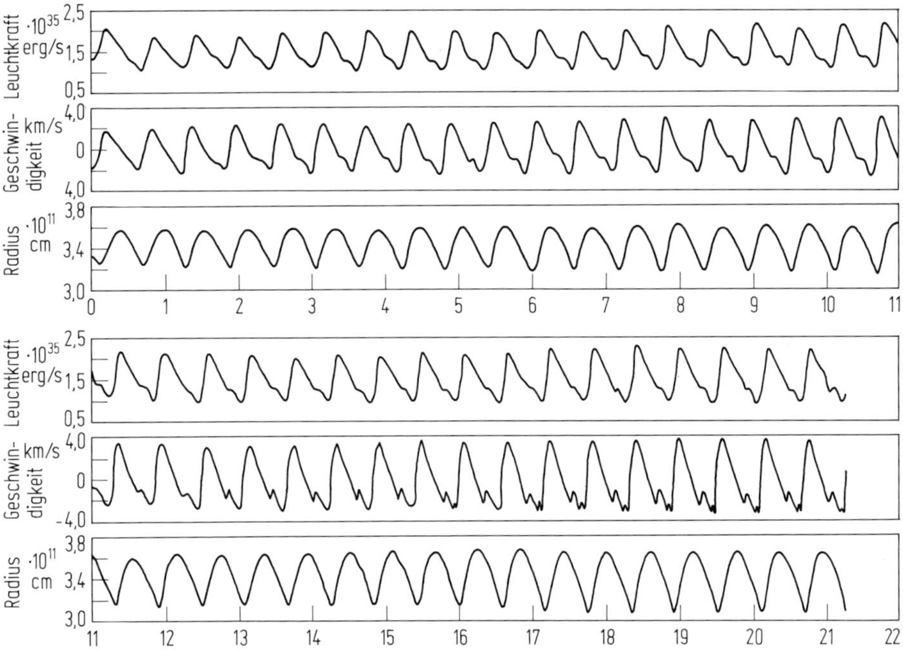

Abb. 11. Computer-Simulation von Pulsationen eines RR Lyrae-Sterns (Nach R. F. Christy). Gezeigt ist der Verlauf von Leuchtkraft, Radialgeschwindigkeit und Radius einer oberflächennahen Schicht für die ersten 20 Pulsationen nach Anregung der Instabilität

[4] Die Rolle dieses „thermodynamischen Anstoßes" zur Überwindung der Dämpfung wird vielleicht verständlicher, wenn man berücksichtigt, daß die Energie, die in der Pulsation steckt, sehr klein gegen die gesamte thermische Energie des Sterns ist, der Größenordnung nach einige 10^4mal geringer.

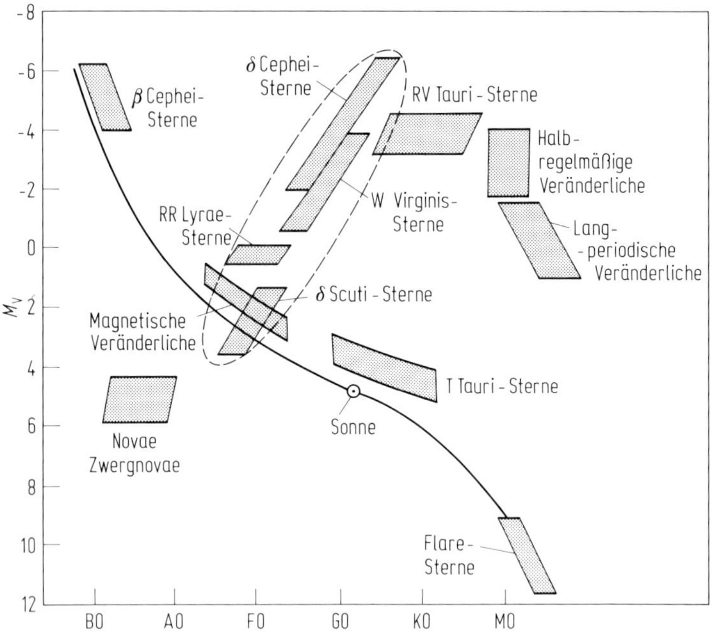

Abb. 12. Position der verschiedenen Veränderlichenklassen im Hertzsprung-Russell-Diagramm. Der Instabilitätsstreifen, in dem die meisten Pulsationsveränderlichen zu finden sind, ist durch die gestrichelte Linie eingegrenzt

Die Theorie der radialen Pulsationen verbindet das Auftreten der Pulsationsinstabilität mit dem inneren Aufbau der Sterne. Die meisten Sterne zeigen diese Instabilität nicht, und es ist bemerkenswert, daß die Theorie auch die zu erwartende Position der pulsierenden Sterne im HR-Diagramm einigermaßen gut erklären kann. Abbildung 12 zeigt die Gebiete im HR-Diagramm, in denen die verschiedenen Veränderlichenklassen zu finden sind. Pulsationsveränderliche kommen vor allem in dem gestrichelt eingegrenzten Bereich vor (Instabilitätsstreifen). Die vier wichtigsten Typen sind:

- RR Lyrae-Sterne, mit Perioden unter einem Tag,
- W Virginis-Sterne, mit Perioden zwischen 1,5 und 25 Tagen, (beide Typen sind alte, metallarme Sterne der Population II, mit Massen um 1 $M_\odot$);
- δ Cephei-Sterne, mit Perioden zwischen 2 und 40 Tagen, (junge, massereiche Sterne (10 bis 20 $M_\odot$) der Population I);
- Mirasterne oder langperiodische Veränderliche, mit Perioden von etwa 150 bis 500 Tagen (Sterne der älteren Population I).

Wie das Diagramm zeigt, kann man in der Tat von einem Instabilitäts- oder Pulsationsstreifen sprechen. Nach der Phase der Hauptreihenentwicklung verläuft die Entwicklung dieser Sterne oberhalb der Hauptreihe im Bereich der Riesen und Überriesen. Je nach Masse können diese Sterne in den Pulsationsstreifen gelangen und diesen nach etwa 10^6 bis 10^7 Jahren wieder verlassen. Massereiche Sterne können den Streifen sogar mehrmals durchlaufen.

Die meisten Pulsationsveränderlichen sind Riesen oder Überriesen, die erheblichen Massenverlust erleiden, hauptsächlich in Form von kräftigem Sternwind mit geringer Endgeschwindigkeit ($\approx$ 10 km/s). Pulsationen können diesen Massenverlust verstärken – man spricht von „pulsationsbedingtem" Massenverlust oder Sternwind. Dies mag erklären, daß die aus der Pulsationstheorie abgeleiteten Massen für δ Cep-Sterne in der Regel deutlich kleiner sind, als der Vergleich mit Überriesen ähnlicher Leuchtkraft und Temperatur erwarten ließe. Für eine erhöhte Massenverlustrate im Instabilitätsstreifen spricht auch, daß im Spektrum einiger Cepheiden Linienprofile beobachtet werden, die den Massenverlust unmittelbar anzeigen (P Cygni-Linien, vermutlich auch Emissionslinien, die RR Lyr-Sterne in bestimmten Phasen ihres Lichtwechsels zeigen). Leider sind die so beobachteten Massenverlustraten noch recht unsicher. Man findet in der Literatur Werte, die über mehrere Zehnerpotenzen streuen. Möglicherweise sind auch die gelegentlichen Massenauswürfe von R CrB-Sternen, die diese Sterne effektiv verdunkeln können (s. weiter unten), durch Pulsationen bedingt.

12.4.2 Die Perioden-Leuchtkraft-Beziehung. Cepheiden als Entfernungsindikatoren

Besondere Bedeutung gewinnen die pulsierenden Sterne in der Astronomie durch ihre Verwendung als Entfernungsindikatoren, als „Standardkerzen". Damit ist gemeint, daß die absolute Helligkeit oder die Leuchtkraft eines Objekts aus unmittelbar und relativ leicht beobachtbaren Eigenschaften zu bestimmen ist. Die meist triviale Bestimmung der scheinbaren Helligkeit liefert dann die Entfernung.[5]

Wir werden noch sehen, daß die absolute Helligkeit der Novae aus der Form der Lichtkurve abzuschätzen ist. In diesem Sinn sind auch Novae mögliche Standardkerzen. Die Information, die wir aus den Cepheidenlichtkurven durch die Korrelation von Periode und Leuchtkraft entnehmen können, ist aber viel schärfer: pulsierende Sterne sind wohl die zuverlässigsten Entfernungsindikatoren. Da die δ Cephei-Sterne auch absolut sehr hell sind (Überriesen), können wir sie in den näheren Galaxien gut beobachten. In der Tat gelang Hubble 1923 der endgültige Beweis, daß die Nebel M31, M33 und einige andere „Gasnebel" extragalaktische Sternsysteme sind. Er entdeckte mit Hilfe des 2,5 m-Teleskops auf Mt. Wilson in diesen Galaxien Cepheiden und bestimmte deren Entfernung mittels der Perioden-Leuchtkraft-Beziehung.

Allerdings umfaßt diese wichtige Relation eigentlich nur die RR-Lyrae-, δ Cephei- und W Virginis-Sterne; eine andersartige, schwache Korrelation besteht noch für die Mira-Variablen. Entdeckt wurde diese Beziehung noch bevor radiale Pulsationen als Ursache der charakteristischen Lichtveränderungen allgemein akzeptiert waren: 1912 fiel es Henrietta Leavitt von der Harvard-Sternwarte auf, daß die scheinbare Helligkeit (sowohl im Maximum als auch im Minimum) von Cepheiden in der Kleinen Magellanschen Wolke für Sterne mit längerer Periode systematisch größer war. Es

[5] Die hierbei verwendete Beziehung („Entfernungsmodul") entspricht der Definition der absoluten Helligkeit M, die sich aus der scheinbaren Helligkeit m durch die Reduktion auf eine Entfernung von 10 pc ergibt: $m - M = 5(\log r - 1) + A(r)$. Hier ist r die Entfernung in Parsec und A die interstellare Absorption in Größenklassen.

bestand eine Relation der Form $m = a + b \log P$, und bald erkannte man, daß auch für die absoluten Helligkeiten eine ähnliche Beziehung gelten mußte, da alle Sterne der Magellanschen Wolke in guter Näherung dieselbe Entfernung von uns haben und dementsprechend die Differenz $m - M =$ const ist. Die Bestimmung der Steigung der Geraden im $m - \log P$- beziehungsweise $M - \log P$-Diagramm ist einfach und hat tatsächlich etwa denselben Wert für Große und Kleine Magellansche Wolke, für M31, M33 und für unsere Galaxis. Um zu wissen, wie groß der Entfernungsmodul $m - M$ ist, hätte man aber die Entfernung der Magellanschen Wolken unabhängig von Pulsationssternen bestimmen müssen, was nicht möglich war. Hätte man umgekehrt im Prinzip nur für einen (besser für mehrere) Cepheiden die genaue Entfernung gekannt, so hätte man den Nullpunkt (die Größe a in der Formel) der Perioden-Leuchtkraft-Beziehung angeben und diese Beziehung für Entfernungsmessungen in unserer engeren extragalaktischen Umgebung verwenden können. Dies erwies sich jedoch als schwierige Aufgabe. Kein einziger Pulsationsveränderlicher ist zum Beispiel so nahe, daß man seine trigonometrische Parallaxe messen könnte. In der Tat hatte für fast 40 Jahre ein erheblicher Fehler im Nullpunkt der Beziehung alle extragalaktischen Entfernungen verfälscht. Erst 1952 korrigierte Walter Baade diesen Fehler. Als Folge hat sich die Entfernung zur Andromeda-Galaxie (M31) sozusagen über Nacht beinahe verdoppelt. Der französische Astronom Mineur hat übrigens schon früher auf einen möglichen Fehler des Nullpunkts hingewiesen.

Die bis dahin verwendete statistische Methode (im wesentlichen ein Vergleich zwischen beobachteten Eigenbewegungen und Radialgeschwindigkeiten von Sterngruppen ähnlicher scheinbarer Helligkeit) erwies sich als unbrauchbar, wohl wegen der zu geringen Eigenbewegungen. Eine zweite wesentliche Fehlerquelle bestand darin, daß man den Unterschied zwischen δ Cep-Sternen und W Vir-Sternen nicht erkannt hatte. Die alten, metallarmen W Vir-Sterne sind nicht so leuchtkräftig wie die jungen, massereichen δ Cep-Sterne. Dabei müssen wir den Nullpunkt wenigstens auf 0,1 Größenklassen genau kennen, um die Entfernung auf etwa 10% genau bestimmen zu können. Den Nullpunkt könnte man auch aus der Pulsationstheorie herleiten, aber die so erzielte Genauigkeit bleibt unzureichend. Noch immer ist die Unsicherheit des Nullpunkts nicht auf ein völlig zufriedenstellendes Maß reduziert. Man stützt sich auf mehrere Methoden, wobei die wichtigste folgende ist: δ Cephei-Sterne kommen im Gegensatz zu RR Lyr-Sternen häufig in offenen Sternhaufen vor. Die Entfernung eines offenen Sternhaufens kann man aus Mehrfarbenphotometrie ableiten, durch Vergleich der (wegen interstellarer Rötung korrigierten) Hauptreihe mit einer „Standardhauptreihe“, meistens mit der der Hyaden (gelegentlich auch der Plejaden). Daraus ergibt sich eine recht genaue Entfernungsangabe für die Cepheiden als Mitglieder des Haufens. Sandage und Tamman haben 1969 den Nullpunkt auf diese Weise aus 15 Cepheiden in offenen Sternhaufen abgeleitet. Ein anderes Verfahren basiert auf der Analyse der Radialgeschwindigkeit in Verbindung mit der Änderung des Spektraltyps (Baade-Wesselinksche oder Barnes-Evans-Methode). Manchmal hat der Cepheid einen heißen Unterzwerg als Begleiter, dessen Entfernung abschätzbar ist. Vor kurzem gelangten Feast und Walker (1987) in einem Übersichtsartikel zu folgendem zusammenfassendem Ergebnis:

$$\langle M_{\mathrm{B}} \rangle = -1{,}16 - 2{,}24 \log P,$$
$$\langle M_{\mathrm{V}} \rangle = -1{,}35 - 2{,}78 \log P,$$

im nahen Infrarotbereich

$$\langle M_{\mathrm{H}} \rangle = -2{,}14 - 3{,}42 \log P,$$

wobei P in Tagen eingesetzt wird. Das $\langle\ \rangle$-Zeichen bedeutet die über die Lichtkurve gemittelte Helligkeit.[6] Aus diesen Gleichungen folgt für die Große Magellansche Wolke $m - M = 18{,}5$ oder $r = 50$ kpc, vielleicht etwas zu klein. Im Infraroten zeigt sich eine besonders scharfe Perioden-Leuchtkraft-Beziehung: Abbildung 13 gibt eine von Welch und Mitarbeitern (1985) für das H-Band angegebene Korrelation, die zwar von der obigen Lösung etwas abweicht, aber für die Große Magellansche Wolke ebenfalls den Entfernungsmodul von 18,5 Größenklassen ergibt.

Diese Gleichungen entsprechen der „einfachen" Perioden-Leuchtkraft-Beziehung. Bei sorgfältiger Analyse der Daten besteht aber auch eine geringfügige Farbabhängigkeit. Man kann eine Perioden-Leuchtkraft-Farben-Beziehung aufstellen oder sogar noch eine mögliche Abhängigkeit vom Metallgehalt der Variablen berücksichtigen. Diese vollständige Perioden-Leuchtkraft-Relation hat folgende Form:

$$M = M_0 + \alpha \log P + \beta (\mathrm{B} - \mathrm{V})_0 + \Phi,$$

wobei $(\mathrm{B} - \mathrm{V})_0$ die von der interstellaren Absorption befreite Farbe und Φ den sogenannten Metallindex bedeuten. Diese zusätzlichen Abhängigkeiten sind aber nicht sehr stark, und die Verwendung der einfachen Perioden-Leuchtkraft-Relation ist meist ausreichend.

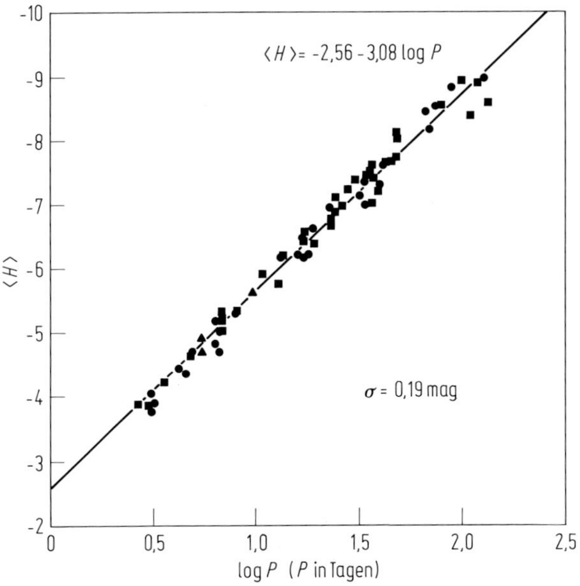

Abb. 13. Perioden-Leuchtkraft-Relation für Cepheiden im infraroten Spektralbereich (H-Filter, 1,6 µm). Das Diagramm enthält Daten von Cepheiden aus der Galaxis und den Magellanschen Wolken (nach Welch et al., 1985)

[6] Meistens geht man von der Größenklassenlichtkurve zur Intensitätslichtkurve über und nimmt den über die Periode gemittelten Wert der Intensität.

Die W Vir-Sterne folgen einer etwas anderen Relation, sowohl in der Steigung als auch im Nullpunkt. Die Streuung um die Mittellinie ist ebenfalls erheblich größer. Nach einer früheren Zusammenstellung von Dickens und Carey (1967) sind die W Vir-Sterne beim Periodenwert von 2,5 Tagen um 1,5 Größenklassen, bei einer Periode von 20 Tagen um 2,5 Größenklassen schwächer als die „klassischen" δ Cep-Sterne.

Für die RR Lyr-Sterne ergibt sich eine zwar viel stärker streuende, aber einheitliche, das heißt von der Periode unabhängige absolute Helligkeit: $\bar{M}_V = +0,6$.

12.4.3 Perioden und Lichtkurven

Perioden- und Lichtkurven-Änderungen sind bei Pulsationsvariablen von besonderer Wichtigkeit. Sie können grundlegende Informationen über die Struktur dieser Sterne liefern, was hauptsächlich für den Test verschiedener Sternmodelle wichtig ist. Die Perioden ermöglichen (wenigstens in einigen günstigen Fällen) auch unmittelbare Aussagen über den momentanen Entwicklungszustand.

Die Periodenänderungen pulsierender Sterne analysiert man meist mit Hilfe eines sogenannten O – C (oder B – R)-Diagramms. Man wählt eine leicht und genau identifizierbare Phase der Lichtveränderung als Nullphase. Bei Pulsationsvariablen eignet sich dazu am besten das Lichtmaximum oder manchmal die „halbe Höhe", der Mittelpunkt des aufsteigenden Astes. Von einer bestimmten Phase Null („Nullepoche") ausgehend, berechnet man mit der als bekannt vorausgesetzten Periode eine Tabelle der zu erwartenden Zeiten der Nullphase, sagen wir des Maximums (R- oder C-Werte, C für *calculated*). Ein Vergleich mit tatsächlich beobachteten Maximumszeiten (B- oder O-Werte, O für *observed*) liefert dann die B – R oder O – C Residuenwerte, also die Fehler der berechneten Tabelle. Da diese Abweichungen fast immer durch den verwendeten Periodenwert bestimmt sind, kann man aus dem Gang der O – C Werte einen inkorrekten Periodenwert oder eventuelle Änderungen der Perioden feststellen. Bei mehrfach-periodischen Pulsationsveränderlichen (s. unten) werden häufig auch die Fourier-Analyse der Lichtkurve oder ähnliche Methoden verwendet, die ein „Spektrum" der möglichen Perioden- beziehungsweise Frequenzwerte ergeben.

Die klassischen δ Cephei-Sterne zeigen nahezu konstante Perioden und auch sehr „stabile" Lichtkurven. Als Beispiel nehmen wir den Prototypen δ Cep ($P = 5,366$ Tage). Die beobachteten Maxima deuten auf eine seit der Entdeckung (1785) ständig abnehmende Periode hin. Nach Hertzsprung beträgt die Änderungsrate $\Delta P = -0\overset{s}{.}079 \pm 0\overset{s}{.}008$ pro Jahr. Eine neuere, umfassende Bearbeitung des Materials bis 1980 durch Szabados führte zu $\Delta P = -0\overset{s}{.}089$ pro Jahr (s. auch Abb. 14). Diese Daten führen – mit konstanter oder beinahe konstanter Änderungsrate gerechnet – zu einer „charakteristischen Zeit" $P/\Delta P$ von etwa 5 bis 6 Millionen Jahren. Während einer solchen Zeitspanne müßte sich die Periode wesentlich verändern. Das erwähnte Zeitintervall ist etwas länger, entspricht aber wenigstens der Größenordnung nach der theoretisch berechneten Durchlaufzeit des Instabilitätsstreifens. Dementsprechend ist es möglich, daß bei δ Cep die Periodenänderung tatsächlich die augenblickliche Entwicklung des Sterns widerspiegelt. Allerdings sind die Periodenänderungen bei den meisten anderen δ Cephei-Sternen anscheinend komplizierter und viel weniger eindeutig. So zeigt CV Mon mit sehr ähnlicher Periode (5,379 Tage) ein scheinbar

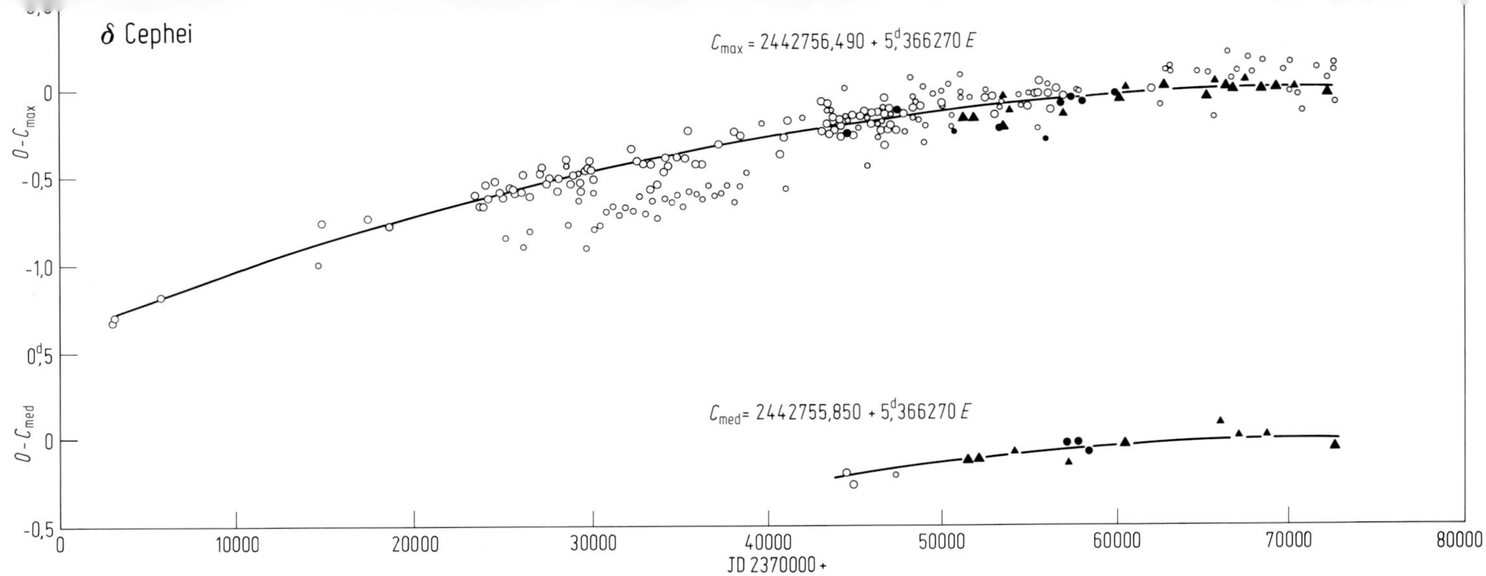

Abb. 14. (O–C)-Diagramm für die Epochen der Maximalhelligkeit (oben) beziehungsweise der mittleren Helligkeit (unten) von δ Cephei für die Zeit seit der Entdeckung der Veränderlichkeit des Sterns. Eine parabolische Darstellung der (O–C)-Werte ist überzeugend (nach Szabados, 1980)

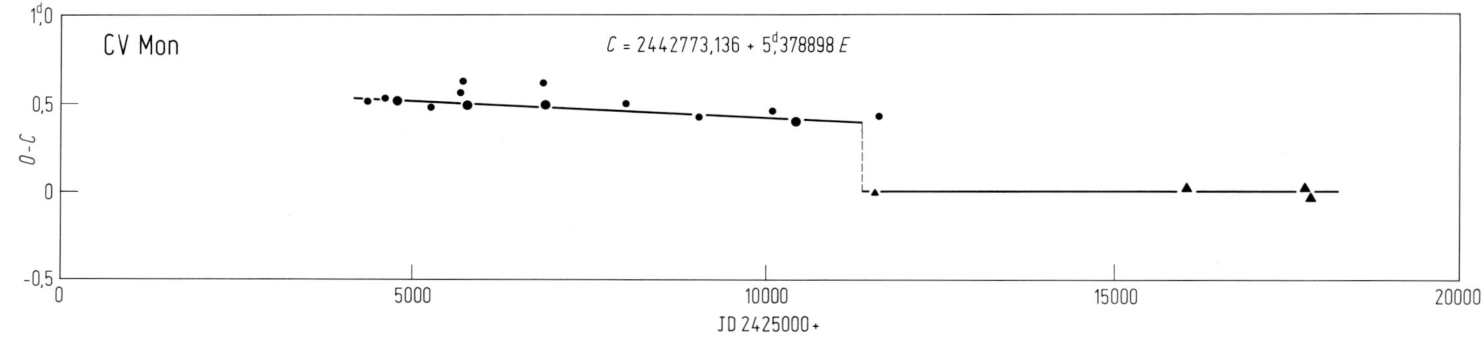

Abb. 15. (O–C)-Diagramm für den δ Cephei-Stern CV Mon. Eine diskontinuierliche Änderung der Periode wurde im Jahr 1958 beobachtet (nach Szabados, 1980)

unregelmäßiges Verhalten mit abrupten Änderungen der Periode (Abb. 15). Andererseits blieb die Periode von SW Cas ($P = 5{,}441$ Tage) innerhalb von etwa 0,2 Sekunden während 65 Jahren der Beobachtung konstant.

Einige wenige δ Cephei-Sterne mit verhältnismäßig kurzen Perioden zwischen 2,1 und 3,7 Tagen zeigen eine auffallend große Streuung in der Lichtkurve. Diese Störung, von Oosterhoff erkannt, erklärt man mit der Mehrfachperiodizität der Lichtkurve, die in diesen Fällen neben der Hauptperiode P_0 noch eine zweite Periodizität P_1 erkennen läßt. Das Verhältnis P_1/P_0 liegt in der Nähe von 0,7 (0,703 bis 0,710). Die Überlagerung der beiden Schwingungen ist nicht einfach, und es können nach komplizierten Regeln dabei noch weitere Frequenzen erzeugt werden.

Bei den W Virginis-Sternen, die sich von den klassischen Cepheiden durch ihre Populationszugehörigkeit unterscheiden, sind die Perioden und auch die Lichtkurven etwas weniger stabil. Störungen in der Lichtkurve, auch abrupte Änderungen in der Periode sind häufiger. In einem überraschenden Fall, bei RU Cam ($P = 22{,}1$ Tage), waren die Pulsationen 1964 bis 1966 für etwa zwei Jahre fast völlig verschwunden. Heute pulsiert RU Cam wie vor 1963 mit nur wenig veränderter Periode.

Typische Lichtkurven von zwei δ Cephei-Sternen sind in Abbildung 16 mit der Lichtkurve des Prototyps der W Virginis-Sterne verglichen. Abbildung 17 zeigt weitere typische δ Cephei-Lichtkurven, die nach Periodenlänge angeordnet sind. Die hier erkennbare systematische Änderung der Lichtkurvenform mit zunehmender Periode wird auch als „Hertzsprung-Progression" bezeichnet.

Bei den kurzperiodischen Pulsationsveränderlichen, den RR Lyrae-Sternen, die ebenfalls zur Population II gehören, treten neben den ziemlich komplizierten und in vielen Fällen widersprüchlich interpretierten Periodenänderungen sehr charakteristische Lichtkurvenänderungen auf. Bei etwa 1/5 der RR Lyrae-Sterne beobachtet man eine nach dem Entdecker *Blazhko-Effekt* genannte charakteristische Änderung der Lichtkurve. Die Lichtkurve ändert sich kontinuierlich und oszilliert mit einer Periode von 10 bis 100 Tagen um eine mittlere Kurve, meist vom Typ RRab.[7] Diese Sekundärperiode und die entsprechenden Änderungen in der Form der Lichtkurve lassen sich durch die Interferenz zweier periodischer Lichtkurven mit dicht benachbarten Perioden erklären (Schwebung, engl. „beat"). Unter den helleren RR Lyrae-Sternen zeigen zum Beispiel RR Lyr, AR Her, AC And oder RW Dra den Effekt besonders deutlich. Als Illustration erwähnen wir eine frühere Untersuchung von RW Dra durch Balázs und Detre (1939), die den Blazhko-Effekt besonders deutlich dokumentiert hatte. Der regelmäßige Zyklus der Lichtveränderungen, siehe Abbildung 18, hat eine Länge von 31,5 Tagen, das heißt genau 67 Perioden des normalen Lichtwechsels, dessen Periode die Autoren mit 11^h17^m ($= 0{,}47014$ Tage) angeben. Als Schwebungsperiode gedeutet kann der Zyklus der Lichtkurvenänderungen durch Überlagerung einer Nachbarperiode von 0,46323 Tagen und der erwähnten Grundperiode erzeugt werden ($68 \times 0\overset{d}{.}46323 = 31{,}5$ Tage). Bei Schwebungen stehen die Perioden in der Relation $1/P_1 - 1/P_0 = 1/P_B$, wo P_B die Schwebungs- oder „Beat-Periode" ist. Die Lichtkurven haben keine konstante Form, die Höhe des Maximums wird zum

[7] Die Form der Lichtkurve ist in einem mit RRab bezeichneten Fall die übliche Cepheidenform mit steilem Anstieg zum Maximum und langsamerem Abstieg. Die frühere Unterscheidung, nach der Höhe des Maximums, zwischen *a* und *b* wurde fallengelassen. Die Lichtkurven vom Typ RRc sind symmetrischer, fast sinusförmig.

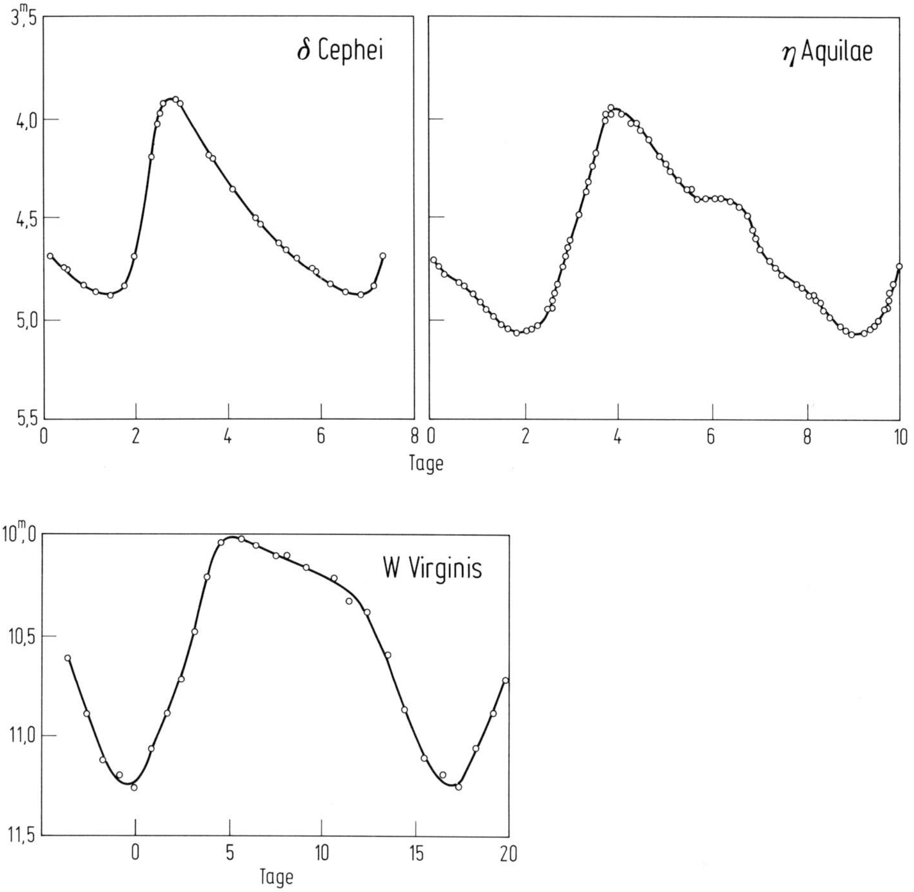

Abb. 16. Typische Lichtkurven von zwei δ Cephei-Sternen (oben) und dem Prototyp der W Virginis-Sterne (unten). Nach Campbell und Jacchia (1941)

Beispiel erheblich variieren, je nachdem ob die zwei Perioden sich gleichphasig (besonders hohes Maximum) oder gegenphasig (besonders niedriges Maximum) überlagern. Bei AC And kann die Höhe des Maximums im Verhältnis 1:2 variieren.

Bei einigen RR Lyr-Sternen (z. B. bei RZ Cep) fand man Evidenz für abrupte, sprungartige Änderungen der Periode. Nach Prager änderte sich die Periode (rund 7,5 Stunden) während des Monats August 1901 um 3,98 Sekunden (Verkürzung), im November 1916 um 4,37 Sekunden (Verlängerung), dann wieder im Dezember 1923 um 1,84 Sekunden (Verlängerung). Diese Art von scheinbar unregelmäßig erfolgenden Periodenänderungen sind in der astronomischen Literatur immer noch etwas umstritten. Man sollte aber erwähnen, daß auch bei Mirasternen und sogar bei nicht-pulsierenden Veränderlichen, wie zum Beispiel bei Bedeckungsveränderlichen, Periodensprünge häufig die beste und manchmal die einzige Möglichkeit bieten, die O–C-Kurve zu deuten.

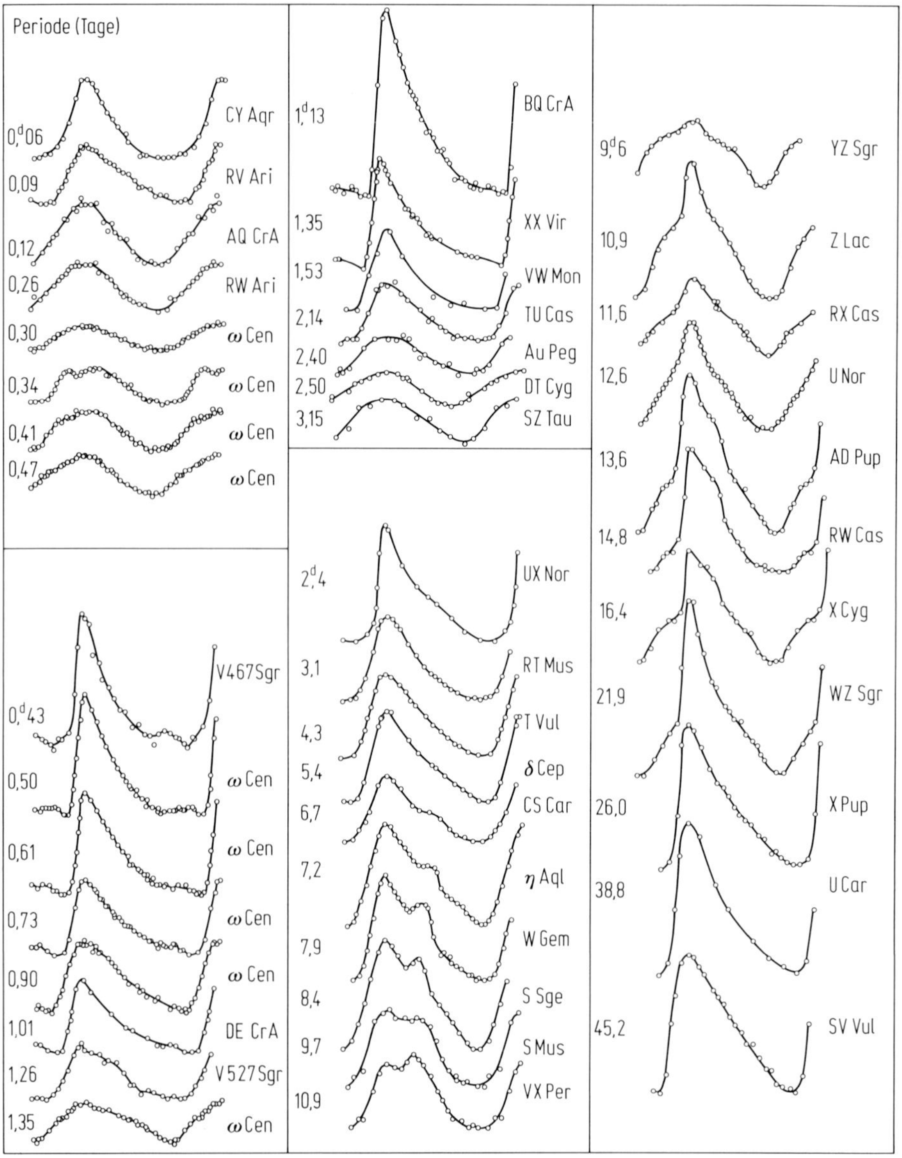

Abb. 17. Lichtkurven von δ Cephei-Sternen. Deutlich ist zu erkennen, daß sich die Form der Lichtkurven systematisch mit zunehmender Pulsationsperiode verändert (Hertzsprung-Progression). Nach Campbell und Jacchia (1941)

Abb. 18. Zur Illustration des Blazhko-Effekts: periodische Oszillation der Lichtkurvenform von RW Draconis um die mittlere Lichtkurve (gestrichelt). Gezeigt sind Lichtkurven, die während vier verschiedener Phasen (0,10, 0,30, 0,55 und 0,90) der 41tägigen Sekundärperiode beobachtet wurden (nach Balàzs und Detre, 1939)

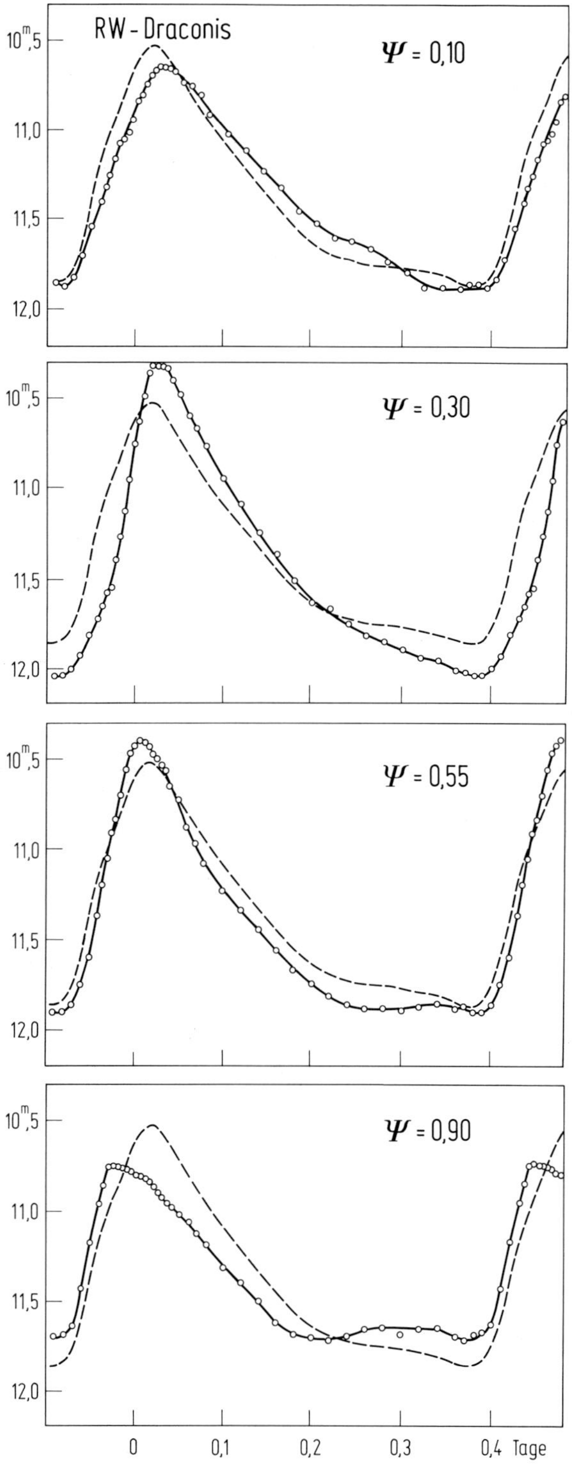
RW - Draconis
Ψ = 0,10
Ψ = 0,30
Ψ = 0,55
Ψ = 0,90
10ᵐ,5
11,0
11,5
12,0
0
0,1
0,2
0,3
0,4 Tage

Die *Mirasterne* zeigen keine sehr exakte Periodizität. Die aufeinanderfolgenden Perioden (oder vielleicht Zyklen?) können in der Länge leicht 5 bis 10 Tage (etwa 2 bis 4%) voneinander abweichen. Für längere Zeiten (10 bis 20 Jahre) kann man aber brauchbare mittlere Perioden ableiten. Die Lichtkurven wiederholen sich ebenfalls bei weitem nicht genau: Mira Ceti variiert zum Beispiel im Durchschnitt zwischen 3,0 und 9,0 Größenklassen, kann aber gelegentlich im Maximum die 2., im Minimum die 10. Größenklasse erreichen.

Für den Prototyp Mira Ceti fand Bouillard (Bullialdus) schon 1665 eine recht gute mittlere Periode von 330 Tagen. Neuere Bearbeitungen, zum Beispiel in der bekannten Bibliographie „Geschichte und Literatur des Lichtwechsels veränderlicher Sterne", geben 331,6 Tage für die mittlere Periode an. Es ist zweifelhaft, ob wir hier eine säkulare Änderung der Periodenlänge innerhalb von 400 Jahren haben feststellen können. Bei zwei länger bekannten Mirasternen, R Hydrae und R Aquilae, hatte man aber deutliche Periodenabnahmen gefunden, die etwa 30 beziehungsweise 50 Tage pro Jahrhundert betragen. Man muß abwarten, wie sich diese Fälle „entwickeln". Andere Mirasterne zeigen sichere Änderungen in der Periode, die aber eher langfristige Fluktuationen sein könnten. Dabei haben vielleicht die sprunghaften Periodenänderungen, die wir bei den RR Lyr-Variablen erwähnt haben, eine Rolle gespielt. Guthnick und Prager führten für diese Elemente (Perioden, Nullepochen), die nur zwischen zwei abrupten Änderungen Gültigkeit haben, die Bezeichnung „instantane Elemente" ein. Für Mira selbst hatte Prager (1934) eine Folge von nicht weniger als 12 instantanen Elementen angegeben, um die Beobachtungen seit 1596 darzustellen. Einige davon haben eine recht kurze Gültigkeit von nur 15 bis 20 Jahren: vielleicht sind einige der scheinbaren Periodensprünge nicht reell. Noch 1898 hatte Guthnick eine harmonische Analyse für das Periodenverhalten von Mira Ceti vorgeschlagen, die vier signifikante Sinusglieder enthielt. Bisher hat sich keine dieser harmonischen Darstellungen der Periode als definitiv erwiesen.

Wir schließen dieses Thema mit einer Bemerkung über den Lichtwechsel der Miravariablen. Wenn man eine Mira-Lichtkurve in Größenklassen (logarithmische Skala) in eine „lineare" Lichtkurve umformt, sieht man sofort, daß sich die Lichtveränderungen hauptsächlich (zu 75%) in der Nähe des Maximums abspielen. Das Maximum wiederum entspricht der Phase, wo eine aufsteigende Stoßwelle die Oberfläche erreicht. Die Lichtveränderung beruht also im Gegensatz zu den klassischen Cepheiden möglicherweise nicht allein auf Pulsationen. Vielleicht kann man auf diese Weise auch die geringere Stabilität der Mira-Lichtkurven und die größere Streuung der Maximumsepochen erklären.

Zum Abschluß dieses kurzen Überblicks über die Perioden der Pulsationsveränderlichen möchten wir noch einen interessanten Vorschlag von Sterne (1934) erwähnen, der ganz allgemein für alle Veränderlichen Sterne gilt. Nach Sternes Auffassung repräsentieren die meisten (O – C)-Kurven variabler Sterne nicht so sehr reelle Änderungen der Periode, sondern sie entstehen vielmehr durch „Fehleranhäufungen", also durch statistische Prozesse. Es handelt sich nicht nur um Meßfehler, sondern auch um kleine, unregelmäßige Schwankungen der Periode, die sich häufen und damit eine (O – C)-Kurve vortäuschen können. Man kann auf diese Weise in der Tat (O – C)-Kurven erhalten, die denjenigen von manchen langperiodischen oder halbregelmäßigen Veränderlichen sehr ähnlich sein können.

Es ist anzunehmen, daß bei vielen Veränderlichen die beobachteten Abweichungen von vorberechneten Maximums- oder Minimumszeiten nur solche statistischen Schwankungen wiedergeben. Es wäre aber sicher falsch, deshalb die Existenz reeller physikalischer Periodenänderungen in Abrede zu stellen.

12.4.4 Nicht-radiale Pulsatoren

Zu dieser Klasse gehören drei Unterklassen, wobei wenigstens eine, die der δ Scuti-Sterne, vermutlich Objekte enthält, die sowohl in radialen als auch in nicht-radialen „Moden" pulsieren. Wir können diese noch immer nicht gut verstandenen Veränderlichen nur ganz kurz beschreiben.

12.4.4.1 δ Scuti-Sterne. Wie auch die anderen nicht-radialen Pulsatoren haben diese Sterne kurze Perioden (unter 0,3 Tagen) und meist sehr kleine Amplituden (einige 0,01 Größenklassen). Im HR-Diagramm sind sie nicht weit von den RR Lyrae-Sternen entfernt, mit Spektraltypen A oder F. Die Leuchtkraftklassen können von der Hauptreihe bis zu Riesensternen reichen. δ Scuti-Sterne gehören aber bestimmt nicht zur Population II. Sie sind nicht metallarm und kommen häufig in offenen Sternhaufen wie auch in Doppelsternsystemen vor. Eine interessante Ausnahme ist jedoch der Stern SX Phe ($P = 0{,}055$ Tage $= 79$ Minuten), der zweifellos Metallunterhäufigkeit und Unterzwergcharakteristika zeigt. Vielleicht ist dieser Stern Repräsentant einer noch unerforschten Klasse zur Population II gehöriger δ Scuti-Sterne? Wie die Unklarheit über die Leuchtkraftklassen illustriert, sind die etwa 150 Sterne, die dieser Klasse zugeschrieben werden, vom Standpunkt der Sternentwicklung aus noch etwas problematisch.

Etwa 20% der δ Scuti-Sterne zeigen größere Amplituden der Lichtkurve bis zu 0,7 Größenklassen. Ihre Lichtkurven können dann denen mancher RR Lyrae-Sterne täuschend ähnlich sein. Sehr häufig treten bei den δ Scuti-Sternen Mehrfachperiodizitäten auf: In vielen Fällen ist neben der (radialen) Grundschwingung mit der Periode P_0 die erste Oberschwingung mit der Periode P_1, manchmal auch die zweite Oberschwingung, deutlich nachweisbar. Das Verhältnis P_1/P_0 liegt nahe bei 0,77.

12.4.4.2 β Cephei-Sterne. Die β Cephei-Sterne, häufig auch *β Canis Majoris-Sterne* genannt, bilden eine kleine, scharf abgegrenzte Gruppe pulsierender früher Riesensterne. Die Pulsationen scheinen hauptsächlich in nichtradialen „Moden" abzulaufen. Sie befinden sich im HR-Diagramm weit entfernt vom „klassischen" Instabilitätsstreifen. Die Spektraltypen liegen zwischen B0.5 und B2, die Leuchtkraftklassen werden mit IV oder III angegeben, das heißt als Unterriesen oder Riesen. In der Tat befinden sich die β Cep-Sterne etwa eine Größenklasse über der Hauptreihe, wo vermutlich das zentrale Wasserstoffbrennen endet und die Riesenentwicklung für Sterne mit 10 bis 15 $M_\odot$ beginnt. Ob die Pulsationsinstabilität damit in Zusammenhang steht, ist noch nicht entschieden.

Die Liste der helleren (meist mit dem bloßen Auge wahrnehmbaren) β Cep-Sterne enthält 18 Objekte. Seit einigen Jahren kann man auch α Vir (Spica), einen spektroskopischen Doppelstern, aufgrund einer bahnbrechenden interferometrischen Untersuchung von Hanbury-Brown dazuzählen. Die Photometrie dieser Sterne ist nicht einfach, da die Amplituden klein sind (unter 0,1 Größenklassen). Die Variationen der Radialgeschwindigkeit liegen meist zwischen 20 und 100 km/s, sind also ohne größere Schwierigkeit meßbar. Die äquatorialen Rotationsgeschwindigkeiten sind nicht sehr hoch und liegen, von zwei Sternen abgesehen, deutlich unter 100 km/s.

Änderungen in den Licht- und Radialgeschwindigkeitskurven sowie das Auftreten von Mehrfachperioden lassen vermuten, daß die Pulsationen der β Cep-Sterne in erheblich komplizierterer Weise ablaufen als die verhältnismäßig einfachen radialen Schwingungen der δ Cep-Sterne. In der Regel sind sie nicht-radial. Um solche Schwingungen etwas anschaulicher zu machen, zitieren wir aus einer neueren Monographie: „Sterne sind wie musikalische Instrumente, die unterschiedliche Schwingungsmoden und Tonarten erzeugen" (Unno et al., 1979). Wenn also ein solches „musikalisches Instrument" angeschlagen wird, das heißt wenn in einem β Cep-Stern eine gewisse Gleichgewichtsstörung auftritt, können sehr viele (im Prinzip unendlich viele) Schwingungen erzeugt werden. In Wirklichkeit werden freilich nur die einfacheren Formen auftreten. Die mathematische Behandlung dieses Phänomens geschieht analog zu Berechnungen akustischer Schwingungen, und die einzelnen Schwingungsmoden sind durch die sogenannten Eigenfunktionen charakterisiert, die wiederum von ganzzahligen „Kennziffern" beschrieben werden können. Meist benützt man dafür die Buchstaben l, m und k. Einfache radiale Schwingungen der ganzen Oberflächenschicht des Sterns werden durch $l = 0$ charakterisiert, $l = 1$ entspricht den Dipolschwingungen (wobei die beiden Halbkugeln getrennt schwingen), $l = 2$ den Quadrupolschwingungen (mit vier getrennt schwingenden Kugelsegmenten) und so weiter. Die Zahl m beschreibt das Verhalten der verschiedenen Oberflächenteile, k hängt mit den Knotenpunkten zusammen. Statt auf weitere Verfeinerungen einzugehen, geben wir als Beispiel zwei Fälle, die häufiger auftreten: $l = 2$, $m = \pm 1$ und $l = 2$, $m = \pm 2$ (s. Abb. 19). Beide Male haben wir es mit Quadrupolschwingungen zu tun, also mit Schwingungen der verschiedenen Teile einer viergeteilten Kugeloberfläche. Im Fall von $m = \pm 1$ schwingen diese Partien antisymmetrisch, das heißt „nördliche" und „südliche" Halbkugeln verhalten sich gegenläufig, während $m = \pm 2$ bedeutet, daß beide Halbkugeln gleichphasig schwingen. Beide Moden entsprechen einer umlaufenden Welle, da diese Oberflächenstrukturen mit einer von der Rotationsperiode des

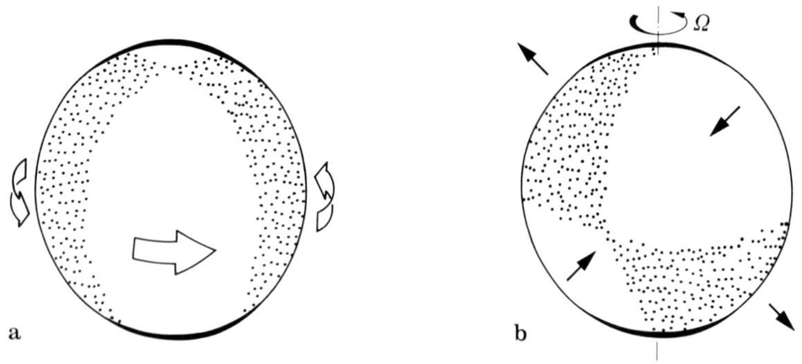

Abb. 19a, b. Zwei mögliche Moden umlaufender nicht-radialer Pulsationen (Quadrupolschwingungen) mit $l = 2$ und $m = \pm 2$ (**a**) beziehungsweise $m = \pm 1$ (**b**). Das Vorzeichen von m gibt an, ob die Pulsationswellen gleich- oder gegensinnig mit der Eigenrotation des Sterns umlaufen (nach Unno et al., 1979)

Sternkörpers verschiedenen Periode um die Achse des Sterns rotieren. Das Vorzeichen von m gibt an, ob die Schwingungsmuster im Sinne der Sternrotation oder im Gegensinn umlaufen. Im Fall von $m = \pm 2$ sind die radialen Bewegungen geringfügig oder gar nicht vorhanden. Es handelt sich also eher um unterschiedlich helle Gebiete, die um den Stern laufen.

Es ist offensichtlich, daß diese Schwingungen die Gesamthelligkeit des Sterns, vor allem aber die Linienprofile und damit auch die gemessenen Radialgeschwindigkeiten in sehr komplizierter Weise beeinflussen. Die manchmal recht seltsamen, diskontinuierlichen Radialgeschwindigkeitskurven kann man aber mit Hilfe nichtradialer Schwingungen zufriedenstellend erklären. Die Frage allerdings, wie und warum gerade die beobachteten Schwingungen auftreten und wie sie über längere Zeit aufrechterhalten werden, ist noch längst nicht befriedigend beantwortet.

Es ist kaum überraschend, daß auch die Perioden der β Cep-Sterne ein kompliziertes Bild liefern. Wir beschränken uns hier auf einige summarische Bemerkungen:

a) Häufig (etwa bei der Hälfte der besser untersuchten Fälle) treten Schwebungen auf (das heißt Interferenzen zwischen zwei Wellen mit wenig verschiedenen Frequenzen, die zu einer langperiodischen Modulation der Wellenbewegungen führen), ähnlich wie bei RR Lyrae-Sternen.
b) Zahlreiche Sekundärfrequenzen entstehen dadurch, daß die Sternrotation mit der Periode der Grundfrequenz f der umlaufenden nicht-radialen Schwingungen in Wechselwirkung tritt. Die Grundformel für diese „neuen“ Frequenzen f_m ist

$$f_m = f - m\,C_1\,\Omega,$$

wo $\Omega = 2\pi/P$ die Winkelgeschwindigkeit der Sternrotation ist, m die eben besprochene Kennziffer und C eine Konstante, die vom Aufbau des Sterns und von der Art der Schwingung (Kennziffer 1) abhängt.

12.4.4.3 ZZ Ceti-Sterne. Diese Sterne sind Weiße Zwerge vom Spektraltyp DA (D = degenarate, Präfix für Weiße Zwerge). Es sind etwa 20 Veränderliche dieser Klasse bekannt. Sie befinden sich in einem engen Farbbereich mit B–V zwischen + 0,16 und + 0,20. Die Perioden sind „ultrakurz“. Es kommen fast ausnahmslos mehrfache Periodizitäten zwischen etwa 100 und 1000 Sekunden vor. Die Lichtvariationen sind mit wenigen Ausnahmen von sehr geringer Amplitude, zum Beispiel bei ZZ Ceti im Mittel 0,012 Größenklassen. Die Lichtkurven variieren infolge der Mehrfachperiodizitäten von Zyklus zu Zyklus. Farbmessungen an zwei Mitgliedern der Klasse, die etwas größere mittlere Variationen bis 0,28 Größenklassen zeigen, deuten darauf hin, daß die Lichtveränderungen allein durch Temperaturänderungen verursacht werden, und daß der Radius nahezu konstant bleibt.

Kurze Perioden sind bei den großen Dichten der Weißen Zwerge zu erwarten. So gibt die Näherungsformel $P\sqrt{\bar{\varrho}} = \text{const}$ bei $\bar{\varrho} \approx 5 \times 10^5$ g/cm³ eine Periode $P \approx 11$ Sekunden. Die tatsächlichen Werte sind 10- bis 100fach größer und ergeben sich aus genaueren Berechnungen unter Berücksichtigung des inneren Aufbaus der Weißen Zwerge. Das erwähnte Farbintervall und das daraus folgende Temperaturintervall (10 000 K bis 13 000 K) entsprechen ziemlich genau dem Gebiet, wo die Verlängerung des Instabilitätsstreifens für Cepheiden auf die Sequenz der Weißen Zwerge trifft. Das beobachtete komplizierte Verhalten der Periode beziehungsweise der mehrfachen Perioden bei ZZ Ceti-Veränderlichen ist allerdings noch bei weitem nicht geklärt; die Oszillationen dieser Sterne sind sicher keine einfachen radialen Pulsationen.

Die sehr schwierige Photometrie der ZZ Ceti-Sterne ist eine Glanzleistung der Beobachtungstechnik. Die meisten Beobachtungen wurden mit dem Schnellphotometer gewonnen, das am McDonald Observatory in Texas (oder mit seinen späteren Varianten) von Robinson, Nather, Warner, McGraw et al. entwickelt wurde.

Wir müssen noch erwähnen, daß die Weißen-Zwerg-Komponenten von *kataklysmischen Veränderlichen* ebenfalls schnelle Oszillationen zeigen, eine Eigenschaft, die möglicherweise mit der ZZ Ceti-Variabilität verwandt ist. Die Perioden sind aber noch viel kürzer und die Amplituden noch geringer. Einige Beispiele:

DQ Her	(alte Nova)	71,1 s	und	$0\overset{m}{.}04$	(Walker)
Z Cam	(Zwergnova)	16 bis 19 s		$0\overset{m}{.}01$	(Robinson)
Z Cha	(Zwergnova)	27,7 s		$0\overset{m}{.}03$	(Warner)

Es sind mehr als zehn solcher Systeme bekannt (s. Abschnitt 12.6.2).

12.4.4.4 R Coronae Borealis-Sterne. Diese kleine, bemerkenswerte Gruppe von etwa 30 bekannten Objekten zeigt eine außergewöhnliche Art der Lichtvariation: Die annähernd konstante, geringe Schwankungen von höchstens 0,1 bis 0,2 Größenklassen aufweisende Normalhelligkeit wird in unregelmäßigen Abständen (im Durchschnitt von einigen Jahren) durch tiefe Minima unterbrochen, die 7 bis 8 Größenklassen erreichen können. Der Abfall in ein solches Minimum erfolgt ziemlich steil, in etwa 4 bis 6 Wochen. Der Anstieg verläuft langsamer und kann von irregulären Fluktuationen oder Sekundärminima begleitet werden. Der Prototyp dieser Veränderlichen, R CrB, wurde schon 1795 durch Pigott entdeckt. Die über 180 Jahre umfassenden Beobachtungen, von denen ein großer Teil von Liebhaberastronomen gemacht wurden, zeigen die völlige Regellosigkeit dieser Minima.

R CrB-Sterne sind Überriesen mit spätem F oder frühem G Spektraltyp mit einer wesentlichen, für die ganze Gruppe charakteristischen Besonderheit: sie sind wasserstoffarm (die Balmerlinien sind sehr schwach) und reich an Kohlenstoff. Das Verhältnis H:He:C ist in der Sonnenatmosphäre etwa 10^6:80 000:300 (nach Atomzahlen) und bei den R CrB-Sternen eher 1000:80 000:1000. Man muß davon ausgehen, daß diese Sterne sehr weit entwickelt sind und dabei extrem großen Massenverlust erlitten haben. Sie bestehen nach dem Verlust der ursprünglichen äußeren Schicht aus einem Heliumkern, wo das Brennen des Heliums zu Kohlenstoff und Sauerstoff vor sich geht, und aus einer dünnen, wasserstoffarmen Oberflächenschicht, die einer ausgedehnten Atmosphäre ähnlich ist. Produkte des Heliumbrennens können offensichtlich bis in die Photosphäre geraten, wo das Spektrum entsteht. Dadurch ist es zu erklären, daß diese Sterne trotz ihrer großen Leuchtkraft nur etwa 1 $M_\odot$ besitzen, während ihre ursprüngliche Masse leicht 5 bis 6 $M_\odot$ betragen haben könnte. [8] Manche Astronomen vermuten sogar, daß sich diese Sterne gerade zu Heliumsternen oder zu Zentralsternen planetarischer Nebel entwickeln.

[8] Die kleine Masse ist durch mehrere Argumente belegbar: durch Abschätzung der Schwerebeschleunigung an der Oberfläche aus dem Spektrum oder durch Versuche, gelegentlich beobachtbare Pulsationen rechnerisch nachzuvollziehen.

Die auffallenden Minima der R CrB-Sterne werden nach allgemeiner Auffassung durch den Auswurf von zirkumstellarer Materie verursacht, die wahrscheinlich in der Form von „Jets“ regellos und in verschiedene Richtungen abgestoßen werden. Neue Untersuchungen, zum Beispiel von Fermie und Mitarbeitern oder von Feast, machen diese Deutung recht überzeugend. Die kohlenstoffreiche Atmosphäre könnte auch die große Tiefe der Minima erklären: die Opazität der abgestoßenen Schicht oder Hülle wird besonders groß, wenn der Kohlenstoff in größerem Abstand vom Stern nicht mehr als Gas, sondern in Form von „Graphitflocken“ oder als rußartiges, amorphes Kondensat auftritt. Intensive Infrarotstrahlung scheint dieses Bild zu unterstützen: Staub- und Rußteilchen werden aufgeheizt und strahlen die absorbierte Energie im langwelligen Bereich wieder ab.

Trotz der völlig anderen Art des Lichtwechsels erwähnen wir die R CrB-Sterne in Verbindung mit den Pulsationsveränderlichen, da sie im HR-Diagramm sehr nahe neben dem oder im Instabilitätsstreifen erscheinen und einige von ihnen auch Pulsationen zeigen (wie z. B. R CrB, UW Cen, S Aps und ganz deutlich RY Sgr). Die Perioden liegen immer in der Nähe von 38 bis 40 Tagen. Helligkeits- und Farbvariationen von RY Sgr sind in Abbildung 20 zu sehen, die den halbregelmäßigen Pulsationslichtwechsel verdeutlichen.

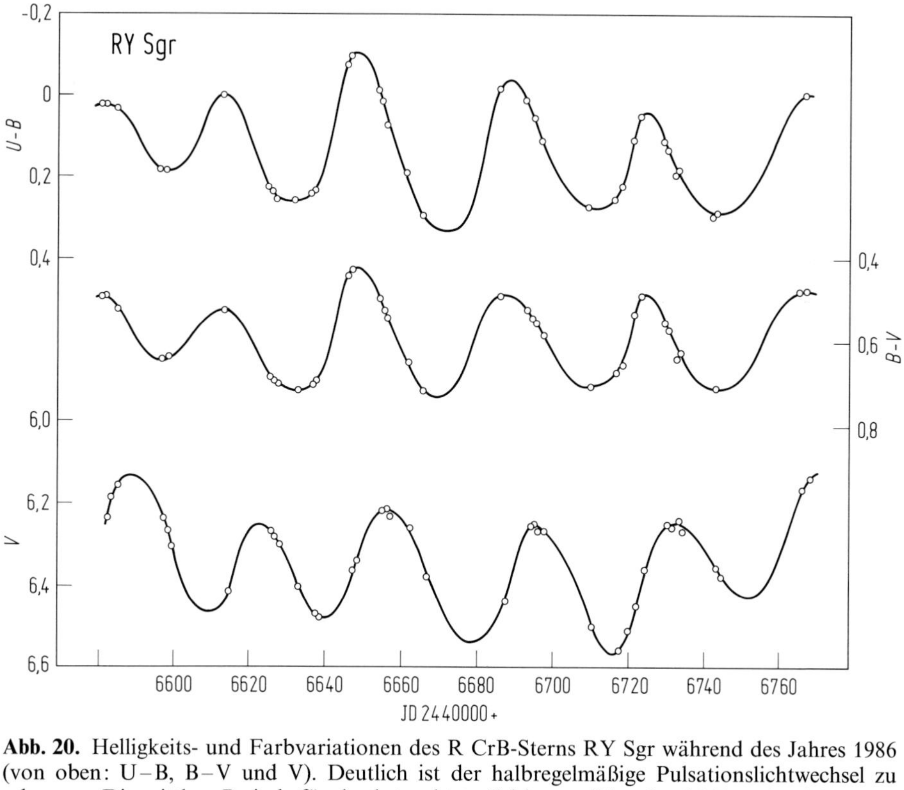

Abb. 20. Helligkeits- und Farbvariationen des R CrB-Sterns RY Sgr während des Jahres 1986 (von oben: U–B, B–V und V). Deutlich ist der halbregelmäßige Pulsationslichtwechsel zu erkennen. Die mittlere Periode für das betrachtete Zeitintervall beträgt 36 Tage (nach Lawson et al., 1987)

12.4.5 Die Pulsationsveränderlichen in der Galaxis

Pulsationsveränderliche sind meist Sterne in späten Phasen der Entwicklung. Ihre Struktur und physikalische Beschaffenheit werden erst verständlich, wenn wir ihren „Lebenslauf" und gegenwärtigen Entwicklungsstand berücksichtigen. Dabei können Verteilung und Bewegung dieser Sterne in der Galaxis wichtige Hinweise liefern.

Wir beginnen mit den „klassischen" *δ Cep-Sternen*. Diese Veränderlichen sind verhältnismäßig massereiche (8 bis 12 $M_{\odot}$) und junge Sterne. Ihr Alter zeigt sich darin, daß sie stark in der galaktischen Ebene konzentriert sind und häufig in offenen Sternhaufen auftreten. Die hellsten Objekte zeigen sogar eine Verteilung, die der Spiralstruktur der Galaxis entspricht. Das geringe Alter steht keinesfalls im Widerspruch zu der Tatsache, daß es sich um entwickelte Sterne handelt: sie verbleiben zum Beispiel nur 8 bis 10 Millionen Jahre auf der Hauptreihe, um sich dann schon zu Riesen- und Überriesensternen zu entwickeln. Die entsprechenden Entwicklungszeiten sind sogar noch kürzer, wenn die ursprünglichen Massen größer waren (vielleicht 10 bis 20 $M_{\odot}$), bevor intensiver Massenverlust eingesetzt hatte. δ Cep-Sterne sind also massereiche Sterne, die sich nach einem relativ kurzen Aufenthalt auf der Hauptreihe nun in der Überriesenphase der Entwicklung befinden und dabei den Instabilitätsstreifen (mindestens einmal) überqueren.

Die *W Vir-Sterne* galten bis zu den frühen fünfziger Jahren dieses Jahrhunderts als Mitglieder der δ Cep-Klasse. Heute wissen wir, daß sie eine ganz andere Klasse radialer Pulsatoren repräsentieren, trotz gewisser Ähnlichkeit der Lichtkurven und eines wenig signifikanten Unterschieds in der Verteilung der Perioden (etwa 1 bis 40 Tage, Cepheiden: 2 bis 50 Tage)[9]. W Vir-Sterne sind aber bis jetzt weniger gründlich untersucht worden als δ Cep-Sterne, und viele Fragen sind noch nicht geklärt.

Die wesentlichen Unterschiede gegenüber den klassischen Cepheiden zeigen sich in der viel kleineren Masse (0,6 bis 1,0 $M_{\odot}$), im viel größeren Alter und niedrigerer Metallhäufigkeit, in der Mitgliedschaft in Haufen und auch in der Raumverteilung und Bewegung innerhalb der Galaxis. Im Hinblick auf die auffallende Tatsache, daß bisher über 40 W Vir-Sterne in Kugelsternhaufen gefunden worden sind, hatte man sie früher als Population II-Cepheiden bezeichnet. Es scheint aber, daß die Klasse doch nicht so einheitlich ist wie die der δ Cep-Sterne, die extreme Populationseigenschaften haben, oder wie die Klasse der RR Lyr-Sterne.

Die sogenannten Feld-W Vir-Sterne, die zu keinem Haufen gehören (etwa 3 bis 4mal mehr als in Haufen sind bekannt) kommen auch in wesentlich größeren Entfernungen von der galaktischen Ebene vor als die δ Cep-Sterne, zeigen aber keine haloförmige Verteilung. Ihr Metallgehalt im Verhältnis zu Wasserstoff ist deutlich geringer (etwa 5 bis 8%) als in der Sonne, aber höher als die 2 bis 6% Metallhäufigkeit in den Kugelhaufen. Vielleicht handelt es sich hier um zwei getrennte Gruppen unterschiedlichen Ursprungs und Alters. Eine andere geläufige Gruppenaufteilung ist die Trennung der Sterne mit längeren Perioden von denen mit kürzeren, wobei die letzteren Objekte oft als BL Her-Sterne bezeichnet werden. Die Trennlinie liegt bei zehn Tagen, manche Autoren schlagen auch vier Tage vor.

---

[9] W Vir-Lichtkurven zeigen einen charakteristischen Buckel auf dem absteigenden Ast (s. Abb. 16 und 17).

Die W Vir-Sterne in den Magellanschen Wolken, besonders die in der Großen Wolke, zeigen eine deutliche Perioden-Leuchtkraft-Beziehung. Bei den entsprechenden Perioden liegen die W Vir-Veränderlichen 1,5 Größenklassen (kurze Perioden) bis 2,5 Größenklassen (längste Periode) unterhalb der $\log P - \langle M \rangle$-Relation der klassischen Cepheiden. Eine Perioden-Leuchtkraft-, auch eine Perioden-Leuchtkraft-Farbe-Beziehung für die Veränderlichen in Haufen hat Harris (1981) angegeben. Die beiden Beziehungen (für die Magellanschen Wolken beziehungsweise für Kugelsternhaufen) sind in akzeptabler Übereinstimmung, aber weitere Untersuchungen sind dringend erforderlich.

Die *RR Lyr-Sterne* gehören zu charakteristischen Vertretern der alten Population II. Sie sind wahrhaftige „Fossilien“ unter den Sternen. Die meisten von ihnen repräsentieren die ersten Sterngenerationen in der Galaxis, die noch sehr wenig „Metalle“, das heißt schwerere Elemente als Wasserstoff und Helium enthalten. Ihr Metallgehalt erreicht kaum 1 bis 5%, maximal 10 bis 20% von dem der Sonne. Ihre Verteilung ist der der Kugelsternhaufen ähnlich: Haloobjekte mit Konzentration zum galaktischen Zentrum hin, die sich auf exzentrischen und stark geneigten Bahnen in der Galaxis bewegen. Diese Verbindung zeigt sich auch besonders deutlich darin, daß in den Kugelsternhaufen (mit einem typischen Alter von 10^{10} Jahren) auffallend viele RR Lyr-Sterne zu finden sind. Man hat diese Sterne deshalb zuerst „Haufenveränderliche“ genannt. Die Zahl der RR Lyr-Sterne variiert stark von Haufen zu Haufen – und zeigt überraschenderweise wenig Korrelation mit dem Metallgehalt (Alter?) des Haufens. In M3, ω Centauri und M15 hatte man schon jeweils mehr als hundert solcher Veränderlicher entdeckt.[10] Man hatte auch die Möglichkeit erwogen, daß die Feld-RR Lyr-Sterne, die heute keinem Haufen angehören, aus Kugelsternhaufen entwichen sind.

Diese Veränderlichen zeigen einen (metallarmen) A- oder F-Spektraltyp, sind aber in ihrem Aufbau von Hauptreihensternen ähnlichen Typs grundverschieden. Ihre Energiequelle ist das „Brennen“ des Wasserstoffs (4 H → He) in einer äußeren Schale, während im Kern möglicherweise Heliumbrennen (3 He → C) stattfindet. Dementsprechend sind sie etwa 50mal heller als die Sonne, obwohl sich für ihre Masse aus der Pulsationstheorie und aus der Theorie der Sternentwicklung lediglich ein Wert von 0,6 $M_\odot$ ergibt.

Die RR Lyr-Sterne befinden sich im HR-Diagramm im Instabilitätsstreifen für metallarme, extrem alte Objekte (s. Abb. 12). Sie liegen auf dem sogenannten horizontalen Ast, ziemlich scharf definiert zwischen den Farben $B-V = 0{,}20$ und 0,44, mit den entsprechenden Spektraltypen von etwa A7 bis F5. Das Fehlen einer Perioden-Leuchtkraft-Beziehung wird durch diese Lage anschaulicher. Ihrem hohen Alter entsprechend fehlen die RR Lyr-Sterne in jüngeren offenen Sternhaufen völlig und sind auch in den „alten“ offenen Haufen, wie M67, NGC752 oder NGC7789, nicht vorhanden. Man findet diese Veränderlichen praktisch nie in Doppelsternsystemen, so daß sich hier eine bekannte Tendenz bei Population II-Sternen deutlich bestätigt.

[10] Dagegen zeigt der vorherrschende Typ des Lichtwechsels eine von Oosterhoff entdeckte Zweiteilung, die wiederum eine Korrelation mit der Metallizität des Haufens vermuten läßt. Die RR Lyr-Sterne werden nämlich nach Oosterhoff in zwei Unterklassen aufgeteilt: RRab, Sterne mit asymmetrischen Lichtkurven (etwa den Cepheiden ähnlich) und mit längeren Perioden und RRc, Sterne mit fast sinusförmigen Lichtkurven und kurzen Perioden (0,2 bis 0,4 Tage).

12.4.5.1 Mira-Sterne. Längere Perioden als die der Cepheiden und Eigentümlichkeiten der Lichtkurven kennzeichnen die Klasse der *RV Tauri-Sterne,* die wir noch unter den halbregelmäßigen Veränderlichen behandeln werden. Die nächstfolgende Klasse der pulsierenden Sterne hinsichtlich der Periodenlänge bilden die *Mira-Sterne,* manchmal auch „langperiodische Veränderliche" genannt.

Die kürzesten Perioden bei Mira-Sternen liegen zwar um 100 Tage, die meisten Perioden findet man aber zwischen 150 und 500 Tagen, in einigen Fällen bis zu zwei Jahren. Die Pulsationen sind – wie wir es schon bei der Diskussion der Perioden erwähnt haben – nicht so regelmäßig wie bei den δ Cep-Sternen, aber ein „mittleres Verhalten" ist immer gut definiert. Charakteristisch für die Miras ist auch das Spektrum: Wir finden sie unter den kühlsten Sternen mit Spektraltyp M6 bis M9 im Minimum, M3 bis M7 im Maximum. Im allgemeinen sind kürzere Perioden mit früheren Spektraltypen korreliert, die Relation ist jedoch nicht sehr scharf. Etwa 10% der Mira-Variablen gehören den Klassen S und C an.[11] Von großer Wichtigkeit ist, daß diese Sterne immer Emissionslinien zeigen. Diese Eigenschaft ist so grundlegend, daß wir auch sagen können, alle Me-Riesensterne erweisen sich als pulsationsveränderliche Sterne. Dies ist sogar eine bequeme, von Pickering und Willamina Fleming auf der Harvard-Sternwarte eingeführte Methode, Mira-Variable zu finden. Das Auftreten der Emissionslinien, insbesondere in gewissen Phasen der Lichtkurve, ist vermutlich darauf zurückzuführen, daß Lichtwechsel und Spektrum nicht nur reine Pulsationen der Oberfläche widerspiegeln, sondern auch die Wirkung der nach außen laufenden Stoßwellen.

Die großen Amplituden der Lichtkurve und die Emissionslinien, die die Entdekkung der Mira-Sterne sehr erleichtern, ferner die Tatsache, daß die Miras Riesensterne sind, sind mitverantwortlich dafür, daß so viele Objekte bekannt sind. Zur Zeit sind etwa 6000 Mira-Sterne verzeichnet, das sind ungefähr 1/4 aller Veränderlichen im neuen Moskauer Katalog. Wenn man nicht alle Bedeckungsveränderlichen als einen Typ zählt, bilden die Mira-Sterne den häufigsten Typ der Veränderlichkeit. In vielen Fällen (besonders unter den masseärmeren Objekten) beschränkt sich die Information allein auf die Entdeckung eines Mira-Variablen, mit nur sehr unsicheren oder gar fehlenden weiteren Angaben.

Mira-Veränderliche sind Riesensterne mit absoluten visuellen Helligkeiten von etwa $-1{,}5$ bis $-2{,}5$ Größenklassen, die entsprechenden bolometrischen (auf die Gesamtstrahlung bezogenen) Helligkeiten dürften -4 oder $-4{,}5$, in einigen Fällen -5 erreichen. Um eine größenordnungsmäßige Abschätzung zu haben, rechnen wir mit einer effektiven Oberflächentemperatur von 3000 K: dann führt eine bolometrische Helligkeit von $-4{,}5$ Größenklassen zu einem enormen Wert des Sternradius von etwa 1,5 AE. Wenn dieses Gebilde 1 $M_\odot$ hat, folgt aus der sich ergebenden mittleren Dichte in Verbindung mit der schon besprochenen „Faustregel" $P \cdot \sqrt{\bar{\varrho}} \approx$ const ein Periodenwert von rund 500 Tagen. Die Größenordnungen der Sternparameter sind also konsistent. Tatsächlich muß man aber noch berücksichti-

[11] Die Temperatursequenz der Harvardschen Spektraltypen O–M spaltet sich bei den Klassen K und M in Nebensequenzen auf: Die C-Klasse (früher R und N genannt) zeichnet sich durch große Häufigkeit des Kohlenstoffs aus, die S-Sterne sind durch andere chemische Eigentümlichkeiten (z. B. Zirkonium statt Titan) charakterisiert.

gen, daß ein relativ großer Teil der Sternmasse, vielleicht die Hälfte (mindestens 0,5 Sonnenmassen), in einem kompakten und sehr dichten Kern konzentriert ist. Dieser Kern besteht nach heutiger Auffassung aus Kohlenstoff und Sauerstoff – ein C–O-Kern – und entstand in einem früheren Stadium der Riesenentwicklung (Nach-Hauptreihen-Entwicklung) durch das „Heliumbrennen", das heißt durch die Kernfusionsreaktionen 3 He → C und C + He → O. Die beobachteten Objekte befinden sich in einem späten Stadium der Riesenentwicklung, wo Wasserstoff und Helium abwechselnd in einer Kugelschale um den Kern brennen. Im HR-Diagramm liegen die Mira-Sterne auf dem steil nach oben verlaufenden sogenannten asymptotischen Riesenast (AGB = asymptotic giant branch). Die den kleinen Kern – der kaum größer als ein Weißer Zwerg ist – umgebende riesige Hülle verliert in beträchtlichem Umfang Masse und könnte in einigen Millionen Jahren größtenteils verlorengehen.

Die große Zahl der bisher entdeckten Mira-Sterne scheint allerdings dagegen zu sprechen, daß diese Entwicklungsphase von astronomisch sehr kurzer Dauer ist. Ein weiteres überraschendes Ergebnis ist, daß die galaktische Verteilung und die Bewegungsstatistik der Mira-Sterne eine sehr breite Varianz in der Populationszugehörigkeit zeigen und damit eine breite Streuung im Alter dieser Sterne nahelegen. In der Tat umfassen diese Sterne alle galaktischen Populationsklassen, die extremen Populationen I und II vielleicht ausgenommen. So kann man die Veränderlichen mit den kürzeren Perioden unter 200 Tagen den älteren Sternen der Population II zuordnen, allerdings ohne daß man wesentliche Unterhäufigkeit der Metalle hätte nachweisen können. Diese Inhomogenität der Klasse der Mira-Sterne bleibt ein wichtiges, dringend zu erforschendes Problem.

Eine neue Klasse von Veränderlichen Sternen, die mit den Miravariablen nahe verwandt sind, wurde unlängst entdeckt. Es sind die sogenannten *OH/IR-Sterne*. Wir schlagen vor, sie als „Infrarote Mira-Sterne" zu bezeichnen. Die Entdeckung und Erforschung dieser Objekte gehört zu den interessantesten Kapiteln neuerer Studien auf dem Gebiet der Veränderlichen.

Die Bezeichnung OH deutet darauf hin, daß diese Sterne zunächst als „molekulare" Radioquellen durch ihre 1612 MHz (18,6 cm) Mikrowellenstrahlung des OH-Radikals entdeckt wurden. Die Intensität der Strahlung zeigt, daß in den zirkumstellaren Hüllen eine spezielle Strahlungsverstärkung stattfindet, die als *Maser*-Wirkung bezeichnet wird. Es handelt sich um ein kompliziertes Zusammenspiel von Anregung und Emission in der Elektronenhülle der Atome beziehungsweise Moleküle. Maser wurden übrigens als sehr effektive Verstärker in der Radioastronomie verwendet, bevor auch im Weltall „natürliche" Maser entdeckt wurden. Infrarotmessungen, insbesondere mit dem Infrarotsatelliten IRAS, zeigten ebenfalls starke Quellen an denselben Positionen, aber im sichtbaren Bereich hatte man zunächst keine Objekte gefunden. Es lag nahe, an späte Sterne, vielleicht Mirasterne – viele Mirasterne zeigen ebenfalls Maserwirkung – zu denken, welche als Folge des besonders starken Massenverlusts in einiger Entfernung vom Stern eine massive zirkumstellare Staubhülle entwickeln. Diese Hülle absorbiert den kurzwelligen Teil der Strahlung praktisch vollständig und wird dabei auf 500 bis 700 K erwärmt, so daß sie wiederum intensiv im infraroten Spektralbereich abstrahlt.

Neuere Untersuchungen zeigen (s. z. B. Sargeant und Baud, 1985), daß diese Infrarotsterne, das heißt die Sterne „hinter der Staubhülle", noch wesentlich leuchtkräftiger sind als die Mirasterne: Sie befinden sich an der Spitze des asymptotischen

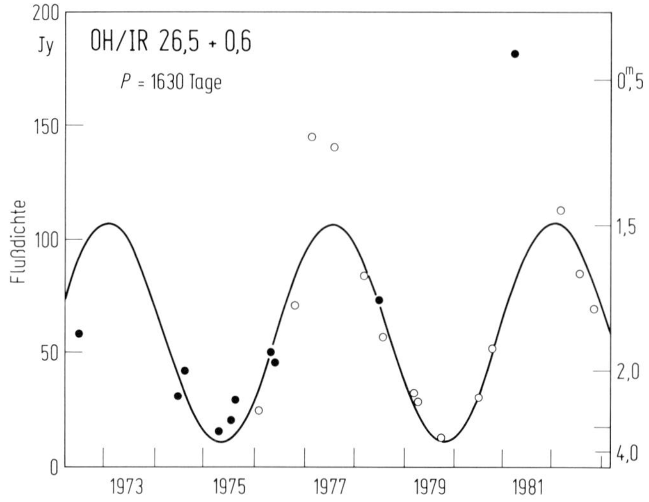

Abb. 21. Periodische Variation der Infrarotstrahlung (L-Filter, 3,7 μm) des Sterns OH/IR 26,5 + 0,6 mit einer Periodenlänge von etwa 4,5 Jahren (nach Engels, 1984)

Riesenastes. Die absoluten bolometrischen Helligkeiten erreichen 4 bis 8 mag. Die Vermutung, daß diese Sterne auch pulsieren, wurde anhand der schönen Untersuchungen am MPI für Radioastronomie in Bonn bestätigt (Engels, 1984). Eine Lichtkurve im Infrarotbereich L (3,7 μm) wird in Abbildung 21 gezeigt. Die Perioden sind länger als bei Mirasternen (bis 5 Jahre). Auch die Massen mögen etwas größer sein, vermutlich betragen sie 2 bis 6 $M_\odot$ oder sogar 8 $M_\odot$.

Die infraroten Mirasterne befinden sich anscheinend in einem Stadium sehr rascher Entwicklung. Es liegt nahe, daß sie sich nur in einer Richtung entwickeln können: Nach beinahe katastrophalem Massenverlust bleibt lediglich der Kern des Sterns übrig, und nach Abstoßen der „letzten" Hülle finden wir vermutlich den Zentralstern eines planetarischen Nebels.

Die Pulsationsveränderlichen lassen sich nach den Perioden in eine Sequenz einordnen und außerdem nach ihrer Populationszugehörigkeit in folgende Hauptklassen trennen:

(I) δ Scuti-Serne, δ Cep Sterne
RV Tauri-Sterne, Mira-Sterne, IR-Mira-Sterne
(II) RR Lyrae-Sterne, W Vir-Sterne

Es ist unwahrscheinlich, daß die Entwicklung dieser Veränderlichen die Sequenzen entlang läuft. Die verschiedenen Typen haben charakteristische Massen, und es ist anzunehmen, daß der entscheidende Faktor für diese sehr unterschiedlichen Klassen der Pulsationsvariabilität die ursprüngliche Masse auf der Hauptreihe ist. Die ursprünglichen Massen waren auf jeden Fall wesentlich größer als die heutigen Werte, da kräftiger Massenverlust während der Entwickluung im Riesengebiet stattgefunden hat.

12.4.6 Halbregelmäßig und unregelmäßig Veränderliche Sterne

An die eben besprochenen pulsierenden Sterne schließt sich die große Klasse der sogenannten halbregelmäßigen und unregelmäßigen (irregulären) Veränderlichen an. Wir behandeln diese Sterne in diesem dem Pulsationsphänomen gewidmeten Kapitel, da die halbregelmäßigen Variablen wohl mit Sicherheit pulsieren, aber nicht mehr in streng periodischer oder zyklischer Weise. Selbst bei den irregulären Sternen entspricht der Lichtwechsel, wenigstens teilweise, pulsationsähnlichen Volumen- und Temperaturänderungen, die scheinbar regellos erfolgen. Bei den unregelmäßigen Veränderlichen muß man darauf achten, daß diese Klasse nicht zu einer Ansammlung von schwer klassifizierbaren, pekuliären Objekten wird.

12.4.6.1 RV Tauri-Sterne. Bevor wir zu einer kurzen Besprechung der halbregelmäßigen Veränderlichen kommen, müssen wir noch die relativ kleine Gruppe (weniger als 100 bekannte Objekte) der RV Tauri-Sterne erwähnen. Bei diesem Typ schwankt die Klassifikation beträchtlich. Für einige Zeit galten sie als typische Vertreter der halbregelmäßigen Variablen, obwohl sie genug Regelmäßigkeit zeigen, um manchmal als eine Unterklasse der „regulären" Pulsationsvariablen betrachtet zu werden. In der Tat entsprechen sowohl ihre Perioden von 30 bis 150 Tagen als auch ihre Spektraltypen zwischen G- und K-Überriesen einer Zwischenstellung zwischen Cepheiden und Mira-Sternen.

Die Eigentümlichkeiten der Lichtkurve, die die RV Tau-Sterne charakterisieren, sind zweierlei. Bei den meisten dieser Veränderlichen, so zum Beispiel bei dem oft beobachteten R Scuti (s. Abb. 22), alternieren tiefe und weniger tiefe Minima –

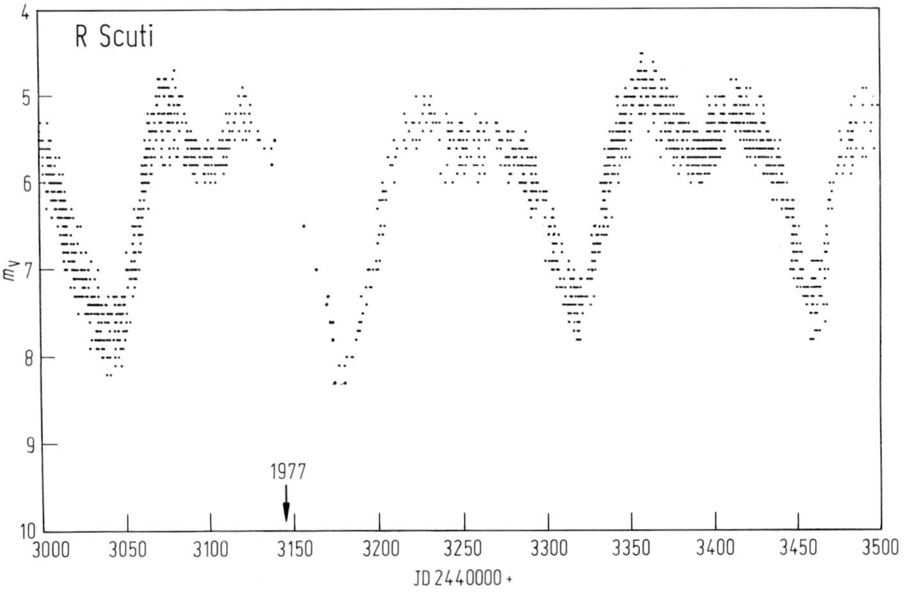

Abb. 22. Visuelle Lichtkurve von R Scuti aus den Jahren 1976–1977 als typisches Beispiel für die kleine Gruppe der RV Tauri-Sterne (Beobachtungen der „American Association of Variable Star Observers")

insgesamt ähnelt die Lichtkurve der von β Lyr. In manchen Fällen ist es auch nicht klar, ob man die Periode nicht etwa halbieren müßte. Die andere Eigentümlichkeit ist eine langfristige Modulation, die anscheinend unregelmäßig, etwa 1 bis 2mal in zehn Jahren, eintritt: Die Amplituden der tiefen Minima werden kleiner, und gleichzeitig wird die Gesamthelligkeit merklich schwächer. Bei diesen interessanten Sternen ist noch vieles ungeklärt. Möglicherweise bilden sie keine einheitliche Gruppe – einige RV Tau-Sterne gehören ohne Zweifel der Population II an. Sie sind gelegentlich in Kugelsternhaufen zu finden, und viele haben eine Unterhäufigkeit von schweren Elementen. Einige aber zeigen stärkere Metallinien und sind bestimmt jünger, wie eine frühe Untersuchung durch Preston und Mitarbeiter (1963) gezeigt hat. Auch treten, namentlich bei R Scu, im Minimum starke Titanoxid-Banden auf. Die Spektralklassifikation wird dann zweideutig: Die Titanoxid-Banden entsprechen einem M0–M2-, die Metallinien einem viel früheren G- oder K-Spektrum.

Die detaillierte spektrale Untersuchung ist durch die schwache scheinbare Helligkeit dieser Sterne erschwert: Nur zwei Objekte, R Scu und U Mon, erreichen im Maximum die 5. Größenklasse. Vorläufige Berichte zeigen, daß zur Zeit an der Ohio State University an der Spektroskopie der RV Tau-Sterne intensiv gearbeitet wird.

12.4.6.2 Halbregelmäßig Veränderliche. Diese Sterne sind späte Riesen und Überriesen – der Spektraltyp M dominiert – mit einer noch definierbaren Periode oder vielmehr durchschnittlichen Zykluslänge. Sie liegt meist zwischen 100 und 1000 Tagen und kann durch zeitweise einsetzende Irregularität der Lichtkurve unterbrochen werden. Die Zahl der als Halbregelmäßige (SR = semiregular) klassifizierten Sterne ist recht beachtlich – etwa 3000 Objekte stehen im neuen Veränderlichenkatalog. Zusammen mit denjenigen irregulären Veränderlichen, die ebenfalls späte Riesen oder Überriesen sind, formen sie die breite Klasse der *roten Veränderlichen* – eine früher häufig gebrauchte Bezeichnung.

Die Unterklassen der Halbregelmäßigen sind wie folgt definiert:

- SRa „verhältnismäßig reguläre" Lichtkurve und Amplitude meist unter 2 Größenklassen;
- SRb weniger Regelmäßigkeit, aber noch erkennbare Periodizität;
- SRc wie SRab, aber der Veränderliche ist ein Überriese, also vermutlich ein massereicher Stern;
- SRd Sammelklasse für Halbregelmäßige, die früheren Spektraltyp als M (oder S, C) haben.

Es scheint, daß die Unterscheidung zwischen den Gruppen SRa und b schwer definierbar und vielleicht etwas willkürlich ist. Eine genauere SRc-Klassifikation erfordert eine nähere Untersuchung, wenigstens ein brauchbares Spektrum.

Die halbregelmäßigen Variablen sind sehr zahlreich – etwa 10% aller Veränderlichen gehören hierzu. Stellvertretend für die vielen, nur flüchtig bekannten SR-Objekte möchten wir den hellen, roten Überriesen Betelgeuze (α Ori) kurz erwähnen. Der Stern wurde früher gelegentlich als typischer Vertreter der unregelmäßigen Veränderlichen betrachtet, die genauere Klassifikation ist aber SRc. Die langsamen Helligkeitsvariationen von etwa 0,2 bis 0,3 Größenklassen scheinen zyklisches Verhalten zu zeigen, mit etwa 1200 Tagen als Zykluslänge. Hochauflösende Speckle-Interferometrie deutete einmal einen riesigen „Fleck" auf der Oberfläche des Sterns an. Es ist aber wahrscheinlicher, daß die Helligkeitsschwankungen mit pulsationsartigen Änderungen der Sterngröße zusammenhängen: Die wenigen interferometrischen Bestimmungen des Sterndurchmessers sind nicht sehr konsistent und scheinen zwischen 0,04 und 0,06 Bogensekunden zu variieren. Vor kurzem hat man auch erkannt, daß Betelgeuze ein Doppelsternsystem bildet – es ist aber möglich, daß diese Duplizität für die Entwicklung des roten Überriesen ohne Belang ist.

12.4.6.3 Unregelmäßig Veränderliche – Pekuliäre Veränderliche Sterne. In diese notwendigerweise inhomogene Kategorie fallen meist späte Riesen oder Überriesen, die sich langsam und mit nur geringer Amplitude (meist wenige Zehntel Größenklassen) verändern, ohne nachweisbare Periodizität. Auch hier dominiert der Spektraltyp M. Früher mit „I“ bezeichnet, werden sie seit der 3. Ausgabe des Moskauer Veränderlichenkatalogs (1969) mit „L“ angegeben. Die folgende Unterteilung wird gebraucht:

Lb irregulär veränderliche Riesensterne, meist vom Typ M, gelegentlich auch mit etwas früherem Spektraltyp (G, K);

Lc praktisch ausschließlich späte Überriesen mit unregelmäßiger Fluktuation der Helligkeit und des Radius, vielleicht auch der Farbe.

Die Klasse Lc ist nahe mit der Unterklasse SRc der Halbregelmäßigen verwandt und bildet möglicherweise deren Fortsetzung (mit weniger regelmäßigen bis völlig unregelmäßigen Veränderungen).

Neben den unregelmäßigen roten Veränderlichen gibt es noch einige weitere, unregelmäßig Veränderliche Sterne, manchmal berühmte, rätselhafte Objekte, die bestimmt nicht zur Klasse L zu zählen sind. Meistens sind es frühe Sterne von sehr großer Leuchtkraft, und ihre Lichtkurven erinnern oft an die von eruptiven Sternen. Sie werden häufig als Prototypen von ganz seltenen Klassen angegeben. Wir erwähnen diese pekuliären Sterne zum Abschluß des Kapitels über unregelmäßige Sterne.

S Doradus ist ein extrem helles Mitglied der Großen Magellanschen Wolke, ein A5 Überriese von etwa -10^m absoluter visueller Helligkeit, der in etwa 10jährigen Intervallen für einige Monate um eine Größenklasse schwächer wurde – man hatte für einige Zeit sogar Bedeckungen in einem sehr pekuliären System vermutet. Dies ist aber bestimmt nicht die richtige Erklärung für die Lichtveränderungen: Der Stern wurde 1964 um 2,5 Größenklassen schwächer, wurde dann um eine Größenklasse heller und schwankt seitdem um seine neue, niedrigere Helligkeit.

Gelegentlich werden die oft beobachteten und vielleicht miteinander verwandten Sterne *P Cygni* und *η Carinae* auch zu den „S Doradus-Sternen“ gezählt – mit zweifelhafter Berechtigung. Diese Sterne verhielten sich wie sehr langsame Novae: P Cygni erreichte 1600 die Maximalhelligkeit von $+3^m$, η Carinae 1843 sogar die spektakuläre Helligkeit von -1^m. Die entsprechenden absoluten Helligkeiten waren außergewöhnlich groß: so lag sie bei η Carinae, dessen Entfernung besser bekannt ist, in der Nähe von -12.5^m oder noch höher. Heute sind P Cyg und η Car etwa von 6. beziehungsweise 7. Größe, also immer noch sehr helle Sterne. Vermutlich sind sie mit den sogenannten *Humason-Sandage-Objekten* verwandt – diese sind extrem helle, häufig unregelmäßig veränderliche Einzelsterne in Nachbargalaxien. Möglicherweise beobachten wir hier die frühe Entwicklung sehr massiver Sterne (mit mehr als 100 bis 150 Sonnenmassen), die nicht zu einem „normalen“ Gleichgewichtszustand kommen können und sehr starken Massenverlust erleiden.

Schließlich möchten wir noch γ *Cassiopeiae* erwähnen, einen langsam veränderlichen B0-Überriesen mit sehr kräftigen Emissionslinien und offenbar großem Massenverlust (s. Abschnitt 12.7.3).

12.5 Rotationsveränderliche

12.5.1 Magnetische Veränderliche (α_2 Canum Venaticorum-Sterne)

Im Spektralbereich der A-Sterne, vom späten B- bis frühen F-Spektraltyp, finden wir zahlreiche Sterne, die manchmal sehr auffallende spektrale Besonderheiten zeigen:

1. Die Metallinien sind von einer für den Typ A ungewöhnlichen Stärke („metallische" A- oder Am-Sterne).
2. Linien gewisser Elemente, die sonst keine sehr große Intensität zeigen, beherrschen das Spektrum: Hg, Mn, Cr, Eu, Sr, Zr, Y, auch Si, insbesondere einige Linien in der Nähe von 4200 A (pekuliäre A- oder Ap-Sterne).

Man nimmt an, daß 15 bis 20% aller A-Sterne in die Unterklasse Am, 2 bis 5% in die Klasse Ap gehören. Viele Ap-Sterne, vor allem die späteren kühleren Sterne der Sequenz (die sog. Si-Cr-Eu-Sr-Sterne), zeigen sich in dreifacher Hinsicht veränderlich.

- starke variable Magnetfelder (mehrere 10^3 bis 10^4 Gauss) treten auf;
- die Spektren sind veränderlich, und zwar bezüglich Auftreten und Stärke der Linien und der Radialgeschwindigkeiten;
- die Helligkeit zeigt geringfügige Veränderungen von einigen 0,01 bis zu 0,2 Größenklassen; die Polarisation der Strahlung variiert ebenfalls.

Diese Änderungen zeigen meist dieselbe Periode, obwohl in einigen Fällen die photometrischen und spektroskopischen Variationen genau die Hälfte der magnetischen Periode zeigen. Von wenigen Ausnahmen abgesehen, liegen die Perioden im Bereich von fünf bis neun Tagen. Die Lichtkurven verlaufen meist etwa sinusförmig, manchmal auch eher „eckig" beziehungsweise „dreieckig".

Die Helligkeitsänderungen dieser Ap-Sterne mit dem Prototypen α_2 Canum Venaticorum sind wohl eine Begleiterscheinung der Sternrotation. Die wesentliche Rolle spielt vermutlich das starke magnetische Feld, das in einer noch nicht ganz geklärten Weise zu einer Konzentration mancher Elemente an der Oberfläche führt. Wenn die magnetische Achse nicht mit der Rotationsachse zusammenfällt (was im allgemeinen der Fall ist), entsteht ein sogenannter *schiefer Rotator*. Infolge der Sternrotation werden dann für den Beobachter auf der Erde sowohl das Magnetfeld als auch die Verteilung der „pekuliären" Elemente variieren. Es wird auch die Stärke der Linienabsorption in der Photosphäre („blanketing" in der englischen Fachsprache) veränderlich sein. Das könnte die geringen Helligkeitsänderungen erklären. Für die Änderungen von einigen 0,1 Größenklassen könnte zusätzliche Fleckentätigkeit verantwortlich sein.

Diese zunächst noch nicht in allen Details berechnete Theorie des schiefen Rotators wurde von Deutsch, Mestel, Babcock, Böhm-Vitense und anderen vorgeschlagen und bearbeitet. Sie erfordert eine „Neuverteilung" der Energieabstrahlung, die in anderen Spektralbereichen in verstärktem Maß aus dem Stern austreten sollte. Vielleicht ist in dieser Hinsicht der Befund von Molnar von besonderer Wichtigkeit, daß im fernen Ultraviolett-Bereich die Helligkeitsänderung größer ist und in Gegenphase zum optischen Gebiet verläuft. Das nahe Ultraviolett ist dagegen eine Art „neutrales" Gebiet, in dem kaum Änderungen beobachtet werden.

Es wurde gelegentlich auch vorgeschlagen, daß die Am-Sterne, die vielleicht mit den Ap-Sternen verwandt sind, auch einen ähnlichen Lichtwechsel zeigen könnten. Die sehr kleine Amplitude erschwert allerdings den überzeugenden Nachweis einer solchen Veränderlichkeit erheblich.

12.5.2 Radiopulsare

Die Erweiterung des Begriffs „Veränderlicher Stern" haben wir am Anfang dieses Kapitels schon kurz behandelt. Die Aufnahme der Pulsare in unsere Systematik der Veränderlichen illustriert den Bruch mit der überholten Definition „ein Veränderlicher ist ein Stern, der seine Lichtstärke ändert". Bei den Radiopulsaren zeigt sich die Veränderlichkeit fast ausschließlich im langwelligen dm- und m-Bereich des elektromagnetischen Spektrums. Lediglich in zwei Fällen (einer von ihnen ist der berühmte Pulsar im Krebsnebel) können wir Pulsare auch im visuellen Bereich wahrnehmen. Somit ist das Studium der Pulsare hauptsächlich den großen Radioteleskopen und ihrer komplizierten Elektronik vorbehalten und damit den Aktivitäten von Liebhaberastronomen kaum zugänglich. Wegen ihrer Wichtigkeit bringen wir doch eine knappe, mehr historisch orientierte Zusammenfassung der wesentlichen Ergebnisse über Pulsare.

Die Entdeckung der Radiopulsare (1967) kam für die meisten Astronomen völlig unerwartet, trotz einer bemerkenswerten Vorhersage von Franco Pacini. Das Entdekkerteam in Cambridge, unter der Leitung von Antony Hewish, beschäftigte sich ursprünglich mit der Szintillation von klassischen Radioquellen. Dazu waren Radioteleskope mit geringer Zeitkonstante, das heißt geringer Trägheit der Anzeige, erforderlich. Die hohe Zeitauflösung erleichterte das Erkennen einiger Punktquellen mit rascher, anscheinend sehr regelmäßig gepulster Strahlung. Die erste solche Quelle, zunächst CP 1919 genannt (Cambridge Pulsar bei $\alpha = 19^h 19^m$), wurde von Jocelyn Bell entdeckt. Die Pulsperiode betrug 1,34 Sekunden. Abbildung 23 zeigt schematische Radiopulsprofile dieses Objekts, die in dieser Form für viele Radiopulsare typisch sind. Die kurze Periode von CP 1919 ist seitdem mit sehr großer Genauigkeit bekannt: $P = 1\overset{s}{.}33730131688477$. Die Periode ändert sich um $\dot{P} = +\,0{,}1165$ ns/Tag (Zunahme). Die Bezeichnung dieses Pulsars ist nun PSR 1919 + 21, schließt also eine Angabe über die Deklination mit ein. Wegen der Änderung der Periode hat der obige, mit spektakulärer Genauigkeit bestimmte Wert freilich nur einige Sekunden Gültigkeit.

Heute kennt man über 400 Radiopulsare, in den meisten Fällen mit näherungsweise bestimmter Entfernung von der Sonne. Die Mehrzahl der Pulsare wurde in großen Suchprogrammen entdeckt, die die Radiosternwarten Jodrell Bank (England), Arecibo (Puerto Rico, USA) und Molonglo (Australien) durchgeführt hatten. Eine Liste von 321 Objekten gibt Grewing in der Neuausgabe des Tabellenwerks Landolt-Börnstein (1982).

Das charakteristische Merkmal in der Lichtkurve ist ein Hauptpuls, der nur etwa 1/10 der Periode andauert. Häufig tritt auch ein kleinerer Zwischenpuls auf. Die

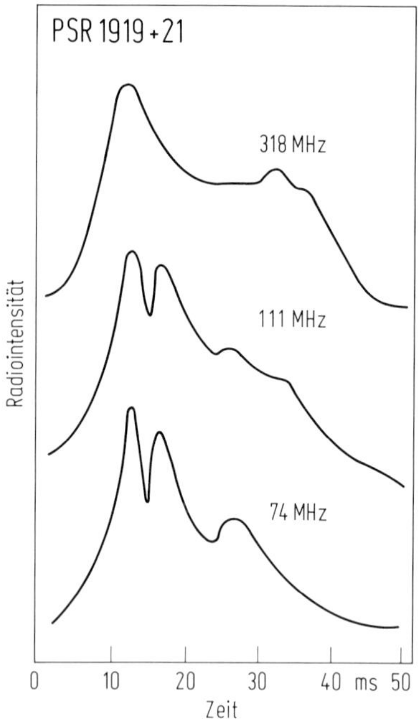

Abb. 23. Integrierte Radiopuls-Profile des Pulsars PSR 1919 + 21 bei verschiedenen Radiofrequenzen. Die Pulsperiode beträgt 1,34 Sekunden. Das Pulsprofil ist bei vielen Radiopulsaren ähnlich (nach Hankins, 1973)

gemessene Radiointensität zwischen den Pulsen geht beinahe auf null zurück. Variationen in der Form der einzelnen Pulse und auch Verschiebungen in ihrer Lage sind von Puls zu Puls beträchtlich. Nach 50 bis 100 Perioden mittelt sich aber der Intensitätsverlauf zu einer sehr stabilen Pulsform. Die Perioden liegen zwischen 1,5 ms (!) und etwa vier Sekunden. Die Änderung der Periode ist immer positiv und liegt in der Größenordnung von $\Delta P/P \approx 10^{-15}$.

Der „Uhrwerkmechanismus", der diesem stabilen periodischen Verhalten zugrunde liegt, ist die rasche Rotation dieser kompakten Objekte. Aufgrund der extremen Kürze der Perioden kommen nur Neutronensterne in Frage, denn bei Weißen Zwergen wäre die Rotationsstabilität nicht gewährleistet. Neutronensterne haben Radien von 10 bis 15 km und Massen von etwa 1 bis 2 $M_\odot$, das heißt die entsprechenden Dichten liegen mit 10^{14} bis 10^{15} g/cm^3 im Bereich der Atomkerndichte. Diese ungewöhnlichen Objekte haben außerdem sehr starke Magnetfelder bis zu 10^{12} Gauss und besitzen eine ausgedehnte Magnetosphäre mit energiereichen, geladenen Teilchen, die von enormen elektrischen Feldern bis zu 10^{12} V/m beschleunigt werden. Aus der Wechselwirkung dieser relativistischen Teilchen mit dem Magnetfeld entsteht die beobachtete Radiostrahlung, sogenannte *Synchrotronstrahlung*, die in der Magnetosphäre eine starke Bündelung („beaming") erfährt. Die beobachteten Pulse entstehen, wenn dieses Strahlungsbündel, das mit dem Stern mitrotiert, über die Erde hinweg streicht (Leuchtturmeffekt). Aus dem Verhältnis der Pulsbreite zur Periodenlänge, das etwa 1/10 oder weniger beträgt, schließt man auf einen Öffnungswinkel des Strahlungsbündels von etwa 10° bis 25°. Dies bedeutet aber, daß statistisch gesehen vier von fünf Pulsaren unbeobachtet bleiben müssen, da die gebündelte Strahlung die Erde nicht trifft.

Die Energie dieser Strahlung kommt letztendlich aus der kinetischen Energie der sich ständig verlangsamenden Rotation des Neutronensterns: die Perioden nehmen ohne Ausnahme zu. Nach einigen Millionen Jahren werden die Neutronensterne so langsam rotieren, daß sie keine meßbare Radiostrahlung mehr aussenden.[12] Es können sich leicht einige 10^9 solcher „stillen“ Neutronensterne in der Galaxis aufhalten, da die Entstehungsrate ganz grob auf einen Pulsar pro zehn Jahre geschätzt werden kann. Wir müssen aber betonen, daß zur Zeit keine befriedigende Theorie existiert, die die Umwandlung der kinetischen Rotationsenergie in die der Magnetosphäre beziehungsweise in Radiostrahlung erklären könnte. Ebenfalls ist die Bündelung der Strahlung noch nicht gut verstanden.

Neutronensterne repräsentieren eine der Endphasen der Sternentwicklung, weshalb Pulsare und Supernovae eng miteinander gekoppelt sein sollten. Es gibt junge Supernova-Überreste (z.B. die Quelle Cas A), die scheinbar keinen Radiopulsar enthalten. Andererseits gibt es nur wenige junge Pulsare, die eindeutig mit Supernova-Überresten in Verbindung zu bringen sind: die bekanntesten unter ihnen sind der Krebs- und der Vela-Pulsar[13] (s. auch Abschnitt 12.6.1).

Es sind zur Zeit sechs Pulsare bekannt, die in Doppelsternsystemen vorkommen. Darunter befindet sich der zuerst entdeckte und am meisten diskutierte „Doppelpulsar“ PSR 1913 + 16 (entdeckt 1975 von Taylor und Hulse). Die Pulse (Pulsperiode: 59 ms) zeigen sowohl Lichtzeit- als auch Dopplereffekt infolge der Bahnbewegung. Die genaue Zeitnahme ermöglicht eine außergewöhnlich gute Bestimmung der kurzperiodischen (7^h45^m) und sehr exzentrischen Bahn ($e = 0{,}617$). Taylor und seinen Mitarbeitern gelang es, wichtige relativistische Effekte zu verifizieren, wie die relativistische Drehung der großen Bahnachse oder das langsame Schrumpfen der Bahn wegen der Ausstrahlung von Gravitationswellen. Die Massen der Komponenten kann man genau angeben: beide Massen betragen 1,4 $M_\odot$. Die zweite Komponente ist ebenfalls ein kompaktes Objekt, ohne Zweifel ein Neutronenstern, der aber keine gepulste Radiostrahlung mehr aussendet. Diese Massenbestimmungen sind die besten für Neutronensterne und sind in ausgezeichneter Übereinstimmung mit den Daten von Röntgendoppelsternen, die für die Massen der Neutronenstern-Komponenten Werte zwischen 1,2 und 1,6 $M_\odot$ ergeben (mit einer allerdings viel größeren Unsicherheit).[14]

Die Tatsache, daß nur etwa 1,5% der Radiopulsare in Doppelsternsystemen vorkommen, während unter „normalen“ Sternen die Duplizität 60 bis 70% erreicht, ist wohl dadurch erklärbar, daß sich während des Supernovaausbruchs das Doppel-

[12] Die sogenannten „Millisekunden-Pulsare“ sind eine Ausnahme. Sie sind trotz der extremen Kürze der Periode nicht notwendigerweise sehr jung. Entweder zeigen sie praktisch keine Periodenzunahme, oder sie sind Komponenten von Doppelsternsystemen und erfuhren eine Rotationsbeschleunigung durch Massenaustausch.

[13] Der Vela-Pulsar (PSR 0833-45) ist nicht mit dem Röntgendoppelstern Vela X-1 (4U 0900-40) zu verwechseln.

[14] *Anmerkung bei der Korrektur:* Im Mai 1988 wurde die Entdeckung eines weiteren Doppelsternpulsars (RSR 1957 + 20) mit einer Periode von 1,6 ms gemeldet. Der Begleiter des Pulsars ist ein außergewöhnliches Objekt: es hat die Größe und Leuchtkraft eines K-Zwergsterns, seine Masse beträgt aber nur 0,02 $M_\odot$. Starker Massenverlust des Systems zeigt sich deutlich durch einen schweifförmig ausgedehnten zirkumstellaren Nebel. Mehrere Arbeiten über dieses ungewöhnliche System sind in Nature Vol. 34 (1988) zu finden, die Entdeckung geht auf Fruchter et al. (1988) zurück.

sternsystem in den meisten Fällen auflöst. Die Komponenten entfernen sich dann als Einzelobjekte voneinander mit einer Geschwindigkeit, die der vorherigen Bahngeschwindigkeit, bis zu 200 bis 300 km/s, entspricht.

12.5.3 BY Dra-Sterne (Fleckensterne)

Die Trennung zwischen Fleckensternen und Flare-Sternen (UV Ceti-Sterne, s. Abschnitt 12.6.5) bleibt etwas problematisch: Bei der Veränderlichkeit beider Typen handelt es sich um beobachtbare Aktivitäten in oberflächennahen Schichten später Hauptreihensterne. Nach unserem heutigen Wissen besteht der Unterschied darin, daß die beobachteten Phänomene bei den BY Dra-Sternen ihren Ursprung hauptsächlich in der Photosphäre, bei den Flare-Sternen in der Chromosphäre und vielleicht in der Korona haben.

Im Fall der Fleckensterne ist die dominierende Erscheinung eine temperaturabhängige Verminderung der Strahlungsintensität. Die Fleckengebiete sind, wie bei der Sonne, um etwa 500 bis 1000 K kühler als die umgebende Photosphäre des Sterns. Bei nur 3500 bis 4000 K Photosphärentemperatur bedeutet das eine lokale Verminderung der Flächenhelligkeit in den Fleckengebieten um etwa 55 bis 70%. Allerdings müssen diese Flecken im Verhältnis zur Sternoberfläche unvergleichlich größer sein als die der Sonne. Sie müssen wenigsten 30 bis 40% der Oberfläche bedecken, um meßbare photometrische Effekte von einigen 0,1 Größenklassen verursachen zu können.[15] Wir dürfen weiter annehmen, daß die großen Fleckengebiete, wie auch auf der Sonne, eine Lebensdauer von mehreren Sternrotationen haben und so eine zeitweise nahezu periodische Lichtkurve produzieren.

Abgesehen von frühen Versuchen, die Lichtkurve von Algol und anderen Bedekkungsveränderlichen durch Fleckentätigkeit zu erklären, wurde die Idee einer beobachtbaren Fleckenaktivität erst etwa vor 40 Jahren wieder aufgegriffen, als Kron (1952) vorgeschlagen hatte, periodisch erscheinende Störungen in der Lichtkurve von YY Gem (Castor C) auf diese Weise zu deuten. Es folgten weitere Objekte, die als Fleckensterne erkannt wurden: BY Dra, als Prototyp gewählt und sehr sorgfältig studiert (Chugainov, auch Krzeminski und Kraft, später Oskanyan und Mitarbeiter), CC Eri (Evans und Bopp); eine besonders lange, homogene Beobachtungsreihe von YZ UMi liegt durch die Arbeiten von Geyer vor.

Obwohl auch andere Hypothesen vorgeschlagen wurden, ist es in der Tat sehr schwierig, ein ausgeprägtes, glattes Minimum, das ungefähr die Hälfte einer Periode einnimmt, anders zu deuten als durch den Durchgang eines großen Flecks oder Fleckenfelds auf der Sternscheibe. Zuerst erscheint das Fleckengebiet durch den Projektionseffekt verkürzt, in der Nähe des Zentralmeridians in voller Größe und später wieder in zunehmendem Maß verkürzt. Auch zeigen die Lichtkurven manchmal starke Änderungen, bis zum gelegentlichen Verschwinden der Veränderlichkeit, was durch zeitweiliges Erlöschen eines Aktivitätszentrums oder durch Bewegung der

[15] Zum Vergleich: die Sonnenflecken bedecken selbst zur Zeit eines sehr ausgeprägten Fleckenmaximums kaum 3 bis 3,5 Promille der Oberfläche. Selbst wenn man die wesentlich kleineren Radien der K- und M-Sterne berücksichtigt, würden ähnliche Aktivitätszonen nur 1 bis 5% der Sternoberfläche bedecken. Die Fleckentätigkeit dieser Sterne ist also von einer ganz anderen Dimension.

Flecken erklärbar ist. Sollten die Flecken über den Pol hinwegwandern, verändern sie ihre „Längenkoordinate" um 180° und verursachen damit eine charakteristische sprunghafte Phasenänderung. Solche Phasensprünge wurden tatsächlich sowohl bei BY Dra als auch bei CC Eri beobachtet. Eine detaillierte, beinahe kartographische Ausarbeitung des „Bilds" einer Sternoberfläche aus der Flecken-Lichtkurve führt allerdings nicht immer zu einer eindeutigen Lösung. Manchmal bleibt der Eindruck bestehen, daß die aufwendigen Analysen mehr versprochen haben, als wirklich eindeutig zu beweisen möglich ist. Auf jeden Fall scheint sich ein wichtiges qualitatives Ergebnis zu behaupten: vor allem die Polgebiete sind – anders als bei der Sonne – häufig der Sitz starker Fleckentätigkeit.

Wir müssen ergänzend bemerken, daß bis jetzt kein Zusammenhang zwischen Flecken- und Flare-Aktivität festgestellt werden konnte (Fleckensterne zeigen auch flareartige Ausbrüche). Dies ist nicht gut vereinbar mit der Vorstellung von ausgedehnten aktiven Gebieten, die bei der Sonne alle möglichen Arten von Aktivität entfalten und die von Schichten dicht unter der Photosphäre bis in die innere Korona reichen. Der direkte Nachweis chromosphärischer Aktivität mittels der in Emission auftretenden H- und K-Linien des Kalziums fehlt ebenfalls noch. Unlängst konnten jedoch Saar und Linsky (1985) Magnetfelder von 2500 Gauss Stärke nachweisen.

Es ist interessant, daß die große Mehrzahl der BY Dra-Sterne wie auch der Flare-Sterne in verhältnismäßig engen Doppelsternsystemen auftreten (in nahezu 80% der bekannten Fälle). Das könnte zwar als Auswahleffekt gedeutet werden, aber es ist auch möglich, daß die Duplizität in einer noch nicht völlig geklärten Weise die Aktivität verursacht oder wenigstens dazu beiträgt (Gezeiteneffekte?). Bei allen Doppelsternen vom Typ RS CVn, die wir im Abschnitt 12.3.5 (Bedeckungsveränderliche) behandeln, wurde die Fleckenaktivität durch die Lichtkurven und aus dem Spektrum (aus gestörten Linienprofilen) einigermaßen überzeugend nachgewiesen. Manche Autoren ordnen daher die RS CVn-Sterne als Unterklasse der BY Dra-Sterne ein. Wir haben uns anders entschlossen, hauptsächlich wegen ihres deutlich unterschiedlichen Entwicklungszustands.

Liebhaberastronomen, die über lichtelektrische Techniken verfügen, können gerade bei diesen Sternen einen sehr nützlichen Beitrag zur Forschung leisten. Gute Genauigkeit und längere Meßreihen von wenigstens einigen Monaten Dauer, besser über ein bis zwei Jahre hinweg, sind von wesentlicher Bedeutung.

12.6 Eruptive Veränderliche

12.6.1 Supernovae

Die beiden im historischen Überblick erwähnten „neuen Sterne" von 1572 und 1604 waren, wie wir heute wissen, typische Vertreter der Klasse der Supernovae in unserer Galaxis. Tatsächlich sind Supernovae eher das Gegenteil von neuen Sternen, nämlich katastrophale Explosionen weit entwickelter Sterne, die dabei völlig umstrukturiert oder sogar vernichtet werden. (Zum Vergleich: Der Ausbruch einer Nova bedeutet weit weniger als 1 Prozent Verlust der Sternmasse und läßt die Struktur des Sterns praktisch unverändert.) Zur Zeit ihrer Maximalhelligkeit können Supernovae die absolute Größenklasse -18^M bis -19^M erreichen, das ist etwa zehntausendmal heller als gewöhnliche Novae, so daß die Leuchtkraft vergleichbar mit der einer ganzen Galaxie wie M33 oder der Großen Magellanschen Wolke wird.

Während der Supernovaexplosion werden Atomkerne von „schweren" Elementen (d.h. schwerer als Wasserstoff und Helium) in großen Mengen produziert. Insbesondere entsteht bei Supernova-Explosionen die sogenannte „Eisenspitze", also eine relativ große Häufigkeit des Eisens und verwandter Elemente. Ferner werden alle schweren Elemente mit Atomzahlen größer als 209 (Wismut) ausschließlich in Supernovae gebildet. Ein Teil dieser schweren Elemente, die oft einfach „Metalle" genannt werden, werden durch die Explosion im interstellaren Medium verteilt, so daß spätere Generationen von Sternen durch diese Elemente angereichert werden. Auf diese Weise spielen die Supernovae in der chemischen Entwicklung der Galaxien und des gesamten Universums eine wesentliche Rolle.

Es sind bis heute mehr als 600 Supernovae als teleskopische Objekte in extragalaktischen Sternsystemen entdeckt worden; die Zahl wächst jährlich durch etwa zehn bis zwölf Neuentdeckungen. Die meisten Entdeckungen verdanken wir den Schmidt-Teleskopen des Palomar-Observatory in Kalifornien, ferner den Sternwarten in Bern und in Asiago; in Australien hat der Liebhaberastronom Rev. Robert Evans über zehn Supernovae visuell entdeckt.

Die Häufigkeit der Supernovae in einem extragalaktischen System wird auf eine Supernova in 30 bis 40 Jahren geschätzt – diese Zahl hängt möglicherweise noch vom Typ der Galaxie ab.

Die einigermaßen gesicherten historischen Supernovae des letzten Jahrtausends in der Galaxis sind: SN 1006 im Sternbild Lupus (Deklination $-41°$!), SN 1054 (Überrest: Krebsnebel und Pulsar), SN 1181 (in China und Japan beobachtet), SN 1572 (Tychos Nova), SN 1604 (Keplers Nova) und eine Supernova gegen Ende des 17. Jahrhunderts, die optisch nicht beobachtet wurde und deren Überrest die Radioquelle Cas A ist. In benachbarten Galaxien erschienen Supernovae im Jahre 1885 in der Andromeda-Galaxie und 1987 in der Großen Magellanschen Wolke.

Die Supernova-Explosion führt zu einer sich rasch ausdehnenden Gasmasse, deren Anfangsgeschwindigkeit 10000 bis 20000 km/s beträgt. Die Wechselwirkung zwischen dieser Gasmasse (die einige Zehntel bis einige Sonnenmassen Materie enthalten kann) und der umgebenden zirkumstellaren beziehungsweise interstellaren Materie erzeugt starke Radiostrahlung, meist sogenannte Synchrotronstrahlung, die von der Bewegung hochenergetischer relativistischer Elektronen in einem Magnetfeld herrührt. Anhand dieser Radiostrahlung können Supernova-Überreste (SNR = Supernova remnants) im ganzen galaktischen System identifiziert werden; ihre Zahl beträgt etwa 100. Manche Überreste sind auch im optischen Bereich erkennbar. Der Krebsnebel (Überrest der „chinesischen" Supernova vom Jahr 1054) ist wohl das bekannteste Beispiel. Es ist anzunehmen, daß auch der große kreisförmige Nebel im Cygnus (der sog. Cygnus Loop) einen sehr alten Überrest darstellt, vielleicht 10^5 Jahre alt. Man hatte zunächst vermutet, daß Supernova-Überreste ein kompaktes kollabiertes Objekt, wie zum Beispiel einen Neutronenstern, enthalten könnten, der als Resultat des Kollapses (Implosion) der zentralen Teile des zerstörten Sterns entstanden ist. Dies ist in der Tat beim Krebsnebel (Krebspulsar, Rotationsperiode 0,033 s) und noch bei einigen anderen Überresten der Fall, bei den meisten anderen Überresten konnte aber kein Radiopulsar, also kein schnell rotierender Neutronenstern mit extrem starkem Magnetfeld nachgewiesen werden. Obwohl manchmal Radiopulsare wegen der starken, für uns ungünstig ausgerichteten Bündelung der Strahlung unentdeckt bleiben und einige Supernovae wohl in der Kombination expandierender Nebel und Schwarzes Loch enden, kann man annehmen, daß in vielen Fällen der ursprüngliche Stern völlig zerstört wurde.

Die sehr großen beim Supernova-Ausbruch freiwerdenden Energiemengen, größenordnungsmäßig 10^{50} bis 10^{51} erg in Form von Strahlung und 10^{52} erg in Form von kinetischer Energie der expandierenden Gasmassen, deuten darauf hin, daß es sich um Gravitationsenergie handelt. In der Tat, der Kollaps eines Weißen Zwergs oder des entarteten Kerns eines Überriesen zu einem Neutronenstern ergibt nach

$$\text{Gravitationsenergie} = q\frac{GM^2}{R}, \quad \text{mit} \quad q \sim 1, \quad M \sim 1\,\mathrm{M}_\odot, \quad R = 10\,\mathrm{km}$$

einen charakteristischen Wert von etwa 10^{53} erg. (Ein ähnlicher Energiebetrag entsteht auch dann, wenn kein stabiler Neutronenstern entsteht oder das kompakte Objekt im Supernovaprozeß zerstört wird.) Dieser Wert ist viel größer als Strahlungsenergie und kinetische Energie zusammengerechnet.

Die Theorie eines stellaren Kollapses führt dazu, daß wir den Rest der freiwerdenden Energie in Form von Neutrinoemission erklären können. Es entsteht eine sehr große Zahl von Neutrinos und Antineutrinos, etwa 10^{58} und mehr, die im Durchschnitt 10 bis 15 MeV Energie haben und damit eine Gesamtenergie von 1 bis 2×10^{53} erg repräsentieren.

Es werden dabei nicht nur Elektronen-Neutrinos, sondern vermutlich auch Neutrinos, die mit anderen sogenannten Leptonen, den μ- und τ-Teilchen verknüpft sind, frei. Ohne die Neutrinoprozesse (schwache Wechselwirkungen) alle aufzuzählen, erwähnen wir wenigstens die wichtigsten „Vernichtungsprozesse“:

$$\mathrm{e}^+ + \mathrm{e}^- \to \nu + \bar{\nu},$$
$$\mathrm{e}^- + \gamma \to \mathrm{e}^- + \nu + \bar{\nu}$$

(γ = Gammaphoton, ν = Neutrino und $\bar{\nu}$ = Antineutrino) und die sogenannte Neutronisierung:

$$p + \mathrm{e}^- \to n + \nu_\mathrm{e},$$
$$(z, A) + \mathrm{e}^- \to (z-1, A) + \nu_\mathrm{e}$$

(p = Proton, n = Neutron, z = Zahl der Protonen im Kern, A = Zahl der Protonen und Neutronen im Kern).

Der Kollaps läuft in einigen Hundertstel Sekunden ab. Zunächst dominieren die Vernichtungsprozesse, später mit der rasch anwachsenden Dichte die Neutronenbildung. Um die Größenordnungen anschaulicher zu machen, sei daran erinnert, daß eine Sonnenmasse $1/2\ \mathrm{M}_\odot/\mathrm{m_P} \approx 10^{30}\ \mathrm{kg}/1{,}66 \times 10^{-27}\ \mathrm{kg} \approx 0{,}7 \times 10^{57}$ Protonen enthält, selbst wenn der ursprüngliche Wasserstoff vollständig zu Helium und zu höheren Elementen „verbrannt“ ist. Beim Entstehen eines Neutronensterns im Supernovaprozeß dürfte man also etwa 10^{57} Elektronen-Neutrinos erwarten. Die Energie der einzelnen Neutrinos folgt im wesentlichen aus dem Energiezustand der kollabierenden Masse.

Es war daher sehr wichtig, daß bei der Supernova 1987A in der Großen Magellanschen Wolke die beobachteten Neutrinoereignisse gerade den theoretisch erwarteten

Zahlen entsprachen und damit unser noch etwas provisorisches Bild des Ablaufs eines Gravitationskollapses in glücklicher Weise bestätigten. Wir kommen auf diese bemerkenswerte Supernova noch zurück.

Die Theorie des Kollapses versucht – nicht ohne Schwierigkeiten – zu erklären, wie unter Umständen ein Teil der kollabierenden Masse sich im Zentrum zu sehr großen Dichten von der Größenordnung der Kerndichte entwickeln kann, während ein anderer Teil die massive expandierende Hülle erzeugt. Über die Phase des schnellen Kollapses liefern nur die Neutrinos Informationen. Die früheste optisch beobachtbare Phase, der ursprünglich steile Helligkeitsanstieg, entspricht einer expandierenden „Quasiphotosphäre", einer optisch dicken Schicht, die wie eine sich ausdehnende Atmosphäre eines gigantischen Sterns strahlt, viel größer als ein Überriese! – und dabei, wie Farbmessungen zeigen, sich stetig abkühlt. Die Verhältnisse sind einem Nova-Ausbruch nicht unähnlich, nur sind die sich bewegenden Massen zwei bis drei Zehnerpotenzen größer und ihre Geschwindigkeit etwa 10mal höher.

Seit etwa 1940 definiert man zwei Hauptklassen von Supernovae, die sich in erster Linie im Spektrum, in geringerem Maß auch in der Lichtkurve unterscheiden. Wir folgen dieser Klassifikation, obwohl das erweiterte und verbesserte Material, das uns heute vorliegt, deutlich auf die Existenz von Unterklassen hinweist und eine verfeinerte Klassifikation schon vorgeschlagen wurde.

Bei Supernovae vom Typ II sind starke Balmerlinien des Wasserstoffs beobachtbar, in Emission und mit einem charakteristischen sogenannten P Cygni-Profil, das starke Ausströmung von Materie anzeigt (siehe auch Novaspektren). Später treten weitere schwer identifizierbare breite Emissionslinien auf, deren Dopplerverbreitung ebenfalls auf Ausströmgeschwindigkeiten von 10 000 km und mehr hindeutet.

Die Supernovae vom Typ I sind etwas häufiger, was aber vielleicht durch einen Auswahleffekt verursacht ist: Sie sind etwa um 1 bis 1,5 Größenklassen heller als Typ II. Im Spektrum dieses Typs sind *keine Wasserstofflinien* beobachtbar, und die vorhandenen überlappenden breiten Emissionen blieben lange Zeit völlig unerklärlich. Mit viel Mühe konnte man erst kürzlich einige Metallinien, darunter auch neutrales und ionisiertes Eisen nachweisen.

Die spektrale Entwicklung des Typs I ist bei allen Objekten ziemlich gleich und läuft nach einem scheinbar wohldefinierten Muster ab. Dies gilt auch für die Lichtkurven. In Abbildung 24a und b sind mittlere Lichtkurven für die beiden Typen dargestellt (nach Barbon et al., 1973, 1974)[16].

In einer etwas späteren Phase der Entwicklung, 40 Tage nach dem Helligkeitsmaximum bei Typ I, 80 bis 100 Tage bei Typ II, werden die Lichtkurven anscheinend völlig linear absteigend. Dies läßt eine interessante Deutung zu.

Da die Größenklassenskala logarithmisch ist, bedeutet eine streng linear absteigende Lichtkurve einen *exponentiellen* Abfall. Ein solcher Abfall ist aber charakteristisch für den radioaktiven Zerfall. Detaillierte Berechnungen der in der Supernova ablaufenden Kernreaktionen legen es nahe, daß der Aufbau der Elemente bis ^{56}Ni abläuft und eine größere Menge ($\sim 0{,}5\ M_\odot$?) dieses instabilen radioaktiven Isotops

[16] Die untere Lichtkurve in Abbildung 24 wurde neulich als Unterklasse des Typs II, Typ II-P (P für „Plateau") bezeichnet. Die andere Unterklasse ist Typ II-L (L für „linear", linear abfallend).

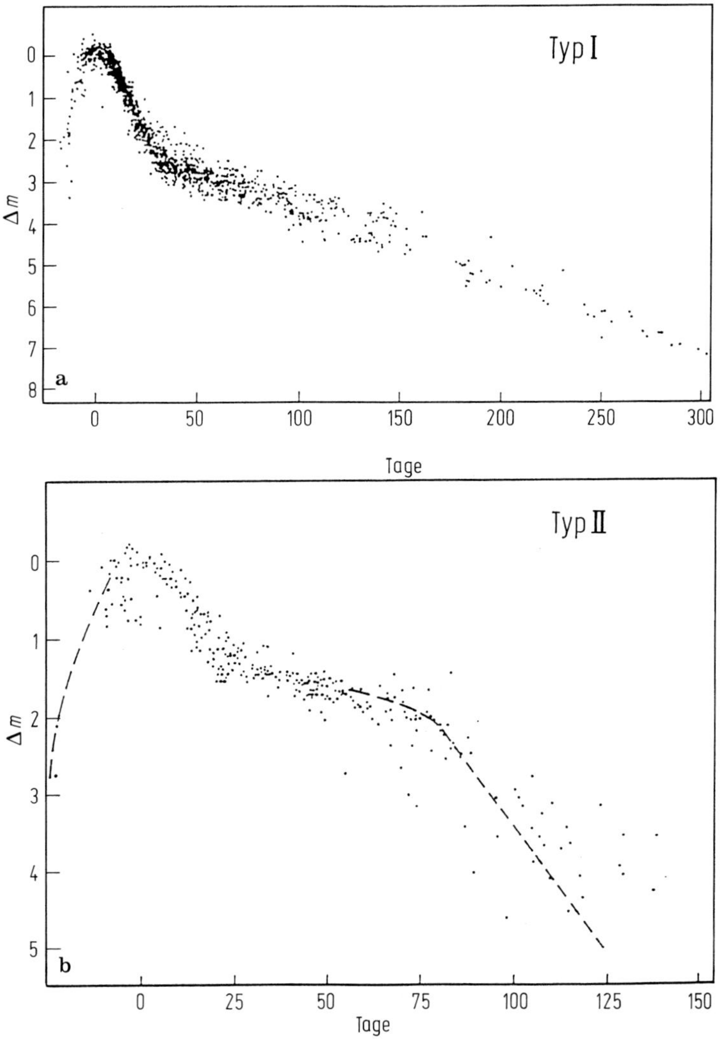

Abb. 24. Zusammengesetzte Lichtkurve von 38 Supernovae Typ I (oben) beziehungsweise von 13 Supernovae Typ II (unten). Man beachte die unterschiedlichen Zeitskalen (nach Barbon et al., 1973, 1974)

produziert. Der wiederholte Zerfall (Elektroneneinfang und Ausstrahlung von γ-Photonen) führt dann zu Eisen:

$$^{56}\mathrm{Ni} \rightarrow {}^{56}\mathrm{Co} \rightarrow {}^{56}\mathrm{Fe}\ \text{(stabil)}.$$

Die Halbwertzeiten sind 6 beziehungsweise 79 Tage, was mit dem beobachtbaren Abfall der Lichtkurve in etwa vereinbar ist.

Die Maximalhelligkeiten, die wir für Supernovae ableiten, hängen von der extragalaktischen Entfernungsskala, das heißt vom angenommenen Wert der Hubble Konstanten ab. Mit $H = 75$ km/s/Mpc ergibt sich die (photographische) absolute Helligkeit im Maximum zu etwa

$-19^m \quad (\pm 1^m)$ für Typ I,
$-17.5^m (\pm 1^m)$ für Typ II.

Einen wichtigen Hinweis zur Natur der Supernova-Explosion liefert ihre Verteilung auf verschiedene Typen von Galaxien. Typ II Supernovae fehlen in elliptischen Galaxien und scheinen in Spiralsystemen vorwiegend in Spiralarmen aufzutreten. Typ I Objekte findet man in allen Arten von Galaxien, und in Spiralgalaxien sind sie nicht in den Spiralarmen konzentriert. Dieser Befund und die unterschiedlichen Spektren legen folgende, sehr plausible Erklärung nahe:

a) Typ II Supernovae sind relativ junge (1 bis 2×10^6 Jahre) massive Sterne (Überriesen), die ihre wasserstoffreiche Hülle noch besitzen, aber im Inneren schon die gesamte nukleare Entwicklung durchlaufen haben. Die Explosion wird durch den Kollaps des ausgebrannten Kerns verursacht.
b) Typ I Supernovae sind ältere, weniger massereiche Sterne, die ihre Entwicklung nicht wie erwartet als normale Weiße Zwerge beenden. Sie sind aber weit entwickelte Objekte, was man daraus folgert, daß sie keinen Wasserstoff mehr enthalten. Den Ausweg aus diesem scheinbaren Dilemma bietet eine weitere hilfreiche Annahme: Sie sind tatsächlich Weiße Zwerge, aber in sehr spezifischen engen Doppelsternsystemen, die stark an kataklysmische Variable erinnern. Sie akkretieren Masse von ihrem Begleiter (ein normaler Hauptreihenstern) mit einer großen spezifischen Rate von 10^{-7} bis 10^{-8} $M_\odot$/Jahr, so daß sie nicht als Novae diese Massen „abstoßen" können. Sie gewinnen signifikanterweise an Masse, bis sie die sogenannte Chandrasekharsche Grenzmasse (etwa 1,4 Sonnenmassen) erreichen. Dann wird die Weiße-Zwerg-Komponente des engen Doppelsterns instabil und bricht zusammen: es findet also der Kollaps eines wasserstoffarmen (aber an C, O, Ne und Mg reichen) entwickelten Sterns statt.

Die Grenzmasse zwischen den beiden Fällen liegt bei etwa acht Sonnenmassen. Im Falle des Typs I muß man daher einen erheblichen Massenverlust des Doppelsternsystems voraussetzen. Zusammen mit der Theorie des Sternkollapses bietet sich hier ein bestechend schönes Bild. An quantitativen Detailfragen ist aber noch einiges unklar, und gerade nach dem Ausbruch der Supernova 1987A wird daran fieberhaft gearbeitet. Diese manchmal sehr verwickelten Probleme zu behandeln würde weit über den Rahmen dieses Übersichtsreferates hinausgehen.

Um noch offene Fragen zu betonen, möchten wir abschließend auf einige „pekuliäre" oder wenigstens nicht ganz typische Supernovae hinweisen.

Der Krebsnebel selbst fällt etwas aus dem Rahmen, durch die auffallend niedrige Expansionsgeschwindigkeit (1300 km/s). SN 1885, nahe dem Zentrum der Andromeda-Galaxie, mußte als Typ I klassifiziert werden. Die Helligkeitsabnahme war aber für diesen Typ ungewöhnlich schnell. Nur eine weitere Typ I Supernova (in NGC 4559) war vergleichbar. Die vielbeachtete SN 1987A in der Großen Magellanschen Wolke blieb eines der schwächsten Typ II Objekte im Maximum ($M_V \sim -15{,}5$), und die Lichtkurve entwickelte sich langsamer als bei allen anderen Supernovae. Sie könnte aber eine – gerade wegen ihrer Unterhelligkeit – bisher nicht erkannte Unterklasse repräsentieren. Äußerst pekuliär erwies sich auch SN 1961V in NGC 1058, die Jahre vor dem übrigens sehr langsam verlaufenden Ausbruch schon als überhelles Objekt mit einer absoluten Helligkeit von $M = -12$ oder -13 beobachtet wurde. Es gibt Spekulationen, wonach wir hier die Entwicklung eines supermassiven Sterns (größer als 100 Sonnenmassen) beobachtet haben.

12.6.1.1 Die Supernova SN 1987A in der Großen Magellanschen Wolke. Während der Vorbereitung dieses Artikels erstrahlte eine helle Supernova in unserem nächsten extragalaktischen Nachbarn, der Großen Magellanschen Wolke (GMW). Es handelt sich um die hellste Supernova seit dem Ereignis aus dem Jahr 1604, die mit bloßem Auge sichtbar war. Wegen der äußerst günstigen Gelegenheit, Beobachtungen hoher Auflösung mit der modernsten Technik auszuführen und die Ergebnisse mit der gut entwickelten Theorie der Supernova zu vergleichen, fügen wir hier eine Diskussion dieses Objekts bei, das von außerordentlich großer Bedeutung für die Theorie der Sternentwicklung ist.

SN 1987A wurde am 24. Februar 1987 (etwa um 5^h30^m Weltzeit) von Ian Shelton auf dem Las Campanas Observatory in Chile entdeckt. Eine langbelichtete Aufnahme mit dem ehrwürdigen 25-cm-Carnegie-Astrographen zeigte einen Stern 5. Größe. Später konnte man feststellen, daß knapp einen Tag früher, am 23. Februar um 10^h30^m Weltzeit, die schon im Anstieg zum Maximum befindliche Supernova in Australien als Objekt 6. Größe photographiert worden war, während eine Aufnahme, die am 22. Februar etwa zwischen 9^h und 10^h Weltzeit ebenfalls in Australien erhalten wurde, nur die vermeintliche Prä-Supernova als einen Stern 12. Größe zeigte. Da die Neutrino-Beobachtungen den Kollaps und damit den Beginn des Ausbruchs auf den Zeitpunkt 23. Februar 1987, 7^h35^m Weltzeit, festlegen ließen, war der ursprüngliche Helligkeitszuwachs sehr schnell, etwa sechs Größenklassen in drei Stunden. Bald danach aber verlangsamte sich die Zuwachsrate merklich auf kaum mehr als eine Größenklasse während des nächsten Tages, und es entwickelte sich eine sehr langsame Supernova mit unerwartet niedriger absoluter Helligkeit. SN 1987A erreichte erst um den 20. Mai ein flaches Maximum mit $V = 2{,}9^m$ (Abb. 25). Bei der bekannten Entfernung der GMW entspricht das einer absoluten Maximumshelligkeit von etwa $-15{,}5^m$ (nach Korrektur für interstellare Absorption), die etwa 1,5 bis 2 Größenklassen unter dem Durchschnitt der Supernovae vom Typ II liegt.

Der Typ der Supernova (Typ II) zeigte sich eindeutig im Spektrum: man erkannte starke breite Balmerlinien mit P Cygni-Charakter, woraus eine anfängliche Expansionsgeschwindigkeit von 18 000 km/s folgte. Dies zeigt, wie auch das Neutrino-Ereignis, daß es sich um eine *bona fide* Supernova handelte, trotz mancher weiterer Eigentümlichkeiten: Das Ultraviolettspektrum verschwand sehr rasch (schon nach drei Tagen), auch wurde keine nennenswerte Radiostrahlung und zunächst überhaupt keine meßbare Röntgen- und Gammastrahlung gefunden. Möglicherweise hängt die etwas pekuliäre Natur dieser Supernova mit dem Präsupernova-Objekt zusammen, das nicht, wie vermutet, ein *später* Überriese, sondern ein B3 Ia-Stern von etwa -6.5^m absoluter Größe war. Für Supernova-Theorien war der Spektraltyp B3 Ia der Prä-Supernova zunächst etwas überraschend, da man bisher späte Überriesen als Vorgänger erwartet hatte. Es scheint aber, daß eine entsprechende Erweiterung der Theorie der späten Phasen der Sternentwicklung auf keine großen Schwierigkeiten stößt.

Die Identifikation der Prä-Supernova erwies sich allerdings als unerwartet schwierig. Der schon erwähnte frühe Stern von 12. Größe, der schon seit 1969 als Objekt mit

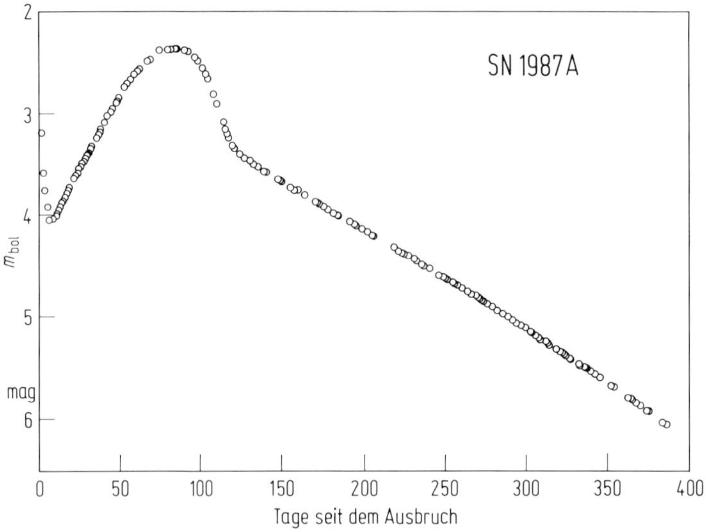

Abb. 25. Entwicklung der bolometrischen Helligkeit (Leuchtkraft in Größenklassen) der Supernova SN 1987A während der ersten 400 Tage nach dem Ausbruch (23. Februar 1987). Ein flaches Helligkeitsmaximum (bei einer visuellen Helligkeit von $V = 2.9^m$) wurde erst am 20. Mai 1987 erreicht. Der in dieser logarithmischen Darstellung lineare Abfall der Helligkeit (ab etwa 4 Monaten nach der Explosion) kommt durch den radioaktiven Zerfall von Nickel und Kobalt zustande, der in diesem Stadium für die Leuchtkraft der Supernova-Hülle verantwortlich ist (nach Biermann, 1988)

auffallenden Emissionslinien bekannt war und den Namen Sanduleak $-69°202$ trägt, hat zwei schwächere „Begleiter“ in 1,5″ und 3″ Abstand. Genaue Astrometrie und auch UV-Beobachtungen, die die beiden Nachbarsterne noch als „vorhandene“ Objekte zeigen, machen es überaus wahrscheinlich, daß die Prä-Supernova der B-Überriese war. Da in der Entfernung der GMW die Trennung von 1,5″ einem projizierten räumlichen Abstand von 0,4 Parsek entspricht, handelt es sich wohl um optische Begleiter. Speckle-Interferometrie zeigte auch einen schwachen Begleiter in 0,057″ Abstand – die Realität dieser Messung wurde allerdings noch nicht bestätigt.

Beim Modellieren der Entwicklung dieses Sterns spielt auch die niedrige Metallhäufigkeit der Magellanschen Wolken (1/4 des Wertes für die Galaxis) eine Rolle. Es kann sein, daß Supernovae dieser Art in irregulären Galaxien regelmäßig auftreten und nur durch die geringere Maximalhelligkeit einem Auswahleffekt unterliegen und weniger oft beobachtet werden.

Vielleicht der wesentlichste Beitrag von SN 1987A zu unserer Kenntnis über Supernovae, über den Kollaps eines Sterns, war die Beobachtung von Neutrinos, die ohne Zweifel während des Ausbruchs entstanden waren. Diese zum ersten Mal beobachteten *stellaren* Neutrinos bestätigen die früher diskutierte Vermutung, daß der Kollaps eine sehr große Zahl (10^{57} bis 10^{58}) hochenergetische (5 bis 50 MeV) Neutrinos produziert, die den weitaus größten Anteil in der Energiebilanz des Supernova-Ereignisses bedeuten. Bei gegebener Entfernung der GMW, 170 000 ($\pm$ 10 000) Lichtjahre, würde man etwa 10^9 bis 10^{10} Neutrinos pro cm^2 Fläche auf der Erde erwarten. Diese sollten in einer Sekunde ausgestrahlt werden, obwohl möglicherweise Streuung der Neutrinos in der Sternmaterie der Supernova die Emission auf einige Sekunden ausdehnen könnte. Die Zahl der zu erwartenden Neutrinos läßt hoffen, daß ihr Nachweis in Teilchen-Detektoren trotz des sehr niedrigen Wirkungsquerschnitts möglich ist. In der Tat registrierten wenigstens drei Institute unabhängig voneinander Schauer von Neutrinos, die am Tage des Supernova-Ausbruchs, am 23. Februar 1987, auftraten und jeweils fünf bis sechs Sekunden dauerten:

Mont Blanc Tunnel, Neutrino Observatory,
um 2^h52^m Weltzeit: 5 Ereignisse;

Kamiokande II, Japan, Proton Decay Detector,
um 7^h35^m Weltzeit: 11 Ereignisse;

Irvine-Michigan-Brookhaven (IMB) Collaboration, Cleveland, Ohio, Proton Decay Detector,
ab $7^h35^m42^s$ Weltzeit: 8 Ereignisse

Der Detektor zum Nachweis der Sonnenneutrinos in South Dakota ist so angelegt, daß damit kein Nachweis dieses Neutrinoschauers möglich war: sowohl die fehlende Zeitauflösung wie auch die niedrige Energieschwelle schließen dies aus.

Die Gleichzeitigkeit der in Japan und USA registrierten Schauer beweist, daß die Neutrinos ihren Ursprung im Kollaps der GMW-Supernova hatten. Die verwendeten Cerenkov-Detektoren ermöglichen auch eine grobe Richtungsangabe. Die Beobachtung des italienisch-sowjetischen Teams im Mont Blanc Tunnel, 4½ Stunden früher, bleibt zur Zeit umstritten. Sie wird von den meisten Spezialisten als bloße statistische Fluktuation angesehen. Ein Vorschlag von mehreren Astrophysikern des MPI in München, daß es sich um einen „zweistufigen" Kollaps handelte (zuerst zum Neutronenstern, dann zum Schwarzen Loch) wurde nicht generell akzeptiert.

Wir wollen noch eine für die Teilchenphysik sehr wichtige Anwendung dieser Neutrinobeobachtungen erwähnen. Im Prinzip ist dadurch eine Bestimmung der Ruhmasse des Neutrinos (Elektronen-Neutrinos) möglich. Sollte das Neutrino eine von null verschiedene Ruhmasse oder Ruhenergie m_0c^2 besitzen, dann bewegt es sich notwendigerweise mit einer Geschwindigkeit, die kleiner ist als die Lichtgeschwindigkeit, $c = 2{,}998 \times 10^8$ m/s. In diesem Fall besteht zwischen Neutrinoenergie und Geschwindigkeit die für hochrelativistische Teilchen gültige Relation:

$$E = \gamma m_0 c^2 \quad \text{mit} \quad \gamma = \frac{1}{\sqrt{1 - (\frac{v}{c})^2}} \quad \text{(Lorentzfaktor)}.$$

Es wurde noch vor dem Erscheinen von SN 1987A vorgeschlagen, diesen Zusammenhang zwischen Neutrinoenergie und Geschwindigkeit, das heißt Differenzen in der Ankunftzeit nach dem Ausbruch zur Bestimmung der Neutrinomasse zu benützen. Die niederenergetischen Neutrinos werden etwas später als die hochenergetischen Teilchen ankommen, da größeres E bei gegebenem m_0c^2 auch größeres γ bedeutet, und dementsprechend wird auch v näher bei der Lichtgeschwindigkeit c liegen.

Die interessante Methode versagte im Falle der GMW Supernova. Wie Abbildung 26 zeigt, liegt dies hauptsächlich an dem unzureichenden statistischen Material. Selbst wenn man von offensichtlichen Fehlerquellen, wie Unsicherheit der Entfernung und (viel wichtiger) des zeitlichen Ablaufs, des „Profils" der Neutrinoemission, absieht, ist die Form der Energie-Laufzeit-Relation nur dann wohl definiert, wenn wir die Kurve

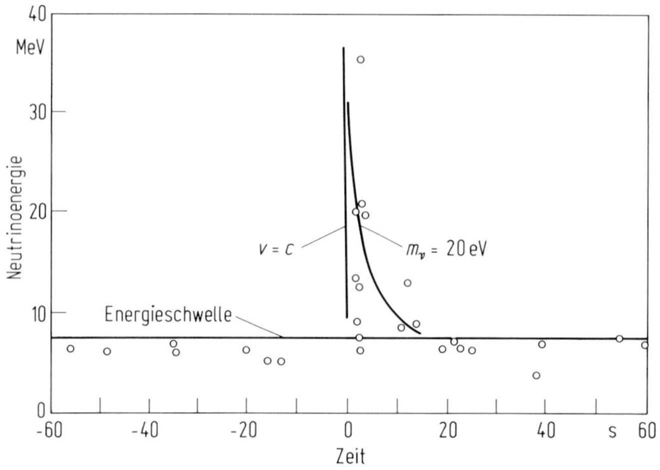

Abb. 26. Energie-Laufzeit-Relation im Vergleich mit Neutrinoereignissen der Supernova SN 1987A, die mit dem Kamiokande II-Detektor in Japan registriert wurden. Zur Illustration ist die Ankunftszeit als Funktion der Teilchenenergie für eine hypothetische Neutrinomasse von 20 eV eingezeichnet, die so gewählt wurde, um die Gruppe der 3 Neutrinos bei etwa 20 MeV einigermaßen gut wiederzugeben. Die vertikale Linie bei $t = 0$ entspricht der Ankunft des Lichtsignals, die horizontale Linie stellt die Nachweisgrenze des Detektors dar

sehr gut belegen können. Bei kleineren m_0c^2-Werten (einige eV) wird für hochenergetische Neutrinos der Wert von γ so hoch, (v so nahe c), daß die Darstellung hier fast „senkrecht“ verläuft. Sie nähert sich ja für $m_0 \to 0$ der senkrechten Linie, die der Lichtgeschwindigkeit entspricht, asymptotisch an. Aufgrund der elf beziehungsweise acht Neutrinoereignisse, die außerdem wegen der Unsicherheit der Zeitangabe beim Kamiokande II-Experiment für die zwei Detektoren getrennt analysiert werden müssen, kann man nur sagen, daß die Annahme „höherer“ Massen (etwa $m_0c^2 > 10$ eV) bestimmt zu keiner guten Darstellung führt. Kleinere Ruhenergien um 5 eV oder weniger sind mit den Daten besser verträglich – selbst $m_0 = 0$ ist nicht auszuschließen. Auf jeden Fall sprechen die Neutrino-Daten von SN 1987A gegen die Hypothese, daß die Neutrinos die mittlere Dichte des Universums durch eine deutlich von null verschiedene Ruhmasse wesentlich beeinflussen könnten. Wir brauchen zur Klärung dieser Frage offenbar eine noch nähere, eine galaktische Supernova.

12.6.2 Kataklysmische Veränderliche

Die seit etwa zwei Jahrzehnten gebräuchliche Bezeichnung dieser Untergruppe der eruptiven Veränderlichen leitet sich von dem griechischen Wort „kataklysmos“ (= Katastrophe, Überschwemmung) ab und nimmt Bezug auf den physikalischen Prozeß, der für die Eruption dieser Objekte verantwortlich ist. Die plötzlichen Helligkeitsausbrüche und die damit verbundenen besonderen spektroskopischen und photometrischen Eigenschaften dieser Veränderlichen können durch den entwicklungsmäßig bedingten Massenaustausch zwischen den beiden Komponenten eines engen wechselwirkenden Doppelsternsystems erklärt werden.

Die Analyse solcher Systeme ist ein modernes Teilgebiet der Astrophysik und wurde besonders in den letzten 15 bis 20 Jahren dank der Entwicklung der weltraumgestützten UV- und Röntgenastronomie und durch den Einsatz von Schnellphotometrie gefördert. Wegen der großen Anzahl kataklysmischer Veränderlicher und der Möglichkeit der Untersuchung wichtiger Wechselwirkungsprozesse sind diese Systeme wertvolle Informationsquellen für die Überprüfung der Theorie der Entwicklung enger Doppelsterne.

12.6.2.1 Phänomenologische Klassifizierung. Das Hauptmerkmal fast aller kataklysmischen Veränderlichen mit Ausnahme der novaähnlichen Systeme sind regelmäßig, unregelmäßig oder einmalig beobachtete Helligkeitsausbrüche, bei denen innerhalb kurzer Zeiträume sehr große Mengen an Energie freigesetzt werden. Die unmittelbare und auffälligste Folge solcher Eruptionen ist eine Zunahme der visuellen Helligkeit von 2^m bis zu 19^m innerhalb von Stunden bis Monaten und eine anschließende langsamere Abnahme der Gesamthelligkeit auf den ursprünglichen Wert vor dem Ausbruch innerhalb von Tagen bis Jahrzehnten, je nach Objektklasse.

Man klassifiziert die vielfältigen Erscheinungsformen der kataklysmischen Veränderlichen nach physikalischen Gesichtspunkten. Der wichtigste Parameter ist dabei die bei einem Ausbruch in einem begrenzten oder im gesamten Spektralbereich freigesetzte Energie, die meist durch die visuelle, photographische oder durch die insgesamt emittierte bolometrische Energie charakterisiert wird. Zur Unterscheidung der verschiedenen Untergruppen ist es nötig festzustellen, ob der beobachtete Ausbruch ein einmaliges Ereignis war oder ob sich die Eruptionen unregelmäßig oder regelmäßig mit bestimmten Zykluslängen wiederholen. Ein weiteres wichtiges Klassifikationsmerkmal ist schließlich die Zeitskala, mit der der Ausbruch verläuft. Vor allem bei Novae benutzt man häufig als Maß die Länge des Zeitintervalls, das zwischen dem Erreichen der absoluten visuellen Maximumshelligkeit und demjenigen Zeitpunkt verstrichen ist, zu dem die Helligkeit relativ dazu wieder um zwei oder drei Größenklassen abgenommen hat (t_2- beziehungsweise t_3-Zeit). Neben diesen groben Unterscheidungsmerkmalen ist für eine genauere Klassifizierung die Berücksichtigung individueller photometrischer und spektroskopischer Eigenschaften nötig, die heute mit Hilfe hochempfindlicher Detektoren durch Photometrie mit hoher Zeitauflösung und spektroskopische Messungen in den Röntgen-, UV-, visuellen und IR-Spektralbereichen mit ausreichender Dispersion ausgeführt werden können.

Entsprechend unterteilt man die kataklysmischen Veränderlichen in schnelle (Na), langsame (Nb), sehr langsame (Nc) und rekurrierende (Nr) Novae, in Zwergnovae (DN) mit den jeweils nach Prototypen benannten Unterklassen der U Gem-, Z Cam- und SU UMa-Systeme und in novaähnliche Veränderliche (Nl), die wiederum mehrere Untergruppen umfassen (UX UMa-, VY Scl-, AM Her-, DQ Her- und AM CVn-Systeme).

Tabelle 1 faßt die phänomenologische Klassifikation der kataklysmischen Veränderlichen zusammen. Als Unterscheidungskriterien der verschiedenen Unterklassen sind hier die folgenden beobachtbaren Parameter angegeben: die Ausbruchsamplitude Δm_{vis} im visuellen Spektralbereich (in Größenklassen), die beim gesamten Ausbruch in Form von visueller Strahlung emittierte Energie E_{vis} (in Joule), die typische Zykluslänge T_n, mit der sich gegebenenfalls die Ausbrüche wiederholen, die t_2-Zeit (siehe oben) sowie die Zahl N der bekannten Objekte jeder Gruppe. Die

Tabelle 1. Klassifikation der kataklysmischen Veränderlichen

Untergruppe	Δm_{vis}	E_{vis} (Joule)	T_n	t_2 (Tage)	N
Novae					
Na				2–80	
Nb	7^m–15^m	10^{37}–10^{38}	10^5 a	80–250	~200
Nc				> 250	
Rekurrierende Novae	7^m–9^m	10^{36}–10^{37}	10–100 a	3–60	6
Zwergnovae					
U Gem	2^m–6^m		15–500 d		
Z Cam	2^m–5^m	10^{31}–10^{32}	10– 50 d	1–2	~300
SU UMa	2^m–8^m		10–200 d		
Novaähnliche Veränderliche	–	–	–	–	~ 70

Angaben der Tabelle wurden aus Robinson (1976), Warner (1976), Duerbeck und Seitter (1982) und Wade und Ward (1985) entnommen. Für die Gruppe der Novae und Zwergnovae besteht eine deutliche Korrelation zwischen der Ausbruchsamplitude beziehungsweise Energie und der Zykluslänge zwischen aufeinanderfolgenden Ausbrüchen, die als „Kukarkin-Parenago-Relation" bekannt ist (vgl. Warner (1987) und Antipova (1987)).

Eine Liste besonders gut untersuchter kataklysmischer Veränderlicher ist in Tabelle 2 zu finden. Neben den visuellen oder Blau-Helligkeiten im Maximum und Minimum sind dort auch individuelle Ausbruchszyklen T_n, Bahnperioden der Doppelsternsysteme P_{orb} und absolute Massen der Primär- und Sekundärkomponenten (M_1, M_2) angegeben (s. dazu auch Abschnitt 12.3.5). Koordinaten und Referenzen für publizierte Arbeiten sowie Referenzen für Umgebungskarten der einzelnen Systeme sind in dem Katalog kataklysmischer Doppelsterne von Ritter (1987) zusammengestellt, dem auch die Daten der Tabelle 2 entnommen sind. Beispiele für Ausbruchslichtkurven sind in den Abbildungen 27a–f dargestellt. Eine ausführliche Übersicht über Struktur, Aufbau und Eigenschaften kataklysmischer Veränderlicher ist beispielsweise in den Artikeln von Cordova und Mason (1982), Robinson (1976), Wade und Ward (1985) und Warner (1976) zu finden.

12.6.2.2 Photometrische und spektroskopische Eigenschaften

12.6.2.2.1 *Novae.* Novae (nach lat. nova stella – neuer Stern) erhielten ihren Namen aufgrund der früheren (falschen) Annahme, daß das plötzliche Aufleuchten eines neu entstandenen Sterns beobachtet wurde. Tatsächlich ist der Vorläufer der Nova meist für visuelle, oft auch für photographische Beobachtungen zu schwach, so daß auch heute noch relativ wenige Informationen über die Eigenschaften der Vorläufer (Praenovae) und Überreste (Exnovae oder Postnovae) vorliegen. Es handelt sich in den bekannten Fällen um heiße blaue Sterne mit geringfügigen sporadischen Helligkeitsfluktuationen. Oft wird ein Novaereignis erst während oder nach dem visuellen Helligkeitsmaximum entdeckt, da der Anstieg zum Maximum um 7 bis 14 oder mehr Größenklassen innerhalb sehr kurzer Zeiträume von wenigen Stunden bis Tagen verläuft.

Tabelle 2. Auswahl gut untersuchter kataklysmischer Veränderlicher[a]

Objekt	Typ[b]	m_{max}[c]	m_{min}[c]	T_n (Tage)	P_{orb} (Tage)	M_1[d] ($M_\odot$)	M_2[d] ($M_\odot$)
RX And	DN (ZC)	10,9	14,9	5–20	0,21154	1,14 (0,33)	0,48 (0,03)
AR And	DN (UG)	11,0	17,6	25	0,0938		
HV And	Nl (AM:)	15,0B	16,8B		0,05599:		
VY Aqr	DN (UG)	8,0B	17,5B		0,22:		
AE Aqr	Nl (DQ)	9,8	11,6		0,411654	0,9 (0,1)	0,7 (0,1)
FO Aqr	Nl (DQ)		13,5		0,16771		
UU Aql	DN (UG)	11,0	16,7	71	0,14049		
V603 Aql	Na	−1,1	11,9		0,138154	0,66 (0,27)	0,29 (0,02)
V794 Aql	Nl (UX)	13,7	20,2B		0,23	0,88 (0,39)	0,53 (0,07)
V1315 Aql	Nl (UX)	14,4	16,1		0,139690	0,9	0,4
TT Ari	Nl (VY)	9,5	16,3		0,137551	0,8:	0,4:
T Aur	Nb	4,1	15,1		0,204378	0,68:	0,63:
SS Aur	DN (UG)	10,5	14,8	40–75	0,1828	1,08 (0,40)	0,39 (0,20)
KR Aur	Nl (VY)	11,3	18B		0,16280	0,59 (0,17)	0,35 (0,02)
V363 Aur	Nl (UX)	14,2	15,0		0,321242	0,86 (0,08)	0,77 (0,04)
Z Cam	DN (ZC)	10,5	14,8	19–28	0,289840	0,99 (0,15)	0,70 (0,03)
AF Cam	DN (UG)	13,4	17,3	75	0,0525		
SY Cnc	DN (ZC)	11,1	14,5	22–35	0,380	0,89 (0,28)	1,10 (0,05)
YZ Cnc	DN (SU)	10,5	15,5	6–16	0,0864	0,39 (0,12)	0,27 (0,02)
AC Cnc	Nl	13,8	15,4	204	0,300478	0,82 (0,13)	1,02 (0,14)
AT Cnc	DN (ZC)	12,7B	16,2B		0,238691		
AM CVn	Nl (AC)	14,1	14,2				
HL CMa	DN (ZC)	11,7	14,5		0,2145	1,0:	0,45 (0,10)
BG CMi	Nl (DQ)	14,3	14,7		0,13479	0,8 (0,2)	0,38
OY Car	DN (SU)	11,4	17,3	25–50	0,063121	0,90 (0,04)	0,100 (0,005)
QU Car	Nl	11,1	11,5		0,454		
HT Cas	DN (SU)	10,8	18,4	30–35	0,073647	0,60 (0,16)	0,20 (0,03)
V425 Cas	Nl	14,5	18		0,14964	0,86 (0,32)	0,31 (0,02)
BV Cen	DN (UG)	10,5	13,3	150	0,610116	0,83 (0,10)	0,90 (0,10)
V436 Cen	DN (SU)	11,3	15,5	32	0,062501	0,7: (0,1)	0,17:
V834 Cen	Nl (AM)	14,2	16,0		0,070497		

Fortsetzung Seite 424

Tabelle 2. (Fortsetzung)

Objekt	Typ[b]	m_{max}[c]	m_{min}[c]	T_n (Tage)	P_{orb} (Tage)	M_1[d] ($M_\odot$)	M_2[d] ($M_\odot$)
WW Cet	DN (ZC)	9,3	15,7	31	0,17578	0,50 (0,14)	0,35 (0,03)
Z Cha	DN (SU)	11,9	17,2	82	0,074499	0,54 (0,01)	0,081 (0,003)
TV Col	Nl (DQ)	13,6	14,1		0,228600		
GP Com	Nl (AC)	15,7	16,0		0,03231		
SS Cyg	DN (UG)	8,2	12,1	24–63	0,275130	1,20 (0,10)	0,71 (0,06)
EM Cyg	DN (ZC)	12,5	14,4	13–46	0,290909	0,57 (0,08)	0,76 (0,08)
V751 Cyg	Nl (UX)	13,2	16:		0,25:		
V1500 Cyg	Na	2,2	17,2		0,139613		
V1668 Cyg	Na	6,0	19,0		0,4392:		
CM Del	DN (UG)	13,4	15,3		0,162	0,48 (0,15)	0,36 (0,03)
HR Del	Nc	3,3	13,0		0,214167	0,9: (0,1)	0,58: (0,01)
AB Dra	DN (ZC)	12,3	15,8	8–22	0,15198		
DO Dra	Nl	10,6B	15,1B		0,1658		
EF Eri	Nl (AM)	13,7	17,7B		0,056266		0,13
U Gem	DN (UG)	9,1	15,2	125	0,176906	1,18 (0,15)	0,56 (0,06)
IR Gem	DN (SU)	11,2	17,0	22–48	0,0684		
AH Her	DN (ZC)	11,3	14,7	7–27	0,258116	0,95 (0,10)	0,76 (0,08)
AM Her	Nl (AM)	12,0	15,5		0,128927	0,39:	0,26;
DQ Her	Nb	1,4	17,7		0,193621	0,62 (0,09)	0,44 (0,02)
V533 Her	Na	3,0	16,0		0,28:		
V795 Her	Nl (DQ)	12,5B	13,2B		0,6157		
EX Hya	Nl (DQ)	11,7	14,1	574	0,068234	0,57 (0,27)	0,13 (0,01)
VW Hyi	DN (SU)	8,5	13,8	27	0,074271	0,63 (0,15)	0,11 (0,02)
WX Hyi	DN (SU)	11,4	14,8	14	0,074813	0,9 (0,3)	0,16 (0,05)
BL Hyi	Nl (AM)	14,3	17,3		0,078914		
DI Lac	Na	4,6	14,6		0,543773		
T Leo	DN (UG)	11,0	15,7	450	0,058819	0,16 (0,04)	0,11 (0,01)
X Leo	DN (UG)	12,4	15,8	20	0,1644		
DP Leo	Nl (AM)	17,5B	>22		0,062363	0,4:	0,1:
ST LMi	Nl (AM)	15,0	17,2		0,079089		
AY Lyr	DN (SU)	12,3	18,4B	8–43	0,0730		

Objekt	Typ [b]	m_{max} [c]	m_{min} [c]	T_n (Tage)	P_{orb} (Tage)	M_1 [d] ($M_\odot$)	M_2 [d] ($M_\odot$)
MV Lyr	Nl (VY)	12,1	18B		0,1336		0,17:
TU Men	DN (SU)	11,6	>16	37	0,1176	0,6	0,35
BT Mon	Na	4,5:	18,1		0,333814		
CW Mon	DN (UG)	11,9	16,3	122	0,1762		
V380 Oph	Nl:	14,5	>16,1		0,16	0,58 (0,19)	0,36 (0,04)
V426 Oph	Nl (DQ)	11,5	13,4	14	0,250		
V442 Oph	Nl	12,6	>14,5		0,1406	0,34 (0,10)	0,31 (0,02)
V2051 Oph	DN (UG:)	13,0	17,5		0,062428	0,44 (0,05)	0,13 (0,04)
CN Ori	DN (ZC)	11,9	16,3	8–22	0,1639	0,94 (0,25)	0,56 (0,02)
BD Pav	DN (UG)	12,4	>16,5		0,17930		
RU Peg	DN (UG)	9,0	13,1	75–85	0,3746	1,21 (0,19)	0,94 (0,04)
IP Peg	DN (UG)	12B	18,5B	95	0,158208	0,8 (0,1)	0,35 (0,10)
GK Per	Na	0,2	14,0		1,996803	0,9 (0,2)	0,25
RR Pic	Nb	1,2:	12,5		0,145026	0,95:	0,4:
TY Psc	DN (SU)	11,7	16,3	11–35	0,071		
AO Psc	Nl (DQ)	13,3	13,6		0,149626		
TY PsA	DN (SU)	12	16		0,08063		
VV Pup	Nl (AM)	14,5	18,0		0,069747	>1,0	>0,25
CP Pup	Na	0,2	15:		0,06115:		
VW Sge	Nl	10,5	13,9	550	0,514198	0,74	2,8
RZ Sge	DN (SU)	12,2	17,4B	62–93	0,067		
WY Sge	N:, DN:	5,4:	>21B		0,153634		
WZ Sge	DN (SU)	7:	15,5		0,056688	0,8: (0,3)	0,09: (0,02)
V1223 Sgr	Nl (DQ)	12,3	16:		0,140232	0,5 (0,1)	0,4
V3885 Sgr	Nl (UX)	9,6	10,3		0,206:	0,8: (0,2)	0,7: (0,1)
VY Scl	Nl (VY)	12,9	18,5		0,1662:		
VZ Scl	Nl (UX)	15,6	>18		0,144622	0,3:	0,4:
LX Ser	Nl (UX)	14,5	16,5		0,158432	0,41 (0,09)	0,36 (0,02)
MR Ser	Nl (AM)	14,9	17		0,078873		
RW Sex	Nl (UX)	10,4	10,8		0,2451	0,8 (0,3)	0,54 (0,09)
SW Sex	Nl (UX)	14,8B	16,7B		0,134938	0,58 (0,20)	0,33 (0,06)

Fortsetzung Seite 426

Tabelle 2. (Fortsetzung)

Objekt	Typ [b]	m_{max} [c]	m_{min} [c]	T_n (Tage)	P_{orb} (Tage)	M_1 [d] ($M_\odot$)	M_2 [d] ($M_\odot$)
RW Tri	Nl (UX)	12,6	15,6		0,231883	0,44 (0,08)	0,58 (0,03)
EK TrA	DN (SU)	12,0	>17	231	0,0636		
SU UMa	DN (SU)	11,2	15,0	5–33	0,07635		
SW UMa	DN (SU)	9	17,0	459	0,05681	0,71 (0,22)	0,10 (0,01)
UX UMa	Nl (UX)	12,7	14,1		0,196671	0,43 (0,10)	0,47 (0,03)
AN UMa	Nl (AM)	14,5	18,9B		0,079753		
CH UMa	DN (UG)	10,7	15,9	204	0,3448:		
CU Vel	DN (SU)	10,7	15,5	113	0,0769		
IX Vel	Nl (UX)	9,1	10,0		0,1220:		
KO Vel	Nl (AM:)	16,7	17,7		0,07183:		
TW Vir	DN (UG)	12,1	16,3	15–44	0,18267	0,91 (0,25)	0,40 (0,02)
VW Vul	DN (UG:)	13,6	15,6	14–23	0,0731	0,24 (0,06)	0,14 (0,01)
QQ Vul	Nl (AM)	14,5	15,5		0,154522		
PHL 227	Nl (UX)	13,5			0,1356		
H0538 + 608	Nl (AM)	14,6	>17		0,129		
1H0542 – 407	Nl (DQ)	15,7			0,258:		
1H0832 + 488	DN (UG)	14,9B			0,26810		
PG1030 + 590	Nl	14,9	16,4		0,1361		
PG1346 + 082	Nl (VY)	13,0	17,5		0,01725:		

[a] Die Daten aus Tabelle 2 wurden der 4. Ausgabe des „Catalogue of Cataclysmic Binaries, Low-Mass X-Ray Binaries and Related Objects" von Ritter (1987) entnommen. Unsichere Werte sind durch einen Doppelpunkt (:) markiert.

[b] Na = schnelle Nova; Nb = langsame Nova; Nc = sehr langsame Nova; Nr = rekurrierende Nova; DN = Zwergnova vom Typ U Gem (UG), Z Cam (ZC) oder SU UMa (SU); Nl = novaähnlicher Veränderlicher vom Typ UX UMa (UX), VY Scl (VY), AM Her (AM), DQ Her (DQ) oder AM CVn (AC).

[c] m_{max} bezeichnet die visuelle Maximumhelligkeit von Novae, rekurrierenden Novae und Zwergnovae im Ausbruch, bei Zwergnovae vom SU UMa-Typ im Superausbruch, bei novaähnlichen Veränderlichen die maximal erreichte Helligkeit in einem aktiven Zustand; m_{min} ist die Helligkeit von Novae, rekurrierenden Novae und Zwergnovae im Minimum, das heißt vor, nach beziehungsweise zwischen Ausbrüchen; bei novaähnlichen Veränderlichen ist die geringste beobachtete Helligkeit in einem inaktiven Zustand angegeben; die mit B markierten Helligkeiten wurden im blauen (~ 430 nm) Spektralbereich gemessen.

[d] M_1 und M_2 sind die Massen (in Sonnenmassen $M_\odot$) der leuchtkräftigeren und meistens massereicheren Primärkomponente (Weißer Zwerg + Akkretionsscheibe) beziehungsweise der leuchtschwächeren Sekundärkomponente (kühler Hauptreihenstern); die Werte in Klammern geben die Fehler der Massenbestimmungen an.

Die schematische Gestalt einer Nova-Lichtkurve ist in Abbildung 28 zu sehen. Je nach der Zeitskala des Ausbruchs unterscheidet man schnelle (Na), langsame (Nb) und sehr langsame (Nc) Novae, die durch typische t_3-Zeiten (Zeit für Abnahme der Helligkeit vom Maximum an um 3^m) von einigen 10, 100 beziehungsweise 1000 Tagen charakterisiert werden können. Gemessene Lichtkurven der schnellen Nova V1500 Cyg = Nova Cygni 1975, der beiden langsamen Novae DQ Her = Nova Herculis 1934 und PW Vul = Nova Vulpeculae 1984 No. 1 sowie der sehr langsamen Nova HR Del = Nova Delphini 1967 sind in Abbildung 27a–d zu sehen. Daraus ist bereits erkennbar, daß die Gestalt der Lichtkurven individuell stark unterschiedlich sein kann. In der schematischen Abbildung 28 ist angedeutet, daß auffällige Unterschiede vor allem im sogenannten „Übergangsstadium" auftreten, das dem ersten schnellen Abfall nach dem Maximum folgt. Der Verlauf kann dort entweder mehr oder weniger glatt sein, periodische Fluktuationen unterschiedlicher Amplitude aufweisen, oder es kann bei langsamen Novae auch ein tiefes Helligkeitsminimum auftreten. Einheitlicher verlaufen dagegen die Phasen des raschen Anstiegs zum Maximum, der oft durch einen kurzen „Praemaximumshalt" etwa 2^m unterhalb des Maximums unterbrochen wird, des ersten schnellen Abstiegs nach dem Maximum und des asymptotischen letzten Abstiegs zur ursprünglichen Helligkeit mit geringen Intensitätsschwankungen. Das Maximum selbst ist bei schnellen Novae scharf, bei langsamen Novae kann es mehrere hundert Tage breit sein und eine komplexe Gestalt haben (s. z. B. Abb. 27d).

Die Amplituden der meisten Novae liegen bei 11^m bis 12^m; extrem große Werte wurden bei CP Pup mit mehr als 16^m und bei V1500 Cyg mit über 18^m beobachtet. Der Statistik liegt jedoch ein Auswahleffekt zugunsten zu kleiner Amplituden zugrunde, da die Helligkeiten der meisten Praenovae nicht bekannt sind. Die mittlere absolute Helligkeit im Maximum beträgt nach Duerbeck (1981) bei langsamen Novae -6.4^M, bei schnellen Novae -9.4^M. Im Katalog und Atlas galaktischer Novae von Duerbeck (1987) sind Koordinaten und Umgebungskarten einer großen Zahl von Exnovae gesammelt.

Zur Unterscheidung von anderen Veränderlichen-Klassen (z. B. Supernovae) dient vor allem das spektrale Erscheinungsbild während des Ausbruchs, das zum Beispiel im Detail von Payne-Gaposchkin (1957; 1977), McLaughlin (1965) und Warner (1976) beschrieben wird. Die Spektren von Praenovae sind meist unbekannt, bis auf wenige Ausnahmen, die ein kräftiges blaues Kontinuum vom OB-Typ ohne Emissionslinien zeigen. Im Maximum gleicht das Spektrum dem eines B-, A- oder F-Sterns mit breiten und um einige 100 km/s kurzwellig Doppler-verschobenen Absorptionslinien, die in einer expandierenden Pseudo-Photosphäre erzeugt werden. Mit zunehmender Ausdehnung der Hülle nach dem Maximum ändert sich das Spektrum in das eines Überriesensterns mittleren Spektraltyps. An der kurzwelligen Seite der schwächer werdenden diffusen Absorptionen treten neue scharfe Absorptionskomponenten auf. Außerdem entstehen an der langwelligen Seite der breiten Absorptionslinien symmetrisch zur Laborwellenlänge des Übergangs breite Emissionslinien von Wasserstoff (Balmerlinien) und einfach-ionisierten Metallen (z. B. Ca II, Fe II). Während die Absorptionen nur in der auf die Strahlungsquelle projizierten Säule der expandierenden Hülle gebildet werden können, die sich in Richtung auf den Beobachter bewegt (daher Dopplerverschiebung der Linien zu kürzeren Wellenlängen), werden die Emissionen durch Photonen gebildet, die aus allen Bereichen der durchsichtigen (optisch

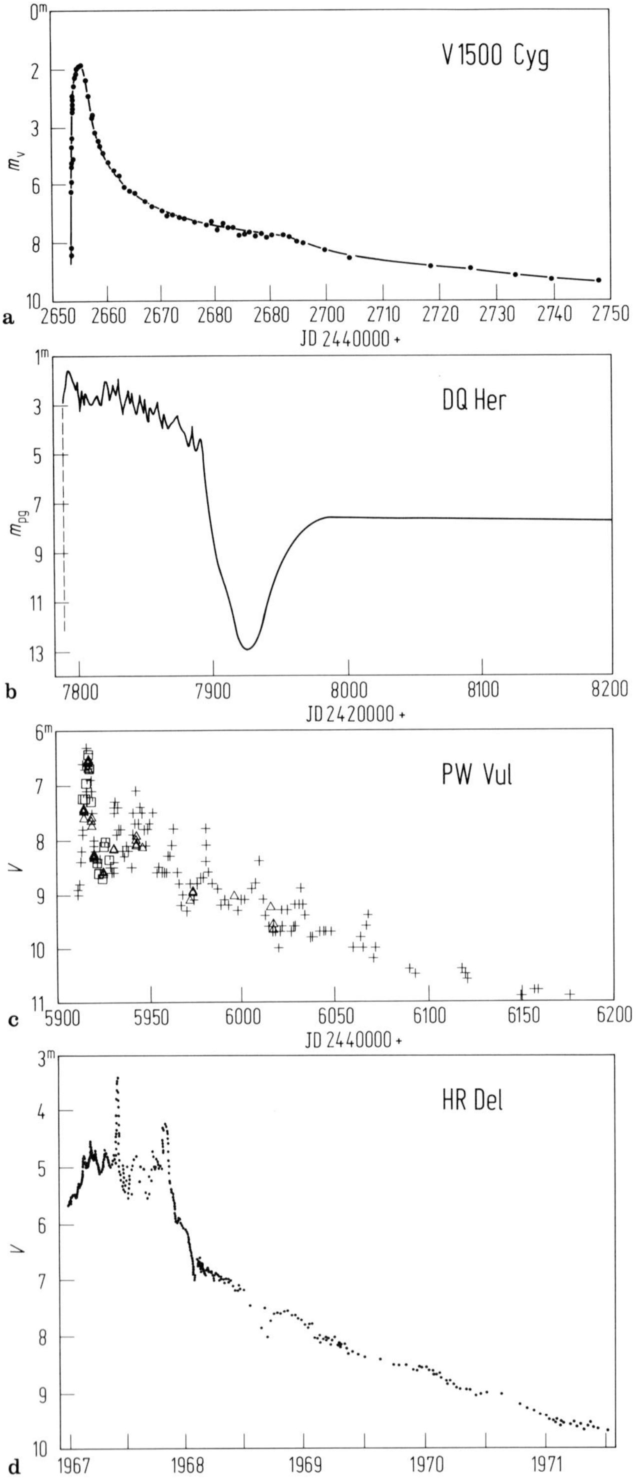

Abb. 27a–f. Ausbruchslichtkurven von Novae und Zwergnovae. **a** Schnelle Nova (Na) V1500 Cygni (nach Young et al., 1976); **b** langsame Nova (Nb) DQ Herculis (1934); **c** langsame Nova (Nb) PW Vulpeculae (1984), + : visuelle Schätzungen, □: photoelektrische Messungen, △: IUE FES-Daten; **d** sehr langsame Nova (Nc) HR Delphini (1967); **e** rekurrierende Nova (Nr) T Pyxidis (nach Hoffmeister et al., 1984); **f** Zwergnovae SS Cygni, Z Camelopardalis und SU Ursae Majoris (nach Glasby, 1968)

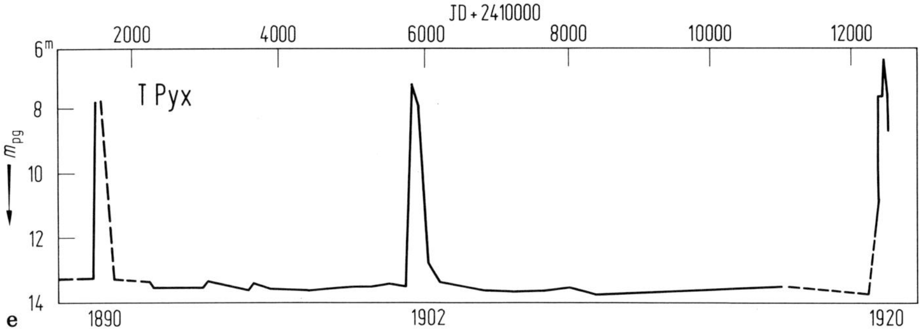
JD + 2410000
2000
4000
6000
8000
10000
12000
T Pyx
6m
8
10
12
14
m_{pg}
1890
1902
1920

e

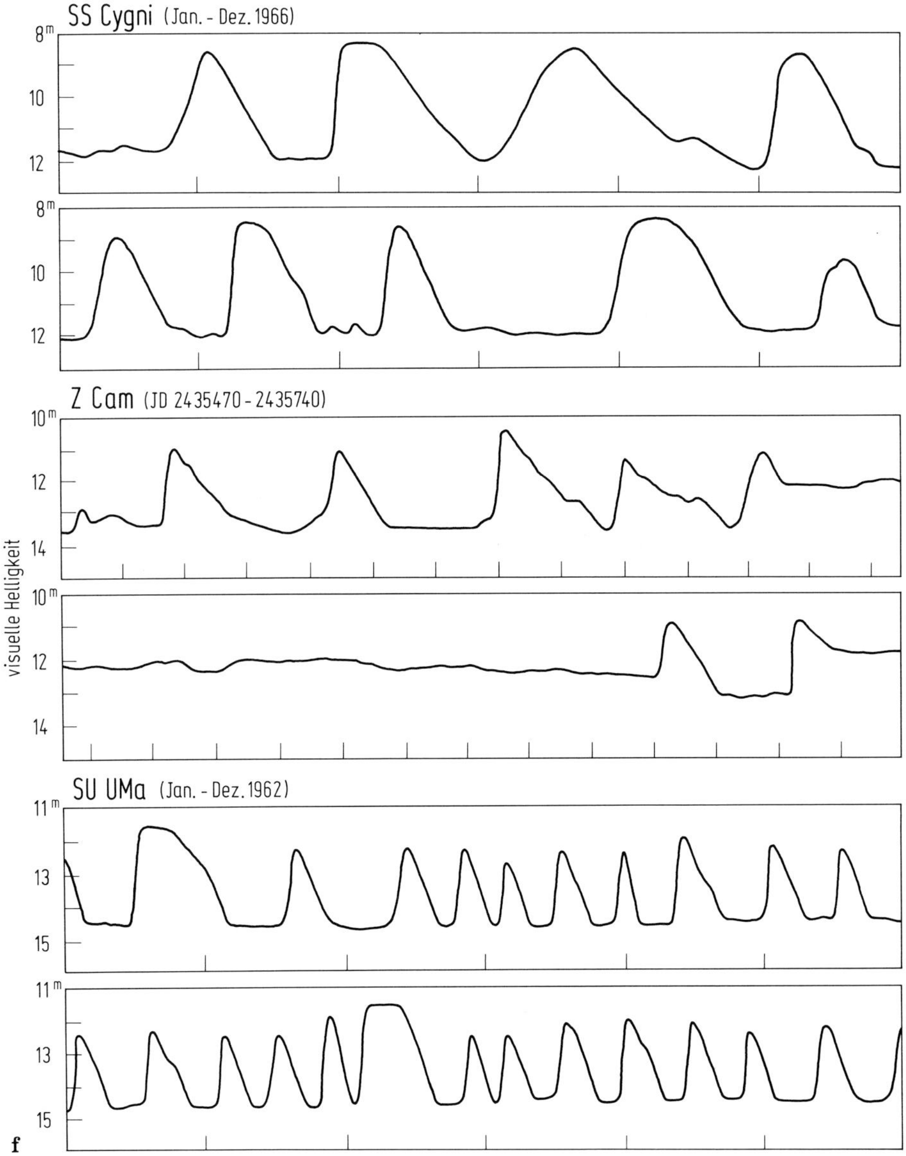
SS Cygni (Jan. - Dez. 1966)
8m
10
12
Z Cam (JD 2435470 - 2435740)
10m
12
14
visuelle Helligkeit
SU UMa (Jan. - Dez. 1962)
11m
13
15

f

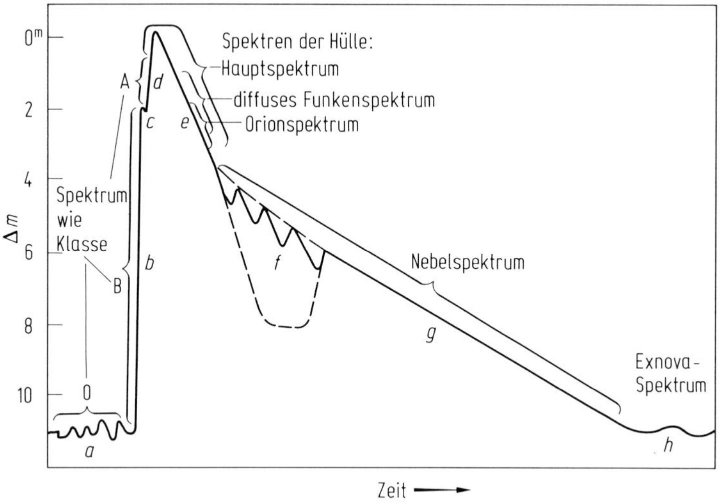

Abb. 28. Schematische Lichtkurve einer klassischen Nova (nach Hoffmeister et al., 1984). *a* Praenova; *b* und *d* Anstieg; *c* Prämaximumshalt; *e* erster Abstieg; *f* Übergangsstadium; *g* endgültiger Abstieg; *h* Postnova

dünnen) Hülle entweichen und deshalb zu einer mehr oder weniger symmetrischen Dopplerverbreiterung der unverschobenen Emissionslinien führen. Kurz nach Entstehung der scharfen Absorptionen („Hauptspektrum") bilden sich parallel dazu sehr breite und wesentlich weiter kurzwellig verschobene Absorptionen aus („diffuses Funkenspektrum"), dem wenig später ein weiteres Absorptions- und Emissionsliniensystem mit meist noch größeren Linienbreiten folgt („Orionspektrum", kräftige He I-, C II-, N II-, O II-Linien). Etwa zu Beginn des Übergangsstadiums hat sich die Novahülle infolge ihrer kontinuierlichen Expansion so weit verdünnt, daß die Plasmadichte ähnlich gering wie in Planetarischen Nebeln ist. Die Absorptionslinien und das kontinuierliche Spektrum verschwinden deshalb praktisch vollständig und das spektrale Erscheinungsbild wird allein durch kräftige Emissionslinien gebildet, die für Nebelspektren typisch sind. Spätestens ab Beginn dieses „Nebelstadiums" sind die sogenannten „verbotenen" Linien die kräftigsten Spektrallinien im visuellen und UV-Bereich (z. B. von O III bei 495,9, 500,7 und 436,3 nm sowie von mehrfach ionisiertem C, N, Ne, Si oder Fe). Es werden auch noch ionisierte Koronalinien (bis zu Fe XIV) beobachtet. Das Nebelstadium, das bis zu einigen Jahren andauern kann, geht übergangslos in das Exnova-Stadium über, in dem das System wieder die ursprüngliche Praenova-Helligkeit erreicht. Die Hülle ist jetzt völlig durchsichtig, und das Spektrum wird bis auf einige immer schwächer werdende Nebellinien wieder von dem zentralen Doppelsternsystem erzeugt.

Das komplexe Erscheinungsbild und die spektralen Variationen im Verlauf des Novaausbruchs lassen sich grundsätzlich durch das Modell einer Explosion im zentralen Doppelsternsystem erklären, bei der ein geringer Bruchteil (10^{-4} bis 10^{-5} $M_\odot$) der Gesamtmasse des Systems als Novahülle abgeschleudert wird. Ein wesentlicher Teil der Gesamtenergie der Explosion (10^{37} bis 10^{38} J) geht dabei in die kinetische

Energie der Hülle, die auf Geschwindigkeiten von einigen 1000 km/s beschleunigt wird.

12.6.2.2.2 *Rekurrierende Novae.* Rekurrierende Novae unterscheiden sich von klassischen Novae vor allem durch wiederholte Ausbrüche (typische Zykluslängen von einigen Jahrzehnten) und durch eine im Mittel um 3^m bis 4^m geringere Ausbruchsamplitude (s. Abb. 27e). Man nimmt heute allgemein an, daß auch klassische Novae entwickelte späte Riesensterne statt Hauptreihensterne sind. Ursache und Verlauf der Ausbrüche sind weitgehend vergleichbar mit klassischen Novae. Man risch jeweils nur eine Eruption belegt ist. Genauere photometrische und spektroskopische Untersuchungen (z. B. Barlow et al., 1981) lassen aber vermuten, daß die Sekundärkomponenten von rekurrierenden Novae im Gegensatz zu den meisten klassischen Novae entwickelte späte Riesensterne statt Hauptreihensterne sind. Ursache und Verlauf der Ausbrüche sind weitgehend vergleichbar mit klassischen Novae. Man kennt nur 6 Objekte, von denen die bekanntesten und am besten untersuchten Vertreter T CrB (Ausbrüche: 1866, 1946), T Pyx (1890, 1902, 1920, 1944, 1966), U Sco (1863, 1906, 1936, 1979) und RS Oph (1898, 1933, 1958, 1967, 1985) sind. Simultane visuelle UV- und IR-Messungen (Photometrie und Spektroskopie) wurden bisher nur bei den Ausbrüchen von U Sco im Jahr 1979 von Barlow et al. (1981) und bei RS Oph 1985 von Snijders (1987) gemacht.

12.6.2.2.3 *Zwergnovae.* Zwergnovae – früher auch allgemein als U Geminorum-Sterne bezeichnet – erhielten ihren Namen wegen ihrer phänomenologischen Verwandtschaft mit Novae, wobei die sich zyklisch wiederholenden Ausbrüche eine, verglichen mit klassischen Novae, um einige Größenklassen geringere Amplitude aufweisen.

Der Aufbau dieser Systeme läßt sich ebenfalls mit dem Grundmodell eines wechselwirkenden engen Doppelsterns beschreiben. Die Ursache der Ausbrüche liegt auch hier im Massenaustausch zwischen den beiden Komponenten. Der grundlegende Unterschied zwischen Novae und Zwergnovae besteht jedoch in dem physikalischen Prozeß, der den Ausbruch auslöst. Die dafür verantwortlichen Mechanismen werden später besprochen.

Ähnlich wie bei rekurrierenden und klassischen Novae besteht bei Zwergnovae ein Zusammenhang zwischen dem mittleren Zeitintervall zwischen je zwei aufeinanderfolgenden Ausbrüchen und der Ausbruchsamplitude, der als Kukarkin-Parenago-Relation bekannt ist (z. B. Antipova, 1987): je größer die Zykluslänge, desto energiereicher sind die Ausbrüche. Man unterteilt die Zwergnovae aufgrund ihrer charakteristischen photometrischen Eigenschaften und ihres Ausbruchverhaltens in drei Gruppen:

1. *U Geminorum-Systeme.* Diese auch als SS Cygni-Sterne bezeichneten Objekte zeigen Ausbrüche, bei denen sich die visuelle Helligkeit um 2^m bis 8^m innerhalb von ein bis zwei Tagen steigert und anschließend in wenigen Tagen bis Wochen wieder auf den Wert im Minimum zurückgeht (s. auch Tabelle 2). Solche Ausbrüche wiederholen sich quasiperiodisch und in ähnlicher Weise mit mittleren Zykluslängen von etwa 10 bis einigen 100 Tagen.
2. *SU Ursae Majoris-Systeme.* Im Unterschied zu den U Gem-Sternen tritt bei SU UMa-Sternen jeweils nach einigen „normalen" Ausbrüchen ein sogenanntes

„Supermaximum" auf, das um etwa 1^m bis 2^m heller ist und einige Tage länger andauert als ein normales Maximum (s. z. B. Vogt, 1980). Ein interessantes Phänomen, das während solcher Superausbrüche beobachtet werden kann, sind periodische „Superhumps", also scharfe Intensitätsspitzen, die dem breiten Supermaximum überlagert sind und sich mit einer photometrischen Periode wiederholen, die im allgemeinen nur wenige Prozent von der spektroskopischen Bahnperiode des Doppelsternsystems verschieden ist. Ein auffälliges Merkmal von SU UMa-Systemen sind ihre sehr kurzen Umlaufperioden von meist weniger als 2 Stunden.

In Tabelle 2 sind die Bahnperioden vieler Zwergnovae zu finden; bei den SU UMa-Sternen sind die angegebenen Maximalhelligkeiten mittlere Helligkeiten während der Supermaxima.

3. *Z Camelopardalis-Systeme.* Z Cam-Sterne zeigen quasiperiodische Ausbrüche, die jedoch öfter durch länger andauernde Helligkeitsstillstände unterbrochen werden, bei denen die Helligkeit kurz nach einem Maximum etwa ein Drittel der Ausbruchsamplitude unterhalb des Maximums einige Tage bis zu vielen Monaten konstant bleiben kann, bevor die Systeme dann in den meisten Fällen zur Minimumshelligkeit abfallen.

12.6.2.2.4 *Novaähnliche Objekte.* Unter der Bezeichnung „novaähnliche" Systeme wird eine heterogene Gruppe von Objekten mit teilweise unterschiedlichem physikalischem Aufbau und Entwicklungszustand zusammengefaßt, die phänomenologisch mit kataklysmischen Systemen verwandt sind, aber keine Ausbrüche zeigen. Wie bei Zwergnovae im Minimum und bei Exnovae findet man statistische Helligkeitsvariationen innerhalb von Sekunden bis Minuten mit einigen Hundertstel bis Zehntel Größenklassen Amplitude. Dieses als „Flickering" bekannte Phänomen (s. z. B. Mumford, 1963; Robinson, 1975; Warner, 1976) ist durch den Massentransfer des engen Doppelsternsystems verursacht (s. z. B. Abb. 31).

Bei einigen novaähnlichen Systemen und Zwergnovae konnten mit Hilfe von photoelektrischen Messungen hoher Zeitauflösung auch kohärente, periodische oder quasiperiodische Oszillationen mit Amplituden von einigen Tausendstel bis Hundertstel Größenklassen und Perioden im Bereich von Sekunden bis Minuten beobachtet werden, die nur durch numerische Frequenz- oder Fourieranalyseverfahren nachweisbar sind (vgl. Wade und Ward, 1985). Man deutet diese periodischen Variationen als Oszillationen der Weißen Zwergkomponente des Doppelsternsystems. Beispiele sind die Pulsationen der Exnovae DQ Her mit einer Periode von 71 Sekunden (Nather, 1973) und V533 Her mit 64 Sekunden (Patterson, 1979) oder des AM Her-Systems 3A 0729 + 103 mit 15,2 Minuten Periode (Warner, 1983; s. Abb. 29).

Die Spektren von novaähnlichen Systemen sind durch eine für heiße OB-ähnliche Sterne charakteristische Kontinuumsverteilung gekennzeichnet, die zum UV-Bereich hin stark ansteigt. Den breiten Balmer-Absorptionslinien sind wie bei Zwergnovae im Minimum variable Emissionskomponenten überlagert. Außerdem werden unter anderem He I, He II (vor allem 468,6 nm), C III/N III (464 nm) und verbotene Emissionslinien (z. B. von O III, Ne III) beobachtet, die auch im Nebelstadium von Novae und bei planetarischen Nebeln auftreten. Bei längerperiodischen Systemen (mit $P \gtrsim 6^h$) kann zusätzlich ein Absorptionslinienspektrum späten Spektraltyps (K, M) identifiziert werden.

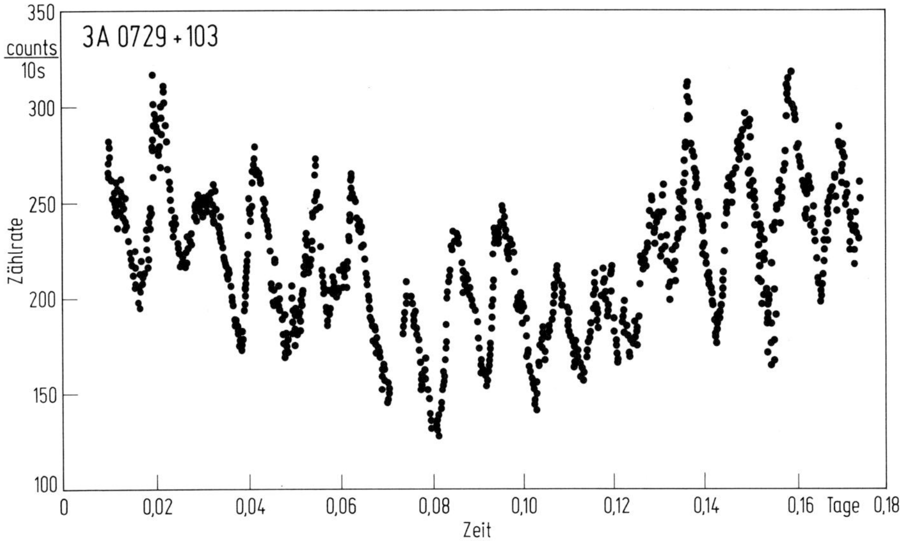

Abb. 29. Kohärente Oszillationen des intermediären Polars 3A 0729 + 103 mit einer Periode von 15,2 Minuten. Aufgetragen sind Photonenzählraten als Funktion der Zeit (nach Warner, 1983)

Genaue photometrische, spektroskopische und polarimetrische Untersuchungen führten erst in jünster Zeit zu einer systematischen Einteilung der novaähnlichen Systeme in verschiedene Untergruppen:

1. *UX Ursae Majoris-Systeme.* UX UMa-Sterne haben oft mehrere Jahrzehnte lang eine nahezu konstante Helligkeit. Neben dem üblichen Flickering und statistischen Helligkeitsfluktuationen von 0.1^{m} bis 1^{m} innerhalb von Minuten bis Stunden werden in manchen Fällen auch kohärente Oszillationen geringer Amplitude beobachtet. Die Spektren sind denen von Zwergnovae im Minimum sehr ähnlich.
2. *VY Sculptoris-Systeme.* Die auch als „Anti-Zwergnovae“ bezeichneten VY Scl-Objekte befinden sich überwiegend jeweils für einige Jahre in sogenannten „aktiven“ Phasen, in denen sie bis auf Helligkeitsfluktuationen von wenigen Zehntel Größenklassen und das übliche Flickering eine nahezu konstante mittlere Helligkeit haben. Diese aktiven Zustände werden sporadisch durch wesentlich kürzere „inaktive“ Phasen unterbrochen, während der die Helligkeit um 3^{m} bis 5^{m} absinkt. Ein bekanntes Beispiel ist TT Ari.
   Die Spektren von VY Scl-Systemen in aktiven Phasen sind vergleichbar mit denen von Zwergnovae im Ausbruch oder von Z Cam-Systemen im Helligkeitsstillstand, während die Spektren in inaktiven Zuständen speziell durch das Erscheinen bestimmter Emissionslinien denen von Zwergnovae im Minimum sehr ähnlich sind (s. z. B. Duerbeck et al., 1980; Krautter et al., 1981).
3. *AM Herculis-Systeme („Polare“).* Das charakteristische Merkmal von AM Her-Systemen ist eine starke und zeitliche variable Zirkularpolarisation der visuellen und IR-Strahlung (> 10%). Die kontinuierliche Intensitätsverteilung im optischen Bereich kann durch Zyklotronstrahlung von Elektronen in Magnetfeldern

von der Größenordnung 10^3 bis 10^4 Tesla erklärt werden. Im höherenergetischen Bereich findet man weiche Röntgenbremsstrahlung ($kT \sim 10$ bis 100 eV, entsprechend Temperaturen von etwa 10^5 bis 10^6 K) und harte Röntgenstrahlung ($kT > 10$ keV; $T \sim 10^8$ K). Die Existenz von lokal starken Magnetfeldern läßt sich bei einigen Systemen auch durch spektroskopische Messungen während der relativ kurzen inaktiven Phasen nachweisen: die Balmer-Absorptionslinien der Weißen-Zwerg-Komponente zeigen eine Zeeman-Aufspaltung, die Magnetfeldstärken von einigen 10^3 Tesla entspricht (Schwope und Beuermann, 1985). Wie bei VY Scl-Objekten findet man im Gegensatz zu Zwergnovae im Ausbruch während der vorherrschenden aktiven Phasen kräftige Emissionslinien vor allem von Wasserstoff und Helium (im visuellen Bereich) und von mehrfach ionisierten schweren Elementen (im UV-Bereich). Einen neueren Überblick über die Eigenschaften von AM Her-Systemen geben Liebert und Stockman (1985).

4. *DQ Herculis-Systeme („Intermediäre Polare").* DQ Her-Systeme haben ähnliche photometrische und spektroskopische Eigenschaften wie Polare, das heißt lang andauernde aktive Zustände werden gelegentlich von Phasen geringerer Helligkeit ($\Delta m \approx 1^m$ bis 3^m) unterbrochen; in den Spektren sind kräftige Emissionslinien vorhanden. Typisch für DQ Her-Sterne sind dagegen Helligkeitspulsationen mit Amplituden von einigen Zehntel Größenklassen (vgl. Mouchet, 1983) und langfristig stabilen Perioden im Bereich von etwa 1 Minute bis zu 1 Stunde. Die Bezeichnung „intermediäre Polare" leitet sich aus der vergleichsweise schwächeren Zirkularpolarisation der optischen Strahlung ab (z. B. bei DQ Her kleiner als 1 % gegenüber etwa 20 % bei Polaren). Eine allgemeine Beschreibung der Eigenschaften von DQ Her-Systemen ist bei Warner (1985) zu finden.
5. *AM Canum Venaticorum-Systeme.* Die zwei Objekte AM CVn und GP Com sind Bedeckungsveränderliche mit den kürzesten bekannten Bahnperioden von 18 beziehungsweise 46 Minuten. Die wahrscheinlich aus zwei Weißen Zwergen bestehenden Doppelsterne zeigen ein reines Helium-Emissionslinienspektrum. Die Verwandtschaft mit kataklysmischen Veränderlichen zeigt sich photometrisch in dem permanent vorhandenen Flickering im visuellen Bereich und in periodisch kohärenten Oszillationen mit Perioden von wenigen Minuten. Den raschen Fluktuationen sind phasen-abhängige ellipsoidale Helligkeitsänderungen überlagert, die durch den Orientierungslichtwechsel der durch Gezeitenwechselwirkung deformierten Doppelsternkomponenten verursacht ist (vgl. Nather et al., 1981).

12.6.2.2.5 *Das Doppelsternmodell.* Die spektroskopischen und photometrischen Beobachtungen von kataklysmischen Veränderlichen haben gezeigt, daß es sich um enge Doppelsternsysteme handelt. Der eindeutige Nachweis dafür sind periodische Radialgeschwindigkeitsvariationen von Spektrallinien einer oder beider Doppelsternkomponenten, die durch die Bahnbewegung um den Systemschwerpunkt infolge Doppler-Effekt erzeugt werden, oder/und das Auftreten von Bedeckungseffekten sowie der spektroskopische oder spektrophotometrische Nachweis einer kühlen Strahlungsquelle im roten und infraroten Bereich.

Man kennt heute die Bahnperioden und in den meisten Fällen auch andere Systemparameter von mehr als 100 der etwa 600 bekannten kataklysmischen Veränderlichen. Die Perioden liegen bis auf wenige Ausnahmen im Intervall zwischen etwa 75 Minuten und 15 Stunden, mit Häufungen zwischen 1,5 und 2 Stunden und zwischen

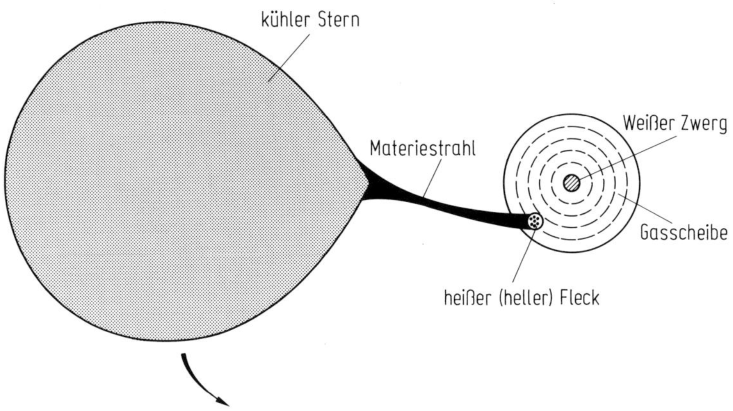

Abb. 30. Schematisches Modell eines kataklysmischen Systems

3 und 4 Stunden sowie einer auffälligen Lücke zwischen 2 und 3 Stunden. Ein Katalog der Objekte mit bekannten Bahnperioden wurde von Ritter (1987) veröffentlicht. Tabelle 2 enthält eine Auswahl gut untersuchter Systeme mit Angaben über scheinbare Helligkeiten im Minimum und Maximum, Zykluslängen, Bahnperioden und Massen von Primär- und Sekundärkomponenten (in Einheiten der Sonnenmasse).

Das heute allgemein akzeptierte Modell eines kataklysmischen Systems ist in Abbildung 30 schematisch dargestellt. Die leuchtkräftigere (und meistens massereichere) Primärkomponente des halb-getrennten Doppelsternsystems ist demnach immer ein kompakter Weißer Zwerg (entarteter heißer Stern mit etwa 1/100 Sonnenradius, also ungefähr so groß wie die Erde, und mit einer Masse zwischen etwa einer halben und einer Sonnenmasse). Die Sekundärkomponente ist dagegen meist ein kühler Hauptreihenstern (Spektraltyp G, K oder M V), der sein maximal mögliches (Roche-)Volumen ausfüllt (Kontaktkomponente).

Die charakteristischen Effekte dieser Veränderlichenklasse kommen aufgrund eines Massenstroms zustande, der von der Sekundär- zur Primärkomponente gerichtet ist. Jede Expansion infolge von Entwicklungsprozessen oder jede Kontraktion der Roche-Grenzfläche wegen Verlust von Masse und Bahndrehimpuls führt deshalb zu einem Massentransfer durch den inneren Lagrangepunkt in den Potentialtopf des Weißen Zwergs. Dieses kompakte Objekt nimmt aber nur einen kleinen Bruchteil seines Rochevolumens ein, so daß der hohe spezifische Drehimpuls der transferierten Masse bewirkt, daß sie in eine Akkretionsscheibe spiralt, die den Weißen Zwerg umgibt. Ein Viskositätsprozeß, der bisher noch nicht verstanden ist, bewirkt, daß durch die Scheibe Masse nach innen und Drehimpuls nach außen wandert, so daß die von der Sekundärkomponente verlorene Materie zumindest teilweise auf der Oberfläche des Weißen Zwergs aufgesammelt (akkretiert) wird.

Im Kollisionsgebiet von Massenstrom und äußerem Scheibenrand entsteht eine Schockfront, in der die Temperatur auf etwa 1 Million Grad anwachsen kann, so daß das umgebende Plasma aufgeheizt wird. Die freigesetzte Energie wird im optischen, UV- und Röntgen-Bereich abgestrahlt. Diese Strahlungsquelle wird wegen der relativ großen Leuchtkraft „heller“ oder „heißer Fleck“ genannt, wobei über dessen Ausdeh-

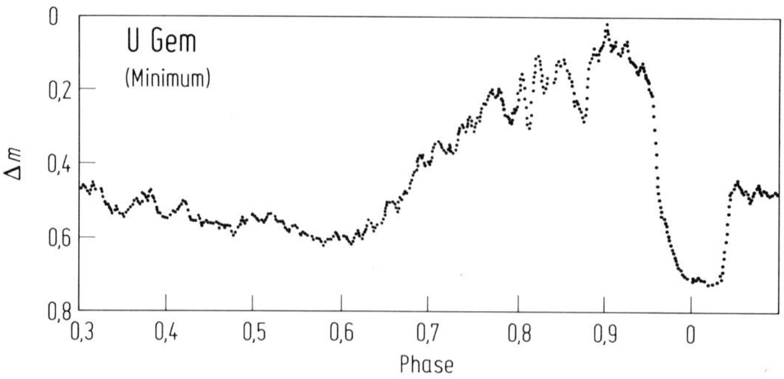

Abb. 31. Schnellphotometrische Lichtkurve der Zwergnova U Geminorum im Minimumszustand (nach Warner und Nather, 1971). Die tiefe Depression der Gesamthelligkeit bei Phase 0,0 kommt durch die Bedeckung des heißen Flecks durch die Sekundärkomponente zustande. Deutlich erkennt man auch das stark reduzierte Flickering während der Bedeckung

nung und Geometrie noch weitgehend Unklarheit herrscht. Die Existenz des heißen Flecks, der einen wesentlichen Beweis für die Richtigkeit des Grundmodells für kataklysmische Veränderliche darstellt, ist dagegen in vielen Fällen nachgewiesen. Der beste Beweis dafür ist das Auftreten von Depressionen der Gesamthelligkeit des Systems während der Bedeckung des hellen Flecks durch die Sekundärkomponente und teilweise durch optisch dicke Materie in der Akkretionsscheibe, wie dies für den Fall der Zwergnova U Geminorum in Abbildung 31 veranschaulicht ist. Die unstetige und inhomogene Umwandlung von potentieller in thermische Energie im Bereich des heißen Flecks ist für die Entstehung des typischen Flickerings verantwortlich.

Der Massenaustausch verläuft anders, wenn die Primärkomponente ein magnetischer Weißer Zwerg mit einer Feldstärke von der Größenordnung 10^3 Tesla ist. Der von der Sekundärkomponente ausgehende Plasmastrom wird bei solchen AM Her-Systemen (Polare) entlang der Feldlinien des magnetischen Dipolfelds direkt auf die magnetischen Pole auf der Oberfläche des Weißen Zwergs kanalisiert. Die Akkretion verläuft also nicht über eine differentiell rotierende Scheibe in der Bahnebene des Doppelsternsystems, sondern wird durch die räumliche Struktur des Magnetfelds gelenkt. Die magnetischen Pole heizen sich dabei bis auf Temperaturen von 10^8 K auf, so daß das umgebende Plasma harte Röntgenbremsstrahlung ($kT > 10$ keV) und thermische Röntgenstrahlung ($kT \approx 10-100$ eV) emittiert. Eine weitere Bestätigung für dieses Modell ist die beobachtete starke Zirkularpolarisation der visuellen und IR-Strahlung. Bei Systemen mit geringeren magnetischen Feldstärken (~ 100 Tesla) sind auch Mischfälle mit gleichzeitiger Scheiben- und Säulenakkretion möglich, die wahrscheinlich bei den intermediären Polaren (DQ Her-Systeme) verwirklicht sind.

Ein ausführlicher und aktueller Überblick über magnetische kataklysmische Veränderliche wird von Lamb und Melia (1987) gegeben.

12.6.2.2.6 Ausbruchstheorien

Novae. Bei einem durchschnittlichen Nova-Ausbruch wird eine Energiemenge von 10^{37} bis 10^{38} Joule freigesetzt, die nicht nur im visuellen Bereich, sondern auch in anderen elektromagnetischen Spektralbereichen innerhalb von einigen Wochen bis

Monaten abgestrahlt wird und außerdem die kinetische Energie der abgestoßenen Hülle liefert. Um eine gleich große Energiemenge abzugeben, benötigt unsere Sonne einige tausend Jahre. Es ist klar, daß ein derartig großes Energiereservoir nuklearen Ursprungs sein muß und daß die Energie in einem explosionsartigen Ereignis freigesetzt wird.

Inzwischen weiß man sicher, daß es sich dabei um eine thermonukleare Kettenreaktion nahe der Oberfläche des Weißen Zwergs handelt, bei der im wesentlichen Wasserstoff zu Helium fusioniert. Durch den Massentransfer von dem kühlen Hauptreihenstern zur Primärkomponente wächst die Masse der in der Akkretionsscheibe befindlichen und auf der Oberfläche des Weißen Zwergs abgelagerten wasserstoffreichen Materie kontinuierlich mit der Zeit an. Typische Akkretionsraten liegen bei 10^{-8} bis 10^{-9} Sonnenmassen pro Jahr. Infolge des steilen Potentialgradienten in der Nähe des massereichen kompakten Weißen Zwergs wird durch die Akkretion von Materie so viel Gravitationsenergie in thermische Energie umgewandelt, daß die Temperatur nahe der Oberfläche des Weißen Zwergs auf Werte über 10^8 K ansteigt.

Ein wichtiger Parameter für den Beginn und den Ablauf der thermonuklearen Fusionsreaktion ist die relative Häufigkeit schwerer Elemente in der Atmosphäre des Weißen Zwergs. Konvektive Durchmischung der oberen Atmosphärenschichten mit der aufgesammelten wasserstoffreichen Materie sorgt dafür, daß beispielsweise die C-, N- und O-Kerne als Katalysatoren des Bethe-Weizsäcker-Zyklus fungieren können und den Ablauf des Wasserstoffbrennens beschleunigen. Die Entwicklung der Kettenreaktion hängt außerdem auch von der Masse und Temperatur des Weißen Zwergs ab, die unter anderem die Geschwindigkeitsklasse des Nova-Ereignisses bestimmen.

Theoretische Modellrechnungen zeigen, daß dieser Prozeß genügend Energie freisetzt, um die beobachtete Abstrahlung während eines Novaausbruchs sowie die dabei auftretenden Expansionsgeschwindigkeiten der abgestoßenen Hülle zu erklären. Die berechneten Lichtkurven sind bereits in qualitativ und quantitativ guter Übereinstimmung mit den Beobachtungen. Einen Überblick über neueste Nova-Ausbruchsmodelle findet man bei Starrfield und Sparks (1987).

Durch die Explosion wird ein Teil der auf der Oberfläche des Weißen Zwergs und in der Akkretionsscheibe angesammelten Materie als Novahülle in den interstellaren Raum geschleudert. Sie expandiert dort mit Geschwindigkeiten von einigen 1000 km/s und kann spektroskopisch oder in einigen Fällen auch durch Direktphotographien nachgewiesen werden. Bekannte Beispiele sind die Novae V603 Aql (Nova Aquilae 1918) und DQ Her (Nova Herculis 1934), deren Hüllen über Jahrzehnte hinweg verfolgt werden konnten (s. z. B. Mustel und Boyarchuk, 1970; Weaver, 1974). Eine systematische Untersuchung zahlreicher Novahüllen wurde von Duerbeck und Seitter (1987) durchgeführt.

Zwergnovae. Bei dem Ausbruch einer Zwergnova wird etwa 1 Million mal weniger Energie frei als bei einem klassischen Nova-Ausbruch. Schon daran läßt sich erkennen, daß Zwergnova-Eruptionen durch einen ganz anderen Mechanismus verursacht werden. Es ist jedoch noch nicht völlig geklärt, ob der Ausbruch durch die Sekundär- oder Primärkomponente ausgelöst wird.

Eine Klasse von Modellen macht quasiperiodische hydrodynamische Instabilitäten in oberflächennahen Gebieten des kühlen Sekundärsterns dafür verantwortlich, daß der Massenaustausch zeitweise verstärkt wird und durch die Dissipation einer kurzfristig größeren potentiellen Energiemenge das Aufleuchten des Systems bewirkt (z.B. Bath und Pringle, 1981; Bath, 1987).

Andere Untersuchungen zeigen, daß der Ausbruch durch zyklische Instabilitäten in der Struktur der Akkretionsscheibe verursacht werden kann. Die in der Scheibenmaterie gespeicherte Gravitationsenergie ist grundsätzlich ausreichend, die Ausbruchsenergie zu liefern. Nachdem schon früher angenommen wurde, daß plötzliche Änderungen in der Viskosität der Akkretionsscheibe einen kurzfristig erhöhten Materiedurchsatz in radialer Richtung und dadurch eine erhöhte Freisetzung potentieller Energie, also einen Helligkeitsausbruch auslösen können (Osaki, 1974), kann man inzwischen auch die Ursache für solche Viskositätsänderungen erklären. Ein sprunghafter Anstieg der Viskosität und damit der Massenakkretion ergibt sich in Bereichen der Scheibe, in denen bei entsprechend niedrigen Temperaturen ($< 10^4$ K) der Übergang von vollständiger zu partieller Ionisation des Plasmas stattfindet und Konvektion entsteht (Meyer und Meyer-Hofmeister, 1982; Meyer, 1985). Zukünftige simultane Messungen von Zwergnovae vor und während des Ausbruchs in verschiedenen Spektralbereichen (zwischen UV und IR) sollten eine endgültige Klärung des Ausbruchmechanismus ermöglichen.

12.6.3 Röntgen-Doppelsterne

Die ersten kosmischen Röntgenquellen wurden 1963 durch Raketenexperimente nachgewiesen. Die intensivste Punktquelle lag im Sternbild Skorpion und wurde als erste dort entdeckte Röntgenquelle Scorpius X-1 genannt. Die Frage nach dem Mechanismus der Energieerzeugung konnte schon kurze Zeit später beantwortet werden. Man vermutete, daß stellare Röntgenquellen wechselwirkende enge Doppelsternsysteme sind, bei denen der Austausch und die Akkretion von Materie auf einer kompakten Komponente wegen des großen Potentialgradienten zur Emission der hochenergetischen Strahlung führt.

Während bei kataklysmischen Systemen (s. Abschnitt 12.6.2) die Materie von einem Weißen Zwerg aufgesammelt wird, der als entartetes Objekt eine Masse von der Größenordnung 1 Sonnenmasse bei einem Durchmesser von etwa 10^4 km hat (Dichte $\sim 10^7$ g/cm^3), zeigt die um einige Größenordnungen höhere Leuchtkraft der Röntgenquellen, daß die akkretierende Komponente hier noch wesentlich kompakter als ein Weißer Zwerg sein muß. Von Anfang an vermutete man deshalb, daß es sich um einen Neutronenstern (Durchmesser etwa 10 km, Dichte etwa 10^{15} g/cm^3) oder um ein Schwarzes Loch handelt.

Dieses Modell wurde durch die Entdeckung der beiden Röntgendoppelsterne Hercules X-1 und Centaurus X-3 mit dem 1971 gestarteten UHURU-Röntgensatelliten sowie durch zahlreiche nachfolgende Identifikationen weiterer Röntgenquellen mit Doppelsternsystemen erhärtet. Die in manchen Fällen optisch beobachtbare Primärkomponente ist entweder ein OB-Riese oder Überriese oder ein mittlerer bis später Hauptreihenstern, während sich die optisch nicht sichtbare Sekundärkomponente durch eine Röntgenleuchtkraft von 10^{36} bis 10^{38} erg/s zu erkennen gibt. Die Röntgenstrahlung zeigt Variationen mit sehr kurzen Zeitskalen von Sekunden bis Millisekunden und wird häufig in periodisch oder quasiperiodisch auftretenden Pul-

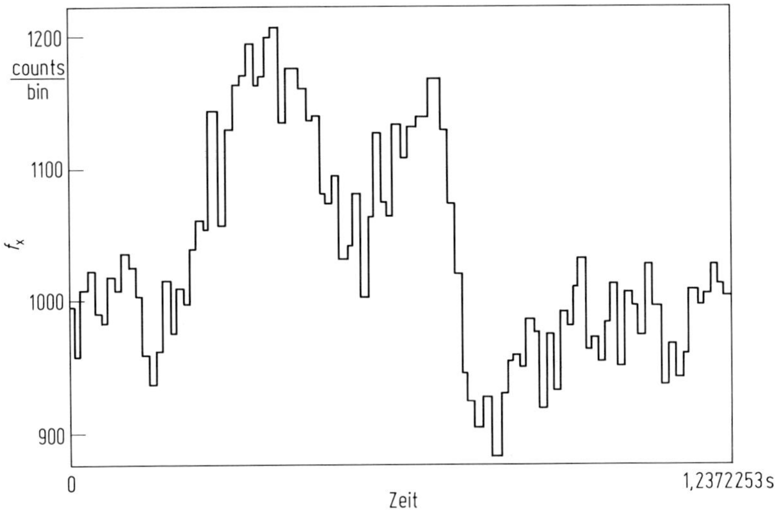

Abb. 32. Typischer Röntgenpuls von Hercules X-1, der sich in sehr ähnlicher Form mit einer präzisen Periode von 1,2372253 Sekunden wiederholt (nach Doxsey et al., 1973)

sen gemessen. Als Beispiel ist in Abbildung 32 ein Röntgenpuls von Hercules X-1 zu sehen, der sich in sehr ähnlicher Form alle 1,24 Sekunden wiederholt.

Im Unterschied zu Pulsaren ist die Breite des Pulses relativ zur Periodenlänge wesentlich größer. Die Erklärung der gepulsten Strahlung durch ein ähnliches „Leuchtturm-Modell", bei dem Synchrotronstrahlung in einem mit dem Magnetfeld mitrotierenden Lichtkegel emittiert wird, erscheint deshalb hier problematisch.

Ein wichtiger Beweis für das Doppelsternmodell besteht darin, daß die Pulsationsperiode infolge der Bahnbewegung des Neutronensterns beim Umlauf um den Systemschwerpunkt eine Doppler-Frequenzvariation zeigt, deren Periode mit der Bahnperiode des Systems übereinstimmt (Größenordnung: Tage). Röntgendoppelsterne mit solchen hochgenau gepulsten Quellen sind besonders wichtig, weil sie die Möglichkeit geben, die Massen der Neutronensternkomponenten abzuschätzen, die für die Theorie der Spätphasen der Sternentwicklung von besonderer Bedeutung sind. Der Doppelsterncharakter dieser Objekte wird in fast allen Fällen auch dadurch eindeutig bewiesen, daß man eine periodische Bedeckung der Röntgenquelle, also ein vorübergehendes Verschwinden der Röntgenpulse (während etwa 10–30% der Bahnperiode) beobachtet, das sich jeweils genau in dem Phasenintervall wiederholt, in dem die normale Primärkomponente die Röntgenstrahlung für den Beobachter verdeckt.

Tabelle 3 gibt wichtige Parameter einiger gut untersuchter Röntgendoppelsterne mit optisch identifizierten Primärkomponenten. Man unterscheidet nach der Masse der optisch sichtbaren Primärkomponente massearme (Beispiel: Her X-1) und massereiche (Beispiel: Cen X-3) Systeme. Die massereichen Systeme besitzen Riesen- oder Überriesenkomponenten vom Spektraltyp OB mit Massen zwischen etwa 10 und 40 $M_\odot$, während massearme Systeme sonnenähnliche oder späte Primärkomponenten mit Massen von der Größenordnung 1 $M_\odot$ haben. Wegen der größeren Massen und Dimensionen der massereichen Systeme sind auch die Bahnperioden wesentlich

Tabelle 3. Parameter von Röntgendoppelsternen *

Röntgenquelle/optische Begleiter	Röntgenleuchtkraft (erg/s)	Entfernung (kpc)	Bahnperiode (Tage)	Bahnneigung (Grad)	Röntgenquelle			Optische Komponente		
					$M/M_\odot$	Variabilität	Bedekkungen	$M/M_\odot$	Spektraltyp	$m_v/$ Δm_v
SMC X-1/ SK 160	$1{,}4 \times 10^{38}$	60 ± 10	3,8927 $\pm$ 0,0010	70	2,2–4,2	periodisch 0,7157 s	+	26–30	B0,5 I	$13{,}3^m$ 0,09
Cen X-3/ Krzeminskis Stern	6×10^{37}	5–10	2,087129 $\pm$ 0,000007	90	0,6–1,8	periodisch 4,842 s	+	16,5–20	O6,5 II	$13{,}4^m$ 0,08
3U 1700-37/ HD 153919	6×10^{37}	$1{,}5 \pm 0{,}5$	3,4120 $\pm$ 0,0003	90	0,6	nichtperiodisch bis 0,1 s	+	10	O6f	$6{,}6^m$ 0,04
Cyg X-1/ HD 226868	$1{,}4 \times 10^{37}$	$2{,}5 \pm 0{,}5$	5,5999 $\pm$ 0,0009	27	9–15	quasiperiodisch bis 1 ms	–	> 10	O9,7 Iab	$8{,}9^m$ –
Sco X-1/ V818 Sco	10^{37}	0,3–1	0,787313 $\pm$ 0,000001	?	~ 1	nichtperiodisch bis 1 s	–	< 2	?	13^m 0,2
Her X-1/ HZ Her	7×10^{36}	2–6	1,700165 $\pm$ 0,000002	90	~ 1	periodisch 1,23782 s	+	~ 2	A7-B0	14^m 1
Vela X-1/ HD 77581	$3{,}2 \times 10^{36}$	$1{,}4 \pm 0{,}3$	8,95 $\pm$ 0,02	90	1,35–1,9	nichtperiodisch bis 1 s; periodisch mit 283 s	+	18,5–24	B0,5 Ib	$6{,}9^m$ 0,07

* nach Manchester und Taylor (1977)

größer als die der massearmen Systeme. Ein weiteres Unterscheidungsmerkmal ist der Orientierungslichtwechsel im visuellen Bereich, der durch den zeitlich variablen Sichtlinienaspekt der durch Gezeitenwechselwirkung deformierten Primärkomponente und durch die unterschiedliche Oberflächenhelligkeit dieses Sterns hervorgerufen wird. Bei den sehr engen massearmen Systemen sind sowohl die Gezeitenverformung als auch die Aufheizung derjenigen Oberflächenbereiche des optischen Begleiters, die der Röntgenkomponente zugewandt und deshalb der energiereichen Röntgenstrahlung ausgesetzt sind, von wesentlich größerer Bedeutung für die zeitliche Variation der Gesamthelligkeit als bei den weiter getrennten massereichen Röntgendoppelsternen. Bei letzteren Systemen wird die Strahlung der leuchtkräftigen OB-Überriesenkomponente, die praktisch die gesamte visuelle Leuchtkraft des Systems produziert, durch diese Effekte relativ wenig moduliert. Folglich ist das Verhältnis der Helligkeitsvariation relativ zur mittleren visuellen Helligkeit $\Delta m_v/m_v$ bei massereichen Systemen wesentlich kleiner als bei massearmen Systemen. Die beobachteten Helligkeitsamplituden betragen nur einige Hundertstel bis wenige Zehntel Größenklassen, während massearme Systeme Amplituden von einigen Größenklassen erreichen (Beispiel Her X-1 = HZ Her: $\Delta m_v \sim 1-2^m$).

Extreme Fälle von Röntgendoppelsternen sind die beiden Systeme Cyg X-1 (= HD 226 868) und SS 433 (= V 1343 Aquilae). Das massereiche System Cyg X-1 besitzt eine Röntgenkomponente mit mindestens 9 $M_\odot$, die nach der Einsteinschen Gravitationstheorie weit über der Stabilitätsgrenze für Neutronensterne von etwa 3 $M_\odot$ liegt. Man vermutet deshalb, daß es sich um ein Schwarzes Loch oder möglicherweise um einen Neutronenstern handelt, der von einer dichten massereichen Akkretionsscheibe umgeben ist, wobei allerdings die Existenz und Stabilität derart massiver Scheiben umstritten ist.

SS 433 zeichnet sich durch extrem große periodische Dopplerverschiebungen von Emissionslinien im Spektrum aus, deren Radialgeschwindigkeitsamplitude mehr als 25% der Lichtgeschwindigkeit erreicht. Man führt diese hohen Geschwindigkeiten auf zwei in entgegengesetzter Richtung ausgestoßene relativistische Materiejets zurück, die senkrecht zu einer präzedierenden Akkretionsscheibe (Präzessionsperiode: 164 Tage) um die Neutronensternkomponente emittiert werden und ihre Energie aus der überkritischen Akkretion des kompakten Objekts beziehen.

12.6.4 Symbiotische Sterne

Symbiotische Veränderliche Sterne sind spektroskopische Doppelsterne, deren Spektren aus dem Absorptionsspektrum eines späten Spektraltyps in Kombination mit Emissionslinien relativ hohen Ionisationsgrads (z.B. He II, C IV, N V, O IV, Ne V) und mit großen Anregungsenergien (UV-Linien) bestehen.

Es gibt eine Anzahl von Objekten, die die gleichen spektralen Merkmale aufweisen, jedoch keine Veränderlichkeit zeigen. Dabei kann es sich möglicherweise um Einzelsterne mit pekuliären Effekten handeln. Bei Veränderlichen symbiotischen Sternen ist der Doppelsterncharakter jedoch bis auf wenige Ausnahmen nachweisbar. Sichere Beweise sind periodische Radialgeschwindigkeitsänderungen, für die Abbildung 33 einige Beispiele zeigt, oder das Auftreten von Bedeckungseffekten. Die beobachteten periodischen oder quasiperiodischen Helligkeitsvariationen haben ty-

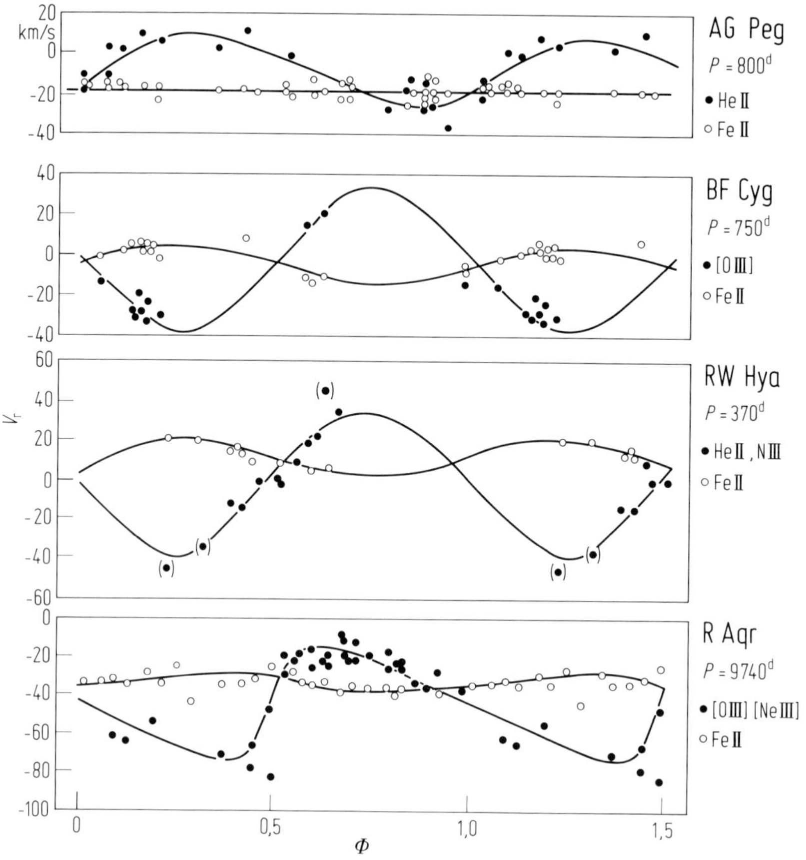

Abb. 33. Radialgeschwindigkeiten einiger symbiotischer Doppelsterne. Die Diagramme zeigen die periodischen Doppler-Verschiebungen verschiedener Emissionslinien (nach Boyarchuk, 1969)

pische Amplituden von etwa 1 bis 3 Größenklassen und photometrische und spektroskopische Perioden von einigen hundert Tagen. Die Form der Lichtkurven ist zeitlich variabel und teilweise irregulär. Häufig kommen kräftigere oder länger andauernde Steigerungen der Leuchtkraft vor, weshalb diese Objekte früher im Gegensatz zur heutigen Definition manchmal als „novaähnliche Objekte" bezeichnet wurden. Ein bekanntes Beispiel für einen solchen Ausbruch ist der mehrere Jahre andauernde aktive Zustand von RR Tel, bei dem dieses System im Jahr 1944 seine Helligkeit um etwa 7 Größenklassen gesteigert hatte. Auch andere Objekte wie etwa AG Peg zeigen über mehrere Jahrzehnte ausgedehnte Helligkeitssteigerungen, die qualitativ an Ausbrüche sehr langsamer Novae erinnern. Außerhalb der aktiven Zustände sind die Lichtkurven, die sinusähnliche Variationen zeigen, denen von Mira-Veränderlichen ähnlich. Die Spektren der späten Komponenten werden meist als die von M-Riesen klassifiziert und sind mit diesem Typ von Pulsationsveränderlichkeit kompatibel. Bei manchen Objekten weisen ein starker Infrarotexzeß und die Emission von Radiostrahlung auf das Vorhandensein von dichten und ausgedehnten zirkumstellaren

Staubhüllen hin. In diesem Zusammenhang wird diskutiert, ob symbiotische Sterne möglicherweise die Vorläufer von Planetarischen Nebeln sind.

Das vorläufige Modell für symbiotische Doppelsterne geht von der Annahme aus, daß diese Systeme aus einem späten kühlen Riesenstern mit etwa 100fachem Sonnenradius und einem heißen Unterzwerg bestehen, der kleiner und wesentlich heißer ist als die Sonne. Das gesamte System ist von einer Gashülle umgeben, die aufgrund von nichtkonservativem Massenaustausch oder durch Massenverlust der ausgedehnten Riesenkomponente infolge von Pulsationen gebildet wird. Die Veränderlichkeit des Systems kommt durch die Pulsationen des Riesensterns, Variationen in der Massenakkretion des heißen Unterzwergs oder durch Dichte- und Strukturveränderungen der zirkumstellaren Hülle zustande. In den meisten Fällen liegt wohl eine Kombination aller Effekte vor.

Eine Liste ausgewählter symbiotischer Doppelsterne mit Helligkeiten und Perioden ist zum Beispiel bei Hoffmeister et al. (1984) zu finden.

12.6.5 Flare-Sterne

Flare-Sterne oder UV Ceti-Sterne sind späte Zwergsterne mit Spektraltyp K bis M (meist dMe), die durch wiederholtes sehr rasches Aufleuchten auffallen. Bei den in unregelmäßigen Abständen von typischerweise wenigen Tagen auftretenden Helligkeitsausbrüchen oder „Flares" nimmt die visuelle Helligkeit innerhalb von Sekunden bis Minuten um 1 bis 6 Größenklassen zu, um anschließend innerhalb von einigen Minuten bis 2 Stunden auf die normale Minimumshelligkeit zurückzugehen. Im Anstieg zum Maximum wird im Mittel ein Helligkeitsgradient von etwa 0,05 bis 0,1 Größenklasse pro Sekunde erreicht, der in manchen Fällen aber auch wesentlich größer sein kann (bei UV Ceti wurden bei einer Gesamtamplitude von 6,5 Größenklassen bis zu 2,8 Größenklassen pro Sekunde gemessen). Neben solchen normalen Flares kann man mit schnellphotometrischen Methoden auch sehr schnelle „Spike-Flares" nachweisen, bei denen der gesamte Ausbruch in weniger als 1 Minute abläuft. Abbildungen 34a und b zeigen je ein typisches Beispiel für einen normalen Flare und einen Spike-Flare.

Die Amplitude der Flares wächst mit abnehmender Wellenlänge und ist deshalb im blauen und ultravioletten Spektralbereich größer als im visuellen und roten Bereich. Nach Moffett (1974) beträgt der mittlere (B – V)-Farbindex der Flare-Strahlung $+0{,}34$ ($\pm 0{,}44$), während der (U – B)-Index mit $-0{,}88$ ($\pm 0{,}31$) einer wesentlich heißeren Kontinuumsquelle entspricht (UV-Exzeß). Während der Ausbrüche ändert sich die spektrale Intensitätsverteilung also so, daß das Kontinuum im blauen und ultravioletten Bereich relativ kräftiger wird. Gleichzeitig entstehen zahlreiche Emissionslinien (vor allem von Wasserstoff und Helium), die im Minimumzustand wesentlich schwächer oder nicht beobachtbar sind.

Aufgrund der geringen absoluten Leuchtkraft der sehr späten Zwergsterne, die sich im Hertzsprung-Russell-Diagramm knapp oberhalb der unteren Hauptreihe befinden, sind nur UV Ceti-Sterne aus der nahen Sonnenumgebung (< 20 pc) bekannt. Vermutlich handelt es sich um entwicklungsmäßig junge Sterne, die trotz eines Alters von etwa 10^9 Jahren ihre Hauptreihenposition noch nicht erreicht haben, da die Sternentwicklung bei der geringen Masse von wenigen Zehntel Sonnenmassen ent-

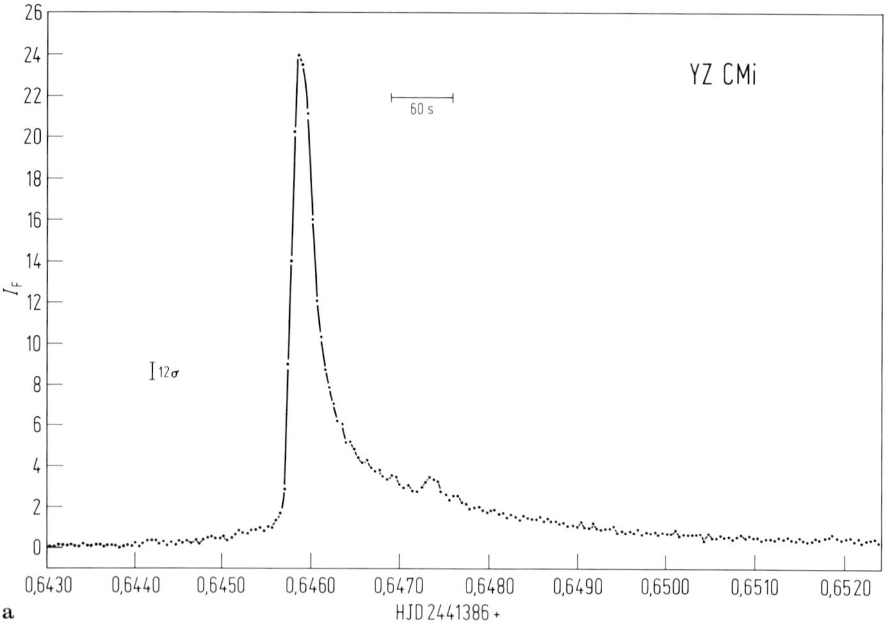

a

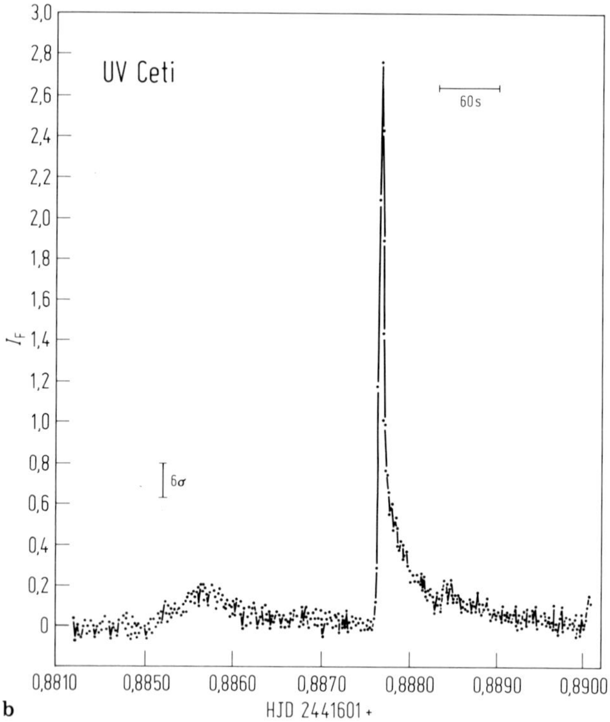

b

Abb. 34. a Typischer Flare von YZ Canis Minoris; die photoelektrische Schnellphotometrie wurde mit einem U-Filter gemacht; **b** Photoelektrische Messung im „weißen" Licht (ohne Filter) eines „Spike-Flares" von UV Ceti, aufgenommen mit einer Integrationszeit von 1 Sekunde (nach Moffet, 1974) sprechend langsam verläuft. Ähnliche Flare-Aktivitäten beobachtet man auch bei den entwicklungsmäßig sehr jungen T Tauri-Sternen, die im HRD bei etwas früheren Spektralklassen (F–K) als die Flare-Sterne (K–M) ebenfalls noch oberhalb der Hauptreihe zu finden sind.

Der für die Flare-Aktivität verantwortliche physikalische Prozeß ist bisher noch nicht eindeutig geklärt. Auffällig ist eine mögliche Verwandtschaft mit verschiedenen Mechanismen der Sonnenaktivität, also mit eruptiven Erscheinungen in der Chromosphäre und inneren Korona der Sonne (Sonnenflares, Surges, Protuberanzen). Es liegt daher nahe, die Flares mit komplexen Magnetfeldstrukturen mit schnellen zeitlichen und räumlichen Variationen in Verbindung zu bringen. In diesem Zusammenhang könnte die Emission relativistischer Elektronen und die Streuung von Photonen durch inversen Compton-Effekt für die kurzfristig verstärkte Ausstrahlung elektromagnetischer Strahlung verantwortlich sein[17]. Auch lokal und zeitlich begrenzte nukleare Fusionsreaktionen in den konvektiven äußeren Schichten der Flare-Sterne sind als Ursache für die Eruptionen denkbar.

Sollte eine Verwandtschaft der Flare-Aktivität später Zwergsterne mit der Sonnenaktivität bestehen, könnte man sich fragen, ob bei den Flare-Sternen nicht eine Art Sonnenzyklus zu erwarten wäre. In einigen längeren Meßreihen zeigen sich in der Tat solche Zyklen, so zum Beispiel bei AD Leo, wo die langjährige Flare-Aktivität eine Zykluslänge von etwa acht Jahren vermuten läßt.

Starke Unterstützung für die Annahme einer mit der Sonnenaktivität verwandten „Sternaktivität" brachten langjährige Beobachtungen am Mt. Wilson Observatory. O. C. Wilson und Mitarbeiter überwachen seit 1966 rund 90 Nachbarsterne, Zwergsterne vom K- und M-Typ. Es werden die schwachen, aber deutlich beobachtbaren Emissionskomponenten des ionisierten Kalziums Ca II, in der Mitte der kräftigen, breiten Absorptionslinien gemessen. Diese Emissionslinien werden der chromosphärischen Aktivität der Sterne zugeschrieben. Bei der Sonne variiert die Stärke der chromosphärischen Erscheinungen mit dem Sonnenzyklus, und man hatte bei einigen dieser Sterne ohne Zweifel eine zyklische Variation dieser Emissionen, also auch der vermuteten chromosphärischen Aktivität, gefunden. Die Zykluslängen betragen sieben bis zehn Jahre.

Damit sind wir wieder bei der am Anfang gestellten Frage nach der Variabilität der Sonne. Ähnliche Aktivität wie bei der Sonne hat man bei diesen Objekten mit großem Aufwand und viel Geduld nachgewiesen. Man sollte diese Sterne deshalb doch als Veränderliche betrachten.

---

[17] Der Compton-Effekt – als früher, anschaulicher Beweis der Teilchennatur des Lichts betrachtet – besteht aus einem Stoß zwischen einem Lichtquant und einem ruhenden (oder niederenergetischen) Elektron, wobei ein Teil der Energie des Photons auf das Elektron übertragen wird. Beim inversen Compton-Effekt stößt ein Photon des Radio- oder sichtbaren Bereichs mit einem *hochenergetischen* (relativistischen) Elektron zusammen. In diesem Fall erhält das Photon zusätzliche Energie auf Kosten des Elektrons.

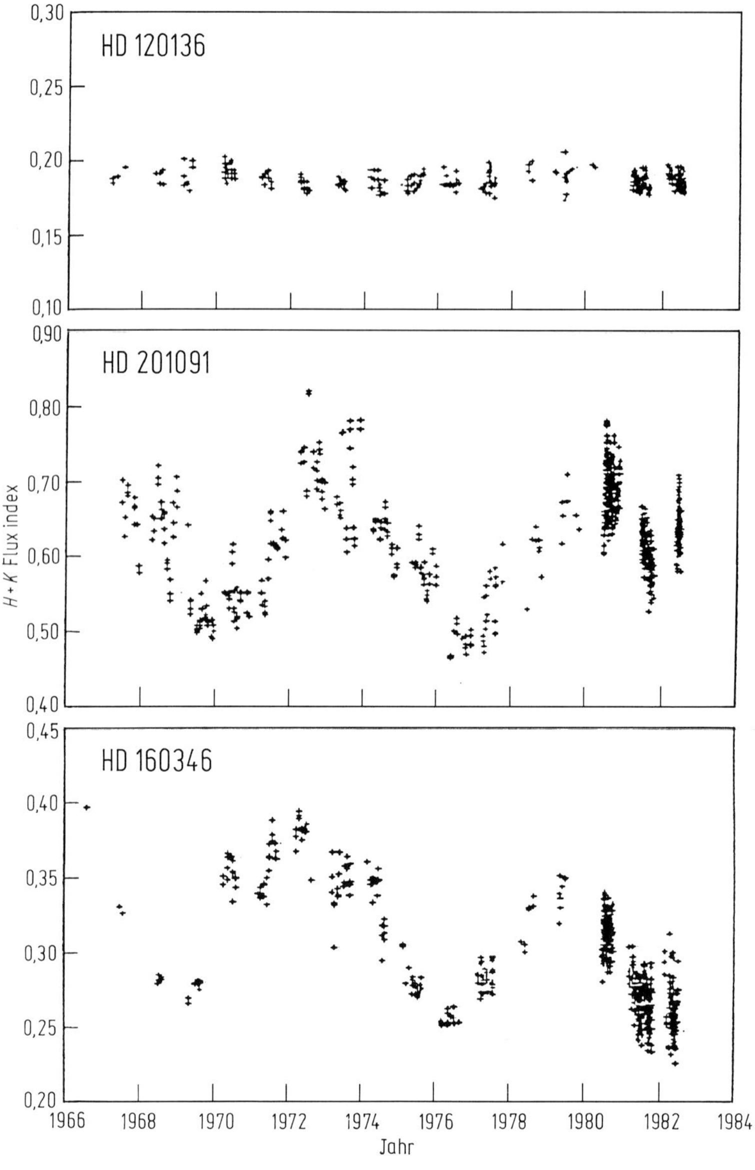

Abb. 35. Zyklische Änderungen der chromosphärischen Aktivität von Hauptreihensternen. Bei HD 120136 (oben) ist ein etwa 10jähriger Zyklus lediglich angedeutet, während die Variationen in den beiden anderen Fällen sehr ausgeprägt erscheinen. Als Maß für den Aktivitätsgrad dienen schwache Emissionskomponenten, die den photosphärischen Absorptionen der Ca II H- und K-Linien überlagert sind (nach Vaughan, 1983). Ein langfristiges Beobachtungsprogramm solcher Phänomene läuft auf der Mount Wilson-Sternwarte in USA, eingeführt von O. C. Wilson. Angesichts solcher Daten stellt sich wieder die in der Einleitung erwähnte Frage nach den Grenzen der Veränderlichkeit eines Sterns

12.7 Junge irreguläre Veränderliche

Entwicklungsmäßig junge Sterne, die sich noch in der Vorhauptreihenphase befinden, zeigen photometrische Variationen und spektroskopische Eigenschaften, die sie als eigene Gruppe von Veränderlichen einstufen lassen. Erstmals wurden solche Objekte mit unregelmäßigen Helligkeitsvariationen zwischen 1920 und 1930 im Orion-Nebel entdeckt. Bis etwa 1950 identifizierte man viele weitere verwandte Objekte, die sich im Hertzsprung-Russell-Diagramm knapp oberhalb der Hauptreihe und im Unterriesen-Gebiet befanden. Sie wiesen eine breite Streuung ihrer Spektraltypen von O bis M auf, wobei mittlere bis späte Typen einen größeren Anteil als frühe Sterne haben. Man findet solche Sterne vor allem in Gruppen (Assoziationen), die sich in Dunkelwolken oder in Emissionsnebeln befinden, oft in der Nachbarschaft von massereichen jungen OB-Sternen (OB-Assoziationen). Bei den systematischen Untersuchungen von Joy (1945) und Herbig (1962) wurde vor allem die Untergruppe der T Tauri-Sterne eingehend studiert. Dabei handelt es sich um junge sonnenähnliche Protosterne, die durch charakteristische spektroskopische Eigenschaften erkennbar sind. Nach der wichtigen Klasse der T Tauri-Sterne werden Gruppen von Protosternen in Sternentstehungsgebieten allgemein als T-Assoziationen bezeichnet.

Nachdem als gemeinsames Merkmal dieser irregulär veränderlichen Sterne das Vorkommen in ausgedehnten interstellaren Materiewolken erkannt war, versuchte man zunächst, den Grund für die photometrischen und spektroskopischen Besonderheiten in dem Prozeß der Aufsammlung von interstellarer Materie durch normale Sterne zu suchen. Der Vergleich mit theoretischen Entwicklungsrechnungen zeigte jedoch schon bald, daß es sich um besonders junge Sterne handeln mußte, die sich in einer Entwicklungsphase kurz vor dem Erreichen des Hauptreihenstadiums befinden. Die Ursache für die irregulären photometrischen Variationen und spektroskopischen Besonderheiten liegt in dem komplexen Prozeß der Akkretion von interstellarer Materie durch die gerade entstandenen Protosterne.

12.7.1 Orion-Veränderliche und RW Aurigae-Sterne

Als Orion-Veränderliche oder Nebel-Veränderliche werden irreguläre Veränderliche bezeichnet, die mit interstellaren (diffusen) Gasnebeln verknüpft sind. Man findet darunter sowohl frühe Spektraltypen (OBA; Beispiele TY CrA; XY Per, T Ori, Z CMa, BF Ori) als auch mittlere bis späte Typen (F–M; Beispiele SU Aur, SS Mon, AH Ori). Meistens sind den Absorptionslinienspektren Emissionslinien (häufig H_α) überlagert, die als Anzeichen für zirkumstellare Hüllen sowie für ein- und ausströmendes Plasma gelten (P Cygni-Linienprofile). Der unregelmäßige Lichtwechsel läßt sich nicht eindeutig charakterisieren. Man beobachtet Helligkeitsschwankungen von der Größenordnung einer oder weniger Größenklassen mit Zeitskalen von einigen 10 Tagen, zeitweise konstante Helligkeiten mit Helligkeitseinbrüchen von einem oder wenigen Tagen Dauer, kurzfristige Eruptionen von Stunden oder Minuten sowie quasiperiodische Änderungen mit Zykluslängen von Tagen.

RW Aurigae-Sterne unterscheiden sich nicht grundsätzlich von den Orion-Veränderlichen, jedoch werden sie meist nicht in Verbindung mit dichten interstellaren Gas-

und Staubwolken angetroffen. Die Helligkeitsschwankungen sind ebenso irregulär, wobei die Fluktuationen mit Amplituden von weniger als einer Größenklasse innerhalb von Stunden bis Tagen gegenüber größeren Variationen bis zu einigen Größenklassen mit längerer Zeitskala überwiegen (Beispiele: RW Aur, T Cha, RR Tau, BO Cep, WW Vul). Ausführliche Übersichtsartikel stammen zum Beispiel von Glasby (1974) und Strom et al. (1975).

12.7.2 T Tauri-Sterne

Eng verwandt mit den Nebel-Veränderlichen und RW Aurigae-Sternen sind die T Tauri-Sterne, benannt nach dem Prototypen, der sich in dem riesigen, aus Dunkelwolken bestehenden Taurus-Auriga-Komplex befindet, der als Sternentstehungsgebiet bekannt ist. Die Spektraltypen dieser Objekte mit Massen zwischen etwa 0,3 und 3 $M_{\odot}$ liegen zwischen F und M. Im Hertzsprung-Russell-Diagramm findet man sie etwa 2 bis 3 Größenklassen oberhalb der Hauptreihe, bei absoluten Helligkeiten zwischen $+7^{M}$ und $+3^{M}$. Joy (1945) erkannte sie erstmals als zusammengehörige Veränderlichenklasse.

T Tauri-Sterne werden im Unterschied zu RW Aurigae-Objekten allein aufgrund ihrer spektroskopischen Eigenschaften klassifiziert. Als Kriterium gilt das Vorhandensein folgender Spektrallinien:

- Emissionslinien der Balmerserie und von einfach ionisiertem Kalzium (Ca II H + K-Linien);
- Fluoreszenzlinien (Emissionen) von neutralem Eisen (Fe I $\lambda\lambda$ 4063, 4132 Å);
- verbotene Emissionslinien von neutralem Sauerstoff ([O I] $\lambda\lambda$ 6300, 6363 Å) und von einfach ionisiertem Schwefel ([S II] $\lambda\lambda$ 4068, 4076, 6716, 6730 Å);
- starke Absorptionslinie von neutralem Lithium (Li I λ 6707 Å).

Die Intensitätsverteilung des Kontinuums weist im Vergleich zu anderen späten Sternen einen kräftigen Exzeß im infraroten Spektralbereich auf, der durch thermische Emission von zirkumstellarem Staub entsteht.

Neben diesen spektroskopischen und spektrophotometrischen Merkmalen und der Position im Hertzsprung-Russell-Diagramm ist ein weiteres typisches Kennzeichen die Lage innerhalb der Milchstraße. Man findet die T Tauri-Sterne vor allem in den danach benannten T-Assoziationen in Dunkelwolken oder Emissionsnebeln, oft auch in der Nachbarschaft von jungen massereichen Sternen in OB-Assoziationen (Beispiele: Taurus-Auriga-Komplex, Orion-Nebel, Scorpius-Ophiuchus-Komplex, Nordamerika-Nebel NGC 7000 und Pelikan-Nebel IC 5067).

Eine bedeutende Untergruppe ($\sim 40\%$) der T Tauri-Sterne bilden die YY Orionis-Sterne (z. B. S CrA), die ein besonders deutliches spektrales Anzeichen für die Akkretion von Materie aus der umgebenden zirkumstellaren Gas- und Staubwolke aufweisen (sog. „inverse P Cygni-Linienprofile“, d. h. Emissionen mit rotverschobenen Absorptionskomponenten). Listen bekannter T Tauri-Sterne und Übersichtsartikel wurden zum Beispiel von Baschek (1976), Rydgren et al. (1976), Cohen und Kuhi (1979) und Wolf (1984) veröffentlicht. Mundt (1977) und Mundt und Bastian (1980) geben einen Überblick über YY Orionis-Objekte.

12.7.3 Variable Be-Sterne

Veränderliche Be-Sterne werden häufig auch als γ Cassiopeiae-Sterne bezeichnet und sind eng mit den sogenannten Hüllen-Sternen verwandt. Diese Objekte sind im Hertzsprung-Russell-Diagramm zwischen späten O- und frühen A-Typen nahe der Hauptreihe mit Leuchtkraftklassen V bis III einzuordnen. Es handelt sich um schnell rotierende frühe Sterne, die spektroskopische Anzeichen für mehr oder weniger ausgedehnte Hüllen oder Ringe in der Umgebung der Photosphäre zeigen. Es kommen äquatoriale Ringe, Scheiben und auch sphärische Hüllen vor, die je nach physikalischen Parametern (zirkumstellare Temperaturen, Dichten, Strömungsgeschwindigkeiten) und abhängig vom geometrischen Sichtlinienaspekt (äquatorial bis polar) Emissions- und Absorptionslinien mit unterschiedlichen Intensitäten, Ionisations- und Anregungsenergien, Dopplerverschiebungen und charakteristischen Linienprofilen erzeugen. Solche zirkumstellaren Emissionen und Hüllen-Absorptionen sind einem normalen photosphärischen Absorptionslinienspektrum überlagert, das sich durch relativ breite Absorptionslinienprofile auszeichnet, deren Doppler-Verbreiterung durch die rasche Eigenrotation der Sterne zustandekommt. Das Hüllenspektrum ist oft zeitlich variabel, das heißt Intensitäten und Profile der Hüllenlinien ändern sich (manchmal innerhalb von wenigen Tagen) deutlich. Beispiele sind γ Cas, ζ Tau.

Photometrische Änderungen sind bei etwa 60% der Be-Sterne vor allem mit längeren Zeitskalen von der Größenordnung 10^2 bis 10^3 Tage festzustellen, wobei die Helligkeitsschwankungen meistens so erfolgen, daß von einem langfristigen Mittelwert ausgehend irreguläre Minima mit Tiefen $\lesssim 1^m$ auftreten (Lichtkurven von γ Cas und XX Oph sind bei Hoffmeister et al., 1984, abgebildet). In einigen Fällen konnten Korrelationen zwischen Helligkeitsänderungen (Abnahme der Helligkeit nach dem Abstoßen einer Hülle) und entsprechenden spektroskopischen Variationen nachgewiesen werden (Beispiele γ Cas, BU Tau).

Modelle für Be- und Hüllen-Sterne nehmen allgemein die Existenz von zirkumstellarer Materie in Form von äquatorialen Ringen, Scheiben oder Hüllen an, um die beobachteten Besonderheiten zu erklären. Der Massenverlust dieser Sterne kann durch hydrodynamische Prozesse im Sterninnern und in den Atmosphären ausgelöst werden (Dissipation akustischer Wellen und mechanischer Schwingungsenergie). Entscheidend für die Ausbildung von zeitweise stationären Hüllen ist die Fliehkraftwirkung in den Atmosphären der schnell rotierenden Sterne, vor allem im äquatorialen Bereich, die die Gravitationsschwerebeschleunigung überkompensieren kann.

Detaillierte Daten und weitere Referenzen für diese Veränderlichenklasse sind bei Seitter und Duerbeck (1982) zu finden.

12.8 Literatur

Antipova, L. I.: in: Cataclysmic Variables. Recent Multi-Frequency Observations and Theoretical Developments, Proc. IAU Coll. 93, Eds.: Drechsel, H.; Kondo, Y.; Rahe, J.; Dordrecht: Reidel 1987, p. 453

Balàzs, J.; Detre, L.: Mitt. Sternwarte Budapest Nr. *8* (1939)

Barbon, R.; Ciatti, F.; Rosino, L.: Astron. Astrophys. *25* (1973) 24

Barbon, R.; Ciatti, F.; Rosino, L.: in: Supernovae and Supernova Remnants, Ed. Cosmovici, C. B., Dordrecht: Reidel 1974, p. 115

Barlow, M. J.; Brodie, J. P.; Brunt, C. C.; Hanes, D. A.; Hill, P. W.; Mayo, S. K.; Pringle, J. E.; Ward, M. J.; Watson, M. C.; Whelan, J. A. J.; Willis, A. J.: Monthly Not. Roy. Astron. Soc. *195,* (1981) 61
Baschek, B.: Sterne und Weltraum *19* (1976) 205
Bath, G. T.: in: Cataclysmic Variables. Recent Multi-Frequency Observations and Theoretical Developments. Proc. IAU Coll. 93, Eds.: Drechsel, H.; Kondo, Y.; Rahe, J.; Dordrecht: Reidel 1987, p. 293
Bath, G. T.; Pringle, J. E.: Monthly Not. Roy. Astron. Soc. *194* (1981) 967
Bath, G. T.; Shaviv, G.: Monthly Not. Roy. Astron. Soc. *183* (1978) 515
Biermann, P.: Phys. Bl. *44* (1988) Nr. 11, 419
Boyarchuk, A. A.: in: Non-Periodic Phenomena in Variable Stars. Budapest: Academic Press 1969
Campbell, L.; Jacchia, L.: The Story of Variable Stars, The Harvard Books on Astronomy, Eds.: Shapley, H.; Bok, B. J.; Philadelphia: Blakiston 1941
Clausen, J. V.; Gimenez, A.; Scarfe, C.: Astron. Astrophys. *167* (1986) 287
Christy, R. F.: in: Methods in Computational Physics, Band 7, 213
Code, A. D.: Astrophys. J. *106* (1947) 309; siehe auch Tabelle in Duerbeck und Seitter (1982), S. 206
Cohen, M.; Kuhi, L. V.: Astrophys. J. Suppl. *41* (1979) 743
Cordova, F. A.; Mason, K. O.: in: Accretion Driven Stellar X-Ray Sources, Eds.: Lewin, W. H. G.; van den Heuvel, E. P. J.; England: Cambridge University Press 1982
Crawford, J. A.: Astrophys. J. *121* (1955) 71
Dickens, R. J.; Carey, J. V.: Royal Obs. Bull. Greenwich No. *129* (1967) 335
Doxsey, R.; Bradt, H. V.; Levine, A.; Murthy, G. T.; Rappaport, S.; Spada, G.: Astrophys. J. *182* (1973) L25
Drechsel, H.; Rahe, J.: Sterne und Weltraum *5* (1983) 229
Duerbeck, H. W.: Publ. Astron. Soc. Pacific *93* (1981) 165
Duerbeck, H. W.: A Reference Catalogue and Atlas of Galactic Novae. Space Science Reviews *45* (1987)
Duerbeck, H. W.; Klare, G.; Krautter, J.; Wolf, B.; Seitter, W. C.; Wargau, W.: in: Proc. Second European IUE Conference. ESA *SP-157* (1980) 91
Duerbeck, H. W.; Seitter, W. C.: Variable Stars. In: Landolt-Börnstein, New Series, Group VI, Volume 2b, Eds.: Schaifers, K.; Voigt, H. H.; Berlin: Springer 1982, p. 197
Duerbeck, H. W.; Seitter, W. C.: in: Cataclysmic Variables. Recent Multi-Frequency Observations and Theoretical Developments, Proc. IAU Coll. 93, Eds.: Drechsel, H.; Kondo, Y.; Rahe, J.; Dordrecht: Reidel 1987, p. 467
Engels, D.: Mitt. Astron. Ges. *60* (1983) 252
Engels, D.: Sterne und Weltraum *23* (1984) 243
Fruchter, A. S.; Stinebring, D. R.; Taylor, J. H.: Nature *333* (1988) 237
Glasby, J. S.: Variable Stars. London: Constable 1968, p. 176
Glasby, J. S.: The Nebular Variables. Oxford: Pergamon 1974
Grewing, M.: Compact Objects. In: Landolt-Börnstein, New Series, Gruppe VI, Volume 2c, Eds.: Schaifers, K.; Voigt, H. H.; Berlin: Springer 1982, p. 1
Hankins, T. H.: Astrophys. J. *181* (1973) L49
Herbig, G. H.: Adv. Astron. Astrophys. *1* (1962) 47
Hill, G.; Hutchings, J. B.: Astrophys. Space Sci. *20* (1973) 123
Hoffmeister, C.; Richter, G.; Wenzel, W.: Veränderliche Sterne, 2. Aufl. Berlin: Springer 1984
Joy, A. H.: Astrophys. J. *102* (1945) 168
Kallrath, J.; Linnell, A. P.: Astrophys. J. *313* (1987)
Kippenhahn, R.; Weigert, A.: Sterne und Weltraum *4* (1965) 148
Kopal, Z.: Proc. Amer. Philos. Soc. *85* (1942) 399
Kopal, Z.: Language of the Stars. Astrophys. Space Sci. Library *77* (1979)
Krautter, J.; Klare, G.; Wolf, B.; Wargau, W.; Drechsel, H.; Rahe, J.; Vogt, N.: Astron. Astrophys. *98* (1981) 27
Lamb, D. Q.; Melia, F.: in: Cataclysmic Variables. Recent Multi-Frequency Observations and Theoretical Developments, Proc. IAU Coll. 93, Eds.: Drechsel, H.; Kondo, Y.; Rahe, J.; Dordrecht: Reidel 1987, p. 511

Lawson, W. A.; Kilmartin, P. M.; Gilmore, A. C.; Clark, M.: Inf. Bull. Var. Stars No. *3085* (1987)
Liebert, J.; Stockman, H. S.: in: Cataclysmic Variables and Low-Mass X-Ray Sources, Eds.: Lamb, D. Q.; Patterson, J. Dordrecht: Reidel 1985, p. 151
Manchester, R. N.; Taylor, J. H.: in: Pulsars. San Francisco: Freeman 1977
Marlborough, J. M.: in: Be and Shell Stars. IAU Symp. *70*; Dordrecht: Reidel 1976, p. 335
McLaughlin, D. B.: Novae, Novoides et Supernovae. Paris: Centre Nationale de la Recherche Scientifique 1965, p. 3
Meyer, F.: in: Recent Results on Cataclysmic Variables. ESA-Workshop, Bamberg, 17–19 April 1985, ESA *SP-236* (1985) 83
Meyer, F.; Meyer-Hofmeister, E.: Astron. Astrophys. *126* (1982) 34
Mochnacki, S. W.; Doughty, N. A.: Monthly Not. Roy. Astron. Soc. *156* (1972) 51
Moffet, T. J.: Astrophys. J. Suppl. *29* (1974) 1
Mouchet, M.: ESO Messenger *34* (1983) 3
Mumford, G. S.: Sky and Telescope *26* (1963) 190
Mundt, R.: Sterne und Weltraum *16* (1977) 234
Mundt, R.; Bastian, U.: Astron. Astrophys. Suppl. *39* (1980) 245
Mustel, E. R.; Boyarchuk, A. A.: Astrophys. Space Sci. *6* (1970) 183
Nather, R. E.: Vistas Astron. *15* (1973) 91
Nather, R. E.; Robinson, E. L.; Stover, R. J.: Astrophys. J. *244* (1981) 269
Osaki, Y.: Publ. Astron. Soc. Japan *26* (1974) 429
Patterson, J.: Astrophys. J. *233* (1979) L13
Payne-Gaposchkin, C.: The Galactic Novae. Amsterdam: North Holland 1957
Payne-Gaposchkin, C.: Astrophys. Space Sci. Library *65* (1977) 3
Popper, D. M.; Ulrich, R. K.: Astrophys. J. *212* (1977) L131, siehe auch: Popper und Ulrich, in Proc. IAU Symp. 88 (Toronto, 1977)
Preston, G. W.; Krzeminski, W.; Smak, J.; Williams, J. A.: Astrophys. J. *137* (1963) 401
Prialnik, D.: in: Cataclysmic Variables. Recent Multi-Frequency Observations and Theoretical Developments. Proc. IAU Coll. 93, Eds.: Drechsel, H.; Kondo, Y.; Rahe, J.; Dordrecht: Reidel 1987, p. 431
Ritter, H.: Catalogue of Cataclysmic Binaries, Low-mass X-Ray Sources and Related Objects, 4th ed. Astron. Astrophys. Suppl. (1987)
Robinson, E. L.: Astron. J. *80* (1975) 515
Robinson, E. L.: Ann. Rev. Astron. Astrophys. *14* (1976) 119
Rucinski, S. M.: in: Interacting Binary Stars. Eds.: Pringle, J. E.; Wade, R. A.; Cambridge University Press 1985, pp. 85 and 113
Rydgren, A. E.; Strom, S. E.; Strom, K. M.: Astrophys. J. Suppl. *30* (1976) 307
Sargent, A. I.; Baud, B.: in: Mass Loss from Red Giants. Eds.: Morris, M.; Zuckerman, B.; Dordrecht: Reidel 1985
Schwope, A.; Beuermann, K.: in: Recent Results on Cataclysmic Variables. ESA-Workshop, Bamberg, 17–19 April 1985, ESA *SP-236* (1985) 173
Seitter, W. C.; Duerbeck, H. W.: in: Landolt-Börnstein, New Series, Group VI, Volume 2b, Eds.: Schaifers, K.; Voigt, H. H.; Berlin: Springer 1982, p. 290
Snijders, M. A. J.: in: Cataclysmic Variables. Recent Multi-Frequency Observations and Theoretical Developments. Proc. IAU Coll. 93, Eds.: Drechsel, H.; Kondo, Y.; Rahe, J.; Dordrecht: Reidel 1987, p. 243
Starrfield, S.; Sparks, W. M.: in: Cataclysmic Variables. Recent Multi-Frequency Observations and Theoretical Developments. Proc. IAU Coll. 93, Eds.: Drechsel, H.; Kondo, Y.; Rahe, J.; Dordrecht: Reidel 1987, p. 379
Strom, S. E.; Strom, K. M.; Grasdalen, G. L.: Ann. Rev. Astron. Astrophys. *13* (1975) 187
Szabados, L.: Mitt. Sternwarte Budapest Nr. *76* (1980)
Tsesevich, V. P.: in: Eclipsing Variable Stars. New York: Wiley and Sons 1973, p. 1
Vaughan, A. H.: in: Solar and Stellar Magnetic Fields: Origins and Coronal Effects, IAU Symp. 102, Ed.: Stenflo, J. O.; Dordrecht: Reidel 1983, p. 113
Unno, W.; Osaki, Y.; Ando, H.; Shibahashi, H.: Non-radial Oscillations of Stars. Tokyo 1979
Vogt, N.: Astron. Astrophys. *88* (1980) 66
Vogt, N.: Mitt. Astron. Ges. *57* (1982) 79

Wachmann, A. A.; Popper, D. M.; Clausen, J. V.: Astron. Astrophys. *162* (1986) 62
Wade, R. A.; Ward, M. J.: in: Interacting Binary Stars, Eds.: Pringle, J. E.; Wade, R. A.; Cambridge University Press 1985, p. 134
Warner, B.: in: Structure and Evolution of Close Binary Stars, Proc. IAU Symp. 73, Eds.: Eggleton, P.; Mitton, S.; Whelan, J.; Dordrecht: Reidel 1976, p. 85
Warner, B.: in: Cataclysmic Variables and Related Objects, Proc. IAU Coll. 72, Eds.: Livio, M.; Shaviv, G.; Dordrecht: Reidel 1983, p. 155
Warner, B.: in: Cataclysmic Variables and Low-Mass X-Ray Binaries, Eds.: Lamb, D. Q.; Patterson, J.; Dordrecht: Reidel 1985, p. 269
Warner, B.: in: Cataclysmic Variables. Recent Multi-Frequency Observations and Theoretical Developments, Proc. IAU Coll. 93, Eds.: Drechsel, H.; Kondo, Y.; Rahe, J.; Dordrecht: Reidel 1987, p. 3
Warner, B.; Nather, R. E.: Monthly Not. Roy. Astron. Soc. *152* (1971) 219
Weaver, H.: in: Highlights of Astronomy, Vol. *3* (1974) 509
Welch, D. L.; McAlary, C. W.; McLaren, R. A.; Madore, B. F.: in: Cepheids: Theory and Observations, IAU Coll. No. 82, Ed.: Madore, B. F. 1985, p. 119
Wilson, R. E.: Astrophys. J. *234* (1979) 1054
Wilson, R. E.; Devinney, E. J.: Astrophys. J. *166* (1971) 605
Wilson, R. E.; Devinney, E. J.: Astrophys. J. *182* (1973) 542
Wolf, B.: Sterne und Weltraum *10* (1984) 506
Wood, D. B.: Astron. J. *76* (1971) 701
Young, P. J.; Corwin, H. G. Jr; Bryan, J.; de Vaucouleurs, G.: Astrophys. J. *209* (1976) 882

13 Doppelsterne

W. D. Heintz

13.1 Die visuellen Doppelsterne

Seit den ersten Messungen durch W. Herschel vor zweihundert Jahren haben die visuellen Doppelsterne – wie später noch viele andere Beobachtungsobjekte – zunehmend Genauigkeit und stärkere Fernrohre verlangt. Der Sternfreund kennt sicher zahlreiche helle, schöne Sternpaare vom „Spazierensehen" am Himmel her und benutzt sie auch in verschiedenen Schwierigkeitsgraden als Prüfobjekte der Fernrohroptik. In der Literatur wird er indes bemerken, daß sich der Schwerpunkt des Interesses auf sehr enge Systeme und Untersysteme wie auch auf licht- und massearme Zwergsternpaare verlagert hat. Wegen der häufig langen Umlaufperioden stützt sich die Untersuchung, speziell die Bahn- und Massenbestimmung, auf einen über ausgedehnte Zeitspannen gesammelten Vorrat an Messungen der relativen Örter der Komponenten. Und doch sind die zu messenden Größen und Änderungen so klein, daß dem Auftreten zufälliger und systematischer Fehler Aufmerksamkeit beizumessen ist. Von jeher haben relativ wenige Spezialisten das Arbeitsgebiet der visuellen Paare gepflegt, dies aber mit langer Tätigkeit und Erfahrung. Des weiteren fristen viele Meßdaten ein Archivdasein. Vielleicht werden sie nach hundert Jahren wieder ausgegraben, wenn der Stern aus dem einen oder andern Grunde erhöhtes Interesse findet, und der Bearbeiter ist dann froh über gute Bahndaten aus weit zurückligender Zeit. Bis heute beruht das Material weitgehend auf visueller Beobachtung mit Mikrometern; doch sind in neueren Jahren Methoden in Gebrauch gekommen, die das Auge als Meßinstrument ersetzen.

Was im Rahmen dieses Buches über Doppelsterne [1] zu sagen ist: ein knapper Überblick speziell über visuelle Systeme und der Gebrauch des Mikrometers an ihnen. Danach werden andere Beobachtungsverfahren sowie die Bahnbewegungsformeln erwähnt und Bemerkungen zu Bedeckungspaaren angefügt.

Die Komponenten eines Doppelsterns bewegen sich nach dem Gravitationsgesetz in einander ähnlichen Ellipsenbahnen um den gemeinsamen Schwerpunkt. Zwar kann man den Schwerpunkt nicht sehen, aber man verfolgt die Bahnbewegung des einen Sterns relativ zum anderen, die ebenso elliptisch ist. Über die relative Bahn sagt das 3. Keplersche Gesetz:

$$\alpha^3 = (r\,a)^3 = MP^2.$$

Dabei ist α die große Bahnhalbachse in a. E., a die entsprechende Größe gemessen in Bogensekunden, r der Abstand des Paares von der Sonne in Parsec, M die Gesamtmasse in Einheiten der Sonnenmasse und P die Umlaufperiode in Jahren. Auf

Grund dieser Formel werden alle Sternmassen berechnet. Man kann daraus auch abschätzen, daß die überwiegende Mehrzahl der in kleineren Instrumenten gut getrennten Paare recht große wahre Abstände zwischen den Komponenten haben muß. Das entspricht Umlaufzeiten von vielen Jahrtausenden und mehr, und die Bahnbewegung ist sehr langsam. Nur bei relativ sonnennäheren Sternen lassen sich deutliche Positionsänderungen aus dem Vergleich von Messungen über Jahrzehnte feststellen, und in etlichen Fällen mit Perioden unter 100 Jahren (ξ Sco, 70 Oph) beobachtet man die Bewegung schon innerhalb einiger Monate oder bis zum nächsten Jahr.

Außer diesen wirklichen, physischen Objekten treten unter den visuellen Doppelsternen auch die sogenannten optischen Paare auf, deren Komponenten nicht zusammengehören und nur perspektivisch in der Sichtlinie nahe beieinander stehen; sie sind ohne Interesse. Nachweisen läßt sich ein physisches Paar durch seine gekrümmte Bahnbewegung (denn die Relativbewegung unabhängiger, optischer Komponenten ist geradlinig) oder durch Feststellung einer gemeinsamen Eigenbewegung am Himmel in denjenigen Fällen, wo die Relativbewegung zu klein ist und ihre gekrümmte oder gerade Natur nicht erkannt werden kann. Je enger und je heller ein Paar, desto wahrscheinlicher ist es echt. Bis zur 7. und 8. Größe sind bei Winkeldistanzen unter 5″ die optischen Paare seltene Ausnahmen; die Beobachtungen zeigen das ebenso wie statistische Überlegung. Bei Distanzen über 20″ dominieren die optischen Objekte; doch zahlreiche Paare und Gruppen mit gemeinsamer Eigenbewegung kommen auch noch bei viel größeren Distanzen vor.

Doppel- und Mehrfachsterne treten im Fixsternraum um die Sonne sehr häufig auf. Gegenüber der Zahl der Komponenten, die zu solchen Systemen gehören, sind die wirklichen Einzelsterne eine Minderheit von weniger als 20% (unter den roten Zwergen schätzungsweise 30 bis 40%), und auch sie sind vermutlich innerhalb von Gruppen entstanden und dann erst „ausgerissen“. Durch die Beobachtungsmethoden bedingt ist die Einteilung in die – sich teilweise überschneidenden – Bereiche der visuellen, der spektroskopischen und der photometrischen Paare (Bedeckungsveränderliche), ohne daß das eine grundsätzlich verschiedene Natur der Klassen ausdrückt. Aber sie unterscheiden sich doch gewaltig in ihren Bahnachsen und Umlaufzeiten, die in allen Größenordnungen vorkommen. Die engsten Sternpaare laufen praktisch in Berührung ihrer Oberflächen um; die weitesten – vom Typ der Proxima Centauri – sind so sehr getrennt, daß ihre Anziehung fast schon im allgemeinen Schwerefeld der Milchstraße untergeht. In den drei- und mehrfachen Systemen – ebenfalls keineswegs selten – stehen die Komponenten gewöhnlich in sehr ungleichen gegenseitigen Abständen. Was man meist findet, ist ein enges Paar mit einem um das Zehnfache oder mehr entfernten dritten Stern, oder zwei enge Paare, die einander in weiter Bahn umlaufen. Die Abstandsverhältnisse sind für die Stabilität der Systeme wesentlich. Der Fall von ungefähr gleichen Komponentendistanzen – mit dem „Trapez“ im Orionnebel als bekanntestem Beispiel – wird fast nur unter jungen Sternen beobachtet; diese Anordnung ist offenbar instabil und zerfällt bald.

Die bei Doppelsternen auftretenden Farb- und Helligkeitsunterschiede folgen im wesentlichen dem Hertzsprung-Russell-Diagramm. Man findet Paare mit Komponenten gleicher Helligkeit und Farbe von der Hauptreihe; bei merklicher Helligkeitsdifferenz ist der Begleiter etwas röter. Dann gibt es Verbindungen eines gelben oder roten Riesensterns mit einem weißen Begleiter von der Hauptreihe und gelegentlich auch Weiße Zwerge als Begleiter. Bei großer Helligkeitsdifferenz kann man im allge-

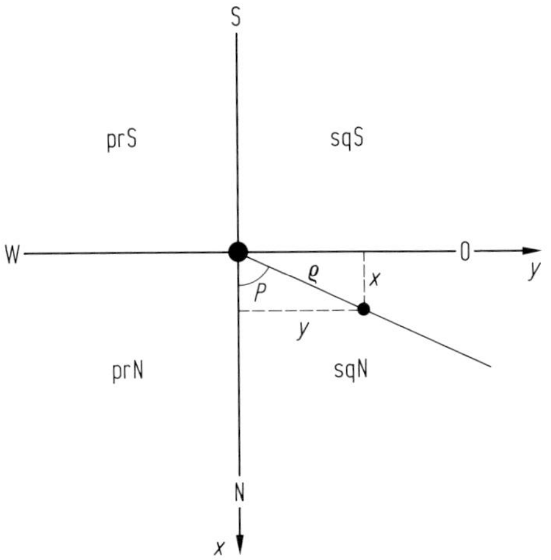

Abb. 1. Die relativen Koordinaten und Quadranten im Gesichtsfeld

meinen Farbe und Spektrum des Begleiters wegen der Überstrahlung nicht zuverlässig bestimmen, und selbst seine Helligkeit ist oft nur ungenau zu schätzen.

Die Lage des Begleiters relativ zu seinem Hauptstern an der Sphäre wird durch zwei Zahlen angegeben (Abb. 1). Die Polarkoordinaten, wie man sie am Mikrometer erhält, sind die Distanz ϱ in Bogensekunden und der Positionswinkel p (oder θ), der in Grad von Nord über Ost, Süd, West von 0 bis 360 gezählt wird. Photographische Platten geben die rechtwinkeligen Koordinaten x und y, beide in Bogensekunden. Die Umrechnung lautet:

Deklinationsdifferenz $\Delta d = x = \varrho \cos p$,
Rektaszensionsdifferenz $15 \cos\delta\, \Delta\alpha = y = \varrho \sin p$,

oder umgekehrt,

$$\tan p = y/x \text{ und } \varrho = \sqrt{x^2 + y^2}\,.$$

Aus dem Gesamtlicht m_g und der Helligkeitsdifferenz Δm eines Paares lassen sich die Komponentenhelligkeiten m_A und m_B einzeln bestimmen und umgekehrt. Tabelle 1 gibt den Zusammenhang zwischen Δm und dem Betrag $m_A - m_g$, um welchen der Hauptstern allein schwächer ist als das Gesamtlicht.

Tabelle 1.

Δm	$m_A - m_g$	Δm	$m_A - m_g$	Δm	$m_A - m_g$
$0^m.0$	$0^m.75$	$1^m.0$	$0^m.36$	$2^m.0$	$0^m.16$
0.2	0.66	1.2	0.31	3.0	0.07
0.4	0.57	1.4	0.26	4.0	0.03
0.6	0.49	1.6	0.22	5.0	0.01
0.8	0.42	1.8	0.19	6.0	0.00

Beispiel: Für Kastor sei $m_g = 1^m.54$ und $\Delta m = 0^m.96$ gegeben. Man findet $m_A - m_g = 0.37$; also ist der Hauptstern $1^m.91$ und der Begleiter $2^m.87$. – Gleichhelle Komponenten sind einzeln um 3/4 Größenklassen schwächer als die Gesamthelligkeit des Paares, während bei Δm über 3 Größen der Begleiter schon fast nichts mehr zum Gesamtlicht beiträgt.

Visuelle Paare tragen eine Entdeckerbezeichnung aus Kennbuchstaben und Nummer. Die meisten an kleineren Instrumenten sichtbaren Objekte finden sich schon in den Katalogen von W. Struve (Σ) und O. Struve ($O\Sigma$) vor 1850. Dutzende anderer Beobachtercodes, die seither dazukamen, seien hier nicht aufgeführt. Häufig benutzt wird die ADS-Nummer nach Aitkens Generalkatalog der vor 1927 bekannten Nordhimmelsobjekte bis $-30°$ Deklination, und eine neuerdings bevorzugte Kennung ist nach den Koordinaten für das Jahr 2000 gebildet. So kann man Kastor (α Gem) unter den Namen Σ 1110, ADS 6175, und 07346 N3153 (Ort $7^h34^m.6$, $+31°53'$ für 2000) finden. Innerhalb eines Systems werden die Komponenten der Helligkeit durch Buchstaben identifiziert: A = Hauptstern, B = Begleiter (und C, D usw. für eventuelle entferntere Begleiter).

Die visuelle Prüfung der Sterne in den Durchmusterungen (bis etwa 10. Größenklasse) auf Duplizität ist heute zu über 80% erledigt. Es kommen immer wieder ein paar hellere Doppelsterne dazu, die früher verfehlt worden waren (vielleicht waren sie damals zu eng); doch der Großteil der Neuentdeckungen sind sehr enge (interferometrische) Paare oder Sterne schwächer als 9. Größe. Der letzte gedruckte Katalog war der Index (IDS) von 1961. Der Washington Index (WDS) liegt in einer vorläufigen Fassung von 1984 auf Magnetband vor und enthält etwa 80 000 Objekte. Da Vollständigkeit ein wesentlicher Teil der Dokumentation ist, schließen die Kataloge Zehntausende sehr weiter, lichtschwacher und großenteils belangloser Paare ein, die irgendwann einmal in die Literatur gerieten, darunter auch viele mutmaßlich optische Paare.

13.2 Mikrometer und visuelle Beobachtung

Schraubenmikrometer sind eine Erfindung des 18. Jahrhunderts, aber noch heute im Gebrauch. Sie sind recht vielseitige Geräte, jedoch einfach zu handhaben und zu bauen; Präzisionsschrauben mit nicht-drehendem Meßbolzen und geteilte Gradkreise sind in ausreichend fehlerfreien und erschwinglichen Fertigungen erhältlich.

Das Fadenmikrometer – am besten bekannt – besteht aus einem Rahmen in der Brennebene des Fernrohrs senkrecht zur optischen Achse und um diese drehbar sowie

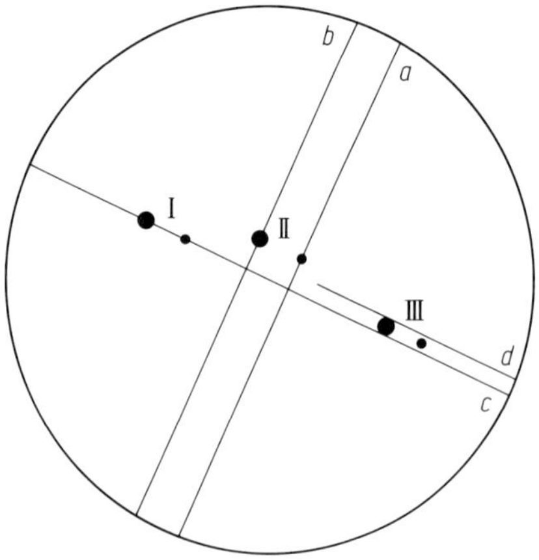

Abb. 2. Messung mit dem Fadenmikrometer

einem Schlitten, der eine lange Schraube gegen den Rahmen verschieben läßt. Beide tragen je einen Faden senkrecht zur Schraube (a und b in Abb. 2); Quer- und Ersatzfäden können nach Wunsch eingezogen werden. Die Verbindung Schraube-Schlitten soll keinen merklichen toten Gang haben. Der Scharfeinstellung halber sollen feste und bewegliche Fäden möglichst nahe hintereinander stehen, ohne einander aber beim Vorbeischrauben zu berühren. (Die Fäden a und b sollen gleich dick aussehen; also wird ein kurzbrennweitiges Okular auf die Mitte zwischen ihnen scharf eingestellt.) Zum Schutz der Fäden sitzt das Gerät in einem Kasten, in den das Okular – zweckmäßig ebenfalls auf separatem Schlitten etwas verschiebbar – eingeschraubt wird. Die Präzisionsschraube trägt eine in 100 Teile geteilte Trommel, ferner eine Skala oder Zähltrommel für volle Umdrehungen. Die Verschiebung des beweglichen Fadens b wird so auf tausendstel Umdrehungen abgelesen (dritte Dezimale geschätzt). Der Positionskreis, an dem der Drehungswinkel des Mikrometers abgelesen wird, ist in 360 Grad geteilt (im Drehsinn entgegen dem Uhrzeiger beziffert) und im Fernrohrauszug befestigt. Ein Kreis von etwa 20 cm Durchmesser mit sauberen Grad- oder Halbgradstrichen genügt zur Ablesung auf Zehntelgrade.

Ferner braucht man eine schwache, regulierbare Beleuchtung. Man kann direkt angestrahlte (helle) Fäden benutzen oder auch eine diffuse – vorzugsweise rötliche – Gesichtsfeldbeleuchtung mit dunklen Fäden; das ist weitgehend Gewöhnungssache. Wärmeentwickelnde Birnen sollen nicht zu nahe am Rohr stehen.

Für das Fadennetz sind Spinnwebfäden noch im Gebrauch. Ihr Aufziehen, Spannen und Befestigen ist ein Geschicklichkeitsspiel, zumal ihre genaue Parallelität einzuhalten ist; aber ein gut aufgespanntes Fadennetz kann viele Jahre halten. Neuerdings gibt es feine Fäden aus Kunststoff, die der Spinnwebe an gleichmäßiger Lichtreflexion und an Haltbarkeit (gegenüber Feuchte) überlegen sind und auch Quarzfäden an Dünne übertreffen.

Die Schwierigkeit der Beobachtung eines Paares mit einem gegebenen Teleskop richtet sich – abgesehen von Augenempfindlichkeit, Luftzustand und so weiter – nach drei Eigenschaften: der Distanz ϱ, der Helligkeitsdifferenz Δm und der Gesamthelligkeit.

Nach der bekannten Dawes-Formel werden Paare (von genügend Helligkeit und mit gleich hellen Komponenten) noch getrennt bei einer Distanz von 12″ dividiert durch die Fernrohröffnung in Zentimetern. In engeren Paaren berühren sich die Beugungsscheibchen beziehungsweise fließen zu einem länglichen Gebilde zusammen. Die Dawes-Grenze stimmt mit der theoretisch bestimmten Halbwertsbreite von Beugungsbildern gut überein; für große Öffnungen (im Bereich von einem Meter und mehr) ist wegen zunehmenden Einflusses der Luftunruhe der Gewinn an Trennbarkeit allerdings geringer als die Formel angibt. Als Vergrößerung wählt man gewöhnlich die stärkste, welche Luftzustand und Fernrohr noch vorteilhaft zulassen, es sei denn, der Stern ist lichtschwach. Obacht auf das Fadennetz beim Okularwechsel! Abblenden der Objektivöffnung durch eine Kreisblende wird für helle Objekte an größeren Instrumenten empfohlen; die verbesserte Bildgüte überwiegt oft den Auflösungsverlust.

Ganz ausnutzen läßt sich das Trennvermögen nur bei nahe gleich hellen Sternen. Schon ein Unterschied um eine Größenklasse erschwert die Beobachtung, und darüber hinaus wachsen auch systematische Fehler in den Positionsbeobachtungen beträchtlich.

Werden die Sterne für bequemes foveales Sehen (Fixieren) zu schwach, wird die Beobachtung ebenfalls beeinträchtigt. Gute Augen und Luftbedingungen lassen einen Zehnzöller bis etwa zur Größe $10^{m}.5$, einen Zwanzigzöller bis 12^{m} verwenden; ein spürbarer Genauigkeitsabfall setzt aber schon zwei Größenklassen eher ein. Die bekannten Regeln, wie schwache Sterne ein Fernrohr noch zeigen soll, haben hier keinen Wert, denn zwischen einem gerade noch sichtbaren und einem trenn- und meßbaren Lichtpunkt ist ein Riesenunterschied.

Den visuellen Meßvorgang veranschaulicht Abbildung 2. Ein fester Faden (c) wird als Verbindungslinie auf die Mitten beider Sternscheibchen gedreht (Stellung I) und der Gradkreis abgelesen; dies wird ein paarmal wiederholt. Bei der Distanzmessung stehen die Fäden senkrecht auf der Verbindungslinie der Sterne: Man bringt den festen Faden (a) auf Stern 1 und schraubt den beweglichen (b) auf 2 (Stellung II), und sodann umgekehrt; die Differenz der beiden Trommelablesungen entspricht der doppelten Winkeldistanz. Auch diese Messung wird wiederholt. Man kann zur Winkelmessung auch ein enges Fadenpaar (c–d mit dem Sternpaar mitten dazwischen wie in III) verwenden oder auch (c) weglassen und Faden (a) verwenden mit nachfolgender Drehung um 90°. Der Trick oder die Übungssache bei der Messung ist im wesentlichen, die Einstellungen genau und doch rasch zu machen, daß das Auge nicht ermüdet, und dabei die Momente ruhigen Bildzustands herauszufinden. Die Verbindungslinie der Augen parallel zu der der Sterne zu halten, nicht schräg, beugt systematischen Winkelfehlern vor. Man mißt ein Paar in mehreren Nächten eines Jahres; aus dem Vergleich der Resultate läßt sich die Fehlerstreuung ersehen.

In das Beobachtungsprotokoll gehören die Bildgüte, die Vergrößerung (falls man verschiedene benutzt) und die Quadrantenangabe nach Abbildung 1, damit Verwechslungen um 180° vermieden werden. Eine genähert geschätzte Distanz kann zur Erkennung grober Trommelablesungsfehler dienen; manche geübtere Beobachter fügen auch Helligkeitsschätzungen bei.

Die Reduktion der Messungen ist sehr einfach: Mittelwert der Winkel minus Nullpunkt des Kreises gleich Positionswinkel; Mittelwert der Doppeldistanzen mal halber Schraubenwert gleich Distanz in Bogensekunden, und die Beobachtungszeit wird in Dezimalteilen des Jahres ausgedrückt; Tabellen dazu finden sich in Jahrbüchern.

Der Nullpunktsfehler (kurz: Nullpunkt) der Positionswinkel ist die Kreisablesung, wenn der Meßfaden genau in die Nordrichtung zeigt. Man bestimmt sie aus der Ost-West-Richtung mit Durchgängen eines Äquatorsterns nahe dem Meridian bei ruhendem Fernrohr. In wiederholten Versuchen wird der Faden (derjenige, der zur Positionswinkelmessung dient) so eingestellt, daß der Stern ihn während des Gesichtsfelddurchgangs nicht verläßt; das wird auf ein Zehntelgrad geprüft. Der Nullpunkt wird zu Anfang und zu Ende des Beobachtungsabends ermittelt, gegebenenfalls auch zwischendurch; wie weit man sich auf seine Konstanz verlassen kann, lehrt die Erfahrung.

Der Schraubenwert (Winkelbetrag einer Schraubenumdrehung) ist sehr genau zu bestimmen, dann aber ein- für allemal bekannt. Mit Stoppuhr oder Auge-und-Ohr mißt man die Sternzeitdauer, die Sterne hoher Deklination (70° bis 80°) nahe dem Meridian zum Durchlaufen einer gewissen Anzahl Schraubenrevolutionen brauchen; das Zeitintervall wird mit dem Faktor $15 \cos \delta$ (genaues δ ist nötig) in Bogensekunden verwandelt. Oder man vermißt die Abstände zwischen weit getrennten Sternen mit genau bekannten Positionen, beispielsweise in den Plejaden; dabei ist die differentielle Refraktion zu berücksichtigen. Zum Vergleich kann man berechnen:

$$\text{Schraubenwert} = 206\,264''.8 \cdot \text{Ganghöhe der Schraube (mm)/Fernrohrbrennweite (mm)}.$$

Zur Erkennung systematischer Distanzfehler sind gewisse Standardsterne vorgeschlagen worden (s. Hinweis F in Tabelle 35, S. 633). Die Benutzung eines Reversionsprismas, welches sich vor das Okular setzen läßt und das Gesichtsfeld umkehrt, als Mittel gegen Winkelfehler ist umstritten.

Durch mangelhafte Teilung oder Zentrierung kann auch der Gradkreis systematische Meßfehler bewirken. Kreisfehler lassen sich relativ leicht tagsüber untersuchen, indem man mehrere Ablesemarken benützt und prüft, ob die Ablesedifferenzen zwischen ihnen in allen Kreisstellungen die gleichen bleiben. Die mühsame Prüfung auf Schraubenfehler dürfte sich bei der Genauigkeit heutiger Präzisionsschrauben erübrigen. Die vom Hersteller mitgegebene Eichtabelle zeigt die etwa zu berücksichtigende Korrektion für fortschreitende (über mehrere Umdrehungen wachsende) Schraubenfehler.

Schwierigkeiten und erhebliche Meßfehler gibt es bei engen Paaren, nicht nur weil die Bilder ineinanderfließen können, sondern einfach weil der schmale Zwischenraum zwischen den Fäden (etwa gleich der Fadendicke selbst) sich nicht mehr recht überblicken läßt. Anfangs soll man daher die doppelte Dawes-Grenze nicht unterschreiten. Nach der anderen Richtung, zu weiten Paaren hin, nimmt die Genauigkeit ab, wenn man wegen hoher Vergrößerung nicht beide Sterne gut im Auge hat – etwa bei 3° dividiert durch die Vergrößerung.

Doppelbildmikrometer bezwecken, Sternbildchen paarweise gegeneinander und nicht gegen Fäden auszumessen. Eine Anwendung der Doppelbrechung ist das Muller-Prisma [2] aus zwei Prismenteilen, die um $\pm 45°$ gegen die optische Achse geneigt sind. Das Gerät ist weniger anfällig gegen Laufwerkmängel des Fernrohrs und wohl auch gegen systematische Meßfehler. Die Bildteilung und etwas Lichtverlust im Prisma machen eine Helligkeitsschwächung um etwa eine Größenklasse aus, die aber der Wegfall der Beleuchtung zum Teil kompensiert. Vorsetzen einer drehbaren Polaroidplatte mit Skala gestattet, die relative Helligkeit der Bilder zu ändern, und macht das Instrument auch zu einem Vergleichsphotometer für engere Doppelsterne. Das sind einige Vorteile für die mühsame Herstellung und den Preis des Prismas. Daß die Beobachter das Fadenmikrometer bevorzugen, liegt wohl mehr an der langen Gewöhnung daran.

Zum Vergleich mit einem Doppelstern könnte auch ein künstliches Sternpaar dienen, das ins Gesichtsfeld gespiegelt wird und dessen Positionswinkel, Distanz und Helligkeit sich mit Schraube und Polaroid verändern lassen. Doch ist dieses Prinzip heute aufgegeben, denn das unterschiedliche Aussehen echter, szintillierender Sterne und der Lochblenden-Lichtpunkte setzt die Zuverlässigkeit der Beobachtung herab.

13.3 Photographische und interferometrische Beobachtung

Den Vorteil höherer Genauigkeit verdankt die Doppelsternphotographie hauptsächlich der Tatsache, daß man auf einer empfindlichen Platte in kurzer Zeit viele Belichtungen eines Objekts unterbringen und sie später in Ruhe, nach Bedarf auch wiederholt ausmessen kann. Doch die Körnigkeit der Emulsion und der atmosphärische, gestreute Teil des Sternlichts, der sich während der Belichtungszeit ansammelt, begrenzen die Trennbarkeit erheblich. Wenige der photographischen Paare haben so erhebliche Bahnbewegungen, daß sich ihre Überwachung lohnte, und das sind dann sonnennahe Sterne, die von Parallaxenbeobachtern mit betreut werden können. Deshalb sind photographische Messungen aus Doppelsternen im engeren Sinne nahezu verschwunden, dienen aber zur Verfolgung weiter Sternpaare und -gruppen mit gemeinsamen Eigenbewegungen.

Die Distanz im fokalen Bild dividiert durch die Brennweite ergibt die wahre Winkeldistanz im Bogenmaß. In Sekunden ausgedrückt: 1 mm auf der Platte = 206″265 dividiert durch die Brennweite in Metern. Gut berandete Sternbildchen, bei bester Luftruhe und mit richtiger Belichtungszeit aufgenommen, lassen sich bis etwa 0,08 mm Abstand herab noch ausmessen; doch treten unter etwa 0,15 mm verfälschende Einflüsse auf, sowohl durch ungleichmäßige Entwicklung der Bildschwärzung (Nachbareffekt) als auch bei der Ausmessung. Die Grenze guten photographischen Auflösungsvermögens liegt somit selbst für langbrennweitige Optik oberhalb der 10- bis 15fachen Dawes-Grenze. Das Einsetzen einer Optik, welche die Bildskala vergrößert, ist von Nutzen, solange die Emulsion und nicht die Bildunruhe (die natürlich mitvergrößert wird) der entscheidend begrenzende Faktor ist, also an kürzerbrennweitigen Instrumenten. Der mühevolle Teil der photographischen Astrometrie ist das Ausmessen der Platten, das eine genaue Meßmaschine voraussetzt. Aufwendige automatische Geräte, welche Schwärzungsisophoten abtasten und zentrieren, dienen der Aufarbeitung der astrometrisch produzierten Datenmengen, sind indes gerade bei Doppelsternen von beschränktem Wert, wenn nämlich der Abtaster das doppelte Bild innerhalb der Blende nicht auseinanderhalten kann.

Durch Anschluß an andere Sterne auf der Platte werden Eigenbewegungen sowie bisweilen Massenverhältnisse von Doppelsternen (aus der Lage des Schwerpunkts) gefunden; jedoch erfordert dies langbrennweitige Aufnahmen, die um Jahrzehnte auseinanderliegen. Ungleichmäßigkeiten in gemessenen Bewegungen haben öfters die Annahme veranlaßt, sie rührten von einem unsichtbaren Begleiter her. Periodische Änderungen dieser Art sind in ein paar Doppelsterne (ζ Cnc, ζ Aqr, ξ UMa) oder scheinbaren Einzelsternen (μ Cas) nachgewiesen. In der großen Mehrzahl der Verdachtsfälle stellten sich jedoch systematische Fehler, besipielsweise durch kleine Justierungsänderungen der Optik, als Ursache der Abweichungen heraus. Darunter fallen die angeblichen Entdeckungen von „Planeten“, die bisweilen durch die Presse liefen. Sie beruhten auf veralteten Reduktionsmethoden, deren Näherungscharakter für die hier erforderliche Genauigkeit keineswegs ausreichte. Im Prinzip lassen sich kleine Massen astrometrisch nachweisen, aber nur dann, wenn die Bildfeldänderungen, die über längere Zeit unvermeidlich auftreten und dann Bewegungsschwankungen vortäuschen, sorgfältig kontrolliert und abgetrennt werden.

Für Positionsmessungen muß die Platte sehr genau senkrecht zur optischen Achse stehen. Um die Belichtungszeit zu kürzen und damit Nachführfehler hintanzuhalten, kann die Empfindlichkeit der Platte durch Stickstoffbad oder Vorbelichtung gesteigert werden. Ihre Orientierung im Fernrohr wird mit der Lichtspur eines hellen Sterns am Äquator bestimmt.

Bei der Messung sehr weiter Sternpaare (auch um die Bildgrößenskala damit zu prüfen oder einen visuellen Schraubenwert zu bestimmen) kann die Korrektur für differentielle Refraktion erforderlich werden. Die Strahlenbrechung hebt den tiefer stehenden Stern stärker an, und zwar pro Bogenminute Höhenunterschied um etwa

0.″04 in 40° Höhe und schon um 0.″07 in 30°Höhe. Zur Beseitigung des atmosphärischen Spektrums dienen Farbfilter, und Paare mit sehr ungleich hellen Komponenten werden mit geeigneten Gittern aufgenommen, welche Beugungs-Seitenbilder des überbelichteten Hauptsterns liefern.

Das Ringen um höheres Auflösungsvermögen läßt Interferometrie als vielversprechende Technik für die Doppelsternkunde erscheinen: Monochromatisches Licht der Wellenlänge λ, das durch zwei Spalte fällt, bildet vereinigt ein Interferenzstreifenmuster, welches bei Doppelsternen in einer ganz bestimmten Stellung verschwindet (bzw. minimale Stärke erreicht) – wenn nämlich die Spalte in Richtung des Positionswinkels und in einem Abstand $D = \lambda/2\varrho$ stehen. Daraus läßt sich die Winkeldistanz ϱ ermitteln. Der starke Lichtverlust der Interferometer war jedoch für die Astronomie eine äußerst lästige Beschränkung, wenigstens bis zur Entwicklung hochempfindlicher Lichtdetektoren. Ein Okular-Interferometer hat Finsen [3] konstruiert und mit viel Geschick bis herab zur halben Dawes-Grenze seines Refraktors angewendet.

Die kleinen Turbulenzzellen der Luft, mit 20 bis 20 cm Größe und einer Zeitskala von etwa 1 bis 1/10 s, lösen das Bild in rasch wechselnde Flecke (speckles) auf. Was das geübte Auge unterbewußt leistet, nämlich ein momentanes Bild in den Flecken zu erkennen, wird ihm bei großen Fernrohröffnungen von der zunehmenden Zahl gleichzeitiger Luftschlieren erschwert, wie oben bemerkt. Die sogenannten Speckle-Methoden [4] versuchen daher, die störenden Szintillationsfrequenzen durch noch kürzere Aufnahmezeiten zu unterlaufen (1/30 bis 1/100 s). Zu diesem Zwecke wird das Bild durch Mikroskopoptik nachvergrößert; seine Aufzeichnung – ursprünglich mit Fernseh-Bildverstärker und Filmkamera – wird zunehmend durch empfindliche Photonenzähler (CCD, charged couple devices) und direktes Einfüttern in die Rechenanlage geleistet. Dort werden die besten Bilder ausgewählt und korreliert, so daß aus einem ursprünglichen „Verhau“ von hunderten Flecken das wahre Interferenzbild des Doppelsterns ersteht. Die engsten bekannten Paare mit Distanzen bis herab zu etwa 0.″01 wurden so gemessen; insbesondere konnten zahlreiche Objekte, die bisher nur als spektroskopische Doppelsterne bekannt waren, getrennt und damit der Massenbestimmung zugeführt werden (denn die sonst dazu nötige Parallaxenmessung ist dann durch die Radialgeschwindigkeitsamplitude ersetzt). Messungen von Sterndurchmessern, ja sogar von Helligkeitsverteilungen auf Sternoberflächen werden mit so hohem Auflösungsvermögen ebenfalls erzielt, und etwas längere Integrationszeiten lassen die Reichweite zu schwachen Doppelsternen ausdehnen. Etliche Geräte dieser Gruppe (nach etwas verschiedenen Prinzipien) haben sich im letzten Jahrzehnt bewährt und werden in absehbarer Zeit die herkömmlichen Meßverfahren weitgehend ablösen. Doch sie lohnen sich nur an Großteleskopen; sie sind Einzelfertigungen und nicht im Handel, und ihr Betrieb erfordert Hilfspersonal. Hinzu kommt, daß die fehlerfreie Verbindung zwischen dem zusammengesetzten Speckle-Bild und den Koordinaten des Doppelsterns durch sorgfältige Kalibriermessungen und -rechnungen herzustellen ist.

13.4 Bahnelemente und Ephemeriden

Durch sieben Größen, die sogenannten Bahnelemente, ist eine visuelle Doppelsternbahn bestimmt. Sie sind analog zu den Elementen von Planetenbahnen (S. 331,

Band 1) definiert und lauten wie folgt: a, die große Halbachse der wahren Bahnellipse in Bogensekunden, und e, die numerische Exzentrizität, ergeben Größe und Form der Bahn. Die relative Bewegung wird nun mit P, der Umlaufperiode in Jahren, und T, der Durchgangszeit durch das Periastron (Bahnpunkt geringsten wahren Abstands zwischen den Komponenten), festgelegt. Die Zeit, wann der Stern jeden anderen Bahnpunkt durchläuft, ist dann bereits durch den Flächensatz (2. Keplersches Gesetz) bestimmt, der besagt: Die Verbindungslinie der Sterne überstreicht in gleichen Zeiten gleiche Flächen. – Je nach der Lage zur Sichtlinie ist die scheinbare Bahn von der wahren perspektivisch verschieden, und diese Projektion ist durch drei Winkel definiert:

i – ist die Neigung zwischen der wahren Bahnebene und der Tangentialebene an der Himmelssphäre als scheinbare Bahnebene, wird von 0° bis 180° gezählt. Der Projektionsfaktor $\cos i$ wird positiv genommen (i unter 90°), wenn die Bewegung im Sinne zunehmender Positionswinkel (rechtläufig) erfolgt.

Ω – der Knoten, ist der Positionswinkel der Schnittebene zwischen wahrer und scheinbarer Bahn. Man gibt gewöhnlich den unter 180° liegenden Knoten an; der andere ist um 180° entgegengesetzt. Alle Positionswinkel und somit auch der Knoten ändern sich durch Präzession um den Betrag $+0\overset{\circ}{.}557 \sin\alpha \sec\delta$ pro Jahrhundert. Die zu verschiedenen Zeiten erhaltenen Messungen werden dementsprechend reduziert, so daß man den Knoten für ein gemeinsames Äquinoktium erhält.

ω – ist der Winkelabstand von Knoten zum Periastron in der wahren Bahn, in Bewegungsrichtungen gezählt.

Die Beschreibung der Bahn in rechtwinkeligen Koordinaten wird mit den sogenannten Thiele-Innes-Elementen erzielt, die der Elementengruppe a, ω, Ω, i entsprechen und sich aus ihr wie folgt zusammensetzen:

$$\begin{aligned} A &= a(\cos\omega\cos\Omega - \sin\omega\sin\Omega\cos i), \\ B &= a(\cos\omega\sin\Omega + \sin\omega\cos\Omega\cos i), \\ F &= a(-\sin\omega\cos\Omega - \cos\omega\sin\Omega\cos i), \\ G &= a(-\sin\omega\sin\Omega + \cos\omega\cos\Omega\cos i). \end{aligned}$$

Man kann nun eine sogenannte Ephemeride rechnen, das heißt mittels der Elemente die Örter für irgendwelche Zeitpunkte t bestimmen. Zur wahlweisen Ermittlung der Polarkoordinaten p und ϱ oder der rechtwinkligen x und y dienen die zwei folgenden Formelreihen:

$$\frac{360^\circ}{P}(t-T) = M = E - e\sin E$$

$$\begin{aligned} \tan v/2 &= \sqrt{(1+e)/(1-e)}\tan E/2 & X &= \cos E - e \\ r &= a(1-e^2)/(1+e\cos v) & Y &= \sqrt{1-e^2}\sin E \\ \tan(p-\Omega) &= \tan(v+\omega)\cos i & x &= AX + FY \\ \varrho &= r\cos(v+\omega)/\cos(p-\Omega) & y &= BX + GY. \end{aligned}$$

Der Weg geht über eine Hilfsgröße E zu Koordinaten in der wahren Bahn (polar v und r, rechtwinklig X und Y), die dann – in den jeweils letzten zwei Formeln – in die entsprechenden Koordinaten der scheinbaren Bahn projiziert werden. Die erste

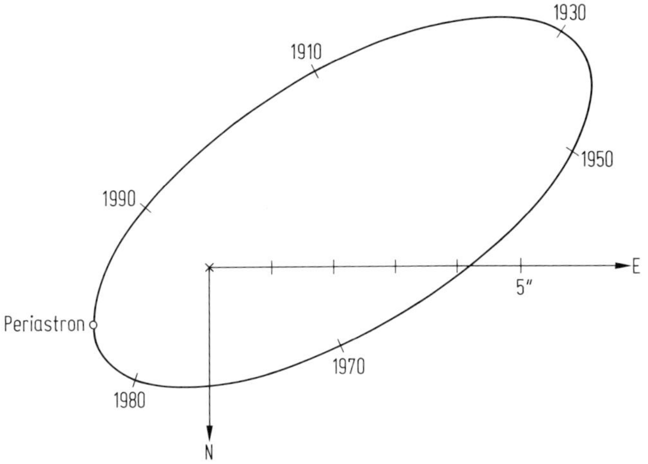

Abb. 3. Die Bahn von 70 Opiuchi mit der Periode 88,4 Jahre

Formel ist die sogenannte Keplersche Gleichung und enthält den Flächensatz. Sie wird durch Iterationen gelöst (S. 331, Band 1), wobei die Größe $e \sin E$ durch Multiplikation mit 57,296 in Gradmaß zu verwandeln ist. Diese Rechnung läßt sich leicht programmieren; doch gibt es auch Hilfstafeln für Handrechnung.

Bisweilen legen ausreichende neue Messungen eine Erstberechnung oder eine erhebliche Revision eines früheren Resultats nahe (vgl. [1], S. 36ff.), und das wird oft vom Beobachter mit erledigt. Der neueste Bahnenkatalog [5] führt 850 Paare nach dem Stand von 1982 auf; die Zahl ist auf knapp 1000 gewachsen. Die meisten dieser Systeme sind eng; die Umlaufzeiten finden sich überwiegend im Bereich von 10 bis 400 Jahre.

Zahlreiche Bahnen (Abb. 3) sind mit hoher Genauigkeit bekannt, viele andere aber unzuverlässig – besonders die langperiodischen, deren Umlauf erst zum Teil durchbeobachtet ist.

13.5 Die photometrischen Doppelsterne

Sind die Komponenten eines Doppelsterns so nahe benachbart, daß sie einander im Bahnumlauf abwechselnd bedecken, so gibt sich die Duplizität durch den regelmäßigen Verfinsterungslichtwechsel der Helligkeit zu erkennen. Entdeckung und Untersuchung dieser Paare liegen im Bereich der Photometrie wie für andere Veränderliche Sterne auch. Sie werden daher oft Bedeckungsveränderliche genannt, obgleich es größtenteils keine echten Veränderlichen sind wie die eruptiven und pulsierenden Sterne.

Bedeckungen sind nicht zu erwarten, wenn der Abstand zwischen den Komponenten sehr groß im Vergleich zu ihren Durchmessern ist. Deshalb sind die photometrischen Paare meist kurzperiodische Objekte und unter diesen bevorzugt die relativ großen Sterne (Unterriesen und Riesen) von vorgerücktem Entwicklungsstand. Die Perioden liegen oft bei ein paar Tagen (Algol: 2,9 Tage), reichen aber vom Extrem von

27 Jahren für den Überriesen ε Aurigae bis herab zu etwa einer Stunde für engste, lichtschwache Zwergpaare. Die rasche Bahnbewegung ist auch spektroskopisch mittels der Dopplerverschiebung der Spektrallinien zu sehen, und die spektroskopischen Daten liefern einen sehr wichtigen Beitrag zum Studium dieser Objekte. Wegen der unvergleichlichen Bedeutung für die Theorie der Sternentwicklung sind die 100 bis 200 Bedeckungspaare unter den helleren Sternen heute eingehend untersucht; die sehr genauen photoelektrischen Lichtkurven – für viele Paare in zwei oder mehr Farbbereichen gemessen – sind kaum zu überbieten.

Bedeckungslichtkurven kommen also mehr als Lehr- denn als Forschungsprojekt in Frage; die Überlegenheit großer Fernrohre und häufig auch ihres Klimas ist so ausgeprägt. Ein wichtiger Beitrag kann aber mit bescheidenen Instrumenten geleistet werden und ohne Messungen über die ganze Periode, nämlich die genaue Zeitbestimmung der Lichtminima. Massefluß in engen Paaren verursacht Änderungen der Periode und läßt sich daran erkennen. Zwar ändern sich die Perioden nur um kleine Bruchteile von Sekunden; in den Zeiten der Minima summiert sich dies aber so stark auf, daß nach etlichen Jahren die Minima um Minuten oder gar Stunden gegenüber der Vorausberechnung verschoben eintreten können. Auch eine langsame Rotation der ganzen Bahnellipse (Apsidendrehung) kann die Minima verschieben; sie gibt Aufschluß über die Dichteverteilung im Innern der Sterne. In einigen Fällen wird sogar die Anwesenheit eines dritten Körpers vermutet; die zusätzliche Bahnbewegung kann einen wechselnden Abstand des Bedeckungspaares von der Sonne und somit einen Lichtzeiteffekt in den Minimazeiten verursachen. (Die veröffentlichten Minimazeiten sind auf den Ort der Sonne bezogen, und der von der Bahnbewegung der Erde herrührende Beitag ist entfernt.)

In der Lichtkurve wird die Helligkeit gegen die Zeit aufgetragen. Die Zeitabhängigkeit der Bedeckung, also die Abszisse, ist im wesentlichen durch die Geometrie der Verfinsterung bedingt. Ein Intervall konstanten oder nahezu konstanten Lichts zur Finsternismitte zeigt eine zentrale (totale oder ringförmige Bedeckung an; bei partiellen Finsternissen fehlt das. Im einfachsten Fall (Exzentrizität 0 und Bahnneigung genau 90°) lassen sich die Sternradien r (in der Einheit des Bahnradius a) sehr rasch finden:

$$r_{1,2} = \pi a (D \pm d)/2P.$$

Darin ist P die Periode, D die Gesamtdauer einer Bedeckung (vom ersten zum letzten Kontakt), d die Dauer der Zentralität. a muß aus Radialgeschwindigkeitsmessungen bestimmt werden. (Voraussetzung ist ein genügender Abstand zwischen den Komponenten, so daß die Bahnkrümmung während der Zeit D vernachlässigt wird, und daß keine anderweitigen Verzerrungen der Kurve auftreten).

Die quantitative Auswertung der Lichtintensitäten (Ordinate der Lichtkurve) ist weitaus komplizierter, sie läßt sich nicht einmal in expliziten Formeln aufschreiben (vgl. [1], S. 98ff.). Die Helligkeit ist auf den Sternflächen ungleich verteilt und unterliegt einer Randverdunklung. Schon diese Tatsache macht das Problem unlösbar mit einfachen Integralen; die erforderliche numerische Integration wird durch gegenseitige Verformung und Bestrahlung der Komponenten noch langwieriger. In der Lichtkurve zeigen sich die Komplikationen daran, daß die Helligkeit sich auch außerhalb der Finsternisse ändert. Auch im Spektrum kommen Veränderungen vor, oft bekräftigt durch gemessene Änderungen der Umlaufperiode anhand der Bedeckungszeiten, die auf veränderliche Strömungsvorgänge hindeuten. Kein Wunder, daß einigen recht widerspenstigen Fällen wie β Lyrae schon tausende Beobachtungsstunden und Druckseiten gewidmet wurden, und trotzdem wird hier für die Kenntnis der Sternenentwicklung noch mehr zu holen sein.

13.6 Literatur

1 Heintz, W. D.: Double Stars. Dordrecht: Reidel 1978
2 Muller, P.: Astronomical Techniques. Hiltner, W. A. (Ed.) University of Chicago Press 1962, Kap. 19
3 Finsen, W. S.: Astr. J. *69,* 319 (1964)
4 Reinecke, M.; Reeder, H.: Sterne u. Weltraum *16,* 246 (1977)
5 Worley, C. E.; Heintz, W. D.: Publ. U.S. Naval Obs. 24, Teil VII (1983)

14 Die Milchstraße und ihre Objekte

Th. Neckel

14.1 Das visuelle Erscheinungsbild der Milchstraße

Das Band der Milchstraße umspannt den Himmel als Großkreis. Dies erkennt man am klarsten, wenn der Nord- oder der Südpol der Milchstraße (Nordpol bei $\alpha = 12^h49^m$, $\delta = 27\overset{\circ}{.}4$ (1950.0); Südpol bei $\alpha = 0^h49^m$, $\delta = -27\overset{\circ}{.}4$ (1950.0)) im Zenit steht und die Milchstraße entlang des ganzen Horizonts verfolgt werden kann. Für diesen eindrucksvollen Anblick sind natürlich außer einem bis zum Horizont dunstfreien Himmel der richtige Beobachtungsort (geographische Breite $\varphi = +27°$ oder $\varphi = -27°$) und die richtige Sternzeit ($\theta = 13^h$ bzw. $\theta = 1^h$) erforderlich.

Galilei erkannte, daß das Licht der Milchstraße von sehr vielen schwachen Sternen herrührt, die einzeln zu schwach sind, um mit bloßem Auge gesehen werden zu können. Für diese wichtige Entdeckung war sein gerade erfundenes, noch sehr primitives Fernrohr bereits ausreichend. Die Erklärung für diesen Beobachtungsbefund ist uns inzwischen wohl vertraut: Unsere Sonne ist Mitglied eines stark abgeplatteten, scheibenförmigen Systems von Sternen, dessen Projektion an den Himmel uns als Milchstraße erscheint. Nur wenn wir in Richtung der Scheibenebene blicken, stoßen wir noch in großen Entfernungen auf Sterne, die zwar vom Auge nicht mehr als Einzelobjekte wahrgenommen werden können, die aber in ihrer Gesamtheit das Licht der Milchstraße ergeben.

Während die schwächeren der mit bloßem Auge sichtbaren Sterne, also Sterne der 4. und 5. Größe, noch deutlich zur Milchstraße hin konzentriert sind, trifft dies für die hellsten Sterne (1. und 2. Größe) nicht mehr zu. Vor allem wenn es sich um junge Sterne, also solche vom Spektraltyp O oder B handelt, ist sogar eine deutliche Konzentration auf einen anderen Großkreis am Himmel zu erkennen, der von der Milchstraße erheblich abweicht. Dies ist der Gouldsche Gürtel, der um zirka 20° gegen die Milchstraßen-Ebene geneigt ist. Seinen größten Abstand von der Milchstraße erreicht er im Orion und im Skorpion, wo viele junge Sterne ungewöhnlich weit von der Milchstraße entfernt anzutreffen sind.

Die Milchstraße ist sehr unregelmäßig gestaltet. Zwischen hellen Wolken sind dunkle, manchmal fast sternleere Gebiete eingelagert. Ursprünglich glaubte man, daß es sich hierbei tatsächlich um Regionen handelt, in denen keine Sterne vorhanden sind. In Wirklichkeit ist dieser Eindruck vorgetäuscht: Er ist durch dichte Staubwolken hervorgerufen, die das Licht der hinter ihnen befindlichen Sterne mehr oder weniger stark abschwächen. Daher kann ohne weitere Informationen nicht entschieden werden, ob die hellen Sternwolken der Milchstraße echte Anhäufungen von Sternen sind oder aber Gebiete relativ geringer Staubkonzentration. In Abschnitt 14.14.5 werden wir sehen, daß beide Möglichkeiten realisiert sind.

Das auffälligste dunkle Gebiet in der Milchstraße ist jenes, welches die „Gabelung“ der Milchstraße verursacht, die im Cygnus beginnt und sich in den Sagittarius fortsetzt. Die bekannteste isolierte Dunkelwolke ist der Kohlensack, der unmittelbar neben dem Kreuz des Südens in der südlichen Milchstraße zu finden ist.

Der irregulären Helligkeitsverteilung in der Milchstraße überlagert sich ein systematischer Anstieg der Helligkeit in Richtung zum Sagittarius. Hier finden wir auch die hellste Wolke der ganzen Milchstraße, die große Sagittarius-Wolke. In Abbildung 1 ist ein aus zwei von H. Vehrenberg aufgenommenen Weitwinkelaufnahmen zusammengesetztes Bild der Milchstraße zwischen Aquila und Centaurus gezeigt. Die große Sagittarius-Wolke steht etwa im Zentrum. Diese Aufnahme zeigt die große Ähnlichkeit unserer Milchstraße mit von der Kante gesehenen Spiralgalaxien. Anscheinend ist die große Sagittarius-Wolke nichts anderes als ein Teil des Zentralgebiets unseres Milchstraßensystems. Sein Zentrum ist, wie wir in Abschnitt 14.14.1 sehen werden, etwa 8,5 kpc von uns entfernt. Dies legt die Vermutung nahe, daß das Licht der großen Sagittarius-Wolke zu einem erheblichen Teil von Sternen in den dichten Regionen um das galaktische Zentrum herrührt, die also etwa 8,5 kpc (oder 28 000 Lichtjahre) von uns entfernt sind.

Infrarot- wie auch Radio-Beobachtungen zeigen, daß das eigentliche Zentrum unseres Milchstraßensystems (unserer „Galaxis“) nicht genau inmitten der Sagittarius-Wolke liegt, sondern einige Grade entfernt in Richtung zu einer ziemlich dunklen Stelle der Milchstraße. Wie wir in Abschnitt 14.2 erfahren werden, ist die lichtschwächende Wirkung interstellarer Staubwolken dafür verantwortlich, daß wir das eigentliche Zentrum unserer Galaxis gar nicht sehen können, sondern nur äußere Teile seines Zentralgebiets, die dem Einfluß des interstellaren Staubs nur wenig unterliegen.

Durch Radiobeobachtungen läßt sich die Lage des galaktischen Zentrums sehr genau festlegen. Es befindet sich bei

$$\alpha(1950.0) = 17^{\mathrm{h}}42\overset{\mathrm{m}}{.}4;\ \delta(1950.0) = -28\overset{\circ}{.}92.$$

Auch die Mittelebene unserer Galaxis ist durch Beobachtungen der 21-cm-Linie des neutralen Wasserstoffs sehr genau definiert, weil der Wasserstoff sehr stark zu ihr hin konzentriert ist. Somit ist ein natürliches „Galaktisches Koordinatensystem“ definiert, dessen Koordinaten als galaktische Länge l und als galaktische Breite b bezeichnet werden. Sein Nullpunkt $l = 0°$; $b = 0°$ ist die Richtung zum galaktischen Zentrum und sein Äquator $b = 0°$ die Projektion der galaktischen Mittelebene an den Himmel. Die galaktischen Längen werden entgegen dem Uhrzeigersinn gezählt. Um mit den galaktischen Koordinaten eine Vorstellung verbinden zu können, welche Stelle des Himmels sie bezeichnen, prägt man sich zweckmäßigerweise einige Richtungen ein: Aquila 60°, Cygnus 80°, Cassiopeia 120°, Carina 290°, Centaurus 305°. Die mathematische Beziehung zwischen den äquatorialen und den galaktischen Koordinaten ist durch folgende Gleichungen ausgedrückt:

$$\begin{aligned}
&\cos b \cos(l - 33°) = \cos\delta \cos(\alpha - 282\overset{\circ}{.}25)\\
&\sin b = \sin\delta \cos 62\overset{\circ}{.}6 - \cos\delta \sin 62\overset{\circ}{.}6 \sin(\alpha - 282\overset{\circ}{.}25)\\
&\cos b \sin(l - 33°) = \sin\delta \sin 62\overset{\circ}{.}6 + \cos\delta \cos 62\overset{\circ}{.}6 \sin(\alpha - 282\overset{\circ}{.}25)\,. \qquad (1)
\end{aligned}$$

Die nach der großen Sagittarius-Wolke nächsthellen Milchstraßenwolken sind die Norma-, Scutum-, Centaurus- und Carina-Wolke bei $l = 330°, 22°, 307°$ und $290°$. In

Abb. 1. Die Milchstraße in der Umgebung des galaktischen Zentrums. Die Große Sagittarius-Wolke steht in der Bildmitte, rechts von ihr erkennt man Antares im Skorpion. Aufnahmen von H. Vehrenberg. (Aus dem Atlas Galaktischer Nebel, Teil II)

Abb. 2. Teil der südlichen Milchstraße mit dem Kohlensack und dem Südlichen Kreuz. Aufnahme: B. Koch

Mitteleuropa ist davon nur die Scutum-Wolk sichtbar, die jedoch, wie auch die große Sagittarius-Wolke selbst, nur tief über dem Südhorizont beobachtet werden kann. Ihre ganze Pracht entfaltet die Milchstraße daher erst dann, wenn man sie von der südlichen Hemisphäre aus beobachtet. Ein Beobachtungsort etwa in Südwestafrika oder in Chile hat zudem den großen Vorteil, daß dort die künstliche „Lichtverschmutzung" des nächtlichen Himmels viel geringer ist als bei uns. Den schönsten und bekanntesten Ausschnitt der südlichen Milchstraße mit dem Kohlensack sowie dem Südlichen Kreuz sehen wir in Abbildung 2.

14.2 Der interstellare Staub und seine Auswirkung auf Entfernungsbestimmungen in der Galaxis

Eine Komponente, die am Aufbau unseres Milchstraßensystems beteiligt ist, beeinflußt und beeinträchtigt die Sichtbarkeitsbedingungen aller anderen galaktischen Objekte: der interstellare Staub. Er schwächt das Licht aller Objekte, so daß sie nur mit erheblichem Aufwand oder sogar überhaupt nicht mehr mit optischen Hilfsmitteln beobachtet werden können. Dabei handelt es sich nicht nur um den Staub in den auffälligen Dunkelwolken, wie etwa dem Kohlensack. Hier geht es um solchen Staub, der fast überall nahe der galaktischen Ebene vorhanden ist und der sich der direkten Beobachtung vollständig entzieht. Zunächst sei die Geschichte seines ersten Nachweises geschildert.

Im Jahre 1930 beendete R. J. Trümpler eine umfangreiche Untersuchung über die räumlichen Verteilung offener Sternhaufen. Die Mitglieder vieler offener Haufen hatte er spektroskopisch untersucht, um ihnen entsprechend ihrer Spektraltypen absolute Helligkeiten M zuordnen zu können. Photographische Aufnahmen der Haufen dienten der Bestimmung scheinbarer Helligkeiten m, so daß die Entfernungen der Sterne r (in Parsec) aus der Beziehung

$$m - M = 5 \log r - 5 \tag{2}$$

abgeleitet werden konnten und daraus – durch Mittelbildung – die Entfernungen der Sternhaufen. Aus den scheinbaren Durchmessern der Sternhaufen konnten dann sofort ihre wahren linearen Durchmesser bestimmt werden. Dabei gab es eine Überraschung: Die so bestimmten Haufendurchmesser wurden mit zunehmender Entfernung – unabhängig von der Richtung – systematisch größer. Dieser Befund, wäre er glaubhaft, käme einer ausgezeichneten Stellung der Sonne gleich, was jedem Astronomen *nach* Kopernikus sofort verdächtig sein mußte. Diese befremdliche Systematik der Haufendurchmesser konnte vermieden werden, wenn die Existenz eines im Milchstraßensystem gleichmäßig verteilten lichtschwächenden Mediums postuliert wurde. Dann müßte die Gleichung (2) durch einen Term $A(r)$ erweitert werden, der die mit der Entfernung stetig zunehmende Extinktion $A(r)$ des Lichts kennzeichnet:

$$m - M = 5 \log r - 5 + A(r)\,. \tag{3}$$

Gleichung (3) ergibt kleinere Entfernungen als (2) und im Falle der offenen Sternhaufen auch kleinere Haufendurchmesser. Die aus (2) beziehungsweise (3) abgeleiteten Entfernungen weichen um so mehr voneinander ab, je größer die Entfernung und damit die Extinktion $A(r)$ ist. Trümpler fand heraus, daß ein konstanter Betrag von 0,79 mag/kpc erforderlich ist, um entfernungsunabhängige Haufendurchmesser zu erhalten. In dem heute gebräuchlichen UBV-System entspricht das einem visuellen Extinktionskoeffizienten $a_v = 0{,}65$ mag/kpc.

Ein völlig andersartiges Indiz für das Vorhandensein lichtschwächenden Materials nahe der galaktischen Ebene liefert die Verteilung der extragalaktischen Nebel am Himmel. Ihre Anzahl pro Quadratgrad ist bei hohen galaktischen Breiten am größten und nimmt mit Annäherung an die Milchstraße stetig ab. In einem 15°–20° breiten Streifen um den galaktischen Äquator sind fast keine Galaxien sichtbar (s. Abb. 3). Dieser Streifen ist unter dem Namen „zone of avoidance“ bekannt (zunächst hatte

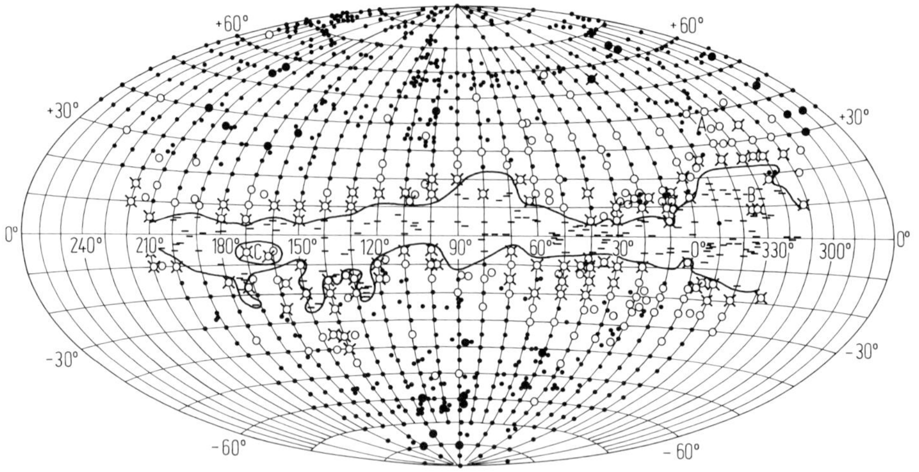

Abb. 3. Die nebelfreie Zone („Zone of avoidance") um den galaktischen Äquator. Scheinbare Verteilung der außergalaktischen Nebel an der Sphäre nach Hubble. Horizontale Mittellinie = galaktischer Äquator. Kleine Punkte: normale Nebeldichte; große Punkte: Überschuß; Kreise: Defizit; gestrichene Kreise: besonders großes Defizit; Striche: keine Nebel (nebelfreie Zone). (Aus „Sterne und Sternsysteme" von W. Becker)

man aus dieser Systematik der Galaxienverteilung bezüglich der Milchstraße den Schluß gezogen, daß die Galaxien dem Milchstraßensystem angehören müßten). Hubble erkannte 1934, daß die „zone of avoidance" als Hinweis auf eine stark zur Mittelebene der Galaxis konzentrierte Staubschicht gedeutet werden kann. Aus der Abhängigkeit der Nebelzahlen von der galaktischen Breite konnte dann die Extinktion in Richtung zu den galaktischen Polen zu 0,25 mag bestimmt werden. Dazu mußte aber vorausgesetzt werden, daß die absorbierende Materie homogen und planparallel zur galaktischen Ebene verteilt ist.

Eine weitere Beobachtung ließ über die Existenz der interstellaren Extinktion hinaus bereits eine ihrer wesentlichen Eigenschaften erkennen: Die Farbenindizes von Sternen gleichen Spektraltyps werden im Mittel mit zunehmender Entfernung größer, die Sterne werden also röter. Auch diese Feststellung wurde erstmals von Trümpler getroffen. Die Erklärung hierfür ist einfach, wenn man annimmt, daß die interstellare Extinktion durch kleine Staubteilchen bewirkt wird, deren absorbierende Wirkung mit abnehmender Wellenlänge kontinuierlich zunimmt. Wenn der blaue Anteil des Lichtes eines Sterns schon stark reduziert ist, kann uns von seinem roten Licht noch ein viel größerer Bruchteil erreichen. Der Stern erscheint uns dann rot, ebenso wie die untergehende Sonne oder der aufgehende Mond.

Diese Beobachtung eröffnete uns endlich einen Weg, für ein individuelles Objekt der Milchstraße zu bestimmen, wieviel Prozent seines Lichts auf dem Weg zu uns im Staub hängengeblieben sind. Leicht meßbar ist der Betrag, um den der Farbenindex eines Sterns „gerötet" ist. Beschränken wir uns auf das heute am weitesten verbreitete „UBV-System", so bezeichnet $(B-V)_0$ die natürliche Farbe (die „Eigenfarbe"), die ein Stern besitzt, wenn sein Licht nicht durch interstellare Extinktion beeinflußt ist. Sie steht in engem Zusammenhang zu den Spektraltypen der Sterne und kann aus

Tabellen (im Anhang) entnommen werden. Aus den gemessenen Farbenindizes (B−V) erhält man zunächst den „Farbexzess"

$$E_{\mathrm{B-V}} = (\mathrm{B-V}) - (\mathrm{B-V})_0 \,. \tag{4}$$

Dieser ist nichts anderes als die Differenz der Extinktionswerte im Blauen (B) und im Visuellen (V), die wir mit A_B und A_V bezeichnen. Dies erkennt man sofort, wenn man mit B_0 und V_0 die Helligkeiten bezeichnet, die ein Stern ohne Einfluß der Extinktion hätte, so daß also $\mathrm{B} = \mathrm{B}_0 + A_\mathrm{B}$, $\mathrm{V} = \mathrm{V}_0 + A_\mathrm{V}$ und $(\mathrm{B} - \mathrm{V})_0 = \mathrm{B}_0 - \mathrm{V}_0$ ist.

Je größer der Einfluß der interstellaren Extinktion ist, um so größer ist der Farbexzess $E_{\mathrm{B-V}}$. Um aus ihm den Betrag A_V der Extinktion selbst bestimmen zu können, muß man den Quotienten

$$\mathscr{R} = \frac{A_\mathrm{v}}{E_{\mathrm{B-V}}} \tag{5}$$

kennen. (Zur Unterscheidung von der Rothelligkeit R bezeichnen wir den Quotienten $A_\mathrm{V}/E_{\mathrm{B-V}}$ mit $\mathscr{R}$.) Dieser geht in sämtliche Entfernungsbestimmungen im Milchstraßensystem ein und ist damit für alle Fragestellungen, die den Aufbau der Galaxis betreffen, von fundamentaler Bedeutung. Es ist ein für die Astronomen sehr glücklicher Umstand, daß die Funktion

$$f_\lambda = A_\lambda / E_{\mathrm{B-V}} \,, \tag{6}$$

welche die Wellenlängenabhängigkeit der Extinktion beschreibt, in der ganzen Galaxis nahezu konstant ist. Dadurch ist gewährleistet, daß auch $\mathscr{R}$ konstant ist. Der heute beste Wert ist $\mathscr{R} = 3{,}1$ mit einem Fehler von höchstens 0,1. Abweichungen von der Standardkurve f_λ treten in sehr jungen Sternentstehungsgebieten auf und sind dadurch bedingt, daß hier größere Staubteilchen vorkommen. $\mathscr{R}$-Werte bis etwa 5 sind in solchen Gebieten schon gefunden worden.

Der Verlauf der mittleren interstellaren Extinktionskurve ist in Abhängigkeit von der Wellenlänge in Abbildung 4 gezeigt. Die Buchstaben, U, B, V, R, I, J, H, K, L, M bezeichnen die Schwerpunkte der gebräuchlichen photometrischen Bänder.

Die Bestimmung der Entfernung eines Sterns erfordert also folgende Einzelschritte:

a) Bestimmung der Eigenfarbe etwa aus dem Spektraltyp des Sterns mit Hilfe von Tabelle 31, Seite 630 im Anhang;
b) Messung des Farbenindex (B − V);
c) Berechnung des Farbexzesses $E_{\mathrm{B-V}}$ nach (4);
d) Berechnung der visuellen Extinktion nach (5);
e) Bestimmung der absoluten Helligkeit M_v ebenfalls aus dem Spektraltyp mit Hilfe von Tabelle 30, Seite 629 im Anhang;
f) Berechnung der Entfernung nach (3).

Diese Schritte können in speziellen Fällen abgewandelt werden. So kann zum Beispiel im Falle von δ Cephei-Sternen die Periode als Anhaltspunkt zur Bestimmung der Eigenfarbe wie auch der absoluten Helligkeit dienen. An Stelle der B- und V-Helligkeiten können andere Kombinationen verwendet werden, zum Beispiel R und I.

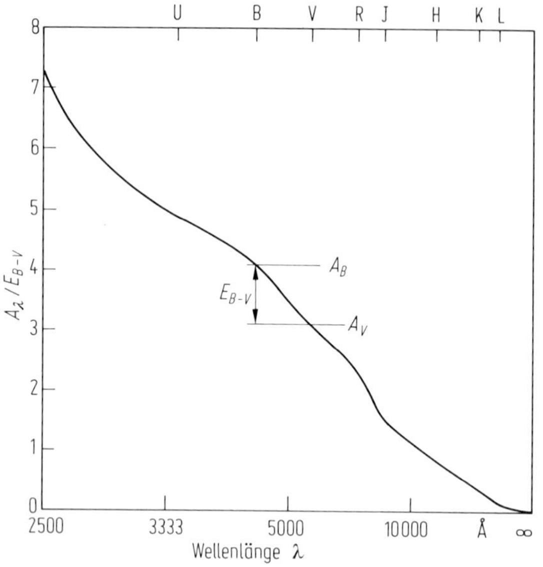

Abb. 4. Die mittlere interstellare Extinktionskurve. Sie ist so normiert, daß sie diejenige Extinktion bei der Wellenlänge λ angibt, die dem Farbexzess $E_{B-V} = 1{,}0$ mag entspricht

Dies empfiehlt sich vor allem dann, wenn B-Helligkeiten infolge sehr großer Extinktion zu schwach und daher nicht mehr meßbar sind.

Wenden wir die hier beschriebene Methode zur Bestimmung von Extinktion und Entfernung auf die Mitglieder eines offenen Sternhaufens oder die anregenden Sterne einer großen HII-Region an, so darf es uns nicht wundern, wenn wir recht unterschiedliche Entfernungen erhalten, die ohne weiteres um einen ganzen Faktor 2 auseinander liegen können. Dies liegt daran, daß wir die absolute Helligkeit eines Sterns bestenfalls mit einer Ungenauigkeit von $\pm$ 0,5 mag aus seinem Spektraltyp ableiten können. Auch bei Anwendung anderer photometrischer oder spektroskopischer Methoden zur Bestimmung absoluter Helligkeiten erzielen wir keine genaueren Resultate. Die beste Entfernung etwa einer HII-Region erhalten wir, wenn wir die individuellen Entfernungen möglichst vieler Sterne bestimmen, die in ihr eingebettet sind, und ihr dann den Mittelwert aus diesen individuellen Entfernungen zuordnen.

14.3 Die Objekte der Milchstraße: Überblick

Die zahlenmäßig größte Gattung unter den Objekten der Milchstraße sind die Sterne, wenn wir einmal von ihren eventuell vorhandenen, für uns aber unsichtbaren Planeten absehen. Mit bloßem Auge können wir zirka 6000 Sterne erkennen, aber schon mit einem kleinen Fernrohr ein Vielfaches davon. Je größer die Teleskope wurden, um so mehr Sterne wurden sichtbar. Einzelne Platten des Palomer Sky Survey zeigen in sternreichen Milchstraßenfeldern etliche Millionen von Sternen. Die Gesamtzahl der

Sterne unserer Galaxis beträgt sogar mehrere 100 Milliarden! Die grundlegenden Eigenschaften der Sterne (ihre „Zustandsgrößen"), betrachtet man sie als individuelle Objekte, sind in Kapitel 11 dargestellt. In Abschnitt 14.14 werden wir diskutieren, wie sie sich in ihrer Gesamtheit am Aufbau unseres Milchstraßensystems beteiligen.

Durchmustern wir die Milchstraße mit einem kleinen, aber möglichst lichtstarken Fernrohr, so werden wir nach und nach eine große Zahl von Sternhaufen und nebelhaften Objekten finden. Dabei werden wir bald feststellen, daß es zwei völlig verschiedene Arten von Sternhaufen gibt. Die einen umfassen selten mehr als 100 Sterne, von denen einige sich vom Rest durch besonders große Helligkeiten abheben. Mitunter sind die hellsten Haufenmitglieder auffallend rot. Solche Sternhaufen findet man überall in der Milchstraße, aber nur ausnahmsweise außerhalb. Man nennt sie wegen ihres lockeren Aufbaus „offene Sternhaufen" (s. Abschnitt 14.5).

Völlig anders sehen die „kugelförmigen Sternhaufen", auch kurz „Kugelhaufen" genannt, aus (s. Abschnitt 14.6). Steht einem nur ein kleines Fernrohr (z. B. 3″) zur Verfügung, so wird man einen Kugelhaufen nur als diffusen runden Fleck erkennen ohne irgendwelche Anzeichen dafür, daß es sich um einen Sternhaufen handelt. Dies gilt für die kleinsten Objekte dieser Gattung selbst dann noch, wenn man sie mit einem 50-cm-Teleskop beobachtet. Betrachtet man jedoch einen der größeren (und damit näheren) Kugelhaufen durch ein lichtstarkes Fernrohr, so erkennt man, daß er aus Tausenden von Sternen besteht, die zur Haufenmitte hin immer dichter beieinander stehen.

Die schönsten und vielfältigsten Objekte der Milchstraße sind die großen galaktischen Nebel, wie der Orion-, der η Carinae-, der Lagunen- oder der Trifid-Nebel, um nur einige zu nennen. Leider sind viele dieser Nebel in ihren äußeren Partien zu lichtschwach, um ihren ganzen Formenreichtum bei visuellen Beobachtungen am Fernrohr erkennen zu lassen. Etliche von ihnen sind erst auf photographischen Aufnahmen entdeckt worden, und so ist es zu verstehen, daß sie heute, im Zeitalter hochempfindlicher photographischer Emulsionen, die dankbarsten Objekte derjenigen Amateur-Astronomen geworden sind, die sich der Himmelsphotographie verschrieben haben.

Wir unterscheiden fünf Arten von diffusen Galaktischen Nebeln: HII-Regionen, Reflexions-Nebel, Supernova-Überreste, Planetarische Nebel und Herbig-Haro-Objekte.

Eine Liste von Sternhaufen und Galaktischen Nebeln aller Art ist im Anhang wiedergegeben (Tabelle 37 bis 40, S. 643 ff).

HII-Regionen (s. Abschnitt 14.7) leuchten im Licht einer Vielzahl von Emissionslinien, von denen die meisten bei der Rekombination von Atomen ausgesendet werden, die zuvor durch energiereiche Ultraviolett-Strahlung heißer Sterne ionisiert worden waren. Nur sehr heiße Sterne, deren Spektraltypen zwischen O und B1 liegen, erzeugen genügend viele solcher energiereicher UV-Photonen, um eine HII-Region bilden zu können. Da O- bis B1-Sterne stets sehr jung sind, gilt dies auch für die HII-Regionen selbst.

Sterne späteren Spektraltyps können auch die sie umgebende interstellare Materie zum Leuchten bringen, aber nur, indem sie den Staub in ihr beleuchten, der das Licht der Sterne reflektiert. Solche „Reflexionsnebel" (Abschnitt 14.8) treten häufig in Dunkelwolken oder an ihren Rändern auf. Die bekanntesten Reflexionsnebel sind die, die in die Plejaden eingebettet sind, und jene, die von Antares und ϱ Ophiuchi beleuchtet werden. In einigen Fällen können Reflexionsnebel von alten Sternen beleuchtet werden, deren Bahn zufällig durch eine Wolke aus interstellarem Gas und Staub hindurchführt. Aber in den meisten Fällen sind die Sterne, die Reflexionsnebel beleuchten, erst kürzlich in den Wolken entstanden, zu denen die Reflexionsnebel gehören.

Im Gegensatz zu den HII-Regionen und Reflexionsnebeln sind Überreste von Supernova-Explosionen (s. Abschnitt 14.10) ebenso wie Planetarische Nebel (s. Abschnitt 14.11) Objekte, die am Ende der Entwicklung eines Sterns entstanden sind. Der bekannteste Supernova-Überrest, der auch im sichtbaren Licht beobachtet werden kann, ist der Cirrus-Nebel im Schwan, der bekannteste Planetarische Nebel ist der Ringnebel in der Leier.

Die massereichsten Einzelobjekte der Galaxis sind die großen Molekülwolken („giant molecular clouds"). Der in ihnen enthaltene Staub macht sie in vielen Fällen für sichtbares Licht undurchlässig, so daß sie uns als Dunkelwolken erscheinen. Der Vergleich einer Rot- mit einer Blau-Aufnahme desselben Milchstraßenfeldes läßt oft zahlreiche stark gerötete Sterne an den Rändern von Dunkelwolken erkennen. Aus dieser Beobachtung geht auch eindeutig hervor, daß die sternarmen oder -leeren Gebiete in der Milchstraße tatsächlich durch lichtschwächenden und rötenden Staub verursacht sind. Kleine, rundliche und isolierte Dunkelwolken sind die großen oder Bok-Globulen. Sie sind nach B. J. Bok benannt, der sich um ihre Erforschung besonders verdient gemacht hat.

Die Molekül- oder Dunkelwolken sind das Rohmaterial für die Entstehung neuer Sterne. Es ist kennzeichnend, daß fast alle HII-Regionen in direkter Verbindung mit Molekülwolken stehen (von wenigen Ausnahmen abgesehen). Bei der Sternentstehung werden schließlich während eines sehr frühen Entwicklungsstadiums charakteristische Nebelformen ausgebildet: bipolare und kometarische Nebel. Mit ihnen in engem Zusammenhang stehen sehr kleine, fast sternförmige Nebelchen, die in den letzten Jahren unter der Bezeichnung „Herbig-Haro Objekte" bekannt geworden sind (s. Abschnitt 14.13).

14.4 Kataloge und Atlanten galaktischer Nebel

Das erste Verzeichnis einiger Nebel und Sternhaufen ist die berühmte Messier-Liste aus dem Jahre 1784. Sie enthält neben 39 extragalaktischen Nebeln je 29 offene und kugelförmige Sternhaufen, vier Planetarische Nebel und nur sieben diffuse Galaktische Nebel. Unter ihnen befindet sich als 42. Objekt auch der bekannteste Vertreter seiner Gattung, der große Orion-Nebel, daher kurz als M 42 bezeichnet. Die Messier-Liste ist im Anhang (Tabelle 36, S. 640) abgedruckt.

Wesentlich umfangreicher ist der „New General Catalogue", der von J. L. E. Dreyer im Jahre 1888 herausgegeben wurde. Dieser enthält 7840 Objekte. Die meisten Beobachtungen für den „NGC" stammen von Sir John Herschel, der bereits 1864 einen 5079 Objekte umfassenden „General Catalogue" zusammengestellt hatte. Ergänzungen zum NGC sind der „Index Catalogue" aus dem Jahre 1895 und der „Second Index Catalogue" aus dem Jahre 1908. Beide wurden ebenfalls von

J. L. E. Dreyer publiziert. Eine von J. W. Sulentic und W. G. Tifft überarbeitete Version des NGC ist als „Revised New General Catalogue“ im Jahre 1973 erschienen.

Der Benutzer des NGC und des IC sollte nicht vergessen, daß diese Kataloge fast ausschließlich auf visuellen Beobachtungen am Fernrohr beruhen. Heutzutage ist die Meinung ziemlich verbreitet, daß schwache Nebel nur auf langbelichteten photographischen Aufnahmen sichtbar gemacht werden können. Angesichts der vielen lichtschwachen Nebel im NGC sollte der mit einem lichtstarken Fernrohr bewaffnete Amateur-Astronom getrost riskieren, auch unscheinbare Nebel aufs Korn zu nehmen.

Auf einer Durchmusterung des POSS (Palomar Observatory Sky Survey) nach diffusen Galaktischen Nebeln beruht der „Catalogue of Bright Nebulae“ von B. Lynds. Die große Zahl von Objekten in diesem Katalog bedeutet jedoch nicht, daß dies alles individuelle Nebel sind, weil oft verschiedene Teile eines einzigen Nebels separat aufgeführt sind.

Der bekannteste Katalog von HII-Regionen ist von Sharpless zusammengestellt und basiert ebenfalls überwiegend auf dem POSS. Für den Südhimmel findet er seine Ergänzung in dem „Catalogue of Hα emission regions in the Southern Milky Way“, veröffentlicht von Rodgers, Campbell und Whiteoak im Jahre 1960.

Kataloge von nördlichen Reflexionsnebeln sind von Dorschner und Gürtler (1964) sowie von Van den Bergh (1966) zusammengestellt worden. Für den Südhimmel existiert eine Liste von Reflexionsnebeln nach Van den Bergh und Herbst aus dem Jahre 1975.

Der „Catalogue of Galactic Nebulae“ von Perek und Kohoutek enthält nicht nur viele Angaben über die meisten der bis heute bekannten Planetarischen Nebel, sondern auch Abbildungen derselben.

Wichtige Daten und Literatur-Zitate von mehr als 1000 Sternhaufen und Assoziationen sind von Alter, Balasz und Ruprecht zusammengetragen. Daten von 434 offenen Haufen, die aus Dreifarben-Photometrien bestimmt worden waren (UBV oder RGU – Dreifarben-Photometrie), wurden von Janes und Adler homogenisiert und 1982 publiziert.

Eine auch nur annähernd vollständige Zusammenstellung von Abbildungen der Galaktischen Nebel, abgesehen von den Planetarischen, gab es bis vor kurzem nicht. Diese Lücke ist am Nordhimmel gerade geschlossen worden mit dem Erscheinen der ersten beiden Bände des „Atlas Galaktischer Nebel“ von Neckel und Vehrenberg. Mit Erscheinen des dritten Bandes wird dieser Atlas alle auf dem POSS als auch auf dem ESO/SRC Atals, dem südlichen Gegenstück zum POSS, erkennbaren diffusen Galaktischen Nebel enthalten, mit Ausnahme der Planetarischen Nebel nördlich von $\delta = -33°$. Während die ersten beiden Teile des AGN alle Objekte mit $\delta > -33°$ (das ist auch die südliche Grenze des POSS) zeigen, wird Teil III die südlichen Objekte ($\delta < -33°$) enthalten und damit überwiegend auf dem ESO/SRC-Atlas beruhen. Die Gesamtzahl der in allen drei Teilen des AGN dargestellten Nebel wird etwa 1500 betragen. Die Vergrößerungsmaßstäbe sowie die Bildausschnitte der Abbildungen wurden so gewählt, daß alle wesentlichen Details, die auf dem POSS bei 10facher Vergrößerung erkannt werden können, auch im AGN dargestellt sind.

14.5 Die offenen Sternhaufen

Die offenen Sternhaufen gehören zu den reizvollsten Objekten für visuelle Beobachtungen auch an kleinen Fernrohren. Einige kann man bereits mit bloßem Auge wahrnehmen oder sogar die hellsten Sterne in ihnen erkennen. So erkennen die meisten Beobachter in den Plejaden – trotz der populären Bezeichnung „Siebengestirn" – mit bloßem Auge die sechs hellsten Sterne.

Aufnahmen mit größeren Teleskopen zeigen, daß die Plejaden in einem umfangreichen Komplex von Reflexionsnebeln eingebettet sind (s. Abb. 5), der durch seine einmaligen cirrusartigen Strukturen auffällt.

Von großer Bedeutung ist der Sternhaufen der Hyaden, der uns so nahe ist, daß seine Entfernung (etwa 45 pc) mit trigonometrischen Methoden (Sternstromparallaxen, s. Kapitel 11) gemessen werden konnte. Die absoluten Helligkeiten der Hyaden-Sterne sind daher sehr genau bekannt (s. Abschnitt 14.5.2). Es sei bemerkt, daß der helle Stern Aldebaran (= α Tau) kein physisches Mitglied der Hyaden ist, obwohl er inmitten dieses Haufens steht.

Abb. 5. Die Plejaden. Dieser lockere offene Sternhaufen beleuchtet eine Gruppe von einzigartigen Reflexionsnebeln. Aufnahme: Schmidt-Spiegel, Calar Alto (Birkle)

Abb. 6. Die beiden benachbarten offenen Sternhaufen *h* und χ Persei sind beide noch jung und enthalten daher noch viele helle Sterne. Aufnahme: Schmidt-Spiegel, Calar Alto (Neckel)

Ein eindrucksvolles Objekt für visuelle Beobachtungen ist der Doppel-Haufen *h* und χ Persei (s. Abb. 6). Diese beiden gleich weit von uns entfernten Haufen zeichnen sich durch besonders großen Sternreichtum aus.

14.5.1 Klassifizierung der offenen Haufen

Die offenen Sternhaufen unterscheiden sich erheblich voneinander bezüglich ihrer Konzentration zur Haufenmitte wie auch ihrer Mitgliederzahl. Letztere ist natürlich von der Grenzgröße abhängig und damit keine eindeutige Größe. Von Trümpler wurden die offenen Haufen zunächst nach dem Grad ihrer Konzentration zur Haufenmitte in folgende vier Klassen eingeteilt:

- I Sternhaufen mit starker Konzentration, die sich deutlich vom Hintergrund abheben;
- II Sternhaufen mit schwacher Konzentration, die sich aber doch noch deutlich vom Hintergrund abheben;
- III Sternhaufen ohne merkliche Konzentration gegen das Zentrum, die sich aber doch vom Hintergrund abheben;
- IV Sternhaufen, die nur mehr den Eindruck von zufälligen Anhäufungen im Sternfeld des Hintergrunds erwecken.

Ein p (für poor), m (moderately) oder ein r (rich) weist darauf hin, ob die Mitgliederzahl eines Sternhaufens unterhalb von 50, zwischen 50 und 100 oder über 100 liegt. Die Hyaden sind durch die Bezeichnung „II m“, die Praesepe durch „I r“ zu charakterisieren.

14.5.2 Farben-Helligkeits-Diagramme und Zwei-Farben-Diagramme

Die Sterne eines Sternhaufens, ob nun eines offenen oder eines kugelförmigen, vereint offensichtlich eine gemeinsame Entstehungsgeschichte. Sie lehren uns, wie sich Sterne einer breiten Skala verschiedener Massen in einer für alle Sterne des Haufens gleich großen Zeitspanne unterschiedlich weit entwickeln. Das Studium von Sternhaufen ist von fundamentaler Bedeutung, da an ihnen die Theorien vom Aufbau und von der Entwicklung der Sterne geprüft werden können.

Die für Sternhaufen in idealer Weise geeignete Beobachtungsmethode ist die Dreifarben-Photometrie. Etliche Sternhaufen wurden im Johnsonschen UBV-System beobchtet, andere im Beckerschen RGU-System. Beide Farbsysteme sind weitgehend gleichwertig, und Daten des einen lassen sich ohne Probleme in das andere System transformieren. Von den zirka 1200 bekannten offenen Sternhaufen waren bis 1982 434 Haufen photometriert worden. Die Ergebnisse wurden von Janes und Adler überarbeitet und einheitlich in das UBV-System transformiert. Auf ihre so gewonnenen Ergebnisse bezüglich der räumlichen Verteilung der offenen Haufen kommen wir in Abschnitt 14.14 zurück.

Bildet man aus den Beobachtungsgrößen U, B, V direkt ein Farben-Helligkeits-Diagramm, das ja im Prinzip nichts anderes als ein Hertzsprung-Russell-Diagramm (s. Kapitel 11) ist, so sind die Farben und Helligkeiten zunächst noch durch die Extinktion A_v und die Verfärbung E_{B-V}, beides eine Folge des interstellaren Staubes, verfälscht. Die Bestimmung von A_v, dem Extinktionsbetrag des Sternhaufens, ist möglich, ohne daß die individuellen Spektraltypen der Mitgliedssterne bekannt sein müssen, aus denen dann ihre *individuellen* Farbexzesse bestimmt werden könnten. Weil wir davon ausgehen dürfen, daß die Wellenlängenabhängigkeit f_λ der interstellaren Extinktion (s. Abschnitt 14.2) universell gültig ist, hat auch das Verhältnis

$$E_{U-B}/E_{B-V} = (A_U - A_B)/(A_B - A_V) \tag{7}$$

einen nahezu konstanten Wert. Aus einer großen Zahl photometrischer Beobachtungen an unterschiedlich stark geröteten, frühen Sternen ergab sich

$$E_{U-B}/E_{B-V} = (0{,}72 + 0{,}05\ E_{B-V})\,. \tag{8}$$

Die schwache Abhängigkeit dieses Quotienten von E_{B-V} ist darauf zurückzuführen, daß sich die Schwerpunktwellenlängen der photometrischen Bänder U, B, V mit zunehmender Extinktion zum Roten hin verschieben. Da diese Bänder mehrere 100 Å breit sind, ist die Extinktion an ihren kurzwelligen Enden bereits merklich größer als an ihren langwelligen Enden. Die Zahlenwerte in (8) sind darüber hinaus in geringem Maße vom Spektraltyp der Sterne abhängig, was wir hier jedoch vernachlässigen können.

Im Zweifarbendiagramm, in dem U − B gegen B − V aufgetragen ist, verschiebt also die Extinktion einen Stern in Richtung des durch (8) definierten „Verfärbungsweges". Das ist in Abbildung 7 dargestellt. Betrachten wir nun das Zweifarbendiagramm eines Sternhaufens, dessen Mitglieder alle ein und derselben Extinktion unterliegen, so werden sie alle um einen festen Betrag in Richtung des Verfärbungsweges verschoben sein.

Im Kapitel 11 hatten wir gesehen, daß sich die (unverfärbten) Hauptreihensterne im Zweifarbendiagramm entlang einer charakteristischen Kurve anordnen (Abb. 4).

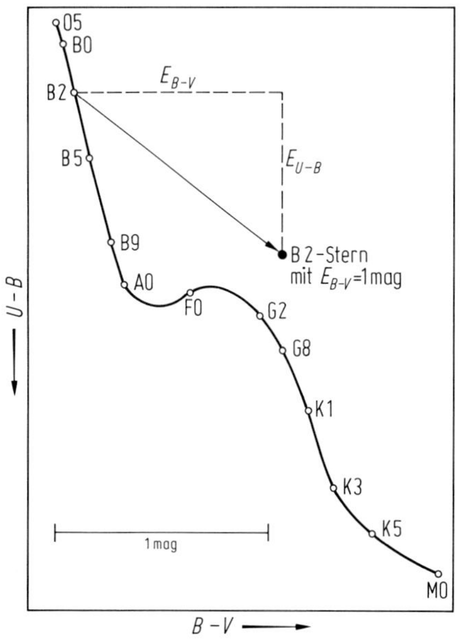

Abb. 7

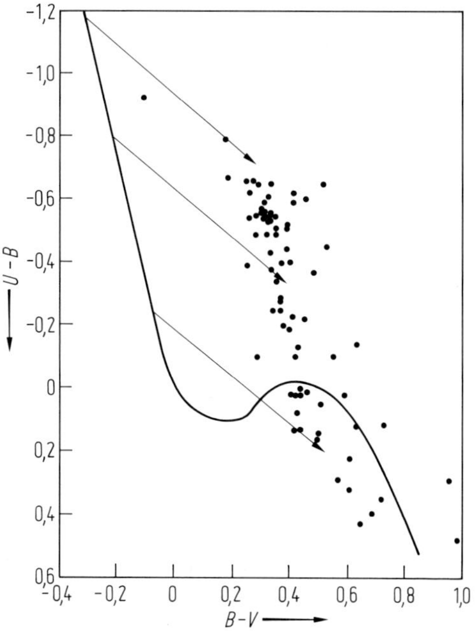

Abb. 8

Abb. 7. Die interstellare Extinktion verschiebt den Bildpunkt eines Sterns im Zwei-Farben-Diagramm in Richtung des Verfärbungsweges, dessen Komponenten gemäß (8) miteinander verknüpft sind. Die durchgezogene Kurve zeigt den Ort unverfärbter Hauptreihensterne

Abb. 8. Im Zwei-Farben-Diagramm von *h* Persei erkennen wir, daß alle Haufenmitglieder von der Hauptreihe in Richtung des Verfärbungsweges um etwa denselben Betrag verschoben sind. Die durchgezogene Kurve zeigt die unverfärbte Hauptreihe

Zeigt das ZFD eines Sternhaufens eine ähnliche Anordnung, aber verschoben relativ zu der in Abbildung 4 (Kapitel 11), so brauchen wir unsere Meßpunkte nur in einer Richtung zu verschieben, die dem des Verfärbungsweges entgegengesetzt ist, um sie mit der Hauptreihe zur Deckung bringen zu können. Dies ist am Beispiel von Sternen aus h Per in Abbildung 8 demonstriert. Aus dem Betrag der notwendigen Verschiebung in Richtung von (B − V) erhalten wir sofort den Farbexzess E_{B-V} und damit aus (5) den Betrag der visuellen Extinktion A_v.

Nachdem wir die wahren Farben $(B - V)_0$ aus den gemessenen durch Subtraktion von E_{B-V} bestimmt haben, können wir nun ein Farbenhelligkeits-Diagramm mit $(B - V)_0$ als Abszisse und $m_v - A_v$ als Ordinate zeichnen. Aus (3) sehen wir, daß sich unsere Ordinate noch um eine Konstante von der absoluten Helligkeit M_v unterscheidet, wobei diese Konstante nichts anderes ist als der wahre Entfernungsmodul $5 \log r - 5$ des Sternhaufens.

Die Abbildungen 9a und 9b zeigen die so gewonnenen Farben-Helligkeits-Diagramme der Hyaden und der Plejaden. Der Vergleich mit dem Hertzsprung-Russell-Diagramm (Abb. 3, Kapitel 11) läßt erkennen, daß sich in beiden Haufen die Mehrzahl der Sterne entlang der Hauptreihe anordnen und nur wenige oberhalb derselben

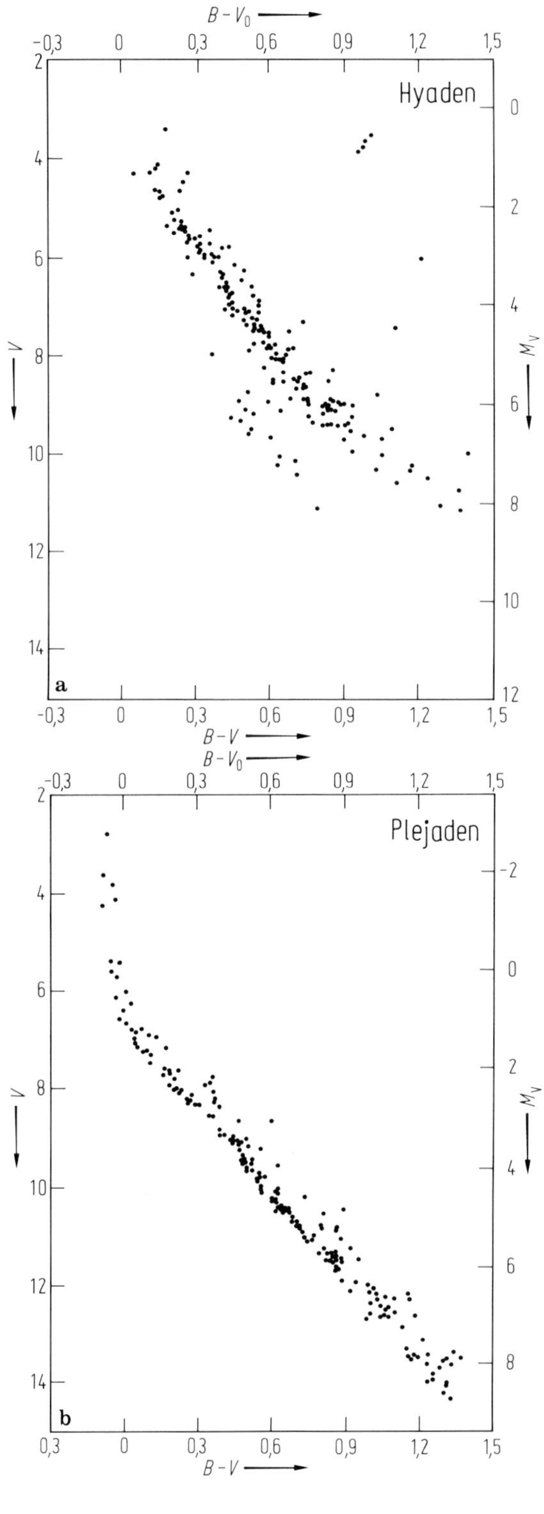

Abb. 9. a Das Farben-Helligkeits-Diagramm der Hyaden nach G. Hagen. Es enthält über der Hauptreihe einige Rote Riesen und unter ihr eine Anzahl von Unterzwergen. **b** Das Farben-Helligkeits-Diagramm der Plejaden enthält keine Riesen. Die Sterne dicht über der Hauptreihe sind wahrscheinlich unaufgelöste Doppelsterne

angesiedelt sind. Die „frühesten" Sterne, also die vom Spektraltyp O, fehlen in beiden Haufen. In den Plejaden ist die Hauptreihe ab A1 besetzt, in den Hyaden ab F8. Diese Verteilung im FHD ist typisch für alle offenen Sternhaufen: Stets ist das untere Ende der Hauptreihe bis zu einem bestimmten Spektraltyp besetzt. Ohne Schwierigkeit lassen sich die FHDs aller Sternhaufen in Richtung ihrer Ordinaten so gegen einander verschieben, daß die unteren Abschnitte ihrer Hauptreihen übereinander zu liegen kommen.

Genau dies ist aus den Rechnungen zur zeitlichen Entwicklung von Sternen unterschiedlicher Massen zu erwarten: Jeder Stern verbringt ja den größten Teil seines Lebens auf der Hauptreihe. Auf ihr verweilt er um so länger, je kleiner seine Masse ist. Betrachten wir eine Gruppe gleichaltriger Sterne, wie sie in einem offenen Sternhaufen vorliegen, so müssen alle Sterne, deren „Entwicklungszeiten" kleiner sind als das Alter des Haufens, seine Hauptreihe in Richtung auf das Gebiet der Roten Riesen hin verlassen haben. Der früheste Spektraltyp, der unter den Hauptreihensternen in einem Sternhaufen vorkommt, gibt uns also einen Hinweis auf sein Alter.

Verschieben wir die FHDs einiger gut photometrierter Haufen so zueinander, daß die unteren Teile ihrer Hauptreihen aufeinander fallen, so erkennen wir an diesem kombinierten FHD, wie sich mit zunehmendem Alter die Form des FHD offener Haufen ändert (s. Abb. 10). Junge Haufen enthalten wenige rote Überriesen, die durch eine große Lücke von der Hauptreihe getrennt sind (Beispiel: h und χ Persei). Alte Haufen, deren „Abknickpunkt" von der Hauptreihe erst bei den F-Sternen zu

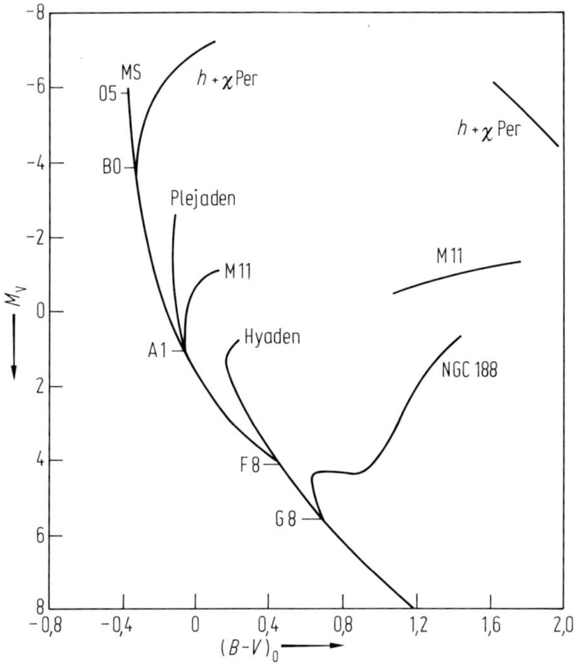

Abb. 10. Kombiniertes schematisches Farben-Helligkeits-Diagramm von fünf offenen Sternhaufen unterschiedlichen Alters. Mit zunehmendem Alter verschiebt sich der Abknickpunkt von der Hauptreihe (MS = main sequence) zu Sternen späteren Spektraltyps

finden ist, besitzen einen Riesenast, der sich stetig an die Hauptreihe anschließt (NGC 188). Ihre FHDs haben bereits eine große Ähnlichkeit mit denen der Kugelhaufen.

Die gut definierte untere Einhüllende des gemeinsamen FHD (Abb. 10) ist der Ort der unentwickelten Hauptreihensterne. Sie wird als „Alter-Null-Hauptreihe" oder als „Zero Age Main Sequence", abgekürzt: ZAMS, bezeichnet. Ihr Nullpunkt ist mit Hilfe der Hyaden festgelegt, deren Entfernungsmodul durch trigonometrische Methoden bestimmt werden konnte (s. Abschnitt 11.3). Für G-, K- und M-Sterne sind die Entwicklungszeiten so lang, daß alle diese Sterne noch auf der ZAMS liegen. Frühere Sterne können aber bereits das Ende ihres Daseins auf der Hauptreihe erreicht haben. Normale O- bis F-Hauptreihensterne, die keinem offenen Haufen angehören, werden also ein Gemisch aus unentwickelten Sternen sein sowie aus solchen, die sich zwar schon etwas von der Hauptreihe weg entwickelt haben, aber noch nicht so weit in das Gebiet der Unter-Riesen, daß sie am Spektrum als solche erkennbar wären. Im Gebiet der O- bis F-Sterne muß die ZAMS daher bei geringfügig schwächeren absoluten Helligkeiten verlaufen als die Hauptreihe.

Die Konstruktion der Alter-Null-Hauptreihe ist die Grundlage der Leuchtkrafteichung der Sterne in Abhängigkeit von ihrem Spektraltyp. Während die Bestimmung der Entfernung der Hyaden die Ableitung der absoluten Helligkeiten von FV und späteren Hauptreihensternen (nur solche kommen in den Hyaden vor) ermöglicht, wird die Kalibrierung der absoluten Helligkeiten auf B- und A-Sterne erweitert, wenn wir davon ausgehen, daß F- bis M-Sterne in den Plejaden dieselben absoluten Helligkeiten besitzen wie in den Hyaden. Haufen mit noch früheren Hauptreihensternen oder mit Riesen beziehungsweise Überriesen als Mitgliedern ermöglichen die Eichung der absoluten Helligkeiten auch dieser MK-Typen.

Zusammen mit den Beziehungen (4), (5) und (7), welche die Bestimmung der interstellaren Extinktion aus den Farbexzessen ermöglichen, ist die Alter-Null-Haupt-

Tabelle 1. Die Alter-Null-Hauptreihe

Spektraltyp	absolute Helligkeit M_v	Eigenfarbe $(B-V)_0$	Eigenfarbe $(U-B)_0$
O4	− 5,2	− 0,33	− 1,20
B0	− 3,25	− 0,30	− 1,08
B1.5	− 2,1	− 0,25	− 0,90
B3	− 1,1	− 0,20	− 0,69
B6	− 0,2	− 0,15	− 0,50
A0	+ 1,3	− 0,02	− 0,05
A4	+ 1,9	+ 0,10	+ 0,08
A7	+ 2,4	+ 0,20	+ 0,10
F0	+ 2,8	+ 0,30	+ 0,03
F4	+ 3,4	+ 0,40	− 0,01
F8	+ 4,1	+ 0,50	+ 0,00
G0	+ 4,7	+ 0,60	+ 0,08
G6	+ 5,2	+ 0,70	+ 0,23
K0	+ 5,8	+ 0,80	+ 0,42
K5	+ 7,3	+ 1,15	+ 1,08
M0	+ 8,8	+ 1,40	+ 1,22
M2	+ 10,3	+ 1,50	+ 1,17
M5	+ 12,6	+ 1,65	+ 1,26

reihe das Fundament für alle Entfernungsbestimmungen innerhalb des Milchstraßensystems, sobald wir den kleinen Bereich um die Sonne herum verlassen, in dem trigonometrische Parallaxen-Bestimmungen möglich sind.

Die für die praktische Anwendung erforderlichen Daten über die Alter-Null-Hauptreihe sind in Tabelle 1 zusammengestellt. Für die Entfernungsbestimmung eines Sternhaufens empfiehlt es sich, eine Kurve M_v als Funktion von $(B - V)_0$ zu zeichnen und sie dem $(m_v - A_v) - (B - V)_0$-Diagramm des Haufens so zu überlagern, daß sie symmetrisch durch die Meßpunkte hindurch geht und beide Abszissen-Skalen übereinander liegen. Der Entfernungsmodul des Haufens kann dann direkt als Differenz beider Ordinaten-Skalen abgelesen werden.

Am Rande sei erwähnt, daß die Perioden-Leuchtkraft-Beziehung für Cepheiden, die für extragalaktische Entfernungsbestimmungen von fundamentaler Bedeutung ist, an einigen wenigen galaktischen Sternhaufen geeicht wurde, die δ Cephei-Sterne als Mitglieder aufweisen.

14.5.3 Die Zugehörigkeit von Sternen zu offenen Haufen

Fast alle offenen Haufen befinden sich in der Milchstraße. Daher werden unter den Sternen eines offenen Haufens viele Nicht-Mitglieder anzutreffen sein. In vielen Fällen kann dem Zweifarben-Diagramm oder dem FHD eines offenen Haufens ein Hinweis darauf entnommen werden, ob ein Stern dem Haufen angehört oder nicht. Läßt zum Beispiel ein Haufen einen deutlichen „Abknickpunkt" von der Hauptreihe zum Beispiel bei A5 erkennen, so kann ein O-Stern im Gebiet des Haufens nur ein Feldstern sein, der sich zufällig auf den Haufen projiziert und nichts mit ihm zu tun hat.

Eine objektive Methode zur Entscheidung über die Zugehörigkeit eines Sterns zu einem Sternhaufen basiert auf der Untersuchung der Eigenbewegungen im Bereich des Haufens. Sofern die Eigenbewegungen systematisch von denen der umliegenden Feldsterne abweichen, läßt sich mit einer gewissen Sicherheit entscheiden, ob ein Stern einem Haufen angehört oder nicht. Da die Bestimmung der Eigenbewegungen vieler Sterne ein aufwendiges Programm darstellt, ist die Zahl der so untersuchten Haufen noch klein. Ebenso wie die Eigenbewegungen können natürlich auch die Radialgeschwindigkeiten herangezogen werden, um über die Mitgliedschaft von Sternen zu einem Haufen Informationen zu erhalten. Der Beobachtungsaufwand dafür ist aber beträchtlich.

14.6 Die kugelförmigen Sternhaufen

Ein Kugelhaufen kann bis zu 10^7 Sterne in sich vereinigen, also erheblich mehr als ein offener Haufen. Die Sterndichte innerhalb eines Kugelhaufens wächst steil mit Annäherung an sein Zentrum, wo sie in manchen Fällen so große Werte erreicht, daß dort der Haufen nicht mehr in Einzelsterne aufgelöst werden kann. Während in einigen Kugelhaufen die Linien gleicher Sterndichte kreisrund erscheinen, sind andere Kugelhaufen deutlich abgeplattet. So hat zum Beispiel der Haufen M 19 = NGC 6273 ein scheinbares Achsenverhältnis von etwa 6:10.

Abb. 11. Der Kugelhaufen M13. Aufnahme: 1,2-m-Teleskop, Calar Alto (Birkle)

Nach Shapley werden die Kugelhaufen in Abhängigkeit vom Grad ihrer Konzentration zum Zentrum in 12 Klassen I . . . XII eingeteilt. Die am stärksten konzentrierten Haufen stehen dabei am Anfang der Skala.

Abbildung 11 zeigt M 13, den größten von der Nordhemisphäre aus sichtbaren Kugelhaufen. Der größte von allen 131 bis zum Jahre 1979 bekannten Kugelhaufen ist ω Centauri, der leider nur von der Südhemisphäre aus beobachtet werden kann.

14.6.1 Die Farben-Helligkeits-Diagramme von Kugelhaufen

Die Farben-Helligkeits-Diagramme von Kugelhaufen unterscheiden sich erheblich von denen offener Haufen. Als Beispiel ist in Abbildung 12 dasjenige von M3 wiedergegeben. Die Hauptreihe ist hier erst bei dem Spektraltyp F5 mit Sternen besetzt. Dies ist ein allen Kugelhaufen-FHDs gemeinsames Charakteristikum. Daher haben die hellsten Sterne selbst der nächstgelegenen Kugelhaufen nur scheinbare Helligkeiten im Bereich 19 bis 21 mag, so daß von keinem FHD eines Kugelhaufens mehr als bestenfalls ein 2 bis 3 mag umfassendes Stück der Hauptreihe beobachtet werden kann. Ähnlich wie bei alten offenen Sternhaufen schließt an dieses Stück der Hauptreihe nach oben hin eine Sequenz entwickelter Sterne an, die aber sehr viel mannigfaltiger ist als im Falle offener Haufen. Zunächst erstreckt sich der Ast der „Unterriesen" von dem „Abknickpunkt" von der Hauptreihe bis zu einem Punkt im FHD, dessen Koordinaten etwa $M_v = 0$ mag und $(B - V)_0 = 0{,}8$ mag sind. Von diesem Punkt zweigt nach links, also in Richtung zu blaueren Farben, der Horizontalast

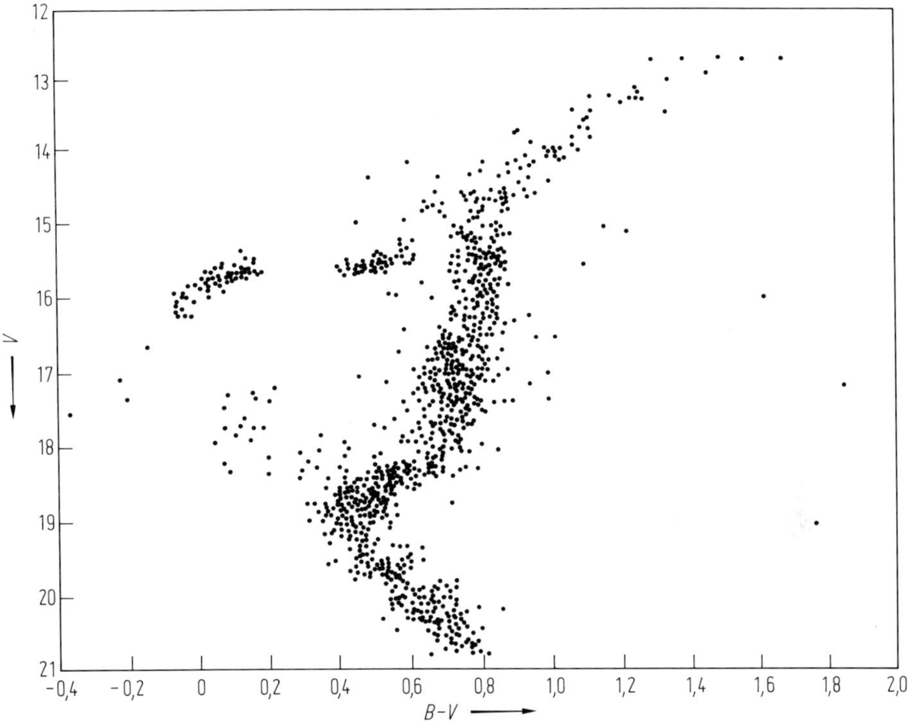

Abb. 12. Das Farben-Helligkeits-Diagramm des Kugelhaufens M3. Nur noch Sterne mit Spektraltypen ab F5 bevölkern die Hauptreihe, alle früheren Sterne sind schon in das Gebiet der Roten Riesen abgewandert. Die Veränderlichen-Lücke bei $0{,}2 < B - V < 0{,}4$ ist deutlich zu erkennen. Nach H. L. Johnson und A. R. Sandage

ab, der in allen Kugelhaufen zwischen $(B - V)_0 = 0{,}2$ mag und $(B - V)_0 = 0{,}4$ mag eine charakteristische Lücke besitzt. Von dem erwähnten Verzweigungspunkt erstreckt sich schließlich nach rechts oben der Riesenast. Weniger scharf definiert ist der „asymptotische Riesenast", der etwas oberhalb vom eigentlichen Riesenast, etwa parallel zu ihm, verläuft.

Der genaue Verlauf der Riesen- und Unter-Riesen-Äste ist von Haufen zu Haufen etwas verschieden. So ist der Horizontalast im FHD von M3 tatsächlich horizontal, während er im FHD von M13 deutlich geneigt ist, wobei sein blaues Ende bei schwächeren absoluten Helligkeiten liegt als sein rotes.

Die Anordnung der Sterne in den FHDs der Kugelhaufen wird verständlich, wenn wir die Entwicklungswege von Sternen unterschiedlicher Massen im Anschluß an ihr Dasein als Hauptreihensterne betrachten (s. Kapitel 11). Der Unterriesenast wie auch der Riesenast setzen sich aus solchen Sternen zusammen, die sich gerade von der Hauptreihe weg entwickeln, die im FHD also auf dem Weg nach „rechts oben" sind, hinein in das Gebiet der Roten Riesen. Die Horizontalast-Sterne hingegen haben dieses Stadium bereits beendet und sind im FHD auf dem Rückweg, der von den Roten Riesen über die Hauptreihe hinweg zu den Weißen Zwergen führen wird. Dies ist in Abbildung 13 am Beispiel eines Sternes von 1 $M_\odot$ demonstriert.

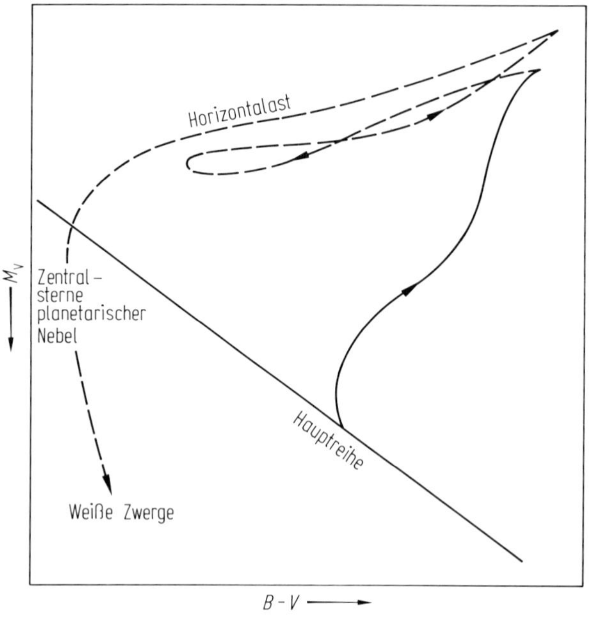

Abb. 13. Entwicklungsweg eines 1-M_0-Sternes im Farben-Helligkeits-Diagramm. (Nach R. J. Taylor)

Die Unterschiede zwischen den FHDs verschiedener Kugelhaufen beruhen auf Unterschieden ihrer chemischen Zusammensetzung. Die meisten Kugelhaufen sind erheblich ärmer an schwereren Elementen als die normalen Sterne der Sonnenumgebung oder etwa die offenen Haufen. Ihre Metallhäufigkeit liegt meist zwischen 10 % und 0,5 % des für die Sonne gültigen Wertes. Modellrechnungen zur Sternentwicklung zeigen, daß die FHDs der Kugelhaufen, insbesondere die Lage ihrer Abknickpunkte von der Hauptreihe, auf Alterswerte von 9 bis 12×10^9 Jahre führen. Die Kugelhaufen sind folglich zu Beginn der Entwicklung unseres Milchstraßensystems entstanden, zu einer Zeit also, als diese noch arm an schweren Elementen war.

14.6.2 Die Bestimmung der Entfernungen von Kugelhaufen

Kugelhaufen, die so nahe sind, daß ihre hellsten Hauptreihensterne photometriert werden können, erlauben natürlich eine Entfernungsbestimmung wie bei den offenen Sternhaufen durch Vergleich ihrer Hauptreihe mit der Alter-Null-Hauptreihe.

Für weiter entfernte Haufen existiert eine zweite, sehr bequeme Methode: Wir erwähnten bereits, daß der Horizontalast im Farbenhelligkeitsdiagramm aller Kugelhaufen eine typische Lücke besitzt. Diese Lücke wird von den Veränderlichen vom RR-Lyrae-Typ ausgefüllt. Die mittlere absolute Helligkeit von RR-Lyrae-Sternen ist gut bekannt, sie beträgt zirka 0,5 mag. Da diese Sterne leicht identifizierbar sind, ist ihre Photometrie ein bequemer Weg zur Bestimmung der Entfernung eines Kugelhaufens.

Sind auch die RR-Lyrae-Sterne eines Kugelhaufens zu lichtschwach, um nachgewiesen und photometriert werden zu können, so bieten sich weitere Methoden an, die aber weniger zuverlässig sind. Eine solche basiert auf der Annahme, daß der

Mittelwert aus den absoluten Helligkeiten der 25 hellsten Sterne eines Kugelhaufens eine charakteristische Größe ist, die für alle Haufen etwa gleich groß ist. Durch Eichung dieses Mittelwerts an Kugelhaufen, deren Entfernungen durch andere Methoden bestimmt werden konnten, läßt sich für solche lichtschwachen Kugelhaufen eine wenn auch unsichere Entfernung abschätzen.

14.7 HII-Regionen

14.7.1 Die anregenden Sterne der HII-Regionen

Der Wasserstoff in einer HII-Region ist durch die kurzwellige UV-Strahlung eines Sterns, dessen Spektraltyp zwischen O3 und B1 liegt, ionisiert (in einer HI-Region liegt der Wasserstoff in neutraler, atomarer Form vor, in einer Molekülwolke dagegen in molekularer Form als H_2). Die zur Ionisation eines Wasserstoff-Atoms erforderliche Energie in Höhe von 13,60 eV kann von UV-Quanten mit Wellenlängen unterhalb der Lyman-Kontinuums-Grenze bei $\lambda = 912$ Å aufgebracht werden. Sterne mit Spektraltypen später als B2 erzeugen nicht genügend viele solcher „Lyman-Kontinuums-Quanten", um eine beobachtbare HII-Region erzeugen zu können. Daher muß jede HII-Region mindestens einen O3- bis B1-Stern in ihrem Innern oder in ihrer unmittelbaren Nähe enthalten.

Ein anregender Stern einer HII-Region vermag eine bestimmte Menge Wasserstoff zu ionisieren. Im Falle einer annähernd homogenen Dichteverteilung erfüllt der ionisierte Wasserstoff ein kugelförmiges Volumen, die sogenannte Strömgren-Sphäre, mit dem anregenden Stern im Mittelpunkt. Der Radius r_s der Strömgren-Sphäre hängt vom Spektraltyp des Sterns sowie von der Wasserstoffdichte n_H ab. Die in Tabelle 2 für eine Anzahl verschiedener Spektraltypen angegebenen Werte von r_s gelten für die Dichte $n_H = 1\ \mathrm{cm}^{-3}$. Die entsprechenden „Strömgren-Radien" r_s für andere Dichten erhält man durch Division der in Tabelle 2 angegebenen Werte durch $n_H{}^{2/3}$.

Runde, wohlgeformte „Strömgren-Sphären" mit einem einzigen anregenden Stern im Zentrum sind selten. Als Beispiel zeigt Abbildung 14 zwei solche HII-Regionen, S 31 und S 32, die dem geschilderten Idealbild recht nahe kommen.

Tabelle 2. Produktionsraten N_L von Lyman-Kontinuums-Photonen und Radien der Strömgren-Sphären r_s für Hauptreihensterne. Letztere gelten für $n_H = 1\ \mathrm{cm}^{-3}$. Für andere Dichten sind die angegebenen r_s mit $n_H{}^{-2/3}$ zu multiplizieren.

Spektraltyp	r_s [pc]	N_L [Photonen/s]
O5	108	$4{,}7 \times 10^{49}$
O6	74	$1{,}7 \times 10^{49}$
O7	56	$6{,}9 \times 10^{48}$
O8	51	$4{,}0 \times 10^{48}$
O9	34	$1{,}7 \times 10^{48}$
B0	23	$4{,}7 \times 10^{47}$
B0.5	12	$6{,}8 \times 10^{46}$

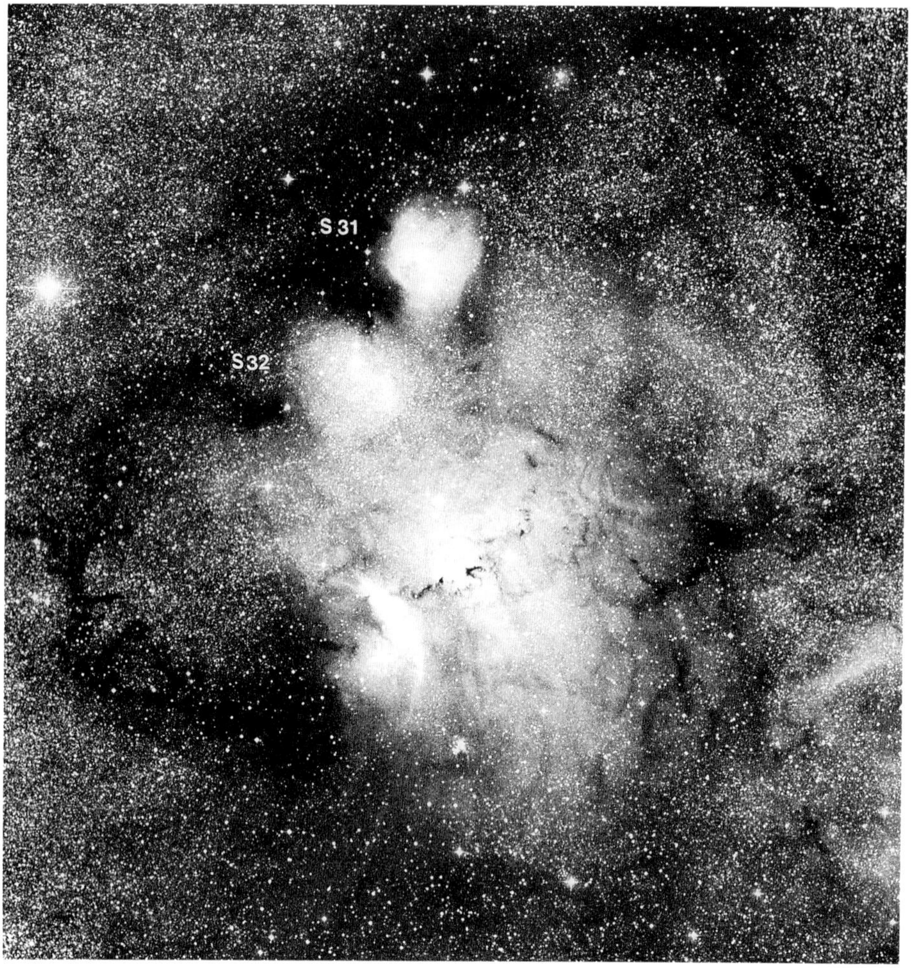

Abb. 14. Die HII-Regionen S31 und S32 kommen dem Idealbild einer runden, homogenen „Strömgrensphäre" ziemlich nahe. (Aus dem Palomar Observatory Sky Survey. © 1960 National Geographic Society, mit Genehmigung des California Institute of Technology)

Die Suche nach den anregenden Sternen von HII-Regionen und die Photometrie und Spektroskopie derselben ist für viele Fragestellungen von großer Bedeutung. Zunächst ist die Bestimmung der Entfernungen der anregenden Sterne einer HII-Region die einzige direkte Methode zur Ableitung ihrer eigenen Entfernung. Dabei ist zu bedenken, daß die Entfernungsbestimmung eines Einzelsterns aus seinen photometrischen Daten in Verbindung mit den aus seinem MK-Typ abgeleiteten Werten für absolute Helligkeit und Eigenfarbe mit einer Unsicherheit von mindestens $\pm 25\%$ behaftet ist. Die besten Entfernungen von HII-Regionen sind natürlich jene, die durch Mittelbildung von Entfernungen mehrerer anregender Sterne bestimmt werden konnten.

14.7.2 Die Spektren der HII-Regionen

Das Spektrum einer HII-Region besteht vorwiegend aus Emissionslinien und einem meist sehr schwachen Kontinuum. Die Emissionslinien sind um so vielfältiger, je heißer der anregende Stern der HII-Region ist. In jeder HII-Region dominieren die Wasserstoff-Linien. Im roten Teil des Spektrums ist Hα, die langwelligste Linie der Balmer-Serie, weitaus intensiver als alle anderen Linien. Daher sind die meisten HII-Regionen überwiegend rot gefärbt und treten auf Rot-Aufnahmen besonders deutlich hervor.

Viele Emissionslinien im Spektrum von HII-Regionen entstehen durch Rekombination der Ionen H^+, He^+, N^+, O^+, S^+ und so weiter mit freien Elektronen. Die vorangehende Ionisation der Atome von H, He, N und so weiter erfolgt durch Absorption von UV-Quanten aus dem Strahlungsstrom des anregenden Sterns. Beim Einfang eines freien Elektrons durch ein positives Ion gelangt dieses in den meisten Fällen zunächst auf ein angeregtes Energie-Niveau unter Aussendung eines Kontinuum-Quants. Anschließend „fällt" es nach und nach auf energieärmere Niveaus, wobei die Quanten der Rekombinations-Linien entstehen.

Das einfachste Energie-Schema besitzt das Wasserstoff-Atom (s. Abb. 15). Es besteht aus diskreten Energieniveaus, die durch „Quantenzahlen" n charakterisiert sind. Die Linien Hα, Hβ, Hγ und so weiter der Balmer-Serie entstehen bei Übergängen von einem Niveau $n > 2$ nach $n = 2$, ein Kontinuums-Quant, das beim Einfang eines freien Elektrons direkt in das 2. Energie-Niveau ausgesendet wird, ist ein Balmer-Kontinuums-Quant. Entsprechend entstehen für $n = 1$ die Linien der Lyman-Serie und das Lyman-Kontinuum und für $n = 3$ die Paschen-Serie und das Paschen-Kontinuum.

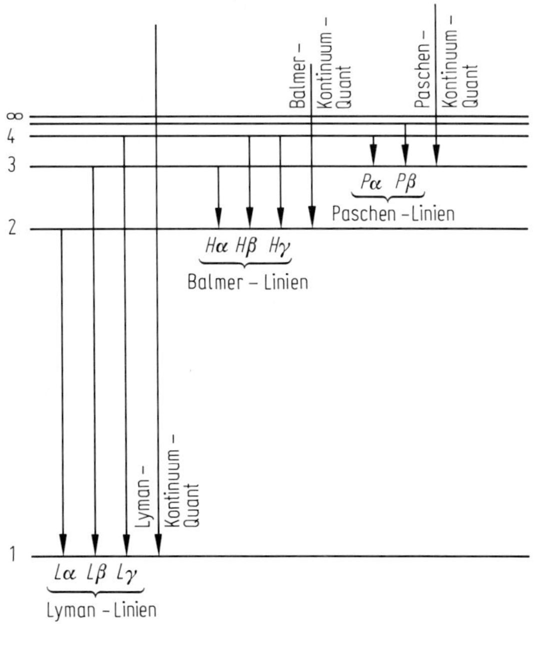

Abb. 15. Das Energie-Schema des Wasserstoff-Atoms

„Verbotene Linien" sind dadurch gekennzeichnet, daß die Wahrscheinlichkeit für einen spontanen Übergang von ihrem oberen nach ihrem unteren Niveau extrem gering ist. Entsprechend groß ist die mittlere Lebensdauer des oberen Niveaus, also die Zeit, die ein Elektron in diesem angeregten Zustand im Mittel verbringen kann. Die typische Lebensdauer des oberen Niveaus einer „erlaubten" Rekombinationslinie beträgt nur etwa 10^{-8} s, bei einer „verbotenen" Linie aber etliche Sekunden oder Minuten. Wird das angeregte Atom während dieser Zeitspanne von einem freien Elektron angestoßen, so kann es seine Energie auf das Elektron übertragen, ohne daß ein Quant der verbotenen Linie ausgesendet wird. Nur dann, wenn die Elektronendichte genügend klein ist, so daß keine nennenswerte „Stoßabregung" durch Elektronenstöße erfolgen kann, können die verbotenen Linien entstehen. Die Elektronendichten in HII-Regionen liegen in fast allen Fällen zwischen 10 und 10^3 cm^{-3} und damit um einige Zehnerpotenzen niedriger als die „kritischen Dichten für Stoßabregung". Letztere sind von Ion zu Ion verschieden. Für [NII] und [SII] betragen sie 8×10^4 cm^{-3} und 3×10^3 cm^{-3}, für [OI] dagegen 10^7 cm^{-3}. Bei Dichten im Bereich zwischen 10^5 und 10^6 cm^{-3} können also die verbotenen [OI]-Linien 6300 Å und 6363 Å noch entstehen, die [NII]- und [SII]-Linien aber nicht mehr.

Die wichtigsten verbotenen Linien in HII-Regionen sind die [NII]-Linien bei 6548 Å und 6584 Å, die [SII]-Linien bei 6717 Å und 6730 Å und die [OIII]-Linien bei 4959 Å und 5007 Å. Der Entstehungsmechanismus der [OIII]-Linien wurde erst 1927 von Bowen aufgedeckt. Bis dahin war ein unbekanntes Element, dem man den Namen „Nebulium" gegeben hatte, für ihre Emission verantwortlich gemacht worden.

Zur Ionisation von O^+ zu O^{++} sind 35,12 eV erforderlich, dreimal mehr als zur Ionisation von Wasserstoff (13,60 eV). Die [OIII]-Linien 4959 Å und 5007 Å sind daher ein Hinweis auf einen anregenden Stern mit relativ energiereicher Strahlung. Sobald diese beiden Linien die Linie Hβ (4861 Å) an Intensität übertreffen, ist mit Sicherheit ein O-Stern in der Nähe.

Eine Liste der wichtigsten Emissionslinien ist im Anhang wiedergegeben (Tabelle 41, S. 651). Dort sind außerdem ihre relativen Intensitäten angegeben, so wie sie im Orion-Nebel beobachtet wurden.

Das bereits erwähnte Kontinuum in den Spektren von HII-Regionen entsteht überwiegend durch Streuung der Strahlung des anregenden Sterns an Staubteilchen. Im Orion-Nebel konnte dies eindeutig nachgewiesen werden: In dem Nebel-Kontinuum wurde die Absorptionslinie des He II bei 4686 Å gefunden, die nur aus der Strahlung des hellsten Trapez-Sterns, Θ^1 Ori C, herrühren kann.

14.7.3 Die Radio-Kontinuums-Strahlung von HII-Regionen

Eine HII-Region setzt sich überwiegend aus Wasserstoff-Ionen (Protonen) und aus freien Elektronen zusammen. Fliegt ein Elektron nahe genug an einem Ion vorbei, so wird es abgelenkt, wobei ein Strahlungs-Quant emittiert wird, dessen Wellenlänge im dm- oder cm-Bereich liegt. Diese Strahlung kann also mit Radioteleskopen empfangen werden. Die Intensität S_ν der Radio-Kontinuums-Strahlung ist für $\lambda > 10$ cm zu $\nu^{-0,1}$ proportional (ν = Frequenz). Aus ihr können wichtige Eigenschaften einer HII-Region erschlossen werden. Insbesondere ist S_ν ein Maß für die Anzahl N_c' von Lyman-Kontinuums-Photonen (das sind die zur Ionisation von Wasserstoff fähigen

UV-Photonen), die pro Sekunde von den anregenden Sternen der HII-Region erzeugt werden müssen:

$$N_c' = \text{const}\, \nu^{0,1}\, T_e^{-0,45}\, S_\nu D^2 . \tag{9}$$

Dabei ist T_e (gemessen in Grad Kelvin) die Elektronen-Temperatur der HII-Region und D ihre Entfernung (in kpc). S_ν wird in Jansky angegeben (1 Jy $=10^{-26}$ Watt m^{-2} Hz^{-1}). Die Produktionsrate von Lyman-Kontinuums-Photonen ist in Tabelle 2 für Sterne verschiedener Spektraltypen angegeben. Damit können wir zum Beispiel abschätzen, ob die bereits bekannten jungen Sterne einer HII-Region in der Lage sind, die für die Aufrechterhaltung des beobachteten Radio-Kontinuum-Flusses erforderlichen Lyman-Kontinuums-Quanten zu produzieren. Ist dies nicht der Fall, so müssen bisher noch unbekannte Sterne an der Ionisation der HII-Region beteiligt sein. Die Suche nach ihnen ist häufig an solchen Stellen erfolgreich, die sich durch besonders hohe Staubkonzentration auszeichnen. Jedoch gibt es auch HII-Regionen, deren anregende Sterne noch nicht gefunden werden konnten. Mit Hilfe von (9) und den Daten der Tabelle 2 kann man aber auch in solchen Fällen fundierte Aussagen über die anregenden Sterne machen.

Während bei $\lambda < 10$ cm die Intensität S_ν der Radiokontinuums-Strahlung zu $\nu^{-0,1}$ proportional ist, gilt bei größeren Wellenlängen als 1 m: $S_\nu < \nu^2$ (die HII-Regionen sind bei $\lambda < 10$ cm „optisch dünn", bei $\lambda > 1$ m dagegen „optisch dick"). Dazwischen befindet sich ein Übergangsbereich, dessen Lage etwas von der Temperatur des Elektronen-Gases in der HII-Region abhängt.

14.7.4 Radio-Rekombinations-Linien von HII-Regionen

Mit zunehmender Quantenzahl n (s. Abb. 15) liegen aufeinander folgende Energie-Niveaus des Wasserstoff-Atoms immer dichter beieinander, sind also die frei werdenden Energien beim Übergang von einem Niveau zu einem benachbarten immer kleiner. Etwa ab $n = 60$ sind die Rekombinationslinien so langwellig, daß sie nur noch Radioteleskopen zugänglich sind.

Die Linie, die beim Übergang von $n' = 110$ nach $n = 109$ entsteht, wird mit H 109α bezeichnet, H 109β entsteht beim Übergang von $n' = 111$ nach $n = 109$ und so weiter. Die Frequenzen dieser Linien lassen sich aus der einfachen Gleichung

$$\nu = 2 R c Z_{\text{eff}} \left(\frac{1}{n^2} - \frac{1}{n'^2} \right) \tag{10}$$

berechnen. Dabei ist R die Rydberg-Konstante, c die Lichtgeschwindigkeit und Z_{eff} die effektive Kernladungszahl. Die Beobachtung von Radio-Rekombinations-Linien ermöglicht die Bestimmung der Radial-Geschwindigkeiten auch von solchen HII-Regionen, die optisch wegen zu hoher Extinktion nicht beobachtet werden können.

14.7.5 Die Infrarot-Strahlung von HII-Regionen

Durch die Absorption von Sternlicht erwärmt sich der Staub in einer HII-Region. Entsprechend der dabei erreichten Temperatur wird eine Strahlung emittiert, die

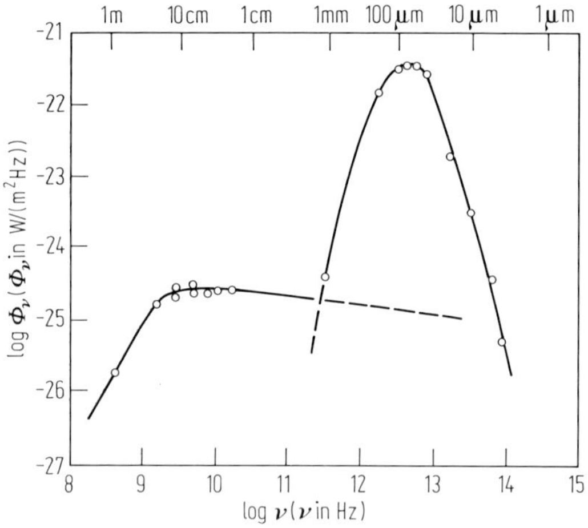

Abb. 16. Spektrum der Infrarotquelle IRS1 in der HII-Region W3A. Bei Wellenlängen unterhalb von 3 mm dominiert die Strahlung des heißen Staubes, oberhalb davon die Radio-Kontinuums-Strahlung des ionisierten Wasserstoffs

durch eine Planck-Kurve angenähert werden kann. Die Temperatur des Staubs kann bis maximal 1300 K steigen, bei höheren Temperaturen verdampft er. Innerhalb von HII-Regionen sind Temperaturen von einigen 100 K am häufigsten.

Sehr junge Sterne in HII-Regionen sind oft von so dichten Staubwolken umgeben, daß der weitaus größte Teil ihrer Strahlung vom Staub absorbiert wird. Die gesamte Leuchtkraft dieser Sterne wird dann in thermische Energie des Staubs umgesetzt und von diesem, nach Erreichen eines Gleichgewichtszustands, im Infraroten wieder abgestrahlt. Durch Integration der IR-Strahlung über alle Wellenlängen kann man so die bolometrische Helligkeit (s. Kapitel 11) der in den Staub eingebetteten Sterne bestimmen. Dies ist damit ein zweiter Weg zur Bestimmung integraler Eigenschaften optisch unsichtbarer Sterne.

In Abbildung 16 ist das Spektrum einer typischen IR-Quelle in einer HII-Region für Wellenlängen von 1 µm bis 3 m gezeigt. Zwischen 1 µm und 1 mm dominiert die thermische Strahlung des Staubes, im cm-Bereich hingegen die Radio-Kontinuums-Strahlung.

14.7.6 Typische Strukturen in HII-Regionen

Die Anzahl der pro Sekunde erfolgenden Rekombinationen im Inneren einer HII-Region ist einerseits proportional zur Dichte der Ionen, andererseits zur Dichte der Elektronen. Da der Wasserstoff in einer HII-Region bis dicht an ihre äußeren Grenzen fast vollständig ionisiert ist und HII-Regionen überwiegend aus Wasserstoff bestehen, sind beide Dichtewerte in erster Näherung mit der Dichte n der Wasserstoffatome identisch. Die Anzahl der Rekombinationen ist daher zu n^2 proportional. Die Häufigkeit von Rekombinationen bestimmt die Intensität der Rekombinationslinien. Folglich muß die Helligkeit verschiedener Teile einer HII-Region zum Quadrat ihrer Dichte proportional sein.

Die dichtesten Teile in einer HII-Region sind häufig nicht ionisiert, sie treten als eingelagerte Dunkelwolken in Erscheinung. In unmittelbarer Nähe solcher neutralen Einschlüsse, wo die Dichte bereits erheblich angestiegen, der Wasserstoff aber dennoch ionisiert ist, wird besonders viel Linien-Strahlung emittiert. Die Ränder dieser neutralen Einschlüsse sind daher häufig sehr hell, man bezeichnet sie (auch im Deutschen) im allgemeinen als „Bright Rims".

Denken wir uns nun eine HII-Region mit einem einzigen anregenden Stern, so ist klar, daß der diesem Stern abgewendete Rand eines solchen neutralen Einschlusses nichts von der UV-Strahlung des Sterns zu sehen bekommt. Er bleibt also dunkel, im Gegensatz zu dem gegenüberliegenden Rand der Dunkelwolke. Die hellste Stelle des „Bright Rim" sollte daher dem anregenden Stern zugewendet sein. Mitunter kann man so entscheiden, ob ein bestimmter Stern zur Anregung einer HII-Region beiträgt oder nicht.

14.7.7 Physikalische Parameter von HII-Regionen

In Tabelle 3 sind Entfernungen, Dichten, Massen und Daten der anregenden Sterne von einigen HII-Regionen zusammengestellt. Die große Variationsbreite der Eigenschaften von HII-Regionen spiegelt einerseits die sehr unterschiedlichen Eigenschaften ihrer anregenden Sterne wieder, andererseits ist sie eine Folge der zeitlichen Entwicklung der HII-Regionen, die von kleinen kompakten zu sehr ausgedehnten Nebeln geringer Dichte führt.

Tabelle 3. Physische Parameter einiger HII-Regionen. r = Entfernung, d = Durchmesser, N_e = Elektronendichte, $\mathfrak{M}_{HII}$ = Masse des ionisierten Wasserstoffs, N_c' = Anzahl der erforderlichen Lyman-Kontinuums-Photonen, anregende Sterne

Objekt	S 171	Orion-Nebel	Lagunen-Nebel	Omega-Nebel
Größe	$20' \times 4'$	$90' \times 60'$	$45' \times 30'$	$20' \times 15'$
r [kpc]	0,9	0,5	1,4	2,2
d [pc]	30	0,6	3,5	5
N_e	< 20	5×10^3	6×10^2	5×10^2
$\mathfrak{M}_{HII}$	$> 1,6 \times 10^3$	~ 10	2×10^2	6×10^2
N_c'	$1,2 \times 10^{49}$	5×10^{48}	2×10^{49}	2×10^{50}
Sterne	BD + 66°1661; O9V	Θ_1 Ori A; O7	HD164794; O5.5	Chini 1; O4
	BD + 66°1675; O7V	Θ_1 Ori B; B0V	HD164816; O9.5IV	Chini 2; O5
	BD + 66°1673; O5	Θ_1 Ori C; O6	HD165052; O6V	Chini 3; O6–O8V
	BD + 67°1598; O9	Θ_1 Ori D; B0.5V	HD164933; B0.5V	Chini 18; O9V
			"Herschel" 36; O7	

14.7.8 Die bekanntesten HII-Regionen

Einige wenige große und helle HII-Regionen sind allgemein bekannt. Sie zählen ohne Zweifel zu den schönsten Objekten des Himmels. Dies gilt nicht nur für die photographische Wiedergabe dieser Objekte, sondern auch ganz entschieden für die visuelle Beobachtung am Fernrohr.

Der bekannteste galaktische Nebel ist der große Orion-Nebel M42/M43. Abbildungen von ihm sind fast in jedem astronomischen Buch zu finden, deshalb verzichten wir auf die Wiedergabe einer solchen. Er wird von dem Trapez Θ_1 Ori, angeregt, welches aus vier frühen Sternen mit den Spektraltypen 07, BO V, 06 und B0.5 V besteht. In dieser Reihenfolge werden sie als Θ_1 Ori A, Θ_1 Ori B, Θ_1 Ori C und Θ_1 Ori D bezeichnet.

Der Orion-Nebel ist aus mehreren Gründen ein so prächtiges Objekt: Zunächst sorgen die beiden O-Sterne des Trapezes für einen großen Fluß von Lyman-Kontinuums-Photonen. Sodann ist die interstellare Extinktion vor dem Orion-Nebel verschwindend gering. Auch die mit dem Orion-Nebel assoziierte Molekülwolke kann nichts zur Extinktion des Nebel-Lichts beitragen, da sie hinter dem Nebel liegt, und schließlich steht uns der Orion-Nebel mit einer Entfernung von zirka 500 pc sehr nahe.

Infrarot-Aufnahmen der Trapez-Region lassen um das Trapez herum einen stark verfärbten Sternhaufen erkennen, der aber *hinter* dem Trapez in der schon erwähnten Molekülwolke liegt. Diese beherbergt auch das berühmte Becklin-Neugebauer-Objekt. Dieses und weitere Infrarotquellen sind sehr junge Sterne, die noch so tief im Staub eingebettet sind, daß sie im Optischen nicht gesehen werden können.

Der Nordamerika-Nebel und der benachbarte Pelikan-Nebel bilden einen zusammenhängenden Komplex, wie aus radioastronomischen Beobachtungen hervorgeht. Beide zusammen sind mit der Radiokontinuumsquelle W 80 identisch. Die Gasdichte im Nordamerika-Nebel ist mit 20 cm^{-3} außergewöhnlich niedrig, was für ein spätes Entwicklungsstadium spricht. Dennoch ist der Nordamerika-Nebel mit sehr dichten Dunkelwolken assoziiert, die auch für die Trennung zwischen ihm und dem Pelikan-Nebel verantwortlich sind. Bisher ist noch nicht eindeutig geklärt, welcher Stern für die Anregung des Nebels zuständig ist. Somit ist auch seine Entfernung nicht zuverlässig bekannt. Abbildungen des Nordamerika- und des Pelikan-Nebels sind im Atlas Galaktischer Nebel, Band II zu finden.

Der Trifid-Nebel (= M20) ist charakterisiert durch dichte Staubfilamente, die ihn in drei Teile – daher der Name! – teilen (s. Abb. 17). In seinem Zentrum sorgt ein O7-Hauptreihenstern für die nötigen UV-Photonen. Die Nebel-Materie erstreckt sich wesentlich weiter als der auf der Rotaufnahme sichtbare ionisierte Bereich; außerhalb von ihm zeigen Blau-Aufnahmen schwächere Nebelpartien, die nur noch im reflektierten Sternlicht leuchten.

Der Lagunen-Nebel (= M8) beherbergt drei O-Sterne und mehrere frühe B-Sterne. In seinem hellsten Teil ist der „Stundenglas-Nebel" zu finden, dessen Form an einen „Bipolaren Nebel" erinnert (s. Abschnitt 14.13). Unmittelbar neben ihm befindet sich der O7-Stern „Herschel 36". M8 ist besonders reich an deutlich ausgeprägten „Bright Rims" wie auch an kleinen Dunkelwolken, die sich auf den hellsten Teil des Nebels projizieren.

Der Omega-Nebel (= M17) steht am Rande einer riesigen Molekülwolke. Die meisten seiner UV-Photonen bezieht er von einem aus zwei O4-Sternen bestehenden Doppelstern. Dieser und weitere O- und frühe B-Sterne befinden sich in der markanten Dunkelwolke am westlichen Rand von M17. Der hellere Teil von M17 bildet einen Balken, der ungefähr in Richtung SO–NW verläuft. Nach Osten hin schließen sich schwache, ausgedehnte Nebelfilamente an. Merkwürdigerweise sind in M17 keine „Bright Rims" und auch keine kleinen, eingelagerten Dunkelwolken zu erkennen, wie sie in anderen HII-Regionen vergleichbarer Größe üblich sind.

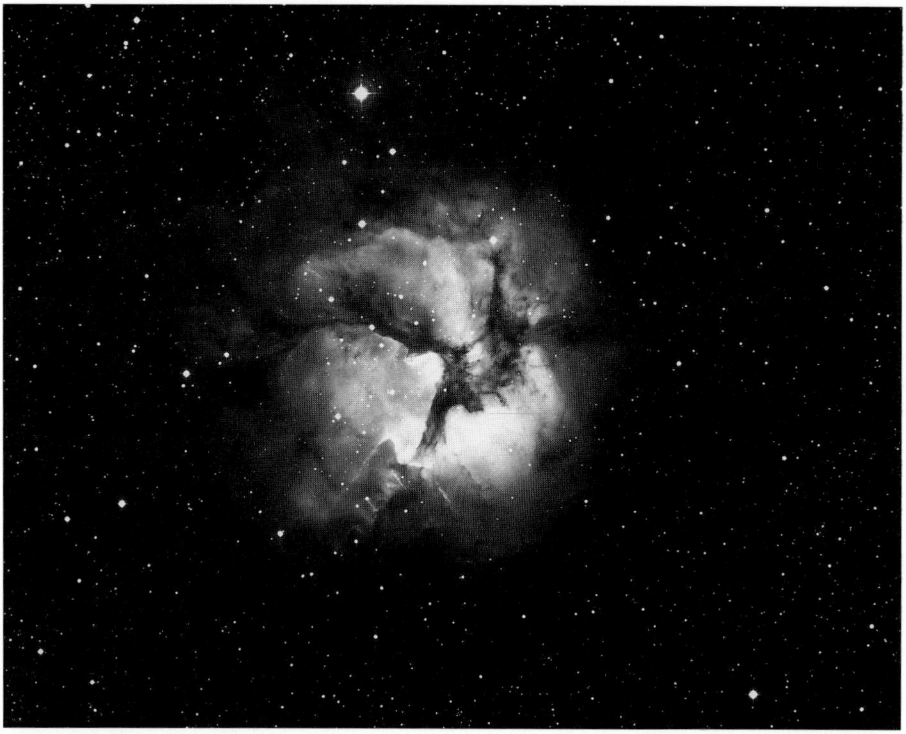

Abb. 17. Der Trifid-Nebel ist eine der hellsten und schönsten HII-Regionen in der Milchstraße. Aufnahme mit dem 2,2-m-Teleskop des Max-Planck-Institutes für Astronomie, La Silla, Chile (Neckel)

Der Adler-Nebel (= M16) umgibt den jungen Sternhaufen NGC 6611. Er ist reich an eindrucksvollen „Bright Rims" und kleinen, völlig undurchsichtigen Dunkelwölkchen.

Alle diese HII-Regionen sind von der nördlichen Hemisphäre aus sichtbar und sind selbst in kleinen Fernrohren dankbare Objekte. In der südlichen Milchstraße kommt als schönster Nebel der Eta-Carinae-Nebel hinzu. Reproduktionen von allen hier genannten, aber nicht abgebildeten Nebeln sind im Atlas Galatischer Nebel (s. Abschnitt 14.4) zu finden.

14.8 Reflexionsnebel

Reflexionsnebel werden von Sternen mit Spektraltypen ab B2 beleuchtet. Diese Sterne emittieren nicht genügend viele UV-Photonen, um den Wasserstoff in ihrer Umgebung merklich ionisieren zu können. Nebel um B1.5-Sterne stehen genau auf der Grenze zwischen HII-Regionen und Reflexionsnebeln: Das Licht solcher Nebel, die von B1.5-Sternen ionisiert und beleuchtet werden, besteht etwa zu gleichen Teilen aus Emissionslinien und gestreutem Kontinuum.

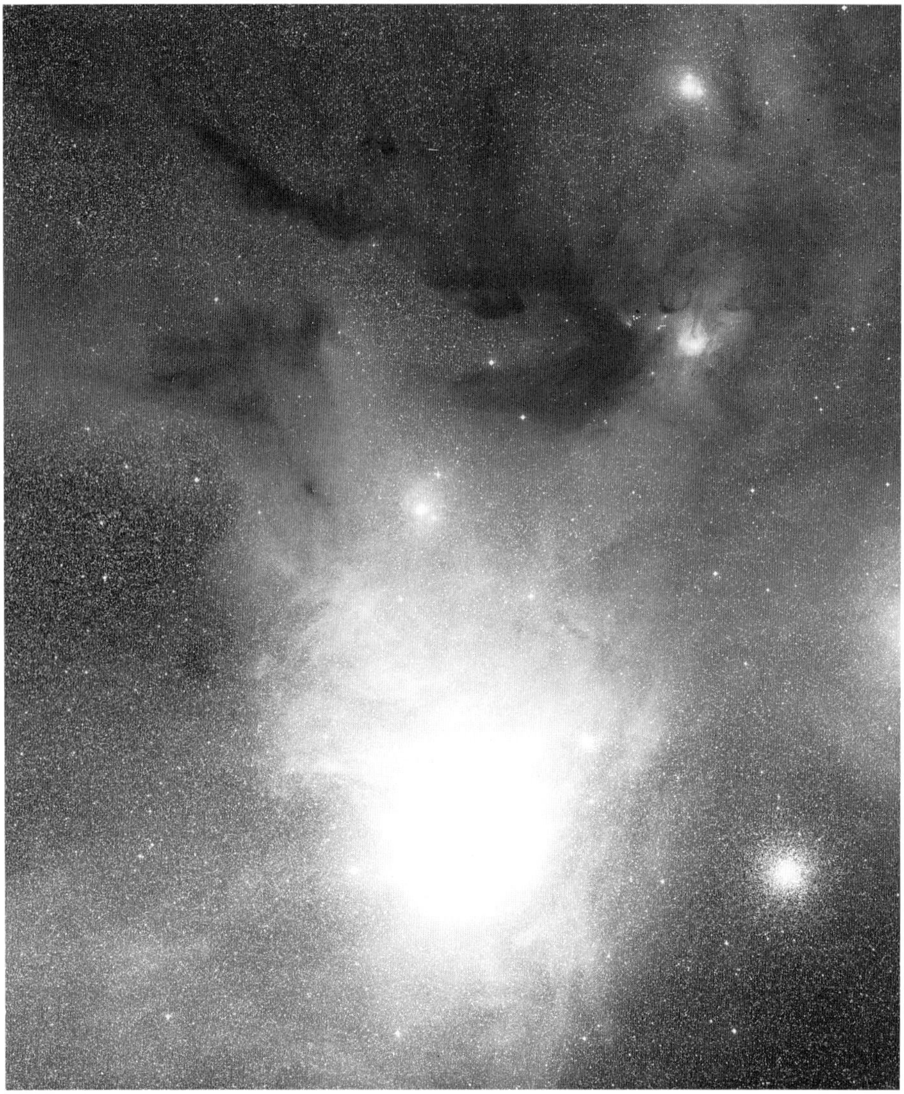

Abb. 18. Reflexionsnebel und Dunkelwolken um Antares. Mit den Kugelhaufen M4 = NGC 6121 (westlich von Antares) und NGC6144 (nordwestlich von Antares). (Aus Palomar Observatory Sky Survey. © 1960 National Geographic Society, mit Genehmigung des California Institute of Technology)

Logischerweise werden die hellsten Sterne auch die hellsten Reflexionsnebel erzeugen. In der Tat sind viele beleuchtende Sterne von Reflexionsnebeln B-Sterne oder späte Riesen, wie zum Beispiel Antares.

Weil fast alle Sterne, die Reflexionsnebel beleuchten, von wesentlich geringerer Leuchtkraft sind als die anregenden Sterne von HII-Regionen, sind die meisten Reflexionsnebel viel unscheinbarer als HII-Regionen. Zu den wenigen Ausnahmen

Abb. 19. Der Reflexionsnebel VdB125 (GN 19.23.7). In der Mitte dieses strukturarmen Nebels steht der ihn beleuchtende F0-Stern HD182830. (Aus dem Palomar Observatory Sky Survey. © 1960 National Geographic Society, mit Genehmigung des California Institute of Technology)

zählen die Nebel um Antares und ϱ Ophiuchi (s. Abb. 18) und die Nebel in den Plejaden. Im Falle von Antares treffen zwei günstige Umstände zusammen, die die große Helligkeit seines Reflexionsnebels erklären: Antares ist ein Überriese, und außerdem steht er nur etwa 160 pc von uns entfernt.

Fast alle Reflexionsnebel sind sehr eintönig im Vergleich zu HII-Regionen und ohne jede Struktur, wie zum Beispiel der Nebel VdB 125 (s. Abb. 19). Diese Strukturarmut ist zum Teil darauf zurückzuführen, daß die Intensität des gestreuten Lichts direkt proportional zur Dichte des streuenden Mediums ist, während die Intensität der Linienstrahlung von HII-Regionen proportional zum *Quadrat* der Gasdichte ist.

Die Identifikation der beleuchtenden Sterne von Reflexionsnebeln ist meistens einfach. In fast allen Nebeln ist ein heller Stern so offensichtlich mit dem Nebel assoziiert, daß nur er als Lichtquelle für den Nebel in Frage zu kommen scheint. Eine solche Vermutung läßt sich leicht überprüfen: Ist das Spektrum des Nebels mit dem des Sterns identisch, so ist kaum daran zu zweifeln, daß dieser Stern tatsächlich den Nebel beleuchtet. Ein weiteres Indiz ist die Farbe des Nebels, die stets etwas blauer als die des anregenden Sterns ist. So ist zum Beispiel Antares leicht als Lichtquelle des ihn umgebenden Nebels zu erkennen, da beide sehr rot sind, wobei der Nebel aber nicht ganz so rot ist wie Antares selbst.

Schließlich sei noch ein recht aufwendiges Beobachtungsverfahren erwähnt, welches auch der Identifikation beleuchtender Sterne von Reflexionsnebeln dienen kann. An Staub gestreutes Licht ist im allgemeinen sehr stark linear polarisiert, wobei die Schwingungsrichtung des elektrischen Vektors an jeder Stelle eines Nebels senkrecht auf der Verbindungslinie zum beleuchtenden Stern steht. Daher zeigen Reflexionsnebel ein typisches „centrosymmetrisches Polarisationsmuster", mit dessen Hilfe der beleuchtende Stern leicht lokalisiert werden kann. Dieses Verfahren ist besonders dann von Interesse, wenn der beleuchtende Stern im Visuellen nicht sichtbar ist, wie häufig im Falle bipolarer oder kometarischer Reflexionsnebel (s. Abschnitt 14.13). Das charakteristische Strukturelement dieser Nebel ist eine äquatoriale Staubscheibe, die das in der Äquatorebene ausgesendete Sternlicht vollständig absorbiert, in Polrichtung aber weitgehend lichtdurchlässig ist. Verläuft die Blickrichtung in der Ebene einer solchen Staubscheibe, so wird sie den in ihrem Zentrum befindlichen Zentralstern verdecken, nicht aber die Nebelteile in Richtung der Polachse.

Die scheinbaren Helligkeiten m_{pg} der beleuchtenden Sterne der meisten Reflexionsnebel stehen in einem einfachen Zusammenhang zu den scheinbaren Durchmessern a der Nebel:

$$m_{pg} = 11 - 4{,}9 \log a\,, \tag{11}$$

wobei a in Bogensekunden einzusetzen ist. Diese Beziehung kann auch zur Identifizierung der beleuchtenden Sterne verwendet werden. Sie muß natürlich dann versagen, wenn die Sterne in Richtung auf den Beobachter hin einer starken Extinktion unterworfen sind, wie meist bei den bipolaren Nebeln.

Ebenso wie die HII-Regionen markieren auch die Reflexionsnebel Gegenden in unserem Milchstraßensystem, wo vor kurzem neue Sterne entstanden sind. Da sie aber nur in vergleichsweise geringen Entfernungen von der Sonne beobachtet werden können, sind sie für Fragen der galaktischen Struktur von untergeordneter Bedeutung.

14.9 Die Hagenschen Wolken

Bei galaktischen Breiten $|b| > 20°$ sind weite Teile des Himmels mit lichtschwachem Nebel überzogen, der nur an wenigen Stellen markante Formen erkennen läßt. Ein Beispiel für einen solchen Nebelkomplex bei hohen galaktischen Breiten ist in Abbildung 20 wiedergegeben.

Diese Nebel sind bereits vor Einführung der Photographie in die Astronomie unter der Bezeichnung „Hagensche Wolken" bekannt gewesen. Zitieren wir hierzu W. Becker aus dem Buch „Sterne und Sternsysteme":

„... bei den Hagenschen Wolken stößt bereits die reine Beobachtung auf Hindernisse prinzipieller Natur, denn es handelt sich hier um Objekte, die so lichtschwach sind, daß sie nur der empfindlichsten Methode, nämlich der visuellen, zugänglich geworden sind und auch dort dem Schwellenwert meist nicht fern liegen".

Auf den ersten Blick erscheint es kaum glaubhaft, daß diese lichtschwächsten aller galaktischen Nebel auch visuell beobachtbar sind.

Auf der Rot-Kopie des POSS erscheinen die Hagenschen Wolken durchweg ebenso hell wie auf der Blau-Aufnahme. Sie sind röter als typische Reflexionsnebel, dennoch kann es sich nicht um HII-Regionen handeln, da derart lichtschwache HII-Regionen im Blauen völlig unsichtbar wären. Im Gegensatz zu normalen HII-Regionen oder Reflexionsnebeln gibt es im Falle der Hagenschen Wolke keine Sterne, die sich mehr oder weniger eindeutig als anregende oder beleuchtende Sterne anbieten.

Abb. 20. Schwacher Reflexionsnebel bei hohen galaktischen Breiten. Solche Nebel werden nicht von individuellen Sternen sondern von der Milchstraße beleuchtet. Der Nebel Nr. 471 aus dem Katalog heller Nebel von B. Lynds ist ein typischer Nebel dieser Art. (Aus dem Palomar Observatory Sky Survey. © 1960 National Geographic Society, mit Genehmigung des California Institute of Technology)

Die Annahme jedoch, daß die Hagenschen Wolken das integrale Licht der Milchstraße reflektieren, wird allen Beobachtungsfakten gerecht. Daß sie röter sind als „normale" Reflexionsnebel, beruht offensichtlich darauf, daß letztere in den meisten Fällen von blauen Sternen, nämlich solchen vom Spektraltyp B beleuchtet werden. Die integrale Farbe der Milchstraße gleicht dagegen der eines K-Sternes. Die seltenen

Reflexionsnebel, die von individuellen K-Sternen beleuchtet werden, haben ebenso wie die Hagenschen Wolken ähnliche Helligkeitsunterschiede auf der Rot- und auf der Blau-Aufnahme des POSS.

Trotz der großen scheinbaren Ausdehnung der meisten Hagenschen Wolken scheinen viele Galaxien durch sie hindurch, ohne auch nur merklich gerötet zu sein. Daran erkennen wir, daß die Materiedichte in den Hagenschen Wolken außerordentlich niedrig ist.

Nachdem es viele Jahre still geworden war um die Hagenschen Wolken, sind sie jüngst vom IRAS-Satelliten wiederentdeckt worden. Allerdings werden sie jetzt anders bezeichnet, nämlich als „galaktischer Cirrus". Fürwahr eine merkwürdige Einsicht: Die mit modernstem technischen Aufwand gerade „entdeckten" Strukturen unseres Milchstraßensystems waren schon den visuell beobachtenden Astronomen vor Erfindung der astronomisch nutzbaren Photoplatte bekannt.

14.10 Supernova-Überreste

Die Entwicklung eines massereichen Sterns ($M > 1{,}4\ M_\odot$) kann durch eine Supernova-Explosion beendet werden. Der größte Teil seiner Materie wird dabei abgestoßen und bildet in der Folgezeit eine ständig expandierende Hülle, den sogenannten Supernova-Überrest (Supernova remnant).

Zurück bleibt im Innern des Supernova-Überrests ein Neutronenstern, der als „Pulsar" in Erscheinung treten kann. So sendet der Pulsar PN 0532 im Zentrum des Krebs-Nebels in jeder Sekunde etwa 30 „Pulse" aus, die sowohl im Optischen beob-

Abb. 21. Der Krebsnebel (M1) ist der bekannteste Supernova-Überrest. Aufnahme: 2,2-m-Teleskop, Calar Alto (Thiele)

achtet als auch im Röntgen- und im Radiowellen-Bereich nachgewiesen werden können.

Die Zahl der optisch beobachtbaren Supernova-Überreste ist klein. Bisher wurden 29 Nebel, die meisten von S. Van den Bergh, als Supernova-Überreste identifiziert. Viele von ihnen sind unscheinbar und können nur mit langbelichteten Hα-Aufnahmen nachgewiesen werden. Die bekanntesten Supernova-Überreste sind der Krebsnebel (M1 = NGC 1952), der Cirrus-Nebel im Schwan, IC 443, der Vela-Supernova-Überrest und Shajn 147.

Der Krebsnebel (Abb. 21) besteht aus einem amorphen Kern, umgeben von bizarren Filamenten. Das Licht des Kerns ist Synchrotronstrahlung, die bei der Bewegung relativistischer Elektronen in einem Magnetfeld emittiert wird. Ihr kurzwelliger Anteil (mit Wellenlängen unterhalb der Lyman-Kontinuums-Grenze) ist vermutlich die Quelle der Ionisation der äußeren Filamente.

In allen anderen bekannten Supernova-Überresten entsteht die beobachtete Linien-Strahlung zwar auch durch Rekombination oder Stoßanregung verbotener Linien, aber ihre Energiequelle ist die Kollisionsenergie, die bei dem Zusammenstoß des expandierenden Supernova-Überrests mit der umgebenden interstellaren Materie frei wird.

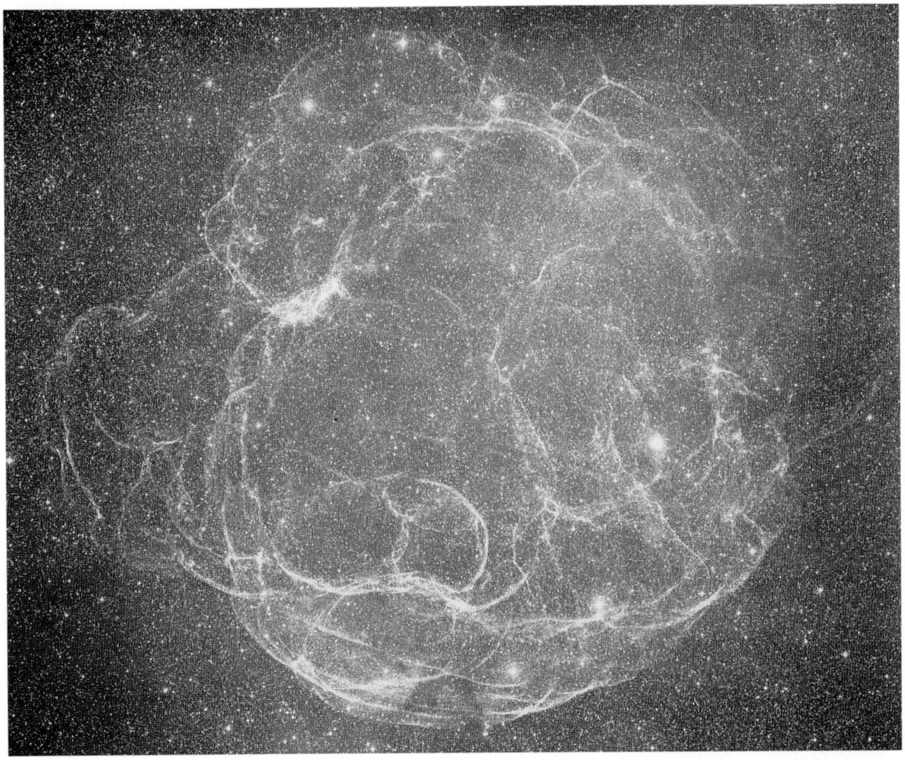

Abb. 22. Der Supernova-Überrest Shajn 147. Dieser Supernova-Überrest wurde 1952 von Shajn und Hase am Krim Observatorium entdeckt. Rot-Aufnahme mit dem Schmidt-Teleskop auf dem Mt. Palomar

Der Vela-Supernova-Überrest, mit dem Vela-Pulsar in seinem Zentrum, besteht aus einer Vielzahl bizarrer Filamente, ebenso wie Shajn 147 (Abb. 22).

Eine Supernova-Explosion steht am Ende der Entwicklung eines Sterns, wenn die leichteren Elemente, H, He und so weiter bereits weitgehend durch Kernprozesse zu schwereren Elementen umgewandelt sind. Bei der Supernova-Explosion selbst können weitere schwere Elemente entstehen. Da der größte Teil der stellaren Materie als Supernova-Überrest an die umgebende interstellare Materie abgegeben wird, wird diese als Folge von Supernova-Explosionen mit schweren Elementen angereichert. (Lieber Leser: Das Gold Deiner Zähne ist in einer Supernova-Explosion entstanden!!)

14.11 Planetarische Nebel

Bei visuellen Beobachtungen am Fernrohr erscheinen manche der helleren Planetarischen Nebel als grünliche Scheibchen, ähnlich wie die Planeten Uranus und Neptun. Diesem Umstand verdanken sie ihre Bezeichnung als Planetarische Nebel. Andere Planetarische Nebel sind ringförmig, wie der Ringnebel in der Leier (= M57 = NGC 6720), der schon leicht mit einem kleinen Fernrohr zwischen den Sternen β und γ Lyrae gefunden werden kann.

Etliche Planetarische Nebel haben ausgesprochen bipolare Symmetrie. Ein typisches Beispiel hierfür ist NGC 6302 (s. Abb. 23), der eine verblüffende Ähnlichkeit mit S 106 aufweist, dem Prototyp der visuell beobachtbaren bipolaren Nebel, die aber ein Anfangs-Stadium der Sternentwicklung (s. Abschnitt 14.13) kennzeichnen.

Die kleinsten Planetarischen Nebel sind auf photographischen Himmelsaufnahmen nicht von Sternen zu unterscheiden. Sie wurden auf Objektivprismen-Aufnahmen identifiziert. Die meisten der bisher bekannten (ca. 1200) Planetarischen Nebel sind im Katalog galaktischer Planetarischer Nebel von Perek und Kohoutek aufgeführt (1034 Objekte).

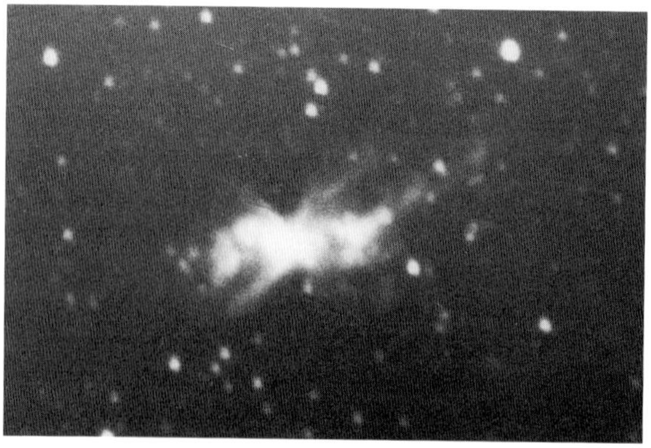

Abb. 23. Der bipolare Nebel NGC6302 wird meistens als Planetarischer Nebel angesehen. Aufnahme: 1,2-m-Teleskop, Calar Alto (Birkle)

Die Spektren der Planetarischen Nebel sind denen von HII-Regionen ähnlich, unterscheiden sich aber von ihnen in den meisten Fällen durch eine höhere Anregung. Das heißt, sie enthalten starke Linien von Ionen, zu deren Ionisation eine energiereichere Strahlung erforderlich ist, als sie den meisten HII-Regionen zur Verfügung steht. Typisch für das Spektrum eines Planetarischen Nebels sind intensive Linien von He II, dem einfach ionisierten Helium. Darunter ist die Linie bei 4686 Å am bekanntesten, die in den meisten Spektren von HII-Regionen völlig abwesend ist. Charakteristisch ist ferner die große Intensität der [OIII]-Linien bei 5007 und 4959 Å, den berühmten Nebulium-Linien, denen viele Planetarische Nebel ihre grünliche Farbe verdanken. Sie treten in HII-Regionen zwar auch auf, jedoch in geringerer Intensität. Der Quotient: Intensität der beiden [OIII]-Linien dividiert durch die Intensität der $H\beta$ Linie variiert in den Spektren von HII-Regionen zwischen 0,0 und etwa 5,0, in den Spektren fast aller Planetarischer Nebel ist er größer als 7,0. Jedoch gibt es auch wenige schwach angeregte Planetarische Nebel, die aufgrund ihrer Spektren nicht von HII-Regionen unterschieden werden können.

Die Spektral-Linien in den Spektren der Planetarischen Nebel sind häufig aufgespalten: eine Komponente ist rot-, die andere blau-verschoben. Die Ursache ist eine Expansion: Die uns zugewandte Seite nähert sich uns, die hintere Hälfte entfernt sich von uns.

Im Mittelpunkt eines Planetarischen Nebels finden wir meistens einen blauen, heißen Stern, seinen „Zentralstern“. Fast immer handelt es sich dabei um einen O-Stern, der sich aber von normalen galaktischen O-Sternen durch eine geringere absolute Helligkeit unterscheidet. Zentralsterne von Planetarischen Nebeln besitzen absolute Helligkeiten zwischen 0 und -3 mag, sie sind also etwa 3 mag schwächer als normale O-Sterne. Andererseits sind sie heißer; sie können Effektiv-Temperaturen bis 150 000 K erreichen, während ein galaktischer O5-Stern es nur auf 50 000 K bringt. Diese hohe Temperatur ist die Ursache der hohen Anregung der Planetarischen Nebel, da fast die gesamte Strahlung ihrer Zentralsterne bei Wellenlängen unterhalb der Lyman-Kontinuums-Grenze ($\lambda = 912$ Å) emittiert wird.

Die Expansion der Planetarischen Nebel weist darauf hin, daß sie von ihren Zentralsternen abgestoßene Hüllen sind. Man kann abschätzen, daß die Dichte eines Planetarischen Nebels, die zwischen $10^2\,cm^{-3}$ und $10^4\,cm^{-3}$ liegt, infolge seiner Expansion innerhalb von nur 10 000 Jahren so weit gesunken sein wird, daß wir ihn nicht mehr wahrnehmen können. Ein Planetarischer Nebel ist also in jedem Fall ein vor kurzer Zeit entstandenes Objekt. Nicht so sein Zentralstern: Dies ist ein alter Stern, der seine Entwicklung in das Gebiet der Roten Riesen schon abgeschlossen hat und nun seinem endgültig letzten Zustand als Weißer Zwerg zustrebt.

Das relativ hohe Alter der Zentralsterne Planetarischer Nebel kommt auch in ihrer räumlichen Verteilung zum Ausdruck: An ihrer starken Konzentration zum galaktischen Zentrum erkennt man ihre Zugehörigkeit zur Scheibenpopulation, deren Mitglieder zirka 2 bis 10×10^9 Jahre alt sind.

14.12 Molekül- und Dunkelwolken

14.12.1 Die räumliche Verteilung der interstellaren Extinktion

Wir kehren zurück zur Diskussion des interstellaren Staubs, dessen lichtschwächende und rötende Wirkung wir in Abschnitt 14.2 erörtert hatten. Hier stellen wir die Frage nach seiner räumlichen Verteilung.

Jeder einzelne Stern, von dem wir wissen, welcher Extinktion A_v sein Licht unterworfen ist und in welcher Entfernung r von uns er sich befindet, liefert uns eine Information über die Verteilung des Staubs: Bezeichnen wir mit $a(r, l, b)$ die Extinktion pro Längeneinheit, die außer von der Entfernung r von der Richtung, hier charakterisiert durch die galaktischen Koordinaten l und b, abhängig ist, so ist nämlich $A_v = \int_0^v a(r, l, b)\,\mathrm{d}r$. Zwei Sterne, mit den Extinktionswerten A_{v1} und A_{v2} in den Entfernungen r_1 und r_2, die etwa in derselben Richtung (l, b) stehen, ermöglichen die Aussage: In dem Entfernungsintervall $r_1 < r < r_2$ erfolgt eine Extinktion vom Betrage $A_{v2} - A_{v1}$. Eine praktikable Methode zur Lokalisierung des Staubs besteht darin, für ein bestimmtes Gebiet des Himmels ein Diagramm zu zeichnen, in dem A_v als Ordinate gegen die Entfernung r als Abszisse aufgetragen ist. Oft ist es möglich, durch die Punkte in einem solchen Diagramm eine Kurve hindurchzulegen, die die monotone Zunahme der Extinktion mit zunehmender Entfernung dokumentiert. Die Steilheit dieser Kurve, genauer gesagt: ihr Differentialquotient $\mathrm{d}A/\mathrm{d}r$, gibt als Funktion der Entfernung an, wie groß dort die Extinktion pro Entfernungsintervall ist.

Für viele Gebiete des Himmels kann man brauchbare $A_v(r)$-Diagramme konstruieren. Eingeschränkt ist diese Methode durch Entfernungsfehler ($\Delta r \sim 0{,}25\,r$) und die starke Irregularität der Extinktionsverteilung: A_v ändert sich nicht nur mit zunehmendem r, sondern ist auch sehr stark von der Richtung l, b abhängig. Um dies in Rechnung zu stellen, ist man gezwungen, Extinktions-Entfernungs-Diagramme für möglichst kleine Felder des Himmels zu konstruieren, in denen die Richtungsabhängigkeit der Extinktion näherungsweise vernachlässigt werden kann. Dem ist natürlich durch die beschränkte Zahl von Sternen mit bekannter Extinktion und Entfernung, gegenwärtig etwa 13 000 am ganzen Himmel, eine Grenze gesetzt.

Abbildung 24 zeigt zwei Beispiele für solche Extinktions-Entfernungs-Diagramme. Wir erkennen, daß es weite Bereiche gibt, die frei von jeder Extinktion sind. An anderen Stellen finden wir steile Extinktionsanstiege: Dort befinden sich offensichtlich Staub-Wolken, die somit durch die $A_v(r)$-Diagramme lokalisiert werden.

Aus einer großen Zahl solcher $A_v(r)$-Diagramme wurde die in Abbildung 25 dargestellte Verteilung des Staubs in der Milchstraßenebene konstruiert, deren maximale Reichweite 3 kpc beträgt. Sie zeigt, daß der Staub große Wolkenkomplexe bildet, deren Größe bis etwa 500 pc beträgt. Dazwischen existieren Bereiche von derselben Größenordnung, die fast staubfrei sind. Bei diesen Wolkenkomplexen handelt es sich aber noch keinesfalls um massive Dunkelwolken von der Art des Kohlensacks, die zum Teil schon mit bloßem Auge erkannt werden können. Im Gebiet einer solchen dichten Dunkelwolke zeigt ein $A_v(r)$-Diagramm alleinfalls einen kurzen, steilen Extinktionsanstieg. Danach fehlen die Meßpunkte, da weiter entfernte Sterne wegen der hohen Extinktion zu lichtschwach sind, um beobachtet werden zu können. So ist zum Beispiel in Abbildung 24a bei $r = 160$ pc der Extinktionsanstieg in den näheren

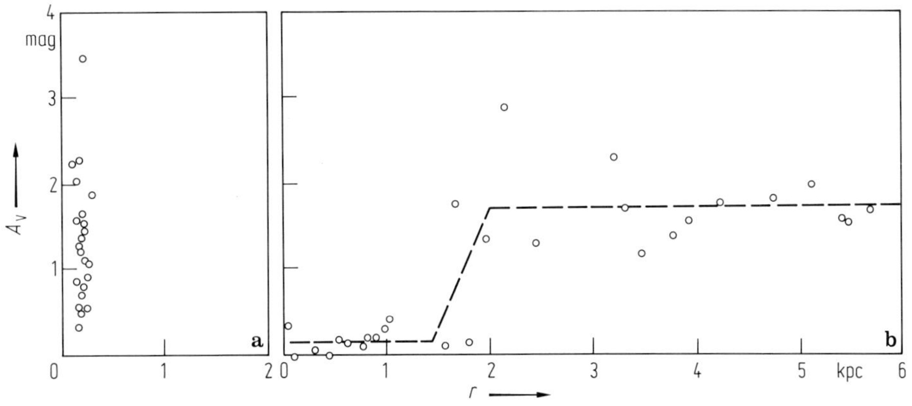

Abb. 24 a, b. Extinktions-Entfernungs-Diagramm für zwei Himmels-Areale. **a** In der Umgebung von ϱ Ophiuchi nimme A_v in einer Entfernung von zirka 200 pc schlagartig auf mehr als 2 mag zu. Für weiter entfernte Sterne liegen keine Daten vor. **b** In einem Feld in Puppis bei $l = 245°$; $b = 0°$ ist die Extinktion bis $r \sim 1{,}5$ kpc sehr klein, eine Wolke zwischen $r = 1{,}5$ kpc und $r = 2$ kpc bewirkt einen Anstieg von A_v auf zirka 1,7 mag

Partien der Ophiuchus-Dunkelwolke deutlich zu erkennen. Über die radiale Ausdehnung der Ophiuchus-Dunkelwolke, wie auch über die Extinktion eines hinter ihr befindlichen Sterns, können wir aufgrund von Abbildung 24 a keine Aussage machen. Mit Hilfe der Sterne bekannter Entfernung und Extinktion können wir also nur Informationen über die Staub-Komponente großer Wolkenkomplexe geringer Dichte gewinnen.

Über ihre Gas-Komponente geben Messungen der Äquivalentbreiten der Absorptionslinie Lyman α (bei $\lambda = 1216$ Å) in den Spektren von bis zu 1000 pc entfernten Sternen Auskunft. Diese Messungen wurden mit dem Satelliten Copernicus gewonnen. Dabei stellte sich heraus, daß die Äquivalenzbreiten von Lyman α zu den Extinktionswerten der beobachteten Sterne annähernd proportional sind. Diese Proportionalität wird jedoch nur in Gegenden beobachtet, wo die Extinktionswerte klein sind. Die in Abbildung 25 gezeigten Extinktionsgebiete enthalten also in ihren weniger dichten Partien den Wasserstoff in atomarer, neutraler Form.

Die Analyse der Farbexzesse liefert bis etwa $r = 1$ kpc annähernd vollständige Ergebnisse, für $r > 1$ kpc fehlen vorzugsweise die Sterne mit den größten A_v, wodurch die Statistik gravierend verfälscht wird. Für $r < 1$ kpc erfolgt im Mittel eine Extinktion von 1,8 mag pro kpc. Die Ausdehnung der Staubwolken senkrecht zur Milchstraßenebene ist bemerkenswert niedrig: in nur 40 pc Abstand von der galaktischen Ebene ist die Staubdichte schon nur noch halb so groß wie in der Ebene.

Die mittlere Gasdichte bis $r = 1$ kpc, der Reichweite des Copernicus-Satelliten, beträgt im Mittel ein H-Atom pro cm^{-3}. Extinktion (bzw. Farbexzess E_{B-V}) und Wasserstoff-Säulendichte sind, wie oben ausgeführt, näherungsweise zueinander proportional. Im Mittel gilt

$$N_H/A_v = 2 \times 10^{21} \text{ H-Atome/(cm}^2\text{ mag)}\,. \tag{12}$$

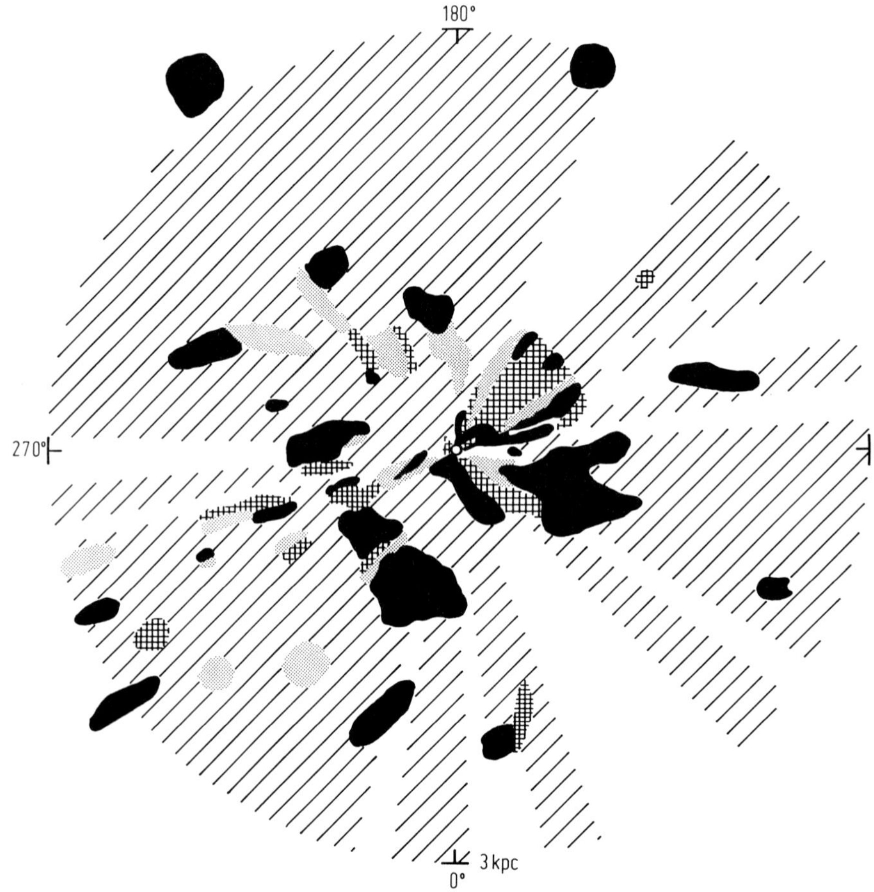

Abb. 25. Verteilung der interstellaren Extinktion bis $r = 3$ kpc, konstruiert aus Extinktionswerten und Entfernungen individueller Sterne. In den weißen Gebieten liegen keine ausreichenden Daten vor. Die Zahlen am Bildrand sind galaktische Längen, die Sonne steht in der Mitte. Die Extinktion pro kpc beträgt in den schraffierten Bereichen < 1 mag/kpc, in den gepunkteten zwischen 1 mag/kpc und 2 mag/kpc, in den doppelt schraffierten zwischen 2 mag/kpc und 3 mag/kpc und in den schwarzen mehr als 3 mag/kpc. (Nach Neckel und Klare)

In größeren Entfernungen von der Sonne kann der neutrale Wasserstoff nur radioastronomisch durch Beobachtung der 21 cm-Linie nachgewiesen werden. Auf die resultierende Verteilung des neutralen Wasserstoffs im Milchstraßensystem und dessen Interpretation kommen wir im Abschnitt 14.14 zu sprechen.

14.12.2 Entfernungen und totale Extinktion von Dunkelwolken

Die Entfernung einer Dunkelwolke kann man auf indirektem Wege aus der Anzahl der vor ihr befindlichen Vordergrundsterne bestimmen. Zählt man beispielsweise auf dem Palomar-Atlas im Bereich einer Dunkelwolke in einem Kreis von 5′ Durchmesser

50 Sterne, so läßt sich leicht ausrechnen, wie groß das Volumen eines Kegels mit dem Öffnungswinkel 5′ sein muß, um bei gleicher Sterndichte wie in der Sonnenumgebung 50 Sterne bis zur Grenzgröße des POSS enthalten zu können. Dabei muß man voraussetzen, daß die Sterne bis zur Entfernung der Dunkelwolke gleichmäßig verteilt sind. Da fast alle Dunkelwolken, die als solche durch eine Herabsetzung der Sterndichte erkennbar sind, höchstens 2,5 kpc von uns entfernt sind, ist diese Voraussetzung wenigstens näherungsweise erlaubt. Vor weiter entfernten Dunkelwolken befinden sich bereits so viele Vordergrundsterne, daß sie nicht mehr zu einer deutlichen Minderung der scheinbaren Sterndichte Anlaß sind.

Bei der Abzählung der Sterne vor einer Dunkelwolke muß natürlich darauf geachtet werden, daß keine Sterne mitgezählt werden, die hinter der Dunkelwolke stehen. Solche Sterne sind gerötet und können durch Vergleich zweier Aufnahmen in verschiedenen Farben erkannt werden. In Abbildung 26 ist gezeigt, wie für verschiedene Grenzgrößen die Zahl der Sterne vor einem 10′ großen Teil einer Dunkelwolke mit steigender Entfernung zunimmt.

Den Extinktionsbetrag durch eine Dunkelwolke hindurch kann man durch Konstruktion eines „Wolf-Diagramms" (eingeführt 1923 von Max Wolf) ableiten. Dies beruht auf der Bestimmung der Funktion $N(m)$ im Bereicht der Dunkelwolke und außerdem in einem „staubfreien" Vergleichsfeld. $N(m)$ ist die Gesamtzahl der Sterne pro Quadratgrad, die heller als Sterne der scheinbaren Helligkeit m sind. Im Vergleichsfeld ist $N(m)$ nur durch die Zunahme der Sternzahlen mit wachsender Entfernung geprägt (Abb. 27). Im Gebiet der Dunkelwolke verläuft $N(m)$ bei hellen Sternen genauso wie im Vergleichsfeld, solange nämlich noch alle gezählten Sterne vor der Dunkelwolke stehen. Bei einer scheinbaren Helligkeit m_1, bei der die entferntesten Sterne gerade in oder hinter der Dunkelwolke stehen, knickt $N(m)$ nach unten ab. Sobald alle Sterne einer scheinbaren Helligkeit m_2 hinter der Wolke liegen, ist $N(m)$ für $m > m_2$ parallel zur Kurve $N(m)$ des Vergleichsfeldes, aber zu ihr verschoben. Der horizontale Abstand beider $N(m)$-Kurven ist gleich der totalen Extinktion durch die

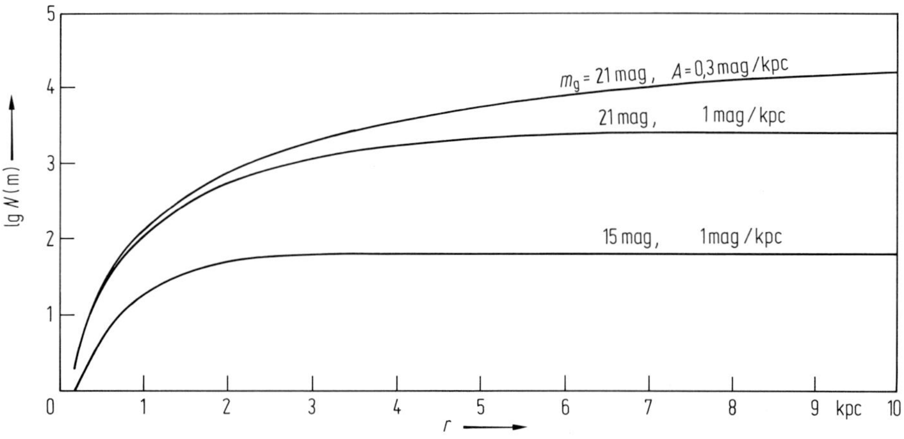

Abb. 26. Zusammenhang zwischen den Sternzahlen vor einer Dunkelwolke in der Entfernung r bis zur Grenzgröße m_g in einem $10' \times 10'$ großen Feld für verschiedene Grenzgrößen und unterschiedlich steile Extinktionsanstiege vor der Dunkelwolke

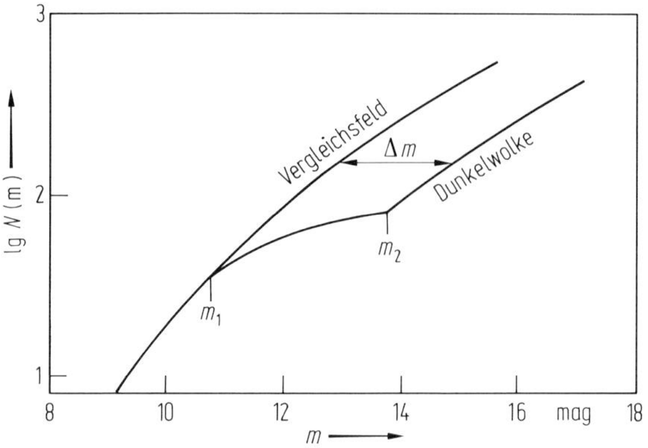

Abb. 27. Schematisches Wolf-Diagramm zur Bestimmung der Gesamt-Extinktion Δm durch eine Dunkelwolke. Aufgetragen ist die Zahl der Sterne bis zur Helligkeit m vor der Dunkelwolke und in einem gleich großen Vergleichsfeld neben der Dunkelwolke

Dunkelwolke. Diese Methode besticht durch ihre Einfachheit, ist aber dennoch nur bedingt brauchbar. Meistens ist die Frage nicht mit Sicherheit zu beantworten, ob das Vergleichsfeld nicht doch teilweise durch die Dunkelwolke in Mitleidenschaft gezogen ist. Und zu weit entfernt von der Dunkelwolke sollte das Vergleichsfeld nicht lokalisiert sein, da sonst die Gefahr realer Dichteunterschiede besteht, die das Resultat der Sternzählungen in Frage stellen würden. Sodann ist wegen der großen Unterschiede der absoluten Helligkeiten von Stern zu Stern der Knick bei m_1, der den Anfang der Dunkelwolke bezeichnet, sehr unscharf definiert.

14.12.3 Moleküle in Dunkelwolken

Messungen der Lyman α-Absorptionslinie wie auch der 21-cm-Linie des neutralen Wasserstoffs zeigen, daß in dichten Wolken ($E_{B-V} > 0{,}3$ mag) kein atomarer, neutraler Wasserstoff vorhanden ist. In diesen Wolken ist das kurzwellige Strahlungsfeld umgebender Sterne schon so weitgehend abgeschirmt, daß es langlebige, einfach aufgebaute Moleküle nicht mehr aufspalten kann. Darüber hinaus fördert der Staub in dichten Wolken die Molekülbildung in direkter Weise: Wasserstoffatome können auf der Oberfläche von Staubteilchen absorbiert werden, sich dort zu H_2-Molekülen vereinigen und sich nach Abgabe der Bindungsenergie an das Staubteilchen wieder von diesem trennen, welches so als Katalysator für die H_2-Bildung wirkt. Dies ist der einzige Mechanismus, der zu einer effizienten Bildung von H_2-Molekülen führen kann; in der Gasphase (ohne Anwesenheit von Staub) können keine H_2-Moleküle entstehen.

Die meisten Emissionslinien der Moleküle entstehen durch Übergänge zwischen ihren verschiedenen Rotationszuständen. Die Wellenlängen liegen im mm- oder cm-Bereich. Die wichtigste CO-Linie beobachten die Radioastronomen bei $\lambda = 2{,}6$ mm, die des NH_3 (Ammoniak) bei 6 cm und jene des OH-Radikals bei 18 cm. Die Anregung des CO-Moleküls erfolgt durch Stöße mit H_2-Molekülen.

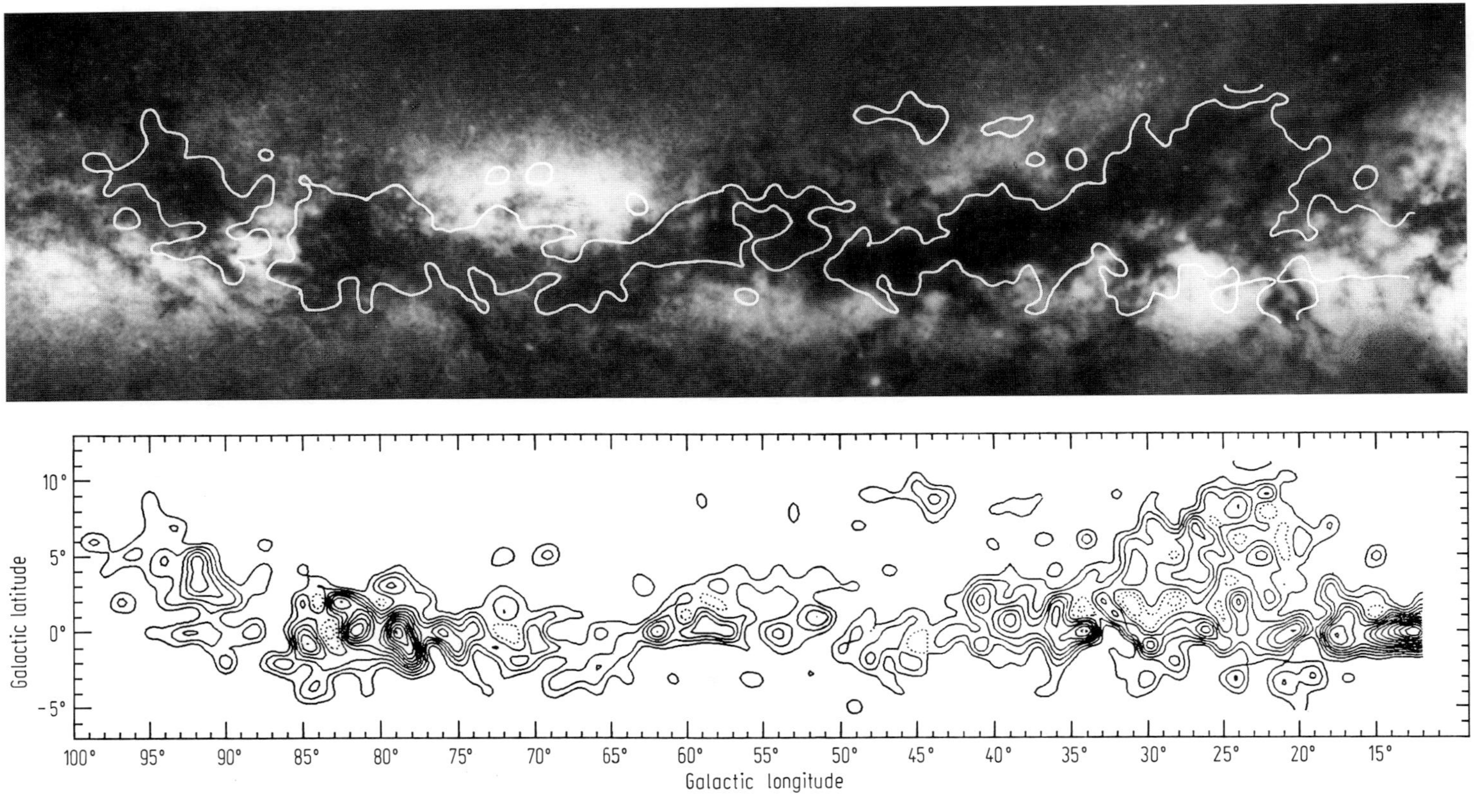

Abb. 28. Vergleich der Verteilung der Dunkelwolken in der Milchstraße und der Emission von CO (Kohlenmonoxid). Ein Mosaik der Milchstraße zwischen Sagittarius und Cassiopeia ist hier einer in derselben Skala gezeichneten Karte der CO-Emission, integriert zwischen -10 und $+34\,\mathrm{km\,s^{-1}}$ gegenübergestellt. (Nach T. M. Dame und P. Thaddeus)

Das H_2-Molekül besitzt leider keine beobachtbaren Spektrallinien. Die Säulendichte $N(H_2)$ (Dimension: Anzahl pro cm^2) der H_2-Moleküle wird aus Messungen des leicht beobachtbaren CO abgeleitet, wozu die Kenntnis des Häufigkeitsverhältnisses zwischen CO- und H_2-Molekülen erforderlich ist. Dieses hat den Wert 2×10^{-5} für das von dem Kohlenstoffisotop ^{12}C gebildete ^{12}CO. Ist die CO-Dichte so hoch, daß die Strahlung des ^{12}CO optisch dicht wird, so kann man aus ihr keine Aussagen über die CO-Dichte mehr gewinnen. Dann ist aber die Strahlung des von dem 40mal selteneren Isotop ^{13}C gebildeten ^{13}CO im allgemeinen noch lange nicht optisch dicht und kann daher statt des ^{12}CO verwendet werden.

Das wichtigste Molekül ist CO, das in sämtlichen Dunkelwolken nachweisbar ist. Von allen Molekülen hat es die größte Lebensdauer gegenüber einer Dissoziation durch den UV-Anteil des ungeschwächten interstellaren Strahlungsfelds und kann daher schon in Dunkelwolken geringer Dichte existieren, während andere Moleküle nur dort überleben können, wo viele Größenklassen Extinktion ausreichenden Schutz vor dem interstellaren Strahlungsfeld gewährleisten. Die gleichartige Verteilung von CO und Dunkelwolken erkennen wir in Abbildung 28. Die Anordnung der Dunkelwolken in der Milchstraßenphotographie ist nahezu in jedem Detail identisch mit der Verteilung der CO-Säulendichte.

Bestimmte Moleküllinien werden nur in sehr dichten Dunkelwolken emittiert. So ist NH_3 immer ein Indiz für mittlere bis hohe Dichten (10^4 cm^{-3}); die Entstehung von CS-Linien erfordert noch höhere Dichten. Unterschiedlich dichte Partien einer Dunkelwolke können so durch Beobachtung verschiedener Moleküle studiert werden.

In den letzten Jahren wurden laufend neue Moleküle im interstellaren Raum entdeckt. Inzwischen sind schon Moleküle gefunden worden, die von 13 Atomen (Cyanodecapentyne) aufgebaut sind. Die meisten Moleküle sind typische organische Moleküle, von denen in früheren Jahren angenommen wurde, daß sie ausschließlich in lebenden Organismen entstehen könnten. Die größte Vielfalt von Molekülen wurde in der Orion-Molekülwolke und in unmittelbarer Nähe des Galaktischen Zentrums (Sgr B2) gefunden.

14.12.4 Molekülwolken

Dunkelwolken können wir nur bis zu Entfernungen von 2 oder höchstens 3 kpc erkennen. Moleküle in Dunkelwolken sind aber bis an das entfernteste Ende unseres Milchstraßensystems ohne Probleme beobachtbar. Die Durchmusterung der ganzen Milchstraße nach CO-Emission konnte daher ein weitgehend vollständiges Bild von der Verteilung sowie den physikalischen Eigenschaften der interstellaren Materie (ISM) erbringen.

Das wichtigste Ergebnis war die Feststellung, daß der größte Teil der ISM in großen Wolken konzentriert ist, den „Riesigen Molekül-Wolken", meist als „Giant Molecular Clouds" (GMC) bezeichnet. Eine typische GMC hat einen Durchmesser von 40 pc. Einzelne Wolken können jedoch viel größer sein: So hat die mit der HII-Region M17 assoziierte Molekül-Wolke eine Längsausdehnung von 170 pc. GMC's können bis etwa 1 Million Sonnenmassen in sich vereinigen, ihre mittlere Masse beträgt etwa 5×10^5 $M_\odot$. Damit sind sie die massereichsten Einzelobjekte in unserem Milchstraßensystem. Sie stellen das größte Reservoir der interstellaren Materie dar und tragen mit etwa 1 % zur Gesamtmasse der Galaxis bei.

Die mittlere Dichte in einer GMC beträgt $n(H_2) \sim 300\,\mathrm{cm}^{-3}$ und ist damit 600mal höher als die mittlere Dichte in den ausgedehnten diffusen Wolken, in denen der Wasserstoff in atomarer, neutraler Form vorliegt und die bei der Analyse der Farbexzesse in Erscheinung treten. An einigen Stellen inmitten einer GMC können Dichtewerte von einigen $10^4\,\mathrm{cm}^{-3}$ auftreten: dies sind die Orte, wo gegenwärtig Sternentstehung möglich ist (siehe nächsten Abschnitt). Die gesamte Extinktion durch eine GMC hindurch kann mehrere 100 mag betragen, so daß uns ihr Inneres im Optischen stets verborgen bleiben wird.

Die Temperatur im Innern einer GMC beträgt in vielen Fällen nur etwa 10 K. Diese niedrige Temperatur stellt sich ein, weil das interstellare Strahlungsfeld schon in den äußeren Schichten einer GMC absorbiert wird. Findet man in einer Molekülwolke Temperaturen, die nur einige Grad höher sind, so ist das bereits ein Hinweis auf interne Wärmequellen, also auf junge Sterne, die gerade in der Wolke entstanden sind.

Die Häufigkeit der GMC's, betrachtet in Abhängigkeit vom Abstand zum galaktischen Zentrum, hat zwischen $R = 4$ kpc und $R = 8$ kpc ein deutlich ausgeprägtes Maximum (Abb. 29). Die Dicke der CO-Schicht ist ähnlich niedrig wie der aus der Analyse der Farbexzesse resultierende Wert für den Staub: Die CO-Dichte ist bei $z = 60$ pc auf die Hälfte ihres Wertes in der galaktischen Ebene gesunken.

Die GMC's sind gravitativ stabil mit einer Lebensdauer von mindestens 3×10^8 Jahren. Dies ist erheblich mehr als die Zeit, die eine GMC benötigen würde, um unter dem Einfluß ihrer eigenen Schwerkraft zu kollabieren (etwa 10^6 Jahre). Der vollstän-

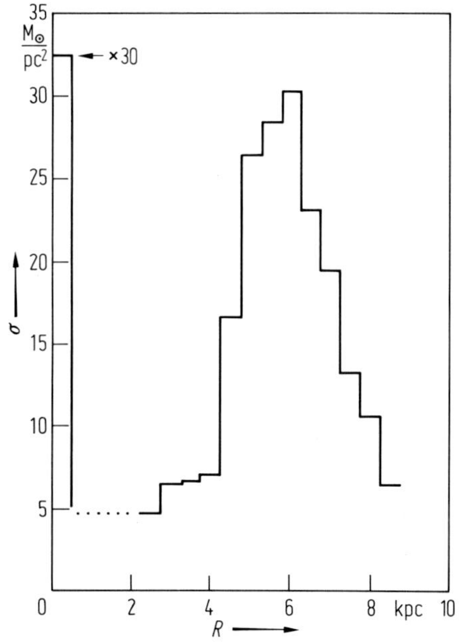

Abb. 29. Der Beitrag der Molekülwolken zur Flächendichte in Abhängigkeit vom Abstand zum galaktischen Zentrum. Der Wert für $R = 0$ ist in Wirklichkeit 30mal größer als eingezeichnet. (Nach P. M. Solomon, D. B. Sanders und N. Z. Scoville)

dige gravitative Kollaps muß also durch irgendwelche Kräfte verhindert werden, unter denen die Rotation der Wolke und turbulente Bewegungen sicher eine wesentliche Rolle spielen. Ferner hat die inhomogene Dichteverteilung in einer GMC zur Folge, daß zunächst an ihren dichtesten Stellen Sternentstehung einsetzt. Bei der Sternentstehung werden aber wieder große Energiemengen in Form von Sternwinden, ionisierender Strahlung und bipolaren Materie-Strömen (s. nächsten Abschnitt) an die Wolke abgegeben, wodurch ihr weiterer Kollaps aufgehalten oder die Wolke sogar völlig aufgelöst wird.

14.12.5 Molekülwolken und Sternentstehung

Fast alle HII-Regionen (80%) sind mit Molekülwolken assoziiert. Die größten Wolken treten in Verbindung mit solchen HII-Regionen auf, in denen besonders viele massereiche O-Sterne entstanden sind oder gegenwärtig entstehen. Andere junge Objekte treten auch ausschließlich in Verbindung mit Dunkelwolken (= Molekülwolken) auf: Reflexionsnebel sind ja nichts anderes als Teile von Dunkelwolken, die von jungen Sternen beleuchtet werden. Oder etwa T-Tauri-Sterne – massearme Sterne, die so jung sind, daß sie noch nicht die Hauptreihe im HR-Diagramm erreicht haben –: auch sie findet man vorzugsweise im Bereich von Dunkelwolken.

Dies alles demonstriert, daß Molekülwolken die Orte sind, wo in unserem Milchstraßensystem heute noch neue Sterne entstehen. Im Grund ist diese Feststellung trivial. Woraus sonst sollten neue Sterne entstehen, wenn nicht aus interstellarer Materie? Und jene Bereiche der ISM, die die größte Dichte aufweisen, kommen natürlich an erster Stelle als Geburtsort für neue Sterne in Frage.

Wesentliche Aspekte der Sternentstehung sind entscheidend von der Größe der Molekülwolken abhängig. Nur massereiche Wolken sind in der Lage, auch massereiche Sterne – also O-Sterne – zu bilden. Diese entstehen überwiegend, wenn nicht immer, dicht unter der Oberfläche der Molekülwolke. So befindet sich der Orion-Nebel an der uns zugewendeten Seite der mit ihm assoziierten Molekülwolke. Dies ist der Grund dafür, daß die Trapezsterne im Orionnebel nahezu unverfärbt sind. In anderen Fällen ist die Projektion derartig, daß wir eine HII-Region gerade am Rande ihrer Molekülwolke sehen; ein klassisches Beispiel dieser Art ist S 140 (Abb. 30). Eine ähnliche Konfiguration ist bei M17 vorhanden. Am West-Rand von M17 beginnt eine der größten Molekülwolken unseres Milchstraßensystem mit einer Ausdehnung von 170 pc! Ihre größte Dichte ist am M17 zugewendeten Rand vorhanden (s. Abb. 31). In dem Übergangsgebiet zwischen der Molekülwolke und der HII-Region werden H_2O-Maser und Infrarotquellen beobachtet: Anzeichen dafür, daß dort gegenwärtig neue Sterne entstehen.

Sobald ein O-Stern die Hauptreihe erreicht hat, beginnt er, seine Umgebung in der Molekülwolke zu ionisieren. Es entsteht eine „kompakte HII-Region", die in manchen Fällen nur radioastronomisch oder im Infraroten beobachtbar sein wird. Die Ionisation dringt dabei laufend tiefer in die Wolke vor. Sobald in einer Richtung die Oberfläche der Molekülwolke erreicht ist, expandiert das ionisierte Gas mit nahezu dreifacher Schallgeschwindigkeit (das sind etwa 30 km/s) in das dünne umgebende Medium hinein. Es entsteht eine sich rasch ausbreitende diffuse HII-Region, die dann auch optisch beobachtbar ist. Die „Ionisationsfronten", Grenzflächen zwischen neu-

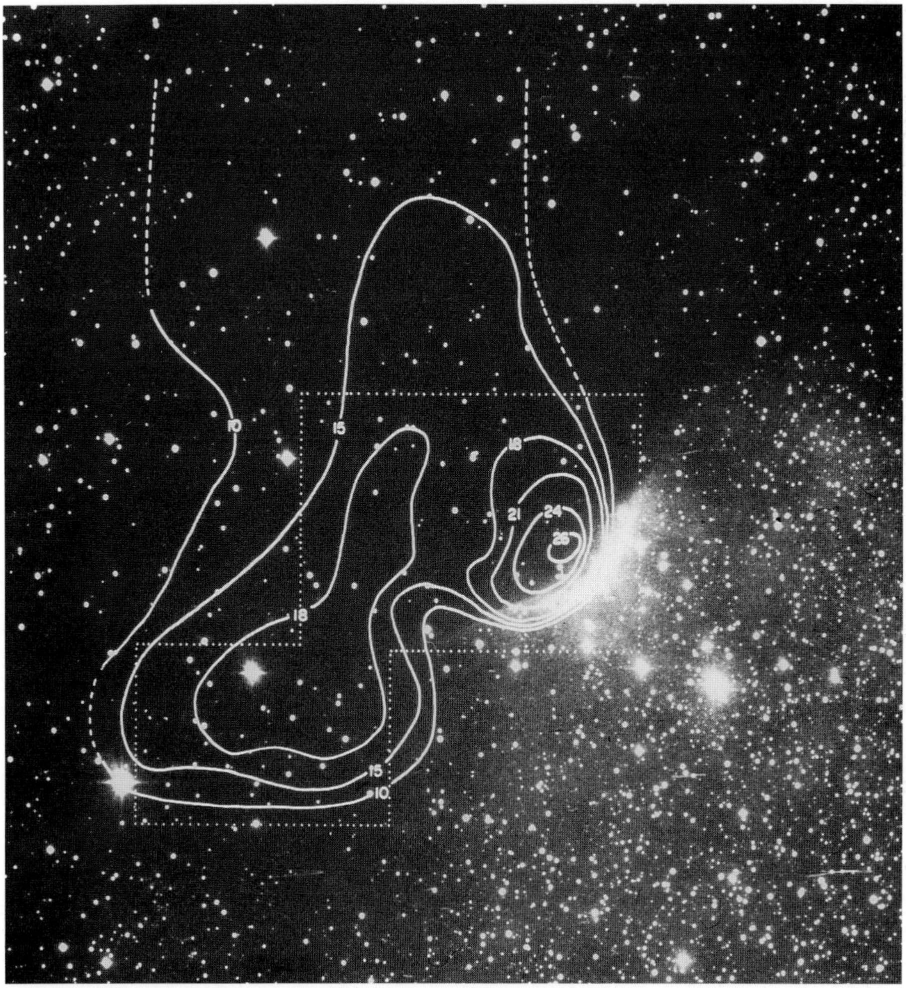

Abb. 30. Die Dunkelwolke L 1204 (Nr. 1204 aus dem Dunkelwolken-Katalog von B. Lynds) mit Linien konstanter CO-Emission. Am südwestlichen Rand der Dunkelwolke steht die HII-Region S 140. (Nach G. N. Blair et al.)

tralen und ionisierten Partien, erscheinen uns als „Bright Rims". Behindern Inhomogenitäten, wie kleine Klumpen dichter, neutraler Materie, die Ausbreitung der ionisierenden Strahlung, so bilden sich, vom anregenden Stern aus betrachtet, hinter denselben neutrale Kanäle, die häufig als „Elefantenrüssel" bezeichnet werden.

In kleinen Molekülwolken geht die Sternentstehung, wenn überhaupt, sehr viel geruhsamer vonstatten. Die bisher masseärmste Wolke, in der ein gerade entstandener Stern nachgewiesen werden konnte, hat nur 20 $M_\odot$. Es ist verständlich, daß in einer solchen Wolke kein 50-$M_\odot$-Stern entstehen kann! Die schwersten Sterne, die in Wolken bis 1000 $M_\odot$ vorkommen, sind späte B-Sterne, Sterne mit Massen um 1 $M_\odot$ sind am häufigsten.

Abb. 31. Die HII-Region M17 wird von zahlreichen jüngst entstandenen O- und B-Sternen angeregt. sie ist am Rand einer der größten Molekülwolken unseres Milchstraßensystems entstanden. Aufnahme: 2,2-m-Teleskop des Max-Planck-Institutes für Astronomie, La Silla, Chile (Neckel)

Im Gegensatz zu den großen Molekülwolken entstehen Sterne in kleinen Wolken offenbar in der Nähe ihrer Zentren. Als typisches Beispiel sei die Bok-Globule L 810 erwähnt. Exakt in ihrem Zentrum, das sowohl durch ein Maximum der NH_3-Strahlung als auch der Temperatur gekennzeichnet ist, befindet sich ein offenbar kürzlich entstandener später B-Stern. Seine Extinktion ist etwa halb so groß wie die aus H_2CO-(Formaldehyd)-Messungen abgeleitete totale Extinktion durch die gesamte Wolke hindurch.

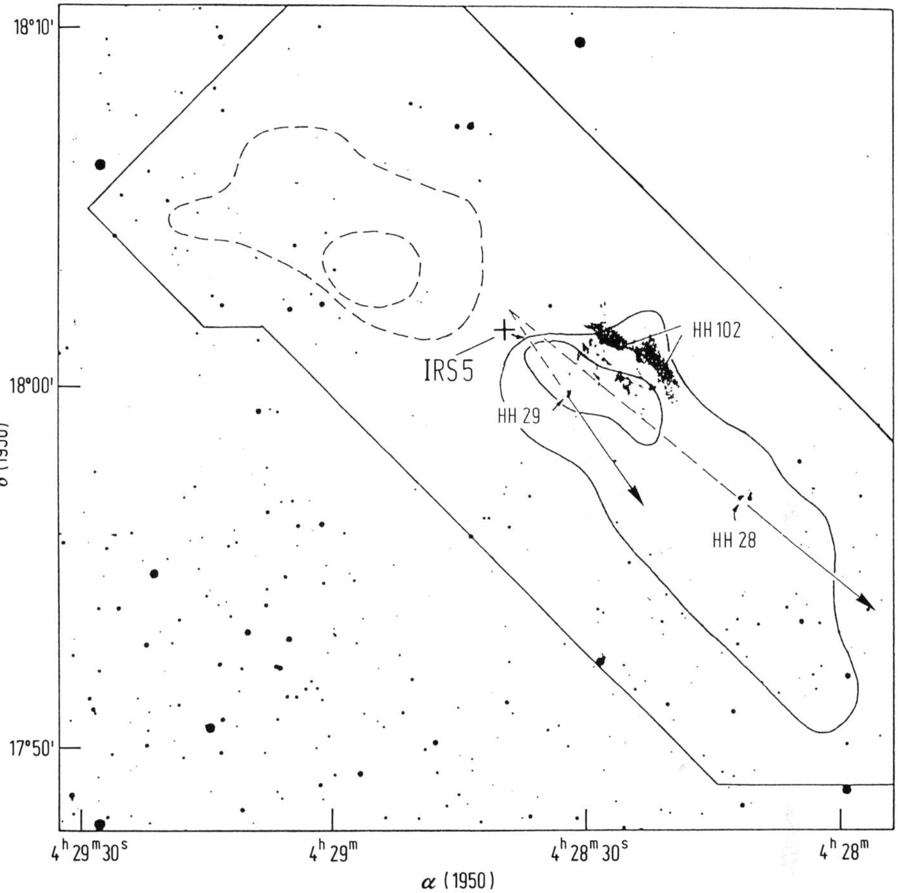

Abb. 32. In der Dunkelwolke L 1551 werden zwei Molekülflüsse beobachtet, die sich von dem Vorhauptreihenstern IRS5 in entgegengesetzte Richtungen fortbewegen. Die durchgezogenen Linien stellen den sich auf uns zu bewegenden CO-Fluß dar, die gestrichelten den sich von uns entfernenden. IRS5 ist wegen hoher Extinktion nur im Infraroten beobachtbar. Die Herbig-Haro-Objekte HH28 und HH29 entfernen sich ebenfalls mit hoher Geschwindigkeit von IRS5 in Richtung der eingezeichneten Pfeile

Das bestuntersuchte Beispiel für Sternentstehung in einer Wolke mittlerer Masse ist L 1551 (s. Abb. 32). Der bekannteste junge Stern in ihr ist „IRS 5". Gegenwärtig ist er ein K-Stern, der sich noch weit oberhalb von der Hauptreihe befindet und daher als Riese zu klassifizieren ist. Sobald er die Hauptreihe erreicht hat, wird er ein sonnenähnlicher Stern sein, denn seine Masse ist etwa 1 bis 2 $M_\odot$ (s. auch Abschnitt 14.13). Außer IRS 5 sind in L 1551 weitere Sterne entstanden, darunter die T-Tauri-Sterne HL Tau und XZ Tau.

14.13 Herbig-Haro-Objekte, bipolare und kometarische Nebel

In vielen Dunkelwolken beobachtet man kleine, fast sternförmige Nebelchen. Sie leuchten im Licht von Emissionslinien, ähnlich wie HII-Regionen. Ihre Spektren sind aber schwächer angeregt, so, wie es für „schockangeregte" Gase typisch ist. Schockanregung erfolgt, wenn Gasmassen mit Relativgeschwindigkeiten von einigen 100 km/s zusammenstoßen und sich dabei stark erhitzen. Während der anschließenden Abkühlphase werden charakteristische Linien emittiert. Die verbotene [OI]-Linie 6300 Å oder die [SII]-Linien 6717 Å und 6731 Å sind im Vergleich zu Hα um vieles stärker als in HII-Regionen. Nach ihren Entdeckern heißen diese Nebelchen „Herbig-Haro-Objekte".

Ein typisches Kennzeichen fast aller Herbig-Haro-Objekte sind ihre hohen Radialgeschwindigkeiten, die in den meisten Fällen negativ sind. Die Herbig-Haro-Objekte bewegen sich also vorzugsweise auf uns zu beziehungsweise aus der Dunkelwolke heraus, auf die sie sich projizieren. Ein HH-Objekt mit positiver Radialgeschwindigkeit würde hinter der mit ihm assoziierten Dunkelwolke stehen und deshalb für uns unsichtbar sein.

Auch in der Dunkelwolke L 1551 (s. Abb. 32) wurden drei HH-Objekte entdeckt, von denen sich zwei, HH 28 und HH 29, als besonders interessant erwiesen. Beide besitzen, wie die meisten HH-Objekte, stark negative Radialgeschwindigkeiten. Darüber hinaus konnten Herbig und Cudworth aber auch zeigen, daß sie ungewöhnlich große Eigenbewegungen aufweisen, wobei – und das sollte sich für das Verständnis der Herbig-Haro-Objekte wie auch des Prozesses der Sternentstehung an sich als von fundamentaler Bedeutung erweisen – ihre Bewegung fast exakt von dem schon im vorigen Abschnitt erwähnten Protostern IRS 5 fort gerichtet ist. Diese Beobachtung spricht dafür, daß der Stern IRS 5 Materie ausgeworfen hat, die nach Kollision mit umgebender ruhender Materie als HH-Objekt sichtbar wird.

CO-Beobachtungen zeigten, daß von IRS 5 zwei entgegengesetzt gerichtete Ströme molekularen Gases ausgehen, wobei die Richtung eines dieser Ströme mit der Richtung der Eigenbewegungen von HH 28 und HH 29 identisch ist (s. Abb. 32). Derjenige der beiden CO-Ströme, in den HH 28 und HH 29 eingebettet sind, besitzt wie HH 28/29 selbst negative Radialgeschwindigkeit.

Auf „tiefen" CCD-Aufnahmen entdeckten Mundt und Fried 1983 einen von IRS 5 ausgehenden, 20 arcsec langen „Jet", ebenfalls ausgerichtet in der bereits bekannten Ausbreitungsrichtung (s. Abb. 33). Dieser Jet besteht aus Materieklumpen, deren Masse etwa eine Mondmasse beträgt. Wie die HH-Objekte besitzen sie schockangeregte Spektren mit Radialgeschwindigkeiten bis zu -200 km/s.

Der IRS 5-Jet bildet die Achse eines Reflexionsnebels, dessen Rand etwa die Form einer Parabel hat, mit IRS 5 an ihrem Scheitel. Ein solcher Nebel wird als „kometarischer Nebel" bezeichnet. Der Prototyp ist NGC 2261, der von R Monocerotis beleuchtete Nebel, der als „Hubbles veränderlicher Nebel" berühmt geworden ist.

Im Bereich des kometarischen Nebels in L 1551 ist die Dichte um mindestens eine Zehnerpotenz niedriger als in der umgebenden Molekülwolke. Dieser Nebel ist also ein Hohlraum inmitten der Dunkelwolke, sein Licht ist an der Grenzfläche zwischen ihm und der Dunkelwolke gestreutes Licht von IRS 5.

Dieser Hohlraum ist wahrscheinlich dadurch entstanden, daß von IRS 5 nicht nur in Jet-Richtung Materie abgestoßen wurde, sondern in den vollen Raumwinkel hin-

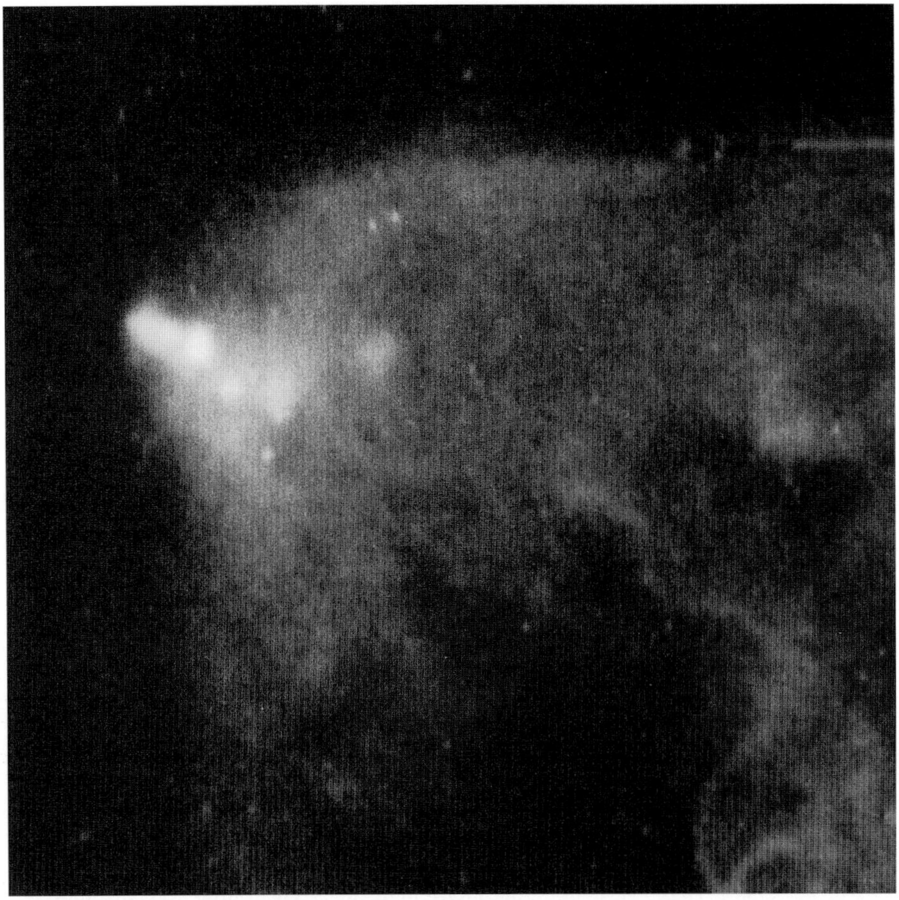

Abb. 33. Der von L 1551–IRS5 ausströmende Jet mit dem ihn umgebenden kometarischen Nebel. Aufnahme: 2,2-m-Teleskop mit CCD-Kamera, Calar Alto (Neckel)

ein, der – von IRS 5 aus betrachtet – von dem kometarischen Nebel eingenommen wird. Dabei hat die ausströmende Materie die ursprünglich in dem jetzigen Hohlraum vorhandene Materie weggeblasen, dabei das umgebende molekulare Gas beschleunigt und so den bipolaren CO-Strom entstehen lassen.

IRS 5 selbst ist im Optischen von mindestens 20 mag Extinktion betroffen. Aber schon in wenigen Bogensekunden Abstand, am Anfang des Jets, ist die Extinktion auf 2 mag gesunken. Am Jet-Ende – von IRS 5 aus betrachtet – ist sie kaum noch nachweisbar. Auch zwischen IRS 5 und dem von ihm beleuchteten kometarischen Nebel ist keine nennenswerte Extinktion vorhanden; das erkennen wir an seiner relativ blauen Farbe.

Diese unterschiedlichen, auf den ersten Blick widersprüchlichen Beobachtungen können wir durch die Annahme deuten, daß um IRS 5 eine dichte Scheibe aus Gas und Staub vorhanden ist, die aber in der Umgebung ihrer Achse weitgehend transparent ist. Die Perspektive, unter der wir auf L 1551 sehen, muß dann so beschaffen sein,

Abb. 34. Der bipolare „Boomerang Nebel“

daß diese Scheibe IRS 5 verdeckt, aber nicht mehr die 3″ entfernten Teile des Jets. Die Existenz solcher scheibenförmigen Staubstrukturen wird in ähnlichen Objekten durch mannigfaltige Beobachtungen nahegelegt.

Im Fall von L 1551 sind die sichtbaren Phänomene nur in dem sich auf uns zu bewegenden Materiestrom nachweisbar. Vermutlich hat der andere Strom, der in das dichte Innere von L 1551 gerichtet ist, ähnliche Objekte entstehen lassen, die uns wegen der hohen Extinktion aber verborgen bleiben.

In zwei ähnlichen Objekten wie L 1551, den von R Monocerotis beziehungsweise PV Cephei beleuchteten kometarischen Nebeln, konnten durch tiefe CCD-Aufnahmen stark gerötete und geschwächte Gegenstücke zu den sichtbaren kometarischen Nebeln nachgewiesen werden. Diese beiden Objekte sind also in Wirklichkeit die Hälften von bipolaren Nebeln, deren beide Teile (die mit dem englischen Wort „Lobes“ bezeichnet werden) für sich die Gestalt kometarischer Nebel besitzen.

Zu den bipolaren Reflexionsnebeln, deren beide Lobes etwa gleich hell sind, gehören LkHα 208 und der Boomerang-Nebel (s. Abb. 34). Auf der Symmetrie-Achse des Boomerang-Nebels wurde auch ein Herbig-Haro-Objekt nachgewiesen, wodurch die enge Verwandtschaft zu den Phänomenen in L 1551 zum Ausdruck kommt.

Der berühmteste bipolare Emissionsnebel ist S 106 (Abb. 35). Sein Zentralstern vom Spektraltyp O9 wurde in der „Dark Lane“ zwischen seinen annähernd symme-

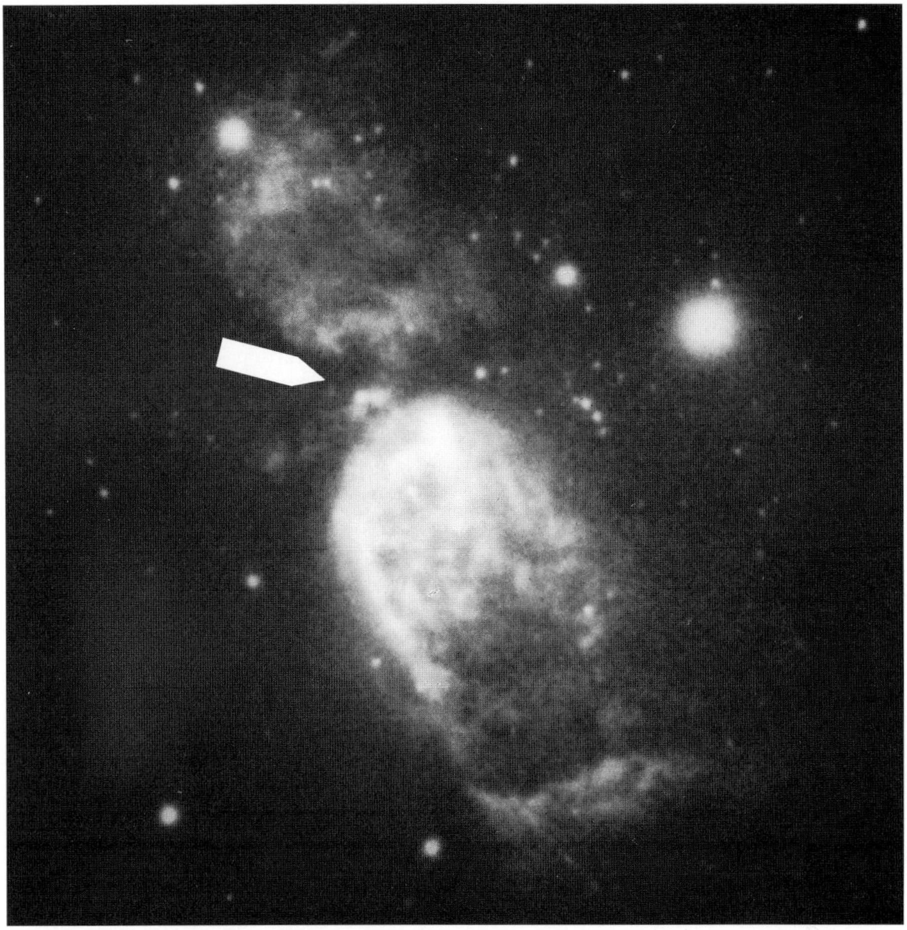

Abb. 35. Der bipolare Nebel S 106. Sein anregender Stern vom Spektraltyp O9 (Pfeil) ist im Visuellen durch 21 mag Extinktion geschwächt, die in der Staubscheibe zwischen den beiden hellen „Lobes“ entsteht. Aufnahme: 3,5-m-Teleskop mit Infrarot-Bildwandler-Kamera, Calar Alto (Birkle)

trischen Lobes auf einer Infrarot-Bildwandler-Aufnahme, gewonnen mit dem 1,2-m-Teleskop auf dem Calar Alto, entdeckt. Im Visuellen ist sein Licht durch zirka 20 mag Extinktion geschwächt. Auch in S 106 ist offenbar eine äquatoriale Staubscheibe vorhanden, die wir annähernd von der Kante „sehen“ und die somit die hohe Extinktion des Zentralsterns verursacht, während sie in Richtung zu den beiden ionisierten Lobes weitgehend transparent ist.

Der hellere der beiden Lobes von S 106 ist ebenfalls hohl wie der kometarische Nebel in L 1551. Auf seiner Mantelfläche strömt die Materie von dem zentralen O-Stern mit etwa 100 km/s fort. Auch S 106 ist in eine Molekülwolke eingebettet, die eine Schwächung der Lobes zwischen 3 mag und 15 mag zur Folge hat.

In den vergangenen Jahren wurden derart viele bipolare CO-Flüsse entdeckt, daß die Vermutung berechtigt ist, jeder Stern durchlaufe bei seiner Entstehung eine Phase, während der erhebliche Materiemengen in Form bipolarer Molekülflüsse von ihm abströmen. Über die Ursache dieses Vorgangs sind sich die Theoretiker noch nicht einig. Die attraktivste Theorie besagt, daß die bipolaren Materieströme auf einer Umwandlung des Drehimpulses der kollabierenden Wolke, aus der sich der Zentralstern gebildet hat, beruhen.

Die Energiemengen, die durch diese Materieströme einer kollabierenden Wolke wieder zugeführt werden, sind beträchtlich und können mit der als Sternstrahlung emittierten Energiemenge vergleichbar sein. Sicher ist dies eine der Ursachen, die die weitere Kontraktion der Wolken aufhalten, so daß nur ein kleiner Prozentsatz ihrer Gesamtmassen (typisch sind 7%) in Sterne umgesetzt werden können.

14.14 Aufbau des Milchstraßensystems

14.14.1 Das galaktische Zentrum

Im Optischen ist uns der Blick auf das Zentrum des Milchstraßensystems durch dichte Wolken interstellaren Staubs verwehrt. Auf dem ganzen Weg von der Erde zum galaktischen Zentrum bewirken sie eine Extinktion von $A_v \approx 27$ mag, entsprechend einer Lichtschwächung um den Faktor $1{,}6 \times 10^{-11}$. Diese hohe Extinktion erfolgt jedoch nur genau in der galaktischen Ebene, weil die interstellare Materie und damit auch der Staub eine außerordentlich dünne Schicht bildet. Schon bei etwa 3° galaktischer Breite verläuft der Sehstrahl in Entfernungen ab 2 kpc weitgehend außerhalb der galaktischen Staubschicht, so daß die äußeren Teile des galaktischen Zentralgebiets direkt als „Große Sagittarius-Wolke" beobachtbar sind.

Die Entfernung zum galaktischen Zentrum selbst ist natürlich nur auf indirektem Wege zu bestimmen, indem man nämlich die räumliche Verteilung solcher Objekte untersucht, die sehr stark zum galaktischen Zentrum hin konzentriert sind. Solche Objekte sind vor allem die Mitglieder der Halo-Population II, die zu einer so frühen Zeit entstanden, als das Milchstraßensystem noch annähernd sphärisch aufgebaut war und sich die galaktische Scheibe noch gar nicht gebildet hatte. Die bestgeeigneten Objekte sind daher Kugelsternhaufen und RR-Lyrae-Sterne.

Die Kugelhaufen häufen sich in der Tat deutlich sichtbar in der Richtung zum Zentrum im Sternbild Sagittarius. Ihren Häufungspunkt im Raume bestimmte erstmals Shapley zu Beginn des 20. Jahrhunderts, nachdem Entfernungen von Kugelhaufen mittels der RR-Lyrae-Sterne in ihnen bestimmt werden konnten. Shapley fand, daß der Schwerpunkt des Systems der Kugelhaufen bei einer Entfernung von 10 kpc liegt.

Einen ähnlichen Wert leitete W. Baade aus der Häufigkeitsverteilung der RR-Lyrae-Sterne in „Baades Fenster" ab. In diesem „Fenster" in der Verteilung der galaktischen Staubwolken bei $l = 0\overset{\circ}{.}9$, $b = -3\overset{\circ}{.}9$ ist die Extinktion so niedrig, daß Baade die RR-Lyrae-Sterne in diesem Feld bis weit jenseits vom galaktischen Zentrum beobachten konnte. Der in diesem Fenster gelegene Kugelhaufen NGC 6522 hat trotz seiner großen Entfernung von 6,5 kpc nur die Extinktion $A_v = 1{,}5$ mag. Baade fand, daß die

76 RR-Lyrae-Sterne in diesem Feld ein ausgeprägtes Häufigkeitsmaximum bei $R_0 \approx 9{,}1$ kpc aufweisen. Obwohl der Sehstrahl in dieser Richtung das Zentrum selbst um 700 pc verfehlt, ist es doch vernünftig, diesen Wert als Entfernung zum galaktischen Zentrum anzusehen. In der Folgezeit wurden weitere Bestimmungen von R_0 durchgeführt, deren Ergebnisse im Bereich zwischen 8,2 kpc und 10 kpc lagen. Der heute glaubwürdigste Wert – von der Internationalen Astronomischen Union (IAU) empfohlen! – ist $R_0 = 8{,}5$ kpc.

Exakt in Richtung zum galaktischen Zentrum ist der Staub aber nur für Radiowellen und Infrarot-Strahlung durchlässig. Im Radio-Kontinuum ist die Gegend um das Zentrum durch die helle Quelle Sgr A dominiert. Sie zerfällt, nachgewiesen durch VLA-Beobachtungen, in vier Komponenten: Sgr A West ist eine thermische Quelle, wie jede normale HII-Region. Weiter wurde eine nicht-thermische Quelle, Sgr A Ost, gefunden. Vermutlich ist dies ein alter Supernova-Überrest. Eingebettet sind beide Quellen in einen Halo von etwa 6′ Durchmesser. Schließlich hebt sich besonders intensiv eine in Sgr A West eingebettete „Punktquelle" ab, deren Durchmesser kleiner als 10 AE ist. Diese „Punktquelle" ist offensichtlich der eigentliche Kern unseres Milchstraßensystems. Ihre Position ist $l = -3\overset{\prime}{.}34$, $b = -2\overset{\prime}{.}75$. Eigentlich sollte sie exakt $l = 0$, $b = 0$ betragen, aber eine so kleine Abweichung rechtfertigt natürlich nicht die Einführung eines neuen galaktischen Koordinaten-Systems.

Diese helle Radioquelle ist auch im nahen und fernen Infrarot ein sehr auffälliges, helles Objekt. Der größte Teil der Strahlung wird vermutlich von heißem Staub emittiert, der durch zahlreiche leuchtkräftige Sterne aufgeheizt wird. Das Volumen bis zum Abstand von 150 pc vom galaktischen Zentrum, entsprechend einem Winkelradius von etwa 1°, erzeugt eine Gesamtleuchtkraft von etwa 10^{10} L_0, die Gesamtmasse innerhalb dieses Volumens wird auf 10^9 $M_\odot$ geschätzt. Mitunter wird spekuliert, daß im Mittelpunkt dieser Region ein „Schwarzes Loch" vorhanden ist, diese Frage ist aber noch nicht geklärt.

Die 21-cm-Strahlung des neutralen Wasserstoffs zeigt, daß eine schnell rotierende Scheibe das galaktische Zentrum umgibt. Sie weist Radialgeschwindigkeiten zwischen − 220 km/s und + 200 km/s auf. Ihr Radius ist etwa 300 pc, ihre Dicke 200 pc. Merkwürdigerweise ist sie 22° gegen die galaktische Ebene geneigt.

Neben dem atomaren Wasserstoff, beobachtet bei 21 cm, ist die galaktische Zentrumsregion reich an Molekülwolken, deren Beschaffenheit von der normaler Molekülwolken stark abweicht. Zunächst ist die Flächenhelligkeit dieser Wolken im Licht der CO-Linien ungewöhnlich hoch. Ursache ist ihre hohe Dichte, die im Durchschnitt bei 10^5 cm^{-3} liegt. Außerdem sind die Temperaturen wesentlich höher als in normalen Molekülwolken. NH_3-Beobachtungen ergaben Temperaturen bis über 100 K. Auch die Geschwindigkeitsdispersion in diesen Molekülwolken ist viel höher als üblich. Beides, hohe Temperatur und hohe Geschwindigkeitsdispersion, gehen vermutlich auf die differentielle galaktische Rotation zurück, die sich in Zentrumsnähe besonders stark auswirkt.

Das Volumen bis $R = 500$ pc enthält etwa 2×10^8 $M_\odot$ an molekularem Wasserstoff, das sind etwa 10 % der Gesamtmenge im ganzen Milchstraßensystem. Natürlich sind alle diese Angaben mit großer Vorsicht zu betrachten, denn stillschweigend sind bei solchen Rechnungen immer gewisse Umrechnungsfaktoren benutzt worden, wie zum Beispiel jener zur Umrechnung von CO-Säulendichten in H_2-Dichten. Diese Beziehungen können in Zentrumsnähe völlig anders beschaffen sein als in Sonnenumgebung. Jedenfalls hat es den Anschein, als würde der Gasgehalt im Bereich des Zentrums nur 1 % der Gesamtmasse betragen, während in Sonnenumgebung ein Wert von einigen 10 % angenommen wird.

Wenn auch der relative Gasgehalt in Zentrumsnähe gering ist, verglichen mit weiter außen liegenden Partien der Milchstraße, so ist die absolute Gasdichte dennoch hoch. Das ist auch der Grund, weshalb wir hier diejenigen Molekülwolken finden, die den größten Reichtum an komplexen Molekülen aufweisen. Den Rekord hält dabei die thermische Radioquelle Sgr B2, bei $l = 0\overset{\circ}{.}67$, $b = -\ 0\overset{\circ}{.}04$ gelegen. Sie übertrifft in dieser Hinsicht sowohl Sgr A als auch die mit dem großen Orion-Nebel assoziierte Molekülwolke.

14.14.2 Sternpopulationen

Die Zunahme der Sterndichte bei Annäherung an den galaktischen Äquator zeigt, daß das Milchstraßensystem stark abgeplattet ist. Jedoch sind unterschiedliche Typen von Objekten verschieden stark zur Milchstraßenebene hin konzentriert und bilden so unterschiedlich stark abgeplattete Untersysteme der Galaxis, die auch durch charakteristische Unterschiede in ihren kinematischen Eigenschaften gekennzeichnet sind. Starke Konzentration zur Milchstraßenebene bedeutet ja nichts anderes, als daß die Bahnen aller Mitglieder einer Gruppe von Objekten stets in der Nähe der galaktischen Ebene verlaufen. Die Geschwindigkeitskomponenten in Richtung senkrecht zur Ebene sind daher stets sehr klein. Die Bahnen selbst sind Kreise, deren gemeinsamer Mittelpunkt das galaktische Zentrum ist.

Demgegenüber bewegen sich solche Objekte, die wenig zur galaktischen Ebene konzentriert sind, auf elliptischen Bahnen, die mehr oder weniger stark zur Ebene des Milchstraßensystems geneigt sind. Ihre Geschwindigkeitskomponenten senkrecht zur Ebene sind deutlich von null verschieden, und ihre Geschwindigkeitskomponenten in Richtung $l = 90°$, $b = 0°$, der Richtung der galaktischen Rotation am Ort der Sonne, sind merklich von der Kreisbahngeschwindigkeit verschieden. Solche Sterne werden als „Schnelläufer" bezeichnet, da sie relativ zu der nahezu mit Kreisbahngeschwindigkeit rotierenden Sonne erhebliche Geschwindigkeiten besitzen.

Die galaktische Konzentration verschiedener Objekte ist mit ihrem Alter korreliert. Die ältesten Objekte unseres Milchstraßensystems sind die Kugelhaufen, die vor mehr als zehn Milliarden Jahren entstanden sind. Ihre Verteilung zeigt keine merkliche Konzentration zur galaktischen Ebene. Am anderen Ende der Zeitskala stehen die erst vor kurzem aus der interstellaren Materie entstandenen OB-Sterne, OB-Assoziationen und junge offene Sternhaufen. Solche Objekte kommen fast ausschließlich in der unmittelbaren Umgebung der galaktischen Ebene vor. Diese großen Unterschiede bezüglich der räumlichen Verteilung verschiedener Sterntypen hat zur Einführung des Begriffs der „Sternpopulationen" geführt. Eine Population vereinigt alle Objekte in sich, die bezüglich ihrer Konzentration zur galaktischen Ebene, ihrer kinematischen Eigenschaften und letzten Endes bezüglich ihres Alters miteinander verwandt sind (der Begriff „Sterngeneration" würde dies besser zum Ausdruck bringen). In Tabelle 4 sind die charakteristischen Merkmale der fünf Populationen aufgeführt, denen die Objekte unseres Milchstraßensystems zugeordnet werden können.

Tabelle 4. Die Sternpopulationen. (Aus: H. Scheffler und H. Elsässer. Bau und Physik der Galaxis. Wissenschaftsverlag Bibliographisches Institut Mannheim, Wien, Zürich 1982, S. 109)

	typische Mitglieder	$\overline{\lvert z\rvert}$	Metallgehalt	Alter
Halo-Population II	Kugelhaufen RR-Lyrae-Sterne mit Perioden $> 0\overset{d}{.}4$	2000 pc	0,01 ... 0,1 %	10^{10} Jahre
Intermediäre Population II	Schnelläufer Langperiodische Veränderliche	700 pc	0,01 ... 0,1 %	10^{10} Jahre
Scheiben-Population	F- bis M-Sterne	400 pc	0,03 ... 0,3 %	$2 \times 10^9 \ldots 10^{10}$ Jahre
Ältere Population I	A-Sterne, F- bis K-Sterne mit „starken" Metallinien	150 pc	0,3 ... 1 %	$5 \times 10^8 \ldots 5 \times 10^9$ Jahre
Extreme Population I	OB-Sterne, Offene Haufen, T-Tauri-Sterne	70 pc	1 %	$< 5 \times 10^8$ Jahre

Diese Einteilung spiegelt sowohl die strukturelle als auch die chemische Entwicklung der Galaxis wider: Zu Beginn war sie annähernd sphärisch symmetrisch und arm an schweren Elementen. Aus dieser Zeit stammen die Kugelhaufen, neben den langperiodischen RR Lyrae-Sternen die typischsten Vertreter der Halopopulation II. Nach und nach plattete sich die interstellare Materie in unserer Galaxis immer mehr ab. Dabei wurde sie laufend mit schweren Elementen angereichert, beispielsweise als Folge von Supernova-Explosionen. Die später entstandenen Sterne sind also in immer kleineren Abständen von der galaktischen Ebene zu finden. Gleichzeitig nehmen die Komponenten ihrer Geschwindigkeiten senkrecht zur galaktischen Ebene ab, und ihr Metallgehalt nimmt kontinuierlich zu. Sterne, die jetzt $5 \cdot 10^8$ bis $5 \cdot 10^{10}$ Jahre alt sind, bauen die galaktische Scheibe auf, den Hauptbestandteil unseres Milchstraßensystems. Die galaktische Scheibe ist im Bereich des Zentrums am dichtesten und dort außerdem auch in Richtung senkrecht zur galaktischen Ebene am weitesten ausgedehnt. Diesen Bereich mit einem Durchmesser von etwa 2 kpc nennen wir das „galaktische Zentralgebiet" oder den „central bulge".

Zu den leuchtkräftigsten Sternen der Scheibe und des „central bulge" zählen Rote Riesen mit starkem Masseverlust. Solche Sterne hat Habing unter den von dem Satelliten IRAS (Infrared Astronomical Satellite) beobachteten Punktquellen identifiziert. Ihre Verteilung an der Sphäre (Abb. 36) läßt die galaktische Scheibe und den central bulge so deutlich erkennen, als wäre sie eine Photographie einer „edge on" gesehenen Galaxie.

Gegenwärtig sind Gas und Staub nur noch in einer etwa 100 pc dicken Schicht in der Mittelebene der galaktischen Scheibe vorhanden. Hier entstehen auch heute noch die Mitglieder der extremen Population II (siehe auch Abschnitt 14.4).

Im Sonnensystem ist der weitaus überwiegende Teil der Gesamtmasse in der Sonne vereinigt. Die Umlaufzeiten der Planeten sind daher nach dem dritten Keplerschen Gesetz allein durch ihre Abstände a von der Sonne gegeben, ihre eigenen Massen

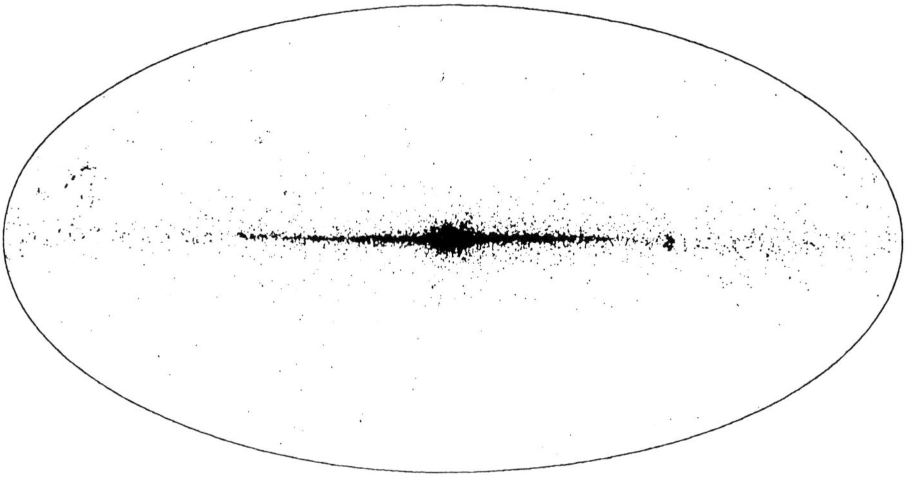

Abb. 36. Von dem Satelliten IRAS konnten die hellsten Sterne der galaktischen Scheibe und des galaktischen Zentralgebietes (central bulge) bis in große Entfernungen identifiziert werden. Ihre Verteilung an der Sphäre gleicht dem Bild einer von der Kante gesehenen Spiralgalaxie. (H. J. Habing 1987)

können vernachlässigt werden. Die Bahngeschwindigkeiten der Planeten sind proportional zu $1/\sqrt{a}$. Anders beim Milchstraßensystem: Hier sind Umlaufzeit und Bahngeschwindigkeit durch die Masse des Teils der Galaxis gegeben, die in einer Kugel mit dem Radius R enthalten ist, wobei R der Abstand des betrachteten Sterns vom galaktischen Zentrum ist. Der Anstieg der Rotationskurve bei großen R zeigt daher, daß dort die Materiedichte noch so groß ist, daß sie die Kinematik der äußeren Teile der Galaxis mitbestimmt.

14.14.3 Die differentielle galaktische Rotation – kinematische Entfernungen

Die Rotation des Milchstraßensystems wird durch ihre „Rotationskurve" beschrieben. Diese gibt die Rotationsgeschwindigkeit $V(R)$ in km/s als Funktion der Entfernung R zum galaktischen Zentrum an. Wie bei allen Galaxien zeigt $V(R)$ in Zentrumsnähe zunächst einen steilen Anstieg. Bei $R = 1$ kpc wird ein Maximum von 280 km/s erreicht. Nach einem Abfall auf 220 km/s bei $R = 3$ kpc steigt $V(R)$ wieder an. Bei $R = R_0$, dem Abstand der Sonne vom galaktischen Zentrum, beträgt die Rotationsgeschwindigkeit etwa 250 km/s. Neuere Messungen von R. Chini und Mitarbeitern zeigen, daß $V(R)$ nach außen, mindestens bis $R = 20$ kpc, auf Werte über 300 km/s weiter ansteigt.

Die Galaxis rotiert also weder wie die Planeten auf Keplerbahnen noch wie ein starrer Körper, denn dann wäre $V(R) = \text{const} \cdot R$. Daher verschieben sich die Sterne im Laufe der Zeit relativ zueinander und auch relativ zur Sonne (Differentielle Rotation). Diese Scherung führt zu systematischen Komponenten in den Radialgeschwindigkeiten wie auch in den Eigenbewegungen relativ zur Sonne, die für die Sterne der

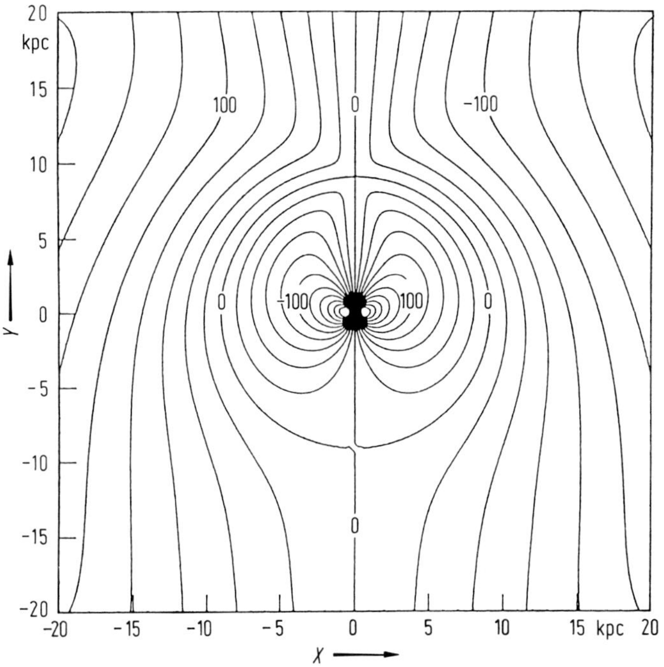

Abb. 37. Die Komponenten der Radialgeschwindigkeiten, die durch die „differentielle galaktische Rotation" verursacht werden. Das galaktische Zentrum hat die Position X; $Y = 0$; 0, die Sonne X; $Y = 0$; 8,5 kpc. (Nach J. V. Feitzinger und J. Spicker)

näheren Sonnenumgebung durch die Gleichung

$$V_R = A \cdot r \cdot \sin 2l \tag{13}$$

$$EB = 0{,}21\,(A \cos 2l + B) \tag{14}$$

beschrieben werden. A und B sind die berühmten Oortschen Konstanten, die die Zahlenwerte

$$A = 15\ \text{km/s/kpc und } B = -\ 10\ \text{km/s/kpc}$$

besitzen. Aus (13) sehen wir, daß die Radialgeschwindigkeit eines Sterns eine Information über seine Entfernung enthält, sofern nicht sein $\sin 2l$ sehr klein ist. Diesem durch die „differentielle galaktische Rotation" verursachten Anteil an den Radialgeschwindigkeiten überlagern sich kleine, zufällig orientierte Geschwindigkeiten, die für junge Objekte bis zu 10 km/s betragen können. Die Radialgeschwindigkeit eines Objekts ist also nur dann zur Bestimmung einer „kinematischen Entfernung" geeignet, wenn sie deutlich größer als 10 km/s ist. Um aus den Radialgeschwindigkeiten auch außerhalb der unmittelbaren Sonnenumgebung (d. h. $r \ll R_0$) kinematische Entfernungen ableiten zu können, benutzt man in der Praxis gerne ein Diagramm wie das in Abbildung 37 gezeigte, worin der Zusammenhang zwischen r und V_R auch in großen Entfernungen abgelesen werden kann.

Aus der Rotationsgeschwindigkeit am Ort der Sonne, 250 km/s, ergibt sich als Dauer eines Umlaufs um das galaktische Zentrum 250 Millionen Jahre. Die Bewegung der Sonne selbst weicht von der reinen Kreisbahngeschwindigkeit um 20 km/s ab. Diese ihre „Pekuliarbewegung“ ist in die Richtung $\alpha = 18^h$; $\delta = +30°$ gerichtet. Dies ist der „Apex“ der Sonnenumgebung.

Radialgeschwindigkeiten werden entweder relativ zur Sonne angegeben oder aber auf einen fiktiven Punkt am Ort der Sonne bezogen, der auf einem exakten Kreis das galaktische Zentrum umrundet. Das durch diesen Punkt, die Richtung zum galaktischen Zentrum und die Rotationsrichtung definierte Koordinatensystem wird „lokales Bezugssystem“ genannt. Geläufig ist die englische Bezeichnung „local standard of rest“. Radialgeschwindigkeiten, die sich auf dieses System beziehen, werden mit V_{LSR} bezeichnet.

14.14.4 Die Spiralarme unseres Milchstraßensystems

Die optisch sichtbare Spiralstruktur der Spiral-Galaxien wird einerseits durch die leuchtkräftigen O- und B-Sterne geprägt, andererseits durch die HII-Regionen. In unserem Milchstraßensystem lieferten die O-Assoziationen den ersten Hinweis auf die Existenz von Spiralarmfilamenten: Ihre räumliche Verteilung zeigte Häufungen in drei länglichen Bereichen. Diese Strukturen zeichnen sich deutlicher in der Anordnung von jungen offenen Sternhaufen und von HII-Regionen ab. Die räumliche Verteilung dieser Objekte, wie sie erstmals von W. Becker und seinen Mitarbeitern konstruiert wurde, ist in Abbildung 38 dargestellt. Die drei Filamente, in denen sich die O-Assoziationen, die galaktischen Haufen und HII-Regionen häufen, werden als Teile von drei Spiralarmen angesehen, die die Namen „Perseus-Arm“, „Cygnus-Arm“ und „Sagittarius-Arm“ erhielten. Der Cygnus-Arm wird häufig auch als „lokaler Arm“ bezeichnet, da die Sonne an seinem Rand angesiedelt ist. Eine wesentliche Erweiterung dieses Bildes durch optisch beobachtbare „Spiralarm-Indikatoren“ ist bis heute nicht gelungen.

Die Schwierigkeit der Lokalisierung galaktischer Spiralarme mit optischen Methoden hat drei Ursachen. Zunächst einmal liegt die Sonne sehr nahe bei der Mittelebene der Galaxis, also gerade in der Ebene der Spiralarme selbst. Um ihre Form herauszufinden, müssen wir zwangsläufig möglichst viele nur in Spiralarmen vorkommende Objekte beobachten, ihre Entfernungen bestimmen und dann die Spiralarme Punkt für Punkt konstruieren. Wären wir einige 100 pc von der galaktischen Ebene entfernt beheimatet, könnten wir die Spiralarme mit einem Blick erkennen.

Die zweite Schwierigkeit besteht in der ungenügenden Genauigkeit der Entfernungsbestimmungen, die bei Einzelsternen bestenfalls 25% der Entfernungen selbst beträgt, entsprechend einem mittleren Fehler der Entfernungsmodule von 0,5 mag. Das gleiche gilt sogar für die offenen Sternhaufen. Janes und Adler fanden aus dem Vergleich unabhängiger Entfernungsbestimmungen für mehrere Haufen, daß ihre Entfernungsmodule mit mittleren Fehlern von 0,55 mag behaftet sind, daß sie also keinesfalls genauer sind als die Entfernungsmodule von OB-Sternen.

Schließlich stellt die interstellare Extinktion das dritte und zugleich größte Hindernis bei der Erforschung der galaktischen Spiralstruktur dar. In den meisten Richtungen innerhalb der galaktischen Ebene ist sie schon ab etwa 3 kpc Entfernung so groß, daß entferntere Objekte zu lichtschwach sind, um noch beobachtet werden zu können. Das Zusammenwirken der Entfernungsfehler und die scheinbare Häufung von Ster-

Abb. 38. Die räumliche Verteilung von HII-Regionen und jungen offenen Sternhaufen zeigt Häufungen in drei Filamenten, die als Teile von Spiralarmen unserer Galaxis interpretiert werden (nach W. Becker)

nen oder Sternhaufen in Gegenden geringer Extinktion führt zur Vortäuschung radialer, auf die Sonne ausgerichteter Strukturen, die in vielen Abbildungen, die die räumliche Verteilung von Spiralarmobjekten zeigen sollen, dominieren.

Dies ist auch in der von Janes und Adler konstruierten Verteilung junger Haufen zu sehen (Abb. 39). Die von W. Becker aus einer kleineren Menge von Objekten abgeleiteten Spiralarmfilamente sind nur noch andeutungsweise wiederzuerkennen. Janes und Adler ziehen daraus den pessimistischen Schluß, daß die abgeleitete Häufigkeitsverteilung der jungen Haufen überwiegend durch die stark variable Struktur der Extinktion geprägt ist und daß optische Untersuchungen generell nicht dazu geeignet sind, Aussagen über die galaktische Spiralstruktur zu gewinnen.

Ganz so hoffnungslos sollte man aber diese Versuche nicht bewerten: Verwenden wir statt der offenen Haufen individuelle OB-Sterne, so steht ein wesentlich größeres Datenmaterial zur Verfügung, wobei die Güte der Entfernungen von gleicher Qualität ist. Abbildung 40 zeigt die räumliche Dichteverteilung (nach Neckel und Klare), die aus den Daten von insgesamt 6173 OB-Sternen abgeleitet wurde. Wegen der großen Anzahl von Objekten sind sie nicht mehr individuell eingezeichnet, sondern ihre

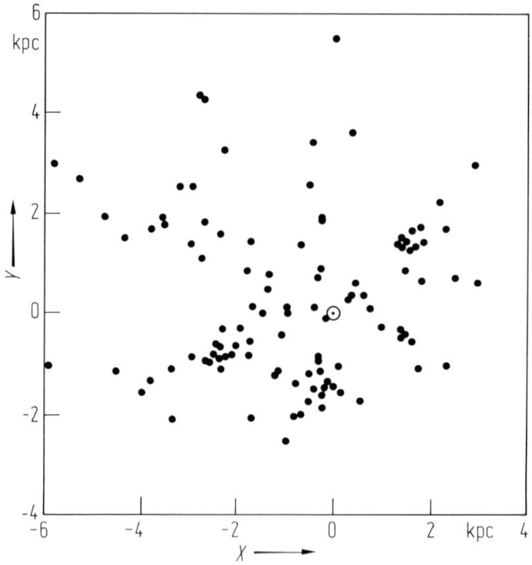

Abb. 39. Die räumliche Verteilung junger offener Sternhaufen nach Janes und Adler (1982)

Anzahlen in 250 pc × 250 pc großen Quadraten sind durch unterschiedliche Schraffuren gekennzeichnet. Zwar sind auch hier echte Maxima der Sterndichte zu länglichen, auf die Sonne hin ausgerichteten Strukturen auseinandergezogen, Folge der unvermeidlichen Entfernungsfehler. Dennoch heben sich der lokale wie auch der Sagittarius-Arm als gekrümmte Strukturen deutlich von ihrer Umgebung ab. Der Perseus-Arm ist in dieser Dichteverteilung nur andeutungsweise zu erkennen, ähnlich wie in Abbildung 38. Die Reichweite all dieser Untersuchungen liegt zwischen 3 und 4 kpc. Es geschieht zwar hin und wieder, daß wenige entferntere Objekte als Anzeichen für weiter außen liegende Spiralarme interpretiert werden, aber die Zuverlässigkeit solcher Aussagen steht auf schwachen Füßen.

In größere Entfernungen führen nur radioastronomische Beobachtungen von großen HII-Regionen, neutralem Wasserstoff und von Molekülwolken, deren „kinematische Entfernungen" (s. Abschnitt 14.3) aus ihren Radialgeschwindigkeiten abgeleitet wurden. Bekannt geworden ist in letzter Zeit das von Y. M. Georgelin und Y. P. Georgelin konstruierte Bild der galaktischen Spiralarme, dem sowohl optische als auch radioastronomisch gewonnene Ergebnisse zugrunde liegen (Abb. 41 a). Der Augenschein lehrt, daß die Mehrzahl der Objekte dicht bei den eingezeichneten Spiralen lokalisiert ist. Betrachten wir aber dieselbe Verteilung der HII-Regionen ohne eingezeichnete Spiralen (Abb. 41 b) und versuchen unvoreingenommen (deshalb ist Abb. 41 b gegenüber Abb. 41 a gedreht und gespiegelt!), selbst die galaktischen Spiralarme zu konstruieren, so werden wir schnell feststellen, daß für eine eindeutige Lösung noch zu wenige Objekte verfügbar sind.

Die „ideale" Methode zur Lokalisierung der galaktischen Spiralarme sollte man von Beobachtungen der großen Molekülwolken erwarten, in denen die sichtbaren Spiralarmobjekte ständig neu gebildet werden. In der Tat kann man an verschiedenen Stellen der Literatur die Behauptung finden, daß durch aus CO-Beobachtungen gewonnene Entfernungen von „Giant Molecular Clouds" das Problem der galaktischen

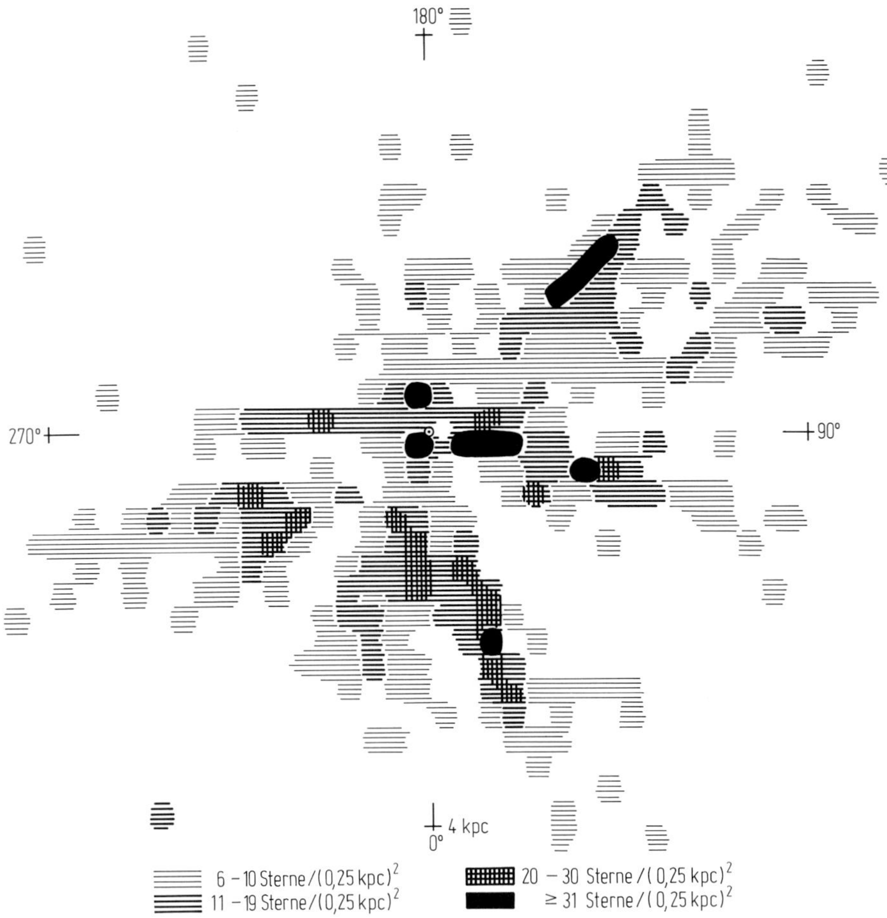

Abb. 40. Die räumliche Verteilung der OB-Sterne bis zu 4 kpc Entfernung von der Sonne (Nach Th. Neckel und G. Klare)

Spiralstruktur endgültig gelöst ist. Andere Autoren sind aber ebenso fest davon überzeugt, daß die Verteilung der großen Molekülwolken keine erkennbare Spiralstruktur aufweist.

Ähnlich zwiespältig ist die Interpretation der aus 21-cm-Beobachtungen abgeleiteten Dichteverteilung des neutralen Wasserstoffs (s. Abb. 42), deren Ableitung ausschließlich kinematische Entfernungsbestimmungen zugrunde liegen. Sie zeigt zwar annähernd kreisförmige Bögen um das galaktische Zentrum, die aber keine große Ähnlichkeit mit Strukturen in typischen Spiralgalaxien aufweisen. Auch die Vergleiche mit der Verteilung der offenen Sternhaufen (Abb. 38), der OB-Sterne (Abb. 40) oder der HII-Regionen (Abb. 41 a) läßt keine überzeugende Übereinstimmung erkennen.

Vermutlich ist der neutrale Wasserstoff gar nicht mit Spiralarme bildenden Sternentstehungsgebieten assoziiert: Die Dichten der in Abbildung 42 dargestellten HI-Gebiete (maximal 1,6 Atome pro cm^3) liegen um zwei bis vier Zehnerpotenzen unter der von HII-Regionen oder von großen Molekülwolken. Ein weiteres gravierendes

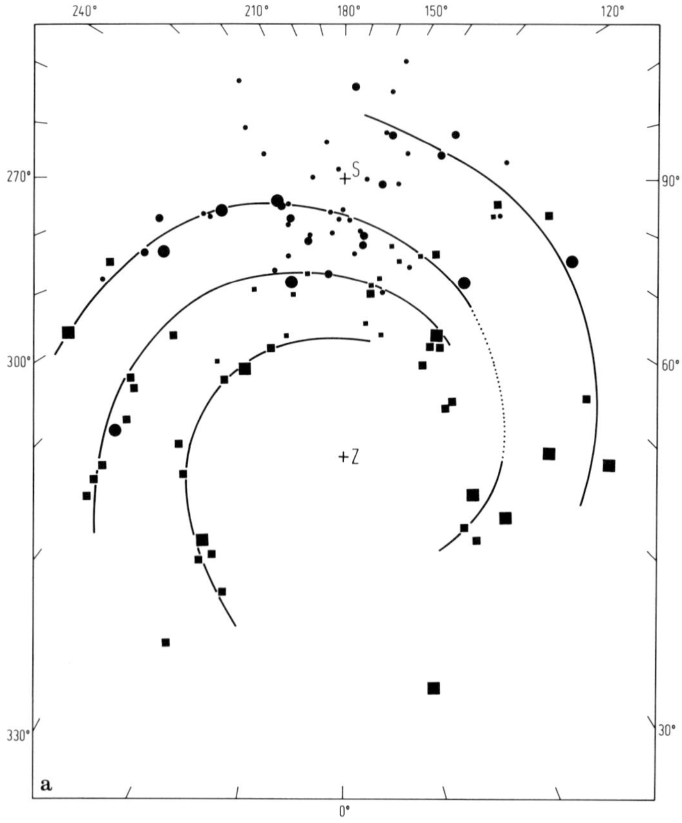
240°
210°
180°
150°
120°
270°
90°
S
300°
60°
Z
330°
30°
0°
a

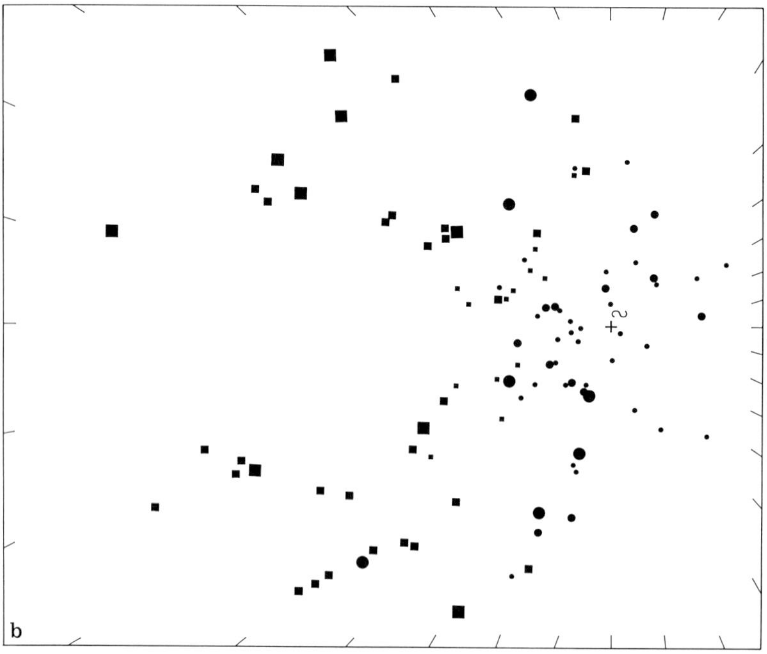
b

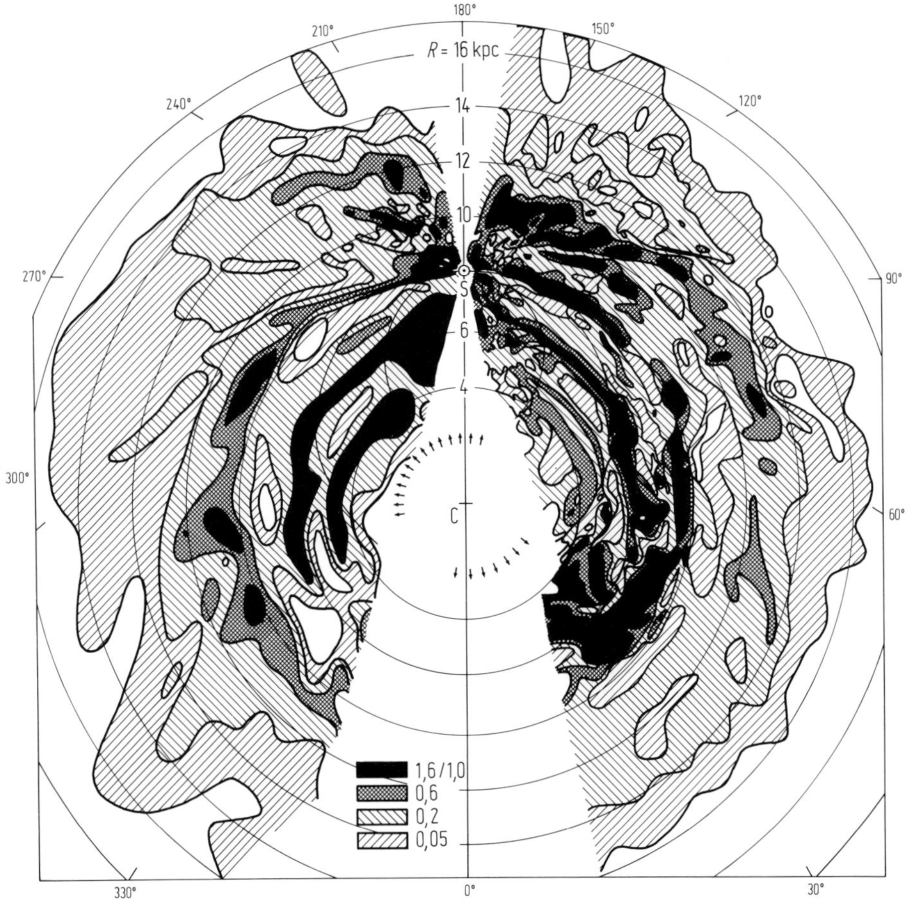

Abb. 42. Die Dichteverteilung des neutralen Wasserstoffs in der galaktischen Ebene nach Beobachtungen in der 21-cm-Linie. In Sonnenumgebung sind leider keine überzeugenden Ähnlichkeiten mit der Verteilung von OB-Sternen oder anderen typischen Spiralarmindikatoren erkennbar. (Nach J. H. Oort)

Argument gegen die Assoziierung neutralen Wasserstoffs mit Spiralarmstrukturen ist seine Dichteverteilung senkrecht zur galaktischen Ebene. Die HI-Dichte ist erst bei $z_{0,5} = 220$ pc auf die Hälfte ihres Werts in der Ebene gesunken und entspricht damit typischen Werten von Objekten der Scheibenpopulation! Molekülwolken sind dagegen durch eine „Halbwertsdicke" $z_{0,5} = 60$ pc gekennzeichnet, OB-Sterne wie HII-Regionen durch $z_{0,5} = 50$ pc. Eine enge Korrelation des neutralen Wasserstoffs mit der Verteilung typischer Spiralarm-Indikatoren ist daher nicht zu erwarten.

Abb. 41. a Die großräumige Verteilung von HII-Regionen in der Milchstraße nach Y. M. Georgelin und Y. P. Georgelin mit dem daraus konstruierten Modell der galaktischen Spiralarme. **b** Entfernt man aus **a** die eingezeichneten Spiralarme, so erscheint die Anordnung der HII-Regionen als weitgehend regellos (**b** ist gegenüber **a** um 90° gedreht und außerdem gespiegelt)

14.14.5 Die Flächenhelligkeit der Milchstraße

Zur Beschreibung der Flächenhelligkeit ausgedehnter Objekte vergleicht man die Gesamthelligkeit eines Flächenelements mit der eines Sternes 10. Größe. Die übliche Einheit ist 1 S_{10} = Helligkeit eines Sternes 10. Größe pro Quadratgrad. Typische Werte der Flächenhelligkeit in der Milchstraße liegen im Visuellen zwischen 150 und 500 S_{10}. Zur Helligkeit eines Flächenelements bei $l; b$ tragen alle Sterne entlang des Sehstrahls bei, die sich in dieser Richtung zwischen uns und dem Rand der Galaxis befinden, wobei die Extinktion $A(l; b; r)$ die Sterne in der Entfernung r um den Faktor $10^{0.4\,A(r)}$ schwächt. Ist $\varepsilon(l; b; r)$ die Volumenemission aller in dem bei $l; b; r$ befindlichen Volumenelement enthaltenen Sterne, so besteht zwischen der Flächenhelligkeit I, sowie A und ε die Beziehung

$$I = 3{,}05 \times 10^3 \int_0^\infty \varepsilon(r)\, 10^{-0{,}4\,A(r)}\, \mathrm{d}r\,. \tag{15}$$

Dabei ist für ε ein Stern der absoluten Helligkeit $M = 5$ pro pc^3 als Einheit gewählt, die Einheiten der Entfernungsskala (dr) sind kpc. Der Beitrag eines einzelnen Sterns zur Flächenhelligkeit ist zwar proportional zu $1/r^2$, aber die Größe des Volumenelements in der Entfernung r ist zu r^2 proportional. Die Zahl der Sterne, die zur Flächenhelligkeit beitragen, wächst also auch mit dem Quadrat der Entfernung. Beide Einflüsse heben sich auf, so daß ohne den Einfluß der Extinktion entfernte Teile der Galaxis in gleicher Weise zur Flächenhelligkeit beitragen würden wie nahe gelegene. Dies ist in manchen Teilen der Milchstraße annähernd realisiert, wo Extinktion nur in geringer Entfernung von der Sonne ($r < 500$ pc) erfolgt, wie es in vielen Gegenden, die etwa 5° oder mehr von der galaktischen Ebene entfernt sind, zu beobachten ist.

In Abbildung 43 ist die Flächenhelligkeitsverteildung in der Milchstraße dargestellt. Für alle Richtungen $l; b$ in denen $A(l; b; r)$ hinreichend gut bekannt ist, kann man die Flächenhelligkeit I $(l; b)$ ausrechnen, die sich aus einem Modell $\varepsilon(l; b; r)$ der galaktischen Volumenemission ergibt. Gute Übereinstimmung zwischen den beobachteten und den nach (15) berechneten Flächenhelligkeiten konnten von Th. Neckel erzielt werden, indem für die räumliche Verteilung der Volumenemission folgende Annahmen gemacht wurden: Die Emission der galaktischen Scheibe läßt sich in der Ebene durch eine nur von R, dem Abstand vom galaktischen Zentrum, abhängige Funktion $n_{\mathrm{disk}}(R)$ darstellen, und auch ihre „Halbwertsdicke" H_{disk} ist eine stetige Funktion von R allein. Die optimalen Funktionen $n_{\mathrm{disk}}(R)$ und $H_{\mathrm{disk}}(R)$ sind in Abbildung 44 wiedergegeben. In der großen Sagittarius-Wolke, die etwa 5° von der galaktischen Ebene entfernt ist, werden die größten Beiträge zur Flächenhelligkeit von zentrumsnahen Gebieten der Galaxis geliefert. In der Ebene selbst aber ist uns der Blick zum galaktischen Zentrum durch dichte Staubwolken verwehrt, die eine gesamte Extinktion von mehr als 20 mag im Visuellen bewirken.

Darüber hinaus muß auch ein Beitrag der Spiralarmpopulation in Sonnenumgebung berücksichtigt werden. Die Helligkeitsmaxima im Cygnus bei $l = 80°$, in der Vela bei $l = 260°$ und in der Carina bei $l = 290°$ entstehen dadurch, daß wir hier in die Tangentialrichtungen des lokalen und des Sagittarius-Armes blicken. Die Höhe dieser Maxima befindet sich in Einklang mit der räumlichen Dichte der Spiralarmobjekte, insbesondere der OB-Sterne. Andere helle Milchstraßenwolken sind jedoch überwiegend durch vergleichsweise niedrige Werte der Vordergrundextinktion verursacht.

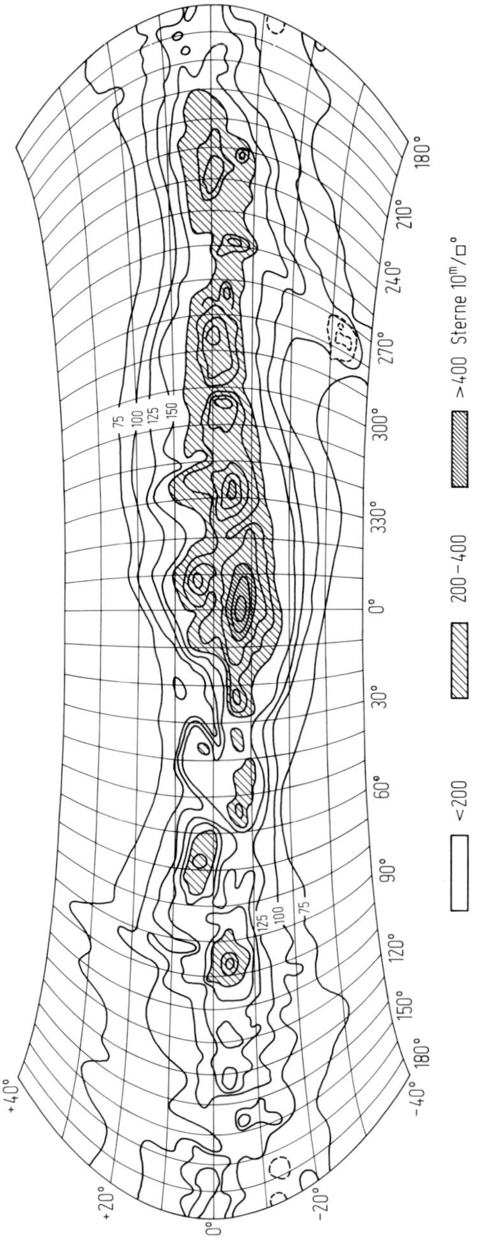

Abb. 43. Die Flächenhelligkeit der Milchstraße. (Nach lichtelektrischen Messungen von H. Elsässer und U. Haug)

14.14.6 Die unmittelbare Sonnenumgebung

Die Volumenemission in Sonnenumgebung, die sich aus der Flächenhelligkeitsverteilung in der Milchstraße ergibt, beträgt 0,05 Sterne mit der absoluten Helligkeit $M = 5$ pro pc^3. Denselben Wert erhalten wir durch Integration der Leuchtkraftfunktion

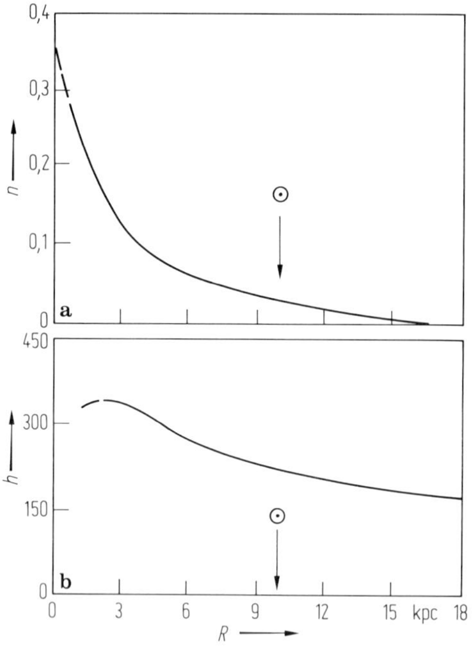

Abb. 44. Die Volumenemission $n(R)$ der galaktischen Scheibe als Funktion der Entfernung vom galaktischen Zentrum sowie die Dicke der galaktischen Scheibe (= Höhe über der galaktischen Ebene, wo n auf die Hälfte der Dichte bei $z = 0$ abgefallen ist). (Nach Th. Neckel)

in Sonnenumgebung. Die Leuchtkraftfunktion gibt an, wie sich die Sterne auf die verschiedenen absoluten Helligkeiten verteilen. Dabei ist es unwichtig, ob wir die Leuchtkraftfunktion an ihrem schwachen Ende (ab $M = 10$) genau kennen, denn zur Gesamthelligkeit aller Sterne tragen die absolut helleren trotz ihrer geringen Häufigkeit weitaus am meisten bei.

Bis zur absoluten Helligkeit $M = 10$ kennen wir annähernd *alle* Sterne nur bis $r = 4$ pc, danach setzt schnell zunehmende Unvollständigkeit am schwachen Ende der Helligkeitsskala ein. Selbst die leuchtkräftigen OB-Sterne, deren absolute Helligkeiten zwischen $-2{,}5$ mag und -7 mag liegen, kennen wir höchstens bis $r = 300$ pc vollständig. In diesem Bereich zeigt aber ihre räumliche Verteilung (s. Abb. 45) bereits aufschlußreiche Details. Zunächst ist auffallend, daß ein etwa 300 pc × 200 pc großes Gebiet um die Sonne herum frei von OB-Sternen ist. Ein ähnliches Loch zeigt auch die Staubverteilung in Sonnenumgebung. Das hat unter anderem zur Folge, daß die Extinktion in Richtung zu den galaktischen Polen nahezu null ist und die unter der Annahme einer homogenen und planparallelen Staubverteilung aus Zählungen extragalaktischer Nebel abgeleiteten Werte der Polextinktion unsinnig sind. Dieses „Loch" in der Verteilung der OB-Sterne ist für uns sehr „nachteilig": Wären sie gleichförmiger verteilt, so würde unser Sternhimmel eine wesentlich größere Anzahl von Sternen 1. Größe aufweisen, als dies jetzt der Fall ist. Außer diesem „Loch" zeigt Abbildung 45 im Bereich Scorpius-Centaurus bereits eine für OB-Sterne typische Häufung. Dies ist die „Sco-Cen-Assoziation".

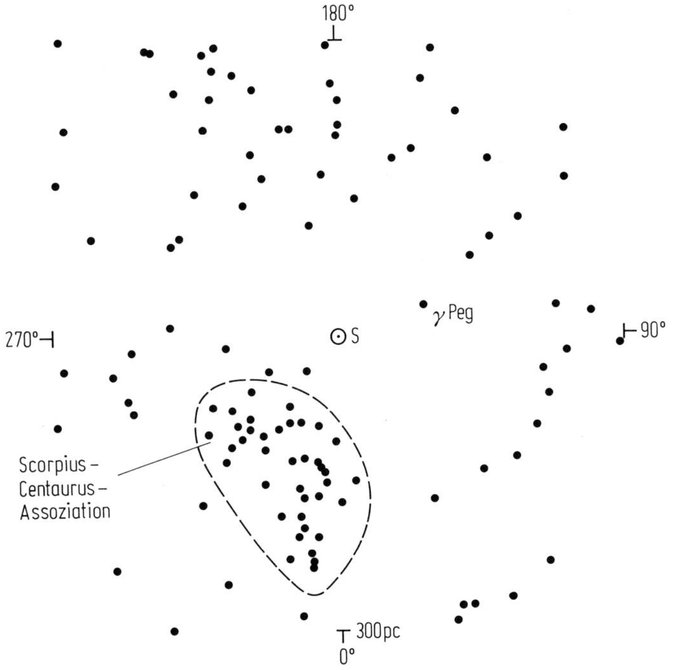

Abb. 45. In der unmittelbaren Umgebung der Sonne (Kreis mit Punkt in der Bildmitte) sind OB-Sterne ungewöhnlich selten anzutreffen. Sie häufen sich hingegen in der etwa 200 pc entfernten Scorpius-Centaurus-Assoziation. (Nach Th. Neckel)

Im Entfernungsbereich bis zirka 500 pc ist die Verteilung der OB-Sterne durch eine starke Asymmetrie bezüglich der galaktischen Ebene geprägt. Im Orion und seiner Umgebung befinden sich fast alle jungen Sterne durchschnittlich 20° südlich vom galaktischen Äquator. Das Trapez im Orion-Nebel macht dabei keine Ausnahme. Auf der gegenüberliegenden Seite, von der Sonne aus betrachtet, befinden sich die meisten jungen Objekte ebenso weit nördlich. Die jungen Sterne bis $r = 500$ pc bilden ein um etwa 20° gegen die galaktische Ebene geneigtes System, das allgemein als „Gouldscher Gürtel" bezeichnet wird.

In größeren Entfernungen kennen wir auch die OB-Sterne immer unvollständiger, gleichzeitig nehmen die absoluten Fehler ihrer Entfernungen zu. Ihre räumliche Verteilung bis $r = 3$ kpc ist bereits in Abschnitt 14.14.4 diskutiert.

14.15 Hinweise für Beobachtungen

Drei technische Entwicklungen der letzten 20 Jahre haben auch den Amateur-Astronomen neue, ungeahnte Möglichkeiten eröffnet. An erster Stelle sind die lichtstarken Teleskope kurzer Bauart zu nennen, wie Questar, Celestron oder Meade. Ihre kompakte Bauweise erlaubt es selbst dem im lichtüberfluteten Großstadtzentrum lebenden Sternliebhaber, abends sein Fernrohr ins Auto zu packen und abseits vom Lichtermeer einen geeigneten Platz für seine Beobachtungen aufzusuchen. Ganz gründliche und begeisterte Amateure fahren zum Beobachten gar ins Hochgebirge, etwa in die Sierra Nevada Spaniens.

Viele Amateurastronomen begeistern sich für die Photographie von Nebeln, Sternfeldern oder Galaxien. Während in früheren Jahren die Photographie schwacher Himmelsobjekte eine mühsame Aufgabe war, gibt es seit einigen Jahren hochempfindliche Filme, die auch in Gegenden mit einem dunklen Nachthimmel nur noch Belichtungszeiten von maximal einer Stunde erfordern, um durch den Himmelsuntergrund begrenzte Aufnahmen zu erhalten (dies gilt beispielsweise für 400 ASA und Blende 2,8) (s. Band 1, Kapitel 4).

Auch die moderne Elektronik entwickelt sich in zunehmendem Maße zu einem mächtigen Werkzeug der Amateur-Astronomen. Seit kurzer Zeit werden Systeme aus Encodern an der Stunden- und der Deklinationsachse in Verbindung mit einem Computer angeboten, die das blitzschnelle Einstellen einer großen Zahl von Himmelsobjekten zu einem Kinderspiel machen. Sodann ist in diesem Zusammenhang zu erwähnen, daß es jetzt auch Amateuren möglich ist, ihre Fernrohre mit CCD-Kameras zu bestücken und so die Reichweite ihrer astronomischen Ausrüstung noch einmal gewaltig zu steigern (s. Band 1, Kapitel 2 und 10).

14.15.1 Die Anforderungen an den Standort und den Himmel

Die Anforderungen, die an den Standort und die Witterungsbedingungen zu stellen sind, hängen entscheidend von der Art der geplanten Beobachtungen ab. Will man helle Sternhaufen etwa mit einem Feldstecher aufsuchen, so sind die Anforderungen gering. Da werden Mond, etliche Wolken und mäßige Straßenbeleuchtung nur wenig stören. Je schwächer aber die Objekte sind, die man beobachten möchte, um so mehr ist man auf einen dunklen und möglichst dunstfreien Himmel angewiesen. Dabei besteht die Möglichkeit, die Himmelshelligkeit durch Wahl geeigneter Filter herabzusetzen. Die besten Möglichkeiten bieten sich naturgemäß in Höhenlagen ab etwa 2000 m, fern vom Lichtermeer der Großstädte. Solche Beobachtungsplätze *müssen* ausgewählt werden, wenn man die lichtschwächsten Himmelsobjekte photographieren möchte, wie etwa schwache Reflexionsnebel oder den Gegenschein (s. Kapitel 10).

14.15.2 Visuelle Beobachtungen

Visuelle Beobachtungen, mit dem Auge am Okular statt vor einem Bildschirm, sind heute das Privileg der Amateurastronomen geworden. Ein Berufsastronom hat nur noch selten die Möglichkeit, wirklich einmal durch ein Fernrohr zu sehen. Wenn es auch bequem ist, selbst in kältesten Winternächten im geheizten Raum vom Bildschirm-Terminal aus seine Beobachtungen zu steuern, so ist doch die ganze Romantik dahin, die früher mit der Arbeit des Astronomen verbunden war, und auch der Genuß, etwa den Saturn oder den Orion-Nebel direkt durch ein lichtstarkes Teleskop zu sehen.

Für visuelle Beobachtungen lichtschwacher Nebel gilt in ganz besonderem Maße die Erfordernis, in dunkler Umgebung zu arbeiten. Weder Straßenlaternen noch helles

Mondlicht sollten zu sehen sein, da es jetzt wirklich darauf ankommt, die volle Leistungsfähigkeit des Auges auszuschöpfen. Dazu gehört auch, daß man seinen Augen genügend Zeit läßt, sich an die Dunkelheit zu gewöhnen. Die dazu erforderliche Zeitspanne ist natürlich individuell verschieden, kann aber bis zu einer Stunde betragen. Siehe auch Band 1, Seite 80.

Oft kann man lesen, daß visuell nur die hellsten Nebel beobachtbar und die schwächeren nur photographisch zugänglich sind. Dabei wird vergessen, daß viele schwache Nebel durch visuelle Beobachtungen entdeckt worden sind. Dazu gehören selbst die lichtschwächsten Galaktischen Nebel, nämlich die Hagenschen Wolken. Offensichtlich sind die Erwartungen an den visuellen Eindruck am Okular durch die vielen kontrastreichen Photographien, die heute in jedem astronomischen Buch zu finden sind, so hoch geschraubt worden, daß viele Amateurastronomen (und natürlich noch mehr die berufsmäßigen!) nicht die Geduld aufbringen, um auch visuell zu immer schwächeren Nebeln vorzudringen.

Sofern man Emissionsnebel, wie HII-Regionen oder Planetarische Nebel, beobachten möchte, so wird dies ganz erheblich durch Verwendung von Interferenzfiltern erleichtert, die das Licht der wichtigsten Emissionslinien hindurchlassen, nicht aber den Großteil des dazwischenliegenden Kontinuums oder gar Linien von Quecksilber-Dampf-Lampen der Straßenbeleuchtung. Dabei sollte man beachten, daß die hellsten Linien in den meisten HII-Regionen Hα und die benachbarten Linien des Stickstoffs sind. Dann sollte man also ein Filter wählen, welches gerade diese roten Linien hindurchläßt. Im Falle von Planetarischen Nebeln sind die Sauerstoff-Linien („Nebulium-Linien") bei 5007 Å und 4959 Å am stärksten; für ihre Beobachtung sollte man ein für diese grünen Linien transparentes Filter benutzen.

Wichtig für die Beobachtung lichtschwacher Nebel ist natürlich die Wahl einer geeigneten Vergrößerung. Flächenhafte Objekte erscheinen bei „Normalvergrößerung" = $D/8$ mm am hellsten. Dann ist der Durchmesser der Austrittspupille gleich dem Durchmesser der Augenpupille (etwa 8 mm). Für ein 50-cm-Teleskop sollte man also etwa eine 60fache Vergrößerung einsetzen, um Nebel möglichst lichtstark zu sehen. Für große Nebel, wie etwa den Nordamerika-Nebel, ist das natürlich zu viel, das Gesichtsfeld würde nur einen kleinen Teil des Nebels zeigen. So ausgedehnte Nebel beobachtet man besser mit einem kleinen Fernrohr oder einem Feldstecher.

Alle Beobachtungen sollten möglichst in Zenitnähe ausgeführt werden. Sofern wir nicht gerade im Hochgebirge beobachten, müssen wir mit einer Lichtschwächung in der Atmosphäre von mindestens 20% bis 25% in Richtung zum Zenit rechnen. Die Lichtschwächung ist proportional zum Kehrwert des Cosinus der Zenitdistanz, erreicht also schon bei 30° über dem Horizont das Doppelte ihres Wertes im Zenit.

14.15.3 Photographische Beobachtungen

Der Bereich der photographischen Beobachtungen zerfällt in zwei Teile. Direkte Farbaufnahmen mit hochempfindlichen Diapositiv-Filmen werden vorwiegend dem Wunsch nach eindrucksvollen eigenen Bildern gerecht. Dabei lassen sich schon mit einer normalen Kleinbildkamera überraschend gute Ergebnisse erzielen. Verwendet man ein Weitwinkelobjektiv, so kann man große Teile der Milchstraße auf ein einziges

Kleinbild-Dia bannen. Von großen Gas-Nebeln, wie dem Orion-Nebel, erhält man sehr schöne Aufnahmen mit einem guten Tele-Objektiv. Die Qualität moderner Objektive ist so hervorragend, daß sie auch in den Bildecken noch vollkommen punktförmige Sternbilder produzieren. Diese Feststellung beruht auf Erfahrungen mit Minolta-Objektiven von 200 mm und 50 mm Brennweite, beide mit Blende 2,8.

Kleinere Nebel, zum Beispiel die meisten Planetarischen Nebel, erfordern natürlich eine lichtstarke Optik längerer Brennweite. Hervorragende Ergebnisse werden beispielsweise mit dem Celestron 14 erzielt. Davon legen zahlreiche Amateuraufnahmen in „Sterne und Weltraum" oder in „Sky and Telescope" Zeugnis ab.

Für längere Belichtungen mit Teleskopen größerer Brennweite ist es natürlich unbedingt erforderlich, die Polachse der Teleskopmontierung sehr genau auf den Nordpol auszurichten. Bei schlechter Justierung führt Bildfeldrotation vor allem am Rande zu länglichen Sternbildern. Siehe auch Band 1, Seite 154.

Schwarzweißaufnahmen werden meist durch spezielle Farbfilter aufgenommen, um bestimmte Objekte hervorzuheben. So verwendet man für Emissionsnebel ein Rotfilter, welches etwa ab 6300 Å lichtdurchlässig ist, wie zum Beispiel das Schott-Filter RG 630. Ein rotempfindlicher Film (oder Platte) ist natürlich ebenfalls erforderlich. Für Reflexionsnebel, die meistens ausgesprochen blau sind, ist dagegen ein Blau-Filter zu benutzen. Siehe auch Band 1, Kapitel 4.

Für quantitative Arbeiten mit photographischen Aufnahmen sollten die Emulsions-Filter-Kombinationen eingesetzt werden, mit denen das Johnsonsche UBV-System realisiert werden kann. Damit erschließt sich dem fortgeschrittenen Amateur die Möglichkeit der photographischen Dreifarben-Photometrie. Die Konstruktion von Farben-Helligkeits-Diagrammen von Sternfeldern oder Sternhaufen wäre ein interessantes Anwendungsgebiet.

Die Verwendung elektronischer CCD-Kameras eröffent schließlich nahezu grenzenlose Möglichkeiten. Die Photographie auch der schwächsten Galaktischen Nebel aus dem AGN (also etwa 900 Nebel nördlich von $-33°$ Deklination) wäre sicher in Verbindung mit einem Celestron 14 möglich, wie auch die Photometrie von Sternen bis etwa zur 17. Größe.

14.16 Literatur

Wichtige Referenzwerke für dieses Kapitel sind:
Scheffler, H., Elsässer, H.: Bau und Physik der Galaxis. Mannheim, Wien, Zürich: Bibliographisches Institut 1982;
Scheffler, H.: Interstellare Materie. Braunschweig, Wiesbaden: Vieweg 1988.
Weitere Literatur siehe Abschnitt 16.3.4, Seite 689 im Anhang

15 Extragalaktische Objekte

J. V. Feitzinger

15.1 Einleitung

Die Bausteine der heute beobachtbaren Welt auf Skalen von einigen Mpc sind Galaxien, Sternsysteme ähnlich unserem eigenen Milchstraßensystem. Im Reich der Galaxien setzt sich der hierarchische Aufbau des Universums fort: Galaxien ordnen sich in Galaxienhaufen zusammen, und Galaxienhaufen scheinen sich girlandenförmig aneinander zu hängen. Zwischen diesen Ketten von Galaxienhaufen existieren gewaltige Leerräume.

Die Galaxien zeigen eine sehr große Streubreite hinsichtlich ihrer äußeren Erscheinungsformen (Morphologie) und ihrer physikalischen Parameter, wie Masse, Durchmesser, Rotationsgeschwindigkeit und Helligkeit. Zwischen den Galaxien können gewaltige Unterschiede in der Energieabgabe bestehen. Dies führt zu der Unterscheidung von normalen Galaxien und den energiereichen aktiven Galaxien und Quasaren.

Galaxien sind Objekte im Universum außerhalb unseres eigenen Sternsystems. Die Entfernungen zu ihnen sind daher größer als die Entfernungen zu Objekten in unserer eigenen Heimatgalaxis. Diese großen Entfernungen bedeuten in der Regel, daß es sich um lichtschwache Objekte geringer Winkelausdehnung handelt. Beginnt der Amateur sich mit der Galaxienbeobachtung zu beschäftigen, muß er dies stets in Rechnung stellen, um vor allzu großen Enttäuschungen sicher zu sein. Auf der Nordhalbkugel ist der Andromedanebel, auf der Südhalbkugel die Große Magellansche Wolke das geeignete Objekt für den Anfänger.

15.2 Kataloge und Bildmaterial

Nicht umsonst lautet der Untertitel des „Himmelshandbuches“ von R. Burnham [1] „Beobachtungsführer für das Universum jenseits des Sonnensystems“. In diesem Buch ist der dem Amateur zugängliche Bereich der Welt der Galaxien aufgelistet. Mit Hilfe der Angaben über die scheinbaren Helligkeiten und die scheinbaren Durchmesser lassen sich hier leicht die Galaxien herausfinden, die bei vorgegebenen Teleskopeigenschaften und Beherrschung der Kunst der Galaxienphotographie zu bewältigen sein müßten. Eine gute erste Einübung stellen auch die 39 hellen und großen extragalaktischen Objekte der Messier-Liste (s. Anhang, Tabelle 36) dar. Burnhams Handbuch jedoch bildet in jedem Fall die beste und ausführlichste Auflistung von Objekten der Nord- und Südhemisphäre.

Nur einige wenige Galaxien führen individuelle Namen. Beispiele sind die Andromeda-Galaxie oder die Große Magellansche Wolke. Ansonsten sind die Galaxien durch eine Katalognummer und den Katalognamen benannt. Andromeda-Galaxie = M 31 (Objekt Nr. 31 im Katalog von Messier) = NGC 224 (Objekt Nr. 224 im New General Catalogue); Dreiecks-Galaxie = M 33 = NGC 598.

Galaxienkataloge, die auf den Himmelsdurchmusterungen der großen Schmidt-Teleskope mit einem Meter Öffnungsdurchmesser beruhen, sind für den Nordhimmel der „Uppsala General Catalogue of Galaxies" von Nilson [2] und für den Südhimmel der „ESO/Uppsala Survey of the ESO (B) Atlas" (ESO = European Southern Observatory) von Lauberts [3]. In dem „Second Reference Catalogue of Bright Galaxies" von de Vaucouleurs et al. [4] sind die wichtigsten Daten (z. B. Typ, Gesamthelligkeit, Durchmesser) der 6000 hellsten Galaxien zusammengetragen.

Bildgalerien von Galaxien werden in folgenden Atlanten angeboten: „The Hubble Atlas of Galaxies" von Sandage [5] und im „Revised Shapley-Ames Catalogue" von Sandage und Tamman [6]. Der Shapley-Ames Katalog enthält neben dem Bildmaterial auch einen ausführlichen Katalogteil; im Hubble Atlas sind die einzelnen Galaxien (189 Abbildungen) mit einigen Details beschrieben. Galaxien, die Besonderheiten aufweisen, zum Beispiel Verzerrungen oder Schweife aufgrund von Gezeitenkräften,

Abb. 1. M 51 mit Begleitgalaxie; Aufnahme K.-P. Schröder und U. Kreller; 36-cm-Newton-Reflektor *f*/6, 20 min Belichtung, auf TP 2415 hypersensibilisiert; 10fache Nachvergrößerung

Abb. 2. NGC 4565; Aufnahme K.-P. Schröder und U. Kreller; technische Daten wie Abbildung 1

Abb. 3. M 64; Aufnahme K.-P. Schröder und U. Kreller; 30 min Belichtung, technische Daten wie Abbildung 1

Abb. 4. NGC 4485 und NGC 4490, Doppelsystem; Aufnahme A. Lindenmann; Newton-Reflektor 200/1500 mm, 30 min Belichtung, auf Kodak 103 aO

Abb. 5. M 109; Aufnahme W. Münker; Newton-Reflektor 6″, 1:5, 20 min Belichtung, auf TP 2415 hypersensibilisiert

Abb. 6. M 81 und M 82; Aufnahme W. Baumann; 10-Zoll-Newton-Reflektor, 52 min Belichtung, auf TP 2415 hypersensibilisiert, 6fache Nachvergrößerung

Abb. 7. M 33; Aufnahme W. Baumann; technische Daten wie Abbildung 6, 40 min Belichtung, 13fache Nachvergrößerung

sind in dem Arp Atlas [7] „Atlas of Peculiar Galaxies" abgebildet. Arp und Madore [8] erstellten auch einen entsprechenden Katalog für den Südhimmel.

Dieses Buch hätte man leicht mit den schönsten Galaxienphotos schmücken können, die mit den Großteleskopen der Sternwarten gewonnen wurden. Es hätte aber für den selbstarbeitenden Amateur wenig Sinn gehabt, hier Bildmaterial vorzuführen, das mit einer für den Amateur nicht zugänglichen Technik gewonnen wurde. Ich habe deshalb für den Galaxienbildteil in diesem Buche nur Galaxienaufnahmen benutzt, die von Amateurastronomen mit Amateurgeräten gewonnen wurden. Reichliche und verschiedenartigste Beispiele für gute Galaxienaufnahmen findet man auch, wenn man einige Jahrgänge der Monatszeitschriften „Sky and Telescope" und „Sterne und Weltraum" durchblättert. Jeder Anfänger sollte sich zunächst in einige Bände dieser Zeitschriften vertiefen und das dort niedergelegte Wissen an praktischer Erfahrung

Abb. 8. NGC 2903; Aufnahme W. Baumann; technische Daten wie Abbildung 6, 50 min Belichtung, 28fache Nachvergrößerung

Abb. 9. M 63; Aufnahme W. Baumann; technische Daten wie Abbildungen 6 und 8

Abb. 10. M 31 mit Begleitgalaxien; Aufnahme B. Flach-Wilken; Flatfieldkamera von Lichtenknecker 500 mm Brennweite, effektive Blende 4 (3,5/500), Belichtung 30 mm, auf TP 2415 hypersensibilisiert

aufarbeiten und nachvollziehen. Dies erspart sicher viele Enttäuschungen und unnötige Doppelarbeit. Die Bildbeiträge sind in den Abbildungen 1 bis 15 zusammengefaßt. Sie erheben keinen Anspruch auf Vollständigkeit hinsichtlich der Galaxientypen, der benutzten Geräte und des Filmmaterials. Diese Abbildungen sollen als Anreiz für eigene Arbeiten dienen und das heute für den Amateur Mögliche verdeutlichen.

15.3 Die Klassifikation der Galaxien

Der Formenreichtum der Galaxien stellte immer schon eine Herausforderung für den Beobachter dar. Wie lassen sich die verschiedenen Galaxientypen in einem Schema zusammenfassen? Der Zweck eines jeden Klassifikationssystems ist, typische Systemeigenschaften überhaupt erst zu erfassen, um dann zu einem tieferen Verständnis der wahren Systemeigenschaften zu gelangen. Ein grobes, aber für Einführungszwecke

Abb. 11. M 101; Aufnahme B. Flach-Wilken; 300 m Selbstbauschiefspiegler mit effektiver Blende von 20, Langzeitaufnahmen mit Shapleylinse auf 12 reduzierbar, Brennweite 3600 mm (Optik Lichtenknecker), Belichtung 180 min, auf TP 2415 hypersensibilisiert, 9,8fache Nachvergrößerung

Abb. 12. M 66; Aufnahme B. Flach-Wilken; technische Daten wie Abbildung 11 jedoch mit 1:12, 120 min Belichtung, 15fache Nachvergrößerung

Abb. 13. M 99; Aufnahme B. Flach-Wilken; technische Daten wie Abbildung 12

Abb. 14. M 82; Aufnahme B. Flach-Wilken; technische Daten wie Abbildung 12, 60 min Belichtungszeit. Vergleiche hiermit Abbildung 6.

Abb. 15. Zentralgebiet des Virgo-Galaxienhaufens mit den großen elliptischen Galaxien M 84, M 86, M 87 und M 89; Aufnahme B. Flach-Wilken; technische Daten wie Abbildung 10, 20 mm Belichtung, 6,8fache Nachvergrößerung

bestens geeignetes Ordnungsschema stammt von E. Hubble und wurde von A. Sandage [9] neu definiert. Es unterscheidet drei Klassen von Galaxien: elliptische Galaxien, normale Spiralgalaxien und Balkengalaxien. Das Schema ist in Abbildung 16 dargestellt.

Bei den elliptischen Systemen charakterisiert die dem Symbol E angehängte Zahl n die Elliptizität:

$$n = 10(a - b)/a; \tag{1}$$

a und b sind die Halbachsen der Ellipse.

Bei den Spiralgalaxien bedeuten die Buchstaben *a, b, c, d, m* eine Zunahme der Öffnung der Spiralarme und/oder eine relative Abnahme der Helligkeit des Zentralkörpers gegenüber der Scheibe. Die Stetigkeit eines Spiralarmverlaufs nimmt von *a* nach *m* immer mehr ab. Setzen die Spiralarme an einer Balkenstruktur an, so wird in der Klassifikation der Großbuchstabe B eingeführt. Das Ende der Klassifikation bildet die Gruppe der irregulären Systeme, bei denen keine Rotationssymmetrie festzustellen ist. Zwischen elliptischen und Spiralsystemen gibt es noch die SO-Systeme: Galaxien mit einer Scheibenkomponente werden mit dem Symbol SO bezeichnet, wenn ihnen merkliche Mengen an interstellarer Materie ($< 2\%$) fehlen und wenn sie keine Spiralstruktur zeigen.

Die Leuchtkraftklasse einer Galaxie kann aus dem Erscheinungsbild der Spiralstruktur abgeschätzt werden. Dies ist nur bei den Spiralgalaxien möglich. Systeme mit gutentwickelten, großräumigen, stetig verlaufenden Spiralarmen erhalten die Leuchtkraftklasse I, Systeme mit zerrissenen und schlecht definierten Spiralarmen erhalten die Leuchtkraftklasse V. Galaxien mit der Leuchtkraftklasse V nennt man auch Zwerggalaxien. Zwerggalaxien sind durchschnittlich um 1 bis 2 Größenordnungen

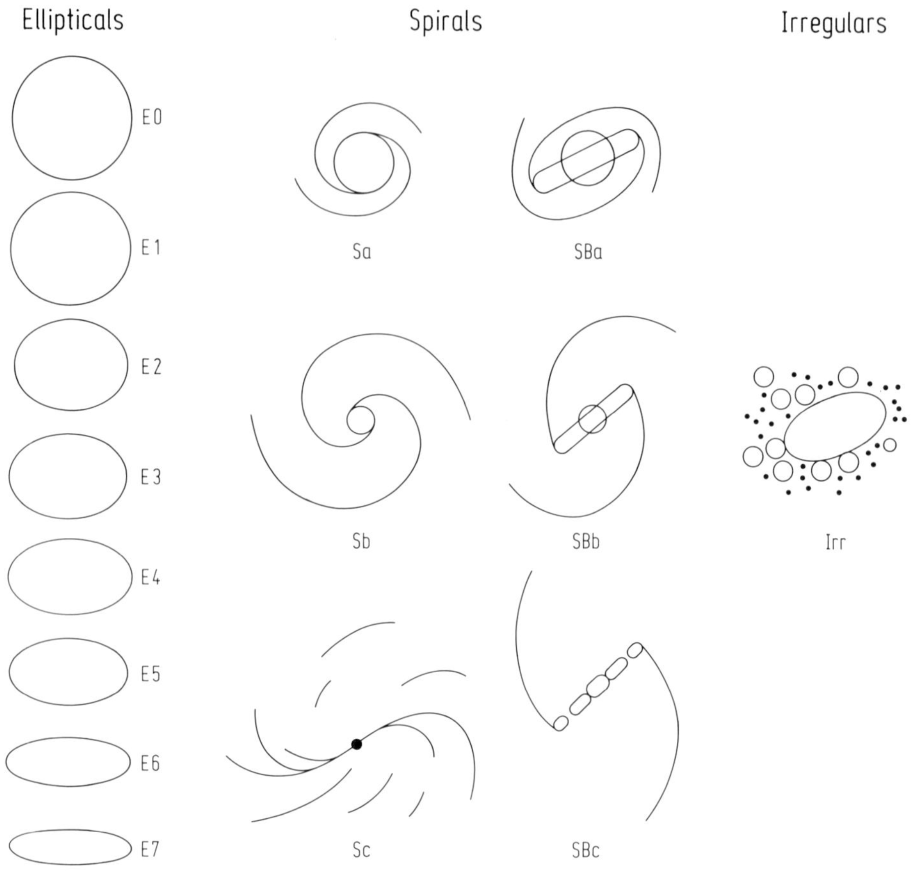

Abb. 16. Die einfache Galaxienklassifikation nach Hubble. Den Übergang von den E- zu den S-Systemen bilden die SO-Galaxien. In der Klassifikationsabfolge a, b, c, (d, m) wird die Spiralstruktur stetig offener, aufgelockerter und zerrissener

Tabelle 1. Scheinbare Häufigkeit der Galaxientypen in der Hubbleklassifikation. (Nach van den Bergh [36])

Typ	%
E + SO	22,9
Sa + SBa	7,7
Sb + SBb	27,5
Sc + SBc	27,3
Ir	2,1
Rest	12,5

kleiner in Helligkeit, Durchmesser und Masse als normale Galaxien. Zwerggalaxien gibt es auch bei den elliptischen Sternsystemen. Die prozentuale Häufigkeit der einzelnen Galaxientypen kann aus Tabelle 1 abgelesen werden.

15.3.1 Wechselwirkende Galaxien und Galaxien mit Besonderheiten

Die Gruppe der irregulären Galaxien ist nicht identisch mit der Gruppe der Galaxien, die Besonderheiten zeigen. Besonderheiten können Verwölbungen der Sternsysteme oder Ringstrukturen und Materiebrücken oder Materieauswurf in Form von Gaswolken sein. Besonderheiten können sich auch in einem bestimmten Wellenlängenbereich nachweisen lassen. So ist zum Beispiel die Radioleuchtkraft in den Zentren einiger Galaxien außergewöhnlich hoch. Diese pekuliaren Galaxien, auch aktive Galaxien genannt, umfassen Objekte wie Quasare, Seyfert-Galaxien, BL-LAC-Objekte und Radiogalaxien (s. Abschnitt 15.6). Die Grenzen der Einordnung sind hier jedoch fließend. Die physikalischen Ursachen für diese Abweichungen von den mittleren Eigenschaften entsprechender Sternsysteme sind Instabilitäten innerhalb der Galaxien.

Physikalische Ursache von Besonderheiten bei Galaxien können auch Gezeitenkräfte sein. Verzerrungen, Verbiegungen, Brücken, Materieschweife oder die Auslösung von Schüben kräftiger Sternentstehung werden wechselseitig bei Galaxienpaaren oder Mehrfachsystemen erzeugt. Die miteinander über Gezeitenkräfte wechselwirkenden Sternsysteme zeigen eine gewaltige Formfülle. Die Atlanten [7] und [8] vermitteln einen Eindruck von der großartigen Vielfalt der Galaxienstörungen.

Feitzinger [10] beschreibt die durch Gezeitenwechselwirkung entstehende Gruppe der Ringgalaxien.

In Form der Gezeitenwechselwirkung präsentiert uns die Natur Experimente an den Bausteinen des Universums, den Galaxien. Durch Beobachtung der Abweichungen und unsere Versuche, die Abweichungen zu erklären, erhalten wir Einblick, wie diese vielkomponentigen Sternsysteme funktionieren. In Abbildung 1 ist das gravitativ wechselwirkende System M 51 (NGC 5194/5195), in Abbildung 4 das System NGC 4485/4490 wiedergegeben. M 82 ist durch gewaltige Mengen interstellarer oder intergalaktischer Materie gestört (Abbildung 6 und Abbildung 14). Ob diese Galaxie eruptiv Materie ausgestoßen hat, ist zur Zeit umstritten.

15.4 Der Aufbau der Galaxien

Eine Galaxie besteht aus Sternen, interstellarer Materie (Gas und Staub) und den an die interstellaren Magnetfelder gebundenen hochenergetischen kosmischen Teilchen (Elektronen und Protonen). Diese Komponenten organisieren sich über das Gleichgewicht zwischen Anziehungs- und Fliehkräften und den Gleichgewichten zwischen den Energiedichten der kosmischen Magnetfelder, der Rotation der Sternsysteme, der turbulenten Bewegung der Materie und des gesamten Strahlungsfeldes. Von den drei Galaxienbestandteilen sind interstellare Materie sowie kosmische Teilchen und Ma-

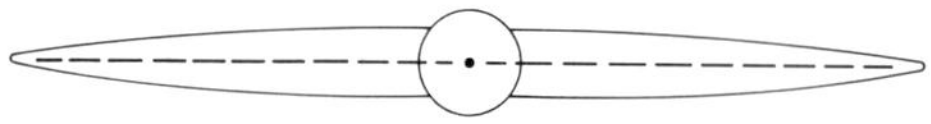

Abb. 17. Schematische Darstellung einer galaktischen Scheibe mit Zentralkörper. Vergleiche hierzu Abbildung 2

gnetfelder hauptsächlich in der Grundebene der Spiralgalaxien, der sogenannten Scheibe, verteilt. Elliptische Systeme besitzen keine Scheibenkomponente, können jedoch sehr wohl auch beträchtliche Mengen an interstellarer Materie enthalten.

Die meisten Galaxien enthalten einen Kern. Der Kern kann Träger von Aktivitätsphänomenen sein, wie Massenauswurf, starke Radio- oder Röntgenstrahlung. Der Kern ist in den Zentralkörper (bulge) eingebettet. Diesem Zentralkörper überlagert sich die Scheibe (Abbildung 17, vgl. hierzu auch Abbildung 2). Elliptische Galaxien, die ja keine Scheibenkomponente besitzen, sind der Form nach den sphäroidischen Zentralkörpern ähnlich. Anschaulich lassen sich Spiralgalaxien mit einem Diskus vergleichen, dem zentralsymmetrisch ein kleines Sphäroid von der Größe eines Eies aufgestülpt ist. Im Zentrum des Sphäroids sitzt ein Sandkörnchen als Kern. Die Scheibe des Diskus selbst kann durch Spiralarme strukturiert sein. Bei Balkengalaxien wird das Rotationssphäroid des Zentralkörpers teilweise durch ein zigarrenförmiges Sphäroid ersetzt.

Elliptische Galaxien sind größer als die Zentralkörper und einem amerikanischen Football ähnlich, wenn wir im Vergleichsmaßstab Diskus – Football – Ei – Sandkörnchen bleiben. Die Spiralgalaxien müssen außerdem von einem sphärischen Halo umgeben sein, dessen Materiezusammensetzung zur Zeit nicht bekannt ist. Seine Existenz wird aus dem Verlauf der Umlaufgeschwindigkeit der Sterne und des Gases um das Galaxiezentrum erschlossen. Dem Halo entspräche in der Größe ein Wasserball. Die Grundkomponenten der Sternsysteme sind nicht aus Sternen gleichen Alters zusammengesetzt. Sternbevölkerungen verschiedenen Alters, verschiedener chemischer Zusammensetzung und verschiedener Geschwindigkeitsverteilungen, sogenannte Sternpopulationen, bilden die Untereinheiten der mehrkomponentigen Galaxien. Die Sternpopulationen können aber auch miteinander vermischt auftreten. Man unterscheidet hauptsächlich zwei Populationen. Die Population I besteht aus jungen Sternen mit einem Alter $< 10^8$ Jahren, einer mittleren Geschwindigkeitsstreuung von rund 10 km/s und einem Anteil von 4% an schweren Elementen. Der Population I wird auch das interstellare Medium (Gas und Staub) zugeordnet. Die Population II besteht aus Sternen mit einem Alter $> 10^8$ Jahren, einem sehr geringen Anteil an schweren Elementen und einer mittleren Geschwindigkeitsstreuung von rund 30 bis 40 km/s. In Abbildung 18 sind die Populationskomponenten einer Galaxie schematisiert dargestellt. Die Population II dominiert im Zentralkörper und mit abnehmender Tendenz in der Scheibe; sie ist stetig über das ganze Sternsystem verteilt. Die Kugelsternhaufen sind ebenfalls Population-II-Objekte.

Die Sternpopulation I ist unstetig verteilt und wesentlich auf die Scheibe konzentriert. Sterne, Staub und Gas können bevorzugt entlang von Spiralarmen angeordnet sein, gleichzeitig kann die Scheibe mit einem Loch an Population-I-Objekten um das Zentrum in Erscheinung treten. Die Population I hat einen steileren Dichteabfall nach außen als die alten Sterne.

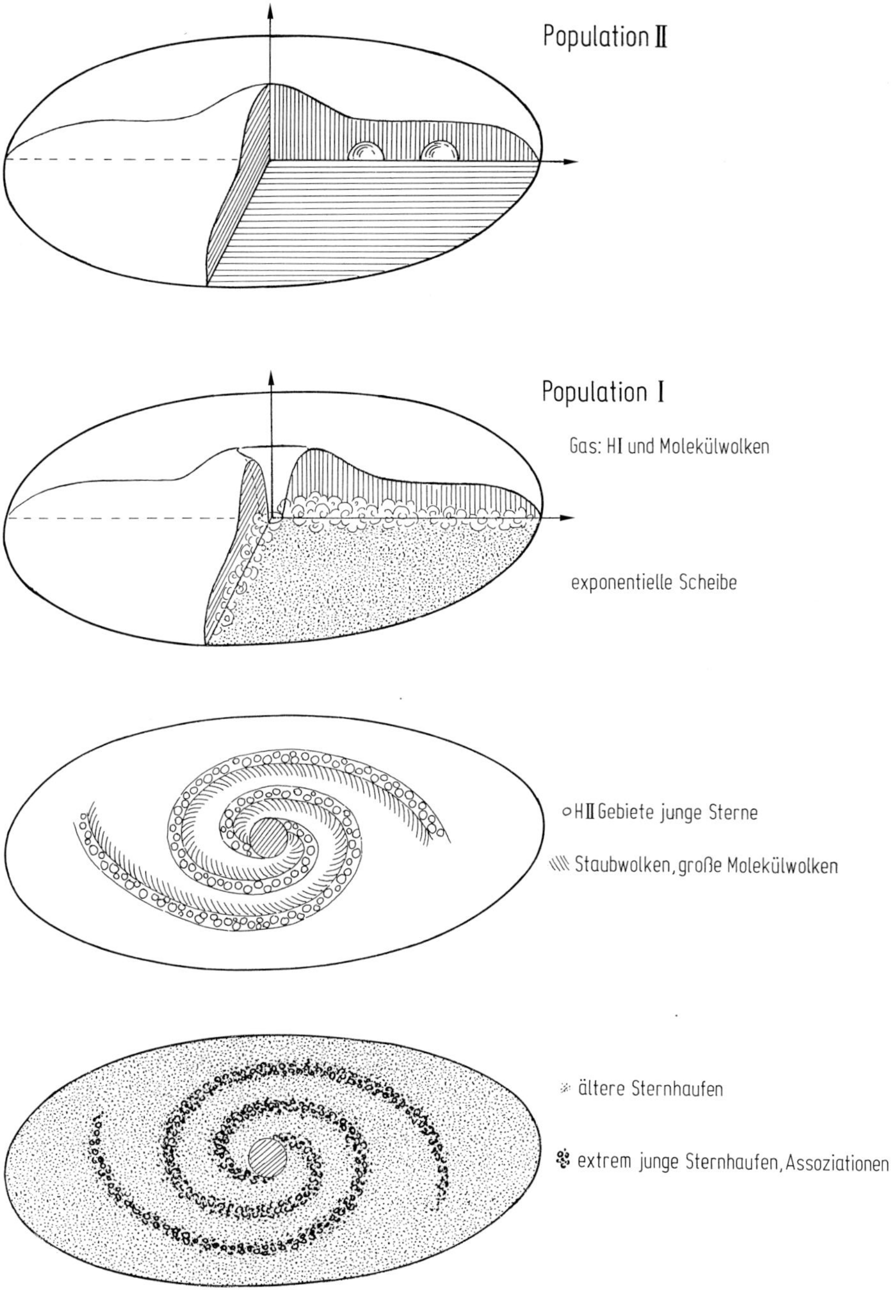

Abb. 18. Die einzelnen Komponenten eines Sternsystems in auseinandergefalteter Darstellung. Die Darstellung muß spiegelsymmetrisch zur Grundebene gedacht werden. Im obersten Schnittbild sind zwei Spiralarmschläuche ausgespart. Im untersten Bild soll die gleichförmige Verteilung der älteren Sternhaufen ($> 10^8$ Jahre) den stetigen Übergang zu Population II Objekten symbolisieren. Die Verteilung der Kugelsternhaufen (älteste Population II Objekte, $> 5 \times 10^9$ Jahre) ist sphärisch symmetrisch zum Gesamtsystem.

Die verschiedenen Alter der Sterne bedeuten auch verschiedene Farben. Population-I-Objekte sind im Mittel heißer, also bläulicher; Population-II-Objekte sind kühler, also röter. Eine qualitative Trennung der beiden Hauptpopulationen ist mit Hilfe photographischer Verfahren (Zwickysche Butterbrottechnik, vgl. Abschnitt 15.8) möglich. Mit radioastronomischen Beobachtungsverfahren kann die gasförmige interstellare Matèrie erfaßt werden.

15.4.1 Allgemeine Eigenschaften der Galaxien

Um die allgemeinen Eigenschaften von Sternsystemen zu bestimmen, müssen die Entfernungen der Systeme bekannt sein. Wahre Durchmesser, Massen oder Leuchtkräfte sind immer entfernungsabhängig, ähnlich wie die Zustandsgrößen der Sterne. Die scheinbare Winkelausdehnung einer Galaxie an der Himmelssphäre kann sehr groß sein, wenn das System in der Nähe der Milchstraße liegt, und sehr klein, wenn es irgendwo in den Tiefen des Universums angesiedelt ist, unabhängig von der wahren Größe des Systems. Die Verfahren der Entfernungsbestimmung werden im Abschnitt 15.5 besprochen.

Neben der Entfernung müssen die Zustandsgrößen der Galaxien hinsichtlich der Neigungseffekte und der Eigenabsorption korrigiert werden; in de Vaucouleur et al. [4] sind diese komplizierten Verfahren beschrieben. Der wahre oder lineare Durchmesser eines Sternsystems hängt von der Winkelausdehnung und der Entfernung des Sternsystems ab. Ferner muß eine Vereinbarung getroffen werden, bis zu welcher Isophote der Flächenhelligkeit die Ausdehnung eines Sternsystems gemessen werden soll. Als Grenzgröße wird meistens der sogenannte Holmberg-Radius benützt. Er ist definiert als große Achse der Isophote 26.5 scheinbarer photographischer Größenklasse pro Quadratbogensekunde einer Galaxie.

Für den Amateurastronomen ist es sicher lehrreich, Durchmesservergleiche bei einer Galaxie durchzuführen. Aufnahmen an verschiedenen Tagen, bei unterschiedlichen atmosphärischen Bedingungen und mit unterschiedlichem Photomaterial und variierenden Belichtungszeiten werden sehr schnell zeigen, welche scheinbaren Durchmesserschwankungen bei einem Sternsystem auftreten können.

Der Größenvergleich der linearen Durchmesser von Galaxien liegt zwischen 0,1 bis 50 kpc, Spiralsysteme von 10 bis 30 kpc und irreguläre Systeme von 5 bis 20 kpc. Der untere Durchmesserbereich ist typisch für Zwergsternsysteme. Unsere eigene Milchstraße hat einen Radius von etwa 18 kpc.

Galaxien haben keinen scharfen Rand. So wie bei der Durchmesserbestimmung muß daher auch bei der Festlegung der gesamten scheinbaren Helligkeit eines Sternsystems auf den Holmberg-Radius bezogen werden. Die innerhalb dieses Radius aufsummierte Helligkeit wird als gesamte scheinbare Helligkeit verwendet. Daraus erhält man die absolute Helligkeit mit Hilfe der Entfernung und zweier Korrekturen. Es muß die Absorption innerhalb unserer eigenen Milchstraße berücksichtigt werden, und es muß die sogenannte K-Korrektur angewandt werden. Die K-Korrektur stellt sicher, daß immer der gleiche spektrale Bereich bei einer Helligkeitsbestimmung benützt wird, gleichgültig welche kosmische Rotverschiebung ein Sternsystem besitzt (vgl. Abschnitte 15.5 und 15.7). Die Rotverschiebung bringt verschiedene Teile des

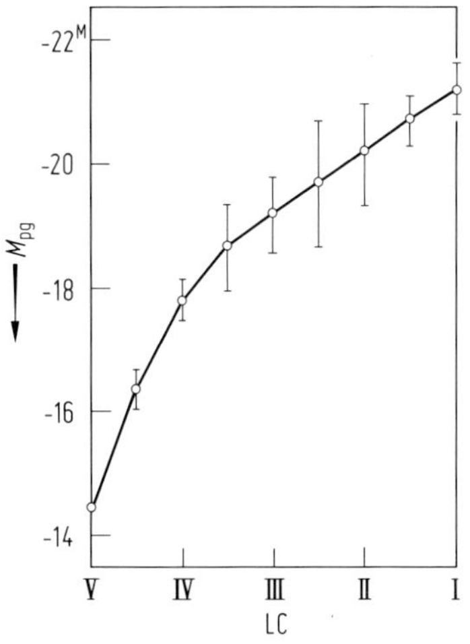

Abb. 19. Die Eichung der Leuchtkraftklassen der Galaxien. Die absolute photographische Helligkeit ist korrigiert hinsichtlich Absorption und Neigungswinkel. Die Balken geben die Streuung um die Mittelwerte an. (Nach Freeman [38])

Spektrums einer Galaxie unter Umständen in den für photographische Beobachtung definierten Helligkeitsbereich und ändert so die Verläufe der Isophoten.

Zwischen der absoluten Helligkeit M und dem Systemradius R in kpc gibt es nach Rubin [11] die sehr gute Korrelation

$$\log R = -3{,}94 - 0{,}246\, M \qquad (2)$$

Die absolute Eichung der Leuchtkraftklassen von van den Bergh [12] wurde von Sandage und Tammann durchgeführt [13]. Sie ist in Abbildung 19 dargestellt. Die Helligkeiten typischer Galaxien liegen zwischen -15^{M} bis -20^{M}. Bei elliptischen Galaxien ist die Streubreite der Leuchtkräfte größer als bei Spiralsystemen. Auch hier bilden die Zwergsternsysteme das untere Ende der Helligkeitsverteilungen, während die großen Helligkeitsabweichungen nach oben durch Sonderfälle erklärbar sind.

Überhelle elliptische Galaxien ($M = -23{,}3$ mag), die in den Zentren von Galaxienhaufen beobachtet werden, sind auf Verschmelzungen mehrerer Galaxien zurückzuführen.

15.4.1.1 Helligkeit und Farbe. Aus der Verteilung der Flächenhelligkeiten (in den Abbildungen 20 und 21 für eine Balkengalaxie vom Typ SB und ein Sc System dargestellt) läßt sich die radiale Flächenhelligkeitsverteilung von Galaxien ableiten. Diese Flächenhelligkeitsverteilungen befolgen ein mehr oder minder universales Leuchtkraftgesetz, das für elliptische und Spiralgalaxien charakteristisch ist. Das Auftreten eines einheitlichen Gesetzes zeigt, daß die Sternsysteme nach gleichen Bauplänen aufgebaut sein müssen. Physikalisch interpretiert bedeutet es, daß sie sich in gleichen oder zumindest ähnlichen dynamischen Zuständen befinden sollten.

Für elliptische Systeme lautet dieses empirische Gesetz

$$\log I(\varrho) = -3{,}33\,(\varrho^{1/4} - 1) \qquad (3)$$

mit $\varrho = R/R_e$.

$I(\varrho)$ ist die entlang der Hauptachse gemessene Flächenhelligkeit oder Leuchtkraft im Abstand vom Galaxienzentrum. R ist die radiale Koordinate und R_e der effektive

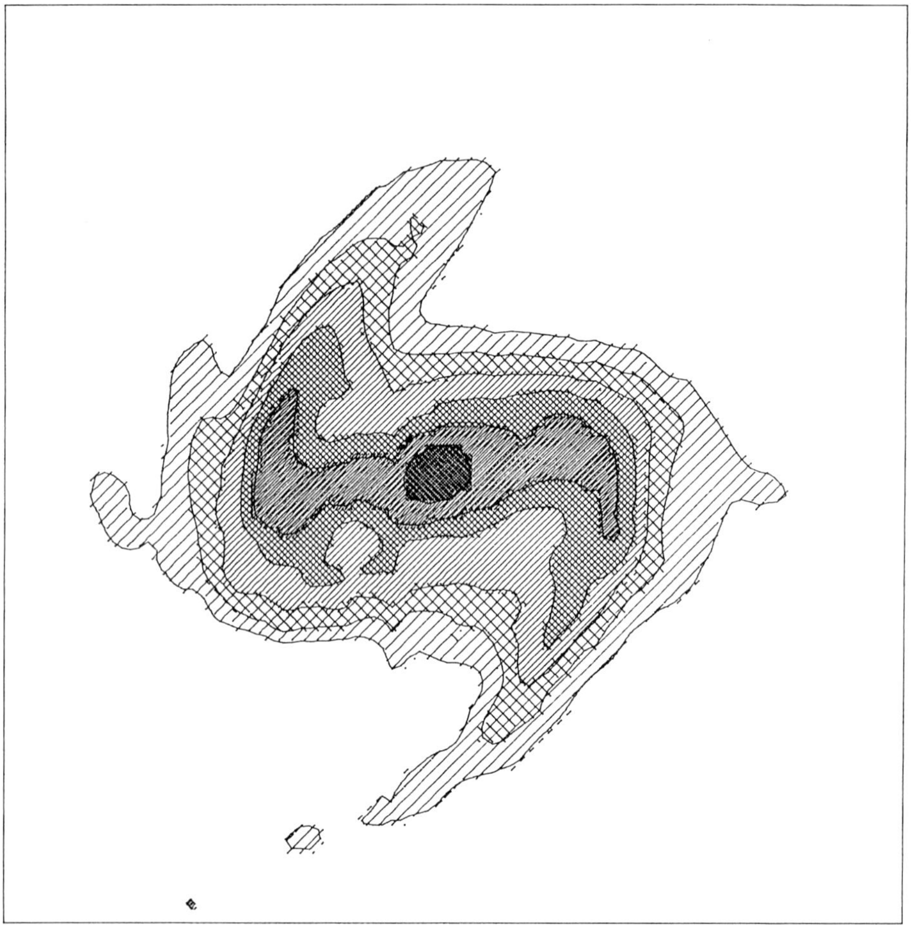

Abb. 20. Flächenphotometrie der Galaxie NGC 1365; Galaxientyp: SBb I. Die relativen Einheiten der Isophoten sind 50, 80, 110, 140, 170, 200. Die Bildkastenkante hat eine Länge von etwa 3°. (Bildverarbeitung des Astronomischen Instituts der Ruhr-Universität, Bochum)

Radius derjenigen Isophote, innerhalb derer 50% des gesamten Lichtes emittiert wird.

Bei den Spiralsystemen tritt zu dem Gesetz (3) ein zweiter Term hinzu:

$$I_2(R) = I_0 \exp(-\alpha R). \qquad (4)$$

Dieser Term beschreibt die exponentiell abfallende Helligkeitsverteilung in der Scheibe. I_0 mißt eine zentrale Helligkeit und α ist die inverse Skala des Helligkeitsabfalles. $1/\alpha$ kann je nach Galaxientyp zwischen 0,5 kpc und 5 kpc liegen.

Der Zentralkörper (bulge) bei den Spiralgalaxien wird wie bei den elliptischen Systemen durch (3) charakterisiert. Alle Scheibensysteme zeigen eine exponentielle Helligkeitsabnahme in radialer Richtung. Dies bedeutet, daß sich die die galaktischen Scheiben aufbauenden Sternpopulationen stets in einem ähnlichen dynamischen Zu-

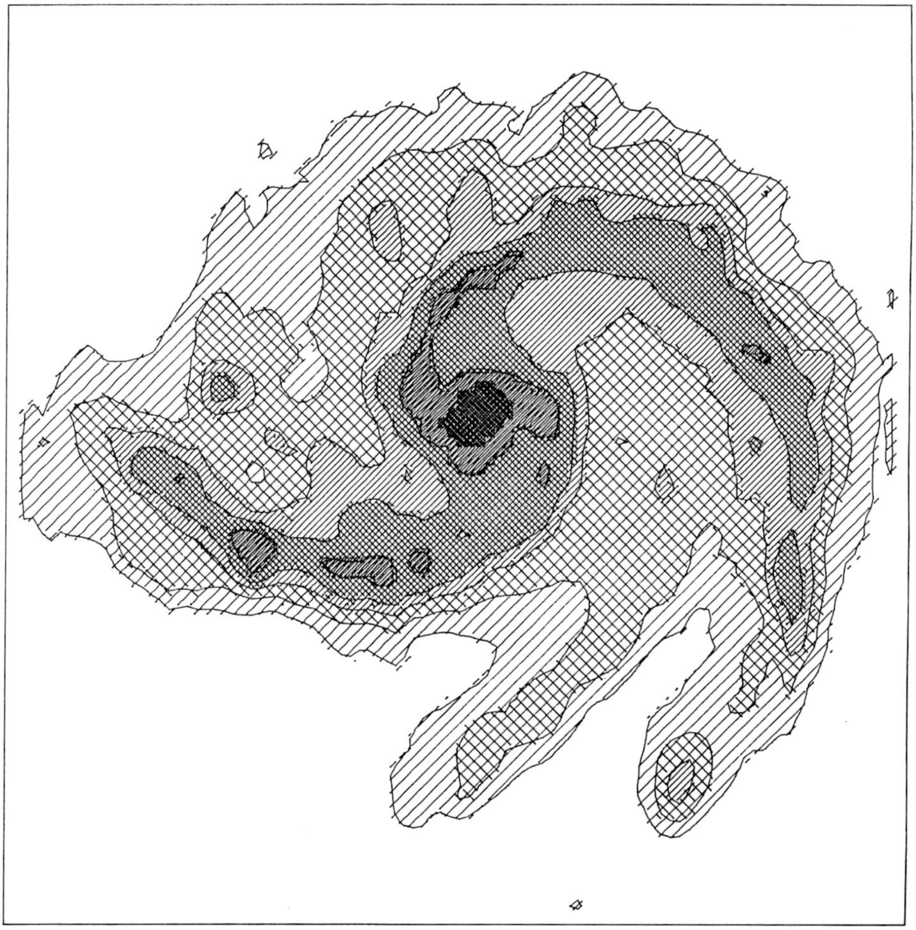

Abb. 21. Flächenphotometrie der Galaxie NGC 5247; Galaxientyp: Sc I–II. Die relativen Einheiten der Isophoten sind 80, 110, 140, 160, 180, 200. Die Bildkastenkante hat eine Länge von etwa 1°. (Bildverarbeitung des Astronomischen Instituts der Ruhr-Universität, Bochum)

stand befinden. Im Rahmen der Hubbleklassifikation der Galaxie ist das Verhältnis von Scheiben- zur Zentralkörperhelligkeit ein Klassifikationsmerkmal. Der Abstand des Übergangs von der elliptischen zur exponentiellen Helligkeitsverteilung wird in den radialen Leuchtkraftverteilungen zu einem quantitativen Maß für die einzelnen Leuchtkraftanteile. Der Übergang erfolgt um so weiter innen, je fortgeschrittener der Galaxientyp ist (c, d, m). In Abbildung 22 ist die radiale Helligkeitsverteilung für drei Galaxien mit verschiedenen Anteilen der sphäroidalen und exponentiellen Komponenten gezeigt. Zum Vergleich ist auch ein reiner $R^{-1/4}$ Verlauf angegeben. Die Helligkeitsverteilungen in den Balken der Balkengalaxien (SB-Systeme) folgen einem $R^{-1/4}$ Gesetz.

Bei elliptischen Galaxien können gelegentlich ebenfalls ansatzweise Scheibenstrukturen auftreten. Es handelt sich dabei aber entweder um kleine kompakte Kom-

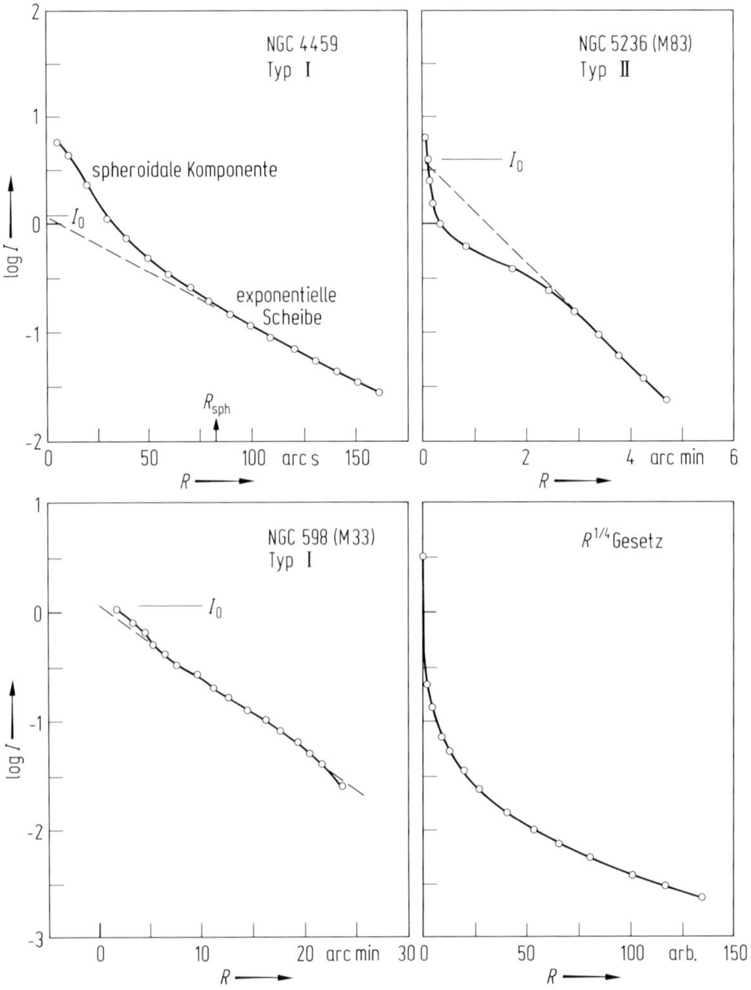

Abb. 22. Die radiale Verteilung der Leuchtkraft am Beispiel von NGC 4459 (SO-System), M 83 (Sc-System) und M 33 (Scd-System; vergleiche Abbildung 7). Die Leuchtkraftverteilungen Typ I und Typ II unterscheiden sich durch unterschiedliche Beiträge der sphäroidalen Komponenten. (Nach Freeman [38])

ponenten, die tief im sphärodialen Gesamtkörper eingebettet sind, oder um ausgedehnte scheibenförmige Hüllen, die ihre Ursache in Gezeiteneffekten mit Nachbarsternsystemen haben (Kodaira et al. [14]).

Aus den scheinbaren Elliptizitäten der sphärodialen Komponenten läßt sich die wahre Häufigkeitsverteilung der Abplattungen berechnen. Sei a die wahre große und c die wahre kleine Hauptsache, so gilt für die Elliptizität

$$e = 1 - c/a = 1 - q\,. \tag{5}$$

Ein repräsentativer Mittelwert für die elliptischen Galaxien ist $e = 0{,}36$ und für Spiralgalaxien $e = 0{,}75$. Der Wert $q = c/a$ nimmt entlang der Hubblesequenz von den

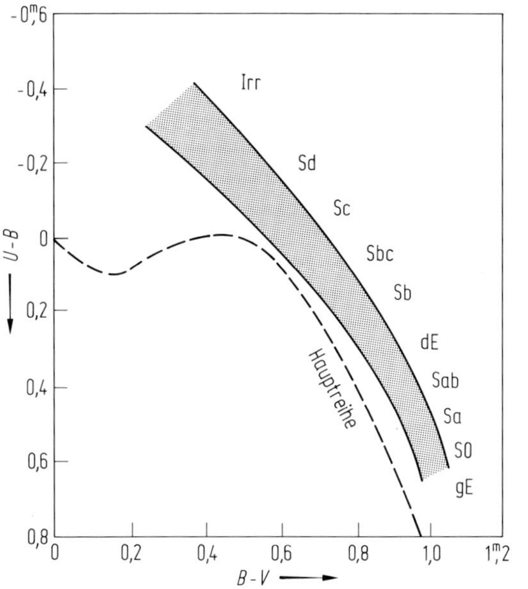

Abb. 23. Der Zusammenhang zwischen Farbe und Galaxientyp. Die Farben werden im U, B, V-System gemessen. (Nach Mitton [39])

E- zu den S-Systemen ab. Entlang der Hubblesequenz nimmt ebenfalls das Verhältnis der Helligkeiten von Zentralkörper und Scheibe ab. Die Hubblereihung kann daher als Reihung abnehmenden Drehimpulses gedeutet werden. Die Abplattung ist nicht eine ausschließliche Folge der Rotation. Da sich die Abplattung, als wesentliche dynamische Eigenschaft, nicht auf Zeitkskalen von $\leqq 10^{12}$ Jahren ändern kann, müssen die Unterschiede zwischen E und S innerhalb der Typen bei der Galaxienentstehung aufgeprägt worden sein. Die einzelnen Galaxientypen können sich nicht ineinander entwickeln.

Eine Flächenphotometrie einer Galaxie kann praktisch in jeder Farbe (z.B. U, B, V) durchgeführt werden. Man erhält dann natürlich, je nach gewähltem Wellenlängenband, verschiedene Galaxienhelligkeiten, die die Dominanz einzelner Populationen charakterisieren. Die Kernbereiche der Spiralsysteme sind rot, genau wie die elliptischen Systeme. Die Außengebiete von Sa bis Sm zeigen eine zunehmend blauere Farbe als Folge der stärkeren Sternentstehungsaktivität bei den irregulären Galaxientypen. In einem Zweifarbendiagramm liegen die nach mittleren Farben wohl sortierten Galaxien in einem breiten Streifen über der typischen stellaren Hauptreihe (vgl. Abbildung 23).

15.4.1.2 Sterne und Gas. Der in Abschnitt 15.4 eingeführte Populationsbegriff zeigte schon, daß die Materieverteilung in Galaxien nicht einem gut durchgemischten Kuchenteig entspricht. Konstituenden verschiedenen Alters, verschiedener chemischer Zusammensetzung und verschiedenen Bewegungszustands bevorzugen verschiedene Bereiche in den Galaxien. Galaxien bestehen natürlich aus den gleichen Konstituenden wie unser eigenes Sternsystem. Normale Sterne, Veränderliche, Novae, Supernovae, Planetarische Nebel und Sternhaufen, all das findet man in den Galaxien, wenn auch die Extreme der Zustandsgrößen dieser Konstituenden systematischen Schwankungen unterliegen können. Ein Beispiel hierfür sind die jungen (blauen) Kugelhaufen in der Großen Magellanschen Wolke.

Die integralen Eigenschaften einer Galaxie sind die Summeneigenschaften ihrer Konstituenden. Die Variation der Farbindizes entlang der morphologischen Klassifikationsfolge der Galaxien (Abbildung 23) spiegelt also die verschieden starken Mischungsverhältnisse der einzelnen Populationen wider. Die Galaxien werden von Sa nach Sm zunehmend blauer. Dies ist gleichbedeutend mit einer stetigen Zunahme an jungen Sternen, die das Maximum ihrer Lichtabstrahlung im blauen Spektralbereich haben. Ebenso nimmt von Sa bis Sm die absolute Leuchtkraft der hellsten Sterne in den Spiralarmen zu und die Größe und Anzahl der H II-Gebiete. Desgleichen wächst der prozentuale Anteil von Gas und Staub und beläuft sich bei den Sd- bis Sm-Systemen auf etwa 15 bis 20% im Vergleich zu 5 bis 10% bei den Sa-Systemen. Elliptische Galaxien sind nicht frei von interstellarer Materie, deren Massenanteil hier allerdings unter 3% liegt.

Die interstellare Materie ist stark zur Hauptebene konzentriert, wenn das Sternsystem einen dominierenden Zentralkörper besitzt. Sind die Arme weit ausgedehnt und zerrissen und fehlt ein ausgeprägter Zentralkörper, so ist die Hauptebene der Sternsysteme von interstellarer Materie eingehüllt. Der neutrale atomare Wasserstoff hat bei den S-Systemen eine typische Ausdehnung von mehr als zwei Holmbergradien. Die molekularen Gaskomponenten (CO, H_2) sind bevorzugt auf der optisch sichtbaren Sternscheibe konzentriert. Wie beim atomaren Wasserstoffgas können auch ringförmige Verteilungen auftreten.

Die kontinuierliche Radiostrahlung (z. B. bei 1415 MHz) wird zu mehr als 90% in der Scheibe der Spiralgalaxie erzeugt. Sie wird von den freien Elektronen des interstellaren Mediums abgestrahlt; dabei bewegen sich die Elektronen mit hoher Geschwindigkeit entlang der interstellaren Magnetfeldlinien. Die Magnetfelder sind an die interstellare Materie gekoppelt. Den Spiralarmen folgende Magnetfelder konnten in einigen nahen Galaxien nachgewiesen werden. Die Radioleuchtkräfte der Scheibe und des Kerns oder des Zentralkörpers sind den optischen Leuchtkräften proportional.

Die Radiolinienstrahlung des neutralen, atomaren Wasserstoffes bei 21 cm Wellenlänge liefert Erkenntnisse über die Verteilung, den Massenanteil und die Bewegungsverhältnisse (Rotationskurve) des Gases und somit über den inneren Bewegungszustand des ganzen Sternsystems. Jeder Teil des elektromagnetischen Spektrums ergibt Aufschluß über bestimmte Bausteine eines Sternsystems. Infrarotstrahlung kann zum Beispiel von der Staubkomponente des interstellaren Gases stammen, die Röntgenstrahlung von einem mehrere Millionen Kelvin heißen Gas aus dem Kernbereich eines Sternsystems. Durch das Zusammenfügen all dieser Informationen läßt sich Schritt für Schritt ein Gesamtbild eines Sternsystems ableiten.

Nimmt man von einem ganzen Sternsystem ein optisches Spektrum nicht allzu großer Auflösung auf, so beinhaltet dieses Spektrum eine gemittelte spektrale Information. Diese Information besteht aus den Beiträgen der einzelnen Populationen und wird also, je nachdem, welche Population dominiert, für das Sternsystem charakteristisch sein. Den Sternsystemen lassen sich integrale Spektraltypen zuordnen, die aus der Mischung der einzelnen stellaren Spektraltypen hervorgehen. In Abbildung 24 ist

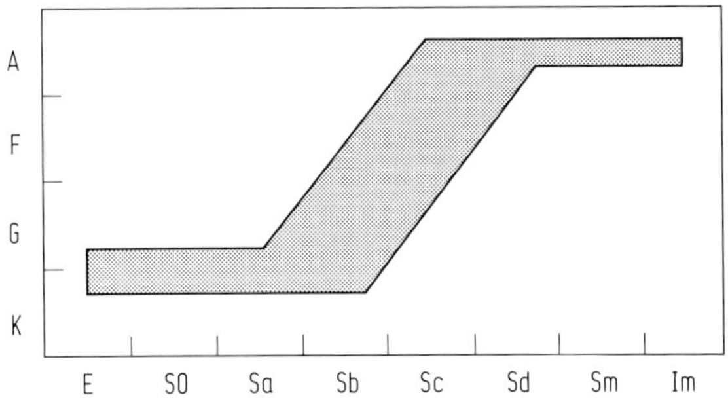

Abb. 24. Der Zusammenhang zwischen mittlerem Spektraltyp und Galaxientyp. (Nach H. H. Voigt [40])

dieser Zusammenhang verdeutlicht. Die Abfolge der Spektraltypen ist als eine stetige Zunahme von immer jüngeren Populationskomponenten über die Galaxientypen E nach Sm zu verstehen.

15.4.1.3 Masse und Masse–Leuchtkraftverhältnis. Wie bei den Sternen ist die Gesamtmasse einer Galaxie eine grundlegende Zustandsgröße. Die Massenverteilung beschreibt den Aufbau und legt die Kinematik und Dynamik des Sternsystems fest. Die Massenbestimmungen benötigen stets ein theoretisches Modell des Sternsystems, nach dem die Berechnungen durchgeführt werden können. Das einfachste Modell ist die Annahme von reiner Kreisbewegung eines Massenpunkts im Außenbereich des Sternsystems um die im Zentrum konzentrierte Gesamtmasse. Gravitationskraft und Zentrifugalkraft halten sich das Gleichgewicht und erlauben so eine Massenbestimmung.

Es gibt sechs Verfahren, um die Masse einer Galaxie zu bestimmen: die Rotationskurve, die Breite der 21-cm-Radioemissionslinie des neutralen atomaren Wasserstoffs, die Geschwindigkeitsstreuung der Sterne oder der Galaxien in einem Galaxienhaufen, die Bewegung der ein Hauptsystem begleitenden Kugelsternhaufen oder Zwergsternsysteme und die Bewegung von Doppelgalaxien. Die letzten beiden Verfahren ähneln im Prinzip der Massenbestimmung bei Doppelsternsystemen. Das Verfahren der Geschwindigkeitsstreuung benutzt den sogenannten Virialsatz: Der doppelte Betrag der mittleren Energie der Bewegung ist gleich der Gravitationsenergie des als zeitlich unveränderlich angesehenen Systems. Die mittlere Bewegungsenergie wird über den Mittelwert der Geschwindigkeitsstreuung bestimmt.

In jüngster Zeit wird für die Massenbestimmung der Galaxien die Korrelation zwischen absoluter Helligkeit und Gesamtbreite der 21-cm-Radioemissionslinie des neutralen interstellaren Wasserstoffs benutzt. Das Linienprofil ist Träger der Information über den inneren Bewegungszustand eines Sternsystems. Der Bewegungszustand aber ist eine Folge der Massenverteilung, also der Gesamtmasse eines Sternsystems. Auf diese nach Tully und Fischer [15] benannte Beziehung wird in Abschnitt 15.5 nochmals eingegangen. In Abbildung 25 ist die Korrelation dargestellt.

Die Rotationskurve einer Galaxie stellt den Zusammenhang zwischen der Rotationsgeschwindigkeit des Systems als Folge der Massenverteilung und dem Galaxienradius her. Aus der Rotationskurve kann unter der Annahme von Kreisbahnen um

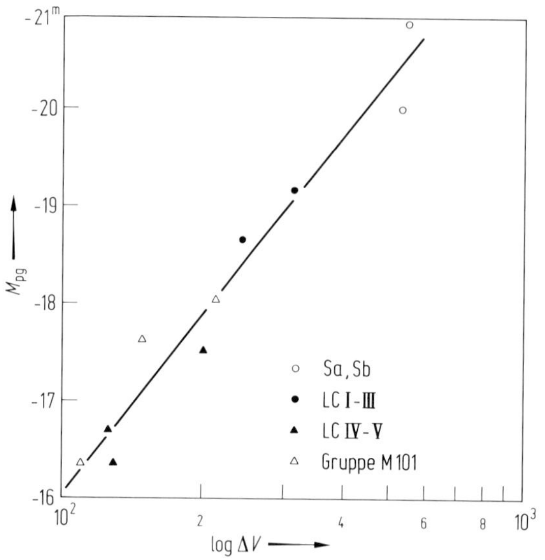

Abb. 25. Von Brosche entdeckte und nach Tully-Fischer benannte Beziehung zwischen der Gesamtbreite der Linie des atomaren Wasserstoffes und der absoluten photographischen Helligkeit der Spiralgalaxien. (Nach Voigt und Huchtmeier [41])

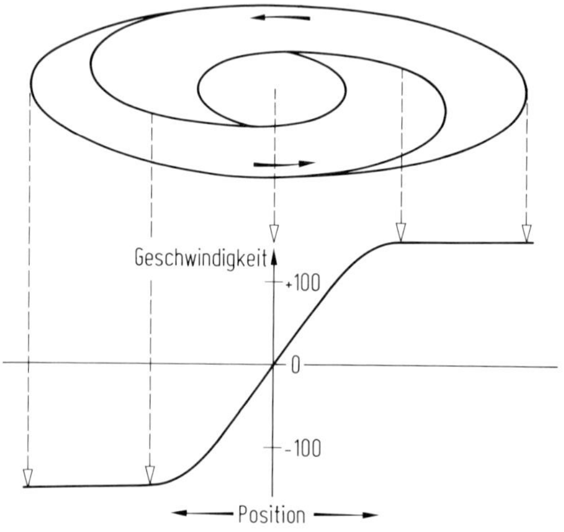

Abb. 26. Die Rotationskurve einer Galaxie. Steiler Anstieg im Innenbereich und flacher konstanter Geschwindigkeitsverlauf im Außenbereich

das Galaxienzentrum durch Überlagerung verschiedener Massenverteilungen die Gesamtmasse der Galaxie errechnet werden. In Abbildung 26 ist der schematisierte Verlauf einer Rotationskurve dargestellt.

Das Verhältnis zwischen Masse und Leuchtkraft stellt die Kombination zweier Zustandsgrößen dar. Die Leuchtkraft ist eine photometrische Beobachtungsgröße, die Masse wird aus kinematischen Daten über ein Massenmodell abgeleitet. Das Masse–Leuchtkraftverhältnis beschreibt also, wieviel Leuchtkraft pro Masse ein System entwickelt. In Tabelle 2 sind typische Massen und Leuchtkräfte entsprechend den einzelnen Galaxientypen zusammengestellt. Den Zusammenhang zwischen Galaxientyp und dem Verhältnis von Wasserstoffmasse zu blauer Leuchtkraft gibt Abbildung 27 wider. Diesem Zusammenhang liegt offensichtlich eine Beziehung zwischen dem interstellaren Masseanteil sowie der Leuchtkraft und dem jeweiligen Galaxientyp

Tabelle 2. Massen und Masse–Leuchtkraftverhältnisse für verschiedene Galaxientypen. (Nach Burbidge [37]). N ist die berücksichtigte Anzahl der Galaxien

Type	N	$\mathfrak{M}\,[10^{10}\,\mathfrak{M}_\odot]$	$\mathfrak{M}/L$
E.SO	9	0,36 ··· 350	10 ··· 80
Sa	2	1,9 ··· 20	3,6 ··· 7
Sb	15	1,2 ··· 34	1,2 ··· 8,4
Sc	24	0,13 ··· 27	0,4 ··· 20
Ir	8	0,07 ··· 13	2 ··· 11

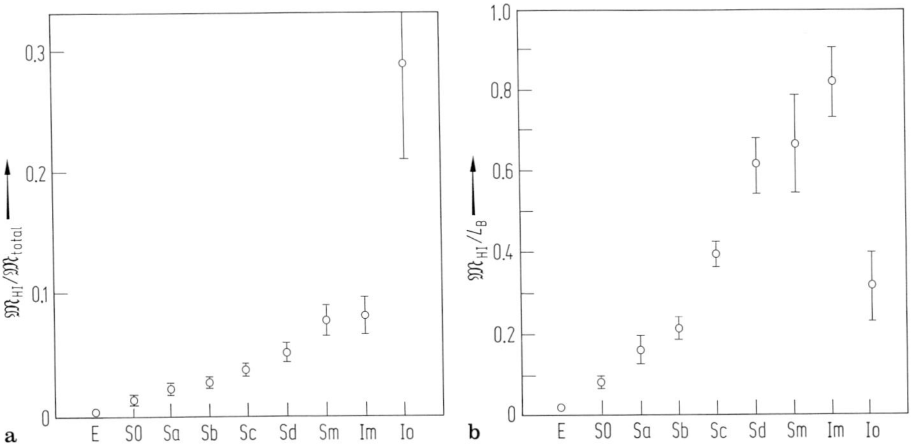

Abb. 27 a, b. Das Verhältnis von mittlerer Wasserstoffmasse und blauer Leuchtkraft als Funktionen des Galaxientyps. (Nach Voigt, Huchtmeier [42])

zugrunde. Je mehr interstellare Materie vorhanden ist, desto mehr Sterne können entstehen, desto mehr junge Sterne sind vorhanden, desto ausgeprägter ist die blaue Leuchtkraft. Einige Unterschiede zwischen den einzelnen Galaxientypen werden so verständlich.

15.4.2 Strukturbildung in Galaxien

Auf die Bedeutung der Rotationskurve für ein Sternsystem wurde schon in Abschnitt 15.4.1.3 hingewiesen. Es ist intuitiv wohl schnell einsehbar, daß der großräumig geordnete Bewegungszustand in einem Sternsystem, die Rotation, auf die Ausbildung von Strukturen, seien es Balkenkonfigurationen oder Spiralarme, wesentlich Einfluß haben muß. Die Rotationskurven der Galaxien sind flach. Nach einem steilen Anstieg der Rotationsgeschwindigkeit im Innenbereich der Galaxie sinkt die Rotationsgeschwindigkeit nicht ab, sondern hält sich auf einem konstanten Wert. Diese einfache Beobachtungstatsache hat jedoch weitreichende Konsequenzen. Wenn Galaxien in ihrem Außenbereich keinen Geschwindigkeitsabfall ihrer Rotationskurven zeigen, wie man es gemäß einer Keplerbewegung erwarten würde, muß in den Gala-

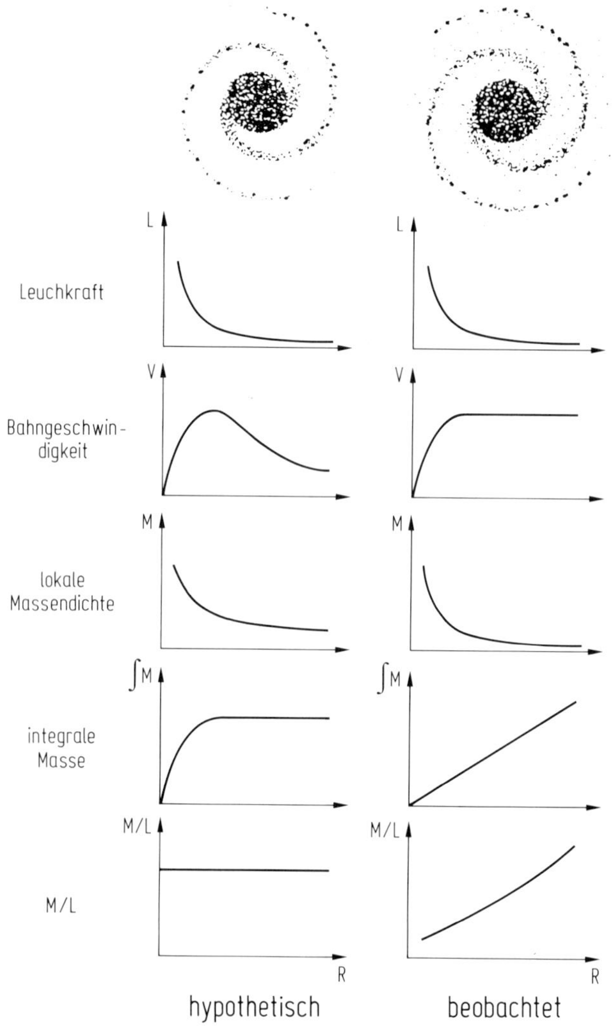

Abb. 28. Hypothetische und beobachtete Galaxie. Die hypothetische Galaxie besitzt keinen Halo, die beobachtete Galaxie hat einen massereichen nichtleuchtenden Halo. Das Vorhandensein eines dunklen Halos ändert alle Galaxieneigenschaften außer dem optischen Aussehen. (Nach Rubin [16])

xien eine zusätzliche Massenkomponente existieren. Sie konnte bisher im optischen, radioastronomischen oder infraroten Spektralbereich nicht nachgewiesen werden.

Diese zusätzliche Massenkomponente ist der sogenannte dunkle Halo; er verändert außer ihrem optischen Erscheinungsbild nahezu alle Eigenschaften einer Galaxie. In Abbildung 28 ist der Vergleich zwischen einer Galaxie klassischer (falscher) Vorstellung und einer realen Galaxie durchgeführt. Nur die beiden Leuchtkraftverteilungen sind hier identisch. Die klassische Galaxie besitzt keinen Halo. Die Leuchtkraft nimmt radial schnell ab, ebenso die Rotationsgeschwindigkeit außerhalb des Kernbereichs (dies ist der sogenannte Keplerabfall). Die lokale Massendichte verläuft parallel zur Leuchtkraft, die integrale Masse erreicht einen konstanten Grenzwert und ebenso das Masse–Leuchtkraftverhältnis. In einer realen Galaxie bleibt die Rotationsgeschwindigkeit hoch, die lokale Massendichte fällt nur gering ab, die integrale Masse nimmt stetig zu, ebenso wie das Masse–Leuchtkraftverhältnis. Dies hat seine Ursache in dem radial nach außen anwachsenden Einfluß der Halokomponente bei gleichzeitigem Helligkeitsabfall der Scheibe. Aus welcher Materie besteht der dunkle Halo? Nur eins ist zur Zeit sicher: die Materie muß ein M/L von 100 und größer besitzen (Rubin [16]).

Die maximale Rotationsgeschwindigkeit einer Galaxie, also die mittlere Geschwindigkeit des flachen Teils der Rotationskurve, ist mit dem morphologischen Galaxientyp korreliert. Je langsamer die Rotationsgeschwindigkeit, um so offener verläuft die Spiralstruktur. Sie löst sich bei den langsam rotierenden Spiralsystemen vom Typ Sm (V_{max} = 70 km/s) in einzelne kurze Spiralarmfilamente auf. Den Zusammenhang zwischen Typ und Rotationsgeschwindigkeit zeigt Abbildung 29.

Die Streubreiten der Leuchtkräfte bei einem fest vorgegebenen Typ (hier Sc-System) betragen einen Faktor 100, wobei die Leuchtkräfte um so größer sind, je schneller die Galaxie rotiert (Abbildung 30). Ein Vergleich zwischen Sa- und Sc-Galaxien zeigt, daß bei gleicher Leuchtkraft die Rotationsgeschwindigkeiten der Sa-Systeme stets höher sind als die der Sc-Systeme. Sa-Systeme müssen daher mehr Masse pro Leuchtkraft- und Volumeneinheit beinhalten als Sc-Galaxien (Abbildung 31).

Im Gegensatz zu den Spiralgalaxien wird die Struktur der elliptischen Systeme (dazu gehören auch die Kugelsternhaufen oder die Zentralkörper der Galaxien) durch

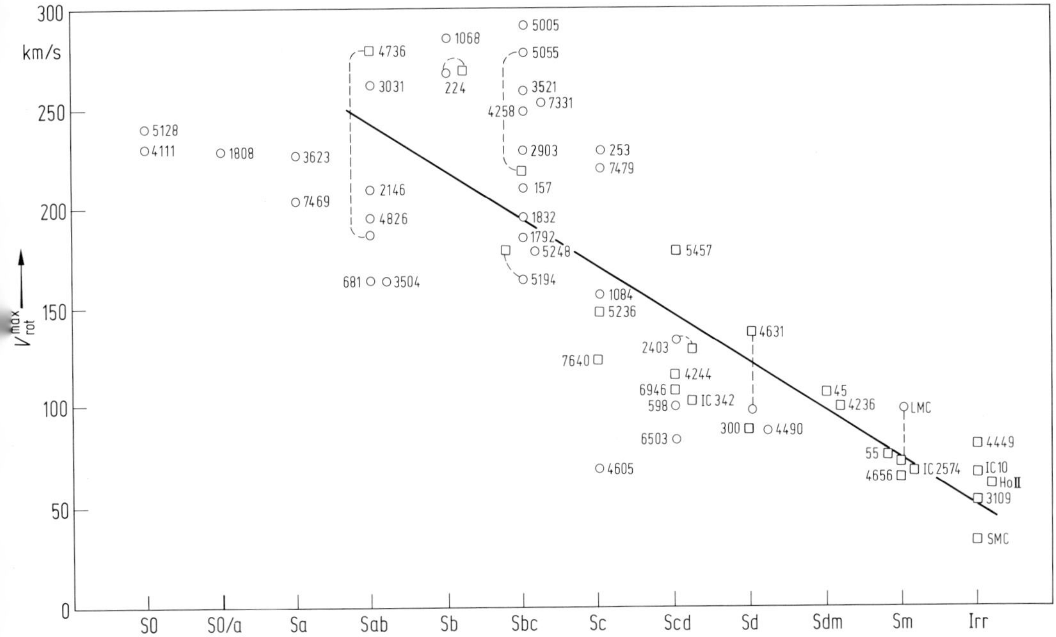

Abb. 29. Die maximale Rotationsgeschwindigkeit einer Galaxie als Funktion morphologischer Typen. Je eng gewundener die Spiralstruktur ist, desto schneller ist die Rotation; die Ziffern entsprechen den NGC-Nummern. Offene Kreise: optische Beobachtungen, Quadrate: Radiobeobachtungen bei 21 cm Wellenlänge. (Nach Brosche [42])

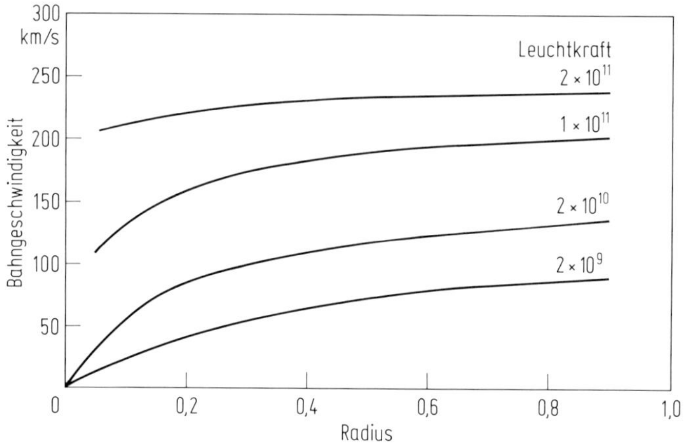

Abb. 30. Die schematisierten Rotationskurven von Sc-Galaxien unterschiedlicher Leuchtkräfte. Der Radius der optisch sichtbaren Scheibe ist auf 1 normiert. (Nach Rubin [16])

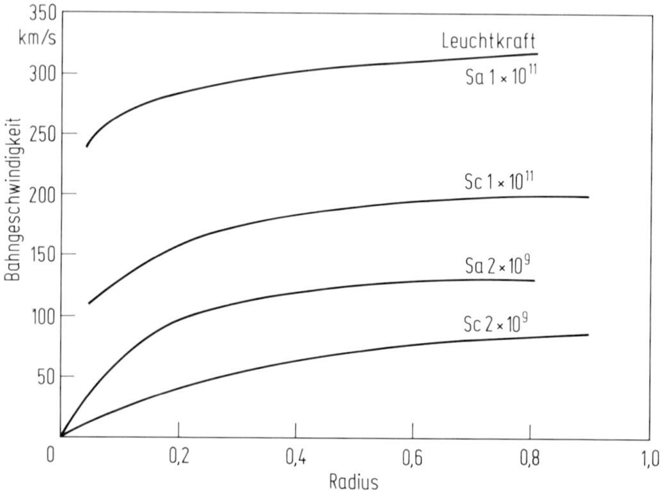

Abb. 31. Vergleich zwischen Sa- und Sc-Galaxien. Sa-Systeme zeichnen sich bei gleicher Leuchtkraft durch höhere Rotationsgeschwindigkeiten gegenüber Sc-Systemen aus. (Nach Rubin [16])

die Geschwindigkeitsstreuung der Einzelsterne festgelegt. Elliptische Systeme rotieren viel langsamer (wenn überhaupt), als es ihrem Elliptizitätsgrad entspricht. $V_{\max}$ ist kleiner als 100 km/s. Die Geschwindigkeitsverteilungen der sie aufbauenden Sterne sind ungleich in Richtung der drei Hauptachsen; das deutet darauf hin, daß elliptische Galaxien Sternsysteme mit drei ungleich großen Hauptachsen sein können.

Der Zusammenhang zwischen Form (Abflachung), zentraler Geschwindigkeitsstreuung (σ) und Leuchtkraft (L) stellt eine grundlegende Verknüpfung von dynamischen und photometrischen Zustandsgrößen bei elliptischen Systemen dar:

$$L \sim \sigma^n \qquad 4 < n < 6 . \tag{6}$$

Die Mittelwerte der Geschwindigkeitsstreuungen liegen zwischen 200 km/s und 300 km/s.

Da elliptische Systeme keine ausgeprägte Rotation zeigen, sind ihre nur ansatzweise vorhandenen Rotationskurven für Massenbestimmungen nicht geeignet. Man benützt in diesem Fall die zentrale Geschwindigkeitsstreuung oder versucht aus dem Verlauf der Geschwindigkeitsstreuung entlang einer Hauptachse die Masse zu errechnen. Die entlang einer Hauptachse gemessenen Geschwindigkeitsprofile stellen einen Ersatz für die Rotationskurve dar. Sie sind die wichtigste Beobachtungsgröße, um die Dynamik dieser Sternsysteme zu beschreiben und aus der Dynamik die Struktur der elliptischen Galaxien zu erklären. Die typische Abnahme der Geschwindigkeitsstreuung innerhalb einer elliptischen Galaxie von innen nach außen beträgt einen Faktor zwei.

15.4.2.1 Spiralstruktur. Die flachen Rotationskurven der Spiralgalaxien, also die differentielle Rotation, bewirken eine Verscherung jeder Materieansammlung innerhalb einer galaktischen Scheibe. Je weiter der Abstand eines Sterns vom Zentrum einer Galaxie ist, um so größer wird die zum Umlauf um das Zentrum benötigte Zeitspanne. Innenliegende Gebiete überholen die weiter außen liegenden Gebiete. Spiralstrukturen als Folge einer solchen Verscherung werden nachgeschleppt und könnten eine natürliche Folge der Galaxienrotation sein. Die Schwierigkeit liegt jedoch gerade in diesem Sachverhalt; denn durch diese Rotation würde jede spiralige Struktur schnell aufgewickelt werden und verschwinden. Welcher Mechanismus verhindert ein solches Aufwickeln? Zwei Theorien versuchen dazu eine Erklärung zu geben: die Dichtewellentheorie und die Theorie der sich selbst fortpflanzenden stochastischen Sternentstehung.

Die Dichtewellentheorie geht davon aus, daß sich in der Sternscheibe eine spiralig verlaufende, symmetrische Dichtestörung ausbilden kann, die mit einer festen Geschwindigkeit starr rotiert. Anschaulich läßt sich dies mit dem Bild einer Wanderbaustelle auf der Autobahn beschreiben. Der Autostrom (Sternstrom) verdichtet sich in einem bestimmten Bereich; dieses Gebiet schiebt sich mit der Wandergeschwindigkeit der Baustelle langsam weiter. Die Ursache für diese Verdichtung im Verkehrsstrom (im Sternstrom) ist eine Fahrbahnverengung. In der Natur muß durch eine äußere Störung (z. B. durch die Gezeitenstörung einer benachbarten Galaxie) oder eine Instabilität in der Sternscheibe selbst eine solche Verdichtung zur Ausbildung kommen. Diese Verdichtung der stellaren Scheibenkomponente wirkt auf das gasförmige interstellare Medium als Gebiet stärkerer Gravitation. Das interstellare Gas strömt daher schneller in dieses Gebiet ein, wird dabei etwas abgebremst und komprimiert. Dadurch wird in den kühlen Molekülwolken kräftige Sternentstehung ausgelöst. Die Sternentstehung und ihre Folgen, etwa in Form von jungen Sternen und H II-Gebieten, markiert dann den Spiralarm. So wird verständlich, warum sich Spiralarme hauptsächlich aus jungen, neu entstandenen Sternen und kühlen interstellaren Wolken (im optischen Spektralbereich sichtbar als Staubbänder) aufbauen. In den Büchern von Scheffler und Elsässer [17] und Bowers und Deeming [18] sind die mathematischen Formalismen dazu dargestellt.

Die Schwierigkeit dieser Theorie liegt in der Angabe einer Erklärung für die Entstehung der stellaren Dichtewelle und ihrer Lebensdauer. Denn wie jede Welle pflanzt sich die Dichtewelle mit einer typischen Geschwindigkeit fort und läuft daher aus der Sternscheibe heraus. Die Spiralstruktur verschwindet wieder auf einer Zeitskala, die bei einigen 10^8 Jahren liegt und lediglich einer mittleren Rotationsperiode einer Galaxie entspricht. Die Spiralstruktur der Dichtewellen ist sehr vergänglich (Feitzinger und Schmidt-Kaler [19]).

Bei der Dichtewellentheorie wird sowohl eine Störung im Dichteverlauf der Sternscheibe als auch eine Wechselwirkung des interstellaren Mediums mit dieser Störung zur Erklärung von Spiralstruktur benötigt. Die Theorie der sich selbst fortpflanzenden Sternentstehung ist wesentlich einfacher: das interstellare Medium im Zusammenspiel mit der Rotation der Galaxis führt zur Strukturbildung.

Die Theorie geht davon aus, daß die Strukturbildung – der Aufbau eines Spiralarms – auf dem zunächst zufälligen Ereignis der Sternentstehung beruht. Diese Vorstellung stützt sich auf die Beobachtung von sich räumlich fortpflanzender Sternentstehung.

Sternentstehung ist ein Prozeß mit sehr kleinem Wirkungsgrad, also geringer Ausbeute. Nur wenige Prozent der Masse einer kühlen, dichten interstellaren Wolke wird zu Sternen kondensieren. Der Rest wird durch die entstehenden neuen heißen Sterne aufgeheizt und auseinandergerissen. Diese Gasreste (85% und mehr einer Wolke) werden nun in angrenzende Gebiete geschoben, verdichten dort das vorhandene Gas, können dort zu neuer Sternentstehung Anlaß geben oder kühlen ab, verschmelzen mit anderen Wolken und bilden die Geburtsorte für nachfolgende Sterngenerationen. Es wurde schon erwähnt, daß die Winkelgeschwindigkeit in den Sternsystemen mit zunehmender Entfernung vom Zentrum abnimmt. Dies hat das Auftreten von Verscherungen zur Folge. Das rotierende Sternsystem erzeugt notgedrungen durch Verscherungen der Sternentstehungsgebiete eine vergängliche Spiralstruktur. Das Spiralmuster ändert sich mit der Zeit, da es von stets neu entstandenen Sternen getragen wird. Das Spiralmuster erhält sich jedoch selbst durch die stetige Folge von neu entstehenden Sternen.

Unter einer Sternentstehungszelle wollen wir Gebiete verstehen von 200 pc × 200 pc Ausdehnung. Wir denken uns eine Galaxie in solche Zellen aufgeteilt. Jede Sternentstehungszelle kommt im Laufe der Zeit in Kontakt mit anderen Zellen aus den Nachbargebieten aufgrund der differentiellen Rotation des Sternsystems. Auf diese Nachbarzellen kann dann der Sternentstehungsfunke überspringen. Sternentstehung in einer Zelle erhöht die Wahrscheinlichkeit für neue Sternentstehung in den Nachbarzellen. Diese Wahrscheinlichkeit für Sternentstehung hängt natürlich vom Zellinhalt ab, also von der Vorgeschichte der Zelle. Hat die Zelle schon lange keine Sternentstehung erfahren, wird sie viele kühle, dichte Molekülwolken enthalten, also für Sternentstehung sehr empfänglich sein. Hat dagegen gerade in der Zelle Sternentstehung stattgefunden, wird sie für neuerliche Sternentstehung eine Erholungsphase benötigen.

Die beschriebenen Abläufe stellen den Prozeß einer sich selbst fortpflanzenden Sternentstehungskettenreaktion dar. Hierbei ändert sich zeitlich der Inhalt einer Sternentstehungszelle, und außerdem wird durch das Übergreifen auf die Nachbarzellen auch eine räumliche Strukturbildung ausgelöst. Das Übergreifen der Sternentstehung auf die Nachbarzellen geschieht mit einer Wahrscheinlichkeit P (Auslösewahrscheinlichkeit für Sternentstehung). Solche Prozesse werden in der Physik Perkolationsprozesse genannt. Wir veranschaulichen dies an einem Waldbrandmodell.

Wenn ein Baum in einem Wald brennt, läßt sich die Wahrscheinlichkeit für das Übergreifen des Feuers auf einen Nachbarbaum berechnen: Baumabstand, Unterholzdichte, Windrichtung, Feuchtigkeit, Baumart bestimmen diese Übergangswahrscheinlichkeit. Der Begriff „Baum“ steht hier für Sternentstehungszelle. In dem astrophysikalischen Modell müssen die übrigen Begriffe ersetzt werden zum Beispiel durch Molekülwolkendichte, Rotationsgeschwindigkeit, Materieströmungen, Gastemperatur, Staubgehalt. Ist die Wahrscheinlichkeit $P = 1$, wird das Feuer auf alle Bäume (Nachbarzellen) übergreifen; ist $P = 0$, wird sich das Feuer nicht ausbreiten. Der wichtige Punkt nun bei Perkolationsphänomenen ist, daß der Übergang von $P = 1$ nach $P = 0$ ein nichtlinearer Vorgang ist. In dieser Nichtlinearität (vergleiche Abschnitt 15.4.2.2) ist die Rückkopplung zwischen Sternentstehung, Strukturbildung und dem Zustand des interstellaren Mediums als Träger dieser Prozesse verborgen.

Das sich aufgrund der von Sternentstehungszelle zu Sternentstehungszelle überspringenden Sternentstehung ausbildende Zellmuster wird durch die differentielle Rotation des Sternsystems verschert. Das Endergebnis ist ein Spiralarm.

Sequentielle Sternenstehung mit der Wahrscheinlichkeit P	und	Scherung durch differentielle Rotation
00000000000 →		00000000000 ↑ ↑

Der Spiralarm kann filamentös und zerrissen aussehen und eine kleine Kohärenzlänge besitzen. Er kann sich stetig und zusammenhängend mit großen Kohärenzlängen ausbilden und ein großräumiges Spiralmuster darstellen. Die Kohärenzlängen, das heißt die Bereiche des stetigen Zusammenhangs, werden von der Dynamik und der Thermodynamik des interstellaren Mediums bestimmt.

Das Zusammenspiel von differentieller Rotation und sich ausbreitender Sternentstehung ist in Abbildung 32 veranschaulicht. Für drei Fälle (Sternentstehung mit und ohne differentielle Rotation und differentielle Rotation ohne Sternentstehung) ist die Ausbildung eines Spiralarmfilaments dargestellt. In Sternentstehungsgebieten bildet sich in der Gasscheibe (jeweils rechte Spalte, schwarz) ein Loch, denn das Gas wurde in Sterne übergeführt. Stirbt die Sternentstehung ab, füllt sich die Gasscheibe langsam wieder auf, die Zellen regenerieren. Das Sternalter ist proportional zur Punktgröße aufgetragen; je kleiner der Punkt, desto älter sind die dargestellten Sterne. Die Zeitschritte sind in Einheiten von 10^6 Jahren markiert. Rotiert das System nicht (rechte Hauptspalte), werden keine unverbrauchten Sternentstehungszellen an aktiven Sternentstehungsgebieten vorbeigeführt. Die Sternentstehung tritt räumlich fast auf der Stelle. Erst wenn die Rotation dazugeschaltet wird (mittlere Hauptspalte), beginnt sich ein Spiralarmfilament auszubilden.

Um die im Großrechner erzeugten Kunstgalaxien im Aussehen den realen Sternsystemen anzunähern, haben wir eine Kunstgalaxie in Abbildung 33 (Sb-System) unscharf abgebildet. Es fällt nicht schwer, solch ein Sternsystem in einem Galaxienatlas ausfindig zu machen, wenn die Abbildung um etwa 25° geneigt wird; dies entspräche zum Beispiel NGC 3031 = M 81. Nicht nur die stellare Morphologie, sondern auch die Verteilung der verschiedenen Gaskomponenten (neutraler Wasserstoff, Molekülwolken, heiße koronale Phase des interstellaren Mediums) lassen sich in den Modellen erzeugen und mit den Beobachtungen vergleichen.

Schwierigkeit bereitet dieser Theorie der Spiralstruktur, die Symmetrie der Spiralarme zu erklären. Das Vorherrschen der Zweiarmigkeit ist mit einer Zufallstheorie nur schwer zu erzwingen [20], [21]. Andererseits ergibt sich auf natürliche Weise als Folge der differentiellen Rotation ein Spiralmuster, das zwischen einer logarithmischen

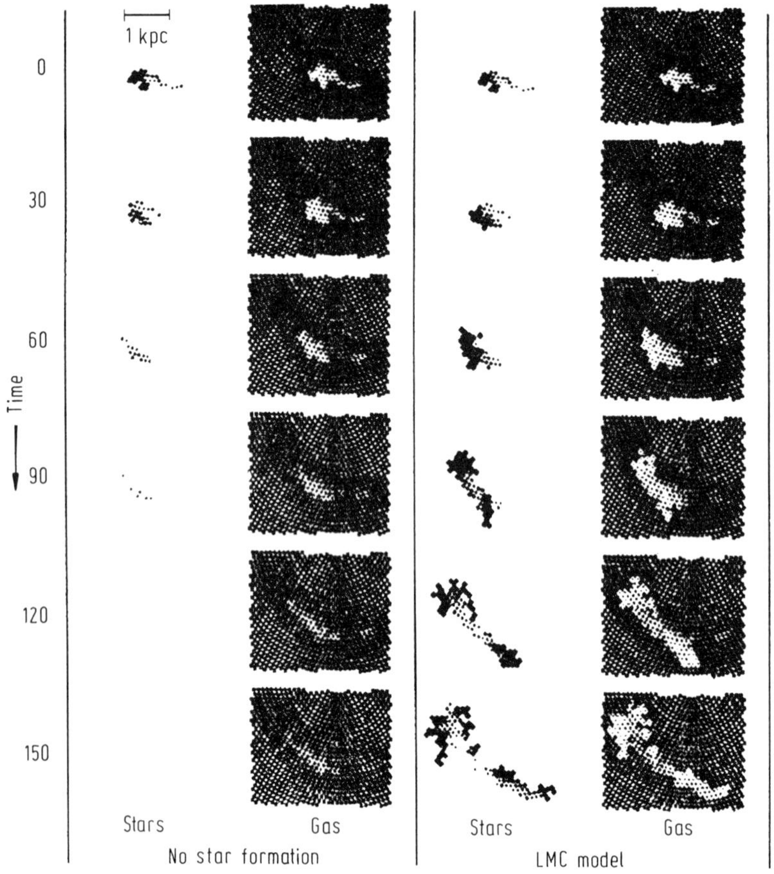

Abb. 32

(konstanter Anstellwinkel) und einer hyperbolischen Spiralform (linearer Zusammenhang zwischen Windungswinkel und Radius) liegen kann. Die Meßergebnisse von Kennicutt [22] an 113 Spiralgalaxien bestätigen diese Formunbestimmtheit. In Abbildung 34 ist der Zusammenhang zwischen Anstellwinkel μ, Windungswinkel Φ und dem Radius R einer logarithmischen Spirale dargestellt.

Die zeitliche Entwicklung eines Spiralmusters ist in Abbildung 35 wiedergegeben. Trotz wechselnder Untereinheiten bleibt die großräumige Form langzeitlich erhalten.

15.4.2.2 Kosmische Kreisläufe und Energiegleichverteilungen. Die Grundfrage, die die Galaxienklassifikation aufwirft, ist die nach ihrer Bedeutung. Dabei werden zwei Vorgänge miteinander in Zusammenhang stehen: Einmal die Galaxienentstehung und zum anderen die Galaxienentwicklung. Durch die in der morphologischen Galaxienklassifikation versteckten Hauptkorrelationen wird dieser Zusammenhang deutlich.

Die stetige Abnahme des Größenverhältnisses zwischen Zentralkörper und Scheibe von den elliptischen Systemen zu den Spiralsystemen steht mit der Entstehung der Galaxien in Zusammenhang. Die verschieden stark ausgebildeten ellipsoidischen Zentralkomponenten müssen ihre Sternentstehung sehr früh bei der Galaxienbildung

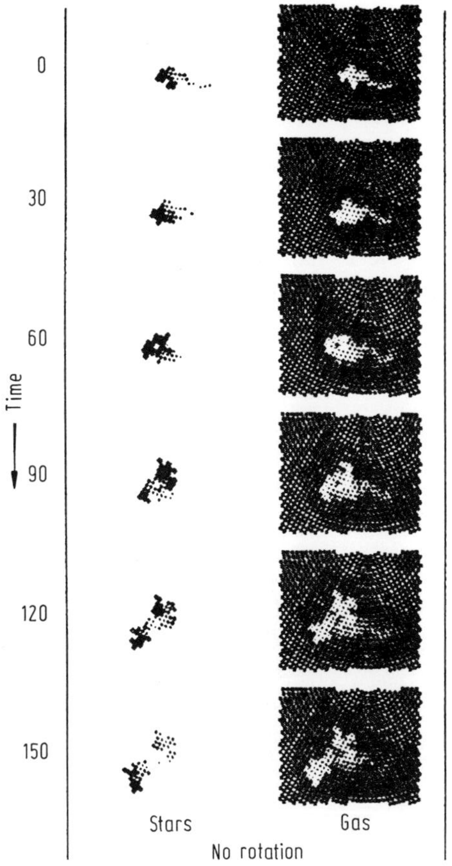

Abb. 32. Zusammenspiel von differentieller Rotation und Sternentstehung. Dargestellt ist als Funktion der Zeit (in Einheiten von 10^6 Jahren) die Entwicklung der Gasscheibe (schwarz) und eines Sternentstehungsgebietes (Punkte). An den Stellen der Sternentstehung fehlt das Gas in der Gasscheibe. Wird die Sternentstehung abgeschaltet, stirbt das Gebiet ab und die Zellen der Gasscheibe füllen sich auf (linke Hauptspalte). Wird die differentielle Rotation abgeschaltet, stagniert die Sternentstehung fast auf der Stelle, denn keine unverbrauchten Gaszellen werden an den aktiven Sternentstehungsgebieten vorbeigeführt (rechte Spalte). Erst durch das Zusammenspiel von beiden Effekten bildet sich ein Spiralarmfilament aus (mittlere Hauptspalte)

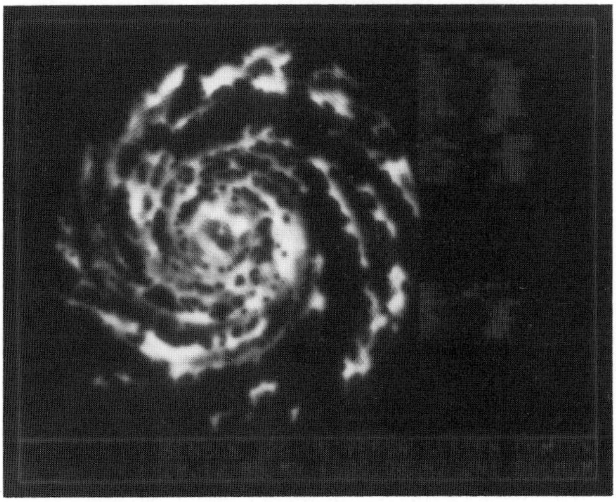

Abb. 33. Beispiel für eine im Großrechner erzeugte Kunstgalaxie. Durchmesser 20 kpc, 7400 Zellen, Rotationsgeschwindigkeit 250 km/s. Um die Zellkörnigkeit zu unterdrücken, wurde die Aufnahme unscharf abgebildet

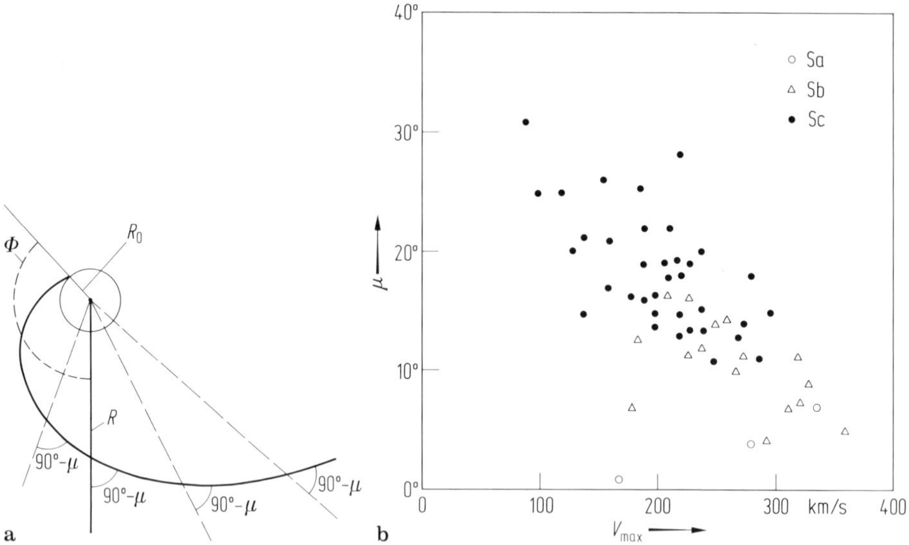

Abb. 34. a Eine logarithmische Spirale; Φ ist der Windungswinkel, μ der Anstellwinkel; **b** Zusammenhang zwischen Anstellwinkel und maximaler Rotationsgeschwindigkeit. (Nach Kennicutt [22])

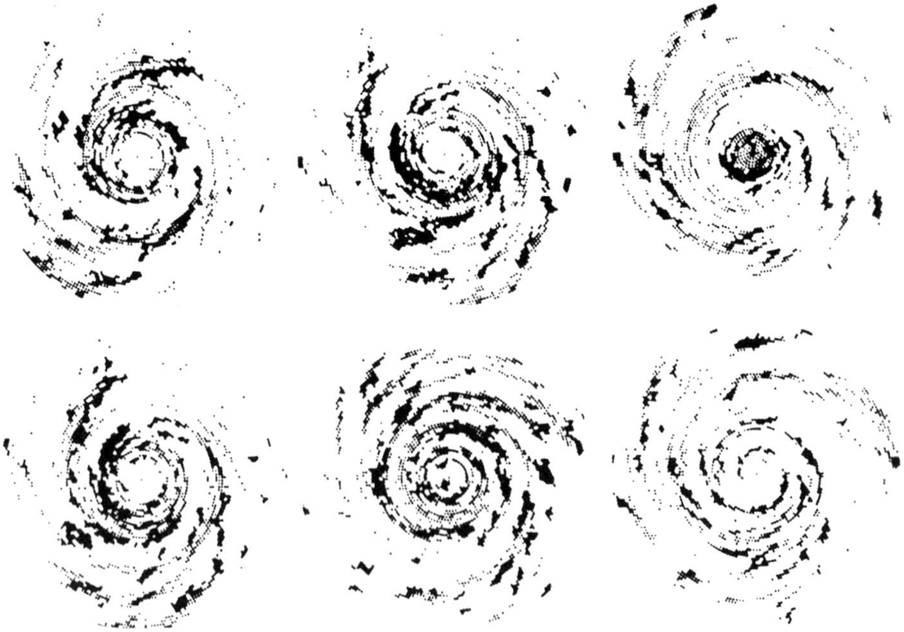

Abb. 35. Entwicklungssequenz einer Modellgalaxie zu den Zeitschritten 152, 154, 155, 161, 175, 231×10^7 Jahre. Die Symbolgröße nimmt linear mit dem Alter des Sternentstehungsgebietes ab; die kleinsten Pünktchen entsprechen einem maximalen Alter von 10^8 Jahren

erlebt haben; sie muß mit dem turbulenten Frühzustand der Materie in dem sich nach dem Urknall abkühlenden Universum verknüpft gewesen sein. Die Grundstruktur der Sternsysteme wurde ihnen schon bei der Entstehung aufgeprägt.

Die zweite Hauptkorrelation ist die zunehmende Bedeutung der interstellaren Materie und der jungen Sterne entlang der Klassifikationssequenz. Bei den Spiralsystemen tritt die Abnahme der maximalen Rotationsgeschwindigkeit entlang der Klassifikationsreihe als weitere Korrelation hinzu. Auch hier scheinen sich den Galaxien bestimmte Anfangsbedingungen bei ihrer Entstehung fest aufgeprägt zu haben.

Die Verschiedenartigkeit der E/S-Systeme ist das Ergebnis von bestimmten, dynamisch verschiedenen Anfangszuständen, die die morphologischen Formen festlegten. Im Rahmen dieser Vorgaben kann dann Galaxienentwicklung stattfinden, worunter zunächst immer eine chemische Entwicklung zu verstehen ist. Durch die neu entstehenden Sterngenerationen wird das interstellare Medium ständig mit schweren Elementen (Ordnungszahlen größer als 2) angereichert. Der Grundaufbau der Galaxien selbst scheint jedoch auf kosmischen Zeitskalen unverändert zu bleiben, wobei sich aber, wie bei der Spiralstruktur, die sie bildenden Konstituenden stetig verändern und erneuern. Interstellare Materie, Sternentstehung, Sternentwicklung, Sterntod, Rückgabe von stellarer Materie an das interstellare Medium: Voraussetzung für diesen kosmischen Kreislauf ist das energetische Gleichgewicht der Energiequellen und Energiespeicher, von denen die Entwicklung eines Sternsystems gesteuert wird.

Die Energiequellen sind die differentielle Rotation (E_{rot}), die Energie der kosmischen Strahlung (E_{kos}) und die Energie der Sternstrahlung (E_{str}). Das interstellare Medium birgt drei Formen der Energie; einerseits die durch die kinetische Temperatur T beschriebene thermische Energie der Gaspartikel (E_{thr}), dann die Turbulenzenergie (E_{tur}) sich gegeneinander bewegender Gebiete und schließlich die mit dem heißen Gas gekoppelte magnetische Energie (E_{mag}). Motor für die Strahlungsenergie sind die Gravitation, die Sterne überhaupt aus Gaswolken entstehen läßt, und die Kernfusionsprozesse im Sterninneren. Der Energieverlust eines Sternsystems kommt durch die Abstrahlung in den intergalaktischen Raum zustande.

Die typischen Energiedichten E der Einspeisemechanismen sind:

$$E_{str} = 7 \times 10^{-13}\ \mathrm{erg/cm^3}\,, \quad E_{kos} = 10 \times 10^{-13}\ \mathrm{erg/cm^3}\,,$$
$$E_{rot} = 7 \times 10^{-13}\ \mathrm{erg/cm^3}\,.$$

Die Energiedichten im interstellaren Medium betragen:

$$\mathrm{E}_{thr} = 4{,}5 \times 10^{-13}\ \mathrm{erg/cm^3}\,, \quad E_{tur} = 3 \times 10^{-13}\ \mathrm{erg/cm^3}\,,$$
$$E_{mag} = 3{,}5 \times 10^{-13}\ \mathrm{erg/cm^3}\,.$$

S. von Hoerner wies schon 1974 auf die auffallende Gleichverteilung zwischen diesen Energien hin. Wir finden

$$E_{thr} \sim E_{tur} \sim E_{mag} \sim E_1 \quad \text{und} \tag{7}$$
$$E_{str} \sim E_{kos} \sim E_{rot} \sim E_2 \quad \text{und} \tag{8}$$
$$E_1 \sim E_2\,. \tag{9}$$

In diesen Gleichverteilungen scheint das Geheimnis der Strukturbildung und der Kreislaufprozesse in den Sternsystemen zu liegen. Wir beschreiben das interstellare Medium als ein System von Energiespeichern mit Kopplungen und Einspeise- und Abgabemechanismen (Abb. 36). Sternstrahlung und kosmische Strahlung tragen über Absorption zur Erhöhung der thermischen Energie bei. Die differentielle galaktische

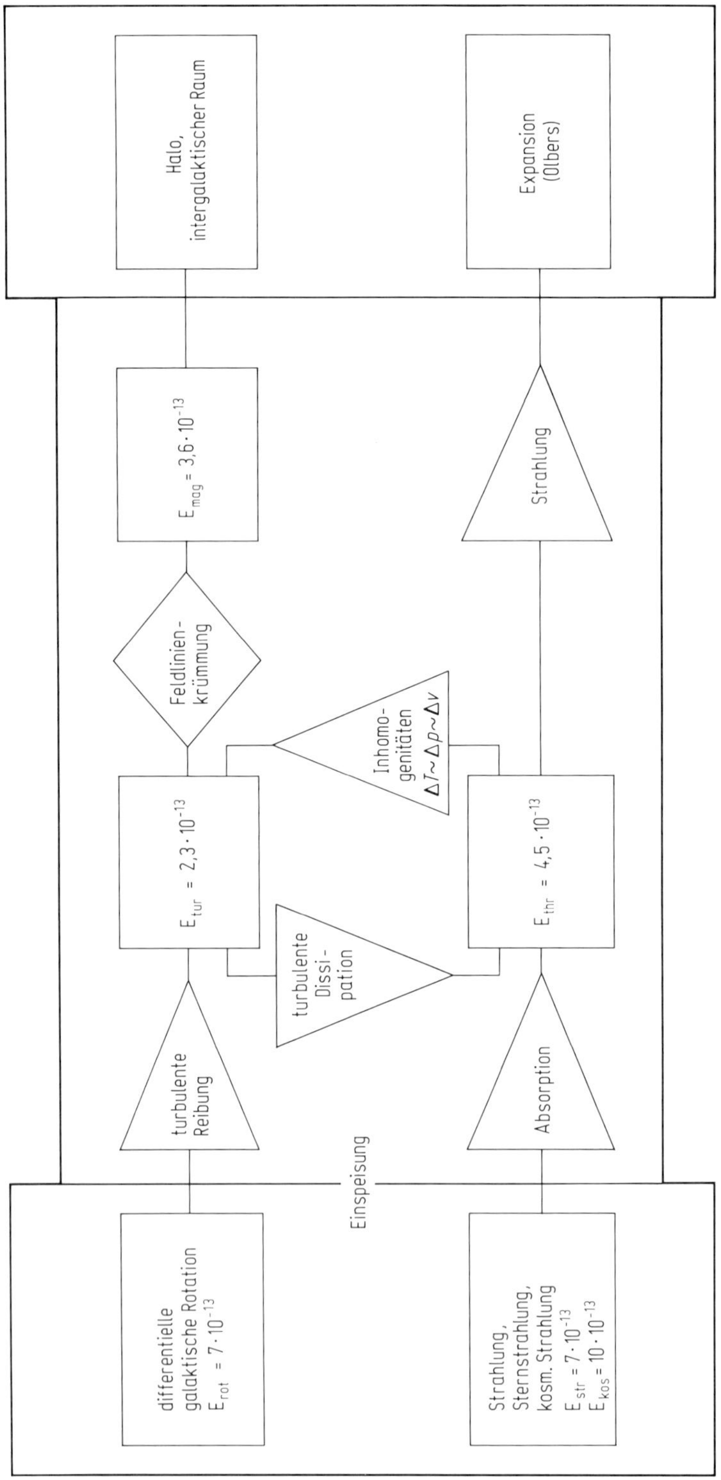

Abb. 36. Schema der Energiebilanzen in einem Sternsystem. Die mittleren Energien E_{rot}, E_{str}, E_{kos}, E_{tur}, E_{mag} und E_{thr} sind in erg/cm³ angegeben.

Rotation speist Energie in die Turbulenz über die Reibung zwischen einzelnen Gaswolken. Turbulenz und thermische Energie sind gegeneinander über räumliche Dichte-, Geschwindigkeits- und Temperaturunterschiede verkoppelt. Über turbulente Energieumwandlung wird Gleichverteilung und damit Erhöhung der mittleren thermischen Energie erreicht. Umgekehrt führt lokale Aufheizung (z. B. durch Sternentstehung oder durch Sternstrahlung) zu Inhomogenitäten in der Temperaturverteilung, damit zu Druckgradienten und damit zu Geschwindigkeitsgradienten, also zur Zunahme der turbulenten Energie.

Magnetische Energie kann durch Turbulenz über Feldlinienverlängerung umgesetzt werden. Umgekehrt wird Turbulenz erzeugt, wenn örtlich so starke Feldlinienkrümmung vorliegt, daß der magnetische Druck größer als der Gasdruck wird. Es entweicht natürlich auch Energie durch Strahlung aus dem System, wobei angenommen wird, daß aufgrund der Expansion des Weltalls die Photonendichte im intergalaktischen Raum nicht wesentlich zunimmt, andererseits die Photonen gleichzeitig durch die Expansion des Weltalls energieärmer werden.

Die Gleichverteilung der Energie in den Sternsystemen (wir nehmen natürlich gestörte oder aktive Galaxien hiervon aus) und somit der Ablauf von langfristigen Entwicklungs- und Kreislaufprozessen kann folgendermaßen erreicht werden. Die Zeitkonstanten der Kopplungsmechanismen zwischen den Energiespeichern müssen sehr viel kleiner sein als die der Energieeinspeisungs- und Abgabevorgänge. Turbulente Reibung, Temperatur-, Druck- und Geschwindigkeitsungleichgewichte gleichen sich nahezu sofort aus, so daß die Energiespeicher stets gleiche Energieinhalte aufweisen können. Sind die Energieinhalte der Speicher gleich, müssen sie auch den Energieinhalten der Energiequellen gleich sein. Pro Zeiteinheit kann nicht mehr Energie in ein System hineinfließen, als abfließen kann. Die Gleichverteilung der Energiequellen ist über Sternentstehung und Sternentwicklung gekoppelt. Wir sahen, wie die stochastische Sternentstehung mit der differentiellen Rotation zusammengekoppelt ist. Rotationsenergie und die Sternentstehungsprozesse scheinen einander proportional zu sein. Sternentstehung sorgt für die Energiequelle der Sternstrahlung. Die Sternentwicklung sorgt für die Energiequelle der kosmischen Strahlung über die Sterntode. Die als Novae und Supernovae explodierenden Sterne speisen über die interstellaren Magnetfelder die Energiequelle der kosmischen Strahlung. Die beiden zuletzt genannten Gleichverteilungen sind am schwersten verständlich und noch am wenigsten erforscht.

Sternentstehung ist die Ursache für die Strukturbildung. Der zufällig ablaufende einzelne Sternentstehungsprozeß ist Anlaß für die Ausbildung einer großräumigen Selbstorganisation im interstellaren Medium, den Spiralarmen (s. auch Kapitel 11).

15.5 Entfernungsbestimmung

Wesentliche Voraussetzung für unser Wissen über den Aufbau des Kosmos ist die Entfernungsbestimmung der Galaxien. Eine typische Beschreibung des Zustands des Universums kann allein aus der Kenntnis der kosmischen Entfernungsskalen abgeleitet werden. Man unterscheidet primäre und sekundäre Methoden der Entfernungsbestimmung. Die primären Verfahren der Entfernungsbestimmung sind unserer Milchstraße entnommen und dort geeicht. Die sekundären Verfahren sind den außergalaktischen Systemen selbst entnommen und an den nahen Galaxien geeicht. Das Prinzip der Entfernungsbestimmung liegt darin, Objekte zu beobachten, deren Helligkeit oder geometrische Größe entweder in unserer eigenen Galaxie oder bei anderen Sternsystemen bekannt ist. Das setzt weiter voraus, daß die Physik dieser Objekte überall im Kosmos gleichartig ist. Stets muß erst ein Maßstabsystem aufgebaut werden, zum Beispiel durch das Ausmessen von Größe und Helligkeit der Kugelhaufen in unserem eigenen Sternsystem. An dieses Maßsystem können dann die Werte der Kugelhaufen der anderen Galaxien angeschlossen werden.

Die Verknüpfung der Winkelausdehnung (α), also der geometrischen Größe und der Entfernung (D) eines Objekts, gehorcht der einfachen Beziehung

$$D = \bar{R}/\tan\alpha\,. \tag{10}$$

$\bar{R}$ ist der geeichte Objektdurchmesser. Der Anschluß an die Helligkeitsskalen wird über die Beziehung zwischen scheinbarer m und absoluter Objekthelligkeit M bewerkstelligt

$$\log D = 0{,}2\,(m - M) + 1\,; \tag{11}$$

dabei müssen Absorptionseffekte berücksichtigt werden. Bei sehr großen Entfernungen spielt auch eine Korrektur hinsichtlich des verwendeten Weltmodells eine Rolle.

Die primären Entfernungsindikatoren können sein:

die hellsten Sterne (Überriesen),
die Cepheiden wegen ihrer Periodenleuchtkraftbeziehung (oder andere Veränderliche Sterne),
die hellsten Sterne in Kugelhaufen,
die Gesamthelligkeit oder die Durchmesser von Kugelhaufen,
Novae und Supernovae,
Planetarische Nebel,
Durchmesser von H II-Gebieten.

Als sekundäre Entfernungsindikatoren gelten:

Die Gesamthelligkeit eines Galaxientyps (große Streubreite),
die hellsten Mitglieder in einem Galaxienhaufen,
der Durchmesser von Galaxien,
die Galaxien Leuchtkraftklassen.

In neuerer Zeit erwies sich die von Brosche [23] erstmals beschriebene und nach Tully und Fischer [15, 24] benannte Korrelation zwischen absoluter Helligkeit und maximaler Rotationsgeschwindigkeit einer Galaxie als eine wertvolle Methode der Entfernungsbestimmung. Die radioastronomisch gemessene Breite (Δv_0) der 21-cm-Linie des gesamten neutralen Wasserstoffs einer Galaxie verhält sich proportional zur absoluten Helligkeit der Galaxie

$$M_\mathrm{B} = -\,8{,}2\log\Delta v_0\,. \tag{12}$$

Diese Linienbreite ist wiederum proportional zu 2 $V_{\max}$, also vom Galaxientyp abhängig. Mit großen Radioteleskopen läßt sich Δv_0 schnell und relativ leicht messen. Eine Entfernungsbestimmung ist über die Kenntnis der scheinbaren Galaxienhelligkeit möglich.

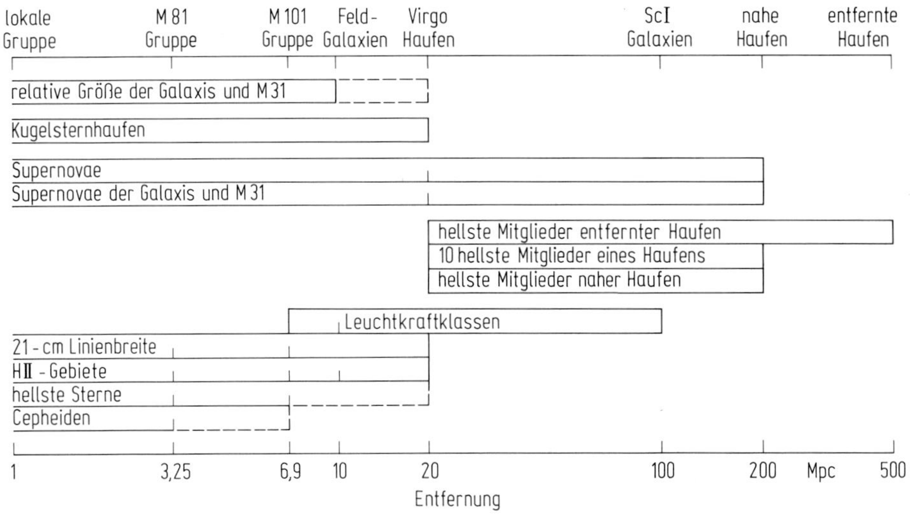

Abb. 37. Die Entfernungsleiter und die Festlegung der Hubblekonstanten *H*. (Nach Tammann [43])

Alle Methoden der Entfernungsbestimmung haben verschiedene Reichweite und Genauigkeit. Nur durch eine Verknüpfung aller Verfahren kommt man zu einer verläßlichen Entfernungsbestimmung, die dann in der Festlegung der Hubble-Konstante mündet. In den Bereichen ab 20 Mpc sind die Entfernungen nur auf einen Faktor 2 genau einzugrenzen. In Abbildung 37 ist das Verfahren vom System und Anschluß verdeutlicht.

All diese Entfernungsbestimmungen dienen der Festlegung der schon erwähnten und nach dem Astronomen E. Hubble benannten Konstanten *H*. Sie stellt den Zusammenhang zwischen der allgemeinen Fluchtbewegung der Galaxien (Ausdehnung des Universums) und ihren Entfernungen her. Je größer die Entfernung einer Galaxie, desto größer ist ihre Fluchtgeschwindigkeit. Die gemessene Rotverschiebung der Spektrallinien wird über den Dopplereffekt als eine von uns weggerichtete Bewegung verstanden. Die Fluchtgeschwindigkeit (v) ist proportional zur Entfernung D

$$v = H D . \tag{13}$$

Der Wert von H liegt zwischen 50 km/s/Mpc und 100 km/s/Mpc. Diese große Unsicherheit hat ihre Ursache in den vielen Ungenauigkeiten, die in die Verfahren der Entfernungsbestimmung eingehen. Ein gewichtetes mittleres H liegt bei 65 km/s/Mpc (Rowan-Robinson [25]).

Da die großen kosmischen Entfernungen über die Rotverschiebungen gemessen werden, wird oft anstelle der Entfernung nur die relative Linienverschiebung $\Delta\lambda$ einer oder mehrerer Spektrallinien im registrierten Spektrum eines extragalaktischen Objekts als Entfernungsmaß angegeben. Der Zusammenhang mit der Fluchtgeschwindigkeit und der Entfernung ergibt sich über die Dopplerformel in einfachster Näherung zu

$$v = c z , \quad z = \Delta\lambda/\lambda , \quad (c = \text{Lichtgeschwindigkeit})$$
$$v = c \Delta\lambda/\lambda = H D , \quad z = H D/c . \tag{14}$$

15.6 Aktive Galaxien und Quasare

Die Klasse der „Aktiven Galaxien" umfaßt Objekte verschiedenen Typs. Alle Typen zeigen eine Energieabgabe, die mit normaler Sternstrahlung und Sternentwicklung nicht erklärt werden kann. Die Energieabgabe ist auf einen sehr kleinen Bereich in den Zentren dieser Objekte beschränkt. Zu den aktiven Galaxien werden gerechnet: Seyfert-Galaxien, Radiogalaxien mit aktivem Kern; BL Lac-Objekte (BL Lacertae Galaxien, benannt nach dem ersten Objekt dieser Art BL Lac, einem ursprünglich als Veränderlichen Stern klassifizierten Objekt), Liner-Galaxien (LINER = low ionization nuclear emission line region) und Quasare (QSO = quasi stellar object).

Eine Galaxie wird einer dieser verschiedenen Gruppen zugeordnet, wenn mindestens eine, vorzugsweise zwei der folgenden Kriterien zutreffen:

1. Sehr kompakter Kernbereich, der wesentlich heller ist als die Kerngebiete von Galaxien gleichen morphologischen Typs.
2. Die Emissionslinien aus der Kernregion weisen auf eine Entstehung hin, die nicht durch Strahlungsmechanismen in den Atmosphären von Sternen verursacht werden kann.
3. Die Kontinuumsstrahlung und/oder die Strahlung in den Emissionslinien ist zeitlich veränderlich.
4. Die Kontinuumsstrahlung aus dem Kernbereich ist nicht-thermisch.

Linersysteme zeigen die Eigenschaften von 2. und oft von 4. oder 1. BL Lac-Systeme zeigen die Eigenschaften von 1., 3. und 4. Viele Seyfert-Galaxien, Radiogalaxien und Quasare zeigen alle vier Eigenschaften.

Auf zwei Objektgruppen wollen wir etwas genauer eingehen, nämlich die Seyfert-Galaxien und Quasare. 1 % aller hellen Spiralgalaxien sind Seyfert-Systeme. Die sehr hellen Kerne dieser Galaxien zeigen die vier aufgezählten Eigenschaften. Die Leuchtkräfte der Kerngebiete liegen zwischen 10^{42} bis 10^{45} erg/s. Man unterscheidet zwei verschiedene Klassen, die Seyfert-Systeme 1 und 2. Seyfert-1-Systeme haben sehr breite verbotene Emissionslinien, die auf Geschwindigkeiten in den Galaxienkernen von 5000 km/s hinweisen. Seyfert-2-Systeme zeigen (sowohl verbotene wie erlaubte) Emissionslinien mit Linienbreiten von 300 bis 1000 km/s. Das diese Emissionslinien erzeugende Gas befindet sich in unterschiedlichem Abstand von der zentralen unbekannten Aktivitätsmaschine und somit in verschiedenen Anregungs- und Geschwindigkeitszuständen. Seyfert-Galaxien sind relativ nahe Galaxien und deshalb für den Beobachter besonders interessant. Hier kann man am ehesten hoffen, einen ersten Blick auf den zentralen Motor der Galaxienaktivität werfen zu können.

Im Gegensatz dazu zählen die Quasare zu den am weitesten entfernten Objekten im augenblicklich beobachtbaren Universum. Sie stellen mit 10^{45} bis 10^{48} erg/s die leuchtkräftigsten aktiven Kerne dar, was einer absoluten Helligkeit von $-31 < M_V < -24$ entspricht. Quasare bilden sich auf photographischen Platten sternähnlich ab. Bei sehr guten Seeingverhältnissen und auf sehr tiefen photographischen Aufnahmen kann um den Quasar eine Galaxienscheibe photometrisch nachgewiesen werden. Der Quasar ist der Kern einer elliptischen Galaxie oder einer Spiralgalaxie von extrem geringer scheinbarer Helligkeit. Die Quasare mit der kleinsten Rotverschiebung haben $z = 0{,}1$. Die größten gemessenen z-Werte liegen zur Zeit bei $z = 4$ und größer. Der hellste und naheste Quasar ist 3 C 273 ($\alpha(1950) = 12\,26\,33$, $\delta(1950) = 02\,20$). Er besitzt eine scheinbare Helligkeit von $m_V = 12{,}8$ und $z = 0{,}158$.

Der spektrale Verlauf und die Energieverteilung der Kontinuumsstrahlung (1000 Å bis 8000 Å), der Infrarotstrahlung, der Radio-, Röntgen- und Gammastrahlung und der Linienstrahlung müssen durch ein einheitliches Modell für die aktiven Kerne der Galaxien erklärt werden können. Dieses Modell würde dann auch Aussagen über die Masse und die Entwicklung der aktiven galaktischen Kerne machen. Dieses Gebilde kann ein extrem dichter Sternenhaufen, ein rotierender, magnetischer Superstern von 10^8 bis 10^{10} Sonnenmassen oder ein schwarzes Loch sein. Die dritte Variante wird in der Literatur am häufigsten diskutiert. Durch Einströmen von Masse in das schwarze Loch wird die für die aktiven Galaxien nötige Energie freigesetzt. Bei Quasaren müssen 10 Sonnenmassen pro Jahr, bei Seyfert-Galaxien 0,1 Sonnenmassen pro Jahr verschluckt werden, um die abgestrahlte Energie aufzubringen. Die verschiedenen Materieanordnungen um ein schwarzes Loch (Aufsammlungsscheibe, heiße und kühle Gaswolken, steile oder flache Dichtverläufe) und die Einströmrate der

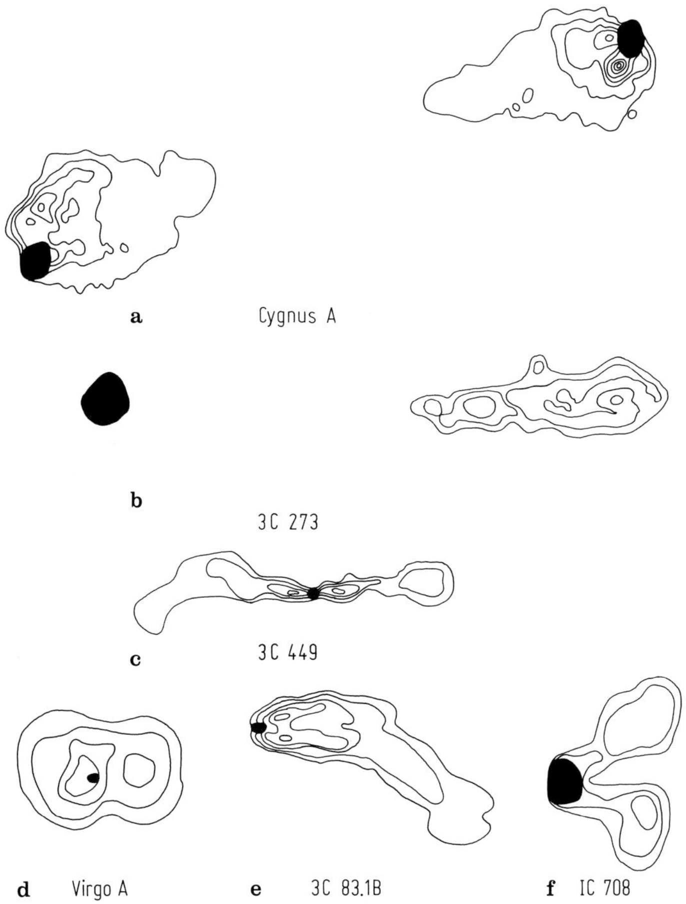

Abb. 38 a–f. Beispiele für ausgedehnte Radiogalaxien. (Nach Fricke [44])

Materie bestimmen vermutlich die beobachteten Typen der aktiven galaktischen Kerne.

Die aktiven galaktischen Kerne sind innerhalb ihrer Muttergalaxien auch die Ursache der radioastronomisch und teilweise optisch nachgewiesenen Jets (Strahlen) und der symmetrisch aufgebauten, weit ausgedehnten Radioemissionsgebiete. Die meisten ausgedehnten Radioquellen liegen symmetrisch zu einer optisch sichtbaren Galaxie oder einem Quasar (Abb. 38). Die Jets reichen in die ausgedehnten Radioemissionsgebiete hinein. Die Ausdehnung dieser Radiostrukturen reicht von 100 kpc bis in den Mpc-Bereich; die optischen Jets haben Längen von 3 kpc bis 400 kpc. Die Symmetrie und die gradlinige Ausrichtung der Jets, gemessen vom innersten Kern bis hin zu den ausgedehnten Radiokeulen, liegt im Bereich weniger Grad.

Oft auch sind die Jets stetig gekrümmt und die ausgedehnten Radioschweife gegeneinander versetzt. Das deutet darauf hin, daß die zentrale Aktivitätsquelle rotiert und der Auswurf diese Bewegung widerspiegelt. Zusammen mit Abschätzungen der Lebensdauer der Radioemissionsgebiete (etwa 10^5 Jahre) spricht diese Tatsache dafür, daß die aktiven galaktischen Kerne Materie ausschleudern und ständig Energie nachliefern. Nur auf diese Weise können diese gewaltigen kosmischen Strukturen erzeugt und am Leben erhalten werden.

Die radioastronomisch nachgewiesenen sehr kompakten Strukturen im Größenbereich der aktiven Kerne (einige pc), zeigen teilweise Expansionsbewegungen mit Überlichtgeschwindigkeit von $5 < v/c < 15$. Dabei handelt es sich allerdings um einen relativistischen Scheineffekt. Feitzinger und Rohlfs [26] geben eine anschauliche Beschreibung dafür.

15.7 Das Universum

Der gesamte Kosmos ist hierarchisch aufgebaut. Sterne ordnen sich in Sterngruppen und Haufen und in Galaxien an. Galaxien ordnen sich zu Gruppen und Haufen. Auch Galaxienhaufen scheinen sich weiter zu einer höheren Ordnung zu verknüpfen. Feldgalaxien, das heißt, Einzelgalaxien existieren vermutlich nur in geringer Anzahl.

Eine Ansammlung von Galaxien muß drei Bedingungen erfüllen, um als Gruppe zu gelten:

1. Es darf keinen Zusammenhang zwischen der scheinbaren Helligkeit und der Entfernung (Rotverschiebung) geben. Gibt es solch eine Abhängigkeit, dann besteht die Gruppe aus zufällig hintereinander im Raum liegenden Objekten.
2. Die Anzahldichte pro Einheitsfläche an der Himmelssphäre innerhalb der Gruppe muß statistisch gesichert über den zufälligen Anzahlschwankungen der umgebenden Galaxien liegen.
3. Die Durchquerungszeit des Gruppendurchmessers für die einzelnen Galaxien einer Gruppe muß kleiner als 1/3 des Weltalters sein, damit sich eine stabile Gleichverteilung der Bewegungsenergie innerhalb einer Gruppe ausbilden konnte. Diese Energiegleichverteilung sichert eine gute Gruppendurchmischung. Der Zentralbereich einer Gruppe wird oft von einer dominierenden Galaxie eingenommen.

Unsere Milchstraße ist Mitglied der sogenannten „lokalen Gruppe“. Sie besteht aus 24 Mitgliedern, darunter drei großen Galaxien (Milchstraße, Andromeda-Nebel und M 33) und 21 Zwerggalaxien. Eine ausführlichen Beschreibung der lokalen Gruppe liefert van den Bergh [27]. Sie scheint ein Ausläufer des lokalen Superhaufens zu sein, der sein Zentrum im Virgogalaxienhaufen hat. Am Beispiel der lokalen Gruppe wird ersichtlich, daß die überwiegende Mehrzahl der Galaxien Zwerggalaxien sind, die in größeren Entfernungen sich unserer Beobachtung entziehen. Für die südliche Hemisphäre wurde ein Katalog von Zwerggalaxien von Feitzinger und Galinski [28], für die nördliche Hemisphäre von van den Bergh [29] zusammengestellt.

Wie im Fall der Gruppen muß auch bei den Galaxienhaufen sehr sorgfältig auf die Einhaltung der gegebenen Kriterien geachtet werden, um die wahren Galaxienhaufen zu erfassen. Die bekanntesten und nächsten Galaxienhaufen sind der Coma- und der Virgo-Haufen. Der Virgo-Haufen hat etwa 3000 sichere Mitglieder und eine mittlere Entfernung von 24 Mpc, der Coma-Haufen hat 11 000 Mitglieder (geschätzt) und eine Entfernung von 140 Mpc. Die Zwerggalaxien sind bei den Mitgliederanzahlen nicht erfaßt.

Die Galaxienhaufen zeigen verschiedenen Aufbau, wobei die zentrale Konzentration das wichtigste Unterscheidungsmerkmal ist. Bei reichen Haufen mit vielen Mitgliedern findet man eine starke Konzentration der helleren Mitglieder zum Zentrum hin. Je reicher und kompakter ein Galaxienhaufen ist, um so größer ist der relative Anteil elliptischer Systeme. Je lockerer ein Haufen aufgebaut ist, um so mehr Spiralgalaxien sind in ihm enthalten. Diese Verteilungen hängen vermutlich mit den internen Wechselwirkungen der Galaxien innerhalb eines Haufens zusammen. Die interstellare Materie wird bei den Galaxienbegegnungen aus den Sternsystemen herausgefegt, ein häufiges Ergebnis in kompakten Haufen. Ohne interstellare Materie kann sich jedoch in den Galaxien keine Struktur ausbilden.

Das intergalaktische Gas in den Galaxienhaufen wurde durch seine Röntgenstrahlung nachgewiesen; da es fast die gleiche chemische Elementzusammensetzung hat wie die interstellare und stellare Materie, muß es den Galaxien selbst entstammen. Seine Temperatur von 10^7 bis 10^8 K entspricht der Bewegungsenergie der Haufengalaxien, aus deren Energievorrat (Bewegung und Strahlung) Energie in das intergalaktische Medium eingespeist wird. Die mittleren relativen Geschwindigkeiten der Galaxien in den Haufen liegen zwischen 1000 und 2000 km/s.

Das Problem der „versteckten Masse" taucht wie bei den Einzelgalaxien auch bei den Galaxienhaufen auf. Die aus dem Bewegungszustand eines Haufens abgeschätzte Masse ist merklich größer als die aus der optischen Leuchtkraft abgeleitete Masse. Der Grund für die aus der optischen Leuchtkraft zu klein geschätzte Masse liegt wohl in folgendem Sachverhalt: Ein wesentlicher Massenanteil befindet sich in den nicht sichtbaren Zwerggalaxien, in den dunklen Galaxienhalos und in der intergalaktischen Materie.

Es gibt allem Anschein nach keine sphärischen Superhaufen, die aus wohl definierten Galaxienhaufen zusammengesetzt sind. Vielmehr scheinen sich die Galaxienhaufen in Ketten anzuordnen. Diese Ketten bilden eine Art Geflecht mit größeren Leerräumen zwischen den einzelnen Geflechtknoten. Superhaufen sind somit Fluktuationen auf der letzten Größenordnungsskala in der Verteilung der kosmischen Materie.

Die Kenntnis über den Ursprung des Universums leiten wir aus der uns zugänglichen Verteilung der Materie im Kosmos ab, aus der Fluchtbewegung der Galaxien (Rotverschiebung der Spektrallinien), aus der Elementhäufigkeit und aus der 3 K

Hintergrundstrahlung. Diese Mikrowellenradiostrahlung (0,1 bis 6 cm Wellenlänge) trifft uns von allen Seiten gleichförmig und wird als Rest einer Hohlraumstrahlung verstanden, die aus der Anfangsphase unseres Universums übriggeblieben ist. Als Überrest der Strahlung des kosmischen Urfeuerballs in einem sich ausdehnenden Universum hat sie heute die Eigenschaften, die man nach rund $1{,}5 \times 10^{10}$ Jahren erwartet. Sie ist neben der Fluchtbewegung der Galaxien das stärkste Indiz für ein sich entwickelndes Universum und einen Urknall.

Die Hintergrundstrahlung erreicht uns von allen Seiten gleichförmig (isotrop). Die Galaxien entfernen sich von uns ebenfalls gleichförmig nach allen Seiten, wobei ihre Fluchtgeschwindigkeit mit zunehmender Entfernung immer größer wird. Diese Symmetrie hinsichtlich des irdischen Beobachtungsorts bedeutet nicht, daß unsere Milchstraße im Mittelpunkt des Universums steht. Das Universum bietet von jedem Punkt aus den gleichen Anblick. Wenn wir die Hubble-Beziehung als Vektorgleichung schreiben, ergibt sich

$$\boldsymbol{v} = H\boldsymbol{D}\,. \tag{15}$$

Hier haben wir als Koordinatenursprung unser Heimatsternsystem angenommen. Eine andere Galaxie habe relativ zu unserem System den Abstand $\boldsymbol{D}_1$ und die Geschwindigkeit v_1:

$$\boldsymbol{v}_1 = H\boldsymbol{D}_1\,. \tag{16}$$

Führen wir eine Koordinatentransformation in das System der anderen Galaxie durch, so erhalten wir wieder eine Hubble-Beziehung:

$$\boldsymbol{v} - \boldsymbol{v}_1 = H(\boldsymbol{D} - \boldsymbol{D}_1) \tag{17}$$

$$\Delta\boldsymbol{v} = H\Delta\boldsymbol{D}\,. \tag{18}$$

Der durch obige Transformation ausgedrückte Sachverhalt, nämlich die Gleichförmigkeit der Welt, wird als Weltpostulat bezeichnet.

Die Kosmologien, die naturwissenschaftlichen Theorien über das Universum im Großen, versuchen Auskunft zu geben über die Struktur des Raumes, über Entstehung, Expansion und Alter der Welt und über die Entstehung und Entwicklung der Objekte in der Welt. In den Büchern von R. Kippenhahn [30], H. Fritsch [31] und S. Weinberg [32] sind diese Fragen allgemeinverständlich dargestellt.

Ausdehnung der Welt (meßbar über die Fluchtgeschwindigkeit der Galaxien) und Weltalter hängen miteinander zusammen. Da die Ausdehnung der Welt bei der Zeitsingularität „Urknall" einmal begonnen haben muß, enthält das Ausdehnungsgesetz auch das Alter der Welt, das heißt, das Alter des heutigen Weltzustands. Die einfachste Annahme ist eine stets gleichbleibende Fluchtgeschwindigkeit der Galaxien. Das Weltalter T wird dann sofort aus der reziproken Hubblekonstanten berechenbar:

$$T = 1/H = 1/50\ \text{Mpc s/km} = 6 \times 10^{17}\ \text{s} = 2 \times 10^{10}\ \text{Jahre} \tag{19}$$

Die theoretische Grenze für die beobachtbare Welt ist erreicht, wenn die Fluchtgeschwindigkeit der Galaxien gleich der Lichtgeschwindigkeit c wird. Für $v = c$ ist der Radius des Universums R = 6000 Mpc.

Die gewaltige Faszination der heutigen Theorien der Kosmologie liegt darin, daß die Entstehung der Welt auch die Physik der Atome, der Protonen, Neutronen und Elektronen festlegt. Die physikalische Beschreibung der Elementarteilchen, die die genannten klassischen Bausteine der Atome bilden, sucht deren Anfänge in den ersten Entstehungssekunden des Universums.

Die Entstehung und Entwicklung der Objekte im Universum ist verknüpft mit der Entstehung der Welt. Galaxien bildeten sich zu einer bestimmten Expansionszeit des Kosmos durch die Kontraktion der dichteren Regionen prägalaktischer Gaswolken. Der turbulente Zustand dieser Gaswolken scheint den Galaxientyp zu bestimmen. Die sich aus der Turbulenz ergebende Drehimpulsverteilung ist der Grundparameter für die spätere dynamische Galaxienentwicklung, speziell der interstellaren Materie.

15.8 Amateurtechniken und Amateuraufgaben

In früheren Auflagen dieses Buches hieß es, wo die extragalaktische Astronomie beginnt, da enden die Möglichkeiten der Amateure. Dies ist sicher auch heute noch richtig, wenn es um die Fernrohrbeobachtung von Galaxien mit bloßem Auge geht. Andererseits haben die neuen hoch empfindlichen photographischen Filme und Vor- und Nachbereitungstechniken dem Galaxienphotographen ganz neue Bereiche erschlossen. Die Spektralbereiche vom Ultravioletten bis zum Gammastrahlenbereich, vom nahen Infrarot bis hin zu den Radiowellenlängen sind für den Amateur verschlossen. Engagierte Arbeitsgruppen, die über genügend Speicherkapazität und Druckereinrichtungen an ihren Personalcomputern verfügen, sollten sich jedoch nicht entmutigen lassen und sich von Fachwissenschaftlern Daten anderer Wellenlängenbereiche besorgen. So können Radiokarten von nahen Galaxien, auf gleichen Maßstab wie die optisch erhaltenen Photographien gebracht, durch Vergleich die Bearbeitung vieler interessanter astrophysikalischer Fragestellungen ermöglichen. Astronomische Datenbanken können bei der Datenbeschaffung ebenfalls helfen, allerdings sollte der Nachweis ernsthafter Amateurarbeit geführt werden können.

Photographische Supernova-, Nova- und Veränderlichen-Überwachung in den Galaxien der lokalen Gruppe ist eine schier unerschöpfliche Aufgabenstellung. Hier ist die erste Beobachtertugend Ausdauer und Stetigkeit. Stets das gleiche Photomaterial, stets die gleichen Galaxien, stets die gleichen Belichtungs- und Entwicklungszeiten sind die Voraussetzung für Erfolge, die sich oft erst nach Jahren geduldigen Ausharrens einstellen können. Die Arbeitsgruppen der amateurastronomischen Vereinigungen geben dazu viele und gute Anleitungen. Dieser Arbeitsbereich wird sich im nächsten Jahrzehnt sicher sehr ausweiten, wenn dem Amateur billig gewordene leistungsfähige Optoelektronik zur Verfügung steht.

Mit Hilfe der Galaxienphotographie lassen sich im forschenden Lernen viele astrophysikalische Inhalte erarbeiten. Galaxienphotographie kann sich folgenden Fragen widmen:

1. Erprobung verschiedener Filmmaterialien hinsichtlich Empfindlichkeit und Farbe; in Kombination mit dem Instrument hinsichtlich Auflösung und Grenzhelligkeit.
2. Herstellung von Aufnahmen bei verschiedenen Wellenlängenschwerpunkten durch geeignete Kombination von Filtern, Film und Instrument (z. B. im roten und blauen Spektralbereich). Damit lassen sich die Sternpopulationen in den Galaxien qualitativ erfassen.

3. Anwendung der Butterbrottechnik (Sandwich-Technik) nach Zwicky [33]. Durch Überlagerung von positiven und negativen Aufnahmen verschiedener Spektralbereiche läßt sich eine Kontrastverstärkung bestimmter Sternpopulationen erzielen. Auch dieses Verfahren erlaubt eine qualitative Trennung der Populationen und liefert Einblicke in den Aufbau der Sternsysteme.
4. Bei stets gleicher Aufnahmetechnik kann die scheinbare Größe einer Galaxie als Funktion von Seeing und Nachthimmelshelligkeit erfaßt werden.
5. Aufbau eines eigenen Galaxienkatalogs, der möglichst alle morphologischen Typen erfaßt.

Die Techniken der Galaxienphotographie sind in zwei Aufsätzen von Mitgliedern der Fachgruppe Astrophotographie in der „Vereinigung der Sternfreunde" (VdS) ausführlich dargestellt (Riepe et al. [34]). B. Gordon [35] gibt in seinem Buch über Astrophotographie weitere Hinweise. Um erfolgreich Galaxienphotographie zu betreiben, bedarf es keiner extrem großen Geräte oder kostspieliger Ausstattungen; Teleskope im Brennweitenbereich zwischen 750 und 1500 mm sind in der Lage, Aufnahmen beachtlicher Güte zu produzieren. Alle Galaxienaufnahmen in diesem Kapitel entstammen Arbeiten von Amateurastronomen mit kleinen (gemessen an den Großgeräten der Berufsastronomen) Geräten. Diese Arbeiten stellen sicher einen guten Anreiz für eigene Versuche auf diesem Gebiet dar.

Die wichtigen Voraussetzungen extragalaktischer Astrophotographie sind:

1. Der Nachthimmel; der Himmelshintergrund sollte so dunkel wie möglich sein und die atmosphärische Durchsicht besonders gut; die Luftunruhe besonders klein. Kontrast und Detailreichtum sind nur auf guten Beobachtungsplätzen und in guten Nächten in ausreichender Qualität zu gewinnen.
2. Voraussetzung für die langbrennweitige Astrophotographie ist eine stabile und präzise arbeitende Nachführung. Langzeitbelichtungen (> 1 h) erfordern exaktes Nachführen. Nur wenn es eine stabile Mechanik erlaubt, wird man zu sehr guten Galaxienaufnahmen kommen.
3. Kontrastreiches Aufnahmematerial von hoher Empfindlichkeit ist stets notwendig. Tiefgekühlte Filme, hypersensibilisierte Filme oder spektroskopische Filme erfüllen diese Bedingungen. Film, Auflösungsvermögen des Teleskops und notwendige Durchbelichtungszeiten bilden eine Einheit. Nimmt man bestimmte Filterkombinationen hinzu, werden sich die optimalen Werte nur nach sorgfältig angelegten Testreihen herausfinden lassen.
4. Das Scharfstellen bei langbrennweitiger Fokalphotographie ist immer ein Hauptproblem. Die Messerschneide-Methode garantiert gute Ergebnisse. Allerdings sollte während einer Nacht nach jeder Aufnahme der Fokus überprüft werden, denn Temperaturänderungen und mechanische Lageveränderungen der Spiegel oder Rohrdurchbiegungen bewirken Bildschärfeänderungen.

Mit welchen Instrumenten läßt sich extragalaktische Astrophotographie durchführen? Probieren sollte es jeder, egal welches Instrument zur Verfügung steht. Die an ein Instrument bei diesen Arbeiten zu stellenden Forderungen beginnen bei der stabilen Montierung und der exakt arbeitenden Nachführung, dann macht es Sinn, langbrennweitige Instrumente bei großen Belichtungszeiten zum Einsatz zu bringen. Brennweiten (f) ab 1 m erlauben schon respektable Aufnahmen.

Das Lichtsammelvermögen eines Teleskops nimmt quadratisch mit dem Öffnungsdurchmesser (*O*) zu. Das Quadrat des Öffnungsverhältnisses (*O*/*f*) legt die Lichtstärke bei flächenhaften Objekten fest. Galaxienphotographie erfordert notgedrungen das richtige Gerät und die richtige Mannschaft, teils um das Gerät gemeinsam zu finanzieren, teils um die mannigfachen Mühen, Probleme und Freuden zu meistern und zu teilen (s. auch Band 1, Kapitel 4).

15.9 Literatur

1. Burnham, R.: Celestial Handbook I–III. Flagstaff: Celestical Handbook Publication 1977
2. Nilson, P.: Uppsala General, Catalogue of Galaxies. Uppsala Astron. Obs. Ann. *6* (1973)
3. Lauberts, A.: The ESO/Uppsala Survey of the ESO (B) Atlas. Munic: European Southern Observatory 1982
4. de Vaucouleurs, G.; de Vaucouleurs, A.; Corwin, H.: Second Reference Catalogoue of Bright Galaxies. Austin: University of Texas Press 1976
5. Sandage, A.: The Hubble Atlas of Galaxies. Washington: Carnegie Institution of Washington 1961
6. Sandage, A.; Tammann, G. A.: A Revised Shapley-Ames Catalog of Bright Galaxies. Washington: Carnegie Institution of Washington 1981
7. Arp, H.: Atlas of Peculiar Galaxies. Pasadena: California Institut of Technology 1966
8. Arp, H.; Madore, B. F.: A Catalogue of Southern Peculiar Galaxies and Associations, Vol. I, II. Cambridge: University Press 1987
9. Sandage, A.: In: Stars and Stellar Systems, Vol. IX. Ed.: Kuiper, G. P., Chicago: University of Chicago Press 1975, p. 1
10. Feitzinger, J. V.: Ringgalaxien. Sterne und Weltraum *17* (1978) 287
11. Rubin, V. C.: In: Internal Kinematics and Dynamics of Galaxies, IAU Symp. 100, Ed.: Athanassoula E.: Reidel Pub. Comp., Dordrecht: Reidel (1983), p. 3
12. van den Bergh, S.: Astrophys. J. *131,* 215 (1960) 558.
13. Sandage, A.; Tammann, G. A.: Astrophys. J. *194* (1974) 569
14. Kodaira, K.; Watanabe, M.; Okamura, S.: Astrophys. J. Suppl. *62* (1986) 703
15. Tully, R. B., Fischer, J. R.: Astron. Astrophys. *54* (1977) 661
16. Rubin, V. C.: Scientifc America *6* (1983)
17. Scheffler, H.; Elsässer, H.: Bau und Physik der Galaxis. Mannheim: B. F. Wissenschaftsverlag 1982
18. Bowers, R.; Deeming, T.: Astrophysics I, II. Boston: Iones and Bartlett Publishers 1984
19. Feitzinger, J. V.; Schmidt-Kaler, Th.: Astron. Astrophys. *88* (1980) 41
20. Seiden, P. E.; Gerola, H.: Fund. Cosm. Phys. *7* (1982) 241
21. Seiden, P. E.; Schulman, L. S.; Feitzinger, J. V.: Astrophys. J. *253* (1982) 91
22. Kennicutt, R. C.: Astron. J. *86* (1981) 1847
23. Brosche, P.: Astron. Astrophys. *23* (1973) 259
24. Roberts, M. S.: Astron. J. *83* (1978) 1026
25. Rowan-Robinson, M.: The Cosmological Distance Ladder. New York: Freeman and Comp. 1985
26. Feitzinger, J. V.; Rohlfs, K.: Sterne und Weltraum, *80* (1980) 133
27. van den Bergh, S.: J. Roy. Astron. Soc. Canada, *62,* No. 4 (1968) 1
28. Feitzinger, J. V.; Galinski, Th.: Astron. Astrophys. Suppl. *61* (1985) 503
29 van den Bergh, S.: Publ. David Dunlop Obs. Vol. II, No. 5 (1959)
30. Kippenhahn, R.: Hundert Milliarden Sterne. München: Piper 1980
31. Fritsch, H.: Vom Urknall zum Zerfall. München: Piper 1983
32. Weinberg, S.: Die ersten drei Minuten. München: Piper 1977
33. Zwicky, F.: Morphological Astronomy. Berlin: Springer 1957
34. Riepe, P.; Flach-Wilken, B.; Bosse, F.; Baumann, W.; Celnik, W. E.: Sterne und Weltraum, *26* (1987) pp. 34, 155

35. Gordon, B.: Astrophotography. Richmond: William Bell Inc. 1985
36. van den Bergh, S.: In: Landolt-Börnstein, Neue Serie, Astronomie und Astrophysik, Bd. 1. Berlin: Springer 1965, p. 664
37. Burbidge, E. M.; Burbidge, G.: In: Star and Stellar Systems, Vol. IX. Ed.: Kuiper, G. P., University of Chicago Press 1975, p. 81
38. Freeman, K. C.: Galaxis. Saas Fee: Swiss Society of Astronomy and Astrophysics 1976, p. 1
39. Mitton, S.: Exploring the Galaxis. New York: Scriber's Sons 1976
40. Voigt, H. H.: Abriß der Astronomie. Mannheim: B.I. Wissenschaftsverlag 1980
41. Voigt, H. H.; Huchtmeier, W. K.: In: Landolt-Börnstein, Neue Serie, Astronomie und Astrophysik, Bd. 2c. Berlin: Springer 1982, p. 254
42. Brosche, P.: Astron. Astrophys. *13* (1971) 293
43. Tammann, G. A.: Décalages vers le rouge et expansion de l'universe. Paris: Edition du CNRS, No. 263 (1977) 43
44. Fricke, H. J.; Witzel, A.: In: Landolt-Börnstein, Neue Serie, Astronomie und Astrophysik, Bd. 2c. Berlin: Springer 1982, p. 315

16 Anhang

16.1 Tabellen

16.1.1 Allgemeiner Teil

Griechisches Alphabet

A, α	Alpha	H, η	Eta	N, ν	Ny	T, τ	Tau
B, β	Beta	Θ, ϑ	Theta	Ξ, ξ	Xi	Y, υ	Ypsilon
Γ, γ	Gamma	I, ι	Iota	O, o	Omikron	Φ, φ	Phi
Δ, δ	Delta	K, κ	Kappa	Π, π	Pi	X, χ	Chi
E, ε	Epsilon	Λ, λ	Lambda	P, ϱ	Rho	Ψ, ψ	Psi
Z, ζ	Zeta	M, μ	My	Σ, σ	Sigma	Ω, ω	Omega

Astronomische und mathematisch-physikalische Abkürzungen und Symbole

Å	Ångström-Einheit = 10^{-10} m
α	Rektaszension
AE	Astronomische Einheit = Entfernung Sonne. Erde = $1{,}495979 \times 10^{11}$ m
A	Azimut
a	große Halbachse der Bahn, mittlere Entfernung
b, B, β	Breite
c	Lichtgeschwindigkeit
Δ	Abstand von der Erde
δ	Deklination
E	gebräuchliche Abkürzung für Osten (East)
E	exzentrische Anomalie
EB (μ)	Eigenbewegung
e	Exzentrizität
e	Basis der natürlichen Logarithmen
ε	Schiefe der Eklipik
FI, CI	Farbindex
f	Brennweite
G (k^2)	Gravitationskonstante
g	Fallbeschleunigung an der Erdoberfläche
h	Höhe
i	Neigung
K	Kelvin (Temperatureinheit)
k	Gaußsche Konstante
kpc	Kiloparsec = 1000 pc
Lj	Lichtjahr = $9{,}46 \times 10^{12}$ km
l, L, λ	Länge
log, lg	Briggsscher Logarithmus
ln, (log)	natürlicher Logarithmus
λ	Wellenlänge
M	mittlere Anomalie
M	absolute Helligkeit
Mpc	Megaparsec = 1 Million pc
m	Masse
m	scheinbare Helligkeit
m_{pv}	scheinbare Helligkeit photovisuell
m_{pg}	scheinbare Helligkeit photographisch
μ	mittlere tägliche Bewegung
1 nm =	10^{-9} m
ω	Abstand des Perihels vom Knoten
P	Umlaufperiode
p	Positionswinkel
Pa	Pascal (Druckeinheit)
pc	Parsec = 3,26 Lj
π (ω)	Länge des Perihels
π	Parallaxe
π	Verhältnis des Kreisumfangs zum Durchmesser
φ	Polhöhe = geographische Breite
q	Periheldistanz
R, r	Distanz von der Sonne
r	Radius
ϱ	Erdradius
ϱ (d)	Distanz eines Doppelsterns
ϱ	Dichte
s	Distanz
s, m, h, d, a	als Index Sekunde, Minute, Stunde, Tag, Jahr
T	Zeit der Periheldurchgangs
T	absolute Temperatur

t	Stundenwinkel
t, τ	Zeit
U	Umlaufperiode
u	Argument der Breite
v	wahre Anomalie
X, Y, Z	rechtwinklige Koordinaten der Sonne im Äquatorialsystem
x, y, z	heliozentrische rechtwinklige Koordinaten
ξ, η, ζ	geozentrische rechtwinklige Koordinaten
z	Zenitdistanz
ZM	Zentralmeridian

Zeichen des Tierkreises und der Himmelskörper

♈	Widder	0 Grad	☉	Sonne
♉	Stier	30 Grad	☾	Mond
♊	Zwillinge	60 Grad	☿	Merkur
♋	Krebs	90 Grad	♀	Venus
♌	Löwe	120 Grad	♁	Erde
♍	Jungfrau	150 Grad	♂	Mars
♎	Waage	180 Grad	♃	Jupiter
♏	Skorpion	210 Grad	♄	Saturn
♐	Schütze	240 Grad	♅	Uranus
♑	Steinbock	270 Grad	♆	Neptun
♒	Wassermann	300 Grad		
♓	Fische	330 Grad		

Anfang der Zeichen in Grad ekliptischer Länge

Konstellationen

☌	Konjunktion
□	Quadratur
☍	Opposition

Mondphasen

● 🌑	Neumond
◐ ☽	Erstes Viertel
○ 🌕	Vollmond
◑ ☾	Letztes Viertel
☊	Aufsteigender Knoten
☋	Absteigender Knoten

Tabelle 1. Abend- und Morgenweite (gültig für die geographische Breite von Hamburg)

δ	A_s	δ	A_s	δ	A_n	δ	A_n
		−20°	34°1	0°	0°8	+20°	36°0
		19	32.2	+1°	2.5	21	38.0
−37°5	90°0	18	30.4	2	4.1	22	40.0
37	86.1	17	28.5	3	5.8	23	42.1
36	76.9	16	26.7	4	7.5	24	44.2
35	71.9	15	24.9	5	9.2	25	46.4
34	67.8	14	23.1	6	10.9	26	48.6
33	64.4	13	21.4	7	12.6	27	50.9
32	61.3	12	19.6	8	14.3	28	53.4
31	58.4	11	17.9	9	16.0	29	55.9
−30	55.8	−10	16.2	+10	17.8	+30	58.6
29	53.2	9	14.4	11	19.5	31	61.5
28	50.8	8	12.7	12	21.3	32	64.7
27	48.5	11.0	13	13	23.1	33	68.3
26	46.3	6	9.3	14	24.8	34	72.4
25	44.2	5	7.6	15	26.6	35	77.8
24	42.1	4	5.9	16	28.5	+35°56′6	90.0
23	40.4	3	4.3	17	30.3		
22	38.0	2	2.6	18	32.2		
21	36.1	−1	0.9	19	34.1		

Tabelle 2. Luftmasse und Zenitreduktion für visuelle Größenklassen in Abhängigkeit von der scheinbaren Zenitdistanz

z	$M\ (z)$	Δm_{vis}
0°	1,000	0,00
10	1,015	0,00
20	1.064	0,01
30	1,154	0,03
40	1,304	0,06
50	1,553	0,12
60	1,995	0,23
70	2,904	0,45
75	3,816	0,65
80	5,60	0,99
85	10,40	1,77
87	15,36	2,61

Tabelle 3. Mittlere Refraktion nach der Besselschen Tafel (760 mm, 0°)

z_{beob}	R	z_{beob}	R
0°	0′	70°	2′45″
10°	0′11″	75°	3′42″
20°	0′22″	80°	5′31″
30°	0′35″	85°	10′15″
40°	0′51″	88°	19′7″
50°	1′11″	89°	25′36″
60°	1′45″	90°	36′38″

Tabelle 4. Extinktionstafeln (Wellenlängen-Exponent $\alpha = 1,3$, Erläuterungen siehe unten)

Zenitdistanz	Wellenlänge		
	650 nm (rot)	550 nm (grün)	400 nm (violett)
1. Himmel absolut klar ($\beta = 0,05$)			
0°	1,0000	1,0000	1,0000
10°	0,9980	0,9970	0,9925
20°	0,9915	0,9873	0,9683
25°	0,9863	0,9796	0,9495
30°	0,9796	0,9697	0,9255
35°	0,9710	0,9570	0,8953
40°	0,9602	0,9410	0,8583
45°	0,9463	0,9207	0,8125
50°	0,9288	0,8953	0,7573
52°	0,9204	0,8832	0,7319
54°	0,9110	0,8697	0,7041
56°	0,9006	0,8549	0,6743
58°	0,8888	0,8383	0,6419
60°	0,8755	0,8196	0,6065
62°	0,8607	0,7989	0,5687
64°	0,8435	0,7751	0,5271

Tabelle 4. (Fortsetzung)

Zenitdistanz	Wellenlänge		
	650 nm (rot)	550 nm (grün)	400 nm (violett)
66°	0,8242	0,7487	0,4832
68°	0,8017	0,7184	0,4355
70°	0,7754	0,6833	0,3841
72°	0,7444	0,6429	0,3295
74°	0,7077	0,5960	0,2723
75°	0,6864	0,5694	0,2428
76°	0,6631	0,5407	0,2132
77°	0,6373	0,5095	0,1836
78°	0,6087	0,4756	0,1545
79°	0,5767	0,4387	0,1261
80°	0,5409	0,3986	0,0991
81°	0,5005	0,3549	0,0740
82°	0,4558	0,3086	0,0521
83°	0,4047	0,2582	0,0333
84°	0,3480	0,2060	0,0189
85°	0,2848	0,1526	0,0089
86°	0,2169	0,1015	0,0032
87°	0,1468	0,0566	0,0007
2. Himmel leicht getrübt ($\beta = 0{,}10$)			
0°	1,0000	1,0000	1,0000
10°	0,9967	0,9954	0,9900
20°	0,9859	0,9804	0,9582
25°	0,9775	0,9687	0,9336
30°	0,9665	0,9536	0,9024
35°	0,9525	0,9343	0,8635
40°	0,9350	0,9104	0,8164
45°	0,9127	0,8803	0,7592
50°	0,8849	0,8430	0,6915
52°	0,8717	0,8255	0,6608
54°	0,8570	0,8061	0,6277
56°	0,8408	0,7850	0,5927
58°	0,8228	0,7616	0,5552
60°	0,8025	0,7355	0,5149
62°	0,7801	0,7070	0,4727
64°	0,7545	0,6748	0,4274
66°	0,7261	0,6397	0,3808
68°	0,6936	0,6001	0,3317
70°	0,6563	0,5555	0,2807
72°	0,6135	0,5056	0,2290
74°	0,5642	0,4497	0,1779
75°	0,5364	0,4192	0,1528
76°	0,5066	0,3869	0,1285
77°	0,4744	0,3530	0,1054
78°	0,4396	0,3175	0,0838
79°	0,4020	0,2802	0,0640
80°	0,3615	0,2416	0,0465
81°	0,3180	0,2020	0,0316
82°	0,2724	0,1627	0,0198
83°	0,2237	0,1236	0,0109
84°	0,1743	0,0872	0,0051

Tabelle 4. (Fortsetzung)

Zenitdistanz	Wellenlänge		
	650 nm (rot)	550 nm (grün)	400 nm (violett)
85°	0,1251	0,0549	0,0019
86°	0,0796	0,0292	0,0005
87°	0,0418	0,0119	0,0001
3. Himmel stark getrübt ($\beta = 0{,}20$)			
0°	1,0000	1,0000	1,0000
10°	0,9941	0,9921	0,9852
20°	0,9750	0,9669	0,9382
25°	0,9600	0,9472	0,9025
30°	0,9408	0,9221	0,8578
35°	0,9165	0,8907	0,8032
40°	0,8865	0,8521	0,7387
45°	0,8490	0,8046	0,6627
50°	0,8032	0,7475	0,5764
52°	0,7819	0,7212	0,5386
54°	0,7584	0,6925	0,4988
56°	0,7329	0,6619	0,4579
58°	0,7050	0,6286	0,4153
60°	0,6742	0,5923	0,3711
62°	0,6408	0,5537	0,3266
64°	0,6036	0,5114	0,2810
66°	0,5036	0,4669	0,2365
68°	0,5192	0,4187	0,1924
70°	0,4702	0,3671	0,1500
72°	0,4167	0,3126	0,1107
74°	0,3586	0,2561	0,0759
75°	0,3276	0,2271	0,0605
76°	0,2957	0,1982	0,0467
77°	0,2628	0,1695	0,0347
78°	0,2293	0,1414	0,0247
79°	0,1954	0,1143	0,0165
80°	0,1616	0,0888	0,0102
81°	0,1284	0,0654	0,0057
82°	0,0973	0,0453	0,0029
83°	0,0684	0,0283	0,0012
84°	0,0437	0,0156	0,0004
85°	0,0241	0,0071	0,0001
86°	0,0107	0,0024	0,0000
87°	0,0034	0,0005	0,0000

Erläuterungen zu Tabelle 4

In den Extinktionstafeln sind für drei Lichtwellenlängen (Einheit: nm = Nanometer) und ausreichend viele Zenitdistanzen z die Werte $\mu(z)$ für diejenige Lichtausbeute angegeben, die sich erzielen läßt, wenn sie bei der Zenitstellung des Sterns genau 1 wäre.

Für $\mu(z)$ gilt die Formel:

$$\mu(z) = 2{,}5119^{-E(z)},$$

mit $$E(z) = (k_r + k_d)\,[M(z) - 1];$$

k_r, k_d und $M(z)$ werden weiter unten erläutert.
$E(z)$ entspricht der Zenitreduktion Δm_{vis} von Tabelle 2.

Allerdings wird auch das Licht eines Sterns, der genau im Zenit steht, schon geschwächt. In der folgenden kleinen Tabelle werden die Werte $T(z)$ der optischen Durchlässigkeit der Atmosphäre (Beobachter auf Meeresniveau, keine Wolken) angegeben, die für einen Stern im Zenit gelten ($z = 0$).

β	Wellenlänge		
	650 nm (rot)	550 nm (gelb/grün)	400 nm (violett)
0,05	0,875	0,819	0,605
0,10	0,802	0,735	0,513
0,20	0,673	0,592	0,369

Der Parameter β und die Berechnungsgrundlagen für die Tabelle werden im folgenden abgehandelt.

Durchlässigkeit $T(z)$ aufgrund der atmosphärischen Extinktion

$$T(z) = 2{,}5119^{-m(z)}, \quad \text{wobei} \quad m(z) = (k_r + k_d) \cdot M(z).$$

z ist die Zenitdistanz des Himmelskörpers; $M(z)$ ist eine Funktion von z; k_r und k_d sind Funktionen der Lichtwellenlänge λ; Erläuterungen und Formeln dazu folgen. Die Wellenlänge λ tritt in den Formeln in Einheiten von 1 µm auf (1 µm = 10^{-6} m bzw. 1µm = 1000 nm; $\lambda = 0{,}7$ µm: rotes Licht, 0,55 µm = 550 nm: gelbes Licht, 0,4 µm: violettes Licht).

a) Zenit-Extinktion durch Rayleigh-Streuung k_r:

$$k_r = 0{,}00906 \cdot \left(\frac{\lambda}{1\ \mu\text{m}}\right)^{-4} \quad (0{,}450\ \mu\text{m} < \lambda < 0{,}800\ \mu\text{m}),$$

λ [µm]	0,400	0,550	0,700
k_r	0,367	0,099	0,037

(Meßwerte).

b) Dunst-Extinktion (Zenit) k_d:

$$k_d = 1{,}086 \cdot \beta \cdot \left(\frac{\lambda}{1\ \mu\text{m}}\right)^{-\alpha}$$

β ist proportional zur Anzahl licht-streuender Teilchen pro Volumeneinheit. Bei normaler Sicht ist $\beta = 0{,}10$. α ist der Wellenlängen-Exponent; er hängt vom Durchmesser d der Teilchen ab. Bei $d = 1$ µm (Normalfall) ist $\alpha = 1{,}3$, bei größeren Teilchen (z. B. in Staubstürmen) ist $\alpha = 0{,}5$, für Wolken ist $\alpha = 0$ (bei allerdings sehr hohem β-Wert!).

c) Luftmassen-Faktor $M(z)$:

$$M(z) = \frac{1}{\cos(z - \Delta(z))}, \quad \text{wobei in guter Näherung gilt:}$$

$$\Delta(z) \approx 0{,}^\circ05 \cdot \frac{z}{93^\circ - z} \quad (0^\circ \leqq z \leqq 87^\circ)$$

oder – im Bogenmaß ($1^\circ \mathrel{\hat=} \pi/180$):

$$\Delta(z) \approx 0{,}00087 \cdot \frac{z}{1{,}62 - z}.$$

Tabelle 5. Halber Tagbogen (Berliner Astronomisches Jahrbuch 1957, S. 406 und 407)

δ \ φ	+ 30°	+ 32°	+ 34°	+ 36°	+ 38°	+ 40°	+ 42°	+ 44°	+ 46°	+ 48°	+ 50°
°	h m	h m	h m	h m	h m	h m	h m	h m	h m	h m	h m
− 30	4 45.4	4 38.8	4 31.8	4 24.4	4 16.5	4 8.1	3 58.9	3 48.9	3 37.9	3 25.7	3 11.8
29	4 48.6	4 42.3	4 35.6	4 28.6	4 21.1	4 13.0	4 4.3	3 54.9	3 44.5	3 33.0	3 20.1
28	4 51.7	4 45.7	4 39.3	4 32.6	4 32.6	4 17.8	4 9.6	4 0.7	3 50.9	3 40.1	3 28.0
27	4 54.7	4 49.0	4 42.9	4 36.5	4 29.8	4 22.5	4 14.7	4 6.2	3 57.0	3 46.9	3 35.5
26	4 57.7	4 52.2	4 46.5	4 40.4	4 33.9	4 27.1	4 19.7	4 11.7	4 3.0	3 53.4	3 42.8
25	5 0.6	4 55.4	4 49.9	4 44.2	4 38.0	4 31.5	4 24.5	4 16.9	4 8.7	3 59.7	3 49.7
24	5 3.5	4 58.5	4 53.3	4 47.8	4 42.0	4 35.8	4 29.2	4 22.0	4 14.3	4 5.8	3 56.5
23	5 6.3	5 1.6	4 56.6	4 51.4	4 45.9	4 40.1	4 33.8	4 27.0	4 19.7	4 11.8	4 3.0
22	5 9.0	5 4.6	4 59.9	4 55.0	4 49.7	4 44.2	4 38.3	4 31.9	4 25.0	4 17.5	4 9.3
21	5 11.7	5 7.5	5 3.1	4 58.4	4 53.5	4 48.3	4 42.7	4 36.7	4 30.2	4 23.2	4 15.4
− 20	5 14.4	5 10.4	5 6.2	5 1.8	4 57.2	4 52.3	4 47.0	4 41.3	4 35.3	4 28.7	4 21.4
19	5 17.0	5 13.3	5 9.3	5 5.2	5 0.8	4 56.2	4 51.2	4 45.9	4 40.2	4 34.0	4 27.3
18	5 19.6	5 16.1	5 12.4	5 8.5	5 4.4	5 0.0	4 55.4	4.50.4	4 45.1	4 39.3	4 33.0
17	5 22.2	5 18.9	5 15.4	5 11.7	5 7.9	5 3.8	4 59.9	4 54.9	4 49.9	4.44.5	4.38.6
16	5 24.7	5 21.6	5 18.4	5 14.9	5 11.4	5 7.5	5 3.5	4 59.2	4 54.6	4 49.5	4 44.1
15	5 27.2	5 24.3	5 21.3	5 18.1	5 14.8	5 11.2	5 7.5	5 3.5	4 59.2	4 54.5	4 49.5
14	5 29.7	5 27.0	5 24.2	5 21.3	5 18.2	5 14.9	5 11.4	5 7.7	5 3.7	4 59.5	4 54.8
13	5 32.1	5 29.7	5 27.1	5 24.4	5 21.5	5 18.5	5 15.3	5 11.9	5 8.2	5 4.3	5 0.0
12	5 34.6	5 32.3	5 29.9	5 27.4	5 24.8	5 22.1	5 19.1	5 16.0	5 12.6	5 9.0	5 5.1
11	5 37.0	5 34.9	5 32.7	5 30.5	5 28.1	5 25.6	5 22.9	5 20.1	5 17.0	5 13.7	5 10.2
− 10	5 39.4	5 37.5	5 35.5	5 33.5	5 31.3	5 29.1	5 26.7	5 24.1	5 21.4	5 18.4	5 15.2
9	5 41.7	5 40.1	5 38.3	5 36.5	5 34.6	5 32.5	5 30.4	5 28.1	5 25.7	5 23.0	5 20.2
8	5 44.1	5 42.6	5 41.1	5 39.5	5 37.8	5 36.0	5 34.1	5 32.1	5 29.9	5 27.6	5 25.1
7	5 46.4	5.45.2	5 43.8	5 42.4	5 41.0	5 39.4	5 37.8	5 36.0	5 34.2	5 32.2	5 30.0
6	5 48.8	5 47.7	5 46.6	5 45.4	5 44.1	5 42.8	5 41.4	5 40.0	5 38.4	5 36.7	5 34.9
5	5 51.1	5 50.2	5 49.3	5 48.3	5 47.3	5 46.2	5 45.1	5 43.9	5 42.6	5 41.2	5 39.7
4	5 53.4	5 52.7	5 52.0	5 51.2	5 50.4	5 49.6	5 48.7	5 47.8	5 46.8	5 45.7	5 44.5
3	5 55.8	5 55.2	5 54.7	5 54.1	5 53.6	5 53.0	5 52.3	5 51.6	5 50.9	5 50.1	5 49.3
2	5 58.1	5 57.7	5 57.4	5 57.1	5 56.7	5 56.3	5 55.9	5 55.5	5 55.1	5 54.6	5 54.1
− 1	6 0.4	6 0.2	6 0.1	6 0.0	5 59.8	5 59.7	5 59.5	5 59.4	5 59.2	5 59.0	5 58.9
0	6 2.7	6 2.7	6 2.8	6 2.9	6 2.9	6 3.0	6 3.1	6 3.2	6 3.4	6 3.5	6 3.6
+ 1	6 5.0	6 5.2	6 5.5	6 5.8	6 6.1	6 6.4	6 6.7	6 7.1	6 7.5	6 7.9	6 8.4
2	6 7.3	6 7.7	6 8.2	6 8.7	6 9.2	6 9.8	6 10.3	6 11.0	6 11.6	6 12.4	6 13.2
3	6 9.6	6 10.3	6 10.9	6 11.6	6 12.3	6 13.1	6 14.0	6 14.8	6 16.8	6 16.8	6 18.0
4	6 11.9	6 12.8	6 13.6	6 14.5	6 15.5	6 16.5	6 17.6	6 18.7	6 20.0	6 21.3	6 22.8
5	6 14.3	6 15.3	6 14.6	6 17.5	6 18.6	6 19.9	6 21.2	6 22.6	6 24.2	6 25.8	6 27.6
6	6 16.6	6 17.8	6 19.1	6 20.4	6 21.8	6 23.3	6 24.9	6 26.6	6 28.4	6 30.4	6 32.5
7	6 19.0	6 20.4	6 21.8	6 23.4	6 25.0	6 26.7	6 28.6	6 30.5	6 32.6	6 34.9	6 37.4
8	6 21.3	6 22.9	6 24.4	6 26.4	6 28.2	6 30.2	6 32.3	6 34.5	6 36.9	6 39.5	6 42.3
9	6 23.7	6 25.5	6 27.4	6 29.4	6 31.4	6 33.7	6 36.0	6 38.5	6 41.2	6 44.1	6 47.3
10	6 26.1	6 28.1	6 30.2	6 32.4	6 34.7	6 37.2	6 39.8	6 42.5	6 45.6	6 48.8	6 52.3
+ 11	6 28.5	6 30.7	6 33.0	6 35.4	6 38.0	6 40.7	6 43.6	6 46.6	6 49.9	6 53.5	6 57.4
12	6 31.0	6 33.4	6 35.9	6 38.5	6 41.3	6 44.3	6 47.4	6 50.8	6 54.4	6 58.3	7 2.5
13	6 33.4	6 36.0	6 38.8	6 41.6	6 44.7	6 47.9	6 51.3	6 54.9	6 58.9	7 3.1	7 7.8
14	6 35.9	6 38.7	6 41.7	6 44.8	6 48.0	6 51.5	6 55.2	6 59.2	7 3.4	7 8.0	7 13.1
15	6 38.4	6 41.4	6 44.6	6 47.9	6 51.5	6 55.2	6 59.2	7 3.5	7 8.1	7 13.0	7 18.5
16	6 41.0	6 44.2	6 47.6	6 51.2	6 54.9	6 58.9	7 3.2	7 7.8	7 12.7	7 18.1	7 23.9
17	6 43.5	6 47.0	6 50.6	6 54.4	6 58.5	7 2.7	7 7.3	7 12.2	7 17.5	7 23.3	7 29.5
18	6 46.1	6 49.8	6 53.7	6 57.7	7 2.0	7 6.6	7 11.5	7 16.7	7 22.4	7 28.5	7 35.3
19	6 48.8	6 52.7	6 56.8	7 1.1	7 5.7	7 10.5	7 15.7	7 21.3	7 27.4	7 33.9	7 41.1
20	6 51.5	6 55.6	6 59.9	7 4.5	7 9.4	7 14.5	7 20.1	7 26.0	7 32.4	7 39.4	7 47.1
+ 21	6 54.2	6 58.6	7 3.1	7 8.0	7 13.1	7 18.6	7 24.5	7 30.8	7 37.6	7 45.1	7 53.3
22	6 56.9	7 1.6	7 6.4	7 11.5	7 17.0	7 22.8	7 29.0	7 35.7	7 42.9	7 50.9	7 59.6
23	6 59.8	7 4.6	7 9.7	7 15.1	7 20.9	7 27.0	7 33.6	7 40.7	7 48.4	7 56.8	8 6.1
24	7 2.6	7 7.7	7 13.1	7 18.8	7 24.9	7 31.3	7 38.3	7 45.8	7 54.0	8 2.9	8 12.9
25	7 5.6	7 10.9	7 16.6	7 22.6	7 29.0	7 35.8	7 43.1	7 51.1	7 59.8	8 9.3	8 19.9
26	7 8.5	7 14.2	7 20.1	7 26.4	7 33.2	7 40.4	7 48.1	7 56.5	8 5.7	8 15.8	8 27.1
27	7 11.6	7 17.5	7 23.8	7 30.4	7 37.5	7 45.0	7 53.2	8 2.1	8 11.8	8 22.6	8 34.7
28	7 14.7	7 20.9	7 27.5	7 34.4	7 41.9	7 49.9	7 58.5	8 7.9	8 18.2	8 29.7	8 42.6
29	7 17.9	7 24.4	7 31.3	7 38.6	7 46.4	7 54.8	8 3.9	8 13.9	8 24.8	8 37.1	8 51.0
+ 30	7 21.2	7 28.0	7 35.2	7 42.9	7 51.1	7 59.9	8 9.5	8 20.1	8 31.7	8 44.8	8 59.7

Tabelle 5. (Fortsetzung)

δ \ φ	+ 50°	+ 51°	+ 52°	+ 53°	+ 54°	+ 55°	+ 56°	+ 57°	+ 58°	+ 59°	+ 60°
°	h m	h m	h m	h m	h m	h m	h m	h m	h m	h m	h m
− 30	3 11.8	3 4.1	2 55.8	2 46.8	2 36.9	2 25.9	2 13.5	1 59.3	1 42.4	1 21.0	0 49.7
29	3 20.1	3 12.9	3 5.3	2 57.0	2 48.0	2 38.1	2 27.1	2 14.7	2 0.4	1 43.4	1 21.9
28	3 28.0	3 21.3	3 14.2	3 6.6	2 58.3	2 49.3	2 39.4	2 28.4	2 15.9	2 1.6	1 44.5
27	3 35.5	3 29.3	3 22.7	3 15.7	3 8.0	2 59.8	2 50.8	2 40.8	2 29.8	2 17.3	2 2.9
26	3 42.8	3 37.0	3 30.8	3 24.2	3 17.2	3 9.6	3 1.4	2 52.4	2 42.4	2 31.3	2 18.8
25	3 49.7	3 44.3	3 38.6	3 32.4	3 25.9	3 18.9	3 11.3	3 3.1	2 54.1	2 44.1	2 33.0
24	3 56.5	3 51.4	3 46.0	3 40.3	3 34.3	3 27.8	3 20.8	3 13.2	3 5.0	2 56.0	2 46.0
23	4 3.0	3 58.2	3 53.2	3 47.9	3 42.3	3 36.2	3 29.8	3 22.8	3 15.3	3 7.1	2 58.0
22	4 9.3	4 4.9	4 0.2	3 55.2	3 50.0	3 44.3	3 38.4	3 31.9	3 25.0	3 17.5	3 9.3
21	4 15.4	4 11.3	4 6.9	4 2.3	3 57.4	3 52.2	3 46.6	3 40.7	3 34.3	3 27.4	3 19.9
− 20	4 21.4	4 17.5	4 13.5	4 9.1	4 4.6	3 59.8	3 54.6	3 49.1	3 43.2	3 36.9	3 30.0
19	4 27.3	4 23.7	4 19.9	4 15.8	4 11.6	4 7.1	4 2.3	3 57.2	3 51.8	3 45.9	3 39.6
18	4 33.0	4 29.6	4 26.1	4 22.3	4 18.4	4 14.2	4 9.8	4 5.1	4 0.1	3 54.7	3 48.9
17	4 38.6	4 35.4	4 32.1	4 28.7	4 25.0	4 21.1	4 17.0	4 12.7	4 8.1	4 3.1	3 57.8
16	4 44.1	4 41.2	4 38.1	4 34.9	4 31.5	4 27.9	4 24.1	4 20.1	4 15.9	4 11.3	4 6.4
15	4 49.5	4 46.8	4 43.9	4 41.0	4 37.8	4 34.5	4 31.0	4 27.4	4 23.4	4 19.3	4 14.8
14	4 54.8	4 52.3	4 49.7	4 46.9	4 44.1	4 41.0	4 37.8	4 34.4	4 30.8	4 27.0	4 22.9
13	5 0.0	4 57.7	4 55.3	4 52.8	4 50.2	4 47.4	4 44.5	4 41.4	4 38.1	4 34.6	4 3.9
12	5 5.1	5 3.0	5 0.9	4 56.3	4 56.2	4 53.7	4 51.0	4 48.2	4 45.2	4 42.0	4.38.7
11	5 10.2	5 8.3	5 6.4	5 4.3	5 2.1	4 59.8	4 57.4	4 54.9	4 52.2	4 49.3	4 46.3
− 10	5 15.2	5 13.5	5 11.8	5 9.9	5 7.9	5 5.9	5 3.7	5 1.5	4 59.1	4 56.5	4 53.8
9	5 20.2	5 18.7	5 17.1	5 15.2	5 13.7	5 11.9	5 10.0	5 8.0	5 5.8	5 3.6	5 1.2
8	5 25.1	5 23.8	5 22.4	5 21.0	5 19.5	5 17.9	5 16.2	5 14.4	5 12.5	5 10.6	5 8.5
7	5 30.0	5 28.9	5 27.7	5 26.4	5 25.1	5 23.8	5 22.3	5 20.8	5 19.2	5 17.5	5 15.7
6	5 34.9	5 33.9	5 32.9	5 31.8	5 30.7	5 29.6	5 28.4	5 27.1	5 25.7	5 24.3	5 22.8
5	5 39.7	5 38.9	5 38.1	5 37.2	5 36.1	5 35.4	5 34.4	5 33.4	5 32.2	5 31.1	5 29.9
4	5 44.5	5 43.9	5 43.3	5 42.6	5 41.9	5 41.2	5 40.4	5 39,6	5 38.7	5 37.8	5 36.9
3	5 49.3	5 48.9	5 48.4	5 47.9	5 47.4	5 46.9	5 46.3	5 45.8	5 45.2	5 44.5	5 43.8
2	5 54.1	5 53.8	5 53.5	5 53.3	5 52.9	5 52.6	5 52.3	5 52.0	5 51.6	5 51.2	5 50.8
− 1	5 58.9	5 58.8	5.58.7	5.58.6	5 58.4	5 58.3	5.58.2	5.58.1	5 58.0	5.57.9	5 57.7
0	6 3.6	6 3.7	6 3.9	6 4.0	6 4.1	6 4.8	6 4.2	6 4.3	6 4.4	6 4.5	6 4.7
+ 1	6 8.4	6 8.6	6 8.9	6 9.2	6 9.5	6 9.8	6 10.1	6 10.4	6 10.8	6 11.2	6 11.6
2	6 13.2	6 13.6	6 14.0	6 14.5	6 15.0	6 15.5	6 16.0	6 16.6	6 17.2	6 17.8	6 18.5
3	6 18.0	6 18.6	6 19.2	6 19.8	6 20.5	6 21.2	6 22.0	6 22.8	6 23.6	6 24.6	6 25.5
4	6 22.8	6 23.5	6 24.4	6 25.2	6 26.1	6 27.0	6 28.0	6 29.0	6 30.1	6 31.3	6 32.5
5	6 27.6	6 28.6	6 29.6	6 30.6	6 31.7	6 32.8	6 34.0	6 35.3	6 36.6	6 38.1	6 39.6
6	6 32.5	6 33.6	6 34.8	6 36.0	6 37.3	6 38.7	6 40.1	6 41.6	6 43.2	6 44.9	6 46.7
7	6 37.4	6 38.7	6 40.0	6 41.5	6 43.0	6 44.6	6 46.2	6 48.0	6 49.8	6 51.8	6 53.9
8	6 42.3	6 43.8	6 45.3	6 47.0	6 48.7	6 50.5	6 52.4	6 54.4	6 56.5	6 58.8	7 1.2
9	6 47.3	6 48.9	6 50.7	6 54.5	6 54.5	6 56.5	6 58.7	7 0.9	7 3.3	7 5.9	7 8.6
10	6 52.3	6 54.1	6 56.1	6 58.2	7 0.3	7 2.6	7 7.5	7 7.5	7 10.2	7 13.1	7 16.2
+ 11	6 57.4	6 59.4	7 1.6	7 3.9	7 6.3	7 8.8	7 11.4	7 14.2	7 17.2	7 20.4	7 23.8
12	7 2.5	7 4.8	7 7.2	7 9.7	7 12.3	7 15.1	7 18.0	7 21.1	7 24.3	7 27.8	7 31.5
13	7 7.8	7 10.2	7 12.8	7 15.5	7 18.4	7 21.4	7 24.6	7 28.0	7 35.4	7 35.4	7 39.5
14	7 13.1	7 15.7	7 18.6	7 21.5	7 24.6	7 27.9	7 31.4	7 35.1	7 39.0	7 43.2	7 47.7
15	7 18.5	7 21.4	7 24.4	7 27.6	7 31.0	7 34.6	7 38.3	7 42.4	7 46.3	7 51.2	7 56.1
16	7 23.9	7 27.1	7 30.4	7 33.8	7 37.5	7 41.4	7 45.4	7 49.8	7 54.4	7 59.4	8 4.7
17	7 29.5	7 32.9	7 36.5	7 40.2	7 44.1	7 48.3	7 52.7	7 57.4	8 2.5	8 7.9	8 13.7
18	7 35.3	7 38.9	7 42.7	7 46.7	7 50.9	7 55.4	8 0.2	8 5.3	8 10.8	8 16.6	8 23.0
19	7 41.1	7 45.0	7 49.1	7 53.4	7 57.9	8 2.8	8 7.9	8 13.4	8 19.4	8 25.7	8 32.6
20	7 47.1	7 51.3	7 55.6	8 0.3	8 5.2	8 10.4	8 15.9	8 21.9	8 28.3	8 35.2	8 42.8
+ 21	7 53.3	7 57.7	8 2.4	8 7.3	8 12.6	8 18.2	8 24.2	8 30.7	8 37.6	8 45.2	8 53.5
22	7 59.6	8 4.3	8 9.4	8 14.7	8 20.3	8 26.4	8 32.8	8 39.8	8 47.4	8 55.7	9 4.8
23	8 6.1	8 11.2	8 16.6	8 22.3	8 28.3	8 34.9	8 41.9	8 49.5	8 57.7	9 6.8	9 16.9
24	8 12.9	8 18.3	8 24.0	8 30.2	8 36.7	8 43.8	8 51.4	8 59.6	9 8.7	9 18.8	9 30.0
25	8 19.9	8 25.7	8 31.8	8 38.4	8 45.5	8 53.1	9 1.4	9 10.5	9 20.5	9 31.7	9 44.4
26	8 27.1	8 33.4	8 40.0	8 47.0	8 54.7	9 3.0	9 12.1	9 22.1	9 33.2	9 45.9	10 0.6
27	8 34.7	8 41.4	8 48.5	8 56.1	9 4.4	9 13.5	9 23.5	9 34.6	9 47.3	10 1.9	10 19.5
28	8 42.6	8 49.8	8 57.5	9 5.8	9 14.8	9 24.8	9 35.9	9 48.5	10 3.1	10 20.5	10 42.9
29	8 51.0	8 58.7	9 7.0	9 16.1	9 26.0	9 37.1	9 49.6	10 4.1	10 21.5	10 43.7	11 18.1
30	8 59.7	9 8.1	9 17.2	9 27.1	9 38.2	9 50.7	10 5.1	10 22.3	10 44.4	11 18.5	– –

Tabelle 6. Verwandlung von mittlerer Zeit in Sternzeit (Berliner Astronomisches Jahrbuch 1957, S. 396)

Red.	0^m	1^m	2^m	3^m	Red.	Red.		Red.	
s	h m s	h m s	h m s	h m s	s	s	m s	s	m s
0	0 0 0.0	6 5 14.5	12 10 29.1	18 15 43.6	0	0.00	0 0.0	0.50	3 2.6
1	6 5.2	11 19.8	16 34.3	21 48.8	1	01	3.7	51	6.3
2	12 10.5	17 25.0	22 39.6	27 54.1	2	02	7.3	52	9.9
3	18 15.7	23 30.3	28 44.8	33 59.3	3	03	11.0	53	13.6
4	24 21.0	29 35.5	34 50.0	40 4.6	4	04	14.6	54	17.2
5	30 26.2	35 40.7	40 55.3	46 9.8	5	0.05	18.3	0.55	20.9
6	36 31.5	41 46.0	47 0.5	52 15.1	6	06	21.9	56	24.5
7	42 36.7	47 51.2	53 5.8	18 58 20.3	7	07	25.6	57	28.2
8	48 41.9	6 53 56.5	12 59 11.0	19 4 25.5	8	08	29.2	58	31.8
9	0 54 47.2	7 0 1.7	13 5 16.2	10 30.8	9	09	32.9	59	35.5
10	1 0 52.4	6 7.0	11 21.5	16 36.0	10	0.10	36.5	0.60	39.1
11	6 57.7	12 12.2	17 26.7	22 41.3	11	11	40.2	61	42.8
12	13 2.9	18 17.4	23 32.0	28 46.5	12	12	43.8	62	46.5
13	19 8.1	24 22.7	29 37.2	34 51.8	13	13	47.5	63	50.1
14	25 13.4	30 27.9	35 42.5	40 57.0	14	14	51.1	64	53.8
15	31 18.6	36 33.2	41 47.7	47 2.2	15	0.15	54.8	0.65	3 57.4
16	37 23.9	42 38.4	47 52.9	53 7.5	16	16	0 58.4	66	4 1.1
17	43 29.1	48 43.7	13 53 58.2	19 59 12.7	17	17	1 2.1	67	4.7
18	49 34.4	7 54 48.9	14 0 3.4	20 5 18.0	18	18	5.7	68	8.4
19	1 55 39.6	8 0 54.1	6 8.7	11 23.2	19	19	9.4	69	12.0
20	2 1 44.8	6 59.4	12 13.9	17 28.4	20	0.20	13.0	0.70	15.7
21	7 50.1	13 4.6	18 19.2	23 33.7	21	21	16.7	71	19.3
22	13 55.3	19 9.9	24 24.4	29 38.9	22	22	20.4	72	23.0
23	20 0.6	25 15.1	30 29.6	35 44.2	23	23	24.0	73	26.6
24	26 5.8	21 20.3	36 34.9	41 49.4	24	24	27.7	74	30.3
25	32 11.1	37 25.6	42 40.1	47 54.7	25	0.25	31.3	0.75	33.9
26	38 16.3	43 30.8	48 45.4	20 53 59.9	26	26	35.0	76	37.6
27	44 21.5	49 36.1	14 54 50.6	21 0 5.1	27	27	38.6	77	41.2
28	50 26.8	8 55 41.3	15 0 55.9	6 10.4	28	28	42.3	78	44.9
29	2 56 32.0	9 1 46.6	7 1.1	12 15.6	29	29	45.9	79	48.5
30	3 2 37.3	7 51.8	13 6.3	18 20.9	30	0.30	49.6	0.80	52.2
31	8 42.5	13 57.0	19 11.6	24.26.1	31	31	53.2	81	55.8
32	14 47.8	20 2.3	25 16.8	30 31.4	32	32	1 56.9	82	4 59.5
33	20 53.0	26 7.5	31 22.1	36 36.6	33	33	2 0.5	83	5 3.2
34	26 58.2	32 12.8	37 27.3	42 41.8	34	34	4.2	84	6.8
35	33 3.5	38 18.0	43 32.5	48 47.1	35	0.35	7.8	0.85	10.5
36	39 8.7	44 23.3	49 37.8	21 54 52.3	36	36	11.5	86	14.1
37	45 14.0	50 28.5	15 55 43.0	22 0 57.6	37	37	15.1	87	17.8
38	51 19.2	9 56 33.7	16 1 48.3	7 2.8	38	38	18.8	88	21.4
39	3 57 24.4	10 2 39.0	7 53.5	13 8.0	39	39	22.4	89	25.1
40	4 3 29.7	8 44.2	13 58.8	19 13.3	40	0.40	26.1	0.90	28.7
41	9 34.9	14 49.5	20 4.0	25 18.5	41	41	29.7	91	32.4
42	15 40.2	20 54.7	26 9.2	31 23.8	42	42	33.4	92	36.0
43	21 45.4	27 0.0	32 14.5	37 29.0	43	43	37.1	93	39.7
44	27 50.7	33 5.2	38 19.7	43 34.3	44	44	40.7	94	43.3
45	33 55.9	39 10.4	44 25.0	49 39.5	45	0.45	44.4	0.95	47.0
46	40 1.1	45 15.7	50 30.2	22 55 44.7	46	46	48.0	96	50.6
47	46 6.4	51 20.9	16 56 35.5	23 1 50.0	47	47	51.7	97	54.3
48	52 11.6	10 57 26.2	17 2 40.7	7 55.2	48	48	55.3	98	5 57.9
49	4 58 16.9	11 3 31.4	8 45.9	14 0.5	49	0.49	2 59.0	0.99	6 1.6
50	5 4 22.1	9 36.6	14 51.2	20 5.7	50				
51	10 27.4	15 41.9	20 56.4	26 11.0	51				
52	16 32.6	21 47.1	27 1.7	32 16.2	52				
53	22 37.8	27 52.4	33 6.9	38 21.4	53				
54	28 43.1	33 57.6	39 12.1	44 26.7	54				
55	34 48.3	40 2.9	45 17.4	50 31.9	55				
56	40 53.6	46 8.1	51 22.6	23 56 37.2	56				
57	46 58.8	52 13.3	17 57 27.9	24 2 42.4	57				
58	53 4.0	11 58 18.6	18 3 33.1	8 47.7	58				
59	5 59 9.3	12 4 23.8	18 9 38.4	24 14 52.9	59				

Red.		Red.		Red.	
s	s	s	s	s	s
0.000		0.003		0.006	
	0.2		1.3		2.4
001		004		007	
	0.5		1.6		2.7
002		005		008	
	0.9		2.0		3.1
003		006		009	
	1.3		2.4		3.5
0.004		0.007		0.010	

Die Reduktion ist zur mittleren Zeit zu addieren

Tabelle 7. Verwandlung von Sternzeit in mittlere Zeit (Berliner Astronomisches Jahrbuch 1957, S. 397)

Red.	0^m	1^m	2^m	3^m	Red.
s	h m s	h m s	h m s	h m s	s
0	0 0 0.0	6 6 14.5	12 12 29.1	18 18 43.6	0
1	6 6.2	12 20.8	18 35.3	24 49.9	1
2	12 12.5	18 27.0	24 41.6	30 56.1	2
3	18 18.7	24 33.3	30 47.8	37 2.3	3
4	24 25.0	30 39.5	36 54.0	43 8.6	4
5	30 31.2	36 45.7	43 0.3	49 14.8	5
6	36 37.5	42 52.0	49 6.5	18 55 21.1	6
7	42 43.7	48 58.2	12 55 12.8	19 1 27.3	7
8	48 49.9	6 55 4.5	13 1 19.0	7 33.5	8
9	0 54 56.2	7 1 10.7	7 25.3	13 39.8	9
10	1 1 2.4	7 17.0	13 31.5	19 46.0	10
11	7 8.7	13 23.2	19 37.7	25 52.3	11
12	13 14.9	19 29.4	25 44.0	31 58.5	12
13	19 21.1	25 35.7	31 50.2	38 4.8	13
14	25 27.4	31 41.9	37 56.5	44 11.0	14
15	31 33.6	37 48.2	44 2.7	50 17.2	15
16	37 39.9	43 54.4	50 8.9	19 56 23.5	16
17	43 46.1	50 0.7	13 56 15.2	20 2 29.7	17
18	49 52.4	7 56 6.9	14 2 21.4	8 36.0	18
19	1 55 58.6	8 2 13.1	8 27.7	14 42.2	19
20	2 2 4.8	8 19.4	14 33.9	20 48.5	20
21	8 11.1	14 25.6	20 40.2	26 54.7	21
22	14 17.3	20 31.9	26 46.4	33 0.9	22
23	20 23.6	26 38.1	32 52.6	39 7.2	23
24	26 29.8	32 44.4	38 58.9	45 13.4	24
25	32 36.1	38 50.6	45 5.1	51 19.7	25
26	38 42.3	44 56.8	51.11.4	20 57 25.9	26
27	44 48.5	51 3.1	14 57 17.6	21 3 32.2	27
28	50 54.8	8 57 9.3	15 3 23.9	9 38.4	28
29	2 57 1.0	9 3 15.6	9 30.1	15 44.6	29
30	3 3 7.3	9 21.8	15 36.3	21 50.9	30
31	9 13.5	15 28.0	21 42.6	27 57.1	31
32	15 19.8	21 34.3	27 48.8	34 3.4	32
33	21 26.0	27 40.5	33 55.1	40 9.6	33
34	27 32.2	33 46.8	40 1.3	46 15.8	34
35	33 38.5	39 63.0	46 7.6	52 22.1	35
36	39 44.7	45 59.3	52 13.8	21 58 28.3	36
37	45 51.0	52 5.5	15 58 20.0	22 4 34.6	37
38	51 57.2	9 58 11.7	16 4 26.3	10 40.8	38
39	3 58 3.4	10 4 18.0	10 32.5	16 47.1	39
40	4 4 9.7	10 24.2	16 38.8	22 53.3	40
41	10 15.9	16 30.5	22 45.0	28 59.5	41
42	16 22.2	22 36.7	28 51.2	35 5.8	42
43	22 28.4	28 43.0	34 57.5	41 12.0	43
44	28 34.7	34 49.2	41 3.7	47 18.3	44
45	34 40.9	40 55.4	47 10.0	53 24.5	45
46	40 47.1	47 1.7	53 16.2	22 59 30.8	46
47	46 53.4	53 7.9	16 59 22.5	23 5 37.0	47
48	52 59.6	10 59 14.2	17 5 28.7	11 43.2	48
49	4 59 5.9	11 5 20.4	11 34.9	17 49.5	49
50	5 5 12.1	11 41.2	17 41.2	23 55.7	50
51	11 18.4	17 32.9	23 47.4	30 2.0	51
52	17 24.6	23 39.1	29 53.7	36 8.2	52
53	23 30.8	29 45.4	35 59.9	42 14.5	53
54	29 37.1	35 51.6	42 6.2	48 20.7	54
55	35 43.3	41 58.9	48 12.4	23 54 26.9	55
56	41 49.6	48 4.1	17 54 18.6	24 0 33.2	56
57	47 55.8	11 54 10.3	18 0 24.9	6 39.4	57
58	5 54 2.1	12 0 16.6	6 31.1	12 45.7	58
59	6 0 8.3	12 6 22.8	18 12 37.4	24 18 51.9	59

Red.		Red.	
m s	s	m s	m s
0.00	0 0.0	0.50	3 3.1
01	3.7	51	6.8
02	7.3	52	10.4
03	11.0	53	14.1
04	14.6	54	17.8
0.05	18.3	0.55	21.4
06	22.0	56	25.1
07	25.6	57	28.8
08	29.3	58	32.4
09	33.0	59	36.1
0.10	36.6	0.60	39.7
11	40.3	61	43.4
12	43.9	62	47.1
13	47.6	63	50.7
14	51.3	64	54.4
0.15	54.9	0.65	3 58.1
16	0 58.6	66	4 1.7
17	1 2.3	67	5.4
18	5.9	68	9.0
19	9.6	69	12.7
0.20	13.2	0.70	16.4
21	16.9	71	20.0
22	20.6	72	23.7
23	24.2	73	27.4
24	27.9	74	31.0
0.25	31.6	0.75	34.7
26	35.2	76	38.3
27	38.9	77	42.0
28	42.5	78	45.7
29	46.2	79	49.3
0.30	49.9	0.80	53.0
31	53.5	81	4 56.7
32	1 57.2	82	5 0.3
33	2 0.9	83	4.0
34	4.5	84	7.6
0.35	8.2	0.85	11.3
36	11.8	86	15.0
37	15.5	87	18.6
38	19.2	88	22.3
39	22.8	89	26.0
0.40	26.5	0.90	29.6
41	30.2	91	33.3
42	33.8	92	36.9
43	37.5	92	40.6
44	41.1	94	44.3
0.45	44.8	0.95	47.9
46	48.5	96	51.6
47	52.1	97	55.3
48	55.8	98	5 58.9
0.49	2 59.5	0.99	6 2.6

Red.		Red.		Red.	
s	s	s	s	s	s
0.000		0.003		0.006	
	0.2		1.3		2.4
001		004		007	
	0.5		1.6		2.7
002		005		008	
	0.9		2.0		3.1
003		006		009	
	1.3		2.4		3.5
0.004		0.007		0.010	

Die Reduktion ist von der Sternzeit zu subtrahieren

Tabelle 8. Julianische Periode von 1000–2000 (Berliner Astronomisches Jahrbuch 1957, S. 401)

a) Anzahl der am 0. Januar, 12^h Weltzeit, seit Anfang der Periode verflossener Tage

Jahr nach Chr.	1000	1100	1200	1300	1400	1500	1600	1700	1800	1900
	20	21	21	21	22	22	23	23	23	24
0	86307	22832	59357	95882	32407	68932	05447	41971 [1]	78495 [1]	15019 [1]
4	87768	24293	60818	87343	33868	70393	06908	43432	79956	16480
8	89229	25754	62279	98804	35329	71854	08369	44893	81417	17941
12	90690	27215	63740	00265	36790	73315	09830	46354	82878	19402
16	92151	28676	65201	01726	38251	74776	11291	47815	84339	20863
20	93612	30137	66662	03187	39712	76237	12752	49276	85800	22324
24	95073	31598	68123	04648	41173	77698	14213	50737	87261	23785
28	96534	33059	69584	06109	42634	79159	15764	52198	88722	25246
32	97995	34520	71045	07570	44095	80620	17135	53659	90183	26707
36	99456	35981	72506	09031	45556	82081	18596	55120	91644	28168
40	00917	37442	73967	10492	47017	83542	20057	56105	93105	29629
44	02378	38903	11953	11953	48578	85103	21518	58042	94566	31090
48	03839	40364	76889	13414	49939	86464	22979	59503	96027	32551
52	05300	41825	78350	14875	51400	87925	24440	60964	97488	34012
56	06761	43286	79811	16336	52861	89386	25901	62425	98949	35473
60	08222	44747	81272	17797	54322	90847	27362	63886	00410	36934
64	09683	46208	82733	19258	55783	92308	28823	65347	01871	38395
68	11144	47669	84194	20719	57244	93769	30284	66808	03332	39856
72	12605	49130	22180	22180	58705	95230	31745	68269	04793	41317
76	14066	50591	87116	23641	60166	96691	33206	69730	06254	42778
80	15527	52052	88577	25102	61627	98152	34667	71191	07715	44239
84	16988	53513	90038	26563	63088	99603	36128	72652	09176	45700
88	18449	54974	91499	64549	64549	01064	37589	74113	10637	47161
92	19910	56435	92960	29485	66010	02525	39050	75574	12098	48622
96	21371	57896	94421	30946	67471	03986	40511	77035	13559	50083
100	22832	59357	95882	32407	68932	05447	41971 [1]	78495 [1]	15019 [1]	51544 [1]
	21	21	21	22	22	23	23	23	24	24

b) Anzahl der am 0. eines jeden Monats, 12^h Weltzeit, seit Beginn der Schaltperiode verflossenen Tage

Jahr	Jan. 0	Febr. 0	März 0	April 0	Mai 0	Juni 0	Juli 0	Aug. 0	Sept. 0	Okt. 0	Nov. 0	Dez. 0
0	0 [2]	31 [2]	60	91	121	152	182	213	244	274	305	335
1	366	397	425	456	486	517	547	578	609	693	670	700
2	731	762	790	821	851	882	912	943	974	1004	1035	1065
3	1096	1127	1155	1186	1216	1247	1277	1308	1339	1369	1400	1430

Von 1582 Okt. 15 bis 1583 Dez. 31 sind die Zahlen der Tafel b) um 10 zu verkleinern.

[1] Die Zahlen geben die am −1. Januar seit Anfang der Periode verflossenen Tage
[2] In den Jahren 1700, 1800, 1900 um 1 zu vergrößern

Tabelle 9. Verwandlung von Tagen, Stunden und Minuten in Dezimalteile des julianischen Jahres

$$1 \text{ Tag} = \frac{1}{365.2422} = 0.0027379 \text{ Jahr}$$

Datum Gem. Jahr	Datum Schalt-Jahr	Jan.	Febr.	März	April	Mai	Juni	Juli	Aug.	Sept.	Okt.	Nov.	Dez.
0	1	0.000	0.085	0.162	0.246	0.329	0.413	0.496	0.580	0.665	0.747	0.832	0.914
1	2	003	088	164	249	331	416	498	583	668	750	835	917
2	3	005	090	167	252	334	419	501	586	671	753	838	920
3	4	008	093	170	255	337	422	504	589	674	756	841	923
4	5	011	096	172	257	340	424	507	591	676	758	843	925
5	6	0.014	0.099	0.175	0.260	0.342	0.427	0.509	0.594	0.679	0.761	0.846	0.928
6	7	016	101	178	263	345	430	512	597	682	764	849	931
7	8	019	104	181	266	348	433	515	600	684	767	851	934
8	9	022	107	183	268	350	435	517	602	687	769	854	936
9	10	025	110	186	271	353	438	520	605	690	772	857	939
10	11	0.027	0.112	0.189	0.274	0.356	0.441	0.523	0.608	0.693	0.775	0.860	0.942
11	12	030	115	192	277	359	444	526	611	695	778	862	945
12	13	033	118	194	279	361	446	528	613	698	780	865	947
13	14	036	120	197	282	364	449	531	616	701	783	868	950
14	15	038	123	200	285	367	452	534	619	704	786	871	953
15	16	0.041	0.126	0.203	0.287	0.370	0.454	0.537	0.622	0.706	0.789	0.873	0.956
16	17	044	129	205	290	372	457	539	624	709	791	876	958
17	18	047	131	208	293	375	460	542	627	712	794	879	961
18	19	049	134	211	296	378	463	545	630	715	797	882	964
19	20	052	137	214	298	381	465	548	632	717	799	884	966
20	21	0.055	0.140	0.216	0.301	0.383	0.468	0.550	0.635	0.720	0.802	0.887	0.969
21	22	057	142	219	304	386	471	553	638	723	805	890	972
22	23	060	145	222	307	389	474	556	641	726	808	893	975
23	24	063	148	225	309	392	476	559	643	728	810	895	977
24	25	066	151	227	312	394	479	561	646	731	813	898	980
25	26	0.068	0.153	0.230	0.315	0.397	0.482	0.564	0.649	0.734	0.816	0.901	0.983
26	27	071	156	233	318	400	485	567	652	736	819	904	986
27	28	074	159	235	320	402	487	569	654	739	821	906	988
28	29	077	162	238	323	405	490	572	657	742	824	909	991
29	30	079		241	326	408	493	575	660	745	827	912	994
30	31	0.082		0.244	0.329	0.411	0.496	0.578	0.663	0.747	0.830	0.914	0.997
31		085		246		413		580	665		832		999

Die zweite Datumspalte wird nur im Januar und Februar benutzt.

Die hier gegebenen Jahresbrüche können je nach dem Stand des Schaltzyklus um ± 0.002 fehlerhaft sein. Sie gelten für 0^h Weltzeit

Tabelle 10. Jährliche Präzession P_α in Rektaszension und P_δ in Deklination

	P_α													P_δ
α \ δ	+60°	+50°	+40°	+30°	+20°	+10°	0°	−10°	−20°	−30°	−40°	−50°	−60°	
h	s	s	s	s	s	s	s	s	s	s	s	s	s	″
0	3.07	3.07	3.07	3.07	3.07	3.07	3.07	3.07	3.07	3.07	3.07	3.07	3.07	+ 20.0
1	3.67	3.48	3.36	3.27	3.20	3.13	3.07	3.01	2.95	2.87	2.78	2.66	2.47	+ 19.4
2	4.23	3.87	3.63	3.46	3.32	3.19	3.07	2.95	2.83	2.69	2.51	2.28	1.92	+ 17.4
3	4.71	4.20	3.97	3.62	3.42	3.24	3.07	2.91	2.73	2.53	2.28	1.95	1.44	+ 14.2
4	5.08	4.45	4.04	3.74	3.49	3.28	3.07	2.87	2.65	2.41	2.10	1.69	1.07	+ 10.0
5	5.31	4.61	4.16	3.82	3.54	3.30	3.07	2.84	2.60	2.33	1.99	1.53	0.84	+ 5.2
6	5.39	4.67	4.19	3.84	3.56	3.31	3.07	2.84	2.59	2.30	1.95	1.48	0.76	0.0
7	5.31	4.61	4.16	3.82	3.54	3.30	3.07	2.84	2.60	2.33	1.99	1.53	0.84	− 5.2
8	5.08	4.45	4.04	3.74	3.49	3.28	3.07	2.87	2.65	2.41	2.10	1.69	1.07	− 10.0
9	4.71	4.20	3.87	3.62	3.42	3.24	3.07	2.91	2.73	2.53	2.28	1.95	1.44	− 14.2
10	4.23	3.87	3.63	3.46	3.32	3.19	3.07	2.95	2.83	2.69	2.51	2.28	1.92	− 17.4
11	3.67	3.48	3.36	3.27	3.20	3.13	3.07	3.01	2.95	2.87	2.78	2.66	2.47	− 19.4
12	3.07	3.07	3.07	3.07	3.07	3.07	3.07	3.07	3.07	3.07	3.07	3.07	3.07	− 20.0
13	2.47	2.66	2.78	3.87	2.95	3.01	3.07	3.13	3.20	3.37	3.36	3.48	3.67	− 19.4
14	1.92	2.28	2.51	2.69	2.83	2.95	3.07	3.19	3.32	3.46	3.63	3.87	4.23	− 17.4
15	1.44	1.95	2.28	2.53	2.73	2.91	3.07	3.24	3.42	3.62	3.87	4.20	4.71	− 14.2
16	1.07	1.69	2.10	2.41	2.65	2.87	3.07	3.28	3.49	3.74	4.04	4.45	5.08	− 10.0
17	0.84	1.53	1.99	2.33	2.60	2.84	3.07	3.30	3.54	3.82	4.16	4.61	5.31	− 5.2
18	0.76	1.48	1.95	2.30	2.59	2.84	3.07	3.31	3.56	3.84	4.19	4.67	5.39	0.0
19	0.84	1.53	1.99	2.33	2.60	2.84	3.07	3.30	3.54	3.82	4.16	4.61	5.31	+ 5.2
20	1.07	1.69	2.10	2.41	2.65	2.87	3.07	3.28	3.49	3.74	4.04	4.45	5.08	+ 10.0
21	1.44	1.95	2.28	2.53	2.73	2.91	3.07	3.24	3.42	3.62	3.87	4.20	4.71	+ 14.2
22	1.92	2.28	2.51	2.69	2.83	2.95	3.07	3.19	3.32	3.46	3.63	3.97	4.23	+ 17.4
23	2.47	2.66	2.78	2.87	2.95	3.01	3.07	3.13	3.20	3.27	3.36	3.48	3.67	+ 19.4
24	3.07	3.07	3.07	3.07	3.07	3.07	3.07	3.07	3.07	3.07	3.07	3.07	3.07	+ 20.0

16.1.2 Spezieller Teil

Tabelle 11. Daten der Sonne

Durchmesser in km	1392530
Durchmesser in Erddurchmessern (Äquator)	109,164
Abplattung	0
Oberfläche in Erdoberflächen	11957
Volumen in Erdvolumen	1307465
Masse in Erdmassen	332950
Masse in kg	$1{,}9891 \times 10^{30}$
Dichte in kg/m^3:	
Mittelwert (ganze Sonne)	1410
Inneres (Sonnenzentrum)	$1{,}6 \times 10^5$
Oberfläche (Photosphäre)	10
Zentraldruck in Pa	6×10^{14}
Rotationsperiode in Tagen:	
Siderisch (am Sonnenäquator)	25,03
Von der Erde aus gesehen:	
Sonnenäquator	26,8
75° heliographische Breite	31,8
Neigung des Sonnenäquators gegen die Erdbahn	7,25°
Magnetische Flußdichte in Tesla:	
Polares Feld	10^{-4}
Sonnenflecken	0,3
Die fünf häufigsten chemischen Elemente der Photosphäre in Massen-%:	
Wasserstoff	78,4
Helium	19,8
Sauerstoff	0,863
Kohlenstoff	0,395
Eisen	0,140
Temperatur in K:	
Zentrum	15000000
Oberfläche (Photosphäre)	6050
Fleckenumbra	4240
Solare Strahlung in W:	
insgesamt	$3{,}83 \times 10^{26}$
pro m^2:	
an der Sonnenoberfläche	$6{,}29 \times 10^7$
an der Obergrenze der Erdatmosphäre	1368
Photometrische Werte:	
Lichtstärke in cd	$3{,}07 \times 10^{27}$
Leuchtdichte in cd/m^2:	
Mittelwert über „Sonnenscheibe“	$2{,}01 \times 10^9$
Scheibenmittelpunkt	$2{,}53 \times 10^9$
Beleuchtungsstärke (lx) in mittlerer Entfernung der Erde von der Sonne bei senkrechter Einstrahlung	$1{,}37 \times 10^5$

Tabelle 12. Positionswinkel P der Sonnenachse und heliographische Breite B_0 des scheinbaren Mittelpunktes der Sonnenscheibe von 5 zu 5 Tagen

Datum	P	B_0	Datum	P	B_0	Datum	P	B_0
Jan. 1	+ 2.4°	− 3.0°	Mai 1	− 24.3°	− 4.2°	Aug. 29	+ 20.1°	+ 7.1°
6	− 0.1	3.6	6	23.4	3.7	Spt. 3	21.5	7.2
11	2.5	4.1	11	22.3	3.1	8	22.6	7.3
16	4.9	4.7	16	21.0	2.6	13	23.6	7.2
21	7.2	5.1	21	19.5	2.0	18	24.5	7.2
26	9.4	5.6	26	17.9	1.4	23	25.2	7.0
31	11.5	6.0	31	16.1	0.8	28	25.8	6.9
Febr. 5	13.6	6.3	Jun. 5	14.2	− 0.2	Okt. 3	26.1	6.6
10	15.5	6.6	10	12.2	+ 0.4	8	26.3	6.4
15	17.2	6.8	15	10.3	1.0	13	26.3	6.0
20	18.9	7.0	20	8.0	1.6	18	26.2	5.7
25	20.3	7.2	25	5.7	2.2	23	25.8	5.2
März 2	21.7	7.2	30	3.5	2.7	28	25.3	4.8
7	22.9	7.3	Juli 5	− 1.2	3.3	Nov. 2	24.5	4.3
12	23.9	7.2	10	+ 1.1	3.8	7	23.6	3.8
17	24.6	7.1	15	3.3	4.3	12	22.4	3.2
22	25.4	7.0	20	5.5	4.8	17	21.1	2.6
27	25.9	6.8	25	7.7	5.2	22	19.6	2.0
April 1	26.2	6.6	30	9.7	5.6	27	17.9	1.4
6	26.4	6.3	Aug. 4	11.7	6.0	Dez. 2	16.0	0.8
11	26.3	5.9	9	13.7	6.3	7	14.0	+ 0.1
16	26.1	5.5	14	15.5	6.6	12	11.9	− 0.5
21	25.7	5.1	19	17.1	6.8	17	9.6	1.1
26	− 25.1	− 4.7	24	+ 18.7	+ 7.0	22	7.3	1.8
						27	+ 4.9	− 2.4

Die Werte der Jahrestabelle können infolge der vierjährigen Schaltung geringfügige Änderungen erfahren. Bei den P-Werten bis zu 3 Zehntel, bei den B_0-Werten bis zu 1 Zehntel Grad

Tabelle 13. Rechtwinkelige Koordinaten der Mondformationen im System Mucke, Rükl [8] in Einheiten des mittleren Mondradius. ξ positiv nach austronautisch Ost (zum Mare Crisium), η positiv nach Nord, ζ positiv zur Erde, λ selenographische Länge, β selenographische Breite

Nr.	Name	ξ	η	ζ	λ	β
1	Lohrmann A	− 0,888	− 0,013	+ 0,460	− 62,5	− 0,7
2	Damoiseau E	− 0,847	− 0,091	+ 0,524	− 58,2	− 5,2
3	Byrgius A	− 0,816	− 0,416	+ 0,401	− 63,8	− 24,6
4	Billy	− 0,744	− 0,239	+ 0,624	− 50,0	− 13,8
5	Aristarchus	− 0,676	+ 0,402	+ 0,618	− 47,6	+ 23,7
6	Mersenius C	− 0,676	− 0,338	+ 0,655	− 45,9	− 19,8
7	Gassendi α	− 0,654	− 0,316	+ 0,687	− 43,6	− 18,4
8	Kepler	− 0,609	+ 0,141	+ 0,781	− 38,0	+ 8,1
9	Encke B	− 0,598	+ 0,041	+ 0,800	− 36,8	+ 2,3
10	Bessarion	− 0,585	+ 0,256	+ 0,770	− 37,2	+ 14,8
11	Brayley	− 0,561	+ 0,356	+ 0,747	− 36,9	+ 20,9
12	Lansberg D	− 0,508	− 0,052	+ 0,860	− 30,6	− 3,0
13	Milichius	− 0,495	+ 0,174	+ 0,851	− 30,2	+ 10,0
14	Euclides	− 0,488	− 0,128	+ 0,863	− 29,5	− 7,4
15	Lansberg B	− 0,470	− 0,043	+ 0,882	− 28,1	− 2,5
16	Dunthorne	− 0,454	− 0,501	+ 0,737	− 31,6	− 30,1
17	Sharp A	− 0,456	+ 0,738	+ 0,497	− 42,5	+ 47,6

Tabelle 13. (Fortsetzung)

Nr.	Name	ξ	η	ζ	λ	β
18	Agatharchides A	− 0,437	− 0,395	+ 0,808	− 28,4	− 23,3
19	Foucault	− 0,408	+ 0,770	+ 0,491	− 39,8	+ 50,4
20	Darney	− 0,386	− 0,252	+ 0,887	− 23.5	− 14,6
21	Kies A	− 0,340	− 0,474	+ 0,812	− 22,7	− 28,3
22	Pytheas	− 0,329	+ 0,351	+ 0,877	− 20,6	+ 20,5
23	Gambart A	− 0,321	+ 0,017	+ 0,947	− 18,7	+ 1,0
24	La Condamina A	− 0,292	+ 0,813	+ 0,504	− 30,1	+ 54,4
25	Maupertuis A	− 0,265	+ 0,772	+ 0,578	− 24,6	+ 50,5
26	Guericke C	− 0,196	− 0,200	+ 0,960	− 11,5	− 11,5
27	Birt	− 0,137	− 0,380	+ 0,915	− 8,5	+ 22,3
28	Tycho (C.P.)[a]	− 0,141	− 0,685	+ 0,715	− 11,2	− 43,2
29	Alpetragius B	− 0,115	− 0,261	+ 0,958	− 6,8	− 15,1
30	Pico	− 0,106	+ 0,717	+ 0,689	− 8,7	+ 45,8
31	Archimedes A	− 0,098	+ 0,470	+ 0,877	− 6,4	+ 28,0
32	Mösting A	− 0,090	− 0,056	+ 0,994	− 5,2	− 3,2
33	Maginus H	− 0,106	− 0,793	+ 0,600	− 10,0	− 52,5
34	Bode	− 0,042	+ 0,117	+ 0,992	− 2,4	+ 6,7
35	Bode A	− 0,020	+ 0,156	+ 0,988	− 1,2	+ 9,0
36	Chladni	+ 0,020	+ 0,070	+ 0,997	+ 1,1	+ 4,0
37	Epigenis A	− 0,003	+ 0,920	+ 0,392	+ 0,4	+ 66,9
38	Werner D	+ 0,051	− 0,455	+ 0,889	+ 3,3	− 27,1
39	Zach δ[b]	+ 0,055	− 0,876	+ 0,479	+ 6,5	− 61,2
40	Aratus	+ 0,072	+ 0,400	+ 0,914	+ 4,5	+ 23,5
41	Cassini C	+ 0,101	+ 0,665	+ 0,740	+ 7,7	+ 41,6
42	Pickering	+ 0,122	− 0,050	+ 0,991	+ 7,0	− 2,9
43	Airy A	+ 0,128	− 0,293	+ 0,948	+ 7,7	− 17,0
44	Egede A	+ 0,113	+ 0,782	+ 0,613	+ 10,4	+ 51,4
45	Hipparchus C	+ 0,142	− 0,129	+ 0,981	+ 8,2	− 7,4
46	Manilius ε[a]	+ 0,153	+ 0,250	+ 0,956	+ 9,0	+ 14,4
47	Abulfeda F	+ 0,216	− 0,280	+ 0,935	+ 13,0	− 16,3
48	Eudoxus A	+ 0,239	+ 0,717	+ 0,655	+ 20,0	+ 45,8
49	Manelaus	+ 0,264	+ 0,280	+ 0,923	+ 15,9	+ 16,2
50	Dionysius	+ 0,297	+ 0,049	+ 0,954	+ 17,2	+ 2,8
51	Nicolai A	+ 0,296	− 0,675	+ 0,676	+ 23,7	− 42,5
52	Dawes	+ 0,424	+ 0,296	+ 0,856	+ 26,3	+ 17,2
53	Posidonius A	+ 0,419	+ 0,525	+ 0,741	+ 29,4	+ 31,6
54	Polybius A	+ 0,432	− 0,391	+ 0,813	+ 28,0	− 23,0
55	Hercules G	+ 0,435	+ 0,724	+ 0,535	+ 39,0	+ 46,3
56	Janssen K	+ 0,466	+ 0,720	+ 0,514	+ 42,2	− 46,1
57	Maury	+ 0,510	+ 0,603	+ 0,613	+ 39,7	+ 37,0
58	Censorinus	+ 0,540	− 0,007	+ 0,842	+ 32,7	− 0,4
59	Rosse	+ 0,545	− 0,307	+ 0,780	+ 34,9	− 17,9
60	Cepheus A	+ 0,547	+ 0,656	+ 0,520	+ 46,4	+ 40,9
61	Macrobius B	+ 0,611	+ 0,357	+ 0,707	+ 40,8	+ 20,9
62	Gutenberg A	+ 0,634	− 0,157	+ 0,757	+ 39,9	− 9,0
63	Tralles A	+ 0,650	+ 0,461	+ 0,604	+ 47,0	+ 27,4
64	Stevinus A	+ 0,667	− 0,528	+ 0,526	+ 51,8	− 31,9
65	Proclus	+ 0,702	+ 0,278	+ 0,656	+ 46,9	+ 16,1
66	Furnerius A	+ 0,716	− 0,552	+ 0,427	+ 59,2	− 33,5
67	Bellot	+ 0,728	− 0,215	+ 0,651	+ 48,2	− 12,4
68	Picard	+ 0,789	+ 0,251	+ 0,561	+ 54,5	− 14,5
69	Firmicus	+ 0,887	+ 0,127	+ 0,444	+ 63,4	+ 7,2
70	Langrenus M	+ 0,903	− 0,170	+ 0,395	+ 66,4	− 9,8

[a] Zentralberg
[b] Sehr heller Fleck am inneren SE-Wall

Tabelle 14. Aufnahmetechnik und Belichtungszeiten für die Mond- und Planetenphotographie

	Mond	Planeten
Aufnahmen im Fernrohrbrennpunkt		
Brennweite	ab 100 cm	ab 200 cm
Negativgröße	ab 10 mm	ab 0,5 mm
Belichtung	1/25–1/5″	1/5–1″
Nachführung	nein	nein (ja)
Emulsion DIN	14–18	13–17
Vergrößerung	10–25fache vom ∅ des Negativs	
Definition	sehr gut	mäßig
Luftunruhe	spürbar	deutlich spürbar
Aufnahmen mit Okularprojektion		
Brennweite Fernrohr	ab 50 cm	ab 100 cm
Brennweite Okular	15–20 mm	20–25 mm
Negativgröße	ab 20 mm	ab 2 mm
Belichtung	1/5–5″	1–10″
Nachführung	ja (nein)	ja
Emulsion DIN	17–34	14–21
Vergrößerung	5–10fache vom ∅ des Negativs	
Definition	sehr gut	gut
Luftunruhe	spürbar	deutlicht spürbar

Tabelle 15. Daten der Planeten

	Merkur	Venus	Erde
Mittlere Entfernung von der Sonne in 10^6 km	57,909	108,209	149,598
Mittlere Entfernung von der Sonne in AE	0,38710	0,72333	1,00000
Kleinste Entfernung von der Sonne in AE	0,31	0,72	0,98
Größte Entfernung von der Sonne in AE	0,47	0,73	1,02
Kleinste Entfernung von der Erde in AE	0,53	0,27	–
Größte Entfernung von der Erde in AE	1,47	1,73	–
Umfang der Bahn in Millionen km	360	680	940
Mittlere Umlaufgeschwindigkeit in km/s	47,9	35,0	29,8
Siderische Umlaufzeit in tropischen Jahren	0,2409	0,6152	1,00004
Bahnneigung gegen die Ekliptik	7,005°	3,395°	–
Exzentrizität der Bahn	0,2056	0,0068	0,0167
Äquatordurchmesser in km	4878	12104	12756,280
Durchmesser in Erddurchmessern	0,382	0,949	1,000
Abplattung	0	0	1/298,258
Oberfläche in Erdoberflächen	0,146	0,90	1,00
Volumen in Erdvolumen	0,056	0,85	1,00
Masse in Erdmassen (ohne Satelliten)	0,05527	0,8150	1
Masse in kg	$3{,}3022 \times 10^{23}$	$4{,}8690 \times 10^{24}$	$5{,}9742 \times 10^{24}$
Dichte in kg/m^3	5430	5240	5515
Entweichgeschwindigkeit in km/s (bezogen auf den Planetenäquator)	4,2	10,4	11,2
Schwerebeschleunigung an der Oberfläche in m/s^2 (Äquator)	3,71	8,85	9,78
Rotationsperiode	58.6462^d	-243.01^d	$23^h56^m4^s$
Tag-Nacht-Zyklus	176^d	116.75^d	1^d
Äquatorneigung	0°	177°20′	23°26″
Nordpol:			
Rekaszesion	280.98°	272.79°	
Deklination	61.44°	67.21°	
Geometrische Albedo [a]	0,106	0,65	0,367
Größte scheinbare visuelle Helligkeit	– 1,2	– 4,28	– 3,86 [b]

Tabelle 15. Daten der Planeten

Mars	Jupiter	Saturn	Uranus	Neptun	Pluto
227,941	778,38	1424,3	2866,6	4492,3	5887,3
1,52369	5,2032	9,5210	19,162	30,029	39,354
1,38	4,95	9,00	18,27	29,71	29,7
1,67	5,45	10.04	20,06	30,34	49,1
0,38	3,95	8,00	17,29	28,71	28,7
2,67	6,45	11,04	21,07	31,31	50,1
1400	4900	9000	18000	28000	37000
24,1	13,1	9,6	6,8	5,4	4,7
1,8809	11,869	29,628	84,665	165,49	251,86
1,850°	1,305°	2,487°	0,772°	1,771°	17,147°
0,0934	0,0482	0,0550	0,047	0,010	0,246
6786,8	142796	120000	50800	48600	≈2400
0,532	11,19	9,41	3,98	3,81	0,19
1/192,81	1/15,4300	1/9,29188	1/33	1/38,6	?
0,28	120	82	16	14	0,034
0,15	1317	748	62	54	0,0063
0,10745	317,8	95,16	14,50	17,20	0,0023
$6{,}4191 \times 10^{23}$	$1{,}8988 \times 10^{27}$	$5{,}6850 \times 10^{26}$	$8{,}6625 \times 10^{25}$	$1{,}0278 \times 10^{26}$	$1{,}4 \times 10^{22}$
3940	1330	700	1300	1760	2000
5,0	59,6	35,6	21,4	23,7	1,2
3,72	24,80	10,50	9,00	11,60	0,6
$24^h37^m23^s$	9^h56^m	10^h30^m	-17^h15^m	18^h25^m	-153^h17^m
1.027^d	0.41^d	0.43^d			
25°11′	3°08′	26°43′	97°51′	29°34′	117°34′
317.60°	268.04°	40.05°	257.26°	295.23°	311.48°
52.84°	64.49°	83.49°	− 15.09°	40.62°	4.14°
0,150	0,52	0,47	0,51	0,41	0,52
− 2,52	− 2,7	− 0,6	+ 5,3	+ 7,5	+ 13,8

Die Bahndaten für Merkur bis Mars und außerdem die Umlaufzeiten der äußeren Planeten von Jupiter an sind mittlere, auf das Äquinoktium 1990.0 bezogene Elemente. Die restlichen Bahndaten der äußeren Planeten sind sogenannte oskulierende, durch gegenseitige Störungen laufend beeinflußte Elemente, die streng nur für Dezember 25, 1988 gelten

[a] Die geometrische Albedo ist das Verhältnis der Beleuchtungsstärke auf der Erde vom Planeten für den Phasenwinkel Null zur Beleuchtungsstärke, die von einer ebenen, absolut weißen Lambert-Oberfläche mit demselben Radius wie der Planet und an gleicher Position erzeugt würde

[b] Für die Erde von der Sonne aus gesehen

Tabelle 16. Temperaturen und Atmosphären bei den Großen Planeten und beim Saturnmond Titan

1. Temperaturbereich, Gasdruck (Referenzwert) und chemische Zusammensetzung der Atmosphäre an den festen Oberflächen der inneren Planeten, des Saturnmondes Titan und des Pluto; hPa = Hekto-Pascal (früher: mbar)

	Temperaturbereich		Gasdruck hPa	Chemische Zusammensetzung Vol.-% (ohne H_2O)	Durchschnittlicher Partialdruck des H_2O-Dampfes
	°C	K			
Merkur	– 185 ... + 425	90 ... 700	< 0,01	H, wenig He	
Venus	+ 455 ... + 525	730 ... 800	90300	97 CO_2, 2 N_2, 0,025 He, 0, 024 SO_2, Spuren von Ar, O_2,Ne	(0, 1 – 0,4 Vol.-% in den Wolken)
Erde	– 65 ... + 60	210 ... 335	1013,3	78,084 N_2, 20,946 O_2, 0,931 Ar, 0,031 CO_2, 0,0018 Ne, 0,0005 He, 0,00015 CH_4, Spuren von Kr, Xe, H_2, NO_2, CO, O_3	5 hPa
Mars	– 140 ... + 15	135 ... 290	6,1	96,13 CO_2, 1,74 N_2, 1,45 Ar, 0,11 O_2	0.0009 hPa
Titan	– 180	94	1500	zirka 93 N_2, 6 CH_4, 0.9 H_2, Spuren von C_2H_6, C_3H_8, HCN	
Pluto	– 235	40	zeitweise bis 0,15	CH_4 (wenn Pluto in Sonnennähe)	

2. Temperaturbereich und chemische Zusammensetzung der Atmosphäre an der Wolkenobergrenze von Jupiter und Saturn beziehungsweise im Bereich der reflektierenden Schichten von Uranus und Neptun

	Temperaturbereich		Chemische Zusammensetzung Vol.-%
	°C	K	
Jupiter	– 135 ... – 125	138 ... 150	89 H_2, 11 He, 0,2 CH_4, 0,02 NH_3, Spuren von HD (D = Deuterium), C_2H_6, PH_3 (Phosphin), GeH_4 (German)
Saturn	– 190 ... – 180	81 ... 92	89 H_2, 11 He, 0,3 CH_4, 0,02 NH_3, Spuren von C_2H_6
Uranus	– 210	63	89 H_2, 11 He, CH_4, sehr wenig NH_3
Neptun	– 220	55	89 H_2, 11 He, wahrscheinlich auch CH_4

Tabelle 17. Daten der Planetenmonde

Planet		Planetenmonde	Siderische (für Saturn: tropische) Umlaufzeit in Tagen[a]	Große Halbachse in 10^3 km	Exzentrizität der Bahn	Abmessungen	Geometrische Albedo
Erde		Mond	27,32166	384,405	0,05490049	3476	0,12
Mars		Phobos	0,3189102	9,378	0,015	19 × 27	0,06
		Deimos	1,262441	23,459	0,0005	11 × 15	0,07
Jupiter	I	Io	1,76913779	422	0,004	3630	0,61
	II	Europa	3,55118104	671	0,009	3138	0,64
	III	Ganymed	7,1545530	1070	0,002	5262	0,42
	IV	Callisto	16,689018	1883	0,007	4800	0,20
	V	Amalthea	0,4981791	181	0,003	150 × 270	0,05
	VI	Himalia	250,566	11480	0,1580	186	0,03
	VII	Elara	259,653	11737	0,2072	76	0,03
	VIII	Pasiphae	735 r	23500	0,378	50	
	IX	Sinope	758 r	23700	0,275	36	
	X	Lysithea	259,2	11720	0,107	36	
	XI	Carme	692 r	22600	0,2068	40	
	XII	Ananke	631 r	21200	0,1687	30	
	XIII	Leda	238,7	11094	0,1476	16	
	XIV	Adrastea	0,2983	129		15 × 25	0,05
	XV	Thebe	0,675	222	0,015	90 × 110	0,05
	XVI	Metis	0,29478	128		40	0,05
Saturn	S1	Mimas	0,94242181	185,6	0,020	392	0,5
	S2	Enceladus	1,37021786	238,1	0,0045	510	1,0
	S3	Tethys	1,88780216	294,7	0,0000	1060	0,9
	S4	Dione	2,73691474	377,5	0,00223	1120	0,7
	S5	Rhea	4,51750044	527,2	0,0010	1530	0,7
	S6	Titan	15,9454207	1221,6	0,02919	5150	0,21
	S7	Hyperion	21,276609	1481,0	0,104	220 × 410	0,3
	S8	Japetus	79,330183	3560,1	0,0283	1460	0,2[b]
	S9	Phoebe	550,5 r	12954,0	0,1633	220	0,06
	S10	Janus	0,6945	151,47	0,007	160 × 220	0,8
	S11	Epimetheus	0,6942	151,42	0,009	100 × 140	0,8
	S12	1980S6	2,737	377,5	0,005	30 × 34	0,7
	S13	Telesto	1,888	294,7		16 × 30	0,5
	S14	Calypso	1,888	294,7		22 × 24	0,6
	S15	Pandora (1980S26)	0,629	141,7	0,004	66 × 110	0,9
	S16	Prometheus (1980S27)	0,613	139,4	0,003	74 × 140	0,6
	S17	Atlas	0,602	137,7	0,000	20 × 40	0,9
Uranus		1986 U 7	0,33503	49,7	<0,001	15–40	
		1986 U 8	0.37641	53,8	0,01	25–50	
		1986 U 9	0,43458	59,2	<0,001	40–50	
		1986 U 3	0,46357	61,8	<0,001	50–60	
		1986 U 6	0,47365	62,7	<0,001	50–60	
		1986 U 2	0,49307	64,6	<0,001	70–80	
		1986 U 1	0,51320	66,1	<0,001	70–80	
		1986 U 4	0,56	69,9	<0,001	50–60	
		1986 U 5	0,62353	75,3	<0,001	50–60	
		1985 U 1	0,76183	86,0	<0,001	170	

Tabelle 17. (Fortsetzung)

Planet	Planetenmonde	Siderische (für Saturn: tropische) Umlaufzeit in Tagen[a]	Große Halbachse in 10^3 km	Exzentrizität der Bahn	Abmessungen	Geometrische Albedo
Uranus	Miranda	1,4134793	129,78	0,0027	484	0,22
	Ariel	2,5203794	191,24	0,0034	1160	0,26
	Umbriel	4,144177	265,97	0,0050	1190	0,11
	Titania	8,705872	435,84	0,0022	1610	0,21
	Oberon	13,463239	582,60	0,0008	1550	0,18
Neptun[c]	Triton	5,876843 r	354,3	$<0,01$	3800	
	Nereide	360	5511	0,748	300	
Pluto	Charon	6,387	19,7		≈ 1300	

[a] r = rückläufig
[b] Helle Seite: 0,5, dunkle Seite: 0,05
[c] Am 25. August 1989 ist die Raumsonde Voyager 2 in 4.905 Kilometer Entfernung an Neptun vorbeigeflogen. Nach den vorliegenden Meldungen hat Voyager 2 sechs neue Monde entdeckt (1989 N 1 bis 1989 N 6). Auf dem bereits bekannten Mond Triton sind seenflüssige Gase entdeckt worden. Voyager 2 hat auch vier (fünf?) getrennte Ringe nachgewiesen.

Tabelle 18. Die 128 IAU-Namen der Marskarte von 1958. Lg. = Länge, Br. = Breite (areographisch)

Lg.	Br.	Name	Lg.	Br.	Name	Lg.	Br.	Name
30°	+45°	Acidalium M.	210°	+25°	Elysium	10°	+20°	Oxus
215.	− 5	Aeolis	220.	−45	Eridania	200.	+60	Panchaia
310.	+10	Aeria	40.	−25	Erythraeum M.	340.	−25	Pandorae Fr.
230.	+40	Aetheria	220.	+22	Eunostos	155.	−50	Phaetontis
230.	+10	Aethiopis	335.	+20	Euphrates	320.	+20	Phison
140.	0	Amazonis	0.	+15	Gehorn	190.	+30	Phlegra
250.	+ 5	Amenthes	270.	−40	Hadriaticum M.	110.	−12	Phoenicis L.
105.	−45	Aonius S.	290.	−40	Hellas	70.	−40	Phrixi R.
330.	+20	Arabia	340.	− 6	Hellespontica D.	280.	−65	Promethei S.
115.	−25	Araxes	325.	−50	Hellespontus	185.	+45	Propontis
100.	+45	Arcadia	240.	−20	Hesperia	50.	−23	Protei R.
25.	−45	Argyre	345.	+15	Hiddekel	315.	+42	Protonilus
335.	+48	Arnon	60.	+75	Hyperboreus L.	38.	−15	Pyrrhae R.
50.	−15	Auroae S.	295.	−20	Japygia	340.	− 8	Sabaeus S.
250.	−40	Ausonia	130.	−40	Icaria	150.	+60	Scandia
40.	−60	Australe M.	275.	+20	Isidis R.	320.	−30	Serpentis M.
50.	+60	Baltia	330.	+40	Ismenius L.	70.	−20	Sinai
290.	+55	Boreosyrtis	40.	+10	Jamuna	155.	−30	Sirenum M.
90.	+50	Boreum M.	63.	− 5	Juventae F.	245.	+45	Sithonius L.
75.	+ 3	Candor	200.	0	Laestrygon	90.	−28	Solis L.
260.	+40	Casius	200.	+70	Lemuria	200.	+30	Styx
210.	+50	Cebrenia	270.	0	Libya	100.	−20	Syria
320.	+60	Cecropia	65.	+15	Lunae L.	290.	+10	Syrtis Maior
95.	+20	Ceraunius	25.	−10	Margaritifer S.	70.	+50	Tanais
205.	+15	Cerberus	150.	−20	Memnonia	70.	+40	Tempe
0.	−50	Chalce	285.	+35	Meroe	85.	−35	Thaumasia
260.	−50	Chersonesus	0.	− 5	Meridiani S.	255.	+30	Thoth
210.	−58	Chronium M.	350.	+20	Moab	180.	−70	Thyle I
30.	+10	Chryse	270.	+ 8	Moeris L.	230.	−70	Thyle II
110.	−50	Chrysokeras	72.	−28	Nector	10.	+10	Thymiamata
220.	−20	Cimmerium M.	270.	+35	Neith R.	85.	− 5	Tithonius L.
110.	−35	Claritas	260.	+20	Nepenthes	80.	+30	Tractus albus
280.	+55	Copais Pa.	55.	−45	Nereidum Fr.	268.	−25	Trinacria
65.	−15	Coprates	30.	+30	Niliacus L.	198.	+20	Trivium Charontis
230.	− 5	Cyclopia	55.	+30	Nilokeras			
0.	+40	Cydonia	290.	+42	Nilosyrtis	255.	−20	Tyrrhenium M.
305.	− 4	Deltoton S.	130.	+20	Nix Olympica	260.	+70	Uchronia
340.	−15	Deucalionis R.	330.	−45	Noachis	290.	+50	Umbra
0.	+35	Deuteronilus	65.	−45	Ogygis R.	250.	+50	Utopia
180.	+50	Diacria	200.	+80	Olympia	15.	−35	Vulcani Pe.
320.	+50	Dioscuria	65.	−10	Ophir	50.	+10	Xanthe
345.	0	Edom	0.	+60	Ortygia	320.	−40	Yaonis R.
190.	−45	Electris	18.	+ 8	Oxia Pa.	195.	0	Zephyria

Abkürzungen: M = Mare (Meer), L = Lacus (See), R = Regio (Landschaft), S = Sinus (Bucht), Pa = Palus (Sumpf), Pe = Pelagus (See), F = Fons (Quelle), Fr = Fretum (Meerenge), D = Depressio (Senke)

Tabelle 19. Daten der helleren Planetoiden (nach J. Meeus)

Planetoid	*m* (max)		*m* (min)	Typ	Durchmesser km	Albedo	Rotations-Periode h m	Max. Amplitude	*a* AE	*e*	*i* °
1 Ceres	7.3	7.6	8.1	C	1000	0.06	$9^h04^m.7$	0.04	2.77	0.08	[illegible]
2 Pallas	7.5	8.6	10.2	C	600	0.08	$7^h48^m.4$	0.15	2.77	0.23	[illegible]
3 Juno	8.2	9.7	11.0	S	240	0.16	$7^h12^m.8$	0.15	2.67	0.26	[illegible]
4 Vesta	6.3	6.8	7.4	U	530	0.23	$5^h20^m.5$	0.13	2.36	0.09	
5 Astraea	9.8	11.0	12.0	S	115	0.15	$16^h48^m.4$	0.3	2.58	0.19	
6 Hebe	8.3	9.4	10.6	S	200	0.17	$7^h16^m.5$	0.2	2.43	0.20	[illegible]
7 Iris	7.8	9.4	10.6	S	210	0.16	$7^h08^m.1$	0.3	2.39	0.23	
8 Flora	8.7	9.6	10.6	S	150	0.15	13,6	0.1	2.20	0.16	
9 Metis	9.1	9.9	10.6	S	150	0.14	$5^h03^m.8$	0.3	2.39	0.12	
11 Parthenope	9.9	10.5	11.1	S	150	0.13	10^h40^m	0.1	2.45	0.10	
12 Victoria	9.9	11.3	12.5	S	120	0.12	$8^h39^m.2$	0.3	2.33	0.22	
14 Irene	9.6	10.5	11.4	S	150	0.17	11^h	0.1	2.59	0.16	
15 Eunomia	8.6	9.5	10.6	S	270	0.15	$6^h04^m.8$	0.5	2.64	0.19	[illegible]
16 Psyche	9.9	10.6	11.3	M	250	0.09	$4^h18^m.2$	0.1	2.92	0.14	
18 Melpomene	8.8	10.2	11.4	S	150	0.14	11^h50^m	0.4	2.30	0.22	[illegible]
20 Massalia	9.2	10.1	10.9	S	130	0.17	$8^h05^m.9$	0.3	2.41	0.14	
44 Nysa	9.7	10.7	11.5	E	85	0.38	$6^h25^m.1$	0.5	2.42	0.15	
192 Nausikaa	9.3	11.0	12.3	S	95	0.17			2.40	0.25	
216 Kleopatra	9.9	11.6	12.8		(120)				2.79	0.25	[illegible]
324 Bamberga	9.1	11.4	13.0	C	240	0.03	8^h	0.1	2.69	0.34	[illegible]
433 Eros	8.0	11.0	12.6	S	24	0.20	$5^h16^m.2$	1.5	1.46	0.22	[illegible]
1036 Ganymed	9.4	14.1	16.6		(35)				2.67	0.54	[illegible]
1620 Geographos	9.7	13.4	17.1	S	2	0.21	$5^h13^m.5$	2.0	1.24	0.33	[illegible]
1627 Ivar	9.9	15.3	17.4	S	7	0.20			1.86	0.40	
10 Hygiea	10.2	10.7	11.3	C	450	0.04	18^h	0.1	3.15	0.10	
19 Fortuna	10.1	11.1	12.0	C	215	0.03	7^h27^m	0.6	2.44	0.16	
22 Kalliope	10.6	11.2	11.8	M	175	0.13	$4^h08^m.8$	0.3	2.91	0.10	[illegible]
31 Euphrosyne	11.0	12.0	13.3	C	370	0.03			3.15	0.22	[illegible]
65 Cybele	11.8	12.4	13.1	C	310	0.02			3.43	0.11	
349 Dembowska	10.6	11.0	11.5	R	145	0.26	$4^h42^m.0$	0.3	2.92	0.09	
354 Eleonora	10.4	11.1	11.7	S	150	0.15	$4^h16^m.6$	0.3	2.80	0.12	[illegible]
511 Davida	10.5	11.4	12.2	C	320	0.04	10^h	0.3	3.19	0.17	[illegible]
704 Interamnia	11.0	11.6	12.6	C	350	0.03	$8^h43^m.6$	0.1	3.06	0.15	[illegible]

Die Spalten geben an (von links nach rechts): 1. Spalte: Nummer und Name des Planetoiden; 2. Spalte: Gr[illegible] mögliche Helligkeit des Planetoiden; 3. Spalte: Mittlere Oppositionshelligkeit; 4. Spalte: Geringste Helligkeit [illegible] Planetoiden; 5. Spalte: Physikalische Klassifizierung, C = kohlenstoffhaltig, S = silikathaltig, M = metallha[illegible] E = ähnlich Steinmeteoriten (Enstatit-Achondriten), R = rötlich (Fe^2 ± Silikate), U = nicht klassifizier[illegible] 6. Spalte: Durchmesser in km; 7. Spalte: Albedo (visuell); 8. Spalte: Rotationsperiode; 9. Spalte: Größte beob[illegible] tete Amplitude des Lichtwechsels; 10. Spalte: Große Halbachse der Bahn in AE; 11. Spalte: Exzentrizität; [illegible] Spalte: Neigung der Bahn gegen die Ekliptik.

Tabelle 20. Siderische Umlaufzeit in Tagen (nach J. Meeus)

Kleiner Planet	Periode	Kleiner Planet	Periode	Kleiner Planet	Periode
1	1682	15	1569	10	2043
2	1683	16	1822	19	1394
3	1594	18	1271	22	1814
4	1326	20	1365	31	2046
5	1512	44	1376	65	2324
6	1380	192	1360	349	1827
7	1346	216	1705	354	1708
8	1193	324	1608	511	2078
9	1346	433	643	704	1952
11	1403	1036	1590		
12	1303	1620	507		
14	1522	1627	930		

Tabelle 21. Tabelle der stündlichen Änderung des ZM auf Mars

h	°	h	°	m	°	m	°	m	°
1	14.6	6	87.7	10	2.4	1	0.2	6	1.5
2	29.2	7	102.3	20	4.9	2	0.5	7	1.7
3	43.9	8	117.0	30	7.3	3	0.7	8	2.0
4	58.5	9	131.6	40	9.7	4	1.0	9	2.2
5	73.1	10	146.2	50	12.2	5	1.2	10	2.4

Tabelle 22. Tabelle der stündlichen Änderung des ZM auf Jupiter, System I

h	°	h	°	m	°	m	°	m	°
1	36.6	6	219.5	10	6.1	1	0.6	6	3.7
2	73.2	7	256.1	20	12.2	2	1.2	7	4.3
3	109.7	8	292.7	30	18.3	3	1.8	8	4.9
4	146.3	9	329.2	40	24.4	4	2.4	9	5.5
5	182.9	10	5.8	50	30.5	5	3.0	10	6.1

Tabelle 23. Tabelle der stündlichen Änderung des ZM auf Jupiter, System II

h	°	h	°	m	°	m	°	m	°
1	36.3	6	217.6	10	6.0	1	0.6	6	3.6
2	72.5	7	253.8	20	12.1	2	1.2	7	4.2
3	108.8	8	290.1	30	18.1	3	1.8	8	4.8
4	145.1	9	326.4	40	24.2	4	2.4	9	5.4
5	181.3	10	2.6	50	30.2	5	3.0	10	6.0

Tabelle 24. Die Strömungszonen auf Jupiter (nach H. Haug und Mitarbeitern der Wilhelm-Foerster-Sternwarte, Berlin)

Zur Beobachtung einzelner Objekte gehört eine genaue Lagebeschreibung. Aus einer Zentralmeridianpassage läßt sich die jovigraphische Länge des Objektes mit ausreichender Genauigkeit festlegen. Um das Objekt aber einer Strömungszone zuzuordnen, sollte die Lage innerhalb einer Zone oder eines Bandes schon genau gekennzeichnet sein.

In der folgenden Tabelle sind die wichtigen Strömungszonen und die dazugehörigen Teilgebiete von Bändern und Zonen oder deren Begrenzung aufgeschrieben, ferner einige langlebige Objekte und sporadisch wiederkehrende Erscheinungen. Die Rotationssysteme, die zu den Strömungszonen gehören, sind ebenfalls notiert. In zwei Strömungszonen sollten Längenangaben von Atmosphärenerscheinungen in beiden Rotationssystemen gemacht werden. Aus mehreren Positionsmessungen eines Objektes ist dann später eine Entscheidung möglich, ob das Objekt ungefähr die Rotationsgeschwindigkeit eines Systems angenommen hat oder eine völlig andere Bewegung aufweist.

Die Tabelle ist der Beobachtungsanleitung von P. Muller zum Internationalen Jupiterprogramm IJVTOP entnommen, das von der Sternwarte Meudon (Paris) und dem Laboratory for Planetary Atmospheres während der Raumsondenmissionen von Voyager 1 und 2 im Jahre 1979 durchgeführt wurde: Parallel zu den fotografischen Aufnahmen der Sonden wurden von Amateuren erdgebundene Beobachtungen gemacht. Die Tabelle der Strömungszonen ist die angelsächsische Version und hat allen „eingedeutschten“ Versionen gegenüber den Vorteil, für den praktischen Gebrauch noch genügend ausführlich zu sein.

In der Tabelle ist jede Strömungszone mit einem Buchstaben versehen, außerdem sind die zu einer Strömungszone gehörenden Regionen und langlebigen Objekte numeriert. Eine Region oder ein besonderes Objekt kann durch eine Buchstaben/Zahl-Kombination gekennzeichnet werden, etwa N1 für N/NEB, den Nordrand des NEB. Die Kurzbezeichnung eignet sich für die schnelle Eingabe bei größeren Meßreihen bei elektronischer Datenverarbeitung.

Tabelle 24.

Kennung	Hauptströmung	Breite	Begrenzung von Bändern und Zonen, Teilgebiete, besondere Objekte					Rotations-system	Breitenbereich
			1	2	3	4	5		
A	SPR		SPC	SSSTEZ	SSSTB	SSTEZ		II	− 90° bis − 46°5
B	SSTEC	− 40°	SSTB	S/STEZ	STEZB			II	− 46.5 bis − 37
C	STEC	− 34 [a]	N/STEZ	S/STB	WOS-FA	WOS-BC	WOS-DE	II	− 37 bis − 28
D	N/STB		STB					II	− 28 bis − 25
E	STRZ	− 23 [b]	STRZ	STRD	RS	RSH		II	− 25 bis − 22
F	SEBS	− 18	SEBS	SEBD				II	− 22 bis − 15.5
G	SEBZ	− 13	SEBZ					II	− 15.5 bis − 12
H	S/SEBN		S/SEBN					II	− 12 bis − 10
J	SEC		N/SEBN	S/EZ				I/II	− 10 bis − 3
K	CEC		EB	M/EZ				I	− 3 bis + 3
L	NEC	+ 6	N/EZ	S/NEB				I	+ 3 bis + 10
M	M/NEB	+ 13	NEB					II	+ 10 bis + 14
N	NTRC	+ 17	N/NEB	NTRZ				II	+ 14 bis + 22.5
P	NTEC-C	+ 23	S/NTB					I/II	+ 22.5 bis + 25
Q	NTEC-B		M/NTB					II	+ 25 bis + 28
R	NTEC-A	+ 31	N/NTB	S/NTEZ				II	+ 28 bis + 34
S	MNTC-B	+ 35	S/NNTB					II	+ 34 bis + 36
T	NNTC-A		NNTB	NNTEZ				II	+ 36 bis + 42
U	NNNTEC		NNNTB					II	+ 42 bis + 47
V	NPR		NPB	NNTEZ				II	+ 47 bis + 90

Die Breitenangaben beziehen sich auf jovigraphische Breitendefinition.

[a] Breitenangabe für WOS
[b] Breitenangabe für Großen Roten Fleck

Abkürzung von besonderen Objekten

WOS-FA, -BC, -DE	White Oval Spot FA, BC, DE (langlebige weiße ovale Flecke im STB)
RS	Great Red Spot (Großer Roter Fleck)
RSH	Great Red Spot Hollow (Bucht des Großen Roten Flecks im SEB)
STRD	South Tropical Zone Disturbance (Störung in der STRZ)
SEBD	South Equatorial Belt Disturbance (SEB-Störung)

Tabelle 25. Periodische Kometen mit Umlaufszeiten bis 200 Jahren und mit mehr als einem beobachteten Durchgang

Die Reihenfolge der Kometen ist nach zunehmender Umlaufszeit geordnet. Es sind angegeben: Name des Kometen, Zeit des Periheldurchgangs, Umlaufszeit P, Periheldistanz q, Exzentrizität e, Abstand des Perihels vom Knoten ω, Knotenlänge ☊, Neigung i der Bahnebene und Helligkeit m_0.

Die Bahnelemente beziehen sich – außer für Halley – in der Regel auf den letzten bis Ende Mai 1982 beobachteten Periheldurchgang. Merkliche Änderungen der Bahnelemente sind möglich, besonders bei nahen Vorübergängen an Jupiter. Die Helligkeiten m_0 stammen aus verschiedenen Quellen und wurden mit unterschiedlichen Methoden geschätzt. Sie gelten für $r = \Delta = 1$ und können mit Hilfe der Formel $m = m_0 + 5 \log \Delta + 2{,}5\, n \log r$ auf beliebige Punkte der Bahn übertragen werden; der Wert von n ist meistens 4, in manchen Fällen aber auch 6 oder nur 2. In Einzelfällen sind Abweichungen der Helligkeit vom vorausberechneten Wert um mehrere Größenklassen möglich

Tabelle 25.

Name	Perihel-durchgang	p	q	e	ω	☊	i	m_0
Encke	1980.93	3,30	0,340	0,847	186,0	334,2	11,9	14,5
Grigg-Skjellerup	1982.37	5,09	0,989	0,666	359,3	212,6	21,1	17,5
du Toit-Hartley	1982.24	5,20	1,195	0,602	251,7	308,6	2,9	18,0
Honda-Mrkos-Pajdušáková	1980.28	5,28	0,581	0,809	184,6	232,9	13,1	17,0
Tempel 2	1983.42	5,29	1,381	0,545	190,9	119,2	12,4	15,0
Schwassmann-Wachmann 3	1979.67	5,38	0,941	0,694	198,7	69,3	11,4	12,5
Neujmin 2[a]	1927.04	5,43	1,338	0,567	193,7	328,0	10,6	11,0
Brorsen 2[a]	1879.24	5,46	0,590	0,810	14,9	102,3	29,4	9
Tempel 1	1978.03	5,50	1,497	0,520	179,1	68,3	10,5	13,5
Clark	1978.90	5,51	1,557	0,501	209,0	59,1	9,5	14,0
Tuttle-Giacobini-Kresák	1978.98	5,58	1,124	0,643	49,4	153,3	9,9	18,0
Tempel-Swift[a]	1908.76	5,68	1,153	0,638	113,5	291,1	5,4	13
Wirtanen	1974.51	5,87	1,256	0,614	351,8	83,5	12,3	15,5
West-Kohoutek-Ikemura	1981.28	6,12	1,401	0,581	358,1	84,6	30,1	15,0
Kohoutek	1981.29	6,24	1,571	0,537	169,9	273,1	5,4	13,0
Forbes	1980.73	6,27	1,479	0,565	262,6	23,0	4,7	15,5
du Toit-Neujmin-Delporte	1970.77	6,30	1,672	0,510	114,3	189,2	2,8	12
de Vico-Swift	1965.31	6,31	1,624	0,524	325,4	24,4	3,6	10
Pons-Winnecke	1976.91	6,36	1,254	0,635	172,4	92,7	22,3	16,0
d'Arrest	1982.70	6,38	1,291	0,625	177,0	138,9	19,4	15,5
Kopff	1977.18	6,43	1,572	0,545	162,9	120,3	4,7	13,5
Schwassmann-Wachmann 2	1981.21	6,50	2,135	0,387	357,5	125,9	3,7	14,0
Giacobini-Zinner	1979.12	6,52	0,996	0.715	172,0	195,1	31,7	9,6
Wolf-Harrington	1978.20	6,53	1,615	0,538	187,0	254,2	18,5	13,5
Churyumov-Gerasimenko	1976.27	6,59	1,299	0,631	11,3	50,4	7,1	13,0
Biela[a]	1852.73	6,62	0,861	0,756	223,2	247,3	12,6	8
Tsuchinshan 1	1978.35	6,65	1,499	0.576	22,8	96,2	10,5	16,0
Perrine-Mrkos[b]	1968.84	6,72	1,272	0,643	166,1	240,2	17,8	12,0
Reinmuth 2	1981.08	6,74	1,946	0,455	45,4	296,0	7,0	15,0
Johnson	1977.02	6,76	2,196	0,386	206,2	117,8	13,9	11,5

Tabelle 25. (Fortsetzung)

Name	Perihel-durchgang	p	q	e	ω	☊	i	m_0
Borrelly	1981.14	6,77	1,319	0,631	352,8	75,1	30,2	13,0
Gunn	1982.90	6,82	2,459	0.316	197,0	67,9	10,4	10,0
Tsuchinshan 2	1978.72	6,83	1,785	0,504	203,2	287,6	6,7	14,5
Arend-Rigaux	1978.09	6,83	1,442	0,600	329,0	121,5	17,9	15,5
Harrington	1980.98	6,86	1,605	0,556	233,0	119,0	8,7	15,0
Brooks 2	1980.90	6,90	1,850	0,490	198,2	176,2	5,5	13,5
Taylor	1977.03	6,97	1,951	0,465	355,6	108,2	20,6	13,0
Finlay	1981.47	6,97	1,101	0,698	322,1	41,8	3,6	13,0
Longmore	1981.81	6,98	2,400	0,343	195,9	15,0	24,4	11,5
Holmes	1979.14	7,06	2,160	0,413	23,6	327,4	19,2	14,0
Daniel	1978.52	7,09	1,662	0,550	10,8	68,5	20,1	16,0
Shajn-Schaldach	1979.02	7,25	2,223	0,407	215,3	167,2	6,2	14,5
Faye	1977.16	7,39	1,610	0,576	203,7	199,1	9,1	14,0
Ashbrook-Jackson	1978.63	7,43	2,284	0,400	349,0	2,1	12,5	11,5
Whipple	1978.24	7,44	2,469	0,352	190,0	188,3	10,2	12,5
Harrington-Abell	1976.31	7,59	1,776	0,540	138,5	336,8	10,2	15,0
Reinmuth 1	1980.83	7,59	1,982	0,487	9,5	121,1	8,3	15,0
Kojima	1978.39	7,85	2,399	0,393	348,6	154,1	0,9	15,0
Osterma [c]	1958.44	7,88	3,388	0,144	354,9	155,1	4,0	8
Gehrels 2	1981.88	7,98	2,362	0,408	183,5	215,5	6,7	12,5
Arend	1975.39	7,98	1,847	0,538	46,9	355.7	20,0	15,0
Schaumasse	1960.30	8,18	1,196	0,705	51,9	86,2	12,0	15,5
Jackson-Neujmin	1978.98	8,37	1,425	0,654	196,3	163,1	14,1	16,5
Wolf	1976.07	8,42	2,501	0,396	161,1	203,8	27,3	13,8
Comas Solá	1978.73	8,94	1,870	0,566	42,8	62,4	13,0	12,5
Kearns-Kwee	1981.92	8,99	2,224	0,486	131,4	315,3	9,0	10,0
Denning-Fujikawa	1978.75	9,01	0,779	0,820	334,0	41,0	8,7	9
Swift-Gehrels	1981.91	9,26	1,361	0,691	84,5	314,0	9,2	14,5
Neujmin 3	1972.37	10,6	1,976	0,590	146,9	150,2	3,9	14,0
Väisälä 1	1982.58	10,9	1,800	0,633	47,9	134,5	11,6	13,5
Klemola	1976.61	10,9	1,766	0,642	148,9	181,6	10,6	14,0
Gale [b]	1938.46	11,0	1,183	0,761	209,1	67,3	11,7	11
Slaughter-Burnham	1981.88	11,6	2,544	0,504	44,2	345,9	8,2	13,5
Van Biesbroeck	1978.92	12,4	2,395	0,553	134,3	148,6	6,6	13,5
Wild 1	1973.50	13,3	1,981	0,647	167,9	358,2	19,9	14,5
Tuttle	1980.95	13,7	1,015	0,823	206,9	269,9	54,5	10,0
du Toit	1974.25	15,0	1,294	0,787	257,2	22,1	18,7	14,6
Schwassmann-Wachmann 1	1974.13	15,0	5,448	0,105	14,5	319,6	9,7	4
Neujmin 1	1966.94	17,9	1,543	0,775	346,8	347,2	15,0	10,2
Crommelin	1956.82	27,9	0,743	0,919	196,0	250,4	28,9	10,7
Tempel-Tuttle	1965.33	32,9	0,982	0,904	172,6	234,4	162,7	8
Stephan-Oterma	1980.93	37,7	1,574	0,860	358,2	78,5	18,0	11,0
Westphal [b]	1913.90	61,9	1,254	0,920	57,1	347,3	40,9	17,0
Olbers	1956.47	69,6	1,178	0,930	64,6	85,4	44,6	5,5
Pons-Brooks	1954.39	70,9	0,774	0,955	199,0	255,2	74,2	6
Brorsen-Metcalf	1919.79	72,0	0,484	0,972	129,6	311,2	19,2	9
Halley	1986.11	76,0	0,587	0,967	111,8	58,1	162,2	3,3
Herschel-Rigollet	1939.60	155	0,748	0,974	29,3	355,3	64,2	8

[a] Verloren

[b] Wahrscheinlich verloren

[c] Starke Störung durch Jupiter, neue Werte: P = 19 Jahre, $q > 5$AE

Tabelle 26. Helligkeit des Zodiakallichts im helioekliptikalen Koordinatensystem. $\lambda - \lambda_\odot$: Längendifferenz zur Sonne, β: ekliptikale Breite. Eingeklammerte Werte beruhen auf Extrapolation. Quelle: Levasseur-Regourd und Dumont (1980); siehe Kapitel 10

β / $\lambda - \lambda_\odot$	0	5	10	15	20	25	30	35	40	45	50	55	60	65	70
180	180	166	152	139	127	116	105	96	89	82	76	71	66	62	59
175	169	163	151	138	126	115	105	96	89	82	76	71	66	62	59
170	161	158	147	135	123	114	104	96	89	82	76	70	66	62	59
165	153	150	140	129	118	110	102	95	88	81	75	70	65	62	59
160	147	144	134	122	113	106	98	93	86	80	75	69	65	61	59
155	143	140	130	118	110	102	94	89	83	78	73	68	64	61	58
150	140	139	129	116	107	99	91	86	80	75	71	67	63	60	58
145	139	138	129	115	106	97	89	83	77	73	69	65	62	60	58
140	139	138	129	115	105	96	87	81	75	71	67	64	62	60	58
135	140	139	130	115	105	95	86	80	74	70	66	63	61	59	58
130	141	140	132	116	105	95	86	80	74	69	65	63	61	60	59
125	144	142	135	118	106	96	87	80	74	69	65	63	61	60	59
120	147	145	138	120	108	98	88	81	75	70	66	63	61	60	59
115	152	150	143	124	111	100	89	82	76	71	67	64	62	61	60
110	158	156	148	128	113	101	91	84	78	73	68	65	63	61	61
105	166	164	154	133	117	104	93	86	80	75	70	67	64	62	61
100	175	172	160	137	120	107	96	89	82	77	72	68	65	63	62
95	187	184	168	144	125	111	99	92	84	79	74	70	66	64	63
90	202	196	176	151	130	115	103	95	87	81	76	72	68	66	64
85	219	211	186	158	137	121	108	99	90	84	79	74	70	68	65
80	239	227	197	167	144	127	113	103	94	87	82	77	72	70	67
75	264	248	210	177	153	134	118	107	98	91	85	79	74	71	68
70	296	273	228	188	162	142	124	112	103	95	88	82	77	73	69
65	338	305	250	205	174	152	133	120	109	99	92	85	79	75	70
60	394	342	275	228	190	163	143	129	116	105	96	89	82	77	72
55	470	395	310	253	209	179	158	140	125	113	103	93	85	79	74
50	572	458	355	285	238	200	173	152	135	120	108	98	89	82	76
45	712	550	422	335	270	228	195	168	146	130	115	103	92	84	78
40	920	695	510	400	316	262	220	186	160	140	123	108	95	87	80
35	1275	905	630	495	384	312	250	208	177	151	132	113	99	90	82
30	1930	1210	825	615	475	370	285	230	194	162	140	119	103	93	84
25					(580)	425	320	253	209	174	150	126	107	96	86
20						(490)	355	278	226	185	157	130	111	98	88
15							(410)	310	242	196	162	136	115	100	89
10							(460)	340	260	206	167	138	117	102	90
5							(490)	355	271	212	169	139	118	103	90
0							(500)	360	275	215	170	140	118	103	90

Tabelle 26. (Fortsetzung)

β / $\lambda-\lambda_\odot$	75	80	85	90
180	58	58	60	63
175	58	58	60	63
170	58	58	60	63
165	58	58	60	63
160	58	59	61	63
155	58	59	61	63
150	58	59	61	63
145	58	59	61	63
140	59	60	61	63
135	59	60	62	63
130	60	60	62	63
125	60	61	62	63
120	60	61	62	63
115	61	61	62	63
110	61	62	62	63
105	62	62	62	63
100	62	62	62	63
95	63	62	63	63
90	64	63	63	63
85	64	63	63	63
80	65	64	63	63
75	66	64	63	63
70	67	65	64	63
65	68	65	64	63
60	69	66	64	63
55	70	66	64	63
50	71	67	65	63
45	72	67	65	63
40	74	68	65	63
35	75	69	66	63
30	76	70	66	63
25	78	72	67	63
20	79	73	67	63
15	80	73	67	63
10	80	74	68	63
5	80	74	68	63
0	80	74	68	63

Tabelle 27. Die 88 Sternbilder
Lateinische Namen der Sternbilder mit ihren drei- und vierbuchstabigen Abkürzungen, deutsche Bezeichnung und Flächeninhalt in Quadratgrad nach den internationalen Sternbildgrenzen

Andromeda	And	Andr	Andromeda	721
Antlia	Ant	Antl	Luftpumpe	239
Apus	Aps	Apus	Paradiesvogel	206
Aquarius	Aqr	Aqar	Wassermann	980
Aquila	Aql	Aqil	Adler	653
Ara	Ara	Arae	Altar	238
Aries	Ari	Arie	Widder	441
Auriga	Aur	Auri	Fuhrmann	657
Bootes	Boo	Boot	Bootes	905
Caelum	Cae	Cael	Stichel	125
Camelopardus	Cam	Caml	Giraffe	756
Cancer	Cnc	Canc	Krebs	506
Canes venatici	CVn	CVen	Jagdhunde	467
Canis maior	CMa	CMaj	Großer Hund	380
Canis minor	CMi	CMin	Kleiner Hund	183
Capricornus	Cap	Capr	Steinbock	414
Carina	Car	Cari	Schiffskiel	494
Cassiopeia	Cas	Cass	Kassiopeja	599
Centaurus	Cen	Cent	Kentaur	1060
Cepheus	Cep	Ceph	Kepheus	588
Cetus	Cet	Ceti	Walfisch	1231
Chamaeleon	Cha	Cham	Chamäleon	131
Circinus	Cir	Circ	Zirkel	93
Columba	Col	Colm	Taube	270
Coma (Berenices)	Com	Coma	Haar der Berenike	386
Corona austrina	CrA	CorA	Südliche Krone	128
Corona borealis	CrB	CorB	Nördliche Krone	179
Corvus	Crv	Corv	Rabe	184
Crater	Crt	Crat	Becher	282
Crux	Cru	Cruc	Kreuz (des Südens)	68
Cygnus	Cyg	Cygn	Schwan	805
Delphinus	Del	Delf	Delphin	189
Dorado	Dor	Dora	Schwertfisch	179
Draco	Dra	Drac	Drache	1083
Equuleus	Equ	Equl	Füllen	72
Eridanus	Eri	Erid	(Fluß) Eridanus	1138
Fornax	For	Forn	Chemischer Ofen	397
Gemini	Gem	Gemi	Zwillinge	514
Grus	Gru	Grus	Kranich	365
Hercules	Her	Herc	Herkules	1225
Horologium	Hor	Horo	Uhr	249
Hydra	Hya	Hyda	Wasserschlange	1303
Hydrus	Hyi	Hydi	(Südl.) Wasserschlange	243
Indus	Ind	Indi	Indianer	294
Lacerta	Lac	Lacr	Eidechse	201
Leo (maior)	Leo	Leon	(Großer) Löwe	947
Leo minor	LMi	LMin	Kleiner Löwe	232
Lepus	Lep	Leps	Hase	290
Libra	Lib	Libr	Waage	538
Lupus	Lup	Lupi	Wolf	334
Lynx	Lyn	Lync	Luchs	545
Lyra	Lyr	Lyra	Leier	285
Mensa	Men	Mens	Tafelberg	153
Microscopium	Mic	Micr	Mikroskop	209
Monoceros	Mon	Mono	Einhorn	481
Musca	Mus	Musc	Biene	138
Norma	Nor	Norm	Lineal	165
Octans	Oct	Octn	Oktant	292
Ophiuchus	Oph	Ophi	Schlangenträger	948
Orion	Ori	Orio	Orion	594
Pavo	Pav	Pavo	Pfau	377
Pegasus	Peg	Pegs	Pegasus	1136
Perseus	Per	Pers	Perseus	615

Tabelle 27. (Fortsetzung)

Phoenix	Phe	Phoe	Phönix	469
Pictor	Pic	Pict	Staffelei	247
Pisces	Psc	Pisc	Fische	890
Piscis austrinus	PsA	PscA	Südlicher Fisch	245
Puppis	Pup	Pupp	Achterschiff	673
Pyxis	Pyx	Pyxi	Kompaß	221
Reticulum	Ret	Reti	Netz	114
Sagitta	Sge	Sgte	Pfeil	80
Sagittarius	Sgr	Sgtr	Schütze	867
Scorpius	Sco	Scor	Skorpion	497
Sculptor	Scl	Scul	Bildhauerwerkstatt	475
Scutum	Sct	Scut	Schild (des Sobieski)	109
Serpens	Ser	Serp	Schlange	637
Sextans	Sex	Sext	Sextant	313
Taurus	Tau	Taur	Stier	797
Telescopium	Tel	Tele	Fernrohr	251
Triangulum australe	TrA	TrAu	Südliches Dreieck	109
Triangulum (boreale)	Tri	Tria	(Nördliches) Dreieck	132
Tucana	Tuc	Tucn	Tukan	294
Ursa maior	UMa	UMaj	Großer Bär	1279
Ursa minor	UMi	UMin	Kleiner Bär	256
Vela	Vel	Velr	Schiffssegel	500
Virgo	Vir	Virg	Jungfrau	1294
Volans	Vol	Voln	Fliegender Fisch	141
Vulpecula	Vul	Vulp	Fuchs	268

An dieser Stelle der Hinweis auf eine Veröffentlichung Sternnamen betreffend: Kunitzsch, P.: Die Aussprache der arabischen Sternnamen und der arabisch-persischen Namen von Mondobjekten. Die Sterne *56*, 358 (1980)

Tabelle 28. Die 170 hellsten Sterne bis zur Größe 3.0
Die Tabelle enthält außer den Namen und den Koordinaten der Sterne die Helligkeiten der 5-Farben-Photometrie UBVRI des Arizona-Tonantzintla-Kataloges von H. L. Johnson u.a. [Sky and Telescope, Vol. XXX, Nr. 1, 24 (1956)], die Spektraltypen Sp und die Leuchtkraftklassen Lk aus demselben Katalog (I a, I b Überriesen, II helle Riesen, III normale Riesen, IV Unterriesen, V Hauptreihensterne; p Besonderheiten im Spektrum) und die Parallaxe π aus dem Catalogue of bright stars, III. Ausgabe von D. Hoffleit. (Trigonometrische oder dynamische Parallaxen. Die ersteren ergeben zuweilen rein rechnerisch negative Größen.)

Bemerkungen: vd, sd visuell beziehungsweise spektroskopisch doppelt, tr dreifach, var veränderlich

Stern		α_{2000}	δ_{2000}	V	U−V	B−V	V−R	V−I	Sp	Lk	π	Bemerkung
α	And	$0^h08^m\,23^s\!.2$	+ 29°05′26″	2.06	− 0.58	− 0.11	− 0.02	− 0.12	B8p	III	+ 0″024	sd, SP var
β	Cas	0 09 10.6	+ 59 08 59	2.28	0.45	0.34	0.31	0.52	F2	IV	+ 0.072	sd
γ	Peg	0 13 14.1	+ 15 11 01	2.86	− 1.08	− 0.21	− 0.08	− 0.31	B2	IV	− 0.004	
β	Hyi	0 25 45.3	− 77 15 16	2.8					G2	IV	+ 0.153	
α	Phe	0 26 17.0	− 42 18 22	2.38		1.09	0.81	1.40	K0	III	+ 0.035	sd
α	Cas	0 40 30.4	+ 56 32 15	2.22	2.30	1.17	0.79	1.38	K0	II–III	+ 0.009	irr var
β	Cet	0 43 35.3	− 17 59 12	2.00	1.88	1.00	0.72	1.24	K1	III	+ 0.057	
γ	Cas	0 56 42.4	+ 60 43 00	2.41	− 1.21	− 0.11	0.09	0.00	B0	IV	+ 0.034	irr var
β	And	1 09 43.9	+ 35 37 14	2.04	3.53	1.57	1.24	2.24	M0	III	+ 0.043	
δ	Cas	1 25 48.9	+ 60 14 07	2.69	0.28	0.13	0.15	0.24	A5	V	+ 0.029	var
α	Eri	1 37 42.9	− 57 14 12	0.5					B5	IV	+ 0.023	
α	UMi	2 31 50.5	+ 89 15 51	2.04	0.97	0.59	0.50	0.81	F8	I b	0.008	vd u. sd, var
β	Ari	1 54 38.3	+ 20 48 29	2.64	0.23	0.13	0.12	0.18	A5	V	+ 0.063	sd
α	Hyi	1 58 46.2	− 61 34 12	2.9					F0	V	+ 0.041	
γ	And	2 03 53.9	+ 42 19 47	2.10	2.13	1.21	0.94	1.63	K3	II	+ 0.005	vd
α	Ari	2 07 10.3	+ 23 27 45	2.00	2.27	1.15	0.84	1,48	K2	III	+ 0.043	
β	Tri	2 09 32.5	+ 34 59 14	3.00	0.30	0.16	0.15	0.22	A5	III		
ϑ	Eri	2 58 15.6	− 40 18 17	2.90		0.13	0.15	0.22	A3	V	+ 0.028	vd u. sd
α	Cet	3 02 16.7	+ 4 05 23	2.52	3.57	1 63	1.35	2.51	M2	III	+ 0.003	
γ	Per	3 04 47.7	+ 53 30 23	2.94	1.16	0.70	0.61	1.06	G8	III + A3	+ 0.011	
β	Per	3 08 10.1	+ 40 57 21	2.15	− 0.44	− 0.06	0.07	0.04	B8	V	+ 0.031	s tr, var
α	Per	3 24 19.3	+ 49 51 41	1.80	0.88	0.48	0.45	0.78	F5	I b	+ 0.029	
δ	Per	3 42 55.4	+ 47 47 15	3.03	− 0.62	− 0.12	0.04	− 0.07	B5	III	+ 0.007	
η	Tau	3 47 29.0	+ 24 06 18	2.86	− 0.45	− 0.10	0.04	− 0.00	B7	III	+ 0.005	
ζ	Per	3 54 07.9	+ 31 53 01	2.86	− 0.69	0.10	0.16	0.25	B1	I b	+ 0.007	
ε	Per	3 57 51.2	+ 40 00 37	2.89	− 1.18	− 0.18	− 0.06	− 0.24	B0.5	V	− 0.001	sd

Stern		α_{2000}	δ_{2000}	V	U – V	B – V	V – R	V – I	Sp	Lk	π	Bemerkung
γ	Eri	3 58 01.7	– 13 30 31	2.94	3.54	1.60	1.26	2.26	M1	III	+ 0.003	
α	Tau	4 35 55.2	+ 16 30 33	0.86	3.50	1.55	1.22	2.15	K5	III	+ 0.048	vd
ι	Aur	4 56 59.6	+ 33 09 58	2.67	3.29	1.54	1.06	1.88	K3	II	+ 0.015	
β	Eri	5 07 50.9	– 5 05 11	2.78	0.25	0.12	0.15	0.23	A3	III	+ 0.042	
β	Ori	5 14 32.2	– 8 12 06	0.15	– 0.66	– 0.03	0.03	– 0.00	B8	Ia	– 0.003	vd u. sd
α	Aur	5 16 41.3	+ 45 59 53	0.06	1.28	0.81	0.61	1.04	G8	III + F	+ 0.073	sd
γ	Ori	5 25 07.8	+ 6 20 59	1.63	– 1.09	– 0.21	– 0.09	– 0.31	B2	III	+ 0.026	
β	Tau	5 26 17.5	+ 28 36 27	1.66	– 0.62	– 0.13	– 0.01	– 0.09	B7	III	+ 0.018	
β	Lep	5 28 14.7	– 20 45 34	2.81	1.31	0.82	0.65	1.09	G5	III	+ 0.014	vd
δ	Ori	5 32 00.3	– 0 17 57	2.21	– 1.27	– 0.21	– 0.07	– 0.28	O9.5	II	+ 0.006	sd u. vd
α	Lep	5 32 43.7	– 17 49 20	2.58	0.47	0.19	0.22	0.43	F0	Ib	+ 0.002	
ι	Ori	5 35 25.9	– 5 54 36	2.76	– 1.30	– 0.23	– 0.06	– 0.28	O9	III	+ 0.021	sd
ε	Ori	5 36 12.7	– 1 12 07	1.70	– 1.21	– 0.19	– 0.01	– 0.19	B0	Ia	– 0.007	var
ζ	Tau	5 37 38.6	+ 21 08 33	3.03	– 0.84	– 0.18	– 0.00	– 0.09	B2	IVp	– 0.002	sd
α	Col	5 39 38.9	– 34 04 27	2.63		– 0.15	– 0.01	– 0.11	B8	Ve	– 0.005	
ζ	Ori	5 40 45.5	– 1 56 34	1.74	– 1.26	– 0.21	– 0.06	– 0.27	O9.5	Ib	+ 0.022	vd u. sd
κ	Ori	5 47 45.3	– 9 40 11	2.06	– 1.18	– 0.18	– 0.03	– 0.21	B0.5	Ia	+ 0.009	
α	Ori	5 55 10.3	+ 7 24 25	0.69	3.92	1.86	1.60	3.05	M2	Iab	+ 0.005	var
β	Aur	5 59 31.7	+ 44 56 51	1.90	0.06	0.02	0.09	0.08	A2	V	+ 0.037	sd
ϑ	Aur	5 59 43.2	+ 37 12 45	2.63	– 0.26	– 0.08	– 0.01	– 0.04	B9.5	Vp	+ 0.018	vd
β	CMa	6 22 41.9	– 17 57 22	1.98	– 1.20	– 0.24	– 0.11	– 0.35	B1	II – III	+ 0.014	Sp var
α	Car	6 23 57.2	– 52 41 44	– 0.8					F0	Ib	+ 0.018	
γ	Gem	6 37 42.7	+ 16 23 57	1.91	0.07	– 0.00	0.07	0.06	A0	IV	+ 0.031	sd?
α	CMa	6 45 08.9	– 16 42 58	– 1.45	– 0.03	– 0.01	0.00	– 0.03	A1	V	+ 0.373	vd
τ	Pup	6 49 56.1	– 50 36 53	2.9					K0	III	+ 0.017	
ε	CMa	6 58 37.5	– 28 58 20	1.50	– 1.13	– 0.21	– 0.08	– 0.29	B2	II	0.001	
δ	CMa	7 08 23.4	– 26 23 35	1.80	1.20	0.67	0.52	0.85	F8	Ia	– 0.018	
π	Pup	7 17 08.5	– 37 05 51	2.70		1.62	1.24	2.15	K5	III	+ 0.023	
η	CMa	7 24 05.6	– 29 18 11	2.41	– 0.77	– 0.07	0.07	0.02	B5	Ia	0.012	
β	CMi	7 27 09.0	+ 8 17 21	2.90	– 0.37	– 0.09	0.03	– 0.04	B7	V	+ 0.020	
α	Gem	7 34 35.9	+ 31 53 18	1.58	0.04	0.03	0.07	0.06	Am + A3	III	+ 0.072	v tr, je sd
α	CMi	7 39 18.1	+ 5 13 30	0.35	0.47	0.43	0.41	0.66	F5	IV – V	+ 0.288	vd u. sd
β	Gem	7 45 18.9	+ 28 01 34	1.13	1.87	1.00	0.75	1.25	K0	III	+ 0.093	
ζ	Pup	8 03 35.0	– 40 00 11	2.25	– 1.34	– 0.29	– 0.06	– 0.27	O5	f	0.004	

Fortsetzung auf Seite 624

Tabelle 28. (Fortsetzung)

Stern		α_{2000}	δ_{2000}	V	U – V	B – V	V – R	V – I	Sp	Lk	π	Bemerkung
ϱ	Pup	8 07 32.6	– 24 18 15	2.82	0.63	0.44	0.37	0.58	F6	II p	+ 0.031	var
γ	Vel	8 09 31.9	– 47 20 12	1.82		– 0.27	– 0.02	– 0.16	WC7 + O.7?		0.006	vd
ε	Car	8 22 30.8	– 59 30 34	1.8					K0	II + B	0.010	
δ	Vel	8 44 42.2	– 54 42 30	1.9					A0	V	+ 0.043	
ι	UMa	8 59 12.4	+ 48 02 30	3.15	0.27	0.19	0.21	0.29	A7	V	+ 0.066	
λ	Vel	9 07 59.7	– 43 25 57	2.20		1.62	1.24	2.19	K5	I b	+ 0.015	
β	Car	9 13 12.1	– 69 43 02	1.7					A1	IV	+ 0.038	
ι	Car	9 17 05.4	– 59 16 31	2.2					F0	I	+ 0.011	
κ	Vel	9 22 06.8	– 55 00 38	2.5					B2	IV	+ 0.007	
α	Hya	9 27 35.2	– 8 39 31	1.96	3.20	1.47	1.04	1.81	K3	III a	+ 0.017	
ε	Leo	9 45 51.0	+ 23 46 27	2.98	1.27	0.81	0.66	1.06	G0	II	+ 0.002	
υ	Car	9 47 06.1	– 65 04 18	3.0					F0		0.020	vd
α	Leo	10 08 22.3	+ 11 58 02	1.35	– 0.47	– 0.12	0.0p	– 0.09	B7	V	+ 0.039	
γ	Leo	10 19 58.3	+ 19 50 30	1.98	2.14	1.15	0.86	1.48	K0	III p	+ 0.019	vd
ϑ	Car	10 42 57.4	– 64 23 40	2.8					O9.5	V	0.007	
μ	Vel	10 46 46.1	– 49 25 12	2.68		0.88	0.69	1.18	G5	III	0.022	vd
β	UMa	11 01 50.4	+ 56 22 56	2.38	– 0.04	– 0.01	0.08	0.04	A1	V	+ 0.042	
α	UMa	11 03 43.6	+ 61 45 03	1.80	2.01	1.07	0.81	1.39	K0	III	+ 0.031	vd
δ	Leo	11 14 06.4	+ 20 31 25	2.57	0.21	0.11	0.16	0.19	A4	V	+ 0.040	
β	Leo	11 49 03.5	+ 14 34 19	2.13	0.16	0.08	0.06	0.07	A3	V	+ 0.076	
γ	UMa	11 53 49.8	+ 53 41 41	2.44	0.04	0.00	0.05	0.02	A0	V	+ 0.020	
δ	Cen	12 08 21.5	– 50 43 20	2.63		– 0.09	0.04	– 0.08	B2	Ve	+ 0.020	var
δ	Cru	12 15 08.6	– 58 44 56	2.9					B2	IV	– 0.003	
γ	Crv	12 15 48.3	– 17 32 31	2.57	– 0.45	– 0.10	– 0.02	– 0.11	B8	III	0.024	
α	Cru	12 26 35.9	– 63 05 56	0.8					B1	IV	0.008	vd, je sd
δ	Crv	12 29 51.8	– 16 30 56	2.94	– 0.14	– 0.05	– 0.05	– 0.09	B9.5	V	+ 0.018	
γ	Cru	12 31 09.9	– 57 06 47	1.6					M3	II		
β	Crv	12 34 23.2	– 23 23 48	2.64	1.53	0.38	0.61	1.05	G5	III	+ 0.027	
α	Mus	12 37 11.0	– 69 08 08	2.8					B3	IV	0.015	
γ	Cen	12 41 30.9	– 48 57 34	2.16		– 0.01	0.03	0.03	A0	III	+ 0.006	vd
γ	Vir	12 41 39.5	– 1 26 58	2.73	0.34	0.36	0.29	0.48	F0	V	+ 0.101	vd
β	Cru	12 47 43.3	– 59 41 19	1.3					B0.5	IV	0.007	var
ε	UMa	12 54 01.7	+ 55 57 35	1.78	– 0.02	– 0.03	– 0.02	– 0.06	A0	p	+ 0.008	sd

Stern		α_{2000}	δ_{2000}	V	U–V	B–V	V–R	V–I	Sp	Lk	π	Bemerkung
α	CVe	12 56 01.6	+ 38 19 06	2.84	– 0.43	– 0.10	– 0.04	– 0.12	F0	V/Ap	0.023	vd
ε	Vir	13 02 10.5	+ 10 57 33	2.84	1.68	0.94	0.65	1.09	G8	III	+ 0.036	
ι	Cen	13 20 35.7	– 36 42 44	2.73	0.05	0.02	0.06	0.05	A2	V	+ 0.046	
ζ	UMa	13 23 55.5	+ 54 55 31	2.27	0.01	0.02	0.06	0.03	A2	V	+ 0.037	vd u. sd
α	Vir	13 25 11.5	– 11 09 41	0.96	– 1.18	– 0.25	– 0.09	– 0.32	B1	V	+ 0.021	sd
ε	Cen	13 39 53.2	– 53 27 59	2.99		– 0.24	– 0.15	– 0.40	B1	V	0.011	
η	UMa	13 47 32.3	+ 49 18 48	1.86	– 0.85	– 0.18	– 0.07	– 0.26	B3	V	+ 0.004	
η	Boo	13 54 41.0	+ 18 23 52	2.68	0.81	0.58	0.45	0.74	G0	IV	+ 0.102	sd
ζ	Cen	13 55 32.3	– 47 17 18	2.54		– 0.24	– 0.13	– 0.34	B2	IV	0.013	sd
β	Cen	14 03 49.4	– 60 22 22	0.7					B1	II	+ 0.016	vd, sd?
ϑ	Cen	14 06 40.8	– 36 22 12	2.05		0.96	0.76	1.29	K0	III–IV	+ 0.059	
α	Boo	14 15 39.6	+ 19 10 57	–0.06	2.52	1.24	0.98	1.64	K2	IIIp	+ 0.090	
γ	Boo	14 32 04.6	+ 38 18 29	3.02	0.31	0.20	0.14	0.22	A7	III	+ 0.016	
η	Cen	14 35 30.3	– 42 09 28	2.30		– 0.21	– 0.09	– 0.27	B1.5	V	0.012	
α	Cen	14 39 36.2	– 60 50 07	–0.1					G2	V + dK1	+ 0.759	vd
α	Lup	14 41 55.7	– 47 23 17	2.29		– 0.21	– 0.08	– 0.25	B1	V	0.009	
ε	Boo	14 44 59.1	+ 27 04 27	2.37	1.70	0.97	0.77	1.29	K1	III + A	+ 0.013	vd
α	Lib	14 50 52.6	– 16 02 31	2.74	0.26	0.15	0.17	0.21	A3p	V	+ 0.049	
β	UMi	14 50 42.2	+ 74 09 20	2.07	3.25	1.47	1.10	1.87	K4	III	+ 0.031	
β	Lup	14 58 31.8	– 43 08 02	2.67		– 0.21	– 0.09	– 0.26	B2	IV	0.012	
γ	TrA	15 18 54.6	– 68 40 46	3.0					A1	V	+ 0.005	
β	Lib	15 17 00.3	– 9 22 59	2.61	– 0.48	– 0.11	– 0.04	– 0.13	B8	V	– 0.012	sd
γ	Lup	15 35 08.3	– 41 10 00	2.77		– 0.20	– 0.15	– 0.37	B2	V	0.008	vd
α	CrB	15 34 41.2	+ 26 42 53	2.27	– 0.06	– 0.02	0.09	0.05	A0	V	+ 0.043	sd
α	Ser	15 44 16.0	+ 6 25 32	2.65	2.41	1.17	0.81	1.37	K2	III	+ 0.046	
β	TrA	15 55 08.4	– 63 25 50	2.9					F2	IV	+ 0.078	
π	Sco	15 58 51.0	– 26 06 51	2.92	– 1.08	– 0.19	– 0.09	– 0.29	B1	V	+ 0.005	sd
δ	Sco	16 00 19.9	– 22 37 18	2.33	– 1.00	– 0.10	– 0.04	– 0.17	B0	V	0.011	
β	Sco	16 05 26.1	– 19 48 19	2.55	– 0.90	– 0.08	– 0.00	– 0.10	B0.5	V		v tr u. sd
									+ B2	V		
δ	Oph	16 14 20.6	– 3 41 40	2.74	3.55	1.00	1.29	2.32	M0.5	III	+ 0.029	
η	Dra	16 23 59.3	+ 61 30 51	2.74	1.61	0.91	0.61	1.07	G	III	+ 0.043	vd
α	Sco	16 29 24.4	– 26 25 55	0.89	3.17	1.83	1.56	2.79	M2	I	+ 0.019	vd
β	Her	16 30 13.1	+ 21 29 22	2.77	1.63	0.94	0.64	1.11	G8	III	+ 0.017	sd

Fortsetzung auf Seite 626

Tabelle 28. (Fortsetzung)

Stern		α_{2000}	δ_{2000}	V	U–V	B–V	V–R	V–I	Sp	Lk	π	Bemerkung
τ	Sco	16 35 52.9	– 28 12 58	2.82	– 1.27	– 0.25	– 0.11	– 0.36	B0	V	+ 0.014	
ζ	Oph	16 37 09.4	– 10 34 02	2.57	– 0.82	0.02	0.10	0.06	O9.5	V	– 0.007	
ζ	Her	16 41 17.1	+ 31 36 10	2.81	0.86	0.66	0.54	0.85	G0	IV	+ 0.110	vd
α	TrA	16 48 39.9	– 69 01 40	1.9					K4	III	+ 0.024	
ε	Sco	16 50 09.7	– 34 17 36	2.28		1.17	0.86	1.46	K2	III–IV	+ 0.049	
η	Oph	17 10 22.6	– 15 43 29	2.42	0.13	0.05	0.06	0.05	A2.5	V	+ 0.047	vd
β	Ara	17 25 17.9	– 55 31 47	2.9					K3	Ib	+ 0.026	
υ	Sco	17 30 45.7	– 37 17 45	2.70		– 0.22	– 0.16	– 0.40	B3	Ib	0.010	
α	Ara	17 31 50.4	– 49 52 34	2.94		– 0.18	– 0.10	– 0.34	B2.5	V	+ 0.001	
β	Dra	17 30 25.8	+ 52 18 05	2.78	1.63	1.00	0.68	1.16	G2	II	+ 0.009	
λ	Sco	17 33 36.4	– 37 06 13	1.62		– 0.18	– 0.17	– 0.45	B1	V	0.015	sd
α	Oph	17 34 56.0	+ 12 33 36	2.07	0.25	0.14	0.14	0.22	A5	III	+ 0.056	
ϑ	Sco	17 37 19.0	– 42 59 52	1.86		0.41	0.35	0.55	F0	Ib	+ 0.020	
κ	Sco	17 42 29.1	– 39 01 48	2.41	– 1.08	– 0.20	– 0.08	– 0.30	B2	IV	0.009	
β	Oph	17 43 28.3	+ 4 34 02	2.77	2.40	1.16	0.81	1.38	K2	III	+ 0.023	
ι^1	Sco	17 47 35.0	– 40 07 37	3.0					F2	Ia	+ 0.013	
γ	Dra	17 56 36.3	+ 51 29 20	2.23	3.39	1.51	1.16	2.02	K5	III	+ 0.017	
γ	Sgr	18 05 48.4	– 30 25 27	2.98		1.02	0.73	1.24	K0	III	+ 0.018	
δ	Sgr	18 20 59.6	– 29 49 41	2.69	2.89	1.38	1.00	1.68	K2	III	+ 0.039	
ε	Sgr	18 24 10.3	– 34 23 05	1.84		– 0.02	– 0.00	– 0.01	A0	V	+ 0.015	
λ	Sgr	18 27 58.1	– 25 25 18	2.82	1.94	1.04	0.76	1.32	K2	III	+ 0.046	
α	Lyr	18 36 56.2	+ 38 47 01	0.00	0.03	0.00	– 0.04	– 0.07	A0	V	+ 0.123	
σ	Sgr	18 55 15.8	– 26 17 48	2.07	– 0.95	– 0.22	– 0.11	– 0.31	B2	V	0.019	
ζ	Sgr	19 02 36.6	– 29 52 49	2.60	0.17	0.08	0.04	0.05	A2	III	+ 0.020	vd
ζ	Aql	19 05 24.5	+ 13 51 48	2.98	0.03	0.03	0.04	0.04	A0	V	+ 0.036	
π	Sgr	19 09 45.7	– 21 01 25	2.87	0.57	0.33	0.34	0.59	F2	II–III	+ 0.016	vtr
δ	Cyg	19 44 58.4	+ 45 07 51	2.87	– 0.12	– 0.02	0.00	– 0.02	B9.5	III	+ 0.021	vd
γ	Aql	19 46 15.5	+ 10 36 48	2.71	3.21	1.52	1.07	1.82	K3	II	+ 0.006	
α	Aql	19 50 46.9	+ 8 52 06	0.74	0.31	0.23	0.14	0.27	A7	IV, V	+ 0.198	
γ	Cyg	20 22 13.6	+ 40 15 24	2.23	1.21	0.67	0.50	0.84	F8	Ib	– 0.006	
α	Pav	20 25 38.8	– 56 44 07	2.0					B3	IV	0.014	sd
α	Cyg	20 41 25.8	+ 45 16 49	1.25	– 0.12	0.09	0.12	0.22	A2	Ia	– 0.013	
ε	Cyg	20 46 12.6	+ 33 58 13	2.46	1.91	1.03	0.72	1.29	K0	III	+ 0.044	

Stern		α_{2000}	δ_{2000}	V	U–V	B–V	V–R	V–I	Sp	Lk	π	Bemerkung
α	Cep	21 18 34.7	+ 62 35 08	2.47	0.33	0.21	0.21	0.32	A7	IV, V	+ 0.063	
β	Aqr	21 31 33.4	– 5 34 16	2.85	1.42	0.84	0.61	1.02	G0	Ib	+ 0.000	
ε	Peg	21 44 11.1	+ 9 52 30	2.38	3.21	1.53	1.05	1.81	K2	Ib	– 0.005	
δ	Cap	21 47 02.3	– 16 07 38	2.81	0.40	0.29	0.24	0.40	A6p		+ 0.065	sd
α	Gru	22 08 13.9	– 46 57 40	1.73		– 0.17	– 0.08	– 0.14	B5	V	+ 0.051	
α	Tuc	22 18 30.1	– 60 15 35	2.9					K3	III	+ 0.019	sd
β	Gru	22 42 40.0	– 46 53 05	2.10		1.62	1.91	3.68	M3	II	+ 0.003	
η	Peg	22 43 00.1	+ 30 13 17	2.95	1.46	0.87	0.64	1.11	G8	II + F0	– 0.002	sd
α	PsA	22 57 39.0	– 29 37 20	1.16	0.14	0.08	0.11	0.13	A3	V	+ 0.144	
β	Peg	23 03 46.4	+ 28 04 58	2.42	3.62	1.67	1.51	2.83	M2	II–III	+ 0.015	
α	Peg	23 04 45.6	+ 15 12 19	2.47	– 0.06	– 0.03	0.01	– 0.01	B9.5	III	+ 0.030	

Tabelle 29. Die sonnennächsten Sterne bis 5 pc

π Parallaxe (Entfernung in parsec = $1/\pi$).
μ Eigenbewegung (Transversalgeschwindigkeit in km/s = $4{,}74\ \mu/\pi$).
V Radialgeschwindigkeit in km/s.
m_v scheinbare visuelle Helligkeit. (Die wahre Leuchtkraft L in visuellem Licht in Einheiten der Sonne folgt aus der Formel $\log L = -0{,}4\ m_v - 2 \log \pi - 0{,}08$. Doch ist die Gesamtleuchtkraft für rote Sterne, besonders vom Typ M, 3 bis 6mal höher als die visuelle, da die meiste Strahlung im Infraroten liegt.)
* Bahn bekannt.
** vermutlicher schwacher Begleiter; Helligkeit noch unbekannt.

Einschließlich der Sonne sind dies nach jetzigem Stand 60 Sterne in 44 Systemen: fünf vom Sonnentyp oder heller, fünf Entartete, und 50 rote Zwerge. Die Liste enthält alle Sterne mit sehr großen Eigenbewegungen (über 4″) mit zwei Ausnahmen (+38°2285 und Ross 619). Anzeichen für unsichtbare Begleiter liegen bei keinem der aufgeführten Sterne vor.

α, δ (2000)	Name	π	μ	V	m_v	Sp	Begleiter
14 29.7 −62 41	Proxima Cen	0″.722	3″.85	−16	11.2	M5Ve	
14 39.6 −60 51	α Cen	0.750	3.67	−22	−0.1	G2V	1.3 K0V *
17 57.8 +04 42	+4° 3561	0.546	10.32	−108	9.5	M5V	
10 56.5 +07 01	Wolf 359	0.419	4.67	+13	13.5	M6Ve	
11 03.3 +35 58	+36° 2147	0.398	4.78	−84	7.5	M2V	
06 45.1 −16 43	α CMa (Sirius)	0.376	1.32	−8	−1.5	A1V	8.4 DA *
01 39.0 −17 57	LDS 838	0.376	3.31	+30	12.5	M6Ve	12.9 *
18 49.8 −23 50	Ross 154	0.342	0.74	−4	10.4	M4Ve	
23 41.9 +44 11	Ross 248	0.314	1.82	−81	12.2	M5Ve	
03 32.9 −09 28	ε Eri	0.307	0.98	+16	3.7	K2V	
11 47.7 +00 48	Ross 128	0.302	1.40	−13	11.1	M4V	
22 38.6 −15 17	L 789-6	0.294	3.27	−60	12.3	M5Ve	**
00 18.4 +44 01	+43° 44	0.291	2.90	+14	8.1	M3V	11.0 M6Ve
22 03.4 −56 47	ε Ind	0.290	4.69	−40	4.7	K5V	
18 42.8 +59 38	+59° 1915	0.290	2.27	+1	8.9	M4V	9.7 M4V *
21 06.9 +38 45	61 Cyg	0.289	5.21	−64	5.2	K5V	6.0 K7V *
01 43.1 −15 56	τ Cet	0.287	1.92	−16	3.5	G8V	
23 05.9 −35 51	−36 15693	0.285	6.90	+10	7.3	M2V	
07 39.3 +05 13	α CMi (Prokyon)	0.285	1.25	−3	0.4	F5IV	11 DF *
08 29.8 +26 47	G 51-15	0.276	1.26		14.8	M7V	
07 27.4 +05 13	+5° 1668	0.266	3.76	+26	9.8	M4V	
01 12.6 −17 00	L 725-32	0.265	1.36	+28	11.8	M6Ve	
05 11.7 −44 01	−44° 1905	0.260	8.82	+245	8.8	M1VI	
21 17.2 −38 52	−39° 14192	0.260	3.47	+21	6.7	M0Ve	
22 28.0 +57 42	+56° 2783	0.253	0.90	−26	9.9	M3V	11.5 M4Ve *
06 29.4 −02 49	Ross 614	0.242	0.97	+24	11.2	M4Ve	14.7 *
16 30.3 −12 40	−12° 4523	0.241	1.17	−13	10.1	M5V	
12 33.3 +09 01	Wolf 424	0.233	1.76	−5	13.2	M6V	13.2 *
00 49.2 +05 23	Van Maanen 2	0.231	2.98	+54	12.4	DG	
02 00.2 +13 03	L 1159-16	0.223	2.08		12.2	M5Ve	
00 05.4 −37 21	−37° 15492	0.223	6.11	+23	8.6	M3Ve	
17 28.7 −46 54	−46° 11540	0.221	1.14		9.4	M3	
11 45.7 −64 50	L 145-141	0.219	2.69		11.4	DC	
17 36.4 +68 20	+68° 946	0.216	1.31	−22	9.1	M3V	**
21 33.6 −49 01	−49° 13515	0.216	0.78	+8	8.7	M2V	
10 11.3 +49 27	+50° 1725	0.214	1.45	−26	6.6	K2V	
00 06.7 −07 32	G 158-27	0.214	2.06		13.7	M5V	
22 53.3 −14 18	−15° 6290	0.213	1.12	+9	10.2	M4V	
17 37.1 −44 19	−44° 11909	0.212	1.14		11.0	M5V	
19 53.9 +44 25	G 208-44/45	0.212	0.69		13.4	M6Ve	14.0
04 15.3 −07 39	40 Eri	0.210	4.04	−42	4.4	K0V	9.5 DA
							11.2 M4Ve *
10 19.6 +19 52	+20° 2465	0.205	0.49	+11	9.4	M4V	
18 05.5 +02 30	70 Oph	0.201	1.12	−7	4.2	K0V	6.0 K5V *
11 05.5 +43 32	+44° 2051	0.200	4.51	+65	8.7	M2V	14.4 M5Ve

Tabelle 30. Die Absoluthelligkeiten der Sterne im MK-System. (Aus Schmidt-Kaler, Landolt-Börnstein, Neue Serie, Astronomy and Astrophysics, Vol. 2b Berlin: Springer 1982, Seite 18)

Sp	M_v							
	V	IV	III	II	Ib	Iab	Ia	Ia–0
O 3	$-6\overset{\mathrm{M}}{.}0$						$-6\overset{\mathrm{M}}{.}8$	
4	−5.9	$-6\overset{\mathrm{M}}{.}1$	$-6\overset{\mathrm{M}}{.}5$				−6.8	
5	−5.7	−6.0	−6.3				−6.8	
6	−5.5	−5.8	−6.1			$-6\overset{\mathrm{M}}{.}5$	−6.8	
7	−5.2	−5.5	−5.9	$-6\overset{\mathrm{M}}{.}0$	$-6\overset{\mathrm{M}}{.}3$	−6.5	−6.8	
8	−4.9	−5.4	−5.8	−6.0	−6.2	−6.5	−6.8	
9	−4.5	−5.2	−5.6	−5.9	−6.2	−6.5	−6.8	
B 0	−4.0	−4.7	−5.1	−5.7	−6.1	−6.4	−6.9	$-8\overset{\mathrm{M}}{.}2$
1	−3.2	−3.8	−4.4	−5.4	−5.8	−6.4	−6.9	−8.3
2	−2.45	−3.1	−3.9	−4.8	−5.7	−6.4	−6.9	−8.3
3	−1.6	−2.4	−3.0	−4.5	−5.5	−6.3	−7.0	−8.3
5	−1.2	−1.7	−2.2	−4.0	−5.4	−6.2	−7.0	−8.4
7	−0.6	−1.1	−1.5	−3.5	−5.3	−6.2	−7.1	−8.4
8	−0.25	−0.7	−1.2	−3.1	−5.2	−6.2	−7.1	−8.5
9	+0.2	−0.2	−0.6		−5.2	−6.2	−7.1	−8.5
A 0	+0.65	+0.3	+0.0	−3.0	−5.2	−6.3	−7.1	−8.5
1	+1.0	+0.7	+0.2	−3.0	−5.2	−6.4	−7.2	−8.5
2	+1.3	+1.0	+0.3	−2.9	−5.2	−6.5	−7.2	−8.6
3	+1.5	+1.2	+0.5	−2.8	−5.2	−6.5	−7.2	−8.7
5	+1.95	+1.3	+0.7	−2.8	−5.1	−6.6	−7.4	−8.8
7	+2.2	+1.7	+1.1	−2.7	−5.1		−7.7	−8.9
8	+2.4	+2.0	+1.2	−2.6	−5.1		−7.8	−8.9
F 0	+2.7	+2.2	+1.5	−2.5	−5.1	−6.6	−8.0	−9.0
2	+3.6	+2.4	+1.7	−2.4	−5.1	−6.6	−8.0	−9.0
5	+3.5	+2.5	+1.6	−2.3	−5.1	−6.6	−8.0	−9.0
8	+4.0	+2.8		−2.3	−5.1	−6.5	−8.0	−9.0
G 0	+4.4	+3.0	+1.0	−2.3	−5.0	−6.4	−8.0	−8.9
2	+4.7	+3.0	+0.9	−2.3	−5.0	−6.3	−8.0	−8.8
5	+5.1	+3.1	+0.9	−2.3	−4.6	−6.2	−7.9	−8.6
8	+5.5	+3.1	+0.8	−2.3	−4.4	−6.1	−7.8	−8.5
K 0	+5.9	+3.1	+0.7	−2.3	−4.3	−6.0	−7.7	−8.5
1	+6.15	+3.1	+0.6	−2.3	−4.3	−6.0	−7.6	
2	+6.4		+0.5	−2.3	−4.3	−5.9	−7.6	
3	+6.65		+0.3	−2.3	−4.3	−5.9	−7.5	
4	+7.0		0.0	−2.3	−4.3	−5.8	−7.5	
5	+7.35		−0.2	−2.3	−4.4	−5.8	−7.5	
7	+8.1		−0.3	−2.3	−4.4	−5.7	−7.4	
M 0	+8.8		−0.4	−2.5	−4.5	−5.6	−7.0	−8.0
1	+9.3		−0.5	−2.5	−4.6	−5.6	−7.0	−8.0
2	+9.9		−0.6	−2.6	−4.7	−5.6	−6.9	−8.0
3	+10.4		−0.6	−2.6	−4.8	−5.6	−6.9	−8.0
4	+11.3		−0.5	−2.6	−4.8	−5.6	−6.8	−8.0
5	+12.3		−0.3		−4.8	−5.6	−6.8	

Tabelle 31. Die Eigenfarben $(B-V)_o$ der Sterne im MK-System. (Aus Schmidt-Kaler, Landolt-Börnstein, neue Serie, Astronomy and Astrophysics, Vol. 2b Berlin: Springer 1982, Seite 15)

Sp	$(B-V)_o$					
	V	III	II	Ib	Iab	Ia
O 5	$-0\overset{m}{.}33$	$-0\overset{m}{.}32$	$-0\overset{m}{.}32$	$-0\overset{m}{.}32$	$-0\overset{m}{.}31$	$-0\overset{m}{.}31$
6	− 0.33	− 0.32	− 0.32	− 0.32	− 0.31	− 0.31
7	− 0.32	− 0.32	− 0.32	− 0.31	− 0.31	− 0.31
8	− 0.32	− 0.31	− 0.31	− 0.29	− 0.29	− 0.29
9	− 0.31	− 0.31	− 0.31	− 0.28	− 0.27	− 0.27
B 0	− 0.30	-0.29_5	− 0.29	− 0.24	− 0.23	− 0.23
1	-0.26_5	-0.26_5	− 0.26	− 0.20	− 0.19	− 0.19
2	− 0.24	− 0.24	− 0.23	− 0.18	− 0.17	− 0.16
3	-0.20_5	-0.20_5	− 0.20	− 0.14	− 0.13	− 0.12
5	− 0.17	− 0.17	− 0.16	− 0.10	− 0.10	− 0.08
6	− 0.15	− 0.15	− 0.14	− 0.08	− 0.08	− 0.06
7	-0.13_5	− 0.13	− 0.12	− 0.06	− 0.05	− 0.04
8	− 0.11	− 0.11	− 0.10	− 0.04	− 0.03	− 0.02
9	-0.07_5	-0.07_5	− 0.07	− 0.03	− 0.02	0.00
A 0	− 0.02	− 0.03	− 0.03	− 0.01	− 0.01	+ 0.02
1	+ 0.01	+ 0.01	+ 0.01	+ 0.03	+ 0.02	+ 0.02
2	+ 0.05	+ 0.05	+ 0.03	+ 0.04	+ 0.03	+ 0.03
3	+ 0.08	+ 0.08	+ 0.07	+ 0.06	+ 0.06	+ 0.05
5	+ 0.15	+ 0.15	+ 0.11	+ 0.09	+ 0.09	+ 0.09
7	+ 0.20	+ 0.22	+ 0.16	+ 0.13	+ 0.12	+ 0.12
8	+ 0.25	+ 0.25	+ 0.18	+ 0.14	+ 0.14	+ 0.14
F 0	+ 0.30	+ 0.30	+ 0.25	+ 0.19	+ 0.17	+ 0.17
2	+ 0.35	+ 0.35	+ 0.30	+ 0.23	+ 0.23	+ 0.22
5	+ 0.44	+ 0.43	+ 0.38	+ 0.33	+ 0.32	+ 0.31
8	+ 0.52	+ 0.54	+ 0.58	+ 0.56	+ 0.56	+ 0.56
G 0	+ 0.58	+ 0.65	+ 0.71	+ 0.76	+ 0.76	+ 0.75
2	+ 0.63	+ 0.77	+ 0.81	+ 0.86	+ 0.87	+ 0.87
5	+ 0.68	+ 0.86	+ 0.89	+ 1.00	+ 1.02	+ 1.03
8	+ 0.74	+ 0.94	+ 0.99	+ 1.14	+ 1.14	+ 1.17
K 0	+ 0.81	+ 1.00	+ 1.08	+ 1.20	+ 1.25	+ 1.25
1	+ 0.86	+ 1.07	+ 1.14	+ 1.24	+ 1.32	+ 1.32
2	+ 0.91	+ 1.16	+ 1.29	+ 1.33	+ 1.36	+ 1.36
3	+ 0.96	+ 1.27	+ 1.40	+ 1.46	+ 1.46	+ 1.46
5	+ 1.15	+ 1.50	+ 1.49	+ 1.59	+ 1.60	+ 1.60
7	+ 1.33	+ 1.53	+ 1.57	+ 1.61	+ 1.63	+ 1.63
M 0	+ 1.40	+ 1.56	+ 1.58	+ 1.64	+ 1.67	+ 1.67
1	+ 1.46	+ 1.58	+ 1.59	+ 1.68	+ 1.69	+ 1.69
2	+ 1.49	+ 1.60	+ 1.59	+ 1.68	+ 1.71	+ 1.71
3	+ 1.51	+ 1.61	+ 1.60	+ 1.69	+ 1.69	+ 1.69
4	+ 1.54	+ 1.62		+ 1.75	+ 1.76	+ 1.76
5	+ 1.64	+ 1.63			+ 1.80	
6	+ 1.73	+ 1.52				
7	+ 1.80:	+ 1.50				
8	+ 1.93:	+ 1.50				

Tabelle 32. Abkürzungen einiger chemischer Elemente

H	Wasserstoff	Si	Silizium	Zr	Zirkonium
He	Helium	Cl	Chlor	Tc	Technecium
Li	Lithium	Ar	Argon	Ru	Ruthenium
C	Kohlenstoff	Ca	Kalzium	In	Indium
N	Stickstoff	Ti	Titan	Xe	Xenon
O	Sauerstoff	V	Vanadium	Ba	Barium
Ne	Neon	Cr	Chrom	La	Lanthan
Na	Natrium	Mn	Mangan	Eu	Europium
Mg	Magnesium	Fe	Eisen	Gd	Gadolinium
Al	Aluminium	Co	Kobalt	Au	Gold
P	Phosphor	Ni	Nickel	Hg	Quecksilber
S	Schwefel	Sr	Strontium	Pb	Blei

Tabelle 33. Wellenlängen einiger ausgewählter Spektrallinien

Element	λ [nm]	Element	λ [nm]	Element	λ [nm]
$H\alpha$	656,282	HeI	447,148	NaI	589,594 D_1
$H\beta$	486,133		412,081		588,997 D_2
$H\gamma$	434,047		402,619		
$H\delta$	410,174		396,473	MgI	457,110
$H\varepsilon$	397,007	HeII	656,010	MgII	448,133
H_8	388,905		541,152		448,113
H_9	383,539		468,568		
H_{10}	379,790		454,159	CaI	657,278
H_{11}	377,063		419,983		422,673
H_{12}	375,015		402,560	CaII	396,847 H
H_{13}	373,437		392,348		393,366 K
H_{14}	372,194				
H_{15}	371,197	HgI	579,066	CrI	425,435
			576,960		
HeI	587,565		546,074	MnI	403,076
	587,562		435,834		
	501,568		404,656	BaII	493,409
	471,314		365.014		455,403

Tabelle 34. Radialgeschwindigkeiten einiger ausgewählter Sterne.
a) Standardsterne

Name	RA (2000)	DEC (2000)	V	Typ	RG (km/s)
α Cas	00h40m5	56°32′	2m2	K0II – III	– 3,9
19 Tau[1]	03 45. 2	24 28	4. 3	B6V	3,1
20 Tau[1]	03 45. 8	24 22	3. 9	B7III	7,6
β Gem	07 45. 3	28 01	1. 2	K0III	3,3
ε Leo	09 45. 8	23 46	3. 0	G0II	4,8
β Vir	11 50. 7	01 46	3. 6	F8V	5,0
α Boo	14 15. 7	19 11	0. 1	K2III	– 5,3
β Oph	17 43. 5	04 34	2. 8	K2III	– 12,0
γ Aql	19 46. 2	10 37	2. 6	K3II	– 2,1
ι Psc	23 39. 9	05 38	4. 1	F7V	5,3

1 Als Standardsterne von der IAU vorgeschlagen

b) Spektroskopische Doppelsterne

Name	RA (2000)	DEC (2000)	V	Typ	Periode	RG (km/s)[1]	RG-Amplitude (km/s)[2]
β Tri	02h09m5	34°59′	3m0	A5III	31d39	15,2	67/138
o Per	03 44. 3	32 17	3. 8	B1III	4. 42	19,8	219/319
λ Tau	04 00. 7	12 29	3. 4	B3V + A4IV	3. 95	15,2	111
π⁵ Ori	04 54. 2	02 27	3. 7	B2III	3. 70	24,2	116
η Ori	05 24. 5	– 02 23	3. 4	B1V	7. 98	35,9	290
δ Ori	05 32. 0	– 00 18	2. 2	O9.5II	5. 73	20,1	202
ι Ori	05 35. 4	– 05 55	2. 8	O9III + O9III	29. 14	26,6	230/392
β Aur	05 59. 5	44 57	1. 9	A2IV + A2IV	3. 96	– 17,1	215/223
o Leo	09 41. 1	09 54	3. 5	A2 + F6III	14. 50	27,1	108/126
ζ² UMa	13 23. 9	54 56	2. 3	A2V	20. 54	– 5,6	138/135
α Vir	13 25. 2	– 11 09	1. 0	B1V + B3V	4. 01	0,0/– 2,0[3]	240/378
α Dra	14 04. 4	64 22	3. 7	A0III	51. 42	– 13,0	94
α CrB	15 34. 7	26 43	2. 2	A0V	17. 36	1,5	72
π Sco	15 58. 9	– 26 07	2. 9	B1V + B1V	1. 57	– 4,0	262/394
β¹ Sco	16 05. 4	– 19 48	2. 6	B0.5V	6. 83	– 1,0/39,2[3]	258/430
ε Her	17 00. 3	30 55	3. 9	A0V	4. 02	– 24,2	141/224
θ Aql	20 11. 3	– 00 49	3. 2	B9III + B9III	17. 12	– 27,9	102/127
δ Cap	21 47. 0	– 16 08	2. 8	Am	1. 02	– 0,2	142
ι Peg	22 07. 0	25 20	3. 8	F5V	10. 21	– 4,6	98

[1] Systemgeschwindigkeit (γ)
[2] Volle Amplitude (2 K); wenn bekannt, für beide Komponenten
[3] Bei α Vir und β¹ Sco ergeben sich für Primär- und Sekundärkomponenten verschiedene γ-Werte

Tabelle 35. Doppelsterne.
Die Auswahlliste von 320 visuell doppelten und mehrfachen Systemen enthält hellere Objekte (meist Sterne mit Flamsteednummern und mit Begleitern bis zur Größe $8^{m}.5$) im Distanzbereich 1″ bis 30″ und nördlich von −15° Deklination. Für Testzwecke wurden einige engere und lichtschwächere Paare aufgenommen.

Die Spalten geben die ADS-Nummer, die Entdeckerbezeichnung, Koordinaten für 2000, Helligkeiten, Spektralklasse des Hauptsterns, Positionswinkel θ und Distanz ϱ; bei Paaren mit merklicher Bahnbewegung sind dies die Positionen für 1990, und die Zu- oder Abnahme der Winkel ist durch + beziehungsweise − gekennzeichnet. Die Bemerkungen enthalten Sternnamen und Hinweise auf weitere Komponenten. C 8.5 7″ heißt beispielsweise, daß ein dritter Stern der Größe 8.5 in 7″ Abstand steht, oder A-BC (″.2) bezeichnet den Begleiter als ein enges System BC mit 0″.2 Distanz. Lichtschwache Komponenten (schwächer als 10. Größe) und spektroskopische Paare sind nicht aufgeführt.

F Fundamentaldistanzen (empfohlene Eichsterne) mit gut vermessenen und nur langsam veränderlichen Distanzen; N 1–30 Doppelsterne in der Nordpolumgebung lt. Karte in SuW *4*, 118 (1965); P Umlaufperiode in Jahren, falls bekannt (oder ~ = ungefähr bekannt), Sterne ohne P-Vermerk zeigen großenteils bisher keine oder wenig Bahnbewegung

ADS	Name		α	δ 2000	m	SP	θ	ϱ	Bemerkungen
32	Σ	3056	$00^h04^m.6$	+34°16′	7,9–7,9	K	145	0,7	
61	Σ	3062	06.2	+58 26	6,5–7,3	G	308+	1,5	P 107
102	Σ	2	09.1	+79 43	6,8–7,1	A	20−	0,7	P ~ 450 N 29
191	Σ	12	14.9	+08 49	6,1–7,7	F	148	11,5	35 Psc
207	Σ	13	16.2	+76 57	6,8–7,3	B	54	0,9	P ~ 1000
558	Σ	46	39.9	+21 26	5,6–8,5	K	194	6,5	55 Psc
671	Σ	60	49.1	+57 49	3,5–7,5	G	312	12	η Cas P 480
683	Σ	61	49.8	+27 43	6,3–6,3	F	296	4,4	F 65 Psc
710	Σ	65	52.8	+68 51	7,9–7,9	A	39	3,1	
824	Σ	79	01 00.0	+44 43	6,0–6,8	B	192	7,8	
875	Σ	84	03.8	+01 22	6,2–8,7	F	254	16	26 Cet
899	Σ	88	05.6	+21 28	5,6–5,8	A	159	30	74 Psc
903	Σ	90	05.8	+04 55	6,7–7,6	F	83	33	77 Psc
923	Σ	91	07.2	−01 44	7,4–8,2	F	317	4,2	
996	Σ	100	13.7	+07 33	5,6–6,5	A	63	23	ζ Psc A-BC
									(C 11 1.4)
1030	OΣ	28	19.1	+80 52	8,0–8,0	F	296	0,9	N 26
1081	Σ	113	19.8	−00 29	6,4–7,1	F	12	1,6	42 Cet A–BC
									(″.1 P 21)
1339	Σ	147	41.8	−11 19	6,1–7,4	F	90	2,2	χ^1 Cet
1438	Σ	162	49.2	+47 54	6,5–7,0	A	207	2,0	
1411	OΣ	34	49.8	+80 53	7,8–8,1	A	278+	0,4	P ~ 400 N 30
1457	Σ	174	50.1	+22 17	6,2–7,4	F	166	2,8	1 Ari
1507	Σ	180	53.5	+19 18	4,7–4,8	A	0	7,8	γ Ari
1504	Σ	170	55.4	+76 14	7,4–8,2	A	246	3,3	
1538	Σ	186	55.9	+01 51	6,8–6,8	G	57	1,3	P 170
1563	HV	12	58.1	+23 35	4,9–7,6	A	46	38	λ Ari
1615	Σ	202	02 02.0	+02 36	4,6–5,6	A	278	1,9	α Psc P ~ 1000
1630	Σ	205	03.9	+42 20	2,3–5,1	K	63	10	γ And A-BC
									(″.6 P 61)
1659	OΣ	37	10.4	+81 30	6,9–9,1	A	210	1,2	N 23
1683	Σ	222	10.8	+39 03	6,0–6,7	A	36	17	59 And
1697	Σ	227	12.4	+30 18	5,5–6,9	G	72	3,9	ι Tri
1703	Σ	231	12.7	−02 24	5,9–7,7	G	232	16	66 Cet
–	–		12.7	+79 42	6,5–7,1	A	275	55	N 2
1860	Σ	262	29.0	+67 24	4,7–7,6	A	232	2,5	ι Cas AB
									P ~ 1000
									(C 8.5 7″)

Tabelle 35. (Fortsetzung)

ADS	Name		α δ	2000	m	SP	θ	ϱ	Bemerkungen
1878	Σ	268	29.4	+ 55 32	6,9–8,2	A	129	2,8	
1477	Σ	93	31.5	+ 89 16	2,1–9,1	F	220	18,4	α UMi N 8
2046	Σ	295	41.2	− 00 42	5,8–9,0	F	309	4,1	84 Cet
2080	Σ	299	43.3	+ 03 14	3,6–7,4	A	296	2,8	γ Cet
2122	Σ	305	47.5	+ 19 22	7,3–8,2	G	308	3,7	P ~ 800
2151	Σ	311	49.3	+ 17 28	5,3–8,7	B	120	3,2	π Ari
2157	Σ	307	50.6	+ 55 54	3,9–8,5	K	300	28	η Per
2185	Σ	314	52.9	+ 53 00	7,1–7,3	B	309	1,6	AB-C (″.2)
2257	Σ	333	59.2	+ 21 20	5,2–5,5	A	207	1,5	ε Ari
2336	Σ	346	03 05.4	+ 25 15	6,2–6,2	B	249	0,3	52 Ari P 230 (C 10 5″)
2294	Σ	320	06.2	+ 79 25	5,8–9,0	M	229	4,6	47 Cep N 14
2348	Σ	327	11.7	+ 81 28	6,0–10	A	283	24	N 5
2390	Σ	360	12.1	+ 37 12	8,1–8,3	G	127	2,6	
2459	AC	2	18.3	− 00 56	5,6–7,5	K	252	1,3	95 Cet P ~ 300
2563	Σ	389	30.1	+ 59 22	6,4–7,4	A	69	2,6	
2616	Σ	412	34.4	+ 24 28	6,5–6,6	A	3	0,7	7 Tau P ~ 600 (C 10 22″)
2628	β	533	35.6	+ 31 41	7,6–7,6	F	43	1,1	
2668	Σ	425	40.0	+ 34 08	7,6–7,6	F	76	1,8	
2850	Σ	470	54.3	− 02 57	4,9–6,3	A	347	6,8	32 Eri
2867	OΣ	67	57.2	+ 61 06	5,3–8,5	K	47	1,9	
2888	Σ	471	57.8	+ 40 01	3,0–8,2	B	10	8,8	ε Per
2926	Σ	479	04 00.9	+ 23 13	6,9–7,8	B	128	7,3	
2999	Σ	495	07.6	+ 15 09	6,0–8,8	F	222	3,8	
2963	Σ	460	10.0	+ 80 42	5,6–6,3	F	125	0,8	P 420 N 27
3082	OΣ	77	15.9	+ 31 42	8,1–8,1	F	280 +	0,7	P 200
3188	O	81	24.6	+ 33 58	5,9–8,7	F	27	4,4	56 Per
3264	Σ	554	30.1	+ 15 38	5,7–8,0	F	15	1,7	80 Tau P 170
3274	Σ	550	32.0	+ 53 55	5,9–7,0	B	308	10	1 Cam
3297	Σ	559	34.6	+ 18 01	7,0–7,1	B	277	3,1	F
3353	Σ	572	38.5	+ 26 56	7,2–7,2	F	194	4,0	F
3358	Σ	566	40.0	+ 53 24	5,6–7,4	A	214 −	0,8	2 Cam P 420 (AB ″.1 P 27)
3409	Σ	590	43.6	− 08 48	6,7–6,8	F	317	9,2	55 Eri
3572	Σ	616	59.3	+ 37 54	5,1–8,0	A	359	5,3	ω Aur
3597	Σ	627	05 00.5	+ 03 37	6.6–6.9	A	260	21	
3711	OΣ	98	07.9	+ 08 30	5,8–6,5	A	351 −	0,7	14 Ori P 200
3734	Σ	644	10.4	+ 37 18	6,9–7,0	B	221	1,6	F
3764	Σ	652	11.7	+ 01 02	6,3–7,8	F	182	1,7	
3797	Σ	654	13.3	+ 02 52	4.7–8.5	K	64	7,0	ϱ Ori
3800	Σ	661	13.3	− 12 57	4,5–7,4	B	358	2,5	κ Lep
3823	Σ	668	14.5	− 08 12	0,3–7,0	B	202	9,4	β Ori A-BC (″.2)
3824	Σ	653	15.5	+ 32 41	5,3–7,5	A	226	15	14 Aur
3962	Σ	696	22.8	+ 03 32	5,0–7,1	B	28	32	23 Ori
3991	Wnc	2	23.9	− 00 53	6,7–7,0	F	162	2,5	A- BC (″.2 P 49)
4002	Da	5	24.4	− 02 24	3,8–4,8	B	77	1,5	η Ori
4068	Σ	716	29.2	+ 25 09	5,9–6,7	A	206	4,8	118 Tau
4123	Σ	729	31.2	+ 03 17	5,8–7,1	B	27	2,0	33 Ori
4134	Hei	42	32.0	− 00 18	3,2–3,3	B	142	0,2	δ Ori AB (C 6 53″)
4179	Σ	738	35.1	+ 09 56	3,7–5,6	O	43	4,4	λ Ori
4186	Σ	748	35.3	− 05 23	6,8–7,9	O	32	9/13	
					5,4–6,8	O	61	/13	θ^1 Ori AB/AC/CD

Tabelle 35. (Fortsetzung)

ADS	Name		α δ	2000	m	SP	θ	ϱ	Bemerkungen
4188	ΣI	16	35.4	– 05 25	5,2–6,5	B	92	52	θ^2 Ori
4193	Σ	752	35.4	– 05 55	2,9–7,1	O	141	11	ι Ori
4208	Σ	749	37.2	+ 26 56	6,4–6,5	B	327	1,1	
4241	Σ	762	38.8	– 02 36	3,8–7,5	O	84	13	σ Ori AB-D (E 6.5 42″)
					4,2–5,1	O	137–	0,2	σ Ori AB P 170
4263	Σ	774	40.8	– 01 56	2,0–4,2	B	163	2,5	ζ Ori
4390	Σ	795	48.0	+ 06 27	6,0–6,0	A	215	1,3	52 Ori
4376	Σ	3115	49.1	+ 62 48	6,5–7,6	A	354	0,9	
4566	OΣ	545	59.7	+ 37 14	2,7–7,2	A	314	3,4	θ Aur
–	Kpr	23	06 04.1	+ 23 16	4,7–5,3	G	193+	0,2	1 Gem P 13
4773	Σ	845	11.7	+ 48 43	6,1–6,8	A	356	7,8	41 Aur
4841	β	1008	14.9	+ 22 31	3v–8,8	M	258	1,6	η Gem
4991	Σ	899	22.8	+ 17 34	7,1–8,1	A	19	2,3	
5012	Σ	900	23.8	+ 04 36	4,5–6,5	A	27	13	ε Mon
5107	Σ	919	28.9	– 07 03	4,7–5,2	B	132	7,3	β Mon AB (BC 5.6 3″)
5166	Σ	924	32.4	+ 17 47	7,1–8,0	F	210	20	20 Gem
5322	Σ	950	41.0	+ 09 53	4,8–7,6	O	213	2,9	15 Mon
–	Mlr	318	42.5	+ 66 12	7,1–8,6	F	308	1,7	
5400	Σ	948	46.3	+ 59 27	5,3–6,2	A	75	1,7	12 Lyn AB (C 7.4 9″)
5436	Σ	958	48.3	+ 55 43	6,3–6,3	F	257	4,7	F
–	Cou	1877	53.2	+ 38 27	6,5–8,0	F	141	0,6	60 Aur
5559	Σ	982	54.6	+ 13 10	4,8–7,7	F	147	7,1	38 Gem
5605	Σ	997	56.1	– 14 03	5,2–8,5	G	340	3,0	μ CMa
5586	OΣ	159	57.3	+ 58 25	4,7–5,6	G	66	0,4	15 Lyn
5746	Σ	1009	07 05.6	+ 52 45	6,9–7,0	A	149	4,1	
5983	Σ	1066	07 20.2	+ 21 59	3,5–8,5	F	223	6,0	δ Gem P ~ 1200
6004	Σ	1065	22.2	+ 50 10	7,3–7,4	F	254	15	20 Lyn
6012	Σ	1062	22.8	+ 55 17	5,6–6,5	B	315	15	19 Lyn
6126	Σ	1104	29.4	– 14 59	6,2–7,8	F	20	2,1	
6175	Σ	1110	34.6	+ 31 53	1,9–2,9	A	77–	3,0	α Gem P 467 (C 9.1 71″)
6321	OΣ	179	44.5	+ 24 24	3,7–8,4	G	239	7,0	κ Gem
6348	Σ	1138	45.5	– 14 41	6,1–6,8	A	339	17	2 Pup
6381	Σ	1146	48.0	– 12 12	5,7–7,7	F	4	2,4	
6420	β	101	51.8	– 13 54	5,6–6,3	G	291+	0,6	9 Pup P 23
6454	Σ	1157	54.5	– 02 48	7,9–7,9	F	207	0,8	
6569	Σ	1177	08 05.6	+ 27 32	6,5–7,4	B	351	3,5	
6623	Σ	1187	09.5	+ 32 14	7,1–8,0	F	26	2,7	
6650	Σ	1196	12.2	+ 17 39	5,6–6,0	G	180–	0,6	ζ Cnc AB P 60 (C 6.3 5″.5)
6811	Σ	1224	26.7	+ 24 33	7,1–7,6	A	48	5,8	24 Cnc A-BC (″.2 P 22)
6815	Σ	1223	26.8	+ 26 56	6,3–6,3	A	218	5,0	23 Cnc
6886	Σ	1245	35.8	+ 06 37	6,0–7,1	F	25	10	
6977	Σ	1270	45.4	– 02 36	6,5–7,5	F	263	4,7	
6988	Σ	1268	46.7	+ 28 46	4,2–6,6	G	307	30	ι Cnc
6993	Σ	1273	46.8	+ 06 25	3,5–6,9	F	289	3,1	ε Hya AB-C (″.2 P 15) P ~ 900
7034	Σ	1282	50.9	+ 35 04	7,5–7,5	F	278	3,6	F
7071	Σ	1291	54.2	+ 30 34	6,2–6,5	K	313	1,6	57 Cnc
7093	Σ	1295	55.5	– 07 58	6,7–6,9	A	0	4,3	17 Hya

Tabelle 35. (Fortsetzung)

ADS	Name		α δ	2000	m	Sp	θ	ϱ	Bemerkungen
7137	Σ	1298	09 01.4	+ 32 15	6,0–8,1	A	137	4,5	66 Cnc
7187	Σ	1311	07.5	+ 22 59	6,9–7,3	F	200	7,6	
7203	Σ	1306	10.4	+ 67 08	4,9–8,2	F	0	3,3	13 UMa P ~ 1200
7251	Σ	1321	14.4	+ 52 41	8,1–8,1	K	90	17,5	P ~ 1000
7286	Σ	1333	18.5	+ 35 22	6,4–6,7	A	48	1,8	F
7292	Σ	1334	18.9	+ 36 49	3,9–6,5	A	229	2,8	38 Lyn
–	Cou	10	20.1	+ 88 35	7,1–10	A	65	1,7	4 UMi N 21
7307	Σ	1338	21.0	+ 38 12	6,5–6,7	F	270+	1,0	P ~ 350
7324	Σ	1340	22.5	+ 49 32	7,0–8,7	B	319	6,2	39 Lyn
7348	OΣ	200	24.9	+ 51 34	6,6–8,3	G	335	1,5	
7380	Σ	1355	27.2	+ 06 14	7,5–7,5	F	347	2,2	
7446	Σ	1362	38.1	+ 73 06	7,2–7,2	F	128	4,9	
7545	OΣ	208	52.1	+ 54 04	5,3–5,4	A	187+	0,2	Φ UMa P 105
7555	AC	5	52.5	– 08 06	5,6–6,0	A	72	0,6	γ Sex P 78
7704	OΣ	215	10 16.3	+ 17 44	7,2–7,4	F	182	1,4	P 500
7705	Σ	1415	17.9	+ 71 04	6,7–7,3	A	167	17	
7724	Σ	1424	20.0	+ 19 50	2,6–3,8	K	124	4,3	γ Leo P ~ 620
7837	Σ	1450	35.1	+ 08 39	5,8–8,5	A	157	2,2	49 Leo
7902	Σ	1466	43.4	+ 04 45	6,3–7,4	K	240	6,8	35 Sex
7936	Σ	1476	49.3	– 04 01	6,9–7,7	A	10	2,3	40 Sex
7979	Σ	1487	55.6	+ 24 45	4,5–6,3	A	110	6,5	54 Leo
8119	Σ	1523	11 18.2	+ 31 32	4,4–4,9	G	58–	1,3	ξ UMa P 60
8131	Σ	1529	19.4	– 01 39	6,9–7,9	F	254	9,4	
8148	Σ	1536	23.9	+ 10 32	4,0–6,7	F	125–	1,5	ι Leo P 183
8175	Σ	1543	29.1	+ 39 20	5,3–8,3	A	358	5,5	57 UMa
8197	OΣ	235	32.4	+ 61 05	5,8–7,1	F	287+	0,6	P 73
8220	Σ	1552	34.7	+ 16 48	6,0–7,3	B	209	3,4	90 Leo
8250	Σ	1561	38.9	+ 45 07	6,5–8,5	G	252	10	
8347	Σ	1579	55.1	+ 46 29	6,8–8,0	A	40	3,8	65 UMa AB-C (″.3) D 6.8 63″
8406	Σ	1596	12 04.3	+ 21 28	6,0–7,5	F	237	3,7	2 Com
–	Sh	136	11.0	+ 81 43	6,5–8,5	K	76	67	N 1
8489	Σ	1622	16.1	+ 40 40	5,9–8,2	K	260	12	2 CVn
8494	Σ	1625	12 26.2	+ 80 08	7,3–7,8	F	219	14,4	N 9
8505	Σ	1627	18.1	– 03 56	6,7–7,0	F	196	20	
8519	Σ	1633	20.6	+ 27 04	7,0–7,1	F	245	9,0	
8539	Σ	1639	24.4	+ 25 35	6,7–7,8	A	325	1,6	P ~ 750
8561	Σ	1645	28.1	+ 44 48	7,4–8,0	F	158	10	
8600	Σ	1657	35.1	+ 18 23	5,2–6,7	K	271	20	24 Com
8627	Σ	1669	41.3	– 13 01	6,0–6,1	F	309	5,4	
8630	Σ	1670	41.7	– 01 27	3,7–3,7	F	286–	3,0	γ Vir P 170
8682	Σ	1694	49.3	+ 83 24	5,3–5,8	A	326	22	32 Cam N 6
8695	Σ	1687	53.3	+ 21 15	5,1–7,3	G	173+	1,1	35 Com P 510 (C 9.0 29″)
8375	OΣ	258	54.1	+ 82 31	7,0–11	K	70	10,5	N 12
8706	Σ	1692	56.1	+ 38 18	2,9–5,4	A	228	20	α CVn
8710	Σ	1695	56.3	+ 54 05	6,0–7,9	A	283	3,5	
8708	OΣ	256	56.4	– 00 57	7,2–7,5	F	276	0,9	
8739	β	1082	13 00.7	+ 56 22	5,0–7,2	F	65+	1,5	78 UMa P 107
8801	Σ	1724	10.0	– 05 32	4,4–9,0	A	343	7,1	θ Vir AB-C (″.1)
–	Kpr	61	12.4	+ 80 28	6,3–10	G	178	1,0	N 25
8891	Σ	1744	23.9	+ 54 56	2,4–4,0	A	151	14	ζ UMa
8949	Σ	1757	34.3	– 00 19	7,8–8,7	K	119	2,2	P 460

Tabelle 35. (Fortsetzung)

ADS	Name		α δ	2000	m	Sp	θ	ϱ	Bemerkungen
8974	Σ	1768	37.5	+ 36 17	5,1–7,0	F	100–	1,8	P 230
8972	Σ	1763	37.6	– 07 53	7,9–7,9	K	41	2,8	81 Vir
8991	Σ	1772	40.7	+ 19 58	5,7–8,8	A	136	4,7	1 Boo
9000	Σ	1777	43.1	+ 03 32	5,7–8,0	K	229	3,0	84 Vir
9031	Σ	1785	49.1	+ 26 59	7,6–8,0	K	166+	3,4	P 156
9053	Σ	1788	55.0	– 08 04	6,5–7,7	F	95	3,4	
9173	Σ	1821	14 13.5	+ 51 47	4,6–6,6	A	236	13	κ Boo
9174	Σ	1816	13.9	+ 29 06	7,5–7,6	F	90	0,8	
9182	Σ	1819	15.3	+ 03 08	7,9–8,0	F	221–	0,9	P 220
9192	Σ	1825	16.6	+ 20 07	6,6–8,3	F	162	4,4	
9247	Σ	1835	23.4	+ 08 27	5,1–6,6	A	192	6,4	A-BC (″.2 P 40)
9273	Σ	1846	28.2	– 02 14	5,0–9,5	K	110	4,8	Φ Vir
9277	Σ	1850	28.6	+ 28 17	7,0–7,4	A	262	25	
9358	Σ	1915	32.8	+ 85 56	7,0–10	K	321	2,4	N 18
9338	Σ	1864	40.7	+ 16 26	4,9–5,8	A	108	5,7	F π Boo
9343	Σ	1865	41.1	+ 13 44	4,5–4,6	A	305	1,0	ζ Boo P 125
9392	Σ	1883	48.9	+ 05 57	7,5–7,5	F	287	0,7	P 228
9396	β	106	49.3	– 14 09	5,8–6,7	A	355	1,8	μ Lib
9406	Σ	1890	49.6	+ 48 43	6,1–6,8	F	45	3,0	39 Boo
9413	Σ	1888	51.4	+ 19 06	4,8–6,9	G	326–	7,0	ξ Boo P 152
9445	Hu	908	53.0	+ 78 11	6,5–10	K	254	1,2	N 24
9425	OΣ	288	53.4	+ 15 43	6,9–7,5	F	169	1,3	P 260
9494	Σ	1909	15 03.8	+ 47 39	5,2–6v	G	47+	1,7	44 Boo P 225
9507	Σ	1910	07.5	+ 09 14	7,4–7,4	G	211	4,3	
9626	Σ	1938	24.5	+ 37 21	7,2–7,8	K	12	2,2	μ Boo BC P 260 (A 4.5 108″)
9696	Σ	1972	29.1	+ 80 27	6,9–7,7	G	80	31	π^1 UMi N 3
–	Cou	610	32.9	+ 31 21	4,2–6v	B	203	0,6	Θ CrB
9701	Σ	1954	34.8	+ 10 32	4,2–5,2	F	177	3,8	δ Ser
9737	Σ	1965	39.4	+ 36 38	5,0–6,0	B	304	6,2	ζ CrB
9769	Σ	1989	39.6	+ 79 59	7.4–8.2	F	30	0,7	π^2 UMi P 170 N 28
9778	Σ	1970	46.2	+ 15 25	3,7–9,5	A	265	30	β Ser
9853	Σ	2034	48.5	+ 83 37	7,6–8,1	A	115	1,4	N 22
9909	Σ	1998	16 04.4	– 11 26	4,8–5,1	F	43+	0,8	ξ Sco P 46 (C 7.2 8″)
9933	Σ	2010	08.1	+ 17 03	5,3–6,5	G	12	30	κ Her
9969	Σ	2021	13.3	+ 13 33	7,5–7,7	K	347	4,2	F 49 Ser
9979	Σ	2032	16 14.7	+ 33 51	5,7–6,7	G	235	7,0	σ CrB P ∼ 1000
10052	Σ	2054	23.8	+ 61 42	5,9–7,1	G	355	1,1	
10058	OΣ	312	24.0	+ 61 31	2,9–8,3	G	141	5,2	η Dra
10129	Σ	2078	36.3	+ 52 55	5,6–6,6	A	108	3,3	17 Dra
10149	Σ	I 31	40.6	+ 04 13	5,7–6,9	A	230	70	37/36 Her
10157	Σ	2084	41.3	+ 31 36	2,9–5,9	G	83–	1,2	ζ Her P 34
10214	Hu	917	43.0	+ 77 30	6,1–9,4	F	188	2,9	N 17
10312	Σ	2114	17 01.9	+ 08 27	6,5–7,7	A	187	1,3	
10345	Σ	2130	05.3	+ 54 28	5,8–5,8	F	31–	2,1	μ Dra P ∼ 670
10418	Σ	2140	14.6	+ 14 23	3,5–5,4	M	107	4,5	α Her
10526	Σ	2161	23.7	+ 37 08	4,5–5,5	A	316	4,0	F ϱ Her
10597	Σ	2180	29.0	+ 50 53	7,6–7,8	F	261	3,1	F
10598	Σ	2173	30.4	– 01 04	6,0–6,1	G	335–	1,2	P 46
10628	Σ	I 35	32.2	+ 55 11	5,0–5,0	A	312	62	ν Dra
10728	Σ	2218	40.3	+ 63 40	7,1–8,3	F	320	1,5	
10759	Σ	2241	41.9	+ 72 09	4,9–6,1	F	15	30	ψ Dra

Tabelle 35. (Fortsetzung)

ADS	Name		α δ	2000	m	Sp	θ	ϱ	Bemerkungen
10750	Σ	2202	44.6	+ 02 35	6,2–6,6	A	93	20	61 Oph
10786	Σ	2220	46.5	+ 27 43	3,5–9,8	G	247	34	μ Her A-BC (1″.5 P43)
10850	OΣ	338	52.0	+ 15 20	7,2–7,3	K	357	0,8	
10875	β	130	53.3	+ 40 00	5,2–8,5	K	115	1,7	90 Her
10905	Σ	2245	56.4	+ 18 20	7,3–7,3	A	293	2,6	F
11061	Σ	2308	18 00.1	+ 80 00	5,8–6,2	F	232	19,2	40/41 Dra N 7
10993	Σ	2264	01.5	+ 21 36	5,1–5,2	A	258	6,2	95 Her
11005	Σ	2262	03.1	– 08 11	5,3–6,0	F	280	1,8	τ Oph P 280
11046	Σ	2272	05.5	+ 02 30	4,2–6,0	K	229 –	1,5	70 Oph P 88
11089	Σ	2280	07.8	+ 26 06	5,9–6,0	A	183	14	100 Her
11123	Σ	2289	10.1	+ 16 29	6,5–7,5	F	224	1,2	
11336	Σ	2323	23.9	+ 58 48	4,9–7,9	A	352	3,7	39 Dra (C 7.4 90″)
11324	AC	11	24.9	– 01 35	6,8–7,1	F	355	0,8	P 240
11353	Σ	2316	27.2	+ 00 12	5,4–7,7	A	318	3,8	59 Ser
11483	OΣ	358	35.9	+ 16 58	6,7–7,1	G	161	1,7	P ~ 300
11558	Σ	2368	38.9	+ 52 21	7,5–7,7	A	322	1,9	
11635	Σ	2382	44.3	+ 39 40	5,1–6,0	A	353	2,7	ε Lyr AB (AC 208″)
11635	Σ	2383	44.3	+ 39 37	5,1–5,4	A	84	2,3	ε Lyr CD P 600
11639	Σ	I 38	44.8	+ 37 36	4,3–5,9	A	150	44	ζ Lyr
11640	Σ	2375	45.5	+ 05 30	6,3–6,7	A	119	2,4	F AB-CD (je ″.1)
11667	Σ	2379	46.5	– 00 58	5,8–7,5	A	121	13	5 Aql
11745	Σ	I 39	50.1	+ 33 21	3v –6,7	B	149	46	β Lyr
11853	Σ	2417	56.2	+ 04 12	4,5–5,4	A	104	22	θ Ser
12061	Σ	2461	19 07.4	+ 32 30	5,1–9,2	F	299	3,5	17 Lyr
12169	Σ	2486	12.1	+ 49 51	6,6–6,8	G	213	8,6	
12469	β	142	28.2	– 12 09	8,1–8,2	G	209 +	0,5	P 161
12608	Σ	2571	29.5	+ 78 16	7,6–8,3	F	19	11,3	N 11
12540	Σ	I 43	30.7	+ 27 58	3,2–5,4	K	54	35	β Cyg
12594	Σ	2540	33.3	+ 20 25	7,2–8,7	A	147	5,1	
12815	Σ	I 46	41.8	+ 50 31	6,3–6,4	G	133	39	16 Cyg
12880	Σ	2579	45.0	+ 45 08	2,9–6,3	A	227	2,4	δ Cyg P ~ 800
12913	Σ	2580	46.4	+ 33 44	5,0–9,0	F	70	26	17 Cyg
13007	Σ	2603	48.2	+ 70 16	4,0–7,6	K	13	3,1	ε Dra
12962	Σ	2583	48.7	+ 11 49	6,1–6,9	F	109	1,3	F π Aql
13087	Σ	2594	54.6	– 08 14	5,8–6,5	B	170	36	57 Aql
13148	Σ	2605	55,6	+ 52 26	4,9–7,4	A	178	3,2	ψ Cyg
13256	Σ	2613	20 01.4	+ 10 45	7,5–7,7	F	352	4,0	
13277	OΣ	395	02.0	+ 24 56	5,9–6,3	F	120	0,9	16 Vul
13312	Σ	2624	20 03.5	+ 36 01	7,2–8,0	O	174	2,0	C 9.1 42″
13524	Σ	2675	08.9	+ 77 43	4,4–8,4	B	122	7,4	κ Cep N 13
13442	Σ	2637	09.9	+ 20 55	6,4–8,7	F	325	12	θ Sge
13506	Σ	2644	12.6	+ 00 52	6,9–7,2	A	208	3,0	
13708	Σ	2694	14.5	+ 80 32	6,8–11	A	344	4,0	N 15
13672	Σ	2666	18.1	+ 40 44	6,0–8,2	B	245	2,8	
14073	β	151	37.5	+ 14 36	4,0–4,9	F	181 +	0,3	β Del P 27
14158	Σ	2716	41.0	+ 32 18	5,9–8,0	K	47	2,7	49 Cyg
14259	Σ	2726	45.7	+ 30 43	4,3–9,2	K	67	6,2	52 Cyg
14279	Σ	2727	46.7	+ 16 07	4,5–5,5	G	268	10	γ Del
14296	OΣ	413	47.4	+ 36 29	4,9–6,1	B	10	1,0	λ Cyg AB-C (″.1) P ~ 450
14336	Σ	2732	48.7	+ 51 55	6,5–8,5	B	74	4,1	

Tabelle 35. (Fortsetzung)

ADS	Name	α δ	2000	*m*	Sp	θ	ϱ	Bemerkungen
14421	ΟΣ 418	54.8	+ 32 42	8,1–8,2	G	286	1,1	
14504	Σ 2741	58.5	+ 50 28	5,8–7,1	B	27	1,9	
14499	Σ 2737	59.1	+ 04 18	5,8–6,1	F	285	1,0	ε Eql P 101 (C 7.4 10″)
14556	Σ 2742	21 02.2	+ 07 11	7,4–7,4	F	216	2,8	2 Eql
14575	Σ 2751	02.2	+ 56 40	6,1–7,1	B	354	1,6	
14573	Σ 2744	03.0	+ 01 32	6,7–7,2	F	122	1,5	
14592	Σ 2745	04.1	– 05 49	5,9–7,3	F	192	2,3	12 Aqr
14636	Σ 2758	06.9	+ 38 45	5,4–6,2	K	148	30	61 Cyg P ~ 720
14682	Σ 2762	08.6	+ 30 12	5,7–7,7	A	306	3,5	
14749	Σ 2780	11.8	+ 59 59	6,0–7,0	B	217	1,0	
14787	AGC 13	14.8	+ 38 03	3,8–6,4	F	24–	0,5	τ Cyg P 50
14845	Σ 2796	15.6	+ 78 36	7,2–10	A	42	26	N 4
14916	Σ 2801	18.6	+ 80 21	7,8–8.5	F	270	2,1	N 20
15032	Σ 2806	28.7	+ 70 34	3v–8.0	B	250	13	β Cep
15007	Σ 2799	28.9	+ 11 05	7,4–7,4	F	89	1,6	
15184	Σ 2816	39.0	+ 57 29	5,6–8,0	O	121	12	C 8.0 20″
15176	β 1212	39.5	– 00 03	7,2–7,6	F	256+	0,5	24 Aqr P 49
15270	Σ 2822	44.1	+ 28 44	4,7–6,2	F	303	2,0	μ Cyg P ~ 710
15407	Σ 2843	51.6	+ 65 45	7,1–7,3	A	143	1,7	
15571	Σ 2873	58.4	+ 82 52	7,0–7,5	F	69	13,7	N 10
15600	Σ 2863	22 03.8	+ 64 38	4,8–5,3	A	275	8,1	ξ Cep AB-C (″.1)
15767	Σ 2878	14.5	+ 07 59	6,8–8,3	A	122	1,5	
15971	Σ 2909	28.8	– 00 01	4,3–4,5	F	204–	1,9	ζ Aqr P ~ 760
15987	Σ I 58	29.1	+ 58 24	4v–7,5	G	191	41	δ Cep
15988	Σ 2912	30.0	+ 04 26	5,8–7,1	F	116	0,7	37 Peg P 130
16095	Σ 2922	35.9	+ 39 38	5,8–6,5	B	186	22	8 Lac
16243	ΟΣ 481	43.8	+ 78 31	7,5–9,3	A	272	2,3	N 19
16228	Σ 2942	44.1	+ 39 28	6,3–8,5	K	278	2,9	
16294	ΟΣ 482	47.5	+ 83 09	5,0–9,7	K	33	3,5	N 16
16317	Σ 2950	51.4	+ 61 42	6,1–7,4	G	295	1,8	
16428	ΟΣ 483	59.2	+ 11 44	6,0–7,3	A	314+	0,6	52 Peg P 280
16538	ΟΣ 489	23 07.9	+ 75 23	4,6–6,6	G	345	1,0	π Cep P 150
16666	Σ 3001	18.6	+ 68 07	4,9–7,2	G	216	3,1	ο Cep P ~ 800
16775	Σ 3017	27.7	+ 74 07	7,5–8,6	F	25	1,7	
16836	β 720	33.9	+ 31 20	5,6–5,8	K	90	0,5	72 Peg P 240
17020	ΟΣ 507	48.6	+ 64 53	7,0–7,5	A	310	0,7	
17022	ΟΣ 508	48.8	+ 62 13	5,7–8,2	A	195	1,8	6 Cas
17140	Σ 3049	59.0	+ 55 45	5,1–7,2	B	326	3,0	σ Cas
17149	Σ 3050	59.5	+ 33 43	6,5–6,7	G	322+	1,7	P ~ 360

Tabelle 36. Sternhaufen und Nebel: Die Messier-Liste (1784).
Gegeben sind Nummern der Messier-Liste, Nummer im NGC (bzw. mit *, im IC), Koordinaten für 2000.0, Art des Objektes, visuelle Gesamthelligkeit und, falls vorhanden, sonstiger Name. In der Spalte „Art“ bedeutet: O offene Sternhaufen, G glaktische Nebel, P planetarische Nebel, K Kugelsternhaufen, E extragalaktische Systeme.

Das Objekt M 40 ist ein Doppelstern, der seinerzeit zunächst fälschlich als Nebel identifiziert wurde, Messier nahm ihn trotzdem in seine Liste mit auf. Bei M 47, M 48 und M 91 fehlen in seiner Liste die zugehörigen Objekte. Sie wurden von späteren Autoren anhand von Messiers Beobachtungsbüchern wiedergefunden und identifiziert. Bei M 101 und M 102 handelte es sich ursprünglich um dasselbe Objekt. M 103 bis M 109 sind nicht in Messiers veröffentlichtem Katalog enthalten, sie waren ihm jedoch bekannt, wie aus handschriftlichen Ergänzungen in seinem Handexemplar des Kataloges hervorgeht

M	NGC	Koordinaten		Art	Helligkeit	Bemerkungen
1	1952	5^h34^m	+ 22°0	G	8^m	Crabnebel
2	7089	21 34	− 0.9	K	6	
3	5272	13 42	+ 28.4	K	6	
4	6121	16 24	− 26.5	K	6	
5	5904	15 19	+ 2.1	K	6	
6	6405	17 40	− 32.2	O	5	
7	6475	17 54	− 34.8	O	4	
8	6523	18 03	− 24.4	G	6	Lagunen-Nebel
9	6333	17 20	− 18.5	K	7	
10	6254	16 58	− 4.1	K	7	
11	6705	18 51	− 6.2	O	6	
12	6218	16 48	− 2.0	K	7	
13	6205	16 43	+ 36.5	K	6	Kugelsternhaufen im Herkules
14	6402	17 38	− 3.2	K	8	
15	7078	21 30	+ 12.1	K	6	
16	6611	18 20	− 13.8	O	6	
17	6618	18 21	− 16.2	G	7	Omega-Nebel
18	6613	18 20	− 17.2	O	8	
19	6273	17 03	− 26.3	K	7	
20	6514	18 02	− 23.0	G	9	Trifid-Nebel
21	6531	18 05	− 22.5	O	7	
22	6656	18 37	− 23.8	K	6	
23	6494	17 57	− 19.0	O	7	
24	6603	18 20	− 18.4	O	5	
25	*4725	18 32	− 19.3	O	7	
26	6694	18 46	− 9.4	O	9	
27	6853	20 01	+ 22.7	P	8	Dumbbell-Nebel
28	6626	18 25	− 24.9	K	7	
29	6913	20 24	+ 38.6	O	7	
30	7099	21 42	− 23.2	K	8	
31	224	0 43	+ 41.3	E	4	Andromeda-Nebel
32	221	0 43	+ 40.9	E	9	Begl. des Andromeda-Nebels
33	598	1 34	30.6	E	6	Triangulum-Nebel
34	1039	2 42	+ 42.8	O	6	
35	2168	6 09	+ 24.3	O	5	
36	1960	5 36	+ 34.1	O	6	
37	2099	5 52	+ 32.5	O	6	
38	1912	5 28	+ 35.8	O	7	
39	7092	21 33	+ 48.4	O	5	
40	–	12 35	+ 58.2			Doppelstern
41	2287	6 47	− 20.8	O	5	

Tabelle 36. (Fortsetzung)

M	NGC	Koordinaten		Art	Helligkeit	Bemerkungen
42	1976	5^h36^m	$-5°.4$	G	3^m	Orion-Nebel
43	1982	5 36	− 5.3	G	9	
44	2632	8 40	+ 19.8	O	4	Praesepe
45	–	3 47	+ 24.2	O	2	Plejaden
46	2437	7 42	− 14.8	O	6	
47	2422	7 37	− 14.6	O	5	
48	2548	8 14	− 5.8	O	6	
49	4472	12 30	+ 8.0	E	9	
50	2323	7 03	− 8.4	O	6	
51	5194	13 30	+ 47.2	E	8	
52	7654	23 25	+ 61.6	O	7	
53	5024	13 13	+ 18.1	K	8	
54	6715	18 55	− 30.5	K	7	
55	6809	19 40	− 31.0	K	8	
56	6779	19 18	+ 30.2	K	8	
57	6720	18 54	+ 33.1	P	9	Ringnebel in der Leier
58	4579	12 38	+ 11.8	E	8	
59	4621	12 42	+ 11.6	E	9	
60	4649	12 44	+ 11.5	E	9	
61	4303	12 22	+ 4.5	E	10	
62	6266	17 02	− 30.2	K	9	
63	5055	13 16	+ 42.0	E	10	
64	4826	12 57	+ 21.6	E	7	
65	3623	11 19	+ 13.1	E	10	
66	3627	11 21	+ 13.0	E	9	
67	2682	8 51	+ 11.8	O	6	
68	4590	12 40	− 26.8	K	9	
69	6637	18 31	− 32.4	K	9	
70	6681	18 44	− 32.3	K	10	
71	6838	19 54	+ 18.7	K	9	
72	6981	20 54	− 12.5	K	10	
73	6994	20 59	− 12.6	O		besteht nur aus 4 Sternen
74	628	1 37	+ 15.8	E	10	
75	6864	20 06	− 22.0	K	8	
76	650	1 42	+ 51.6	P	12	
77	1068	2 43	+ 0.0	E	9	
78	2068	5 47	+ 0.1	G	8	
79	1904	5 24	− 24.6	K	8	
80	6093	16 18	− 23.0	K	8	
81	3031	9 56	+ 69.1	E	8	
82	3034	9 56	+ 69.7	E	9	
83	5236	13 37	− 29.8	E	10	
84	4374	12 26	+ 12.9	E	9	
85	4382	12 26	+ 18.2	E	9	
86	4406	12 27	+ 12.9	E	10	
87	4486	12 31	+ 12.4	E	9	
88	4501	12 32	+ 14.4	E	10	
89	4552	12 36	+ 12.5	E	10	
90	4569	12 37	+ 13.1	E	10	
91	4567	12 37	+ 11.2	E	10	
92	6341	17 18	+ 43.2	K	6	
93	2447	7 45	− 23.9	O	8	
94	4736	12 51	+ 41.1	E	8	

Tabelle 36. (Fortsetzung)

M	NGC	Koordinaten		Art	Helligkeit	Bemerkungen
95	3351	10^h44^m	$+11\overset{\circ}{.}7$	E	10^m	
96	3368	10 47	+ 11.8	E	9	
97	3587	11 15	+ 55.0	P	12	Eulen-Nebel
98	4192	12 14	+ 14.9	E	11	
99	4254	12 19	+ 14.4	E	10	
100	4321	12 23	+ 15.8	E	11	
101	5457	14 03	+ 54.4	E	10	
102	5866	15 06	+ 65.8	E	11	
103	581	1 33	+ 60.8	O	7	
104	4594	12 40	− 11.7	E	9	Sombrero-Nebel
105	3379	10 48	+ 12.6	E	10	
106	4258	12 20	+ 47.3	E	9	
107	6171	16 33	− 13.1	K	9	
108	3556	11 12	+ 65.4	E	11	
109	3992	11 58	+ 53.4	E	11	

Tabelle 37. Offene Sternhaufen

Namen	Äquatoriale Koordinaten für 2000.0		Galaktische Koordinaten		Haufendurchmesser	Helligkeit[a]
	α	δ	l	b	∅	V_m (in mag)
NGC 188	$0^h44^m.7$	+ 85°20′	122°.8	+ 22°.5	14′	11,5
Stock 2	2 14.8	+ 59 16	133.4	− 1.9	60	8,0
NGC 869 = h Per	2 19.0	+ 57 09	134.6	− 3.7	30	6,5
NGC 884 = χ Per	2 22.5	+ 57 06	135.1	− 3.6	30	8,5
Tr 2	2 37.4	+ 55 58	137.4	− 3.9	20	8,0
NGC 1039 = M 34	2 42.0	+ 42 47	143.6	− 15.6	35	8,0
Mel 20 = α Persei	3 22.0	+ 48 37	147.0	− 7.1	185	3,0
Plejaden = M 45	3 46.9	+ 24 07	166.6	− 23.5	110	3,0
Hyaden	4 26.7	+ 15 51	180.1	− 22.4	330	3,5
NGC 1647	4 46.0	+ 19 04	180.4	− 16.8	45	8,5
NGC 1778	5 08.1	+ 37 03	168.9	− 2.0	7	9,0
NGC 1912 = M 38	5 28.7	+ 35 50	172.3	+ 0.9	21	9,0
NGC 1960 = M 36	5 36.1	+ 34 08	174.5	+ 1.0	12	9,0
NGC 2099 = M 37	5 52.3	+ 32 33	177.7	+ 3.1	24	10,5
NGC 2158	6 07.4	+ 24 05	186.6	+ 1.8	5	11,0
NGC 2168 = M 35	6 08.8	+ 24 20	186.6	+ 2.2	28	8,0
NGC 2169	6 08.5	+ 13 57	195.6	− 2.3	7	7,0
NGC 2244	6 32.3	+ 4 52	206.4	− 2.0	24	6,5
NGC 2264	6 41.0	+ 9 53	202.9	+ 2.2	20	7,5
NGC 2287 = M 41	6 47.0	− 20 44	231.1	− 10.2	38	6,0
Cr 121	6 54.1	− 24 38	235.4	− 10.4	50	6,0
NGC 2323 = M 50	7 03.0	− 8 21	221.7	− 1.3	16	8,0
NGC 2360	7 17.8	− 13 38	229.8	− 1.4	13	9,0
NGC 2362	7 18.8	− 24 37	238.2	− 5.5	8	7,0
Cr 140	7 23.8	− 32 12	245.2	− 7.9	42	5,5
NGC 2420	7 38.4	+ 21 34	198.1	+ 19.6	10	11,0
NGC 2451	7 45.4	− 37 59	252.4	− 6.7	45	4,0
NGC 2477	7 52.3	− 38 32	253.6	− 5.8	27	10,0
NGC 2533	8 07.0	− 29 54	247.8	+ 1.3	4	9,0
NGC 2547	8 10.6	− 49 16	264.6	− 8.6	20	6,5
NGC 2546	8 11.9	− 37 38	254.9	− 2.0	41	6,5
NGC 2632 = Praesepe	8 40.1	+ 19 59	205.5	+ 32.5	95	6,5
NGC 2682 = M 67	8 50.5	+ 11 42	215.6	+ 31.7	30	10,0
NGC 3114	10 02.7	− 60 07	283.3	− 3.8	35	6,0
IC 2581	10 27.4	− 57 39	284.6	+ 0.0	8	7,0
IC 2602	10 43.0	− 64 23	289.6	− 4.9	50	3,0
NGC 3532	11 06.5	− 58 40	289.6	+ 1.5	55	7,5
NGC 3766	11 36.2	− 61 36	294.1	+ 0.1	12	8,0
IC 2944	11 36.6	− 63 31	294.6	− 1.4	15	6,5
NGC 4349	12 24.5	− 61 53	299.8	+ 0.8	16	8,5
Mel 111 = Coma	12 25.0	+ 26 07	221.1	+ 84.1	275	5,0
NGC 4755	12 53.7	− 60 21	303.2	+ 2.5	10	7,0
Cr 285 = UMa Haufen	14 37.3	+ 69 34	110.3	+ 44.9		2,0
NGC 6067	16 13.2	− 54 13	329.8	− 2.2	13	8,5
NGC 6087	16 18.9	− 57 54	327.8	− 5.4	12	7,5
NGC 6231	16 54.0	− 41 48	343.5	+ 1.2	15	6,5
NGC 6405 = M 6	17 40.0	− 32 12	356.6	− 0.7	15	7,0
IC 4665	17 46.3	+ 5 43	30.6	+ 17.1	41	7,0

Tabelle 37. (Fortsetzung)

Namen	Äquatoriale Koordinaten für 2000.0		Galaktische Koordinaten		Haufendurchmesser	Helligkeit[a]
	α	δ	l	b	$\varnothing$	V_m (in mag)
NGC 6475 = M 7	$17^h54^m.2$	−34°48′	355°.9	−4°.5	80′	6,0
NGC 6530	18 04.7	−24 23	6.1	−1.1	15	6,0
IC 4725 = M 25	18 31.7	−19 15	13.6	−4.5	32	8,0
NGC 6705 = M 11	18 51.1	−6 16	27.3	−2.8	14	10,5
NGC 6791	19 20.8	+37 50	70.0	+10.9	16	13,5
NGC 6939	20 31.4	+60 38	95.9	+12.3	8	10,0
NGC 7063	21 24.5	+36 30	83.1	−9.9	8	9,0
NGC 7092 = M 39	21 32.2	+48 27	92.5	−2.3	32	6,5
TR 37 = IC 1396	21 39.0	+57 29	99.3	+3.7	50	7,0
NGC 7160	21 53.8	+62 36	104.0	+6.5	7	8,0
NGC 7209	22 05.2	+46 29	95.5	−7.3	25	10,0
NGC 7380	22 47.0	+58 06	107.1	−0.9	12	8,5
NGC 7789	23 57.0	+56 43	116.6	+1.0	16	10,0

[a] Helligkeit der hellsten Sterne des Haufens

Tabelle 38. Kugelhaufen

Namen	Äquatoriale Koordinaten für 2000.0		Galaktische Koordinaten		V[a]	K[b]	Durchmesser
	α	δ	l	b			∅
NGC 104 = 47 Tuc	0h24m1	− 72°05′	305°9	− 44°9	4,0	3	30′
NGC 362	1 03.2	− 70 51	301.5	− 46.3	6,6	3	13
NGC 3201 = Dun 445	10 17.6	− 46 25	277.2	+ 8.6	6,8	10	18
NGC 4833 = LacI-4	12 59.6	− 70 53	303.6	− 8.0	7,4	8	14
NGC 5024 = M 53	13 12.9	+ 18 10	333.0	+ 79.8	7,7	5	13
NGC 5139 = ω Cen	13 26.8	− 47 29	309.1	+ 15.0	3,6	8	36
NGC 5272 = M 3	13 42.2	+ 28 23	42.2	+ 78.7	6,4	6	16
NGC 5286 = Dun 388	13 46.4	− 51 22	311.6	+ 10.6	7,6	5	9
NGC 5904 = M 5	15 18.6	+ 2 05	3.9	+ 46.8	5,8	5	17
NGC 5986 = Dun 552	15 46.1	− 37 47	337.0	+ 13.3	7,1	7	10
NGC 6093 = M 80	16 17.0	− 22 59	352.7	+ 19.5	7,2	2	9
NGC 6121 = M 4	16 23.6	− 26 32	351.0	+ 16.0	5,9	9	26
NGC 6205 = M 13	16 41.7	+ 36 28	59.0	+ 40.9	5,9	5	17
NGC 6218 = M 12	16 47.2	− 1 57	15.7	+ 26.3	6,6	9	14
NGC 6254 = M 10	16 57.1	− 4 06	15.1	+ 23.1	6,6	7	15
NGC 6266 = M 62	17 01.2	− 30 07	353.6	+ 7.3	6,6	4	14
NGC 6273 = M 19	17 02.6	− 26 16	356.9	+ 9.4	7,2	8	14
NGC 6341 = M 92	17 17.1	+ 43 08	68.4	+ 34.9	6,5	4	11
NGC 6388	17 36.3	− 44 44	345.5	− 6,7	6,8	3	9
NGC 6397	17 40.7	− 53 40	338.2	− 12.0	5,6	9	26
NGC 6402 = M 14	17 37.6	− 3 15	21.3	+ 14.8	7,6		12
NGC 6441	17 50.2	− 37 03	353.5	− 5.0	7,4	3	8
NGC 6626 = M 28	18 24.5	− 24 52	7.8	− 5.6	7,0	4	11
NGC 6637 = M 69	18 31.4	− 32 21	1.7	− 10.3	7,7	5	7
NGC 6656 = M 22	18 36.4	− 23 54	9.9	− 7.6	5,1	7	24
NGC 6715 = M 54	18 55.1	− 30 29	5.6	− 14.1	7,7	3	9
NGC 6723 = Dun 573	18 59.6	− 36 38	0.1	− 17.3	7,3	7	11
NGC 6752 = Dun 295	19 10.9	− 59 59	336.5	− 25.6	5,4	6	20
NGC 6809 = M 55	19 40.0	− 30 58	8.8	− 23.3	6,9	11	19
NGC 7078 = M 15	21 30.0	+ 12 10	65.0	− 27.3	6,4	4	12
NGC 7089 = M 2	21 33.5	− 0 49	53.4	− 35.8	6,5	2	13
NGC 7099 = M 30	21 40.4	− 23 11	27.2	− 46.8	7,5	5	11

[a] V = Gesamthelligkeit im Visuellen.
[b] K = Konzentrationsklasse nach Shapley.

Tabelle 39. Planetarische Nebel

Bezeichnung bei Perek und Kohoutek	NGC[a]	Äquatoriale Koordinaten für 200.0		Durchmesser	Gesamthelligkeit des Nebels	Eigenname
		α	δ	$\varnothing$	m_{pg}	
120 + 9.1	40	0 13.0	+ 72 32	37″	10,7	
118 − 74.1	246	0 47.0	− 11 53	225	8,0	
165 − 15.1	1514	4 09.2	+ 30 47	114	10	
206 − 40.1	1535	4 14.2	− 12 44	44	9,6	
215 − 24.1	IC418	5 27.5	− 12 42	12	10,7	
205 + 14.1		7 29.0	+ 13 15			Medusa-Nebel
197 + 17.1	2392	7 29.2	+ 20 55	44	9,9	Eskimo-Nebel
231 + 4.2	2438	7 41.8	− 14 44	66	10,1	
234 + 2.1	2440	7 41.9	− 18 13	32	10,8	
278 − 5.1	2867	9 21.4	− 58 19	11	9,7	
272 + 12.1	3132	10 07.7	− 40 26	47	8,2	
261 + 32.1	3242	10 24.8	− 18 38	1250	8,6	
294 + 4.1	3918	11 50.3	− 57 11	12	8,4	
294 + 43.1	4361	12 24.5	− 18 48	110	10,3	
307 − 3.1	5189	13 33.5	− 65 59	153	10,3	
319 + 15.1	IC4406	14 22.4	− 44 09	28	10,6	
327 + 10.1	5882	15 16.8	− 45 39	7	10,5	
25 + 40.1	IC 4593	16 12.2	+ 12 04	120	10,9	
43 + 37.1	6210	16 44.5	+ 23 49	14	9,3	
0 + 12.1	IC4634	17 01.6	− 21 50	9	10,7	
9 + 14.1	6309	17 14.1	− 12 55	66	10,8	
96 + 29.1	6543	17 58.6	+ 66 38	350	8,8	
34 + 11.1	6572	18 12.1	+ 6 51	8	9,0	
63 + 13.1	6720	18 53.6	+ 33 02	150	9,7	Ring-Nebel in der Leier
3 − 14.1		18 55.6	− 32 16	4	10,9	
33 − 2.1	6741	19 02.6	− 0 27	6	10,8	
37 − 6.1	6790	19 23.2	+ 1 31	7	10,2	
64 + 5.1		19 34.8	+ 30 31	8	9,6	
25 − 17.1	6818	19 44.0	− 14 09	17	9,9	
83 + 12.1	6826	19 44.8	+ 50 31	140	9,8	
60 − 3.1	6853	19 59.6	+ 22 43	910	7,6	Dumbbell-Nebel
37 − 34.1	7009	21 04.2	− 11 22	100	8,3	Saturn-Nebel
84 − 3.1	7027	21 07.1	+ 42 14	15	10,4	
106 − 17.1	7662	23 25.9	+ 42 33	130	9,2	

[a] NGC oder IC-Nummer

Tabelle 40. Diffuse Galaktische Nebel

Bezeichnung im AGN[a]	Name[b]	Äquatoriale Koordinaten für 2000.0		Galaktische Koordinaten		Durchmesser ∅	H[c]	Art des Nebels[d]	Bemerkungen[e]
		α	δ	l	b				
GN 00.02.1.01	S 171	0h02m1	+ 66°53′	118°4	+ 4°7	180′	3	HII	NGC 7822
GN 00.08.0	VDB 1	0 10.6	+ 58 45	117.6	− 3.7	9	3	RN	LBN 578
GN 00.49.9	S 184	0 52.8	+ 56 36	123.1	− 6.3	40	3	HII	NGC 281
GN 00.56.9	S 185	1 00.0	+ 60 59	124.0	− 1.9	120	2	HII + RN	γ Cas-Nebel
GN 01.27.4	S 188	1 30.6	+ 58 22	128.1	− 4.1	9	2	HII?	LBN 633
GN 02.29.3	S 190	2 33.1	+ 61 28	134.8	+ 1.0	150	3	HII	IC 1795 + 1805
GN 02.50.6	S 199	2 54.5	+ 60 24	137.6	+ 1.1	120	3	HII	IC 1848
GN 02.59.2	S 201	3 03.1	+ 60 29	138.5	+ 1.6	5	3	HII	LBN 675
GN 03.03.4	LBN 679	3 07.2	+ 56 39	140.8	− 1.4	60	1	HII	
GN 03.06.6	S 200	3 10.8	+ 62 49	138.1	+ 4.1	6	1	HII	LBN 674
GN 03.14.8	S 202	3 18.8	+ 59 38	140.6	+ 1.9	170	1	HII	
GN 03.25.0	VDB 14	3 29.1	+ 59 56	141.5	+ 2.9	50	1	RN	LBN 681
GN 03.27.8	GK Per	3 31.2	+ 43 54	151.0	− 10.1	1	2	Nova	Nova-Hülle
GN 03.26.1	VDB 17	3 29.2	+ 31 23	158.3	− 20.4	8	3	RN	mit HH 7,8, . .
GN 03.41.5	VDB 19	3 44.6	+ 32 09	160.5	− 17.8	8	3	RN	IC 348 + 1985
GN 03.41.8	Plejaden	3 46.9	+ 24 07	166.6	− 23.5	110	3	RN	M 45
GN 03.50.0	LBN 774	3 53.0	+ 25 17	166.8	− 21.7	130	1	RN	
GN 03.57.0	S 220	4 00.7	+ 36 37	160.1	− 12.3	320	3	HII	California-Nebel
GN 03.59.4	S 206	4 03.2	+ 51 20	150.6	− 0.9	50	3	HII	NGC 1491
GN 04.26.9	S 222	4 30.2	+ 35 16	165.3	− 9.0	6	3	RN	NGC 1579
GN 04.28.4	S 239	4 31.3	+ 18 07	178.9	− 20.1	5	1	HH	HH 102
GN 04.36.8	S 212	4 40.7	+ 50 28	155.4	+ 12.6	5	3	HII	NGC 1624
GN 04.45.0	LBN 917	4 47.5	− 5 55	203.5	− 30.2	50	1	RN	
GN 04.52.5.01	S 260	4 55.2	+ 5 40	193.4	− 22.7	22	1	HII	LBN 860
GN 04.52.5.02	VDB 31	4 55.8	+ 30 33	172.5	− 8.0	9	1	RN	
GN 05.04.0	IC 2118	5 06.4	− 7 16	207.3	− 26.6	155	2	RN	DG 52
GN 05.04.3	NGC 1788	5 06.8	− 3 20	203.5	− 24.7	4	3	RN	VDB 33 = DG 51
GN 05.16.4	S 227	5 19.8	+ 38 57	168.7	+ 1.0	20	1	HII	LBN 781
GN 05.13.0	S 229	5 16.3	+ 34 28	172.0	− 2.2	65	3	HII	IC 405
GN 05.19.3	S 236	5 22.6	+ 33 22	173.6	− 1.7	55	3	HII	IC 410
GN 05.34.0.02		5 36.5	− 2 58	206.9	− 18.0	720	1	HII	Barnards Loop
GN 05.23.0	S 224	5 26.6	+ 43 02	166.0	+ 4.3	30	1	SNR	
GN 05.24.8	S 234	5 28.1	+ 34 26	173.4	− 0.2	12	3	HII	IC 417
GN 05.32.5.01	S 264	5 35.2	+ 9 56	195.1	− 12.0	390	1	HII	
GN 05.32.5.02	M 42	5 35.0	− 5 28	209.0	− 19.5	60	3	HII	Orion-Nebel
GN 05.30.8	DG 58	5 33.4	− 0 38	204.3	− 17.6	40	1	RN	IC 423
GN 05.31.5	M 1	5 34.5	+ 22 01	184.6	− 5.8	7	3	SNR	Crab-Nebula
GN 05.38.4.02	VDB 51	5 40.9	− 1 30	206.1	− 16.3	8	3	RN	
GN 05.36.6	VDB 49	5 39.2	+ 4 07	200.7	− 14.0	20	2	RN	LBN 894
GN 05.37.7.02	S 235	5 41.1	+ 35 52	173.6	+ 2.8	10	3	HII	LBN 808
GN 05.36.8	Shajn 147	5 39.9	+ 27 46	180.3	− 1.7	200	1	SNR	S 240
GN 05.34.1	NGC 1999	5 36.5	− 6 43	210.4	− 19.7	1	3	RN	VDB 46
GN 05.33.9.01	HH 1	5 36.4	− 6 45	210.4	− 19.8	0.1	2	HH	bei NGC 1999
GN 05.38.2	S 277	5 40.7	− 2 27	206.9	− 16.8	120	3	HII	IC 434
GN 05.39.1.02	NGC 2023	5 41.6	− 2 16	206.9	− 16.5	4	3	RN	VDB 52
GN 05.44.2	NGC 2068	5 46.7	+ 0 05	205.3	− 14.3	7	3	RN	VDB59
GN 05.48.7	S 242	5 51.8	+ 27 01	182.4	+ 0.2	7	2	HII	
GN 05.51.0.02	VDB 62	5 53.6	+ 1 45	204.6	− 12.0	3	2	RN	in LDN 1622

Tabelle 40. (Fortsetzung)

Bezeichnung im AGN[a]	Name[b]	Äquatoriale Koordinaten für 2000.0		Galaktische Koordinaten		Durchmesser ∅	H[c]	Art des Nebels[d]	Bemerkungen[e]
		α	δ	l	b				
GN 06.01.1	VDB 66	6 03.5	− 9 44	216.3	− 15.0	3′	1	RN	NGC 2149
GN 06.04.9	LkHα 208	6 07.8	+ 18 40	191.4	− 0.8	2	3	BN	DG 87
GN 06.06.0.02	VDB 70	6 08.4	− 5 20	212.8	− 12.0	6	1	HII + RN	
GN 06.06.1	S 261	6 09.0	+ 15 48	194.1	− 1.9	45	2	HII	
GN 06.06.7.02	S 252	6 09.7	+ 20 30	190.0	+ 0.5	40	3	HII	NGC 2174
GN 06.09.9	S 257	6 12.8	+ 17 58	192.6	− 0.1	3	3	HII	
GN 06.11.8.02	S 269	6 14.6	+ 13 50	196.4	− 1.7	4	3	HII	LBN 876
GN 06.14.1	IC 443	6 17.1	+ 22 36	189.0	+ 3.0	50	3	SNR	S 248
GN 06.16.4	VDB 75	6 19.4	+ 23 16	188.7	+ 3.8	3	2	RN	LBN 840
GN 06.17.9	S 249	6 20.9	+ 23 06	189.0	+ 4.0	80	2	HII	IC 444
GN 06.28.5.02	VDB 80	6 30.8	− 9 39	219.3	− 8.9	6	1	RN	
GN 06.30.2	VDB 81	6 32.9	+ 7 20	204.3	− 0.8	18	1	RN	
GN 06.29.1	S 275	6 31.8	+ 4 56	206.3	− 2.1	100	3	HII	Rosette-Nebel
GN 06.31.7	S 280	6 34.3	+ 2 33	208.7	− 2.6	40	2	HII	
GN 06.35.0	VMT 10	6 37.7	+ 6 27	205.6	− 0.1	200	1	SNR	Monoceros-SNR
GN 06.36.4.02	NGC 2261	6 39.1	+ 8 45	203.7	+ 1.3	4	3	kom	Hubbles Nebel
GN 06.38.1.01	NGC 2264	6 40.8	+ 9 54	202.9	+ 2.2	250	3	HII	Konus-Nebel
GN 06.42.5	S 284	6 45.1	+ 0 14	212.0	− 1.3	80	2	HII	LBN 984
GN 06.51.9	S 303	6 54.0	− 22 26	233.4	− 9.5	90	2	HII	
GN 06.52.1.02	S 308	6 54.2	− 23 57	234.8	− 10.1	35	2	HII	LBN 1051
GN 06.58.1	VDB 87	7 00.5	− 8 51	221.8	− 2.0	5	2	HII + RN	
GN 07.03.5	S 296	7 05.8	− 11 13	224.5	− 1.9	200	3	HII	NGC 2327
GN 07.02.0	S 292	7 04.4	− 10 28	223.7	− 1.9	15	3	HII	IC 2177
GN 07.02.9	S 297	7 05.2	− 12 20	225.5	− 2.6	7	3	HII	
GN 07.07.6	S 301	7 09.8	− 18 29	231.5	− 4.4	9	3	HII	
GN 07.11.0	S 310	7 13.1	− 24 35	237.3	− 6.5	410	1	HII	NGC 2362
GN 07.16.3	S 298	7 18.6	− 13 12	227.7	− 0.1	22	3	HII	NGC 2359
GN 07.29.4	S 302	7 31.6	− 16 58	232.6	+ 0.9	21	2	HII	NGC 2409
GN 07.50.3	S 311	7 52.4	− 26 27	243.2	+ 0.4	22	3	HII	NGC 2467
GN 07.34.5	VDB 98	7 36.5	− 25 20	240.4	− 2.2	10	2	RN	LBN 1062
GN 08.13.5	RCW 19	8 15.4	− 35 51	253.8	− 0.5	48	3	HII	
GN 08.32.0		8 33.7	− 45 10	263.4	− 3.0	270	1	SNR	Vela-SNR
GN 09.01.0	RCW 40	9 02.7	− 48 39	269.2	− 1.4	8	3	HII	
GN 09.07.0	LBN 1083	9 09.1	− 28 22	254.8	+ 13.1	300	1	HII	
GN 09.22.9	RCW 42	9 24.6	− 51 59	274.0	− 1.1	9	3	HII	
GN 10.15.0	RCW 48	10 16.8	− 57 57	283.6	− 1.0	15	3	HII	
GN 10.22.0	RCW 49	10 23.8	− 57 42	284.2	− 0.3	90	3	HII	
GN 10.22.1		10 24.5	− 18 43	261.1	+ 32.0	15	1	HII	
GN 10.41.9	NGC 3372	10 43.8	− 59 52	287.5	− 0.9	18	3	HII	η Carinae-Nebel
GN 11.26.5	RCW 60	11 28.8	− 62 47	293.6	− 1.4	50	3	HII	
GN 11.28.1	RCW 61	11 30.4	− 63 49	294.1	− 2.3	15	3	HII	
GN 11.35.0	RCW 62	11 37.3	− 63 11	294.7	− 1.5	80	3	HII	IC 2944
GN 13.16.5	RCW 75	13 19.8	− 62 31	306.2	+ 0.2	18	2	HII	
GN 15.51.7	RCW 98	15 55.6	− 54 39	327.5	− 0.8	6	3	HII	
GN 15.55.8	DG 130	15 58.8	− 26 07	347.2	+ 20.2	50	1	RN	S 1
GN 16.06.3	RCW 105	16 10.0	− 49 08	332.9	+ 1.9	45	3	HII	
GN 16.09.1	IC 4592	16 12.0	− 19 28	354.6	+ 22.7	180	1	RN	VDB 100
GN 16.14.0	RCW 102	16 18.5	− 51 55	331.9	− 1.1	12	3	HII	

Tabelle 40. (Fortsetzung)

Bezeichnung im AGN[a]	Name[b]	Äquatoriale Koordinaten für 2000.0 α	δ	Galaktische Koordinaten l	b	Durchmesser ∅	H[c]	Art des Nebels[d]	Bemerkungen[e]
GN 16.18.1.02	S 9	16 21.2	− 25 35	351.3	+ 17.0	80′	2	HII	VDB 104
GN 16.22.4	VDB 105	16 25.4	− 24 28	352.9	+ 17.0	15	2	RN	IC 4603
GN 16.22.6	VDB 106	16 25.6	− 23 27	353.7	+ 17.7	65	2	RN	IC 4604
GN 16.27.2	VDB 108	16 30.2	− 25 07	353.1	+ 15.8	15	2	RN	IC 4605
GN 16.26.3	VDB 107	16 29.4	− 26 26	351.9	+ 15.1	120	2	RN	Stern: Antares
GN 16.28.1	LBN 30	16 30.8	− 7 49	7.7	+ 26.5	300	2	HII + RN	mit LBN 32, 35, 39
GN 17.31.4	S 12	17 34.7	− 32 35	355.7	+ 0.1	120	2	HII	
GN 16.36.0	RCW 108	16 39.8	− 48 57	336.4	− 1.5	40	3	HII	
GN 16.50.5	RCW 110	16 54.1	− 45 10	340.9	− 0.9	7	3	HII	
GN 17.08.9	S 3	17 12.3	− 38 29	348.2	+ 0.5	12	3	HII	
GN 17.14.2	S 10	17 17.5	− 34 09	352.4	+ 2.1	30	2	HII	
GN 17.17.0	S 8	17 20.4	− 35 51	351.3	+ 0.7	120	3	HII	NGC 6334
GN 17.17.3	S 5	17 20.7	− 38 01	349.6	− 0.6	60	3	HII	NGC 6337
GN 17.22.0	S 11	17 26.0	− 34 16	353.3	+ 0.6	35	3	HII	NGC 6357
GN 17.43.4	S 16	17 46.6	− 29 18	359.8	− 0.4	20	2	HII	
GN 18.03.5		18 06.6	− 23 57	6.7	− 1.5	5	3	RN	
GN 18.03.3.02		18 06.3	− 20 52	9.3	+ 0.0	4	1	RN	
GN 17.59.5	S 30	18 02.5	− 23 00	7.0	− 0.3	20	3	HII	M 20 = Trifid-Nebel
GN 18.00.8	S 25	18 03.9	− 24 20	6.0	− 1.2	95	3	HII	M 8 = Lagunen-Nebel
GN 18.06.3	S 29	18 09.3	− 24 00	6.9	− 2.1	40	2	HII	
GN 18.06.7	S 32	18 09.8	− 23 39	7.3	− 2.0	8	2	HII	
GN 18.07.1	S 31	18 10.2	− 23 48	7.2	− 2.2	8	2	HII	
GN 18.18.9		18 21.5	− 2 03	27.7	+ 5.7	1	1	RN	
GN 18.13.8	S 39	18 16.7	− 18 39	12.5	− 1.1	3	2	HII	
GN 18.12.9.01	S 41	18 15.8	− 18 14	12.7	− 0.7	90	2	HII	
GN 18.13.6	S 44	18 16.5	− 16 44	14.1	− 0.1	60	3	HII	
GN 18.14.0	VDB 118	18 16.9	− 19 47	11.5	− 1.6	5	3	RN	
GN 18.14.1	VDB 119	18 17.1	− 19 52	11.4	− 1.7	6	3	RN	
GN 18.14.8	S 37	18 17.8	− 19 40	11.7	− 1.8	20	2	HII	
GN 18.15.1	S 54	18 17.9	− 11 44	18.7	+ 2.0	140	3	HII	
GN 18.15.8	S 49	18 18.6	− 13 58	16.8	+ 0.8	80	3	HII	M 16 = NGC 6611
GN 18.17.9.01	S 45	18 20.8	− 16 11	15.1	− 0.7	60	3	HII	M 17 = NGC 6618
GN 18.27.4		18 29.9	+ 1 14	31.6	+ 5.3	2	1	RN	Serpens-Objekt
GN 18.28.7.02	VDB 124	18 31.4	− 10 48	21.1	− 0.5	18	2	RN	IC 1287
GN 18.41.9	S 69	18 44.5	− 0 17	31.9	+ 1.4	20	1	HII	
GN 19.01.3	S 72	19 03.8	+ 2 19	36.4	− 1.7	25	1	HII	
GN 19.24.1	VDB 126	19 26.2	+ 22 45	57.0	+ 3.0	3	2	RN	
GN 19.28.1	S 82	19 30.3	+ 18 16	53.6	+ 0.0	9	2	HII	
GN 19.41.0	S 86	19 43.8	+ 23 17	59.4	− 0.1	40	3	HII	NGC 6820
GN 19.58.1	S 101	20 00.0	+ 35 17	71.6	+ 2.8	20	2	HII	
GN 20.02.6	VDB 128	20 04.6	+ 32 13	69.5	+ 0.4	8	2	RN	
GN 20.07.1.02	S 109	20 09.0	+ 35 56	73.1	+ 1.6	380	2	HII	
GN 20.10.2.01	S 105	20 12.0	+ 38 21	75.5	+ 2.4	18	3	HII	NGC 6888

Tabelle 40. (Fortsetzung)

Bezeichnung im AGN[a]	Name[b]	Äquatoriale Koordinaten für 2000.0		Galaktische Koordinaten		Durch-messer ∅	H[c]	Art des Nebels[d]	Bemerkungen[e]
		α	δ	l	b				
GN 20.14.8		20 16.5	+ 41 28	78.5	+ 3.4	120′	3	HII	Teil von Cygnus X
GN 20.17.3		20 19.1	+ 39 16	77.0	+ 1.8	60	3	HII	Teil von Cygnus X
GN 20.18.3		20 20.2	+ 37 10	75.4	+ 0.4	0.5	3	RN	kometarisch
GN 20.20.0		20 01.6	+ 44 56	80.0	+ 7.6	330	3	HII	Teil von Cygnus X
GN 20.20.8	S 108	20.22.6	+ 40 16	78.2	+ 1.8	180	3	HII	γ Cygni-Nebel
GN 20.22.9		20 24.7	+ 42 29	80.2	+ 2.8	5	3	RN	
GN 20.25.6	S 106	20 27.5	+ 37 24	76.4	− 0.6	3	3	HII	Bipolar
GN 20.32.2	S 112	20 33.9	+ 45 39	83.8	+ 3.3	15	3	HII	in Cygnus X
GN 20.49.5		20 51.6	+ 30 56	74.3	− 8.5	210	3	SNR	Cirrus-Nebel
GN 20.53.0	LBN 550	20 51.7	+ 78 11	112.0	+ 20.8	165	1	RN	sehr schwach
GN 20.57.0	S 117	20 59.5	+ 44 20	85.5	− 1.0	240	3	HII	Nordamerika-Nebel
GN 21.01.1	VDB 139	21 01.6	+ 68 10	104.1	+ 14.2	15	3	RN	NGC 7023
GN 21.05.1	LBN 289	21 07.1	+ 38 04	81.8	− 6.3	130	1	HII	mit LBN 290, 321
GN 21.10.5	S 129	21 11.8	+ 59 57	98.5	+ 8.0	140	1	HII	
GN 21.37.5	S 131	21 39.0	+ 57 30	99.3	+ 3.7	17	2	HII	mit VDB 142
GN 21.41.8.01	VDB 146	21 42.9	+ 66 06	105.4	+ 9.9	5	3	RN	NGC 7129
GN 21.51.6	S 125	21 53.5	+ 47 16	94.4	− 5.5	9	3	HII	Kokon-Nebel
GN 22.03.0	LBN 420	22 05.1	+ 42 45	93.2	− 10.3	190	1	RN	sehr schwach
GN 22.08.8	VDB 150	22 09.7	+ 73 23	111.9	+ 14.1	12	2	RN	LBN 546
GN 22.12.2	VDB 152	22 13.4	+ 70 15	110.3	+ 11.4	3	3	RN	LBN 531
GN 22.23.6		22 25.0	+ 69 39	110.8	+ 10.3	5	1	RN	
GN 22.17.5	S 140	22 19.1	+ 63 17	106.8	+ 5.3	30	3	HII	
GN 22.31.2	S 126	22 33.4	+ 38 35	95.4	− 16.8	160	1	HII	sehr schwach
GN 22.45.6	S 142	22 47.6	+ 58 04	107.1	− 1.0	30	3	HII	NGC 7380
GN 22.54.8	S 155	22 56.8	+ 62 37	110.2	+ 2.6	60	3	HII	
GN 23.18.5	S 162	23 20.7	+ 61 11	112.2	+ 0.2	40	3	HII	NGC 7635
GN 23.25.0	LBN 471	23 27.5	+ 32 02	102.9	− 27.6	250	1	RN	sehr schwach
GN 23.59.1	S 170	0 01.7	+ 64 38	117.6	+ 2.3	20	2	HII	

[a] AGN = Atlas Galaktischer Nebel

[b] Die für die Namen verwendeten Abkürzungen haben folgende Bedeutung: DG = Dorschner, J, und Gürtler, J.: 1964, Verzeichnis von Reflexionsnebeln; HH = Herbig, G. H.: 1975, Draft Catalog of Herbig-Haro objects; IC = Dreyer, J. L. E.: 1895, Index Catalogue; LBN = Lynds, B.: 1965, Catalogue of Bright Nebulae; LkHα = Lick Hα Survey; NGC = Dreyer, J. L. E.: 1888, New General Catalogue; RCW = Rodgers, A. W., Campbell, C. T., Whiteoak, J. B.: 1960, Hα emission regions in the Southern Milky Way; S = Sharpless, S.: A catalogue of HII regions; VDB = Van den Bergh, S.: 1966, A study of Reflection Nebulae

[c] H = Helligkeit (1 = schwach, 2 = mittel, 3 = hell)

[d] HII = HII-Region, RN = Reflexions-Nebel, SNR = Supernova-Remnant, HH = Herbig-Haro-Objekt

[e] Bemerkungen oder zusätzliche Bezeichnungen

Tabelle 41. Die stärksten Emissionslinien in HII-Regionen mit den im Orion-Nebel beobachteten Intensitäten, normiert auf I(Hβ) = 100

Wellenlänge λ [Å]	Element	relative Intensität
3187,74	He I	6,3
3726,05	[O II]	127
3828,80	[O II]	127
3770,63	H	5,4
3797,90	H	7,8
3835,39	H	10,9
3868,76	[Ne III]	19,7
3889,05	H	18,1
3888,65	He I	18,1
3967,47	[Ne III]	34,4
3967,4	O II	24,4
3970,07	Hε	24,4
4101,74	Hδ	25
4340,47	Hγ	41
4861,33	Hβ	100
4958,92	[O III]	113
5006,85	[O III]	342
5517,7	[Cl III]	10
5537,6	[Cl III]	10
5577,3	O I	15
5754,6	[N II]	15
6300,3	[O I]	10
6312,1	[S III]	15
6562,8	Hα	350
6583,4	[N II]	55
6678,1	He I	15
6716,4	[S II]	10
6730,8	[S II]	10
7065,3	He I	10
7281,3	He I	10
9069,0	[S III]	72
9229,0	H	5,8
9531,8	[S III]	181
9546,0	H	8
10049,4	H	10
10830,3	He I	70
10938,1	H	20

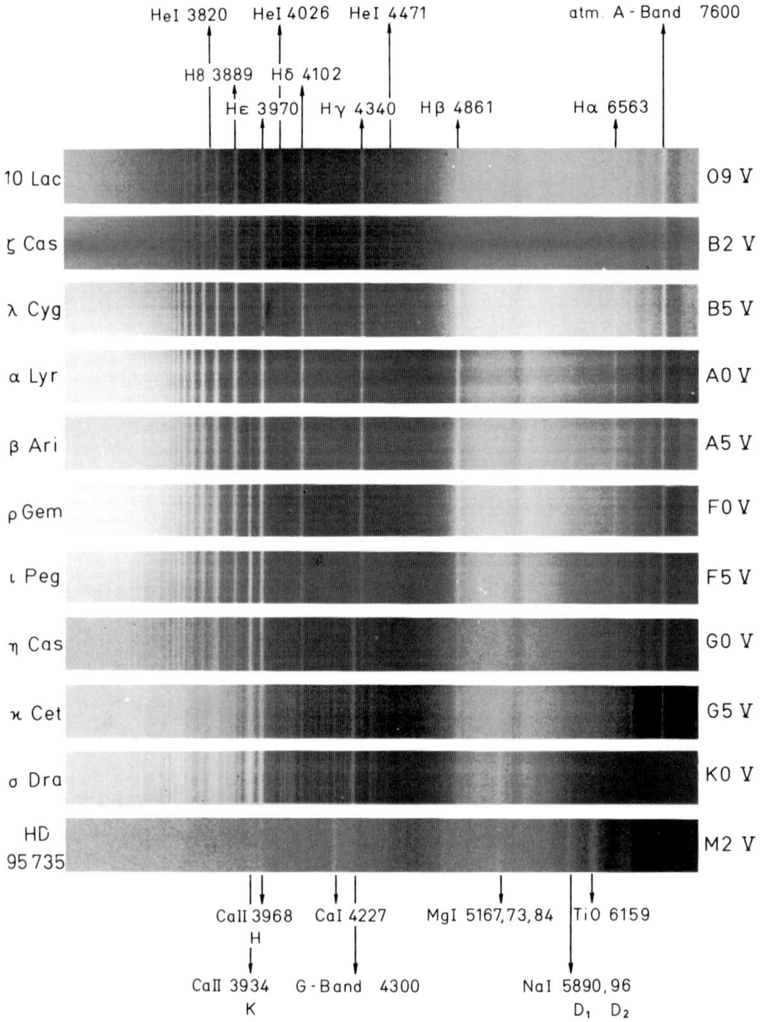

Die Spektralklassen der Hauptreihe (Leuchtkraftklasse V) repräsentiert durch Objektivprismenspektren ausgewählter Sterne (W. Seitter, Observatorium Hoher List der Sternwarte Bonn). Die Aufhellungen im Kontinuum zwischen 5000 und 6500 Å ergeben sich durch eine Empfindlichkeitslücke („Grünlücke“) des verwendeten Photomaterials

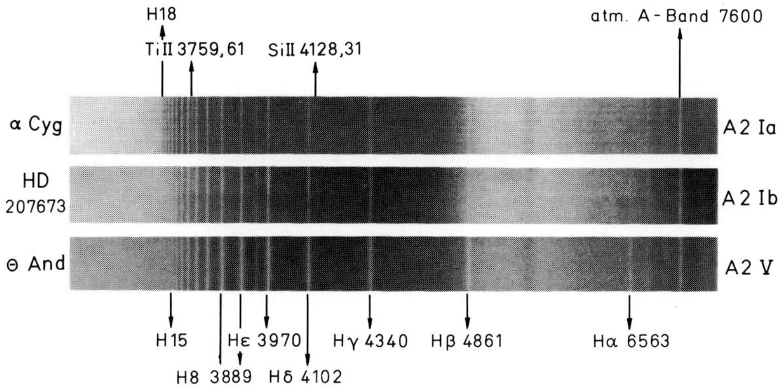

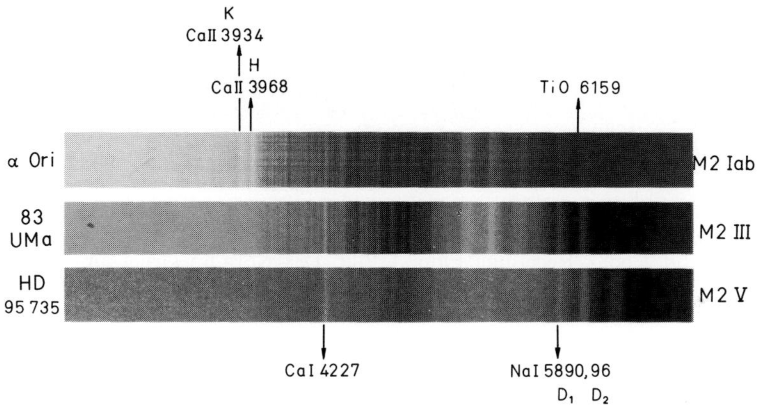

Objektivprismenspektren von Sternen gleichen Harvard-Spektraltyps, aber verschiedener Leuchtkraftklasse (W. Seitter, Observatorium Hoher List der Sternwarte Bonn)

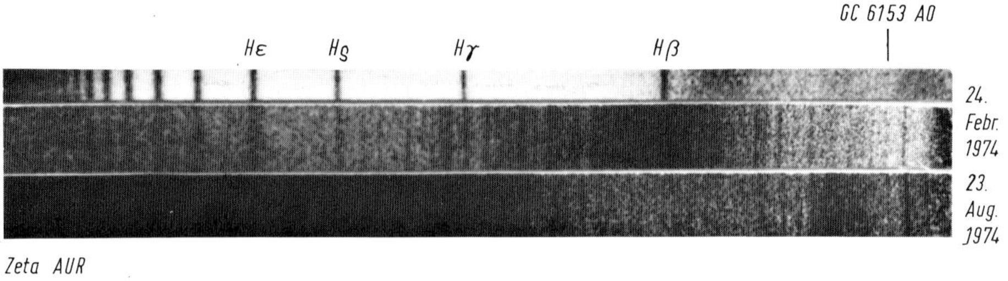

Spektralaufnahme des Sterns Zeta Aurigae. 300 mm Newton-Teleskop mit Prismenspektrograph. 60° Prisma aus Kronglas. Photo: C. Albrecht

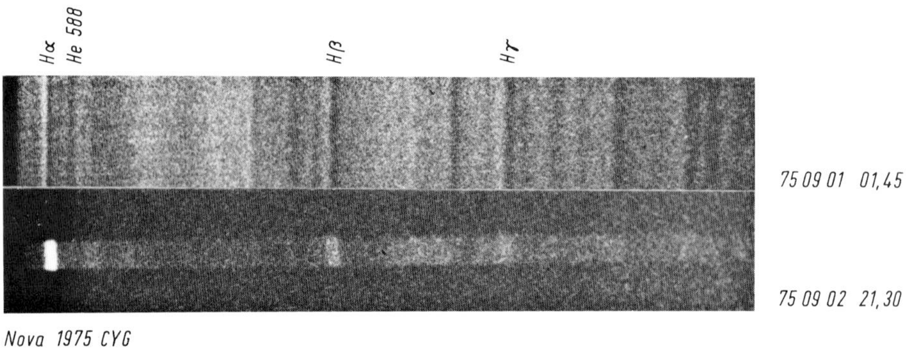

Spektralaufnahme der Nova Cygni 1975. 110 mm Newton-Teleskop 1 : 4 mit vorgesetztem 30°-Kronglasprisma auf Kodak Recording Film. 1. Bild: Das Nova-Spektrum am 1. 9. 75 01^h45^m MEZ; 2. Bild: Das Nova-Spektrum am 2. 9. 75, 21^h30^m MEZ. Photo: C. Albrecht

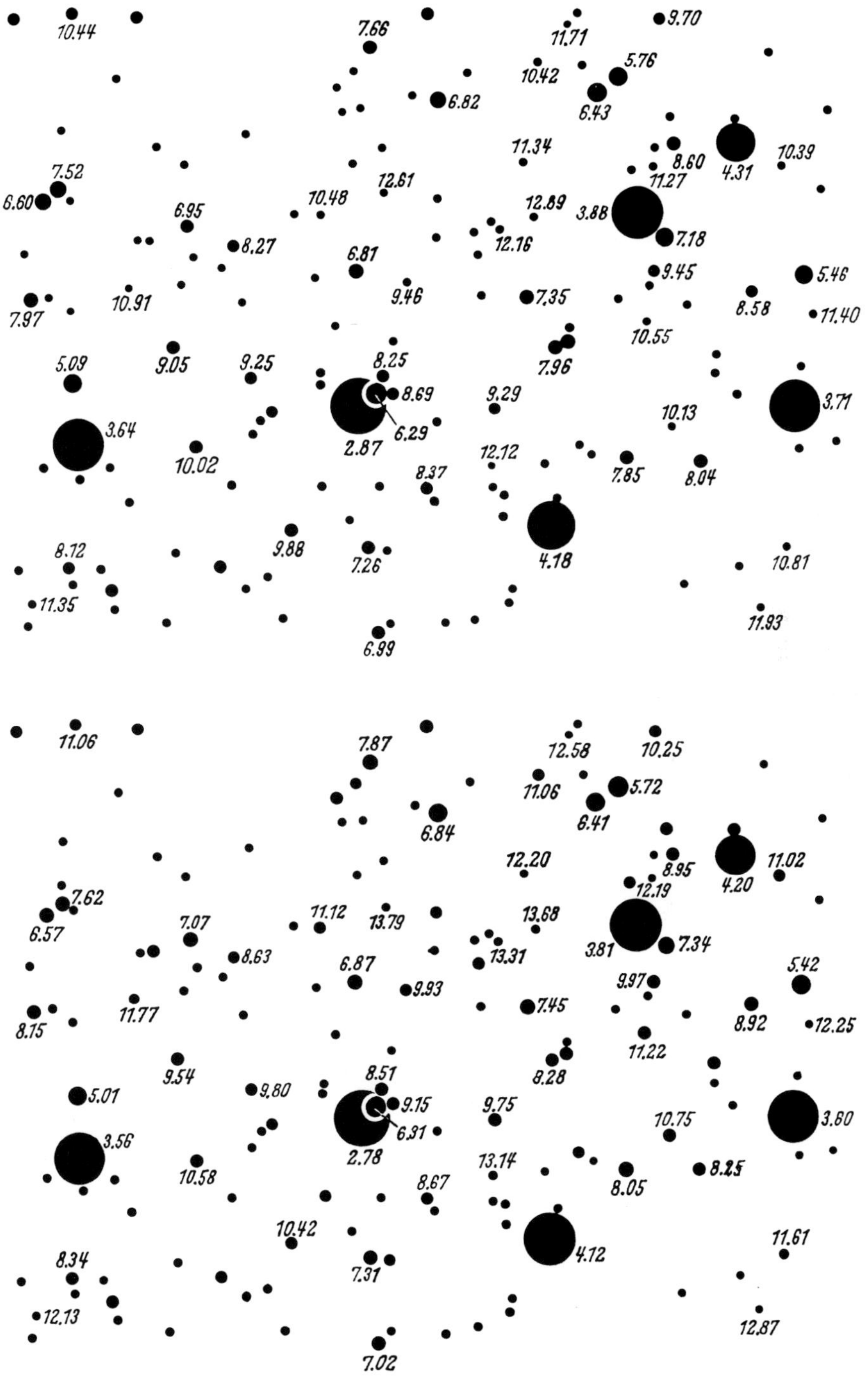

Helligkeiten ausgewählter Sterne in den Zentralplejaden. Oben visuelle, unten photographische Helligkeiten. Die Angaben stammen von H. L. Johnson und R. J. Mitchell (Astroph. Journal 128, 31) und liegen im U.B.V.-System. Die meisten Amateurastronomen werden mit diesen Kärtchen auskommen. Für gesteigerte Anforderungen sei auf den „Atlas der Kapteynschen Eichfelder (Selected Areas) nach Harvard-Groningen“ von Antoine Brun und Hans Vehrenberg (s. Literaturverzeichnis, S. 688) verwiesen

16.2 Astronomische Lehrmittel (einschließlich Planetarien)

A. Kunert

Der Versuch einer zusammenfassenden Übersicht aller im deutschsprachigen Raum zugänglichen astronomischen Lehrmittel ist in der 3. Auflage dieses Handbuchs zum ersten Mal gemacht worden. Die Mühe hat sich gelohnt! Der Autor hat in der Zwischenzeit auf Tagungen und bei Lehrerfortbildungsveranstaltungen viel Resonanz gehabt und Anregungen bekommen, die hier eingebracht werden.

Gefreut (und erstaunt!) hat es ihn, daß die erstmals entworfenen Gliederung (bis auf den Schaukasten, der ihm entgangen war) als sinnvoll und vollständig anerkannt wurde. Nur der Computer als nunmehr allgemein verbreitetes und eingesetztes Lehrmittel mußte ergänzt werden.

Die Tatsache, daß die Amateur-Astronomie heute weitgehend der eigenen Belehrung über astronomische und astrophysikalische Fragen dient und jeder Amateurastronom gleichzeitig in seinem Bekannten- und Freundeskreis im Grunde eine wichtige didaktische Aufgabe bei der Formung des wissenschaftlichen Weltbilds vieler Menschen neben den öffentlichen Bildungseinrichtungen übernimmt, macht es notwendig, nicht nur den Lehrern, sondern allen Amateurastronomen eine Handreichung für diese Bildungsaufgabe zu erstellen.

In dem eben betrachteten Sinne ist natürlich jedes Fernrohr und sind alle Zusatzgeräte gleichzeitig auch Lehrmittel. In den übrigen Kapiteln dieses Handbuches wird jedoch über Theorie und Handhabung ausführlich berichtet, so daß an dieser Stelle darauf verzichtet werden kann. Die in der Literaturzusammenstellung genannten Bücher werden jedem, der hier Fragen hat, genügend Hilfe sein. In Abbildung 1 ist eine Übersicht über alle Lehrmittel versucht worden. Der Autor ist sich darüber im klaren, daß auch andere Zuordnungen möglich und begründbar sind. Er hofft jedoch, daß keine wesentlichen Hilfsmittel vergessen wurden.

Die Wilhelm-Foerster-Sternwarte sammelt seit Jahren, auch im Auftrage der Schulkommission der Astronomischen Gesellschaft, didaktische Hilfsmittel im astronomischen und astrophysikalischen Bereich. Trotzdem ist klar, daß eine vollständige Sammlung und Übersicht nicht erreichbar ist. Auch die hier vorgelegte Arbeit bedarf ständiger Ergänzung. Wir sind dankbar für jeden Hinweis auf neue (vielleicht auch alte, aber bisher übersehene) Lehrmittel aller Art. In entsprechenden Zusammenfassungen in der Zeitschrift „Sterne und Weltraum" wird regelmäßig darüber berichtet werden. Kaum ein auf dem Markt angebotenes Lehr- und Anschauungsmittel wird allen Anforderungen persönlicher und didaktischer Art bei praktischer Anwendung im gerade gegebenen Einzelfall genügen. Gerade hier kann der Vortragende beziehungsweise Erläuternde reiche Phantasie entwickeln und eigene Lehrmittel „erfinden". Bedauerlicherweise sind in diesem Bereich erfindungsreiche Sternfreunde oft viel zu bescheiden, über ihre Ideen zu berichten und damit anderen zu helfen. Hier ist mehr Mut notwendig. Vorschläge und Anregungen sende man an A. Kunert, Wilhelm-Foerster-Sternwarte e. V. mit Zeiss-Planetarium Berlin, Munsterdamm 90, D-1000 Berlin 41, Tel.: 030/7 96 20 29 oder auch privat: Riemeisterstr. 108, D-1000 Berlin 37, Tel.: 030/8 13 34 22.

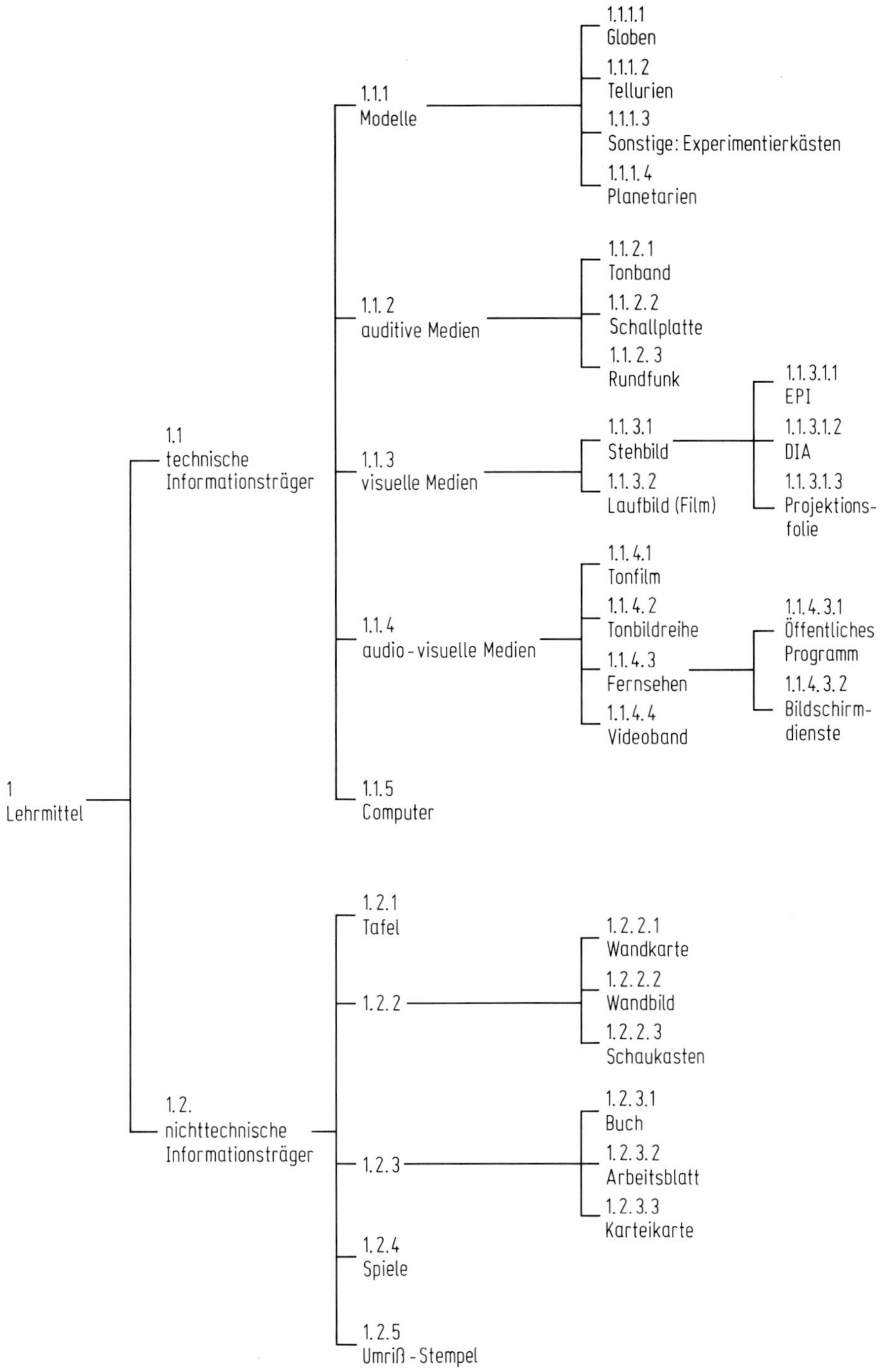

Abb. 1. Übersicht: Astronomische Lehrmittel

16.2.1 Technische Informationsträger

Der Autor ist sich darüber im klaren, daß einige hier eingeordnete Lehrmittel auch der Rubrik 16.2 hätten zugeordnet werden können; dies gilt besonders für die Globen. Sie wurden trotzdem hier aufgenommen, da aus den Globen Tellurien und Planetarien (Orreries) entwickelt worden sind.

16.2.1.1 Modelle. Der Begriff wurde weit gefaßt. Neben den im Handel angebotenen Modellen wird jeder einzelne mit Phantasie eigene Modelle entwickeln und bauen können. Wer Schwierigkeiten bei der Beschaffung kommerzieller Lehrmittel hat, wende sich an die Schroppsche Landkartenanstalt und Fachbuchhandlung, Potsdamer Str. 100, D-1000 Berlin 30, Tel.: 030/2 61 34 56.

16.2.1.1.1 Globen. Der Globus (lat. Kugel) läßt allein eine winkel- und flächengetreue Darstellung der Erd- oder Himmelskugel zu.

Neben dem klassischen *Erdglobus* gibt es neuerdings Spezialgloben, die durch Zusatzeinrichtungen den Subsolarpunkt auf der Erdoberfläche kennzeichnen, Dämmerungszonen andeuten und sich ausgezeichnet für die Erklärung der Entstehung der Jahreszeiten eignen (Columbus Leuchtglobus Planet Erde, Columbus-Verlag Paul Oestergaard, Berlin und Stuttgart). Eine vollständige Übersicht der Erdgloben wird hier nicht angestrebt.

Daneben gibt es heute auch Globen anderer Himmelskörper, wie zum Beispiel *Mondgloben* (Kosmos Mondglobus, Franckh'sche Verlagshandlung, Postfach 640, D-7000 Stuttgart 1, Columbus Mondglobus s. o., Scan-NASA-Mondglobus, Räth's Mondglobus, Paul Räth Nachf. KG, Leipzig, Porzellan-Mondglobus von Lorenz

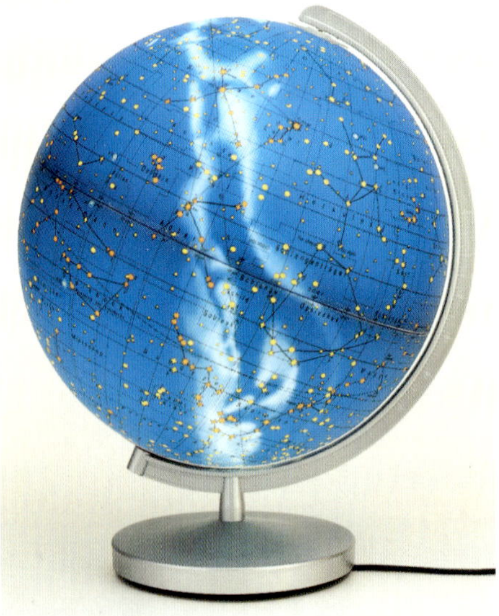

Abb. 2.

Hutschenreuther). Auch vom *Mars* werden Globen angeboten, unter anderem von Scan.

Bei den *Himmelsgloben* ist darauf zu achten, daß die Darstellung der Konstellationen auf unterschiedliche Weise erfolgen kann. Einmal können die Konstellationen auf die Kugel so aufgebracht sein, wie man sie am Himmel sieht. Hier wird der Globus nicht anders als eine drehbare Sternkarte benutzt. Im zweiten Fall muß sich der Betrachter in das Zentrum der Kugel versetzt denken und von hier aus den Himmel „beobachten". Er würde dann die Sternbilder, die auf dem Globus aufgetragen sind, genauso wie am Himmel sehen. Der Betrachter, der den Globus von außen anschaut, sieht dort die Sternbilder spiegelverkehrt. Aus dem vielfältigen Angebot seien hier nur genannt: Columbus Himmelsglobus und der Himmelsglobus aus dem Südwest-Verlag.

Weitere Anbieter: Himmelsglobus mit Erläuterungsheft, ∅ 33 cm, VEB Räthgloben Leipzig, Bestell-Nr. 40E, Historischer Himmelsglobus mit Erläuterungsheft, ∅ 33 cm, VEB Räthgloben Leipzig, Bestell-Nr. 142H.

Ein Teil der Globen besteht aus durchsichtigem Material und ist von innen beleuchtbar.

Sehr wichtig sind auch die *Schiefergloben,* die es in verschiedenen Ausführungen mit und ohne Gradnetz gibt. Solch ein schwarzer Schieferglobus sollte in keiner Lehrmittelsammlung fehlen, auf ihm kann mit Kreide gezeichnet werden. Solche Globen werden unter anderem von Jörgen Oestergaard Verlagsgesellschaft mbH, Carl-Zeiss-Str. 36, D-1060 Schorndorf-Weiler, Tel.: 0712 81/7 21 73 angeboten.

16.2.1.1.2 Tellurien. Tellurien dienen zur Darstellung der Entstehung der Jahreszeiten, von Tag und Nacht, der Mondphasen und von Sonnen- und Mondfinsternissen (s. Abb. 3). Hier bietet die Firma CVK-Experimenta KG, Cornelsen-Velhagen & Klasing GmbH & Co., Holzhauser Str. 76, D-1000 Berlin 27, Tel.: 0 30/4 32 80 37.

Abb. 3. Tellurium

Für den Schulunterricht in der DDR gibt es unter der Best.-Nr. 0813110 ein Kleintellurium und unter der Nr. 0813111 das Tellurium TL 03, die unter Umständen auch beschaffbar sind. Keine Lehrmittelsammlung kann auf ein Tellurium verzichten.

16.2.1.1.3 Sonstige. In dieser Gruppe werden Lehrmittel sehr unterschiedlicher Art zusammengefaßt, einmal Übungs- und Demonstrationsgeräte für die praktische Arbeit, wie sie unter anderem im Astronomischen Institut der Universität Basel, Venusstr. 7, CH-4102 Binningen (Schweiz), Tel.: 061/22 77 11 entwickelt wurden. Eine Beschreibung erfolgte in Sterne und Weltraum 1973, S. 145 ff. von Wilhelm Becker. Unsere Abbildung zeigt aus dem Programm ein Übungsphotometer. Am Nachbau Interessierte wenden sich an Astronomisches Institut Basel siehe oben (Abb. 4).

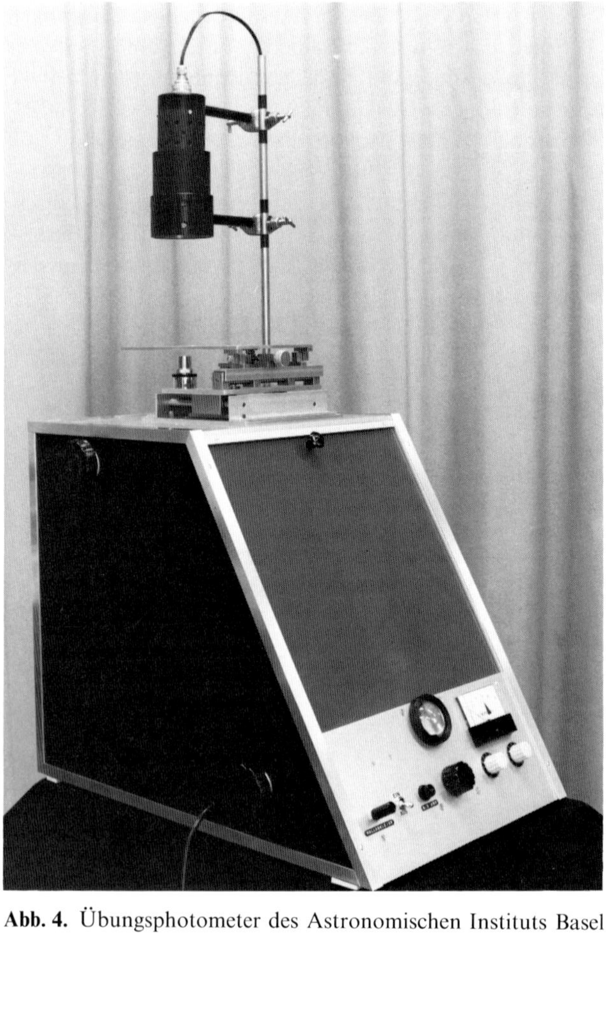

Abb. 4. Übungsphotometer des Astronomischen Instituts Basel

In diese Abteilung gehören Selbstbau-Modelle, wie sie unter anderem von StD Mewes, Kiel, entwickelt wurden, die zum Beispiel Umlauf und Rotation von *Merkur* zeigen oder die räumliche Anordnung der Sterne im Weltraum demonstrieren, die von der Erde aus gesehen als ein Sternbild erscheinen.

Ferner sind hier auch Bastel- und Experimentierkästen einzuordnen. So bietet zum Beispiel die Franckh'sche Verlagshandlung Stuttgart unter dem Titel „Spiele mit Astronomie" für Schüler ab 8 Jahen einen Experimentierkasten an, der Anregung zum Bau einer drehbaren Sternkarte, einer einfachen Sonnenuhr und zum Bau eines Kepler-Fernrohres gibt. Auch der Kosmos-Experimentierkasten Physik-Praktikum, Optik und Photo ist hier zu erwähnen. Anregung gibt die CVK-Experimentierbox „Licht und Schatten" zur Beobachtung der täglichen Drehung der Erde, vom Tagbogen der Sonne und zur Bestimmung der Himmelsrichtung (Lieferung: CVK-Experimenta KG, Cornelsen-Velhagen & Klasing GmbH & Co., Holzhauser Str. 76, D-1000 Berlin 27, Tel.: 030/4328037). Auf die Aufzählung aller unter Umständen einsetzbaren Experimentierkästen aus dem Fischertechnik- oder Philips-Programm wird verzichtet. Der erfindungsreiche Sternfreund wird hier selbst Ideen entwickeln, Modelle verschiedenster Art zu bauen.

Der Kosmos-Service, Postfach 640, D-7000 Stuttgart 1, liefert seit kurzer Zeit einen Bausatz zum Basteln einer Armillarsphäre nach alten Vorlagen (Best.-Nr. 850058). Die Bauteile werden mit der Laubsäge aus zwei mit Teilungen und Beschriftungen versehenen Holzplatten ausgesägt. Das etwa 40 cm hohe Modell ist zur Erklärung der sphärischen Koordinatensysteme gut geeignet und bietet die Möglichkeit zur Erläuterung alter Beobachtungsmethoden aus präteleskopischen Zeiten (Abb. 5).

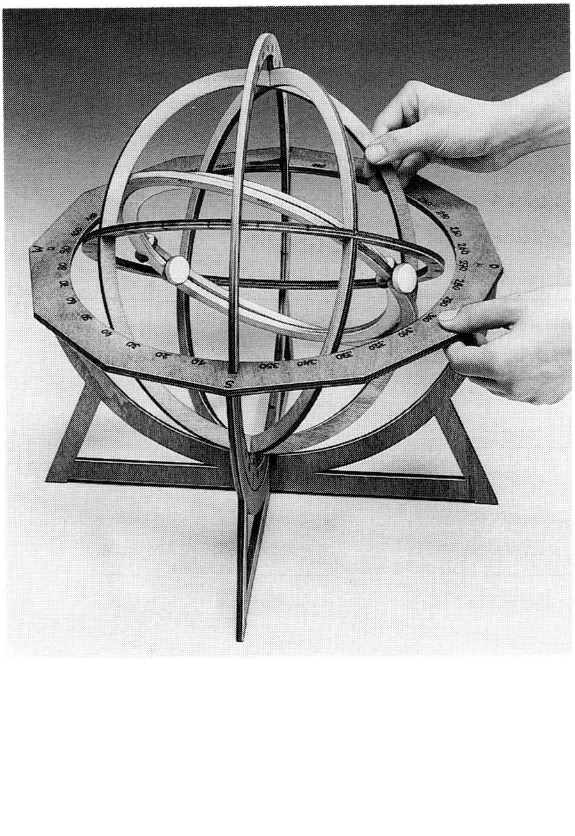

Abb. 5. Armillarsphäre

Abb. 6. Das neue Zeiss-Planetarium 1015

16.2.1.1.4 Planetarien. Im allgemeinen Sinn sind Planetarien Vorrichtungen zur Darstellung von Bewegung der Gestirne, vor allem der Bewegungen von Planeten, Sonne und Mond. In Museen findet man Planetarien als kleine Modelle unseres Sonnensystems, wobei die Bewegung der Himmelskörper durch genau berechnete Getriebe bewirkt wird. Im englischen Sprachgebrauch werden diese als Orreries bezeichnet. Im deutschen Sprachraum versteht man heute unter Planetarium ein *Projektions-Planetarium,* bei dem auf einer Kuppel des Vorführraums das Himmelsgewölbe mit mehr oder weniger Sternen möglichst natürlich nachgeahmt wird. Gelegentlich wird hierbei sogar auf die Bewegung von Planeten, Sonne und Mond verzichtet, so daß man besser von einem *Stellarium* sprechen würde (s. Abb. 7). Projektions-Planetarien werden heute in unterschiedlichsten Größen angeboten, die verschiedenartigste Leistungsfähigkeit haben. Hier mag nur eine Zusammenstellung der Leistungsmöglichkeiten, wie sie das Großgerät Nr. V (Abb. 8) oder VI der Firma Carl Zeiss, Oberkochen bietet, gegeben werden.

Die Geräte bieten folgende Darstellungsmöglichkeiten: Zirka 9000 Fixsterne bis zu $6\overset{\text{m}}{.}5$; Sonne mit Gegenschein (Position des Erdschattens) und Morgen- und Abendrot; Horizontlicht, Morgen- und Abenddämmerung; Darstellungsmöglichkeiten von totaler, ringförmiger und partieller Sonnenfinsternisse in verschiedenen Phasen; Venus-Durchgang vor der Sonne (von zwei verschiedenen Erdpositionen aus beobachtet); Mond mit Oberflächen-Struktur und Phasen, totale Mondfinsternis und diverse partielle Mondfinsternis-Formen.

Die Planeten: Merkur, Venus, Mars, Jupiter, Saturn (hier die Möglichkeit der Simulation einer Annäherung an den Planeten mit Hilfe eines Raumschiffs), Demonstration der Planetenschleifen.

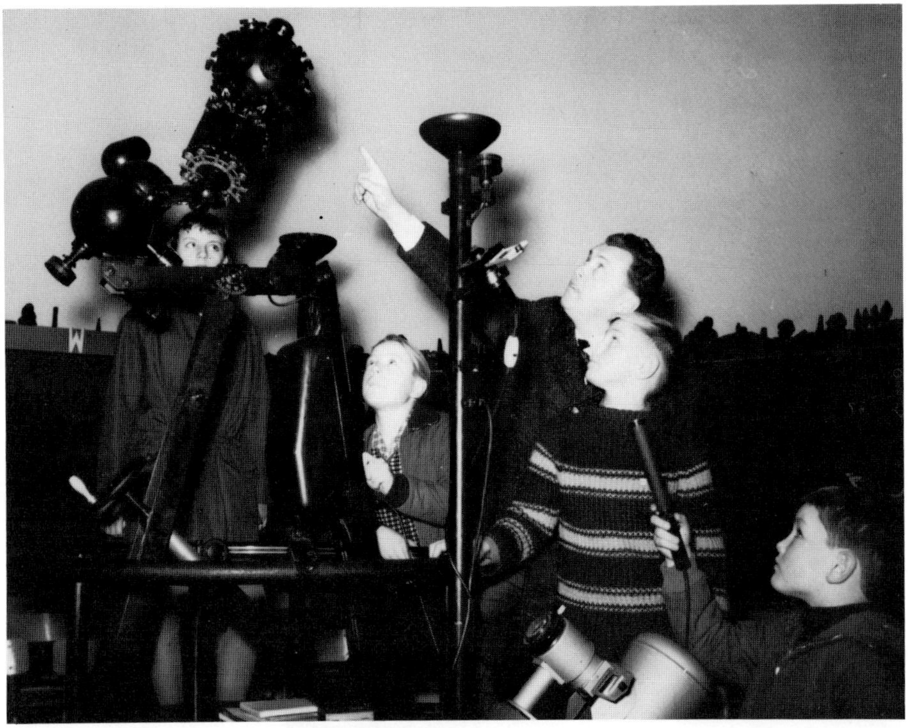

Abb. 7. Im Kleinplanetarium (Halle/Saale)

Komet Donati (1858 IV) in seiner Entwickldung mit Gas- und Staubschweif; die Veränderlichen Sterne: Mira, Algol, Delta Cephei mit ihrem Lichtwechsel (beschleunigt); Demonstration einer Nova oder Supernova; Sirius mit Fixstern-Parallaxe und Aberrations-Ellipse; die Milchstraße; 17 Sternhaufen und Nebel; die Sternbilder des gesamten Himmels nach Bayer; 300 verschiedene Einzelsternbild-Darstellungen aus unterschiedlichen Kulturkreisen; Äquatoriales Gradnetz mit Ekliptik; Meridian; Nautisches Dreieck; Ablesemöglichkeit für Azimut und Stundenwinkel; Jahreszähler; Darstellung der mittleren Sonne, vom „ewigen Mittag" oder „ewiger Mitternacht"; Tagesbewegung in verschiedenen Geschwindigkeiten; Präzession; Himmelsanblick in beliebigen geographischen Breiten; Projektion der Erde und Beobachtungen von verschiedenen Satelliten-Bahnen aus; Demonstration einer Mond-Umrundung durch Orbiter-Satelliten; Diverse Horizont-Anblicke auf der Erde; Mond- und Mars-Horizont (hier auch die Möglichkeit, Diareihen gleichzeitig nebeneinander zu projizieren); Kopernikanisches Sonnen-System mit Planeten bis zum Saturn mit Demonstrationsmöglichkeit der Entstehung der Planetenschleifen; Projektion von Sternschnuppen; Darstellung eines künstlichen Satelliten (verschiedene Bahnlagen möglich); Spezial-Diapositive zur Erläuterung der Entstehung der Jahreszeiten und anderes.

Klein- und Mittelplanetarien, wie zum Beispiel ZKP 2 und Spacemaster aus Jena oder Zeiss 1015 (Abb. 6) aus Oberkochen und das vielfältige Angebot an Gerätegrößen anderer Firmen zeigt, daß es heute möglich ist, auch kleinere Planetariumsgeräte (für geringere Kuppeldurchmesser) mit ähnlichem Leistungsangebot zu bauen. Man lasse sich Angebote der unten genannten Lieferfirmen schicken und frage nach Referenzen von erfahrenen Nutzern.

Abb. 8. Großplanetarium Zeiss Modell V (Berlin)

Eine völlige Neuentwicklung stellt das DIGISTAR-Planetarium der Firma Evans & Sutherland Computer Corporation in Salt Lake City dar. Ein leistungsfähiger Computer (VAX 11/730) steuert über einen Graphikprozessor ein superhelles Kathodenstrahlrohr von 18 × 18 cm Bildfeld. Die aus 8000 × 8000 Punkten bestehenden Bilder werden mit einem Superweitwinkelobjektiv in Videogeschwindigkeit (25 Bilder pro Sekunde) auf eine Kuppel projiziert. Die Bilder der Sterne sind lichtschwächer und unschärfer (besonders in Horizontnähe) als bei klassischen Planetariumsprojektoren. Die Darstellung des Himmelsanblicks ist zwar unvollkommener, dafür gibt es viele neue Möglichkeiten. So kann man die Eigenbewegung der Fixsterne in Vergangenheit und Zukunft in unterschiedlicher Zeitraffung zeigen oder mit dem Raumschiff durch vorgewählte Sternbilder (auch die Entfernungen der Sterne sind im Computer eingegeben) hindurchreisen. Kein Sternfreund, der die Niederlande besucht und nach Den Haag kommt, sollte versäumen, die einzige europäische Einrichtung dieser Art zu besuchen!

Für die Arbeit in den Schulen, Volkssternwarten und Erwachsenenbildungseinrichtungen stellt das Baader-Planetarium KG, Hartelstr. 30, D-8000 München 21, eine gewisse Zwischenform zwischen Projektions-Planetarium und Orrery dar. Im Innern enthält ein transparenter Sternglobus ein Tellurium mit Darstellungsmöglichkeiten: die Entstehung von Tag und Nacht, die Entstehung der Jahreszeiten, das Verständnis für Mondumlauf, Mondphasen und -finsternisse. Ebenso einfach sind an dem Modell die Erscheinung von Ebbe und Flut, die Weltzeit, Sterntag und Sonnentag, die Wanderung der Mondbahnknoten erklärbar.

Daneben zeigt das Gerät die Zusammenhänge von Äquator und Ekliptik, den jahreszeitlichen Nachthimmel, die Abhängigkeit der Zirkumpolarsterne von der geographischen Breite, die Lage einer Satellitenbahn, die Entstehung der Venusphasen, das platonische Jahr, die Wanderung des Frühlingspunktes.

Besonders erfreulich ist, daß zu diesem Gerät eine leicht montierbare Projektionskuppel in zwei verschiedenen Größen geliefert wird, die auch für kleinere Projektions-Planetarien einsetzbar ist (Abb. 9). Die Firma Baader bietet auch größere Geräte gleicher Konstruktionsart an, die in naturwissenschaftlichen Museen und ähnlichen Einrichtungen gute Einsatzmöglichkeiten haben.

Ein den alten Orreries entsprechendes Gerät bietet die Firma CVK-Experimenta KG, mit dem Helios-Planetarium an (Abb. 10). Dieses Gerät besteht aus einer Plexiglaskuppel des nördlichen oder südlichen Sternhimmels und enthält im Innern eine Darstellung unseres Planetensystems ohne Berücksichtigung der relativen Abstände. Das Gerät kann zum Tellurium umgebaut werden und auch zur Demonstration der Gezeiten dienen. Im einzelnen sind folgende Dinge darstellbar:

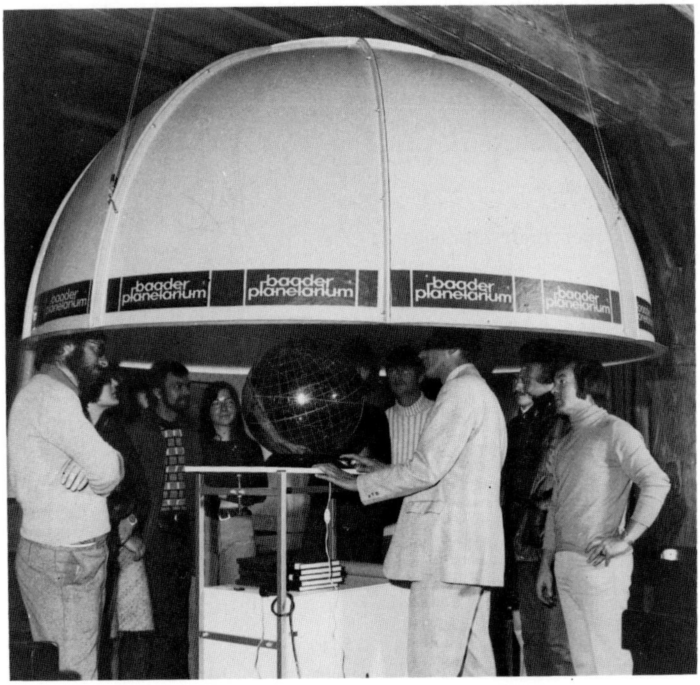

Abb. 9. Baader-Planetarium mit transportabler Kuppel

Abb. 10. Helios-Planetarium

Tag und Nacht; die Jahreszeiten; die Planeten ud ihre Umlaufbahn; der Mond und seine Phasen; Sonnen- und Mondfinsternis; Konstellationen am Sternenhimmel; Sternkarten; die Tierkreis-Sternbilder; die verschiedenen Zeiten; Planetenbewegungen; Raumfahrt.

Die vielseitigen Zusatzgeräte, besonders für die Projektions-Planetarien, die von Firmen unter *c*) angeboten werden, können auch bei normalem Klassenunterricht eingesetzt werden.

Hier eine Zusammenstellung der Lieferanten von Planetarien:

a) Projektions-Planetarien:
Goto Optical Mfg. Co., 4–16 Yazaki-Cho, Fuchu-Shi, Tokyo 183, Japan – Diverse Größen.
Minolta Camera Co., Osaka Kokusai Bldg. 30-2, Chome, Azuchi, Osaka 541, Japan – Diverse Größen.
Spitz Space Systems, Chadds Ford, PA, USA – Diverse Größen.
Viewlex Audio-Visual, Broadway Avenue, Holbrook, N.Y., USA – Diverse Größen.
Jena Optik, Carl-Zeiss-Str. 1, DDR-69 Jena – 3 verschiedene Größen.
Carl Zeiss, D-7082 Oberkochen, 2 verschiedene Größen.
Evans & Sutherland Computer Corporation, Salt Lake City, USA.

b) Sonstige Planetarien:
Baader-Planetarium KG, Hartelstr. 30, D-8000 München 21 – Diverse Größen.
Experimenta KG, Gambke GmbH & Co., Gneisenaustr. 33, D-1000 Berlin 61, Tel.: 030/ 6918053 oder 54.

c) Zusatzgeräte:
Sky-Scan, P.O. Box 3832, Rochester/New York 14610, USA.
Talent Inc., 1010 Marietta Way, Sparks, Nevada 89431, USA.

Literatur über Planetarien, die weiterführt

Charles F. Hagar: PLANETARIUM Window to the Universe. Herausgegeben von Carl Zeiss, Oberkochen 1980 (Übersichtswerk mit weiterführenden Literaturhinweisen)

Helmut Werner: Vom Arat-Globus zum Zeiss-Planetarium. Herausgegeben von Carl Zeiss, Oberkochen 1953 (hier weitgehend vollständige Literaturzusammenstellung zum Thema Planetarien bis zum Erscheinungsjahr auf den Seiten 155–161)

Helmut Werner: Vom Polarstern bis zum Kreuz des Südens. 239 Seiten, 67 Abbildungen, diverse Tafeln. Gustav Fischer Verlag, Stuttgart 1960 (Handbuch für den Planetariumslektor)

Hermann Mucke: Das Planetarium als astronomische Analogrechenlage. Untersuchungen am Wiener Planetarium, Annalen der Universitäts-Sternwarte, Wien 1967

Horst-G. Mallmann: Der Einsatz des Planetariums für den Schulunterricht. 156 Seiten, 43 Abbildungen, Eigenverlag 2392 Glücksburg, Postfach 62, 1974

Hans-Ulrich Keller: Sternentheater Planetarium. 72 Seiten, 13 Abbildungen, Eigenverlag Sternwarte Bochum – Planetarium 1974, auch englische Ausgabe

Fernbank Science Center – Physical Science Teacher's Guide „The Planetarium"

Diverse Autoren – NASA: The Planetarium. 1966 (An Elementary-School Teaching Resource)

Schalk Gyula: Planetarium. 164 Seiten, 127 Abbildungen, 1973 (Handbuch in ungarischer Sprache)

Diverse Autoren – Gwiazdy Nad Nami: Planetarium. Beschreibung der Arbeit des Planetariums in Kattowitz (Handbuch in polnischer Sprache)

Richard Berendzen (Editor and Conference Chairman): International Conference on Education in and History of Modern Astronomy, Part II – Annals of the New York academy of Sciences, Vol. 198, August 74

Frank C. Jettner, John J. Soroka: The Planetarium in Modern Science Education. Seite 178, desgleichen siehe oben

Franklyn M. Branley: Education in Major Planetariums, Seite 192, desgleichen siehe oben (Wichtige didaktische Hinweise für den Einsatz von Planetarien)

H. U. Keller: Hat das Planetarium eine Zukunft? SwW 4/87, Seite 195 ff. (Wichtiger Übersichtsartikel)

Zeitschriften

The Planetarian; herausgegeben von der International Planetarium Society. Kontaktadresse: Griffith Observatory, 2800 E. Observatory Rd., Los Angeles, CA 90027, USA, 213-664-1181

Journal: Publication of the Planetarium Assoc. of Canada (Manitoba Museum of Man and Nature, 147 James Avenue, Winnipeg 2/Manitoba, ab Vol. 4, 1972 zusammengelegt mit Pointer. (Diese Zeitschrift berichtet über die Arbeitspraxis in Planetarien, besonders auf dem amerikanischen Raum)

Planetarium News: Carl Zeiss, Oberkochen/Württ.

Wichtig und sehr nützlich ist die Zeitschrift: Europe & Astronomie. Sie berichtet preisgünstig über alle in diesem Artikel behandelten Bereiche. Man schreibe an: Astronomical Contact Group, Postfach 14, B-8900 Ieper, Belgien

16.2.1.2 Auditive Medien. Die Informationsübermittlung nur durch das Gehör ist sicherlich nicht bei jeder Sachfrage ausreichend. Die Einfachheit der Herstellung von Tonbändern und die schnelle Reaktionsmöglichkeit zur Übermittlung sehr aktueller Informationen beim Rundfunk sind jedoch Vorteile, die bisher noch nicht genügend genutzt werden. Im einzelnen ist folgendes anzumerken:

16.2.1.2.1 Tonband. Hier gab es bis Anfang 1988 kein Angebot im deutschsprachigen Raum. Vom Kosmos-Verlag, Stuttgart ist jetzt eine Tonkassette (Text: Joachim Herrmann, Sprecher Hajo Solinger, Musik Gruppe „saguitarius“, Bearbeitung und Aufnahme Irene Naumczyk) herausgekommen (mit Mini-Sternkarte und Textheft) mit dem Titel: Hören, wo die Sterne stehen HIMMELSSPAZIERGANG. Jeder Laie kann mit dieser Kassette nicht nur den Himmel der jeweiligen Jahreszeit kennenlernen, auch der Gebrauch der Sternkarte, eines Himmelskalenders und das Aufsuchen der Planeten wird erklärt.

Die Astronomical Society of the Pacific, 1244 Noriega Street, San Francisco, California 94122, USA, bietet eine ganze Reihe von Bandvorträgen an, die für denjenigen, der seine schulenglischen Kenntnisse sinnvoll einsetzen will, ein ausgezeichnetes und anregendes Material darstellen. Unter anderem sind folgende Bänder erhältlich:

ER 136 S. 1: The Search for Life on Mars; Dr. H. Klein, NASA Chief Project Scientist on the Mars-Viking Lander (20 min)
S. 2: When Time Slows Down; Dr. D. Goldsmith, coauthor of From the Black Hole to the Infinite Universe (20 min)

ER 137 S. 1: Quasars; Dr. L. Caroff, NASA/Ames Research Center (20 min)
S. 2: Invisible Astronomy; Dr. B. Margon, Space Sciences Laboratory at the University of California at Berkeley (20 min)

ER 138 S. 1: Cosmology; Dr. J. Silk, Department of Astronomy, University of California at Berkeley (30 min)
S. 2: Continental Drift; Dr. D. Mustart, Department of Geology, San Francisco State University (30 min)

ER 139 S. 1: The Evolution of Stars; Dr. W. Kaufmann III, Department of Astronomy. University of California at Los Angeles (30 min)
S. 2: Relativity and the Death of Stars; Dr. W. Kaufmann III (30 min)

ER 140 S. 1: The Colonization of Space, Part I; Dr. A. Russel, NASA/Ames – Stanford University – ASEE Summer Study Group on the Colonization of Space (30 min)
S. 2: Earthquake Prediction; Dr. R. Pestrong, Department of Geology, San Francisco State University (30 min)

ER 141 S. 1: Astronomy and Astrology; L. Jerome, coauthor of „Objections to Astrology“ statement (30 min)
S. 2: The Colonization of Space, Part II; Dr. R. Reis of the Astronomical Society of the Pacific (30 min)

ER 142 S. 1: Low Temperature Physics; Dr. W. Little, Department of Physics, Stanford University (30 min)
S. 2: The Physics of Consciousness; Dr. E. A. Rauscher, Lawrence Berkeley Laboratory (30 min)

ER 143 S. 1: Intelligent Life in the Universe; Dr. R. Bracewell, Radio Astronomy Institute, Stanford University (20 min)
S. 2: Levels of Biological Communication; Dr. P. Flessel, Department of Biology, University of San Francisco (30 min)

ER 144 S. 1: The Home Use of Computers 1975–2001; Dr. J. McCarthy, Artificial Intelligence Laboratory, Stanford University (30 min)
S. 2: Lasers; Dr. A. Schawlow, co-inventor of the laser, Department of Physics, Stanford University (30 min)

ER 145 S. 1: Weather on the Planets; Dr. von Eschelman, Department of Electrical Engineering, Stanford University (30 min)
S. 2: Solar Neutrinos: A Scientific Puzzle; Dr. J. Bahcall, Institute for Advanced Study, Princeton University (30 min

Man beachte Hinweise in den Zeitschriften „Sky and Telescope“ and „Sterne und Weltraum“ auf neue Angebote dieser Art.

16.2.1.2.2 Schallplatte. Auf dem deutschen Schallplattenmarkt werden gelegentlich Sprechplatten mit Vorträgen bekannter Autoren über wissenschafts-theoretische und naturwissenschaftliche Themen angeboten. Leider werden dann nach einiger Zeit die Platten „verramscht". Man lasse sich durch eine gute Schallplattenhandlung aus dem aktuellen Katalog über die zur Zeit beziehbaren Tietel informieren. Die Franckh-sche Verlagshandlung Stuttgart hat unter der Bestell-Nummer Kosmos 75-0943.5 eine Schallplattendokumentation der Weltraumforschung unter dem Titel „Von Sputnik 1 zur Mondlandung" angeboten.

16.2.1.2.3 Rundfunk. Alle regionalen Rundfunkanstalten haben heute sehr gut redigierte Wissenschaftssendungen, die auch ständig auf aktuellem Stand gehalten werden. Leider werden oft sehr qualifizierte Vortragsserien zu später Nachtstunde gesendet, die im Arbeitsprozeß Stehende, da sie Schlaf benötigen, nicht regelmäßig verfolgen können. Unter Umständen hilft hier ein automatischer Mitschnitt der Sendung (*nur für private Zwecke!*), um die Sendung zu günstigerer Tageszeit abzuhören und zu verarbeiten. Gemeinschaftsveranstaltungen, wie sie einmal von der RIAS-Funkuniversität in Kombination mit der Wilhelm-Foerster-Sternwarte Berlin vom Autor durchgeführt werden konnten (s. Sterne und Weltraum 1972, S. 249ff.) und die sich ausgezeichnet bewährten, sollte man weiter anstreben.

Aktuelle Schnellinformationen, wie sie zum Beispiel von H. Zimmer unter dem Titel „Weltraumnotizen" im Berliner RIAS wöchentlich gegeben werden, sind wohl den meisten Interessierten bekannt. Eine ähnliche Sendung sollte es auch regelmäßig mit astronomischen Schnellinformationen bei besonderen Himmelsereignissen (Entdeckung von Kometen, Novae o.ä.) geben. Hier müßte natürlich eine feste Zeit von den Rundfunkgesellschaften angeboten werden.

16.2.1.3 Visuelle Medien. Das Bild, mit und ohne erläuternden Text, ist immer noch eines der wesentlichen Informationsmittel.

16.2.1.3.1 Stehbild. Das Stehbild kann in Ruhe betrachtet werden und läßt dabei dem Lernenden Zeit zum Nachdenken. In vielen Fällen ist es dem Laufbild (Film) vorzuziehen.

16.2.1.3.1.1 Epiprojektion. Mit Hilfe eines Episkops ist es möglich, jedes Bild aus einem Buch oder einer Zeitschrift schwarzweiß oder farbig zu projizieren. Der Vortragende, der die Epiprojektion einsetzt, kann jederzeit auf aktuellstes Bildmaterial zurückgreifen. Die unvermeidliche Erwärmung der Projektionsvorlage gestattet nur kurze Projektionszeiten, will man die als Vorlage benutzten Bilder nicht durch Wärmeeinwirkung schädigen. Die angebotenen Projektionsgeräte sind im allgemeinen verhältnismäßig unhandlich.

16.2.1.3.1.2 Dia. Das zur Projektion eingesetzte Diapositiv ist ohne Zweifel das meistbenutzte Unterrichtsmittel. Im deutschsprachigen Raum wird das 5×5 Dia bevorzugt. In Amerika sind vielfach größere Formate im Einsatz. Man vergewissere sich deshalb bei ausländischen Vortragenden auf jeden Fall, ob das bei uns gängige Diaformat oder ein anderes eingesetzt werden soll. Landes- und Stadtbildstellen verfügen im allgemeinen über Projektionsapparate auch für bei uns unübliche Formate. Mit Hilfe von Reproeinrichtungen ist heute jeder in der Lage, die handelsüblich angebotenen Diaserien, die ja verständlicherweise nie genau auf die gerade vorhandenen Ansprüche abgestimmt sind, zu ergänzen.

In der letzten Auflage dieses Handbuchs war es möglich, für eine repräsentive Anzahl von Lieferfirmen eine Angebotsübersicht für Diaserien zusammenzustellen. Das Angebot war (leider) klein und dadurch leicht überschaubar. Das hat sich erfreulicherweise grundlegend geändert. So wird auf eine solche, zwangsläufig immer unvollständige und schnell veraltende Übersicht verzichtet und nur eine Anschriftensammlung gegeben. Die angegebenen Firmen senden gern aktuelle Prospekte. Rückporto, eventuell frankierten Freiumschlag nicht vergessen! Teilweise wird eine Schutzgebühr verlangt.

Wer andere gute Lieferanten kennt, teile sie bitte der Wilhelm-Foerster-Sternwarte mit.

Dr. Vehrenberg KG, Schillerstr. 17, Postfach 14 03 65, D-4000 Düsseldorf 1, Tel.: 02 11/67 20 89/67 20 80
Baader Planetarium KG, Hartelstr. 30, Postfach 21 03 09, D-8000 München 21, Tel.: 0 89/56 79 39
Jünger-Verlag, Schumannstr. 161, Postfach 580, D-6050 Offenbach/Main, Tel.: 06 11/83 30 03
AG-Astrofotografie, Maxburgsattel, D-6730 Neustadt 19
Verlag Astronomisches Wissen, Mainzer Str. 8, D-5600 Wupptertal 1, Tel.: 02 02/43 14 30
Firma Fotofreund Lutz M. Scharein & a., p. A. Wilhelm-Foerster-Sternwarte (s. o.)
V-Dia-Verlag mbH, Postfach 1940, D-6900 Heidelberg
In der DDR: Staatl. Kontor für Unterrichtsmittel und Schulmöbel (SKUS), Wittenberger Str. 8, DDR-7021 Leizig

Weitere Lieferanten
ESO, Schleißheimer Str. 17, D-8046 Garching bei München
Ets Devaux-Chevet, 35, Rue de Rivoli, F-75004 Paris, Frankreich
Royal Astronomical Society, Birlington House, London W 1, Großbritannien
Hale Observatories, Caltech, Bookstore 1–51, 1201 East California, 91 109, USA
Lick Observatory (University of California), Santa Cruz, CA 95 064, USA
Astronomical Society of the Pacific, 1244 Noriega Street, San Francisco, California 94 122, USA
L'Ofrateme, 29, Rue d'Ulm, F-75230 Paris, Cedex 05, Frankreich
Sevpen, 14, Rue du Four, F-75006 Paris, Frankreich
Les Laboratories Hamelle, 9, Rue Carvès, 92 – Montrouge, Frankreich
Space Photos, Dept. V-3, 2608 Sunset Blvd., Houston, Texas 77 005, USA
Optiken International, 900 S San Gabriel Blvd., San Gabriel, CA 91 776, USA
Hansen Planetarium, 15 South State Street, Salt Lake City, Utah 84 111, USA
M.M.I. Corp. Dept. ST, 3016, Cresmont Ave., Baltimore, Md. 21 211, USA
Tersch Enterprise, P.O. Box 1059, Colorado Springs, Col. 80 901, USA
del'Association française d'astronomie, 115, Rue de Charenton, F-75012 Paris, Frankreich
L'Observatoire de Paris, 61, Av. de l'Observatoire, F-75014 Paris, Frankreich
L'Observatoire et section de Meudon place Janssen, 92 190 Meudon, Frankreich
„Entdecker des Himmels", 43 Dias zur Geschichte der Astronomie. Verlag für Anschauungsmaterial, Wartenbergstr. 65/73, DDR-1110 Berlin-Niederschönhausen
S. J. Aukstinaitis, Gerresheimer Str. 272, D-4010 Hilden
Landmark Pictures, Inc., 72 Mallard Drive, Greenwich, Conn. 06 830, USA
Astro-Bilderdienst der Schweizerischen Astronomischen Gesellschaft, Meieriedstr. 28 B, CH-3400 Burgdorf, Schweiz
Firma Carl Zeiss, Oberkochen. Die Firma Zeiss hat den Vertrieb der Serien aufgegeben. Sie werden jetzt von der *Firma Herrmann & Kraemer OHG*, Zur Maximilianshöhe 6, Postfach, D-8100 Garmisch-Partenkirchen, Tel.: 0 88 21/28 55, vertrieben

Sternfreunde, die von ihren eigenen Aufnahmen Dias in größeren Serien herstellen lassen wollen, wenden sich an die Firma Color-Technik, Garms KG, Jägersberg 5, D-2300 Kiel 1, Tel.: 0431/551382.

Neben den zur Projektion eingesetzten Diapositiven vergißt man im allgemeinen *Groß-Diapositive* (schwarzweiß und farbig), die in beleuchteten Schaukästen ausgestellt werden und die jedem astronomischen Volksbildungs-Institut seinen besonderen Charakter verleihen. Man wird Firmen zur Herstellung von Industrie-Photos für die eigene Gestaltung heranziehen können.

Besonders interessant sind die von der Firma Opticart Verlag, Carl Weigang, D-8014 Neubiberg, Tel.: 089/604646, angebotenen Diapositive, die durch eine besondere Technik dynamische Prozesse bei physikalischen Abläufen verdeutlichen. Hier werden unter anderem angeboten:

Nr. 12 Optische Geräte
Nr. 23 Bahn der Erde um die Sonne
Nr. 24 Raketen und Satelliten
Nr. 34 Lichtreflexion
Nr. 36 Magnetfeld der Erde
Nr. 55 Tageslauf der Sonne
Nr. 101 Weltraumfahrt
Nr. 105 Dopplereffekt
Nr. 106 Bildzerlegung durch Linsen
Nr. 112 Der Mond und seine Bahn
Nr. 134 Beugung des Lichtes
Nr. 141 Laserstrahl
Nr. 148 Planetensystem
Nr. 161 Milchstraßensystem
Nr. 162 Sonnensystem
Nr. 163 Keplersche Gesetze
Nr. 164 Die Erdatmosphäre
Nr. 165 Raketenprinzip
Nr. 167 Raketenantrieb
Nr. 168 Raumraketen
Nr. 169 Raketensteuerung
Nr. 171 Raketenflugbahnen
Nr. 170 Flug zum Mond
Nr. 172 Mond
Nr. 173 Nachrichtensatelliten
Nr. 174 Raumtransporter – Raumstation
Nr. 175 Erderforschung

Exkurs:
Die Bildplatte. Der Verfasser hat lange überlegt, wo er die Bildplatte einordnen soll. Wenn sie zur Einzelbildspeicherung und -wiedergabe benutzt wird, gehört sie an diese Stelle. Da sich noch keine bestimmte Technik auf dem Markt durchgesetzt hat, ist es nicht verwunderlich, daß noch keine astronomischen Diasammlungen angeboten werden, obwohl ungeahnte neue didaktische Einsatzmöglichkeiten vorhanden sind. Bilderserien könnten mit beliebiger Bildfolge vorprogrammiert und jederzeit immer wieder abgerufen werden, sowohl zum Selbststudium am Bildschirm als auch in Videoprojektion bei öffentlichen Vorträgen. Stehen mehrere verschiedene Bildfolgen mit begleitenden Tonbandtexten zur Verfügung, so kann das anwesende Publikum vor Beginn des Vortrags durch Abstimmung wählen, welches der angebotenen Themen behandelt werden soll. Veranstaltungen dieser Art sind im Armagh-Planetarium in Nord-Irland mit Erfolg gelaufen. Anfragen an: Terence Murtagh, College Hill, Armagh, BT61 9DB, Northern Ireland, U.K.

16.2.1.3.1.3 Projektionsfolie. Auf die Projektion von Folien mit Hilfe von Overhead-Projektoren (auch Tageslicht-Projektoren u.ä. genannt) kann heute nicht mehr verzichtet werden. Neben den von Verlagen angebotenen Einzelfolien und Foliensätzen bietet sich die Selbstherstellung von Folien mit Hilfe von Zeichnungen auf dem Wege der photographischen Übertragung der Vorlage (neuerdings auch farbig) an. Bedauerlicherweise stellt man als Hörer von Vorträgen immer wieder fest, wie wenig die Vortragenden die Technik der Herstellung von Folien beherrschen. Neben unübersichtlicher Anordnung der Darstellungen und Texte wird oft der Maßstab zu klein gewählt, so daß entfernt Sitzende die Texte nur schlecht lesen können. Jedem ständig Vortragenden ist deshalb die Kenntnisnahme elementarer Anleitung zur Herstellung von Folien und von ihrem Einsatz anzuraten.

Eine ausführliche Übersicht finden wir in der Sammelmappe Diap Infos von Prof. A. Witte „Didaktische Ideen und Informationen zur Arbeitsprojektion" herausgegeben von der Demolux GmbH, die eine ausführliche „Deutschsprachige Bibliographie über die Arbeitsprojektion" enthält und die von der genannten Firma bezogen werden kann. Verschiedene Firmen (Faber, Schwan, Staedler) bieten Arbeitsmappen mit wasser- und spirituslöslichen Stiften verschiedener Breiten zur Herstellung von Folien an. Auch Zirkel und durchsichtige Reißbrettanordnung kann man über einschlägige Zeichenmaterialgeschäfte beziehen. Bei folgenden Firmen erhalten wir Projektionsfolien aus unserem Arbeitsgebiet:

Firma Duno Naturwissenschaftliche Lehrmittel GmbH, D-2353 Nortorf:

Unsere Erde I (Sustersic/Sirc), Bestell-Nr. 73 100 – 41 Folien.
Lernbereich I: Weltkunde (Grothe), Bestell-Nr. 73 032 – 33 mehrfarbige Folien.
Himmelskunde Teil I (Schaarschmidt), Bestell-Nr. 73 112 – 30 Folien.
Himmelskunde Teil II (Mallmann), Bestell-Nr. 73 112 A – 30 Folien.

Lehrmittel- und Verlagsgesellschaft Hagemann, Karlstr. 20 (Postfach 51 29), D-4000 Düsseldorf 1; Tel.: 0211/35 38 11:

17 33 64 Der Ursprung des Sonnensystems
17 33 71 Unser Sonnensystem
17 33 63 Die Keplerschen Gesetze
17 33 71 Satellit Mond
17 33 62 Die Gezeiten
17 33 60 Sonnen- und Mondfinsternis
17 33 65 Sterne der nördlichen Hemisphäre
17 33 66 Sterne der südlichen Hemisphäre
17 33 70 Verschiedene Galaxien
17 33 68 Eigenbewegungen der Sterne
17 33 67 Veränderliche Sterne
17 33 69 Spektralanalyse und Doppler-Effekt
17 33 84 Radioteleskop
17 33 90 Transparentmappe Astronomie; 14 Transparente mit 33 Folien und Begleittexten.

Staatliches Kontor für Unterrichtsmittel, Wittenberger Str. 8, Postschließfach 14, DDR-7021 Leipzig:

Hertzsprung-Russell-Diagramm, Bestell-Nr. 08 7601 56 – 4 Folien.
Drehbare Sternkarte, Die Sonne, Interstellares Medium, Aufbau und Funktion des astronomischen Fernrohrs – Bestell-Nr. 08 7602 56. – Weitere neue Angebote.

Hubbard Scientific Company, Northbrook, Illinois:

Science Transparencies for the overhead projektor – 6 Folien.

Jünger-Verlag, Schumannstr. 161 – Postfach 580, D-6050 Offenbach/Main:

Unser Sonnensystem, Reihe 1, Bestell-Nr. 4940–4947 – 22 Folien mit Schülerarbeitsheft.
Unser Sonnensystem, Reihe 2, Bestell-Nr. 4950–4955 – 12 Folien mit Schülerarbeitsheft.
Sterne und Sternsysteme, Bestell-Nr. 4960–4966 – mit Schülerarbeitsheft.

Westermann-Verlag, Postfach 3320, D-3300 Braunschweig:

Aus dem Bereich Optik, Bestell-Nr. 35 9561 – 16 Folien.

Fernder diverse Folien bei
MMI Corporation, 2950 Wyman Parkway, Baltimore, Maryland 21211 und
Landmark Pictures, Inc., 72 Mallard Drive, Greenwich, Conn. 06830.

Folien für Schaukästen werden auch in Kalenderform angeboten: Sternwarte Violau, D-8901 Violau, Tel.: 08295/840.

16.2.1.3.2 Laufbild (Film). Das bewegte Bild ist zur Informationsübermittlung ein außerordentlich wichtiges Hilfsmittel geworden. Der 16-mm-Schmalfilm und klassische 8-mm-Film wird auf die Dauer durch das Super-8-Format verdrängt werden.

Langfristig gesehen wird das Videobank (s. 16.2.1.4.4) die Filme ganz verdrängen.

Einen Stummfilm ohne Kommentar bei der Einführung eines neuen Problems als „Anspielfilm" einzusetzen, um Denkprozesse beim Zuschauer einzuleiten, hat sich sehr bewährt. Wenn dabei der Film dem Vortragenden nicht vollständig zusagt, kann das sogar, um Kritik anzuregen, von Vorteil sein. Eine vollständige Übersicht über das Marktangebot ist kaum zu erstellen. Hier eine Auswahl:

Das Institut für Film und Bild, Bavaria-Film-Platz 3, D-8022 Grünwald, bietet folgende Filme (Super-8) an:

360589 Scheinbare tägliche Bewegung der Sonne 1;
360735 Scheinbare tägliche Bewegung der Sonne 2;
360663 Scheinbare jährliche Bewegung der Sonne 1;
360664 Scheinbare jährliche Bewegung der Sonne 2;
360734 Scheinbare Bewegung der Planeten;
360927 Die Jahreszeiten 1;
360928 Die Jahreszeiten 2.

Der Westermann-Verlag, Postfach 3320, D-3300 Braunschweig, bietet folgende Arbeitsfilme (Super-8) an:

355794 Schwerelosigkeit – Laufzeit 4 min, Verwendung ab 8. Schuljahr.
355795 Die Erde aus dem Weltraum – Laufzeit 4 min, Verwendung ab 8. Schuljahr.
355796 Wetterbeobachtung aus dem Weltraum – Laufzeit 3 min, Verwendung ab 8. Schuljahr.
355797 Geologie aus dem Weltraum – Laufzeit 3.30 min, Verwendung ab 8. Schuljahr.
355798 Apollomission – Flug zum Mond – Laufzeit 4 min, Verwendung ab 8. Schuljahr.
355799 Flug zur Venus – Laufzeit 4 min, Verwendung ab 9. Schuljahr.
355736 Der Doppler-Effekt – Laufzeit 3.05 min, Verwendung ab 7. Schuljahr.
355746 Brechungserscheinungen – Laufzeit 3 min, Verwendung ab 10. Schuljahr.
355053 Sonnen- und Mondfinsternis.
355056 Jahreszeiten.

Movies Newsreels, Box 2589-ST-10, 6269 Selma Ave., Hollywood, CA 90028, USA, bietet folgende Filme (Super-8) an:

Apollo-Soyuz	Apollo 17
Apollo 11	Skylab 4
Flight of Apollo 15	

Observatoire de Genève:

Our Sun in Action, s/w, englische Untertitel – Laufzeit 10 min.
Explosion of the Sun, s/w, englische Untertitel – Laufzeit 10 min.
Recherche Spatiale Vol 03, farbig, franz. Untertitel – Laufzeit 15 min.
Solar Flare Activity, sw/ englische Untertitel – Laufzeit 10 min.

Man befrage die zuständige Stadt-, Kreis- oder Landesbildstelle nach Ausleihmöglichkeiten und Neuerscheinungen.

16.2.1.4 Audio-visuelle Medien. Ton und Bild gemeinsam haben sich in letzter Zeit zum wichtigsten Informationsmittel entwickelt. Der Referent, der die Mittel für sich einsetzt, ist allerdings stark an das vorkonzipierte Programm gebunden und muß oft Kraft aufwenden, um die in dem eingesetzten Medium vertretenen Meinungen und Anschauungen zu berichtigen und zu ergänzen, das wird leider oft übersehen.

16.2.1.4.1 Tonfilm. Der Tonfilm wird heute überall gern bei Vorträgen und Veranstaltungen eingesetzt. Der 16-mm-Film mit Licht- oder Magnetspur wird allmählich durch die Super-8-Filme abgelöst werden. Der Einsatz als „Anspielfilm", dem dann der eigentliche Vortrag oder eine Diskussion über die angeschnittenen Probleme folgt, hat sich sehr bewährt. Auch hier ist eine vollständige Übersicht über den gesamten Markt kaum möglich. Die UdSSR, CSSR und DDR verfügen über sehr gute 16-mm-Lehrfilme, deren Beschaffung nur außerordentlich schwierig ist. Die Filme sind als Unterrichtsmittel für das Schulfach „Astronomie" besonders entwickelt worden.

Prof. Dr. Christoph von Rhöneck hat in der Reihe „Der Physikunterricht": „Physikfilme" – Beiträge zu seinen fachlichen, methodischen und didaktischen Problemen – einen Filmkatalog herausgegeben und Kriterien zur Beurteilung von Filmen entwickelt. Ernst Klett Verlag Stuttgart, Jg. 11 Heft 3 (1977). ISBN 3-12-964071-1.

Bei der Beschaffung von ausländischen Lehrfilmen ist die Firma Henry H. Brüggemann, Abteistr. 16, D-2000 Hamburg 13, gern behilflich. Weiter bieten an:

Institut für Film und Bild, Bavaria-Film-Platz 3, D-8022 Grünwald/München (Postfach 260):

Sterne und Sternsysteme von Rudolf Kühn
Lichtton (LT)
Kepler und sein Werk (LT)
Unternehmen Erdtrabant (LT)
Sonnen-Protuberanzen (LT)
Unser Mond (LT)

Wilhelm-Foerster-Sternwarte mit Zeiss-Planetarium, Munsterdamm 90, D-1000 Berlin 41:

Ein Fernrohr auf Reisen – Magnetton (MT)
Aus der Arbeit einer Volkssternwarte (MT)
Sonnenfinsternis-Expedition nach Mauretanien (MT)
Ein Fernrohr entsteht (MT)

Aims Instructional Media Services, Inc. Hollywood, California 9028, USA:

Nr. 2 The moon – adventure in Space
Nr. 12 The solar system . . . islands in space
Nr. 20 Sun . . . friend or foe
Nr. 43 Survival in space
Nr. 62 The universe . . . flight to the stars.

Henry H. Brüggemann, Fernsehproduktion, Abteistr. 16, D-2000 Hamburg, Tel.: 040/449871:

Das Meer ist mehr (LT)

BFA Educational Media, 2211 Michigan Avenue, Santa Monica, California 90404, USA:

Nr. 289 Measuring in astronomy – how big, how far (LT)
Nr. 32 Satellites: stepping stones to space (LT)
Nr. 147 How we study the sun (LT)
Nr. 19 Earthquakes and volcanoes (LT)
Nr. 5 Rocks and minerals (LT)
Nr. 44 How we know the earth's shape (LT)
Nr. 917 Planetary motions and space travel (LT)
Nr. 691 The wanderers: Paths of planets (LT)
Nr. 921 Beyond the moon (LT)
Nr. 144 What is an eclipse? (LT)

Nr. 86 Shadows on our turning earth (LT)
Nr. 43 How we know the earth moves (LT)
Nr. 727 Origin of the moon (LT)
Nr. 53 Asteroids, Comets and Meteorites (LT)
Nr. 59 Caverns and geysers (LT)
Nr. 97 Why communication satellites? (LT)
Nr. 235 The laser: a light fantastic (LT)
Nr. 67 Birth and death of mountains (LT)
Nr. 24 How we explore space (LT)
Nr. 298 Measuring the universe (LT)
Nr. 104 Sound waves and stars: The doppler effect

Kitt Peak National Observatory, 950 North Cherry Avenue, P.O. Box 26732, Tuscon, Arizona 85726, USA:

Stars, Galaxies and Southern Skies
M. L. Meeks – Explorations in Space and Time

Houghton Mifflin Company, One Beacon Street, Boston, Massachusetts 02107, USA:

3-37536 Sirius and the white dwarf (LT)
Star Clusters (LT)
3-37537 Algol the demon star (LT)
3-35542 Planetary motion and Kepler's Laws (LT)
3-37535 XI Ursae Majoris (LT)
Motions of stars (LT)
3-37541 The doppler effect (LT)
3-37540 The motions of attracting bodies (LT)

Observatoire de Genève:

Diffractions et aberrations (LT) franz., s/w – Laufzeit 19 min.
Exploring Milky Way (LT) engl., farbig – Laufzeit 23 min.
Flammes du soleil (LT) franz., s/w – Laufzeit 11 min.
Force, Mass and Motion (Gravitation), (LT) engl., s/w – Laufzeit 10 min.
Le grand telescope de l'observatoire de Haute Provence, (LT) franz., s/w – Laufzeit 16 min
La grande oreille, (LT) franz., s/w – Laufzeit 15 min.
Hubble's Variable Nebula, (LT) engl., s/w – Laufzeit 11 min.
Inauguration de l'observatoire de Genève, (MT) franz., s/w – Laufzeit 24 min.
Interféromètre de Michelson, (LT) franz., farbig – Laufzeit 28 min.
Phénomènes de diffraction, (LT) franz., s/w – Laufzeit 11 min.
Au rythme du ciel, (LT) franz., farbig/sw – Laufzeit 23 min.
Les saisons, (LT) franz., s/w – Laufzeit 8 min.
The Solar Atmosphere, (LT) engl., s/w – Laufzeit 28 min.
Spectroscopie infra-rouge du soleil par ballon stratosphérique, (MT) franz., farbig – Laufzeit 25 min.
Transformation de Fourier, (LT) franz., farbig – Laufzeit 22 min.
Vitesses radiales, (LT) franz., s/w – Laufzeit 18 min.

Filme auch bei
MMI Corporation, 2950 Wyman Parkway, Baltimore, Maryland 21211, USA;
Institut für Weltkunde in Bildung und Forschung, Flachsland 27, D-2000 Hamburg 76, Tel.: 040/221068 oder 221069;
Nationale Space Films Library, 495 South Arroyo Parkway, Pasadena, CA 91105, USA;
Landmark Pictures, Inc., 72 Mallard Drive, Greenwich, Conn. 06830, USA.

16.2.1.4.2 Tonbildreihe. Die Vorführung von Diapositiven mit gleichzeitigem Abspielen eines Tonbandes mit vorgefertigtem Text und, wenn möglich, automatischer Steuerung des Diatransportes oder Kurzzeichen für den Vorführer, das nächste Dia einzuschalten, wird leider viel zu wenig genutzt. Zwar werden handelsüblich nur wenig

Reihen dieser Art angeboten, die unser Sachgebiet betreffen, aber die Selbstherstellung einer Tonbildreihe ist eine reizvolle Aufgabe und der Einsatz in der Volksbildungsarbeit sollte mehr gefördert werden. Fachgeschäfte beraten bei der Anschaffung von passenden automatischen Diaprojektoren und geeigneten Kassettenrecordern. Gelegentlich wird auch das klassische Bandgerät oder die Schallplatte bei Tonbildreihen eingesetzt.

So bietet die Firma Werner Purrmann, D-7401 Unterjesingen, eine Tonbildreihe „Johannes Kepler" mit Schallplatte an. Die Firma Jünger audio-visuell, Schumannstr. 161 (Postfach 580), D-6050 Offenbach/Main, bietet im Randgebiet allgemeine Geographie die Tonbildreihen

Nr. 624 Lufthülle, Klima und Wetter – 50 Dias und Tonband mit Laufzeit 25 Minuten, Normalband oder Kassette.
Nr. 625 Das Meer – 50 Dias, Tonband, Laufzeit 23 Minuten, Normalband oder Kassette

an. Man lasse sich durch die zuständigen Bildstellen, die auch leihweise Tonbildreihen zur Verfügung stellen, beraten.

16.2.1.4.3 Fernsehen. Wenn auch das Fernsehen große Massen der Bevölkerung von aktiver Betätigung während der Freizeit abhält und so sicher auch der Amateurastronomie in manchen Bereichen Abbruch tut, kann nicht übersehen werden, daß trotz dieser Nachteile viele Anregungen und Denkanstöße durch aktuelle Sendungen gegeben werden, die dann umgekehrt Aktivitäten bewirken, auch wenn diese nicht immer von langer Dauer sind.

16.2.1.4.3.1 Öffentliches Programm. Neben den Wissenschaftssendungen in den beiden Hauptprogrammen finden wir astronomische Reihen in dem 3. Programm fast aller deutschsprachigen Fernsehketten und auch in den Programmen der angrenzenden deutschsprachigen Länder. Schnellinformation auf wissenschaftlichem Gebiet gibt es auch durch die Nachrichtensendungen. Mitschnitt (*nur für private Zwecke*) gibt Anregung für Diskussionen im kleinen Kreis aktiver Amateure.

Leider hat sich die Verbreitung von Schnellmitteilungen bei der Entdeckung von Kometen und neuen Sternen bei uns in Deutschland noch nicht durchgesetzt.

16.2.1.4.3.2 Bildschirmdienste. Bildschirmdienste, die mit besonderer Redaktion Information auf fast allen Sachgebieten regelmäßig in der Art von Nachrichtenagenturen auf dem Kabelwege anbieten und so dem Benutzer ein aktuelles Lexikon mit großer Kapazität zur Verfügung stellen, werden in Zukunft eine große Rolle spielen. Es wird eine Aufgabe aktiver Amateurastronomen sein, in diesem Bereich den Ausbau eines guten Informationsdienstes anzuregen und zu fördern.

Die Entwicklung im wissenschaftlichen Informationsbereich geschieht viel langsamer als seinerzeit erwartet.

16.2.1.4.4 Videoband. Die Verbreitung von Vidobandgeräten zur Selbstaufnahme von Sendungen und Wiedergabe vorgefertigter Programme nimmt immer mehr zu. Volkssternwarten und Planetarien mit Fernsehmonitoren und Wiedergabeeinrichtungen sind keine Seltenheit mehr. Im Videoband ist dem Lehrfilm eine echte Konkurrenz erwachsen. Das brauchbare Angebot an Bändern und Kassetten auf dem astronomischen Sektor ist allerdings bisher gering, obwohl eine große Gruppe von Firmen sich der Produktion von Bändern verschiedenster Art widmet. Diese können nur veranlaßt werden, auch auf unserem Sachgebiet zu produzieren, wenn die Zahl der Anfragen nach entsprechenden Programmen recht groß wird. Deshalb eine Liste solcher mit der Herstellung entsprechender Programme befaßter Firmen:

Alpha – Polyphongruppe für wissenschaftliche didaktische Filme und AV, Tonndorfer Hauptstr. 90, D-2000 Hamburg 70
Arbeitsgruppe Information, Herwarthstr. 17, D-5000 Köln 1
Blackbox, Seestr. 160, CH-8027 Zürich (Schweiz)
ILS – Institut für Informations- und Lernsysteme, Rheinstr. 24, D-6100 Darmstadt
Imbild, Gesellschaft für audiovisuelle Kommunikation mbH, Dietlindenstr. 18, D-8000 München 40
Institut für Film und Bild in Wissenschaft und Unterricht GmbH, Bavaria-Film-Platz 3, D-8022 Grünwald
Institut für Lerntechnologie, Seestr. 160, CH-8027 Zürich (Schweiz)
Institut für Tele- und Audiovision, Hildesheimer Str. 111a, D-3000 Hannover
Institut für Video-Informationssysteme VIS, Lakronstr. 59, D-4000 Düsseldorf
Medithek, Institut für moderne Lehrmethoden, Arabellastr. 4, D-8000 München 81
MIT, Moderne Instruktions-Technik Eyl KG, Im Erlenbruch 12, D-6393 Wehrheim-Oberhain
Polymedia, Gesellschaft für audiovisuelle Kommunikation, Harvestehuder Weg 1–4, D-2000 Hamburg 13
Julius Springer Verlag, Heidelberger Platz 3, D-1000 Berlin 33
Verlagsgesellschaft Schulfernsehen, Postfach 182069, D-5000 Köln 1
Video Programm Service, VPS, Bavariaring 18, D-8000 München 2
Videophon GmbH, Volmerswerther Str. 80/86, D-4000 Düsseldorf 1

Die Zeitschrift „Spektrum der Wissenschaft“ bietet ausgezeichnete Videobänder aus unserem Sachgebiet über seinen Leser-Service, Mönchhofstraße 15, D-6900 Heidelberg an.

Weitere Angebote durch Verlag Astronomisches Wissen, Mainzer Str. 8, D-5600 Wuppertal 1, Tel.: 0202/431430.

16.2.1.5 Computer. In allen rational organisierbaren Bereichen unseres Lebens ist der Einsatz von Computern möglich und in vielen (wenn auch nicht allen!) Fällen sinnvoll. In diesem Abschnitt *Lehrmittel* unseres Handbuchs sollen didaktische Gesichtspunkte (der Computer als didaktisches (Hilfs-)Mittel) im Vordergrund stehen; gerade dies wird für viele andere Bereiche Anregungen für praktische Anwendungen ergeben.

Im Bereich der Schule (Volkshochschule), der Planetarien und Volkssternwarten dürften die Einsatzmöglichkeiten etwa denen im Physikunterricht entsprechen. Das sind (nach Merzyn, 1985):

- als programmierbare Rechenmaschine,
- zur graphischen Veranschaulichung,
- zur Meßwertaufnahme und -speicherung,
- zur Steuerung und Regelung von Apparaten und Geräten,
- zur Simulation von Vorgängen,
- zur Darbietung von Unterrichtsprogrammen (tutorieller Einsatz),
- zur Darstellung von Übungsaufgaben (evtl. mit Kontrolle der Antwort),
- als Datenbank,
- zur Textverarbeitung.

Hier sind die didaktischen Schwerpunkte sicher sehr unterschiedlich begründbar. Für den Amateurastronomen oder Vortragenden im Astrobereich ist dies eine abstrakte Frage und bedarf für die Praxis nicht der Klärung.

Hier ist *Kontakt* zwischen den an der Lösung der verschiedensten Fragestellungen Interessierten am wichtigsten! Ohne eine Mitgliedschaft in einer (Amateur-) *Astronomischen Vereinigung* wird nur der extreme Individualist auskommen! Aber: Selbstbewußtsein behalten! Dem eigenen Denken vertrauen! Es gibt leider im Bereich der Amateure (nicht nur der Astronomie) viele (intellektuell repressive, durchaus tüchtige) Einzelgänger, die (oft ohne es zu wollen) der Entwicklung von (alten und jungen) Anfängern neben sich sehr hinderlich sind. Also: Mut behalten beim Probieren: So wie jedes *Fernrohr seinen Himmel* hat, hat jeder *Computer seine Hilfsfunktion!*

Bücher, die uns weiterhelfen (die gibt es in großer Menge):

Das Handbuch (es sind manchmal mehrere) Ihres Computers sollten Sie durchgearbeitet haben. Wenn es zusätzliche Hilfsbücher gibt, sollten Sie sie ansehen. Nicht alles muß man neu kaufen; vieles kann man leihen (z. B. bei den Landesbildstellen, s. u.), manches antiquarisch erwerben.

Computer im Experiment. Hrsg. Prof. Dr. Wilfried Kuhn, Aulis Verlag Deubner, Köln 1986, identisch mit Band 11 des Handbuchs der experimentellen Physik, Sekundarbereich II, Aulis Verlag. Anregendes Übersichtswerk!

Himmelskunde und Kleinrechner. Hrsg. Hermann Mucke, Papiere des 13. Sternfreunde Seminars 1985, Bestellungen: Astronomisches Büro, Hasenwartg. 32, A-1238 Wien, Österreich.

Klaus Hempe, Jürgen Molt: Sterne im Computer. Rudolf Müller-perComp Verlag, Köln 1986. Viele Anregungen. Disketten für viele Systeme erwerbbar. Viele Literaturangaben.

Wolfgang Wepner: Mathematisches Hilfsbuch für Studierende und Freunde der Astronomie, Treugesell Verlag Dr. Vehrenberg, Düsseldorf, o. J.

Montenbruck: Grundlagen der Ephemeridenrechnung. 4. Aufl. SuW-Taschenbuch, Verlag Sterne und Weltraum, München 1989

D. Tattersfield: Orbits for Amateurs with a Microcomputer. Stanley Thornes (Publishers), Leckhampton 1984

Jean Meeus: Astronomical Formulae for Calculators. Zu beziehen durch Treugesell Verlag Dr. Vehrenberg, Düsseldorf

Fast alle Computerzeitschriften bieten gelegentlich sehr interessante astronomische Programme. Hinweise findet man in den bekannten Zeitschriften (s. S. 711) und durch die Vereinigung der Sternfreunde, Arbeitskreis Mathematik; p. A. Dr. Klaus Güssow, Hebbelstr. 2, 5090 Leverkusen.

Die Landes-(Kreis-, Stadt-)Bildstellen haben sich heute oft „Software-Banks" angegliedert, die gern im Lehrbereich helfen. Adresse in Berlin: Landesbildstelle, Wikingerufer 7, D-1000 Berlin 21, Tel.: 030/39090-264.

Weitere Angebote: Verlag Astronomisches Wissen, Zweigstelle Abteilung Computer, Leibuschstr. 15, D-5600 Wuppertal 22.

16.2.2 Nichttechnische Informationsträger

In diesem Abschnitt werden hauptsächlich die „klassischen Lehrmittel" behandelt.

16.2.2.1 Tafel. Die Wandtafel (schwarz oder grün) ist immer noch das unentbehrlichste Lehrmittel im Hörsaal, Arbeitsraum und nicht zu vergessen, auch der Sternwartenkuppel in der Volkssternwarte. Weiße und farbige Kreide sollten vorhanden sein.

Sehr bewährt haben sich Magnettafeln, an die mit Hilfe von entsprechenden Platten kleine Modelle angeheftet werden können. Sie sind oft weiß und mit speziellen Filzstiften zu beschreiben. Auch Filztafeln, auf die man aus Papier oder Pappe ausgeschnittene Kleinmodelle mit Hilfe von Filzstreifen anheften kann, sind gut brauchbar.

Aus einer einfachen Faserplatte kann man mit Hilfe von schwarzen Wandtafel-Folien aus Kunststoff schnell und billig Tafeln beliebiger Größe herstellen.

16.2.2.2 Anschauungstafel

16.2.2.2.1 Wandkarte. Wandkarten, wie sie im Geographie-Unterricht eingesetzt werden, gibt es in geringer Anzahl auch im astronomischen Bereich. Man verfolge die Verlagsprospekte der einschlägigen Lehrmittelfirmen. Hier eine Auswahl:

JEHA-Lehrmittelanstalt, Speckstr. 37–47, D-2000 Hamburg 36:
Nördlicher Sternhimmel, Wandkarte.

Staatliches Kontor für Unterrichtsmittel, Wittenberger Str. 8 (Postschließfach 14), DDR-7021 Leipzig:
Bestell-Nr. 08 8210 56 Tierkreiszone, Schiefertuchkarte – 180 × 130 cm, haftbar.
Bestell-Nr. 98 1092 56 Nördlicher Sternhimmel, Wandkarte – 156 × 162 cm.

Hallwag AG, Bern (Schweiz):
Hallwag Universumkarte 1, Der Mond
Hallwag Universumkarte 3, Die Sterne
Hallwag Universumkarte 4, Das Sonnensystem, Planeten und Monde
Hallwag Universumkarte 5, Mars

Lehrmittelverlag Hagemann, D-4000 Düsseldorf:
Der Mond – Wandkarte

16.2.2.2.2 Wandbild. Wandbilder in Form von Postern kann man von beliebigen Photonegativen und Diapositiven bei größeren Photohandlungen und den Versandhäusern verhältnismäßig preiswert herstellen lassen. Man beachte auch hier Angebote der Lehrmittelverlage.

In der DDR werden angeboten vom Staatlichen Kontor für Unterrichtsmittel, Wittenberger Str. 8, DDR-7021 Leipzig:

Horizontsystem	Best.-Nr. 30 8504
Spektralklassen der Fixsterne	Best.-Nr. 30 8520
Hertzsprung-Russell-Diagramm	Best.-Nr. 30 8537
Wandkarte Nördlicher Sternhimmel	Best.-Nr. 30 8256
Schiefertuchkarte Tierkreiszone	Best.-Nr. 30 9007
Drehbare Schülersternkarte	Best.-Nr. 30 9956

16.2.2.2.3 Schaukasten. Der Schaukasten (Abb. 11) ist ein wirkungsvolles und preisgünstiges Hilfsmittel der Öffentlichkeitsarbeit im Bereich der Astronomie und Weltraumforschung. Er ist das einzige Lehrmittel, das in der vorigen Auflage dieses Handbuchs unberücksichtigt blieb. B. Mackowiak hat in SuW 83/6, S. 295, ausführlich über ihn berichtet. Er stellt eine Kombination von Tafel beziehungsweise Pinnwand mit einer schmalen Vitrine dar und wird meist an einer Wand inner- oder außerhalb eines Gebäudes montiert. Gelegentlich findet man auch auf Sockel oder Beine frei aufgestellte Schaukästen. Bei der Herstellung sollte nicht gespart werden.

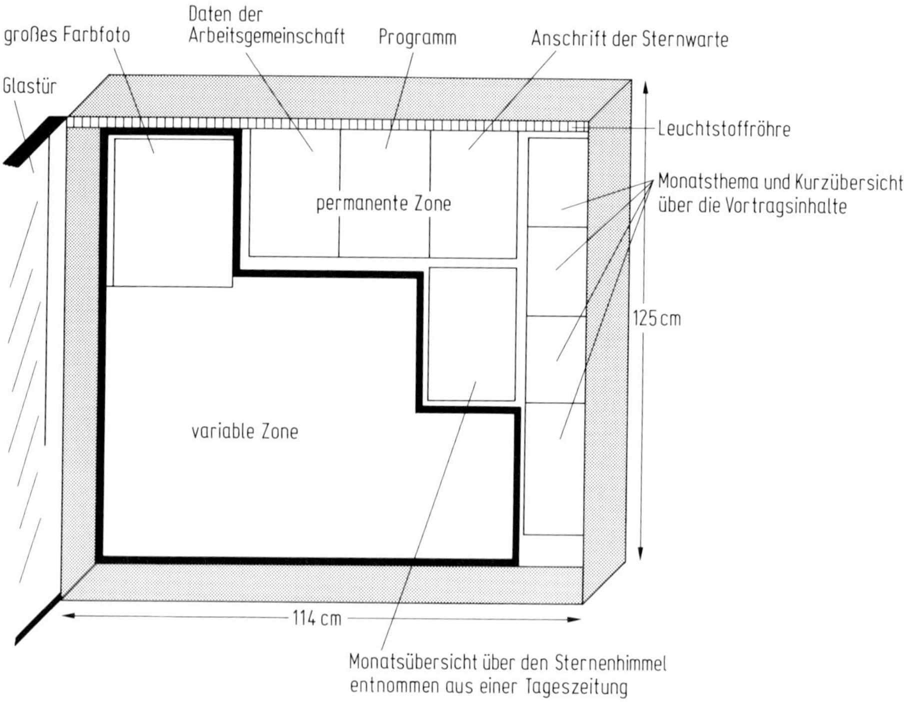

Abb. 11. Mögliches Grundschema für die Aufteilung und Gestaltung eines Schaukastens

Holzrahmen müssen nach einiger Zeit nachgestrichen werden. Metallrahmen aus Aluminium sind pflegeleicht. Solide Öffnungsmöglichkeit (feste Scharniere) und sicherer Verschluß durch ein Sicherheitsschloß sind unerläßlich (Ersatzschlüssel!).

Eine Rückwand aus einer Korkplatte macht das Befestigen von Bildern, Graphiken, Tabellen und Texten einfach. Bei der Entscheidung für die Tiefe des Kastens sollte vorher überlegt werden, welche Modelle und Kleingeräte zur Verfügung stehen oder eventuell angeschafft werden.

Wichtig ist, daß langfristig ein Verantwortlicher für die Gestaltung und ständige Neubeschickung des Kastens zur Verfügung steht und dies auch „mit Liebe und Leidenschaft" tut. Dabei kann er Schüler oder Mitglieder von Arbeitsgruppen zur Mitarbeit heranziehen oder motivieren. Nichts ist unserer Arbeit abträglicher als ein ungepflegter oder inhaltlich veralteter und überholter Schaukasten. Anregungen für den Einsatz in oben genanntem Artikel.

16.2.2.3 Schriftliche Arbeitsmittel

16.2.2.3.1 Buch. Im Grunde ist jedes Fachbuch gleichzeitig auch Lehrmittel. In diesem Zusammenhang sind nur spezielle Schulbücher und didaktische Hilfsmittel einschließlich der Lehrprogramme aufgeführt.

Klaus Aschenbrenner: Himmelskundige Beobachtungen in der Schule. Verlag Moritz Diesterweg, Frankfurt/Main, Berlin. Best.-Nr. 1643

Klaus Aschenbrenner: Blick zu den Sternen (ein astronomisches Arbeitsbuch). Otto Salle Verlag, Frankfurt/Main 1962 (mit Lehrerbegleitheft). Best.-Nr. 5300

Roger B. Culver: An Introduction to Experimental Astronomy. W. H. Freeman and Company, San Franciscio (1974). ISBN 0-7167-0347-5

Fladt-Seitz: Astronomie. Ernst Klett Verlag (1957), Postfach 809, D-7000 Stuttgart 1 (dazu methodisches Handbuch)

Friedrich Gondolatsch, Gottfried Groschopf, Otto Zimmermann: Astronomie I, Die Sonne und ihre Planeten. Ernst Klett Verlag Stuttgart (1978). ISBN 3-12-983830-9

Friedrich Gondolatsch, Gottfried Groschopf, Otto Zimmermann: Astronomie II, Fixsterne und Sternsysteme. Ernst Klett Verlag Stuttgart (1979). ISBN 3-12-983840-6

Richard H. Giese, Werner Heinke: Astronomie III, Übungsaufgaben Astronomie und Raumfahrt mit ausführlichen Lösungen. Ernst Klett Verlag Stuttgart (1977). ISBN 3-12-983890-2

Peter Fuchs, Klaus-Peter Haupt, Hans-Herrmann Loose: Astronomie IV, Praktikum mit 15 Versuchsaufgaben. Ernst Klett Verlag Stuttgart (1981). ISBN 3-12-983940-2

Hans Rolf Henkel: Astronomie – Eine Einführung für Schulen, Volkshochschulen und zum Selbststudium. Verlag Harri Deutsch, Thun, Frankfurt/Main (1982)

Charles M. Huffer, Richard S. Marasso: Laboratory Exercises in Introductory Astronomy. Verlag Holt, Rinehart and Winston, Inc., New York (1967)

Max Kemp: Unsere Sternenwelt. Ferd. Dümmlers Verlag, Bonn. Best.-Nr. 3613

Dr. W. Láska: Lehrbuch der sphärischen und theoretischen Astronomie und der mathematischen Geographie. Verlag Julius Maier (1889). Ein sehr altes Lehrbuch, das als Vorläufer moderner Lehrprogramme gewertet werden kann und viele Anregungen auch heute noch gibt.

Helmut Lindner: Physik im Kosmos. Aulis Verlag Deubner & Co., Köln. Best.-Nr. 6013

Klaus Lindner: Astroführer. Urania-Verlag, Leipzig (1986)

Hans Mann: Von Himmel und Erde. Ferd. Dümmlers Verlag, Bonn. Best.-Nr. 3119

M. G. J. Minnaert: Practical Work in Elementary Astronomy. D. Reidel Publishing Company, Dordrecht/Holland

Hanne Müller, Arnke: Gravitation und Weltraumfahrt – Grundkurs. Herausgegeben von Dr. Rainer Draaf und Gerd Harbeck, Schulverlag Vieweg Düsseldorf, Braunschweig (1979). ISBN 3-594-10401-X

Hans Schäfer: Astronomische Probleme und ihre physikalischen Grundlagen. Vieweg, Braunschweig (1978)

Hans Schäfer: Elektromagnetische Strahlung – Informationen aus dem Weltall. Vieweg, Braunschweig (1985)

W. Schlosser, Th. Schmidt-Kaler, unter Mitarbeit von H. Unger: Astronomische Musterversuche für den Unterricht in der Sekundarstufe II. Hirschgraben Verlag, Frankfurt/Main

W. Schlosser: Astronomische Musterversuche für die Sekundarstufe I – Eine Handreichung zur Einbeziehung der Astronomie in den Naturkunde-, Rechen- und Erdkundeunterricht, Vorabdruck. Zu beziehen vom Autor: Astronomisches Institut der Ruhr Universität Bochum, Postfach 102148, D-4630 Bochum 1

Karl Schaifers: Meyers Sternbuch für Kinder. Bibliographisches Institut, Mannheim (1964)

Wolfgang Schroeder: Praktische Astronomie für Sternfreunde. Franckh'sche Verlagshandlung, Stuttgart. Verl. Nr. 2106 Str

Schulfunk: Das Sonnensystem. Verlag Ehrlich u. Sohn KG, Dr. Julius-Leber-Str. 3/7, D-2400 Lübeck 1

Hans Seitz: Methode und Praxis des Unterrichts in der Himmelskunde. Verlag Quelle und Meyer, Heidelberg

Roland Sochor (Schorndorf): Ausgewählte Aufgaben mit Lösungen des astronomischen Praktikums der Landessternwarte Heidelberg-Königstuhl, zu beziehen durch: Landesstelle für Erziehung und Unterricht, Referat II/3, Wiederholdstr. 13, D-7000 Stuttgart 1 (1978)

Jürgen Teichmann: Wandel des Weltbildes. Astronomie, Physik und Meßtechnik in der Kulturgeschichte. Deutsches Museum München (1980)

Fritz Voit: Astronomie – Grundlagen und Praxis für die Schule. Aulis Verlag Deubner und Co. KG, Köln (1969). Best.-Nr. 1022

B. A. Vorontsov-Vel'Yaminov: Astronomical Problems. Pergamon Press, London, New York

Heinz Wiedemann: Blick ins Weltall. Hirschgraben-Lesereihe, Reihe II, Erdkunde, Band 15. Hirschgraben-Verlag, Frankfurt/Main. Best.-Nr. 435

Otto Zimmermann: Astronomische Aufgaben für den Physikunterricht. Treugesell-Verlag Düsseldorf

Otto Zimmermann: Astronomisches Praktikum I. Für Arbeitsgemeinschaften und zum Selbstunterricht. SuW-Taschenbuch Nr. 8, Verlag Sterne und Weltraum, München

Otto Zimmermann: Astronomisches Praktikum II. Für Arbeitsgemeinschaften und zum Selbstunterricht. SuW-Taschenbuch Nr. 9, Verlag Sterne und Weltraum, München

Diverse Autoren: Astronomie 10. Klasse. Unterrichtshilfen. Volk und Wissen, Volkseigener Verlag Berlin 71 (DDR) – VuW – Best.-Nr. 08 21 01-1

Diverse Autoren: Astronomie. Ein Lehrbuch für die Oberschule, Kl. 10. VuW-Verlag (DDR)

Diverse Autoren: Astronomieunterricht. Methodisches Handbuch für den Lehrer. VuW-Verlag (DDR), 1960. Best.-Nr. 27 404-1

Diverse Autoren: Astronomie für die Hand des Lehrers. Herausgeber: Pädagogische Hochschule, Potsdam (DDR). Best.-Nr. 10 506/34

Diverse Autoren: Loseblattsammlung. Herausgeber: Deutsches Zentralinstitut für Lehrmittel, Lehrmittel für den Astronomischen Unterricht. Verlag VuW (DDR). Best.-Nr. 27 404-1

Klaus Lindner: Beiträge zur Methodik des Astronomieunterrichts in den zehnklassigen allgemeinbildenden polytechnischen Oberschulen. Pädagogisches Zentralinstitut. Verlag VuW (DDR)

Klaus Lindner, Arthur Wersig: Praktische Schülerbeobachtungen für den Astronomieunterricht. Herausgeber: Deutsches Pädagogisches Zentralinstitut. Verlag VuW (DDR). Best.-Nr. 27 950-1

Siegfried Peterseim: Einfache Rechenbeispiele für Sternfreunde. Westf. Museum für Naturkunde (1987), Sentruper Str. 285, Münster/Westf., Tel.: 02 51/8 20 84

Erwin Heiser: Der gläserne Himmel. Plaris Publication (1987) Lengerich/Westf. Computersimulierte 1- und 3dimensionale Bilder

Sonderheft: Geographie heute. Diverse Autoren: Sonne, Mond und Sterne, Heft 49 April 1987, Friedrich Verlag, Postfach 10 01 50, D-3016 Seelze 6, Tel.: 05 11/4 00 04-0

Mitsumasa Anno: Anno's Sonnenuhren – Die erlebte Zeit. Verlag Sauerländer, Aarau, Frankfurt/Main, Salzburg (1987). Ein Buch, das nach Art der Märchenbücher beim Aufklappen der pappstarken Seiten Sonnenuhren wie sonst Schlösser und anderes plastisch erscheinen läßt, die bei Sonnenschein und richtiger Ausrichtung (wird gut erklärt) voll funktionsfähig sind (auch für verschiedene Breiten!). Sehr originell!

Wer Beschaffungsschwierigkeiten für Fachbücher hat, wende sich an die an anderen Stellen genannten Firmen oder an: Nikolaus Hanowski, Geschwister-Scholl-Ring 5, D-8034 Germering, Tel.: 0 89/8 40 14 19 oder Buchhandlung Ziegan, Potsdamer Str. 180, D-1000 Berlin 30, Tel.: 0 30/2 16 20 68.

16.2.2.3.2 Arbeitsblatt. Arbeitsblätter wird man sich für Vortrags- und Unterrichtstätigkeit meist selbst mit Hilfe der modernen Vervielfältigkeitsverfahren herstellen. Die Wilhelm-Foerster-Sternwarte, Munsterdamm 90, D-1000 Berlin 41 versendet auf Anforderung gegen Kostenersatz anregende Beispiele:

In der DDR sind erhältlich:

Bildmappen, Bestell-Nr. 08 980156. Astronomische Objekte – 22 Bilder, 30 × 40 cm.

Best.-Nr. 10 1104 56. Wissenschaftler Geographie/Astronomie – 11 schwarzweiß-Graphokopien, 40 × 30 cm,

die ähnliche Funktion wie Arbeitsblätter erfüllen. Außerdem ein Arbeitsblatt zu Schiefertuchkarte

Best.-Nr. 08 8011 56 „Tierkreiszone" für die Hand des Schülers.

Siehe Abschnitt 16.2.2.2.1. Stereo-Bilder als Arbeitsblätter:

A Stereo Atlas of the Stars. Herausgeber: David Chandler, in der Reihe: Deep Space 3-D, P.O. Box 309, La Verne, CA 91 750, USA, 13 Sternfelder mit Stereobetrachter.

16.2.2.3.3 Karteikarten. Karteikarten sind als Merkstoffsammlung für „Lehrer“ und „Schüler“ sehr nützlich. Wer zwei Exemplare vom ABC-Astronomie kauft und zerschneidet und auf Karteikarten – nach Stichworten geordnet – aufklebt, hat schnell eine astronomische Grundkartei, die er mit Hinweisen von Zeitschriftenartikeln ständig auf dem Laufenden halten kann. Die Zeitschrift „Sterne und Weltraum“ hat in der Vergangenheit eine gut nutzbare Kartei für den Amateurastronomen herausgebracht, die leider vergriffen ist.

Die Zeitschrift „Astronomie in der Schule“ (erscheint monatlich), Verlag: Volk und Wissen, Berlin, legt regelmäßig Karteikarten für die didaktische Behandlung von Lehrstoffeinheiten bei.

16.2.2.4 Spiele. Das Spiel als Lehrmittel wird im allgemeinen vergessen. So ist auf dem astronomischen Sektor auch noch nicht allzuviel erschieden. Hier sollten Sternfreunde mit Phantasie Neues entwickeln. Einige Beispiele:

Modellbogen: Sonne, Mond und Sterne. Rund um die Astronomie. Verlag: Junge Welt, Berlin, Mohrenstr. 36/37. Best.-Nr. 684 0873

Lehrquartett für Kinder ab 10 Jahre: Sternbilder. Verlag für Lehrmittel Pössneck. Text: Arnold Zenkert, Bilder: Heinz Rodewald, Herstellung: Altenburger Spielkartenfabrik, Printed in the German Democratic Republic A 7/77

Sternen-Quartett Anna Wolfhügel, J. Ch. Mellinger Verlag GmbH, Friedenstr. 11, D-7000 Stuttgart

Ein Beschäftigungsbuch für Kinder ab 10 Jahre: Der Mond, Raketen und Raumschiffe (mit Ausschneidebogen) (Autor: Karl Winkler). Postreiter-Verlag, Gustav Koepper KG, Halle/Saale (DDR)

Trifid Nebula – Jigsaw Puzzle (500 Stck.), Society of the Pacific, 1290, 24th Ave., San Francisco, CA 94122, USA

Großer Bär sucht Schlangenträger. Astronomisches Spiel- und Quizbuch in 2 Teilen, Polaris Verlag, Postfach 1445, D-4540 Lengerich/Westf. Tel.: 04582/1611

Sterneföifi, ein neues Spiel mit und über den Sternhimmel. Spielwerkstatt Murmel, Postfach 6152, CH-8023 Zürich, Tel.: 0041/1/2421718

16.2.2.5 Umriß-Stempel. Umriß-Stempel zur Herstellung von Arbeitskarten erhält man vom Westermann-Verlag unter der Nr. 20202 und 20216 für die nördliche und südliche Ekliptikzone.

In der DDR sind erhältlich von VEB Lehrmittel, Leninstr. 87, DDR-825 Meißen:
Stempel für die Tierkreiszone, vierteilig.
Stempel für die Planetenbahnen Merkur bis Mars.
Stempel für das Hertzsprung-Russel-Diagramm.

Die Stempel vereinfachen die Gruppenarbeit sehr.

16.3 Allgemeines Literaturverzeichnis

Hinweise für den Benutzer:

1. Literaturhinweise finden sich auch am Ende eines jeden Kapitels in diesem Handbuch. Dort sind Buchtitel und Zeitschriftenaufsätze angegeben.
2. Die Liste der nachfolgenden Veröffentlichungen erhebt nicht Anspruch auf Vollständigkeit. Das Literaturverzeichnis will nur einige Anregungen geben, wo man noch weitere Informationen findet. Die zitierten Buchtitel enthalten zum Teil selbst wieder umfangreiche Buch- und Zeitschriftenhinweise. Aktuelle Informationen bieten die Buchbesprechungen in den bekannten astronomischen Zeitschriften.
3. Bewußt sind im nachfolgenden Literaturverzeichnis ältere Titel belassen worden, die bereits in den letzten Auflagen dieses Handbuchs aufgeführt waren. Wenn nicht antiquarisch, so bekommt man leihweise ältere Bücher bestimmt in großen Bibliotheken (z. B. in den Staatsbibliotheken auf dem Weg der Fernleihe). Zum besseren Verständnis manchen astronomischen Problems ist es unerläßlich, auch die ältere Literatur zu Rate zu ziehen.
4. Naturwissenschaftlich-technisch orientierte Fachbuchhandlungen (Universitäts-Buchhandlungen) bringen in einem bestimmten Turnus (z. B. jährlich) Fachbuchverzeichnisse (z. B. „Mathematik, Physik") heraus, die meistens auch einschlägige astronomische Titel (Neuerscheinungen!) enthalten.
5. Mit Blick auf die 1987 in der Zeitschrift für Astronomie „Sterne und Weltraum" begonnene Rubrik „Literaturquellen, die nicht jeder kennt" sei auch an dieser Stelle der Leser auf Veröffentlichungen aufmerksam gemacht, die staatliche Stellen (z. B. US-Regierung), Forschungsinstitute (z. B. Deutsche Forschungs- und Versuchsanstalt für Luft- und Raumfahrt) und astronomische Organisationen (z. B. Astronomische Gesellschaft) herausgeben und die für die praktische astronomische Arbeit hilfreich sein können.

16.3.1 Bibliographie über alle Gebiete der Astronomie

Astronomy and Astrophysics Abstracts. Berlin, Heidelberg, New York: Springer Verlag zweimal jährlich. Nachweis der astronomischen und astrophysikalischen Literatur, die alljährlich auf der Welt erscheint. Ein internationales Standardwerk, das die Nachfolge des Astronomischen Jahresberichts angetreten hat.

Lusis, A.: Astronomy and astronautics: an enthusiast's guide to books and periodicals. London: Mansell Publishing Limited 1986

Seal, R. A.: A guide to the literature of astronomy. Littleton, Libraries Inc. 1977

16.3.2 Biographie und Geschichte

Abbott, D. (ed.): The biographical dictionary of scientists: Astronomers. London: Frederick Muller (Blond Educational) 1984

Aratea. Faksimile-Edition der berühmtesten astronomischen Bilderhandschrift aus der Zeit der Karolinger. 200 Seiten im Originalformat 20 × 22,5 cm. Kommentarband 160 Seiten. Luzern: Faksimile-Verlag 1987

Ashbrook, J.: The astronomical scrapbook: Skywatchers, pioneers and seekers in astronomy. Cambridge, MA 1984

Balss, H.: Antike Astronomie. München: Heimeran 1949
Aus griechischen und lateinischen Quellen mit Text, Übersetzung und Erläuterungen geschichtlich dargestellt

Becker, F.: Geschichte der Astronomie. Bonn: Universitäts-Verlag 1980
Eine knappe, übersichtliche, historische Einführung. (4. Aufl.)

Blunck, J.: Götter in Planeten und Monden. Verlag Harri Deutsch, Frankfurt/M., Thun 1987

Bronsart, H. v.: Kleine Lebensbeschreibung der Sternbilder. Stuttgart: Franckh'sche Verlagshandlung 1963
Sternbildersagen und Geschichte der Sternbildernamen

Büdeler, W.: Geschichte der Raumfahrt. Thalwil: Verlag Sigloch, Edition 1979
Bühler, K.: Gauß. Eine biographische Studie. Springer: Berlin 1987
Buttmann, G.: John Herschel. Lebensbild eines Naturforschers. Stuttgart: Wissenschaftliche Verlagsgesellschaft 1965
Buttmann, G.: Wilhelm Herschel. Leben und Werk des Astronomen. Stuttgart: Wissenschaftliche Verlagsgesellschaft 1961
Chandrasekhar, S.: Eddington: The most distinguished astrophysicist of his time. Cambridge: Cambridge University Press 1983
Christianson, G. E.: In the presence of the creator: Isaac Newton and his times. New York: Macmillan 1984
Cornell, J.: The first stargazers: An introduction to the origins of astronomy. New York: Scribner's 1981
Crowe, M. J.: The Extraterrestrial Life Debate 1750–1900. The Idea of a Plurality of Worlds from Kant to Lowell. Cambridge: Cambridge University Press 1986
DeVorkin, D. H.: The history of modern astronomy and astrophysics: A selected and annotated bibliography. New York: Garland 1982
Dorschner, J., Friedmann, Ch., Marx, S., Pfau, W.: Astronomie vom Altertum bis heute. Frankfurt: Umschau-Verlag 1975
Eberhard, W.: Sternkunde und Weltbild im alten China: Chinese Materials and Research Aids Service Center, Serie No. 5, 1970
16 gesammelte Aufsätze zur Astronomie im alten China, besonders die Han-Zeit betreffend (Teilweise unter Mitarbeit von Robert Henseling und Rolf Müller)
Eelsalu, H., Hermann, D.: Johann Heinrich Mädler. Berlin: Akademie-Verlag 1985
Forbes, E. G., Howse, D., Meadows, A. J.: Greenwich Observatory 1675–1975 (3 Bände). London: Taylor & Francis 1975
Freiesleben, H. Ch.: Galileo Galilei. Physik und Glaube an der Wende zur Neuzeit. Stuttgart: Wissenschaftliche Verlagsgesellschaft 1956
Freiesleben, H. Ch.: Trügen die Sterne? Stuttgart: Kreuz 1963
Beitrag zur Geschichte der Astrologie
Freiesleben, H. Ch.: Max Wolf. Der Bahnbrecher der Himmelsphotographie. Stuttgart: Wissenschaftliche Verlagsgesellschaft 1962
Fritze, K.: Der Halleysche Komet im Jahre 1910. Kometen, Weltuntergangsprophezeiungen und der Halleysche Komet. Leipzig: Zentralantiquariat der DDR 1985
Gerlach, W.: Johannes Kepler und die Copernicanische Wende, 2. Aufl. Leipzig: J. A. Barth 1978
Gingerich, O. (ed.): Astrophysics and twentieth-century astronomy to 1950; Part A: The general history of astronomy, Vol. 4. Cambridge: Cambridge University Press 1984
Griesser, M.: Die Kometen im Spiegel der Zeiten. Bern: Hallwag 1985
Gundel, W.: Sternglaube, Sternreligion und Sternorakel, 2. Aufl. Heidelberg: Quelle & Meyer 1959
Aus der Geschichte der Astrologie. Eine kulturgeschichtliche Arbeit, die dem historisch interessierten Sternfreund zu empfehlen ist
Hall, A. R.: Die Geburt der naturwissenschaftlichen Methode 1630–1720. Gütersloh: Sigbert Mohn Verlag 1965
Hamel, J.: Astrologie – Tochter der Astronomie? Leipzig, Jena, Berlin: Urania-Verlag 1987
Hawkins, G. S.: Stonehenge decoded. New York: Doubleday and Co. Inc. 1965
Eine aufsehenerregende verständlich dargestellte Geschichte der Steinsetzung und Gedanken zu ihrer himmelskundlichen Ausrichtung. Eine Arbeit, die wegen ihrer Hypothese „Stonehenge a Neolithic Computer" sehr kritisch diskutiert wurde
Hearnshaw, J. B.: The analysis of starlight. One hundred and fifty years of astronomical spectroscopy. Cambridge: Cambridge University Press 1986
Herrmann, D. B.: Geschichte der Astronomie von Herschel bis Hertzsprung. Berlin: VEB Deutscher Verlag der Wissenschaften 1975
Herrmann, D. B.: Vom Schattenstab zum Riesenspiegel. 2000 Jahre Technik in der Himmelsforschung. Berlin: Verlag Neues Leben 1978
Herrmann, D. B.: Kosmische Weiten. Geschichte der Entfernungsmessung im Weltall, 2. Aufl. Leipzig: J. A. Barth 1981

Herrmann, D. B.: Geschichte der modernen Astronomie. Berlin: VEB Deutscher Verlag der Wissenschaften 1984

Hermann, D. B.: The history of astronomy from Herschel to Hertzsprung. Cambridge: Cambridge University Press 1984

Hermanowski, G.: Nikolaus Kopernikus. Zwischen Mittelalter und Neuzeit. Graz: Styria 1985

King, H. C.: The history of the telescope. London: Charles Griffin 1955
Eine umfassende historische Darstellung. Nachdruck bei Dover 1979

Kopal, Z.: Of stars and men. Reminiscences of an astronomer. Bristol, Boston: Adam Hilger 1986

Krafft, F. (Hrsg.): Große Naturwissenschaftler. Biographisches Lexikon, zweite, neubearbeitete und erweiterte Auflage. Düsseldorf: VDI 1986

Krupp, E. C. (Ed.): Astronomen, Priester, Pyramiden. München: C. H. Beck 1980
Archäoastronomie: Megalithe, Astronomische Bauwerke in Nord- und Mittelamerika, Ägyptische Astronomie

Krupp, E. C.: Echoes of the ancient skies: The astronomy of lost civilizations. New York: Harper & Row 1983

Lang, K. R., Gingerich, O.: A source book in astronomy and astrophysics, 1900–1975. Cambridge Mass.: Harvard University Press 1979

Learner, R.: Das Teleskop. Die Geschichte der Astronomie seit Galilei. München: Christian Verlag 1982

Leopold, J. H.: Astronomen, Sterne, Geräte. Landgraf Wilhelm IV. und seine sich selbst bewegenden Globen. Luzern: Edition Joseph Fremersdorf 1986

Moore, P.: Patrick Moore's history of astronomy, 6th ed. London: Macdonald 1983

Müller, P.: Sternwarten; Architektur und Geschichte der Astronomischen Observatorien. Bern, Frankfurt: Verlag H. u. P. Lang 1975

Müller, R.: Der Himmel über den Menschen der Steinzeit. Berlin: Springer 1970

Müller, R.: Sonne, Mond und Sterne über dem Reich der Inka (Verständliche Wissenschaft, 110. Band). Berlin: Springer 1972
Von der Vermessung und dem Besuch früher und später Inkakulturen

Müller, R., Fritz Zwicky: Leben und Werk des großen Schweizer Astrophysikers, Raketenforschers und Morphologen. Glarus: Baeschlin 1987

Neugebauer, O.: Astronomy and History. Selected Essays. Berlin: Springer 1983

Osterbrock, D. E.: James E. Keeler: Pioneer American astrophysicist. Cambridge: Cambridge University Press 1984

Pannekoek, A.: A history of astronomy. London: George Allen and Unwin Ltd. 1961
Viele historische Informationen!

Reiners, L.: Steht es in den Sternen? Wahrheit und Irrtum der Astrologie. München: List-Verlag 1951
Eine geistreiche Veröffentlichung, die uneingeschränkt zu empfehlen ist

Roth, G. D.: Joseph von Fraunhofer. Handwerker – Forscher – Akademiemitglied 1787–1826. Stuttgart: Wissenschaftliche Verlagsgesellschaft 1976

Roth, G. D.: Kosmos Astronomie Geschichte. Astronomen, Instrumente, Entdeckungen. Stuttgart: Franckh'sche Verlagshandlung 1987
Besonders die Entwicklung der „Neuen Astronomie" von der Mitte des 19. Jh. bis zur Gegenwart

Schmeidler, F.: Nikolaus Kopernikus. Stuttgart: Wissenschaftliche Verlagsgesellschaft 1970

Schröder, W. (Hrsg.): Historical events and people in geosciences. Frankfurt: Peter Lang 1985

Sexl, R., Meyenn, K. v. (Hg.): Galileo Galilei. Dialog über die beiden hauptsächlichsten Weltsysteme, das ptolemäische und das kopernikanische. Stuttgart: Teubner 1982

Smith, R. W.: The expanding universe: Astronomy's great debate 1900–1931. Cambridge: Cambridge University Press 1982

Stephenson, F. R., Houlden, M. A.: Atlas of Historical Eclipse Maps. Cambridge: Cambridge University Press 1986

Sullivan, W. T., III (ed.): The early years of radio astronomy: Reflections fifty years after Jansky's discovery. Cambridge: Cambridge University Press 1984

Swarup, G., Bag, A. K., Shukla, K. S. (Hrsg.): History of Oriental Astronomy. Cambridge: Cambridge University Press 1987

Thewes, A.: Oculus Enoch ... Ein Beitrag zur Entdeckungsgeschichte des Fernrohrs. Oldenburg: Verlag Isensee 1983
Thom, A.: Megalithic Sites in Britain. Oxford: Clarendon Press 1967
500 megalithische Steindenkmäler werden auf ihre astronomische Ortung und ihren geometrischen Aufbau untersucht. (Sonnen- und Mondortungen). Ein Standardwerk, dem weitere Arbeiten des Verfassers folgten
Véron, Ph., Ribers, J. C.: Les comètes d'antiquité à l'ève spatiale. Paris: Hachette 1979
Wattenberg, D.: Johan Gottfried Galle. Leben und Wirken eines deutschen Astronomen. Leipzig: J. A. Barth 1963
Wright, H.: James Lick's monument. The saga of Captain Richard Floyd and the building of the Lick Observatory. Cambridge: Cambridge University Press 1987
Yataro, S, Elliot, H. (eds): Early History of Cosmic Ray Studies. Astrophysics and Space Science Library Volume 118. Dordrecht: D. Reidel 1985
Persönliche Erinnerungen mit alten Photographien.
Zinner, E.: Astronomie, Geschichte ihrer Probleme. Freiburg, München: Verlag K. Alber 1951
Das wissenschaftliche Anliegen der Forscher einzelner Epochen wird dargestellt an Hand der zugehörigen Originaldokumente. Mit umfangreicher Bibliographie
Zinner, E.: Deutsche und niederländische astronomische Instrumente des 11.–18. Jahrhunderts, 2. Aufl. München: C. H. Beck 1967

16.3.3 Populäre Gesamtdarstellungen und Nachschlagewerke

Acker, A.: Formes et couleurs dans l'univers. Paris: Masson 1987
Alter, D., Cleminshaw, C. H., Phillips, J. G.: Pictorial astronomy, 5th ed. New York: Harper & Row 1983
Asimov, I.: The universe: From Flat earth to quasar, 3rd ed. New York: Walker 1980
Audouze, J., Israel, G. (Hrsg.): The Cambridge Atlas of Astronomy. Cambridge: Cambridge University Press 1985
Audouze, J, Israel, G. (Hrsg.): Der große JRO Atlas der Astronomie. München: IRO Kartografische Verlagsanstalt 1987
Baker, D., Hardy, D. A.: Der Kosmos-Sternführer. Planeten, Sterne, Galaxien. Stuttgart: Franckh'sche Verlagshandlung 1979
Beatty, J. K., O'Leary, B., Chaikin, A. (Hrsg.): Die Sonne und ihre Planeten – Weltraumforschung in einer neuen Dimension. Weinheim: Verlag, Physik 1983
Boslough, J.: Jenseits des Ereignishorizontes Reinbek: Rowohlt 1985
Das Buch entstand aus Diskussionen mit S. Hawking, der sich mit den Themen Urknall, Quarks, Quasare und schwarze Löcher beschäftigt
Breuer, R.: Kontakt mit den Sternen. Frankfurt: Umschau 1978
Büdeler, W.: Blick ins Weltall. München: Mosaik Verlag 1978
Büdeler, W.: Faszinierendes Weltall. Stuttgart: Deutsche Verlags-Anstalt 1981
Bürgel, B. H.: Aus fernen Welten. Berlin: Ullstein 1958
Burdakow, W. P., Siegel, F. J.: Raumfahrt und Weltraumforschung. Grundlagen und Aspekte. Berlin: Akademie-Verlag 1979
Cattermole, P., Moore, P.: The Story of the Earth. Cambridge: Cambridge University Press 1985
Dixon, T.: Dynamic astronomy, 4th ed. Englewood Cliffs, NJ: Prentice-Hall 1984
Elsässer, H.: Weltall im Wandel. Die neue Astronomie. Stuttgart: Deutsche Verlags-Anstalt 1985
Field, G. B., Chaisson, E. J.: Das unsichtbare Universum. An den Grenzen der modernen Astrophysik. Bearbeitet und übersetzt von Bernhard P. Koch. Basel: Birkhäuser 1986
Fritzsch, H.: Vom Urknall zum Zerfall. Die Welt zwischen Anfang und Ende. München: Piper Verlag 1983
Gerstenberger, M.: Astronomie des Alltags. Stuttgart: Franckh'sche Verlagshandlung 1976
Goldsmith, D., Owen, T.: Auf der Suche nach Leben im Weltall. Stuttgart: Hirzel Verlag 1984
Das Buch berichtet jenseits unseriöser Spekulationen von den wissenschaftlichen Anstrengungen Lebensformen im Kosmos festzustellen

Gondolatsch, F., Groschopf, G., Zimmermann, O.: Astronomie I: Die Sonne und ihre Planeten. Stuttgart: Klett 1978
Gondolatsch, F., Groschopf, G., Zimmermann, O.: Astronomie II: Fixsterne und Sternsysteme. Stuttgart: Klett 1979
Greenstein, G.: Der gefrorene Stern – Pulsare, Schwarze Löcher und das Schicksal des Alls. Düsseldorf, Wien: Econ 1985
Harrison, E. R.: Kosmologie – Die Wissenschaft vom Universum (Übersetzt durch H. und G. Schwarz). Darmstadt: Verlag Darmstädter Blätter 1983
Heckmann, O.: Sterne, Kosmos, Weltmodelle. Erlebte Astronomie. München, Zürich: Piper-Verlag 1976
Henbest, N., Marten, M.: Die neue Astronomie. Basel: Birkhäuser 1984
Herder Lexikon: Weltraumphysik – Sachwörterbuch der Astronomie, 2. Aufl.
Herrmann, J.: Das falsche Weltbild. Stuttgart: Franckh'sche Verlagshandlung 1962
Kritische Untersuchung über Astrologie, Welteislehre, Hohlwelttheorie, Bewohnbarkeit der Sonne, fliegende Untertassen und andere Irrlehren
Herrmann, J.: Tabellenbuch für Sternfreunde, 2. Aufl. Stuttgart: Franckh'sche Verlagshandlung 1986
Eine nützliche Ergänzung zum „Handbuch für Sternfreunde"
Herrmann, J.: Astronomie – Wissenschaft aktuell. München: Mosaik 1981
Herrmann, J.: Astronomie – Eine Einführung in die Welt des Kosmos. Lexikothek 1981
Herrmann, J.: Großes Lexikon der Astronomie. München: Mosaik 1982
Herrmann, J.: Die Kosmos-Himmelskunde. Stuttgart: Franckh/Kosmos Verlagsgruppe 1986
Illingworth, V.: The Facts on File Dictionary of Astronomy. New York: Facts on File 1979
Kasten, V.: Faszinierende Astronomie. Vom Sonnensystem bis an den Rand des Weltalls. Stuttgart: Franckh'sche Verlagshandlung 1988
Kippenhahn, R.: Hundert Milliarden Sonnen. München: Piper 1984
Geburt, Leben und Tod der Sterne
Kippenhahn, R.: Licht vom Rande der Welt. Stuttgart: Deutsche Verlags-Anstalt 1984
Das Universum und sein Anfang
Kippenhahn, R.: Unheimliche Welten. Stuttgart: Deutsch Verlags-Anstalt 1987
Planeten, Monde und Kometen. Die Bücher von Kippenhahn vermitteln in fesselnder Schreibweise modernste Erkenntnisse
Köhler, H. W.: Klipp und klar – 100 × Raumfahrt. Mannheim-Wien-Zürich: Bibliographisches Institut 1978
Komarrow, W. N.: Neue unterhaltsame Astronomie. Frankfurt: Harri Deutsch 1977
Krause, A.: Himmelskunde für Jedermann; 8. Aufl. Stuttgart: Franckh'sche Verlagshandlung 1978
Volkstümliche Darstellung. Der Hauptteil ist der Einführung und dem Sonnensystem gewidmet
Krug, E.: Bürgels Himmelskunde – Entdeckungsreisen zu fernen Welten. Berlin: Bertelsmann 1975
Neubearbeitung des populären Werkes „Aus fernen Welten" von Bruno H. Bürgel
Laustsen, S., Madsen, C., West, R. M.: Entdeckungen am Südhimmel. Ein Bildatlas der Europäischen Südsternwarte (ESO). Berlin: Springer und Basel: Birkhäuser 1987
Lewis, R. S.: The Voyages of Columbia. The First True Spaceship. New York: Columbia University Press 1984
Littrow, J. J. v.: Die Wunder des Himmels, 11. Aufl. Bonn: Ferd. Dümmler Verlag 1963
Der berühmte „Littrow", einst Standardwerk der populären Astronomie. Von historischem Interesse
Malin, D., Murdin, P.: Farbige Welt der Sterne. Weinheim: VCH Verlagsgesellschaft
Mitton, S. (Hrsg.): Cambridge Enzyklopädie der Astronomie. Gütersloh: Bertelsmann Lexikon Verlag 1978
Moore, P.: The new atlas of the universe, 3rd ed. London: Mitchell Beazley 1984
Moore, P., Zimmer, H.: Guinness Buch der Sterne. Frankfurt/M.: Ullstein 1985
Narlikar, J.: Introduction to cosmology. Boston Jones and Bartlett 1983
Newcomb-Engelmann: Populäre Astronomie, 8. Aufl. Leipzig: J. A. Barth 1948
Dieses Werk, einst unbestrittenes Standardwerk der populären Himmelskunde, ist heute sachlich an vielen Stellen überholt. Von historischem Interesse

Ronan, C., Dunlop, S. (eds.): Astronomie heute; Theorie und Praxis für den Sternfreund. Stuttgart: Franckh'sche Verlagshandlung 1985

Sagan, C.: Unser Kosmos – Eine Reise durch das Weltall. München: Droemer 1982

Schaifers, K.: Meyers Sternbuch für Kinder. Petra lernt den Himmel kennen. Mannheim: Bibliographisches Institut 1964

Spannende Geschichten vermitteln bereits den Acht- bis Zwölfjährigen grundlegende astronomische Kenntnisse

Schaifers, K., Traving, G.: Meyers Handbuch Weltall. 6. Aufl. Mannheim, Wien, Zürich: Bibliographisches Institut 1984

Schaifers, K.: Geschwister der Sonne – Methoden und Erkenntnisse der modernen Stellarastronomie. Hamburg: Hoffmann und Campe 1976

Smoluchowski, R.: Das Sonnensystem. Ein G2 V-Stern und neun Planeten. Heidelberg: Spektrum der Wissenschaft 1985

Störig, Hans J.: Knaurs moderne Astronomie. 1983

Aus dem Inhalt. Einführung in kosmische Dimensionen, Sonne, Sonnensystem, Fixsterne, Doppelsterne und Veränderliche, Neue Fenster ins Weltall, Milchstraßensystem, Geburt und Tod der Sterne, Extragalaktische Systeme

Thomas, O.: Astronomie – Tatsachen und Probleme, 7. Aufl. Salzburg: Verlag „Das Bergland-Buch" 1956

Ausführliche Darstellung aller astronomischen Gebiete. Eigenwillige Diktion. Veraltet. Von historischem Interesse

Waldmeier, M.: Panoptikum der Sterne. Bern, Stuttgart: Hallwag 1976

Weigert, A., Zimmermann, H.: ABC der Astronomie, 3. Aufl. Hanau: Dausien 1971

Astronomisches Lexikon

Wilhelm, F. (Hrsg.): Der Gang der Evolution. Die Geschichte des Kosmos, der Erde und des Menschen. München: C. H. Beck 1987

Zimmer, H.: Astronomie 2000. Das neue Weltbild der Astrophysik. Berlin, Wien, Frankfurt: Ullstein 1979

16.3.4 Wissenschaftliche Einführungen und Nachschlagewerke

Allen, C. W.: Astrophysical Quantities, 3. Aufl. London: The Athlone Press 1973

Vielbenutztes Standardwerk für astrophysikalische Daten über Sonne, Mond, Planeten, Fixsterne usw.

Ambarzumian, V. A. (Hrsg.): Probleme der Modernen Kosmogonie. Basel: Birkhäuser 1976

Bernhard, H., Lindner, K., Schukowski, M.: Wissensspeicher Astronomie. Das Wichtigste in Stichworten und Übersichten. Frankfurt/Main: Verlag Harri Deutsch 1987

Cadogan, P.: From Quark To Quasar. Cambridge: Cambridge University Press 1985

Davies, J. K.: Satellite Astronomy. The Principles and Practice of Astronomy from Space. Chichester: John Wiley and Sons 1988

Deutsche Forschungsgemeinschaft (Hrsg.): Denkschrift Astronomie. Weinheim: VCH Verlagsgesellschaft 1987

Eine Bestandsaufnahme über den Stand der astronomischen Forschung und wichtige neue Programme

Falk, G., Ruppel, W.: Mechanik, Relativität, Gravitation. Berlin: Springer 1973

Field, G. B., Chaisson, E. J.: Das unsichtbare Universum. An den Grenzen der modernen Astrophysik. Basel: Birkhäuser 1986

Flügge, S. (Hrsg.): Handbuch der Physik. Gruppe XI. Astrophysik (5 Bände). Berlin: Springer 1958–1960

Fachwissenschaftliches Standardwerk

Gehrels, T. (Hrsg.): Planets, stars and nebulae studied with photopolarimetry. Tucson: The University of Arizona Press 1974

Giese, R.-H.: Einführung in die Astronomie. Darmstadt: Wissenschaftliche Buchgesellschaft 1981. Lizenzausgabe Bibliographisches Institut Mannheim

Goldberg, H. S., Scadron, M. D.: Physics of Stellar Evolution and Cosmology. New York: Gordon und Breach Publishers, 1981

Henkel, H. R.: Astronomie – Eine Einführung für Schulen, Volkshochschulen und zum Selbststudium. Frankfurt: Harri Deutsch 1984
Kafatos, M. C., Harrington, R. S., Maran, St. P., (Hrsg.): Astrophysics of Brown Dwarfs. Cambridg: Cambridge University Press 1986
Kanitscheider, B.: Kosmologie. Geschichte und Systematik in philosophischer Perspektive. Stuttgart: Reclam 1984
Kaufmann, W. J., III ed.: Universe. New York: Freeman and Co. 1985
Kiesl, W.: Kosmochemie. Wien: Springer 1979
Kippenhahn, R., Möllenhoff, C.: Elementare Plasmaphysik. Mannheim, Wien, Zürich: Bibliographisches Institut 1975
Kitchin, C. R.: Astrophysical Techniques. Bristol: Adam Hilger Ltd. 1984
Überlick über moderne Methoden der beobachtenden Astronomie
Kleczek, J.: Astronomisches Wörterbuch. Prag: Tschechoslowakische Akademie der Wissenschaften 1961
Astronomische Fachausdrücke in den Sprachen: Englisch, Russisch, Deutsch, Französisch, Italienisch und Tschechisch
Klinger, J., Benest, D., Dollfus, A., Smoluchowski, R. (Hrsg.): Ices in the Solar System. NATO Advanced Science Study Institute, Reihe 4, Band 156. Dordrecht: D. Reidel 1985
Kosmologie. Struktur und Entwicklung des Universums, mit einer Einführung von Immo Appenzeller. Heidelberg: Spektrum der Wissenschaft 1984
Kühn, L.: Das Milchstraßensystem. Bauplan und Entwicklung unseres Sternsystems. Stuttgart: Wissenschaftliche Verlagsgesellschaft 1978
Landolt-Börnstein: Zahlenwerte und Funktionen aus Naturwissenschaft und Technik, Neue Serie, Gruppe VI: Astronomie, Astrophysik und Weltraumforschung. Berlin: Springer 1982
Lang, K. R.: Astrophysical Formulae 2. Aufl. Berlin: Springer 1986
Referenzbuch – Fachbuch
Lüst, R.: Extraterrestrische Astronomie. Berlin: Springer 1984
Manchester, R. N., Taylor, J. H.: Pulsars. San Francisco: Freeman and Co. 1977
Mihalas, D.: Stellar Atmospheres. San Francisco: Freeman and Co. 1971
Misner, C. W., Thorne, K. S., Wheeler, J. A.: Gravitation. San Francisco: Freemann and Co. 1974
Mitton, S.: Die Erforschung der Galaxien. Berlin: Springer 1978
Murdin, P., Murdin, L.: Supernovae. Cambridge: Cambridge University Press 1985
Osterbrock, D. E.: Astrophysics of gaseous nebulae. San Francisco: Freeman and Co. 1974
Pasachoff, J. M.: Contemporary astronomy, 3rd ed. Philadelphia: Saunders 1985
Payne-Gaposchkin, C.: Stars and clusters. Cambridge (USA), London: Harvard University Press 1979
Priest, E. R. (Hrsg.): Solar System Magnetic Fields. Dordrecht: D. Reidel 1985
Ramana Murthy, P. V., Wolfendale, A. W.: Gamma-ray Astronomy. Cambridge: Cambridge University Press 1986
Reges, E. Jr. (Hrsg.): Extraterrestrials. Science and alien intelligence. Cambridge: Cambridge University Press 1985
Rowan-Robinson, M.: The Cosmological Distance Ladder. Distance and time in the Universe. New York: Freeman 1985
Roy, A. E., Clarke, D.: Astronomy: Structure of the universe, 2nd ed. Bristol: Adam Hilger 1982
Roy, A. E., Clarke, D.: Astronomy: Principles and practice, 3nd ed. Bristol: Adam Hilger, 1988
Sautter, H.: Astrophysik – eine Einführung, 2. Aufl. Stuttgart: G. Fischer Verlag 1984
Schäfer, H.: Elektromagnetische Strahlung. Informationen aus dem Weltall. Braunschweig: Vieweg 1985
Schäfer, H.: Astronomische Probleme und ihre physikalischen Grundlagen, 2. Aufl. Wiesbaden. F. Vieweg & Sohn 1980
Scheffler, H., Elsässer, H.: Physik der Sterne und der Sonne. Mannheim: Bibliographisches Institut 1974
Scheffler, H., Elsässer, H.: Bau und Physik der Galaxis. Mannheim, Wien, Zürich: Bibliographisches Institut 1982

Schmeidler, F.: Alte und moderne Kosmologie. Berlin, München: Duncker und Humblot 1962
Vorzüglicher Überblick über den astronomischen und philosophischen Problemkreis der Kosmologie dem Stand der Zeit entsprechend
Setti, G., Fazio, G. (Hrsg.): Infrared astronomy. Dordrecht: Reidel 1978
Sexl, R., Sexl, H.: Weiße Zwerge – schwarze Löcher. Eine Einführung in die relativistische Astrophysik, 2. Aufl. Wiesbaden: Vieweg 1979
Shapland, D., Rycroft, M.: Spacelab, Research in Earth Orbit. Cambridge: Cambridge University Press 1984. Deutsche Ausgabe: Spacelab, Forschung im Weltraum. Weinheim: VCH Verlagsgesellschaft 1986
Shklovsky, I. S.: Supernovae. Wiley and Sons 1968
Shu, F. H.: The physical universe: An introduction to astronomy. Mill Valley, CA: University Science Books 1982
Siedentopf, H.: Grundriß der Astrophysik. Stuttgart: Wissenschaftliche Verlagsgesellschaft 1950
Siedentopf, H.: Mensch und Weltall. Stuttgart: Wissenschaftliche Verlagsgesellschaft 1966
Auswahl von interessanten Aufsätzen und Vorträgen
Struve, O.: Astronomie. Einführung in ihre Grundlagen. Berlin: de Gruyter 1962
Stumpff, K.: Himmelsmechanik, 2 Bände. Berlin: VEB Deutscher Verlag der Wissenschaften 1959 und 1965, 3. Band 1974
Swarup, G., Kapahi, V. K. (Hrsg.): Quasars. Dordrecht: D. Reidel 1986
Taylor, R. J.: Sterne, Aufbau und Entwicklung. Braunschweig: Vieweg 1985
Taylor, R. J.: Galaxien, Aufbau und Entwicklung. Braunschweig: Vieweg 1986
Thorne, A. P.: Spectrophysics London: Chapman and Hall Science Paperbacks 1974
Überblick über die Methoden der experimentellen Spektroskopie
Unsöld, A.: Physik der Sternatmosphären. Berichtigter Nachdruck der 2. Aufl. Berlin: Springer 1968
Unsöld, A., Baschek, B.: Der neue Kosmos. Berlin: Springer 1981
Unsöld, A., Baschek, B.: The new cosmos, 3rd ed. New York: Springer 1983
Vardya, M. S., Tarafdar, S. P., (Hrsg.): Astrochemistry. Dordrecht: D. Reidel 1987
Véron, P., Engel, R.: Die Quasare. Stuttgart: DVA 1975
Voigt, H. H.: Abriß der Astronomie. 4. Aufl. Mannheim: BI. Wissenschaftsverlag 1987
Weedman, D. W.: Quasar Astronomy. Cambridge: Cambridge University Press 1986
Weigert, A., Wendker, H. J.: Astronomie und Astrophysik – ein Grundkurs. Weinheim: Verlag Physik 1982
Zombeck, M. V.: Handbook of Space Astronomy and Astrophysics. Cambridge: Cambridge University Press 1982
Tabellenwerk!

16.3.5 Radioastronomie

Christiansen, W. N., Högbom, J. A.: Radiotelescopes, 2. Aufl. Cambridge: Cambridge University Press 1985
Hachenberg, O., Vowinkel, B.: Technische Grundlagen der Radioastronomie. Mannheim, Wien, Zürich: Bibliographisches Institut 1982
Hey, J. S.: Das Radiouniversum. Weinheim: Verlag Chemie 1974
Allgemeinverständliche Einführung und Übersicht ohne Formeln und Tabellen. Übersetzung der englischen Ausgabe von 1971. Dritte verbesserte englische Auflage: Oxford, Pergamon Press, 1983
Kraus, J. D.: Radio astronomy. New York: McGraw Hill 1966
Grundlegendes Lehrbuch der Radioastronomie. In Bezug auf Beobachtungsergebnisse (Astrophysik) veraltet
Krüger, A.: Introduction to solar radio astronomy and radio physics. Dordrecht: Reidel 1979
Neue Übersicht über die vielfältigen Phänomene der Radiosonne, Fachbuch
Meeks, M. L. (Hrsg.): Methods of experimental physics, Vol. 12, Part B. Radio telescopes. New York: Academic Press 1976
Modernes wissenschaftliches Handbuch

Meeks, M. L. (Hrsg.): Methods of experimental physics, Vol. 12, Part C: Radio observations. New York: Academic Press 1976
Modernes wissenschaftliches Handbuch
Rohlfs, K.: Radioastronomie; Instrumente, Meßmethoden, Ergebnisse. Darmstadt: Wissenschaftliche Buchgesellschaft 1980
Rohlfs, K.: Tools of Radioastronomy. Berlin: Springer 1986
Sickels, R. M.: Radio astronomy handbook. Fort Pierce, FL: Radio Astronomy Systems 1984
Swenson, G. W.: Amateur radio telescope. Tucson: Parchart Publication House 1980
Verschuur, G. L.: The invisible universe. New York: Springer 1974
Persönlich engagierte, allgemeinverständliche Übersicht über die radioastronomische Forschung
Verschuur, G. L., Kellermann, K. I.: Galactic and extra-galactic radio astronomy. Berlin: Springer 1974
Sammlung von Übersichtsartikeln zur Radioastronomie von Mitarbeitern des „National Radio Astronomy Observatory", für Leser mit naturwissenschaftlicher Vorbildung

16.3.6 Ratgeber für den Beobachter

Ahnert, P.: Kleine praktische Astronomie, Hilfstabellen und Beobachtungsobjekte. 3. Aufl. Leipzig: J. A. Barth 1986
Nützliche Tabellen und Übersichten
Arnold, H. J. P.: Night Sky Photography. London: George Philip 1988
Baker, D., Hardy, D. A.: Der Kosmos-Sternführer. Planeten, Sterne, Galaxien. Stuttgart: Franckh'sche Verlagshandlung 1979
Beneke, E.-J.: Was sehe ich am Himmel? Ein Begleiter durch den nördlichen und südlichen Sternenhimmel. Stuttgart: Franckh/Kosmos Verlagsgruppe 1986
Block, D.: Astronomie als Hobby. Sternbilder und Planeten erkennen und benennen. Niederhausen: Falken-Verlag 1982
Brandt, R.: Himmelswunder im Feldstecher, 8. Aufl. Leipzig: J. A. Barth 1968
Voll wertvoller Anregungen; für den angehenden Amateurastronomen
Brandt, R., Müller, B., Splittgerber, E.: Himmelsbeobachtungen mit dem Fernglas, 2. Aufl. Frankfurt: Harri Deutsch 1984
Dick, J.: Praktische Astronomie an visuellen Instrumenten. Leipzig: J. A. Barth 1963
Die Theorie der astronomischen Winkelmeßinstrumente und ihre Anwendung
Dunlop, S.: Astronomy: A step by step guide to the night sky. Feltham: Hamlyn 1985
Ekrutt, J.: Sterne-Kompaß, Ausgabe 1987–1989. München: Gräfe und Unzer 1986
Hartung, E. J.: Astronomical objects for southern telescopes. With an addendum for northern observatories. A handbook for amateur astronomers. Cambridge: Cambridge University Press 1984
Heiser, E.: Der gläserne Himmel. Eine phantastische Reise zu den Sternen durch computersimulierte zwei- und dreidimensionale Bilder. Lengerich: Polaris Publications 1985
Henden, A. A., Kaitchuk, R. H.: Astronomical photometry. New York: Van Nostrand 1982
Herrmann, J.: Der Amateurastronom. Stuttgart: Franckh'sche Verlagshandlung 1976
Herrmann, J.: Sterne. Der nördliche Himmel in Farbe. Stuttgart: Franckh'sche Verlagshandlung 1988
Jones, K. G. (Hrsg.): Webb Society Deep-Sky Observer's Handbook, Vol. 1: Double stars; Vol. 2: Planetary and gaseous nebulae Vol. 3: Open and globular clusters; Vol. 4: Galaxies; Vol. 5: Clusters of Galaxies; Vol. 6: Anonymous Galaxies; Vol. 7: The Southern Sky. Hillside: Enslow Publishers 1979, 1980, 1981
Liller, B., Meyer, B.: The cambridge astronomy guide: An introduction to practical astronomy. Cambridge: Cambridge University Press 1985
Menzel, D. H., Pasachoff, J. M.: A field guide to the stars and planets, 3rd ed. Boston: Houghton Mifflin 1983
Meurers, J.: Astronomische Experimente (Scientia Astronomica, Band 3). Berlin: Akademie-Verlag 1956
Eine interessante Publikation über die Möglichkeit, die astronomische Forschung an Laborversuchen zu bestätigen. Mit umfangreichem Literaturverzeichnis

Muirden, J.: Astronomy with binoculars, 2nd ed. London: Faber 1976
Muirden, J.: Astronomy with a small telescope. London: George Philip 1985
Oberndorfer, H.: Schau mal in die Sterne, 3. Aufl. Stuttgart: Kosmos-Verlag 1988
Peltiers, L.: Guide to the Stars. Exploring the Sky with Binoculars. Cambridge: Cambridge University Press 1986
Ridpath, I., Tirion, W.: Der große Kosmos-Himmelsführer. Stuttgart: Kosmos Verlag 1987
Ronan, C. A., Dunlop, S., Jones, B.: Der Himmel bei Tag und Nacht: Erkennen – Beobachten – Fotografieren. Stuttgart: Franckh/Kosmos 1986
Roth, G. D. (Hrsg.): Astronomy: A Handbook. Berlin: Springer 1975
Englische Ausgabe einer überarbeiteten Version der 2. Auflage des „Handbuches für Sternfreunde"
Roth, G. D.: BLV Himmelsführer Sterne und Planeten. Sterne erkennen, Sterne beobachten, 5. Aufl. München, Bern, Wien: BLV Verlagsgesellschaft 1989
Roth, G. D.: The amateur astronomer and his telescope, 2. Aufl. London: Faber and Faber 1972
Schroeder, W.: Praktische Astronomie für Sternfreunde, 7. Aufl. Stuttgart: Franckh'sche Verlagshandlung 1976
Belehrung und Beobachtung mit einfachsten Hilfsmitteln. Pädagogisch wie sachlich sehr interessant!
Schweizerische Astronomische Gesellschaft (Hrsg.): Orion-Sondernummer 1980. Luzern: Schweizerische Astronomische Gesellschaft 1980
Vorträge der 1. Burgdorfer Astro-Tagung 1979
Seymour, P.: Astronomie ganz einfach. Bauen und Beobachten von der Sonnenuhr zum Spiegelfernrohr. Stuttgart: Kosmos 1985
Sidgwick, J. B.: Amateur Astronomer's Handbook, 4. Aufl. Hillside: Enslow Publishers 1980
Alle Beobachtungsobjekte des Amateurs ausführlich behandelt. Eine sehr reiche Bibliographie führt in die englischsprachige Literatur ein
Stiftung Jura-Sternwarte (Hrsg.) 1976–1886. 10 Jahre Jura-Sternwarte Grenchen. Grenchen: Stiftung Jura-Sternwarte 1986
Vehrenberg-Blank: Handbuch der Sternbilder, 3. Aufl. Düsseldorf: Treugesell-Verlag 1977
Praktische Beobachtungshilfe; den Sternkarten auf den rechten Buchseiten sind links die Daten der wichtigsten Sterne und Objekte gegenübergesetellt
Vehrenberg, H.: Atlas der schönsten Himmelsobjekte, 4. Aufl. Düsseldorf: Treugesell-Verlag 1978
Neuauflage von „Mein Messier-Buch". Photographische Darstellung von mehr als 400 Himmelsobjekten
Vehrenberg, H.: Atlas of Deep-Sky Splendors. 4. ed. Cambridge: Cambridge University Press 1983
Widmann, W., Schütte, K.: Welcher Stern ist das? 20. Aufl. Stuttgart: Franckh'sche Verlagshandlung 1977

16.3.7 Instrumentenkunde und Beobachtungsverfahren

Astro-Amateur, Fernrohr-Selbstbau für Fortgeschrittene, Beobachtungsprobleme und Möglichkeit. Zürich-Stuttgart: Rascher Verlag 1962
Verschiedene Autoren behandeln Themen des Amateur-Instrumentenbaues wie: Schmidt-Kamera, Schiefspiegler, Protuberanzen-Fernrohr, Montierungsbau u.a.m.
Berek, M.: Grundlagen der praktischen Optik. Berlin, New York: W. de Gruyter & Co. 1970
Nahezu unveränderter Nachdruck der 1. Auflage 1930
Berry, R. (ed.): How to build a Dobsonian telescope, 2nd ed. Milwaukee, WI: AstroMedia 1983
Binnendijk, L.: Properties of Double Stars. Philadelphia: University of Pennsylvania Press 1960
Eine gut verständliche Einführung in alle Aspekte der Doppelsternforschung, unter besonderer Berücksichtigung der Auswertung von lichtelektrischen Beobachtungen
Born, M.: Optik. Ein Lehrbuch der elektromagnetischen Lichttheorie, 2. Aufl. Berlin: Springer 1965
Standardwerk für Studierende der Physik und Optikrechner
Cagnet, M., Francon, M., Thrierr, J. C.: Atlas der optischen Erscheinungen. Berlin: Springer 1962

Ausgezeichnete Veröffentlichung! Für passionierte Fernrohrbauer ebenso zu empfehlen wie für Physiklehrer und überhaupt Schulen

Carleton, N. (Hrsg.): Astrophysics Part A: Optical and Infrared, Vol. 12 of Methods of Experimental Physics. New York, London: Academic Press 1974

Mit drei Beiträgen von A. T. Young über Photomultiplier, Photometer, und die Reduktion lichtelektrischer Beobachtungen; hohes Niveau

Covington, M.: Astrophotography for the Amateur. Cambridge: Cambridge University Press 1985

Erbrich, K.: Präzisionspendeluhren. München: Georg D. W. Callwey 1978

Flügge, J., Hartwig, G., Weiershausen, W.: Studienbuch zur technischen Optik. Göttingen 1985

Gelder, E., Hirschmann, W.: Schaltungen mit Halbleiterbauelementen, Band I, 6. Aufl. Berlin-München: Verlag Siemens Aktiengesellschaft

Auf leicht verständliche Weise werden verschiedene Konverterschaltungen behandelt. Mit praktischen Beispielen

Genet, R. M. (Hrsg.): Solar System Photometry Handbook. Richmond, VA: Willmann-Bell 1983

Eine vorzügliche Sammlung von Aufsätzen über alle Aspekte der Photometrie von Sonne, Mond, Planeten und Planetoiden, Kometen und Sternbedeckungen durch Mond, Planeten und Planetoiden

Genet, K. M., Genet, R. M., Genet, D. R.: The Photoelectric Photometry Handbook. Mesa, AZ: The Fairborn Press 1987

Ghedini, S.: Software for Photoelectric Photometry. Richmond, VA: Willmann-Bell 1982

Eine Sammlung von BASIC-Rechenprogrammen für fast alle Aspekte der Photometrie, insbesondere von Veränderlichen

Gordon, B.: Astrophotography, 2nd ed. Richmond, VA: Willmann-Bell 1985

Gramatzki, H. J.: Probleme der konstruktiven Optik und ihre mathematischen Hilfsmittel, 2. Aufl. Berlin: Akademie-Verlag 1957

Ein gutes Buch für den Sternfreund, der sich mit der Berechnung optischer Systeme befaßt

Griesser, M.: Himmelsphotographie. Technik und Hilfsmittel der Astrophotographie. Bern, Stuttgart: Hallwag Verlag 1974

Hall, D. S., Genet, R. M.: Photoelectric Photometry of Variable Stars. Fairborn, OH: IAPPP Communications 1982

Eine hervorragende Einführung in den Photometerbau und den Einsatz von Photometern zur Veränderlichenbeobachtung

Hall, D. S., Genet, R. M., Thurston, B. L. (Hrsg.): Automatic Photoelectric Telescopes. Mesa, AZ: The Fairborn Press 1986

Eine Sammlung von Beiträgen über den Bau und den Einsatz von automatischen lichtelektrischen Teleskopen, auch von Amateurastronomen

Hardie, R. H.: Photoelectric Reductions, in: Hiltner, W. A. (Hrsg.): Stars and Stellar Systems II: Astronomical Techniques, S. 178. Chicago: University of Chicago Press 1962

Hearnshaw, J. B., Cottrell, P. L. (Hrsg.): Instrumentation and Research Programmes For Small Telescopes. Dordrecht: Reidel 1986

Henden, A. A., Khaitchuk, R. H.: Astronomical Photometry. New York: Van Nostrand Reinhold Co. 1982

Eine hervorragende Einführung in den Bau von Photometern und ihren Einsatz

Holzmann, G., Meyer, H., Schumpich, G.: Technische Mechanik in 3 Bänden, 3. Aufl. Stuttgart: B. G. Teubner 1976

Gute und nicht zu komplizierte Einführung in die technische Mechanik

Horward, E. G.: Handbook for telescope making. London: Faber & Faber 1969

Hübner, E.: Technische Schwingungslehre in ihren Grundzügen. Berlin: Springer 1957

Gute Einführung in die technische Schwingungslehre. Behandelt eingehend die elektrischen Analogien mechanischer Schwinger

Hübscher, J., Braune, W., Fernandes, M., Broemme, A.: Einführung in die visuelle Beobachtung Veränderlicher Sterne. Berlin: BAV-Berliner Arbeitsgemeinschaft für Veränderliche Sterne e.V. 1983

Eine hervorragende Einführung in die visuelle Photometrie mit vielen ausgearbeiteten Beispielen, auch zum Selbststudium bestens geeignet

Hütte, „Des Ingenieurs Taschenbuch", Physikhütte, Band I Mechanik, 29. Aufl. Berlin, München, Heidelberg: Verlag W. Ernst & Sohn 1971
Standard-Nachschlagewerk des Ingenieurs mit Formelsammlung, zahlreichen Tabellen und Berechnungshinweisen. Sehr komprimierter Stoff, umfangreiches Literaturregister

Ingalls, A. G.: Amateur telescope making I, II, III. New York: Scientific American 1953/1961
Das umfassendste Werk seiner Art. Unerschöpfliche Fundgrube über sämtliche Fragen der Herstellung aller Instrumente eines Amateur-Observatoriums, Nachdruck 1969 Book three

Johnson, H. L.: Photoelectric Photometers and Amplifiers, in: Hiltner, W. A. (Hrsg.): Stars and Stellar Systems II: Astronomical Techniques, S. 157 Chicago: University of Chicago Press 1962

Karkoschka, E., Merz, R., Treutner, H.: Astrofotografie. Stuttgart: Franckh'sche Verlagshandlung 1980
Wie fotografiere ich Sonne, Mond, Planeten, Sterne, Kometen und Satelliten? Geräte, Verfahren, Objekte

Knapp, W., Hahn, H. M.: Astrofotografie als Hobby. Herrsching/Ammersee: vwi Verlag Gerhard Knülle 1980
Eine Anleitung für Amateur-Astronomen

Klotter, K.: Technische Schwingungslehre, 2 Bände. Berlin: Springer 1960
Deutschsprachiges Standardwerk über mechanische Schwingungen

König, A., Köhler, H.: Die Fernrohre und Entfernungsmesser. Berlin: Springer 1959
Alles Wichtige über die theoretischen Grundlagen, die konstruktive Gestaltung und die Prüfung von Fernrohren

Kuiper, G. P., Middlehurst, B. M.: Telescopes, Volume I of Stars and Stellar Systems. Chicago, London: The University of Chicago Press 1960
Verschiedene Autoren behandeln Großteleskope und ihre Hilfseinrichtungen

Kutter, A.: Der Schiefspiegler. Biberach: F. Weichardt 1953
Umfassende elementar-mathematische Theorie und Praxis des sehr empfehlenswerten Instrumentes für den Amateur

Kutter, A.: Bau-Anleitung für den Kosmos-Schiefspiegler. Stuttgart: Franckh'sche Verlagshandlung 1964
Montagebeschreibung eines 110-mm-Schiefspieglers, dessen vorgefertigte Bauelemente die Franckh'sche Verlagshandlung liefert

Maksutow, D. D.: Technologie der astronomischen Optik. Berlin: Verlag Technik 1954
Der führende Optiker der UdSSR schreibt anregend und gibt praktische Vorschläge

Martinez, P.: Astrophotographie. Ein Leitfaden für den Amateurastronomen. Verlag Darmstädter Blätter 1985

Oberndorfer, H.: Fernrohr-Selbstbau, 5. Aufl. München: Verlag Sterne und Weltraum 1985
Praktische Anleitung mit Bauplänen für Freunde des Sternhimmels und solche, die es werden wollen

Percy, J. R. (Hrsg.): The Study of Variable Stars Using Small Telescopes. Cambridge: Cambridge University Press 1986
Eine gute Sammlung von Konferenzbeiträgen

Pittroff, H.: Beitrag zur Theorie und Konstruktion von Hauptspindellagerungen spanender Werkzeugmaschinen. Werkstatt u. Betrieb *96* (1963) 221–231
Grundlegende Arbeit über alle Aspekte der genauen und steifen Lagerung von Werkzeugmaschinenspindeln. Zahlreiche, auch für den Amateurmontierungsbau relevante Hinweise

Pittroff, H., Wiche, E.: Laufgüte von Werkzeugmaschinenspindeln. Werkstatt u. Betrieb *102* (1969) 547–559
Grundlegende Arbeit mit Nomogrammen und Berechnungshinweisen für die steife Lagerung von Wellen

Pittroff, H., Pittroff, H.: Auslegung von Werkzeugmaschinenspindeln. Maschinenmarkt *76* (1970) 1675–1679
Arbeit über die steife Gestaltung und Lagerung von Werkzeugmaschinenspindeln

Rieker, R.: Fernrohre und ihre Meister. Berlin: VEB Verlag Technik 1957
Eine Entwicklungsgeschichte der Fernrohrtechnik. Ein Nachschlagewerk für viele Fragen auf dem Gebiet des Fernrohrbaus

Rohr, H.: Das Fernrohr für jedermann, 5. Aufl. Zürich: Orell-Füssli 1972
An Hand dieses Buches schleift jeder mit Sicherheit einen guten Spiegel! Mit Literaturhinweisen und einem Beitrag von H. G. Ziegler über Montierungsbau

Roloff, H., Matek, W.: Maschinenelemente, Normung – Berechnung – Gestaltung, 7. Aufl. Braunschweig: Fried. Vieweg & Sohn 1976
Bekanntes Standardwerk mit vielen Tabellen, Zahlenwerten und praktischen Berechnungsbeispielen. Gutes Nachschlagewerk für den Konstrukteur und ernsthaften Montierungsbauer
Roth, G. D. (Hrsg.): Refraktor-Selbstbau, 2. Aufl. München: Uni-Verlag 1977
34 Konstruktionstafeln mit erläuterndem Text für den Selbstbau eines 2-Zoll-Refraktors, eines sechszölligen Schaer-Refraktors und einer kleinen Astrokamera
Roth, G. D. (Hrsg.): Astronomische Zusatzgeräte für Sternfreunde. München: Uni-Druck 1976
Sidgwick, J. B.: Amateur astronomer's handbook, 4. Aufl. London: Pelham Books 1979
Ein ausführliches Handbuch (über 500 Seiten), das sich der Fernrohrkunde und dem Instrumentarium des Amateurs widmet. Standardwerk des englischen Sprachgebietes. Mit gutem Literaturverzeichnis
Sonnefeld, A.: Die Hohlspiegel. Berlin: VEB Verlag Technik 1957
Das Buch enthält wertvolle Ausführungen über astronomische Spiegeloptik
Staus, A.: Fernrohrmontierungen und ihre Schutzbauten für Sternfreunde, 3. Aufl. München: Uni-Druck 1971
Bekanntes deutschsprachiges Werk mit Bauhinweisen und Konstruktionszeichnungen für 4 leicht herstellbare Amateurmontierungen („Flori-", „Ronny-", „Staku-" und „Siegfried-Montierung"). Behandelt zudem verschiedene Schutzbauten. Mit Ergänzungen von A. Kutter
Szàbo, I.: Einführung in die technische Mechanik. Berlin: Springer 1959
Bekanntes Werk zur technischen Mechanik
Taylor, H. D.: The adjustment and testing of telescope objectives, 5th ed. Bristol: Adam Hilger 1983
Teleskope Making, published by Astro Media, Kalmbach Publishing Co., 1027 N, Milwaukee. The magazine for, by and about telescope makers.
Für den Amateur-Instrumentenbau wichtiges Periodical mit zahlreichen Montierungsbeispielen (Dobson-Teleskope), Beiträgen zur Optik und allen zugeordneten Gebieten
Texereau, J.: How to make a telescope, 2nd ed. Richmond, VA: Willmann-Bell 1984
Timoshenko, S.: Vibration problems in engineering, 3. Aufl. New York: Van Nostrand 1955
Bekanntes englischsprachiges Werk über mechanische Schwingungen
Trueblood, M., Genet, R. M.: Microcomputer control of telescopes. Richmond, VA: Willmann-Bell 1984
Walker, G.: Astronomical Observations – An Optical Perspective. Cambridge: Cambridge University Press 1987
Das Buch beschreibt Prinzipien und Meßmethoden von photometrischen, spektroskopischen und anderen Geräten
Wenske, K.: Spiegeloptik, 4. Aufl. München: Verlag Sterne und Weltraum 1984
Entwurf und Herstellung astronomischer Spiegelsysteme
Weyren, Th., Brandt, O., Paulsen, E.: Einführung in die Phototechnik, 2 Bände. Hamburg: Technischer Verlag Herbert Cram 1952, 1956
Vor allem der 1. Band gibt die physikalischen, chemischen und technischen Grundlagen und einen Anhang über deutsche Hochleistungsobjektive
Wiche, E.: Radiale Federung von Wälzlagern bei beliebiger Lagerluft. Konstruktion *19* (1967) 184–192
Grundlegende Arbeit über die radiale Steifigkeit von Wälzlagern, in der der Einfluß des Lagerspieles und der radialen Vorspannung auf die Steifigkeit von Wälzlagern behandelt wird. Eine für wälzgelagerte Teleskopachsen wichtige Arbeit
Wolpert, R. C., Genet, R. M.: Advances in Photoelectric Photometry, Vol. 1. Fairborn, OH: Fairborn Observatory 1983
Eine Sammlung von Beiträgen aus dem Amateurbereich, mit vielen Tips zum Selbstbau, Datenerfassung durch Heimcomputer usw.
Wood, F. B. (Hrsg.): Astronomical Photoelectric Photometry. Washington, D.C.: AAAS 1953
Eine Sammlung von Beiträgen über verschiedene Aspekte der astronomischen Photometrie, zum Teil stark veraltet
Wood, F. B.: Photoelectric Photometry for Amateurs. New York: Macmillan 1963
Ein recht veraltetes Lehrbuch, das aber noch einige nützliche Beiträge enthält
Wurzburg, H.: Voltage regulator handbook, theory and practice; sowie: The ABC's of DC to AC Inverters, Application Note AN-222. By Motorola Semiconductor Products Inc.

16.3.8 Sonnenuhren

Loske, L. M.: Die Sonnenuhren (Verständliche Wissenschaft, 69. Band). Berlin: Springer 1959
Peitz, A.: Sonnenuhren, Tabellen und Diagramme zur Berechnung. München: Georg D. W. Callwey 1978
Schilt, H.: Ebene Sonnenuhren verstehen und planen, berechnen und bauen. Selbstverlag. Erhältlich beim Autor, Höhenweg 5, CH-2502 Biel
Schumacher, H.: Sonnenuhren, eine Anleitung für Handwerk und Liebhaber. Gestaltung Konstruktion, Ausführung. München: Georg D. W. Callwey 1973
Zenkert, A.: Faszination Sonnenuhr. Frankfurt: Verlag Harri Deutsch 1985
Zinner, E.: Alte Sonnenuhren an europäischen Gebäuden. Wiesbaden: Franz Steiner Verlag 1964

16.3.9 Rechnende Astronomie

Acker, A., Jaschek, C.: Astronomical Methods and Calculations. New York: John Wiley & Sons 1986
Ahnert, P.: Astronomisch-chronologische Tafeln für Sonne, Mond und Planeten, 3. Aufl. Leipzig: J. A. Barth 1965
Moderne Hilfstafeln zur astronomischen Chronologie
Burgess, E.: Celestial basic: Astronomy on your computer. Berkeley, CA: Sybex 1982
Dick, J.: Grundtatsachen der Sphärischen Astronomie. Leipzig: J. A. Barth 1956
Das Buch ist als Einführung gedacht und für den Amateur besonders empfehlenswert
Dneprowsky, N.: Refraction tables of Poulkovo Observatory, 4. Aufl. Moskau: 1956
Duffett-Smith, P.: Practical astronomy with your calculator, 2nd ed. Cambridge: Cambridge University Press 1981
Eichel, H.: Ortsbestimmung nach Gestirnen. Stuttgart: Franckh'sche Verlagshandlung 1962
Grundlagen und Methoden der astronomischen Navigation
Försterling, H. D.: Mathematik für Naturwissenschaften. Braunschweig: Vieweg 1975
Green, R. M.: Spherical Astronomy. Cambridge: Cambridge University Press 1985
Hempe, K., Molt, J.: Sterne im Computer, Berechnungsprogramme für den Hobby-Astronomen. Köln: Rudolf Müller 1986
Interpolation and allied tables. Prepared by H. M. Nautical Almanac Office. London: H. Majesty's Stationary Office 1956
Klein, F.: Pocket computer programs for astronomers: A collection of 13 programs for observers. astro-photographers and dobsonians. Los Altos, CA: Klein Publications 1983
Meeus, J.: Astronomical formulae for calculators, 2nd ed. Richmond, VA: Willmann-Bell 1982
Mucke, H. (Hrsg.): Himmelskunde und Kleinrechner. Seminarpapiere vom 13. Sternfreunde-seminar 1985 im Planetarium der Stadt Wien. Zu beziehen bei: Astronomisches Büro, Hasenwartgasse 32, A-1238 Wien
Peterseim, S.: Einfache Rechenbeispiele für Sternfreunde. Westfälisches Museum für Naturkunde, Münster. Planetarium. Landschaftsverband Westfalen-Lippe. Sentruper Straße 285, 4400 Münster.
Riedwyl, H.: Graphische Gestaltung von Zahlenmaterial. Berlin: Paul Haupt Verlag 1975
Schmidt, W. F.: Astronomische Navigation. Ein Lehr- und Handbuch für Studenten und Praktiker. Berlin: Springer 1983
Schneider, M.: Himmelsmechanik. Mannheim/Wien/Zürich: Bibliographisches Institut 1979
Schütte, K.: Index mathematischer Tafelwerke, 2. Aufl. München: Oldenbourg 1966
Sigl, R.: Geodätische Astronomie, 3. Aufl. Köln: Wichmann 1984
Steinert, K.-G.: Sphärische Trigonometrie. Leipzig: BSB B. G. Teubner Verlagsgesellschaft 1977
Stumpff, K.: Geographische Ortsbestimmung. Berlin: VEB Deutscher Verlag der Wissenschaften 1955
Waldmeier, M.: Leitfaden der Astronomischen Orts- und Zeitbestimmung. Aarau: Verlag H. R. Sauerländer & Co. 1958
Wepner, W.: Mathematische Hilfsmittel für Studierende und Freunde der Astronomie, 3. Aufl. Düsseldorf: Treugesell-Verlag 1982

Werner, H.: Vom Polarstern bis zum Kreuz des Südens, 3. Aufl. Stuttgart: Verlag von Gustav Fischer 1960
Eine allgemeinverständliche Einführung in die Astronomie der Himmelskugel und Anleitung zur Orientierung im Gelände nach Gestirnen auf der ganzen Erde
Zimmermann, O.: Astronomische Aufgaben für den Physikunterricht. Mannheim: Bibliographisches Institut 1966
Aufgabensammlung für die höhere Schule
Zimmermann, O.: Astronomisches Praktikum I und II, 4. Aufl. München: Verlag Sterne und Weltraum 1987

16.3.10 Verwandte Wissenschaften (Mathematik, Meteorologie, Physik)

Hinweise: Es gibt mehrere Taschenbuchreihen (z. B. Sammlung Göschen), die Titel über fast alle wichtigen naturwissenschaftlichen und technischen Sachgebiete enthalten. Wer schnell Überblick gewinnen will, bekommt hier das preiswerte Fachbuch

Ballif, Dibble: Anschauliche Physik für Studierende der Ingenieurwissenschaften, Naturwissenschaften und Medizin sowie zum Selbststudium, 2. Aufl. Berlin: de Gruyter 1987
Bartsch, H.-J.: Taschenbuch mathematischer Formeln, 7.–9. Aufl. Frankfurt: H. Deutsch 1986
Berber, Kacher, Meyer: Formeln und Tabellen zur Physik, 3. Aufl. Stuttgart: Teubner 1987
Böge, A.: Physik. Grundlagen, Versuche, Aufgaben, Lösungen, 4. Aufl. Wiesbaden: F. Vieweg & Sohn 1975
Bont, G. de: Wolkenatlas. Wolken und Wetter. Stuttgart: Ulmer 1987
Bosse, W.: Einführung in das Programmieren mit ALGOL W. Mannheim, Wien, Zürich: Bibliographisches Institut 1976
Brachner, A.: Mit den Wellen des Lichts. Ursprünge und Entwicklung der Optik im süddeutschen Raum. München: G. Olzog Verlag 1987
Brandenburg, R.-J.: Messen und Auswerten mit dem Computer; mehrbändig. Bonn: F. Dümmler
Brauch, W.: Programmierung mit FORTRAN, 4. Aufl. Stuttgart: B. G. Teubner 1979
Bromm, U.: Programmierbare Taschenrechner in Schule und Ausbildung. Wiesbaden: F. Vieweg & Sohn 1979
Bullrich, K.: Die farbigen Dämmerungserscheinungen. Basel-Boston-Stuttgart: Birkhäuser 1982
Dietze, G.: Einführung in die Optik der Atmosphäre. Leipzig. Akad. Verlagsgesellschaft 1957
Eine sehr empfehlenswerte Einführung in dieses Spezialgebiet für den Sternfreund
Dieudonné, J.: Geschichte der Mathematik 1700–1900. Wiesbaden: Vieweg 1985
Dirschmid, H. J., Kummer, W., Schweda, M.: Einführung in die mathematischen Methoden der theoretischen Physik. Wiesbaden: F. Vieweg & Sohn 1976
Ebert, H. (Hrsg.): Physikalisches Taschenbuch, 5. Aufl. Wiesbaden: F. Vieweg & Sohn 1976
Falke, H.: Anlegung und Ausdeutung einer geologischen Karte. Berlin: de Gruyter 1975
Flügge, J.: Studienbuch zur technischen Optik, 2. Aufl. Göttingen: Vandenhoeck und Rupprecht 1985
Gericke, H.: Mathematik in Antike und Orient. Berlin: Springer 1984
Graf, U.: Formeln und Tabellen der angewandten mathematischen Statistik, 3. Aufl. Berlin: Springer 1987
Großmann, S.: Mathematischer Einführungskurs für die Physik, 2. Aufl. Stuttgart: G. Teubner 1976
Haake, F.: Einführung in die theoretische Physik. Weinheim: Verlag Physik 1983
Häckel, H.: Meteorologie. Stuttgart: Ulmer 1985
Haferkorn, H.: Optik. Physikalisch-technische Grundlagen und Anwendungen. Frankfurt: H. Deutsch 1981
Haferkorn, H.: Bewertung optischer Systeme. Berlin: Deutscher Verlag der Wissenschaften 1986
Hake, G.: Kartographie. Kartenaufnahme, Netzentwürfe, Gestaltungsmerkmale, topographische Karten, 6. Aufl. Berlin: de Gruyter 1982

Hake, G.: Kartographie. Thematische Karten, kartenverwandte Darstellungen, Kartentechnik, Automation, Kartengeschichte, 3. Aufl. Berlin: de Gruyter 1985
Hermann, A.: Lexikon Geschichte der Physik A–Z, 3. Aufl. Köln: Aulis-Verlag 1987
Hess, P., Brezowsky, H.: Katalog der Großwetterlagen Europas. Berichte des Deutschen Wetterdienstes, Bd. 15, Nr. 113. Offenbach 1969
Hilbert, A.: Taschenbuch mathematisches Grundwissen, 2 Bände. Frankfurt: H. Deutsch 1985
Hilbert, D.: Grundlagen der Geometrie, 12. Aufl. Stuttgart: B. G. Teubner 1977
Hildebrand, S.: Feinmechanische Bauelemente, 4. Aufl. München: Hanser 1983
Höfling, O., Mirow, B., Becker, G.: Physik. Lehrbuch für Unterricht und Selbststudium, 15. Aufl. Bonn: Ferd. Dümmlers Verlag 1987
Hoschek, J.: Mathematische Grundlagen der Kartographie, 2. Aufl. Mannheim: Bibliographisches Institut 1984
Hund, F.: Grundbegriffe der Physik, 2 Bände. Mannheim, Wien, Zürich: Bibliographisches Institut 1979
Können, G. P.: Polarized Light in Nature. Cambridge: Cambridge University Press 1985
Kreul, H.: Moderner Vorkurs der Elementarmathematik, 6. Aufl. Frankfurt: H. Deutsch 1986
Krug, G.: Mechanische Uhren. Berlin: Verlag Technik 1987
Kuntz, E.: Kartennetzentwurfslehre. Köln. Wichmann 1984
Lorenzen, P.: Die Entstehung der exakten Wissenschaften. Berlin: Springer 1960
Malberg, H.: Meteorologie und Klimatologie. Berlin: Springer 1985
Meschkowski, H., Laugwitz, D.: Meyers Handbuch über die Mathematik, 2. Aufl. Mannheim, Wien, Zürich: Bibliographisches Institut
Meschkowski, H.: Einführung in die moderne Mathematik, 3. Aufl. Mannheim, Wien, Zürich: Bibliographisches Institut 1971
Meyers Großer Rechenduden. Mannheim: Bibliographisches Institut 1961–1965 (4 Bände) *Anleitungen und Regeln für einfache und schwierige Rechenvorgänge. Tabellen, Funktionstafeln, Formeln und ein Lexikon mathematischer Begriffe*
Möller, F.: Einführung in die Meteorologie, 2 Bände. Mannheim, Wien, Zürich: Bibliographisches Institut 1973
Moroney, M. J.: Einführung in die Statistik, 2 Bände. München: R. Oldenbourg Verlag 1970 und 1971
Naumann, Schröder: Bauelemente der Optik, Taschenbuch für Konstrukteure, 5. Aufl. München: Hanser 1987
Pohl, R. W.: Einführung in die Physik, 3 Bände. Berlin: Springer 1975, 1976, 1983
Precht, M., Voit, K.: Mathematik für Nichtmathematiker, 2 Bände, 3. Aufl. München: R. Oldenbourg Verlag 1983
Putnam, W. C.: Geologie. Einführung in ihre Grundlagen. Berlin: de Gruyter 1969
Rast, H.: Vulkane und Vulkanismus, 3. Aufl. Stuttgart: Enke 1987
Reuter, H.: Die Wissenschaft vom Wetter, 2. Aufl. Berlin: Springer 1978
Richter, D.: Allgemeine Geologie, 3. Aufl. Berlin: de Gruyter 1986
Rock, I.: Wahrnehmung. Vom visuellen Reiz zum Sehen und Erkennen. Heidelberg: Verlag Spektrum der Wissenschaft 1986
Rocznik, K.: Wetter und Klima in Deutschland, 2. Aufl. Stuttgart: S. Hirzel Verlag 1986
Roth, G. D.: BLV Wetterführer Wetterkunde für alle die wandern, bergsteigen, segeln, fliegen, jagen, fischen, säen, ernten, 3. Aufl. München: BLV-Verlag 1985
Rottmann, K.: Mathematische Formelsammlung, 3. Aufl. Mannheim: Bibliographisches Institut 1984
Scherhag, R.: Wetteranalyse und Wetterprognose. Berlin: Springer 1948
Schlenker, K. C.: Uhren bauen leicht gemacht. Köln: R. Müller 1984
Schmetterer, L.: Einführung in die mathematische Statistik. Wien, New York: Springer 1965
Schmidt, H.: Messen und Experimentieren mit Stecksystemen und anderen einfachen Hilfsmitteln, mehrbändig. Bonn: F. Dümmler
Schöpfer, S.: Wie wird das Wetter? 5. Aufl. Stuttgart: Franckh'sche Verlagshandlung 1976
Schreier, W. (Hrsg.): Geschichte der Physik. Berlin: Deutscher Verlag der Wissenschaften 1988
Schumny, H.: Taschenrechner Handbuch, 2. Aufl. Wiesbaden: F. Vieweg & Sohn 1977
Smolek, G., Weissenböck, M.: Einführung in die EDV von A bis Z. Paderborn: Ferd. Schöningh 1977

Wagner, K.: Kartographische Netzentwürfe. Mannheim: Bibliographisches Institut 1962
Zuverlässiger Ratgeber und Nachschlagewerk über das Gebiet Kartenentwurfslehre
Weizel, W.: Lehrbuch der theoretischen Physik, 2 Bände, 3. Aufl. Berlin: Springer 1963 und 1965
Wellers, H.: Formelsammlung Physik, 3. Aufl. Düsseldorf: Cornelsen, Schwann-Girardet 1983
Westphal, W. H.: Physik, 25./26. Aufl. Berlin: Springer 1970
Unter den Physiklehrbüchern ein Standardwerk

16.3.11 Objekte der Beobachtung in Einzeldarstellungen (Monographien und Hinweise auf Spezialliteratur)

Anmerkung: In den meisten unter „Populäre Gesamtdarstellungen und Nachschlagewerke" und „Wissenschaftliche Einführungen und Nachschlagewerke" im Literaturverzeichnis aufgeführten Publikationen werden bereits die nachfolgenden Objekte der Beobachtung mehr oder minder ausführlich dargestellt. Die Einzeldarstellungen bringen die notwendige Ergänzung und Vertiefung des Stoffes. Siehe auch Literaturhinweise am Ende eines jeden Kapitels in diesem Handbuch.

Sonne

Abetti, G.: The sun. London: Verlag Faber and Faber 1955
Baxter, W. M.: The Sun and the amateur astronomer. London: Lutterworth Press
Beck, R., Hilbrecht, H., Reinsch, K., Völker, P. (Hrsg.): Handbuch für Sonnenbeobachter. Berlin: Vereinigung der Sternfreunde e.V. 1982
Bray, R. J., Loughhead, R. E.: Sunspots. London: Chapman and Hall 1964
Bray, R. J., Loughhead, R. E.: The Solar Chromosphere London: Chapman and Hall 1974
Bruzek, A., Durrant, C. J.: Illustrated Glossary for Solar and Solar-Terrestrial Physics. Dordrecht: D. Reidel 1977
Doebel, G.: Die Sonne. Stuttgart: Franckh'sche Verlagshandlung 1975
Durrant, C. J.: The atmosphere of the Suw. Bristol, Philadelphia. Adam Hilger 1988
Eddy, J. A. (Hrsg.): A new sun. The solar results from skylab. Washington: National Aeronautics and Space Administration 1979
Giovanelli, R. G.: Geheimnisvolle Sonne. Weinheim: VCH Verlagsges. 1987
Gleissberg, W.: Die Häufigkeit der Sonnenflecken (Scientia Astronomica, Band 2). Berlin: Akademie Verlag 1952
Ein Buch, das neben nützlichen Beobachtungsanweisungen Abschnitte zur Positionsbestimmung enthält. Mit Literaturhinweisen
Kiepenheuer, K. O.: Die Sonne (Verständliche Wissenschaft, Band 68). Berlin: Springer 1957
Klüber, H.: Über Voraussagen zum Sonnenfleckenmaximum (in Henseling Himmelskalender 1947). Berlin: Condor-Verlag 1947
Für den Amateur als Anleitung geschrieben
Kuiper, G. P.: The sun. Chicago: The University of Chicago Press 1953
Menzel, D. H.: Our sun. Philadelphia: Harvard Books on Astronomy 1949
Newton, H. W.: The face of the sun. Harmondsworth: Penguinbooks A 422 Ltd. 1958
Ein leicht verständlich geschriebener Leitfaden über die Sonnenforschung von Galileis Zeiten an
Noyes, R. W.: The sun, our star. Cambridge, MA and London: Harvard University Press 1982
Sonne, Mitteilungsblatt der Amateursonnenbeobachter. Mit Sammlung der Relativzahlen, Erfassung von Beobachtungsdaten und Archiv von Amateurveröffentlichungen. Kontaktadresse. Peter Völker, Wilhelm-Foerster-Sternwarte, Munsterdamm 90, D-1000 Berlin 41
Stix, M.: The Sun (Astronomy and Astrophysics Library). Berlin: Springer 1989
Svestka, Z.: Solar Flares. Dordrecht: D. Reidel 1976
Tandberg-Hanssen, E.: Solar Prominences. Dordrecht: D. Reidel 1974
Übelacker, E.: Die Sonne (Reihe „Was ist Was", Bd. 76). Hamburg: Tessloff Verlag 1986
Waldmeier, M.: Sonne und Erde. Zürich: Verlag Gutenberg 1946
Waldmeier, M.: Tabellen zur heliographischen Ortsbestimmung. Basel: Birkhäuser 1950
Ausschließlich auf Positionsbestimmung ausgerichtet mit Formeltextteil, Tafeln und Diagrammen

Waldmeier, M.: Ergebnisse und Probleme der Sonnenforschung, 2. Aufl. Leipzig: Akademische Verlagsgesellschaft 1955
Enthält mehrere Abschnitte mit eingehender Darstellung der Positionsbestimmung und der Ableitung der Rotationsgesetze der Sonne. Mit Literaturhinweisen

Sonnenfinsternisse

Mahler, E.: Die centralen Sonnenfinsternisse des XX. Jahrhunderts. Wiener Akademie 1885
Meens, J., Grosjean, C. C., Vanderleen, W.: Canon of solar eclipses. Oxford: Pergamon Press 1966
Oppolzer, Th. von: Canon der Finsternisse. Wiener Akademie 1887
Solar Eclipses and the Ionosphere, hrsg. v. Beynan und Brown. London: Pergamon Press 1956
Berichtet über die Beziehungen zwischen Sonnenfinsternissen und Ionosphäre. Dort auch weitere Fachliteratur
Anläßlich der totalen Sonnenfinsternisse erschienen z. T. ausführliche Berichte in den auf S. 711 genannten Zeitschriften

Mond

Arthur, D. W. G.: Contributions to Selenography No. 1–4 im Selbstverlag des Verfassers. Nachweis über das Sekretariat der BAA
Arthur befaßt sich vor allem mit Positionsmessungen und ihrer Reduktion. Die Schriften sind Beispiel dafür, was ernsthafte Amateurarbeit zu leisten vermag
Arthur, D. W. G., Agnieray, A. P.: Lunar designations and positions. Tucson: the University of Arizona Press 1964
Eine vorzügliche Übersichtskarte, bestehend aus 4 Blättern mit sehr exakten Positionen und der neuen, von der IAU festgelegten Mondnomenklatur. Monddurchmesser auf der Karte 1 m
Baldwin, R. B.: The measure of the moon. Chicago: The University of Chicago Press 1963
Umfangreiches Beobachtungsmaterial ist hier verarbeitet worden zur Deutung der Einzelheiten auf der Mondoberfläche
Baldwin, R. B.: The moon – a fundamental survey. New York: McGraw-Hill 1965
Büttner, W.: Die Monduhr. Immerwährender Mondphasenzeiger. Würzburg: Astro Media-Verlag 1985
Cadogan, P. H.: The Moon – our sister planet. Cambridge: Cambridge University Press 1981
Callatay, Vincent de: Goldmanns Mondatlas. Herausgegeben und bearbeitet von W. Jahn. München: Wilhelm Goldmann Verlag 1962
Mit allen Grundlagen über die Mondbahn etc. im Textteil. Gute Mondphotos vom Pic du Midi. Bibliophiles Werk
Communications of the Lunar and Planetary Laboratory, Vol. 3, Nr. 50. Tucson: The University of Arizona 1965
Beschreibung aller Mondkrater mit Durchmessern von 3,5 km an im 3. Mondquadranten
Der Katalog enthält 5200 Objekte und ist illustriert mit einer Karte, bestehend aus 11 Sektionen
Weitere Kataloge von den übrigen Quadranten sind inzwischen erschienen
Das Institut veröffentlicht laufend über Mond und Planeten
Elger, T.: The moon-map of its principal physical features. London: 1950
Eine sehr handliche und übersichtliche Karte zur Orientierung. Monddurchmesser ca. 45 cm
Falk-Mondbildkarte. Hamburg, Berlin, Den Haag: Falk-Verlag 1959
Farbige Reliefkarte, Monddurchmesser 56 cm
Fauth, Ph.: Mond-Atlas. Bremen: Olbers-Gesellschaft 1964
Die zeichnerisch wie topographisch außergewöhnliche Karte im Maßstab 1:1 Million ist vom Sohn Hermann Fauth zur Veröffentlichung vorbereitet worden. Die Karte besteht aus 25 Blättern, einer Übersichtskarte und einer Erläuterung
Fielder, G.: Structure of the moon's surface. London: Pergamon Press 1961
Guest, J. E., Greeley, R.: Geologie auf dem Mond. Stuttgart: Ferdinand Enke Verlag 1979
Güttler, A., Petri, W.: Der Mond. Heidelberg: Heinz Moos Verlag 1962
Kulturgeschichte und Astronomie des Mondes
Hopmann, J.: Ermittlung von Höhen auf dem Monde. Wien: Springer 1963

Hopmann, J.: Die Genauigkeit der Angaben von relativen Höhen auf dem Monde. Wien: Springer 1965
Neue Werte für 163 Punkte
Klepesta, J., Luckas, L.: Mondkarten. Stuttgart: Franckh'sche Verlagshandlung
Zweifarbige Reliefkarten 60 × 84 cm mit Textheft
Kopal, Z.: The Moon. Dordrecht: D. Reidel 1969
Kopal, Z.: Klepešta, J., Rackham, Th. W.: Photographic atlas of the moon. New York, London: Academic Press 1965
Kopal, Z., Carder, R. W.: Mapping of the Moon. Past and Present. Dordrecht: D. Reidel 1974
Wichtiges Werk über die Kartographie der Mondoberfläche
Kuiper, G. P. (Hrsg.): Photographic lunar atlas based on photographs taken at the Mount Wilson, Lick, Pic du Midi, McDonald and Yerkes observatories. Chicago: The University of Chicago Press 1960
Standardwerk unter den modernen photographischen Mondatlanten von hohem wissenschaftlichem Wert. Monddurchmesser 2,5 m
Link, F.: Der Mond. Berlin: Springer 1969
Lohrmann, W. G.: Mondkarte in 25 Sektionen. 2. Auflage herausgegeben von Paul Ahnert. Leipzig: J. A. Barth 1963
Sehr gute und handliche Karte für Amateure mit kleinen und mittleren Instrumenten
Masursky, H., Colton, G. W., Farouk El-baz (eds): Apollo over the moon: A view from orbit. Washington, DC: NASA 1978
Middlehurst, Kuiper: The moon, meteorites, and comets. The solar system. Vol. IV. Chicago: The University of Chicago Press 1963
Wichtiges Sammelwerk mit umfassender Information nach dem Stand der Forschung damals
Miyamoto, S., Hattori, A.: Photographic atlas of the moon. Second Edition 1964. Contributions from the Institute of Astrophysics and Kwasan Observatory University of Kyoto (Japan) Nr. 137. Kyoto: 1964
The Moon, Nachrichtenblatt der Mondsektion in der „British Astronomical Association"
Eine Schrift, die ausschließlich für den Praktiker am Fernrohr gedacht ist und in der die Diskussion über aktuelle Beobachtungsfragen stattfindet. Näheres Sekretariat der BAA
Moore, P.: The moon. London: Mitchell Beazley, 1981; New York: Rand McNally, 1981
Moore, P.: Der Mond – Ein Atlas des Mondes. Freiburg: Herder 1982
Protokolle der Sitzungen der Gruppe Berliner Mondbeobachter. Herausgegeben von der Wilhelm-Foerster-Sternwarte, Munsterdamm 90, D-1000 Berlin 41
Rükl, A.: Maps of lunar hemispheres. Dordrecht: D. Reidel 1972
Rükl, A.: Mond – Mars – Venus, Taschenatlas der erdnächsten Himmelskörper. Hanau: Verlag Werner Dausien 1977
Schwinge, W.: Fotografischer Mondatlas. Leipzig: F. A. Barth 1983
Spurr, J. E.: Geology applied to selenology, Vol. 3. Rumford Press 1948
Spurr, J. E.: Geology applied to selenology, Vol. 4. Rumford Press 1949
Stein, W. (Hrsg.): 1. und 2. Sonderheft Mondkarten, Nachrichten der Olbers-Gesellschaft Bremen, Nr. 60 und 63, 1964 und 1965. Herausgegeben aus Anlaß der Herausgabe der Großen Mondkarte von Philipp Fauth. Zu beziehen über die Olbers-Gesellschaft, Bremen, Seefahrtschule
Zahlreiche nützliche Hinweise für Mondbeobachter
Tasch, J. H.: The Moon. Sudburry: Tasch Associates 1974
Überlacker, E.: Der Mond („Was ist Was", Bd. 21) Hamburg: Tessloff 1985
US Air Force (Hrsg.): Charts of the moon. Washington: The Superintendent of Documents, Government Printing Office
Die Karte ist im Maßstab 1:1000000 angelegt und umfaßt 84 Einzelblätter im Format 55 × 73 cm
Voigt, A., Giebler, H.: Berliner Mondatlas, 3. Aufl. Berlin: Wilhelm-Foerster-Sternwarte 1989
Wilkins, H. P.: Map of the moon, 3. Aufl. London 1951
Wilkins, H. P., Moore, P.: The moon. London: Faber and Faber Ltd. 1955
Das Buch enthält die Große Mondkarte von H. P. Wilkins in verkleinertem Format auf 25 Seiten, dazu Text, der die sichtbare Mondoberfläche beschreibt. Im Anhang befindet sich ein ausgezeichneter Aufsatz von E. A. Whitaker über Mondphotographie

Whitaker, E. A., u. a.: Rectified lunar atlas. Supplement Number two to the photographie lunar atlas. Tucson: The University of Arizona Press 1963
Der Atlas stellt in 30 Karten (Maßstab 1:3,5 Mill.) die Mondoberfläche „entzerrt" dar
Wolf, H.: Erdmond, Vorderseite – Rückseite. Kosmos-Handkarte. Stuttgart: Franckh'sche Verlagshandlung o. J.

Mondfinsternisse

Link, F.: Die Mondfinsternisse (Probleme der kosmischen Physik, Bd. 28). Leipzig: Akad. Verlagsgesellschaft 1956
Der Autor zeigt die Beziehung zur Physik der Atmosphäre und zur Sonnenphysik. Mit reichhaltigem Literaturverzeichnis!
Meeus, J., Mucke, H.: Canon of Lunar Eclipses, −2002 to +2525. Wien: Astronomisches Büro 1978

Sternbedeckungen

Vorausberechnungen für Mitteleuropa werden veröffentlicht in:

a) Sterne und Weltraum (s. S. 711).
b) Deutschprachige Himmelskalender (s. S. 712).

Künstliche Erdsatelliten

Von den sehr zahlreichen Veröffentlichungen in Buchform seien genannt zur allgemeinen Unterrichtung:

Allen, J. A. van: Scientific uses of earth satellites. London: Chapmann and Hall 1956
Bohrmann, A.: Bahnen künstlicher Erdsatelliten. Mannheim: Bibliographisches Institut 1966
Cormier, L. N., Goodwin, N., Squires, R. K.: IGY World Data Center A, National Academy of Sciences, Satellite Report Series No. 7. Washington 1959
Gail, O. W., Petri, W.: Weltraumfahrt – Physik, Technik, Biologie. München: Hanns Reich Verlag 1958
Hartmann, G.: Bestimmung wichtiger Satellitenpositionen mit Hilfe graphischer Darstellungen. Lindau (Harz): Max-Planck-Institut für Aeronomie 1965
King-Hele, D., Observing Earth Satellites, Macmillan, 1983
King-Hele, D. G., Pilkington, J. A., Hiller, H., Walker, D. M.C., Winterbottom, A. N.: The rae table of earth satellites 1957–1982, 2nd. ed. London: Macmillan 1983
Miles, H. (Hrsg.): Artificial satellite observing and its applications. London: Faber 1974
Petri, W.: Künstliche Erdsatelliten und Raumsonden. In: Landolt-Börnstein: Zahlenwerte und Funktionen... Neue Serie, Gruppe VI, Band I: Astronomie und Astrophysik (Hrsg.: H. H. Voigt). Berlin: Springer 1965
Priester, W., Hergenhahn, G.: Bahnbestimmung von Erdsatelliten aus Doppler-Effekt-Messungen. Köln, Opladen: Westdeutscher Verlag 1958
Rousseau, P.: Satellites artificiels. Paris 1957
Sklovskij, I. S., Ščeglov, P. V.: Optische Beobachtungen künstlicher Erdsatelliten. In: Künstliche Ersatelliten. Berlin: Akademie-Verlag 1959
Veis, G.: Optical tracking of artificial satellites. In: Space Science Reviews 2 No. 2 Dordrecht: D. Reichel 1963
Vertregt, M.: Principles of astronautics, 2nd edition. Amsterdam, London, New York: Elsevier Publishing Company 1963
Vilbig, F.: Nachrichtenübertragung mit Hilfe von Satelliten. Frankfurt a. M.: Akademische Verlagsgesellschaft 1962

Kometen

Gerstenberger, M.: Kometen – Außenseiter am Himmelszelt (Kosmos-Bändchen). Stuttgart: Franckh'sche Verlagshandlung 1951
Populäre Einführung in die Kometenforschung
Högner, W., Richter, N.: Isophotometrischer Atlas der Kometen. Leipzig: J. A. Barth 1969

Hoffmeister, C.: Photographische Aufnahmen von Kometen. Berlin: Akademie-Verlag 1956
58 Bildtafeln mit Aufnahmen, die auf der Sternwarte Sonneberg gewonnen worden sind. Interessante Vergleichsmöglichkeiten über die Veränderung einzelner Objekte
Krishna Swamy, K. S.: Physics of comets. Singapore: World Scientific Publishing 1986
Beschränkt sich im wesentlichen auf die physikalischen Prozesse in und um Kometen
Marsden, G. B.: Catalogue of cometary orbits. Cambridge, MA: Smithsonian Astrophysical Observatory 1982
Von Zeit zu Zeit revidierter Katalog von Bahnelementen. Derzeit Eintragungen für 710 Kometen
Moore, P.: Guide to comets, 2nd ed. Guildford: Lutterworth Press 1977
Porter, J. G.: Comets and meteor streams (The International Astrophysics Series, Band 2). London: Verlag Chapman and Hall Ltd; New York: John Wiley and Sons Inc. 1952
Insbesondere Zusammenhang zwischen Kometen und Meteorströmen, dabei Behandlung der Kometenbahnen, Tabellen ihrer Elemente, Bahnbestimmung und Ephemeridenrechnung mit Rechenbeispielen
Reichstein, M.: Kometen – kosmische Vagabunden. Thun, Frankfurt/Main: H. Deutsch 1985
Richter, N. B.: Statistik und Physik der Kometen. Leipzig: J. A. Barth 1954
Eine wissenschaftliche Monographie, die für den interessierten Amateur als Standardwerk zu bezeichnen ist
Schmidt, E. (Hrsg.): Halleyscher Komet – eine Motivliste Astronomie & Philatelie. Zu beziehen über den Herausgeber, Postfach 4616, 8500 Nürnberg 1
Seargeant, D. A.: Comets: Vagabonds of space. New York: Doubleday 1982
Wilkening, L. L. (ed.): Comets. Tucson: The University of Arizona Press 1982
Überblick über alle Bereiche der Kometenforschung
Whipple, F. L.: The Mystery of Comets. Cambridge: Cambridge University Press 1985
Wurm, K.: Die Kometen (Verständliche Wissenschaft, Bd. 53). Berlin: Springer 1954
Weitergehende, aber immer noch gemeinverständliche Einführung in das Gesamtgebiet

Meteore

Heide, F.: Kleine Meteoritenkunde (Verständliche Wissenschaft, Band 23). Berlin: Springer 1934
Hoffmeister, C.: Meteorströme. Leipzig: J. A. Barth 1948
Ein Standardwerk für den Meteorbeobachter
Lovell, A. C.: Meteor astronomy. Oxford: Clarendon Press 1954
McSween, H. Y.: Meteorites and their parent planets. Cambridge: Cambridge University Press 1987
Mucke, H. u. a.: Die Meteore. Schrift des 14. Sternfreunde-Seminars 1986 im Planetarium der Stadt Wien. Enthältlich beim Astronomischen Büro, Hasenwartgasse 32, A-1238 Wien
Sfoutouris, S.: Kometen, Meteore, Meteoriten. Geschichte und Forschung. Rüschlikon, Zürich: Albert Müller Verlag 1986
Whipple, F. L.: The Harvard photographie meteor program. Sky and Telescope Band 8, 90 (1949)

Planeten und Planetoiden

Alexander, A. F. O'D.: The Planet Saturn. London: Faber and Faber 1962; Reprint New York: Dover 1980
Alexander, A. F. O'D.: The Planet Uranus. London: Faber and Faber 1965
Antoniadi, E. M.: La Planète Mars. Paris: Hermann 1930
Baker, V. R.: The Channels of Mars. Bristol: Adam Hilger 1982
Batson, R. M., Bridges, P. M., Inge, J. L.: Atlas of Mars. Washington: National Aeronautics and Space Administration 1979
Beatty, J. K., O'Leary, ChaiKin, A. (Hrsg.): Die Sonne und ihre Planeten – Weltraumforschung in einer neuen Dimension. Weinheim: Verlag Physik 1983
Blunck, J.: Mars and its Satellites, 2. Aufl. New York: Exposition Press 1982
Briggs, G., Taylor, F.: The Cambridge Photographic Atlas of the Planets. Cambridge: Cambridge University Press 1982
Photo- und Forschungsergebnisse der Raumfahrt in einer Zusammenfassung

Briggs, G., Taylor, F.: Cambridge Photoatlas der Planeten – Das neue Bild des Sonnensystems. Stuttgart: Franckh'sche Verlagshandlung 1984
Bronshten, V. A. (ed.): The Planet Jupiter. Translation from the Russian, Israel Program for Scientific Translations, Jerusalem 1969
Bourge, P., Dragesco, J., Dargery, Y.: La Photographie Astronomique d'Amateur. Paris: Publications Photo-Cinéma Paul Montel 1977
Mit Abschnitten über Mond- und Planetenphotographie
Carr, M. H.: The Surface of Mars. New Haven, London: Yale University Press 1981
Photos und Forschungsergebnisse der Viking-Mission
Chamberlain, J. W.: Theory of Planetary Atmospheres – An Introduction to Their Physics and Chemistry. International Geophysics Series, Vol. 22. New York, San Francisco, London: Academic Press 1978
Dessler, A. J. (Hrsg.): Physics of the Jovian Magnetosphere. Cambridge: Cambridge University Press 1983
Doherty, P.: Atlas of the planets. Hightstown: McGraw-Hill Book Company 1980
Dollfus, A.: Moon and Planets. Amsterdam: North Holland 1967
Dollfus, A.: Surfaces and Interiors of Planets and Satellites. London, New York: Academic Press 1970
Eccles, M. J., Sim, M. E., Tritton, K. P.: Low light detectors in astronomy. Cambridge: Cambridge University Press 1983
Eelsalu, H., Hermann, D.: Johann Heinrich Mädler. Berlin: Akademie-Verlag 1985
Ekrutt, J. W.: Die Kleinen Planeten. Kosmos-Buchbeigabe Nr. 296. Stuttgart: Franckh'sche Verlagshandlung 1977
Engelhardt, W.: Planeten, Monde, Ringsysteme, Kamerasonden erforschen unser Sonnensystem. Basel: Birkhäuser 1984
Gehrels, T.: Jupiter. Tucson, AZ: The University of Arizona Press 1976
Gehrels, T. (Hrsg.): Asteroids. Tucson: University of Arizona Press 1979
Gehrels, T., Shapley, M. (Hrsg.): Saturn. Tucson AZ: The University of Arizona Press. 1984
Greeley, R.: Planetary Landscapes. London: Allen & Unwin 1985
Grosser, M.: Entdeckung des Planeten Neptun. Frankfurt/M.: Suhrkamp 1970
Guest, J. et al.: Planetary geology. Newton Abbot: David & Charles 1979
Guest, J. (Hrsg.): Planeten-Geologie. Mond, Merkur, Mars, Venus und Jupitermonde. Freiburg: Herder 1981
Hahn, H.-M.: Zwischen den Planeten. Stuttgart: Franckh'sche Verlagshandlung 1984
Henderson-Sellers, A.: The Origin and Evolution of Planetary Atmospheres. Bristol: Adam Hilger Ltd., 1983
Heuseler, H.: Zwischen Sonne und Jupiter. Stuttgart: Franckh'sche Verlagshandlung 1975
Hoyt, W. G.: Planets X and Pluto. Tucson: University of Arizona Press 1980
Hunt, G.: Uranus and the outer planets. Cambridge: Cambridge University Press 1982
Hunt, G., Moore, P.: Jupiter. Freiburg: Herder 1982
Hunt, G. E. (Hrsg.): Recent Advances in Planetary Meteorology. Cambridge: Cambridge University Press 1985
Hunt, G. E., Moore, P.: Saturn – Ein Atlas des Saturn. Freiburg: Herder 1983
Köhler, H. W.: Der Mars – Bericht über einen Nachbarplaneten. Braunschweig: Vieweg 1978
Köhler, H. W.: Die Planeten, Braunschweig: Vieweg 1983
Kopal, Z.: The realm of the terrestrial planets. New York: John Wiley and Sons 1979
Mitteilungen für Planetenbeobachter (Neue Folge). Erscheinungsweise zweimonatlich. Herausgeber H. Haug und C. Kowalec. Arbeitskreis Planetenbeobachter, Wilhelm-Foerster-Sternwarte, Munsterdamm 90, D-1000 Berlin 41
Kowal, Ch. T.: Asteroids their nature and utilization. Chichester: Ellis Horwood 1988
Ksanfomaliti, Leonid W.: Planeten – Neues aus unserem Sonnensystem. Frankfurt/M: H. Deutsch 1986 (Deutsche Lizenzausgabe, aus dem Russischen)
Kuiper, G. P., Middlehurst, B. M.: Planets and Satellites. Chicago: The University of Chicago Press 1971
Löbering, W.: Jupiterbeobachtungen von 1926 bis 1964. Nova Acta Leopoldina. Leipzig: J. A. Barth 1969

Lopez, E., Escalante, F. J.: El Planeta Marte (spanisch). Mexico 1963
Ein umfassendes Werk (656) Seiten!) mit zahlreichen Abbildungen über Mars-Beobachtungen auf mexikanischen Sternwarten in den Jahren 1907 bis 1956
Mädlow, E.: Zwölf Jahre Jupiterbeobachtungen 1938–1949, Mitteilungen der Archenhold-Sternwarte. Berlin-Treptow 1952
Meeus, J.: Planetary phenomena 1976–2005. Brüssel: Vereniging voor Sterrenkunde 1977
Meeus, J.: Tables des Petites Planètes. Kessel-Lo: J. Meeus, Koningsstraat 33, Kessel-Lo, Belgien
Meeus, J.: Astronomical Tables of the Sun, Moon, and Planets. Richmond: Willmann-Bell 1983
Michaux, C. M.: Handbook of the Physical Properties of the Planet Jupiter Washington, D.C.: NASA Scientific and Technical Information Division 1967
Michaux, C. M.: Handbook of the Physical Properties of the Planet Mars. Washington, D.C.: NASA 1967
Michaux, C. M.: Handbook of the Physical Properties of the Planet Venus. Washington, D.C.: NASA 1967
Moore, P.: Guide to the planets. London: Eyre & Spottiswoode 1955
Moore, P.: The Planet Neptune. Chichester: Ellis Horwood 1988
Moore, P., Hunt, G.: Atlas des Sonnensystems. Freiburg, Basel, Wien: Herder 1985
Morrison, D., Samz, J.: Voyage to Jupiter. Washington: US Government Printing Office 1980
Morrison, D.: Voyages to Saturn. Washington: US Government Printing Office 1982
Muller, J.-P.: The International Jupiter Voyager Telescope Observations Program – Detailed Set of Notes. London 1978
Muller, J.-P., Haug, H., Kowalec, Ch.: The International Saturn Voyager Telescope Observations Programme. Berlin 1980
Muller, J.-P., Haug, H., Kowalec, Ch.: Longitudinal Oscillations of Jupiter's Red Spot in 1978/79 (IJVTOP Results Part I), interne Veröffentlichung, 1983
Murray, B. C., Malin, M., Greeley, R.: Earthlike Planets. San Francisco: W. H. Freeman 1981
Peek, P. M.: The Planet Jupiter. London: Faber and Faber 1958
Pesek, R., Pesek, P., Pesek, L.: Solar System. New York: Viking Press 1978
Planetary astronomy. Herausgegeben von Sam S. Mims, P. O. Box 15854, Baton Rouge, LA 70895 (USA)
Rétyi, A: Jupiter und Saturn. Ergebnise der Planetenforschung. Stuttgart: Franckh'sche Verlagshandlung 1985
Roth, G. D.: The System of Minor Planets. London: Faber and Faber 1962
Roth, G. D.: Handbook for Planet Observers. London: Faber and Faber 1970
Roth, G. D.: Taschenbuch für Planetenbeobachter, 3. Aufl. München, Verlag Sterne und Weltraum 1987
Ein Leitfaden für Amateurbeobachter und solche, die es werden wollen
Rükl, A.: Taschenatlas Mond, Mars, Venus. Hanau: Verlag Werner Dausien 1977
Sandner, W.: The planet Mercur. London: Faber and Faber 1963
Sandner, W.: Satellites of the solar system. London: Faber and Faber 1965
Sandner, W.: Trabanten im Sonnensystem. Mannheim: Bibliographisches Institut 1966
Sandner, W.: Planetengeschwister der Erde. Weinheim: Verlag Chemie 1971
Sharonov, V. V.: The Nature of the Planets. Translated from Russian, Israel Program for Scientific Translations, Jerusalem 1964
Slattery, W. L.: The Structure of the Planets Jupiter and Saturn. University Microfilms International 1978 (Dissertation)
Slipher, C.: The photographic story of Mars. Cambridge: Sky Publishing Corporation 1962
Slipher, C.: A photographic study of the brighter planets. Flagstaff/AZ: Lowell Observatory; Washington, D.C.: National Geographic Society 1964
Eine hervorragend ausgestattete Zusammenstellung photographischer Aufnahmen der großen Planeten mit ausführlichem Text
Stanek, B.: Planetenlexikon, 2. Aufl. Bern, Stuttgart: Hallwag 1980
The Journal of the Association of Lunar and Planetary Observers. The Strolling Astronomer. P.O. Box 16131 San Francisco, CA 94116, USA
Strom, R. G.: Mercury. The Elusive Planet. Cambridge: Cambridge University Press 1987

The Minor Planet Bulletin. Anschrift: Richard P. Binzel, Dept. of Astronomy, University of Texas, Austin, Tex. 78712, USA
Vaucouleurs, G. de: The planet Mars. London: Faber and Faber 1951
Eine kurzgefaßte Darstellung des damaligen Standes der Marsforschung
Vaucouleurs, G. de: Physics of the planet Mars. London: Faber and Faber 1954
Das wichtigste Mars-Werk der 50er Jahre
Wattenberg, D.: Mars, der rote Planet. Leipzig/Jena: Urania-Verlag 1956
Eine seinerzeit ausgezeichnete Gesamtdarstellung mit zahlreichen, z. T. seltenen Abbildungen. Literatur-Angaben (auch russische Literatur)
Whyte, A. J.: The planet Pluto. Oxford: Pergamon Press 1980
Wolf, H.: Mars. Westliche und östliche Hemisphäre. Kosmos-Handkarte. Stuttgart: Franckh'sche Verlagshandlung o. J.

Veränderliche Sterne

Berliner Arbeitsgemeinschaft für veränderliche Sterne e. V. (Hrsg.): Katalog der veränderlichen Sterne des BAV-Programms. Berlin: BAV, 1000 Berlin 48, Buckower Chaussee 15
Campbell, L., Jacchia, L.: The story of variable stars (The Harvard Books on Astronomy). Philadelphia: The Blakiston Company 1945
Duerbeck, H. W., Seitter, W. C.: Variable Stars. In: Schaifers, K., Voigt, H. H. (Hrsg.): Landolt-Börnstein, Neue Serie, Gruppe VI, Band 2 b (Astronomie und Astrophysik). Berlin: Springer 1982, S. 197
General Catalogue of Variable Stars, fourth Edition. Kholopov, P. N. (Hrsg.): Moskau: Sternberg Astronomical Institute, Nauka Publishing House 1985
Glasby, J. S.: Variable Stars. Cambridge, MA: Harvard University Press 1969
Güssow, K.: Ein vollständiges Verzeichnis der helleren Plejadensterne. In: Die Sterne *28* (1952) 104
Wichtiges Prüffeld für die visuelle und photographische Photometrie (s. auch Band 2, S. 655)
Hoffmeister, C.: Verzeichnis von 1440 neuen veränderlichen Sternen mit Angaben über die Art ihres Lichtwechsels. Berlin: Akademie-Verlag 1949
Hoffmeister, C., Richter, G., Wenzel, W.: Veränderliche Sterne, 2. Aufl. Berlin: Springer 1984
Kippenhahn, R., Weigert, A.: Warum pulsieren die Delta-Cephei-Sterne? In: Sterne und Weltraum *7/8* (1965) 148; *8/9* (1964) 173
Mucke, H.: Veränderliche Sterne; 15. Sternfreunde-Seminar 1987. Zu beziehen beim Astronomischen Büro, Hasenwartgasse 32, A-1238 Wien
Petit, M.: Variable Stars. Chichester: John Wiley & Sons 1987
Pringle, J. E., Wade, R. A.: Interacting Binary Stars. Cambridge: Cambridge University Press 1985
Sahade, J., Wood, F. B.: Interacting Binary Stars. Oxford: Pergamon Press 1978
Schiller, K.: Einführung in das Studium der veränderlichen Sterne. Leipzig: J. A. Barth 1923
Ausführliche Anleitung zur Beobachtung und Auswertung der Beobachtungen
Schneller, H.: Einfache Methode zur Bestimmung der Systemkonstanten bei Bedeckungsveränderlichen. Berlin: Akademie-Verlag 1949
Scovil, C. E.: AAVSO Variable Star Atlas. Cambridge, Mass.: Sky Publishing Corporation 1980
Strohmeier, W.: Variable Stars. Oxford: Pergamon Press 1972
Supernovae: Branch, D. in: Encyclopedia of Physical Sciences and Technology. Academic Press
Supernova SN 1987 A: Jahrbuch 1988 der Encyclopedia of Physical Sciences and Technology
Tsesevich, V. P., Kazanasmas, M. S.: Atlas of finding charts of variable stars. Moskau: Verlag Izdateljstvo Nauka 1972
Tsesevittch, V. P.: Eclipsing Variable Stars. New York: John Wiley and Sons 1973

Stellarastronomie, Milchstraße, extragalaktische Objekte

Becker, W.: Sterne und Sternsysteme, 2. Aufl. Leipzig: Th. Steinkopff Dresden 1950
Wissen und Methoden der Stellarastronomie, mit vorbildlicher Materialsammlung
Bohren, C. F., Huffman, D. R.: Absorption and scattering of light by small particles. New York: J. Wiley & Sons 1983

Bok, B. J., Bok, P. F.: The milky way. Cambridge, Mass.: Harvard University Press 1981
Clark, D.: Superstars. London: Dent 1979; New York: McGraw-Hill 1984
Eichhorn, H.: Astronomy of star positions. A critical investigation of star catalogues, the methods of their construction, and their purpose. New York: Frederick Ungar Publ. Co. Inc. 1974
Ferris, T.: Galaxien. Basel: Birkhäuser 1983
Greenstein, G.: Frozen star. New York: Freundlich Books 1983; London: Macdonald 1984
Heintz, W. D.: Double stars. Dordrecht: D. Reidel 1978
Hodge, P. W. (compiler): The universe of galaxies. New York: Freeman 1984
Hoyle, F.: The quasar controversy resolved Cardiff: University College Cardiff Press 1981
Kaplan, S. A.: Physik der Sterne. Leipzig: Teubner 1980
Kruse, W., Dieckvoss, W.: Die Wissenschaft von den Sternen (Verständliche Wissenschaft, Band 43). Berlin: Springer 1954
Gute Darstellung der Stellarastronomie
Kaufmann III., W. J.: Galaxies and quasars. San Francisco. Freeman and Co. 1979
Meyer, W.: Sternhaufen und Nebel, Teil 1 und Teil 2. Berlin: Wilhelm-Foerster-Sternwarte 1976
Mihalas, D.: Stellar atmospheres. San Francisco: Freeman and Co. 1978
Mihalas, D., Binney, J.: Galactic astronomy – structure and kinematics. San Francisco: Freeman and Co. 1981
Mitton, S.: Die Erforschung der Galaxien. Berlin: Springer 1978
Nowikow, I. D.: Schwarze Löcher im All. Frankfurt: H. Deutsch 1986
Saslaw, W. C.: Gravitational Physics of Stellar and Galactic Systems. Cambridge: University Press 1985
Scheffler, H., Elsässer, H.: Bau und Physik der Galaxis. Mannheim: Bibliographisches Institut 1982
Sersic, J. L.: Extragalactic Astronomy Dordrecht: Reidel 1982
Sexl, R., Sexl, H., Weiße Zwerge – Schwarze Löcher. Einführung in die relativistische Astrophysik. Braunschweig, Wiesbaden: Vieweg 1979
Shipman, H. L.: Black Holes, Quasars, and the Universe. Boston: Houghton Mifflin Co. 1980
Spitzer, L.: Physical processes in the interstellar medium. New York: J. Wiley & Sons 1978
Tayler, R. J.: Galaxies: Structure and evolution. London: Wykeham 1978
Vogt, H.: Die Spiralnebel. Heidelberg: Carl Winter Universitätsverlag 1946
Wepner, W.: 291 Doppelstern-Ephemeriden für die Jahre 1975–2000. Düsseldorf: Treugesell Verlag 1976
Woerden, H. van, Allen, R. J., Burton, W. B. (Hrsg.): The Milky Way Galaxy. Symposium No. 106 der International Astronomical Union. Dordrecht: D. Reidel 1985
Wurm, K.: Die Planetarischen Nebel. Scientia Astronomica, Band 1. Berlin: Akademie-Verlag 1951
Zeilik, M., Gibson, D. M. (Hrsg.): Cool Stars, Stellar Systems and the Sun. Lecture Notes in Physics, Vol. 254. Berlin: Springer 1986

Leuchtende Nachtwolken, Polarlichter und Zodiakallicht

Borst, W.: Geheimnisvolles Polarlicht. In: Physik unserer Zeit *9* (1978) 3
Kaila, K.: Polarlichter, Orion *35* (1977) 18
Schröder, W.: Zur Geschichte der Polarlichtforschung. In: Acta Geodaetica, Geophysica et Montanistica, Acad. Sci. Hung. 15, 1980
Störmer, C.: Quelques résultats des observations et des mesures photographiques d'aurore boréales dans la Norvège meridionale depuis 1911. Göteborg: Gumperts Förlag 1949
Süring, R.: Die Wolken. Leipzig: Akademische Verlagsgesellschaft 1941
Wichtige Hinweise mit genauer Literaturangabe finden sich ferner in den FIAT-Bänden (Naturforschung und Medizin in Deutschland 1939–1946)
Nr. 17 (Geophysik, Teil I, herausgegeben von J. Bartels) und
Nr. 19 (Meteorologie und Physik der Atmosphäre, herausgegeben von R. Mügge). Wiesbaden: Diederich'sche Verlagsbuchhandlung 1948

16.3.12 Sternkarten, Zeitschriften und Jahrbücher

Karten

Bečvář, A.: Atlas Coeli 1950.0. Cambridge, Mass.: Sky Publishing Corp
Der Atlas umfaßt Sterne bis zur visuellen Größe 7,75, weiterhin bis zur selben Größe Doppelsterne, Veränderliche (Maximum gleich oder heller, 7,75 Größenklasse), dann Nebel und Sternhaufen. Zum Atlas gehört ein Katalog von 290 Seiten, der Verzeichnisse für sämtliche im Atlas dargestellten Objekte gibt. Ein sehr gutes Kartenwerk für den Amateur!

Beneke, E. J.: Was sehe ich am Himmel? Ein Begleiter durch den nördlichen und südlichen Sternenhimmel. Stuttgart: Franckh'sche Verlagshandlung 1986

Beyer, M., Graff, K.: Sternatlas, enthaltend alle Sterne bis zur 9. Größe sowie die helleren Sternhaufen und Nebel zwischen dem Nordpol und 23° südlicher Deklination für 1855, 3. Aufl. Bonn: F. Dümmler 1950
Ein Standardwerk für den Amateurbeobachter!

Callatay, V. de: Goldmanns Himmelsatlas, hrsg. von W. Jahn. München: W. Goldmann 1959
Sterne bis $5\overset{m}{.}5$. Einprägsame Figuren mit Text und Tabellen

Dunlop, St., Tirion, W.: Der Kosmos-Sternatlas. Alle mit bloßem Auge sichtbaren Sterne der nördlichen und südlichen Hemisphäre. Stuttgart: Franckh'sche Verlagshandlung 1985

Felsmann, G., Kohl, O.: Atlas des gestirnten Himmels für das Äquinoktium 1950. Berlin: Akademie-Verlag 1956
Ein handlicher, übersichtlich gezeichneter Sternatlas für Sterne bis zur Größenklasse 6.25

Klepesta, J.: Himmelskarten. Stuttgart: Franckh'sche Verlagshandlung
Zwei mehrfarbige Karten 76 × 87,5 cm mit Sternen bis $5\overset{m}{.}1$

Die neuen Kosmos-Himmelskarten. Nördlicher und südlicher Sternenhimmel für das Äquinoktium 2000.0. Aus dem Tschechischen übersetzt von Walter Kraus Stuttgart:
Zwei Karten 88 × 75,3 cm², gefalzt 22 × 25,1 cm², einseitig mehrfarbig bedruckt, ein Textheft in der Größe der gefalzten Karten. Franckh/Kosmos Verlagsgruppe 1986

Marx, S., Pfau, W.: Drehbare Sternkarte. Leipzig: J. A. Barth 1975

Marx, S., Pfau, W.: Sternatlas für das Äquinoctium 1975.0. Leipzig: J. A. Barth 1974

Moore, P.: The Mitchell Beazley new concise atlas of the universe. London: Mitchell Beazley Publishers Ltd. 1978

Neckel, T., Vehrenberg, H.: Atlas Galaktischer Nebel/Atlas of Galactic Nebulae, Teil I und II. Düsseldorf: Treugesell-Verlag 1987

Norton, A. P.: Star Atlas and Reference Handbook. London: Gall and Inglis 1954
Karten gut, Text merklich überholt

Ridpath, I., Tirion, W.: Der große Kosmos-Himmelsführer. Der nördliche und südliche Sternenhimmel. Stuttgart: Franckh'sche Verlagshandlung 1987

Roth, G. D.: BLV Naturführer Sterne und Sternbilder. Die wichtigsten Sternbilder des Nord- und Südhimmels erkennen, 2. Aufl. München: BLV Verlag 1985

Schaifers, K.: Himmelsatlas (Tabulae caelestes) (8. Aufl.). Mannheim: Bibliographisches Institut 1960
Neubearbeitung des bekannten „Schurig-Götz". Sterne bis 6. Größenklasse

Schütte, K.: Jahressternkarten. Stuttgart: Franckh'sche Verlagshandlung 1972

Suter, H.: Sirius, Drehbare Sternkarte für das Äquinoktium 2000.0 Bern: Hallwag 1979
Kleines Modell 21,5 × 21,5 cm. Großes Modell 38 × 38 cm. Sehr empfehlenswerte Präzisions-Drehkarte

Thomas, O.: Atlas der Sternbilder, 2. Aufl. Salzburg: Verlag „Das Bergland-Buch" 1952
Ein Kartenwerk, das mit den Sternbildern vertraut macht. Sterne bis 5^m

Tirion, W.: Sky Atlas 2000.0. Cambridge: Cambridge University Press 1981

Vehrenberg, H.: Photographischer Sternatlas. Düsseldorf: Treugesell-Verlag 1977
428 Karten im DIN A 4-Format mit Sternen und Objekten bis zur 13. Größe, dazu Gradnetzschablonen zur Positionsbestimmung. Nordteil (Pol bis −26°) und Südteil (−14° bis Südpol)

Vehrenberg, H.: Atlas Stellarum 1950.0. Düsseldorf: Treugesell-Verlag 1965
Photographischer Sternatlas mit Sternen und Objekten bis zur 15. Größe. 450 Karten im Format 36 × 36 cm mit Gradnetzschablonen und Konversionstabellen für die Äquinoktien 1855.0 bis 2000.0

Vehrenberg, H., Brun, A.: Atlas der Selected Areas. Düsseldorf: Treugesell-Verlag 1965
206 gezeichnete Karten der Kapteynschen Eichfelder mit eingetragenen Sterngrößen bis ca. 16. Größe nach dem Katalog von Harvard-Groningen (Harvard Annals, Bd. 101–103). Nordteil (bis −30°) und Südteil

Widmann, W.: Neue Kosmos-Sternkarte. Stuttgart: Franckh'sche Verlagshandlung
Eine drehbare Sternkarte des nördlichen Sternhimmels, ∅ 27 cm, mit Planetenzeiger

Widmann, W.: Nachtleuchtende Sternkarte für Jedermann. Stuttgart: Franckh'sche Verlagshandlung
Die wichtigsten Sternbilder und ihre Namen erscheinen selbstleuchtend

Widmann, W., Schütte, K.: Welcher Stern ist das? 60 Sternkarten zum Bestimmen der Sternbilder in allen Jahreszeiten, 22. Aufl. Stuttgart: Franckh'sche Verlagshandlung 1985

Katalogwerke (s. auch Band 2, S. 338 und 541)

In Klammern die gebräuchlichen Abkürzungen. Diese Kataloge sind Fachpublikationen und z.T. nicht im Handel.

Acker, A. (Hrsg.): Catalogue des étoiles les plus brillantes. Observatoire de Strasbourg Centre de Données Stellaires, Rue de l'Observatoire, F-67000 Strasbourg (France) 1984

Bonner Durchmusterung (BD) von Argelander und Schönfeld: Genäherte Örter für 1855 von 458 000 Sternen bis etwa 9,5te Größe und −23° Deklination. Ein wichtiger Referenzkatalog. Für den Südhimmel ergänzen ihn die Cordoba-Durchmusterung (CD) und die Cape Photographic Durchmusterung (CPD)
Die BD liegt als Katalog wie als Kartenwerk vor (Bonn: Dümmler-Verlag)

Carte du Ciel = Photographische Himmelskarte. – Verzeichnis der Sterne bis 11. oder 12. Größe; über 150 Bände
Das vor 100 Jahren in internationaler Zusammenarbeit begonnene Unternehmen ist durch die Zeitereignisse noch nicht völlig abgeschlossen. Bisher über 150 Bände

Catalog of 3539 Zodiacal stars (NZC) von J. Robertson (Astronomical Papers of the American Ephemeris, Bd. 10 II). Katalog für Sternbedeckungs-Berechnungen

Catalogue of Bright Stars (BS). 3. Ausgabe. New Haven 1964, Yale University Observatory. Angaben über alle Sterne bis zur Helligkeit $6\overset{m}{.}5$

Duerbeck, H. W.: A Reference Catalogue and Atlas of Galactic Novae. Space Science Reviews, *45* (1987) 1–2

General Catalogue of Trigonometric Stellar Parallaxes von L. Jenkins, Yale 1952, nebst Ergänzung 1963

Geschichte und Literatur des Lichtwechsels der veränderlichen Sterne (GuL), 1. Ausgabe 1918–1922. – 2. Ausgabe von R. Prager und H. Schneller, Berlin 1934–1963, in 5 Bänden, davon Band V (3 Teilbände) mit Literatur bis 1958

Henry Draper Catalogue (HD), 9 Bände (Harvard Annals 91–99) nebst Ergänzungen: Helligkeiten und Spektra von 250 000 Sternen über der 10. Größe

Hirshfeld, A., Sinnott, R. W. (Hrsg.): Sky Catalogue 2000.0. Volume 1: Stars to Magnitude 8.0. Volume 2: Double Stars, Variable Stars and Nonstellar Objects. Cambridge: Cambridge University Press & Sky Publishing Corporation 1982 and 1985

Hoffleit, D., Jaschek, C.: The bright star catalogue, Fourth revised edition. New Haven, Connec.: Yale University Observatory 1982

Hoffleit, D., Saladyga, M., Wlasuk, P.: A supplement to the bright star catalogue. New Haven, Connec.: Yale University Observatory 1983

Index Catalogue of Visual Double Stars, 1961.0 (IDS). Publ. Lick Observatory Vol. XXI, 1963 (2 Bände). Doppelsternverzeichnis nach dem Stand von 1960

New General Catalogue of Nebulae and Clusters (NGC) von Dreyer (Memoirs RAS Bd. 49) nebst Nachtrag (IC = Index Catalogue, in 2 Teilen, Bd. 51 und 59). 7840 + 5386 Sternhaufen, galaktische und extragalaktische Nebel

Obschtschij katalog peremennych swosd (Generalkatalog veränderlicher Sterne). 3. Ausgabe, Moskau 1969–71, 3 Bände, nebst Nachtrag 1960. Kurze Hinweise über alle Veränderlichen nach neuem Stand

Smithsonian Astrophysical Observatory Star Catalog (SAOC). Washington 1966 (4 Bände). – Genaue Positionen von 258 997 Sternen, etwa bis 9. Größe. Zu beziehen durch Treugesell-Verlag, Düsseldorf

Sulentic, J. W., Tifft, W. G.: The revised new general catalogue of nonstellar astronomical objects. Tucson: The University of Arizona Press 1973

Vierter Fundamentalkatalog (FK4): Genaueste Örter von 1535 meist hellen Sternen. Von diesen Fundamentalsternen werden jährlich scheinbare Örter publiziert. Sie liegen der Orts- und Zeitbestimmung zugrunde. Karlsruhe: G. Braun 1963

Werner, H., Schmeidler, F.: Synopsis der Nomenklatur der Fixsterne. Synopsis of the Nomenclature of the Fixed Stars. Stuttgart: Wissenschaftliche Verlagsgesellschaft mbH 1986

Zeitschriften

Astronomische Zeitschriften (Die Organisationen auf S. 713 (Band 2) geben z. T. auch Zeitschriften heraus)

Astronomia, Via Nino Bixio 30, I-20129 Milano, Italien

The Astronomical Journal, published for the American Astronomical Society by the American Institute of Physics, 335 East 45th Street, New York, N.Y. 10017, USA

Astronomie in der Schule, Verlag Volk und Wissen, Krausenstr. 50, DDR-1086 Berlin

Astronomie und Raumfahrt, Kulturbund der DDR, Straße der Jugend 8, DDR 9630 Crimmitschau

Astronomisk Tidsskrift, herausgegeben von Astronomisk Selskab, Kopenhagen, Norsk Astronomisk Selskap, Oslo; Svenska Astronomiska Sällskapet, Stockholm. Astronomisk Institŭt, Aarhŭs Universitet, DK-8000 Aarhŭs C

Astronomische Nachrichten, Akademie-Verlag, DDR-108 Berlin, Leipziger Str. 3–4

Astronomy, AstroMedia Corp., 625 E. St. Paul Avenue, PO Box 92788, Milwaukee, Wi53202, USA

The Astrophysical Journal, published by the University of Chicago Press for the American Astronomical Society. The University of Chicago Press, 5801 S. Ellis Avenue, Chicago Ill. 60637, USA

Ciel et fusées, Zeitschrift für Sternfreunde in Frankreich und zur Förderung der populären Astronomie. Redaktion: Observatoire de Saint-Aubin-de-Courteraie (Orne), Frankreich

Ciel et Terre, Bulletin de la Société Royale Belge d'Astronomie, de Météorologie et Physique dŭ Globe. Ave Circŭlaire 3, B-1180 Bruxelles

Coelum, Osservatorio Astronomico Universitario. Casella Postale 596, I-40100 Bologna, Italien

Deep Sky, the magazine for deep-sky observers and astrophotographers. Astromedia, 1027 North 7th Street, Milwaukee, Wi 53233, USA

Icarus, international Journal of Solar System Studies. Academic Press Inc. New York-London

Journal of the British Astronomical Association. The British Astronomical Association, Burlington House, Piccadilly, London SW8 ISZ England

Journal for the History of Astronomy, Cambridge, England, Churchill College, 3mal jährlich seit 1970

The Observatory, a Review of Astronomy. Royal Greenwich Observatory, Herstmonceux Castle, Hailsham Sussex, BN27 IRP England

Orion, Zeitschrift der Schweizerischen Astronomischen Gesellschaft (SAG), Zentralsekretariat, Hirtenhofstr. 9, CH-6005 Luzern, Schweiz

Planetary and Space Science, Oxforf, New York, Paris, Frankfurt: Pergamon Press

Populär Astronomik Tidsskrift, Stockholms Observatorium, Saltsjöbaden, Schweden

Publication of the Astronomical Society of the Pacific, The Astronomical Society of the Pacific, 1290 24th Avenue, San Francisco, CA 94122, USA

Pulsar, Zeitschrift der Société d'Astronomie Populaire, 1, avenue Camille Flammarion, F-31500 Toulouse, Frankreich

Sky and Telescope. Sky Publishing Cooperation, 49 Bay State Road, Cambridge. Mass. 02238-1290, USA

Die Sterne, J. A. Barth, DDR-7010 Leipzig, Salomonstr, 18 b

Sterne und Weltraum. Zeitschrift für Astronomie. Mit VdS-Nachrichten. Verlag Sterne und Weltraum Dr. Vehrenberg GmbH, Portiastraße 10. D-8000 München 90

Der Sternenbote, Österreichische Astronomische Monatsschrift. Astronomisches Büro, Hasenwartgasse 32, A-1238 Wien, Österreich

Urania, polnische Monatsschrift für populäre Astronomie. Anschrift der Redaktion: Warszawa, Al. Ujazdowskie 4, Polen

Zenit, populair-wetenschappelijk maandblad over sterrenkunde, weerkunde, ruimtevaart, ruimte-onderzoek en aanverwante wetenschappen en technieken. Stichting De Koepel, Nachtegaalstraat 82 bis, Utrecht, The Netherlands

Naturwissenschaftliche Zeitschriften mit astronomischen Beiträgen

Die Naturwissenschaften, Berlin: Springer

Kosmos, Stuttgart: Franckh'sche Verlagshandlung

Naturwissenschaftliche Rundschau, Stuttgart: Wissenschaftliche Verlagsgesellschaft m.b.H.

Physikalische Blätter, Weinheim: Physik-Verlag

Physik in unserer Zeit, Weinheim: Verlag Chemie

Anmerkung: In allen genannten Zeitschriften erscheinen auch Buchbesprechungen über astronomische Neuerscheinungen

Veröffentlichungen der Internationalen Astronomischen Union

Transactions, dreijährlich erscheinende Berichte, *Telegramme und Circulars,* The Central Bureau for Astronomical Telegrams Smithsonian Observatory, Cambridge, Mass. 02138. USA

Kommen nur für Beobachter an größeren Instrumenten in Betracht

Das *Astronomer's Handbook* (erschienen als Vol. XII C of the Transactions of the IAU, London – New York: Academic Press 1966) gibt einen Überblick über die internationale Organisation der Astronomie

Jahrbücher und Kalender

Astronomical Phenomena for the year .... Washington, DC: US Government Printing Office

Das Himmelsjahr, verfaßt von H.-U. Keller. Stuttgart: Franckh'sche Verlagshandlung

Ein sehr populär gehaltener Kalender

Der Sternhimmel, gegründet von R. A. Naef, herausgegeben von E. Hügli, H. Roth und K. Städeli. Aarau (Schweiz): Verlag Sauerländer & Co.

Ein kleines astronomisches Jahrbuch für Sternfreunde von bewährter Qualität. Enthält viele nützliche Hinweise für den Beobachter

Himmelskalender, redigiert von H. Mucke. Wien: Astronomischer Verein

Kalender für Sternfreunde, gegründet von P. Ahnert. Leipzig: J. A. Barth

Unter den deutschsprachigen Kalendern zum Standardwerk geworden, kann er jedem beobachtenden Sternfreund warm empfohlen werden

Observer's Handbook. 1907–(annual). Toronto: Royal Astronomical Society of Canada

The Astronomical Almanac [1], herausgegeben vom Royal Greenwich Observatory (England) in Zusammenarbeit mit dem Naval Observatory Washington (USA)

Ein wissenschaftliches Jahrbuch. Die Beobachter finden dort besonders die wichtigen Daten für die Sonnen-, Mond- und Planetenbeobachtung

The Handbook of the British Astronomical Association, herausgegeben von Cameron Dinwoodie. Hounslow West: British Astronomical Association, 303 Bath Rd., Hounslow West, Middlesex, England

Yearbook of Astronomy, von P. Moore. London: Sidgwick and Jackson

---

[1] *Anmerkung:* Beginnend mit dem Jahrgang 1960 erschienen die beiden Jahrbücher von Washington und London *The American Ephemeris* und *The Nautical Almanac* (neuer Titel: *The Astronomical Ephemeris.* Neuerliche Titeländerung ab 1981 in *The Astronomical Almanac,* s. auch Band 1, S. 8) mit identischem Inhalt. Als 2. Band dieses einheitlichen Jahrbuchs gibt das *Astronomische Recheninstitut* in Heidelberg die *Apparent Places of Fundamental Stars* heraus, welche die scheinbaren Örter aller Sterne des FK 4 einschließlich der Zusatzsterne enthalten.

16.3.13 Astronomische Lehrmittel

Siehe dazu den Beitrag 16.2 von A. Kunert, Berlin, auf Seite 656

16.4 Astronomische Organisationen

Siehe dazu auch:

Heck, A. und Manfroid, J.: International Directory of Astronomical Associations and Societes (I.D.A.A.S.). Centre de Données de Strasbourg, Observatoire Astronomique, 11, rue de l'université, F-67000 Strasbourg, France
Jährlich erscheinendes Handbuch mit allen wichtigen Adressen

16.4.1 Überregionale Organisationen

American Astronomical Society (AAS), 2000 Florida Avenue NW, Suite 300, Washington, DC 20009, USA

Association Française d'Astronomie (AFA), Observatoire de Montsouris, 17, rue Emile-Deutsch-de-la-Meurthe, F-75014 Paris, Frankreich

Astronomical-Geodetical Society of the USSR, 24 Sadovaja-Kudrinskaja ul., SU-103101 Moskwa, Sowjetunion

Astronomical League, c/o Merry Wooten, 6235 Omie Circle, Pensacola, FL 32504, USA

Astronomical Society of the Pacific (ASP), 1290 24the Avenue, San Francisco, CA 94122, USA

Astronomische Gesellschaft (AG), gegründet 1863 als internationale wissenschaftliche Gesellschaft. Die Mitgliedschaft ist auf Fachastronomen und der Wissenschaft nahestehende Amateure beschränkt. Der Sitz der Gesellschaft befindet sich in D-2050 Hamburg-Bergedorf, Sternwarte, Bundesrepublik Deutschland

Astronomisches Büro, Hasenwartgasse 32, A-1238 Wien. Auch Kontaktadresse für Österreichischer Astronomischer Verein Wien, Österreich

Astronomisk Selskab, große skandinavische astronomische Vereinigung. Anschrift: Statsobservatoriet, Øster Voldgade 3, DK-1350 København, Dänemark

Astronomsko Drustvo Ruder Boskovic, Kalemegdan, Gordni Grad 16, YU-1100 Beograd, Jugoslawien

British Astronomical Association, gegründet 1890, zählt heute über 3000 Mitglieder und ist damit eine der größten Vereinigungen von Sternfreunden auf der Erde. Anschrift: Burlington House, Piccadilly, London W1, Great Britain

International Astronomical Union (IAU), Sekretariat: 61, avenue de l'Observatoire, F-75014 Paris, Frankreich

Kulturbund der DDR, Zentrale Kommission Astronomie und Raumfahrt, Postfach 34, DDR-1030 Berlin, DDR

Nederlandse Vereniging voor Weer- en Sterrenkunde (NVWS), Nachtegaalstraat 82 bis, NL-3581 AN Utrecht, Niederlande

Nippon Temmon Gakkai, Tokyo Tenmondai, 2-21-1 Mitaka, Tokyo 181, Japan (Astronomische Gesellschaft von Japan)

Norsk Astronomisk Selskap, Postboks 1029, Blindern, N-0315 Oslo 3, Norwegen

Polskie Towarzystwo Milosnikow Astronomii, Ul L. Solskiego 30/8, PL-31-027 Krakow, Polen (Gesellschaft polnischer Amateurastronomen)

Royal Astronomical Society (RAS), Burlington House, Piccadilly, London WIV ONL, England (Älteste astronomische Gesellschaft der Welt, gegründet 1820)

Schweizerische Astronomische Gesellschaft (SAG), die nationale astronomische Vereinigung der Schweiz. In ihr sind sowohl Fachastronomen als auch Sternfreunde Mitglieder. Sekretariat: Hirtenhofstr. 9, CH-6005 Luzern, Schweiz

Società Astronomica Italiana, Osservatorio Astrofisico di Arcetri, largo E. Fermi 5, I-50125 Firenze, Italien

Société Astronomique de France (SAF), 3, rue Beethoven, F-75016 Paris, Frankreich
Svenska Astronomiska Sällskapet, schwedische astronomische Gesellschaft. Anschrift: Stockholms Observatorium, S-133 00 Saltsjöbaden, Schweden
Tähtitieteellinen Yhdistys Ursa R.Y., Laivanvarustajankatu 3, SF-00140 Helsinki 14
Tudományos Ismeretterjesztö Tarsulát (TIT), Pf. 36, H-1263 Budapest, Ungarn
Unione Astrofili Italiani (UAI), c/o P. Cinzano, via Garibaldi 38 I-35016 Thiene, Italien
Vereinigung der Sternfreunde e.V. (VdS), gegründet 1952 als Nachfolgerin des *Bundes der Sternfreunde* und der *Vereinigung von Freunden der Astronomie und kosmischen Physik.* Die Mitgliedschaft in der VdS steht allen astronomisch Interessierten offen. Zur Zeit befindet sich die Geschäftsstelle in Jagdfeldring 31, D-8013 Haar, Bundesrepublik Deutschland

16.4.2 Sternwarten, Planetarien, astronomische Arbeitsgemeinschaften in der Bundesrepublik Deutschland

Entnommen mit freundlicher Genehmigung des Treugesell-Verlags, Düsseldorf, dem astronomischen Jahrbuch „Sternführer 1988".

Postleitzone 1000

1000 Berlin 41	Berliner Arbeitsgemeinschaft Veränderlicher Sterne e.V. (BAV), Munsterdamm 90
1000 Berlin 41	Wilhelm-Foerster-Sternwarte e.V. mit Zeiss-Planetarium, Munsterdamm 90
1000 Berlin 10	Institut für Astronomie und Astrophysik der TU Berlin, Ernst-Reuter-Platz 7
1000 Berlin 20	Bruno H. Bürgel Sternwarte Spandau e.V., Postf. 200248

Postleitzone 2000

2000 Hamburg 60	Gesellschaft für Volkstümliche Astronomie, Planetarium Hamburg, Hindenburgstr. Ö1
2000 Hamburg 60	Sekretariat Planetarium, Wasserturm am Stadtpark
2000 Norderstedt	Volkssternwarte Norderstedt e.V., Alsterstieg 11
2050 Hamburg 80	Sternwarte Bergedorf, Gojenbergsweg 112
2190 Cuxhaven	Max-Koch-Sternwarte, Haydnstr. 16
2300 Kiel	Planetarium, Knooper Weg 62, Geschäftsstelle Alte Chaussee 32
2300 Kiel 1	Institut für Theoretische Physik und Sternwarte der Universität, Leibnizstr.
2300 Kronshagen	Schulsternwarte Kronshagen, H. Paulus, Hofbrook 64
2350 Neumünster	Arbeitsgemeinschaft Astronomie der VHS, Kulturamt – Sternwarte, Parkstr. 17
2392 Gücksburg	Planetarium der Menke-Sternwarte, Förderstr. 35
2400 Lübeck	Sternwarte Lübeck, Am Ährenfeld 2, Geschäftsstelle Sickingenweg 1
2410 Mölln	KPM-Kometen, Planetoiden, Meteore, J. Jahn, Rosenweg 2
2720 Rotenburg	Arbeitsgemeinschaft Astronomie, Ratsgymnasium, T. Thiele, Hollestr. 21
2720 Rotenburg	Arbeitskreis Sonne, J. Scheunemann, Kolberger Str. 3
2800 Bremen 1	Olbers-Gesellschaft e.V., Werderstr. 73
2845 Damme	Club der Sternfreunde e.V., O. Opitz, Hebbelstr. 1
2860 Osterholz-Scharmbeck 9	Observatorium Stellarum, W. Mahnken, Am Klostermoor 30
2890 Nordenham	Planetarium, Bahnhostr. 52
2890 Nordenham	Vereinigung der Nordenhamer Sternfreunde, S. Lührs, Lutherplatz 2
2900 Oldenburg	Privatsternwarte Harald Simon, Max-Mehner-Str. 3
2990 Papenburg	Astronomischer Verein der Volkssternwarte e.V., W. Kosse, Wilhelm-Leuschner-Str. 48
2992 Dörpen	Arbeitskreis Astronomie, Dörenkamp 35
2994 Rhede/Ems	Arbeitskreis Astronomie Papenburg e.V., Schlesierstr. 4

Postleitzone 3000

3000 Hannover 91	Astronomische Arbeitskreis Hannover e.V., H. J. Bode, Bartold-Knaust-Str. 8
3000 Hannover	Planetarium der Bismarckschule, An der Bismarckschule 5
3000 Hannover	Volkssternwarte Geschw. Herschel e.V., Am Lindener Berge 27
3000 Hannover 1	Astronomische Station am Institut für Erdmessung der Universität, Nienburger Str. 5
3180 Wolfsburg 1	Planetarium, Uhlandweg 2
3300 Braunschweig	Sterfreunde Braunschweig-Hondelage, H. Zimmermann, Ackerweg 1 B
3353 Bad Gandersheim	Vereinigung Gandersheimer Sternfreunde, A. Probst, Dankelsheim 85
3400 Göttingen	Universitätssternwarte Göttingen, Geismarlandstr. 11
3490 Bad Driburg	Sternwarte der F.-W.-Weber-Realschule, Horst Thiel, Elsterweg 13
3500 Kassel	Astronomischer Arbeitskreis Kassel e.V., K. P. Haupt, Heiligenberg-str. 22
3501 Fulda-Rothwesten	Volkssternwarte, G. Spitzer
3551 Lahntal	Volkssternwarte Marburg e.V., Geschäftsstelle Sonnenhang 13

Postleitzone 4000

4000 Düsseldorf 13	Astronomische Vereinigung Düsseldorf e.V., Dipl.-Ing. W. Kusserow, Steinkaul 4
4000 Düsseldorf 13	Benzenberg-Sternwarte, Schloßallee 106, c/o Schloßgymnasium, Wimpfenerstr. 18, OStR. Claas
4006 Erkrath 2	Sternwarte Neanderhöhe Hochdahle e.V., Stellarium Erkrath, Postfach 2245, im Bürgerhaus
4050 Mönchengladbach 1	Astronomischer Arbeitskreis Mönchengladbach, Besselinstitut, Hoffnungstr. 5
4100 Duisburg 14	Rudolf-Römer-Sternwarte, Schwarzenbergerstr. 147
4130 Moers 1	Moerser Astronomische Organisation e.V., Postfach 1811
4150 Krefeld	Vereinigung der Krefelder Sternfreunde e.V., F. J. Schmitz, Frankenring 2
4220 Dinslaken	Dinslakener Astronomie Club, B. Fleming, Julius-Kalle-Str. 88
4230 Wesel	Weseler Astronomische Arbeitsgemeinschaft, Andreas Barchfeld, Flemmingstr. 14
4300 Essen	Walter-Hohmann-Sternwarte Essen e.V. Wallneyerstr. 159
4300 Essen	Verein für Volkstümliche Astronomie e.V. (VVA), Am Weberplatz 1
4350 Recklinghausen	Westfälische Volkssternwarte und Planetarium Recklinghausen, Stadtgarten 6, Cäcilienhöhe
4350 Recklinghausen	Arbeitskreis Volkssternwarte, F. Stark, Tannenstr. 17
4400 Münster	Planetarium im Naturkundemuseum, Sentruper Str. 285
4400 Münster	Astronomisches Institut der Universität, Domagkstr. 75
4400 Münster	Sternfreunde Münster, c/o Michael Große, Am Nubbenberg 23
4423 Gescher	Astronomische, Vereinigung, A. Nathues Schlesierring 30
4432 Gronau	Astronomische Arbeitsgruppe, S. Rudakowski, Danziger Str. 6
4500 Osnabrück	Planetarium Osnabrück, Am Schölerberg 8
4500 Osnabrück	Astronomische Arbeitsgemeinschaft im naturwiss. Verein, Dr.-Eckener-Str. 18 B
4600 Dortmund 1	Astronomischer Verein e.V., Th. Dietrich, Schlosserstr. 7
4630 Bochum 7	Astronomische Arbeitsgemeinschaft Bochum (AABO), Peter Riepe, Alte Ümmingerstr. 24
4630 Bochum	Planetarium Bochum, Castroper Str. 67
4630 Bochum 1	Astronomisches Institut der Ruhr-Universität, Postfach 102148, Universitätsstr. 150
4630 Bochum 1	Int.-Gem. Astrofotografie, V. Mette, Grillostr. 70
4700 Hamm 1	Astronomische Arbeitsgemeinschaft der VHS, Dr. Bredner, Gustav-Heinemann-Str.1
4770 Soest	Astronomische Arbeitsgemeinschaft an der VHS Soest, Ernst Fleischer, Steinkuhlenweg 6

4787 Geseke	Amateur-Astronomische Arbeitsgemeinschaft Geseke-Warstein, Erwitterstr. 16a
4790 Paderborn	Volkssternwarte Paderborne e.V., Postfach 1142
4800 Bielefeld 14	Astronomische Interessengemeinschaft, H. Warnek, Beckumer Str. 10
4840 Rheda-Wiedenbrück	AGA, J. Sänger, Gütersloher Str. 15
4900 Herford	Sternwarte Friedrichsgymnasium, Werrestr. 9
4920 Lemgo	Astronomische Arbeitsgemeinschaft, D. Lange, Im Stillen Winkel 12

Postleitzone 5000

5000 Köln 41	Volkssternwarte Köln, Vereinigung der Sternfreunde Köln e.V., Nikolausstr. 55
5000 Köln 60	Sternwarte und Planetarium im Gymnasium, H. Gundermann, Blücherstr. 17
5000 Köln 41	I. Physikalisches Institut der Universität
5010 Bergheim/Erft	Sternwarte der VHS Bergheim, Gutenberg-Gymnasium, Gutenbergstr.
5100 Aachen	Arbeitsgemeinschaft Astronomie Aachen e.V., C. Scheurer, von-Bodelschwingh-Str. 3
5100 Aachen	Verein Sternwarte und Astronomie, E Heinrigs, Krefelder Str. 213
5100 Aachen	Sternwarte der Stadt Aachen, Am Hangeweiher 4
5207 Ruppichteroth 4	Volkssternwarte Bonn – Sektion Sieg, H. Wientepper, Am Südhang 53
5270 Gummersbach	Sternwarte Gummersbach e.V., Wiesenstr. 33
5300 Bonn 1	Volkssternwarte Bonn, Astronomische Vereinigung e.V., Poppelsdorfer Allee 47
5300 Bonn 1	Astronomische Institute der Universität Bonn, Auf dem Hügel 71
5300 Bonn 1	Max-Planck-Institut für Radioastronomie, Auf dem Hügel 69
5350 Euskrichen	Volkssternwarte Bonn – Sektion Euskirchen, H.-J. Schäfer, Danziger Str. 29
5568 Daun/Eifel	Observatorium Hoher List
5550 Bernkastel-Kues	Astronomischer Arbeitskreis Privatsternwarte Minheim, Dipl.-Ing. J. Erz, Cusanusstr. 35
5600 Wuppertal 1	Bergische Volkssternwarte, Postfach 101763
5630 Remscheid	Astronomischer Verein e.V., P. Kalbitz, Diederichsstr. 10
5650 Solingen 19	Walter-Horn-Gesellschaft e.V., Sternstr. 5, Postfach 190550
5750 Menden 1	Vereinigung der Sternfreunde Menden e.V., Norbert Kirchhoff, Thüringenstr. 14
5790 Brilon	Astronomischer Arbeitsgemeinschaft Hochsauerland, U. Bojarra, Postfach 1167
5800 Hagen 1	Arbeitsgemeinschaft Volkssternwarte Ennepetal e.V., Am Hinnenberg, Postfach 4171

Postleitzone 6

6000 Frankfurt 1	Volkssternwarte Frankfurt, Physikalischer Verein, Robert-Mayer-Str. 2–4
6000 Frankfurt 60	Arbeitsgemeinschaft für Astronomie, H. Dorn, Postfach 600261
6090 Rüsselsheim	Rüsselsheimer Sternfreunde e.V., Am Borngraben 40
6100 Darmstadt	Volkssternwarte Darmstadt e.V., R. Lehmann, Helfmannstr. 26
6101 Reichelsheim	Arbeitsgemeinschaft Astronomie der Hermann-Obert-Gesellschaft e.V., Am Gänsberg 26
6148 Heppenheim	Starkenburgsternwarte, Kleine Bach 3
6238 Hofheim	Arbeitskreis Volkssternwarte im Volksbildungswerk Hofheim, Hermann Minor, Lessingstr. 56
6301 Heuchelheim	Astronomische Arbeitsgemeinschaft im Kulturring, K. Spruck, Schubertstr. 42
6336 Solms	Astronomischer Arbeitskreis Wetzlar e.V., Lindenstr. 11
6400 Fulda	Hans-Nüchter-Sternwarte, Domänenweg 2
6438 Ludwigsau	Arbeitsgemeinschaft der Sternfreunde Friedewald e.V., Walter Zerr, Schillergasse

6500 Mainz 1	Astronomische Arbeitsgemeinschaft der Sternfreunde Mainz und Umgebung e.V., Postfach 1164
6503 Mainz-Kastel	Astronomische Gesellschaft Urania e.V. Wiesbaden, W. Palzer, Alsenstr. 31
6507 Ingelheim	Sternwarte Ingelheim, Erich Sänger, Obere Sohlstr. 11
6550 Bad Kreuznach	Vereinigung der Sternfreunde, Postfach 2801
6570 Hochstetten-Dhaun	Astronomischer Arbeitskreis der VHS Schloß-Dhaun
6685 Schiffweiler	Verein der Amateurastronomen des Saarlandes, Hauptstr. 29
6800 Mannheim	Astronomische Arbeitsgemeinschaft an der Fachhochschule für Technik, Speyerstr. 4
6800 Mannheim 1	Planetarium, Q 5,1–6
6900 Heidelberg 1	Landessternwarte Königstuhl
6900 Heidelberg-Königstuhl	Max-Planck-Institut für Astronomie
6905 Schriesheim 1	Arbeitsgemeinschaft Volkssternwarte Schriesheim e.V., Herr Seib, Entengasse 3
6963 Ravenstein	Sternwarte Ravenstein, Goethestr. 16
6880 Wertheim	Johann-Kern-Sternwarte, Wolfgang Hencke, Salon-de-Provence-Ring 20
6990 Bad Mergentheim	Astronomische Vereinigung, Albert Hammer, Marienstr. 38

Postleitzone 7000

7000 Stuttgart 1	Planetarium, Neckarstr. 47
7000 Stuttgart 1	Schwäbische Volkssternwarte e.V., Leuschnerstr. 51
7016 Gerlingen	Arbeitskreis Sternwarte Höfingen, M. Berta, Ludwigstr. 40
7080 Aalen	Schul- und Volkssternwarte Aalen, Schubart-Gymnasium, Rombacher Str. 30
7082 Oberkochen	Volkssternwarte Oberkochen, Beethovenstr. 12
7100 Heilbronn	Robert-Mayer-Sternwarte, Bismarckstr. 10
7208 Spaichingen	Astronomische Vereinigung Heuberg-Baar, Eisenbahnstr. 53
7400 Tübingen	Astronomisches Institut der Universität, Waldhäuserstr. 64
7410 Reutlingen 1	Volkssternwarte Reutlingen, Karlstr. 40
7470 Albstadt 1	Astronomische Vereinigung Albstadt e.V., R. Bitzer, Hartmannstr. 140
7500 Karlsruhe 21	Astronomische Vereingung, J. Reichert, Daxlanderstr. 99
7515 Linkenheim-Hochstetten	Astronomische Vereinigung Karlsruhe e.V., W. Büschel, Schulstr. 15
7620 Wolfach	Astronomische Arbeitsgemeinschaft Ortenau, F. Schmalz, Schmelzgrün 27
7800 Freiburg	Arbeitskreis Astronomie Freiburg e.V. Fürstenbergstr. 11
7800 Freiburg	Richard-Fehrenbach-Planetarium, Friedrichstr. 51
7800 Freiburg	Kiepenheuer-Institut für Sonnenphysik, Schöneckstr. 6
7809 Gutach-Siegelau	Sternwarte Breisgau e.V., Talstr. 1
7913 Senden	Astronomische Arbeitsgruppe Ulm e.V., G. Etler, Buchenstr. 32
7930 Ehingen	Sternwarte Ehingen, Schwemmwaage 15
7958 Laupheim 1	Volkssternwarte Laupheim, Carl-Lämmle-Weg 2

Postleitzone 8000

8000 München	Deutsches Museum, Planetarium Museumsinsel 1
8000 München 80	Bayerische Volkssternwarte München e.V., Peter Stättmayer, Anzinger Str. 1
8000 München 80	Institut für Astronomie und Astrophysik der Universität München, Universitatssternwarte, Scheinerstr. 1
8011 Neubaldham	Astronomische Arbeitsgruppe, H. v.d. Osten, Offenbacher Str. 56
8038 Gröbenzell	Astronomische Vereinigung West-München, Grasslfingerstr. 43
8046 Garching	Max-Planck-Institut für Physik und Astrophysik, Karl-Schwarzschild-Str. 1

8069 Geisenfeld	Astronomischer Arbeitskreis, Dr. Loserth, Gisostr. 4
8070 Ingolstadt	Astronomischer Arbeitskreis Ingolstadt e.V., A. Sippl, Fontanestr. 1
8192 Geretsried 2	Schulsternwarte Geretsried e.V., Bruknerweg 29
8201 Schwabering	Forschungsgemeinschaft der Amateurastronomen Rosenheim e.V., Heubergstr. 6
8263 Burghausen	Sternwarte Burghausen, Erich Schmidt, Angerer Weg 8
8390 Passau	Volkssternwarte Passau, Anton-Plötzl-Str. 6
8393 Freyung	Volkssternwarte Unterer Wald, Postfach 1109
8400 Regensburg	Verein der Freunde der Sternwarte Regensburg, Ägidienplatz 2
8430 Neumarkt	Bayerische Volkssternwarte Neumarkt, Höhenweg 9
8491 Blaibach	Amateurastronomische Vereinigung Hohebogenwinkel-Regental, Pechlergasse 36
8497 Neukirchen	Amateurvereinigung Hohenbogenwinkel-Regental, Mais 38 1/3
8500 Nürnberg 20	Astronomische Arbeitsgemeinschaft Sternwarte Nürnberg. Regiomontanusweg 1
8500 Nürnberg	Planetarium, Am Plärrer 41
8520 Erlangen	Physikalisches Institut, Angewandte Optik, Erwin-Rommel-Str. 1
8580 Bayreuth	Volkssternwarte der VHS, T. Bauer, Am Main 3
8593 Tirschenreuth	Volkssternwarte, P. Postler, Blankenbühlstr. 28
8600 Bamberg	Astronomischer Arbeitskreis, R. Graupner, Vorderer Graben 26
8600 Bamberg	Dr.-Remeis-Sternwarte Bamberg, Astronomisches Institut der Universität Erlangen-Nürnberg, Sternwartstr. 7
8630 Coburg	Volkssternwarte Coburg, Löwenstr. 15
8670 Hof	Volkssternwarte Hof, Egerländer Weg 25
8700 Würzburg	Institut für Astronomie und Astrophysik, Am Hubland
8770 Lohr-Pflochsbach	Astronomische Arbeitsgesellschaft, Klaus Röder, An der Häg 2
8900 Augsburg 1	Planetarium, Im Thäle 3
8901 Diedorf	Astronomische Vereinigung Augsburg e.V. (AVA), Volkssternwarte
8901 Violau, Post, Altenmünster	Sternwarte Violau des Bruder-Klaus-Heimes
8938 Buchloe	Volkssternwarte Buchloe, W. Hasubick, Bergstr. 13
8942 Ottobeuren	Allgäuer Volkssternwarte e.V., Hörmannstr. 7

16.5 Gebräuchliche Abkürzungen astronomischer Organisationen und Zeitschriften

AAS = American Astronomical Society, USA
AAVSO = American Association of Variable Star Observers, USA
AG = Astronomische Gesellschaft, Deutschland
AJ = Astronomical Journal, New Haven, USA
AJB = Astronomischer Jahresbericht, Heidelberg
ALPO = Association of Lunar and Planetary Observers USA
AN = Astronomische Nachrichten, Berlin
ApJ = Astrophysical Journal, USA
ASP = Astronomical Society of the Pacific, USA
BA = Bulletin Astronomique, Frankreich
BAA = British Astronomical Association, England
BAC = Bulletin of the Astronomical Institutes of Czechoslovacia, CSSR
BAN = Bulletin of the Astronomical Institutes of the Netherlands, Holland
BAV = Berliner Arbeitsgemeinschaft für veränderliche Sterne, Berlin
BJ = Berliner astronomisches Jahrbuch, Berlin
BJS = British Interplanetary Society, England
BSAF = L'Astronomie, Bulletin de la Société Astronomique de France, Paris
CdT = Connaissance des Temps, Frankreich
DOB = Documentation des Observateurs, Paris
ESA = European Space Agency
ESO = European Southern Observatory
Gaz.astr. = Gazette astronomique, Antwerpen
HA = Annals of the Harvard College Observatory, USA
HC = Harvard College Observatory Circular, USA
HMSO = Her Majesty's Stationary Office
IAU = Internationale Astronomische Union
JBAA = Journal of the British Astronomical Association, England
JO = Journal des Observateurs, Frankreich
JPL = Jet Propulsion Laboratory, USA
LOB = Lick Observatory Bulletin, USA
MfP = Mitteilungen für Planetenbeobachter, Berlin
MN = Monthly Notice of the Royal Astronomical Society, England
MPI = Max-Planck-Institut
NA = Nautical Almanac and Astronomical Ephemeris, London
NASA = National Aeronautics and Space Administration, USA
Obs = The Observatory, London
QJRAS = Quarterly Journal of the Royal Astronomical Society, England
PASJ = Publications of the Astronomical Society of Japan
PASP = Publications of the Astronomical Sciety of the Pacific, USA
PAT = Populär Astronomik Tidsskrift, Stockholm
RAS = Royal Astronomical Society, England
RAJ = Astronomische Journal der UdSSR, Moskau
SAG = Schweizerische Astronomische Gesellschaft
S&T = Sky and Telescope, USA
SuW = Sterne und Weltraum, München
VdS = Vereinigung der Sternfreunde, Deutschland
ZfA = Zeitschrift für Astrophysik, Berlin
ZfI = Zeitschrift für Instrumentenkunde

Sachverzeichnis

Das Sachverzeichnis enthält alle relevanten Stichwörter aus Band 1 und 2. Zur besseren Orientierung für den Leser erfolgen die Seitenangaben getrennt: Alle Seitenzahlen, die sich an eine (I) anschließen, verweisen auf den ersten Band. Analog dazu beziehen sich die einer (II) folgenden Seitenangaben auf Band 2.